"十三五"国家重点出版物出版规划项目——世界名校名家基础教育系列

工 程 力 学

（静力学与材料力学）

翻译版·原书第 4 版

［美］ R. C. 希伯勒（R. C. Hibbeler） 编著

范钦珊 王 晶 翟建明 译

机械工业出版社

本书是作者已有的两本书的组合节略版，这两本书分别是《静力学》和《材料力学》。本书介绍这两个学科与工程领域密切相关的常用的基本理论和应用，特别强调满足平衡和变形协调以及材料力学行为要求的重要性。

　　本书保留了未经节略版本的特点，特别强调画受力图以及建立力学方程时合适坐标系的选择以及相关符号规则的重要性。全书提供了很多工程实际常用的机器元件与结构构件的分析及设计应用。

图书在版编目（CIP）数据

工程力学：静力学与材料力学：翻译版：原书第 4 版/（美）R.C. 希伯勒（R.C. Hibbeler）编著；范钦珊，王晶，翟建明译. —北京：机械工业出版社，2017.11（2024.9 重印）

书名原文：Statics and Mechanics of Materials，4/E

"十三五"国家重点出版物出版规划项目. 世界名校名家基础教育系列

ISBN 978-7-111-58327-1

Ⅰ.①工… Ⅱ.①R… ②范… ③王… ④翟… Ⅲ.①工程力学-高等学校-教材 Ⅳ.①TB12

中国版本图书馆 CIP 数据核字（2017）第 253800 号

机械工业出版社（北京市百万庄大街 22 号　邮政编码 100037）
策划编辑：姜　凤　责任编辑：姜　凤　李　乐　责任校对：刘　岚
封面设计：张　静　责任印制：单爱军
北京虎彩文化传播有限公司印刷
2024 年 9 月第 1 版第 4 次印刷
205mm×235mm · 65.333 印张 · 1314 千字
标准书号：ISBN 978-7-111-58327-1
定价：199.00 元

电话服务　　　　　　　　网络服务
客服电话：010-88361066　机 工 官 网：www.cmpbook.com
　　　　　010-88379833　机 工 官 博：weibo.com/cmp1952
　　　　　010-68326294　金 书 网：www.golden-book.com
封底无防伪标均为盗版　机工教育服务网：www.cmpedu.com

译者序

现在我们所看到的《工程力学》（静力学与材料力学）（第 4 版），是作者所著《静力学》（第 13 版）和《材料力学》（第 9 版）的节略综合版。

本书介绍了很多工程学科中常用的静力学和材料力学的基本概念、基本理论和基本方法，是作者多年从事研究和教学工作的成果结晶。

译者认为本书具有以下特点：

第一，在静力学方面，采用矢量运算，既突出了力的基本概念，又简化了分析计算过程；书中特别重视选取研究对象和画出其受力图；在建立平衡方程时强调选择合适的坐标系和参与平衡的相关量的符号规则的重要性。

第二，书中包含了我国目前同类教材中少有的内容，如：带和螺纹的摩擦、应力集中、非圆截面杆的扭转、应用阶跃函数确定梁的挠度，以及应用于偏心载荷作用柱的正切公式等。

第三，全书基本概念准确，对于某些重要概念的特征加以详细阐述，突出力学方程中每一个力学量的物理含义。

第四，特别注重从工程实际引入力学概念，并将力学理论应用于解决工程实际问题。全书提供了大量机械工程与土木工程中的机器零部件与结构构件实例，同时提供了大量的工程实例的图片，每一章都以一幅与本章内容密切相关的工程结构或机器结构的图片开头，启发读者了解这一章的内容要点以及与工程的相关性。

第五，编写了大量习题，分为：基础题、习题以及复习题，其中不少习题都与工程实际相关。

第六，书中每一章的最后都有很有特色的本章回顾。对每章的内容加以概述，列出主要力学方程，力图使读者将注意力集中在主要概念和原理上。

基于此，译者推荐该书作为我国高等学校"工程力学"和"材料力学"课程的教学参考书。该书也可以作为相关工程技术人员的参考书。

此外，译者对个别印刷错误以及个别习题中的不当之处做了订正。

范钦珊　王　晶　翟建明

本书是作者已有的两本书的综合节略版，这两本书分别是：《静力学》第 13 版和《材料力学》第 9 版。本书介绍这两个学科与工程领域密切相关的、常用的基本理论和应用。特别强调满足平衡和变形协调以及材料力学行为要求的重要性。

本书保留了未经节略版本的特点，特别强调画受力图以及建立力学方程时合适坐标系的选择以及相关符号规则的重要性。全书提供了很多工程实际常用的机器元件与机构构件的分析与设计应用。

本版更新

全新习题。这一版中的习题有 65% 为全新的。这些习题包括许多工程领域的应用。同时，增加了数值运算类的习题，因此可求得广义上的解。

内容修订。教材的每一节都进行了仔细的修订。同时，在某些领域中，为了更好地解释相关概念，本书对某些素材做了进一步阐述。

全新及改版的例题。为了使学生更加清晰地理解相关概念，本书修订或强调了某些例题。在需要突出重要概念的部分，引入了一些新的例题。

增加了部分基础题。由于关键方程和答案已经在教材后面给出，基础题也可作为例题的延伸。在本书部分章节增加了部分基础题。

详细解答。部分概念题给出了更详细的解答，为了更为清晰地理解过程，增加了部分图例。同时，对于一些比较复杂的习题，在书后给出答案的同时也给出了相关解题线索。

全新图片。全书通过许多新图片或者升级的图片来描述相关命题与实际应用的相关性。这些图片一般用于解释相关原理如何应用于实际以及材料在载荷作用下的表现。

特色鲜明

除了上述更新的内容以外，本书还包含下列显著特色。

组织和方法。每一章都由定义明确的节所组成，包括特别主题的阐述、详细解析的例题以及系列的课外作业。每一节的主题都用黑体字的小标题标出。这样做的目的是在引入新的定义和概念时提供知识架构方法，便于读者将来参考和复习。

章节目录。每一章都以展示这一章内容在广泛领域应用的图片开头。一章所列目录力图使读者对于这一章的全部内容有一个总体印象。

突出受力图。在分析和求解问题时，正确画出研究对象的受力图至关重要，因此全书都特别重视受力图。尤其是在静力学的有关章节中，还对如何画受力图做了详细的介绍。相关的课外作业题也有助于扩展画受力图的能力。

分析过程。 第 1 章的最后介绍了分析任何力学问题的一般过程。这些步骤通常都与一些具体问题相关联，其应用遍布整本教材。这为读者在应用理论时提供了一种合乎逻辑的和有序的方法。通过这种分析步骤求解例题可说明方法的具体应用。然而，实际上，当读者一旦熟悉了相关的原理并且建立起充分的信心和判断力时，他们就会有自己的解题方法和过程。

要点。 要点为每一节中最重要的概念所做的摘要和述评，同时重点突出应用理论解决问题时应该认识和理解最关键内容。

概念的理解。 为了说明一些重要概念的特性和方程中相关项的物理含义，通过利用遍布整本教材的图片，以一种简洁的方式给出了理论应用的实例。简化方法的运用不仅可以激励读者的兴趣，而且可以训练读者更好地理解所列的实例，更好地解决实际问题。

基础题。 这类习题通常放在一组例题的后面。这些题给读者提供简单应用每一节中基本概念的机会，同时也为他们在后面求解标准习题前的解题训练提供条件。由于关键方程和答案已经在教材后面给出，基础题也可作为例题的延伸。此外对于复习，基础题是给学生最好的备考练习题目。

概念题。 这类习题通常安排在全书每一章的最后，这类习题都与这章中的基本概念有关。这些分析和设计的习题力图通过图片中描述的实际生活情景，激励学生思考。当读者掌握了相关命题的某些专业知识后，他们个人或者他们的团队将会工作得很好。

课外作业题。 除了前面所提到基础题和概念题外，书中还包含了以下其他类型的习题：

● **总体分析与设计习题。** 书中的多数习题所描述的都是工程实际中所遇到的真实问题。某些习题源自于实际工业产品。希望这一举措一方面能够激发学生对工程力学的兴趣，另一方面能提供一种培养这种从物理描述到模型或符号描述的建立力学模型技能的方式。

全书中使用国际单位制（SI）和英制（FPS）单位的习题大约各占一半。除了一章末尾用于复习的习题随机排列外，我们试图按照难度的增加编排某些习题。对于具有简单编号的习题在书中均附有答案。而对于每四道题中有一道题的题号之前附有星号（*）的这些习题，都没有给出答案。

● **计算机作业题。** 我们试图编写若干采用数值方法在台式机或袖珍程序计算器上完成的习题。意图是使学生应用其他节省时间的数学分析方法，将焦点集中在研究力学原理的应用上面。

准确性。 除了本书作者外，还有 4 位对全书的课文和习题进行了校对，他们是：弗吉尼亚理工学院和弗吉尼亚州立大学的 Scott Hendricks；南佛罗里达大学的 Karim Nohra；劳雷尔技术一体化出版服务公司的 Kurt Norlin,；最后是从事实际工作的工程师 Kai BengYap。

内容安排

全书分为两部分，包含了传统的全部内容。

静力学。 静力学内容安排了 6 章。课文的第 1 章为力学导论以及关于单位制的讨论。第 2 章介绍矢量的概念以及汇交力系的性质。第 3 章包括力系的一般性讨论以及力系的简化方法。第 4 章研究刚体的平衡原理，并且在第 5 章将其应用于解决包括桁架、框架以及机械平衡等方面的专门问题。关于重心、形心和惯性矩等命题在第 6 章中讨论。

材料力学。 这一部分在教材中共有 11 章。第 7 章所讨论的包括正应力和切应力的定义、轴向载荷作用杆件中的正应力、剪切引起的平均切应力，以及正应变和切应变的定义。第 8 章讨论了材料的某些重要力学性能。第 9、10、11 和 12 章分别研究轴向载荷、扭转、弯曲和横向剪切问题。第 13 章在回顾前面几章的基础上给出了组合载荷作用下的应力分析。第 14 章提供了应力与应变变换的概念。为了进一步巩固以前学习的内容，第 15 章介绍了通过许用应力设计梁的方法。第 16 章研究了计算梁挠度的不同方法，包括确定超静定问题支座反力的方法。第 17 章介绍了压杆稳定问题。

书中有关高等问题的的章节，均以星号（*）标出。如果课时允许，这些内容可引入课程教学。同时，这些内容也可以作为其他相关课程中基本原理的参考，或者作为某些特别课题的研究基础。

安排材料力学内容的不同方法。关于材料力学内容各个命题，根据老师们的教学取向，可能有不同顺序的安排。例如，某些老师喜欢在讨论轴向载荷、扭转、弯曲和剪切的实际应用之前，首先从讲授应力应变变换开始。这时可行的方法是，先安排第 7 章的应力和应变的概念以及第 14 章的应力应变变换。第 14章的讨论以及相关例题已做出相关标示，以保证上述教学安排可以实施。而第 8~13 章的安排仍然可以保持连续性。

习题。书中的数学习题描述了常见工程实际的真实情景。希望这种做法一方面能够激励学生研究问题的兴趣；另一方面能够拓展他们将任意物理意义上的问题简化为用模型或符号表示的、可以应用基本原理的训练。

本书试图按照难度排列习题的顺序。对于每四道题中有一道题的题号之前附有星号（*）的这些习题没有给出答案，其他常规习题在书后都附有答案。读者需要注意的是，有的带星号（*）的习题没有公布答案。所有公布的答案都是 3 位有效数字，即使已知的材料性能数据精度较低也如此。这种简单化的做法前后保持一致，而且可以使学生的解答得到更好精度。所有习题的解答都经过 4 次独立的验算以保证正确。

致谢

多年以来，我的同事们在教学过程中给本书提出了宝贵的意见和建议。他们具有建设性意见的鼓励和希望都是非常有价值的，希望他们能够接受不具名的感谢。同时特别感谢静力学和材料力学书稿的评审者们，他们的建议为本书的不断完善指出了方向。

在本书的写作阶段，我要感谢多年以来一直担任我写作编辑的 Rose Kernan 的帮助。在整理出版稿件时，感谢我的妻子 Conny 和我的女儿 Mary Ann 在校对和录入方面的帮助。

同时感谢那些使用了上一版，并对内容方面做出积极建议的学生们；也感谢将这些建议发 e-mail 给我的老师们。

无论何时，我都将非常乐意收到您对本版的任何建议。

R. C. 希伯勒

hibbeler@bellsouth.net

典型工程材料的平均力学性能[a]

（美国惯用单位）

材料	比重 γ (lb/in³)	弹性模量 $E(10^3)$ ksi	剪切弹性模量 G (10^3)ksi	屈服强度(ksi)σ_Y			极限强度(ksi)σ_u			2英寸试样的伸长率 (%)	泊松比 ν	热膨胀系数 α (10^{-6})/°F
				拉伸	压缩[b]	剪切	拉伸	压缩[b]	剪切			
金属												
铝锻造合金 2014-T6	0.101	10.6	3.9	60	60	25	68	68	42	10	0.35	12.8
铝锻造合金 6061-T6	0.098	10.0	3.7	37	37	19	42	42	27	12	0.35	13.1
铸铁合金 灰铸铁 ASTM 20	0.260	10.0	3.9	—	—	—	26	96	—	0.6	0.28	6.70
铸铁合金 可锻铸铁 ASTM A-197	0.263	25.0	9.8	—	—	—	40	83	—	5	0.28	6.60
铜合金 红黄铜 C83400	0.316	14.6	5.4	11.4	11.4	—	35	35	—	35	0.35	9.80
铜合金 青铜 C86100	0.319	15.0	5.6	50	50	—	35	35	—	20	0.34	9.60
镁合金 ［Am 1004-T61］	0.066	6.48	2.5	22	22	—	40	40	22	1	0.30	14.3
合金钢 结构钢 A-36	0.284	29.0	11.0	36	36	—	58	58	—	90	0.32	6.60
合金钢 结构钢 A992	0.284	29.0	11.0	50	50	—	65	65	—	30	0.32	6.60
合金钢 不锈钢 304	0.284	28.0	11.0	30	30	—	75	75	—	40	0.27	9.60
合金钢 工具钢 L2	0.295	29.0	11.0	102	102	—	116	116	—	22	0.32	6.50
钛合金 ［Ti-6Al-4V］	0.160	17.4	6.4	134	134	—	145	145	—	16	0.36	5.20
非金属												
钢筋混凝土 低强度	0.086	3.20	—	—	—	1.8	—	—	—	—	0.15	6.0
钢筋混凝土 高强度	0.086	4.20	—	—	—	5.5	—	—	—	—	0.15	6.0
塑料增强 凯夫拉 49	0.0524	19.0	—	—	—	—	104	70	10.2	2.8	0.34	—
塑料增强 30% 玻璃	0.0524	10.5	—	—	—	—	13	19	—	—	0.34	—
木结构级 花旗松	0.017	1.90	—	—	—	—	0.30[c]	3.78[d]	0.90[d]	—	0.29[e]	—
木结构级 白云杉	0.130	1.40	—	—	—	—	0.36[c]	5.18[d]	0.97[d]	—	0.31[e]	—

[a] 具体的值可能因合金、矿物质、试样的机械加工或热处理而不同。关于该材料更有确切价值的参考书籍应该被记入。

[b] 韧性材料的拉伸和压缩的屈服强度和极限强度可以假设为相等的。

[c] 垂直于纹理的测量。

[d] 平行于纹理的测量。

[e] 在纹理上加载时的变形是垂直于纹理测量的。

典型工程材料的平均力学性能[a]

(国际单位制)

材料	密度 ρ (Mg/m³)	弹性模量 E(GPa)	剪切弹性模量 G (GPa)	屈服强度(MPa)σ_Y 拉伸	压缩[b]	剪切	极限强度(MPa)σ_u 拉伸	压缩[b]	剪切	50mm 试样的伸长率 (%)	泊松比 ν	热膨胀系数 α (10^{-6})/℃
金属												
铝锻造合金 2014-T6	2.79	73.1	27	414	414	172	469	469	290	10	0.35	23
铝锻造合金 6061-T6	2.71	68.9	26	255	255	131	290	290	186	12	0.35	24
铸铁合金 灰铸铁 ASTM 20	7.19	67.0	27	—	—	—	179	669	—	0.6	0.28	12
铸铁合金 可锻铸铁 ASTM A-197	7.28	172	68	—	—	—	276	572	—	5	0.28	12
铜合金 红黄铜 C83400	8.74	101	37	70.0	70.0	—	241	241	—	35	0.35	18
铜合金 青铜 C86100	8.83	103	38	345	345	—	655	655	—	20	0.34	17
镁合金 [Am 1004-T61]	1.83	44.7	18	152	152	—	276	276	152	1	0.30	26
钢合金 结构钢 A-36	7.85	200	75	250	250	—	400	400	—	30	0.32	12
钢合金 结构钢 A992	7.85	200	75	345	345	—	450	450	—	30	0.32	12
钢合金 不锈钢 304	7.86	193	75	207	207	—	517	517	—	40	0.27	17
钢合金 工具钢 L2	8.16	200	75	703	703	—	800	800	—	22	0.32	12
钛合金 [Ti-6Al-4V]	4.43	120	44	924	924	—	1000	1000	—	16	0.36	9.4
非金属												
钢筋混凝土 低强度	2.38	22.1	—	—	—	12	—	—	—	—	0.15	11
钢筋混凝土 高强度	2.37	29.0	—	—	—	38	—	—	—	—	0.15	11
塑料增强 凯夫拉 49	1.45	131	—	—	—	—	717	483	20.3	2.8	0.34	—
塑料增强 30% 玻璃	1.45	72.4	—	—	—	—	90	131	—	—	0.34	—
木结构级 花旗松	0.47	13.1	—	—	—	—	2.1[c]	26[d]	6.2[d]	—	0.29[e]	—
木结构级 白云杉	3.60	9.65	—	—	—	—	2.5[c]	36[d]	6.7[d]	—	0.31[e]	—

[a] 具体的值可能因合金、矿物质、试样的机械加工或热处理而不同。关于该材料更有确切价值的参考书籍应该被记入。

[b] 韧性材料的拉伸和压缩的屈服强度和极限强度可以假设为相等的。

[c] 垂直于纹理的测量。

[d] 平行于纹理的测量。

[e] 在纹理上加载时的变形是垂直于纹理测量的。

目录

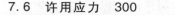

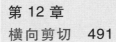

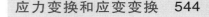

第 16 章
梁与轴的挠度 632

第 17 章
柱（压杆）稳定 674

附录 705

静力学

第1章 一般原理

诸如图中这类大型起重机，要求举升超大载荷。它们的设计都是基于静力学与动力学的基本原理，这些原理构成工程力学的主体。

1　本章任务

■ 提供关于力学理想化以及基本量的引言。
■ 给出关于牛顿运动定律和万有引力的表述。
■ 回顾应用国际单位制 SI 原理。
■ 考察进行数字计算的标准过程。
■ 提供解题的一般指南。

1.1　力学

力学　研究受力物体静止与运动，从这一意义上讲，可以认为力学是物理科学的分支。本书将介绍力学的两个非常重要的分支，即静力学与材料力学。二者形成工程上常见的诸多类型的结构和机械的设计与分析的重要基础。

静力学　研究物体的平衡，用于确定作用在静止或者保持匀速运动物体上的外力，以及在这些物体内部产生的力。

材料力学　研究外载荷与作用在物体内部的内力集度之间的关系。这些内容也与计算物体承受外力时的变形以及物体的稳定性研究密切相关。本书将首先研究与设计和分析结构构件及机器零部件相关的静力学原理，这是确定作用在各种不同构件上和构件内部的力所必需的。一旦确定了这些内力，就可以应用材料力学基础确定构件的尺寸、挠度以及稳定性。材料力学基础将在以后加以介绍。

发展简史　静力学的内容是历史上最早发展起来的，这是因为静力学原理可以简单地根据几何与力的量测形成一定的公式。例如，阿基米德（公元前 287—前 212）的著作中论述的杠杆原理。滑轮和斜面的研究在古典著作中也都有记载——因为在那些时代建造建筑物时工程上的很多要求都受到限制。

最初的材料力学，可以追溯到伽利略完成了研究作用在不同材料制成的杆和梁上载荷效应实验的 17 世纪初叶。然而，到了 18 世纪初，试验材料的实验方法有了极大的改进，这期间，首先在法国，圣维南、泊松、拉梅及纳维等一些著名科学家在这方面的理论和实验研究成果得到认可。

多年来，在很多经典的材料力学问题解决之后，需要应用高等数学和计算机去解决一些更复杂的问题。其结果使得这些内容的研究扩展到力学的其他领域，诸如弹性理论和塑性理论。这些领域的研究不断进展，以满足解决工程上更高级的问题。

1.2　基本概念

介绍工程力学之前，了解某些基本概念和原理是非常重要的。

基本量　下列 4 种量在力学中都会用到。

长度　长度用于确定一点的空间位置，并由此描述物理系统的尺寸。一旦确定了长度的标准单位，就可以用这种单位的倍数描述距离和几何特征。

时间　时间可以想象为事件的连续性。虽然静力学的原理与时间无关，但在动力学研究中这一量却是非常重要的。

质量　　质量是量度物质的质的量，用于比较一个物体与另一个物体的活动能力。这一特性表明两个物体之间的引力，同时可以量度物质抵抗速度改变的能力。

力　　一般地讲，力被认为是一个物体对另一个物体的"推"或"拉"。这种相互作用可能在物体间相互直接接触时发生，例如人推墙。也可以当物体完全分开一段距离时发生。典型例子包括重力、电场力和磁力。在所有情形下，力都由其大小、方向和作用点所确定。

理想化　　力学中的模型和理想化的应用，是为了使力学理论的应用得以简化。下面将介绍 3 种重要的简化。

质点　　质点具有质量，但其大小可以忽略不计。例如，地球的大小与其轨道相比微不足道，所以当研究轨道运动时可以将其视为质点模型。当一个物体被理想化为一质点时，因为不涉及物体的几何尺寸，所以在分析问题时，力学原理精炼为更加简化的形式。

刚体　　刚体可以认为是许多质点的集合，无论是加载前或是加载后，质点间的距离保持不变。这一模型的重要性在于，因为假定了任何物体材料的性能都是刚性的，所以在研究作用在物体上力的效应时，不必考虑材料的性能。绝大多数情形下，结构、机械与机构中发生的变形相对而言是小变形，故此，在分析中刚体的假定是合理的。

集中力　　集中力是指作用在物体上一点载荷的效应。只要载荷作用的区域远小于其所作用物体的整体尺寸，就可以以一集中力表示这一载荷。车轮与地面之间的接触力即属此例。

牛顿运动三定律　　刚体力学的全部内容都可以由牛顿运动三定律加以表述，其正确性基于实验结果。三定律应用于在参考系中无加速度质点的运动。现简述如下。

第一定律　　处于静止或者匀速直线运动状态的质点，在无非平衡力作用的情形下，力图保持这种状态，如图 1-1a 所示。

第二定律　　承受非平衡力 **F** 作用的质点，将产生加速度 **a**，其方向与力的方向相同，大小与力的大小成比例，如图 1-1b 所示[⊖]。如果力 **F** 施加在质量为 m 的质点上，这一定律可以用数学表达为

$$F = ma \tag{1-1}$$

第三定律　　两个质点之间的相互作用力与反作用力大小相等、方向相反、作用在同一条直线上，如图 1-1c 所示。

图中所示为 3 个力作用在环上。因为 3 个力汇交于一点，所以在受力分析时可以假定环就是一质点

钢材是工程中常用的一种材料，在一般载荷作用下变形不会很大。所以，可以将火车轮作为一刚体，将一集中力施加在铁轨上

⊖ 从另一角度讲，作用在质点上的非平衡力与质点的线动量对时间的变化率成比例。

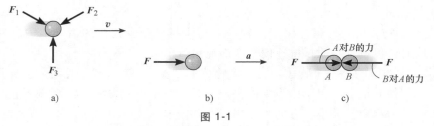

图 1-1

a）平衡   b）加速运动   c）作用与反作用力

牛顿万有引力定律   提出三定律后不久，牛顿又提出了决定两质点间的万有引力定律。其数学表达式为

$$F = G \frac{m_1 m_2}{r^2} \tag{1-2}$$

式中 F 为两质点之间的引力；

G 为由实验确定的引力常量，$G = 66.73(10^{-12}) \, \text{m}^3/(\text{kg} \cdot \text{s}^2)$；

m_1、m_2 为两个质点的质量；

r 为两个质点之间的距离。

重量   根据方程（1-2），任何两个质点或物体之间存在相互引力（万有引力）。当质点位于地球表面或者地球表面附近时，地球与质点之间的万有引力将具有可观的数值。这种引力称为重量。重量是力学研究中唯一考虑的万有引力。

根据方程（1-2）可以导出一个质量为 $m_1 = m$ 的质点的重量 W 的表达式。假如地球是一个具有均匀密度、质量为 $m_2 = M_e$ 的不旋转的球体，r 为质点到地球中心的距离，则有

$$W = G \frac{m M_e}{r^2}$$

宇航员因远离地球的引力场而失重

令 $g = GM_e/r^2$，得到

$$W = mg \tag{1-3}$$

将此式与 $F = ma$ 相比较，可以看出，g 即为重力加速度。因为重量与 r 有关，所以它不是绝对不变的量，其大小决定于在何处测量。在绝大多数工程计算中，g 是在纬度45°处的海平面上确定的，该处被认为是"标准位置"。

1.3   计量单位

长度、时间、质量和力这四个量都是彼此相依的，事实上它们通过牛顿运动第二定律 $F = ma$ 相互关联。正因为如此，用以量度这些量的单位不能任意选择。等式 $F = ma$ 的成立，只需要四个单位中的三个，这些单位称为基本单位，一旦确定了这三个单位，就可以根据上述等式导出第四个单位。

SI 制   国际单位制，简称 SI 制，它是继法国"国际单位制"之后米制的现代版本，已经获得国际上的广泛认可。正如表 1-1 中所示，SI 制中，长度以米（m）计，时间以秒（s）计，质量以千克（kg）计。根据 $F = ma$ 导出力的单位为牛顿（N）。因此，1 牛顿等于使 1 千克的质量产生 1m/s^2 的加速度所需要的力

（N＝kg・m/s^2）。

如果要用牛顿确定位于标准位置物体的重量，则需要应用方程（1-3）。由此给出 $g=9.80665\text{m/s}^2$，但在工程计算中都采用 $g=9.81\text{m/s}^2$。于是，有

$$W=mg\,(g=9.81\text{m/s}^2) \tag{1-4}$$

这表明质量为 1kg 的物体的重量为 9.81N，质量为 2kg 的物体的重量为 19.62N，等等，见图 1-2a。

美制　国家单位制，在美国通用单位（FPS）中，长度的单位为英尺（ft），时间的单位为秒（s），力的单位为磅$^\ominus$（lb），见表 1-1。根据 $\boldsymbol{F}=m\boldsymbol{a}$ 导出质量的单位为斯（斯勒格，slug）。亦即，1lb 的力施加在物体上使之产生 1ft/s^2 的加速度，这一物体的质量为 1 斯（slug＝lb・s^2/ft）。

如果在 $g=32.2\text{ft/s}^2$ 的标准位置进行测量，根据方程（1-3），有

$$m=\frac{W}{g}\,(g=32.2\text{ft/s}^2) \tag{1-5}$$

于是，重 32.2lb 物体的质量为 1slug，重 64.4lb 物体的质量为 2slug，等等，见图 1-2b。

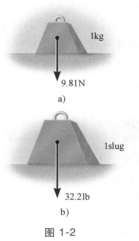

图 1-2

表 1-1　单位体系				
名称	长度	时间	质量	力
国际单位制 SI	米 m	秒 s	千克 kg	牛顿^① N $\left(\dfrac{\text{kg}\cdot\text{m}}{\text{s}^2}\right)$
美国通用单位 FPS	英尺 ft	秒 s	斯勒格^① $\left(\dfrac{\text{lb}\cdot\text{s}^2}{\text{ft}}\right)$	磅 lb

① 牛顿、斯勒格均为计量导出单位。

单位制转换　表 1-2 提供了 FPS 制与 SI 制中基本量之间的转换因子。此外，在 FPS 制中，1ft＝12in（英寸），5280ft＝1mi（英里），1000lb＝1kip（千磅），2000lb＝1ton（吨）。

表 1-2　换算关系			
量	计量单位（FPS）	等于	计量单位（SI）
力	lb		4.448N
质量	slug		14.59kg
长度	ft		0.3048m

1.4　国际单位制

本书中广泛应用 SI 单位制，目的是使之成为计量的世界标准。因此，将首先介绍工程力学中应用这

$\ominus$　我国的法定计量单位中，磅（lb，1lb＝0.4454kg）是质量的单位，磅力（lbf，1lbf＝4.448N）才是力的单位，本书沿用原书的用法。——编辑注

一单位制的规则以及相关的名词术语。

前缀   当一个量的数值非常大或者非常小时，确定这些量大小所采用的单位可以用前缀加以修正。SI制中所采用的前缀列于表1-3中。每一个前缀表示一个单位的多倍量和亚倍量，如果依次应用前缀，则将量的数值小数点依次移动三个位置[○]。例如，4000000N＝4000kN（千牛）＝4MN（兆牛），0.005m＝5mm（毫米）。需要注意的是，SI制中不包括多倍量十（10）以及亚倍量厘（0.01），它们是米制的一部分。除了度量某些体积和面积外，在科学和工程计算中，应该避免使用这些前缀。

表 1-3 前缀

	指数形式	前缀	SI 标记
倍数			
1000000000	10^9	giga	G
1000000	10^6	mega	M
1000	10^3	kilo	k
小数			
0.001	10^{-3}	milli	m
0.000001	10^{-6}	micro	μ
0.000000001	10^{-9}	nano	n

应用规则   SI制的应用有一些重要的规则，这些规则阐述了SI制中各种不同符号的正确用法。

- 由几种不同单位定义的量属于多倍量需要用圆点分开，以避免与前缀记号混淆，例如，$N = kg \cdot m/s^2 = kg \cdot m \cdot s^{-2}$。同样，$m \cdot s$（米秒）不应该是 ms（毫秒）。

- 具有前缀的单位的指数幂是指单位与前缀二者之幂。例如，$\mu N^2 = (\mu N)^2 = \mu N \cdot \mu N$。类似地，$mm^2 = (mm)^2 = mm \cdot mm$。

- 一般情形下，避免在组合单位的分母上使用前缀，基础单位千克（kg）除外。例如，不用 N/mm，而用 kN/m，同样 m/mg 应该用 Mm/kg。

- 进行计算时，若用数值的单位为基础单位或导出单位时，所有前缀都要转换成10的幂次形式。计算后的数值最好保持在 0.1 和 1000 之间，否则，应该选择合适的前缀。例如，

$$(50kN)(60nm) = [50(10^3)N][6(10^{-9})m]$$
$$= 3000(10^{-6})N \cdot m$$
$$= 3(10^{-3})N \cdot m$$
$$= 3mN \cdot m$$

1.5 数值计算

绝大多数情形下，工程实际的数字运算都是用计算器或计算机实现的。然而，重要的是，任何计算结果都要用具有合适有效数字、合理的精确度给出。本节将对这一问题以及工程计算的某些其他重要方面加以讨论。

○ kilogram（千克）是唯一以前缀定义的基本单位。

量纲一致性　用于描述物理过程的任何方程中的所有项必须量纲一致；亦即每一项必须以相同单位表达。在这种情形下，如果数值可以用函数替换，则方程中的所有项可以加以组合。例如，方程 $s = vt + \frac{1}{2}at^2$，在 SI 制中 s 表示位置，单位为米（m）；t 表示时间，单位为秒（s）；v 表示速度，单位为米每秒（m/s）；a 表示加速度，单位为米每二次方秒（m/s^2）。无论如何评价这一方程，方程的量纲，必须保持一致。在上述形式的方程中，3 项中的每一项都表示为米（m）的形式 $[\mathrm{m}, (\mathrm{m/s})\mathrm{s}, (\mathrm{m/s})\mathrm{s}^2]$，或者从方程中解出加速度 a，$a = 2s/t^2 - 2v/t$，每一项单位都可以表示为 m/s^2 $[(\mathrm{m/s^2}), (\mathrm{m/s})/\mathrm{s}]$。

计算机在工程上通常用于
高级别的设计与分析

请记住，力学问题中总是求解量纲一致方程的解，基于这一事实，利用量纲一致性可以部分地检验方程代数学的真实性。

有效数字　包含于任意数值中的有效数字的数目决定着数值的精度。例如，数值 4891 含 4 个有效数字。然而，如果 0 出现在整个数的末尾，这数有几个有效数字就不清楚了。例如 23400 可以有 3 个（234）、4 个（2340）或者 5 个（23400）有效数字。为了避免这种模棱两可，需要采用工程标记方法表示所得的结果。这就要求将数舍入到合理的有效数字个数，并且用（10^3）的倍数表示，诸如（10^3）、（10^6）或（10^{-9}）等。例如，如果 23400 具有 5 个有效数字，应该写成 23.400（10^3）；如果只具有 3 个有效数字，则应该写成 23.4（10^3）。

如果小于 1 的数全部均为 0，则所有的 0 都不是有效数字。例如，0.00821 只有 3 个有效数字。采用工程表示方法，应该表示成 8.21（10^{-3}）。类似地，0.000582 可以表示成 582（10^{-6}）。

舍入数字　为了使计算结果与给定问题的数据具有相同的精度，对结果的数字需要加以舍入。舍入的一般规则是对数字的末位数 4 舍 5 入。舍入数字在本节的例题有详细的说明。假定将 3.5587 舍入为 3 个有效数字，因为第 4 个数（8）大于 5，舍 5 进 1，这数变为 3.56。而 0.5896 变为 0.590；9.3866 变为 9.39。如果对 1.341 舍入为 3 个有效数字，因为第 4 位数（1）小于 5，故将其舍去变为 1.34。类似地，0.3762 变为 0.376；9.871 变为 9.87。当数值的末位数是 5 时，存在特殊情形。这时的一般规则是，如果 5 前面的数为偶数，则舍去 5；如果 5 前面为奇数，则舍 5 进 1。例如，75.25 舍入为 3 位有效数字变为 75.2；0.1275 变为 0.128；0.2555 变为 0.256。

计算　进行连续计算时，最好将中间结果存储在计算器中。另一方面，直到表达最终结果，都不要进行舍入计算。这一过程将使包括最后解答的所有步骤都保持精确。一般而言，本书将以 3 位有效数字对最后答案进行舍入处理，这是因为绝大多数工程力学数据，诸如几何尺寸以及载荷，都是可靠的测量精度。

1.6　一般分析过程

听课、看书、学习例题等都是有益的，但是学习工程力学的基本原理最有效的方法是解题。为此，逻辑有序的工作是很重要的，正如以下所建议的步骤顺序：

- 仔细读题并力图将其与理论学习中的物理含义联系起来。

- 将问题的数据列表，需要时画出大尺度的图形。
- 应用一般为数学形式的相关原理。写出方程时要确认其量纲一致。
- 解方程，并用不超过3位有效数字给出答案。
- 对答案做技术判断和评价，检验并确定其是否合理。

要点

◆ 静力学研究静止或做直线运动的物体。

◆ 质点具有质量，其尺寸忽略不计。

◆ 刚体在载荷作用下不发生变形。

◆ 集中力是假定作用在物体上的力。

◆ 应该熟记牛顿运动三定律。

◆ 质量是量度物质的量，不因位置的不同而变化。

◆ 重量是地球对物体或质量的万有引力。其大小取决于质量所处的海拔高度。

◆ SI制中，力的单位牛顿是导出单位，米、秒和千克是基础单位。

◆ 前缀 G、M、k、m、μ 和 n 用于表示很大或很小的数值量。应该根据 SI 制的应用规则理解指数的大小。

◆ 进行不同有效数字的数值运算时，最后的答案为3位有效数字。

◆ 通过验证方程的量纲一致性，可以检验方程代数学上的真伪。

◆ 理解数字舍入规则。

例题 1.1

将 2km/h 单位转换为 m/s 和 ft/s。

解　因为 1km = 1000m，1h = 3600s，按照下列顺序，消去分母和分子中相同的单位，有

$$2km/h = \frac{2km}{h}\left(\frac{1000m}{km}\right)\left(\frac{1h}{3600s}\right)$$

$$= \frac{2000m}{3600s} = 0.556m/s$$

根据表 1-2，1ft = 0.3048m。于是有

$$0.556m/s = \left(\frac{0.556m}{s}\right)\left(\frac{1ft}{0.3048m}\right)$$

$$= 1.82ft/s$$

注意：舍入后的答案为3位有效数字。

例题 1.2

将量 300lb·s 和 52slug/ft³ 转换为 SI 单位。

解　应用表 1-2，1lb = 4.448N。

例题 1.2

$$300\text{lb} \cdot \text{s} = 300\text{lb} \cdot \text{s}\left(\frac{4.448\text{N}}{1\text{lb}}\right)$$

$$= 1334.5\text{N} \cdot \text{s} = 1.33\text{kN} \cdot \text{s}$$

因为 1slug = 14.59kg，1ft = 0.3048m，有

$$52\text{slug/ft}^3 = \frac{52\text{slug}}{\text{ft}^3}\left(\frac{14.59\text{kg}}{1\text{slug}}\right)\left(\frac{1\text{ft}}{0.3048\text{m}}\right)^3$$

$$= 26.8(10^3)\,\text{kg/m}^3$$

$$= 26.8\text{Mg/m}^3$$

例题 1.3

计算下列各项，并表示成具有合适前缀的 SI 单位：（a）(50mN)(6GN)；（b）(400mm)(0.6MN)^2；（c）45MN^3/900Gg。

解　首先将每一个数转换成基本单位，完成既定的操作后，再选择合适的前缀。

（a）

$$(50\text{mN})(6\text{GN}) = [50(10^{-3})\text{N}][6(10^9)\text{N}] = 300(10^6)\text{N}^2$$

$$= 300(10^6)\text{N}^2\left(\frac{1\text{kN}}{10^3\text{N}}\right)\left(\frac{1\text{kN}}{10^3\text{N}}\right) = 300\text{kN}^2$$

注意：记住规则 kN^2 = (kN)^2 = 10^{6}N^2。

（b）

$$(400\text{mm})(0.6\text{MN})^2 = [400(10^{-3})\text{m}][0.6(10^6)\text{N}]^2$$

$$= [400(10^{-3})\text{m}][0.36(10^{12})\text{N}^2]$$

$$= 144(10^9)\text{m} \cdot \text{N}^2$$

$$= 144\text{Gm} \cdot \text{N}^2$$

也可以写成

$$144(10^9)\text{m} \cdot \text{N}^2 = 144(10^9)\text{m} \cdot \text{N}^2\left(\frac{1\text{MN}}{10^6\text{N}}\right)\left(\frac{1\text{MN}}{10^6\text{N}}\right)$$

$$= 0.144\text{m} \cdot \text{MN}^2$$

（c）

$$\frac{45\text{MN}^3}{900\text{Gg}} = \frac{45(10^6\text{N})^3}{900(10^6)\text{kg}}$$

$$= 50(10^9)\text{N}^3/\text{kg}$$

$$= 50(10^9)\text{N}^3\left(\frac{1\text{kN}}{10^3\text{N}}\right)^3\frac{1}{\text{kg}}$$

$$= 50\text{kN}^3/\text{kg}$$

1 习题

1-1　将下列数值舍入为三位有效数字：（a）58342m；（b）68.534s；（c）2553N；（d）7555kg。

1-2　木材的密度为 4.70slug/ft³。确定其在 SI 制中的密度。

1-3　将下列组合表示为 SI 制的形式：（a）kN/μs；（b）Mg/mN；（c）MN/(kg·ms)。

*1-4　采用合适的前缀将下列组合表示为 SI 制的形式：（a）m/ms；（b）μkm；（c）ks/mg；（d）km·μN。

1-5　采用合适的前缀将下列组合表示为 SI 制的形式：（a）0.000431kg；（b）35.3（10³）N；（c）0.00532km。

1-6　汽车以 55mi/h 行驶，确定其速度为每小时多少千公里和每秒多少米。

1-7　帕斯卡（pascal（Pa））实际上是压力非常小的单位。将 1Pa = 1N/m² 转换为 lb/ft²。海平面的大气压力为 14.7lb/ft²。其帕斯卡（Pa）是多少？

*1-8　铜的单位体积重（wt/vol）为 520lb/ft³。采用合适的前缀确定其在 SI 制中的密度（mass/vol）。

1-9　一火箭在地球上的质量为 250（10³）斯勒格（slug）。确定：（a）SI 制中的质量；（b）在月球上其 SI 制的重量，月球的引力加速度为 $g_m = 5.30\text{ft/s}^2$，确定到 3 位有效数字；（c）SI 制中的重量；（d）SI 制中的质量。

1-10　计算下列各项到 3 位有效数字，每一个答案都表示为 SI 制前缀的形式：（a）（0.631Mm）/(8.60kg)²；（b）（35mm）²(48kg)³。

1-11　计算下列各项到 3 位有效数字，每一个答案都表示为 SI 制前缀的形式：（a）354mg（45km）/(0.03560kN)；（b）（0.00453Mg）（201ms）；（c）435MN/23.2mm。

*1-12　转换下列各项，并用合适的前缀表示答案：（a）175lb/ft³ 到 kN/m³；（b）6lb/h 到 mm/s；（c）835lb·ft 到 kN·m。

1-13　转换下列各项到 3 位有效数字：（a）20lb·ft 到 N·m；（b）450lb/ft³ 到 kN/m³；（c）15ft/h 到 mm/s。

1-14　转换下列各项到 3 位有效数字并用合适的前缀表示：（a）（430kg）³；（b）（0.002mg）²；（c）（230m）³。

1-15　确定具有下列重量的物体的质量，答案用 3 位有效数字表示：（a）（20mN）；（b）150kN；（c）60MN。

*1-16　确定具有下列质量物体的重量牛顿数，采用 3 位有效数字，以及合适的前缀：（a）10kg；（b）0.5g；（c）4.40Mg。

1-17　如果一个物体具有 40 斯勒格（slug），其质量是多少 kg？

1-18　采用 SI 制证明方程（1-2）为量纲一致方程，其中 F 的单位为牛顿。采用 3 位有效数字确定两个半径均为 300mm、质量均为 200kg 的球体相互接触时的万有引力。

1-19　水的密度为 1.94slug/ft³。在 SI 制中这一密度是多少？将答案表示为 3 位有效数字。

*1-20　两个质量分别为 8kg 和 12kg 的质点，二者之间的距离为 800mm，确定它们之间相互作用的引力，并将结果与二者的重量相比较。

1-21　一人在地球上重量为 155lb，确定（a）用 slug 表示的质量；（b）用 kg 表示的质量；（c）其重量的牛顿数。如果此人在月球上，月球上引力引起的加速度为 $g_m = 5.30\text{ft/s}^2$，确定（d）他重量的磅数；（e）他质量的千克数。

第2章　力矢量

2

　　输电线路的电缆通过与输电塔上的连接点将力施加在塔上，使输电塔保持平衡和稳定。本章介绍怎样将力表示成笛卡儿矢量，以及怎样确定这些力。

2

本章任务

■ 应用平行四边形法则做力的合成与分解。
■ 以笛卡儿矢量形式表示力和位置，介绍怎样确定矢量的大小和方向。
■ 介绍采用标量积确定两矢量之间的夹角以及一矢量在另一矢量上的投影。

2.1 标量与矢量

工程力学中所有物理量都以标量或矢量来量度。

标量 能够由大小确定的物理量称为标量，标量可以为正也可以为负。

矢量 需要用大小和方向才能完全确定的物理量称为矢量。例如，静力学中常见的矢量有力、位置以及力矩。矢量用箭的图形表示。箭的长度表示矢量的大小；角度 θ 表示矢量与可以确定其作用线方向的固定轴之间的夹角；箭头表示矢量的指向；见图 2-1。

印刷物上，矢量表示的量用粗体字表示，如 $\mathbf{A}$；矢量的大小用斜体字表示，如 A。手写时，为方便起见，通常在表示矢量的量上方画一箭头 $\vec{A}$。

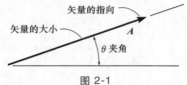

图 2-1

2.2 矢量运算

矢量乘以标量或除以标量 如果一矢量乘以一正的标量，则矢量的大小增加相应的量；类似地，乘以一负的标量，矢量的方向发生改变。图 2-2 所示为上述运算的图形表述。

矢量加法 所有矢量均遵循平行四边形加法法则。图 2-3a 中所示为两个分矢量 $\mathbf{A}$ 和 $\mathbf{B}$ 相加形成的合矢量 $\mathbf{R}=\mathbf{A}+\mathbf{B}$ 的过程：

- 首先将两个分矢量的尾部相连于一点，即使之共点，如图 2-3b 所示。
- 从 $\mathbf{B}$ 首部作平行于 $\mathbf{A}$ 的直线，从 $\mathbf{A}$ 的首部作平行于 $\mathbf{B}$ 的直线。二者相交于 P 点，形成平行四边形的两相邻边。
- 平行四边形通过 P 点的对角线形成 $\mathbf{R}$，$\mathbf{R}=\mathbf{A}+\mathbf{B}$ 即为合矢量，如图 2-3c 所示。

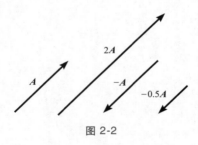

图 2-2

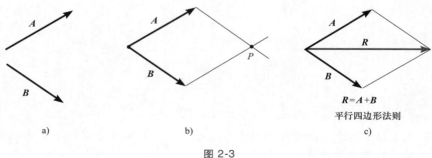

a)   b)   c)

图 2-3

2

也可以采用图 2-4a 所示的三角形法则完成矢量 **B** 加矢量 **A**，这是平行四边形法则的特殊情形：据此，将矢量 **A** 的首部与 **B** 的尾部相连，如图 2-4b 所示。从 **A** 的尾部到 **B** 的首部矢量即为合矢量 **R**。类似地，合矢量还可以采用图 2-4c 的方式得到。相比之下，矢量的加法是可以运算的；另一方面，矢量相加时，两个矢量的先后顺序是可以互换的，即 $R = A + B = B + A$。

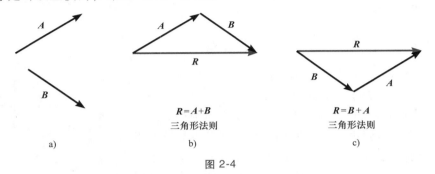

a)   b)   c)

图 2-4

作为一种特殊情形，当矢量 **A** 与 **B** 共线时，亦即二者具有相同的作用线，这时平行四边形法则便退化为代数相加或者标量相加，如图 2-5 所示。

矢量减法　两个矢量 **A** 和 **B** 的差是与之相同类型的合矢量，可以表示为

$$R' = A - B = A + (-B)$$

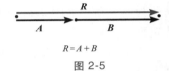

$$R = A + B$$

图 2-5

这一矢量和如图 2-6 所示。所以矢量减法是矢量加法的特殊情形，因此，矢量加法的规则也适用于矢量减法。

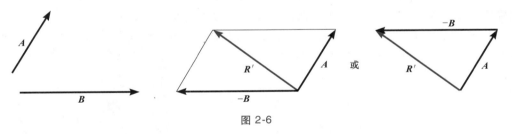

或

图 2-6

2.3　力矢量的合成

正如经过实验验证的那样，因为力有确定的大小、方向，所以力为矢量，而且可以按照平行四边形法则相加。静力学中有两类物体，一类是已知分力求其合力；另一类是已知合力将其分解为两个分力。下面将介绍怎样应用平行四边形法则求解这些问题。

求合力　图 2-7a 所示为作用在铰链上的两个力 F_1 和 F_2，可以相加成为 $F_R = F_1 + F_2$，如图 2-7b 所示。根据这一图形或应用三角形法则，见图 2-7c，可以应用三角形的余弦定理或正弦定理即可确定合力的大小和方向。

应用平行四边形法则确定作用
在吊钩上两个力的合力

2

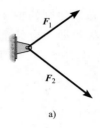

a)

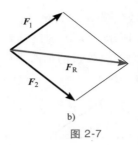

b)

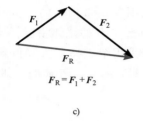

$F_R = F_1 + F_2$

c)

图 2-7

　　求分力　某些时候需要将一个力分解为两个分力，以研究在两个确定方向上推力或拉力的效果。例如，在图 2-8a 中，力 F 被分解为作用在沿 u 和 v 轴方向两根杆上的分力。为了确定两个分力的大小，首先需要构建一个平行四边形：从 F 的首部画两条直线分别平行于 u 和 v 轴，并分别交于 v 和 u 轴。连接 F 的尾部同 u 和 v 轴上的交点即可得到分力 F_u 和 F_v，如图 2-8b 所示。平行四边形也可以简化为一三角形如图 2-8c 所示。然后应用三角形的正弦定理就可以确定每一个分力的大小。

　　几个力相加　多于两个的力相加，可以依次应用平行四边形法则，得到合力。例如，作用于一点 O 的 3 个力 F_1、F_2、F_3，如图 2-9 所示，先确定任意两个力的合力，如 $F_1 + F_2$，然后再将其与第三个力相加，即可得到 3 个力的合力 $F_R = (F_1 + F_2) + F_3$。采用平行四边形法则确定多于 2 个力的合力的方法，往往需要比较多的几何与三角运算，以确定合力的大小与方向数值。如果采用投影的方法，这类问题将比较容易解决，这将在 2.4 节中介绍。

应用平行四边形法则确定支承力 F 分解为沿 u 和 v 轴的两个分力

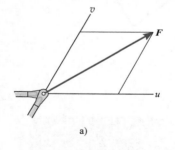

a)

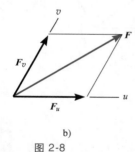

b)

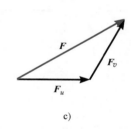

c)

图 2-8

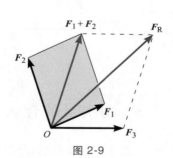

图 2-9

分析过程

求解含有两个力相加问题的过程如下：

平行四边形法则

- 根据平行四边形法则，图 2-10a 中的两个力 F_1 和 F_2 相加，产生合力 F_R，形成平行四边形的对角线。

- 如果一个力 F 被分解为作用在沿 u 和 v 轴方向上的分力，如图 2-10b 所示。一开始从 F 的首部画两条直线分别平行于 u 和 v 轴，形成一个平行四边形，平行四边形的两边即代表分力 F_u 和 F_v。

确定作用在吊环的合力 F_R，需要先计算 F_1+F_2，然后再将其与 F_3 相加

- 在图上标出所有已知和未知力的大小和方向，确定合力 F_R 的大小和方向两个未知量，或者分力的两个合力的大小。

三角学

- 画出平行四边形的一半，用三角形说明分力的首尾相加。
- 根据这一三角形，合力的大小可以由余弦定理确定；其方向则由正弦定理确定。两个分力的大小由正弦定理确定。有关公式示于图 2-10c。

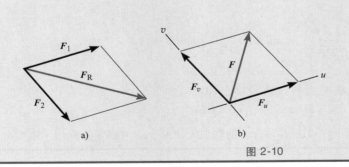

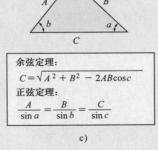

余弦定理：
$$C=\sqrt{A^2+B^2-2AB\cos c}$$
正弦定理：
$$\frac{A}{\sin a}=\frac{B}{\sin b}=\frac{C}{\sin c}$$

a)　　　　b)　　　　c)

图 2-10

要点

◆ 标量是正数或负数。

◆ 矢量是具有大小、方向和指向的量。

◆ 矢量被标量相乘或相除，其大小将发生变化。矢量被负的标量相除，其指向将发生改变。

◆ 作为一种特殊情形，如果矢量共线，其合矢量则由代数相加或标量相加得到。

例题 **2.1**

承受两个力 F_1 和 F_2 的螺栓环如图 2-11a 所示。确定合力的大小与方向。

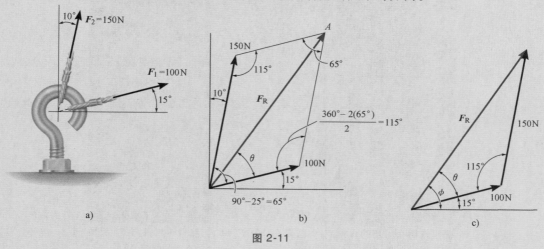

图 2-11

解 平行四边形法则。从 F_1 的首部作 F_2 的平行线，从 F_2 的首部作 F_1 的平行线，形成平行四边形。合力 F_R 指向两平行线的交点 A，如图 2-11b 所示。两个未知量分别为合力 F_R 的大小与角度 θ。

三角学。根据平行四边形，矢量三角形示于图 2-11c 中。应用余弦定理，有

$$F_R = \sqrt{(100\text{N})^2 + (150\text{N})^2 - 2(100\text{N})(150\text{N})\cos 115°}$$
$$= \sqrt{10000 + 22500 - 30000(-0.4226)} \text{ N} = 212.6\text{N}$$
$$= 213\text{N}$$

应用正弦定理确定角度 θ，

$$\frac{150\text{N}}{\sin\theta} = \frac{212.6\text{N}}{\sin 115°}, \quad \sin\theta = \frac{150\text{N}}{212.6\text{N}}(\sin 115°)$$
$$\theta = 39.8°$$

合力 F_R 的方向以其作用线与水平线的夹角 ϕ 来量度，即

$$\phi = 39.8° + 15.0° = 54.8°$$

注意：这一结果似乎是合理的，因为图 2-11b 表明合力的数值大于两个分力且其方向位于两个分力之间。

例题 **2.2**

将图 2-12a 中所示 600lb 的水平力分解为沿 u 和 v 轴的分力，确定两个分力的大小。

解 从 600lb 力的首部分别作平行于 u 和 v 轴的平行线，分别与 v 和 u 轴交于 C 点和 B 点形成平行四边形，如图 2-12b 所示。从 A 到 B 的箭矢即为分力 F_u；从 A 到 C 的箭矢即为分力 F_v。

应用三角形法则进行矢量相加，如图 2-12c 所示。两个未知量分别为分力 F_u 和 F_v 的大小，应用正弦定理，

2

例题 **2. 2**

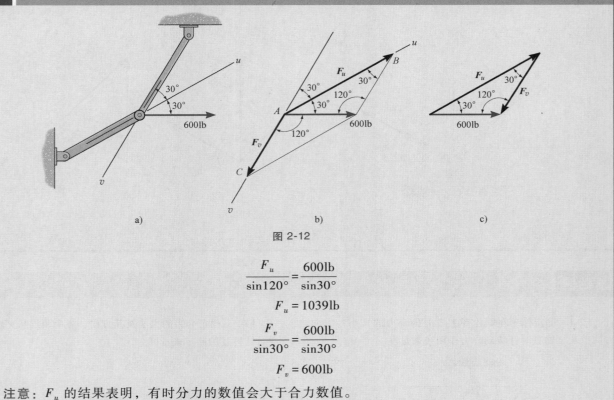

图 2-12

$$\frac{F_u}{\sin 120°} = \frac{600\text{lb}}{\sin 30°}$$

$$F_u = 1039\text{lb}$$

$$\frac{F_v}{\sin 30°} = \frac{600\text{lb}}{\sin 30°}$$

$$F_v = 600\text{lb}$$

注意：F_u 的结果表明，有时分力的数值会大于合力数值。

例题 **2. 3**

图 2-13a 中，为使合力沿 y 轴正方向，试确定分力 F 和合力 F_R 的大小。

解 加法的平行四边形法则示于图 2-13b，矢量的三角形法则示于图 2-13c。合力 F_R 和分力 F 的大小为两个未知量。二者均可由正弦定理确定。

$$\frac{F}{\sin 60°} = \frac{200\text{lb}}{\sin 45°}$$

$$F = 245\text{lb}$$

$$\frac{F_R}{\sin 75°} = \frac{200\text{lb}}{\sin 45°}$$

$$F_R = 273\text{lb}$$

强烈建议读者进行自我测试：将上述例题的解答覆盖上，自己画出力的平行四边形，想一想怎样应用余弦定理和正弦定理确定未知量。在完成一般习题之前，先求解下面给出的基础性习题。这些习题的解和答案将在本书的最后给出。通过全书的习题练习将极大地扩展解题能力。

2

例题　2.3

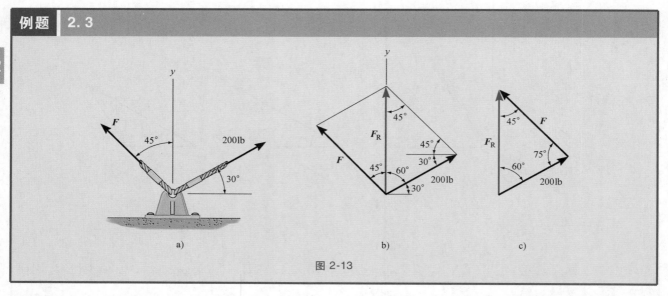

图 2-13

基础题

F2-1　确定作用在螺栓环上二力的合力的大小与方向，方向以从 x 轴顺时针转到合力作用线来量度。

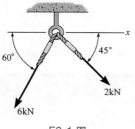

F2-1 图

F2-2　确定作用在钩子上二力的合力的大小。

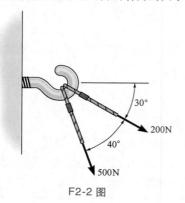

F2-2 图

F2-3　确定合力的大小及其方向，方向角以从 x 轴正向逆时针转过的假定来量度。

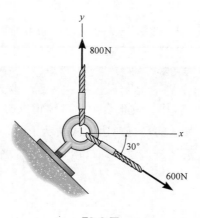

F2-3 图

F2-4　将 30lb 的力沿 u 和 v 轴方向分解为分力，并确定每一个分力的大小。

F2-5　将作用在桁架 $F = 450$lb 的力分解为作用在杆 AB 和 AC 上的分力，并确定每一个分力的大小。

F2-6　设力 F 沿 u 轴方向上的分力 $F_u = 6$kN，确定力 F 及其沿 v 轴方向上的分力 F_v 的大小。

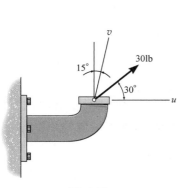

F2-4 图

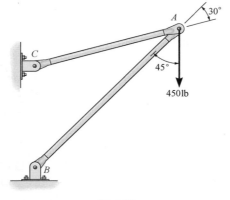

F2-5 图

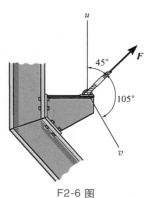

F2-6 图

习题

2-1　确定合力 $F_R = F_1 + F_2$ 的大小与方向，方向以从 u 轴正向顺时针方向来量度。

2-2　将力 F_1 沿 u 轴和 v 轴分解，确定分力的大小。

2-3　将力 F_2 沿 u 轴和 v 轴分解，确定分力的大小。

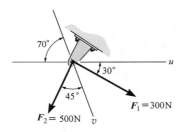

习题 2-1、习题 2-2、习题 2-3 图

*2-4　确定作用在支架上力的合力大小与方向，方向以从 u 轴正向逆时针方向来量度。

2-5　将力 F_1 沿 u 轴和 v 轴分解，确定分力的大小。

2-6　将力 F_2 沿 u 轴和 v 轴分解，确定分力的大小。

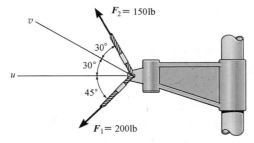

习题 2-4、习题 2-5、习题 2-6 图

2-7　当图中 $F = 450N$、$\theta = 60°$ 时，求合力的大小与方向，方向以从 x 轴正向逆时针方向来量度。

*2-8　如果合力 $F = 500N$，且沿着 y 方向，确定力 F 的大小以及 θ 的数值。

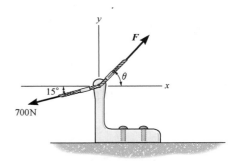

习题 2-7、习题 2-8 图

2-9　作用在二杆组成桁架上点 A 处的铅垂向下的力 F，确定其沿 AB 和 AC 杆轴线方向上的分力的数值。假设 $F = 500N$。

2-10　假设 $F = 350lb$，其他条件不变，重解习题 2-9。

2-11　作用在缆绳上的拉力如图中所示，确定滑轮所受合力的大小和方向。方向角与尾板块上 AB 线具有相同的角度 θ。

*2-12　作用在齿轮齿上的力 $F = 20lb$。将其分解为 aa 和 bb 线方向的分力。

2-13　如果要求 F 沿 aa 线方向的分力为 $30lb$。确定力 F 和沿 bb 线方向分力的大小。

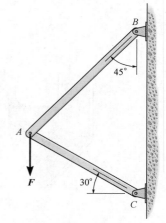

习题 2-9、习题 2-10 图

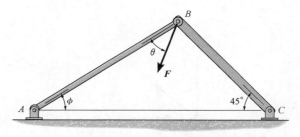

习题 2-14、习题 2-15 图

* 2-16　连接板在 A、B 承受两个力，如图所示。设 $\theta = 60°$，确定这两个力的合力大小与方向，方向角从水平线顺时针方向来量度。

2-17　为使 F_A 和 F_B 的合力沿着水平方向，确定连接杆 A 轴线的角度 θ 以及合力的大小。

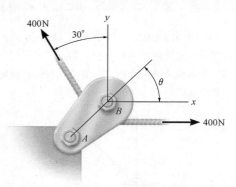

习题 2-11 图

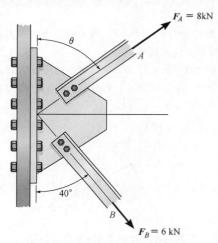

习题 2-16、习题 2-17 图

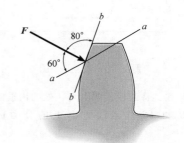

习题 2-12、习题 2-13 图

2-14　作用在桁架上的力 F，如果要求其从 B 到 A 的分力为 650lb，从 B 到 C 的分力为 500lb，假设 $\phi = 60°$，确定 F 的大小与方向 θ。

2-15　假设作用在桁架上的力 $F = 850$lb，$\theta = 30°$。若要求 A 到 B 方向的分力等于 650lb，确定所需要的 ϕ 值（$0° \leqslant \phi \leqslant 90°$）。

2-18　作用在螺栓环上的两个力如图所示。设力 $F_1 = 400$N，$F_2 = 600$N，如果要使二者合力 $F_R = 800$N，确定两个分力之间的夹角 θ（$0° \leqslant \theta \leqslant 180°$）。

2-19　作用在螺栓环上的两个力 F_1 和 F_2，如果二者之间的夹角为 θ，且 $F_1 = F_2 = F$，确定合力 F_R 的大小，以及 F_R 与 F_1 之间的夹角。

* 2-20　如果两个拖船的合力为 3kN，方向沿着 x 轴正向，确定力 F_B 的大小和方向角 θ。

2-21　设 $F_B = 3$kN，$\theta = 45°$，确定两拖船合力的大小与方向，方向角按 x 轴正向顺时针方向来量度。

2-22　如果要求两个拖船的合力指向 x 轴正向，且 F_B 最小，确定 F_R 和 F_B 的大小与角度 θ。

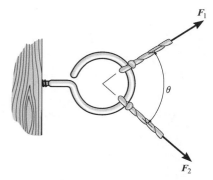

习题 2-18、习题 2-19 图

有的力都处在同一平面内。为使第 3 根铁链上力最小，求角度 θ，θ 从 x 轴正向顺时针方向来量度。提示：首先确定两个已知力的合力，力 F 作用在这一方向。

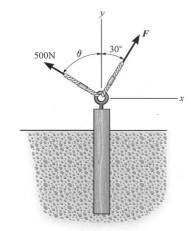

习题 2-23、习题 2-24 图

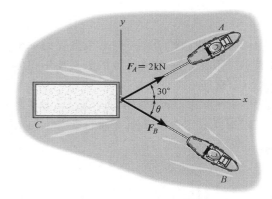

习题 2-20、习题 2-21、习题 2-22 图

2-23 作用在螺栓环的两个力如图所示。设 $F = 600N$，如果要求合力铅垂向上，求合力的大小与角度 θ。

* 2-24 两个力施加在用于拔桩的螺栓环上如图所示。为使作用在桩上的力铅垂向上，并且等于 750N，确定角度 θ（$0° \leqslant \theta \leqslant 90°$）以及力 F 的大小。

2-25 3 根铁链拴在支架上，使之产生大小为 500lb 的合力，作用在其中两根铁链的力大小和方向如图所示，所

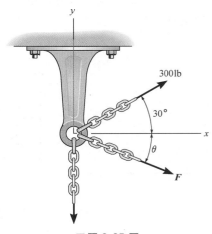

习题 2-25 图

2.4 平面力系的合成

标量标记法 示于图 2-14a 中的力 F 的直角分量可以采用平行四边形法则得到，$F = F_x + F_y$。因为这些分量组成一直角三角形，可以根据下式确定：

$$F_x = F\cos\theta, \quad F_y = F\sin\theta$$

如果不用 θ，力 F 的方向也可以用例如图 2-14b 中所示的斜置小三角形表示。由于小三角形与大三角形相似，二者边长之比给出：

$$\frac{F_x}{F} = \frac{a}{c}$$

或

$$F_x = F\left(\frac{a}{c}\right)$$

以及

$$\frac{F_y}{F} = \frac{b}{c}$$

或

$$F_y = -F\left(\frac{b}{c}\right)$$

其中 y 方向的分量为负，是因为 F_y 沿着 y 轴的负方向。

正标量和负标量仅仅在计算时才能应用，在图形图解法中则不适用。牢记这一点是很重要的。全书中图形上所有箭矢的箭头都表示矢量的指向，不能用代数符号表示。因此，图 2-14a、b 的矢量均用粗体字标记[注]。无论何时，图形中矢量附近的斜体字，都表示矢量的大小，而且总是正的量。

笛卡儿矢量标记法   还有可能用笛卡儿单位矢量 i 和 j 表示一个力的 x 和 y 方向的分量。i 和 j 之所以称为单位矢量是因为二者都是大小等于 1 的无量纲量，因而可以用以分别表示 x 和 y 轴的指向，如图 2-15 所示[注]。

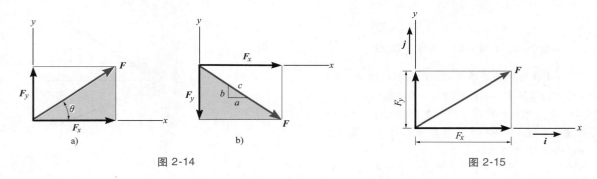

图 2-14   图 2-15

因为 F 的每一个分量的大小始终是正的量，它们都用（正）标量 F_x 和 F_y 表示，所以可以用笛卡儿矢量表示 F，

$$F = F_x i + F_y j$$

共面力系的合力   可以采用上述两种方法中的一种确定几个共面力的合力。为此，首先将每个力分解为 x 和 y 方向上的分量，因为这些分量都是共线的，所以可以用标量代数将各个分量相加。再应用平行四边形法则将合分量相加形成合力。例如考察图 2-16a 中所示的 3 个共点力，它们在 x 和 y 方向上的分量示

⊖   只有当表示矢量大小相等、方向相反时，才在图形中矢量粗体字前加负号，如图 2-2 中所示。

⊖   手写时，通常在字母上部加一音符表示单位矢量，即 $\check{i}$、$\check{j}$。在图 2-15 中的 F_x 和 F_y 均表示分量的大小，它们恒为正标量。分量的方向由 i 和 j 确定。如果采用标量标记法，F_x 和 F_y 可以为正，也可以为负，因为它们可以说明分量的大小与方向。

于图 2-16b 中。应用笛卡儿矢量标记法，每一个力都表示笛卡儿矢量：

$$F_1 = F_{1x}\mathbf{i} + F_{1y}\mathbf{j}$$

$$F_2 = -F_{2x}\mathbf{i} + F_{2y}\mathbf{j}$$

$$F_3 = F_{3x}\mathbf{i} - F_{3y}\mathbf{j}$$

合力矢量为

$$\begin{aligned}
F_R &= F_1 + F_2 + F_3 \\
&= F_{1x}\mathbf{i} + F_{1y}\mathbf{j} - F_{2x}\mathbf{i} + F_{2y}\mathbf{j} + F_{3x}\mathbf{i} - F_{3y}\mathbf{j} \\
&= (F_{1x} - F_{2x} + F_{3x})\mathbf{i} + (F_{1y} + F_{2y} - F_{3y})\mathbf{j} \\
&= (F_R)_x\mathbf{i} + (F_R)_y\mathbf{j}
\end{aligned}$$

如果应用标量标记法，则有

$$(\xrightarrow{+})\ (F_R)_x = F_{1x} - F_{2x} + F_{3x}$$

$$(+\uparrow)\ (F_R)_y = F_{1y} + F_{2y} - F_{3y}$$

这与上面得到的 F_R 在 $\mathbf{i}$ 和 $\mathbf{j}$ 方向上的分量相同。

对于由若干个力组成的共面力系，可以用所有力的 x 和 y 方向上的分量的代数和表示合力的分量。即

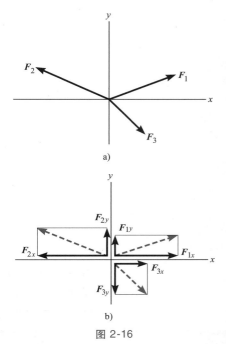

图 2-16

$$(F_R)_x = \sum F_x$$

$$(F_R)_y = \sum F_y \tag{2-1}$$

一旦确定了合力的分量，就可以在图上沿 x 和 y 轴方向画出具有确定指向的分量，并且应用矢量加法确定合力。根据此图，应用勾股定理即可求得合力的大小：

$$F_R = \sqrt{(F_{Rx})^2 + (F_{Ry})^2}$$

此外，应用三角形，还可以求得决定合力方向的角度 θ：

$$\theta = \arctan\left|\frac{F_{Ry}}{F_{Rx}}\right|$$

上述概念在下面的若干例题中将有数字化的详尽解释。

要点

- 如果建立一个 x、y 坐标系，并且将共面力系的力沿 x、y 轴分解，将很容易求得共面力系的合力。
- 每一个力的方向都由其作用线的角度所确定，这一角度可以是与坐标轴的夹角，或者是由一斜三角形表示。
- x 和 y 轴的原点是任意的，它们的正向由笛卡儿单位矢量确定。
- 合力的 x 和 y 分量等于所有共面力分量的代数和。
- 合力的大小由勾股定理确定，当合力的分量标在 x、y 方向时，合力的方向可以由三角学确定。

2

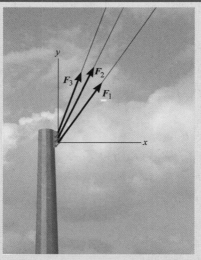

作用在柱子上 3 根电缆的力的合力，可以通过对每一个力在 x、y 方向上的
分量分别代数相加得到。合力 F_R 对柱子将产生与 3 根电缆相同的拉力效果

例题 2.4

作用在支承柱上的两个力 F_1 和 F_2 如图 2-17a 所示。确定两个力在 x 和 y 方向的分量，并表示成笛卡儿矢量。

解 标量标记。应用平行四边形法则，将 F_1 分解为 x 和 y 方向的分量，如图 2-17b 所示。因为 F_{1x} 沿着 x 的负方向，F_{1y} 沿着 y 的正方向，有

$$F_{1x} = -200 \sin30° N = -100N = 100N \leftarrow$$

$$F_{1y} = 200 \cos30° N = 173N = 173N \uparrow$$

力 F_2 分解为 x 和 y 方向的分量，如图 2-17c 所示。图中标出了力作用线的斜率。根据斜率三角形，可以得到角度 θ，即

$$\theta = \arctan\left(\frac{5}{2}\right)$$

于是可以采用与力 F_1 相同的方式确定分量的大小。

$$\frac{F_{2x}}{260N} = \frac{12}{13}, \quad F_{2x} = 260N\left(\frac{12}{13}\right) = 240N$$

类似地，有

$$F_{2y} = 260N\left(\frac{5}{13}\right) = 100N$$

注意到，水平分量 F_{2x} 的大小是将力的大小乘以斜率三角形的水平边与斜边之比而得到；而铅垂分量 F_{2y} 的大小则是将力的大小乘以斜率三角形的铅垂边与斜边之比求得。于是，采用标量标记法，有

例题 2.4

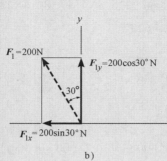

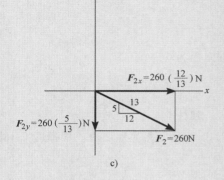

图 2-17

$$F_{2x} = 240N = 240N \rightarrow$$

$$F_{2y} = -100N = 100N \downarrow$$

笛卡儿矢量标记。确定了每个力分量的大小和方向，就可以将这些力表示为笛卡儿矢量。

$$F_1 = (-100i + 173j)N$$

$$F_2 = (240i - 100j)N$$

例题 2.5

图 2-18a 所示的圆环承受两个力 F_1 和 F_2 作用。确定合力的大小和方向。

解法 1

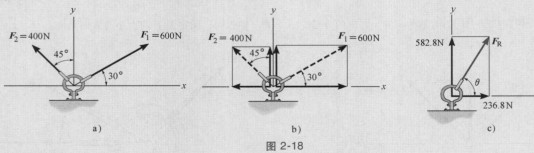

图 2-18

标量标记法。首先将两个力分解为 x 和 y 方向的分量，如图 2-18b 所示，然后计算分量的代数和。

$$\xrightarrow{\pm} (F_R)_x = \sum F_x : (F_R)_x = 600 \cos30°N - 400 \sin45°N$$

$$= 236.8N \rightarrow$$

$$+\uparrow (F_R)_y = \sum F_y : (F_R)_y = 600 \sin30°N + 400 \cos45°N$$

$$= 582.8N \uparrow$$

例题 2.5

合力如图 2-18c 所示，其大小为

$$F_R = \sqrt{(236.8N)^2 + (582.8N)^2}$$
$$= 629N$$

方向角为

$$\theta = \arctan\left(\frac{582.8N}{236.8N}\right) = 67.9°$$

解法 2

笛卡儿矢量标记法。根据图 2-18b，首先将每个力表示成笛卡儿矢量

$$F_1 = (600 \cos 30°i + 600 \sin 30°j)N$$
$$F_2 = (-400 \sin 45°i + 400 \cos 45°j)N$$

然后根据矢量加法

$$F_R = F_1 + F_2 = (600 \cos 30°N - 400 \sin 45°N)i +$$
$$(600 \sin 30°N + 400 \cos 45°N)j$$
$$= (236.8i + 582.8j)N$$

合力 F_R 的大小和方向的确定与前述方式相同。

注意：比较两种解法可以看出，标量标记法的应用显得更有效，因为将分量相加之前无须首先将这些分量表示成笛卡儿矢量。但是后面将会发现，笛卡儿矢量分析对于求解三维问题非常有利。

基础题

F2-7　将作用在柱子上的力分解为 x 和 y 方向的分量。

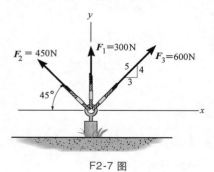

F2-7 图

F2-8　确定图中各力的合力的大小与方向。

F2-9　确定作用在托臂上二力的合力大小与方向 θ，θ 从 x 轴正向逆时针方向来量度。

F2-10　如果作用在支架上各力的合力为 750N、方向沿

着 x 轴正向，确定力 F 的大小与方向角 θ。

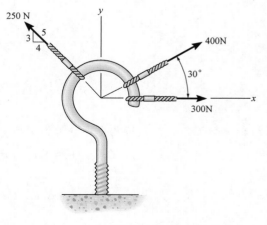

F2-8 图

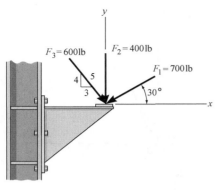

F2-9 图

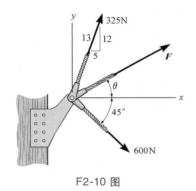

F2-10 图

F2-11　如果作用在支架上各力的合力为 80lb、方向沿

着 u 轴正向，确定力 F 的大小与方向角 θ。

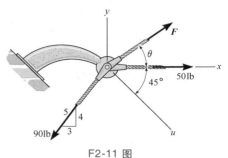

F2-11 图

F2-12　确定各力的合力大小与方向 θ，θ 从 x 轴正向逆时针方向来量度。

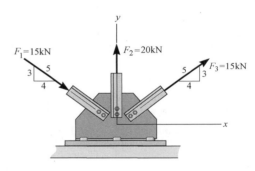

F2-12 图

习题

2-26　确定 800lb 的力沿 x 和 y 方向的分量。

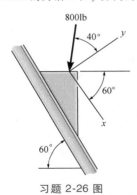

习题 2-26 图

2-27　将作用在角撑板上的力分解为 x 和 y 方向的分量，并表示为笛卡儿矢量。

*2-28　确定作用在角撑板上的合力大小与方向，方向从 x 轴正向顺时针来量度。

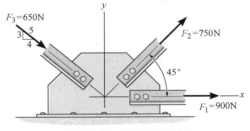

习题 2-27、习题 2-28 图

2-29　将作用在柱子上 3 个力表示成笛卡儿矢量，计算其合力的大小。

2-30　作用在支承件上的合力等于 400N。如果 $\phi = 30°$，确定力 F_1 的大小。

2-31 作用在支承件上的合力沿着 u 轴的正向，且要求力 F_1 的数值最小，确定合力以及力 F_1 的大小。

*2-32 如果作用在支承件上的合力为 600N，方向沿着 u 轴的正向，确定力 F_1 的大小和方向角 ϕ。

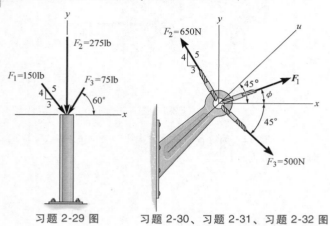

习题 2-29 图   习题 2-30、习题 2-31、习题 2-32 图

2-33 如果 $F_1 = 600N$，$\phi = 30°$，确定作用在螺栓环上的合力大小与方向，方向从 x 轴正向顺时针来量度。

2-34 如果作用在螺栓环上的合力等于 600N，其作用线与 x 轴正向夹角 $\theta = 30°$，确定力 F_1 的大小以及方向角 ϕ。

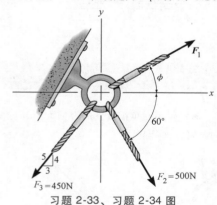

习题 2-33、习题 2-34 图

2-35 3 个力作用在支承件上。为使其合力沿着 u 轴正向且大小为 50lb，确定力 F_2 的大小和方向 θ。

*2-36 3 个力作用在支承件上，如果其中的力 $F_2 = 150lb$，$\theta = 55°$，确定合力的大小与方向，方向从 x 轴正向顺时针方向来量度。

2-37 作用在支承件上的力如图所示，如果 $\phi = 30°$，$F_1 = 250lb$，确定合力的大小与方向，方向从 x 轴正向顺时针方向来量度。

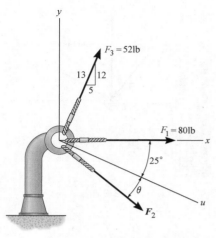

习题 2-35、习题 2-36 图

2-38 如果作用在支承件上的合力大小为 400lb，方向沿着 x 轴正向，确定力 F_1 的大小与方向角 ϕ。

2-39 作用在支承件上的合力沿着 x 轴的正向，且要求力 F_1 的数值最小，确定合力以及力 F_1 的大小。

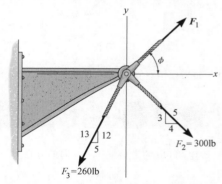

习题 2-37、习题 2-38、习题 2-39 图

*2-40 为使图示 3 个力的合力尽可能小，求力 F 以及合力的大小。

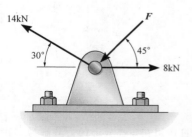

习题 2-40 图

2.5　笛卡儿矢量

如果先将矢量表示成笛卡儿矢量形式，应用矢量的代数运算求解三维问题时非常简单。本节将就此给出一般方法，下一节将采用这一方法确定汇交力系的合力。

右手坐标系　本书以下将采用右手坐标系推导矢量代数理论。一直角坐标系，如果当右手手指从 x 轴正向转向 y 轴正向时，拇指指向 z 轴正向，这一坐标系称为右手坐标系，如图 2-19 所示。

矢量的正交分量　根据矢量相对于坐标轴的取向，任意矢量 A 可能具有沿 x、y、z 坐标轴的一个、两个或者三个分量。一般而言，当矢量 A 位于 x、y、z 坐标框架的象限内时，通过两次连续应用平行四边形法则，如图 2-20 所示，可以将其先分解为

$$A = A' + A_z$$

然后再将 A' 分解为

$$A' = A_x + A_y$$

将上述方程联立消去其中的 A'，矢量 A 即可表示成其 3 个正交分量的矢量和，

$$A = A_x + A_y + A_y \tag{2-2}$$

笛卡儿单位矢量　在空间中，笛卡儿单位矢量 i、j、k 分别用于表示 x、y、z 轴的方向。正如 2.4 节所述，这些矢量的指向（箭头）将解析地用一正号或负号表示，取决于其沿 x、y、z 轴的正向还是负向。图 2-21 中所示均为正的笛卡儿单位矢量。

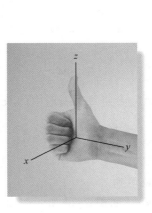

图 2-19

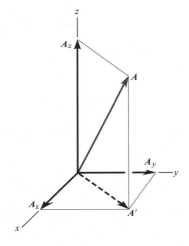

图 2-20

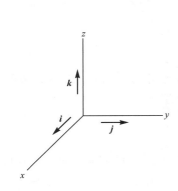

图 2-21

笛卡儿矢量描述　因为方程（2-2）中的矢量 A 的 3 个分量均作用在 i、j、k 的正方向，可以将矢量 A 写成笛卡儿矢量形式：

$$A = A_x i + A_y j + A_z k \tag{2-3}$$

矢量的这种描述方式，将每一个分矢量的大小和方向加以区分，使得矢量的代数运算得以简化，因而具有明显优势，对于三维问题尤其如此。

2

笛卡儿矢量大小　矢量 A 描述成笛卡儿矢量形式，总有可能求得矢量的大小。正如图 2-23 所示，根据图中的直角三角形 I 有

$$A = \sqrt{A'^2 + A_z^2}$$

根据直角三角形 II 有

$$A' = \sqrt{A_x^2 + A_y^2}$$

上述两个方程联立，消去 A'，得

$$A = \sqrt{A_x^2 + A_y^2 + A_z^2} \tag{2-4}$$

这表明，矢量 A 的大小等于其分量平方和的算术平方根。

笛卡儿矢量方向　矢量 A 的方向由坐标方向角 α、β、γ 定义，方向角为矢量 A 作用线与位于矢量尾的坐标轴 x、y、z 正方向之间夹角，如图 2-24 所示。注意到，无论矢量 A 是什么方向，三个坐标方向角均在 0° 到 180° 之间。

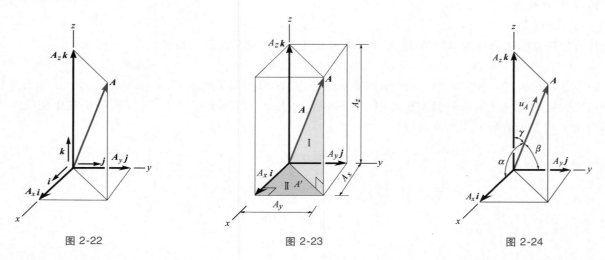

图 2-22　　　　　　　　　　图 2-23　　　　　　　　　　图 2-24

为了确定方向角 α、β、γ，考察矢量 A 在 x、y、z 轴上的投影，如图 2-25 所示。参照每一图形中的灰色直角三角形，有

$$\cos\alpha = \frac{A_x}{A}, \quad \cos\beta = \frac{A_y}{A}, \quad \cos\gamma = \frac{A_z}{A} \tag{2-5}$$

称为矢量 A 的方向余弦。一旦确定了方向余弦，方向角 α、β、γ 即可由反余弦得到。

一种容易求得方向余弦的方法是，在矢量 A 的方向上建立一单位矢量 u_A，如图 2-24 所示。如果 A 表示成笛卡儿矢量 $A = A_x i + A_y j + A_z k$，则 u_A 的大小等于 1，而且是由矢量 A 除以其大小得到的无量纲量，即

$$u_A = \frac{A}{A} = \frac{A_x}{A} i + \frac{A_y}{A} j + \frac{A_z}{A} k \tag{2-6}$$

其中

$$A = \sqrt{A_x^2 + A_y^2 + A_z^2}$$

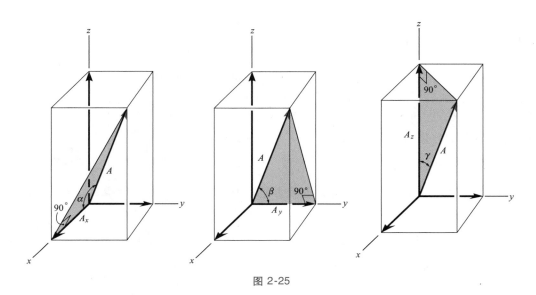

图 2-25

将方程（2-6）与方程（2-5）比较，显然 u_A 的 i、j、k 方向的分量即为矢量 A 的方向余弦，即

$$u_A = \cos\alpha i + \cos\beta j + \cos\gamma k \qquad (2-7)$$

因为矢量的大小等于其分量大小平方和的算术平方根，以及 u_A 的大小等于 1，所以根据上述方程可以得到方向余弦之间的一个重要关系式。

$$\cos^2\alpha + \cos^2\beta + \cos^2\gamma = 1 \qquad (2-8)$$

由此可见，如果 3 个方向角中有 2 个是已知的，则根据上述方程可以导出第 3 个。

最后，如果 A 的大小和方向角均为已知，则 A 可以表示为笛卡儿矢量的形式：

$$
\begin{aligned}
A &= Au_A \\
&= A\cos\alpha i + A\cos\beta j + A\cos\gamma k \\
&= A_x i + A_y j + A_z k
\end{aligned}
\qquad (2-9)
$$

有时，A 的方向也可以由两个角度 θ 和 ϕ 所定义，如图 2-26 所示。A 的分量首先可以对图中浅灰色直角三角形应用三角学知识，得到

$$A_z = A\cos\phi$$

和

$$A' = A\sin\phi$$

然后再对深灰色直角三角形应用三角学知识，有

$$A_x = A'\cos\theta = A\sin\phi\cos\theta$$

$$A_y = A'\sin\theta = A\sin\phi\sin\theta$$

于是，A 的笛卡儿矢量形式变成

$$A = A\sin\phi\cos\theta i + A\sin\phi\sin\theta j + A\cos\phi k$$

这一公式对于如何理解应用三角学知识确定分量是重要的，但无须记住这一公式。

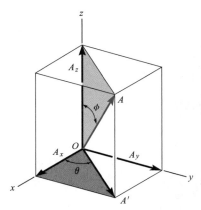

图 2-26

2.6　笛卡儿矢量的合成

如果将矢量表示成笛卡儿分量的形式，两个或多个矢量的加法是非常简单的。例如，图 2-27 中的矢量 $A = A_x i + A_y j + A_z k$ 和矢量 $B = B_x i + B_y j + B_z k$，二者合矢量 R 的分量等于矢量 A 和矢量 B 在 i、j、k 方向上分量的标量和，即

$$R = A + B = (A_x + B_x)i + (A_y + B_y)j + (A_z + B_z)k$$

将其一般化并应用于多个力的汇交力系，合力等于力系中所有力的矢量和

$$F_R = \sum F = \sum F_x i + \sum F_y j + \sum F_z k \qquad (2\text{-}10)$$

其中 $\sum F_x$、$\sum F_y$、$\sum F_z$ 分别表示力系中所有力在 x、y、z 或 i、j、k 方向上的分量的代数和。

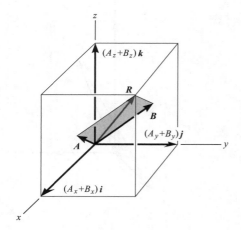

图 2-27

要点

- 笛卡儿矢量分析经常用于求解空间问题。
- x、y、z 的正方向由笛卡儿单位矢量 i、j、k 所定义。
- 笛卡儿矢量的大小为 $A = \sqrt{A_x^2 + A_y^2 + A_z^2}$。
- 笛卡儿矢量的方向由坐标方向角 α、β、γ 所定义，它们分别为矢量作用线与 x、y、z 坐标轴正向的夹角。单位矢量的分量分别为 α、β、γ 的方向余弦。α、β、γ 中只要有两个量是独立的，则第 3 个量就可以由 $\cos^2 \alpha + \cos^2 \beta + \cos^2 \lambda = 1$ 导出。
- 有时，矢量的方向也可以由图 2-26 中所示的角度 θ 和 ϕ 所定义。
- 为了确定汇交力系的合力，需要将每个力都表示为笛卡儿矢量，然后将力系中所有力的 i、j、k 方向的分量相加。

为确定作用在船首的合力，首先需将每根钢缆上的力
表示为笛卡儿矢量，然后对 i、j、k 方向的分量求和

例题　2.6

将图 2-28 中的力 F 表示为笛卡儿矢量。

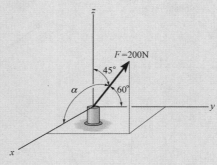

图 2-28

解　因为只给出两个坐标方向角，第 3 个方向角 α 必须根据方程（2-8）导出，即

$$\cos^2\alpha+\cos^2\beta+\cos^2\gamma=1$$

$$\cos^2\alpha+\cos^2 60°+\cos^2 45°=1$$

$$\cos\alpha=\sqrt{1-(0.5)^2-(0.707)^2}=\pm0.5$$

因此，存在两种可能的结果

$$\alpha=\arccos(0.5)=60°$$

或

$$\alpha=\arccos(-0.5)=120°$$

因为 F_x 沿 x 轴的正向，所以 $\alpha=30°$。

利用方程（2-9）以及 $F=200\mathrm{N}$，有

$$F=F\cos\alpha i+F\cos\beta j+F\cos\gamma k$$

$$=(200\cos 60°\mathrm{N})i+(200\cos 60°\mathrm{N})j+(200\cos 45°\mathrm{N})k$$

$$=(100.0i+100.0j+141.4k)\mathrm{N}$$

这表明力 F 的大小 $F=200\mathrm{N}$。

例题　2.7

确定图 2-29a 中作用在环上的各力的合力大小与坐标方向角。

解　因为每个力都已经表示成笛卡儿矢量的形式，图 2-29a 所示各力的合力为

$$F_\mathrm{R}=\sum F=F_1+F_2=(60j+80k)\mathrm{lb}+(50i-100j+100k)\mathrm{lb}$$

$$=(50i-40j+180k)\mathrm{lb}$$

合力 F_R 的大小为

例题 2.7

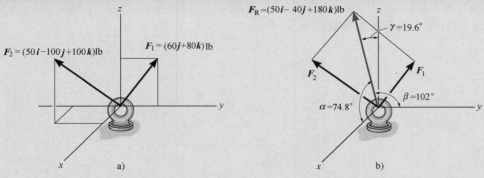

图 2-29

$$F_R = \sqrt{(50\text{lb})^2 + (-40\text{lb})^2 + (180\text{lb})^2} = 191.0\text{lb}$$
$$= 191\text{lb}$$

根据作用在 F_R 方向上的单位矢量，

$$\mathbf{u}_{F_R} = \frac{\mathbf{F}_R}{F_R} = \frac{50}{191.0}\mathbf{i} - \frac{40}{191.0}\mathbf{j} + \frac{180}{191.0}\mathbf{k}$$
$$= 0.2617\mathbf{i} - 0.2094\mathbf{j} + 0.9422\mathbf{k}$$

得 F_R 的坐标方向角为

$$\cos\alpha = 0.2617, \quad \alpha = 74.8°$$
$$\cos\beta = -0.2094, \quad \beta = 102°$$
$$\cos\gamma = 0.9422, \quad \gamma = 19.6°$$

这些方向角示于图 2-29b 中。

注意：特别要注意的是，因为 $\mathbf{u}_{F_R}$ 的 $\mathbf{j}$ 分量为负，$\beta > 90°$。考虑按照平行四边形法则将 F_1 和 F_2 相加是合理的。

例题 2.8

将图 2-30a 中的力表示为笛卡儿矢量。

解 图中确定 F 方向的角度 60°和 45°都不是坐标方向角。需要两次连续应用平行四边形法则将力 F 分解为沿 x、y、z 轴的分量。首先 $\mathbf{F} = \mathbf{F}' + \mathbf{F}_z$，然后 $\mathbf{F}' = \mathbf{F}_x + \mathbf{F}_y$，如图 2-30b 所示。

应用三角学知识，这些分量的大小为

$$F_z = 100\sin 60°\text{lb} = 86.6\text{lb}$$
$$F' = 100\cos 60°\text{lb} = 50\text{lb}$$
$$F_x = F'\cos 45° = 50\cos 45°\text{lb} = 35.4\text{lb}$$
$$F_y = F'\sin 45° = 50\sin 45°\text{lb} = 35.4\text{lb}$$

例题 **2.8**

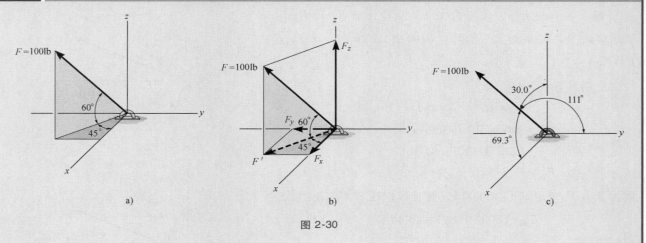

图 2-30

考虑到 $\boldsymbol{F}_y$ 由 $-\boldsymbol{j}$ 的方向所确定，有

$$\boldsymbol{F} = (35.4\boldsymbol{i} - 35.4\boldsymbol{j} + 86.6\boldsymbol{k})\,\text{lb}$$

为了验证矢量的大小为 100lb，应用方程（2-4），得

$$F = \sqrt{F_x^2 + F_y^2 + F_z^2}$$
$$= \sqrt{(35.4)^2 + (35.4)^2 + (86.6)^2} = 100\text{lb}$$

需要根据 $\boldsymbol{F}$ 方向的单位矢量确定 $\boldsymbol{F}$ 的坐标方向角。所以

$$\boldsymbol{u} = \frac{\boldsymbol{F}}{F} = \frac{F_x}{F}\boldsymbol{i} + \frac{F_y}{F}\boldsymbol{j} + \frac{F_z}{F}\boldsymbol{k}$$
$$= \frac{35.4}{100}\boldsymbol{i} - \frac{35.4}{100}\boldsymbol{j} + \frac{86.6}{100}\boldsymbol{k}$$
$$= 0.354\boldsymbol{i} - 0.354\boldsymbol{j} + 0.866\boldsymbol{k}$$

据此得到

$$\alpha = \arccos(0.354) = 69.3°$$
$$\beta = \arccos(-0.354) = 111°$$
$$\gamma = \arccos(0.866) = 30.0°$$

这一结果示于图 2-30c 中。

例题 **2.9**

作用在环上的两个力 $\boldsymbol{F}_1$ 和 $\boldsymbol{F}_2$，如图 2-31a 所示。现要求二力的合力沿着 y 轴的正方向，且其大小等于 800N，试确定力 $\boldsymbol{F}_2$ 的大小以及坐标方向角。

例题 | 2.9

解　为解此问题，须将合力 F_R 及其分量 F_1 和 F_2 均表示成笛卡儿矢量形式。然后，如图 2-31a 所示，求 $F_R = F_1 + F_2$。

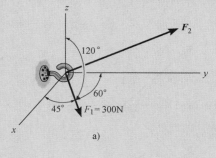

a)

应用方程（2-9），有

$$F_1 = F_1 \cos\alpha_1 i + F_1 \cos\beta_1 j + F_1 \cos\gamma_1 k$$
$$= 300\cos 45°i + 300\cos 60°j + 300\cos 120°k$$
$$= (212.1i + 150j - 150k)\text{N}$$
$$F_2 = F_{2x}i + F_{2y}j + F_{2z}k$$

因为合力 F_R 的大小等于 800N，并且作用在 +j 方向上，故

$$F_R = (800\text{N})(+j) = (800j)\text{N}$$

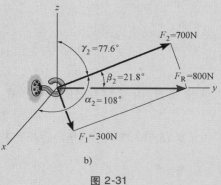

b)

图 2-31

根据要求

$$F_R = F_1 + F_2$$
$$800j = 212.1i + 150j - 150k + F_{2x}i + F_{2y}j + F_{2z}k$$
$$800j = (212.1 + F_{2x})i + (150 + F_{2y})j + (-150 + F_{2z})k$$

为了满足上述方程，F_R 沿 i、j、k 的分量必须等于（$F_1 + F_2$）在 i、j、k 方向上的分量。因此，有

$$0 = 212.1 + F_{2x}, \quad F_{2x} = -212.1\text{N}$$
$$800 = 150 + F_{2y}, \quad F_{2y} = 650\text{N}$$
$$0 = -150 + F_{2z}, \quad F_{2z} = 150\text{N}$$

于是，F_2 的大小为

$$F_2 = \sqrt{(-212.1\text{N})^2 + (650\text{N})^2 + (150\text{N})^2}$$
$$= 700\text{N}$$

应用方程（2-9），即可确定 α_2、β_2、γ_2：

$$\cos\alpha_2 = \frac{-212.1}{700}, \quad \alpha_2 = 108°$$

$$\cos\beta_2 = \frac{650}{700}, \quad \beta_2 = 21.8°$$

$$\cos\gamma_2 = \frac{150}{700}, \quad \gamma_2 = 77.6°$$

上述结果示于图 2-31b 中。

F2-13 确定力的坐标方向角。

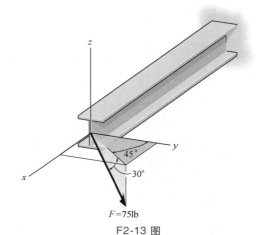

F2-13 图

F2-14 将力表示为笛卡儿矢量。

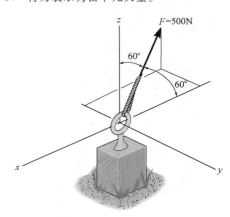

F2-14 图

F2-15 将力表示为笛卡儿矢量。

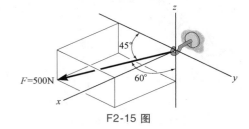

F2-15 图

F2-16 将力表示为笛卡儿矢量。

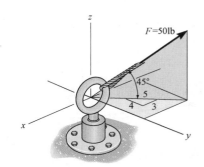

F2-16 图

F2-17 将力表示为笛卡儿矢量。

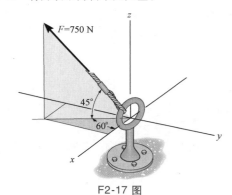

F2-17 图

F2-18 确定钩子上所加力的合力。

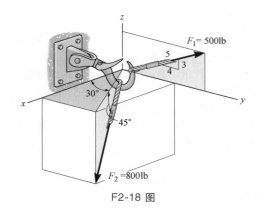

F2-18 图

习题

2

2-41 确定合力的大小与坐标方向角，在坐标系中画出其矢量。

2-42 确定力 F_1 和 F_2 的坐标方向角，将每一个力都表示成笛卡儿矢量。

每一个力。

2-50 塔吊顶端圆环的缆绳上承受 $F = 250\text{lb}$ 的力。将力 F 表示成笛卡儿矢量。

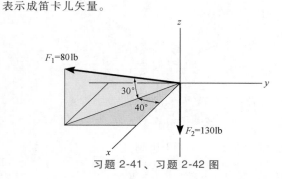

习题 2-41、习题 2-42 图

2-43 确定力 F_1 的坐标方向角。

* 2-44 确定作用在螺栓环上合力的大小与坐标方向角。

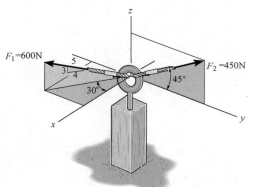

习题 2-43、习题 2-44 图

2-45 力 F 作用在图示象限中环上。如果 $F = 400\text{N}$，$\beta = 60°$，$\gamma = 45°$，确定力 F 的 x、y、z 方向上的分量。

2-46 力 F 作用在图示象限中环上。如果力的 x 和 z 方向上的分量分别为 $F_x = 300\text{N}$ 和 $F_z = 600\text{N}$，$\beta = 60°$，确定力 F 的大小以及坐标方向角 α 和 γ。

2-47 将作用在管子组装件上的力表示成笛卡儿矢量。

* 2-48 确定作用在管子组装件上力的合力大小与方向。

2-49 求力 $F_1 = (60i - 50j + 40k)\text{N}$ 和 $F_2 = (-40i - 85j + 30k)\text{N}$ 的合力大小及坐标方向角。在 x、y、z 参考系中画出

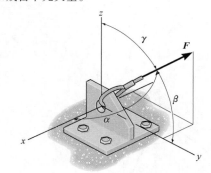

习题 2-45、习题 2-46 图

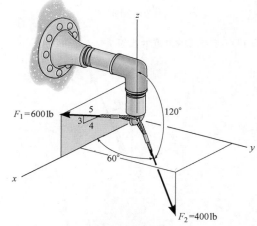

习题 2-47、习题 2-48 图

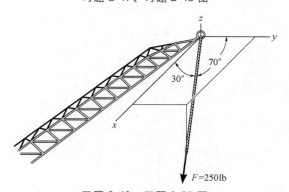

习题 2-49、习题 2-50 图

2-51　3 个力作用在环上。合力 F_R 的大小与方向示于图中，确定力 F_3 的大小与坐标方向角。

2-52　3 个力作用在环上。合力的大小与方向示于图中，确定力 F_1 和 F_R 的坐标方向角。

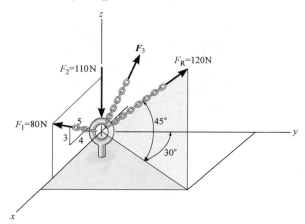

习题 2-51、习题 2-52 图

2-53　如果 $\alpha = 120°$，$\beta < 90°$，$\gamma = 60°$，$F = 400$lb，确定作用在钩子上的合力大小与坐标方向角。

2-54　如果作用在钩子上的合力 $F_R = (-200i + 800j + 150k)$lb，确定力 F 的大小与坐标方向角。

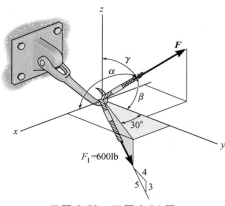

习题 2-53、习题 2-54 图

2-55　车床工件承受的切削力为 60N。确定坐标方向角 β，并将力表示成笛卡儿矢量。

*2-56　将力表示成笛卡儿矢量。

2-57　确定作用在钩子上的合力大小与坐标方向角。

2-58　确定力 F_2 的大小与坐标方向角，使得两个力的合力的大小等于 500N，方向沿着 x 坐标轴的正向。

2-59　确定力 F_2 的大小与坐标方向角，使得两个力的合力等于 0。

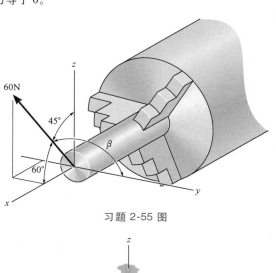

习题 2-55 图

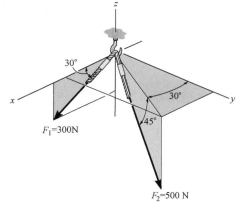

习题 2-56、习题 2-57 图

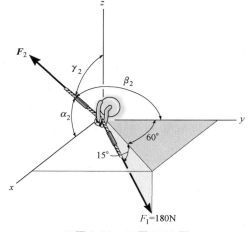

习题 2-58、习题 2-59 图

*2-60 系在螺旋环上的缆绳承受 3 个力作用如图所示，将每个力表示成笛卡儿矢量形式，并确定合力的大小与坐标方向角。

的大小和坐标方向角，使得 $\beta<90°$。

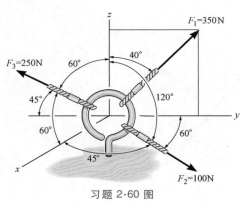

习题 2-60 图

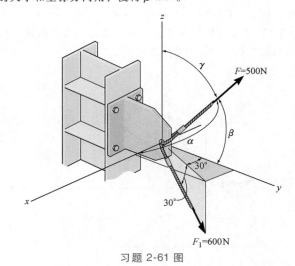

习题 2-61 图

2-61 作用在支架上的合力沿着 y 轴的正向，确定合力

2.7 位置矢量

本节将介绍位置矢量的概念。这一概念对于建立空间两点之间力矢量表达式非常重要。

x、y、z 坐标 全书采用右手坐标系作为空间点位置的参考系。本书也采用很多科技图书中常用的惯例，要求 z 轴指向上方，以此量度物体的高或点的高度，而 x 和 y 轴则位于水平面内，如图 2-32 所示。空间点相对于坐标原点 O 沿 x、y、z 量度而定位。例如，点 A 沿 x、y、z 轴量度分别得到 $x_A=+4\text{m}$，$y_A=+2\text{m}$，$z_A=-6\text{m}$。于是有 A（4m，2m，−6m）。类似地，从 O 到 B 沿 x、y、z 量度得到点 B 的坐标，即 B（6m，−1m，4m）。

位置矢量 位置矢量 r 定义为固定矢量，它确定了空间一点相对于另一点的位置。例如，如果 r 从坐标原点 O 伸出至点 P（x、y、z），如图 2-33a 所示，则 r 表示成笛卡儿矢量形式：

$$r=x\boldsymbol{i}+y\boldsymbol{j}+z\boldsymbol{k}$$

请注意，图 2-33b 中三个分量首尾怎样相加产生矢量 r。从原点开始，首先沿 $\boldsymbol{i}$ 方向取 x；然后沿 $\boldsymbol{j}$ 方向取 y；最后沿 $\boldsymbol{k}$ 方向取 z 到达点 P（x，y，z）。

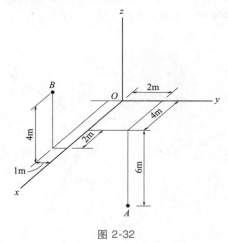

图 2-32

更一般的情形下，位置矢量也可以从空间的一点 A 到另一点 B，如图 2-34a 所示。这一矢量也可以用记号 r 表示。作为一种约定，有时用矢量指向的起点和终点两个下标表示这种矢量。于是矢量 r 可以表示成 r_{AB}。需要注意的是在图 2-34a 中 r_A 和 r_B 只有一个下标，因为它们是从坐标原点出发的。

根据图 2-34a，通过矢量首尾相加，应用三角形法则，有

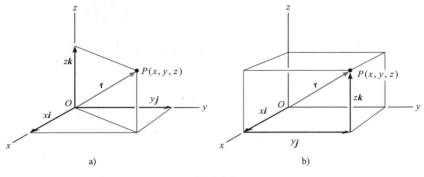

图 2-33

$$r_A + r = r_B$$

从中解出 r 并将 r_A 和 r_B 表示成笛卡儿矢量形式，则有

$$r = r_B - r_A = (x_B i + y_B j + z_B k) - (x_A i + y_A j + z_A k)$$

或

$$r = (x_B - x_A) i + (y_B - y_A) j + (z_B - z_A) k \tag{2-11}$$

于是，位置矢量 r 的 i、j、k 分量可以用矢量箭首坐标 B（x_B，y_B，z_B）减去箭尾坐标 A（x_A，y_A，z_A）表示。也可以用从 A 到 B 分别沿 x 轴正向（$+i$）、y 轴（$+j$）正向和 z 轴正向（$+k$）移动的距离（$x_B - x_A$）、（$y_B - y_A$）、（$z_B - z_A$）表示，如图 2-34b 所示。

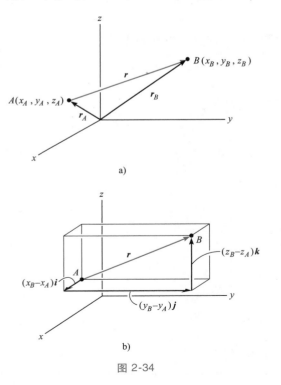

图 2-34

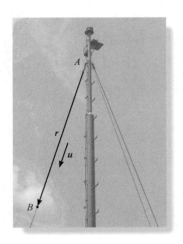

　　一旦建立了 x、y、z 坐标轴，缆绳上两点 A 和 B 的坐标便可以确定。据此即可建立作用在缆绳上的位置矢量 r 的表达式。其大小对应于从 A 到 B 的距离，方向由 α、β、γ 定义的单位矢量 $u = r/r$ 给出

例题 **2.10**

弹性橡皮带系在 A 和 B 两点如图 2-35a 所示。确定带的长度以及从 A 到 B 的方向角。

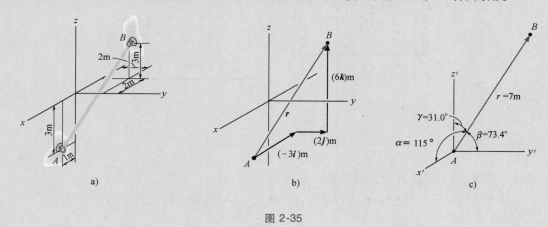

图 2-35

解 首先从 A 到 B 建立一矢量如图 2-35b 所示。根据方程（2-11），由矢尾坐标 B（-2m，2m，3m）减去矢首坐标 A（1m，0，-3m），得

$$r = [-2m-1m]i + [2m-0]j + [3m-(-3m)]k$$
$$= (-3i+2j+6k) \text{ m}$$

r 的这些分量也可以通过从 A 到 B 沿 x 轴正向、y 轴正向和 z 轴正向移动的距离和方向（-3i）m、（2j）m、（6k）m 直接确定。

据此橡皮带的长度为

$$r = \sqrt{(-3\text{m})^2 + (2\text{m})^2 + (6\text{m})^2} = 7\text{m}$$

在 r 方向建立一单位矢量

$$u = \frac{r}{r} = -\frac{3}{7}i + \frac{2}{7}j + \frac{6}{7}k$$

这一单位矢量的分量给出坐标方向角

$$\alpha = \arccos\left(-\frac{3}{7}\right) = 115°$$

$$\beta = \arccos\left(\frac{2}{7}\right) = 73.4°$$

$$\gamma = \arccos\left(\frac{6}{7}\right) = 31.0°$$

注意： 这些角度是从位于 r 的矢尾坐标系中的坐标轴正向量度的。

2.8 沿作用线指向的力矢量

通常在空间问题中，力的方向是由力作用线上的两点所定义的。图 2-36 中所示即为这种情形，其中力 F 沿着绳索 AB 方向。通过确认力与从绳索上的 A 到 B 的位置矢量 r 具有相同的方位与指向，建立 F 的笛卡儿矢量表达式。其方向由矢量确定 $u = r/r$。其中

$$F = Fu = F\left(\frac{r}{r}\right) = F\left(\frac{(x_B - x_A)i + (y_B - y_A)j + (z_B - z_A)k}{\sqrt{(x_B - x_A)^2 + (y_B - y_A)^2 + (z_B - z_A)^2}}\right)$$

要注意的是，在图 2-36 中的符号 F，其具有力的单位，而不像 r 具有长度单位。

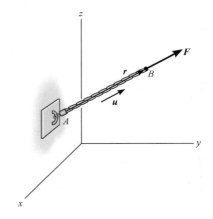

图 2-36

通过建立 x、y、z 坐标轴，并首先形成沿缆绳长度的正矢量 r，可以将沿缆绳作用的力 F 表示成笛卡儿矢量。然后就可以确定定义缆绳和力的方向单位矢量 $u = r/r$。最后，组合成能够反映力的大小和方向的表达式 $F = Fu$

要点

- 位置矢量确定空间一点相对于另一点的位置。
- 建立正矢量的分量表达式最容易的方法是，确定从矢尾到矢首沿 x、y、z 方向所经历的距离和方向。
- 如果位置矢量的单位矢量 $u = r/r$，将其乘以力的大小，即 $F = Fu = F(r/r)$，则沿位置矢量 r 方向上的力 F 就可以表示成笛卡儿矢量形式。

例题 2. 11

人拉绳索如图 2-37a 所示，拉力为 70lb。将作用在支承 A 上的力表示成笛卡儿矢量并确定其方向。

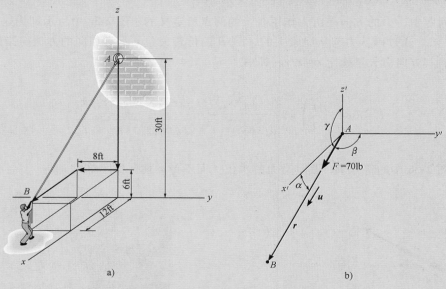

图 2-37

解 力 F 如图 2-37b 所示。单位矢量 u 的方向根据由 A 到 B 的位置矢量确定。确定矢量 r，不是利用绳索端点的坐标，而是直接利用图 2-37a 中的标注经历从 $A(-24k)$ ft，然后 $(-8j)$ ft、最后 $(12i)$ ft 到达 B。于是，有

$$r = \{12i - 8j - 24k\} \text{ ft}$$

r 的大小表示绳索的长度

$$r = \sqrt{(12\text{ft})^2 + (-8\text{ft})^2 + (-24\text{ft})^2} = 28\text{ft}$$

形成定义 r 和 F 的方位与指向的单位矢量

$$u = \frac{r}{r} = \frac{12}{28}i - \frac{8}{28}j - \frac{24}{28}k$$

因为 F 的大小等于 70lb，其方向由 u 确定

$$F = Fu = 70\text{lb}\left(\frac{12}{28}i - \frac{8}{28}j - \frac{24}{28}k\right)$$

$$= (30i - 20j - 60k)\text{lb}$$

坐标方向角由 r（或 F）与坐标原点位于点 A 的局部坐标系中坐标轴正向之间的夹角量度，如图 2-37b 所示。根据单位矢量的分量，得到

$$\alpha = \arccos\left(\frac{12}{28}\right) = 64.6°$$

例题	2.11

$$\beta = \arccos\left(\frac{-8}{28}\right) = 107°$$

$$\gamma = \arccos\left(\frac{-24}{28}\right) = 149°$$

注意：与图 2-37b 中的角度相比，上述结果可信。

例题	2.12

　　屋顶由缆绳支承如照片所示。如果悬挂在墙体钩子 A 上的缆绳受大小为 $F_{AB} = 100\text{N}$，$F_{AC} = 120\text{N}$，如图 2-38a 所示，确定作用在 A 点的合力，并将结果表示为笛卡儿矢量。

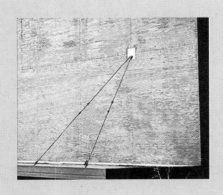

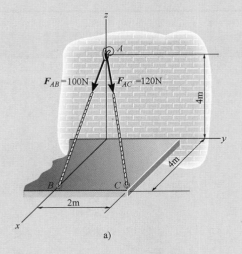

a)

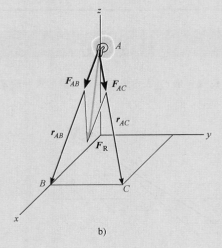

b)

图 2-38

例题　2.12

2

解　用图形将合力 F_R 示于图 2-38b 中。首先将 F_{AB} 和 F_{AC} 表示成笛卡儿矢量，再将二者相加得到 F_R 的笛卡儿矢量表达式。通过形成沿缆绳方向的单位矢量 u_{AB} 和 u_{AC} 确定 F_{AB} 和 F_{AC} 的方向。根据相应的位置矢量 r_{AB} 和 r_{AC} 可以得到这些单位矢量。参照图 2-38a，由 A 到 B，需先经历（$-4k$）m，然后（$4i$）m。于是，有

$$r_{AB} = (4i - 4k)\,\text{m}$$

$$r_{AB} = \sqrt{(4\text{m})^2 + (-4\text{m})^2} = 5.66\,\text{m}$$

$$F_{AB} = F_{AB}\left(\frac{r_{AB}}{r_{AB}}\right) = (100\text{N})\left(\frac{4}{5.66}i - \frac{4}{5.66}k\right)$$

$$F_{AB} = (70.7i - 70.7k)\,\text{N}$$

由 A 到 C，需先经历（$-4k$）m，然后（$2j$）m，最后（$4i$）m。则有

$$r_{AC} = (4i + 2j - 4k)\,\text{m}$$

$$r_{AC} = \sqrt{(4\text{m})^2 + (2\text{m})^2 + (-4\text{m})^2} = 6\,\text{m}$$

$$F_{AC} = F_{AC}\left(\frac{r_{AC}}{r_{AC}}\right) = (120\text{N})\left(\frac{4}{6}i + \frac{2}{6}j - \frac{4}{6}k\right)$$

$$= (80i + 40j - 80k)\,\text{N}$$

所以，合力为

$$F_R = F_{AB} + F_{AC} = (70.7i - 70.7k)\,\text{N} + (80i + 40j - 80k)\,\text{N}$$

$$= (151i + 40j - 151k)\,\text{N}$$

基础题

F2-19　将位置矢量 r_{AB} 表示成笛卡儿矢量形式并确定坐标方向角。

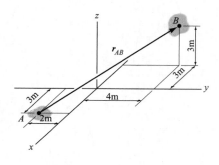

F2-19 图

F2-20　确定杆的长度和从 A 到 B 的位置矢量的方向

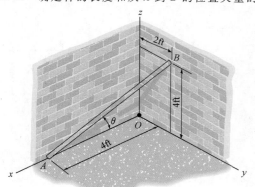

F2-20 图

角，以及角度 θ。

F2-21 将力表示成笛卡儿矢量。

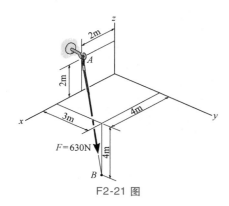

F2-21 图

F2-22 将力表示成笛卡儿矢量。

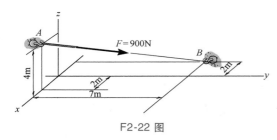

F2-22 图

F2-23 确定点 A 的合力大小。

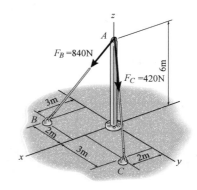

F2-23 图

F2-24 确定点 A 的合力大小。

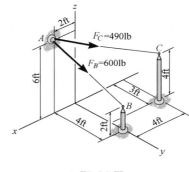

F2-24 图

习题

2-62 确定从 A 到 B 的位置矢量 r，以及 AB 的长度，取 $z = 4\text{m}$。

2-63 如果缆绳 AB 的长度为 7.5m，确定点 B 的坐标位置 z。

***2-64** 用笛卡儿坐标表示位置矢量 r，确定其大小与坐标方向角。

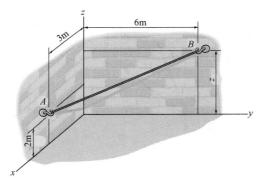

习题 2-62、习题 2-63 图

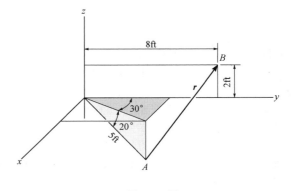

习题 2-64 图

2-65　确定绳索 *AD*、*BD* 和 *CD* 的长度。点 *D* 处的环位于 *AB* 的中点。

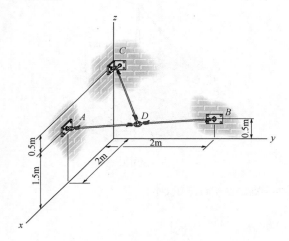

习题 2-65 图

2-66　设 $F = (350i - 250j - 450k)$ N，缆绳 *AB* 的长度为 9m，确定点 *A* 的 *x*、*y*、*z* 坐标。

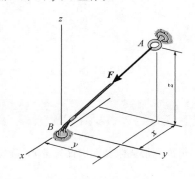

习题 2-66 图

2-67　某一瞬时，测得位于点 *A* 的飞机和位于点 *B* 的火车与雷达天线 *O* 之间的距离。确定这一瞬时 *A* 和 *B* 之间的距离 *d*。为解此问题，需要先建立从 *A* 到 *B* 的位置矢量的表达式。

*2-68　确定合力的大小与坐标方向角。

2-69　将 F_B 和 F_C 表示成笛卡儿矢量形式。

2-70　确定作用在 *A* 处合力的大小与坐标方向角。

2-71　桅杆塔由 3 根缆绳固定。每根缆绳作用在塔上的力如图所示，若取 *x* = 20m，*y* = 15m，确定合力的大小与方向角 α、γ、θ。

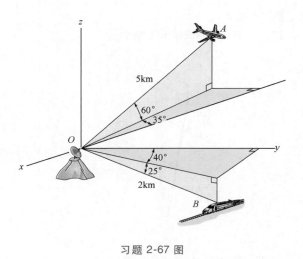

习题 2-67 图

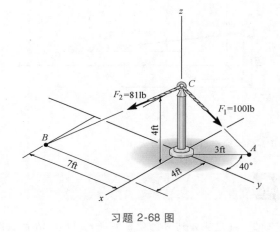

习题 2-68 图

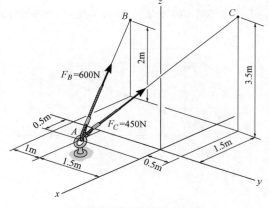

习题 2-69、习题 2-70 图

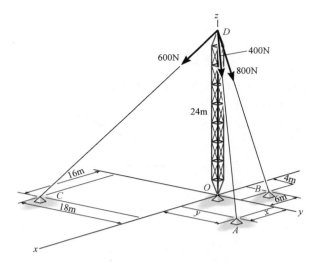

习题 2-71 图

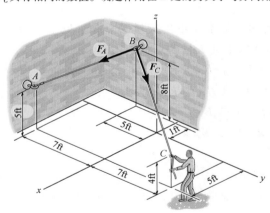

习题 2-72、习题 2-73 图

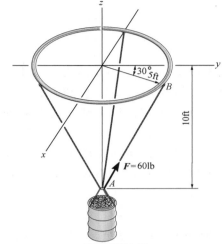

习题 2-74 图

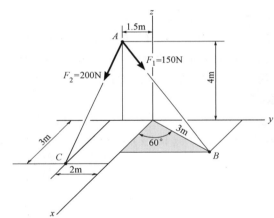

习题 2-75 图

*2-72　人在 C 处以 70lb 的力拉绳，使作用在 B 处的力 F_A 和 F_C 具有相同的数值。将每一个力都表示成笛卡儿矢量。

2-73　人在 C 处以 70lb 的力拉绳，使作用在 B 处的力 F_A 和 F_C 具有相同的数值。确定作用在 B 处的力大小与方向角。

2-74　A 处的载荷在缆绳上产生 60lb 的力。将力表示成如图所示从 A 到 B 的笛卡儿矢量。

2-75　确定作用在 A 处的合力大小与方向角。

*2-76　两根缆绳用于将悬臂吊杆固定在图示位置并承受 1500N 的载荷。若合力沿着吊杆从 A 到 O，确定合力以及力 F_B 和 F_C 的大小。设 $x = 3$m，$z = 2$m。

2-77　两根缆绳用于将悬臂吊杆固定在图示位置并承受 1500N 的载荷。若合力沿着吊杆从 A 到 O，确定点 C 的坐标 x 和 z 值以及合力的大小。设 $F_B = 1610$N 和 $F_C = 2400$N。

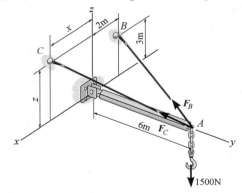

习题 2-76、习题 2-77 图

2

2.9 点积

静力学中有时也需要确定两条线之间的夹角，或者确定一个力平行和垂直于一条直线的分量。对于平面问题，这些很容易通过三角学知识求得解答，因为，通过几何图形易于形象化。但是对于空间问题通常是困难的，因此，需要应用矢量方法求解。

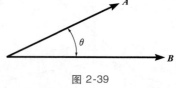

图 2-39

矢量 A 和 B 的点积，写成 $A \cdot B$，读作"A 点乘 B"。矢量的点积定义了两个矢量的数值以及矢量箭矢之间夹角 θ（图 2-39）余弦的乘积。表示成方程的形式，有

$$A \cdot B = AB\cos\theta \tag{2-12}$$

其中 $0 \leqslant \theta \leqslant 180°$。点积通常称为矢量的标量积，因为其结果是标量而不是矢量。

运算定律

1. 交换律：$A \cdot B = B \cdot A$

2. 与标量相乘：$a(A \cdot B) = a(A) \cdot B = A \cdot a(B)$

3. 分配律：$A \cdot (B+D) = (A \cdot B) + (A \cdot D)$

第一和第二条定律通过方程（2-12）很容易得到证明。第三条定律将作为一练习留给读者证明（参见习题 2-78）。

点积的笛卡儿矢量表达式　方程（2-12）可以用于确定两个笛卡儿单位矢量的点积。例如 $i \cdot i = (1)(1)\cos 0° = 1$，$i \cdot j = (1)(1)\cos 90° = 0$。如果要确定两个表示成笛卡儿矢量的点积，则有

$$
\begin{aligned}
A \cdot B &= (A_x i + A_y j + A_z k) \cdot (B_x i + B_y j + B_z k) \\
&= A_x B_x (i \cdot i) + A_x B_y (i \cdot j) + A_x B_z (i \cdot k) + \\
&\quad A_y B_x (j \cdot i) + A_y B_y (j \cdot j) + A_y B_z (j \cdot k) + \\
&\quad A_z B_x (k \cdot i) + A_z B_y (k \cdot j) + A_z B_z (k \cdot k)
\end{aligned}
$$

进行点积运算，最后结果为

$$A \cdot B = A_x B_x + A_y B_y + A_z B_z \tag{2-13}$$

则表明确定两个笛卡儿矢量的点积，就是将两个矢量的 x、y、z 分量对应相乘，乘积的代数和即为点积。需要注意的是，所得结果可以是正标量也可以是负标量。

应用　矢量点积在力学中有两方面的重要应用。

● 计算两个矢量或者两条相交直线之间的夹角。图 2-39 中矢量 A 和 B 箭矢之间的夹角可以由方程（2-12）确定，写成

$$\theta = \arccos\left(\frac{A \cdot B}{AB}\right), \quad 0 \leqslant \theta \leqslant 180°$$

其中 $A \cdot B$ 由方程（2-13）确定。注意，特殊情形下，如果 $A \cdot B = 0$，$\theta = \arccos 0 = 90°$，矢量 A 将垂直于矢量 B。

● 计算矢量在与其平行或垂直方向上的分量。矢量 A 的分量如果平行或与直线 aa 共线，如图 2-40 所

示，则这一分量由 A_a 所定义，$A_a = A\cos\theta$。根据图中所形成的直角，这一分量有时又称为矢量 A 在直线上的投影。直线的方向由单位矢量 u_a 所定义，因为 $u_a = 1$，可以直接根据点积［方程（2-12）］确定 A_a 的大小，即

$$A_a = A\cos\theta = A \cdot u_a$$

这表明，矢量 A 沿 aa 线的标量投影由矢量 A 与单位矢量 u_a 的点积确定，其中 u_a 定义了直线的方向。请注意，如果所得结果为正，A_a 与单位矢量 u_a 有相同的指向；若所得结果为负，A_a 与单位矢量 u_a 有相反的指向。所以，分量 A_a 可以表示为矢量

$$A_a = A_a u_a$$

根据图 2-40，还可以得到矢量 A 垂直于直线 aa 的分量。因为

$$A = A_a + A_\perp$$

有

$$A_\perp = A - A_a$$

因此有两种可能得到 $A_\perp$。一种是根据点积确定角度 θ 为

$$\theta = \arccos(A \cdot u_a / A)$$

然后得到

$$A_\perp = A\sin\theta$$

另一种方法是，如果已知 A_a，应用勾股弦定理也得到

$$A_\perp = \sqrt{A^2 - A_a^2}$$

图 2-40

通过建立沿缆绳和横梁方向的单位矢量，然后应用点积 $u_b \cdot u_r$ 可以确定缆绳与横梁之间的夹角

通过建立横梁方向的单位矢量 u_b 并应用点积可以确定作用在缆绳上的力 F 在横梁方向上的投影 $F_b = F \cdot u_b$

要点

- 点积用于确定两个矢量之间的夹角或者矢量在指定方向上的投影。
- 若将矢量 A 和 B 表示成笛卡儿矢量形式，其点积通过将二者沿 x、y、z 方向分量相乘，将乘积代

2

数值相加得到，即

$$A \cdot B = A_x B_x + A_y B_y + A_z B_z$$

- 根据点积的定义，矢量 A 和 B 的箭矢之间的夹角为

$$\theta = \arccos(A \cdot B/AB)$$

- 根据点积，矢量 A 在单位矢量为 u_a 的 aa 线上的投影可以确定为

$$A_a = A \cdot u_a$$

例题 2.13

确定图 2-41 中力 F 在 u 和 v 轴上投影的大小。

解

力的投影。投影的图形表示如图 2-41 所示。据此，应用三角学知识得到力 F 在 u 和 v 轴上投影的大小

$$(F_u)_{\text{proj}} = (100\text{N})\cos 45° = 70.7\text{N}$$

$$(F_v)_{\text{proj}} = (100\text{N})\cos 15° = 96.6\text{N}$$

注意：上述投影不等于应用平行四边形法则确定的力 F 在 u 和 v 轴方向上的分量。只有当 u 和 v 轴相互垂直二者才是相等的。

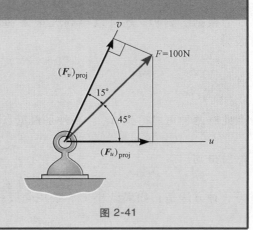

图 2-41

例题 2.14

桁架承受水平力 $F = (300j)$ N 作用如图 2-42a 所示。确定这一力平行和垂直于 AB 杆分量的大小。

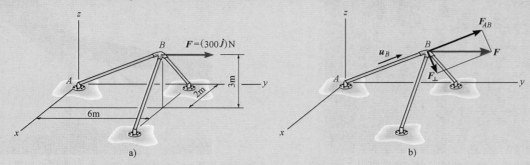

图 2-42

解　力 F 沿 AB 方向的投影等于力 F 与单位矢量 u_B 的点积，单位矢量定义了 AB 的方向，如图2-42b 所示。因为

$$u_B = \frac{r_B}{r_B} = \frac{2i+6j+3k}{\sqrt{(2)^2+(6)^2+(3)^2}} = 0.286i + 0.857j + 0.429k$$

例题 2.14

由此有

$$\boldsymbol{F}_{AB} = \boldsymbol{F}\cos\theta = \boldsymbol{F}\cdot\boldsymbol{u}_B = (300\boldsymbol{j})\,\text{N}\cdot(0.286\boldsymbol{i}+0.857\boldsymbol{j}+0.429\boldsymbol{k})$$

$$= [(0)(0.286)+(300)(0.857)+(0)(0.429)]\,\text{N}$$

$$= 257.1\,\text{N}$$

因为结果为正标量，所以 $\boldsymbol{F}_{AB}$ 的指向与图 2-42b 中所示的 $\boldsymbol{u}_B$ 同向。

将 $\boldsymbol{F}_{AB}$ 表示成笛卡儿矢量形式，有

$$\boldsymbol{F}_{AB} = \boldsymbol{F}_{AB}\boldsymbol{u}_B = (257.1\,\text{N})(0.286\boldsymbol{i}+0.857\boldsymbol{j}+0.429\boldsymbol{k})$$

$$= (73.5\boldsymbol{i}+220\boldsymbol{j}+110\boldsymbol{k})\,\text{N}$$

于是，图 2-42b 中的垂直分量为

$$\boldsymbol{F}_{\perp} = \boldsymbol{F}-\boldsymbol{F}_{AB} = (300\boldsymbol{j})\,\text{N}-(73.5\boldsymbol{i}+220\boldsymbol{j}+110\boldsymbol{k})\,\text{N}$$

$$= (-73.5\boldsymbol{i}+80\boldsymbol{j}-110\boldsymbol{k})\,\text{N}$$

对图 2-42b 中的直角三角形应用勾股定理得到其大小

$$\boldsymbol{F}_{\perp} = \sqrt{F^2-F_{AB}^2} = \sqrt{(300\,\text{N})^2-(257.1\,\text{N})^2} = 155\,\text{N}$$

例题 2.15

图 2-43a 中的管子承受 80lb 的力作用。确定力 $\boldsymbol{F}$ 与 AB 段之间的夹角 θ，以及力 $\boldsymbol{F}$ 沿这段管子的投影。

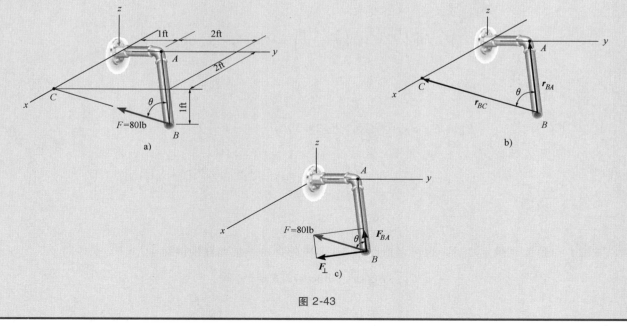

图 2-43

例题 | **2. 15**

解

角度 θ。首先建立从 B 到 A，以及从 B 到 C 的位置矢量，如图 2-43b 所示。然后确定这两个矢量的箭矢之间的夹角 θ。

$$\boldsymbol{r}_{BA} = (-2\boldsymbol{i} - 2\boldsymbol{j} + 1\boldsymbol{k})\,\mathrm{ft}, r_{BA} = 3\mathrm{ft}$$

$$\boldsymbol{r}_{BC} = (-3\boldsymbol{j} + 1\boldsymbol{k})\,\mathrm{ft}, r_{BC} = \sqrt{10}\,\mathrm{ft}$$

于是，得到

$$\cos\theta = \frac{\boldsymbol{r}_{BA} \cdot \boldsymbol{r}_{BC}}{r_{BA} r_{BC}} = \frac{(-2)(0) + (-2)(-3) + (1)(1)}{3\sqrt{10}}$$

$$= 0.7379$$

$$\theta = 42.5°$$

$\boldsymbol{F}$ 的分量。力 $\boldsymbol{F}$ 沿 BA 的分量如图 2-43c 所示。首先形成沿 AB 的单位笛卡儿矢量和力 $\boldsymbol{F}$ 的笛卡儿矢量。

$$\boldsymbol{u}_{BA} = \frac{\boldsymbol{r}_{BA}}{r_{BA}} = \frac{(-2\boldsymbol{i} - 2\boldsymbol{j} + 1\boldsymbol{k})}{3} = -\frac{2}{3}\boldsymbol{i} - \frac{2}{3}\boldsymbol{j} + \frac{1}{3}\boldsymbol{k}$$

$$\boldsymbol{F} = 80\mathrm{lb}\left(\frac{\boldsymbol{r}_{BC}}{r_{BC}}\right) = 80\left(\frac{-3\boldsymbol{j} + 1\boldsymbol{k}}{\sqrt{10}}\right) = -75.89\boldsymbol{j} + 25.30\boldsymbol{k}$$

于是得到

$$\boldsymbol{F}_{BA} = \boldsymbol{F} \cdot \boldsymbol{u}_{BA} = (-75.89\boldsymbol{j} + 25.30\boldsymbol{k}) \cdot \left(-\frac{2}{3}\boldsymbol{i} - \frac{2}{3}\boldsymbol{j} + \frac{1}{3}\boldsymbol{k}\right)$$

$$= 0\left(-\frac{2}{3}\right) + (-75.89)\left(-\frac{2}{3}\right) + (25.30)\left(\frac{1}{3}\right)$$

$$= 59.0\mathrm{lb}$$

注意：当角度 θ 确定之后，也可以根据图 2-43c 中的直角三角形直接得到

$$\boldsymbol{F}_{BA} = F\cos\theta = 80\mathrm{lb}\cos42.5° = 59.0\mathrm{lb}$$

2

F2-25　确定力与 *AO* 线之间的夹角 *θ*。

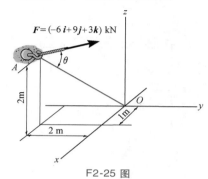

F2-25 图

F2-26　确定力与 *AB* 线之间的夹角 *θ*。

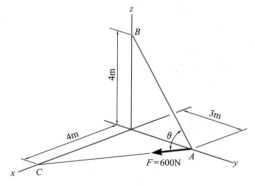

F2-26 图

F2-27　确定力与 *OA* 线之间的夹角 *θ*。
F2-28　确定力在 *OA* 线上的投影分量。

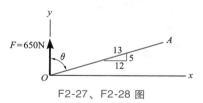

F2-27、F2-28 图

F2-29　确定力沿管子的投影分量大小。

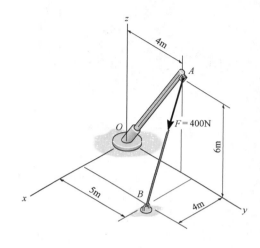

F2-29 图

F2-30　确定力在平行和垂直于撑杆轴线上的分量。

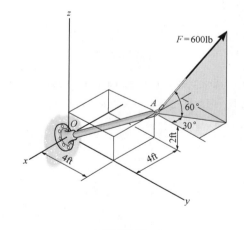

F2-30 图

2-78　已知矢量 *A*、*B*、*D*，证明：*A* · (*B* + *D*) = (*A* · *B*) + (*A* · *D*)。

2-79　确定图示钣金支承件两斜边之间的夹角。
*2-80　确定力 *F* 沿撑杆方向的投影。

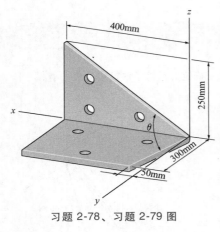

习题 2-78、习题 2-79 图

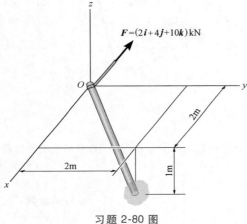

习题 2-80 图

2-81 确定三角平板 BC 边的长度。求解此问题需确定 r_{BC} 的大小，因此首先要求得夹角 θ、r_{AB}、r_{AC}。

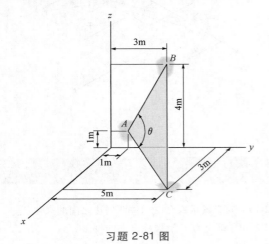

习题 2-81 图

2-82 确定撑杆与缆绳 AB 之间的夹角 θ。

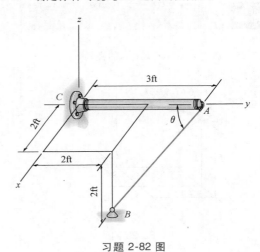

习题 2-82 图

2-83 确定力 F 沿装配管件 BC 段和垂直于 BC 段的分量。

* 2-84 确定力 F 沿装配管件 AC 段的投影分量，并将其表示成笛卡儿矢量形式。

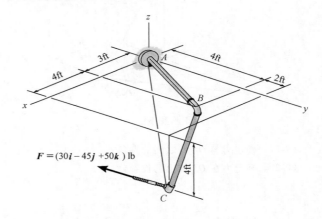

习题 2-83、习题 2-84 图

2-85 确定大小为 $F = 80$N 的力 BC 段的投影，并将其表示成笛卡儿矢量。

2-86 确定旗杆轴线 OA 分别与缆绳 AB 和 AC 之间所形成的夹角 θ 和 ϕ。

2-87 两根缆绳将力 F_1 和 F_2 施加在管子上，确定力 F_1 沿 F_2 作用线的投影分量的大小。

* 2-88 确定系在管子上的两根缆绳之间的夹角 θ。

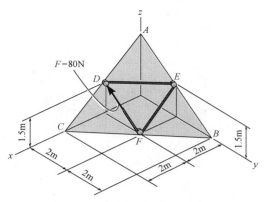

习题 2-85 图

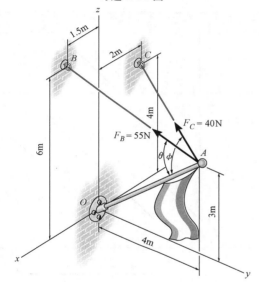

习题 2-86 图

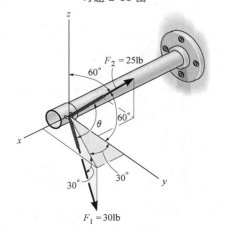

习题 2-87、习题 2-88 图

2-89　作用在管子装配件上力的大小为 $F = 400\text{N}$。确定力在 AC 线上的投影，并将力表示成笛卡儿矢量。

2-90　作用在管子装配件上力的大小为 $F = 400\text{N}$。确定力在平行和垂直于 BC 方向的分量大小。

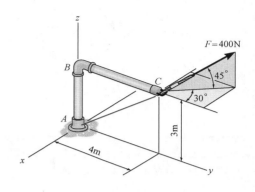

习题 2-89、习题 2-90 图

2-91　确定大小为 $F = 300\text{N}$ 的力在 x 和 y 轴上的投影数值。

2-92　确定大小为 $F = 300\text{N}$ 的力在 OA 线上的投影数值。

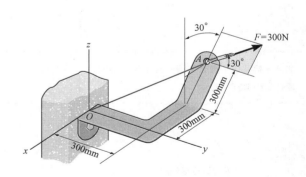

习题 2-91、习题 2-92 图

2-93　确定力 F 沿杆 AC 和垂直于 AC 的分量。点 B 位于 AC 杆的中央。

2-94　确定力 F 沿杆 AC 和垂直于 AC 的分量。点 B 位于距 C 端 3m 处。

2-95　作用在货箱上力的大小为 $F = 90\text{lb}$。确定力沿对角线与垂直于对角线 AB 方向上的分量。

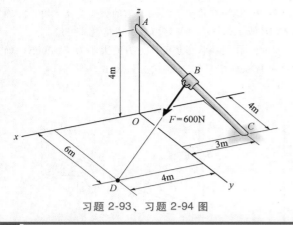

习题 2-93、习题 2-94 图

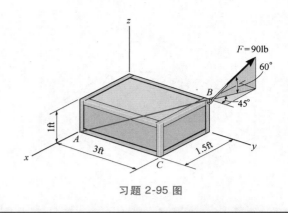

习题 2-95 图

本章回顾

标量可以为正也可以为负，例如质量、温度等 矢量具有大小与方向，箭头表示矢量的指向		
矢量与标量相乘或相除，仅改变矢量的大小。如果标量为负，矢量的指向将改变到相反方向		
如果矢量共线，则合矢量的大小为简单的代数或标量相加	$R = A + B$	
平行四边形法则 　两个力按照平行四边形法则相加，分量为平行四边形各边，合力为平行四边形的对角线 　为确定一个力沿两个任意轴的分量，从力的箭首作直线分别平行两根轴形成力的分量 　根据力三角形法则，将力矢的首尾相连。应用余弦定理和正弦定理，即可确定分力或合力	$F_R = \sqrt{F_1^2 + F_2^2 - 2F_1 F_2 \cos\theta_R}$ $\dfrac{F_1}{\sin\theta_1} = \dfrac{F_2}{\sin\theta_2} = \dfrac{F_R}{\sin\theta_R}$	

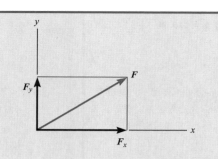

力在平面内的正交分量

矢量 F_x 和 F_y 是矢量 F 的正交分量

合力的大小由分量的代数和确定

$$(F_R)_x = \sum F_x$$
$$(F_R)_y = \sum F_y$$
$$F_R = \sqrt{(F_{Rx})^2 + (F_{Ry})^2}$$
$$\theta = \arctan \left| \frac{(F_R)_y}{(F_R)_x} \right|$$

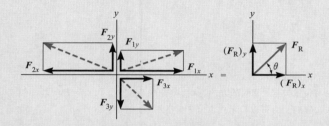

笛卡儿矢量

单位矢量 u 长度为 1，无单位。单位矢量的指向与力矢量 F 一致

一个力可以分解为沿 x、y、z 方向的笛卡儿分量：$F = F_x i + F_y j + F_z k$

力 F 的大小由其分量平方和的算术平方根确定

矢量方向角 α、β、γ 通过建立 F 方向上的单位矢量确定，单位矢量 u 的 x、y、z 方向分量即为 $\cos\alpha$、$\cos\beta$、$\cos\gamma$

$$u = \frac{F}{F}$$

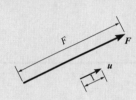

$$F = \sqrt{F_x^2 + F_y^2 + F_z^2}$$

$$u = \frac{F}{F} = \frac{F_x}{F} i + \frac{F_y}{F} j + \frac{F_z}{F} k$$
$$u = \cos\alpha i + \cos\beta j + \cos\gamma k$$

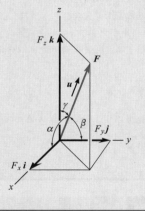

矢量方向角相互关联，3 个角度中只有 2 个是独立的

为确定汇交力系的合力，将力系中每一个力都表示成笛卡儿矢量，将所有力的 i、j、k 分量相加

$$\cos^2\alpha + \cos^2\beta + \cos^2\gamma = 1$$

$$F_R = \sum F = \sum F_x i + \sum F_y j + \sum F_z k$$

2

位置矢量与力矢量		
位置矢量确定空间一点相对于另一点的位置。最容易建立位置矢量分量的方法是，确定从矢量的箭尾到箭首在 x、y、z 所经历的距离	$r = (x_B - x_A)\ i +$ $(y_B - y_A)\ j +$ $(z_B - z_A)\ k$	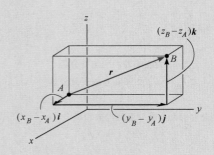
如果一个力的作用线通过点 A 和点 B，则这力作用在与位置矢量 r 相同的方向，r 由单位矢量 u 定义。这时，力可以表示成笛卡儿矢量	$F = Fu = F\left(\dfrac{r}{r}\right)$	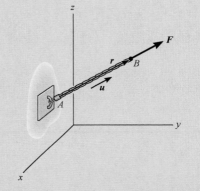
点积		
两个矢量 A 和 B 的点积产生一标量。若将 A 和 B 表示成笛卡儿矢量，则点积是二者在 x、y、z 方向分量乘积之和 点积用于确定矢量 A 和 B 之间的夹角	$A \cdot B = AB\cos\theta$ $= A_x B_x + A_y B_y + A_x B_x$ $\theta = \arccos\left(\dfrac{A \cdot B}{AB}\right)$	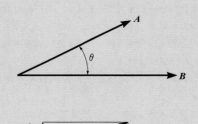
点积也可以用于确定矢量 A 在由单位矢量 u 定义的 aa 线上的投影分量	$A_a = A\cos\theta u_a = (A \cdot u_a)\ u_a$	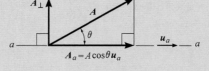

复习题

*2-96 通过建立从 A 到 B 的笛卡儿位置矢量并确定其大小，求得连杆 AB 的长度。

2-97 确定力 F_1、F_2 的 x、y 分量。

2-98 确定合力的大小与方向，方向从 x 轴指向顺时针

方向量度。

2-99 确定作用在桥梁桁架支撑板上每一个力的 x、y 分量。证明这些力的合力等于零。

*2-100 系在拖拉机上点 B 处的缆绳将 350lb 的力施加

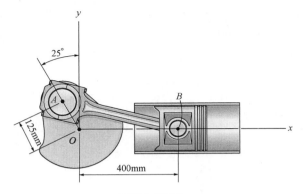

习题 2-96 图

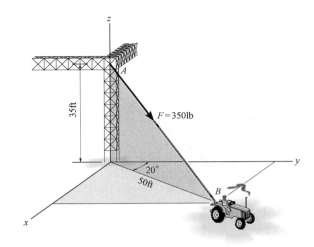

习题 2-100 图

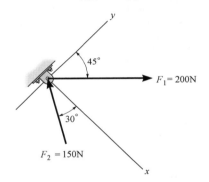

习题 2-97、习题 2-98 图

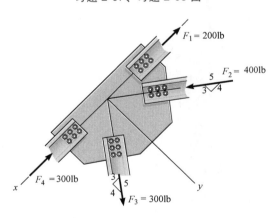

习题 2-99 图

在框架上。将这一力表示成笛卡儿矢量。

2-101　3 个力 F_1、F_2、F_3 作用在螺旋环上。为确定合力 $F_R = F_1 + F_2 + F_3$ 的大小与方向，先求 $F' = F_1 + F_3$，然后再求 $F_R = F' + F_2$。规定合力的方向从 x 轴正向按逆时针方向量度。

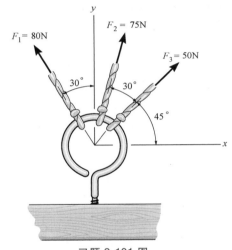

习题 2-101 图

2-102　将大小等于 250N 的力分解为沿 u 和 v 轴作用的分量，确定分量的大小。

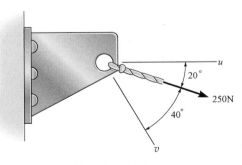

习题 2-102 图

2-103　若图中 $\theta = 60°$，$F = 20\text{kN}$，确定合力的大小与方向，方向从 x 轴正向顺时针方向量度。

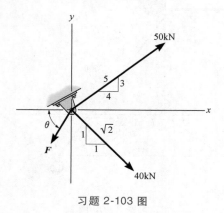

习题 2-103 图

* 2-104　铰接板由缆绳 AB 悬挂。如果缆绳所受的力等于 340lb，将这一从 A 到 B 作用的力表示成笛卡儿矢量，并确定缆绳的长度。

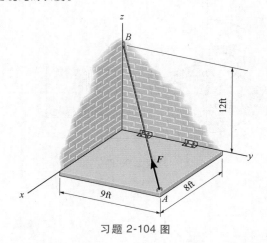

习题 2-104 图

第3章 力系的合成

施加在扳手和轮子上的力将使物体产生转动或转动趋势。力的这种效果的量度称为力之矩。本章将介绍怎样确定力系的力矩以及力系的合力。

本章任务

■ 讨论力矩的概念，介绍平面和空间问题中的力矩的计算。

■ 给出确定力对于指定轴之矩的方法。

■ 定义力偶矩。

■ 提供确定非汇交力系合力的方法。

■ 介绍怎样将简单的分布载荷简化为作用在确定位置的合力。

3.1   力矩——标量形式

作用在物体上的力将使物体产生绕某一点转动的趋势，这一点不在力的作用线上。这种转动趋势有时称为扭转，量度这种转动趋势的量称为力之矩，简称为力矩。图 3-1a 中所示用扳手松开螺栓即为此例。当力施加在扳手的手把上，将使螺栓产生绕点 O（或 z 轴）转动的趋势。

力矩的大小与力 F 以及点到力作用线的垂直距离即力臂 d（图 3-1a）成正比。力或力臂越大，力矩或转动的效果也越大。

当力 F 作用的角度 $\theta \neq 90°$（图 3-1b）时，因为力臂 $d' = d\sin\theta$ 小于 d，转动将要困难些。如果力 F 的作用线沿着扳手的手把方向，如图 3-1c 所示，这时力 F 的作用线将与点 O（或 z 轴）相交，因而力臂等于零，其结果是力 F 对点 O（或 z 轴）之矩也等于零，不可能使螺栓转动。

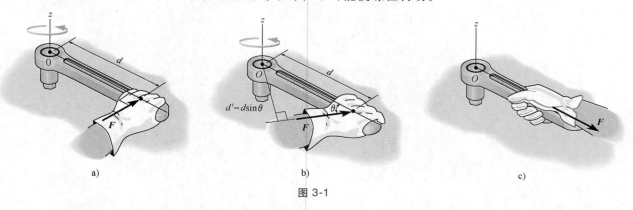

a)   b)   c)

图 3-1

将上述讨论一般化，考察力 F 以及点 O，二者均位于图 3-2a 所示的阴影平面内。力对点 O 或对通过点 O 并垂直于平面的轴之矩 M_O 是一矢量，因为其具有确定的大小和方向。

力矩的大小 M_O 的大小为

$$M_O = Fd \tag{3-1}$$

其中 d 为力臂或通过点 O 的轴到力作用线的垂直距离。力矩大小的单位为力乘以距离，例如 N·m 或 lb·ft。

力矩的方向 M_O 的方向由力矩轴所定义。力矩轴垂直于力 F 和力臂 d 所在的平面。右手定则确定 M_O 的指向。按照这一定则，右手手指自然握拳，手指指向掌心的方向表示力矩产生转动趋势的方向，右手拇指指向即为 M_O 的指向，如图 3-2a 所示。空间问题中力矩矢量用一绕箭矢的带箭头的圆弧表示；而在平面

3

问题中仅用带箭头的圆弧表示，如图 3-2b 所示。在图示的情形下，力矩将产生逆时针转动趋势，所以力矩矢量实际指向页面以外方向。

　　合力矩　对于所有力都位于 x-y 平面内的平面问题，如图 3-3 所示，对于点 O（或 z 轴）的合力矩 $(M_R)_O$ 由力系中所有力对于同一点之矩的代数和确定。作为约定，认为逆时针方向的力矩为正，因为其矢量沿着 z 轴的正向（指向页面以外方向）；顺时针方向的力矩为负。据此，在力矩之前分别标注正号或负号。根据这一约定，图 3-3 中的合力矩为

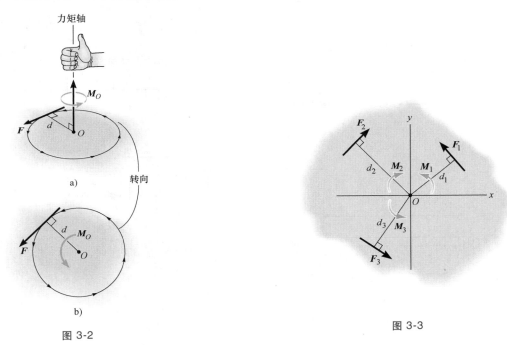

图 3-2

图 3-3

$$\zeta + (M_R)_O = \sum Fd, \quad (M_R)_O = F_1 d_1 - F_2 d_2 + F_3 d_3$$

　　如果上述数值结果为正，则 $(M_R)_O$ 将是逆时针力矩（指向页面以外方向）；为负，则 $(M_R)_O$ 将是顺时针力矩（指向页面以内方向）。

例题　**3.1**

　　对于图 3-4 中所示的某一种情形，确定力对点 O 之矩。

　　解　（标量分析）为了确定力臂，将某一种情形下力作用线延长，并用虚线表示。同时在图中画出力使构件产生的转动趋势。进而，力对点 O 之矩用带箭头的圆弧标出。于是有

图 3-4a：　　　　　　　　　$M_O = (100\text{N})(2\text{m}) = 200\text{N} \cdot \text{m}$　ζ

图 3-4b：　　　　　　　　　$M_O = (50\text{N})(0.75\text{m}) = 37.5\text{N} \cdot \text{m}$　ζ

图 3-4c：　　　　　　$M_O = (40\text{lb})(4\text{ft} + 2\cos30°\text{ft}) = 229\text{lb} \cdot \text{ft}$　ζ

图 3-4d：　　　　　　　$M_O = (60\text{lb})(1\sin45°\text{ft}) = 42.4\text{lb} \cdot \text{ft}$　ζ

图 3-4e：　　　　　　　$M_O = (7\text{kN})(4\text{m} - 1\text{m}) = 21.0\text{kN} \cdot \text{m}$　ζ

3

例题   3.1

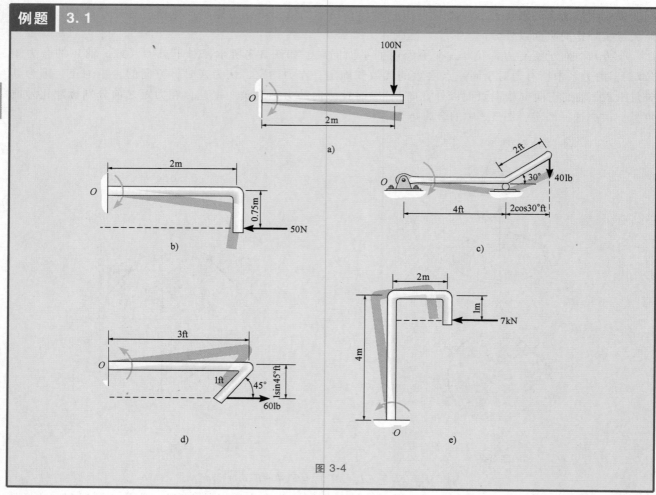

图 3-4

例题   3.2

　　杆子上作用有四个力如图 3-5 所示，确定所有力对点 O 的合力矩。

　　解　设正的力矩作用在 $+k$ 方向，即逆时针方向，有

$$\zeta + (M_R)_O = \sum Fd;$$

$$(M_R)_O = -50\text{N}(2\text{m}) + 60\text{N}(0) + 20\text{N}(3\sin30°\text{m})$$

$$\qquad\qquad -40\text{N}(4\text{m} + 3\cos30°\text{m})$$

$$(M_R)_O = -334\text{N}\cdot\text{m} = 334\text{N}\cdot\text{m}\ \zeta$$

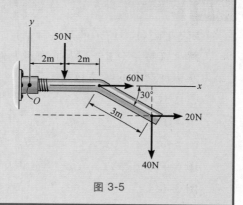

图 3-5

例题 3.2

上述计算中，为计算大小为 20N 和 40N 的力的力臂，将作用线延长并用虚线表示。

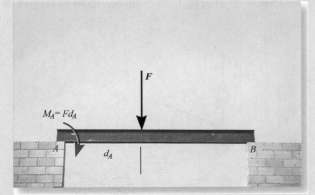

正如例题图示所描述的，力矩不是总能引起转动的。例如，作用在梁上的力 F 对于 A 处的支撑力矩 $M_A = Fd_A$ 力图使梁产生顺时针转动趋势。但是，事实上，支撑 B 撤去之前这种转动是不会发生的

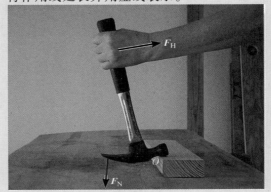

拔出钉子要求力 F_H 对于点 O 的力矩大于力 F_N 对于点 O 之矩，F_N 是拔出钉子需要的力

3.2　叉积

下一节将利用笛卡儿矢量建立力矩公式。但是在此之前，需要将矢量代数的知识加以扩展，同时引入多重矢量叉积[一]的方法。

两个矢量 A 和 B 叉乘产生矢量 C，写成

$$C = A \times B \tag{3-2}$$

读作 "C 等于 A 叉乘 B"。

大小　矢量 C 由 A 和 B 的大小以及两矢量箭矢之间的夹角 θ（$0° \leqslant \theta \leqslant 180°$）的正弦的乘积确定。即

$$C = AB\sin\theta$$

方向　矢量 C 的箭矢垂直于矢量 A 和 B 所在的平面，其指向按照右手定则确定，即：右手手指从矢量 A 到矢量 B 握拳，拇指指向即为矢量 C 的指向，如图 3-6 所示。

据此可以将矢量 C 的大小和方向写成

$$C = A \times B = (AB\sin\theta)u_C \tag{3-3}$$

其中标量 $AB\sin\theta$ 定义了矢量 C 的大小；单位矢量 u_C 定义了矢量 C 的指向。式（3-3）中的各项如图 3-6 所示。

○　我国国家标准中，将叉积称作矢量积。——编辑注

运算法则

● 交换律不成立，即 $A \times B \neq B \times A$。而是

$$A \times B = -B \times A$$

如图 3-7 所示，按照右手定则，$B \times A$ 所产生的矢量与 $A \times B$ 产生的矢量 C 大小相等、方向相反，即 $B \times A = -C$。

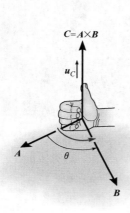

图 3-6

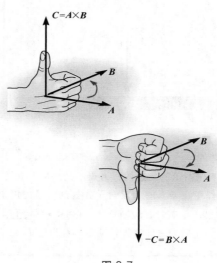

图 3-7

● 标量 a 乘以叉积，服从相应定律

$$a(A \times B) = (aA) \times B = A \times (aB) = (A \times B)a$$

这一结论很容易证明，因为在上述各种情形下，合矢量的大小（$|a|AB\sin\theta$）与方向都是相同的。

● 矢量乘积也服从加法的分配律

$$A(B+D) = (A \times B) + (A \times D)$$

● 上述恒等式的证明作为练习留给读者（参见习题 3-1）。因为交换律不成立，保持上述叉乘顺序很重要，必须加以注意。

笛卡儿矢量公式　方程（3-3）可以用于确定任意一对单位矢量。例如 $i \times j$，其合矢量的大小为

$$(i)(j)(\sin 90°) = (1)(1)(1) = 1$$

其方向由右手定则确定，如图 3-8 所示，指向 $+k$ 的方向。于是 $i \times j = (1)k$，类似地，有

$$i \times j = k, \quad i \times k = -j, \quad i \times i = 0$$
$$j \times k = i, \quad j \times i = -k, \quad j \times j = 0$$
$$k \times i = j, \quad k \times j = -i, \quad k \times k = 0$$

这些结果无须记忆，只要知道叉积的定义以及怎样应用右手定则确定这些量。需要时，图 3-9 中的简单图示有助于得到与上述相同结果。构建如图所示的循环，当两个单位矢量沿逆时针方向叉乘时将产生第 3 个正的单位矢量，例如 $k \times i = j$。顺时针叉乘则得到负的单位矢量，例如

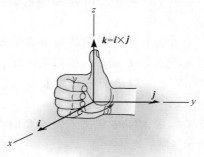

图 3-8

$i \times k = -j$。

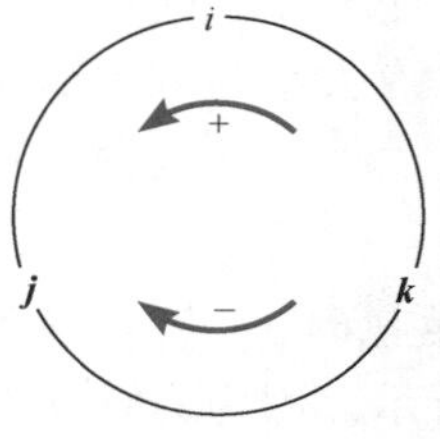

现在考察两个一般矢量 A 和 B（用笛卡儿矢量形式表示）的叉积

$$A \times B = (A_x i + A_y j + A_z k) \times (B_x i + B_y j + B_z k)$$
$$= A_x B_x (i \times i) + A_x B_y (i \times j) + A_x B_z (i \times k) +$$
$$A_y B_x (j \times i) + A_y B_y (j \times j) + A_y B_z (j \times k) +$$
$$A_z B_x (k \times i) + A_z B_y (k \times j) + A_z B_z (k \times k)$$

对等号右边进行叉积运算，并合并同类项，得

$$A \times B = (A_y B_z - A_z B_y) i - (A_x B_z - A_z B_x) j + (A_x B_y - A_y B_x) k \tag{3-4}$$

这一方程还可以写成更紧凑的行列式形式

$$A \times B = \begin{vmatrix} i & j & k \\ A_x & A_y & A_z \\ B_x & B_y & B_z \end{vmatrix} \tag{3-5}$$

图 3-9

这一行列式的第 1 行由单位矢量 i、j、k 组成；第 2 行和第 3 行分别由矢量 A 和 B 的 x、y、z 的分量组成[注]。

3.3 力矩——矢量形式

力对点 O 之矩，或者实际上是对通过点 O 垂直于包含点 O 和力 F 平面的轴之矩（图 3-10a），可以表示成矢量乘积的形式，即

$$M_O = r \times F \tag{3-6}$$

[注] 一个具有 3 行 3 列的行列式可以利用 3 个子行列式展开，即第 1 行的每一项分别与相应的子行列式相乘。每个子行列式都有 4 个元素，例如

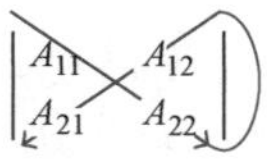

$$\begin{vmatrix} A_{11} & A_{12} \\ A_{21} & A_{22} \end{vmatrix}$$

根据定义，这一行列式记号所代表的项是 $(A_{11}A_{22} - A_{12}A_{21})$，这一项是这样生成的：箭头斜向右下方穿过的两元素的乘积（$A_{11}A_{22}$），减去箭头斜向左下方穿过的两元素的乘积（$A_{12}A_{21}$）。对于诸如方程（3-5）的 3×3 行列式，3 个子行列式可以按照下列图示生成。

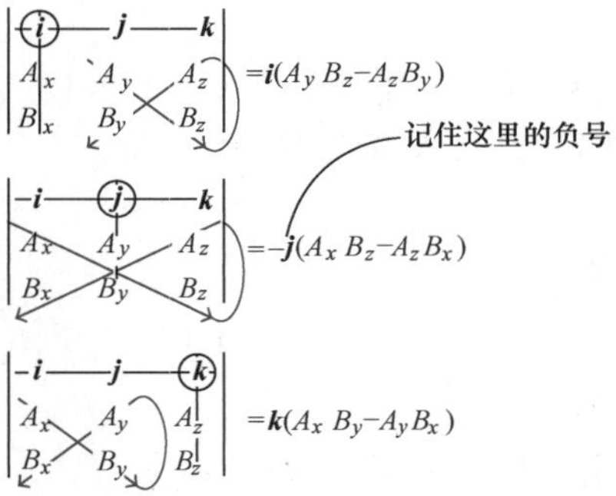

$$\begin{vmatrix} i & j & k \\ A_x & A_y & A_z \\ B_x & B_y & B_z \end{vmatrix} = i(A_y B_z - A_z B_y)$$

记住这里的负号

$$\begin{vmatrix} -i & j & k \\ A_x & A_y & A_z \\ B_x & B_y & B_z \end{vmatrix} = -j(A_x B_z - A_z B_x)$$

$$\begin{vmatrix} -i & j & k \\ A_x & A_y & A_z \\ B_x & B_y & B_z \end{vmatrix} = k(A_x B_y - A_y B_x)$$

将上述结果相加，注意到 j 元素前必须包含负号，即产生由方程（3-4）给出的 $A \times B$ 的展开形式。

其中 r 为从点 O 到力 F 的作用线上任意一点的位置矢量。我们将说明当采用叉积确定力矩 M_O 时，M_O 确实具有大小与方向的属性。

大小 根据方程（3-3），叉积的大小定义为

$$M_O = rF\sin\theta$$

其中 θ 为 r 与 F 箭矢之矩的夹角。为了构建角度 θ，必须将 r 视为滑动矢量，从而正确确定 θ，如图 3-10b 所示。因为力臂 $d = r\sin\theta$，于是，有

$$M_O = rF\sin\theta = F(r\sin\theta) = Fd$$

这与方程（3-1）一致。

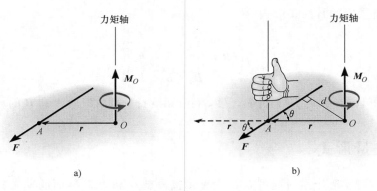

图 3-10

方向 方程（3-6）中 M_O 的方位与指向通过将右手定则应用于叉积而确定。于是将 r 滑动到虚线位置，右手手指从 r 到 F 握拳，"$r \times F$"，拇指向上且垂直于包含 r 与 F 的平面，此即力对点 O 之矩的方向，也就是 M_O 的方向（图 3-10b）。需要注意的是，手指握拳就像手指绕着力矩矢量握拳，这表明是力引起转动的指向。因为叉积不服从交换律，故必须保持 $r \times F$ 的顺序，才能产生 M_O 的正确方向。

力的可传性原理 叉积应用于空间问题时，往往不需要点 O 到力 F 的作用线的垂直距离或力臂。换言之，可以用点 O 到力 F 的作用线上的任意点的位置矢量作为叉积中的 r，如图 3-11 所示。于是，有

$$M_O = r_1 \times F = r_2 \times F = r_3 \times F$$

因为力 F 可以作用在其作用线上的任意点，都将对点 O 产生相同的力矩，所以，力可以认为是滑动矢量。力的这一性质称为力的可传性原理。

力矩的笛卡儿矢量表达式 建立 x、y、z 坐标系如图 3-12a 所示，位置矢量 r 和力 F 都可以表示成笛卡儿矢量。应用方程（3-7），有

$$r \times F = \begin{vmatrix} i & j & k \\ r_x & r_y & r_z \\ F_x & F_y & F_z \end{vmatrix} \tag{3-7}$$

式中 r_x、r_y、r_z 为从点 O 到力的作用线上任意点位置矢量在 x、y、z 坐标轴上的分量；

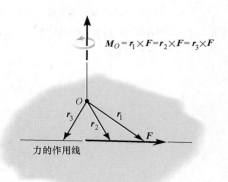

图 3-11

F_x、F_y、F_z为力矢量在 x、y、z 坐标轴上的分量。

如果将行列式展开，可以得到与方程（3-4）类似的表达式：

$$\boldsymbol{M}_O = (r_y F_z - r_z F_y)\boldsymbol{i} - (r_x F_z - r_z F_x)\boldsymbol{j} + (r_x F_y - r_y F_x)\boldsymbol{k} \tag{3-8}$$

通过分析图 3-12b，上述方程中的三个力矩分量的物理意义变得明晰。例如，$\boldsymbol{M}_O$ 的 $\boldsymbol{i}$ 分量可以由 F_x、F_y、F_z 对于 x 轴之矩确定。因为力 $\boldsymbol{F}_x$ 平行于 x 轴，故不会对 x 轴产生力矩，或者不会有绕 x 轴转动趋势。力 $\boldsymbol{F}_y$ 作用线通过点 B，其对位于 x 轴上的点 A 之矩大小为 $r_z F_y$。根据右手定则，这一分量作用在 $\boldsymbol{i}$ 的负方向。同样地，力 $\boldsymbol{F}_z$ 作用线通过点 C，其对 x 轴贡献一力矩分量（$r_y F_z$）$\boldsymbol{i}$。于是，正如方程（3-8）中所示，

$$M_{Ox} = (r_y F_z - r_z F_y)$$

作为练习，建议读者根据上述分析建立 $\boldsymbol{M}_O$ 的 $\boldsymbol{j}$ 和 $\boldsymbol{k}$ 分量，证明行列式展开式方程（3-8）确实就是力 $\boldsymbol{F}$ 对点 O 之矩。

$\boldsymbol{M}_O$ 一旦确定，其总是垂直于矢量 $\boldsymbol{r}$ 和 $\boldsymbol{F}$ 所在的平面（见图 3-12a 中的阴影面）。

力系的合力之矩　当物体承受力系作用时（见图 3-13），力系中所有力对点 O 可以通过所有力对于同一点之矩的矢量加法求得。合力之矩写成

$$M_{RO} = \sum (\boldsymbol{r} \times \boldsymbol{F}) \tag{3-9}$$

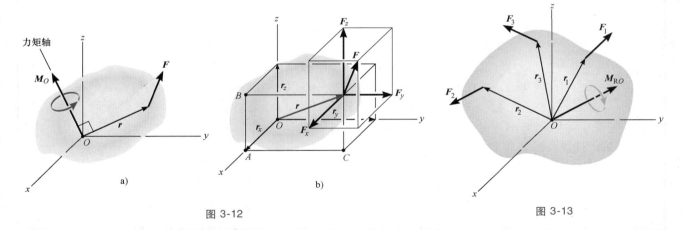

图 3-12　　　　　　　　　　　　　　　　图 3-13

例题　3.3

确定图 3-14a 中的力 $\boldsymbol{F}$ 对点 O 之矩。将所得结果表示成笛卡儿矢量。

解　图 3-14b 中的 $\boldsymbol{r}_A$ 或 $\boldsymbol{r}_B$ 都可以用于确定对点 O 之矩。这两个位置矢量为

$$\boldsymbol{r}_A = (12\boldsymbol{k})\,\text{m}, \quad \boldsymbol{r}_B = (4\boldsymbol{i} + 12\boldsymbol{j})\,\text{m}$$

力 $\boldsymbol{F}$ 表示成笛卡儿矢量

$$\boldsymbol{F} = F\boldsymbol{u}_{AB} = 2\text{kN}\left[\frac{(4\boldsymbol{i} + 12\boldsymbol{j} - 12\boldsymbol{k})\,\text{m}}{\sqrt{(4\text{m})^2 + (12\text{m})^2 + (-12\text{m})^2}}\right]$$

$$= (0.4588\boldsymbol{i} + 1.376\boldsymbol{j} - 1.376\boldsymbol{k})\,\text{kN}$$

于是，采用位置矢量 $\boldsymbol{r}_A$ 得到

例题 3.3

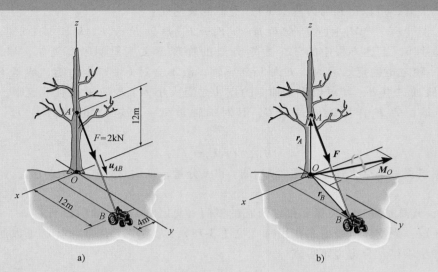

a)   b)

图 3-14

$$M_O = r_A \times F = \begin{vmatrix} i & j & k \\ 0 & 0 & 12 \\ 0.4588 & 1.376 & -1.376 \end{vmatrix}$$

$$= [0(-1.376) - 12(1.376)]i - [0(-1.376) - 12(0.4588)]j +$$
$$[0(1.376) - 0(0.4588)]k$$

$$= (-16.5i + 5.51j) \text{kN} \cdot \text{m}$$

或采用位置矢量 r_B 得到

$$M_O = r_B \times F = \begin{vmatrix} i & j & k \\ 4 & 12 & 0 \\ 0.4588 & 1.376 & -1.376 \end{vmatrix}$$

$$= [12(-1.376) - 0(1.376)]i - [4(-1.376) - 0(0.4588)]j +$$
$$[4(1.376) - 12(0.4588)]k$$

$$= (-16.5i + 5.51j) \text{kN} \cdot \text{m}$$

注意：正如图 3-14b 所示，M_O 作用在垂直于包含 F、r_A 和 r_B 的平面。注意到，如果采用 $M_O = Fd$ 求解此例，确定力臂是一件困难的事。

例题 3.4

作用在杆子上的两个力，如图 3-15a 所示。确定这两个力作用在法兰上关于点 O 的合力矩。将所得结果表示成笛卡儿矢量。

例题 3.4

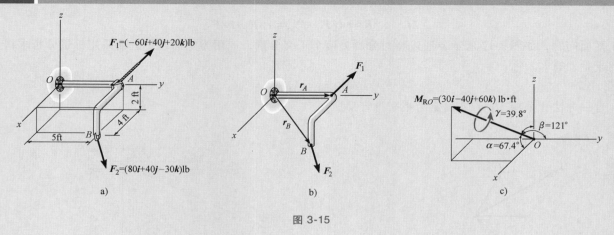

图 3-15

解 从点 O 到每个力的位置矢量如图 3-15b 所示。这两个位置矢量为

$$r_A = (5j)\,\text{ft}$$

$$r_B = (4i+5j-2k)\,\text{ft}$$

所以，对点 O 的合力矩为

$$M_{R_O} = \sum (r \times F)$$

$$= r_A \times F_1 + r_B \times F_2$$

$$= \begin{vmatrix} i & j & k \\ 0 & 5 & 0 \\ -60 & 40 & 20 \end{vmatrix} + \begin{vmatrix} i & j & k \\ 4 & 5 & -2 \\ 80 & 40 & -30 \end{vmatrix}$$

$$= [5(20)-0(40)]i-[0]j+[0(40)-(5)(-60)]k +$$

$$\quad [5(-30)-(-2)(40)]i-[4(-30)-(-2)(80)]j+[4(40)-5(80)]k$$

$$= (30i-40j+60k)\,\text{lb} \cdot \text{ft}$$

注意：这一结果示于图 3-15c 中。坐标方向角根据 M_{R_O} 的单位矢量确定。可以看到这两个力将使杆子绕力矩轴转动，转动方向如图中绕力矩矢量的圆弧箭头所示。

3.4 力矩原理

力学中常用的一个概念——力矩原理，因为最早是由法国数学家伐里农（1654—1722）提出的，所以有时也称为伐里农定理。根据这一原理，力对一点之矩等于其分量对于同一点之矩的和。

利用矢量叉积这一定理很容易得到证明，因为叉积服从分配律。例如，考察力 F 及其两个分量对点 O 之矩，如图 3-16 所示。因为

$$F = F_1 + F_2$$

有

$$M_O = r \times F = r \times (F_1 + F_2) = r \times F_1 + r \times F_2$$

对于平面问题，如图 3-17 所示，通过将力分解为两个正交分量，应用力矩原理，进而采用标量分析求得力矩。于是，有

$$M_O = F_x y - F_y x$$

这一方法比采用 $M_O = Fd$ 确定力矩来得容易。

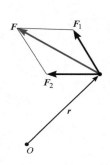

图 3-16

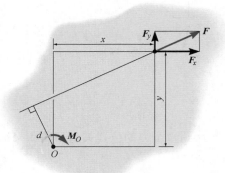

图 3-17

要点

- 力矩使物体绕通过确定点 O 的轴产生转动趋势。
- 应用右手定则转动方向由手指握拳确定，拇指沿力矩轴方向或力矩作用线方向。
- 力矩的大小由 $M_O = Fd$ 确定，其中 d 称为力臂，是点 O 到力的作用线的垂直距离或最短距离。
- 对于空间问题，应用矢量叉积确定力矩，即

$$M_O = r \times F$$

请记住，r 是从点 O 到力 F 作用线上任意点的位置矢量。

- 力矩原理表明，力对点之矩等于其分量对该点之矩之和。该方法处理平面问题十分有效。

应用力矩原理很容易确定力 F 对点 O 之矩，简单地，有 $M_O = Fd$

例题 **3.5**

确定图 3-18a 中的力 F 对点 O 之矩。

解法 1　应用三角关系可以从图 3-18a 中确定力臂

$$d = (3m) \sin 75° = 2.898m$$

例题　3.5

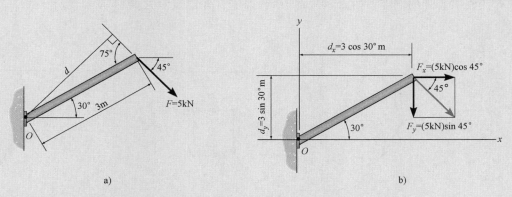

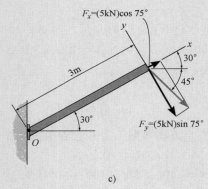

图 3-18

于是，有

$$M_O = Fd = (5\text{kN})(2.898\text{m}) = 14.5\text{kN} \cdot \text{m} \quad \circlearrowright$$

因为有绕点 O 顺时针转动趋势，所以力矩矢量指向页面以内。

解法 2　力的 x 和 y 方向的分量示于图 3-18b 中。令逆时针方向力矩为正，应用力矩原理有

$$\circlearrowleft + M_O = -F_x d_y - F_y d_x$$
$$= -(5\cos45°\text{kN})(3\sin30°\text{m}) - (5\sin45°\text{kN})(3\cos30°\text{m})$$
$$= -14.5\text{kN} \cdot \text{m} = 14.5\text{kN} \cdot \text{m} \quad \circlearrowright$$

解法 3　令 x 和 y 轴分别平行和垂直于杆子的轴线，如图 3-18b 所示。力 $\boldsymbol{F}_x$ 的作用线通过点 O，因而对点 O 不产生力矩。故有

$$\circlearrowleft + M_O = -F_y d_x$$
$$= -(5\sin75°\text{kN})(3\text{m})$$
$$= -14.5\text{kN} \cdot \text{m} = 14.5\text{kN} \cdot \text{m} \quad \circlearrowright$$

例题 **3.6**

力 **F** 作用在三脚架的端部，如图 3-19a 所示。确定力 **F** 对点 O 之矩。

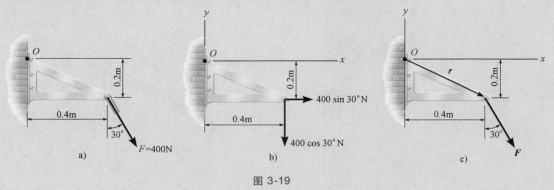

图 3-19

解法 1 （标量分析） 将力分解为 x 和 y 方向的分量，如图 3-19b 所示。于是，有

$$\zeta +M_O = 400\sin 30°\text{N}\ (0.2\text{m})\ -400\cos 30°\text{N}(0.4\text{m})$$

$$= -98.6\text{N}\cdot\text{m} = 98.6\text{N}\cdot\text{m}\ \circlearrowright$$

或

$$\boldsymbol{M}_O = (-98.6\boldsymbol{k})\text{N}\cdot\text{m}$$

解法 2（矢量分析）应用笛卡儿矢量方法求解，力和位置矢量如图 3-19c 所示，则

$$\boldsymbol{r} = (0.4\boldsymbol{i} - 0.2\boldsymbol{j})\text{m}$$

$$\boldsymbol{F} = (400\sin 30°\boldsymbol{i} - 400\cos 30°\boldsymbol{j})\text{N}$$

$$= (200.0\boldsymbol{i} - 346.4\boldsymbol{j})\ \text{N}$$

据此，力矩为

$$\boldsymbol{M}_O = \boldsymbol{r}\times\boldsymbol{F} = \begin{vmatrix} \boldsymbol{i} & \boldsymbol{j} & \boldsymbol{k} \\ 0.4 & -0.2 & 0 \\ 200.0 & -346.4 & 0 \end{vmatrix}$$

$$= 0\boldsymbol{i} - 0\boldsymbol{j} + [0.4(-346.4) - (-0.2)(200.0)]\boldsymbol{k}$$

$$= (-98.6\boldsymbol{k})\text{N}\cdot\text{m}$$

注意：显然，标量分析（解法 1）相对于矢量分析（解法 2）提供了更方便的方法，因为每个分量之矩的方向和力臂都很容易确定。所以这一方法总是用于求解二维问题，而笛卡儿矢量分析一般仅用于求解三维问题。

基础题

F3-1　确定力对点 O 之矩。

F3-2　确定力对点 O 之矩。

F3-3　确定力对点 O 之矩。

F3-4　确定力对点 O 之矩。

F3-5　确定力对点 O 之矩。忽略构件厚度。

F3-6　确定力对点 O 之矩。

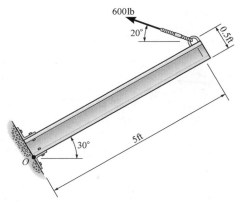

F3-1 图

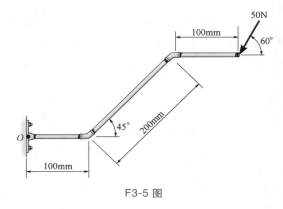

F3-5 图

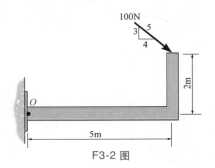

F3-2 图

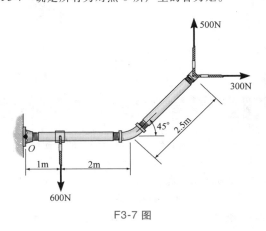

F3-6 图

F3-7　确定所有力对点 O 所产生的合力矩。

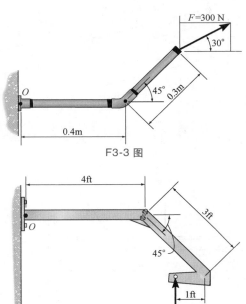

F3-3 图

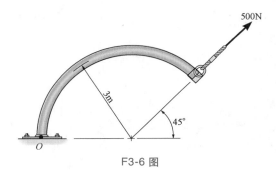

F3-7 图

F3-4 图

F3-8　确定所有力对点 O 所产生的合力矩。

F3-9　确定所有力对点 O 所产生的合力矩。

F3-10　确定力 F 对点 O 之矩。将结果表示成笛卡儿矢量。

F3-11　确定力 F 对点 O 之矩。将结果表示成笛卡儿矢量。

F3-12　力 $F_1 = (100i - 120j + 75k)\,\text{lb}$，$F_2 = (-200i + 250j + 100k)\,\text{lb}$，确定所有力在点 O 产生的合力矩。将结果表示成笛卡儿矢量。

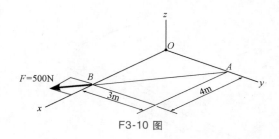

F3-10 图

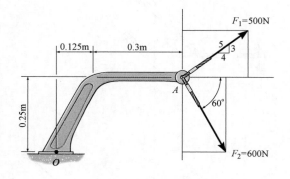

F3-8 图

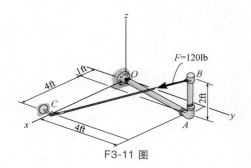

F3-11 图

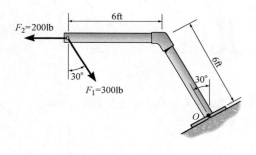

F3-9 图

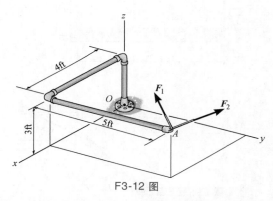

F3-12 图

习题

3-1　给定矢量 A、B、D，证明矢量的分配律，即
$$A \times (B + D) = (A \times B) + (A \times D)$$

3-2　证明矢量的混合积：
$$A \cdot B \times C = A \times B \cdot C$$

3-3　给定三个非零矢量 A、B、C，证明：如果
$$A \cdot B \times C = 0$$
则这三个矢量必位于同一平面内。

* 3-4　确定三个作用在梁上的每一个力对点 A 之矩。

3-5　确定三个作用在梁上的每一个力对点 B 之矩。

3-6　若 $\theta = 45°$，确定 4kN 的力对点 A 之矩。

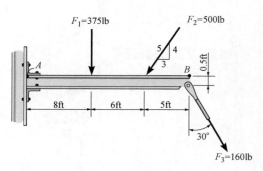

习题 3-4、习题 3-5 图

3-7 若 4kN 的力对点 *A* 产生大小为 10kN · m、顺时针方向的力矩，确定角度 θ，其中 0° ≤ θ ≤ 90°。

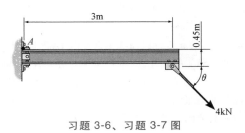

习题 3-6、习题 3-7 图

*3-8 确定三个作用在梁上的每一个力对点 *A* 之矩。

3-9 确定三个作用在梁上的每一个力对点 *B* 之矩。

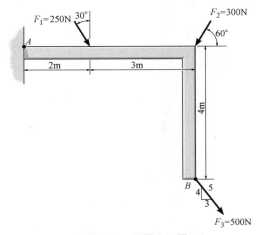

习题 3-8、习题 3-9 图

3-10 轮毂既有负偏置（左）也有正偏置（右）与车轴连接。如果轮胎承受法向力和径向力如图所示，确定两种情形下，两种力对轴上点 *O* 之矩。

3-11 铁路交叉路口的闸由 100kg 的闸臂和 250kg 的平衡重所组成，闸臂的质量中心位于 G_a 处，平衡重的质量中心位于 G_W 处。确定二者的重力对点 *A* 产生合力矩的大小与方向。

*3-12 铁路交叉路口的闸由 100kg 的闸臂和 250kg 的平衡重所组成，闸臂的质量中心位于 G_a 处，平衡重的质量中心位于 G_W 处。确定二者的重力对点 *B* 产生合力矩的大小与方向。

3-13 确定力 *F* 对点 *A* 产生最小力矩的角度（0° ≤ θ ≤ 180°）。计算这一力矩。

3-14 将力 *F* 对点 *A* 之矩表示成角度 θ 的函数（0° ≤ θ

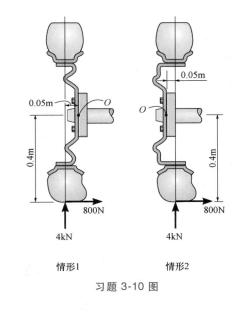

习题 3-10 图

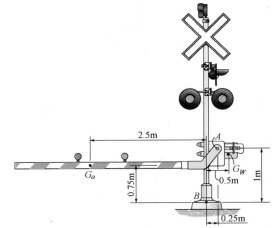

习题 3-11、习题 3-12 图

≤ 180°）。以 *M* 为纵坐标，θ 为横坐标，画出 *M-*θ 关系。

3-15 给定角度 θ，确定力 *F* 对点 *A* 的最小力矩。

*3-16 二人以大小为 F_A = 30lb 和 F_B = 50lb 的力推门，如图所示。确定每个力对点 *C* 之矩。指出门将产生顺时针还是逆时针转动？忽略门的厚度。

3-17 二人推门，如果 *B* 处的人在 *B* 处作用大小为 F_B = 30lb 的力，试问 *A* 处的人在 *A* 处作用多大的力，才能阻止门不发生转动？忽略门的厚度。

3-18 全髋关节置换承受数值 *F* = 120N 的力。确定这一力对颈 *A* 和母体 *B* 处的力矩。

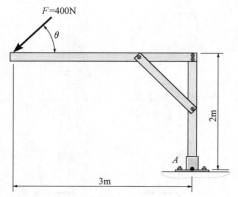

习题 3-13、习题 3-14、习题 3-15 图

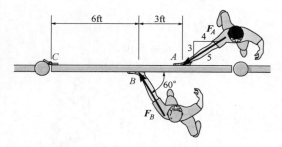

习题 3-16、习题 3-17 图

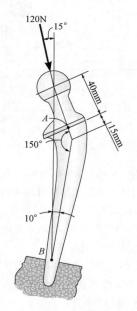

习题 3-18 图

3-19 塔式起重机以匀速吊起 2Mg 的载荷。1.5Mg 的悬臂 BD、0.5Mg 的悬臂 BC 以及 5Mg 的配重 C 的质量中心分别在 G_1、G_2 和 G_3 处。确定载荷、各悬臂以及配重的重量对点 A 和点 B 的合力矩。

*3-20 塔式起重机以匀速吊起 2Mg 的载荷。1.5Mg 的悬臂 BD 和 0.5Mg 的悬臂 BC 的质量中心分别在 G_1 和 G_2 处。配重 C 的质量中心在 G_3 处。为使塔式起重机的载荷、各悬臂以及配重的重量对点 A 的合力矩等于零，试确定塔式起重机配重所需要的质量。

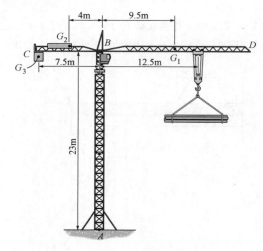

习题 3-19、习题 3-20 图

3-21 20m 长的吊臂端部的缆绳承受 $P=4$kN 的力。设 $\theta=30°$，为使力对点 O 之矩最小，确定吊钩的位置 x。计算这时的力矩。

3-22 20m 长的吊臂端部的缆绳承受 $P=4$kN 的力。设 $x=25$m，为使力对点 O 之矩最小，确定位置角度 θ。计算这时的力矩。

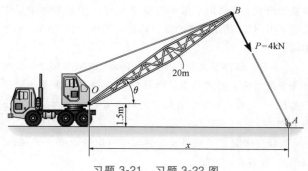

习题 3-21、习题 3-22 图

3-23 位于 *A* 处的工具用于握住动力切草机刀片在用扳手松开螺母时保持不动。如果施加在扳手 *B* 处的力为 50N，方向如图中所示，确定在螺母 *C* 处所产生的力矩。为使力 *F* 对螺母 *C* 产生相反的力矩，求力 *F* 的大小。

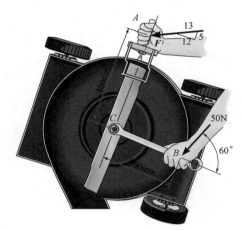

习题 3-23 图

* 3-24 锤子把手所受力的大小为 *F* = 20lb，确定力 *F* 对点 *A* 的力矩。

3-25 为了拔出 *B* 处的钉子，作用在锤子把手的力 *F* 必须对点 *A* 产生 500lb·ft 顺时针方向的力矩。确定所要求的力 *F* 的大小。

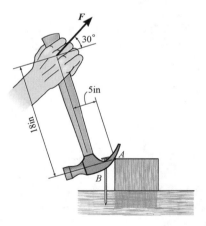

习题 3-24、习题 3-25 图

3-26 连接杆用于增加月牙扳手的杠杆臂，如图所示。设所施加力 *F* 的大小为 *F* = 200N，*d* = 300mm，确定力 *F* 在螺栓 *A* 处产生的力矩。

3-27 连接杆用于增加月牙扳手的杠杆臂，如图所示。设拧紧 *A* 处螺栓需要顺时针方向的力矩 M_A = 120N·m，力 *F* 的大小为 *F* = 200N，确定产生这一力矩所需要的延长臂 *d*。

* 3-28 连接杆用于增加月牙扳手的杠杆臂，如图所示。设拧紧 *A* 处螺栓需要顺时针方向的力矩 M_A = 120N·m，延长臂 *d* = 300mm，确定产生这一力矩所需要力 *F* 的大小。

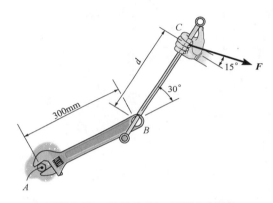

习题 3-26、习题 3-27、习题 3-28 图

3-29 确定力 F_1 对点 *O* 产生的力矩。将结果表示成笛卡儿矢量。

3-30 确定力 F_2 对点 *O* 产生的力矩。将结果表示成笛卡儿矢量。

3-31 确定力 F_1 和 F_2 对点 *O* 产生的合力矩。将结果表示成笛卡儿矢量。

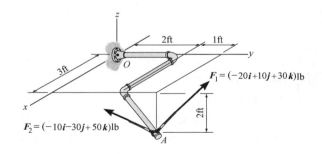

习题 3-29、习题 3-30、习题 3-31 图

* 3-32 确定力 F_B 对点 *O* 产生的力矩。将结果表示成笛卡儿矢量。

3-33　确定力 F_A 对点 O 产生的力矩。将结果表示成笛卡儿矢量。

3-34　确定力 F_A 和 F_B 对点 O 产生的合力矩。将结果表示成笛卡儿矢量。

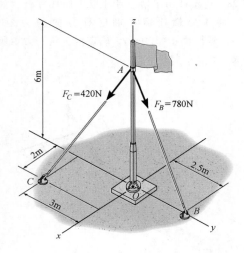

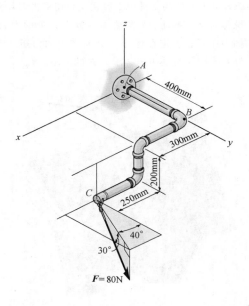

习题 3-37、习题 3-38 图

习题 3-32、习题 3-33、习题 3-34 图

3-35　确定每一个力对位于钻头上的点 O 引起的力矩。

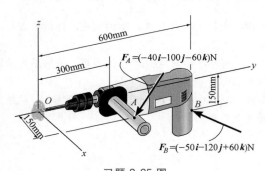

习题 3-35 图

*3-36　一力 $F = (6i-2j+1k)$ kN 对坐标原点 O 产生的力矩为 $M_O = (4i+5j-14k)$ kN·m。如果这一力作用在坐标 $x = 1$m 处，求其 y 和 z 坐标。

3-37　管道装配件承受 80N 的力，确定力对点 A 之矩。

3-38　管道装配件承受 80N 的力，确定力对点 B 之矩。

3-39　一力 $F = (600i+300j-600k)$ N 作用在梁端部 B 处。确定该力对点 O 之矩。

*3-40　半径为 5ft 的曲杆，在端部 A 处承受 60lb 的力，如图所示。确定力对点 C 之矩。

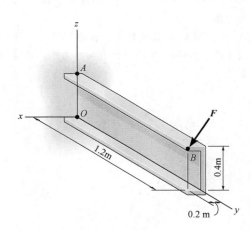

习题 3-39 图

3-41　半径为 5ft 的曲杆，在端部 A 处受力 F 的作用，当力对支承 C 处产生的力矩 $M = 80$lb·ft 时支承将失效。确定此时力 F 的大小。

3-42　利用瓶颈环将 75N 的力施加在铅垂平面内如图所示，其中角度 θ 是可变的。确定力在点 A 引起的力矩大小，对于 $0° \leqslant \theta \leqslant 180°$，画出 M（纵轴）与 θ（横轴）的关系图，确定使力矩最大和最小的角度。

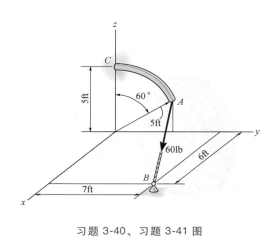

习题 3-40、习题 3-41 图

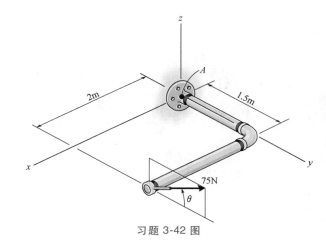

习题 3-42 图

3.5　力对指定轴之矩

有时必须确定力对于某一指定轴之矩。例如，假设需要松开汽车轮胎上 O 处的凸缘螺母，如图 3-20a 所示，施加在扳手上的力将使扳手和螺母产生绕通过点 O 的力矩轴转动的趋势；两螺母只绕 y 轴转动。所以为了确定转动效果，只需要力矩的 y 分量，而所产生的总力矩并不重要。为确定这一分量可以采用标量分析也可以采用矢量分析。

标量分析　采用标量分析，对于图 3-20a 中的凸缘螺母，力臂或轴到力作用线的垂直距离

$$d_y = d\cos\theta$$

力对 y 轴之矩为

$$M_y = Fd_y = F(d\cos\theta)$$

图 3-20

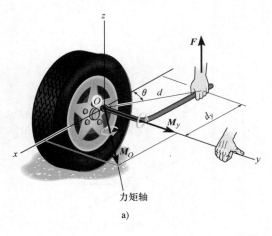

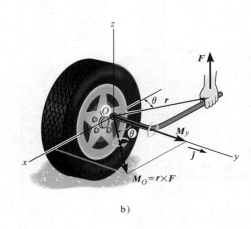

图 3-20（续）

根据右手定则，M_y 矢量沿 y 轴正向，如图所示。

一般而言，对于任意轴 a，力矩为

$$M_a = Fd_a \tag{3-10}$$

矢量分析 采用矢量分析确定图 3-20b 中所示力 $\boldsymbol{F}$ 对 y 轴之矩，首先必须通过应用方程（3-7），即 $\boldsymbol{M}_O = \boldsymbol{r} \times \boldsymbol{F}$，确定力对 y 轴上任意点的力矩。力矩沿 y 轴的分量 M_y 大小等于 $\boldsymbol{M}_O$ 在 y 轴上的投影。利用第 2 章中讨论过的点积，得到

$$M_y = \boldsymbol{j} \cdot \boldsymbol{M}_O = \boldsymbol{j} \cdot (\boldsymbol{r} \times \boldsymbol{F})$$

其中 $\boldsymbol{j}$ 为 y 方向的单位矢量。

通过建立 a 轴方向上的单位矢量 $\boldsymbol{u}_a$，如图 3-21 所示，可以将上述方法一般化。于是，力 $\boldsymbol{F}$ 对 a 轴之矩为

$$M_a = \boldsymbol{u}_a \cdot (\boldsymbol{r} \times \boldsymbol{F})$$

这一表达式称为矢量的混合积。如果将其中的矢量写成笛卡儿矢量，则有

$$M_a = (u_{a_x}\boldsymbol{i} + u_{a_y}\boldsymbol{j} + u_{a_z}\boldsymbol{k}) \cdot \begin{vmatrix} \boldsymbol{i} & \boldsymbol{j} & \boldsymbol{k} \\ r_x & r_y & r_z \\ F_x & F_y & F_z \end{vmatrix}$$

$$= u_{a_x}(r_y F_z - r_z F_y) - u_{a_y}(r_x F_z - r_z F_x) + u_{a_z}(r_x F_y - r_y F_x)$$

为了便于记忆，上述结果也可以写成行列式形式[⊖]

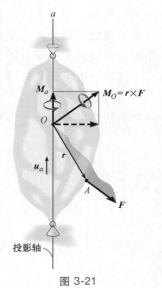

图 3-21

$$M_a = \boldsymbol{u}_a \cdot (\boldsymbol{r} \times \boldsymbol{F}) = \begin{vmatrix} u_{a_x} & u_{a_y} & u_{a_z} \\ r_x & r_y & r_z \\ F_x & F_y & F_z \end{vmatrix} \tag{3-11}$$

式中 u_{a_x}、u_{a_y}、u_{a_z} 为 a 轴方向上的单位矢量在 x、y、z 方向上的分量。

⊖ 以一力矩为例将其行列式展开，证明将产生上述结果。

r_x、r_y、r_z为从 a 轴上任意点 O 到力作用线上任意点 A 的位置矢量在 x、y、z 方向上的分量。

F_x、F_y、F_z为力矢量在 x、y、z 方向上的分量。

当根据方程（3-11）计算出 M_a 数值时，将产生一正标量或负标量。标量的正负号表示 M_a 沿 a 轴的指向。若为正，M_a 具有与 u_a 相同的方向；若为负，M_a 的方向与 u_a 的方向相反。

M_a 一旦确定，M_a 就可以表示成笛卡儿矢量，即

$$M_a = M_a u_a \tag{3-12}$$

下面的例题将详细阐述上述概念与方法的数字应用。

要点

- 提供力作用线到轴的垂直距离 d_a，即可确定力到该轴之矩 $M_a = F d_a$。
- 如果采用矢量分析，$M_a = u_a \cdot (r \times F)$，其中 u_a 确定了轴的方向，r 为轴上任意点到力作用线的位置矢量。
- 如果算出的 M_a 为负标量，则 M_a 指向与 u_a 的方向相反。
- 根据 $M_a = M_a u_a$ 可以将 M_a 表示成笛卡儿矢量。

例题 ┃ 3.7

确定图 3-22 中所示 3 个力对 x 轴、y 轴和 z 轴的合力矩。

解　一个力，如果平行于坐标轴或者其作用线通过坐标轴，不可能对该轴产生力矩或者产生绕该轴的转动趋势。按照右手定则定义力矩的正方向，如图中所示，于是有

$$M_x = (60\text{lb})(2\text{ft}) + (50\text{lb})(2\text{ft}) + 0 = 220\text{lb} \cdot \text{ft}$$

$$M_y = 0 - (50\text{lb})(3\text{ft}) - (40\text{lb})(2\text{ft}) = -230\text{lb} \cdot \text{ft}$$

$$M_z = 0 + 0 - (40\text{lb})(2\text{ft}) = -80\text{lb} \cdot \text{ft}$$

负号表示 M_y 和 M_z 分别作用在 $-y$ 和 $-z$ 方向。

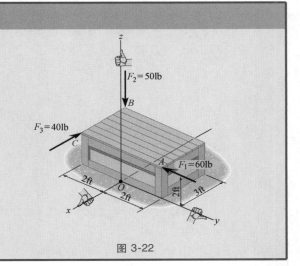

图 3-22

例题 ┃ 3.8

确定图 3-23a 中的力 F 使构件绕 AB 杆轴线转动的力矩 M_{AB}。

解　本例采用矢量求解，即

$$M_{AB} = u_B \cdot (r \times F)$$

而不是去寻找力臂或者力的作用线到 AB 轴线的垂直距离。现在将确定上述方程中的每一项。

单位矢量 u_B 定义了 AB 轴线的方向，如图 3-23b 所示，其中

例题 **3.8**

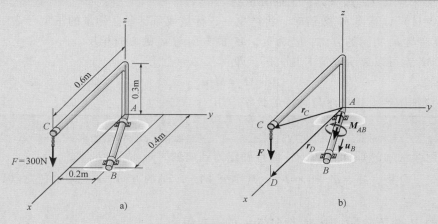

图 3-23

$$u_B = \frac{r_B}{r_B} = \frac{(0.4i+0.2j)\,\mathrm{m}}{\sqrt{(0.4\mathrm{m})^2+(0.2\mathrm{m})^2}} = 0.8944i+0.4472j$$

矢量 r 的方向为从 AB 轴线上任意点到力作用线上任意点。例如，图 3-23b 中的 r_C 和 r_D 都是合适的（虽然图中没有标出，r_{BC} 和 r_{BD} 也是可用的）。为简单起见，选择 r_D，

$$r_D = (0.6i)\,\mathrm{m}$$

力

$$F = (-300k)\,\mathrm{N}$$

将这些矢量代入行列式，并将其展开，有

$$M_{AB} = u_B \cdot (r_D \times F) = \begin{vmatrix} 0.8944 & 0.4472 & 0 \\ 0.6 & 0 & 0 \\ 0 & 0 & -300 \end{vmatrix}$$

$$= 0.8944[0(-300)-0(0)]-0.4472[0.6(-300)-0(0)]+0[0.6(0)-0(0)]$$

$$= 80.50\mathrm{N}\cdot\mathrm{m}$$

结果为正，表明 M_{AB} 的指向与 u_B 的相同。

将图 3-23b 中的 M_{AB} 表示成笛卡儿矢量，则有

$$M_{AB} = M_{AB}u_B = (80.50\mathrm{N}\cdot\mathrm{m})(0.8944i+0.4472j)$$

$$= (72.0i+36.0j)\,\mathrm{N}\cdot\mathrm{m}$$

注意：如果轴 AB 的方向由从 B 到 A 所定义，则上述公式中必须使用 $-u_B$。这将导致

$$M_{AB} = -80.50\mathrm{N}\cdot\mathrm{m}$$

相应地，有

$$M_{AB} = M_{AB}(-u_B)$$

也会得到相同的结果。

基础题

F3-13　确定力 $F = (300i-200j+150k)$ N 对 x 轴之矩。

F3-14　确定力 $F = (300i-200j+150k)$ N 对 OA 轴之矩。

F3-17　确定力 $F = (50i-40j+20k)$ lb 对 AB 轴之矩。并将结果表示成笛卡儿矢量。

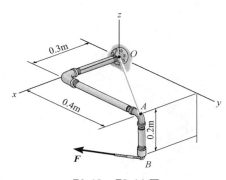

F3-13、F3-14 图

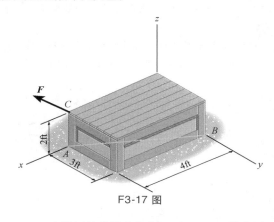

F3-17 图

F3-15　确定 200 N 的力对 x 轴之矩。

F3-18　应用标量分析确定力 F 对 x、y、z 轴之矩。

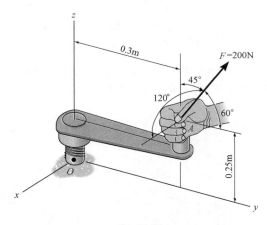

F3-15 图

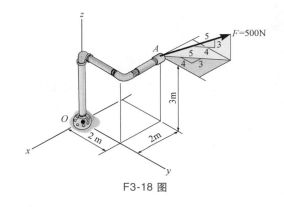

F3-18 图

F3-16　确定力 F 对 y 轴之矩。

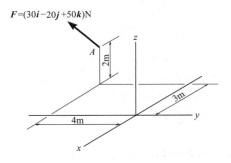

F3-16 图

习题

3-43 伸缩头的棘轮扳手在垂直于把手的方向承受 $P = 16\text{lb}$ 的力，如图所示。确定该力给予 A 处螺栓沿铅垂轴的力矩或转矩。

* 3-44 如果松开 A 处的螺栓需要 $80\text{lb} \cdot \text{in}$，确定必须施加在伸缩头的棘轮扳手在垂直于把手的方向上的力。

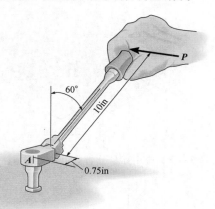

习题 3-43、习题 3-44 图

3-45 门 B 处承受 20lb 的力。确定力对沿铰链方向的 x 轴之矩。

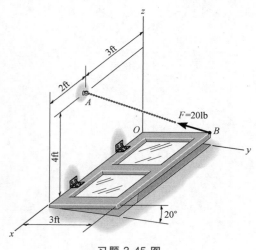

习题 3-45 图

3-46 确定力 F 对 x、y、z 轴之矩：（a）采用笛卡儿矢量方法；（b）采用标量方法。

3-47 确定力 F 对沿 A、C 之间的轴之矩。并将结果表示成笛卡儿矢量。

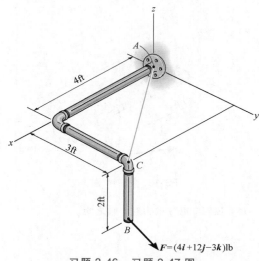

习题 3-46、习题 3-47 图

* 3-48 汽车引擎罩由支杆 AB 支撑，支杆将 $F = 24\text{lb}$ 的力施加在引擎罩上。确定力对铰链轴 y 之矩。

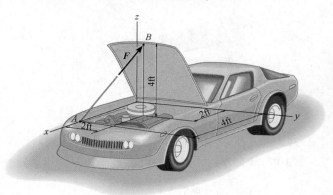

习题 3-48 图

3-49 大小为 $F = 30\text{N}$ 的力作用在支架上，如图所示。确定力对管子轴线 a—a 的力矩。同时确定为使力对管子轴线 a-a 产生的力矩最小，力 F 的坐标方向角。

3-50 确定为了平衡 400lb 重的货箱，缆绳 AB 和 AC 所受的拉力。

3-51 如果缆绳中的拉力不得超过 300lb，确定结构所能承受的货箱最大重量。同时确定这时支杆 AD 所受的力。

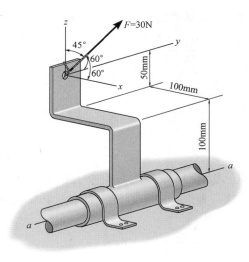

习题 3-49 图

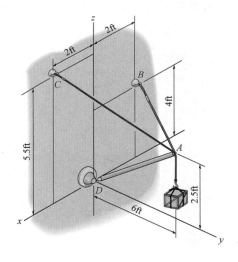

习题 3-50、习题 3-51 图

* 3-52　A 字形框架被大小为 $F = 80\text{lb}$ 的力向右上方提起。确定框架在图示位置时力对 y 轴之矩。

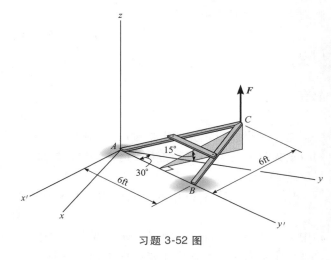

习题 3-52 图

3-53　设缆绳中的拉力大小为 $F = 140\text{lb}$，确定力引起的对控制板上铰链轴 CD 之矩。

3-54　为使控制板保持在图示位置，需要对铰链轴 CD 之矩等于 $500\text{lb} \cdot \text{in}$，确定这时缆绳 AB 中的拉力。

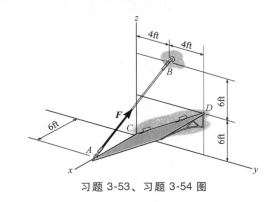

习题 3-53、习题 3-54 图

3.6　力偶矩

力偶由两个互相平行的力所定义，这两个力大小相等、方向相反，作用线之间的垂直距离为 d，如图 3-24 所示。

因为合力等于零，所以力偶只引起在一定方向上的转动或转动趋势。一个形象化的例子：当你双手握住方向盘驾驶汽车，你就使方向盘发生转动。这时一只手推方向盘向上，另一只手则拉方向盘向下，从而使方向盘转动。

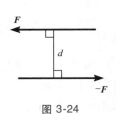

图 3-24

力偶产生的力矩称为力偶矩。通过确定组成力偶的两个力对于任意点的力矩之和，可以确定力偶矩的数值。例如，图 3-25 中，位置矢量 r_A 和 r_B 为从点 O 到组成力偶的两个力 $-F$ 和 F 作用线上的点 A 和点 B，则对点 O 的力偶矩确定为

$$M = r_B \times F + r_A \times (-F) = (r_B - r_A) \times F$$

因为

$$r_B = r_A + r \quad 或 \quad r = r_B - r_A$$

故有

$$M = r \times F \tag{3-13}$$

这一结果表明，力偶矩是自由矢，即：可以作用于任意点，因为 M 仅取决于两个力作用线之矩走向的位置矢量 r，而与从任意点 O 到力的位置矢量 r_A 和 r_B 无关。这一概念不同于力矩，力矩要求取矩的确定点（或轴）。

标量公式   图 3-26 中的力偶矩 M，其大小定义为

$$M = Fd \tag{3-14}$$

其中 F 为力偶中一个力的大小，d 为两个力之矩的垂直距离，称为力偶臂。力偶的转向和矢量指向由右手定则确定：右手手指握拳手指指向力偶的转动方向，拇指指向力偶矩矢量的正方向。所有情形下 M 都垂直作用于两个力所组成的平面。

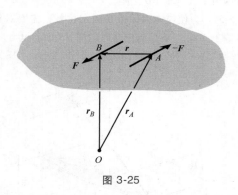

图 3-25

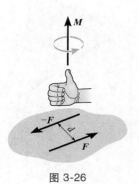

图 3-26

矢量公式   应用方程（3-13），力偶矩也可以表示成矢量形式，即

$$M = r \times F \tag{3-15}$$

这一方程的应用有助于理解和记忆：可以想象为两个力对位于其中一个力作用线上任意点取矩。例如，在图 3-25 中，力 $-F$ 对点 A 之矩等于零，力 F 对同一点之矩则由方程（3-15）所定义。所以上述公式中 r 是从与之叉乘的力 F 开始指向另一个力。

等效力偶   两个力偶如果产生同样大小和方向的力偶矩，则称这两个力偶等效。例如，图 3-27 中的两个力偶就是等效力偶。因为每一个力偶的力偶矩都是

$$M = 30\text{N}(0.4\text{m}) = 40\text{N}(0.3\text{m}) = 12\text{N} \cdot \text{m}$$

而且，每一个力偶矩矢量都是指向页面以内。注意到，对于第二种情形，因为两只手相互靠近了，产生同样的转动效果，需要施加更大的力。此外，如果轮轴不在轮中心而是其他的点，轮依然会转动，因为大小为 $12\text{N} \cdot \text{m}$ 的力偶矩为自由矢量。

3

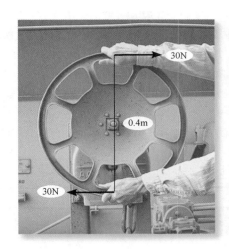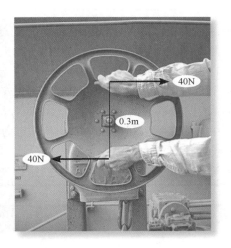

图 3-27

合力偶矩　因为力偶矩是矢量，合力偶矩可以由矢量加法求得。例如考察作用在图 3-28a 中的力偶 M_1 和 M_2，因为每个力偶矩都是自由矢，可以将其矢尾相连，从而确定其合力偶矩：

$$M_R = M_1 + M_2$$

如图 3-28b 所示。

如果有多于两个的力偶矩作用在物体上，可以将上述概念一般化并写成矢量形式：

$$M_R = \sum (r \times F) \tag{3-16}$$

这些概念将在随后的数字计算例题中得以详细诠释。一般而言，展现为二维的问题，应该采用标量分析求解，这是因为力和力偶臂容易确定。

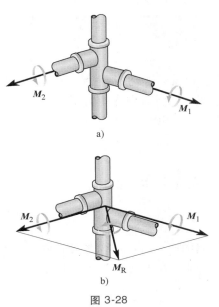

图 3-28

车辆方向盘的轮子现在做得比老式车辆的小，这是因为动力方向盘不需要驾驶者施加更大的力在方向盘的轮缘上。

3

要点

- 力偶矩由两个不共线的力所产生，这两个力大小相等、方向相反。
- 力偶矩为自由矢，无论其作用在物体的何处，所产生的转动效应都是相同的。
- 力偶的两个力对于任意点之矩是可以确定的。为方便起见，这一点通常选择在其中一个力的作用线上，这个力对该点将不产生力矩。
- 三维问题中通常采用矢量公式 $M = r×F$ 确定力偶矩，其中 r 为从其中一个力的作用线上任意点到另一个力 F 作用线上任意点的位置矢量。
- 合力偶矩等于力偶系中所有力偶的力偶矩的矢量和。

例题	3.9

确定图 3-29 中作用在平板上的 3 个力偶的合力偶矩。

解　如图中所示每一个力偶的一对力之间的垂直距离分别为

$$d_1 = 4\text{ft},\ d_2 = 3\text{ft},\ d_3 = 5\text{ft}$$

设逆时针方向的力偶矩为正，有

$$\zeta\ +M_R = \sum M;\ M_R = -F_1d_1 + F_2d_2 - F_3d_3$$
$$= -(200\text{lb})(4\text{ft}) + (450\text{lb})(3\text{ft})$$
$$-(300\text{lb})(5\text{ft})$$
$$= -950\text{lb} \cdot \text{ft} = 950\text{lb} \cdot \text{ft}\ \zeta$$

所得结果中的负号表明 M_R 为顺时针转动指向。

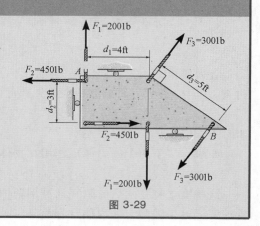

图 3-29

例题	3.10

确定图 3-30a 中所示作用在齿轮上的力偶的力偶矩。

解　最容易的解法是将每一个力都分解为图 3-30b 中所示的分量。求这些分量对任意点，例如对齿轮中心点 O 或点 A 之矩，再对这些力矩求和即可确定力偶矩。设逆时针方向之矩为正，有

$$\zeta\ +M = \sum M_O;\ M = (600\cos30°\text{N})(0.2\text{m}) - (600\sin30°\text{N})(0.2\text{m})$$
$$= 43.9\text{N} \cdot \text{m}\ \zeta$$

或

$$\zeta\ +M = \sum M_A;\ M = (600\cos30°\text{N})(0.2\text{m}) - (600\sin30°\text{N})(0.2\text{m})$$
$$= 43.9\text{N} \cdot \text{m}\ \zeta$$

正的结果表明，M 具有逆时针转动指向，即矢量垂直于页面向外。

注意：同样的结果也可以由 $M = Fd$ 得到，其中 d 为组成力偶的两个力作用线之间的垂直距离，如图 3-30c 所示。但是 d 的计算要更烦琐一些。通过本例计算还认识到，力偶矩矢量是自由矢量，作用在齿轮上任意点所产生的转动效果与作用在齿轮中心的是相同的。

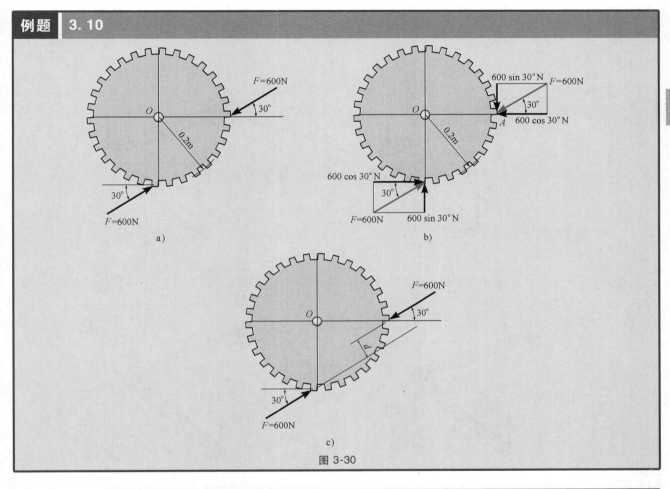

例题 3.10

图 3-30

例题 3.11

确定作用在图 3-31a 中管道 AB 段的力偶矩，AB 段管道位于 x-y 平面以下 30°方向。

解法 1（矢量分析）　可以确定力偶的两个力对于任意点之矩。如果考虑点 O，根据图 3-31b，有

$$M = r_A \times (-25k) + r_B \times (25k)$$
$$= (8j) \times (-25k) + (6\cos 30°i + 8j - 6\sin 30°k) \times (25k)$$
$$= -200i - 129.9j + 200i$$
$$= (-130j) \text{lb} \cdot \text{in}$$

如果对位于其中一个力作用线上的一点，例如图 3-31c 中的点 A 取矩，会更容易些。这种情形下，作用在点 A 的力之矩等于零，故有

$$M = r_{AB} \times (25k)$$
$$= (6\cos 30°i - 6\sin 30°k) \times (25k)$$
$$= (-130j) \text{lb} \cdot \text{in}$$

例题 3.11

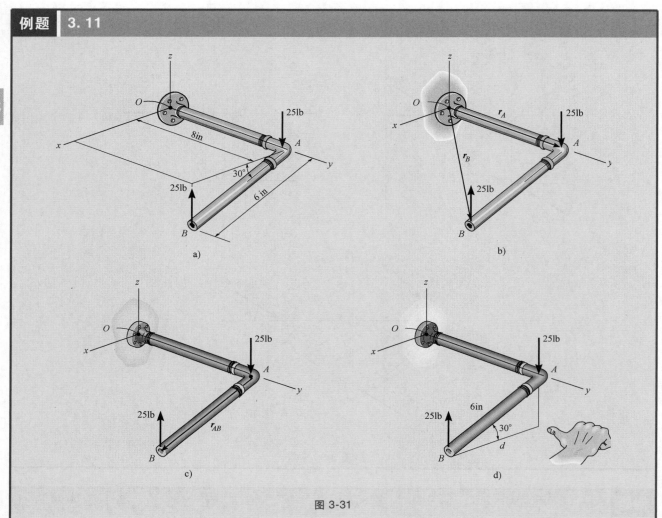

图 3-31

　　解法 2（标量分析）　虽然这一问题明显是三维的，但是几何关系比较简单，因此可以采用标量方程

$$M = Fd$$

组成力偶的两个力作用线之间的垂直距离

$$d = 6\cos 30° = 5.196\text{in}$$

所以，两个力对点 A 或 B 取矩都为

$$M = Fd = 25\text{lb}(5.196\text{in}) = 129.9\text{lb} \cdot \text{in}$$

应用右手定则，M 作用在 $-j$ 方向。于是有

$$M = \{-130j\}\text{lb} \cdot \text{in}$$

F3-19 确定作用在梁上的合力偶矩。

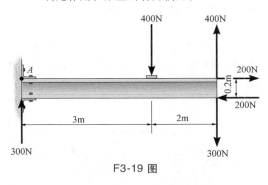

F3-19 图

F3-20 确定作用在三角板上的合力偶矩。

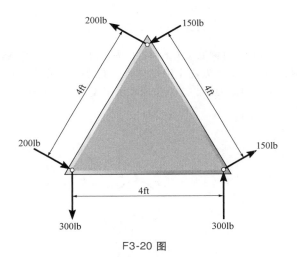

F3-20 图

F3-21 确定力 **F** 的大小，以使作用在梁上的合力偶矩等于 1.5kN·m。

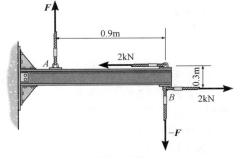

F3-21 图

F3-22 确定作用在梁上的合力偶矩。

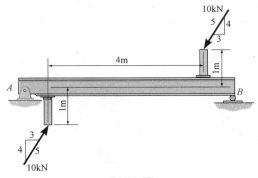

F3-22 图

F3-23 确定作用在管道装配件上的合力偶矩。

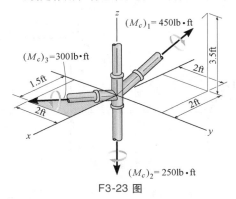

F3-23 图

F3-24 确定作用在管道装配件上的合力偶矩，并将结果表示成笛卡儿矢量。

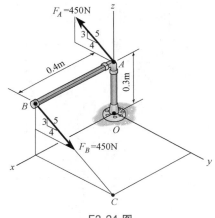

F3-24 图

3

习题

3-55　施加在螺丝刀把手上的转矩大小为 4N·m。将这一力偶矩分解为作用在把手上的一对组成力偶的力和刀口上的一对力偶力。

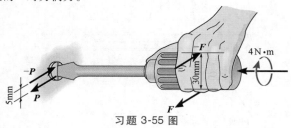

习题 3-55 图

* 3-56　三角板各边上承受 3 力偶。确定板的尺寸 d 以产生顺时针方向、大小等于 350N·m 的合力偶矩。

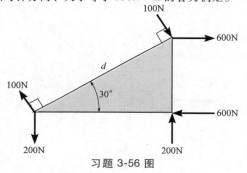

习题 3-56 图

3-57　小车轮脚承受两个力偶作用。为使轮脚上的合力偶矩等于零，确定轴承对轴的作用力 F。

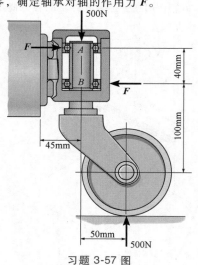

习题 3-57 图

3-58　两力偶作用在梁上。如果 $F = 125$lb。确定合力偶矩。

3-59　两力偶作用在梁上。如果合力偶矩为逆时针方向、大小等于 450lb·ft，确定 F 的大小。合力偶矩作用在梁上何处？

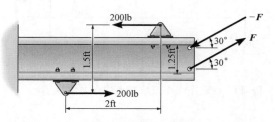

习题 3-58、习题 3-59 图

* 3-60　打磨混凝土地面在打磨机刀片上产生的力偶矩 $M_O = 100$N·m。为使作用在打磨机上的合力偶矩等于零，确定力偶力的大小，这力作用在水平面、垂直于打磨机的把手。

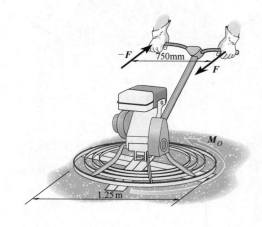

习题 3-60 图

3-61　一人试图通过在轮上施加大小等于 $F = 75$N 的力偶力打开阀门。确定所产生的力偶矩。

3-62　如果打开阀门需要施加大小等于 25kN·m 的力偶矩，确定必须施加在轮上的力偶力大小。

3-63　为使折杆上合力偶矩等于零，确定力 F 的大小。

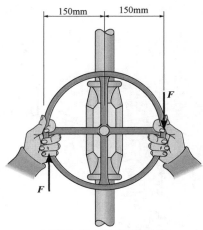

习题 3-61、习题 3-62 图

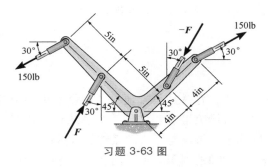

习题 3-63 图

* 3-64　如果 $F = 200$lb，确定合力偶矩。

3-65　如果作用在框架上的合力偶为 200lb·ft，确定所要求的力偶力 F 的大小。

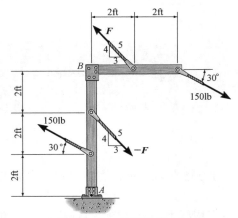

习题 3-64、习题 3-65 图

3-66　两个力偶作用在悬臂梁上，如果 $F = 6$kN，确定

合力偶矩。

3-67　如果要求作用在梁上的合力偶矩等于零，确定所要求的力 F 的大小。

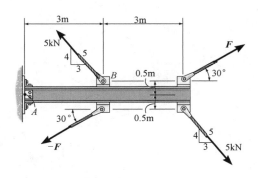

习题 3-66、习题 3-67 图

* 3-68　确定作用在管道组装件上的两个力偶的合力偶矩。从 A 到 B 的距离为 $d = 400$mm。将结果表示成笛卡儿矢量。

3-69　确定 A 和 B 之矩的距离 d，使得合力偶矩 $M_R = 20$N·m。

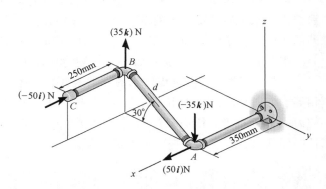

习题 3-68、习题 3-69 图

3-70　设 $F = (25k)$ N，将作用在管道装配件上的力偶矩表示成笛卡儿矢量。求解此问题：（a）应用方程（3-13），（b）每一个力对点 O 之矩求和。

3-71　若作用在管道装配件上的力偶矩大小为 400N·m，试确定作用在每一个垂直于扳手的力 F 的大小。

* 3-72　如果 $F_1 = 100$N，$F_2 = 120$N，$F_3 = 80$kN，确定合力偶矩的大小与力偶矩矢量的方向角。

3-73　为使合力偶矩为 $(M_c)_R = (50i - 45j - 20k)$N·m，确定所需要的力 F_1、F_2、F_3 的大小。

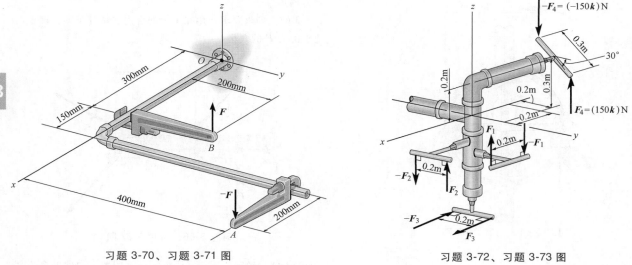

习题 3-70、习题 3-71 图   习题 3-72、习题 3-73 图

3.7   力和力偶系的简化

　　将作用在物体上的力和力偶矩组成的系统简化为更简单的形式，有时是很方便的，也就是用一个等效系统代替原来的系统，等效系统由一个作用在指定点的合力和合力偶矩组成。如果一个系统对物体产生的外部效应与原来的力和力偶矩系统对物体引起的效应相同，则称这一系统与原来的系统是等效的。

　　本书中，外部效应是指：如果物体是自由的，就是移动和转动；如果物体被约束，则是支撑处的反力。

　　例如，考察图 3-32a 中所示的一端紧握的直杆，杆的 A 端承受一力 F。如果在杆的 B 端加上一对大小相等、方向相反的力 F 和 -F，二者与 A 端的力 F 共线，如图 3-32b 所示，可以看出，B 端的力 -F 与 A 端的力 F 相互抵消，因而只留下 B 端的力 F，如图 3-32c 所示。于是，力 F 被从 A 移动至 B，而没有改变对杆的外部效应；亦即，握紧处的反力都是相同的。

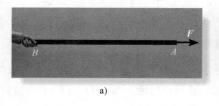

a)

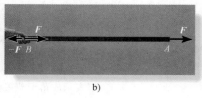

b)

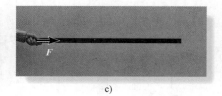

c)

图 3-32

　　上述分析证明了力的可传性原理，即作用在物体（杆）上的力是滑动矢量，因为可以沿其作用线移动至任意点。

　　我们还可以采用上述类似过程，将一个力移动到不在这个力作用线上的点。图 3-33a 中，力 F 施加在垂直于杆的方向，然后在 B 端施加一对大小相等、方向相反的沿铅垂方向的力 F 和 -F，如图 3-33b 所示。力 F 现在加在 B，而另外两个力：A 处的力 F 和 B 处的力 -F 形成一个力偶矩为 $M = Fd$ 的力偶，如图 3-33b

所示。因此，一个力从点 A 移动到点 B，将产生一附加的力偶矩 M，以保持系统等效。这一力偶矩由力 F 对点 B 取矩确定。因为 M 实际上是一自由矢量，故可以作用在杆上的任意点。两种情形下系统是等效的，即：在握紧处的 B 端都会感觉到有向下的力 F 和顺时针转动的力偶矩 $M = Fd$。

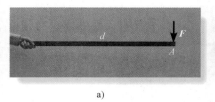
a)

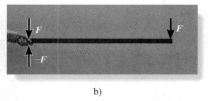
b)

c)

图 3-33

力和力偶矩系　应用上述分析方法，一个由若干力和若干力偶矩组成的系统，可以简化为一个作用在指定点 O 的合力以及一合力偶矩组成的等效系统。

例如，图 3-34a 中，点 O 不在力 F_1 的作用线上，故这一力移至点 O 后，将在物体上产生一附加的力偶矩 $(M_O)_1 = r_1 \times F_1$。类似地，当力 F_2 移至点 O 后，将在物体上产生一附加的力偶矩 $(M_O)_2 = r_2 \times F_2$。最后，因为力偶矩 M 为自由矢量，可以直接移至点 O。完成上述步骤后，便得到图 3-34b 中所示的等效系统，这一系统将在物体上产生与图 3-34a 中所示的力和力偶矩系相同的外部效应（支座反力）。

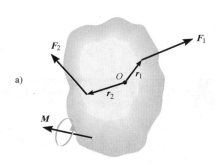
b)

如果将简化后所得到的力和力偶矩分别相加，得到合力 $F_R = F_1 + F_2$ 和合力偶矩 $(M_R)_O = M + (M_O)_1 + (M_O)_2$，如图 3-34c 所示。

注意到，F_R 与点 O 的位置无关，而 $(M_R)_O$ 则与点 O 的位置有关，因为 $(M_O)_1$ 和 $(M_O)_2$ 是利用位置矢量 r_1 和 r_2 确定的。还注意到，虽然点 O 为所选择的简化的点，但 $(M_R)_O$ 为自由矢量，所以可以作用在物体上的任意点。

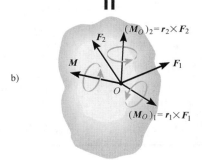
c)

上述将力和力偶矩系简化为等效的作用在点 O 的合力 F_R 以及合力偶矩 $(M_R)_O$ 的方法，一般化为下列两个方程。

$$\begin{cases} F_R = \sum F \\ (M_R)_O = \sum M_O + \sum M \end{cases} \qquad (3\text{-}17)$$

第一个方程表明系统的合力等效于系统中所有力之和；第二个方程则等效于所有力偶矩之和 $\sum M$ 再加上所有力对于同一点 O 力矩之和 $\sum M_O$。如果力系中的所有力都位于 $x\text{-}y$ 平面，而且所有力偶矩都垂直于同一平面，则上述方程将简化为 3 个标量方程。

$$\begin{cases} (F_R)_x = \sum F_x \\ (F_R)_y = \sum F_y \\ (M_R)_O = \sum M_O + \sum M \end{cases} \qquad (3\text{-}18)$$

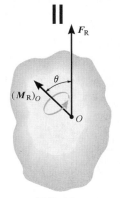
图 3-34

而两合力为两个分量$(F_R)_x$与$(F_R)_y$的矢量和。

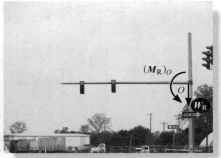

交通信号灯的重量可以代之以与其等效的合力 $W_R = W_1 + W_2$ 与作用在
支承 O 处的力偶矩$(M_R)_O = W_1 d_1 + W_2 d_2$。在这两种情形下，
支承都必须提供相同的移动与转动的抗力，以保持灯杆在水平位置。

分析过程

将力和力偶矩系简化为一个与之等效的合力与力偶系时，需牢记以下各点。

- 以点 O 为坐标原点建立坐标轴，这些轴应具有选择性取向。

力求和

- 如果力系共面，将每一个力分解为沿 x 和 y 方向的分量。若分量的方向沿 x 或 y 轴正向，表示为正标量；若分量的方向沿 x 或 y 轴负方向，则为负标量。

- 三维问题中，在求和之前，先将每个力表示成笛卡儿矢量。

力矩求和

- 确定共面力系对点 O 之矩时，一般而言，应用力矩原理是有利的，即，确定分量之矩而不是将力本身直接取矩。

- 三维问题中采用叉积确定每个力对点 O 之矩。其中位置矢量为从点 O 到力作用线上任意点。

例题 3.12

用等效一合力与一作用在点 O 的力偶矩替代图 3-35a 所示的力和力偶系。

解

力求和。以点 O 为原点建立 x-y 坐标系，将 3kN 和 5kN 的力分解为沿 x 和 y 方向的分量，如图3-35b 所示。于是，有

$$\overset{+}{\rightarrow}(F_R)_x = \sum F_x, \quad (F_R)_x = (3\text{kN})\cos30° + \left(\frac{3}{5}\right)(5\text{kN}) = 5.598\text{kN}\rightarrow$$

$$+\uparrow (F_R)_y = \sum F_y, \quad (F_R)_y = (3\text{kN})\sin30° - \left(\frac{4}{5}\right)(5\text{kN}) - 4\text{kN} = -6.50\text{kN} = 6.50\text{kN}\downarrow$$

应用勾股弦定理，如图 3-35c 所示，合力 F_R 为

例题 3.12

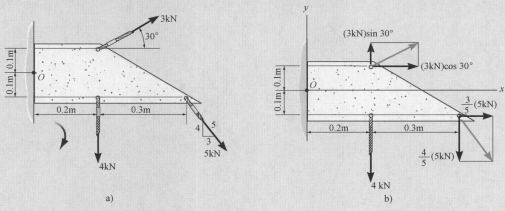

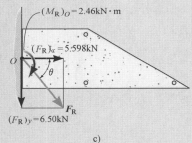

图 3-35

$$F_R = \sqrt{(F_R)_x^2 + (F_R)_y^2} = \sqrt{(5.598kN)^2 + (6.50kN)^2} = 8.58kN$$

其方向角 θ 为

$$\theta = \arctan\left(\frac{(F_R)_y}{(F_R)_x}\right) = \arctan\left(\frac{6.50kN}{5.598kN}\right) = 49.3°$$

力矩求和。3kN 和 5kN 的力对点 O 之矩，可以利用其 x 和 y 轴上的分量确定。参照图 3-35b，有

$$\zeta + (M_R)_O = \sum M_O,$$

$$(M_R)_O = (3kN)\sin30°(0.2m) - (3kN)\cos30°(0.1m) + \left(\frac{3}{5}\right)(5kN)(0.1m) -$$

$$\left(\frac{4}{5}\right)(5kN)(0.5m) - (4kN)(0.2m)$$

$$= -2.46kN \cdot m = 2.46kN \cdot m \;\zeta$$

力矩为顺时针方向，如图 3-35c 所示。

　　注意：认识到，图 3-35c 所示合力与力偶矩将产生与图 3-35a 中力系引起的相同外部效应，具有相同的支座反力。

例题 3.13

用一等效合力与一作用在点 O 的力偶矩替代作用在图 3-36a 所示构件上的力和力偶系。

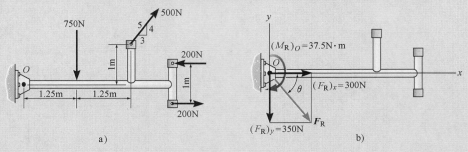

图 3-36

解

力求和。因为 200N 的力偶力大小相等方向相反，不会产生合力，故在力求和时不需要考虑。将 500N 的力分解为 x 和 y 轴上分量，于是，有

$$\xrightarrow{+}(F_R)_x = \sum F_x;\ (F_R)_x = \left(\frac{3}{5}\right)(500\text{N}) = 300\text{N}\rightarrow$$

$$+\uparrow(F_R)_y = \sum F_y;\ (F_R)_y = (500\text{N})\left(\frac{4}{5}\right) - 750\text{N} = -350\text{N} = 350\text{N}\downarrow$$

根据图 3-36b，F_R 的大小为

$$F_R = \sqrt{(F_R)_x^2 + (F_R)_y^2}$$
$$= \sqrt{(300\text{N})^2 + (350\text{N})^2} = 461\text{N}$$

角度 θ 为

$$\theta = \arctan\left(\frac{(F_R)_y}{(F_R)_x}\right) = \arctan\left(\frac{350\text{N}}{300\text{N}}\right) = 49.4°$$

力矩求和。因为力偶矩是自由矢量，可以作用在构件上任意点。参照图 3-36a，有

$$\curvearrowleft + (M_R)_O = \sum M_O + \sum M$$

$$(M_R)_O = (500\text{N})\left(\frac{4}{5}\right)(2.5\text{m}) - (500\text{N})\left(\frac{3}{5}\right)(1\text{m}) -$$

$$(750\text{N})(1.25\text{m}) + 200\text{N}\cdot\text{m}$$

$$= -37.5\text{N}\cdot\text{m} = 37.5\text{N}\cdot\text{m}\ \curvearrowright$$

顺时针力偶矩示于图 3-36b 中。

例题 3.14

结构构件承受力偶矩 M 和力 F_1、F_2 作用，如图 3-37a 所示。用一等效的合力与一作用在构件基础上的点 O 的力偶矩替代上述力和力偶系。

例题 | 3.14

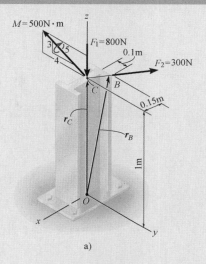
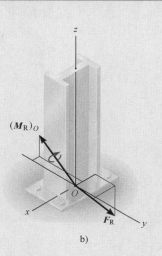

图 3-37

解（矢量分析） 这一问题的三维状态可以采用笛卡儿矢量进行简化。将力和力偶矩表示成笛卡儿矢量形式，有

$$\boldsymbol{F}_1 = (-800\boldsymbol{k})\,\text{N}$$

$$\boldsymbol{F}_2 = (300\text{N})\,\boldsymbol{u}_{CB} = (300\text{N})\left(\frac{\boldsymbol{r}_{CB}}{r_{CB}}\right)$$

$$= 300\text{N}\left[\frac{(-0.15\boldsymbol{i}+0.1\boldsymbol{j})\,\text{m}}{\sqrt{(-0.15\text{m})^2+(0.1\text{m})^2}}\right] = (-249.6\boldsymbol{i}+166.4\boldsymbol{j})\,\text{N}$$

$$\boldsymbol{M} = -500\left(\frac{4}{5}\right)\boldsymbol{j}+500\left(\frac{3}{5}\right)\boldsymbol{k} = (-400\boldsymbol{j}+300\boldsymbol{k})\,\text{N}\cdot\text{m}$$

力求和

$$\boldsymbol{F}_\text{R} = \sum\boldsymbol{F},\ \boldsymbol{F}_\text{R} = \boldsymbol{F}_1+\boldsymbol{F}_2 = -800\boldsymbol{k}-249.6\boldsymbol{i}+166.4\boldsymbol{j} = (-250\boldsymbol{i}+166\boldsymbol{j}-800\boldsymbol{k})\,\text{N}$$

力矩求和

$$\boldsymbol{M}_{\text{R}_O} = \sum\boldsymbol{M}+\sum\boldsymbol{M}_O$$

$$\boldsymbol{M}_{\text{R}_O} = \boldsymbol{M}+\boldsymbol{r}_C\times\boldsymbol{F}_1+\boldsymbol{r}_B\times\boldsymbol{F}_2$$

$$\boldsymbol{M}_{\text{R}_O} = (-400\boldsymbol{j}+300\boldsymbol{k})+(1\boldsymbol{k})\times(-800\boldsymbol{k})+\begin{vmatrix} \boldsymbol{i} & \boldsymbol{j} & \boldsymbol{k} \\ -0.15 & 0.1 & 1 \\ -249.6 & 166.4 & 0 \end{vmatrix}$$

$$= (-400\boldsymbol{j}+300\boldsymbol{k})+(0)+(-166.4\boldsymbol{i}-249.6\boldsymbol{j}) = (-166\boldsymbol{i}-650\boldsymbol{j}+300\boldsymbol{k})\,\text{N}\cdot\text{m}$$

上述结果示于图 3-37b 中。

基础题

F3-25 用一个作用在点 A 的合力与力偶矩替代图示载荷系统。

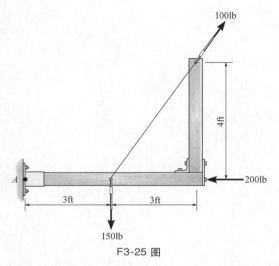

F3-25 图

F3-26 用一个作用在点 A 的合力与力偶矩替代图示载荷系统。

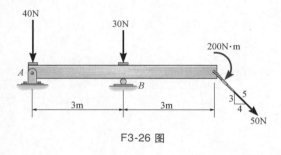

F3-26 图

F3-27 用一个作用在点 A 的合力与力偶矩替代图示载荷系统。

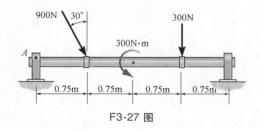

F3-27 图

F3-28 用一个作用在点 A 的合力与力偶矩替代图示载荷系统。

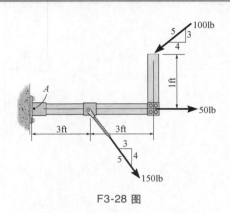

F3-28 图

F3-29 用一个作用在点 O 的合力与力偶矩替代图示载荷系统。

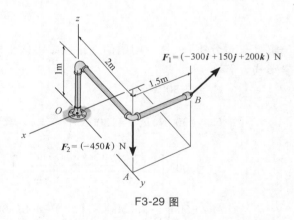

F3-29 图

F3-30 用一个作用在点 O 的合力与力偶矩替代图示载荷系统。

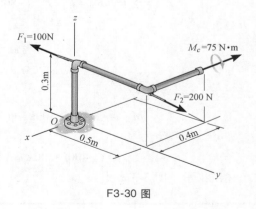

F3-30 图

习题

3-74　用一个作用在点 O 的合力与力偶矩替代图示载荷系统。

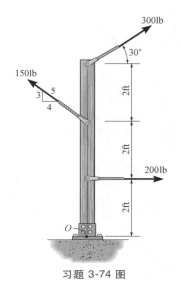

习题 3-74 图

3-75　用一个作用在点 O 的合力与力偶矩替代图示载荷系统。

* 3-76　用一个作用在点 P 的合力与力偶矩替代图示力和力偶系。

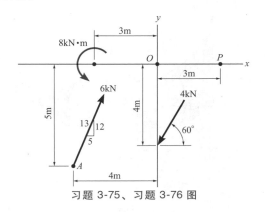

习题 3-75、习题 3-76 图

3-77　用一个作用在点 O 的合力与力偶矩替代两个力。设 $F = 20\text{lb}$。

3-78　用一个作用在点 O 的合力与力偶矩替代两个力。设 $F = 15\text{lb}$。

3-79　用一个作用在柱子上点 A 的合力与力偶矩替代作

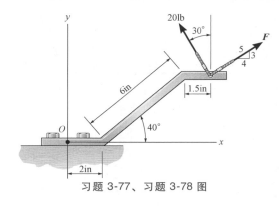

习题 3-77、习题 3-78 图

用在柱子上的力系。

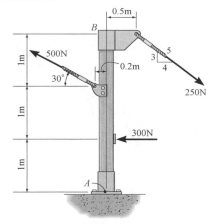

习题 3-79 图

* 3-80　用一个合力替代作用在曲柄上的力系，合力的作用线与 BA 相交，确定铰链 B 到交点的距离。

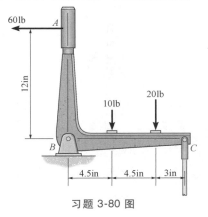

习题 3-80 图

3-81　用一个作用在点 A 的合力与力偶矩替代作用在框架上的力系。

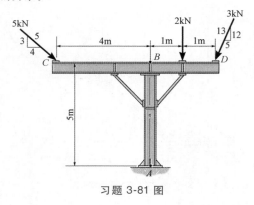

习题 3-81 图

3-82　用一个作用在点 A 的合力与力偶矩替代作用在支架上的力系。

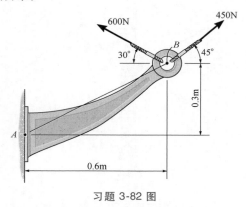

习题 3-82 图

3-83　用一个作用在点 A 的合力与力偶矩替代作用在柱子上的两个力。将结果表示成笛卡儿矢量形式。

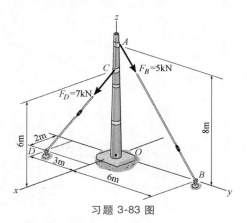

习题 3-83 图

*3-84　用一个作用在点 A 的等效合力与力偶矩替代图示力系。

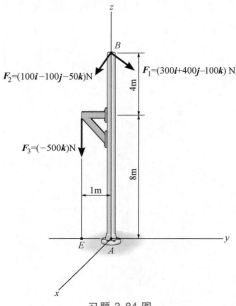

习题 3-84 图

3-85　施加在电钻把手上的力 F_1 和 F_2 如图所示。用一等效的、作用在点 O 的合力与力偶矩替代上述力系。将结果表示成笛卡儿矢量。

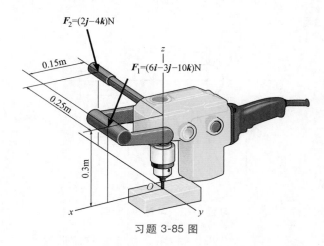

习题 3-85 图

3-86　带轮上带受力分别为 F_1 和 F_2，每一个力的大小均为 40 N。F_1 作用在 $-k$ 方向。用一等效的、作用在点 A 的合力与力偶矩替代上述力系。将结果表示成笛卡儿矢量。令 $\theta = 0°$，F_2 作用在 $-j$ 方向。

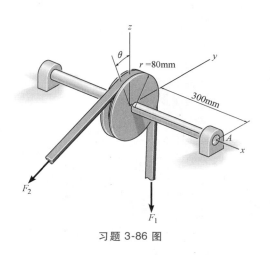

习题 3-86 图

3-87 厚板由 3 根悬索悬挂如图所示。其中 F_1 沿铅垂

方向。用作用在点 O、等效的合力与力偶矩替代作用在悬索上的力系。

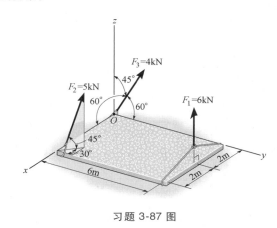

习题 3-87 图

3.8 力和力偶系的进一步简化

上一节中形成了将作用在刚体上的力和力偶矩系，简化为一个等效的、作用在确定点 O 的合力 F_R 和一个合力偶矩 $(M_R)_O$。

当所得到的 F_R 和 $(M_R)_O$ 的作用线互相垂直时，这一力系还可以进一步简化为等效的单个合力。基于此，仅汇交力系、平面力系以及平行力系可以进一步简化。

汇交力系　因为汇交力系中所有力的作用线都相交于一普通点 O，如图 3-38a 所示，故力系对这一点不产生力矩。结果，等效力系可以是一个作用在点 O 的单个合力 $F_R = \sum F$，如图 3-38b 所示。

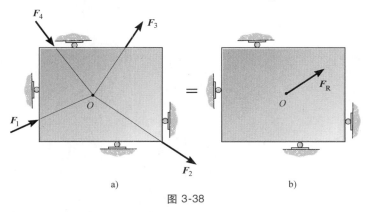

图 3-38

平面力系　在平面力系的情形下，所有力的作用线都位于同一平面内，如图 3-39a 所示，因而力系的合力 $F_R = \sum F$ 也位于这一平面内。进而，力系中的每一个力对任意点 O 的力矩都垂直于这一平面。因此，合力偶矩 $(M_R)_O$ 与合力 F_R 将互相垂直，如图 3-39b 所示。将合力从点 O 平行移动一垂直距离（力臂）d 后，其对点 O 之矩即可抵消合力偶矩 $(M_R)_O$ 如图 3-39c 所示。其中 d 由标量方程确定：

$$(M_R)_O = F_R d = \sum M_O$$

或

$$d = \frac{(M_R)_O}{F_R}$$

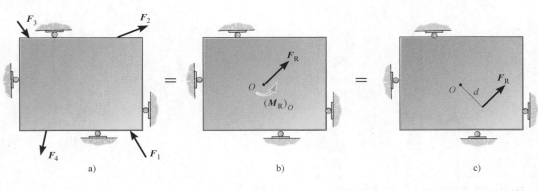

图 3-39

平行力系　图 3-40a 中所示的平行力系由若干个作用线都平行于 z 轴的力所组成。于是，点 O 处的合力也必须平行于该轴，如图 3-40b 所示。每一个力产生的力矩都作用在平行于 z 轴的平面内，因为 F_R 与 $(M_R)_O$ 互相垂直，所以合力偶矩 $(M_R)_O$ 也在平行于 z 轴的平面内并沿着力矩轴方向。结果，这一力系可以进一步简化为一个力，该力通过位于 z 轴上点 P、垂直于 b 轴，如图 3-40c 所示。b 轴上从点 O 到点 P 的距离由下式确定：

$$(M_R)_O = F_R d = \sum M_O$$

或

$$d = \frac{\sum M_O}{F_R}$$

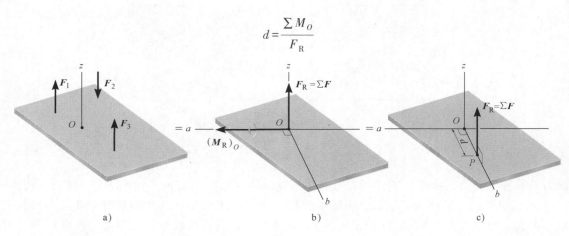

图 3-40

3

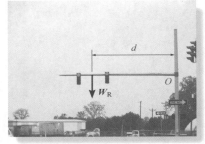

交通灯重量被其合力 $W_R = W_1 + W_2$ 所替代，
从点 O 到合力的距离 $d = (W_1 d_1 + W_2 d_2)/W_R$。
两个系统等效

四根钢缆上的力汇交于桥塔上的点 O。结果这些力不产生
合力偶矩只产生合力 F_R。注意到，设计师布置
这些钢缆时，要使合力 F_R 的方向沿着桥塔直接指向
基础支承，从而不会引起桥塔有任何弯曲

分析过程

用于将平面力系和平行力系简化为一个单独合力的方法，延续了前面几节讨论过的类似过程。

- 建立 x、y、z 坐标轴，使合力 F_R 距坐标原点有一任意距离。

力求和

- 合力等于力系中所有力之和。
- 对于平面力系，将每个力分解为沿 x 和 y 方向的分量。

力矩求和

- 对点 O 的合力偶矩等于力系中所有力偶矩之和再加上力系中所有力对点 O 之矩。
- 力矩公式用于确定合力距点 O 的位置。

例题　3.15

用等效一合力替代作用在梁上力和力偶矩系统（图 3-41a），确定等效合力作用线与梁相交于何处（到点 O 的距离）。

解　这一问题的三维状态可以采用笛卡儿矢量进行简化。将力和力偶矩表示成笛卡儿矢量形式，

力求和

例题 3.15

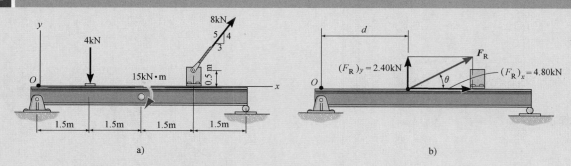

图 3-41

$$\xrightarrow{+}(F_R)_x = \sum F_x, \quad (F_R)_x = 8kN\left(\frac{3}{5}\right) = 4.80kN \rightarrow$$

$$+\uparrow (F_R)_y = \sum F_y, \quad (F_R)_y = -4kN + 8kN\left(\frac{4}{5}\right) = 2.40kN \uparrow$$

根据图 3-41b，合力 $\boldsymbol{F}_R$ 的大小为

$$F_R = \sqrt{(4.80kN)^2 + (2.40kN)^2} = 5.37kN$$

角度 θ 为

$$\theta = \arctan\left(\frac{2.40kN}{4.80kN}\right) = 26.6°$$

　　力矩求和。 令 $\boldsymbol{F}_R$ 对图 3-41b 中点 O 之矩等于图 3-41a 中力和力偶矩系统对点 O 之矩之和。因为 $(\boldsymbol{F}_R)_x$ 通过点 O，故仅 $(\boldsymbol{F}_R)_y$ 对该点产生力矩。于是，有

$$\zeta + (M_R)_O = \sum M_O, \quad 2.40kN(d) = -(4kN)(1.5m) - 15kN \cdot m -$$

$$\left[8kN\left(\frac{3}{5}\right)\right](0.5m) + \left[8kN\left(\frac{4}{5}\right)\right](4.5m)$$

$$d = 2.25m$$

例题 3.16

　　图 3-42a 所示可移动吊车，承受 3 个共面力。用等效一合力替代载荷，确定等效合力作用线与柱子 AB 和悬臂 BC 相交于何处？

　　解

　　力求和。 将 250lb 的力分解为 x 和 y 轴上的分力，并对这些力分别求和，得

$$\xrightarrow{+} (F_R)_x = \sum F_x, \quad (F_R)_x = -250lb\left(\frac{3}{5}\right) - 175lb = -325lb = 325lb \leftarrow$$

$$+\uparrow (F_R)_y = \sum F_y, \quad (F_R)_y = -250lb\left(\frac{4}{5}\right) - 61lb = -260lb = 260lb \downarrow$$

例题 3.16

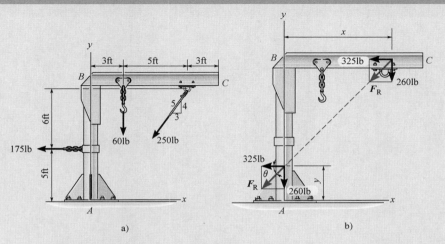

图 3-42

如图 3-42b 所示，矢量相加，得到

$$F_R = \sqrt{(325\text{lb})^2 + (260\text{lb})^2} = 416\text{lb}$$

$$\theta = \arctan\left(\frac{260\text{lb}}{325\text{lb}}\right) = 38.7° \theta \searrow$$

力矩求和。将对点 A 之矩相加。设 F_R 的作用线与 AB 的交点到点 A 的距离为 y（图 3-42b），有

$$\zeta + (M_R)_A = \sum M_A, \qquad\qquad 325\text{lb}(y) + 260\text{lb}(0)$$

$$= 175\text{lb}(5\text{ft}) - 60\text{lb}(3\text{ft}) + 250\text{lb}\left(\frac{3}{5}\right)(11\text{ft}) - 250\text{lb}\left(\frac{4}{5}\right)(8\text{ft})$$

$$y = 2.29\text{ft}$$

应用力的可传性原理，F_R 可以移至横梁上，设其作用线与横梁的交点到 y 轴的距离为 x。这种情形下，有

$$\zeta + (M_R)_A = \sum M_A, \qquad\qquad 325\text{lb}(11\text{ft}) - 260\text{lb}(x)$$

$$= 175\text{lb}(5\text{ft}) - 60\text{lb}(3\text{ft}) + 250\text{lb}\left(\frac{3}{5}\right)(11\text{ft}) - 250\text{lb}\left(\frac{4}{5}\right)(8\text{ft})$$

$$x = 10.9\text{ft}$$

例题 3.17

如图 3-43a 所示厚板，承受 4 个平行力，确定与给定力系等效的合力大小与方向；确定等效合力在厚板上的作用点。

解

力求和。根据图 3-43a，合力的大小为

例题 | 3.17

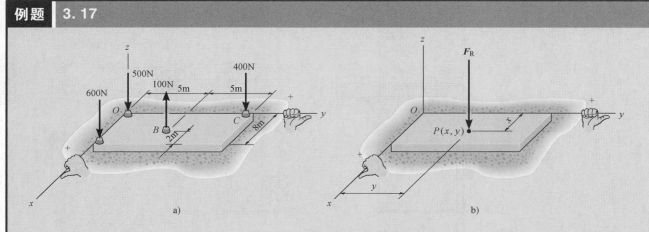

图 3-43

$$+\uparrow F_R = \sum F, \qquad F_R = -600\text{N} + 100\text{N} - 400\text{N} - 500\text{N}$$

$$= -1400\text{N} = 1400\text{N} \downarrow$$

力矩求和。要求图 3-43b 中的合力对 x 轴之矩等于图 3-43a 力系中所有力对 x 轴之矩。力臂由 y 坐标确定，因为这一坐标代表 x 轴到合力作用线的垂直距离。应用右手定则，有

$$(M_R)_x = \sum M_x,$$

$$-(1400\text{N})y = 600\text{N}(0) + 100\text{N}(5\text{m}) - 400\text{N}(10\text{m}) + 500\text{N}(0)$$

$$-1400y = -3500 \qquad y = 2.50\text{m}$$

采用类似方式，利用每一个力的 x 坐标为力臂，可以写出对 y 轴的方程。

$$(M_R)_y = \sum M_y,$$

$$(1400\text{N})x = 600\text{N}(8\text{m}) - 100\text{N}(6\text{m}) + 400\text{N}(0) + 500\text{N}(0)$$

$$1400x = 4200$$

$$x = 3\text{m}$$

注意：图 3-43b 所示 $F_R = 1400\text{N}$ 的力位于厚板上的点 $P(3.00\text{m}, 2.50\text{m})$，与图 3-43a 所示平行力系等效。

例题 | 3.18

用一等效合力替代作用在图 3-44a 所示基座上的力系，确定合力在基座上的作用点位置。

解

力求和。现采用矢量分析，对力求和，得

$$F_R = \sum F, \quad F_R = F_A + F_B + F_C$$

$$= (-300\boldsymbol{k})\text{lb} + (-500\boldsymbol{k})\text{lb} + (100\boldsymbol{k})\text{lb}$$

$$= (-700\boldsymbol{k})\text{lb}$$

例题 3.18

合力作用点的位置。将所有力对点 O 之矩相加。假设合力 F_R 的作用线通过点 $P(x, y, 0)$ 如图 3-44b 所示。于是，有

$(M_R)_O = \sum M_O$,

$r_P \times F_R = (r_A \times F_A) + (r_B \times F_B) + (r_C \times F_C)$

$(xi + yj) \times (-700k) = [(4i) \times (-300k)] +$

$[(-4i + 2j) \times (-500k)] + [(-4j) \times (100k)] -$

$700x(i \times k) - 700y(j \times k) = -1200(i \times k) + 2000(i \times k) -$

$1000(j \times k) - 400(j \times k)$

$700xj - 700yi = 1200j - 2000j - 1000i - 400i$

令等号两侧的 i 和 j 分量分别相等，解出

$$-700y = -1400 \tag{1}$$

$$y = 2\text{in}$$

$$700x = -800 \tag{2}$$

$$x = -1.14\text{in}$$

负号表示点 P 的 x 坐标为负。

注意：本例也可以将所有力对 x 和 y 轴之矩直接相加，建立方程（1）和方程（2）。应用右手定则，有

$(M_R)_x = \sum M_x$, $\qquad -700y = -100\text{lb}(4\text{in}) - 500\text{lb}(2\text{in})$

$(M_R)_y = \sum M_y$, $\qquad 700x = 300\text{lb}(4\text{in}) - 500\text{lb}(4\text{in})$

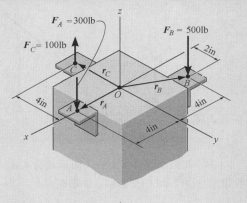

a)

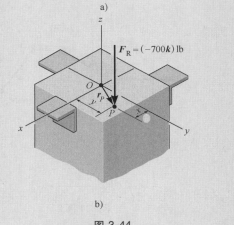

b)

图 3-44

基础题

F3-31　用一个等效合力替代图示载荷系统，并确定合力作用线与梁的交点到点 O 的距离。

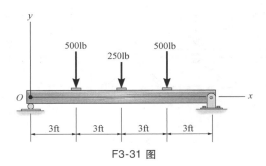

F3-31 图

F3-32　用一个等效合力替代图示载荷系统，并确定合力作用线与梁的交点到点 A 的距离。

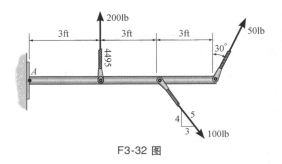

F3-32 图

F3-33 用一个等效合力替代图示载荷系统，并确定合力作用线与构件的交点到点 A 的距离。

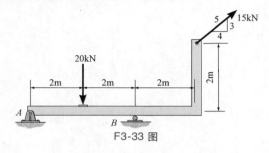

F3-33 图

F3-34 用一个等效合力替代图示载荷系统，并确定合力作用线与构件 AB 的交点到点 A 的距离。

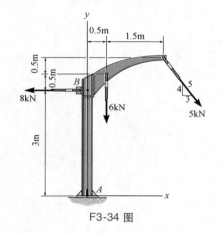

F3-34 图

F3-35 用一个等效合力替代图示载荷系统，并确定合力作用线的 x 和 y 坐标。

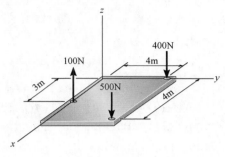

F3-35 图

F3-36 用一个等效合力替代图示载荷系统，并确定合力作用点的 x 和 y 坐标。

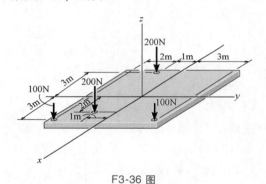

F3-36 图

习题

*3-88 用单个合力替代作用在轴上的三个力，并确定合力作用点到 A 端的距离。

3-89 用单个合力替代作用在轴上的三个力，并确定合力作用点到 B 端的距离。

统的等效合力及其到点 A 的位置。

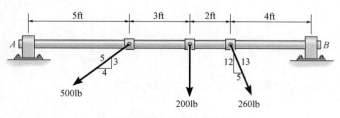

习题 3-88、习题 3-89 图

3-90 作用在华伦桁架上的平行力系如图所示。确定系

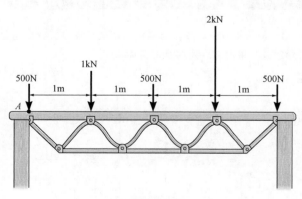

习题 3-90 图

3-91　用单个等效合力替代作用在框架上的力系，并确定合力作用线与 *AB* 的交点到点 *A* 的距离。

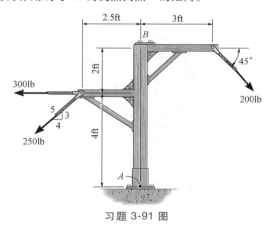

习题 3-91 图

* 3-92　用单个等效合力替代作用在梁上的载荷，并确定合力作用线与梁的交点到 *A* 端的距离。

3-93　用单个等效合力替代作用在梁上的载荷，并确定合力作用线与梁的交点到 *B* 端的距离。

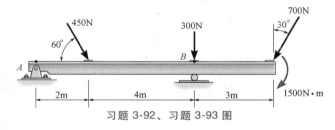

习题 3-92、习题 3-93 图

3-94　用单个等效合力替代作用在框架上的力系，并确定合力作用线与 *AB* 的交点到点 *A* 的距离。

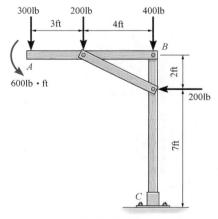

习题 3-94 图

3-95　用单个等效合力替代作用在框架上的力系，并确定合力作用线与 *AB* 的交点到点 *A* 的距离。

* 3-96　用单个等效合力替代作用在框架上的力系，并确定合力作用线与 *CD* 的交点到 *C* 端的距离。

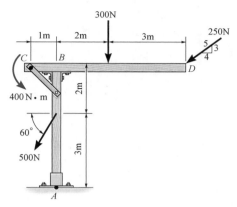

习题 3-95、习题 3-96 图

3-97　用单个等效合力替代作用在框架上的力系，并确定合力作用线与 *AB* 的交点到点 *A* 的距离。

3-98　用单个等效合力替代作用在框架上的力系，并确定合力作用线与 *BC* 的交点到点 *B* 的距离。

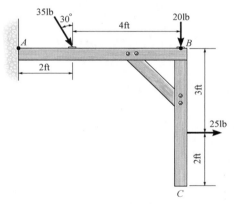

习题 3-97、习题 3-98 图

3-99　建筑厚板承受 4 根柱子载荷。确定载荷系统的等效合力及其在厚板上的作用位置 (*x*, *y*)。令 $F_1 = 30kN$，$F_2 = 40kN$。

* 3-100　建筑厚板承受 4 根柱子载荷。确定载荷系统的等效合力及其在厚板上的作用位置 (*x*, *y*)。令 $F_1 = 20kN$，$F_2 = 50kN$。

3-101　方形管承受 4 个平行力如图所示。确定作用在

3

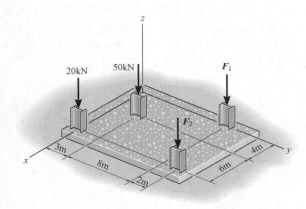

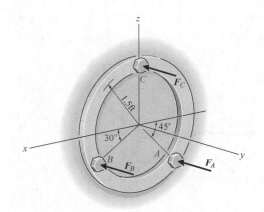

习题 3-99、习题 3-100 图

习题 3-102、习题 3-103 图

点 C 和 D 的力 $\boldsymbol{F}_C$ 和 $\boldsymbol{F}_D$，以使这一力系的等效合力的作用线通过管的中心 O。

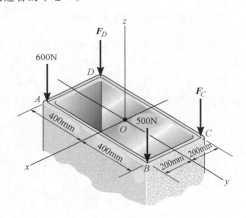

习题 3-101 图

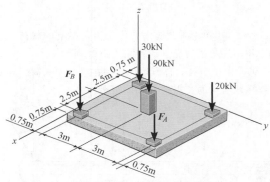

习题 3-104、习题 3-105 图

3-102 三个互相平行的螺栓载荷作用在圆板上如图所示。设 $F_A = 200\text{lb}$，$F_B = 100\text{lb}$，$F_C = 400\text{lb}$。确定等效合力的大小及其在圆板上的位置（x，z）。

3-103 三个互相平行的螺栓载荷作用在圆板上如图所示。如果 $F_A = 200\text{lb}$，确定 $\boldsymbol{F}_B$ 和 $\boldsymbol{F}_C$ 的大小，以使系统合力作用线与 y 轴重合。提示：要求 $\sum M_x = 0$ 和 $\sum M_z = 0$。

*3-104 如果 $F_A = 40\text{kN}$，$F_B = 35\text{kN}$，确定合力的大小及其在厚板上的作用点的位置（x，y）。

3-105 如果要求等效合力作用在厚板的中心，确定柱子载荷 $\boldsymbol{F}_A$ 和 $\boldsymbol{F}_B$ 的大小，以及合力的大小。

3-106 用合力替代作用在板上的平行力系，并确定合力在 x-z 平面内的位置。

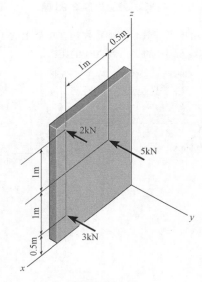

习题 3-106 图

本章回顾

力之矩——标量定义 　　一个力对不在其作用线上的点 O 产生转动效应或矩。在标量形式中，力矩的大小等于力与力臂的乘积，力臂是点 O 到力作用线的垂直距离 　　采用右手定则定义力矩的方向，M_O 总是沿着垂直于包含 F 和 d 的平面并且通过点 O 　　通常将力分解为沿 x 和 y 方向的两个分量，确定这些分量对点之矩然后将结果相加，这比寻找力臂 d 要容易些	$M_O = Fd$ $M_O = Fd = F_x y - F_y x$	
力之矩——矢量定义 　　一般而言，三维问题比较难以形成思维图像，所以应当采用矢量叉积确定力矩。$M_O = r \times F$，其中 r 为从点 O 到力作用线上任意点（例如 A、B 或 C）的位置矢量 　　如果位置矢量 r 和力 F 均表示成笛卡儿矢量，则由行列式展开即可得到叉积的结果	$M_O = r_A \times F = r_B \times F = r_C \times F$ $M_O = r \times F = \begin{vmatrix} i & j & k \\ r_x & r_y & r_z \\ F_x & F_y & F_z \end{vmatrix}$	
力对轴之矩 　　如果力 F 对任意轴 a 之矩采用标量解形式，力臂或最短距离 d_a 采用力作用线与轴之间的垂直距离 　　注意到当力 F 的作用线与轴相交时力 F 对该轴之矩为零。此外，当 F 的作用线与轴平行时，力 F 对该轴之矩也等于零 　　三维问题中应该采用矢量的混合积。其中 u_a 为定义轴方向的单位矢量。r 为从轴上任意点到力作用线上任意点的位置矢量。如果 M_a 的计算结果为负，则 M_a 的方向与 u_a 相反	$M_a = F d_a$ $M_a = u_a \cdot (r \times F) = \begin{vmatrix} u_{a_x} & u_{a_y} & u_{a_z} \\ r_x & r_y & r_z \\ F_x & F_y & F_z \end{vmatrix}$	

3

3

力偶矩

力偶由大小相等、方向相反、作用线之间的垂直距离为 d 的两个力组成。力偶只产生转动而没有移动

力偶矩的大小为 $M = Fd$，其方向由右手定则确定

矢量叉积 $M = r \times F$ 用于确定力偶矩，r 为从一个力作用线上任意点到另一个力作用线上任意点的位置矢量，F 为组成力偶的任意一个力

$$M = Fd$$

$$M = r \times F$$

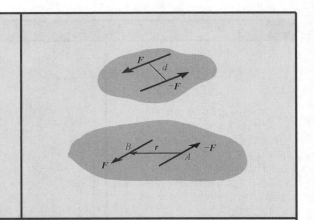

力和力偶系的简化

任何力和力偶系都可以简化为一个合力和作用在某一点的合力偶矩。合力等于力系中所有力的矢量和

$$F_R = \sum F$$

合力偶矩等于所有力对同一点之矩以及所有力偶矩之和

$$(M_R)_O = \sum M_O + \sum M$$

汇交力系、平面力系、平行力系的简化结果都可以进一步简化成一个合力。为确定合力作用点的位置，需要令合力对一点之矩等于力系中的所有力以及所有力偶对同一点之矩

如果合力与对一点的合力偶矩不互相垂直，则这个力系可以简化为一个力螺旋，力螺旋由合力和与之共线的力偶矩组成

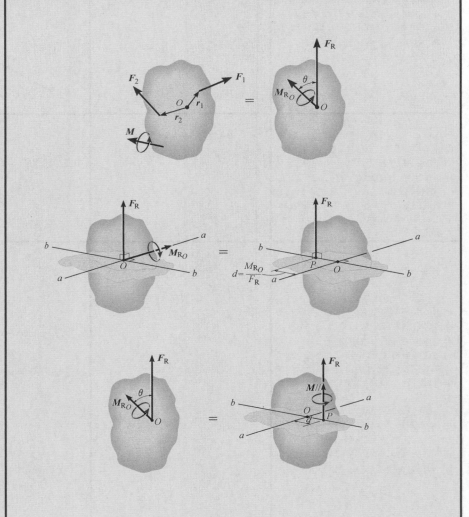

复习题

3-107　确定力 F_C 对门上 A 处铰链之矩。将结果表示成笛卡儿矢量。

*3-108　确定力 F_C 对门上铰链轴 a—a 之矩。

管子装配件的端部，以使力 F 对点 O 之矩等于零。

3-111　确定力 F 对点 O 之矩。力的坐标方向角 $\alpha =$ 60°、$\beta = 120°$、$\gamma = 45°$。将结果表示成笛卡儿矢量。

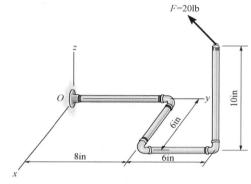

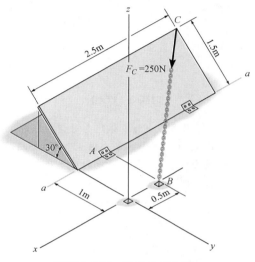

习题 3-107、习题 3-108 图

习题 3-110、习题 3-111 图

3-109　确定作用在装配件上两个力偶的合力偶矩。其中 OB 位于 x-z 平面内。

3-110　确定力 F 的坐标方向角 α、β、γ，力 F 作用在

*3-112　用一个等效合力和作用在点 C 的合力偶矩替代大小为 $F = 50$lb、作用在点 A 的力 F。

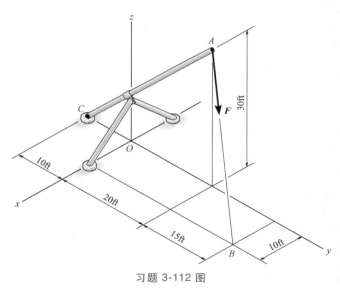

习题 3-112 图

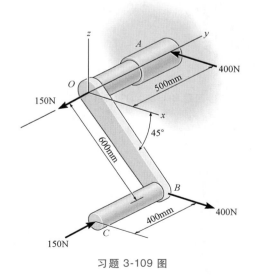

习题 3-109 图

3-113　一人用其脚尖站立时，跟腱承受大小为 $F_t =$ 650N 的力。这时人的一只脚承受大小为 $N_f = 400$N 的反力，确定力 F_t 和 N_f 对踝关节 A 之矩。

3-114　一人用其脚尖站立时，跟腱承受的力为 F_t。这时人的一只脚承受大小为 $N_f = 400$N 的反力。如果要求力 F_t

和 N_f 对踝关节 A 之矩为零，确定力 F_t 的大小。

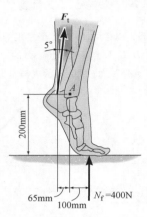

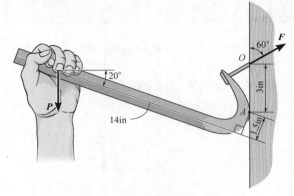

习题 3-117 图

习题 3-113、习题 3-114 图

小为 $F = 80N$ 的力作用在 A 端。确定力对点 O 之矩。

3-119　图示曲杆位于 $x\text{-}y$ 平面内，半径为 3m。如果大小为 $F = 80N$ 的力作用在 A 端。确定力对点 B 之矩。

3-115　作用在螺栓扳手上的水平力大小为 30N，确定力对 z 轴之矩。

*3-116　作用在螺栓扳手上的水平力大小为 30N，确定力对点 O 之矩。确定力矩轴的坐标方向角 α、β、γ。

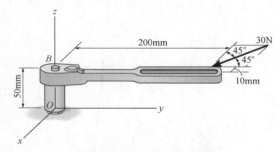

习题 3-115、习题 3-116 图

3-117　拔起钉子的力大小为 $F = 125lb$，确定作用在铁撬棍把手上的铅垂力 P。提示：这要求 F 对点 A 之矩等于 P 对 A 之矩。为什么？

3-118　图示曲杆位于 $x\text{-}y$ 平面内，半径为 3m。如果大

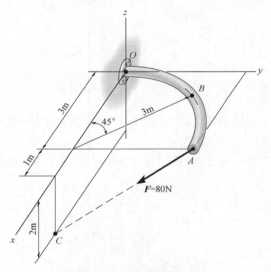

习题 3-118、习题 3-119 图

第4章 刚体的平衡

4

　　确定悬吊潜水器的缆绳受力保证其工作时不发生失效是很重要的。本章将研究如何应用平衡方法确定这一类问题中作用在支承与刚体上的力。

本章任务

■ 导出刚体平衡方程。

■ 介绍刚体隔离体图的概念。

■ 展示如何应用平衡方程求解刚体平衡问题。

4

4.1　刚体平衡条件

本节将导出图 4-1a 所示刚体平衡的必要与充分条件。如图所示，这一刚体承受外力与力偶矩系统，这些外力和力偶矩是重力、电力、磁力或者由相邻物体接触力引起的综合效果。图中没有显示物体内部由于质点之间相互作用产生的内力，这些力总是大小相等、方向相反且共线，根据牛顿第三定律，因而不予考虑。

应用上一章的方法，作用在物体上的力和力偶矩系可以简化为作用在物体上或物体以外任意点的等效合力与合力偶矩，如图 4-1b 所示。如果合力与合力偶矩都等于零，则称物体处于平衡。数学上物体的平衡由以下方程描述：

$$\begin{cases} F_R = \sum F = 0 \\ (M_R)_O = \sum M_O = 0 \end{cases} \quad (4\text{-}1)$$

第一个方程表示作用在物体上的所有力之和等于零。第二个方程说明力系中所有力对点 O 的力矩之和加上所有力偶矩等于零。这两个方程不仅是物体平衡的必要条件，而且也是物体平衡的充分条件。为了证明这一点，考察对某个另一点（例如对图 4-1c 中的点 A）力矩求和。要求

$$\sum M_A = r \times F_R + (M_R)_O = 0$$

因为 $r \neq 0$，仅当方程（4-1）满足时，这一方程才得以满足，即

$$F_R = 0, \quad (M_R)_O = 0$$

应用平衡方程时，将假定物体保持刚性。但实际上所有承受载荷的物体都要变形。尽管如此，对于绝大多数工程材料，例如钢铁、混凝土，都是非常刚硬的，其变形通常都是很小的。所以，应用平衡方程时，总是假定物体在载荷作用下保持刚性而不发生变形，这不会引起任何明显的差错。据此，施加在物体上的力和力臂，相对于固定的参考系，在加载前和加载后均保持不变。

二维平衡问题

本章的第 1 节将讨论这样一种情形：作用在刚体上的力系位于或者投影到同一平面内，而且作用在刚体上的所有力偶矩矢量的方向都垂直

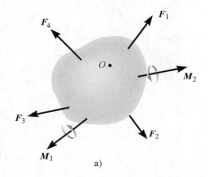

a)

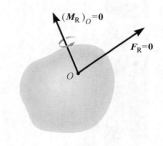

b)

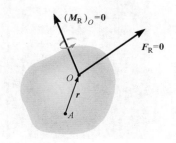

c)

图 4-1

于这一平面。这种类型的力和力偶系通常称为二维或平面力系。例如，图 4-2 中的飞机，具有通过其中心轴的对称面，而且作用在部件上的载荷对称于这一平面。于是，两个翼轮都承受相同的载荷 **T**，所以从侧面来看受力就是 2**T**。

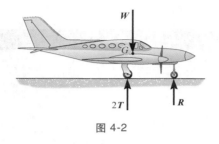

图 4-2

4.2　受力图

　　成功地应用平衡方程要求对于作用在物体上的所有已知和未知外力有全面的了解。了解这些力最好的方法是画出受力图。受力图是受力物体的轮廓图形，表示将所研究物体从周围物体中完全隔离出来，或称使其自由。所以隔离体又称自由体。在这种图形上需要显示周围作用在这一物体上的全部的力和力偶矩，以便在应用平衡方程时能够计及这些力和力偶矩。透彻地理解怎样画出受力图，对于求解力学问题的重要性是第一位的。

　　支座反力　在介绍如何画受力图的正规方法与过程之前，首先考察各类支承以及承受平面力系物体之间相互接触点处产生的反力。作为一般规则，有：

　　● 如果支承阻止物体在某一方向的移动，则支承在这一方向上对物体产生一力。

　　● 如果转动被阻止，则产生一力偶矩施加在物体上。

　　作为例子，考察水平杆件（例如梁）端部的三种支承方式。第一种支承由辊轴或圆柱体构成，如图 4-3a 所示。因为这种支承只阻止了梁沿铅垂方向的移动，故辊轴仅将铅垂方向的力作用在梁上（图 4-3b）。

　　如果梁由图 4-3c 所示的铰链支承，其所受的约束要多。销钉穿过梁上的孔，将梁限制在支座的两页之间，支座固定在地面上。销钉能阻止梁在任意方向 ϕ 的移动，因而销钉将在这一方向上产生一个力 **F** 作用在梁上，如图 4-3d 所示。分析时，一般都是用两个正交分量 F_x 和 F_y 表示这个合力 **F**，如图 4-3e 所示。一旦 F_x 和 F_y 确定了，即可算出 F 和 ϕ。

　　对梁约束最多的支承是固定支承，如图 4-3f 所示。这种支承

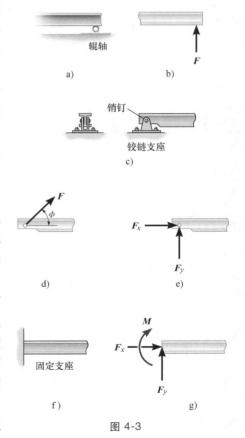

图 4-3

将同时阻止梁的移动和转动。据此将产生一个力和一个力偶矩矢量作用在梁与支承连接处，如图 4-3g 所示。与铰链支座情形相似，这个力通常也是用它的两个正交分量 F_x 和 F_y 表示，如图 4-3g 所示。

表 4-1 列出了承受平面力系物体其他普通类型的支承（所有情形下角度 θ 假定都是已知的）。请仔细研究表示这些支承的记号及其作用在与之接触构件上的反力类型。

表 4-1　承受二维力系刚体的支承

连接类型	反　力	未知量数目
(1) 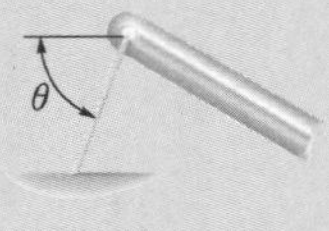 缆绳	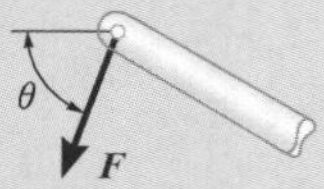	1 个未知量。反力为拉力,沿着缆绳背向构件
(2) 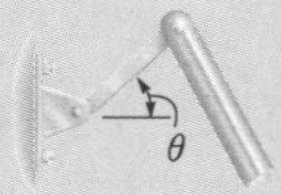 无重力链杆	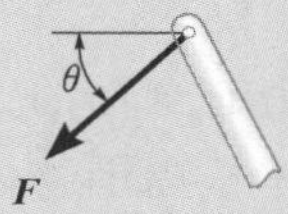 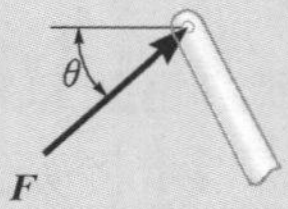	1 个未知量。反力作用线沿着链杆轴线方向
(3) 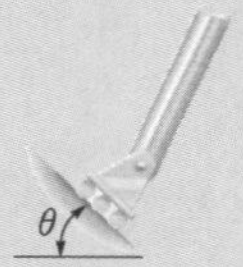 辊轴	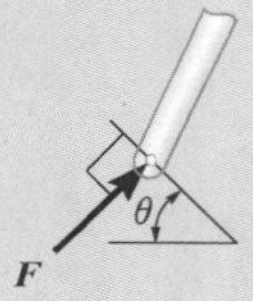	1 个未知量。反力垂直于接触处表面
(4)  封闭光滑滑槽中的滚轮或销钉	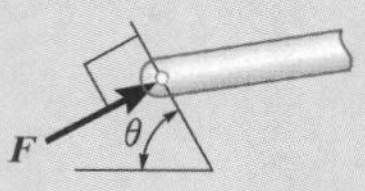 或 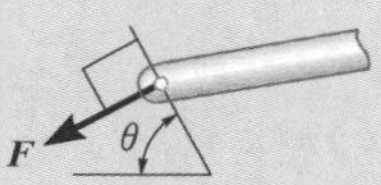	1 个未知量。反力垂直于滑槽
(5) 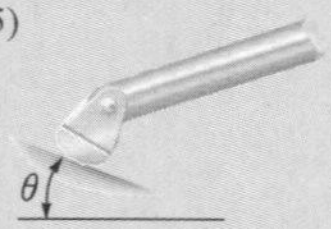 摇杆	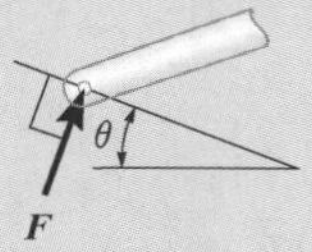	1 个未知量。反力垂直于接触处表面
(6) 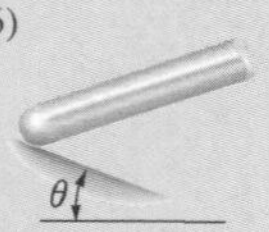 光滑面接触	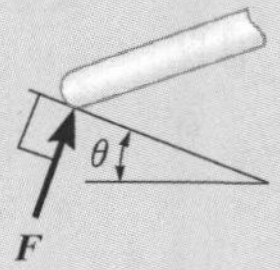	1 个未知量。反力垂直于接触处表面

（续）

连接类型	反　　力	未知量数目
(7) 构件通过销钉连接到光滑杆的套筒上	θ　或　F　θ	1 个未知量。反力垂直于光滑杆
(8) 光滑铰链支座	F_y　F_x　或　F　φ	2 个未知量。反力是一个力的两个分量，或者合力的大小与方向 φ。注意：φ 和 θ 通常是不相等的，除非像（2）中的链杆
(9) 构件与光滑杆上套筒固定连接	F　M	2 个未知量。一个力偶矩和一个反力，反力垂直于光滑杆
(10) 固定端支承	F_y　F_x　M　或　F　φ　M	3 个未知量。反力为一个力偶矩和一个力的两个分量；或者反力为一个力偶矩和一个大小与方向 φ 未知的合力

4

　　实际支承的典型例子如以下系列照片所示。数字（1）（5）（6）（8）（10）表示与表 4-1 中所列连接类型号一致。

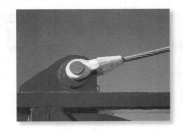

缆绳将沿缆绳方向的力作用在支架上（1）

桥梁大梁的摇杆支承允许水平方向移动，从而使桥梁在温度变化时可以自由膨胀或收缩（5）

混凝土大梁静置在柱子的突台上
假定是一种光滑接触面支承（6）

多种建筑物上采用的固定铰支座
支承在柱子的顶端（8）

建筑物中支承地板的梁焊接成一体，
因而可以视为固定端连接（10）

　　弹簧　若采用线弹性弹簧支承物体，弹簧的长度改变将与作用在其上的力成正比。定义弹簧弹性的特征参数是弹簧的刚度常数 k。按照这一特征，刚度[⊖]为 k 的线弹性弹簧，变形的长度（伸长或缩短）为 s（从未加载时的位置开始量度），在弹簧上产生力的大小是

$$F = ks \tag{4-2}$$

注意到，s 由弹簧变形后的长度 l 与变形前长度 l_0 确定，即

$$s = l - l_0$$

如果 s 为正，则弹簧受拉力；若为负，则弹簧必须承受压力。

　　内力　如 4.1 节所述，内力是物体内部质点之间的相互作用力，总是成对出现的，且大小相等、方向相反，作用在同一条直线上（牛顿第三定律）。因为内力相互抵消，故不会对物体产生外部效应。正因为如此，当考察物体的整体时，其受力图上不包含内力。例如，图 4-4a 中的引擎，其受力图如图 4-4b 所示。引擎中相连零件或部件之间，诸如螺栓与螺母之间的内力，因为它们大小相等、方向相反，且共线地成对出现，故将其舍去。因此，在引擎的受力图上仅有吊链施加的外力 T_1 和 T_2 以及引擎所受的重力 W。

　　重力与重心　位于重力场中的物体，其上的每一个质点都具有确定的重力。正如 3.8 节所述，这一分布力系可以简化为通过确定点的一个合力。这一合力称为物体的重力 W，其作用点称为物体的重心。第 6 章中将给出确定重心的方法。

　　在以下的例题和习题中，如果物体的重力对于分析问题是重要的，将特别说明需要加以考虑。

　　此外，如果由同一种材料制成的物体是均匀的，则物体的重心便位于物体的几何中心，这一中心称为形心；如果组成物体的材料非均匀分布，或者具有不规则形状，本书将给出重心 G 的位置。

　　理想化模型　工程师作任何项目的力的分析时，考察相应

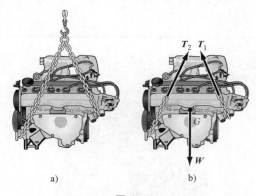

a)　　　　　b)

图 4-4

　　⊖　我国科技名词术语中一般将刚度常数、刚度称为刚度系数。——编辑注

的分析模型或理想化模型，其给出的结果尽可能接近于真实解。为此，对分析模型一定要精心选择，使得所选择的支承类型、材料的性能以及研究对象的尺度能够是合理的。这样，研究者就能确信其设计或分析所产生的结果是可信的。在复杂情形下，这一过程可能需要对所研究的大学建立不同的模型，这些模型都必须加以分析。任何情形下，这种选择过程都要求能力和经验。

以下两个案例将详细阐述什么是所要求建立的合适模型。

图 4-5a 所示为用于支承建筑物屋顶 3 根托梁的钢梁。作为受力分析，假定材料（钢）刚性是合理的，因为梁承受载荷后仅仅发生非常微小的挠度。A 处的螺栓连接允许梁承载后，该处有微小转动，故可以认为是由销钉和基座组成的固定铰支座。B 处因为不能阻止该处梁的水平移动，可以认为是辊轴支承。建筑规范 A 用于确定屋顶载荷，因而可以算出桁架作用在梁上的载荷 F。作用在梁上的 3 个力将大于梁的实际载荷，因为规范中所考虑的是极端状态下的载荷，以及动力学和振动效应。最后，梁的自重相对于梁所承受的载荷是很小的，因而忽略不计。结果得到具有典型尺寸 a、b、c、d 的梁的理想化模型如图 4-5b 所示。

第二个案例，考察图 4-6a 中所示起重机悬臂。经察看，悬臂 A 处为由销钉支承；B、C 两处由圆柱形液压缸 BC 支承，BC 可视为无重量的链杆。假定材料刚性且密度已知，悬臂所受重力以及重心 G 位置即可确定。一旦确定了设计载荷 P，即可得到图 4-6b 中所示用于受力分析的理想化模型。图中没有标出决定载荷与支承位置的典型尺寸。

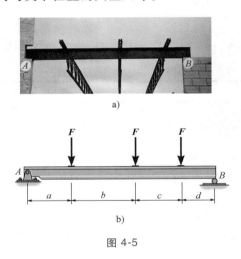

图 4-5

a)

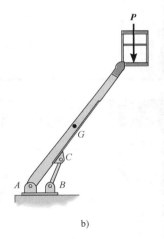

b)

图 4-6

遍及全书，将在一些例子中给出特定研究对象的理想化模型。但是，应该认识到，每一个理想化模型，像上述案例一样，都是应用简化假定对设计问题加以简化的结果。

分析过程

为了构建刚体或由多个刚体组成的刚体系统的受力图，需要遵循下列步骤：

画出研究对象的轮廓图

假想将物体从受约束或相连接的物体中隔离出来，或称使其自由。从而画出物体的轮廓图。

标出所有的力和力偶矩

确认作用在物体上的所有已知和未知的外力。一般情形下，这些外力包括：

（1）施加的载荷；

（2）发生在支承接触点的支座反力（参见表 4-1）；

（3）物体所受的重力。

考虑所有这些结果，有助于描绘出边界以及作用在边界上的所有力。

　　确认每一个载荷以及所给的尺寸

　　对于已知的力和力偶矩应该标出其固有的大小和方向。其后通常要表示未知力和力偶矩的方向角。建立 x、y 坐标系，用 A_x、A_y 等表示未知量。最后在物体上标出需要计算力矩的尺寸。

要点

- 首先画出受力图，以便计及作用在物体上的所有力和力偶矩。否则无法求解平衡问题。
- 如果支承阻止物体在某一特定方向的移动，则支承将在这一方向上对物体作用一个力。
- 如果转动被阻止，则支承将对物体作用一个力偶矩。
- 学习研究表 4-1。
- 内力大小相等、方向相反且共线，它们总是成对发生的，所以在受力图上从不会出现内力。
- 物体的重力是一种外力，用一通过物体重心 G 的合力表示。
- 力偶矩可以放置在受力图上任意处，因为力偶矩是自由矢量。力可以作用在其作用线上的任意点，因为力是滑动矢量。

例题 4.1

　　图 4-7a 中球的质量为 6kg，球的支承如图所示。画出球、缆绳 CE 和绳结 C 的受力图。

解

球。经考察，仅有两个力作用在球上，即：球的重力

$$6\text{kg}\times9.81\text{m/s}^2 = 58.9\text{N}$$

和缆绳 CE 的作用力。于是球的受力图如图 4-7b 所示。

　　缆绳 CE。当缆绳从周围物体隔离出来，其上也只受有两个力，即：球的力和绳结 C 的力，如图 4-7c 所示。注意到，其中的 F_{CE} 与图 4-7b 中的 F_{EC}，根据牛顿第三定律，二者大小相等、方向相反、互为作用力与反作用力。同时，F_{CE} 与 F_{EC} 都拉着缆绳使其保持受拉平衡状态。由平衡方程，有

$$F_{CE} = F_{EC}$$

　　绳结 C。绳结 C 承受三个力，如图 4-7d 所示。三个力分别由缆绳 CBA 和 CE 以及弹簧 CD 所产生。按照要求，在受力图上标出了这些力的作用线和方向。注意到，球的重力没有直接作用在绳结 C 上，而是将其施加在缆绳 CE 上，认识到这一点是重要的。

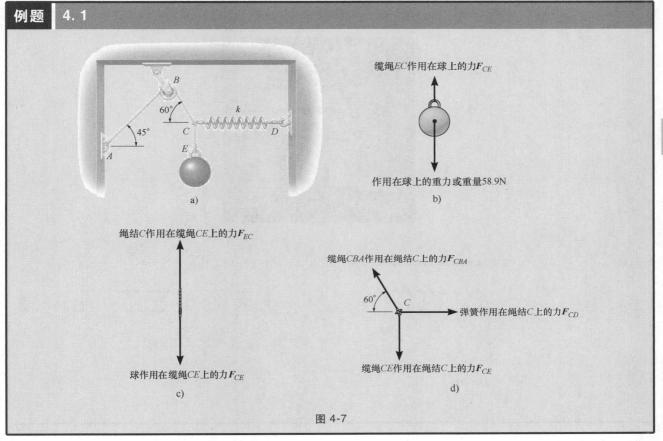

例题 **4.1**

缆绳EC作用在球上的力F_{CE}

作用在球上的重力或重量58.9N

b)

绳结C作用在缆绳CE上的力F_{EC}

球作用在缆绳CE上的力F_{CE}

c)

缆绳CBA作用在绳结C上的力F_{CBA}

60°　C　弹簧作用在绳结C上的力F_{CD}

缆绳CE作用在绳结C上的力F_{CE}

d)

图 4-7

例题 **4.2**

　　画出图 4-8a 所示脚踏操纵杆的受力图。操作者将铅垂方向的力施加在踏板上，使弹簧伸长了 1.5in，B 处的短链杆所受的力为 20lb。

　　解　考察照片可以发现，操纵杆与框架连接的 A 处，螺栓没有拧紧。杆的端部 B 处用销钉连接，杆的作用类似于一短链杆。完成适当的测量之后，踏板的理想化模型示于图 4-8b 中。据此操纵杆的受力图如图 4-8c 所示。A 处固定铰支座有两个力的分量 A_x 和 A_y 作用在操纵杆上。B 处链杆对操纵杆作用有一个沿着链杆方向的力。此外，弹簧也有水平方向的力作用在操纵杆上。通过测量弹簧的刚度为

$$k = 20\text{lb/in}$$

因为弹簧伸长了 1.5in，根据方程 (4-2)，弹簧对操纵杆的作用力为

$$F_s = ks = (20\text{lb/in})(1.5\text{in}) = 30\text{lb}$$

最后，操作者的鞋将铅垂方向的力 F 施加在踏板上，操纵杆的相关尺寸也都标注在受力图上，因为这些信息是计算力矩所必需的。像通常所做的那样，A 处未知力的指向是假定的。其正确指向只有在平衡方程解出结果之后才能确定。

例题 4.2

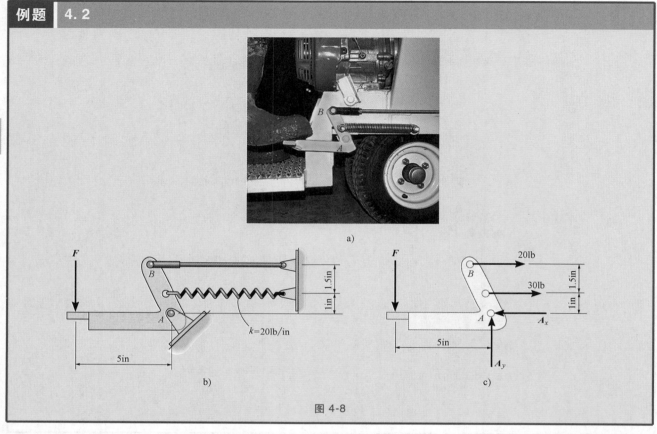

图 4-8

例题 4.3

　　两根表面光滑的管子，每根管子的质量为 300kg，搁置在叉车的叉齿上，如图 4-9a 所示。画出每一根管子以及两根管子一起的受力图。

　　解　理想化模型示于图 4-9b 中，据此可以画出所要求的受力图。画出管子并标出其尺寸，而且实际状态已经简化为最简单的形式。

　　管子 A 的受力图示于图 4-9c 中。管子的重量

$$W = 300(9.81)N = 2943N$$

假定所有接触表面都是光滑的，反力 T、F、R 都作用在接触表面处切线的正交方向。

　　管子 B 的受力图示于图 4-9d 中。你能确定作用在这一管子上的三个力吗？特别要注意，图 4-9d 所示管子 A 对管子 B 的作用力 R，与图 4-9c 中管子 B 对管子 A 的作用力 R 大小相等、方向相反。牛顿第三定律使然。

　　两根管子一起（系统）的受力图示于图 4-9e 中。其中管子 A 与 B 之间的接触力 R 是系统的内力，因而在受力图上没有画出。这是因为二者大小相等、方向相反且共线，故相互抵消。

例题 4.3

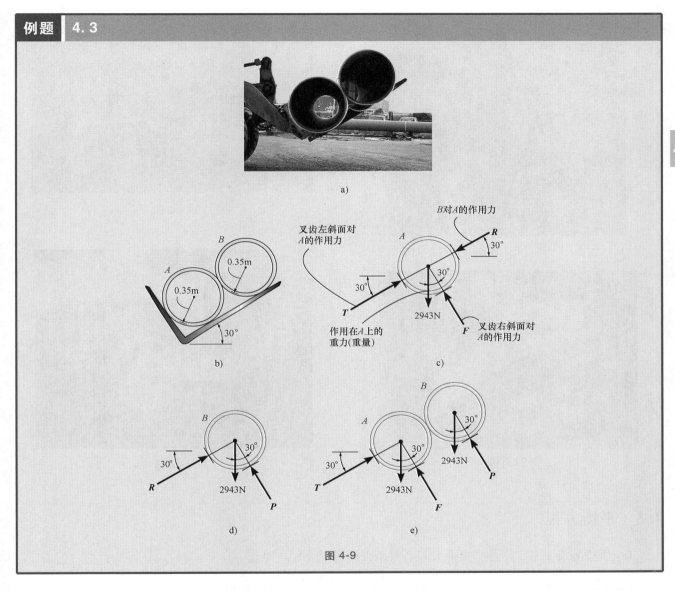

叉齿左斜面对A的作用力

B对A的作用力

作用在A上的重力(重量)

叉齿右斜面对A的作用力

图 4-9

概念题

P4-1　具有一定重量的垃圾桶，在 A 处由销钉支承，B 处静置在一光滑水平杆上。画出垃圾桶的受力图，用侧视图表示结果，并标出所需要的尺寸。

P4-2　支承反铲挖土机的弦外支架 ABC，其顶部 B 处与液压缸相连，液压缸可以视为一短链杆（二力构件），A 处的支架的腿支座为光滑铰链，支架在 C 处用销钉与挖土机的框架连接。画出支架 ABC 的受力图。

P4-3　画出客机机翼的受力图。引擎和机翼的质量都是可观的。机翼下的轮子 B 与地面接触是光滑的。

P4-4　ABC 构件及其上的轮子，作为喷气式飞机起落装置的部件。液压缸 AD 可以视作二力构件，B 处为销钉连接。画出构件 ABC 以及轮子的受力图。

4

P4-1 图

P4-2 图

P4-3 图

P4-4 图

4.3　平衡方程

4.1 节中导出了关于刚体平衡充分与必要条件的两个方程，即

$$\sum F = 0, \quad \sum M_O = 0$$

当物体承受位于 x-y 平面内的力系时，这些力都可以分解为 x 和 y 方向的分量。于是二维问题的平衡条件变为

$$\begin{cases} \sum F_x = 0 \\ \sum F_y = 0 \\ \sum M_O = 0 \end{cases} \tag{4-3}$$

其中，$\sum F_x = 0$ 和 $\sum F_y = 0$ 分别表示作用在物体上所有力的 x 和 y 分量的代数和等于零；$\sum M_O = 0$ 表示作用在物体上的所有力偶矩以及所有力对 z 轴之矩的代数和等于零，z 轴垂直于 x-y 平面并通过任意点 O。

平衡方程的其他形式　虽然方程（4-3）在求解二维平衡问题中是最常用的，但是还有包含三个独立

平衡方程的另外两组方程也可以应用。其一是

$$\begin{cases} \sum F_x = 0 \\ \sum M_A = 0 \\ \sum M_B = 0 \end{cases} \tag{4-4}$$

采用这一组平衡方程时，要求通过 A 和 B 的直线不能平行于 y 轴。为了证明方程（4-4）中提供的平衡条件，考察图 4-10a 所示的平板的受力图。利用 3.7 节中的方法，受力图上的所有力可以用一个作用在点 A 的等效合力 $\boldsymbol{F}_R = \sum \boldsymbol{F}$ 以及一个合力偶矩 $(\boldsymbol{M}_R)_A = \sum \boldsymbol{M}_A$ 替代，如图 4-10b 所示。

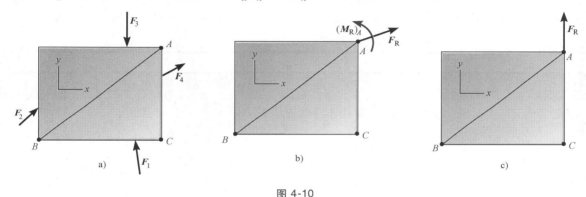

图 4-10

如果满足 $\sum M_A = 0$，其必要条件是 $(\boldsymbol{M}_R)_A = \boldsymbol{0}$。进而，为了使 $\boldsymbol{F}_R$ 满足 $\sum F_x = 0$，$\boldsymbol{F}_R$ 必须在 x 方向没有分量，结果 $\boldsymbol{F}_R$ 必须平行于 y 轴，如图 4-10c 所示。

最后，如果要求 $\sum M_B = 0$，因为点 B 不在 $\boldsymbol{F}_R$ 的作用线上，故有 $\boldsymbol{F}_R = \boldsymbol{0}$。

基于方程（4-4）证明了合力 $\boldsymbol{F}_R$ 和合力偶矩 $(\boldsymbol{M}_R)_A$ 二者均为零，所以图 4-10a 所示物体必然平衡。

第二组不同形式的平衡方程是

$$\begin{cases} \sum M_A = 0 \\ \sum M_B = 0 \\ \sum M_C = 0 \end{cases} \tag{4-5}$$

这一组平衡方程要求 A、B、C 三点不在同一条直线上。为了证明满足这一组方程，就需保证物体处于平衡状态，考察图 4-10b 中的受力图。如果 $\sum M_A = 0$ 满足了，则 $(\boldsymbol{M}_R)_A = \boldsymbol{0}$。如果 $\boldsymbol{F}_R$ 的作用线通过点 C，如图 4-10c 所示，则 $\sum M_C = 0$ 得以满足。因为 A、B、C 三点不在同一条直线上，所以如果要求满足 $\sum M_B = 0$，其必要条件是 $\boldsymbol{F}_R = \boldsymbol{0}$。据此，图 4-10a 中的物体必然处于平衡状态。

分析过程

遵循下列过程求解承受平面力系刚体的平衡问题：

受力图

- 选择任意适当的坐标原点建立 x、y 坐标轴。
- 画出物体的轮廓形状。
- 画出作用在物体上的所有力和力偶矩。

- 标出所有载荷并确定其相对于 x 或 y 轴的方向。
- 标明计算力矩所需的物体的尺寸。

平衡方程

- 对两个未知力作用线的交点 O 应用平衡方程 $\sum M_O = 0$。这时这两个未知力对点 O 之矩等于零，因而可以直接解出第三个未知力。
- 当应用平衡方程 $\sum F_x = 0$ 和 $\sum F_y = 0$ 时，x 和 y 轴的取向应该沿着能够提供最简单解决方案的方向，也就是将力分解为 x 和 y 分量的方向。
- 如果由平衡方程得所产生的力或力偶矩为负的标量，则表明受力图上所假设的力或力偶矩的方向与实际方向相反。

例题 4.4

确定支承图 4-11a 所示质量为 60kg 圆柱体所需要缆绳 BA 和 BC 提供的张力。

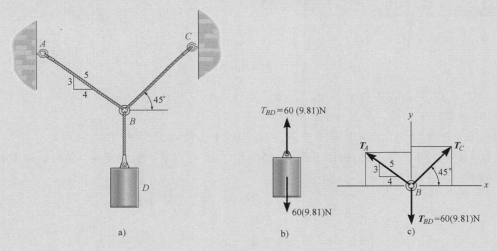

图 4-11

解

受力图。因为平衡，圆柱体重量引起缆绳 BD 的张力为

$$T_{BD} = 60(9.81)\,\text{N}$$

如图 4-11b 所示。通过研究 B 环的平衡，可以确定缆绳 BA 和 BC 所受张力。B 环的受力图如图 4-11b 所示。其中 T_A 和 T_C 的大小为未知量，但二者的方向是已知的。

平衡方程。应用沿 x 和 y 轴方向的平衡方程，有

$$\xrightarrow{+} \sum F_x = 0, \qquad T_C \cos 45° - \left(\frac{4}{5}\right) T_A = 0 \qquad (1)$$

$$+\uparrow \sum F_y = 0, \qquad T_C \sin 45° + \left(\frac{3}{5}\right) T_A - 60(9.81)\,\text{N} = 0 \qquad (2)$$

例题 | 4.4

其中式（1）可以写成

$$T_A = 0.8839 T_C$$

将其代入式（2），得

$$T_C \sin 45° + \left(\frac{3}{5}\right)(0.8839 T_C) - 60(9.81)\,\text{N} = 0$$

由此解出

$$T_C = 475.66\,\text{N} = 476\,\text{N}$$

将这一结果代入式（2），得到

$$T_A = 420\,\text{N}$$

注意：当然，这一结果的精确度取决于测量物体几何尺寸和载荷数据的精确度。诸如此类工程问题，测量数据精确到三位有效数字是必要的。

例题 | 4.5

如图 4-12a 所示梁，A 处为辊轴支座，B 处为固定铰支座。忽略梁的自重，确定 A、B 两处的支座反力。

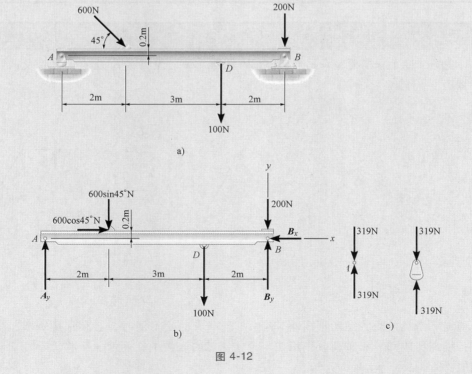

图 4-12

例题 4.5

解

受力图。确认图 4-12b 所示梁受力图上的每一个力。为简单起见，将 600N 的力分解为沿 x 和 y 方向的分量，示于图 4-12b 中。

平衡方程。将所有沿 x 方向的力相加，得

$$\xrightarrow{+} \sum F_x = 0, \qquad 600\cos45°\text{N} - B_x = 0$$

$$B_x = 424\text{N}$$

通过应用对点 B 的力矩平衡方程，可以直接解出 A_y 得

$$\zeta + \sum M_B = 0, (100\text{N})(2\text{m}) + (600\sin45°\text{N})(5\text{m}) -$$

$$(600\cos45°\text{N})(0.2\text{m}) - A_y(7\text{m}) = 0$$

$$A_y = 319\text{N}$$

将所有沿 y 方向的力相加，并利用上述结果，得

$$+\uparrow \sum F_y = 0, \qquad 319\text{N} - 600\sin45°\text{N} - 100\text{N} - 200\text{N} + B_y = 0$$

$$B_y = 405\text{N}$$

注意：请记住，作用在图 4-12b 中的支承力是辊轴和销钉作用在梁上的力。作用在销钉上的力与之反向，如图 4-12c 所示。

例题 4.6

图 4-13a 中缆绳绕过无摩擦滑轮，吊住 100lb 的重物。确定缆绳在 C 处的张力以及销钉 A 处反力的水平和铅垂分量。

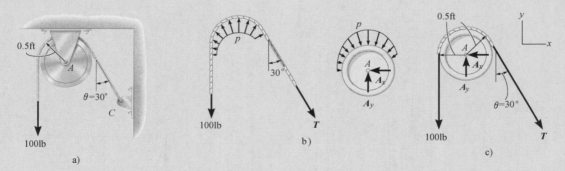

图 4-13

解

受力图。缆绳和滑轮的受力图示于图 4-13b 中。画二者的受力图时，必须仔细观察，应用作用力和反作用力原理：缆绳将未知分布载荷 p 作用在与滑轮接触的表面上，而滑轮则将大小相等、方向相反的力作用在缆绳上。

例题 **4.6**

对于求解本例，如果考察滑轮与部分缆绳组合成一体的受力图，会更简单一些，这时，分布载荷变成了"系统"的内力，分析时将不予考虑，如图 4-13c 所示。

平衡方程。根据图 4-13c，不考虑 A_x 和 A_y，将所有力对点 A 之矩相加，有

$$\zeta + \sum M_A = 0, \qquad 100\text{lb}(0.5\text{ft}) - T(0.5\text{ft}) = 0$$

$$T = 100\text{lb}$$

利用这一结果，由力的平衡方程，解出 A_x 和 A_y:

$$\xrightarrow{+} \sum F_x = 0, \qquad -A_x + 100\sin30°\text{lb} = 0$$

$$A_x = 50.0\text{lb}$$

$$+\uparrow \sum F_y = 0, \qquad A_y - 100\text{lb} - 100\cos30°\text{lb} = 0$$

$$A_y = 187\text{lb}$$

注意：显然，绕过滑轮的缆绳张力保持不变（当然，对于任何半径为 r 的滑轮以及任意角度的缆绳，这一论述都是正确的）。

例题 **4.7**

图 4-14a 中的构件在 A 处为固定铰支座，B 处与一具有光滑表面的支座静接触。确定 A 处反力的水平和铅垂分量。

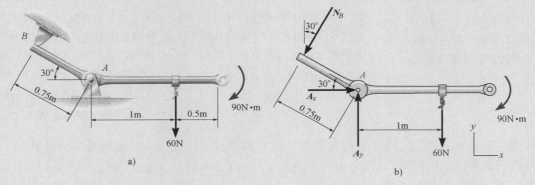

图 4-14

解

受力图。构件的受力图示于图 4-14b 中。构件 B 端的反力 N_B 垂直于构件的 BA 部分。A 处的反力表示成水平和铅垂分量。

平衡方程。对点 A 的力矩求和，直接得到 N_B 的解答:

$$\zeta + \sum M_A = 0, \quad -90\text{N} \cdot \text{m} - 60\text{N}(1\text{m}) + N_B(0.75\text{m}) = 0$$

$$N_B = 200\text{N}$$

例题 4.7

利用这一结果，有

$$\xrightarrow{+} \sum F_x = 0, \qquad A_x - 200\sin30°\text{N} = 0$$

$$A_x = 100\text{N}$$

$$+\uparrow \sum F_y = 0, \qquad A_y - 200\cos30°\text{N} - 60\text{N} = 0$$

$$A_y = 233\text{N}$$

4.4 二力构件与三力构件

某些平衡问题的求解，可以通过确认构件仅仅承受两个力或三个力而使之简化。

液压缸 AB 是典型的二力构件，其两端为销钉联接，忽略自重，仅在构件的端部承受销钉的作用力

用于路轨车制动器的连杆为三力构件。因为 B 处支柱上的力 F_B 与 C 处链杆的作用力 F_C 互相平行，于是为了平衡，A 处销钉的力 F_A 也必须与上述两个力平行

起重机的吊臂为三力构件。并假设自重可以忽略不计。工人重力 W 的作用线与作为二力构件、B 处的液压缸的作用力 F_B 的作用线相交于点 O。为满足力矩平衡，作用在 A 处销钉的合力 F_A 的作用线也必须通过点 O

二力构件 顾名思义，二力构件是指仅受两个力作用的构件。图 4-15a 所示是二力构件的一个例子。为了满足力的平衡条件，F_A 和 F_B 的大小相等 $F_A = F_B = F$，但方向相反（$\sum F = 0$），如图 4-15b 所示。进而，力矩平衡要求 F_A 和 F_B 共享同一作用线，这仅在二者的方向沿着点 A 和点 B 的连线才能发生（$\sum M_A = 0$ 或 $\sum M_B = 0$），如图 4-15c 所示。

所以，对于任何处于平衡的二力构件，作用在其上的两个力，必须具有相同的大小、作用在相反的方向、具有相同的作用线，方向沿着两个力作用点的连线。

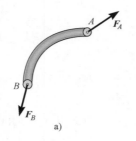

a)

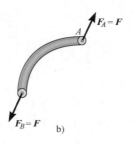

b)

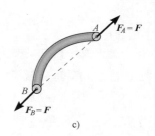

c)

图 4-15

三力构件　如果一个构件上只有三个力的作用，这一构件称为三力构件。仅当三个力形成汇交力系或平行力系时，力矩方程方能满足。

为了解释这一结论，考察图 4-16a 中所示承受三个力 F_1、F_2、F_3 的构件。当 F_1 和 F_2 的作用线交于点 O 时，F_3 的作用线也必须交于点 O，才能满足 $\sum M_O = 0$。作为一种特殊情形，如果三个力的作用线互相平行，如图 4-16b 所示，三个力作用线交点的位置则趋于无穷远处。

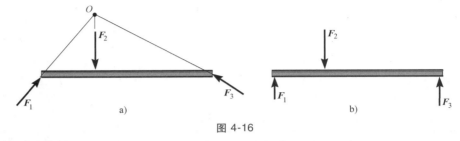

图 4-16

操纵杆 ABC 受力和尺寸如图 4-17a 所示。构件在 A 处为固定铰支座，B 处与一短的弯链杆相连接。忽略构件的重量，确定 A 和 B 处受力。

解

受力图。如图 4-17b 所示，链杆 BD 为二力构件，所以销钉 D 和 B 处的合力必须大小相等、方向相反且共线。虽然力大小未知，但方向却是已知的，因为二者的作用线必须通过点 B 和 D。

操纵杆 ABC 为三力构件，为满足力矩平衡，这三个作用线互不平行的力必须汇交于点 O，如图 4-17c 所示。特别要注意的是操纵杆 B 的力 F 与作用在链杆 B 处的力 F 大小相等但方向相反。想一想：为什么？

因为力 F 的作用线和 400N 力的作用线也是已知的，二者相交于点 O，故距离 CO 为 0.5m。

平衡方程。因为必须满足 $\sum M_O = 0$，所以力系中所有力汇交于点 O，于是利用三角形关系，可以确定力 F_A 作用线的角度 θ

$$\theta = \arctan\left(\frac{0.7}{0.4}\right) = 60.3°$$

对 x、y 轴应用力的平衡方程，有

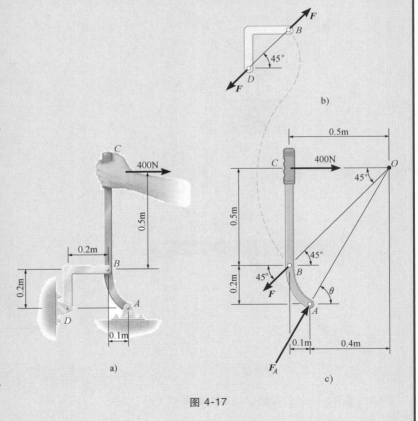

图 4-17

例题 4.8

$$\xrightarrow{+}\sum F_x=0, \qquad F_A\cos60.3°-F\cos45°+400\text{N}=0$$

$$+\uparrow \sum F_y=0, \qquad F_A\sin60.3°-F\sin45°=0$$

解出

$$F_A=1.07\text{kN}$$

$$F=1.32\text{kN}$$

注意： 本例还可以通过将 A 处的力表示成两个分量 A_x 和 A_y，对操纵杆 ABC 应用 $\sum M_A=0$，$\sum F_x=0$，$\sum F_y=0$。一旦确定了 A_x 和 A_y 即可得到 F_x 和 θ。

基础题

　　　　　　　所有问题的解都必须包含受力图

　F4-1　货箱重量 550lb。确定支承货箱的每一根缆绳的受力。

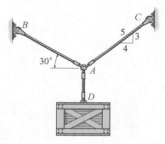

F4-1 图

F4-2　确定梁上铰链 A 和 C 处反力的水平与铅垂分量。

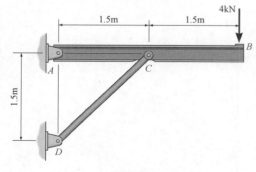

F4-2 图

F4-3　桁架由 A 处的铰链以及 B 处的辊轴支承。确定支座反力。

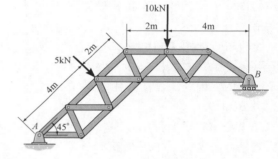

F4-4　确定固定端 A 处的反力。忽略梁的厚度。

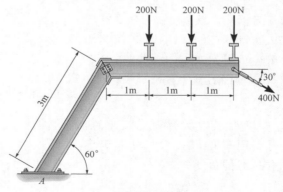

F4-4 图

F4-5　杆 AB 的质量为 25kg，质量中心在 G 处。杆由 A 处的辊轴、C 处的光滑销钉以及缆绳 AB 支承。确定这些支承处的反力。

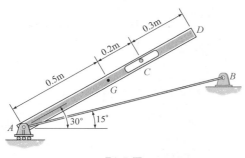

F4-5 图

F4-6　确定作用在杆上光滑接触点 *A*、*B*、*C* 处的反力。

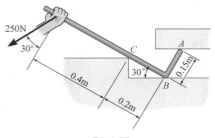

F4-6 图

4

习题

所有问题的解都必须包含受力图

4-1　为平衡 10kg 的圆柱体，确定缆绳 *CA* 和 *CB* 所受张力。取 $\theta = 40°$。

4-2　如果缆绳 *CB* 所受张力是 *CA* 所受张力的两倍，为平衡 10kg 的圆柱体，确定角度 θ。同时计算此时缆绳 *CA* 和 *CB* 所受的张力。

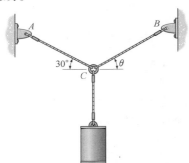

习题 4-1、习题 4-2 图

4-3　平面桁架的杆件在 *O* 处铰接。设 $\theta = 60°$。确定平衡时 F_1 和 F_2 的大小。

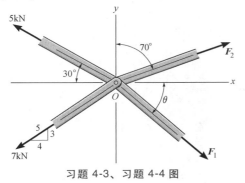

习题 4-3、习题 4-4 图

*4-4　平面桁架的杆件在 *O* 处铰接。设 $F_2 = 6\text{kN}$。确定平衡时 F_1 的大小与角度 θ。

4-5　缆绳 *AB* 和 *AC* 所能承受的最大张力均为 800lb。如果鼓的重量为 900lb，确定能够吊起鼓的最小角度 θ。

习题 4-5 图

4-6　人手托起 5lb 的石块处于平衡。肱部假定是光滑的，它将力 F_C 和 F_A 作用在桡骨 *C* 和尺骨 *A*，如图所示。确

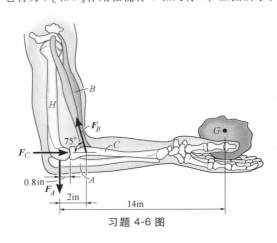

习题 4-6 图

定这些力以及平衡时三头肌 B 作用在尺骨上的力 F_B。G 为石头的质心位置。忽略手臂的重量。

4-7　支架支承质量为 15kg、质心在 G_m 处的电动机。质量为 4kg、质心在 G_p 处的平板静置在托架上。假定单根螺栓在 B 处支承整个支架，托架在 A 处承受光滑墙面的反力。确定 A 处的法向力以及螺栓给托架反力的水平和铅垂分量。

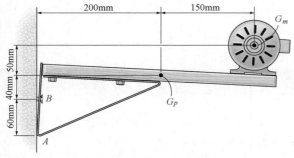

习题 4-7 图

*4-8　在垫基础用于支承 12000lb 的载荷。确定平衡时作用在基础上的载荷集度 w_1 和 w_2。

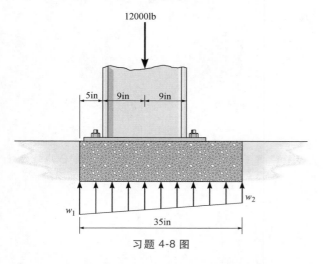

习题 4-8 图

4-9　人举手拉 8lb 的载荷如图所示。确定作用在肱骨 H 上的力 F_H，以及在三头肌 B 中产生的张力。不考虑人手臂的重量。

4-10　光滑圆盘 D 和 E 的重量分别为 200lb 和 100lb。如果一大小为 $P = 200$lb 的力施加在 E 盘中心，确定与地面接触点 A、B、C 三处的法向反力。

4-11　光滑圆盘 D 和 E 的重量分别为 200lb 和 100lb。确定不会引起 D 盘沿斜面运动在 E 盘中心所能施加的最大水平力 P。

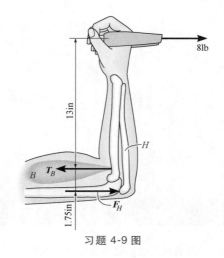

习题 4-9 图

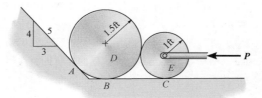

习题 4-10、习题 4-11 图

*4-12　地面起重机以及驾驶员的总重量为 2500lb，重心在 G 处。如果要求起重机吊起 500lb 重的鼓，确定图示位置时 A 处两个轮子和 B 处两个轮子的法向反力。

4-13　地面起重机以及驾驶员的总重量为 2500lb，重心在 G 处。确定图示位置时，起重机不致翻转，能够吊起鼓最大重量。

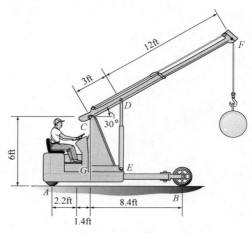

习题 4-12、习题 4-13 图

4-14　一女士在划船训练机上练习，其施加在手柄 *ABC* 上的力为 *F* = 200N，确定销钉 *C* 处反力的水平和铅垂分量，以及沿液压缸 *BD* 方向对手柄产生的作用力。

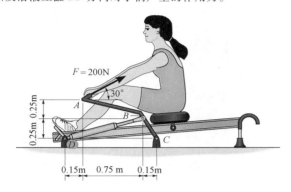

习题 4-14 图

4-15　汽车吊重量 120000lb、重心在 G_1 处，吊臂重 30000lb，重心在 G_2 处。如果起吊重量 *W* = 40000lb。确定吊车不致翻倒的最小角度 *θ*。不计履带厚度。

*4-16　汽车吊重量 120000lb、重心在 G_1 处，吊臂重 30000lb，重心在 G_2 处。如果起吊重量 *W* = 16000lb。确定履带 *A* 和 *B* 处的法向反力。计算时不考虑履带厚度，并设 *θ* = 30°。

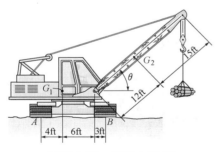

习题 4-15、习题 4-16 图

4-17　船用活动梯重 200lb、重心在 *G* 处。确定活动梯开始吊起时，所需要缆绳 *CD* 的拉力（亦即 *B* 处的拉力等于零）。同时确定铰链支座 *A* 处反力的水平与铅垂分量。

4-18　扳钮开关由压簧杆和一原长 200mm 的弹簧组成。压簧杆用铰链固定在框架的 *A* 处。确定图示位置时，*A* 处合力的大小以及销钉 *B* 对杆作用的法向力。

4-19　摇臂式起重机 *A* 处为铰链连接，*B* 处由光滑套筒支承。载荷的重量为 5000lb。如果 *x* = 8ft，确定起重机在 *A* 处和光滑套筒 *B* 的反力。

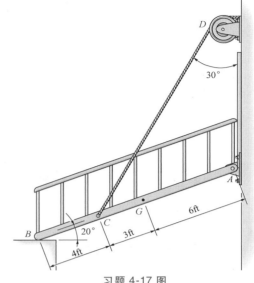

习题 4-17 图

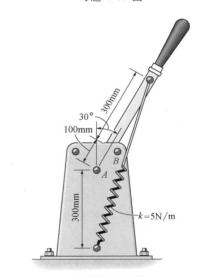

习题 4-18 图

*4-20　摇臂式起重机 *A* 处为铰链连接，*B* 处由光滑套筒支承。确定载荷的重量为 5000lb 时，使支座反力取最大和最小的滑车的位置 *x* 数值。计算每一种情形下所有支座反力。不考虑起重机自重。要求 4ft ≤ *x* ≤ 10ft。

4-21　工人用手推运货车运送货物沿斜坡向下运动。如果手推车和货物重量 100lb，重心在 *G* 处，确定图示位置时手推车的两个轮子对地面的法向力以及个人施加在 *B* 处的拉力。

4

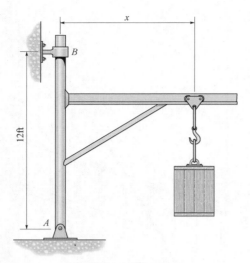

习题 4-19、习题 4-20 图

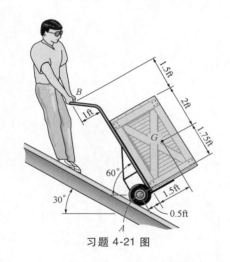

习题 4-21 图

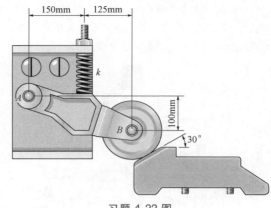

习题 4-22 图

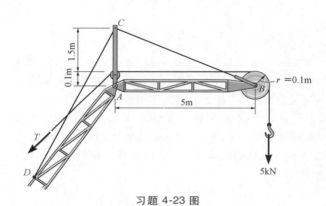

习题 4-23 图

以及支座 A 处反力的水平和铅垂分量。

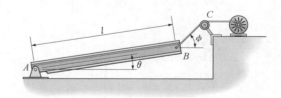

习题 4-24 图

4-22　图示为控制升降机门开启的装置。如果刚度 $k = 40\mathrm{N/m}$ 的弹簧被压缩了 0.2m，确定铰链 A 处反力的水平与铅垂分量以及轮子 B 处轴承所受的合力。

4-23　起重机吊臂的上部由在 A 处支承的悬臂 AB、绷索 BC 以及后拉索 CD 组成，每根缆索都分开系在桅杆上的 C 处。如果悬臂吊缆索承受的载荷为 5kN，缆索绕过 B 处滑轮，确定平衡时铰链作用在悬臂 A 处的合力、绷索 BC 所受张力以及后拉索的拉力 T。忽略悬臂重量。B 处滑轮半径为 0.1m。

*4-24　重量为 W、长度为 l 的均质杆由 A 处的铰支座和缆绳 BC 支承。确定保持梁平衡所需要的缆绳 BC 的张力

4-25　一男跳水运动员站在跳板的端部，跳板在 A、B 两处由两根刚度均为 $k = 15\mathrm{kN/m}$ 的弹簧支承。图示位置时跳板是水平的。如果运动员质量为 40kg，确定运动员跳起后，跳板与水平线形成的夹角。忽略跳板重量，并假定是刚性的。

4-26　水平梁在两端由弹簧支承。弹簧刚度均为 $k = 5\mathrm{kN/m}$，当梁处于水平位置时，弹簧都没有伸长。如果有一 800N 的载荷施加在图示的点 C，确定梁倾斜的角度。

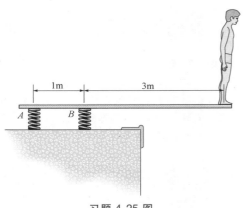

习题 4-25 图

4-27　水平梁在两端由弹簧支承。如果 A 处弹簧刚度均为 $k_A = 5kN/m$，为使梁在承受 800N 载荷后保持在水平位置，确定弹簧 B 所需要的刚度。当梁处于水平位置而且没有加载时，弹簧都没有伸长。

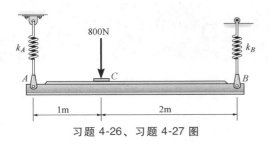

习题 4-26、习题 4-27 图

* 4-28　长度为 l 的细长杆支承在管子中，如图所示。确定施加载荷 P 之后保持平衡时的距离 a。

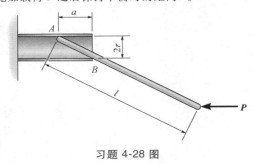

习题 4-28 图

4-29　重 30N 的均质杆，长度 $l = 1m$，支承和悬挂如图所示。如果 $s = 1.5m$。确定搁置在光滑墙面杆端 A 到 C 的距离 h。

4-30　重 30N 的均质杆，长度 $l = 1m$，A 端支承在光滑的墙面上，另一端用长度为 s 的缆绳悬挂系在墙上。确定平衡时墙面上 A 到 C 的距离 h。

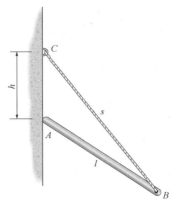

习题 4-29、习题 4-30 图

4-31　梁承受两个集中载荷如图所示。假定基础将线性分布载荷作用在梁的底面。如果 $P = 500lb$，$L = 12ft$。确定平衡时分布载荷集度 w_1 和 w_2。

* 4-32　梁承受两个集中载荷如图所示。假定基础将线性分布载荷作用在梁的底面。用图示参数确定平衡时分布载荷集度 w_1 和 w_2。

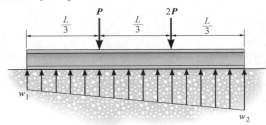

习题 4-31、习题 4-32 图

4-33　水平放置的忽略重量的刚性梁由两根弹簧和一个铰支座支承。如果没有载荷作用时弹簧没有被压缩，确定施加载荷 P 之后，两根弹簧的受力。同时计算 C 端向下移动的距离。假设弹簧刚度足够大，梁向下的移动量很小。提示：梁绕点 O 转动，据此可以得到两个弹簧变形量之间的关系。

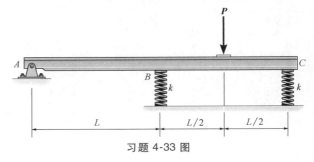

习题 4-33 图

概念题

P4-5　系拉杆用于支承建筑物入口处外伸平台。如果杆件一端用铰链连接于建筑物墙上 A 处；另一端铰接于平台中心 B 处。分析下列情形下杆中的力是增加、减少还是保持不变？

（a）A 处支承移动到较低处 D；

（b）B 处支承外移至 C 处。

根据平衡以及尺寸和载荷变化解释你的答案。假定平台与墙体之间为铰链连接。

P4-5 图

P4-6　一人试图用四轮车架将货物拉上拖车车厢。根据图示位置，缆绳是否系在 A 处更有效，或者系在前轮轴 B 上更好？画出受力图，并进行平衡分析，以解释你的答案。

P4-6 图

P4-7　像所有飞机一样，这一架喷气式飞机也是通过三个轮子停在地面上。为什么不在尾部再附加一个轮子，使之停得更好？（你能想出不包括这一轮子的另外理由吗？）如果存在第四个尾轮，画出隔离体侧视图（2D）。证明为什么应用平衡方程不能确定所有反力。

P4-7 图

P4-8　绝大多数原木安放在独轮手推车的什么位置，可使作用在推车人脊柱上的力最小？应用平衡分析解释你的答案。

P4-8 图

三维平衡问题

4.5 受力图

与二维情形类似，求解三维平衡问题，第一步也是要画出受力图。然而，在画受力图之前首先需要讨论支承处产生的反力类型。

支座反力 当构件被视为三维物体时，由不同类型支承和连接产生的反力与反力偶矩[注]列于表 4-2 中。认识表示这些支承的符号并且清楚地理解这些支承都怎样产生反力和反力偶矩，是很重要的。与二维情形类似：

- 如果支承阻止与之联系物体移动，则支承将对这一物体产生一反力。
- 如果与支承相联系物体的转动被阻止，则对物体产生一反力偶矩。

表 4-2 承受三维力系刚体的支承

连接类型	反力	未知量数目
(1)  缆绳	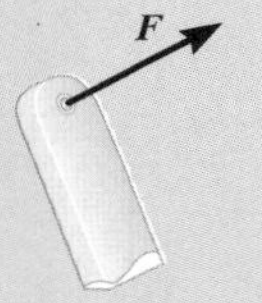 *F*	1 个未知量。反力为拉力,沿着缆绳背向构件
(2) 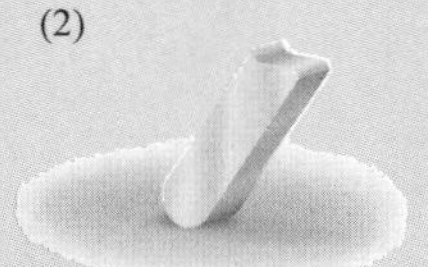 光滑面支承	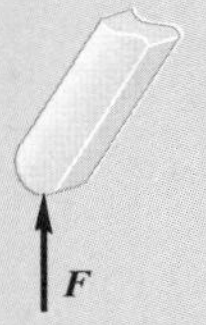 *F*	1 个未知量。反力垂直于接触点处表面
(3) 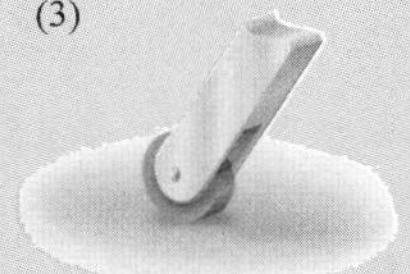 滚轮	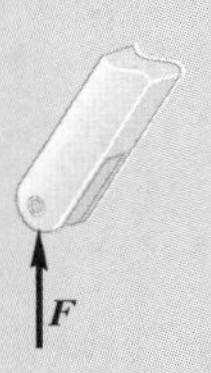 *F*	1 个未知量。反力垂直于接触点处表面

注 国内教科书中一般将反力与反力偶矩称为约束力与约束力偶矩。——编辑注

（续）

连接类型	反力	未知量数目
(4)　球与球窝	F_z　F_x　F_y	3 个未知量。反力为 3 个正交分量
(5)　单个径向滑动轴承	M_z　F_z　M_x　F_x	4 个未知量。反力为 2 个力和 2 个力偶矩。力和力偶矩均垂直于轴。注意：假如物体在别处支承，力偶矩是不施加的。参见例题
(6)　单个方轴轴承	M_z　F_z　M_y　M_x　F_x	5 个未知量。反力为 2 个力和 3 个力偶矩分量。注意：假如物体在别处支承，力偶矩是不施加的。参见例题
(7)　单个推力轴承	M_z　F_y　F_z　M_x　F_x	5 个未知量。反力为 3 个力和 2 个力偶矩分量。注意：假如物体在别处支承，力偶矩是不施加的。参见例题
(8)　单个光滑销钉	M_z　F_z　F_y　M_y　F_x	5 个未知量。反力为 3 个力和 2 个力偶矩分量。注意：假如物体在别处支承，力偶矩是不施加的。参见例题
(9)　单个铰链	M_z　F_z　F_y　F_x　M_x	5 个未知量。反力为 3 个力和 2 个力偶矩分量。注意：假如物体在别处支承，力偶矩是不施加的。参见例题

（续）

连接类型	反力	未知量数目
(10) 固定端	M_z F_z F_x F_y M_y M_x	6 个未知量。反力为 3 个力和 3 个力偶矩分量

例如表 4-2（4）所列的球和球窝支承阻止与之连接的构件在所有方向上的移动，因而产生一个反力。这个力可以分解为三个大小未知的分量：F_x、F_y、F_z。当这三个分量变成已知时，就可以得到反力的合力 $F=\sqrt{F_x^2+F_y^2+F_z^2}$，其方向由坐标方向角 α、β、γ 确定［参见方程（2-5）］[○]。因为这种支承所连接的构件绕任何轴自由转动，所以，球和球窝支承不会产生反力偶矩。

应该注意的是，表 4-2（5）和（7）中的单个轴承、（8）中的单个销钉以及（9）中的单个铰链支承等这些支承都会提供反力和反力偶矩分量。但是，如果这些与其他的轴承、销钉以及铰链组合用于支承刚体保持平衡，而且这些支承将合理安排在所连接的刚体上，则为支承物体，这些支承只独自提供反力是合适的。换言之，反力偶矩将变成多余的，因而不会出现在受力图上。读者在研究了以下若干实例之后，对于上述分析的理由将会一目了然。

对应于表 4-2 的若干实例支承的典型支承，如以下系列照片所示。

球和球窝组合为推土机的外壳与机架提供连接（4）

滑动轴承支承在轴承端部（5）

受力图 建立刚体受力图的一般过程曾经在 4.2 节中做了介绍。最基本的是要求首先画出物体轮廓线，将物体隔离出来。下一步是建立 x、y、z 坐标系，以此为参考系，标出所有的力和力偶矩。建议将作用在受力图上的未知的反力分量都用正向标出。这样，如果所得到的结果为负，这表明反力的分量作用在坐标的负方向。

○ 这三个未知量也可以用一个未知力的大小和未知坐标方向角表示。第 3 个方向角由方程（2-8）确定：$\cos^2\alpha+\cos^2\beta+\cos^2\gamma=1$。

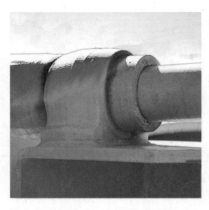

推力轴承用于支承机器的驱动轴（7）

铰链支座用于支承拖拉机支架的端部（8）

例题 | **4.9**

考察图 4-18 中所示两根杆和一块板以及与之相关的受力图。x、y、z 为建立在受力图上的坐标轴，所有未知力分量的指向均为正方向。

解

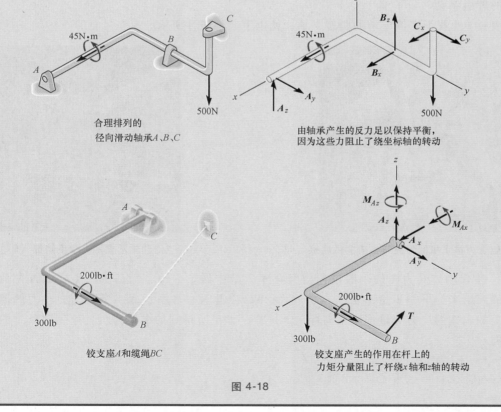

合理排列的
径向滑动轴承 A、B、C

由轴承产生的反力足以保持平衡，因为这些力阻止了绕坐标轴的转动

铰支座 A 和缆绳 BC

铰支座产生的作用在杆上的
力矩分量阻止了杆绕 x 轴和 z 轴的转动

图 4-18

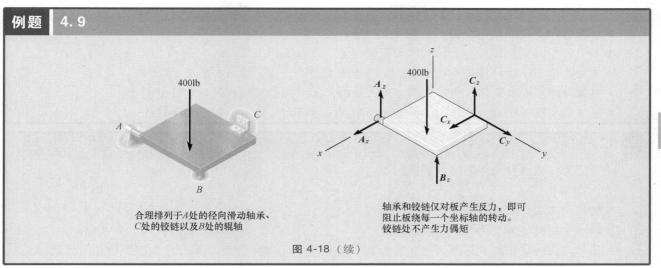

400lb

A

C

B

合理排列于*A*处的径向滑动轴承、
*C*处的铰链以及*B*处的辊轴

z

400lb

A_z

C_z

C_x

A_x

x

C_y

y

B_z

轴承和铰链仅对板产生反力，即可
阻止板绕每一个坐标轴的转动。
铰链处不产生力偶矩

图 4-18（续）

4.6　平衡方程

如 4.1 节所述，承受三维力系刚体的平衡条件要求：作用在物体上的力系合力与合力偶矩都等于零。

矢量平衡方程　上述刚体平衡的两个条件，表示成数学形式为

$$\begin{cases} \sum \boldsymbol{F} = \boldsymbol{0} \\ \sum \boldsymbol{M}_O = \boldsymbol{0} \end{cases} \tag{4-6}$$

式中　$\sum \boldsymbol{F} = \boldsymbol{0}$ 为所有作用在刚体上外力的矢量和；

$\sum \boldsymbol{M} = \boldsymbol{0}$ 为作用在刚体上所有力偶矩以及所有力对任意点 O 之矩的矢量和。

标量平衡方程　将所有外力和力偶矩都表示成笛卡儿矢量形式，并将其代入方程（4-6），有

$$\sum \boldsymbol{F} = \sum F_x \boldsymbol{i} + \sum F_y \boldsymbol{j} + \sum F_z \boldsymbol{k} = \boldsymbol{0}$$

$$\sum \boldsymbol{M}_O = \sum M_x \boldsymbol{i} + \sum M_x \boldsymbol{j} + \sum M_z \boldsymbol{k} = \boldsymbol{0}$$

因为 $\boldsymbol{i}$、$\boldsymbol{j}$、$\boldsymbol{k}$ 分量彼此相互独立，由以上方程给出

$$\begin{cases} \sum F_x = 0 \\ \sum F_y = 0 \\ \sum F_z = 0 \end{cases} \tag{4-7a}$$

以及

$$\begin{cases} \sum M_x = 0 \\ \sum M_y = 0 \\ \sum M_z = 0 \end{cases} \tag{4-7b}$$

这 6 个标量方程可以用于求解绝大多数受力图上所包含的 6 个未知量。方程（4-7a）表示所有作用在 x、y、z 方向外力分量的代数和分别等于零；方程（4-7b）表示所有对 x、y、z 轴力矩分量的代数和分别等于零。

4

要点

- 求解任何平衡问题，首先总是要画受力图。
- 如果支承阻止物体每一方向的移动，则在这一方向上产生反力。
- 如果支承阻止物体绕每一轴转动，则在物体上产生绕这一轴的力偶矩。
- 如果物体承受的未知反力的个数多于有效的平衡方程数，则问题是超静定的。
- 稳定的问题要求反力的作用线不能相加于同一普通轴，以及不能互相平行。

分析过程

遵循下列过程求解刚体的三维平衡问题：

受力图

- 画出物体的轮廓形状。
- 画出作用在物体上的所有力和力偶矩。
- 选择合适的点作为坐标原点建立初始坐标轴 x、y、z，初始坐标轴平行于大多数力和力偶矩。
- 标出所有载荷并确定其方向。一般是所有未知力的指向沿着 x、y、z 坐标轴的正向。
- 标明计算力矩所需的物体的尺寸。

平衡方程

- 如果 x、y、z 方向的力和力偶矩看起来容易确定，就采用标量平衡方程；否则采用矢量平衡方程。
- 无须将对力求和的坐标系选择得与对力矩求和的坐标系一致。实际上，任意方向的坐标轴都可以选择为对力和力矩求和。
- 选择力矩求和的坐标轴应当使尽可能多的未知力作用线与之相交。应该理解到当力的作用线与轴相交或者与轴平行时，力对该轴之矩均为零。
- 如果由平衡方程解出的力或力偶矩为负标量，则表明受力图上所假设的指向与实际方向相反。

例题 4.10

图 4-19a 所示的均质平板，质量为 100kg，在其两边分别承受一个力和一个力偶矩。平板在水平面上 A、B 和 C 处分别由辊轴、球铰链和缆绳支承。确定三处支承处的反力。

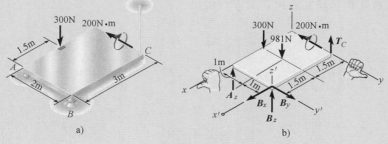

图 4-19

解（标量分析）

受力图。作用在平板上有 5 个未知反力如图 4-19b 所示。每一个反力指向均假设为坐标轴的正方向。

例题 4.10

平衡方程。因为本例的几何关系比较简单，采用标量分析可以给出问题的直接解答。力沿每一坐标轴求和，得

$$\sum F_x = 0; B_x = 0$$

$$\sum F_y = 0; B_y = 0 \tag{1}$$

$$\sum F_z = 0; A_z + B_z + T_C - 300\text{N} - 981\text{N} = 0$$

回顾力对一轴之矩等于力的大小与力作用线到轴的垂直距离（力臂）的乘积。同时考虑到力与轴相交或与轴平行都不产生力矩。因此，对 x 和 y 轴正向力矩求和，有

$$\sum M_x = 0, T_C(2\text{m}) - 981\text{N}(1\text{m}) + B_z(2\text{m}) = 0 \tag{2}$$

$$\sum M_y = 0, -300\text{N}(1.5\text{m}) + 981\text{N}(1.5\text{m}) - B_z(3\text{m}) - A_z(3\text{m}) - 200\text{N} \cdot \text{m} = 0 \tag{3}$$

当对 x'、y'、z' 轴力矩求和时，不考虑 B 处的反力。得

$$\sum M_{x'} = 0, 981\text{N}(1\text{m}) + 300\text{N}(2\text{m}) - A_z(2\text{m}) = 0 \tag{4}$$

$$\sum M_{y'} = 0, -300\text{N}(1.5\text{m}) - 981\text{N}(1.5\text{m}) - 200\text{N} \cdot \text{m} + T_C(3\text{m}) = 0 \tag{5}$$

联立求解式（1）~式（3）或者解方程（1）、方程（4）以及方程（5），得

$$A_z = 790\text{N}, B_z = -217\text{N}, T_C = 707\text{N}$$

负号表示 $\boldsymbol{B}_z$ 向下。

注意： 本例的解不要求对 z 轴求和。因为平板受到的是部分约束，所以当力施加在 x-y 平面内时，平板的所有支承都不会阻止平板绕 z 轴转动。

例题 4.11

图 4-20a 所示的组合构件，在 A、B、C 三处分别为球铰链、光滑径向滑动轴承、辊轴支承。确定三处支承的反力分量。不计构件自重。

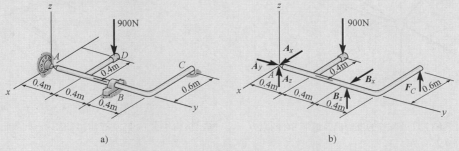

图 4-20

解

受力图。受力图如图 4-20b 所示。支座反力将不会阻止组合构件绕每一坐标轴的转动，因而滑动轴承处只有反力作用在构件上。

平衡方程。通过在 y 方向上对力求和，可以直接解出 A_y：

$$\sum F_y = 0, \quad A_y = 0$$

例题 | 4.11

将所有对 y 轴之矩相加，可以直接解出 F_C：

$$\sum M_y = 0, \quad F_C(0.6\text{m}) - 900\text{N}(0.4\text{m}) = 0$$

$$F_C = 600\text{N}$$

利用这一结果，将所有对 x 轴之矩相加，直接确定 B_z：

$$\sum M_x = 0, \quad B_z(0.8\text{m}) + 600\text{N}(1.2\text{m}) - 900\text{N}(0.4\text{m}) = 0$$

$$B_z = -450\text{N}$$

符号表示 $\boldsymbol{B_z}$ 方向指向下方。$\boldsymbol{B_x}$ 可以通过将所有对 z 轴之矩相加得到

$$\sum M_z = 0, \quad -B_x(0.8\text{m}) = 0, B_x = 0$$

于是

$$\sum F_x = 0, \quad A_x + 0 = 0, A_x = 0$$

最后利用 B_z 和 F_C 的结果，得到

$$\sum F_z = 0, \quad A_z + (-450\text{N}) + 600\text{N} - 900\text{N} = 0$$

$$A_z = 750\text{N}$$

基础题

所有问题的解都必须包含受力图

F4-7   确定质点平衡时力 $\boldsymbol{F_1}$、$\boldsymbol{F_2}$、$\boldsymbol{F_3}$ 的大小。

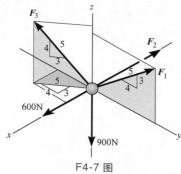

F4-7 图

F4-8   确定 A 处辊轴、D 处球铰的反力以及缆绳 BC 的张力。

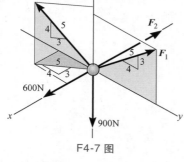

F4-8 图

F4-9   构件在 A、B、C 三处均为滑动轴承支承，结构承受两个力的作用如图所示。确定三处支承反力。

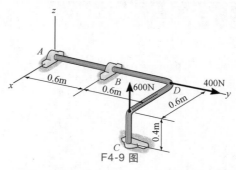

F4-9 图

F4-10   管子组合构件在 A、B、C 三处均为滑动轴承支承，结构承受两个力的作用如图所示。确定三处支承反力。

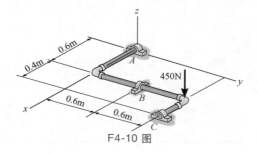

F4-10 图

F4-11　物块由链杆 *BD*、缆绳 *CE* 和 *CF* 以及球铰 *A* 支承，确定 *BD*、*CE* 和 *CF* 中承受的力以及球铰的反力。

F4-12　确定滑动轴承 *A* 和缆绳 *BC* 作用在杆上的反力分量。

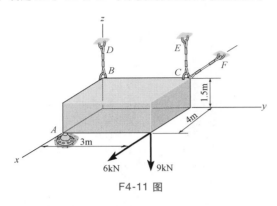

F4-11 图

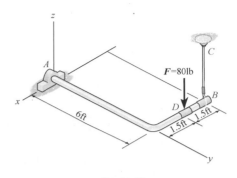

F4-12 图

习题

所有问题的解都必须包含受力图

4-34　重量为 50lb 的表土疏松机重心在 *G* 处。确定轮子 *B* 、*C* 两处以及光滑接触点 *A* 处的铅垂反力。

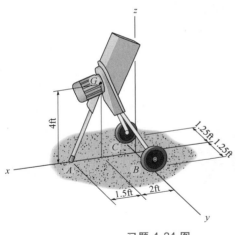

习题 4-34 图

4-35　重量为 600lb 的均质货箱，用重量为 30lb 的梁 *BAC* 和 4 根绳吊起。确定缆绳的张力以及 *A* 处受力。

* *4-36*　如果 *P* = 6kN，*x* = 0.75m，*y* = 1m，确定缆绳 *AB*、*CD*、*EF* 的张力。

4-37　为使缆绳 *AB*、*CD*、*EF* 产生相同的张力，确定力 *P* 作用点位置坐标 *x* 和 *y*。忽略板的重量。

4-38　3 根缆绳将空调机单元提升到建筑物屋顶。如果缆绳的张力 T_A = 250lb，T_B = 300lb，T_C = 200lb。确定空调机

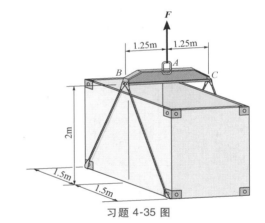

习题 4-35 图

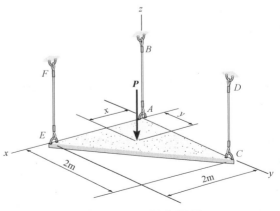

习题 4-36、习题 4-37 图

单元的重量及其重心 G 的位置坐标 $(x，y)$。

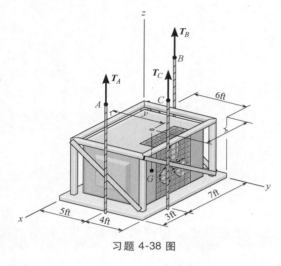

习题 4-38 图

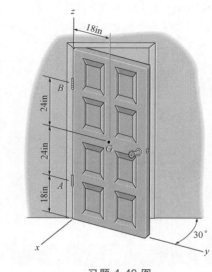

习题 4-40 图

4-39　确定保持四分之一圆板平衡时球铰 A 的反力分量、辊轴 B 的反力以及缆绳 CD 的张力。

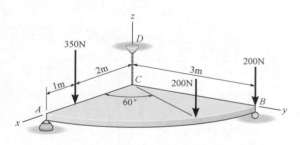

习题 4-39 图

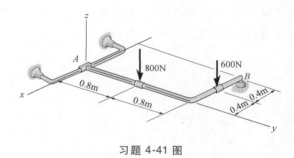

习题 4-41 图

*4-40　重量 100lb 的门，重心在 G 处。如果 B 处只承受 x 和 y 方向的力，A 处承受 x、y、z 方向的力，确定铰链 A 和 B 处的反力分量。

4-41　确定光滑套筒 A 处的支座反力以及辊轴 B 处的法向反力。

4-42　手推车平台上承受 3 个载荷如图所示。确定 3 个轮子的法向反力。

4-43　带轮安装在轴上，轴的 A 处为推力轴承，B 处为滑动轴承。确定带的张力 T 以及 A 和 B 处反力的 x、y、z 分量。

*4-44　吊臂 AC 由球铰 A 和两根缆绳 BDC 和 CE 支承。缆绳 BDC 为一根缆绳在 D 处绕过一滑轮。如果货箱重量为 80lb，确定缆绳的张力以及 A 处反力的 x、y、z 分量。

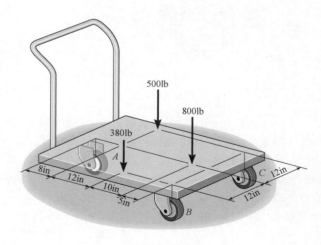

习题 4-42 图

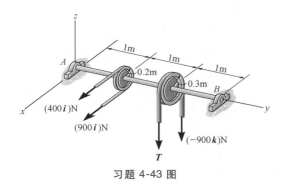

习题 4-43 图

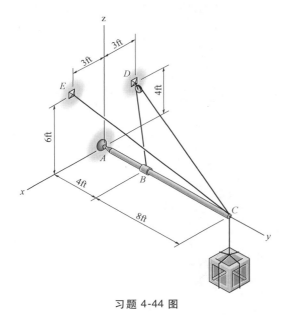

习题 4-44 图

4-45　80lb 的铅垂力作用在机轴上。确定在水平位置保持平衡时必须施加在手柄上的力 P 的大小以及滑动轴承 A 和 B 处反力的 x、y、z 分量。

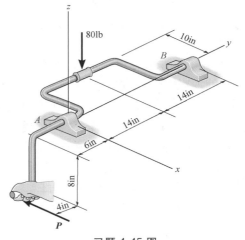

习题 4-45 图

4-46　如果缆绳 BC 所能承受的最大张力为 300lb，确定能够施加在平板上的最大力 F。计算在这一载荷作用下，铰链 A 处反力的 x、y、z 分量。

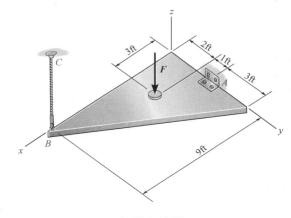

习题 4-46 图

4.7　干摩擦特性

摩擦是物体相对滑动时在二者接触面上发生的阻止运动的力。这种力总是作用在接触点沿相互接触面的切线方向，其指向与二者接触面可能或者已经存在的运动方向相反。

本章将研究干摩擦效应，干摩擦有时又称为库仑摩擦，因为它是 C. A. 库仑在 1781 年的主要研究成果。干摩擦是物体表面之间没有润滑液体发生的摩擦。

干摩擦理论　干摩擦理论可以用静置在粗糙的水平表面上、重量为 W 的均质物块，在水平拉力作用下所产生的效应加以解释，物块的底部和水平表面是非刚体的或可变形的，如图 4-21a 所示。

但是，物块的上面部分仍然认为是刚性的。如图 4-21b 中物块的受力图所示，物块的底部沿接触面作用有不规则分布的法向力 ΔN_n 和摩擦力 ΔF_n。外力平衡，法向力必须向上以平衡物块重量 W；摩擦力必须向左，以阻止物块在水平力 P 作用下向右运动。

精密考察物块底部表面与其所接触的水平面，如图 4-21c 所示，揭示了这些摩擦力和法向力是如何产生的。两个表面之间微观上凹凸不规则性的存在，其结果在每一个接触点都会产生反力 ΔR_n ⊖。正如图中所示，每一个反力都会贡献一个摩擦力分量 ΔF_n 和一个法向力分量 ΔN_n。

平衡   分布法向力和摩擦力在受力图上分别用各自的合力 N 和 F 表示（图 4-21d）。注意到 N 作用在重量 W 作用线以右的 x 处，如图 4-21d 所示，这一作用位置与图 4-21b 中所示法向力分布图的形心或几何中心吻合，这是平衡载荷 P 产生"倾覆效应"的需要。例如，如果 P 施加在距平面 h 远处，如图 4-21d 所示，当 $Wx = Ph$ 或 $x = Ph/W$ 时，对点 O 的力矩平衡才能满足。

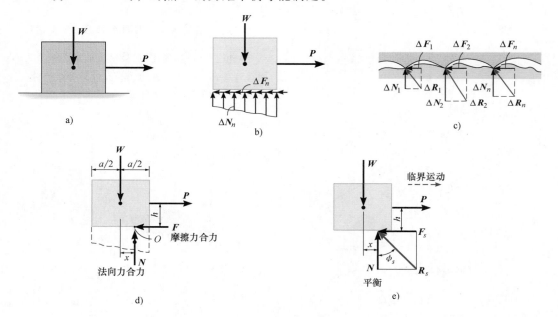

图 4-21

临界运动   当摩擦力 F 比较大但还不足以平衡 P 时，接触表面处于一种不稳固状态，其结果是物块具有滑动趋势。换言之，当 P 缓慢增加，相应地，F 也增加，直到其达到确定的最大值 F_s，如图 4-21e 所示。这时的 F_s 称为极限静摩擦力。当摩擦力 F 等于 F_s 时，物块处于不稳定状态，因为 P 的任何增加，都会引起物块运动。

实验结果表明，极限摩擦力 F_s 与法向力合力 N 成正比。其数学表达式为

$$F_s = \mu_s N \tag{4-8}$$

⊖   除了这里被称之为经典方法的相互机械作用外，关于摩擦力属性更详细的研究，还应该包含温度、密度、洁净度以及接触面之间的原子和分子的引力等。参见 J. Krim, Scientific American, October, 1996。

其中比例常数 μ_s 称为静摩擦系数[⊖]。

于是，物块处于临界滑动时，法向力 N 和极限摩擦力 F_s 组成一合力 R_s，如图 4-21e 所示。这时 R_s 与 N 之间的夹角 ϕ_s 称为静摩擦角。从图中可以得到

$$\phi_s = \arctan\left(\frac{F_s}{N}\right) = \arctan\left(\frac{\mu_s N}{N}\right) = \arctan\mu_s$$

表 4-3 中给出了几种典型材料的 μ_s 值。注意到，μ_s 的数值是变化的，因为在接触表面不同粗糙度和洁净度的条件下所得到的实验结果各不相同。对于应用而言，在给定的系列条件下选择摩擦系数，仔细判断是重要的。当要求更精确的 μ_s 值时，应当通过所用的两种材料直接进行实验，得到静摩擦系数。

表 4-3 几种典型材料的 μ_s 值	
接触材料	静摩擦系数 μ_s 值
金属与冰	$0.03 \sim 0.05$
木材与木材	$0.30 \sim 0.70$
皮革与木材	$0.20 \sim 0.50$
皮革与金属	$0.30 \sim 0.60$
铝与铝	$1.10 \sim 1.70$

运动　当作用在物块上的力 P 增加到稍微大于 F_s 时，接触表面的摩擦力将下降到一个较小的数值 F_k。F_k 称为动摩擦力。这时物块开始滑动且速度增加，如图 4-22a 所示。发生这种情形时，物块将处于接触点波峰的顶部，如图 4-22b 所示。接触面的连续障碍是产生动摩擦的内部机理。

滑动物块的实验结果表明，动摩擦力的大小与法向力合力成正比，其数学表达式为

$$F_k = \mu_k N \tag{4-9}$$

其中比例常数 μ_k 称为动摩擦系数。典型材料的动摩擦系数大约比表 4-3 中所列 μ_s 小 25%。

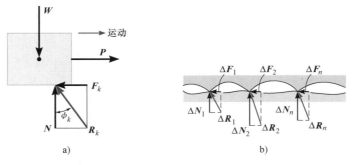

图 4-22

在这种情形下，接触表面合力 R_k 的作用线由 ϕ_k 定义，如图 4-22a 所示。这一角度称为动摩擦角，

$$\phi_k = \arctan\left(\frac{F_k}{N}\right) = \arctan\left(\frac{\mu_k N}{N}\right) = \arctan\mu_k$$

⊖　国内教科书中一般将摩擦系数称为摩擦因数。——编辑注

4

通过比较，可以看出

$$\phi_s \geqslant \phi_k$$

上述关于摩擦的效应可以用图 4-23 中的图形加以概括，图中显示了摩擦力 F 随所施载荷 P 变化的曲线。这里摩擦力按以下 3 种方法加以分类：

- 如果保持平衡，F 为静摩擦力。
- 当摩擦力达到保持平衡所需要的最大值时，F 为极限静摩擦力 F_s。
- 在接触表面发生滑动时，F 定义为动摩擦力 F_k。

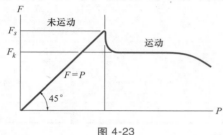

图 4-23

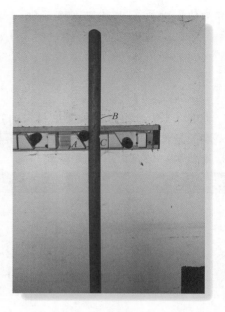

这是用于悬挂扫把和铲子等工具的简单装置，与扫把重量无关，利用 A、B、C 处棍子与扫把之间产生的摩擦力，保持悬挂扫把的平衡

摩擦特性　基于前面曾经讨论过的相关实验结果，可以确定以下应用于经受干摩擦物体的若干规则：

- 摩擦力作用在接触面切线方向，其指向与一个表面相对于另一表面的运动或运动趋势方向相反。
- 在正应力不是非常低也不是非常大、足以使物体表面发生严重变形或压溃的情形下，最大静摩擦力 F_s 与接触面积无关。
- 一般而言，对于任何两个接触表面，静摩擦力总是大于动摩擦力。但是，如果一个物体在另一个物体表面上以一极低的速度运动时，F_k 将近似等于 F_s，即 $\mu_s \approx \mu_k$。
- 当物体在接触面上即将发生滑动时，最大静摩擦力与法向力成正比，即 $F_s = \mu_s N$。
- 当物体在接触面上发生滑动时，动摩擦力与法向力成正比，即 $F_k = \mu_k N$。

4.8　考虑干摩擦的平衡问题

承受包含摩擦效应的平面力系的刚体如果平衡，力系不仅需要满足力的平衡方程，而且需要满足与摩擦有关的定律。

摩擦问题类型　一般而言，与干摩擦有关的力学问题有三类。一旦画出受力图，确认未知量的总数并与有效平衡方程相比较，很容易加以分类。

未显现临界运动　这类问题是严格的平衡问题，要求未知量的个数等于有效平衡方程个数。当从平衡方程中解出摩擦力后，还必须校核摩擦力的数值是否满足不等式 $F \leqslant \mu_s N$；否则，物体将不会保持平衡而发生滑动。这类物体的典型例子示于图 4-24a 中。此例必须确定 A 和 C 的摩擦力，校核这一由两个构件组成的框架的平衡位置能否保持。如果两根杆子都是均质的、重量均为 100N，二者受力图如图 4-24b 所示。其中有 6 个未知力分量，可以严格地由 6 个平衡方程（每根杆子 3 个方程）确定。一旦确定了 F_A、N_A、F_C、N_C，在满足 $F_A \leqslant 0.3N_A$ 和 $F_C \leqslant 0.5N_C$ 的情形下，二杆将保持平衡。

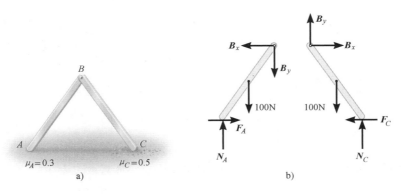

图 4-24

所有接触点都发生临界运动　这种情形下，未知量总数将等于有效平衡方程总数加上有效的摩擦方程 $F = \mu N$ 总数。当接触点处于临界运动时，有

$$F_s = \mu_s N$$

如果物体开始滑动后，则

$$F_k = \mu_k N$$

例如，考察图 4-25a 所示重量为 100N 的杆，将其放置靠在光滑的墙上，确定不滑动的最小角度 θ。其受力图示于图 4-25b 中。根据 3 个平衡方程和 2 个静摩擦方程可以确定 5 个未知量，其中摩擦力施加在两个接触点上，有

$$F_A = 0.3N_A$$

和

$$F_B = 0.4N_B$$

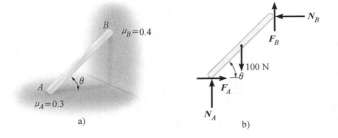

图 4-25

某些接触点发生临界运动　这种情形下，未知量总数将等于有效平衡方程总数加上有效的摩擦方程或翻倒条件方程总数。结果存在运动或临界运动的几种可能性，这类包含实际发生运动类型的确定。

例如考察图 4-26a 所示两杆组成的框架。在这一问题中需要确定的是引起框架运动必须施加的水平力 P。如果每根杆子的重量均为 100N，二杆的受力图如图 4-26b 所示。其中有 7 个未知量。为求得问题的唯一解，必须满足 6 个平衡方程（每根杆子有 3 个）和两个静摩擦方程中的 1 个。这意味着，当 P 增加时，将引起 A 处滑动，而 C 处不滑动，即 $F_A = 0.3N_A$ 和 $F_C \leqslant 0.5N_C$；或者 C 处滑动，而 A 处不滑动，即 $F_C = 0.5N_C$ 和 $F_A \leqslant 0.3N_A$。

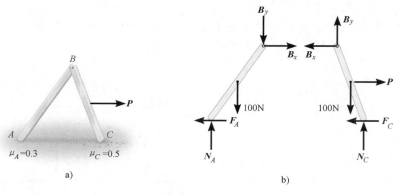

图 4-26

实际情形需要通过计算每种情形下的 P 值，然后加以比较，最后取二者中较小者。如果两种情形下算出的 P 具有相同的数值，则表明滑动将在两个接触点处同时发生，亦即：7 个未知量要满足 8 个方程，这实际上是极不可能的。

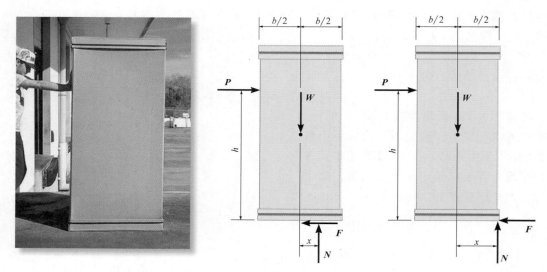

考察作用在货箱上的推力，货箱重量为 W，放置在粗糙表面上。如第一个受力图所示，如果 P 的数值很小，货箱将保持平衡。当 P 增加时货箱或者在粗糙面上

滑动（$F=\mu_s N$），或者由于表面很粗糙（μ_s 很大），致使法向力合力移至角点处，

$x=\dfrac{b}{2}$，如第二个受力图所示。货箱将绕这一点开始翻倒。货箱还有更

大的翻倒机会：如果 P 施加在表面上方很高处或者货箱的宽度 b 很小

平衡方程 vs 摩擦方程　求解考虑摩擦平衡问题时，如果摩擦力 F 作为"平衡力"，且满足不等式 $F < \mu_s N$，这时可以假设受力图上摩擦力的指向。正确的指向在从方程中解出 F 之后才可做出：如果 F 为负标量，则 F 的实际指向与所设方向相反。因为平衡方程等于零，矢量的分量作用在相同的方向上，故可以假

设 **F** 的指向。然而，在摩擦方程 $F=\mu N$ 应用于问题解答的情形下，不能假设 **F** 的指向，因为摩擦方程仅仅涉及两个互相垂直矢量的大小。结果，无论何时，当摩擦方程用于问题解答时，受力图上的摩擦力 **F** 总必须标出其正确指向。

分析过程

受力图

• 画出受力图，除非在问题中说明为临界状态或者发生滑动，否则总要表明摩擦力为未知量（亦即不假设 $F=\mu N$）。

• 确定未知量个数并与有效的平衡方程数相比较。

• 当未知量个数多于平衡方程数，如果不是全部接触点，则需要在某些接触点应用摩擦方程，从而得到问题完全解答所需要的补充方程。

• 如果采用了方程 $F=\mu N$，则在受力图上需要标出摩擦力 **F** 的正确方位与指向。

平衡和摩擦方程

• 应用平衡方程和所需要的摩擦方程（或者可能翻倒的条件方程）求解未知量。

• 如果问题涉及三维力系，确定力的分量或所需力臂变得困难，在平衡方程中采用笛卡儿矢量。

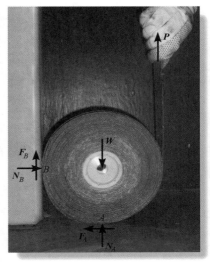

实际在滚轮的铅垂力 **P**
必须足够大，才能克服接触面 A 和 B
处的摩擦阻碍，使滚轮发生转动

例题 ▌ 4.12

图 4-27a 所示均质货箱，质量为 20kg。如果力 $P=80N$ 作用在货箱上，假设摩擦系数 $\mu_s=0.3$。确定货箱是否保持平衡。

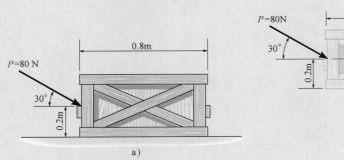

图 4-27

解

受力图。货箱的受力图如图 4-27b 所示，其中法向力合力 N_C 必须作用在距离货箱中心线 x 处，以阻止由于力 P 引起的翻倒效应。受力图上共有 3 个未知量 F、N_C、x，可以根据 3 个平衡方程即可确定这些未知量。

例题 **4.12**

平衡方程

$$\xrightarrow{+} \sum F_x = 0, \qquad\qquad 80\cos30°\mathrm{N} - F = 0$$
$$+\uparrow \sum F_y = 0, \qquad\qquad -80\sin30°\mathrm{N} + N_C - 196.2\mathrm{N} = 0$$
$$\zeta + \sum M_O = 0, \quad 80\sin30°\mathrm{N}(0.4\mathrm{m}) - 80\cos30°\mathrm{N}(0.2\mathrm{m}) + N_C(x) = 0$$

据此解得

$$F = 69.3\mathrm{N}$$

$$N_C = 236\mathrm{N}$$

$$x = -0.00908\mathrm{m} = -9.08\mathrm{mm}$$

x 为负，表明法向力合力作用点位于货箱中心线稍左一点。因为 $x<0.4\mathrm{m}$，故不会发生翻倒。此外，还可以得到发生在接触面上的最大摩擦力为

$$F_{\max} = \mu_s N_C = 0.3(236\mathrm{N}) = 70.8\mathrm{N}$$

因为

$$F = 69.3\mathrm{N} < 70.8\mathrm{N}$$

虽然二者非常接近，但货箱不会发生滑动。

例题 **4.13**

图 4-28a 所示的自动卸货卡车，当车厢向上倾斜的角度 $\theta = 25°$ 时，车上的自动售货机开始滑出车厢。确定自动售货机与车厢地板之间的静摩擦系数。

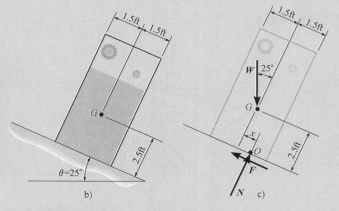

图 4-28

解 在车厢地板上自动售货机的理想化模型如图 4-28b 所示。测得的售货机尺寸以及重心均已标在图中。假设售货机的重量为 W。

例题	4.13

受力图。售货机的受力图如图 4-28c 所示。图中 x 通常用于表示法向力合力作用点的位置。受力图上共有 4 个未知量：N、F、μ_s、x。

平衡方程

$$+\searrow \sum F_x = 0, \qquad\qquad W\sin25° - F = 0 \qquad\qquad (1)$$

$$+\nearrow \sum F_y = 0, \qquad\qquad N - W\cos25° = 0 \qquad\qquad (2)$$

$$\zeta + \sum M_O = 0, \quad -W\sin25°(2.5\text{ft}) + W\cos25°(x) = 0 \qquad (3)$$

因为在 $\theta = 25°$ 为临界滑动，故由式（1）和式（2），有

$$F_s = \mu_s N, \qquad W\sin25° = \mu_s(W\cos25°)$$

$$\mu_s = \tan25° = 0.466$$

角度 $\theta = 25°$ 称为"安眠角"。通过比较，这一角度等于静摩擦角。注意到，计算结果表明角度 θ 与售货机重量无关。所以知道 θ 为确定静摩擦系数提供一种方便方法。

注意：根据式（3）解出 $x = 1.17\text{ft}$。因为 $1.17\text{ft} < 1.5\text{ft}$，正如图 4-28a 所示，售货机在翻倒之前将发生滑动。

例题	4.14

质量 10kg 的均质梯子如图 4-29a 所示，上端 B 静置于光滑墙面上，A 端放置在摩擦系数 $\mu_s = 0.3$ 的粗糙平面上。确定处于临界滑动时梯子的倾角以及 B 处的反力。

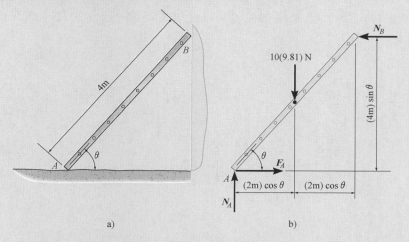

图 4-29

解

受力图。受力图如图 4-29b 所示，因为梯子 A 处的滑动趋势向左，故 A 处的摩擦力必须向右。

例题 4.14

平衡方程。因为梯子处于临界滑动状态，故有
$$F_A = \mu_s N_A = 0.3 N_A$$

由图 4-29b 所示受力图，根据 y 方向力平衡方程可以直接得 N_A：
$$+\uparrow \sum F_y = 0, \quad N_A - 10(9.81)\text{N} = 0, \quad N_A = 98.1\text{N}$$

将这一结果代入上式，得
$$F_A = 0.3(98.1\text{N}) = 29.43\text{N}$$

现在应用 x 方向的平衡条件得 N_B：
$$\xrightarrow{+} \sum F_x = 0, \quad 29.43\text{N} - N_B = 0$$
$$N_B = 29.43\text{N} = 29.4\text{N}$$

最后，对点 A 的力矩求和，即可确定角度 θ：
$$\zeta + \sum M_A = 0, \quad (29.43\text{N})(4\text{m})\sin\theta - [10(9.81)\text{N}](2\text{m})\cos\theta = 0$$
$$\frac{\sin\theta}{\cos\theta} = \tan\theta = 1.6667$$
$$\theta = 59.04° = 59.0°$$

例题 4.15

梁 AB 承受集度为 200N/m 的均布载荷，在 B 处由柱子 BC 支承，如图 4-30a 所示。设 B 和 C 处的摩擦系数分别为 $\mu_B = 0.2$ 和 $\mu_C = 0.5$。忽略构件重量以及梁的厚度。确定使柱子离开梁所需要施加的拉力 $\boldsymbol{P}$。

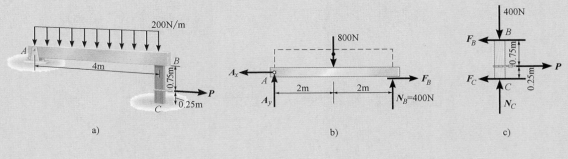

图 4-30

解

受力图。梁的受力图示于图 4-30b 中。应用平衡方程

例题 4.15

$$\sum M_A = 0$$

得

$$N_B = 400\text{N}$$

这一结果示于图 4-30c 中的柱子的受力图上。对于柱子有 4 个未知量 F_B、P、F_C、N_C，可以根据 3 个平衡方程和 B 处或 C 处摩擦方程求解。

平衡方程与摩擦方程

$$\xrightarrow{+} \sum F_x = 0, \qquad\qquad P - F_B - F_C = 0 \qquad\qquad (1)$$

$$+\uparrow \sum F_y = 0, \qquad\qquad N_C - 400\text{N} = 0 \qquad\qquad (2)$$

$$\zeta + \sum M_C = 0, \quad -P(0.25\text{m}) + F_B(1\text{m}) = 0 \qquad (3)$$

（柱子在 B 处滑动绕 C 处转动）这要求

$$F_C \leqslant \mu_C N_C$$

以及

$$F_B = \mu_B N_B, F_B = 0.2(400\text{N}) = 80\text{N}$$

利用这一结果，解式（1）~式（3），得

$$P = 320\text{N}$$

$$F_C = 240\text{N}$$

$$N_C = 400\text{N}$$

因为

$$F_C = 240\text{N} > \mu_C N_C = 0.5(400\text{N}) = 200\text{N}$$

C 处将发生滑动。于是，需要研究其他运动情形。

（柱子在 C 处滑动绕 B 处转动）这时，

$$F_B \leqslant \mu_B N_B$$

以及

$$F_C = \mu_C N_C, \quad F_C = 0.5 N_C \qquad\qquad (4)$$

解式（1）~式（4），得

$$P = 267\text{N}$$

$$N_C = 400\text{N}$$

$$F_C = 200\text{N}$$

$$F_B = 66.7\text{N}$$

显然，这种情形最先发生，因为这时要求的 P 数值较小。

F4-13 设力 $P = 200N$，货箱质量为 50kg，货箱与地面之间的静摩擦系数 $\mu_s = 0.3$。确定货箱与地面之间的摩擦力。

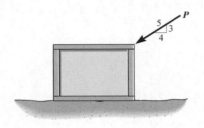

F4-13 图

F4-14 质量 80kg 的杆子 AB，B 端光滑表面接触、A 端与墙接触，杆与墙之间的静摩擦系数 $\mu_s = 0.2$。确定阻止杆子滑动所需力 P 的最小值。

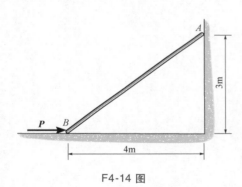

F4-14 图

F4-15 两个质量均为 50kg 的货箱受力如图所示。假设货箱与地面之间的静摩擦系数均为 $\mu_s = 0.25$。确定保证货箱不发生运动所能施加力 P 的最大值。

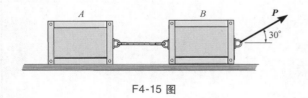

F4-15 图

F4-16 均质线轴的质量为 50kg，确定线轴不发生滑动，线轴与墙之间所需最小静摩擦系数。

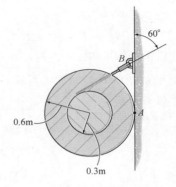

F4-16 图

F4-17 如果所有接触面处的静摩擦系数均为 μ_s，两个完全一样的物块重量均为 W。确定物块开始滑动时的倾角 θ。

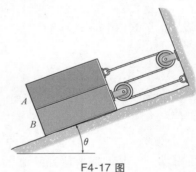

F4-17 图

F4-18 物块 A 和 B 的质量分别为 7kg 和 10kg。利用图中所示的摩擦系数，确定不会引起物块滑动所能施加力 P 的最大值。图中 D 和 C 处为滑轮。

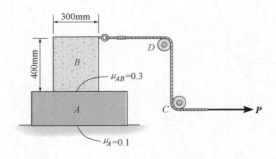

F4-18 图

习题

4-47 斜面上的货箱质量为 50kg，货箱与斜面之间的静摩擦系数 $\mu_s = 0.25$。确定货箱能在斜面上不下滑所需要施加的水平力 P 的最小值。

*4-48 斜面上的货箱质量为 50kg，货箱与斜面之间的静摩擦系数 $\mu_s = 0.25$。确定货箱能沿斜面向上运动所需要施加推力 P 的最小值。

4-49 有效地使货箱在斜面上不下滑所需要施加的水平力 $P = 100$N；使货箱能沿斜面向上运动所需要施加的推力 $P = 350$N。确定斜面与货箱之间的静摩擦系数以及货箱的质量。

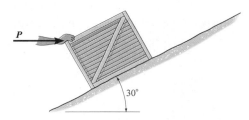

习题 4-47、习题 4-48、习题 4-49 图

4-50 矿井车以及内装煤的总质量为 6mg，重心在 G 处。当车轮锁住时，车轮与轨道之间的静摩擦系数 $\mu_s = 0.4$，确定当 A 和 B 轮同时被锁住时，作用在前轮 B 和后轮 A 上的正压力。

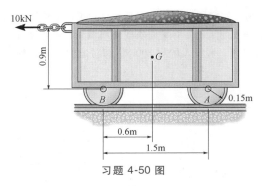

习题 4-50 图

4-51 两物块 A 和 B 的重量分别为 10lb 和 6lb，二者静置在斜面上，与斜面之间的静摩擦系数分别为 $\mu_A = 0.15$ 和 $\mu_B = 0.25$。确定两物块开始滑动时斜面倾角 θ。设连接弹簧刚度 $k = 2$lb/ft，确定物块开始滑动时弹簧的伸长和缩短量。

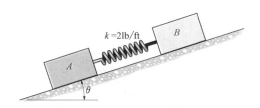

习题 4-51 图

*4-52 两物块 A 和 B 的重量分别为 10lb 和 6lb，二者静置在斜面上，与斜面之间的静摩擦系数分别为 $\mu_A = 0.15$ 和 $\mu_B = 0.25$。确定其中一个物块开始滑动时斜面倾角 θ，以及这时每个物块所产生的摩擦力。设连接弹簧刚度 $k = 2$lb/ft，未滑动时弹簧保持原长。

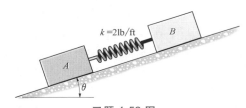

习题 4-52 图

4-53 均质梯子重 80lb，B 端静置于光滑墙面。如果 A 处的静摩擦系数 $\mu_B = 0.4$，$\theta = 60°$。确定梯子是否发生滑动。

4-54 均质梯子重 80lb，B 端静置于光滑墙面。如果 A 处的静摩擦系数 $\mu_B = 0.4$。确定梯子不发生滑动需要的最小角度 θ。

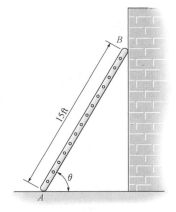

习题 4-53、习题 4-54 图

4

4-55　施加在飞轮上的转矩 $M = 300 \text{N} \cdot \text{m}$。设 B 处的摩擦垫与飞轮之间的静摩擦系数 $\mu_s = 0.4$。确定为阻止飞轮转动，需要液压缸 CD 产生的推力。

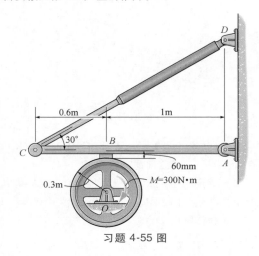

习题 4-55 图

*4-56　闸块式制动器由 A 处铰接的杠杆和 B 处的闸块组成。设飞轮与闸块之间的静摩擦系数 $\mu_s = 0.3$，施加在飞轮上的转矩为 $5 \text{N} \cdot \text{m}$。确定施加在杠杆上的力为 $P = 30 \text{N}$ 时，飞轮能否被制动？

4-57　闸块式制动器由 A 处铰接的杠杆和 B 处的闸块组成。设飞轮与闸块之间的静摩擦系数 $\mu_s = 0.3$，施加在飞轮上的转矩为 $5 \text{N} \cdot \text{m}$。确定施加在杠杆上的力为 $P = 70 \text{N}$ 时，飞轮能否被制动？

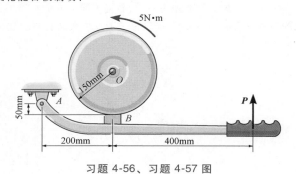

习题 4-56、习题 4-57 图

4-58　闸块式制动器用于使飞轮停止转动，若飞轮产生的转矩 M_0，轮子与闸块之间的静摩擦系数为 μ_s。确定使轮子停止转动所需要施加力 P 的最小值。

4-59　证明在 $b/c \leqslant \mu_s$ 的条件下，习题 4-58 中的闸块将自锁，即 $P \leqslant 0$。

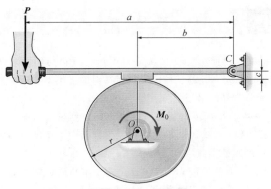

习题 4-58、4-59 图

*4-60　凸轮承受 $5 \text{N} \cdot \text{m}$ 的力偶矩。确定使凸轮保持在图示位置，在随动机构上所需要施加力 P 的最小值。设凸轮与随动机构之间的静摩擦系数 $\mu_s = 0.4$，A 处导轨是光滑的。

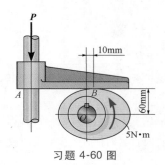

习题 4-60 图

4-61　确定两种情形下人利用滑轮组以等速度所能升起的最大重量 W：A 处有导向块或导向滑轮；A 处没有导向块或导向滑轮。假设人体重 200lb，脚与地面之间的静摩擦系数 $\mu_s = 0.6$。

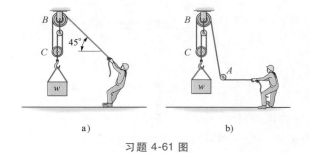

习题 4-61 图

4-62　5kg 的圆柱体由两根长度相等的缆绳悬挂。缆绳与两个忽略质量的圆环相系，圆环套在水平轴上。如果仍能够支承圆柱体平衡的两个圆环所能分开的最大距离 $d=$ 400mm。确定每个圆环与轴之间的静摩擦系数。

4-63 5kg 的圆柱体由两根长度相等的缆绳悬挂。缆绳与两个忽略质量的圆环相系,圆环套在水平轴上。如果圆环与轴之间的静摩擦系数 $\mu_s = 0.5$。确定仍能够支承圆柱体平衡的两个圆环所能分开的最大距离 d。

习题 4-62、习题 4-63 图

* 4-64 重量 90lb 的家具静置在地板上,二者之间的静摩擦系数 $\mu_s = 0.25$。如果推力 F 的作用方向 $\theta = 30°$。确定推动家具所需要的 F 的最小值。此外,如果使家具不致翻倒,求人的鞋与地板之间的静摩擦系数。

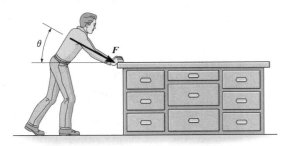

习题 4-64 图

4-65 重量 $W = 150$lb 的货箱与地面之间的静摩擦系数与动摩擦系数分别为 $\mu_s = 0.3$ 和 $\mu_k = 0.2$。确定:当 $\theta = 30°$, $P = 100$lb 时作用在地板上的摩擦力。

4-66 重量 $W = 350$lb 的货箱与地面之间的静摩擦系数与动摩擦系数分别为 $\mu_s = 0.3$ 和 $\mu_k = 0.2$。确定:当 $\theta = 45°$, $P = 100$lb 时作用在地板上的摩擦力。

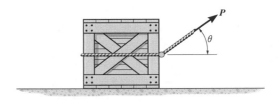

习题 4-65、习题 4-66 图

4-67 图示夹紧装置的夹紧力 $F = 200$N,每块板的质量为 2kg。确定夹紧装置所能夹紧板的数量。板与板之间的静摩擦系数 $\mu_s = 0.3$;板与夹紧装置之间的静摩擦系数 $\mu_s' = 0.45$。

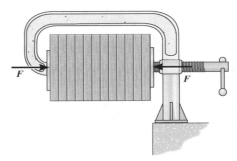

习题 4-67 图

* 4-68 拖拉机重 8000lb,重心在 G 处。假定前轮可以自由滚动,引擎可以产生足够大的转矩使后轮发生滑动。如果原木与地面之间的静摩擦系数 $\mu_s = 0.5$;拖拉机后轮与地面的静摩擦系数 $\mu_s' = 0.8$。原木重 550lb。确定拖拉机能否推动原木沿斜面向上运动。

4-69 拖拉机重 8000lb,重心在 G 处。假定前轮可以自由滚动,引擎可以产生足够大的转矩使后轮发生滑动。如果原木与地面之间的静摩擦系数 $\mu_s = 0.5$;拖拉机后轮与地面的静摩擦系数 $\mu_s' = 0.7$。确定拖拉机能够推动多重的原木沿斜面向上运动。

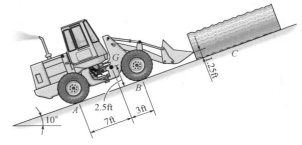

习题 4-68、习题 4-69 图

4-70   货箱重 150kg，货箱与地面之间的静摩擦系数 $\mu_s = 0.3$；重 80kg 的人与地面之间的摩擦系数 $\mu_s' = 0.4$。确定人能否使货箱运动。

4-71   货箱重 150kg，货箱与地面之间的静摩擦系数 $\mu_s = 0.3$。确定为拉动货箱，重 80kg 的人与地面之间的摩擦系数。

*4-72   如果 $\theta = 30°$，确定使框架保持平衡而与圆柱体的质量无关时，A 和 B 处与地面之间的静摩擦系数。忽略杆的质量。

4-73   如果 A 和 B 处与地面之间的静摩擦系数均为 $\mu_s = 0.6$。确定使框架保持平衡而与圆柱体的质量无关时的角度 θ。忽略杆的质量。

习题 4-70、习题 4-71 图

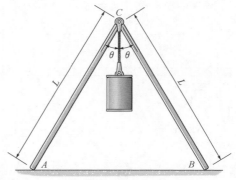

习题 4-72、习题 4-73 图

概念题

P4-9   以等速向前移动载荷，吊臂完全展开，还是完全收缩，哪一种更有效？假设动力提供给后轮；前轮自由滚动。作平衡分析解释你的答案。

P4-9 图

P4-10   用扳手松开自由转动车轮上的轮爪螺母。力怎样施加在扳手上最有效？为什么最好的方法是让车轮着地而不是将其顶起。应用平衡分析解释你的答案。

P4-11   用绳索拖冰箱。是否像图示这样将绳索稍微倾斜向上最好？水平拉或者绳索向下倾斜拉又如何？是否像图示这样将绳索系在高处或者系在较低的位置最好？采用平衡分析解释你的答案。

P4-12   用绳索拖冰箱。为了防止拖冰箱的人自己滑倒，怎样拉绳索最好？斜向上？水平？斜向下？采用平衡分析解释你的答案。

P4-10 图

P4-13   力施加在拖杆上拖动货物载荷如图所示。像图示这样拖杆几乎成水平位置时将力施加在拖杆上？还是使拖杆处于向上倾斜较大角度比较好？采用平衡分析解释你的答案。

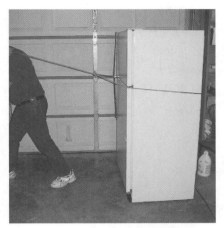

P4-11、P4-12 图　　　　　　　　　　　　　　　P4-13 图

4.9　平带上的摩擦力

每当设计带驱动或带闸时，都需要确定带与其接触面之间产生的摩擦力。本节将分析一种平带上的摩擦力，其他类型带诸如 V 带的分析都是基于类似原理。

考察图 4-31a 所示的平带，平带跨过固定曲面。与带接触表面弧长总角度用 β 表示，两个表面之间的摩擦系数为 μ。人们希望带中的张力 T_2 逆时针方向跨过鼓轮表面以克服接触面上的摩擦力和另一侧带的张力 T_1，使鼓轮产生转动。显然 $T_2 > T_1$。

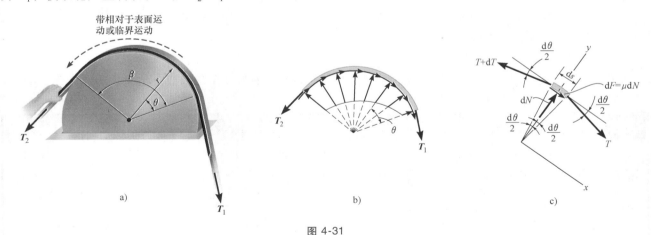

图 4-31

摩擦分析　与表面接触带段的受力图示于图 4-31b 中。从图中可以看出，作用在沿带不同点的法向力的大小和方向都是变化的。由于这种非均匀分布，分析这种问题首先要研究作用在带微元上的力。

长度 ds 的带微元的受力图示于图 4-31c 中。假定带发生临界运动或运动，摩擦力的大小为 $dF = \mu dN$。这一力阻碍带滑动，而且将使带的张力增加 dT。应用两个力的平衡方程，有

$$\searrow + \sum F_x = 0, \quad T\cos\left(\frac{\mathrm{d}\theta}{2}\right) + \mu\,\mathrm{d}N - (T+\mathrm{d}T)\cos\left(\frac{\mathrm{d}\theta}{2}\right) = 0$$

$$+\nearrow \sum F_y = 0, \quad \mathrm{d}N - (T+\mathrm{d}T)\sin\left(\frac{\mathrm{d}\theta}{2}\right) - T\sin\left(\frac{\mathrm{d}\theta}{2}\right) = 0$$

因为 $\mathrm{d}\theta$ 为无穷小量，$\sin(\mathrm{d}\theta/2) = \mathrm{d}\theta/2$，$\cos(\mathrm{d}\theta/2) = 1$。且两个无穷小量 $\mathrm{d}T$ 和 $\mathrm{d}\theta/2$ 的乘积与一阶无穷小量相比，可以忽略。结果两个方程变成

$$\mu\,\mathrm{d}N = \mathrm{d}T$$

和

$$\mathrm{d}N = T\,\mathrm{d}\theta$$

消去上述两式中的 $\mathrm{d}N$，得

$$\frac{\mathrm{d}T}{T} = \mu\,\mathrm{d}\theta$$

将这一方程沿鼓状带上所有接触点积分，同时注意到 $\theta = 0$ 时，$T = T_1$ 以及 $\theta = \beta$ 时 $T = T_2$，得到

$$\int_{T_1}^{T_2} \frac{\mathrm{d}T}{T} = \mu \int_0^\beta \mathrm{d}\theta$$

$$\ln\frac{T_2}{T_1} = \mu\beta$$

从中解出 T_2 为

$$T_2 = T_1 e^{\mu\beta} \tag{4-10}$$

式中　T_1、T_2 为带张力；T_1 为阻止带相对于表面运动（或临界运动）方向的张力；T_2 为带运动（或临界运动）方向的张力；由于摩擦，$T_2 > T_1$；

　　μ 为带与接触表面之间的静或动摩擦系数；

　　β 为带与表面接触弧度角；

　　$e = 2.718\cdots$，为自然对数的底。

平带或 V 带经常用于将电动机发出的转矩传输到泵、风扇和鼓风机的轮子

注意到，张力 T_2 与接触面鼓形半径无关，而是带与表面接触弧度角的函数。结果表明，方程（4-10）对于跨过任意接触曲面的平带都成立。

例题 | 4.16

　　图 4-32a 所示缆绳产生的最大张力为 500N。如果 A 处的滑轮可以自由转动，缆绳与 B、C 两处的鼓轮之间的静摩擦系数 $\mu_s = 0.25$。确定缆绳所能提起圆柱体的最大质量。

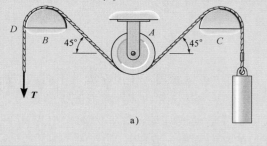

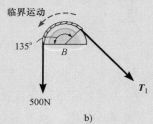

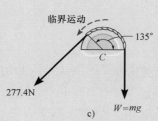

图 4-32

例题 | **4.16**

　　解　提起重量 $W=mg$ 的圆柱体，将使缆绳绕 B 和 C 处的鼓轮逆时针方向运动；最大张力 T_2 发生在 D 处。$F=T_2=500\mathrm{N}$。绕过鼓轮 B 的一段缆绳受力如图 4-32b 所示。因为 $180°=\pi\mathrm{rad}$，鼓轮与缆绳之间接触面弧长角度 $\beta=(135°/180°)\pi=3\pi/4\mathrm{rad}$。应用方程（4-10），有

$$T_2=T_1\mathrm{e}^{\mu_s\beta},\quad 500\mathrm{N}=T_1\mathrm{e}^{0.25[(3/4)\pi]}$$

从中解出

$$T_1=\frac{500\mathrm{N}}{\mathrm{e}^{0.25[(3/4)\pi]}}=\frac{500\mathrm{N}}{1.80}=277.4\mathrm{N}$$

因为 A 处滑轮可以自由转动，根据平衡要求，滑轮两侧缆绳张力必须相等。

　　绕过鼓轮 C 的一段缆绳受力如图 4-32c 所示。重量 $W<277.4\mathrm{N}$（想一想：为什么？）。应用方程（4-10），得到

$$T_2=T_1\mathrm{e}^{\mu_s\beta}\qquad 277.4\mathrm{N}=W\mathrm{e}^{0.25[(3/4)\pi]}$$

$$W=153.9\mathrm{N}$$

进而解出

$$G=\frac{W}{g}=\frac{153.9\mathrm{N}}{9.81\mathrm{m/s}^2}=15.7\mathrm{kg}$$

4.10　螺纹上的摩擦力

　　绝大多数情形下，螺纹用于旋紧装置；然而，在很多类型的机械中，螺纹同时用于将动力和运动从机器一个零件或部件传递给另一零件或部件。方螺纹通常用于后一个目的，主要是沿轴线方向施加较大力的情形。本节将分析作用在方螺纹上的力。其他类型螺纹，诸如 V 型螺纹的分析都基于与之相同的原理。

　　考察图 4-33 中的方螺纹，可视为在圆柱体上绕上凸起的方形楔块。将一圈螺纹展开，如图 4-33b 所示，其倾角或称引导角 θ 由 $\theta=\arctan(l/2\pi r)$ 确定。其中 l 和 $2\pi r$ 分别为 A 和 B 之间的铅垂和水平距离，r 为螺纹的平均半径。l 称为螺纹的导引长度，等效于旋转一圈螺纹前进的距离。

　　上旋运动　现在考察螺纹在转矩 $M^{\ominus}$ 作用下发生上旋运动的情形，如图 4-34 所示。完全展开的螺纹可以表示成图 4-35a 所示的斜面上的物块。W 为作用在螺纹上的力或者施加在轴上的轴向力；M/r 为转矩 M 对于轴的轴线产生的水平合力。R 为螺纹槽作用在螺纹上的反力，具有摩擦力和法向力分量，其中 $F=\mu_s N$，静摩擦角 $\phi_s=\arctan(F/N)=\arctan\mu_s$。应用水平和铅垂轴力的平衡方程，有

$$\overset{+}{\underset{\rightarrow}{}}\sum F_x=0,\quad M/r-R\sin(\phi_s+\theta)=0$$

$$+\uparrow\sum F_y=0,\quad R\cos(\phi_s+\theta)-W=0$$

从中消去 R，得到

　　$\ominus$　M 是由施加在扳手端部、与扳手成直角的力 P 产生的。

$$M = rW\tan(\phi_s + \theta) \tag{4-11}$$

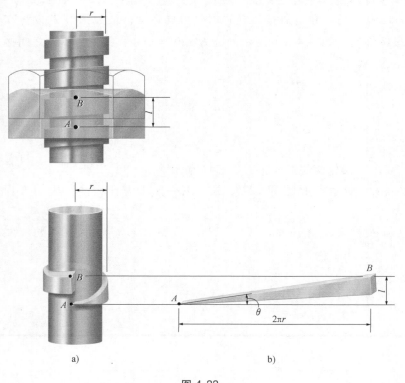

a)　　　　　　　　　　b)

图 4-33

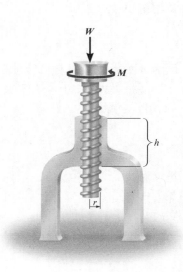

图 4-34

螺纹自锁　所谓螺纹自锁是指：当外加转矩 **M** 撤去后，在任意轴向载荷 **W** 作用下，螺纹都会保持在工作位置。自锁发生时，摩擦力将反向，因而 **R** 将作用在 N 的另一侧。这时，静摩擦角 ϕ_s 将大于或等于 θ（图 4-35a）。如果 $\phi_s = \theta$，如图 4-35b 所示，这时 **R** 将作用在铅垂方向以平衡 **W**，且螺纹将处于飞快下旋的边缘。

下旋运动（$\theta > \phi_s$）　如果螺纹不自锁，则必须施加一反向转矩 **M′**，以阻止螺纹下旋。这时水平力 M′/r 将要求是一推力以阻止螺旋在平面内向下滑动，如图 4-35c 所示。采用与以前的同样过程，得到阻止螺纹松开所要求的转矩大小为

$$M' = rW\tan(\theta - \phi_s) \tag{4-12}$$

下旋运动（$\phi_s > \theta$）　如果螺纹自锁，则必须在螺纹上施加与下旋转动方向相反的转矩 M''（$\phi_s > \theta$）。这将引起反向的水平力 M″/r 推动螺纹向下运动如图 4-35d 所示。这种情形下，得到

$$M'' = rW\tan(\phi_s - \theta) \tag{4-13}$$

如果螺纹发生运动，方程（4-11）~ 方程（4-13）仍然可用，只要将其中的 ϕ_s 代之以 ϕ_k。

方螺纹应用于阀门、千斤顶以及台钳等机械中，以承受沿螺纹轴线方向较大的力

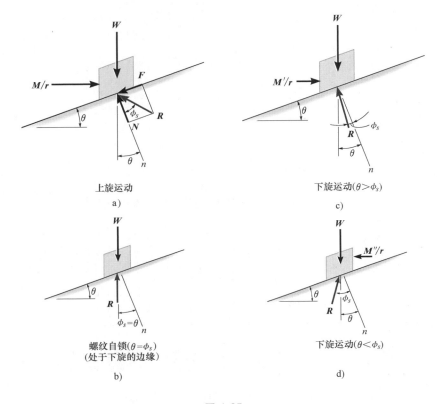

图 4-35

例题 4.17

图 4-36 所示的套筒螺母具有平均半径为 5mm、导引长度 2mm 的方螺纹。如果螺纹与螺母之间的静摩擦系数 $\mu_s = 0.25$，确定使螺纹两端彼此接近时必须需要施加的转矩 M。

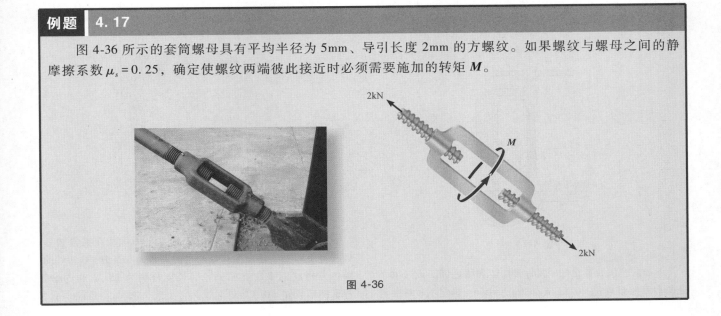

图 4-36

例题	4.17

解　所要求的转矩可由方程（4-11）求得。因为必须克服螺母与螺纹之间的摩擦，这要求

$$M = 2\left[Wr\tan(\theta+\phi) \right] \tag{1}$$

其中

$$W = 2000N$$

$$r = 5mm$$

$$\phi_s = \arctan(\mu_s) = \arctan(0.25) = 14.04°$$

$$\theta = \arctan(l/2\pi r) = \arctan\left[2mm/2\pi(5mm) \right] = 3.64°$$

将这些数值代入式（1），得

$$M = 2\left[(2000N)(5mm)\tan(14.04°+3.64°) \right]$$

$$= 6374.7N \cdot mm = 6.37N \cdot m$$

注意：当转矩撤去后套筒螺母将自锁；即：因为 $\phi_s > \theta$，螺纹不会松开。

习题

4-74　夹紧装置施加在平板上的力为 600lb，确定为了松开螺纹要求施加在夹紧装置扳手 AB 两端 A 和 B 上的力偶矩的大小。单一方螺纹的平均直径为 1 in，导引长度为 0.25in。静摩擦系数 $\mu_s = 0.3$。

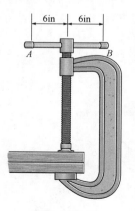

习题 4-74 图

4-75　楔块放置在 8lb 重的圆柱体和墙之间。设 A 和 C 处的静摩擦系数 $\mu_s = 0.5$；B 处为 $\mu'_s = 0.6$。确定不破坏平衡时楔块的最大重量。

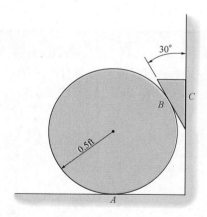

习题 4-75 图

*4-76　如果大小为 $F = 50N$ 的水平力施加在夹紧装置螺杆把手 E 处，确定在 G 处产生的夹紧力。设 D、C 两处的单一方螺纹的平均直径和导引长度分别为 25mm 和 5mm。静摩擦系数 $\mu_s = 0.3$。

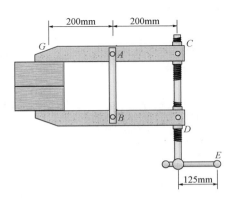

习题 4-76 图

4-77　一类似于图 4-36 中的套筒螺母应用张紧桁架中的 AB 杆。套筒螺母与方螺纹之间的摩擦系数 $\mu_s = 0.5$。方螺纹的平均半径为 6mm，导引长度为 3mm。如果 $M = 10\text{N} \cdot \text{m}$ 的转矩施加在套筒螺母上使螺纹两端相互接近，确定桁架每根杆的受力。桁架上没有外力作用。

4-78　一类似于图 4-36 中的套筒螺母应用张紧桁架中的 AB 杆。套筒螺母与方螺纹之间的摩擦系数 $\mu_s = 0.5$。方螺纹的平均半径为 6mm，导引长度为 3mm。为使桁架中 BC 杆产生 500N 的压力，确定施加在套筒螺母上使螺纹两端相互接近的转矩。

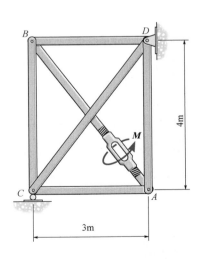

习题 4-77、习题 4-78 图

4-79　大小为 $P = 100\text{N}$ 的水平力施加在压紧装置操纵杆

的把手 A 处，并与把手垂直，确定作用在材料上的压紧力 F。每处方螺纹的平均直径均为 25mm；导引长度均为 7.5mm。所有楔块接触表面的静摩擦系数 $\mu_s = 0.2$；螺纹的静摩擦系数 $\mu'_s = 0.15$。

*4-80　为了产生 12kN 的压紧力，确定需要在压紧装置操纵杆的把手 A 处施加的、垂直于把手的水平力 P。每处方螺纹的平均直径均为 25mm；导引长度均为 7.5mm。所有楔块接触表面的静摩擦系数 $\mu_s = 0.2$；螺纹的静摩擦系数 $\mu'_s = 0.15$。

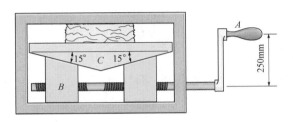

习题 4-79、习题 4-80 图

4-81　夹紧器从不同方向在板边施加压力。如果方螺纹的导引长度均为 3mm，平均半径均为 10mm；静摩擦系数 $\mu_s = 0.4$。为旋紧螺纹，在把手上施加的转矩为 $M = 1.5\text{N} \cdot \text{m}$。物块 B 和 C 都铰接在板上。确定作用在板上 A 处的水平力，以及 B 和 C 处的铅垂力。

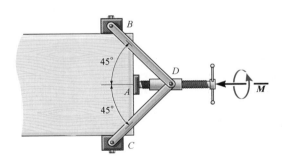

习题 4-81 图

4-82　柱子用于支承其上的地板。施加在把手上垂直于把手的力 $F = 80\text{N}$，用于旋紧螺纹。千斤顶上的方螺纹的静摩擦系数 $\mu_s = 0.4$，平均直径为 25mm，导引长度均为 3mm。确定柱子上所受的压力。

4-83　如果撤去习题 4-82 中把手上的力 F，确定螺纹是否自锁。

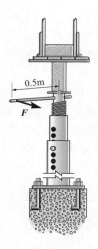

习题 4-82、习题 4-83 图

*4-84　制动机构由两个铰接臂和一个具有左螺纹与右螺纹的方螺纹组成。螺纹转动时带动两铰接臂一起运动。方螺纹的导引长度为 4mm，平均直径为 12mm，静摩擦系数 $\mu_s = 0.35$。当在螺纹上施加转矩 5N·m 旋紧螺纹时，螺纹中产生拉力。如果制动块 A 和 B 与圆轴之间的静摩擦系数 $\mu'_s = 0.5$，确定能够制动的轴上的最大扭矩。

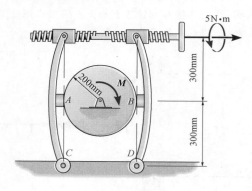

习题 4-84 图

4-85　为使圆柱体与带和墙壁之间不发生滑动，施加在绳索上力的最小值为 P = 50lb。假设圆柱体与墙之间不发生滑动，带与圆柱体之间的静摩擦系数 $\mu_s = 0.3$，确定平衡时圆柱体的重量。

4-86　重 10lb 的圆柱体在带和墙之间保持平衡，假设圆柱体与墙之间不发生滑动，带与圆柱体之间的静摩擦系数 $\mu_s = 0.25$，确定平衡时必须施加在带上的铅垂力 P。

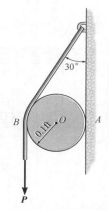

习题 4-85、习题 4-86 图

4-87　单位长度重量为 0.5lb/ft、总长度为 10ft 的绳索悬挂在钉子 P 上。假定钉子与绳索之间的静摩擦系数 $\mu_s = 0.5$，确定绳索悬挂在钉子上不发生运动时一侧绳索的最长的长度 h。忽略钉子的大小以及绕在钉子上的绳索长度。

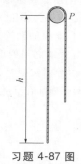

习题 4-87 图

*4-88　确定能提起 40kg 货箱所需的最小的力 P。A、B、C 三处均为钉子，钉子与绳索之间的静摩擦系数 $\mu_s = 0.1$。

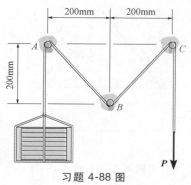

习题 4-88 图

4-89　一质量为 3.4Mg 的汽车，通过缠绕在树上的缆绳，使其沿斜坡等速度下滑。假设车轮可以自由滚动，A 处的人用 300N 的力可以使汽车不动，缆绳与树之间的静摩擦系数 $\mu_s = 0.3$。确定使铅垂等速下滑时缆绳绕树的最小圈数。

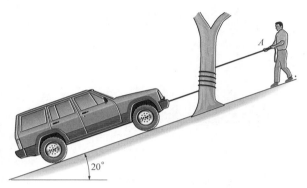

习题 4-89 图

4-90 100lb 重的男孩悬挂在从悬崖的四分之一圆岩石挂下的缆绳上。确定山上一重 185lb 的妇女能否将男孩拉上来？如果可能，妇女施加在水平缆绳上的力应为多大？设缆绳与岩石之间的静摩擦系数 $\mu_s = 0.2$，妇女的鞋底与地面之间的静摩擦系数 $\mu_s = 0.8$。

4-91 100lb 重的男孩悬挂在从悬崖的四分之一圆岩石挂下的缆绳上。确定妇女在缆绳上施加多大的水平力才能使男孩等速度拉上来？设缆绳与岩石之间的静摩擦系数 $\mu_s = 0.4$，动摩擦系数 $\mu_k = 0.35$。

习题 4-90、习题 4-91 图

*4-92 10kg 的圆柱体系在一小滑轮 B 上，滑轮放置在缆绳上，如图所示。确定缆绳不绕钉子 C 滑动的最小角度

θ。设圆柱体质量为 10kg，缆绳与钉子之间的静摩擦系数 $\mu_s = 0.1$。

4-93 10kg 的圆柱体系在一小滑轮 B 上，滑轮放置在缆绳上，如图所示。确定缆绳不绕钉子 C 滑动的最大角度 θ。设圆柱体质量为 10kg，缆绳与钉子之间的静摩擦系数 $\mu_s = 0.1$。

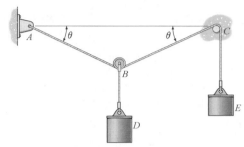

习题 4-92、习题 4-93 图

4-94 物块 A 和 B 的质量分别为 100kg 和 150kg。设 A 和 B、B 和 C 之间静摩擦系数 $\mu_s = 0.25$，钉子 D 和 E 与绳子之间的静摩擦系数 $\mu_s' = 0.5$。如果 $P = 30\text{kN}$，确定使物块 B 运动必须施加的最小力 F。

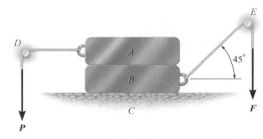

习题 4-94 图

4-95 20kg 的电动机重心在 G 处，C 处为铰链支座以保持驱动带中的张力。确定为带动圆盘 B 转动必须施加逆时针方向的重心扭矩 M。设轮 A 锁定并引起带在圆盘 B 上滑动。A 处无滑动。带与圆盘之间的静摩擦系数 $\mu_s = 0.3$。

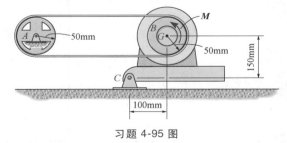

习题 4-95 图

*4-96   传送带用于传输颗粒状材料，带上部的摩擦阻力 $F = 500N$。当在驱动轮 A 上施加扭矩 M 时，带在驱动轮上不滑动，确定这时与空转轮轴连接的弹簧最小伸长量，以及使带保持运动要求的扭矩 M 的最小值。带与 A 轮之间的静摩擦系数 $\mu_s = 0.2$。

习题 4-96 图

4-97   质量为 80kg 的人通过在粗糙的钉子上缠绕绳索将质量 150kg 的货箱放下。确定为了完成这项工作，除了基础缠绕部分（165°），还需要至少缠绕多少圈绳索？绳索与钉子和人的鞋与地面的摩擦系数分别为 $\mu_s = 0.1$ 和 $\mu_s' = 0.4$。

4-98   如果绳索在钉子上缠绕 3 整圈再加上基础缠绕部分（165°），确定质量为 80kg 的人使质量为 300kg 的货箱运动？绳索与钉子和人的鞋与地面的摩擦系数分别为 $\mu_s = 0.1$ 和 $\mu_s' = 0.4$。

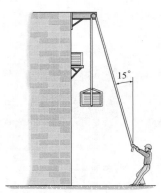

习题 4-97、习题 4-98 图

4-99   确定使均质、质量为 100kg 梁保持平衡，所需要的缆绳与钉子之间的最小摩擦系数 μ_s 以及梁上 3kN 力的作用位置 d。

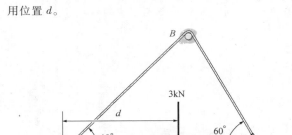

习题 4-99 图

*4-100   手提烘干机上的带缠绕着鼓轮 D、空转轮 A 以及马达驱动轮 B。如果马达产生的最大扭矩 $M = 0.80N \cdot m$，确定使带不发生滑动所需要的弹簧最小伸长量。带与鼓轮以及空转轮之间的静摩擦系数 $\mu_s = 0.3$。

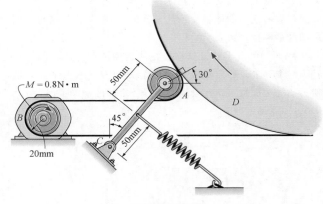

习题 4-100 图

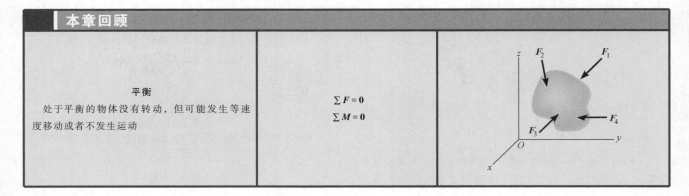

本章回顾		
平衡 处于平衡的物体没有转动，但可能发生等速度移动或者不发生运动	$\sum F = 0$ $\sum M = 0$	

二维问题

分析物体平衡之前，首先必须画出物体的受力图。即在物体的轮廓图上标示出所有作用在物体上的力和力偶矩

力偶矩可以放置于受力图上任意处，因为其为自由矢量。力可以放置在其作用线上的任意点处，因为其为滑动矢量

角度用于分解力，尺寸用于计算力矩，二者也应该在受力图上标出

二维物体中，支座反力应该标在受力图原来支承的下方

如果支承阻止物体在某一方向的移动，支承将在这一方向对物体产生一个力；如果物体的转动被阻止，则将产生一力偶

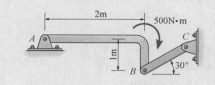

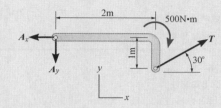

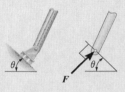

辊轴　　　　　　　光滑铰支座　　　　　　　固定端

二维物体中几何关系容易确定，所以可以采用 3 个标量平衡方程求解二维平衡问题

$$\sum F_x = 0$$
$$\sum F_y = 0$$
$$\sum M_O = 0$$

绝大多数情形下，可以得到问题的直接解。尝试对沿某一轴的力求和，将有可能消去一些未知力。尽可能对一些未知力作用线的交点 A 取矩，在力矩平衡方程中只出现一个要求解的未知力

$$\sum F_x = 0;$$
$$A_x - P_2 = 0 \quad A_x = P_2$$
$$\sum M_A = 0;$$
$$P_2 d_2 + B_y d_B - P_1 d_1 = 0$$
$$B_y = \frac{P_1 d_1 - P_2 d_2}{d_B}$$

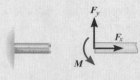

三维问题

三维问题中常见的支承与支座反力如下图所示。

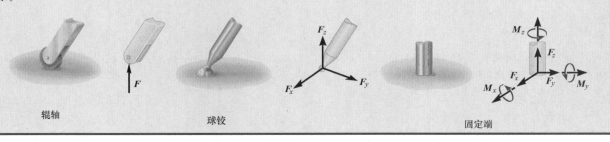

辊轴　　　　　　　　　球铰　　　　　　　　　　　　　固定端

应用平衡方程求解三维问题时，采用笛卡儿矢量分析通常是很有益的。为此，首先需要将作用在受力图上的所有已知力和未知力都表示成笛卡儿矢量。然后，对力求和令其等于零。对尽可能多的未知力作用线交点 O 取矩。根据点 O 到每个力的位置矢量应用叉积确定每个力的力矩

通过令这些力和力偶矩之和的 i，j，k 的分量分别等于零，建立 6 个标量平衡方程

$$\sum F = 0$$
$$\sum M_o = 0$$
$$\sum F_x = 0$$
$$\sum F_y = 0$$
$$\sum F_z = 0$$
$$\sum M_x = 0$$
$$\sum M_y = 0$$
$$\sum M_z = 0$$

确定性与稳定性

如果物体由最小的约束数所支承，保证物体平衡，则是静定的。若约束数多于保持平衡所必需的，则为超静定的

为了完全约束物体，支座反力的作用线不能互相平行，也不能相交

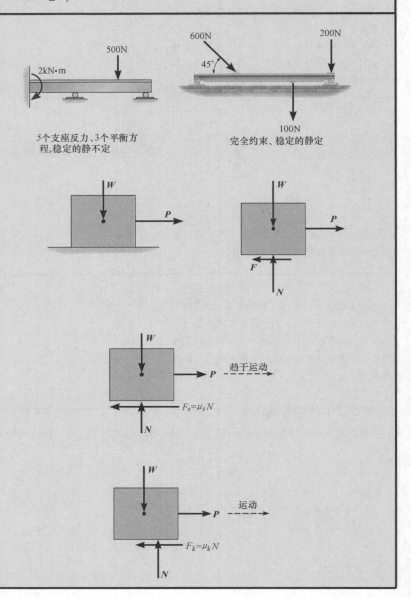

5个支座反力、3个平衡方程,稳定的静不定

完全约束、稳定的静定

干摩擦

摩擦力存在于两个粗糙的接触表面。这种力作用在物体上以阻止物体运动以及运动趋势

静摩擦力趋于最大值时，$F_s = \mu_s N$，其中 μ_s 为静摩擦系数。这种情形下，接触面之间趋于发生运动

如果发生滑动，则摩擦力保持为常量，等于 $F_k = \mu_k N$，其中 μ_k 为动摩擦系数

4

求解包含摩擦的问题时，要求首先画出受力图。如果未知量不能由静力学平衡方程完全确定，并且可能发生滑动，则可以将摩擦方程应用于合适的接触点，从而得到问题的完全解答

对于细长（瘦高）物体，诸如货箱，有可能发生翻倒，这种情形也应该加以研究

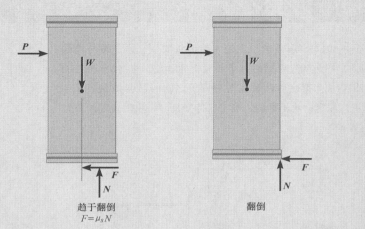

趋于翻倒
$F = \mu_s N$

翻倒

平带 跨过粗糙曲面的平带运动所需要的力仅与带的接触角 β 和摩擦系数有关	$T_2 = T_1 e^{\mu\beta}$ $T_2 > T_1$	带相对于表面运动或趋于运动
螺纹 方螺纹用于运动重的载荷。方螺纹可以用一斜面缠绕在圆柱体来描述	$M = rW\tan\left(\phi_s + \theta\right)$ 螺纹趋于上旋运动	
拧螺纹所需要的力矩与摩擦系数和螺纹的导引角 θ 有关	$M' = rW\tan\left(\theta - \phi_s\right)$ 螺纹趋于下旋运动 $\theta > \phi_s$	
如果接触表面的摩擦力足够大，则螺纹能够支承载荷不发生转动，即自锁	$M'' = rW\tan\left(\phi_s - \theta\right)$ 螺纹趋于下旋运动 $\phi_s > \theta$	

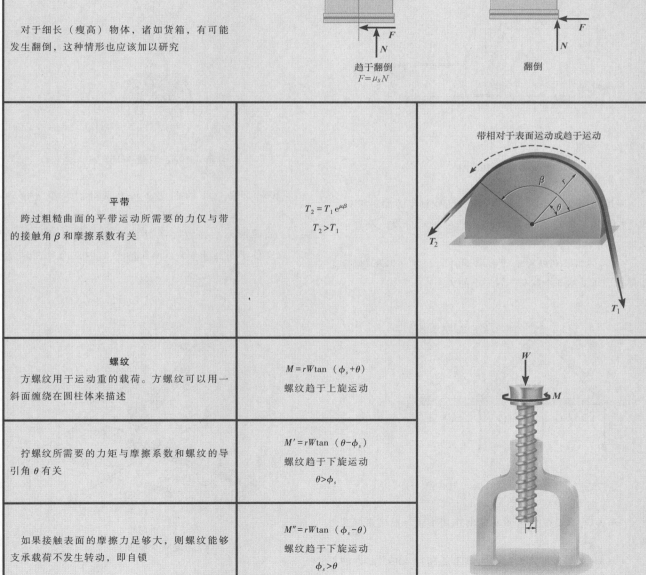

复习题

4-101　50lb 重的均质梁 A 处为铰支座，另一端与缆绳相系，缆绳绕过粗糙的钉子与梁上重 100lb 的物块相连接。如果物块与梁之间以及缆绳与钉子之间的静摩擦系数 $\mu_s = 0.4$，假定物块不翻倒，确定保持平衡时物块距 A 端的最大距离 d。

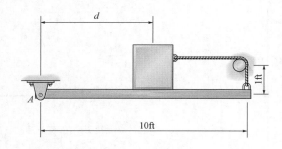

习题 4-101 图

4-102　桁架 A 处为铰支座、B 处为辊轴受力如图所示。设 $F = 600N$，确定 A 处反力的水平与铅垂分量、B 处的反力。

4-103　如果 B 处辊轴能够承受的最大力为 3kN，确定桁架所能承受的 3 个载荷的每一个的大小。

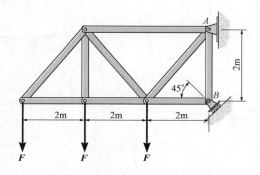

习题 4-102、习题 4-103 图

*4-104　确定在 50lb 重花篮的作用下，每根绳索所受的力。

4-105　如果每根绳索的受力都不能超过 40lb，确定能够支承花篮的最大重量。

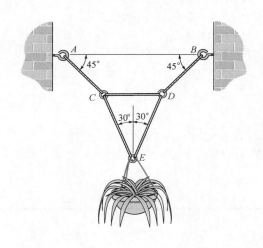

习题 4-104、习题 4-105 图

4-106　装备件中的轴在 A 和 B 两处由两个光滑轴承支承，通过曲柄与短链杆 CD 相连。一力偶矩施加在轴上，如图所示。确定轴承处的反力分量以及链杆受力。链杆位于平行于 y-z 坐标面的平面内，而且两轴承共线。

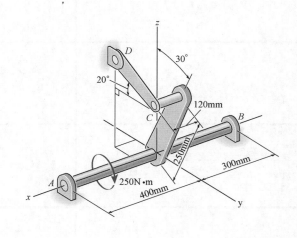

习题 4-106 图

4-107　确定框架 A 和 B 处的支座反力。

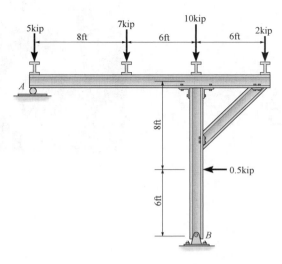

习题 4-107 图

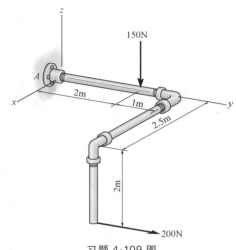

习题 4-109 图

* 4-108　确定平衡时辊轴 *A* 处的反力以及铰支座 *B* 处反力的水平与铅垂分量。

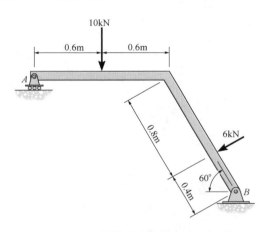

习题 4-108 图

4-109　图中力 150N 平行于 *z* 轴，力 200N 平行于 *y* 轴。确定与墙固定 *A* 处支座反力的 *x*、*y*、*z* 方向的分量。

4-110　重 20lb 的均质梯子静置在地面上，二者之间的静摩擦系数 $\mu_s = 0.8$，*B* 端放置在光滑墙面上。确定为了使梯子发生运动，在水平方向应该施加的力 *P*。

4-111　重 20lb 的均质梯子静置在地面上，二者之间的静摩擦系数 $\mu_s = 0.4$，*B* 端放置在光滑墙面上。确定为了使梯子发生运动，在水平方向应该施加的力 *P*。

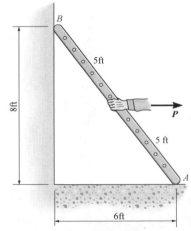

习题 4-110、习题 4-111 图

为了设计动臂安装总成中诸多零件，需要知道这些零件承受多大的力。本章将介绍怎样应用平衡方程分析这些结构。

本章任务

■ 介绍应用节点法和截面法确定桁架中杆件的受力。
■ 分析由杆件铰接形成的框架以及机械中构件的受力。

5.1　简单桁架

　　桁架是一种由细长杆件在端部铰接而成的结构。
形，位于同一平面内的杆件组成的共面桁架，通常
用于支承建筑物的屋顶或桥梁。图 5-1a 所示为典型
屋顶支承桁架的例子。图中屋顶的载荷通过一系列
檩条传到桁架的节点上。因为载荷作用在桁架的平
面内（图 5-1b），故桁架杆件的受力分析属于二维
问题。

　　在图 5-2a 所示桥梁情形下，桥面上的载荷首先
传递到纵梁上，然后传到横梁，最后传到两侧支承
的桁架节点上。与屋顶桁架类似，桥梁桁架载荷也
是共面的，如图 5-2b 所示。

　　当桁架跨越很长距离时，通常在其一端都由辊
轴支承，例如图 5-1a 和 5-2a 中节点 A 处。当温度
或所加的载荷发生变化时，这类支承允许杆件自由
膨胀或收缩。

　　设计假定　设计桁架的杆件与连接件，需要确
定桁架承受给定载荷后每一根杆子的受力。为此，
作以下两方面的重要假定：

桁架的杆件通常为木制杆或金属杆。作为一种特殊情

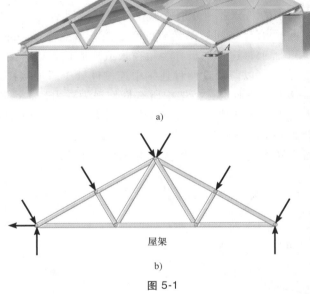

a)

屋架

b)

图 5-1

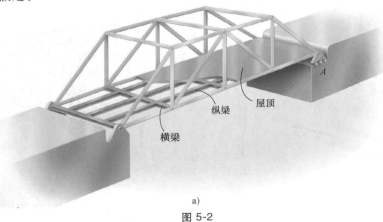

横梁　　纵梁　　屋顶

a)

图 5-2

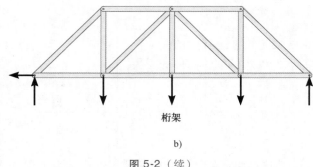

桁架

b)

图 5-2（续）

● 所有载荷均作用在节点上。在诸如桥梁与屋顶等绝大多数情形下，这一假定是正确的。因为每根杆的受力远大于其自重，因而自重可以忽略。分析中如果需要考虑杆的自重，则将其作为铅垂方向的力，以力大小的二分之一分别施加在每根杆的两端。

● 所有杆之间均以光滑铰链连接。节点连接通常是将杆与普通的平板用螺栓连接或焊接在一起，如图 5-3a 所示，这种平板称为角撑板或加固板；或者简单地用大的螺栓或销钉将相关的杆穿在一起，如图 5-3b 所示。可以假设这两种连接中连接件处于所连接杆轴线的交点处，如图 5-3 所示。

基于上述假定，桁架中所有杆均视为二力杆，因而作用在杆两端的力沿着杆的轴线方向。作用在杆上的力若力图使杆伸长，则为拉力（用 T 表示），如图 5-4a 所示；若力图使杆缩短，则为压力（用 C 表示），如图 5-4b 所示。实际设计中说明杆的拉或压的性质是很重要的。通常压杆的横截面尺寸大于拉杆的，这是因为杆承受压缩力时将会发生屈曲或柱效应。

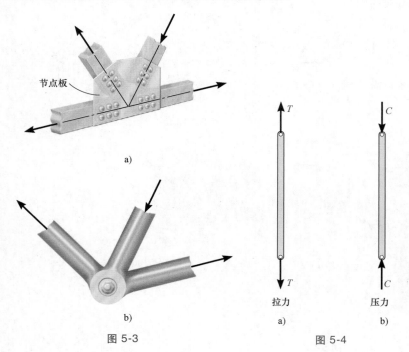

节点板

a)

b)

图 5-3

拉力

a)

压力

b)

图 5-4

金属支撑板在建造瓦伦大梁
（华伦式桁架）的应用显而易见

　　简单桁架　如果三根杆的端部铰接形成三角形桁架,这一桁架是坚固的,即几何不可变的,如图 5-5 所示。在三角形桁架附加两根或更多杆并在杆端铰接,形成新的节点(如图 5-6 中的 *D*),构成大桁架。上述过程重复多次,即可根据要求形成无论多大的桁架。通过基本三角形桁架的扩展构造的桁架,统称为简单桁架。

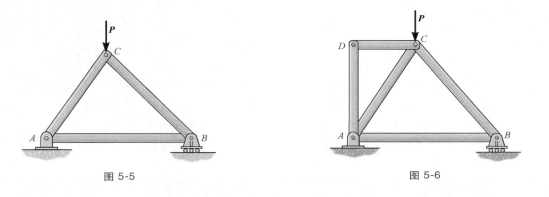

图 5-5　　　　　　　　　　　　　　　　　　图 5-6

5.2　节点法

　　分析或设计桁架,需要确定桁架中每一根杆的受力。为此可以采用两种方法,其一是节点法。这一方法基于:如果桁架整体是平衡的,则其上的每一个节点也都是平衡的。因此如果画出节点的受力图,应用力的平衡方程即可得到杆作用在节点上的力。因为平面桁架的杆都是位于与桁架平面内的直的二力杆,每个节点所承受的都是平面汇交力系。结果仅仅需要满足 $\sum F_x = 0$ 和 $\sum F_y = 0$ 两个平衡方程。

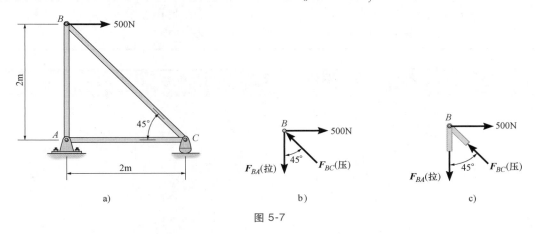

图 5-7

　　例如考察图 5-7a 所示桁架中节点 *B* 处的销钉。有 3 个力作用在销钉上,即外力 500N,以及杆 *BA* 和 *BC* 的作用力。销钉的受力图如图 5-7b 所示。其中 F_{BA} 为作用在销钉上的拉力,则表明杆 *BA* 受拉;F_{BC} 为作用在销钉上的压力,相应的杆 *BC* 受压。这些拉、压的效果很清晰地用与节点相关的两段杆局部受力图标出,如图 5-7c 所示。小段杆的受拉或受压表示杆是伸长还是缩短。

应用节点法总是从至少有一个已知力和最多两个未知力的节点开始，如图 5-7b 所示。这时，采用 $\sum F_x = 0$ 和 $\sum F_y = 0$ 可以产生两个代数方程，据此解出两个未知力。建立平衡方程时，杆的未知力的正确指向可以通过以下两种方法中的一种确定。

- 在很多情形下杆未知力的正确指向可以直观判断。例如图 5-7b 中的 F_{BC} 对销钉必须是压力，因为其水平分量 $F_{BC}\sin 45°$ 必须平衡外力 500N（$\sum F_x = 0$）。而 F_{BA} 为拉力，以平衡 F_{BC} 的铅垂分量 $F_{BC}\cos 45°$（$\sum F_y = 0$）。

在更复杂的情形下，可以假设杆未知力的指向，然后应用平衡方程，根据数字结果即可确定假设指向的正确与否：如果结果为正，表明所设指向是正确的；如果所得结果为负，则表明实际指向与受力图上的指向相反。

- 假设作用在节点受力图上的力均为拉力，即销钉受拉力。作了这种假设之后，如果平衡方程产生的数字解答为正标量，则杆受拉力；若为负标量，则杆受压力。一旦得到杆的未知力，即将其正确的大小与指向（拉或压）应用于相邻节点的受力图。

应用节点法可以确定屋顶
简单桁架中杆的受力

分析过程

应用节点法分析桁架应遵循以下过程。

- 画出至少有一个已知力以及最多有两个未知力的节点受力图（如果节点在支座处，则需要首先计算支座反力这一外力）。

- 利用上述两种方法中的一种建立未知力的指向。

- 建立合适的 x 和 y 轴，使得作用在受力图上的力容易分解为 x 和 y 方向的分量，然后应用两个力的平衡方程 $\sum F_x = 0$ 和 $\sum F_y = 0$。解出两个杆的未知力并确认其正确指向。

- 利用所得结果继续分析其他节点。记住：拉杆将拉力作用于节点；压杆将压力作用于节点，同时要确信所选择的节点上最多作用有两个未知力；至少有一个已知力。

例题 5.1

确定图 5-8a 所示桁架各杆的受力，并标明受拉还是受压。

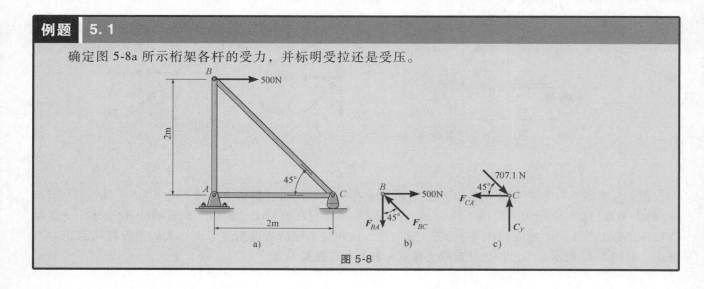

图 5-8

例题 | 5.1

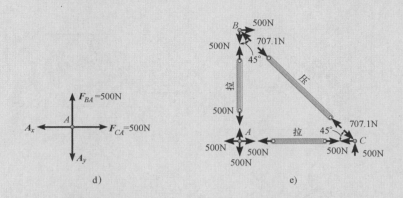

图 5-8（续）

解　因为所选择的节点必须至少有一个已知力和最多两个未知力，故分析从节点 B 开始。

节点**B**。节点 B 的受力图如图 5-8b 所示。应用平衡方程，有

$$\xrightarrow{+} \sum F_x = 0, \qquad 500\text{N} - F_{BC}\sin 45° = 0, \qquad F_{BC} = 707.1\text{N}(C)$$

$$+\uparrow \sum F_y = 0, \qquad F_{BC}\cos 45° - F_{BA} = 0, \qquad F_{BA} = 500\text{N}(T)$$

因为 BC 杆已经确定，可以进而分析节点 C 以确定 CA 杆的受力，以及辊轴处的反力。

节点**C**。节点 C 的受力图如图 5-8c 所示。应用平衡方程，有

$$\xrightarrow{+} \sum F_x = 0, \qquad -F_{CA} + 707.1\cos 45°\text{N} = 0, \qquad F_{CA} = 500\text{N}(T)$$

$$+\uparrow \sum F_y = 0, \qquad C_y - 707.1\sin 45°\text{N} = 0, \qquad C_y = 500\text{N}$$

节点**A**。根据图 5-8d 所示的节点 A 的受力图，利用 F_{CA} 和 F_{BA} 的计算结果，可以确定 A 处支座反力的分量：

$$\xrightarrow{+} \sum F_x = 0, \qquad 500\text{N} - A_x = 0, \qquad A_x = 500\text{N}$$

$$+\uparrow \sum F_y = 0, \qquad 500\text{N} - A_y = 0, \qquad A_y = 500\text{N}$$

当然，这一步不是必需的。

注意：上述分析结果概括示于图 5-8e。需要注意的是，每个节点（或销钉）受力图所示的都是与节点连接杆对节点的作用力和外力，而杆的受力图上所示则为节点对杆端的作用力。

例题 | 5.2

确定图 5-9a 所示桁架所有杆的受力。

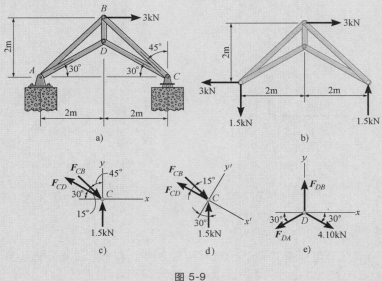

图 5-9

解   通过直观判断，桁架的每个节点都有多于两个的未知力。因此必须首先正确确定作用在图 5-9b 所示受力图上桁架的支座反力。现在从节点 C 开始分析。请思考：为什么？

节点 C。 根据图 5-9c 所示受力图，有

$$\xrightarrow{+} \sum F_x = 0, \qquad -F_{CD}\cos30° + F_{CB}\sin45° = 0$$

$$+\uparrow F_y = 0, \qquad 1.5\text{kN} + F_{CD}\sin30° - F_{CB}\cos45° = 0$$

必须联立求解上述两个方程，方可求得两个未知力。

需要注意的是，如果将坐标轴设置为与一个未知力相垂直，则将力沿该轴求和，可以直接解出另一个未知力。例如，设 y' 轴垂直于 F_{CD} 方向，如图 5-9d 所示，将所有力对 y' 轴求和，即可得到 F_{CB} 的直接解答。

$$+\nearrow \sum F_{y'} = 0, \qquad 1.5\cos30°\text{kN} - F_{CB}\sin15° = 0$$

$$F_{CB} = 5.019\text{kN} = 5.02\text{kN}\,(C)$$

然后，有

$$+\searrow \sum F_{x'} = 0,$$

$$-F_{CD} + 5.019\cos15° - 1.5\sin30° = 0, \quad F_{CD} = 4.10\text{kN}\,(T)$$

节点 D。 进而分析节点 D。其受力图如图 5-9e 所示。

$$\xrightarrow{+} \sum F_x = 0, \qquad -F_{DA}\cos30° + 4.10\cos30°\text{kN} = 0$$

$$F_{DA} = 4.10\text{kN}\quad(T)$$

例题 **5.2**

$$+\uparrow \ \Sigma F_y = 0, \qquad F_{DB} - 2(4.10\sin 30°\text{kN}) = 0$$

$$F_{DB} = 4.10\text{kN} \ (T)$$

注意：最后一根杆 BA 的受力，可以根据节点 B 或节点 A 的平衡得到。作为练习，请读者画出节点 B 的受力图，在水平方向对力求和，证明：$F_{BA} = 0.776\text{kN}(C)$。

例题 **5.3**

确定图 5-10a 所示桁架中每一根的受力，并标明其受拉还受压。

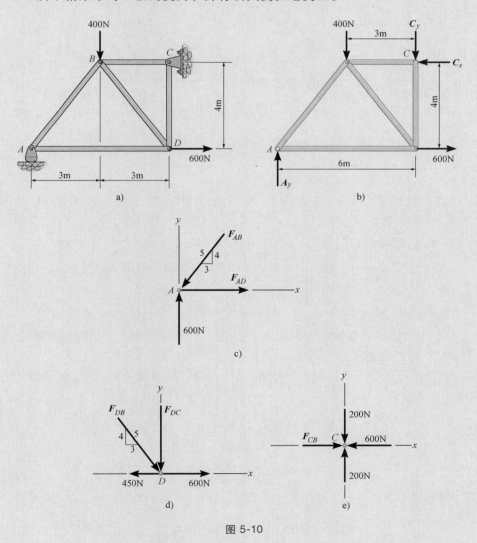

图 5-10

例题 5.3

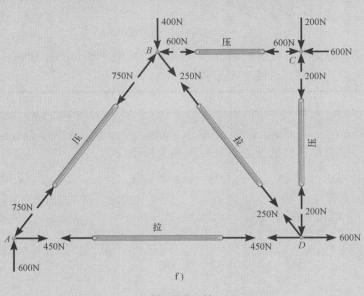

f)

图 5-10（续）

解

支座反力。因为每个节点至少有 3 个未知力，故没有一个节点可以用于直接分析。桁架整体的受力图由图 5-10b 给出。应用平衡方程，有

$$\xrightarrow{+}\sum F_x = 0, \qquad\qquad 600\text{N} - C_x = 0, \qquad C_x = 600\text{N}$$

$$\zeta \ +\sum M_C = 0, \qquad -A_y(6\text{m}) + 400\text{N}(3\text{m}) + 600\text{N}(4\text{m}) = 0,$$

$$A_y = 600\text{N}$$

$$+\uparrow \sum F_y = 0, \qquad\qquad 600\text{N} - 400\text{N} - C_y = 0, \qquad C_y = 200\text{N}$$

现在可以从节点 A 或节点 C 开始分析。因为这两个节点上至少有一个已知力和两个未知力作用在销钉上，所以这两个节点可以任意选择。

节点 A。 节点 A 处销钉的受力图如图 5-10c 所示，其中 F_{AB} 假设为拉力；F_{AD} 假设为压力。应用平衡方程，有

$$+\uparrow \sum F_y = 0, \qquad 600\text{N} - \frac{4}{5}F_{AB} = 0, \qquad F_{AB} = 750\text{N （C）}$$

$$\xrightarrow{+}\sum F_x = 0, \qquad F_{AD} - \frac{3}{5}(750\text{N}) = 0, \qquad F_{AD} = 450\text{N （T）}$$

节点 D。 受力图如图 5-10d 所示，利用 F_{AD} 的结果，在水平方向对力求和，有

$$\xrightarrow{+}\sum F_x = 0, \qquad -450\text{N} + \frac{3}{5}F_{DB} + 600\text{N} = 0, \qquad F_{DB} = -250\text{N}$$

例题 5.3

负值表示 F_{DB} 的指向与图 5-10d 所示方向相反⊖。因此

$$F_{DB} = 250\text{N}(T)$$

应用平衡方程 $\sum F_y = 0$ 确定 F_{DC} 时，对于 F_{DB}，既可以采用其正确方向，也可以在方程中保留其负号，亦即

$$+\uparrow \sum F_y = 0, \quad -F_{DC} - \frac{4}{5}(-250\text{N}) = 0, \quad F_{DC} = 200\text{N}(C)$$

节点 C。受力图如图 5-10e 所示。由平衡方程有

$$\xrightarrow{+} \sum F_x = 0, \qquad F_{CB} - 600\text{N} = 0, \qquad F_{CB} = 600\text{N}(C)$$

$$+\uparrow \sum F_y = 0, \qquad\qquad\qquad 200\text{N} - 200\text{N} \equiv 0 (\text{验证})$$

注意： 上述分析结果概述于图 5-10f 中。图中示出了所有节点和销钉的受力图。

5.3 零杆

如果能够首先确认那些不承受载荷的构件，基于节点法的桁架分析可以大大简化。不承受载荷的杆称为零杆。零杆用于增加建筑过程中桁架的稳定性，以及当载荷变化时提供附加支承。

一般而言，可以直观判断出桁架中的零杆。例如考察图 5-11a 所示桁架中的节点 A，其受力图如图 5-11b 所示，可以看出杆 AB 和 AF 都是零杆（通过考察节点 B 和 F，我们不能得到上述结论，因为考察节点 B 和 F 的受力图，这两个节点都有 5 个未知力）。类似地，考察节点 D 的受力图如图 5-11c 所示。再一次确认杆 DC 和 DE 也是零杆。

根据以上分析可以得到如下结论：如果两根不共线的杆形成节点，且节点处没有外加载荷也没有支承，这两根杆都是零杆。

作用在图 5-11a 中桁架上的载荷实际上由图 5-11d 中的 5 根杆支承。

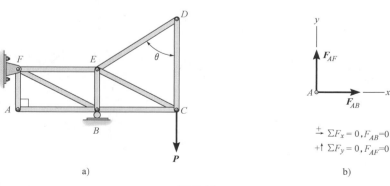

a)

b)

图 5-11

⊖ 应用平衡方程 $\sum F_x = 0$ 之前，可以直观判断出作用在节点上力的正确指向。

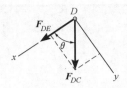

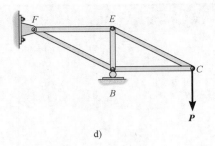

$+\searrow \Sigma F_y = 0, F_{DC} \sin\theta = 0, F_{DC} = 0,$ 由于 $\sin\theta \neq 0$

$+\swarrow \Sigma F_x = 0, F_{DE} + 0 = 0, F_{DE} = 0$

c)

d)

图 5-11（续）

现在考察图 5-12a 所示桁架。节点 D 的受力图如图 5-12b 所示。令 x 和 y 轴分别沿着杆 DA 和杆 DE 方向，可以看出，杆 DA 为零杆。注意到图 5-12c 中的杆 CA 也属于这种情形。于是，可以得到如下结论：对于三根杆形成的节点，如果其中两根杆共线，且节点上没有外加载荷，也没有支承，则第三根杆为零杆。所以图 5-12d 所示桁架能够支承载荷 P。

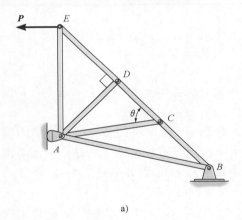

a)

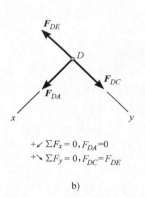

$+\swarrow \Sigma F_x = 0, F_{DA} = 0$

$+\searrow \Sigma F_y = 0, F_{DC} = F_{DE}$

b)

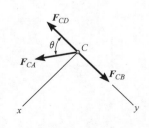

$+\swarrow \Sigma F_x = 0, F_{CA} \sin\theta = 0, F_{CA} = 0,$ 由于 $\sin\theta \neq 0$

$+\searrow \Sigma F_y = 0, F_{CB} = F_{CD}$

c)

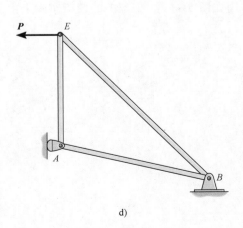

d)

图 5-12

例题 5.4

应用节点法确定图 5-13a 所示芬克屋架中的零杆。假定所有节点都是铰链连接。

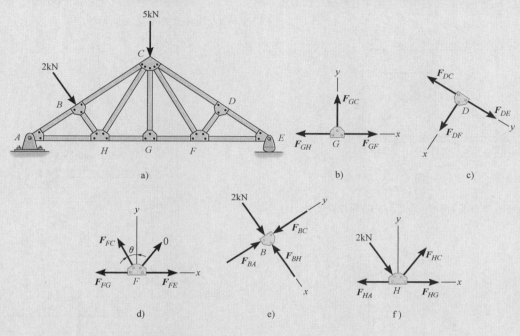

图 5-13

解

根据几何关系，寻找三根杆形成的节点，且其中有两根杆共线的情形。

节点 *G*（图 5-13b）：

$$+\uparrow \sum F_y = 0, \qquad\qquad F_{GC} = 0$$

考察节点 *C* 不能确认杆 *GC* 为零杆，因为有 5 个未知力。杆 *GC* 为零杆表明：5kN 的载荷必须由杆 *CB*、*CH*、*CF* 和 *CD* 支承。

节点 *D*（图 5-13c）：

$$+\swarrow \sum F_x = 0, \qquad\qquad F_{DF} = 0$$

节点 *F*（图 5-13d）：

$$+\uparrow \sum F_y = 0, \quad F_{FC}\cos\theta = 0, \ \text{由于} \ \theta \neq 90°, \quad F_{FC} = 0$$

注意：如果分析节点 *B*，如图 5-13e 所示，则有

$$+\searrow \sum F_x = 0, \qquad 2\text{kN} - F_{BH} = 0, \qquad F_{BH} = 2\text{kN （}C\text{）}$$

同时，如图 5-13f 所示，F_{HC} 必须满足 $\sum F_y = 0$，所以杆 *HC* 不是零杆。

基础题

5

F5-1   确定桁架中所有杆的受力。说明各杆是受拉力还是受压力。

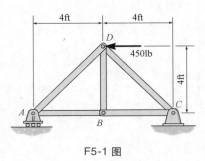

F5-1 图

F5-2   确定桁架中所有杆的受力。说明各杆是受拉力还是受压力。

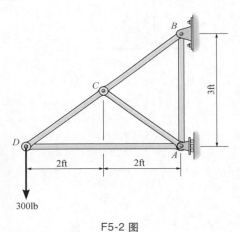

F5-2 图

F5-3   确定桁架中杆 *AE* 和 *DC* 的受力。说明是受拉力还是受压力。

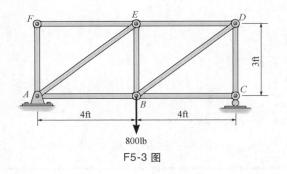

F5-3 图

F5-4   确定桁架所能承受的最大载荷 *P*，拉杆受力不超过 2kN；压杆受力不超过 1.5kN。

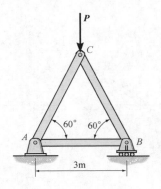

F5-4 图

F5-5   判断桁架中的零杆。

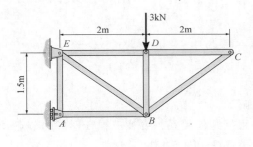

F5-5 图

F5-6   确定桁架中所有杆的受力。说明各杆是受拉力还是受压力。

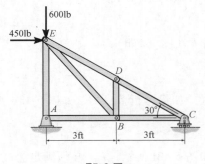

F5-6 图

习题

5-1 确定桁架中所有杆的受力。说明各杆是受拉力还是受压力。

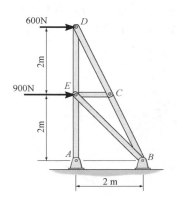

习题 5-1 图

5-2 确定桁架中所有杆的受力。说明各杆是受拉力还是受压力。设 $P_1 = 800lb$，$P_2 = 400lb$。

5-3 确定桁架中所有杆的受力。说明各杆是受拉力还是受压力。设 $P_1 = 500lb$，$P_2 = 100lb$。

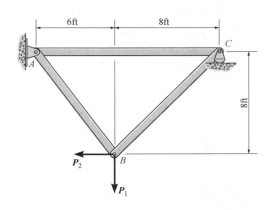

习题 5-2、习题 5-3 图

* 5-4 确定桁架中所有杆的受力。说明各杆是受拉力还是受压力。设 $\theta = 0°$。

5-5 确定桁架中所有杆的受力。说明各杆是受拉力还是受压力。设 $\theta = 30°$。

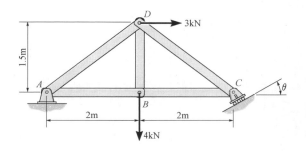

习题 5-4、习题 5-5 图

5-6 确定桁架中所有杆的受力。说明各杆是受拉力还是受压力。设 $P_1 = 2kN$，$P_2 = 1.5kN$。

5-7 确定桁架中所有杆的受力。说明各杆是受拉力还是受压力。设 $P_1 = P_2 = 4kN$。

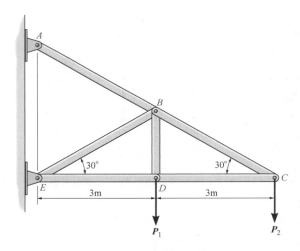

习题 5-6、习题 5-7 图

* 5-8 确定桁架中所有杆的受力。说明各杆是受拉力还是受压力。提示：C 处反力的铅垂分量必须等于零，为什么？

5-9 桁架的每根杆质量都是均匀的，单位长度质量均为 8kg/m。除去外加载荷 6kN 和 8kN，确定有桁架自重引起的各杆受力的近似值。说明各杆是受拉力还是受压力。假设杆的重量表示为铅垂力，力的 1/2 施加在杆的两端。

5

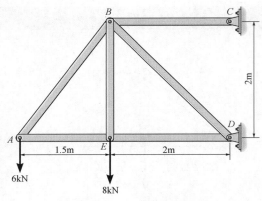

习题 5-8、习题 5-9 图

5-10 确定桁架中所有杆的受力。说明各杆是受拉力还是受压力。设 $P_1 = 100lb$，$P_2 = 200lb$，$P_3 = 300lb$。

5-11 确定桁架中所有杆的受力。说明各杆是受拉力还是受压力。设 $P_1 = 400lb$，$P_2 = 400lb$，$P_3 = 0$。

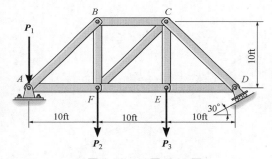

习题 5-10、习题 5-11 图

*5-12 确定桁架中所有杆的受力。说明各杆是受拉力还是受压力。设 $P = 8kN$。

5-13 如果桁架中的拉杆能承受 8kN 的力；压杆能承受 6kN 的力，确定桁架在节点 D 处所能承受的最大载荷 P。

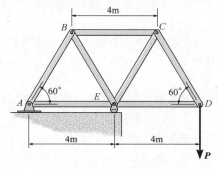

习题 5-12、习题 5-13 图

5-14 确定桁架中所有杆的受力。说明各杆是受拉力还是受压力。提示：E 处销钉所受合力沿着 ED 方向，为什么？

5-15 桁架的每根杆质量都是均匀的，单位长度质量均为 8kg/m。除去外加载荷 3kN 和 6kN，确定由桁架自重引起的各杆受力的近似值。说明各杆是受拉力还是受压力。假设杆的重量表示为铅垂力，力的 1/2 施加在杆的两端。

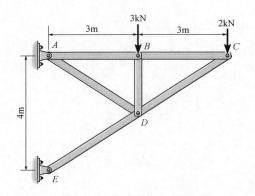

习题 5-14、习题 5-15 图

*5-16 确定桁架中所有杆的受力。说明各杆是受拉力还是受压力。

5-17 如果桁架中的杆允许的最大拉力 $(F_t)_{max} = 2kN$，最大压缩力 $(F_c)_{max} = 1.2kN$，确定桁架所能承受的最大的两个载荷。设 $L = 2m$，$\theta = 30°$。

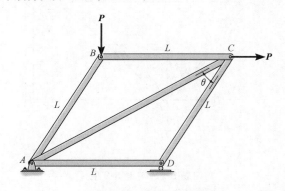

习题 5-16、习题 5-17 图

5-18 承受风载的信号牌将 300lb 的水平力，施加在桁架一侧的节点 B 和 C 处。确定桁架中所有杆的受力。说明各杆是受拉力还是受压力。

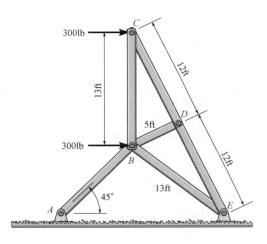

习题 5-18 图

5-19　确定双剪式桁架中所有杆的受力与载荷 P 的关系。说明各杆是受拉力还是受压力。

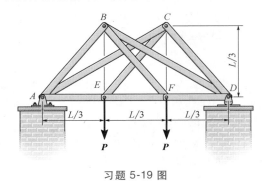

习题 5-19 图

* 5-20　确定桁架中所有杆的受力。说明各杆是受拉力还是受压力。设 $P_1 = 10 \text{kN}$，$P_2 = 15 \text{kN}$。

5-21　确定桁架中所有杆的受力。说明各杆是受拉力还是受压力。设 $P_1 = 0$，$P_2 = 20 \text{kN}$。

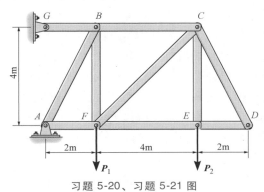

习题 5-20、习题 5-21 图

5-22　两杆桁架承受 300lb 的力如图所示。确定施加载荷方向角度的允许范围，使得各杆的受力不超过 400lb（拉）或 200lb（压）。

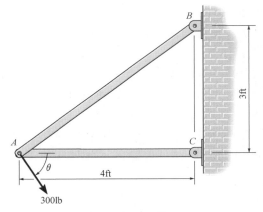

习题 5-22 图

5.4　截面法

如果仅仅需要确定桁架中某些杆的受力，分析可以采用截面法。截面法基于的原理是：如果桁架整体平衡，则其任意局部段也是平衡的。

考察图 5-14 中的两根桁架杆，为确定杆的内力，需要用一假想截面（图中的灰线）将杆截为两部分，从而将内力"暴露"出来，作为外力作用在受力图上，示于右侧。显然，根据平衡要求，受拉杆的内力为拉力（T）；受压杆的内力为压力（C）。

截面法也可用于"切开"或截开整体桁架。如果画出截面截开的桁架两部分的受力图，即可应用平衡方程确定截开截面处杆的受力。

因为对于桁架任意截开部分的受力图，仅有 3 个独立平衡（$\sum F_x = 0$，$\sum F_y = 0$，$\sum M_O = 0$）可以利用，因此选择截面时，一般所截受力未知的杆不超过 3 个。例如考察图 5-15a 所示桁架，为确定杆 BC、GC、GF 受力，选择截面 a—a 是合适的。截开的桁架两部分的受力图分别示于图 5-15b、c 中。

注意到，根据桁架的几何关系，每一根杆所受力的作用线都是确定的，因为这些力的作用线都必须沿着杆的轴线方向。

根据牛顿第三定律，作用在桁架截开的两部分的杆上的力大小相等、方向相反。杆 BC、GC 因为受拉，假设承受拉力；杆 GF 因为受压，所以承受压力。

三个未知力 $\boldsymbol{F}_{BC}$、$\boldsymbol{F}_{GC}$、$\boldsymbol{F}_{GF}$ 由对图 5-15b 所示受力图应用三个平衡方程得到。但是，如果考察图 5-15c 所示受力图，必须首先确定这种反力 $\boldsymbol{D}_x$、$\boldsymbol{D}_y$、$\boldsymbol{E}_x$，因为可用的平衡方程只有 3 个（当然，确定这些支座反力一般是考察桁架的整体平衡）。

应用平衡方程时，应当尽量使一个方程只出现一个未知量，从而得到直接解答，尽量避免求解联立方程。例如，对于图 5-15b 所示桁架段的受力图，对点 C 之矩求和，即可得到 $\boldsymbol{F}_{GF}$ 的直接解答，因为力 $\boldsymbol{F}_{BC}$ 和 $\boldsymbol{F}_{GC}$ 对点 C 不产生力矩。而 $\boldsymbol{F}_{BC}$ 可以从对点 G 之矩求和直接得到。最后，$\boldsymbol{F}_{GC}$ 则由铅垂方向力求和得到，因为 $\boldsymbol{F}_{BC}$ 和 $\boldsymbol{F}_{GF}$ 没有铅垂方向的分量。能够直接确定特殊桁架中杆的受力是截面法的主要优势[○]。

与节点法中所述一样，有两种方法可以确定杆受力的正确指向：

• 很多情形下未知力的正确指向可以直观判断。例如，图 5-15b 中 $\boldsymbol{F}_{BC}$ 为拉力，因为对点 G 的力矩平衡要求 $\boldsymbol{F}_{BC}$ 产生与 1000N 之矩方向相反的力矩。同时，$\boldsymbol{F}_{GC}$ 也是拉力，因为其铅垂分量必须平衡向下的 1000N 力。在更复杂的情形下，杆的未知力指向都可以假设。如果所得结果为负，表明力的指向与受力图上所示相反。

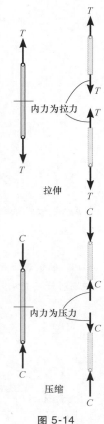

图 5-14

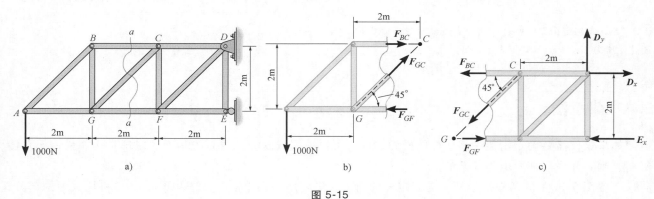

图 5-15

○   如用用节点法确定 GC 杆的受力，则需要依次分析节点 A、B 和 G。

- 在截面法中未知力总可以假设为拉力，即杆受拉。如果杆受拉，从平衡方程解出的数值结果将为正；如果杆受压，则解出的结果为负。

采用截面法可以快捷地确定所选择的普拉特桁架中杆的受力

简单桁架用于构建塔吊这样的大型桁架以减轻塔身和吊臂的重量

分析过程

应用截面法确定桁架杆的受力应遵循以下过程。

受力图

- 根据所要求杆的受力，选择合适的截面，将桁架截开。
- 在将所截两部分分开之前，首先需要确定支座反力。支座反力确定后，即可应用三个合适方程确定截开处杆的受力。
- 画出截开部分的受力图，其上至少有一个已知力作用。
- 利用上述两种方法中的一种设定未知力的指向。

平衡方程

- 力矩求和的点应该取在两个未知力作用线的交点处，以使第三个未知力得以从力矩方程直接求得。
- 如果有两个力互相平行，则在与这两个力铅垂方向对力求和，从而直接解出第三个未知力。

例题 5.5

确定图 5-16a 所示桁架中杆 GE、GC、BC 的受力，并说明受拉还是受压。

解 图 5-16a 已经选择了 aa 截面，这一截面截开了三根杆，这三根杆的受力就是所要求的。但是为了应用截面法，首先需要确定 A、D 两处的支座反力。请想一想：为什么？桁架整体的受力图如图 5-16b 所示。应用平衡方程，有

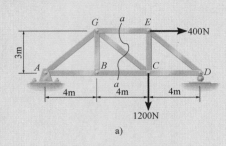

a)

$$\xrightarrow{+} \sum F_x = 0, \qquad 400\text{N} - A_x = 0, \qquad A_x = 400\text{N}$$

$$\zeta + \sum M_A = 0, \qquad -1200\text{N}(8\text{m}) - 400\text{N}(3\text{m}) + D_y(12\text{m}) = 0,$$
$$D_y = 900\text{N}$$

$$+\uparrow \sum F_y = 0, \qquad A_y - 1200\text{N} + 900\text{N} = 0, \qquad A_y = 300\text{N}$$

受力图。为分析，需要应用截面以左部分桁架的受力图，因为其所含的力最少，如图 5-16c 所示。

平衡方程。对点 G 的力矩求和，不会出现 F_{GE}、F_{GC}，于是得到 F_{BC} 的直接解

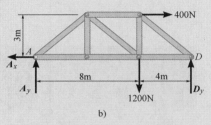

b)

$$\zeta + \sum M_G = 0, \quad -300\text{N}(4\text{m}) - 400\text{N}(3\text{m}) + F_{BC}(3\text{m}) = 0$$
$$F_{BC} = 800\text{N} \quad (T)$$

样的方式对点 C 的力矩求和，得到 F_{GE} 的直接解

$$\zeta + \sum M_C = 0, \quad -300\text{N}(8\text{m}) + F_{GE}(3\text{m}) = 0$$
$$F_{GE} = 800\text{N} \quad (C)$$

因为 F_{BC} 和 F_{GE} 没有铅垂分量，在 y 方向对力求和，直接得到 F_{GC}：

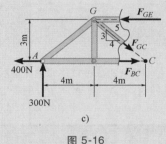

c)

图 5-16

$$+\uparrow \sum F_y = 0, \quad 300\text{N} - \frac{3}{5}F_{GC} = 0$$
$$F_{GC} = 500\text{N} \quad (T)$$

注意：有可能通过直观判断得出每一杆未知力的正确指向。例如，$\sum M_C = 0$ 要求 F_{GE} 必须受压，因为它需要平衡 300N 的力对点 C 之矩。

例题 5.6

确定图 5-17a 所示桁架中杆 CF 的受力，并说明受拉还是受压。假设所有节点均为铰链连接。

例题 **5.6**

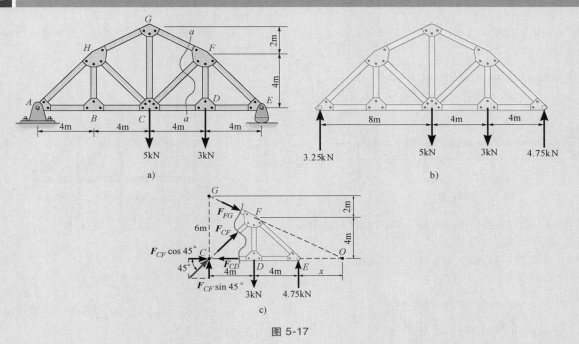

图 5-17

解

受力图。图 5-17a 已经选择了 aa 截面，这一截面"暴露"杆 CF 的内力，这一内力作为外力将作用在桁架截开后的右侧或左侧部分的受力图上。但是无论考察哪一部分，都首先需要确定支座反力。图 5-17b 所示为支座反力的计算结果。

最容易分析的是图 5-17c 所示的右侧部分的受力图。其上有 3 个未知力 F_{FG}、F_{CF}、F_{CD}。

平衡方程。为消去 F_{FG} 和 F_{CD} 两个未知力，应用对点 O 的力矩方程。从点 E 到点 O 的距离，根据三角形的比例关系确定：$FD/DO = GC/CO$，有

$$\frac{4}{4+x} = \frac{6}{8+x}$$

由此解得 $x = 4\text{m}$。或者以另一种方式，即根据 GF 的斜率：从 G 到 F 竖直距离下降了 2m，水平移动 4m；从 F 到 O 竖直距离下降了 4m，则水平移动 $DO = 8\text{m}$。

还有一种容易确定 F_{CF} 对点 O 之矩的方法：利用力的可传性原理，将 F_{CF} 沿其作用线滑移至点 C，并将其分解为直角分量。有

$$\zeta + \sum M_O = 0,$$

$$-F_{CF}\sin45°(12\text{m}) + (3\text{kN})(8\text{m}) - (4.75\text{kN})(4\text{m}) = 0$$

由此解出

$$F_{CF} = 0.589\text{kN} \quad (C)$$

F5-7　确定桁架中 *BC*、*CF*、*FE* 杆的受力。说明各杆受拉力还是压力。

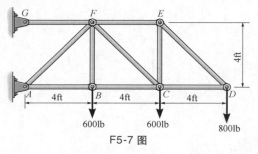

600lb　600lb　800lb

F5-7 图

F5-8　确定普拉特桁架中 *LK*、*KC*、*CD* 杆的受力。说明各杆受拉力还是压力。

F5-9　确定普拉特桁架中 *KJ*、*KD*、*CD* 杆的受力。说明各杆受拉力还是压力。

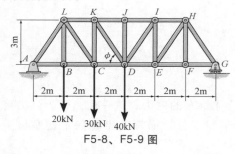

20kN　30kN　40kN

F5-8、F5-9 图

F5-10　确定桁架中 *EF*、*CF*、*BC* 杆的受力。说明各杆受拉力还是压力。

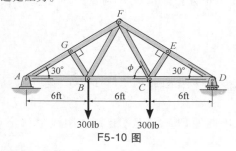

300lb　300lb

F5-10 图

F5-11　确定桁架中 *GF*、*GD*、*CD* 杆的受力。说明各杆受拉力还是压力。

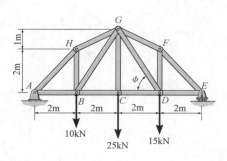

10kN　25kN　15kN

F5-11 图

F5-12　确定桁架中 *DC*、*HI*、*JI* 杆的受力。说明各杆受拉力还是压力。

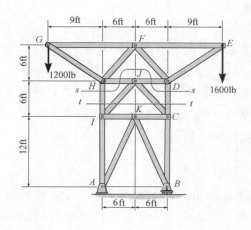

1200lb　1600lb

F5-12 图

5-23　轻型飞机机翼的两部阻力桁架受力如图所示。确定桁架中 *BC*、*BH*、*HC* 杆的受力。说明各杆受拉力还是压力。

*5-24　孔桥桁架受力如图所示。确定桁架中 *HD*、*CD*、

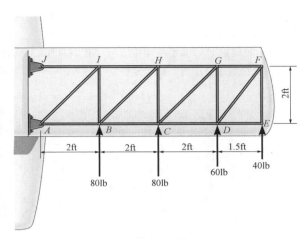

习题 5-23 图

GD 杆的受力。说明各杆受拉力还是压力。

5-25　孔桥桁架受力如图所示。确定桁架中 HI、HB、BC 杆的受力。说明各杆受拉力还是压力。

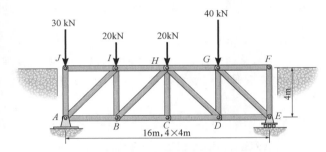

习题 5-24、习题 5-25 图

5-26　确定用于支承桥面的桁架中 CD、CJ、KJ 杆的受力。说明各杆受拉力还是压力。

5-27　确定用于支承桥面的桁架中 EI、JI 杆的受力。说明各杆受拉力还是压力。

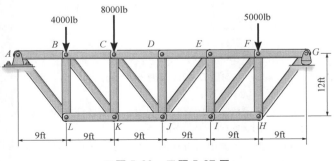

习题 5-26、习题 5-27 图

* 5-28　确定桁架中 GJ 杆的受力。说明各杆受拉力还是压力。

5-29　确定桁架中 GC 杆的受力。说明各杆受拉力还是压力。

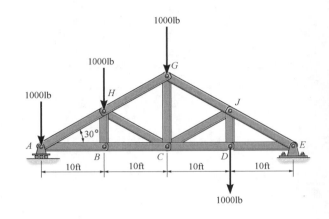

习题 5-28、习题 5-29 图

5-30　确定桁架中 BC、HC、HG 杆的受力。截开以后用一个力确定一根杆的受力。说明各杆受拉力还是压力。

5-31　确定桁架中 CD、CF、CG 杆的受力。说明各杆受拉力还是压力。

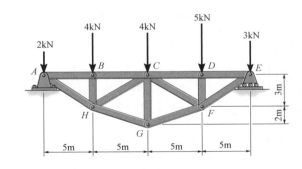

习题 5-30、习题 5-31 图

* 5-32　确定桁架中 IC、CG 杆的受力。说明各杆受拉力还是压力。同时指明零杆。

5-33　确定桁架中 JE、GF 杆的受力。说明各杆受拉力还是压力。同时指明零杆。

5

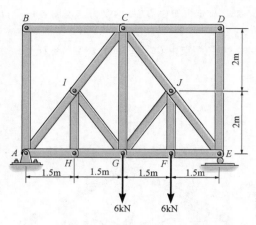

习题 5-32、习题 5-33 图

5-34　确定芬克式桁架中 *GF*、*FB*、*BC* 杆的受力。说明各杆受拉力还是压力。

5-35　确定芬克式桁架中 *FE*、*EC* 杆的受力。说明各杆受拉力还是压力。

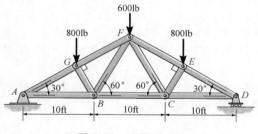

习题 5-34、习题 5-35 图

* 5-36　确定桁架中 *LK*、*LC*、*BC* 杆的受力。说明各杆受拉力还是压力。

5-37　确定桁架中 *JI*、*JE*、*DE* 杆的受力。说明各杆受拉力还是压力。

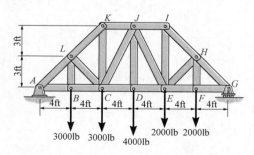

习题 5-36、习题 5-37 图

5-38　确定巴尔的摩桥桁架中 *CD*、*CM* 杆的受力。说明各杆受拉力还是压力。指明零杆。

5-39　确定巴尔的摩桥桁架中 *EF*、*EP*、*LK* 杆的受力。说明各杆受拉力还是压力。指明零杆。

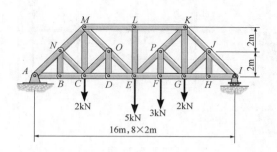

习题 5-38、习题 5-39 图

* 5-40　图示桁架中 $L = 2\text{m}$、承受铅垂载荷 600N。确定桁架中 *HG*、*HB* 杆的受力。说明各杆受拉力还是压力。

5-41　图示桁架承受铅垂载荷 600N。确定桁架中 *BC*、*BG*、*HG* 杆的受力 F 与尺寸 L 的关系。对于 $0 \leq L \leq 3\text{m}$，画出关系曲线（竖坐标正向为拉力 F，横坐标为 L）。

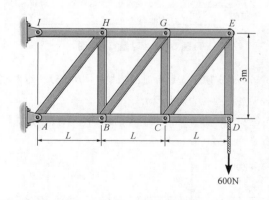

习题 5-40、习题 5-41 图

5-42　确定桁架中所有杆的受力。说明各杆受拉力还是压力。设：$P_1 = 20\text{kN}$，$P_2 = 10\text{kN}$。

5-43　确定桁架中所有杆的受力。说明各杆受拉力还是压力。设：$P_1 = 40\text{kN}$，$P_2 = 20\text{kN}$。

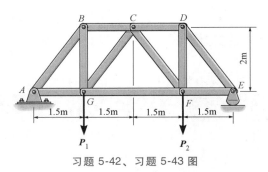

习题 5-42、习题 5-43 图

*5-44 确定 K-桁架中 *KJ*、*NJ*、*ND*、*CD* 杆的受力。
说明各杆受拉力还是压力。提示：采用 *aa* 截面和 *bb* 截面。

5-45 确定 K-桁架中 *JI*、*DE* 杆的受力。说明各杆受拉
力还是压力。

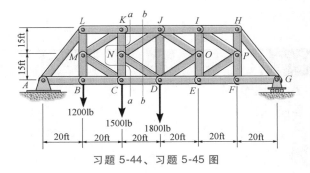

习题 5-44、习题 5-45 图

5.5 构架与机械

构架和机械是两种类型结构，通常由多力杆件铰接而成，所谓多力杆件就是承受的力多于两个的杆。
构架用于支承载荷，而机械则包含可以运动的部件，用于传输或者改变力的作用效果。

在没有过多支承或杆件的情形下，作用在构架和机械连接点上的力，可以通过对其每一个杆件应用平衡方程确定。一旦这些力确定之后，可以应用材料力学的理论和相应的工程设计规范，对构件、连接件以及支承尺寸进行设计。

受力图 为了确定作用在构架和机械连接点上的力，必须将结构拆开，画出各个部分的受力图。为此必须遵循以下要点：

- 将每一部分隔离出来画出其轮廓线。标出作用在这一部分上的力和力偶矩。在 x、y 坐标系标上每一个已知和未知力与力偶矩的记号。同时标出用于取力矩的几何尺寸。如果将力分解为正交分量，则绝大多数情形下平衡方程的应用要容易些。与以往一样，未知力的指向可以假设。

- 确认结构中的所有二力杆件，画出其受力图，图中两个大小相等、方向相反的力作用在杆端（参见 4.4 节）。通过确认二力杆件，可以避免求解一些不必要的平衡方程。

大型起重机是构架的典型例子

诸如钳子这样的普通工具起着简单机械作用。施加
在把手上的力将在钳口产生很大的力

5

● 通常任何两个相互接触的构件，在连接处相互作用有大小相等、指向相反的力。如果将两个构件**作为连接构件系统**，则二者之间的作用力是**内力，因而不必画在受力图上**。但是如果是单个构件的受力图，这些力就是外力，必须画出。

以下的例题将详细说明任何画出构件和机械拆解后的受力图。所有情形下均忽略构件的自重。

例题 **5.7**

画出图 5-18a 所示构架有关部分的受力图：（a）每一个构件；（b）A 和 B 处的销钉；（c）两个构件连成一起的系统。

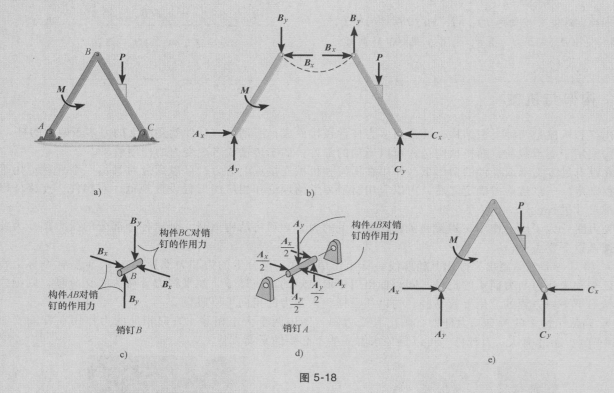

图 5-18

解

（a）直观判断构件 BA 和 BC 都不是二力构件。如图 5-18b 所示构件 BC 在 B、C 两处承受销钉的作用力，以及外力 P。而构件 AB 则在 A、B 两处承受销钉的作用力，以及外加力偶矩 M。图中销钉作用力均用 x 和 y 分量表示。

（b）销钉 B 承受两个力，即构件 BA 和 BC 的作用力。外力平衡这两个力（或二者的分量）必须大小相等、方向相反，如图 5-18c 所示。将牛顿第三定律应用于销钉与其连接的构件，即：销钉对两个构件的作用效果（图 5-18b）与两个构件对销钉的作用效果（图 5-18b）大小相等、方向相反。类似地，销钉 A 上作用有三个力（图 5-18d）：构件 AB 的作用力分量以及铰链支座两侧页反力的分量。

例题 **5.7**

（c）解除支承 A 和 C 后，AB 和 BC 连接在一起的受力图如图 5-18e 所示。图中没有分量 B_x 和 B_y，因为它们是内力。同时为保持一致，以后应用平衡方程时，A、C 两处作用力的分量必须与图 5-18b 中相同。

例题 **5.8**

对于图 5-19a 所示构架，画出有关部分的受力图：（a）整个构架，包括滑轮和绳索；（b）不包括滑轮和绳索的构架；（c）每个滑轮。

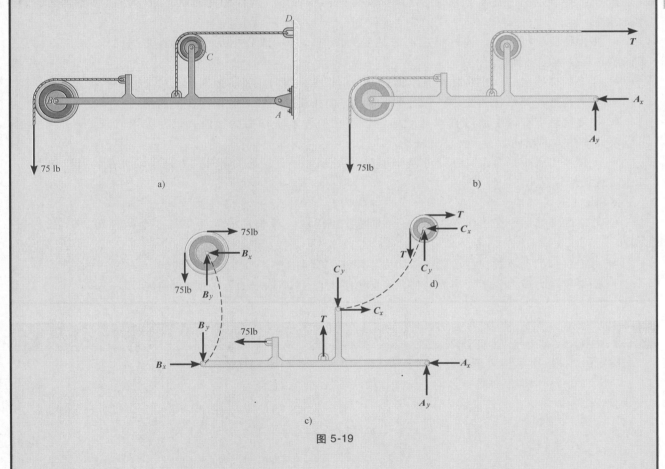

图 5-19

解

（a）考察包括滑轮和绳索的整个构架时，滑轮和绳索与构件连接处的相互作用力都是成对的内力，因而相互抵消，故在图 5-19b 的受力图中不会出现。

（b）解除滑轮与绳索后，它们对构架的作用力必须显示出来，如图 5-19c 所示。

例题 **5.8**

（c）销钉 B 和 C 对滑轮作用力的分量 B_x、B_y、C_x、C_y（图 5-19d）所示。与销钉作用在构架上的力大小相等、方向相反（想一想为什么？），如图 5-19c 所示。

分析过程

确定由多力构件组成的构架或机械（统称为结构）连接处的作用力应遵循以下过程。

受力图

- 选择并确定画出整体受力图还是部分受力图，或者每一构件的受力图，目标是能够导出问题的直接解答。

- 画构件或机械的几个构件组成部分的受力图时，这一部分相互连接构件之间的作用力是内力，因而不必在受力图上画出。

- 两个构件接触处，相互之间的作用力，大小相等、指向相反，分别画在两个构件上。

- 二力构件与其形状无关，具有大小相等、方向相反的共线力，作用在杆的两端。

- 很多情形下有可能通过直观判断确定作用在构件上未知力的指向，但是如果直观判断有困难，可以假设未知力的指向。

- 记住：力偶矩是自由矢量，可以作用在受力图上的任意点。同时，力是滑动矢量，可以作用在其作用线上的任意点。

平衡方程

- 数一数未知数个数并与有效的平衡方程数相比较。对于二维问题，每一个构件可以写出 3 个方程。

- 力矩求和的点放置在尽可能多未知力作用线的交点上。

- 如果发现力或力偶矩大小为负值，意味着受力图上对应的力或力偶矩指向应该反过来。

例题 **5.9**

确定图 5-20a 所示构架中销钉 C 对杆 BC 作用力的水平与铅垂分量。

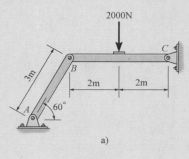

a)

图 5-20

例题 | **5.9**

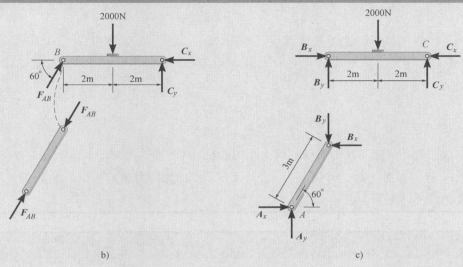

b)　　　　　　　　　　　　　　　　c)

图 5-20（续）

解法 1

受力图。通过直观判断可以看出，AB 杆为二力杆，AB 和 BC 杆的受力图如图 5-20b 所示。

平衡方程。对于 BC 杆，应用 3 个平衡方程可以求解 3 个未知力。

$$\zeta + \Sigma M_C = 0, \quad 2000\text{N}(2\text{m}) - (F_{AB}\sin60°)(4\text{m}) = 0, \quad F_{AB} = 1154.7\text{N}$$

$$\xrightarrow{+} \Sigma F_x = 0, \quad 1154.7\cos60°\text{N} - C_x = 0, \quad C_x = 577\text{N}$$

$$+\uparrow \Sigma F_y = 0, \quad 1154.7\sin60°\text{N} - 2000\text{N} + C_y = 0,$$

$$C_y = 1000\text{N}$$

解法 2

受力图。如果不认为 AB 杆是二力杆，AB 和 BC 杆的受力图如图 5-20c 所示，将增加求解问题的工作量。

平衡方程。

杆件 AB：

$$\zeta + \Sigma M_A = 0, \quad B_x(3\sin60°\text{m}) - B_y(3\cos60°\text{m}) = 0 \tag{1}$$

$$\xrightarrow{+} \Sigma F_x = 0, \quad A_x - B_x = 0 \tag{2}$$

$$+\uparrow \Sigma F_y = 0, \quad A_y - B_y = 0 \tag{3}$$

杆件 BC：

$$\zeta + \Sigma M_C = 0, \quad 2000\text{N}(2\text{m}) - B_y(4\text{m}) = 0 \tag{4}$$

$$\xrightarrow{+} \Sigma F_x = 0, \quad B_x - C_x = 0 \tag{5}$$

例题 | **5.9**

$$+\uparrow \ \Sigma F_y = 0, \quad B_y - 2000\text{N} + C_y = 0 \qquad\qquad (6)$$

C_x、C_y 的结果可以通过依次求解方程（4）、方程（1）、方程（5）和方程（6）得到，其结果为

$$B_y = 1000\text{N}$$

$$B_x = 577\text{N}$$

$$C_x = 577\text{N}$$

$$C_y = 1000\text{N}$$

通过两种方法比较，解法 1 比较简单。因为作用在杆 AB 两端的力 F_{AB} 大小相等、方向相反且共线，解法 2 中的方程（1）、方程（2）、方程（3）自动满足，因而无须写出。所以开始分析之前，确认二力构件，结果将会节省时间和精力。

例题 | **5.10**

图 5-21a 所示组合梁，B 处为铰链连接。忽略梁的厚度与自重，确定支座反力的正交分量。

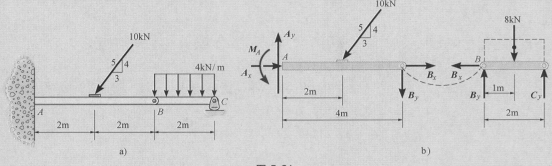

图 5-21

解

受力图。通过直观判断，支承 A 处有 3 个未知反力、C 处有 1 个未知反力，考察整体平衡 3 个有效平衡方程无法求解 4 个未知量。因此必须将整体梁从 B 处拆开，分为两段，其受力图如图 5-21b 所示。

平衡方程。6 个未知量分别确定如下：

BC 段：

$$\xrightarrow{\ \pm\ } \Sigma F_x = 0, \quad B_x = 0$$

$$\zeta + \Sigma M_B = 0, \quad -8\text{kN}(1\text{m}) + C_y(2\text{m}) = 0$$

$$+\uparrow \ \Sigma F_y = 0, \quad B_y - 8\text{kN} + C_y = 0$$

AB 段：

$$\xrightarrow{\ \pm\ } \Sigma F_x = 0, \quad A_x - (10\text{kN})\left(\frac{3}{5}\right) + B_x = 0$$

例题 ⬛ 5.10

$$\zeta + \sum M_A = 0, \quad M_A - (10\text{kN})\left(\frac{4}{5}\right)(2\text{m}) - B_y(4\text{m}) = 0$$

$$+\uparrow \sum F_y = 0, \quad A_y - (10\text{kN})\left(\frac{4}{5}\right) - B_y = 0$$

利用前面所得的结果连续解上述方程，得到

$$A_x = 6\text{kN}, \quad A_y = 12\text{kN}, \quad M_A = 32\text{kN} \cdot \text{m}$$

$$B_x = 0, \quad B_y = 4\text{kN}$$

$$C_y = 4\text{kN}$$

例题 ⬛ 5.11

图 5-22a 所示为 500kg 的电梯系统，由马达 A 以及滑轮、缆绳系统牵引。假设电梯以匀速运动，确定缆绳的拉力。滑轮与缆绳的自重忽略不计。

解

受力图。利用图 5-22b 所示电梯间和滑轮 C 的受力图求解此问题。将作用在缆绳上的拉力记为 T_1 和 T_2。

平衡方程。

对滑轮 C：

$$+\uparrow \sum F_y = 0, \quad T_2 - 2T_1 = 0 \quad \text{或} \quad T_2 = 2T_1 \qquad (1)$$

对电梯间：

$$+\uparrow \sum F_y = 0, \quad 3T_1 + 2T_2 - 500(9.81)\text{N} = 0 \qquad (2)$$

将方程（1）代入方程（2），得到

$$3T_1 + 2(2T_1) - 500(9.81)\text{N} = 0$$

$$T_1 = 700.71\text{N} = 701\text{N}$$

将结果代入方程（1），得到

$$T_2 = 2(700.71)\text{N} = 1401\text{N} = 1.40\text{kN}$$

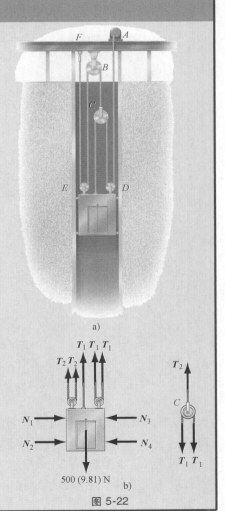

图 5-22

例题 5.12

重 20lb 的圆盘铰接于构架的 D 处，如图 5-23a 所示。确定 B 和 D 处反力的水平与垂直分量。

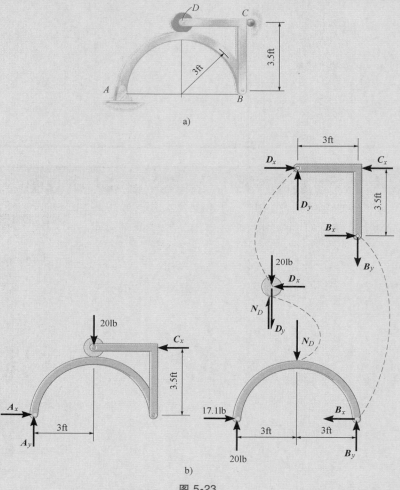

图 5-23

解

受力图。整体受力图以及各部件的受力图如图 5-23b 所示。

平衡方程。8 个未知力可以由 8 个平衡方程求得——构件 AB，3 个；构件 BCD，3 个；圆盘，2 个（对圆盘，力矩平衡方程自动满足）。如果这样做，势必要求解某些联立方程（可以尝试一下，并找到解答）。

为避免发生这种情形，最好首先确定构件整体上的 3 个支座反力；利用这些结果，将其余 5 个平衡方程应用于其他 2 个部分，以确定其他未知力。

例题 | **5. 12**

构件整体

$$\zeta + \sum M_A = 0, \quad -20\text{lb}(3\text{ft}) + C_x(3.5\text{ft}) = 0, \quad C_x = 17.1\text{lb}$$

$$\xrightarrow{+} \sum F_x = 0, \qquad\qquad A_x - 17.1\text{lb} = 0, \quad A_x = 17.1\text{lb}$$

$$+\uparrow \sum F_y = 0, \qquad\qquad A_y - 20\text{lb} = 0, \quad A_y = 20\text{lb}$$

AB 构件

$$\xrightarrow{+} \sum F_x = 0, \qquad\qquad D_x = 0$$

$$+\uparrow \sum F_y = 0, \quad 40\text{lb} - 20\text{lb} - D_y = 0, \quad D_y = 20\text{lb}$$

圆盘

$$\xrightarrow{+} \sum F_x = 0, \qquad\qquad 17.1\text{lb} - B_x = 0, \quad B_x = 17.1\text{lb}$$

$$\zeta + \sum M_B = 0, \quad -20\text{lb}(6\text{ft}) + N_D(3\text{ft}) = 0, \quad N_D = 40\text{lb}$$

$$+\uparrow \sum F_y = 0, \quad 20\text{lb} - 40\text{lb} + B_y = 0, \quad B_y = 20\text{lb}$$

例题 | **15. 13**

图 5-24a 所示的两块木板由绳索 BC 以及光滑垫块 DE 连成一体。确定光滑支承 A 和 F 处反力，同时确定绳索和垫块中产生的力。

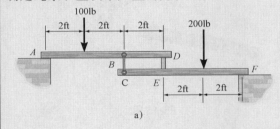
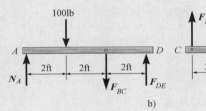
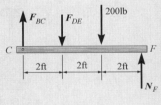

图 5-24

解

受力图。每块木板的受力图如图 5-24b 所示。重要的是利用牛顿第三定律之前理解图中的相互作用的力。

平衡方程。

木板 AD:

$$\zeta + \sum M_A = 0, \quad F_{DE}(6\text{ft}) - F_{BC}(4\text{ft}) - 100\text{lb}(2\text{ft}) = 0$$

木板 CF:

$$\zeta + \sum M_F = 0, \quad F_{DE}(4\text{ft}) - F_{BC}(6\text{ft}) + 200\text{lb}(2\text{ft}) = 0$$

例题 | 15.13

联立求解

$$F_{DE} = 140\text{lb}, \quad F_{BC} = 160\text{lb}$$

利用这些结果，由木板 AD，有

$$+\uparrow \sum F_y = 0, \quad N_A + 140\text{lb} - 160\text{lb} - 100\text{lb} = 0$$

$$N_A = 120\text{lb}$$

由木板 CF，有

$$+\uparrow \sum F_y = 0, \quad N_F + 160\text{lb} - 140\text{lb} - 200\text{lb} = 0$$

$$N_F = 180\text{lb}$$

基础题

F5-13　确定保持平衡 60lb 重量所需要施加的力 P。

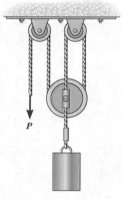

F5-13 图

F5-14　确定 C 处的支座反力的水平与垂直分量。

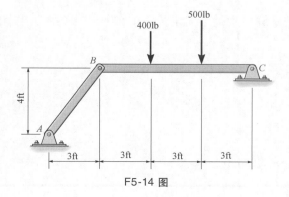

F5-14 图

F5-15　施加在钳子把手上的力为 100N，确定光滑管子上的夹紧力，以及钳子两个构件之一对销钉 A 的作用力的合力数值。

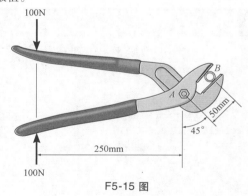

F5-15 图

F5-16　确定铰链支座 C 处反力的水平与垂直分量。

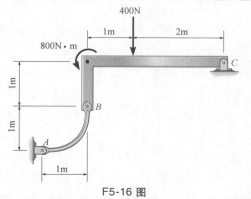

F5-16 图

F5-17　确定 100lb 重的板 A 对 30lb 重板 B 的法向作用力。

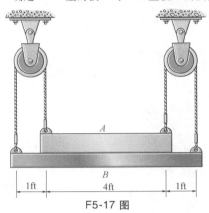

F5-17 图

F5-18　确定吊起载荷需要施加的力 P。同时，确定平衡时吊钩的合理位置。忽略梁的重量。

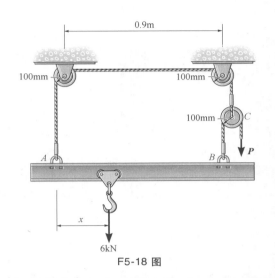

F5-18 图

习题

5-46　图示 3 组滑轮组中，物块的重量均为 100lb。确定保持平衡时每种情形下需要施加的力 **P**。

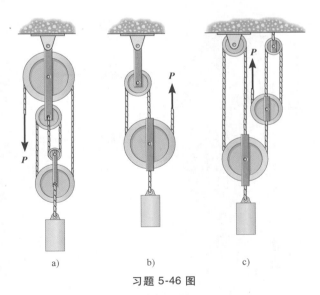

a)　　　　　　b)　　　　　　c)

习题 5-46 图

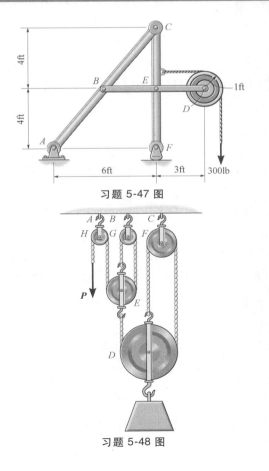

习题 5-47 图

5-47　确定 C 处构件 ABC 对构件 CEF 的作用力。

*5-48　采用西班牙伯顿钻机支承 20kg 质量需要施加的力。同时确定挂钩 A、B、C 的支承反力。

5-49　如果构架在 A 处所能承受的最大合力数值为 2kN，确定所能施加的最大载荷 P。

习题 5-48 图

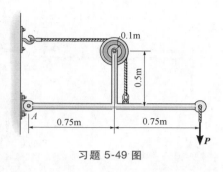

习题 5-49 图

5-50　组合梁在 B 和 D 处均为铰链。确定 A、C、E 处的支座反力。

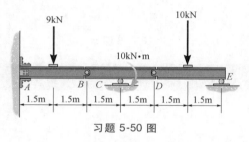

习题 5-50 图

5-51　组合梁在 C 处为铰链支座、A 和 B 处均为辊轴支座。D 处为铰链（销钉）。忽略梁的自重，确定支座反力。

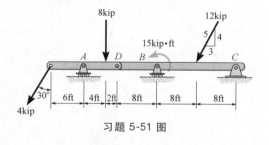

习题 5-51 图

*5-52　组合梁在 A 端固定、B 和 C 处均为辊轴支座。D 和 E 处为铰链（销钉）。忽略梁的自重，确定支座反力。

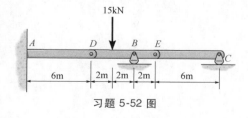

习题 5-52 图

5-53　确定 A、B、C 处销钉作用在框架 ABC 上的作用力。

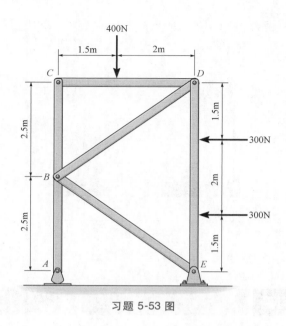

习题 5-53 图

5-54　如果作用在自由转动齿轮链条上的力为 2kN，确定悬浮圆筒的质量。同时确定销钉 A 所受合力的大小。

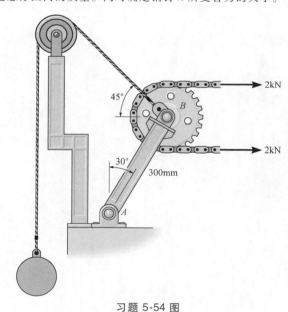

习题 5-54 图

5-55　工装夹具的把手上施加的力为 **F**。确定 E 处的铅垂夹紧力。

*5-56　当在钉子压紧装置的把手上施加 2lb 的力，对光滑杆 AB 产生拉力。确定作用在 C 和 D 两处每根钉子上的力 **P**。

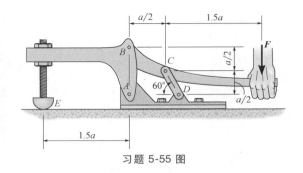

习题 5-55 图

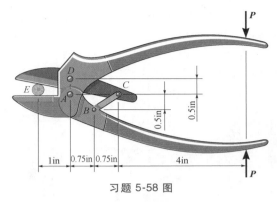

习题 5-58 图

5-59 套筒安装在光滑杆上，杆 *AB* 与套筒固定连接。确定 *A* 处套筒和 *C* 处销钉的反力。

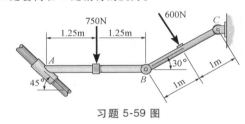

习题 5-59 图

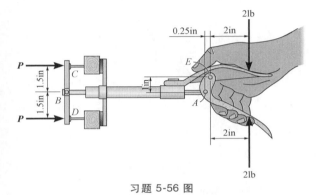

习题 5-56 图

5-57 质量 300kg 的桶的重心在 *G* 处。确定作用在 *A* 处销钉上力的水平与铅垂分量，以及光滑垫块 *C* 和 *D* 处的反力。构件 *DAB* 上的抓手 *B* 在圆筒边缘承受力的水平和垂直分量。

*5-60 台秤由三级和一级杠杆组合而成，以使作用在一个杠杆的载荷变成下一个杠杆的运动效应。通过这样的配置，一个小的重量可以平衡一大的重物。如果 $x = 450$mm，确定平衡 90kg 载荷 *L* 所需要的秤锤 *S* 的质量。

5-61 台秤由三级和一级杠杆组合而成，以使作用在一个杠杆的载荷变成下一个杠杆的运动效应。通过这样的配置，一个小的重量可以平衡一大的重物。如果 $x = 450$mm，秤锤 *S* 的质量为 2kg。确定保持平衡时载荷 *L* 的质量。

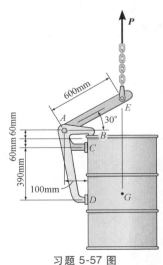

习题 5-57 图

5-58 确定在修枝剪把手上需要施加的力 *P*，使得刀片作用在 *E* 处树枝上的力达到 20lb。

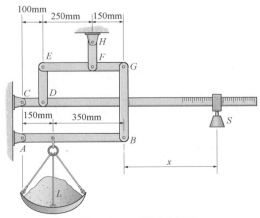

习题 5-60、习题 5-61 图

5-62 平板拖车的重量 7000lb，重心在 G_T 处，拖车部分铰接于牵引车的 D 处。牵引车重 6000lb，重心在 G_C 处。确定重 2000lb 的载荷 L 的位置区间，以使每一根轮轴的受力都不超过 5500lb。载荷的重心在 G_L 处。

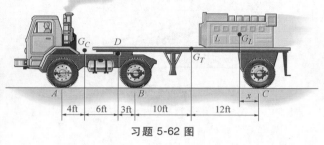

习题 5-62 图

5-63 两个质量均为 20kg 的圆盘，由刚度为 $k = 2kN/m$ 的弹性绳索连在一起。确定系统处于平衡状态时绳索中的张力以及角度 θ。

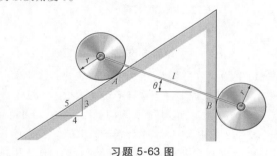

习题 5-63 图

* 5-64 重 75lb 的人试图用图示的两种方法之一将自己举起来。确定每一种情形下作用在杆 AB 上总的力以及平台 C 的反力。忽略平台的重量。

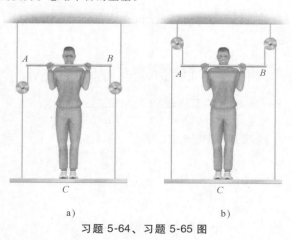

a)

b)

习题 5-64、习题 5-65 图

5-65 重 75lb 的人试图用图示的两种方法之一将自己举起来。确定每一种情形下作用在杆 AB 上总的力以及平台 C 的反力。平台的重量为 30lb。

5-66 确定作用在 B 处销钉上力的水平与铅垂分量以及 C 处销钉对滑槽的法向力。同时确定 A 处反力的水平与垂直分量以及反力偶矩。E 处为滑轮。

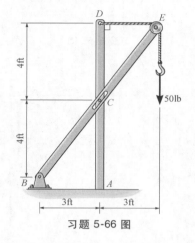

习题 5-66 图

5-67 墙壁式起重机承受的载荷为 700lb。确定铰链 A 和 D 处反力的水平与垂直分量。同时确定绞车 W 上缆绳受力。

* 5-68 墙壁式起重机承受的载荷为 700lb。确定铰链 A 和 D 处反力的水平与垂直分量。同时确定绞车 W 上缆绳受力。吊臂 ABC 的重量 100lb，杆 BD 的重量 40lb。每一个构件都是均质的，且重心都在其中心。

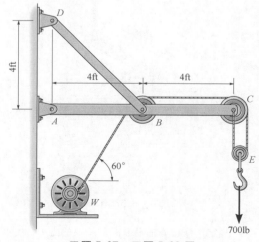

习题 5-67、习题 5-68 图

5-69 作用在压紧器把手上的力为 10lb，确定木块对压紧器的作用力 *F*。

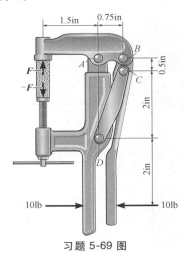

习题 5-69 图

5-70 两个构件组成的框架承受 200lb 载荷与 500lb·ft 的外加力偶矩。确定 *B* 处滚轮对构件 *AC* 的作用力、*C* 处的销钉对 *CB* 的作用力，以及 *A* 处销钉对 *AC* 的作用力。*C* 处辊轴与构件 *CB* 不接触。

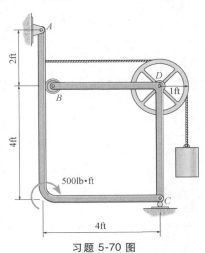

习题 5-70 图

5-71 如果要求 *A* 处的压紧力为 300N，确定必须施加在夹具把手上的力 *F*。

*5-72 如果施加在夹具把手上的力为 *F* = 350N，确定 *A* 处产生的总压紧力。

5-73 机构中的 3 根连杆长度均为 *L* = 3ft，重量均为 *W* = 10lb，确定平衡时的角度 *θ*。弹簧刚度 *k* = 20lb/in。由于滚轮

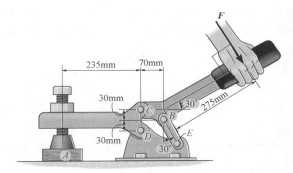

习题 5-71、习题 5-72 图

的导向，弹簧始终保持铅垂方向，且当 *θ* = 0°时弹簧无伸长。

5-74 机构中的 3 根连杆长度均为 *L*，重量均为 *W*，确定平衡时的角度 *θ*。由于滚轮的导向，弹簧始终保持铅垂方向，且当 *θ* = 0°时弹簧无伸长。

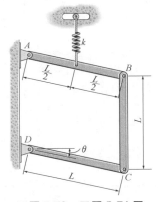

习题 5-73、习题 5-74 图

5-75 图示结构通过允许其自己向下转动将餐厨用具隐藏在橱柜中。如果所有部件的总重量为 10lb，且集中作用在其质量重心 *G* 处。确定机构在图示位置保持自身平衡时弹簧必须产生的拉力。这是一种两侧组合机构，两侧构架类似，每侧承受的载荷为 5lb，每侧弹簧的刚度均为 *k* = 4lb/in。

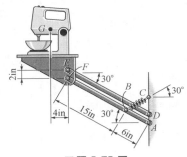

习题 5-75 图

本章回顾

简单桁架

简单桁架由三角形单元构成，通过节点销钉相互连接。确定桁架中杆件的受力采用假定的方法：所有杆件都是二力杆；每一个节点处都是铰链连接。桁架中的杆件或受拉力；或受压力；或不受力

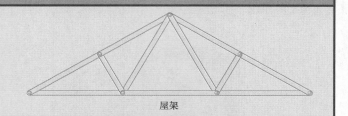

屋架

节点法

节点法的表达：如果桁架平衡，则其上每一个节点也都是平衡的。首先必须画出物体的受力图。对于平面架桁，节点承受汇交力系，力系满足力的平衡条件

为了确定桁架杆件受力，必须选择合适的节点，节点上最多有两个未知力和一个已知力。（为此有时需要首先确定支座反力）

一旦杆的受力确定，便将其数值应用于相邻的节点

请记住：如果所求得的力拉节点。则杆受拉力；如果所求得的力推节点，则杆受压力

为避免求解拉力方程，将坐标轴之一设为一个未知力作用线方向，在垂直于这一坐标轴方向对求和，即可得到另一个未知力的直接解答

通过首先寻找并确认零杆，也可以使分析简化

$$\sum F_x = 0$$
$$\sum F_y = 0$$

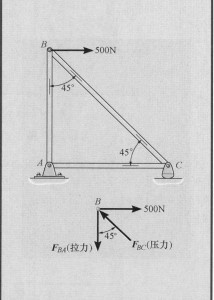

截面法

截面法的表达：如果桁架是平衡的，则截开任何一段也是平衡的。桁架截开处杆件的受力可以确定。画出截开部分的受力图，这一部分上杆件的作用力最少

截开杆若受拉，则产生拉伸；若受推，则产生压缩

三个有效方程用于确定未知力

如有可能，力求和的方向应该是垂直于三个未知力中两个作用线方向，这将直接解出第三个未知力

力矩求和的点应该取在三个未知力两个力作用线的交点。这样可以直接解出第三个未知力

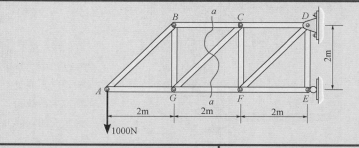

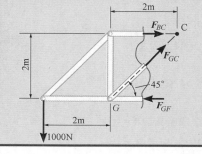

$$\sum F_x = 0$$
$$\sum F_y = 0$$
$$\sum M_O = 0 + \uparrow \sum F_y = 0$$
$$-1000\text{N} + F_{GC}\sin 45° = 0$$
$$F_{GC} = 1.41\text{kN} \quad (T)$$
$$\zeta + \sum M_C = 0$$
$$1000\text{N}(4\text{m}) - F_{GF}(2\text{m}) = 0$$
$$F_{GF} = 2\text{kN} \quad (C)$$

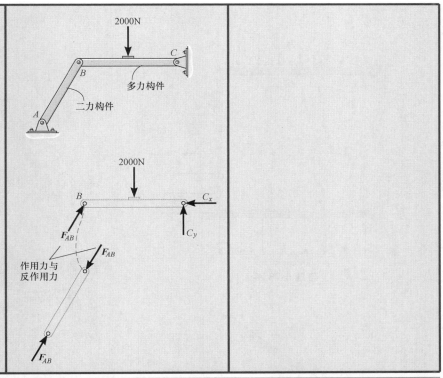

构架与机械

构架和机械是包含一个或几个多力构件的结构。一构件上如果作用有三个或更多的力或力偶矩，这一构件称为多力构件。构架用于承受载荷。机械用于传输力或改变力的作用效果

作用在构架或机械上的力，可以通过画构件或部件的受力图求解。当在相邻构件或销钉的受力图上标出这些力的时候，应该仔细应用作用与反作用原理。对于平面力系，每一个构件都有三个有效的平衡方程

为简化分析，需要确认所有二力构件。其两端具有大小相等、方向相反且共线的力

复习题

*5-76 确定四杆框架中 B 处和 C 处销钉对构件 ABC 作用力的合力。

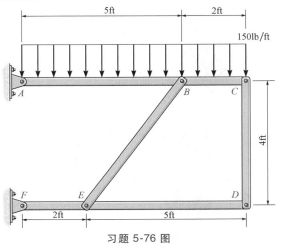

习题 5-76 图

5-77 确定图示桁架中每一根杆的受力，并说明受拉还是受压。

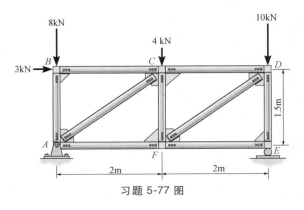

习题 5-77 图

5-78 确定图示两杆组成的框架中铰链 A 处和 B 处反力的水平与铅垂分量。

5-79 确定桁架所能承受的最大的力 P，使得其中拉杆受力不超过 2.5kN；压杆受力不超过 2kN。

*5-80 确定图示桁架中每一根杆的受力，并说明受拉还是受压。P = 5kN。

5

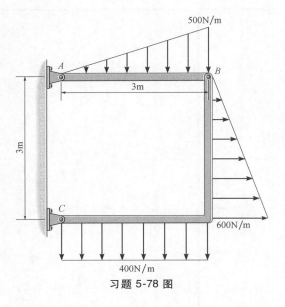

习题 5-78 图

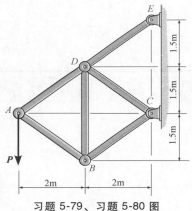

习题 5-79、习题 5-80 图

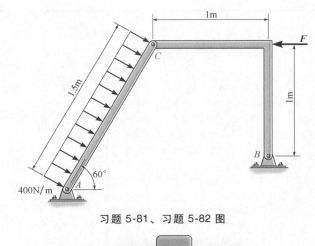

习题 5-81、习题 5-82 图

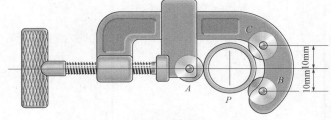

习题 5-83 图

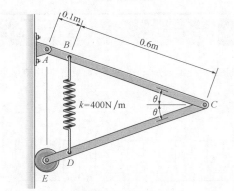

习题 5-84 图

5-81　确定图示框架中铰链 A 和 B 对二杆作用力的水平与铅垂分量。令 $F=0$。

5-82　确定图示框架中铰链 A 和 B 对二杆作用力的水平与铅垂分量。令 $F=500N$。

5-83　管子切割机上的夹紧装置，沿管子四周将管子 P 夹紧。如果 A 处轮子施加在管子上的法向力 $F_A=80N$，确定轮子 B 和 C 施加在管子上的法向力。同时确定轮子 C 处销钉的反力。设每一个轮子的半径均为 7mm；管子的外径为 10mm。

*5-84　图示结构中弹簧的初始长度为 0.3m。假设角度 $\theta=20°$，确定均质连杆的质量 m。

5-85　确定图示桁架中每一根杆的受力，并说明受拉还是受压。

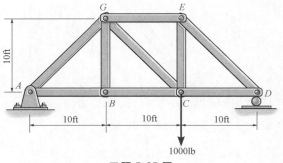

习题 5-85 图

第6章　重心、形心与惯性矩

　　设计图示的这些结构的构件需要计算构件横截面面积的形心以及惯性矩。本章将讨论如何进行这些计算。

本章任务

■ 讨论重心、质心和形心的概念。

■ 介绍如何确定任意形状物体以及组合物体的重心和形心。

■ 提供确定一般载荷合力的方法。

■ 介绍如何确定给定面积的惯性矩。

6.1　物体的重心、质心与形心

　　本节将首先介绍怎样确定物体重心的位置，进而根据所导出的类似方法确定物体的质心以及面积的形心。

　　重心　物体由各种大小不等的质点组成，如果这些质点位于重力场中，每一个质点都受有重力 $\mathrm{d}W$，如图 6-1a 所示。这些重力将形成近似的平行力系，平行力系的合力即为物体所受的总重力（物体的总重量），总重力通过的那一点称为重心，用 G 表示（图 6-1b）[⊖]。

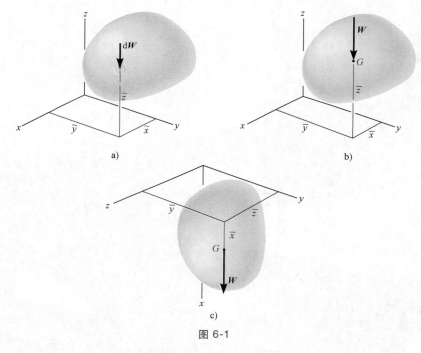

图 6-1

　　采用 3.8 节介绍的方法，物体的重量是物体中所有质点重量之和，即

$$+\downarrow F_{\mathrm{R}} = \sum F_Z, \qquad W = \int \mathrm{d}W$$

　　[⊖]　只要假定重力场处处具有相同的大小和方向，这一表述就是正确的。对于绝大多数工程应用，这一假定是合理的。因为对于这些工程应用，重力没有明显的差异，例如，建筑物的底层和屋顶之间。

利用合力矩定理确定重心的位置：重力 W 对于每一坐标轴（例如 x 轴）之矩等于所有质点重力 dW 对同一坐标轴之矩的和。设重心坐标为 $(\bar{x}, \bar{y}, \bar{z})$；重心坐标为 $(\tilde{x}, \tilde{y}, \tilde{z})$，于是如图 6-1b 所示，对 y 轴之矩求和，有

$$(M_R)_y = \sum M_y, \qquad \bar{x}W = \int \tilde{x}\,dW$$

类似地，对 x 轴之矩求和，有

$$(M_R)_x = \sum M_y, \qquad \bar{y}W = \int \tilde{y}\,dW$$

最后，假想将物体固定在坐标系中使物体和坐标系一起绕 y 轴旋转 $90°$，如图 6-1c 所示。进而对 y 轴之矩求和，得

$$(M_R)_y = \sum M_y, \qquad \bar{z}W = \int \tilde{z}\,dW$$

于是，重心位置 G 在 x、y、z 坐标系中的坐标变为

$$\bar{x} = \frac{\int \tilde{x}\,dW}{\int dW}, \quad \bar{y} = \frac{\int \tilde{y}\,dW}{\int dW}, \quad \bar{z} = \frac{\int \tilde{z}\,dW}{\int dW} \qquad (6\text{-}1)$$

式中　$\bar{x}$、$\bar{y}$、$\bar{z}$ 为重心 G 的坐标，如图 6-1b 所示；

$\tilde{x}$、$\tilde{y}$、$\tilde{z}$ 为物体中质点的坐标，如图 6-1a 所示。

物体的质心　为了研究物体的动力学响应或者加速度运动，确定物体的质心（图 6-2 中的 C_m）变得重要了。将 $dW = g\,dm$ 代入方程（6-1），即可确定物体质心的位置。因为 g 为常数而被消去，从而得到质心的位置坐标：

$$\bar{x} = \frac{\int \tilde{x}\,dm}{\int dm}, \quad \bar{y} = \frac{\int \tilde{y}\,dm}{\int dm}, \quad \bar{z} = \frac{\int \tilde{z}\,dm}{\int dm} \qquad (6\text{-}2)$$

物体的形心　如果组成图 6-3 所示物体的材料是连续、均质的，则其密度 ρ 将为常数。因此体积微元 dV 的质量为 $dm = \rho\,dV$。将其代入方程（6-2）并消去 ρ，得到确定形心 C 或者物体几何中心位置的公式：

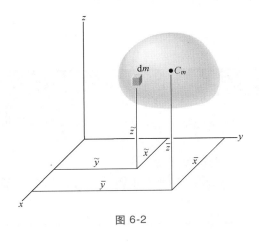

图 6-2

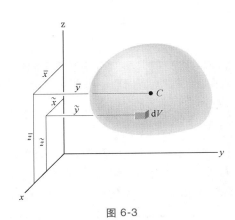

图 6-3

$$\bar{x} = \frac{\int_V \widetilde{x}\,\mathrm{d}V}{\int_V \mathrm{d}V}, \quad \bar{y} = \frac{\int_V \widetilde{y}\,\mathrm{d}V}{\int_V \mathrm{d}V}, \quad \bar{z} = \frac{\int_V \widetilde{z}\,\mathrm{d}V}{\int_V \mathrm{d}V} \tag{6-3}$$

　　这些表示物体体积矩的平衡。所以如果物体具有两个对称平面，则体积的形心必然位于这两个平面的交线上。例如，图 6-4 所示的锥体，其形心必然位于 y 轴上，因而有 $\bar{x} = \bar{z} = 0$。其 $\bar{y}$ 坐标，可以通过选取一薄圆盘微元积分得到，薄圆盘微元的厚度为 $\mathrm{d}y$，半径 $r = z$，故其体积 $\mathrm{d}V = \pi r^2 \mathrm{d}y = \pi z^2 \mathrm{d}y$，以及微元的形心坐标为 $\widetilde{x} = 0$，$\widetilde{y} = y$，$\widetilde{z} = 0$。

　　面积的形心　　如果由曲线 $y = f(x)$ 为边界围成的面积位于 $x\text{-}y$ 平面内，如图 6-5a 所示，则其形心必位于 $x\text{-}y$ 平面，形心坐标可以根据类似于方程（6-3）积分确定，即

$$\bar{x} = \frac{\int_A \widetilde{x}\,\mathrm{d}A}{\int_A \mathrm{d}A}, \quad \bar{y} = \frac{\int_A \widetilde{y}\,\mathrm{d}A}{\int_A \mathrm{d}A} \tag{6-4}$$

图 6-4

　　若采用矩形条作为面积微元，上述积分可由一次积分完成。例如，图 6-5b 中采用的竖直矩形条，微元面积 $\mathrm{d}A = y\mathrm{d}x$，微元形心坐标 $\widetilde{x} = x$ 和 $\widetilde{y} = y/2$；如果采用图 6-5c 中水平矩形条，则微元面积 $\mathrm{d}A = x\mathrm{d}y$，微元形心坐标 $\widetilde{x} = x/2$ 和 $\widetilde{y} = y$。

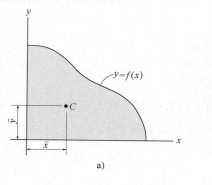
a)

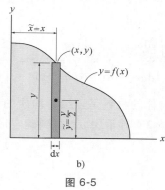
b)

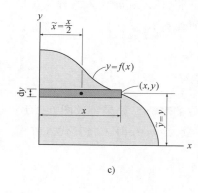
c)

图 6-5

要点

　　● 形心表示物体的几何中心。如果组成物体的材料是均匀和同质的，则物体的形心与质心或重心重合。

　　● 确定重心或形心所用的公式简单地理解为一种平衡：系统各部分之矩的和等于系统的合力之矩。

　　● 某些情形下，物体的形心所在的那一点并不在物体上，环状物体即属此例。同时，物体的形心所在的那一点必然位于物体的对称轴上。

分析过程

遵循以下过程，物体的重心或形心以及形状的确定可以通过一次积分完成。

微元

- 选择合适的坐标系，规定坐标轴，为积分选择微元。
- 对于面积，微元一般取长度有限、宽度无穷小、面积为 dA 的矩形。
- 对于体积，微元可以取体积为 dV 的圆盘，其半径有限、厚度无穷小。
- 将微元置于定义边界曲线上的任意点 (x，y，z) 处。

尺寸与矩之臂

- 将微元面积 dA 或体积 dV 表示成定义上述曲线的坐标形式。
- 对于形心或重心，将微元矩之臂 $\tilde{x}$、$\tilde{y}$、$\tilde{z}$ 表示成定义上述曲线的坐标形式。

积分

- 将 $\tilde{x}$、$\tilde{y}$、$\tilde{z}$ 和 dA 或 dV 代入相应的方程 [方程 (6-1)～方程 (6-5)]。
- 将积分函数用与表示微元厚度相同的标量表示。
- 根据物体上微元厚度方向的两个端点的位置，确定积分限，以使对微元求和或积分运算覆盖整个物体的所有区域[⊖]。

例题 | **6.1**

确定图 6-6a 所示面积的形心位置

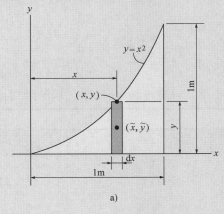 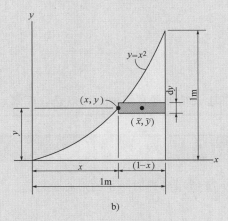

图 6-6

解法 1

　微元。宽度为 dx 的微元示于图 6-6a 中。微元与曲线相交于任意点 (x，y)，故微元高度为 y。

　面积和矩之臂。微元面积 d$A = y\,dx$，其形心坐标为 $\tilde{x} = x$，$\tilde{y} = y/2$。

　积分。应用方程 (6-4)，对 x 积分，得

例题 6.1

$$\bar{x} = \frac{\int_A \tilde{x} \, dA}{\int_A dA} = \frac{\int_0^{1m} xy \, dx}{\int_0^{1m} y \, dx} = \frac{\int_0^{1m} x^3 \, dx}{\int_0^{1m} x^2 \, dx} = \frac{0.250}{0.333} m = 0.75 m$$

$$\bar{y} = \frac{\int_A \tilde{y} \, dA}{\int_A dA} = \frac{\int_0^{1m} (y/2) y \, dx}{\int_0^{1m} y \, dx} = \frac{\int_0^{1m} (x^2/2) x^2 \, dx}{\int_0^{1m} x^2 \, dx} = \frac{0.100}{0.333} m = 0.3 m$$

解法 2

微元。宽度为 dy 的微元示于图 6-6b 中。微元与曲线相交于任意点 (x, y)，故微元长度为 $(1-x)$。

面积和矩之臂。微元面积 $dA = (1-x) \, dy$，其形心坐标为

$$\tilde{x} = x + \left(\frac{1-x}{2}\right) = \frac{1+x}{2}, \quad \tilde{y} = y$$

积分。应用方程（6-4），对 y 积分，得

$$\bar{x} = \frac{\int_A \tilde{x} \, dA}{\int_A dA} = \frac{\int_0^{1m} [(1+x)/2](1-x) \, dy}{\int_0^{1m} (1-x) \, dy} = \frac{\frac{1}{2}\int_0^{1m} (1-y) \, dy}{\int_0^{1m} (1-\sqrt{y}) \, dy} = \frac{0.250}{0.333} m = 0.75 m$$

$$\bar{y} = \frac{\int_A \tilde{y} \, dA}{\int_A dA} = \frac{\int_0^{1m} y(1-x) \, dy}{\int_0^{1m} (1-x) \, dy} = \frac{\int_0^{1m} (y - y^{3/2}) \, dy}{\int_0^{1m} (1-\sqrt{y}) \, dy} = \frac{0.100}{0.333} m = 0.3 m$$

注意：将这一结果标在图中，可以是合理的。对于本例，以宽度为 dx 的微元求解给出比较简单些。

例题 6.2

确定图 6-7a 所示半椭圆面积的形心位置。

解法 1

微元。考察图 6-7a 所示平行于 y 轴的微元。微元宽度为 dx、高度为 y。

面积和矩之臂。微元面积 $dA = y \, dx$，其形心坐标为 $\tilde{x} = x$，$\tilde{y} = y/2$。

积分。因为面积图形对称于 y 轴，有

$$\tilde{x} = 0$$

应用方程（6-4）的第二式，以及 $y = \sqrt{1 - \dfrac{x^2}{4}}$，对 x 积分，得

例题 | **6.2**

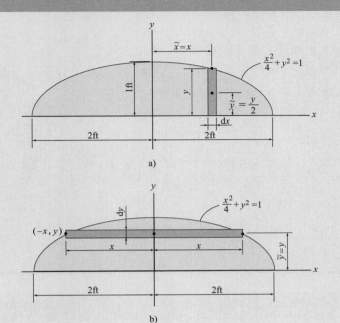

图 6-7

$$\bar{y} = \frac{\displaystyle\int_A \widetilde{y}\,\mathrm{d}A}{\displaystyle\int_A \mathrm{d}A} = \frac{\displaystyle\int_{-2\mathrm{ft}}^{2\mathrm{ft}} \frac{y}{2}\,(y\,\mathrm{d}x)}{\displaystyle\int_{-2\mathrm{ft}}^{2\mathrm{ft}} y\,\mathrm{d}x} = \frac{\dfrac{1}{2}\displaystyle\int_{-2\mathrm{ft}}^{2\mathrm{ft}}\left(1-\frac{x^2}{4}\right)\mathrm{d}x}{\displaystyle\int_{-2\mathrm{ft}}^{2\mathrm{ft}}\sqrt{1-\frac{x^2}{4}}\,\mathrm{d}x} = \frac{4/3}{\pi}\mathrm{ft} = 0.424\mathrm{ft}$$

解法 2

微元。考察图 6-7b 所示宽度为 $2x$、高度为 $\mathrm{d}y$、平行于 x 轴的阴影矩形微元。微元与曲线相交于任意点 (x, y)，故微元高度为 y。

面积和矩之臂。微元面积 $\mathrm{d}A = 2x\mathrm{d}y$，其形心坐标为 $\widetilde{x} = 0$，$\widetilde{y} = y$。

积分。应用方程（6-4）的第二式，以及 $x = 2\sqrt{1-y^2}$，对 y 积分，有

$$\bar{y} = \frac{\displaystyle\int_A \widetilde{y}\,\mathrm{d}A}{\displaystyle\int_A \mathrm{d}A} = \frac{\displaystyle\int_0^{1\mathrm{ft}} y\,(2x\,\mathrm{d}x)}{\displaystyle\int_0^{1\mathrm{ft}} 2x\,\mathrm{d}x} = \frac{\displaystyle\int_0^{1\mathrm{ft}} 4y\sqrt{1-y^2}\,\mathrm{d}y}{\displaystyle\int_0^{1\mathrm{ft}} 4\sqrt{1-y^2}\,\mathrm{d}y} = \frac{4/3}{\pi}\mathrm{ft} = 0.424\mathrm{ft}$$

例题 6.3

确定图 6-8 所示抛物面回转体的形心位置。

解

微元。选择薄圆盘形状的微元。微元厚度为 dy，与母线交于任意点 $(0, y, z)$，其半径为 $r=z$。

体积和矩之臂。微元体积 $dV = \pi z^2 dy$，其形心坐标为 $\widetilde{y} = y$。

积分。应用方程（6-3）的第二式，对 y 积分，得

$$\bar{y} = \frac{\int_V \widetilde{y} dV}{\int_V dV} = \frac{\int_0^{100mm} y(\pi z^2) dy}{\int_0^{100mm} (\pi z^2) dy} = \frac{100\pi \int_0^{100mm} y^2 dy}{100\pi \int_0^{100mm} y dy} = 66.7mm$$

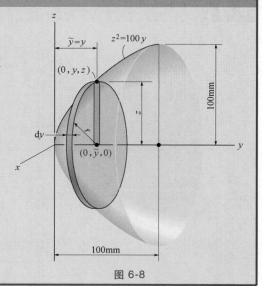

图 6-8

基础题

F6-1　确定阴影面积的形心坐标 $(\bar{x}, \bar{y})$。

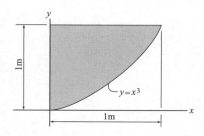

F6-1 图

F6-3　确定阴影面积的形心坐标 $\bar{y}$。

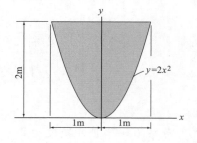

F6-3 图

F6-2　确定阴影面积的形心坐标 $(\bar{x}, \bar{y})$。

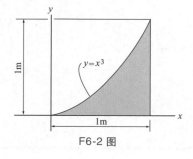

F6-2 图

F6-4　确定面积以及面积形心坐标 $(\bar{x}, \bar{y})$。

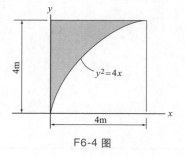

F6-4 图

F6-5　确定由阴影面积绕 y 轴回转形成的均匀实心物体的形心坐标 $\bar{y}$。

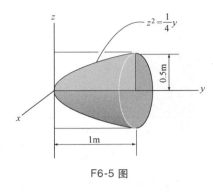

F6-5 图

F6-6　确定由阴影面积 z 轴回转形成的均匀实心物体的形心坐标 $\bar{z}$。

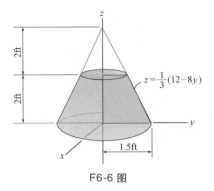

F6-6 图

习题

6-1　确定图示面积的形心坐标 $\bar{y}$。

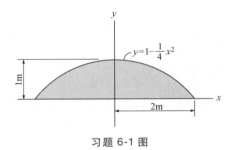

习题 6-1 图

6-2　确定图示抛物线面积的形心坐标 $\bar{x}$。

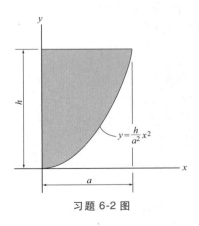

习题 6-2 图

6-3　确定图示面积的形心坐标 $\bar{x}$。

* 6-4　确定图示面积的形心坐标 $\bar{y}$。

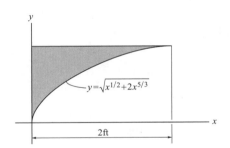

习题 6-3、习题 6-4 图

6-5　确定面积以及面积形心坐标 $(\bar{x}, \bar{y})$。

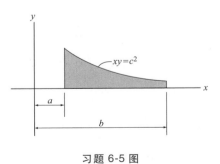

习题 6-5 图

6-6　确定图示抛物线面积的形心坐标 $\bar{y}$。

6

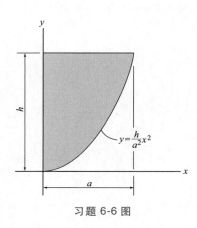

习题 6-6 图

6-7　确定阴影面积的形心坐标 $\bar{x}$。

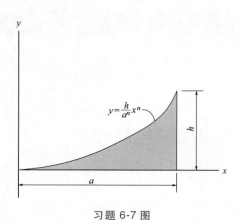

习题 6-7 图

*6-8　确定图示面积的形心坐标 $\bar{x}$。

6-9　确定图示面积的形心坐标 $\bar{y}$。

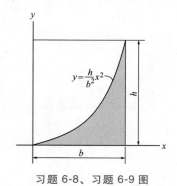

习题 6-8、习题 6-9 图

6-10　确定阴影面积的形心坐标 $\bar{x}$。

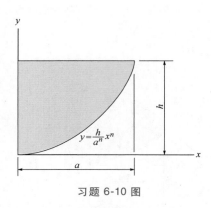

习题 6-10 图

6-11　确定面积以及面积形心坐标 $(\bar{x},\ \bar{y})$。

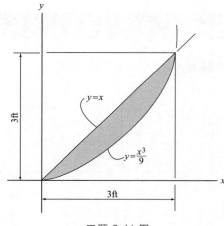

习题 6-11 图

*6-12　确定图示面积的形心坐标 $\bar{x}$。

6-13　确定图示面积的形心坐标 $\bar{y}$。

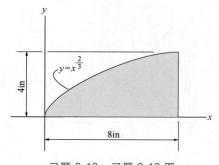

习题 6-12、习题 6-13 图

6-14　确定椭球回转体的形心坐标。

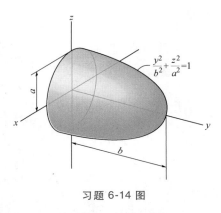

$$\frac{y^2}{b^2}+\frac{z^2}{a^2}=1$$

习题 6-14 图

6-15　确定阴影面积回转形成均匀实心物体的形心坐标 $\bar{y}$。

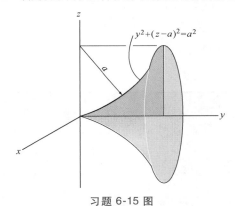

$$y^2+(z-a)^2=a^2$$

习题 6-15 图

* 6-16　确定抛物面回转体的形心坐标 $\bar{y}$。

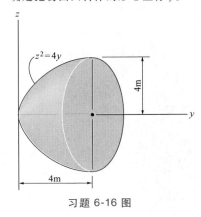

$z^2=4y$

4m

4m

习题 6-16 图

6-17　确定实心回转体的重心坐标 $\bar{z}$。

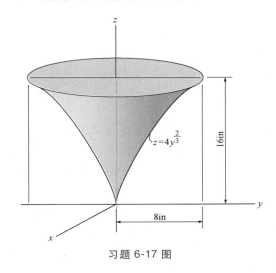

$$z=4y^{\frac{2}{3}}$$

16in

8in

习题 6-17 图

6-18　确定由阴影面积回转形成的均匀实心截头物体的形心坐标 $\bar{z}$。

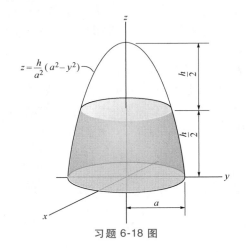

$$z=\frac{h}{a^2}(a^2-y^2)$$

$\dfrac{h}{2}$

$\dfrac{h}{2}$

a

习题 6-18 图

6.2　组合体

组合体由若干形状比较"简单"的物体连成一体组合而成，这些简单物体可以是矩形、三角形以及半圆形等。通常这样的物体都可以截开或划分为若干组成部分，由于每一个组成部分的重力以及重心位置都是已知的，因而无须通过积分确定整个组合体的重心。为此，需要遵循 6.1 节所述过程。但是，类似方程（6-1）的结果，不是无穷多个微元重力，而是有限个组合部分的重力。于是，有

$$\bar{x} = \frac{\sum \tilde{x} W}{\sum W}, \quad \bar{y} = \frac{\sum \tilde{y} W}{\sum W}, \quad \bar{z} = \frac{\sum \tilde{z} W}{\sum W} \qquad (6\text{-}5)$$

式中　$\bar{x}$、$\bar{y}$、$\bar{z}$ 为组合体重心 G 的坐标；

　　　$\tilde{x}$、$\tilde{y}$、$\tilde{z}$ 为组合体中每一个组合部分重心的坐标；

　　　$\sum W$ 为所有组合体部分的重量之和，简单地说就是组合体的总重量。

　　当物体的密度或比重⊖为常数时，其形心与重心重合。组合线、面积和体积的形心可以利用与方程（6-5）相似的关系式确定，但是其中的 W 将分别由 A 和 V 替代。附录 B 中给出了常见组合体的面积和体积形心。

为了确定混凝土路障翻倒所需要的力必须首先确定重心 G 的位置。G 将位于铅垂对称轴上

分析过程

物体的重心位置，或者用面积或体积表示的几何组合物体形心的位置，按以下过程确定。

组合部分

- 将组合体划分为若干具有简单形状的部分。

- 如果物体上有孔或洞，或者某个几何区域没有材料，可以将组合体视为没有孔洞的物体，而将孔洞视为组合体的附加部分，不过其重量和几何尺寸均取负值。

矩之臂

- 在图上建立坐标轴，并确定每一个组合部分的重心坐标 $\tilde{x}$、$\tilde{y}$、$\tilde{z}$。

求和

- 应用重心方程（6-5）或相似的形心方程确定 $\bar{x}$、$\bar{y}$、$\bar{z}$。

- 如果物体有一根对称轴，则其形心必然位于该轴上。

如果需要，确定形心的介绍可以以列表的形式进行。正如以下的两个例题所做的那样。

水塔上水箱的重心可以将其划分为 3 个组合部分，然后应用方程（6-5）确定

例题 | **6.4**

确定图 6-9a 所示板的形心位置。

解

组合部分。将板划分为三部分，如图 6-9b 所示。其中小矩形③将作为负面积，因为它必须从大矩形②中减去。

矩之臂。每一个组合部分的形心均标在图中。注意到②和③的 $\widetilde{x}$ 坐标均为负值。

求和。从图 6-9b 取出相关数据，计算列表如下：

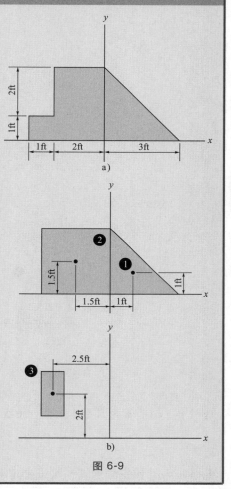
图 6-9

部分	A/ft^2	$\widetilde{x}/\text{ft}$	$\widetilde{y}/\text{ft}$	$\widetilde{x}A/\text{ft}^3$	$\widetilde{y}A/\text{ft}^3$
1	$\dfrac{1}{2}(3)(3)=4.5$	1	1	4.5	4.5
2	$(3)(3)=9$	-1.5	1.5	-13.5	13.5
3	$\dfrac{-(2)(1)=-2}{\sum A=11.5}$	-2.5	2	$\dfrac{5}{\sum \widetilde{x}A=-4}$	$\dfrac{-4}{\sum \widetilde{y}A=14}$

于是，有

$$\bar{x}=\frac{\sum \widetilde{x}A}{\sum A}=\frac{-4}{11.5}\text{ft}=-0.348\text{ft}$$

$$\bar{y}=\frac{\sum \widetilde{y}A}{\sum A}=\frac{14}{11.5}\text{ft}=1.22\text{ft}$$

注意：如果将上述结果画在图 6-9a 中，你会发现这一结果似乎是合理的。

例题 | **6.5**

确定图 6-10a 所示组合体的质心位置。已知：截头锥的密度 $\rho_c=8\text{Mg/m}^3$；半球的密度 $\rho_h=4\text{Mg/m}^3$。截头锥中央有半径为 25mm 的圆柱形孔洞。

解

组合部分。组合体可以设想为由四部分组成，如图 6-10b 所示。计算时③和④两部分必须作为"负"的部分处理，这样四部分加在一起得到图 6-10a 所示的组合体。

矩之臂。利用附录 B，每一部分的形心 $\widetilde{z}$ 计算结果均标在图中。

求和。因为对称，故有

$$\bar{x}=\bar{y}=0$$

例题 | 6.5

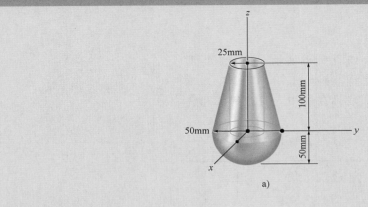

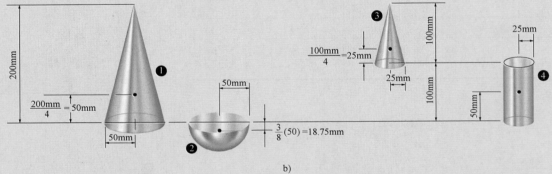

图 6-10

基于 $W = mg$，g 为常数，方程（6-5）的第三式变为

$$\bar{z} = \frac{\sum \tilde{z}m}{\sum m}$$

根据 $m = \rho V$ 和积分运算，可以确定各部分的质量。同时，考虑到 $1\mathrm{Mg/m^3} = 10^{-6}\mathrm{kg/mm^3}$，从而有：

部分	m/kg	$\tilde{z}/\mathrm{mm}$	$\tilde{z}m/\mathrm{kg \cdot mm}$
1	$8(10^{-6})\left(\dfrac{1}{3}\right)\pi(50)^2(200) = 4.189$	50	209.440
2	$4(10^{-6})\left(\dfrac{2}{3}\right)\pi(50)^3 = 1.047$	-18.75	-19.635
3	$-8(10^{-6})\left(\dfrac{1}{3}\right)\pi(25)^2(100) = -0.524$	$100+25 = 125$	-65.450
4	$-8(10^{-6})\pi(25)^2(100) = -1.571$	50	-78.540
	$\sum m = 3.142$		$\sum \tilde{z}m = 45.815$

于是，

$$\tilde{z} = \frac{\sum \tilde{z}m}{\sum m} = \frac{45.815}{3.142}\mathrm{mm} = 14.6\mathrm{mm}$$

基础题

F6-7　确定图示形状折弯金属丝的形心坐标$(\bar{x}, \bar{y}, \bar{z})$。

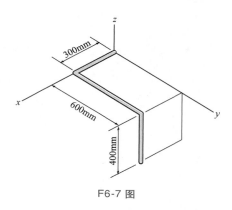

F6-7 图

F6-8　确定梁横截面面积的形心坐标$\bar{y}$。

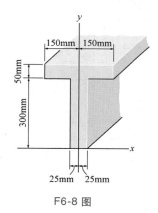

F6-8 图

F6-9　确定梁横截面面积的形心坐标$\bar{y}$。

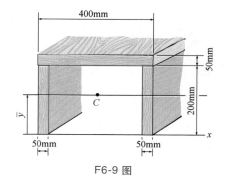

F6-9 图

F6-10　确定横截面面积的形心坐标$(\bar{x}, \bar{y})$。

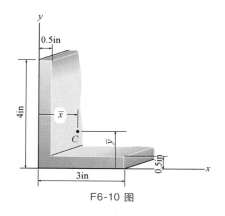

F6-10 图

F6-11　确定均质实心块体的质心坐标$(\bar{x}, \bar{y}, \bar{z})$。

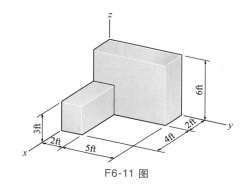

F6-11 图

F6-12　确定均质实心块体的质心坐标$(\bar{x}, \bar{y}, \bar{z})$。

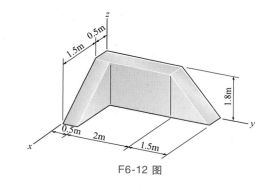

F6-12 图

6

习题

6-19　确定角形横截面面积的形心坐标 $(\bar{x}, \bar{y})$。

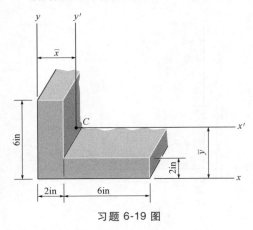

习题 6-19 图

*6-20　确定槽形横截面面积的形心坐标 $(\bar{x}, \bar{y})$。

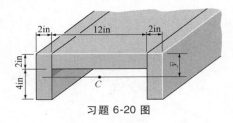

习题 6-20 图

6-21　确定杆件横截面面积的形心坐标 $(\bar{x}, \bar{y})$。

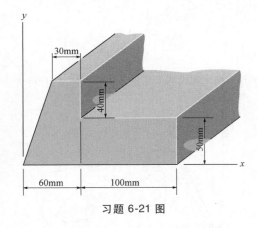

习题 6-21 图

6-22　确定 T 形混凝土梁横截面面积的形心坐标 $\bar{y}$。

6-23　确定由槽型钢和工字钢组成梁横截面面积的形心坐标 $\bar{y}$。

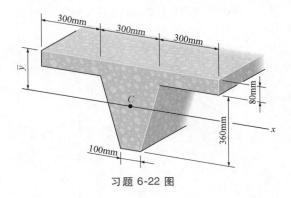

习题 6-22 图

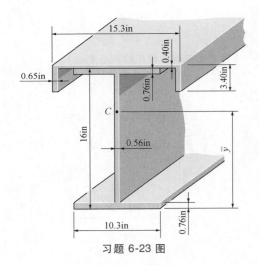

习题 6-23 图

*6-24　确定角钢横截面面积的形心坐标 $\bar{y}$。

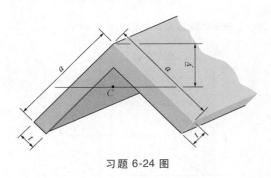

习题 6-24 图

6-25　确定梁横截面面积的形心坐标 $\bar{y}$。计算时忽略角焊缝的尺寸。

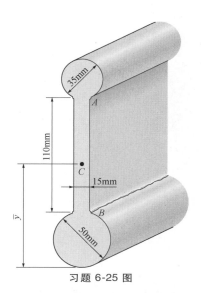

习题 6-25 图

6-26　确定组合块体的质心坐标。块体 1、2、3 材料的密度分别为 $\rho_1 = 2.70\text{Mg/m}^3$，$\rho_2 = 5.70\text{Mg/m}^3$，$\rho_3 = 7.80\text{Mg/m}^3$。

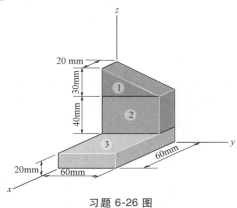

习题 6-26 图

6-27　确定组合体的质心坐标 $\bar{z}$。组合体中 A 为同轴空心圆柱体，其密度为 7.90Mg/m^3，外部圆柱体 B 和锥体 C 的密度均为 2.70Mg/m^3。

*6-28　商场主地板承受的载荷由放置于其上的物品引起。每个物品对地板的作用力都通过各自的重心 G。确定所有这些物品的重心坐标 $(\bar{x}, \bar{y})$。

6-29　图示圆锥体从底面起有一直径为 100mm、高度为 h 的空心圆柱体，为使组合体的重心坐标 $\bar{z} = 115\text{mm}$，确定空心圆柱体的高度 h。

6-30　在均质块体中央钻有半径为 r 的圆柱体孔。确定使组合体的重心 G 尽可能低的空心圆柱体孔的深度 h。

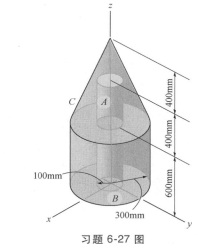

习题 6-27 图

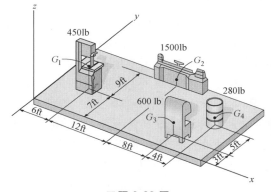

习题 6-28 图

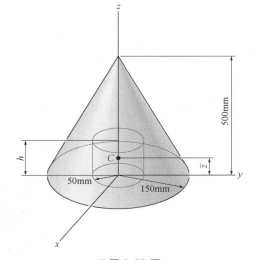

习题 6-29 图

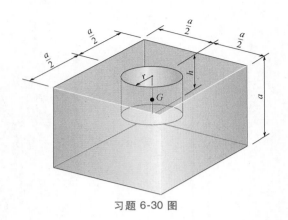

习题 6-30 图

6

6.3 分布载荷的合力

有时，物体承受的载荷分布于其表面。例如，作用在信号牌表面的风压力；容器内壁承受的水压力；储存仓库地板所受的砂子的重量等，这些力统称为分布力。作用在物体表面上每一点的压力称为载荷密度。SI 单位制中，载荷密度用 Pa（N/m^2）量度。美国的习惯用法为 lb/ft^2。

作为例子，考察图 6-11a 所示平板，其上承受的载荷为 $p = p(x, y)$ Pa。1 Pa（帕斯卡）= $1N/m^2$。若已知载荷函数，即可确定载荷的合力及其作用位置 $(\bar{x}, \bar{y})$，如图 6-11b 所示。

合力的大小 作用在平板上任意点 (x, y) 处微元面积 dA m^2 上的合力为 dF，其大小为

$$dF = [p(x, y) N/m^2](dA\,m^2) = [p(x, y) dA] N$$

考虑到

$$p(x, y) dA = dV$$

在图 6-11a 中用黑色表示体积微元。

对作用在平板整个表面上的力求和，得到分布载荷的合力 F_R，即

$$F_R = \sum F, \quad F_R = \int_A p(x, y) dA = \int_V dV = V \qquad (6\text{-}6)$$

这一结果表明合力的大小等于载荷分布图下的总体积。

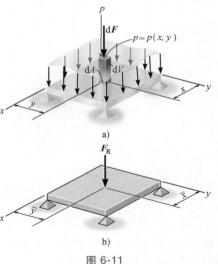

a)

b)

图 6-11

设计使建筑物保持整体性的框架结构，必须采用积分方法计算分布于建筑物前面和侧面墙体上风载的合力

合力的位置 合力 $\boldsymbol{F}_{\mathrm{R}}$ 的位置 $(\bar{x}, \bar{y})$，可以通过令 $\boldsymbol{F}_{\mathrm{R}}$ 与所有 $\mathrm{d}\boldsymbol{F}$ 对于 y 轴和 x 轴之矩分别相等而确定。根据图 6-11b 和方程（6-6），得出

$$\bar{x} = \frac{\int_A x p(x,y)\,\mathrm{d}A}{\int_A p(x,y)\,\mathrm{d}A} = \frac{\int_V x\,\mathrm{d}V}{\int_V \mathrm{d}V}, \quad \bar{y} = \frac{\int_A y p(x,y)\,\mathrm{d}A}{\int_A p(x,y)\,\mathrm{d}A} = \frac{\int_V y\,\mathrm{d}V}{\int_V \mathrm{d}V} \tag{6-7}$$

因此，合力的作用线通过载荷分布图下的体积的几何重心或面积的形心。

沿单一轴的载荷 工程实际中经常遇到的分布载荷最普通的类型，可以表示为沿单一轴作用的情形。例如，考察图 6-12a 所示梁（或平板），梁的宽度为常数，承受沿 x 轴变化的压力载荷。载荷用函数 $p = p(x)\,\mathrm{N/m^2}$ 描述。其中仅包含一个变量 x，基于此，也可以将其表示为共面载荷。这样，将载荷函数乘以梁的宽度 b m，得到

$$w(x) = p(x)\,b\,\mathrm{N/m}$$

如图 6-12b 所示。应用 3.8 节中的方法，可以用作用在梁上确定位置的、等效合力 $\boldsymbol{F}_{\mathrm{R}}$ 代替上述共面平行力系，如图 6-12c 所示。

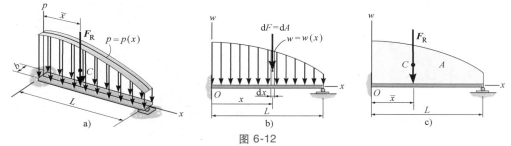

图 6-12

合力大小 根据方程（3-17）$(F_{\mathrm{R}} = \sum F)$，合力 $\boldsymbol{F}_{\mathrm{R}}$ 的大小相对于力系中所有力之和。因为有无穷多个平行力 $\mathrm{d}\boldsymbol{F}$ 作用在梁上，如图 6-12b 所示，因而在这种情形下必须采用积分。因为力 $\mathrm{d}\boldsymbol{F}$ 作用在梁的长度微元 $\mathrm{d}x$ 上，$w(x)$ 为单位长度上的力，于是，

$$\mathrm{d}F = w(x)\,\mathrm{d}x = \mathrm{d}A$$

换言之，$\mathrm{d}F$ 的大小由载荷曲线下灰色面积微元 $\mathrm{d}A$ 所确定。在梁的全长 L 上，有

$$+\downarrow F_{\mathrm{R}} = \sum F; \quad F_{\mathrm{R}} = \int_L w(x)\,\mathrm{d}x = \int_A \mathrm{d}A = A \tag{6-8}$$

所以，合力的大小等于载荷图形下的总面积 A。

合力的位置 应用方程（3-18）$[(M_{\mathrm{R}})_O = \sum M_O]$，可以确定合力 $\boldsymbol{F}_{\mathrm{R}}$ 的作用线的位置 $\bar{x}$。即：合力对点 O（y 轴）之矩等于平行分布力对同一点之矩。根据图 6-12b 所示，$\mathrm{d}\boldsymbol{F}$ 对点 O 之矩为

$$x\,\mathrm{d}F = x w(x)\,\mathrm{d}x$$

在全长上积分（图 6-12c），有

$$\zeta + (M_{\mathrm{R}})_O = \sum M_O, \quad -\bar{x}F_{\mathrm{R}} = -\int_L x w(x)\,\mathrm{d}x$$

利用方程（6-8），解出

$$\bar{x} = \frac{\int_L x w(x)\,\mathrm{d}x}{\int_L w(x)\,\mathrm{d}x} = \frac{\int_A x\,\mathrm{d}A}{\int_A \mathrm{d}A} \tag{6-9}$$

坐标 $\bar{x}$ 确定了分布载荷图形下面积的几何中心或形心的位置。换言之，合力作用线通过载荷图形下面积的形心 C（几何中心），如图 6-12c 所示。

但是，在很多情形下，载荷分布图为矩形、三角形，或者其他简单几何形状。对于这些普通形状的分布载荷，不需要采用上述积分形式的公式确定其形心位置。可以应用附录 B 中给出的结果直接进行计算。

$\bar{x}$ 一旦确定，F_R 将通过梁表面上的点 $(\bar{x}, 0)$，如图 6-12a 所示。

所以，在这种情形下，合力的大小对于分布载荷曲线下的面积，其作用线通过这一面积的形心（或几何中心。）

要点

- 采用载荷函数 $w = w(x)$ 定义共面分布载荷，它表示载荷沿杆长度方向的密度，在二维问题中，密度演变为集度。集度用 N/m 或 lb/ft 量度。

- 共面分布载荷作用在物体上的外部效应可以用它的一个合力表示。

- 合力相对于载荷图下的面积，合力的作用线通过面积的形心或几何中心。

组成堆积货物的梁承受均匀分布载荷 w_0。其合力等于矩形载荷图的面积，合力作用线通过面积的形心或几何中心

例题 6.6

确定作用在图 6-13a 所示轴上等效合力的大小与位置。

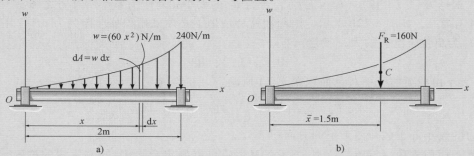

图 6-13

解 因为 $w = w(x)$ 已经给出，本例将通过积分求解。

面积微元 $dA = w\,dx = 60x^2\,dx$。应用方程（6-8），得

$$+\downarrow F_R = \sum F$$

$$F_R = \int_A dA = \int_0^{2m} 60x^2\,dx = 60\left(\frac{x^3}{3}\right)\bigg|_0^{2m} = 60\left(\frac{2^3}{3} - \frac{0^3}{3}\right)$$

$$= 160\text{N}$$

一旦确定，F_R 位置 $\bar{x}$ 从点 O 处开始量度，如图 6-13b 所示，根据方程（6-9），求得

例题 | 6.6

$$\bar{x} = \frac{\int_A x \, dA}{\int_A dA} = \frac{\int_0^{2m} x(60x^2)\, dx}{160\text{N}} = \frac{60\left(\dfrac{x^4}{4}\right)\Big|_0^{2m}}{160\text{N}} = \frac{60\left(\dfrac{2^4}{4} - \dfrac{0^4}{4}\right)}{160\text{N}} = 1.5\text{m}$$

注意：利用附录 B 的表列，可以校核上述结果的正确性，表中图 6-13a 所示长为 L、高为 h 的抛物线形状的面积，有

$$A = \frac{ab}{3} = \frac{2\text{m}(240\text{N/m})}{3} = 160\text{N}, \quad \bar{x} = \frac{3}{4}a = \frac{3}{4}(2\text{m}) = 1.5\text{m}$$

例题 | 6.7

分布载荷 $p = (800x)\text{Pa}$ 作用在图 6-14a 所示梁的顶面。确定梁上等效合力的大小与位置。

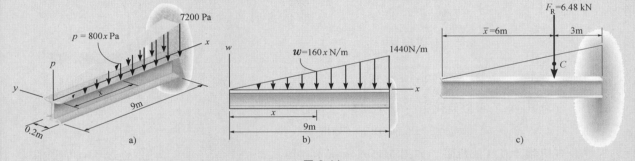

图 6-14

解　因为载荷密度沿梁的宽度（y 轴）方向是均匀的，故载荷可以视为二维的，如图 6-14b 所示。其中载荷密度演变载荷集度：

$$w = (800x \text{ N/m}^2)(0.2\text{m}) = 160x\text{N/m}$$

注意到，在 $x = 9$ m 处，$w = 1440$ N/m。与上例一样，应用方程（6-8）和方程（6-9）。

合力的大小等效于载荷三角形的面积。

$$F_R = \frac{1}{2}(9\text{m})(1440\text{N/m}) = 6480\text{N} = 6.48\text{kN}$$

合力 $\boldsymbol{F}_R$ 的作用线通过三角形面积的形心 C：

$$\bar{x} = 9\text{m} - \frac{1}{3}(9\text{m}) = 6\text{m}$$

上述结果示于图 6-14c 中。

注意：本例也可以将合力 $\boldsymbol{F}_R$ 视为作用在图 6-14a 所示梁上载荷 $p = p(x)$ 图的体积。合力 $\boldsymbol{F}_R$ 与 x-y 平面相交于点（6 m，0）。进而，$\boldsymbol{F}_R$ 的大小等于载荷图下的体积，即

$$F_R = V = \frac{1}{2}(7200\text{N/m}^2)(9\text{m})(0.2\text{m}) = 6.48\text{kN}$$

例题 6.8

颗粒状材料将分布载荷作用在梁上，如图 6-15a 所示。确定载荷的等效合力的大小与位置。

解 载荷图的面积为一梯形，因而根据附录 B 中所列梯形的面积与形心公式，可以直接得到本例的解答。

因为这些公式不易记忆，故采用组合面积的方法。即把梯形载荷划分为一个矩形和一个三角形载荷，如图 6-15b 所示。每一种载荷的合力等效于相应的图形面积。

$$F_1 = \frac{1}{2}(9ft)(50lb/ft) = 225lb$$

$$F_2 = (9ft)(50lb/ft) = 450lb$$

这些平行力的作用线分布通过相应面积的形心，与梁的交点分别为

$$\bar{x}_1 = \frac{1}{3}(9ft) = 3ft$$

$$\bar{x}_2 = \frac{1}{2}(9ft) = 4.5ft$$

两个平行力 $\boldsymbol{F}_1$ 和 $\boldsymbol{F}_2$ 可以简化为一个合力 $\boldsymbol{F}_R$，合力的大小为

$$+\downarrow F_R = \sum F, \quad F_R = 225lb + 450lb = 675lb$$

可以求解合力相对于点 A 的位置，如图 6-15b、c 所示，得

$$\circlearrowleft + (M_R)_A = \sum M_A, \quad \bar{x}](675) = 3(225) + 4.5(450)$$

$$\bar{x} = 4ft$$

注意：图 6-15a 中的三角形面积也可以划分为两个三角形的面积，如图 6-15d 所示，这种情形下，有

$$F_3 = \frac{1}{2}(9ft)(100lb/ft) = 450lb$$

$$F_4 = \frac{1}{2}(9ft)(50lb/ft) = 225lb$$

和

$$\bar{x}_3 = \frac{1}{3}(9ft) = 3ft$$

$$\bar{x}_4 = 9ft - \frac{1}{3}(9ft) = 6ft$$

利用这些结果再一次证明 $F_R = 675lb$，$x = 4ft$。

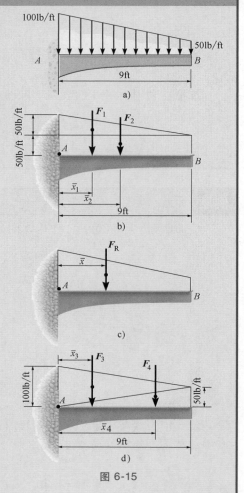

图 6-15

基础题

F6-13　确定作用在梁上分布载荷的合力以及其作用点到点 A 的距离。

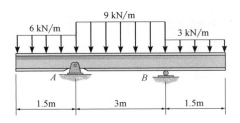

F6-13 图

F6-14　确定作用在梁上分布载荷的合力以及其作用点到点 A 的距离。

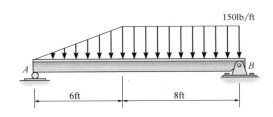

F6-14 图

F6-15　确定作用在梁上分布载荷的合力以及其作用点到点 A 的距离。

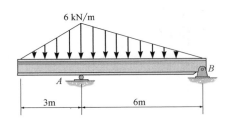

F6-15 图

F6-16　确定作用在梁上分布载荷的合力以及其作用点到点 A 的距离。

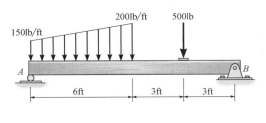

F6-16 图

F6-17　确定作用在梁上分布载荷的合力以及其作用点到点 A 的距离。

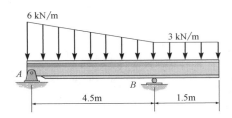

F6-17 图

F6-18　确定作用在梁上分布载荷的合力以及其作用点到点 A 的距离。

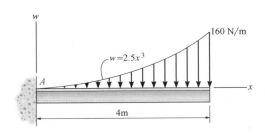

F6-18 图

习题

6-31 用等效合力替代作用在梁上的分布载荷，确定合力作用点位置到点 O 的距离。

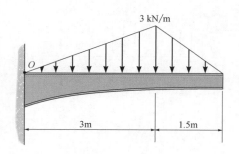

习题 6-31 图

*6-32 用作用在点 O 的等效力和力偶矩替代梁上的分布载荷。

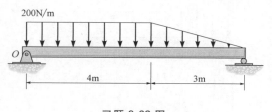

习题 6-32 图

6-33 用等效合力替代作用在梁上的分布载荷，确定合力作用点位置到点 B 的距离。

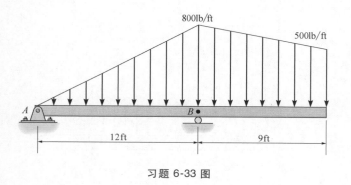

习题 6-33 图

6-34 用等效合力替代作用在梁上的分布载荷，确定合

力作用点位置到点 A 的距离。

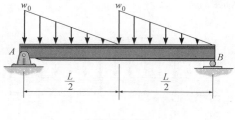

习题 6-34 图

6-35 土壤作用在建筑物厚板底部的分布载荷如图所示。用等效合力替代分布载荷，确定合力作用点位置到点 O 的距离。

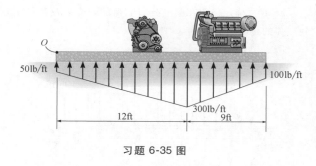

习题 6-35 图

*6-36 确定作用在厚板底部的分布载荷集度 w_1 和 w_2，使得这一分布载荷的等效合力与作用在板上部的分布载荷的等效合力相等、方向相反且沿同一作用线作用。

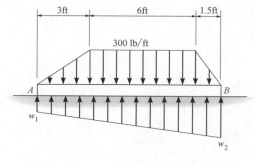

习题 6-36 图

6-37 用等效合力替代作用在梁上的分布载荷，确定合力作用点位置到点 C 的距离。

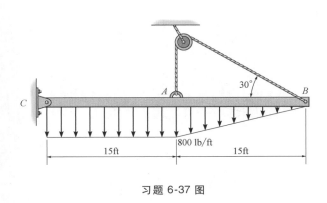

习题 6-37 图

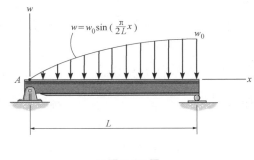

习题 6-39 图

6-38　土壤将梯形分布载荷作用在基础的下部，确定分布载荷集度 w_1 和 w_2 以及平衡柱子上承受的载荷。

*6-40　用等效合力替代作用在梁上的分布载荷，确定合力作用线与 AB 的交点到点 A 的距离。

6-41　用等效合力替代作用在梁上的分布载荷，确定合力作用线与 BC 的交点到点 C 的距离。

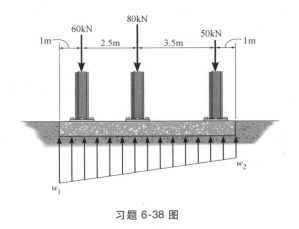

习题 6-38 图

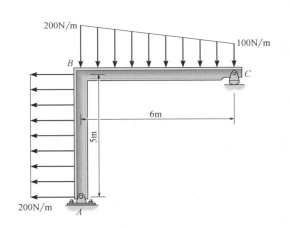

习题 6-40、习题 6-41 图

6-39　用等效合力替代作用在梁上的分布载荷，确定合力作用点位置到点 A 的距离。

6.4　面积的惯性矩

本章开始的几节中，通过考察面积对于某一轴的一次矩，确定了截面的形心；为了计算，必须评估形如 $\int x\mathrm{d}A$ 的积分。

面积的二次矩，诸如 $\int x^2\mathrm{d}A$ 所指的是面积的惯性矩。这里所用的名词"惯性矩"，实际上是不恰当的；但是，这一积分与关于质量的、形式相同的类似积分，已经被人们所接受。

当弹性梁承受外加力偶矩 M 作用时，梁将发生弯曲，梁横截面上将产生正应力或单位面积上的力；建立正应力与 M 之间关系时，派生出面积的惯性矩。

根据材料力学理论，可以证明：梁内的正应力将沿着通过梁横截面形心 C 的某一轴（例如轴）方向线性变化，也就是 $\sigma = kz$，如图 6-16 所示。

图中作用在面积微元 $\mathrm{d}A$ 上的力为

$$\mathrm{d}F = \sigma \mathrm{d}A = kz\mathrm{d}A$$

因为这力作用在距 y 轴 z 处，力对 y 轴之矩为

$$\mathrm{d}M = z\mathrm{d}F = kz^2\mathrm{d}A$$

整个分布应力对于 z 轴之矩等于外加力矩 M，即

$$M = k\int z^2\mathrm{d}A$$

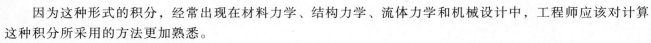

图 6-16

其中的积分即为面积的惯性矩。

因为这种形式的积分，经常出现在材料力学、结构力学、流体力学和机械设计中，工程师应该对计算这种积分所采用的方法更加熟悉。

惯性矩 考察图 6-17 所示位于 x-y 平面内的面积 A。根据定义，位于同一平面内的面积微元 $\mathrm{d}A$ 定义 x 和 y 轴的惯性矩分别为 $\mathrm{d}I_x = y^2\mathrm{d}A$ 和 $\mathrm{d}I_y = z^2\mathrm{d}A$。对于整个面积惯性矩由以下积分确定：

$$\begin{cases} I_x = \int_A y^2\mathrm{d}A \\[2mm] I_y = \int_A x^2\mathrm{d}A \end{cases} \tag{6-10}$$

对于 $\mathrm{d}A$ 也可以建立对于"极点" O 或 z 轴的有关公式，如图 6-18 所示。相关的积分称为极惯性矩。定义为 $\mathrm{d}J_O = r^2\mathrm{d}A$。其中 r 为面积微元 $\mathrm{d}A$ 到极点（z 轴）的垂直距离。

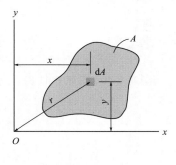

图 6-17

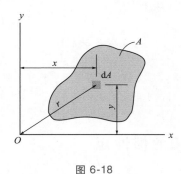

图 6-18

对于整个面积 A，极惯性矩为

$$J_O = \int_A r^2\mathrm{d}A = I_x + I_y \tag{6-11}$$

这一关系的成立是因为 $r^2 = x^2 + y^2$，如图 6-18 所示。

上述公式表明，I_x、I_y、J_O 恒为正，因为其中所包含的是距离平方与面积的乘积。进而，包含长度的

惯性矩的单位升至长度的 4 次方，即 m^4、mm^4 或 ft^4、in^4。

6.5　面积的平行轴定理

　　当面积对于通过其形心轴的惯性矩已知时，应用平行轴定理可以确定面积对于平行于形心轴的任意轴的惯性矩。为了导出这一定理，将考察图 6-19 所示阴影面积对于 x 轴的惯性矩。首先，选择到形心坐标轴 x' 任意距离为 y' 的面积微元 dA；其次设平行轴 x 和 x' 之间的距离为 d_y；则 dA 对于 x 轴的惯性矩为 $dI_x = (y'+d_y)^2 dA$。对于整个面积，有

$$I_x = \int_A (y'+d_y)^2 dA = \int_A y'^2 dA + 2d_y \int_A y' dA + d_y^2 \int_A dA$$

其中第一个积分表示面积对于形心轴 x' 的惯性矩 $\bar{I}_{x'}$。对第二项中的积分，因为 x' 通过面积的形心 C，即

$$\int y' dA = \bar{y}' \int dA = 0$$

其中 $\bar{y}' = 0$，所以第二项等于零。第三项中的积分为总面积 A。于是最后得到

$$I_x = \bar{I}_{x'} + A d_y^2 \tag{6-12}$$

　　类似地，可以写出 I_y 的表达式，即

$$I_y = \bar{I}_{y'} + A d_x^2 \tag{6-13}$$

最后，关于极惯性矩，因为

$$\bar{J}_C = \bar{I}_{x'} + \bar{I}_{y'}$$

以及

$$d^2 = d_x^2 + d_y^2$$

有

$$J_O = \bar{J}_C + A d^2 \tag{6-14}$$

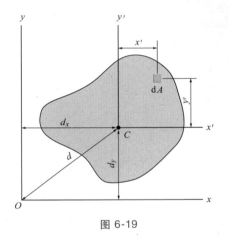

图 6-19

　　上述三个方程中的每一个都可以表述为：**面积对于某一轴的惯性矩等于面积对通过形心、与之平行轴的惯性矩，加上面积与两平行轴之间距离平方的乘积。**

分析过程

　　绝大多数情形下，采用一次积分即可确定惯性矩。分析过程表明有两条途径可循。

　　● 如果定义面积边界的曲线可以表示为 $y = f(x)$，可以选择宽度有限、高度无穷小的矩形面积微元。

　　● 面积微元应该与边界曲线相交于任意点 (x, y)。

情形 1

　　● 面积微元取向应该平行于所要求惯性矩的轴。当图 6-20a 所示的矩形面积微元用于确定面积的 I_x

时，就会发生这种情形。这种情形下，整个微元位于距 x 轴为 y 处，因而高度为 dy。$I_x = \int y^2 dA$。为确定 I_y，面积微元的取向应如图 6-20b 所示，微元各部分到 y 轴的距离均为 x，于是有 $I_y = \int x^2 dA$。

情形 2

● 矩形面积微元的长边取向可以垂直于所要求惯性矩的轴；但是方程（6-10）不可用，因为微元上的各点到该轴的距离，即矩臂各不相同。例如，如果要确定图 6-20a 所示的矩形面积微元对于 y 轴的惯性矩 I_y，首先必须计算面积对于通过形心且平行于 y 轴的惯性矩，然后应用平行轴定理确定面积微元对于 y 轴的惯性矩。通过积分得到 I_y。具体过程参加例题 6-10。

6 例题 6.9

确定图 6-21 所示矩形面积对于以下各轴的惯性矩。（a）形心轴 x'，（b）通过矩形底边的 x_b 轴，（c）极点或通过截面形心 C 垂直于 x'-y' 平面的 z 轴。

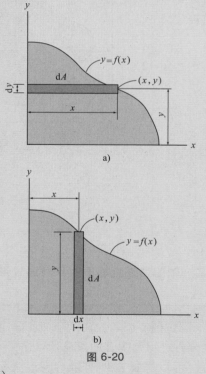

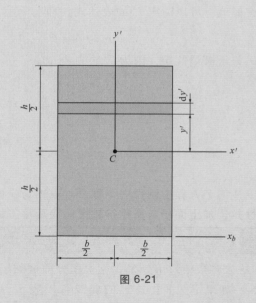

图 6-20　　　　　　　　　　　图 6-21

解（情形 1）

（a）为积分，选择图 6-21 所示面积微元。基于微元的取向，微元各处到 x' 轴的距离都等于 y'。现在需要从 $y' = -h/2$ 到 $y' = h/2$ 积分。因为 $dA = b\,dy'$，故有

$$\overline{I}_{x'} = \int_A y'^2\,dA = \int_{-h/2}^{h/2} y'^2 (b\,dy') = b \int_{-h/2}^{h/2} y'^2\,dy'$$

例题 6.9

$$\overline{I}_{x'} = \frac{1}{12}bh^3$$

（b）面积对于通过矩形底边轴 x' 的惯性矩可以利用（a）中的结果以及平行轴定理得到，根据方程（6-12），有

$$I_{x_b} = \overline{I}_{x'} + Ad_y^2 = \frac{1}{12}bh^3 + bh\left(\frac{h}{2}\right)^2 = \frac{1}{3}bh^3$$

（c）为了确定面积对于点 C 的极惯性矩，必须首先求得 $\overline{I}_{y'}$，这可以通过将（a）中的结果中的尺寸 b 和 h 互换得到，即

$$\overline{I}_{y'} = \frac{1}{12}hb^3$$

应用方程（6-11），得到对于点 C 的极惯性矩为

$$\overline{J}_C = \overline{I}_{x'} + \overline{I}_{y'} = \frac{1}{12}bh(h^2 + b^2)$$

例题 6.10

确定图 6-22a 所示阴影面积对 x 轴的惯性矩。

解法 1（情形 1）

取面积微元平行于 x 轴，如图 6-22a 所示。微元宽度 dy，其与面积边界曲线相交于任意点 (x, y)，面积微元 $dA = (100 - x)dy$。进而，从 $y = 0$ 到 $y = 200$mm 积分，得到

$$I_x = \int_A y^2 dA = \int_0^{200\text{mm}} y^2 (100 - x)dy = \int_0^{200\text{mm}} y^2 \left(100 - \frac{y^2}{400}\right)dy$$

$$= \int_0^{200\text{mm}} \left(100y^2 - \frac{y^4}{400}\right)dy = 107(10^6)\ \text{mm}^4$$

解法 2（情形 2）

用于积分的面积微元取向平行于 y 轴，如图 6-22b 所示。微元与边界曲线相交于任意点 (x, y)。这种情形下，微元上所有点到 x 轴的距离都不相等，所以必须应用平行轴定理确定微元对该轴的惯性矩。

对于宽度为 b、高度为 h 的矩形面积，根据例题 6-9（a）中得到的对矩形形心轴的惯性矩结果，

$$\overline{I}_{x'} = \frac{bh^3}{12}$$

对于图 6-22b 所示微元，

$$b = dx, h = y$$

其对其形心轴的惯性矩

$$d\overline{I}_{x'} = \frac{dx\,y^3}{12}$$

例题 | **6.10**

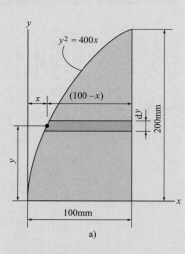

a)

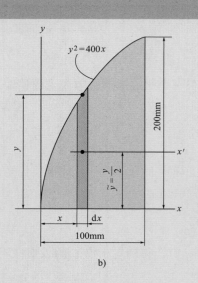

b)

图 6-22

因为微元形心到 x 轴的距离

$$\widetilde{y} = \frac{y}{2}$$

应用平行轴定理，面积微元对 x 轴的惯性矩为

$$\mathrm{d}I_x = \mathrm{d}\,\overline{I}_{x'} + \mathrm{d}A\,\widetilde{y}^2 = \frac{1}{12}\mathrm{d}xy^3 + y\mathrm{d}x\left(\frac{y}{2}\right)^2 = \frac{1}{3}y^3\mathrm{d}x$$

［这一结果也可以从例题 6.9（b）中得到］。

将上式从 $x=0$ 到 $x=100$ mm 对 x 积分，得

$$I_x = \int \mathrm{d}I_x = \int_0^{100\mathrm{mm}} \frac{1}{3}y^3\mathrm{d}x = \int_0^{100\mathrm{mm}} \frac{1}{3}(400x)^{3/2}\mathrm{d}x = 107(10^6)\,\mathrm{mm}^4$$

基础题

F6-19 确定阴影面积对 x 轴的惯性矩。

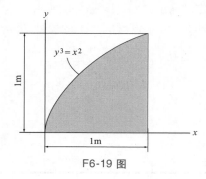

F6-19 图

F6-20 确定阴影面积对 x 轴的惯性矩。

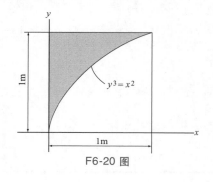

F6-20 图

F6-21　确定阴影面积对 y 轴的惯性矩。

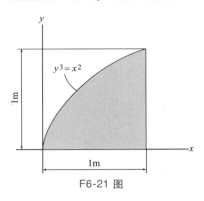

F6-21 图

F6-22　确定阴影面积对 y 轴的惯性矩。

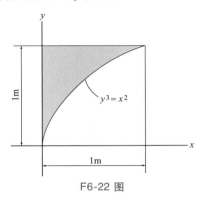

F6-22 图

6

习题

6-42　确定阴影面积对 x 轴的惯性矩。

6-43　确定阴影面积对 y 轴的惯性矩。

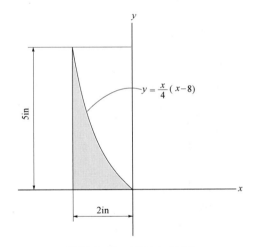

习题 6-42、习题 6-43 图

*6-44　确定阴影面积对 x 轴的惯性矩。

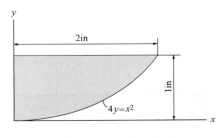

习题 6-44、习题 6-45 图

6-45　确定阴影面积对 y 轴的惯性矩。

6-46　确定阴影面积对 x 轴的惯性矩。

6-47　确定阴影面积对 y 轴的惯性矩。

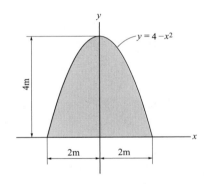

习题 6-46、习题 6-47 图

*6-48　确定阴影面积对 x 轴的惯性矩。

6-49　确定阴影面积对 y 轴的惯性矩。

6-50　确定阴影面积对通过点 C 的 z 轴的极惯性矩。

6-51　确定面积对 x 轴的惯性矩。

*6-52　确定面积对 y 轴的惯性矩。

6-53　确定面积对 x 轴的惯性矩。

6-54　确定面积对 y 轴的惯性矩。

6-55　采用两种途径确定面积对 x 轴的惯性矩：（a）微元平行于 y 轴，矩形高度为 dx；（b）微元平行于 x 轴，矩形高度为 dy。

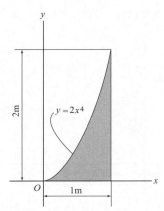

习题 6-48、习题 6-49、习题 6-50 图

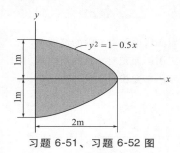

习题 6-51、习题 6-52 图

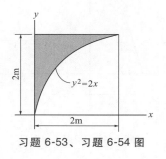

习题 6-53、习题 6-54 图

*6-56 采用两种途径确定面积对 y 轴的惯性矩：（a）微元平行于 y 轴，矩形高度为 $\mathrm{d}x$；（b）微元平行于 x 轴，矩形高度为 $\mathrm{d}y$。

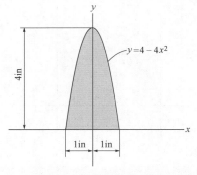

习题 6-55、习题 6-56 图

6-57 确定阴影面积对 x 轴的惯性矩。
6-58 确定阴影面积对 y 轴的惯性矩。

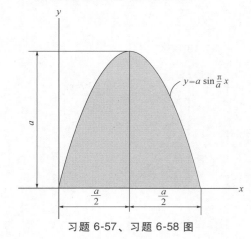

习题 6-57、习题 6-58 图

6.6 组合面积的惯性矩

组合面积由一系列相互联系的"简单的"部分或形状的面积组成，这些简单形状诸如：矩形、三角形、圆形。

当这些简单部分的惯性矩已知或可以确定时，载荷面积对于某一轴的惯性矩等于所有组成部分对于同一轴惯性矩的代数和。

分析过程

组合面积对于指定轴的惯性矩，可按以下过程确定。

组合部分

- 采用图形将组合面积划分为若干组成部分，标出各自的形心到指定轴的垂直距离。

平行轴定理

- 当组成部分的形心轴与指定轴不重合时，应当采用平行轴定理 $I = \bar{I} + Ad^2$，确定组成部分对于指定轴的惯性矩。关于简单面积惯性矩的计算，可以参阅附录 B。

求和

- 将所有组成部分对于指定轴的惯性矩相加，得到整个组合面积对于同一轴的惯性矩。
- 如果组合面积具有孔洞，将包含孔洞部分的整个面积的惯性矩，减去孔洞部分对于同一轴的惯性矩，所得到的就是组合面积的惯性矩。

为了设计或分析 T 字形梁，工程师们必须能够确定其横截面形心位置，然后计算横截面面积对于通过形心轴的惯性矩

例题 6.11

确定图 6-23a 所示面积对 x 轴的惯性矩。

图 6-23

解

组合部分。将矩形面积减去圆面积，得到组合面积，如图 6-23b 所示。每一部分的形心均标在图中。

平行轴定理。采用平行轴定理以及圆和矩形面积的几何性质公式（参见附录 B）

例题 6.11

$$I_x = \frac{\pi r^4}{4}（圆）, \quad I_x = \frac{bh^3}{12}（矩形）$$

可以确定各部分对于 x 轴的惯性矩。

对于圆：

$$I_x = \bar{I}_{x'} + Ad_y^2 = \frac{1}{4}\pi(25)^4 + \pi(25)^2(75)^2 = 11.4(10^6)\,\text{mm}^4$$

对于矩形：

$$I_x = \bar{I}_{x'} + Ad_y^2 = \frac{1}{12}(100)(150)^3 + (100)(150)(75)^2 = 112.5(10^6)\,\text{mm}^4$$

求和。组合面积对 x 轴的惯性矩为

$$I_x = -11.4(10^6) + 112.5(10^6) = 101(10^6)\,\text{mm}^4$$

例题 6.12

确定图 6-24a 所示杆件横截面面积对形心轴 x 和 y 的惯性矩。

解

组合部分。这一截面可以分为三个矩形 A、B 和 C，如图 6-24b 所示。为计算方便，这些矩形的形心均标在图中。

平行轴定理。根据附录 B 中所列，在方程（6-9）中，矩形对其自身形心轴的惯性矩 $\bar{I} = \frac{bh^3}{12}$。现对矩形 A 和 D 应用平行轴定理，计算如下：

矩形 A 和 D：

$$I_x = \bar{I}_{x'} + Ad_y^2 = \frac{1}{12}(100)(300)^3 + (100)(300)(200)^2 = 1.425(10^9)\,\text{mm}^4$$

$$I_y = \bar{I}_{y'} + Ad_x^2 = \frac{1}{12}(300)(100)^3 + (100)(300)(250)^2 = 1.90(10^9)\,\text{mm}^4$$

矩形 B：

$$I_x = \frac{1}{12}(600)(100)^3 = 0.05(10^9)\,\text{mm}^4$$

$$I_y = \frac{1}{12}(100)(600)^3 = 1.80(10^9)\,\text{mm}^4$$

求和。整个横截面面积的惯性矩为

$$I_x = 2[1.425(10^9)] + 0.05(10^9) = 2.90(10^9)\,\text{mm}^4$$

$$I_y = 2[1.90(10^9)] + 1.80(10^9) = 5.60(10^9)\,\text{mm}^4$$

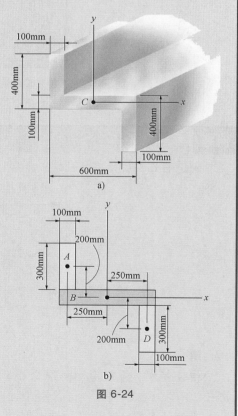

图 6-24

F6-23 确定梁横截面面积对形心轴 y 的惯性矩。

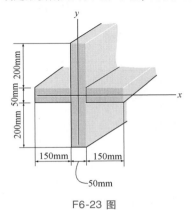

F6-23 图

F6-24 确定梁横截面面积对形心轴 x 的惯性矩。

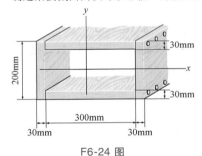

F6-24 图

F6-25 确定工字形横截面面积对 y 轴的惯性矩。

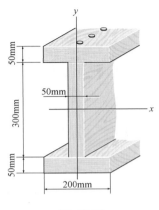

F6-25 图

F6-26 确定 T 形梁横截面面积对形心轴 x' 的惯性矩。

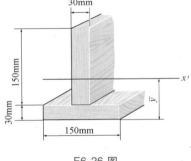

F6-26 图

6

6-59 确定梁横截面面积的形心坐标 $\bar{y}$，计算横截面面积对形心轴 x' 的惯性矩。

*6-60 确定梁横截面面积对 x 轴的惯性矩。

6-61 确定梁横截面面积对 y 轴的惯性矩。

6-62 确定组合面积对 x 轴的惯性矩。

6-63 确定组合面积对 y 轴的惯性矩。

*6-64 确定梁横截面面积的形心坐标 $\bar{x}$，计算横截面面积对形心轴 y' 的惯性矩。

6-65 确定横截面面积对形心轴 x' 的惯性矩。

6-66 确定梁的横截面面积对 y 轴的惯性矩。

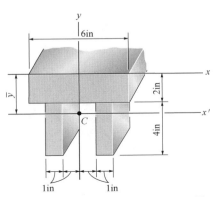

习题 6-59、习题 6-60、习题 6-61 图

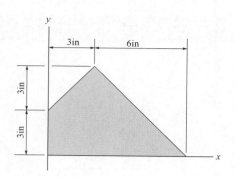

习题 6-62、习题 6-63 图

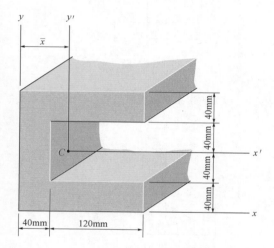

习题 6-64、习题 6-65 图

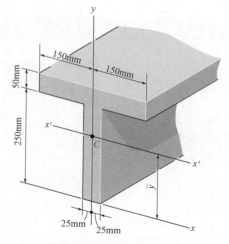

习题 6-66、习题 6-67 图

6-67　确定 T 形梁横截面面积的形心坐标$\bar{y}$，计算横截面面积对形心轴 x' 的惯性矩。

*6-68　确定阴影面积对 x 轴的惯性矩 I_x。

6-69　确定阴影面积对 y 轴的惯性矩 I_y。

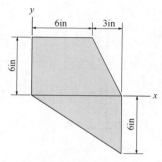

习题 6-68、习题 6-69 图

6-70　确定梁横截面面积的形心坐标$\bar{y}$，计算横截面面积对形心轴 x' 的惯性矩。

6-71　确定横截面面积对形心轴 x 的惯性矩。

*6-72　确定横截面面积对形心轴 y 的惯性矩。

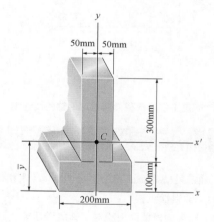

习题 6-70、习题 6-71、习题 6-72 图

6-73　确定组合面积的形心坐标$\bar{y}$，计算组合面积对形心轴 x' 的惯性矩。

6-74　确定组合面积对形心轴 y 的惯性矩。

6-75　确定面积对 x 轴的惯性矩。

*6-76　确定面积对 y 轴的惯性矩。

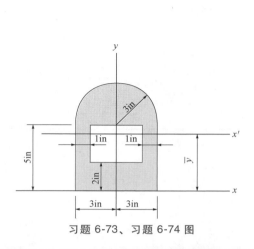

习题 6-73、习题 6-74 图

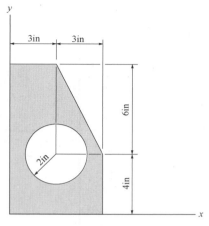

习题 6-75、习题 6-76 图

6

本章回顾

重心和形心

重心 G 被认为物体重力集中作用的那一点。根据力矩平衡，可以确定重心到某一轴的距离：物体中所有质点的重力对某一轴之距等于物体的重力对该轴之矩

在重力加速度为常数的情形下，物体的质心与重心重合

形心是物体几何中心的位置。采用几何微元：诸如面积或体积微元，或采用类似于力矩平衡的方法可以确定形心的位置

$$\bar{x} = \frac{\int \tilde{x}\, dW}{\int dW}$$

$$\bar{y} = \frac{\int \tilde{y}\, dW}{\int dW}$$

$$\bar{z} = \frac{\int \tilde{z}\, dW}{\int dW}$$

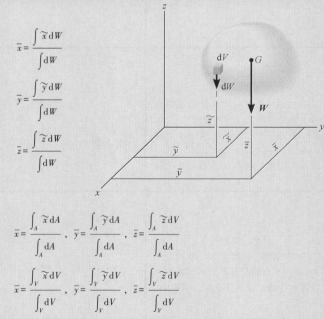

$$\bar{x} = \frac{\int_A \tilde{x}\, dA}{\int_A dA} \ , \quad \bar{y} = \frac{\int_A \tilde{y}\, dA}{\int_A dA} \ , \quad \bar{z} = \frac{\int_A \tilde{z}\, dV}{\int_A dA}$$

$$\bar{x} = \frac{\int_V \tilde{x}\, dV}{\int_V dV} \ , \quad \bar{y} = \frac{\int_V \tilde{y}\, dV}{\int_V dV} \ , \quad \bar{z} = \frac{\int_V \tilde{z}\, dV}{\int_V dV}$$

一般分布载荷

一般情形下，分布载荷合力的大小等于载荷图形下的体积。合力作用线通过体积的几何中心或形心

$$F_R = \int_A p\,(x,\ y)\ dA = \int_V dV$$

$$\bar{x} = \frac{\int_V x\, dV}{\int_V dV}$$

$$\bar{y} = \frac{\int_V y\, dV}{\int_V dV}$$

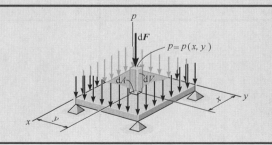

6

共面分布载荷　　简单的分布载荷可以用一合力表示，这一合力等效于载荷曲线下图形的面积。合力的作用线通过载荷图形面积的形心或几何中心	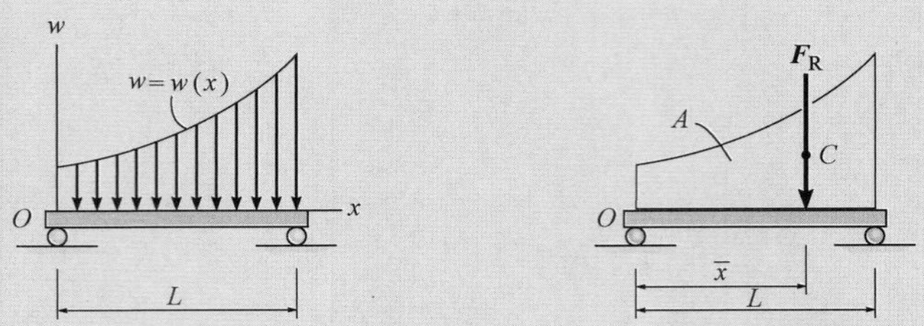
组合体　　如果物体由不同形状物体所组成，这些物体的重心或形心的位置均已知，则载荷物体的重心或形心可以根据各组成部分的离散总和确定	$$\bar{x} = \frac{\sum \tilde{x} W}{\sum W}$$ $$\bar{y} = \frac{\sum \tilde{y} W}{\sum W}$$ $$\bar{z} = \frac{\sum \tilde{z} W}{\sum W}$$ 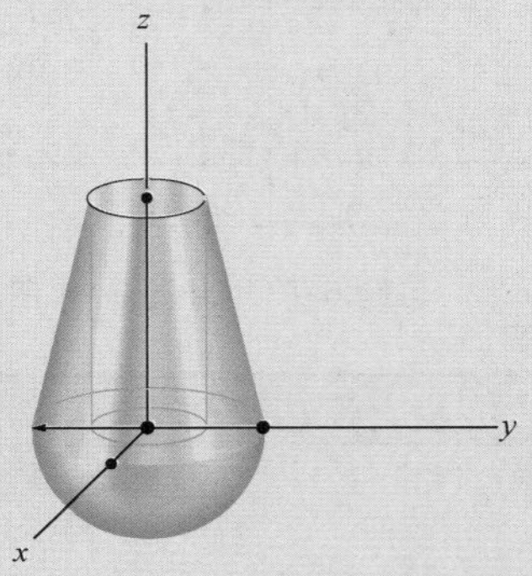
面积的惯性矩　　面积惯性矩表示面积对于某一轴的二次矩。与结构构件和机械零部件的强度以及稳定性密切相关　　如果面积形状不规则，但数学上可以离散，则必须选择面积微元，然后在整个面积上积分，即可确定惯性矩	$$I_x = \int_A y^2 \, dA$$ $$I_y = \int_A x^2 \, dA$$ 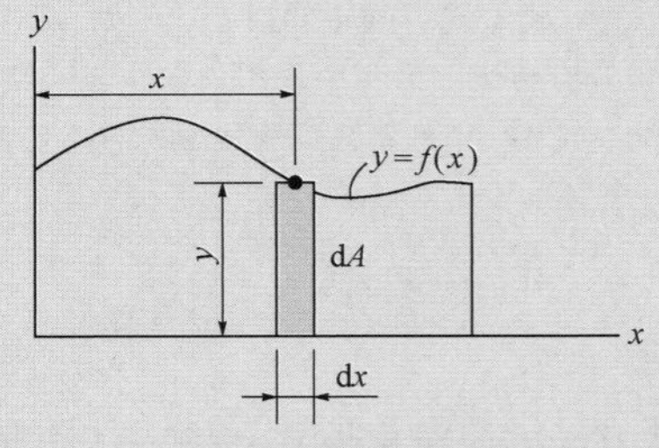
平行轴定理　　如果已知面积对于形心轴的惯性矩，应用平行轴定理可以确定面积对于平行于形心轴的任意轴的惯性矩	$$I = \bar{I} + Ad^2$$ 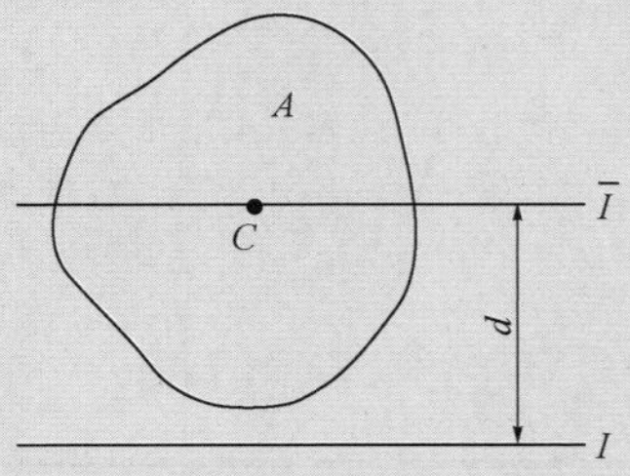
组合面积　　如果面积由若干普通形状面积所组成，其对某一轴的惯性矩，等于所有组成部分对于同一轴惯性矩的代数和	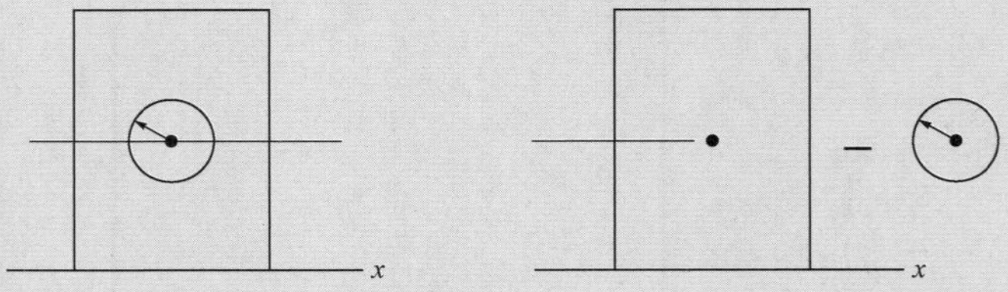

复习题

6-77 确定梁横截面面积的形心位置。

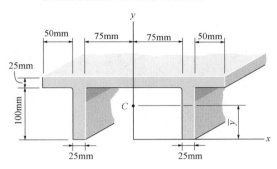

习题 6-77 图

6-78 加固的薄壁槽钢截面如图所示。若各处具有相同的厚度，截面割断大尺寸均标在图中。确定面积的形心位置 $\bar{y}$。

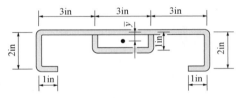

习题 6-78 图

6-79 确定面积的形心位置 $\bar{x}$。

*6-80 确定面积的形心位置 $\bar{y}$。

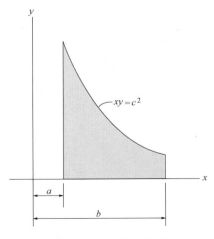

习题 6-79、习题 6-80 图

6-81 镶嵌在混凝土基础中的柱子，下端视为固定端支承。混凝土的反力由图示分布载荷所近似。为使作用在柱子上所有载荷的合力以及合力偶矩都等于零，确定固定端处分布反力的集度 w_1 和 w_2。

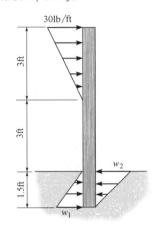

习题 6-81 图

6-82 确定梁横截面面积对于通过形心 C 的 x 轴的惯性矩。

6-83 确定梁横截面面积对于通过形心 C 的 y 轴的惯性矩。

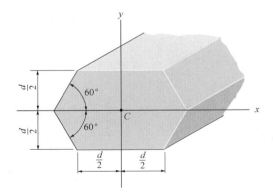

习题 6-82、习题 6-83 图

*6-84 确定横截面面积对 x 轴的惯性矩。然后应用平行轴定理确定通过形心 C 的 x' 轴的惯性矩。图中 $\bar{y} = 120$mm。

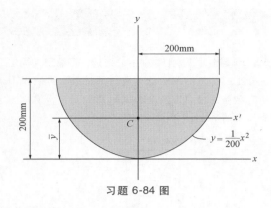

习题 6-84 图

6-85   确定梁横截面面积对于通过形心 C 的 x' 轴的惯性矩。

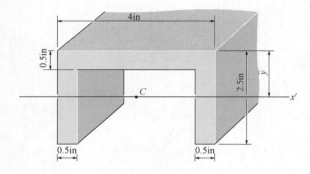

习题 6-85 图

6-86   用等效合力以及作用在点 A 的合力偶矩替代作用在框架上的载荷。

6-87   用等效合力以及作用在点 B 的合力偶矩替代作用在框架上的载荷。

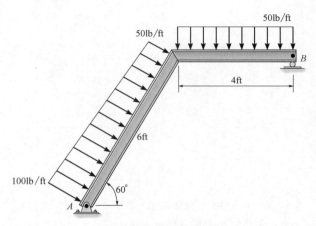

习题 6-86、习题 6-87 图

材料力学

第7章　应力与应变

　　用于这种钢结构连接的螺栓承受着应力的作用。本章将讨论工程师们如何设计这些连接以及其紧固件的。

本章任务

- 介绍如何应用截面法确定构件的内力。
- 阐述正应力与切应力的概念，并应用这些概念分析和设计承受轴向载荷与剪切的构件。
- 定义正应变与切应变，以及二者在不同类型的问题中是怎样确定的。

7.1 引言

　　在第 1 章中已经说明了材料力学是力学的一个分支，它是研究施加在变形体上的外部载荷以及内力与强度之间关系的一门学科。这一学科同样会涉及计算物体的变形，以及当物体承受外部压缩载荷时的稳定性研究。

　　任何结构与机械设计中，应用静力学原理与方法确定作用在构件之上的载荷与其在构件内部产生的内力，是第一重要的。构件的尺寸、变形以及稳定性不仅取决于其内力，还与构件的材料有关。因此，关于材料的力学行为的精确判断以及对其充分认识和理解，对于导出材料力学中的公式和方程至关重要。工程规范与实际中用于设计的许多公式与准则，均基于材料力学的基本原理。正因为如此，对这一学科中的原理与准则的理解非常重要。

为了设计图示房屋构架中的构件，找到沿长度方向不同横截面上的内力是第一重要的

7.2 内力的合力

　　在材料力学中，首先要利用静力学来确定弹性体内部的合力。例如，考虑图 7-1a 所示的弹性体[⊖]，受四个外力的作用处于平衡状态。为了确定作用在弹性体某一部位的内力，有必要通过一个假想截面将弹性体从所要求内力的部位"切开"。将切开的弹性体两部分分离，画出了其中一部分受力图，如图 7-1b 所示。此时实际上在"显露"的横截面上作用有分布内力，分布内力代表了弹性体上半部分材料对下半部分材料的作用效果。

　　虽然，内力的确切分布是未知的，但是可以将分布内力向横截面上某一特定点 O 处简化，得到一合力 $\boldsymbol{F}_R$ 和一合力矩 $\boldsymbol{M}_{R_O}$，进而应用平衡方程建立作用在弹性体下半部分的外力与合力和合力矩之间的关系，如图 7-1c 所示。

　　本书后续章节将会说明，上述特定点 O 大多选择在横截面的形心处。所以，本章中，除非另有说明，所涉及的 O 点均在横截面形心处。

　　对于细长构件，例如杆或梁，横截面是指垂直于构件纵向轴线的截面。

　　三维空间　本章随后将介绍怎样建立内力的合力 $\boldsymbol{F}_R$、$\boldsymbol{M}_{RO}$ 与横截面上的分布内力之间的联系，由此导出可以用于分析和设计的公式和方程。为此必须考虑 $\boldsymbol{F}_R$ 和 $\boldsymbol{M}_{RO}$ 作用在截面法向和平行于横截面方向的分量，如图 7-1d 所示。内力合力 $\boldsymbol{F}_R$ 和 $\boldsymbol{M}_{RO}$ 的四种不同类型的分量定义如下：

　　⊖　假设弹性体重量相对于作用在其上的其他载荷很小，因而弹性体的重量可以忽略。

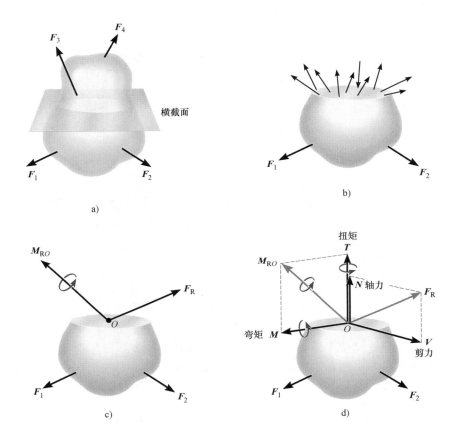

图 7-1

法向力，**N** 简称轴向力或轴力，该力垂直于横截面，使弹性体产生拉伸或压缩变形。

剪切力，**V** 简称剪力，剪力处于横截面所在的平面内，使弹性体的两个部分发生相互错动的剪切变形。

扭转力矩或转矩，**T** 内力合力对杆件轴线之矩，简称扭矩，使弹性体的一部分相对于其余部分绕杆件轴线发生扭转变形。

弯曲力矩，**M** 内力合力在杆件纵向截面内的力矩，简称弯矩，使弹性体在纵向平面内发生弯曲变形。

三维空间中的力矩与扭矩是带有旋度的矢量。根据右手法则，拇指指向矢量的箭头方向，则其余手指或握拳方向就代表转动（扭转或弯曲）方向。

共面载荷 如果弹性体承受共面力系，如图 7-2a 所示，则在横截面上将只存在法向力、剪切力和弯矩三个分量，如图 7-2b 所示。

x、y、z 直角坐标系，则 N 可以通过平衡方程 $\sum F_x = 0$ 确定；V 可以通过平衡方程 $\sum F_y = 0$ 求得；最后，未知力 N 和 V 对 O 点不产生力矩，弯矩 M_O 可以通过对 O 点（z 轴）力矩平衡方程 $\sum M_O = 0$ 确定。未知力 N 和 V 对 O 点不产生力矩。

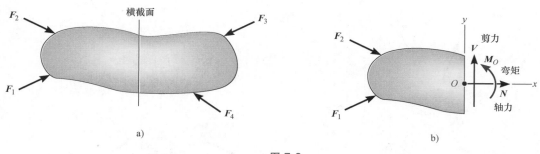

图 7-2

7

要点

- 材料力学是一门研究施加在弹性体上的载荷与弹性体内力所引起的应力和应变之间关系的学科。
- 外部载荷可以通过分布的或集中的表面载荷施加在弹性体上，或者作为贯通弹性体整体的体力施加在弹性体上。
- 线性分布载荷产生的合力与载荷图下的面积之间有重要的等同，并且其作用点通过这一面积的形心。
- 如果支承用于阻止构件在某一方向上的平移，则在连接的构件件上产生某一方向的力；如果支承用于阻止构件转动，则在连接的构件上将产生合力矩。
- 为了阻止弹性体在加速运动中的平移和旋转，必须满足平衡方程 $\sum F = 0$ 和 $\sum M = 0$。
- 当应用平衡方程时，画出切开弹性体的自由体受力图是非常重要的，这是为了对方程中的所有项进行逐一说明。
- 截面法是用于确定作用在切开的横截面上的内力的合力，一般包括轴力、剪力、扭矩和弯矩。

分析过程

弹性体横截面上一点处内力的合成可以应用截面法确定。步骤如下。

支承反力

- 首先要确定所考察弹性体属于结构的哪一部分。如果这部分具有支承或与其他弹性体相连，则在截开弹性体之前，确定施加在该部分上的支承反力是必需的。这时需要画出整个弹性体的自由体受力图，并应用必要的平衡方程来确定这些反力。

自由体受力图

- 用假想截面将弹性体切开之前，要保证所有的分布载荷、集中力以及各种力矩（包括支承反力和反力矩）都处在确切的位置上。
- 画出"切开"部分的自由体受力图，并且在横截面上标出未知的合力 N、V、M 以及 T。
- 如果构件承受的是共面力系，在形心处只存在 N、V 和 M。
- 以形心为原点建立 x、y、z 坐标系。假设未知力以及未知力矩矢量的正方向与坐标轴正向一致。

平衡方程

- 力矩平衡方程中的力矩中心 O 取在 N 和 V 作用线的交点（横截面形心），这样在力矩平衡方程中不会出现未知力 N 和 V，从而得到 M（与 T）的直接解。

> • 如果从平衡方程解出的合力为负值，则这个合力的实际方向与在自由体受力图上所假设的方向相反。下面的例题将采用数字运算说明这些步骤的具体应用，并且重温静力学的一些重要原理。

例题 7.1

如图 7-3a 所示悬臂梁，确定作用在 C 点横截面上的合内力[⊖]。

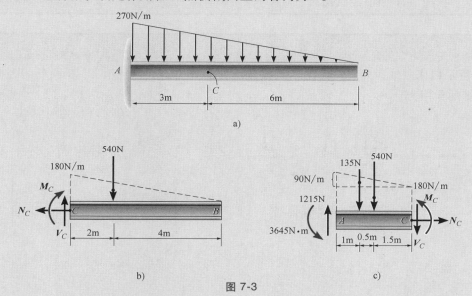

图 7-3

解

支承反力。如果只考虑 CB 段，A 处的支撑反力就没有必要确定。

自由体受力图。CB 段的自由体受力图如图 7-3b 所示。有一点是非常重要的，就是要保持 CB 段上的分布载荷，直到形成横截面之后。只有在这时才能将该分布载荷替换为单一的合成力。注意 C 点的分布载荷集度是按比例建立的，即由图 7-3a，$w/6\text{m} = (270\text{N/m})/9\text{m}$，$w = 180\text{N/m}$。分布载荷合力的大小等于加载线（三角形）下的面积并且会作用于穿过该面积的形心。因此，$F = \dfrac{1}{2}(180\text{N/m})(6\text{m}) = 540\text{m}$，作用在由 C 点起 $\dfrac{1}{3}(6\text{m}) = 2\text{m}$ 处，如图 7-3b 所示。

平衡方程。应用平衡方程有

$$\xrightarrow{+}\sum F_x = 0, \qquad \begin{aligned} -N_C &= 0 \\ N_C &= 0 \end{aligned}$$

$$+\uparrow\ \sum F_y = 0, \qquad \begin{aligned} V_C - 540\text{N} &= 0 \\ V_C &= 540\text{N} \end{aligned}$$

⊖ 此处原文为合内力，似不准确。应为合内力和合力矩内力分量，即轴力、剪力、扭矩和弯矩等。例题 7.2、7.3、7.4 同。——译者注

例题 7.1

$$\curvearrowleft + \sum M_C = 0, \qquad -M_C - 540\text{N}（2\text{m}）= 0$$

$$M_C = -1080\text{N} \cdot \text{m}$$

注意：负号表示 M_C 的方向与自由体受力图中所示方向相反。利用 AC 段求解本题，首先要确定通过 A 点的支承反力，在图 7-3c 中已经给出。

例题 7.2

如图 7-4a 所示机床主轴，确定作用在 C 点横截面处的合内力。主轴由 A、B 两处的径向轴承支撑，对主轴只有垂直的作用力。

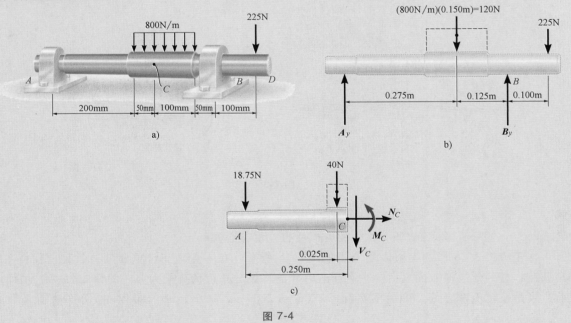

图 7-4

解　本题将利用主轴的 AC 段进行求解。

支承反力。整个主轴的自由体受力图如图 7-4b 所示。由于考虑的是 AC 段，只有 A 处的支承反力需要确定。为什么？

$$\curvearrowleft + \sum M_B = 0, \quad -A_y(0.400\text{m}) + 120\text{N}(0.125\text{m}) - 225\text{N}(0.100\text{m}) = 0$$

$$A_y = -18.75\text{N}$$

负号表示 A_y 的作用方向与自由体受力图上所示方向相反。

自由体受力图。AC 段的自由体受力图如图 7-4c 所示。

平衡方程

例题 | 7.2

$$\xrightarrow{+}\sum F_x=0, \qquad N_C=0$$

$$+\uparrow\;\sum F_y=0, \qquad -18.75\text{N}-40\text{N}-V_C=0$$

$$V_C=-58.8\text{N}$$

$$\begin{array}{l}\curvearrowleft+\sum M_C=0,\end{array} \qquad M_C+40\text{N}(0.025\text{m})+18.75\text{N}(0.250\text{m})=0$$

$$M_C=-5.69\text{N}\cdot\text{m}$$

注意：V_C 与 M_C 的负号表示它们的作用方向与自由体受力图中所示方向相反。作为练习，请计算 B 处的支承反力并试着利用主轴的 CBD 段得到相同的结果。

例题 | 7.3

如图 7-5a 所示，一个 500kg 的发动机悬挂在起重机吊架上，求梁上 E 点横截面上的合内力。

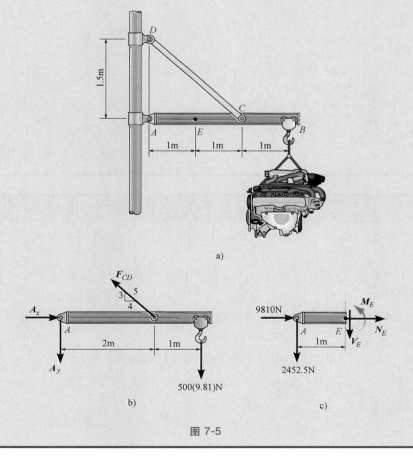

图 7-5

例题 | **7.3**

解

支承反力。本题将选取梁上的 AE 段进行求解，所以首先要确定 A 点的支承反力。注意支架 CD 属于二力杆，梁的自由体受力图如图 7-5b 所示。应用平衡方程

$$\curvearrowleft + \sum M_A = 0, \qquad F_{CD}\left(\frac{3}{5}\right)(2\text{m}) - \left[500(9.81)\text{N}\right](3\text{m}) = 0$$

$$F_{CD} = 12262.5\text{N}$$

$$\xrightarrow{+} \sum F_x = 0, \qquad A_x - (12262.5\text{N})\left(\frac{4}{5}\right) = 0$$

$$A_x = 9810\text{N}$$

$$+\uparrow \sum F_y = 0, \qquad -A_y + (12262.5\text{N})\left(\frac{3}{5}\right) - 500(9.81)\text{N} = 0$$

$$A_y = 2452.5\text{N}$$

自由体受力图。AE 段的自由体受力图如图 7-5c 所示。

平衡方程

$$\xrightarrow{+} \sum F_x = 0, \qquad N_E + 9810\text{N} = 0$$
$$N_E = -9810\text{N} = -9.81\text{kN}$$

$$+\uparrow \sum F_y = 0, \qquad -V_E - 2452.5\text{N} = 0$$
$$V_E = -2452.5\text{N} = -2.45\text{kN}$$

$$\curvearrowleft + \sum M_E = 0, \qquad M_E + (2452.5\text{N})(1\text{m}) = 0$$
$$M_E = -2452.5\text{N} \cdot \text{m} = -2.45\text{kN} \cdot \text{m}$$

例题 | **7.4**

确定作用在图 7-6a 所示管道上 B 点处横截面上合内力。管的质量为 2kg/m，在管的末端 A 处承受 50N 的铅垂力与 70N·m 的合力矩，C 处固定在墙上。

解　本题可以通过考虑 AB 段的平衡求解，所以没有必要计算 C 处的支承反力。

自由体受力图。如图 7-6b 所示，在 B 点建立 x、y、z 坐标轴并画出 AB 段的自由体受力图。假设截面处的合力与合力矩的作用方向为坐标轴的正方向，作用线或力矩矢量通过 B 点处横截面的形心。每段管的质量计算如下：

$$W_{BD} = (2\text{kg/m})(0.5\text{m})(9.81\text{N/kg}) = 9.81\text{N}$$

$$W_{AD} = (2\text{kg/m})(1.25\text{m})(9.81\text{N/kg}) = 24.525\text{N}$$

这些力通过每段管的重心。

例题 | 7.4

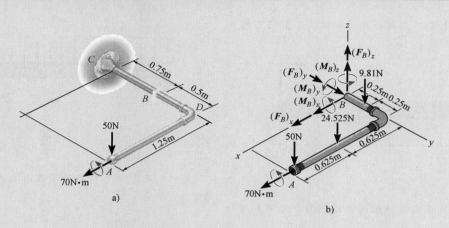

图 7-6

平衡方程。应用六个标量方程$^{\ominus}$，有

$$\sum F_x = 0, \qquad (F_B)_x = 0$$

$$\sum F_y = 0, \qquad (F_B)_y = 0$$

$$\sum F_z = 0, \qquad (F_B)_z - 9.81\text{N} - 24.525\text{N} - 50\text{N} = 0$$

$$(F_B)_z = 84.3\text{N}$$

$$\sum (M_B)_x = 0, \qquad (M_B)_x + 70\text{N} \cdot \text{m} - 50\text{N}(0.5\text{m}) -$$

$$24.525\text{N}(0.5\text{m}) - 9.81\text{N}(0.25\text{m}) = 0$$

$$(M_B)_x = -30.3\text{N} \cdot \text{m}$$

$$\sum (M_B)_y = 0, \qquad (M_B)_y + 24.525\text{N}(0.625\text{m}) + 50\text{N}(1.25\text{m}) = 0$$

$$(M_B)_y = -77.8\text{N} \cdot \text{m}$$

$$\sum (M_B)_z = 0, \qquad (M_B)_z = 0$$

注意：$(M_B)_x$ 与 $(M_B)_y$ 的负号表示什么？注意法向力 $N_B = (F_B)_y = 0$，而剪切力 $V_B = \sqrt{(0)^2 + (84.3)^2} = 84.3\text{N}$。同样 $T_B = (M_B)_y = 77.8\text{N} \cdot \text{m}$，弯矩 $M_B = \sqrt{(30.3)^2 + (0)^2} = 30.3\text{N} \cdot \text{m}$。

$\ominus$ 在坐标轴上每一个力之矩的大小都等于每个力乘以从坐标轴到力作用线的垂直距离。每一个力矩矢量方向都通过右手法则确定，正向矩（拇指）沿着坐标轴的正方向。

基础题

F7-1 确定梁上 C 点处横截面上的轴力、剪切力与弯矩。

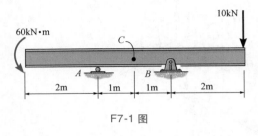

F7-1 图

F7-2 确定梁上 C 点处横截面上的轴力、剪切力与弯矩。

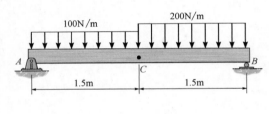

F7-2 图

F7-3 确定梁上 C 点处横截面上的轴力、剪切力与弯矩。

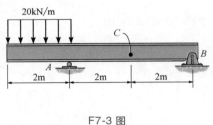

F7-3 图

F7-4 确定梁上 C 点处横截面上的轴力、剪切力与弯矩。

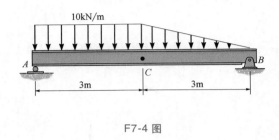

F7-4 图

F7-5 确定梁上 C 点处横截面上的轴力、剪切力与弯矩。

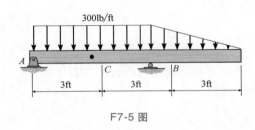

F7-5 图

F7-6 确定梁上 C 点处横截面上的轴力、剪切力与弯矩。

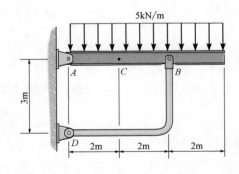

F7-6 图

习题

7-1 主轴在 B 处由推力轴承、C 处由径向轴承支承，确定作用在 E 点处横截面上内力的合力分量。

7-2 如图所示 500lb 的载荷施加在构件的形心轴上，确定构件在（a）截面 a—a 与（b）截面 b—b 上的内力的

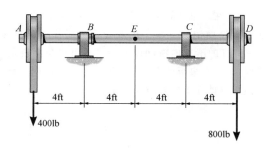

习题 7-1 图

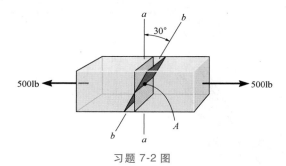

习题 7-2 图

合力与剪切力，其中每个截面均通过形心 *A* 点。

7-3 梁 AB 固定在墙上，单位长度重量为 80lb/ft。若滑车承受 1500lb 的载荷，分别确定作用在 *C* 点和 *D* 点横截面上内力的合力分量。

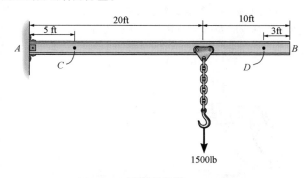

习题 7-3 图

* 7-4 主轴在 *A* 处由推力轴承、*B* 处由径向轴承支撑，确定作用在 *C* 点处横截面上内力的合力分量。

7-5 分别确定 *D* 点与 *E* 点处横截面上内力的合力。*E* 点位于载荷 3kip 作用点的右侧。

7-6 确定 *C* 点处横截面上的轴力、剪切力和力矩。取 $P = 8kN$。

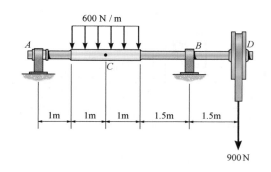

习题 7-4 图

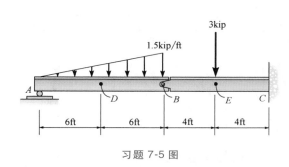

习题 7-5 图

7-7 当缆绳承受 2kN 的拉力时将会被拉断。确定该结构所能承受的最大铅垂载荷 *P*，并计算在此载荷下 *C* 点横截面上的轴力、剪切力与力矩。

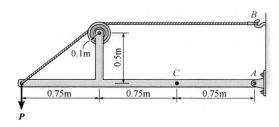

习题 7-6、习题 7-7 图

* 7-8 假设 *A* 与 *B* 支承处的反力是铅垂的，确定 *C* 点横截面处内力的合力分量。

7-9 假设 *A* 与 *B* 支承处的反力是铅垂的，确定 *D* 点横截面处内力的合力分量。

7-10 摇臂起重机的吊杆 *DF* 与支柱 *DE* 单位长度的均匀重量均为 50lb/ft，如果起吊重量为 300lb，确定起重机上 *A*、*B*、*C* 点横截面上内力的合力分量。

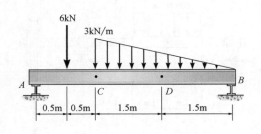

习题 7-8、习题 7-9 图

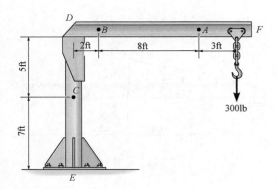

习题 7-10 图

7-11　前臂与肱二头肌在 A 点处支承 2kg 的载荷，若 C 点可以假设为固定铰支座，确定作用在前臂骨 E 点横截面上内力的合力分量。其中肱二头肌沿着 BD 提供拉力。

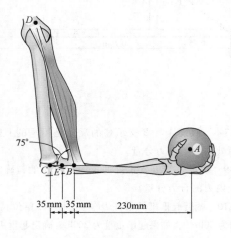

习题 7-11 图

* 7-12　在飞机上的小桌板 T 由两侧臂杆支承。桌板与臂杆在 A 点处由销钉支承，在 B 处为一滑槽（当不用时，销钉可在臂杆的滑槽内滑动以使小桌板可以折叠在前排座椅的背部），当小桌板处于图示位置并承受载荷时，确定臂杆上 C 点处横截面上内力的合力分量。

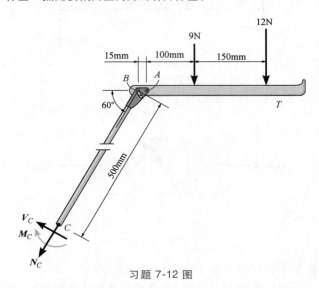

习题 7-12 图

7-13　钢锯的锯条承受大小为 F = 100N 的预紧力，确定作用在过 D 点的 a—a 截面上内力的合力分量。

7-14　钢锯的锯条承受大小为 F = 100N 的预紧力，确定作用在过 D 点的 b—b 截面上内力的合力分量。

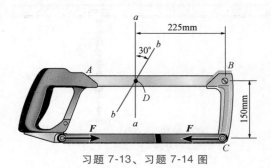

习题 7-13、习题 7-14 图

7-15　木制框架上的缆绳悬挂重 150lb 的吊桶，确定 D 点处横截面上内力的合力分量。

* 7-16　木制框架上的缆绳悬挂重 150lb 的吊桶，确定作用在 E 点处横截面上内力的合力分量。

7-17　分别确定作用在 a—a、b—b 截面上内力的合力分量，每个截面均在 C 点通过轴线。

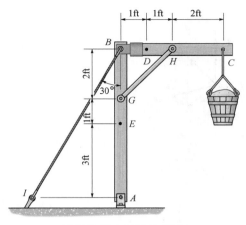

习题 7-15、习题 7-16 图

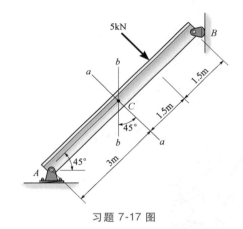

习题 7-17 图

7-18　螺杆承受 80lb 的拉力，确定作用在 C 点处横截面上内力的合力分量。

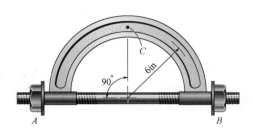

习题 7-18 图

7-19　确定作用在过 C 点横截面上内力的合力分量，假设支承 A、B 处的支承反力沿铅垂方向。

*7-20　确定作用在过 D 点横截面上内力的合力分量，假设支承 A、B 处的支承反力沿铅垂方向。

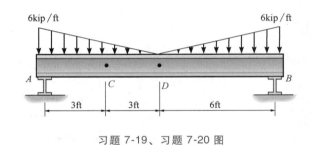

习题 7-19、习题 7-20 图

7.3　应力

　　在 7.2 节中已经阐明作用在弹性体横截面上某一特定点 O 处的力与矩（图 7-7），二者为作用在这一横截面上实际分布内力的合力分量（图 7-8a）。确定分布内力是材料力学中非常重要的内容，为此，需要引入应力的概念。

　　首先，需要对材料的性能做如下假设：一是假设材料为连续的，即材料的组成是连续的或均匀分布的；二是假设材料是紧密结合的，即材料各部分都连接在一起，没有断层、裂纹或缺陷。

　　考察横截面上的微小面积 ΔA，ΔA 上作用有微小内力 ΔF，如图 7-8a 所示。为了进一步讨论，将 ΔF 分解为三个部分，即 ΔF_x、ΔF_y、ΔF_z，其中 ΔF_x 与横截面垂直；ΔF_y、ΔF_z 分别在 y、z 方向上与横截面相切。当 ΔA 趋于零时，ΔF 及其分量与面积之商，一般会

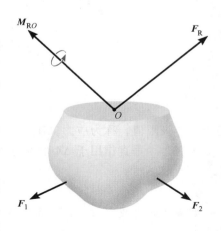

图 7-7

7

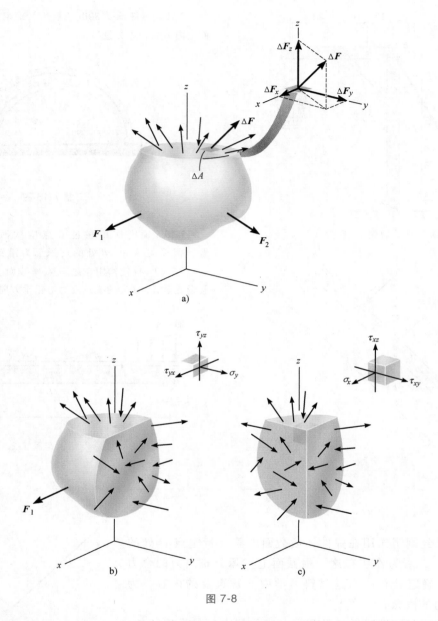

图 7-8

趋于一个极限值，称为应力。注意，应力描述了作用在特定平面上一点的内力的集度。

正应力   垂直作用于 ΔA 上的力的集度定义为正应力，用 σ 表示。由于 ΔF_z 是垂直于横截面，故有

$$\sigma_z = \lim_{\Delta A \to 0} \frac{\Delta F_z}{\Delta A} \tag{7-1}$$

如果法向力或应力"拉"面积 ΔA，如图 7-8a 所示，称为拉应力；如果是"推"面积 ΔA 时，则称为压应力。

切应力　与面积 ΔA 相切的内力集度称为切应力，用 τ 表示。y 和 z 方向上的切应力分量分别为

$$\begin{cases} \tau_{zx} = \lim\limits_{\Delta A \to 0} \dfrac{\Delta F_x}{\Delta A} \\[2mm] \tau_{zy} = \lim\limits_{\Delta A \to 0} \dfrac{\Delta F_y}{\Delta A} \end{cases} \tag{7-2}$$

注意下标 z 表示面积 ΔA 的法线方向；x、y 分别表示切应力分量作用线的方向，如图 7-9 所示。

一般应力状态　弹性体中围绕一点分别由平行于 x–z 面（图 7-8b）、平行于 y–z 面（图 7-8c）和平行于 x–y 面等三组平面"截出"的立方体单元，以及三组面上所作用的应力，即可表示作用在弹性体上一点的应力状态。一般应力状态则由作用在单元体上三组面上的所有应力分量所表征，如图 7-10 所示。

图 7-9　　　　　　　　　　　　　　　　图 7-10

单位　由于应力为分布内力在一点的集度，故在国际标准或国际单位制中，正应力与切应力的单位均为：牛顿每平方米（N/m^2）。称为帕斯卡（$1\text{Pa} = 1\text{N/m}^2$）。工程中，用来表示大的、更真实的应力值[⊖]，在帕斯卡前加前缀 kilo- 千帕（10^3），以 k 表示；mega- 兆帕（10^6），以 M 表示；或 giga- 吉帕（10^9），以 G 为表示。同样的，在英制单位制中，工程师常将应力表达为磅每平方英寸（psi）或千磅每平方英寸（ksi），其中 1 千磅（kip）= 1000lb。

7.4　轴向载荷作用下构件横截面上均匀分布的正应力

本节将确定轴向载荷作用下棱柱形杆件横截面上均匀分布的正应力——平均正应力，如图 7-11a 所示。棱柱形杆沿长度方向所有横截面都相同。假设杆件材料为均质且各向同性，则当载荷 P 的作用线通过横截面形心时，则杆件长度方向上的中间段将产生均匀一致的变形，如图 7-11b 所示。

均质材料在各处都具有相同物理和力学性能；各向同性材料则在所有方向上的物理和力学性能都相同。本书中所论及的大多数工程材料都被近似为均质和各向同性材料。例如钢材，每立方毫米内包含有上千个方向随机的晶体，但是，由于所涉及的这类材料问题的物理尺寸都远大于单个晶体，因此上述关于此类材料组成的假设是切合实际的。

对于各向异性材料如木材，在不同的方向上具有不同的性质，即便如此，如果将各向异性中的某种性

⊖　有时应力会表达为 N/mm^2，其中 $1\text{mm} = 10^{-3}\text{m}$。但是，在国际单位制中，分数的分母部分不允许有前缀，因此利用等价的 $1\text{N/mm}^2 = 1\text{MN/m}^2 = 1\text{MPa}$ 更为合理。

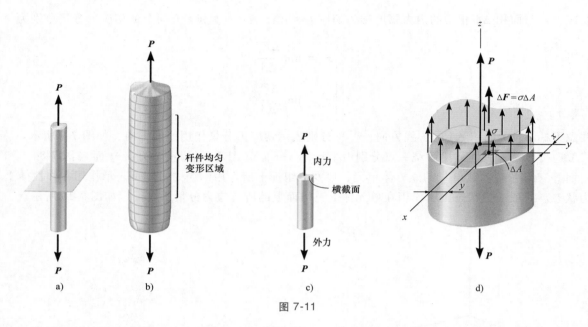

图 7-11

能调整为沿着杆件的轴线方向，则杆件在承受轴向载荷 P 时同样会产生均匀一致的变形。

　　均匀分布正应力　采用假想截面将杆件截为两部分，为保持平衡，截开处截面上分布内力合成的法向力为 P，如图 7-11c 所示。由于变形处处均匀一致，故横截面上必然承受均匀分布正应力，如图 7-11d 所示。

　　对于横截面上面积 ΔA，其上承受的内力 $\Delta F = \sigma \Delta A$，整个横截面上这些力之和一定等于截面上内力的合力 P。令 $\Delta A \to dA$，$\Delta F \to dF$，因此有 $dF = \sigma dA$。考虑到 σ 为常数，于是有

$$+\uparrow F_{Rz} = \sum F_z, \qquad \int dF = \int_A \sigma dA$$

$$P = \sigma A$$

$$\sigma = \frac{P}{A} \tag{7-3}$$

式中，σ 为横截面上任意点上的平均正应力；P 为内力的合力，即轴力⊖作用于横截面的形心，P 是由截面法和平衡方程确定的；A 为所求 σ 处的横截面面积。

　　由于内力 P 通过横截面的形心，均匀分布的正应力将对通过形心的 x 轴与 y 轴之矩为零，如图 7-11d 所示。为证明这一结果，令 P 对每一轴之矩等于分布内力 σdA 对同一轴之矩，即

$$(M_R)_x = \sum M_x, \qquad 0 = \int_A y dF = \int_A y \sigma dA = \sigma \int_A y dA$$

$$(M_R)_y = \sum M_y, \qquad 0 = -\int_A x dF = -\int_A x \sigma dA = -\sigma \int_A x dA$$

根据形心的定义，有 $\int y dA = 0$ 和 $\int x dA = 0$，上述方程自然满足。

_____

⊖　本书轴力记号采用 N 或 P。——译者注

平衡　很显然，对于承受轴向载荷杆横截面上任意单元体，上、下一对面都存在正应力。考虑单元体轴线方向平衡时，应用力的平衡方程，如图 7-12 所示，有

$$\sum F_z = 0, \quad \sigma(\Delta A) - \sigma'(\Delta A) = 0$$
$$\sigma = \sigma'$$

换言之，单元体上、下一对面上的两个正应力必须大小相等、方向相反。这种受力的单元体称为单向应力状态。

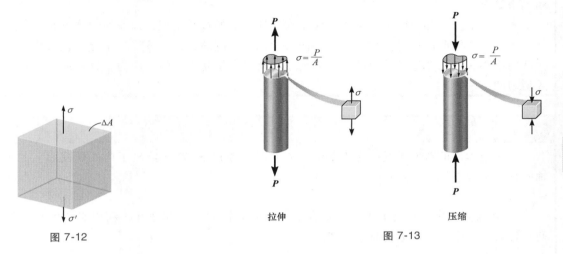

图 7-12

拉伸　　　　　　　压缩

图 7-13

上述分析同时适用于构件承受拉伸或压缩时的情形，如图 7-13 所示。从图中可以看出，内力合力 P 的大小等于分布应力图的体积，即 $P = \sigma A$（体积=高度×面积）。而且，根据力矩平衡的要求，内力合力的作用线通过该体积的中心。

上述关于等截面杆的分析，可以推广至某些具有微小锥度的杆。例如，两邻边的夹角为 15° 的矩形横截面的锥形杆，采用本书中关于均匀分布正应力计算 $\sigma = P/A$ 的结果只比精确弹性理论计算得到的值小 2.2%。

最大正应力　　在本书的分析中，沿着杆纵轴方向的内力 P 与横截面 A 都是恒定的，因而在杆长度上的正应力 $\sigma = P/A$ 也是恒定的。但是，有时杆件会在其轴向方向上不同部位承受多个外部载荷，或者是变截面杆其横截面面积会发生改变，这时，杆各个横截面上的正应力是不等的，因而需要确定最大正应力。所以确定比值 P/A 最大横截面的位置显得非常重要。为确定杆的不同截面处的内力 P 沿杆长度方向的变化，需要画出沿杆长方向法向力或轴向力变化的图形——轴力图。轴力图是法向力 P 与横截面在杆长方向位置 x 之间关系的图形。

根据符号法则，使杆件产生拉伸变形的 P 为正；产生压缩变形的为负。根据轴力图以及横截面面积的变化，即可确定比值 P/A 的最大值。

这一钢杆作为一个吊架用于支承一部分楼梯，因而承受拉应力

| 要点 |

　　● 当承受外部载荷的弹性体被分割后，在横截面上就存在一个力的分布，这些分布力维持着弹性体每一部分的平衡。在弹性体每个点上这一内部力的集度就被称为应力。

　　● 应力是一个当面积趋于零时，单位面积上力的一个极限值。为了这一定义，材料被考虑为连续的和紧密结合的。

　　● 一点上应力部分的大小取决于作用在弹性体上的载荷类型，以及弹性体单元在一点上的方向。

　　● 当一个等截面杆是由均匀的和各向同性材料做成的，并且承受一个穿过横截面形心的轴向力，那么杆的中心区域的变形是一致的。结果就是材料将会承受唯一的正应力，这一应力在横截面上是一致的或均匀的。

| 分析过程 |

　　当一个构件的截面承受一个内部法向力 P 时，方程 $\sigma = P/A$ 给出了构件横截面上的平均正应力。对轴向承载构件来说，应用这一方程需要以下几步。

　　内力

　　* 在需要确定正应力的点处，垂直于构件的纵轴方向将其截开，利用必要的自由体受力图和力平衡方程来获得截面处的内部轴向力 P。

　　平均正应力

　　● 确定构件在截开处的横截面面积并计算平均正应力 $\sigma = P/A$。

　　● 对固定在应力已经计算出的截面上的一点来说，这里建议将 σ 表达为作用在小单元体上。要这样做，首先在单元体上与截面积 A 一致的一面画出 σ。此处 σ 与内部力 P 的作用方向一致，因为所有在横截面上的正应力组成了这一合力。在单元体的另一面，正应力 σ 的作用方向相反。

| 例题 | 7.5 |

　　图 7-14a 所示直杆具有恒定的宽度 35mm 和厚度 10mm。当杆承受图中所示的载荷时，确定杆中的最大正应力。

　　解

　　内力。可以看出，杆的 AB、BC 和 CD 段内的轴向力都是恒定的，但各段内轴力大小各不同。利用截面法，可以确定各段内的轴向力，如图 7-14b 所示；轴力图则示于图 7-14c 中。最大轴力发生在 BC 段，$P_{BC} = 30$kN。由于杆的横截面都是相等的，所以最大正应力也是发生在杆的 BC 段。

　　最大正应力。应用方程（7-3），有

$$\sigma_{BC} = \frac{P_{BC}}{A} = \frac{30(10^3)\,\text{N}}{(0.035\text{m})(0.010\text{m})} = 85.7\text{MPa}$$

　　注意：作用在杆 BC 段上任意截面处的应力分布如图 7-14d 所示。利用应力分布的图形可以生动地显示图形等于 30kN 的轴向力；即 30kN = (85.7MPa)(35mm)(10mm)。

例题　7.5

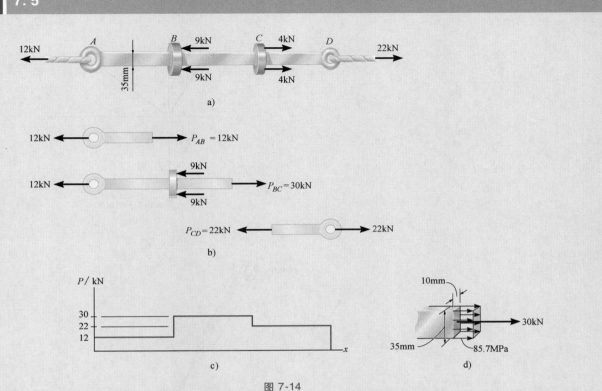

图 7-14

例题　7.6

质量为 80kg 的探照明灯由杆 AB 和 BC 悬挂，如图 7-15a 所示。如果 AB 的直径为 10mm，BC 的直径为 8mm，确定每个杆横截面上的正应力。

解

内力。 首先来确定每个杆上的轴向力。照明灯的自由体受力图如图 7-15b 所示，应用力平衡方程，有

$$\xrightarrow{+}\sum F_x = 0, \qquad F_{BC}\left(\frac{4}{5}\right) - F_{BA}\cos60° = 0$$

$$+\uparrow\ \sum F_y = 0, \qquad F_{BC}\left(\frac{3}{5}\right) + F_{BA}\sin60° - 784.8\text{N} = 0$$

$$F_{BC} = 395.2\text{N}, \quad F_{BA} = 632.4\text{N}$$

根据牛顿第三定律，大小相等、方向相反的力使杆在其长度方向承受拉伸作用。

正应力。 应用方程（7-3），

$$\sigma_{BC} = \frac{F_{BC}}{A_{BC}} = \frac{395.2\text{N}}{\pi(0.004\text{m})^2} = 7.86\text{MPa}$$

7

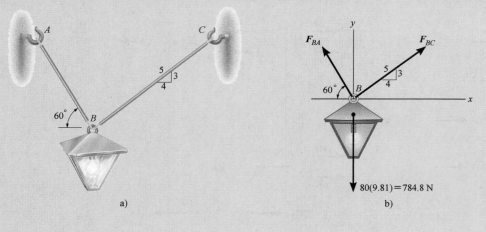

a)

b)

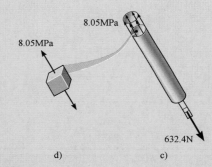

8.05MPa

8.05MPa

632.4N

d)

c)

图 7-15

$$\sigma_{BA} = \frac{F_{BA}}{A_{BA}} = \frac{632.4\text{N}}{\pi(0.005\text{m})^2} = 8.05\text{MPa}$$

注意：作用在杆 AB 上的均匀正应力分布如图 7-15c 所示，并且在这一横截面上一点处，材料单元体受力如图 7-15d 所示。

图 7-16a 所示构件 AC 承受 3kN 的铅垂力作用。确定该力作用的位置 x，以使得在光滑支撑 C 处的均匀压应力等于拉杆 AB 上的均匀拉应力。杆的横截面面积为 400mm^2，C 处的恒定截面为 650mm^2。

解

内力。通过考察构件 AC 的受力图（图 7-16b），可以建立 A 点与 C 点作用力之间的关系，与之相关的有三个未知量，分别为 F_{AB}、F_C 与 x。采用的单位为牛顿和毫米，由平衡方程，有

例题 **7.7**

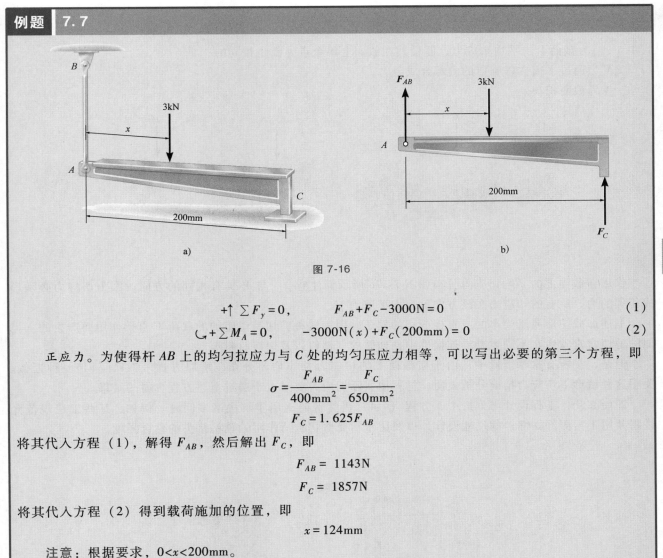

图 7-16

$$+\uparrow \sum F_y = 0, \qquad F_{AB} + F_C - 3000\text{N} = 0 \qquad\qquad (1)$$

$$\curvearrowleft + \sum M_A = 0, \qquad -3000\text{N}(x) + F_C(200\text{mm}) = 0 \qquad (2)$$

正应力。 为使得杆 AB 上的均匀拉应力与 C 处的均匀压应力相等，可以写出必要的第三个方程，即

$$\sigma = \frac{F_{AB}}{400\text{mm}^2} = \frac{F_C}{650\text{mm}^2}$$

$$F_C = 1.625 F_{AB}$$

将其代入方程（1），解得 F_{AB}，然后解出 F_C，即

$$F_{AB} = 1143\text{N}$$

$$F_C = 1857\text{N}$$

将其代入方程（2）得到载荷施加的位置，即

$$x = 124\text{mm}$$

注意：根据要求，0 < x < 200mm。

7.5　平均切应力

　　本书 7.3 节中，已经将切应力定义为作用在截面的平面上的应力分量。为了证明切应力的存在，考察图 7-17a 中承受力 **F** 的杆，假设两端支承是刚性的，当力 **F** 足够大时，将会引起杆的材料发生变形并沿着 AB 和 CD 面发生剪切破坏。图 7-17b 所示为除去支承后，杆中间部分的自由体受力图。为保持截出部分的平衡，两侧横截面上将出现剪力，其值为 $V = F/2$。假设剪力产生的切应力在横截面上均匀分布，则平均切应力为

$$\tau_{\text{avg}} = \frac{V}{A}$$

(7-4)

式中　τ_{avg} 为截面上的平均切应力，假设其在截面上每个点处都是相同的；

V 为通过平衡方程确定的内部合成剪力；

A 为截面积。

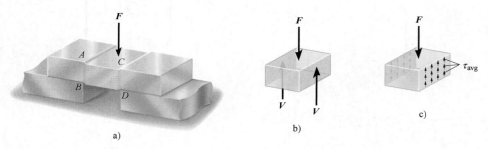

图 7-17

作用在截面上的平均切应力分布如图 7-17c 所示。注意 τ_{avg} 与 V 具有相同的方向，因为切应力必须形成相关的力，所有的切应力在该方向上组成了剪力 V。

上述加载情形属于简单的或直接剪切的例子，因为这种剪切是由施加的载荷 F 直接作用而产生的。类似的剪切常常发生在不同类型的连接件中，如螺栓、销钉以及焊接材料等。

但是，在所有这些情形中，由于横截面上的切应力并非均匀分布，所以方程（7-4）只是一种近似。关于这种情形下切应力精确分析表明，材料中实际切应力要远大于通过上述方程算得的结果。

即便如此，工程设计与分析中，方程（7-4）仍然普遍地用于解决诸多问题。例如，某些工程规范允许将其用于紧固件如螺栓的尺寸设计，以及用于承受剪切载荷作用的胶粘接头的黏合强度。

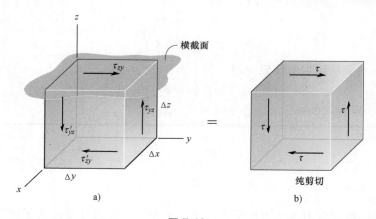

图 7-18

切应力互等　图 7-18a 所示为从横截面上的给定点截取的单元体，在与横截面对应的面上，承受切应力 τ_{zy}。根据力和矩平衡的要求，伴随这一面上的切应力，其他三个面上同时存在切应力。为证明这些切应力并确定其与 τ_{zy} 的关系，考察 y 方向上力的平衡，有

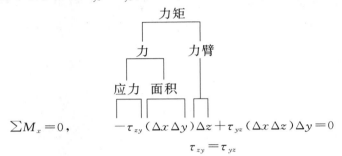

于是得到

$$\tau_{zy} = \tau'_{zy} = \tau_{yz} = \tau'_{yz} = \tau$$

类似地，考察 z 方向上力的平衡，产生 $\tau_{yz} = \tau'_{yz}$；最后，考察对 x 轴的力矩平衡，有

上述结果表明，所有的四个切应力必须有相同的大小，并且在相对的单元体边上其方向或相对或相背，如图 7-18b 所示。这称为剪切互等定理。

图 7-18 所示的情形下，材料承受纯剪切。

要点

● 如果连接在一起的两个部分比较薄或小，施加的载荷会引起材料的剪切并伴随着轻微的弯曲。在这种情形下，一般假设横截面上的切应力均匀分布，称为平均切应力。

● 当有一个切应力 τ 作用在单元体的一个平面上时，根据横截面上一点处的材料单元体平衡的要求，必大小相等的切应力作用在单元体的三个相邻面上。

分析过程

方程 $\tau_{\text{avg}} = V/A$ 用来确定材料中的平均切应力，这需要以下几步。

剪力

● 用假想截面在需要确定切应力的点处将构件截开。

● 画出所需要的自由体受力图，计算必须保持截开部分平衡、作用在横截面上的内力——剪力 V。

平均切应力

● 确定横截面面积 A，进而确定平均切应力 $\tau_{\text{avg}} = V/A$。

● 建议将 τ_{avg} 标在单元体上，该单元体取自需要确定切应力的截面上的某一固定点。首先将 τ_{avg} 画在单元体与横截面对应的面 A 上，这一切应力的作用方向与 V 一致。根据图 7-18 所示的规则，可以画出作用在其他三个相邻面上的切应力方向。

例题 | 7.8

如图 7-19a 所示的梁，确定 A 处直径为 20mm 的销钉、B 处直径为 30mm 的销钉上的平均切应力。

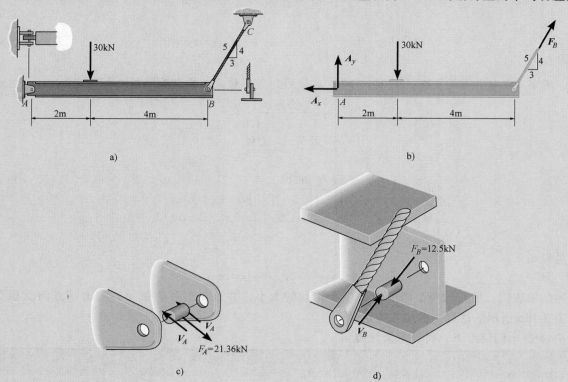

图 7-19

解

内力。 销钉上的力可以通过梁的平衡方程得到，如图 7-19b 所示。

$$\circlearrowleft + \sum M_A = 0, \quad F_B\left(\frac{4}{5}\right)(6\text{m}) - 30\text{kN}(2\text{m}) = 0, \quad F_B = 12.5\text{kN}$$

$$\xrightarrow{+} \sum F_x = 0, \quad (12.5\text{kN})\left(\frac{3}{5}\right) - A_x = 0, \quad A_x = 7.50\text{kN}$$

$$+\uparrow \sum F_y = 0, \quad A_y + (12.5\text{kN})\left(\frac{4}{5}\right) - 30\text{kN} = 0, \quad A_y = 20\text{kN}$$

因此，作用在销钉 A 上的合力为

$$F_A = \sqrt{A_x^2 + A_y^2} = \sqrt{(7.50\text{kN})^2 + (20\text{kN})^2} = 21.36\text{kN}$$

A 处的销钉由两个固定的"金属薄片"支承，因此，销钉中心部分的自由体受力图如图 7-19c 所示，在梁与金属片之间有两个剪切面。因此，通过梁作用在销钉上的力（21.36N），由两个剪切面上的剪力所支承。这种情形称为双剪切。于是有

例题 7.8

$$V_A = \frac{F_A}{2} = \frac{21.36\text{kN}}{2} = 10.68\text{kN}$$

注意到图 7-19a 中的销钉 B 承受的是单剪切，只发生在缆绳与梁之间的部分，如图 7-19d 所示。对这一部分销钉有

$$V_B = F_B = 12.5\text{kN}$$

平均切应力

$$(\tau_A)_{\text{avg}} = \frac{V_A}{A_A} = \frac{10.68(10^3)\text{N}}{\frac{\pi}{4}(0.02\text{m})^2} = 34.0\text{MPa}$$

$$(\tau_B)_{\text{avg}} = \frac{V_B}{A_B} = \frac{12.5(10^3)\text{N}}{\frac{\pi}{4}(0.03\text{m})^2} = 17.7\text{MPa}$$

例题 7.9

图 7-20a 中的木楔头垂直于纸面方向的宽度为 150mm，确定沿着剪切面 a—a、b—b 上的平均切应力，以及每个面上单元体的应力状态。

解

内力。考察图 7-20b 所示构件的自由体受力图，有

$$\xrightarrow{+} \sum F_x = 0, \quad 6\text{kN} - F - F = 0, \quad F = 3\text{kN}$$

现在考虑从剪切面 a—a 和 b—b 截断后的分段的平衡，分别如图 7-20c、d 所示。有

$$\xrightarrow{+} \sum F_x = 0, \quad V_a - 3\text{kN} = 0, \quad V_a = 3\text{kN}$$

$$\xrightarrow{+} \sum F_x = 0, \quad 3\text{kN} - V_b = 0, \quad V_b = 3\text{kN}$$

平均切应力

$$(\tau_a)_{\text{avg}} = \frac{V_a}{A_a} = \frac{3(10^3)\text{N}}{(0.1\text{m})(0.15\text{m})} = 200\text{kPa}$$

$$(\tau_b)_{\text{avg}} = \frac{V_b}{A_b} = \frac{3(10^3)\text{N}}{(0.125\text{m})(0.15\text{m})} = 160\text{kPa}$$

在 a—a 和 b—b 截面上的单元体的应力状态分别如图 7-20c、d 所示。

例题 | 7.9

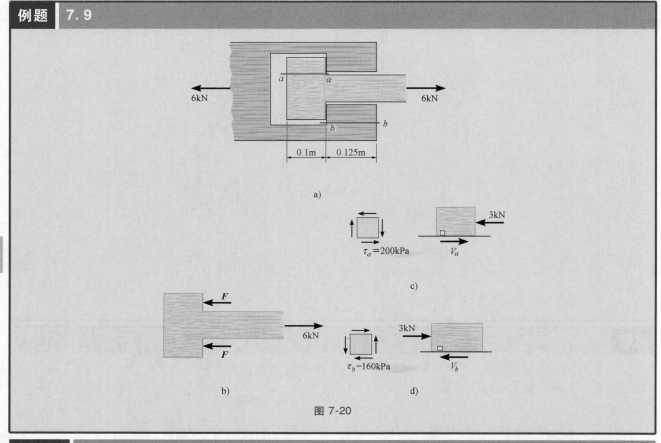

图 7-20

基础题

F7-7   等截面梁由横截面面积为 $10mm^2$ 的 AB 杆以及横截面面积为 $15mm^2$ 的 CD 杆支承。确定分布载荷的集度 w，以使每个杆上的正应力不超过 300kPa。

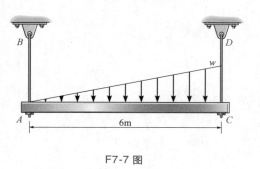

F7-7 图

F7-8   确定横截面上的正应力，并画出横截面上的正应力分布。

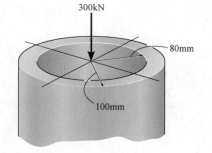

F7-8 图

F7-9   确定横截面上的正应力，并画出横截面上的正应力分布。

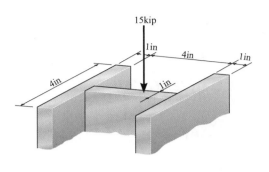

F7-9 图

F7-10 若有一个 600kN 的力作用在横截面的形心上，确定形心 $\bar{y}$ 的位置与作用在横截面上的正应力。同样，画出横截面上的正应力分布。

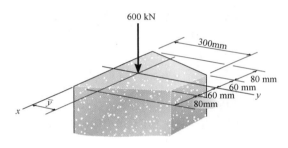

F7-10 图

F7-11 确定 A、B、C 点处的正应力。每段的直径如图中所示。

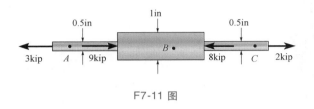

F7-11 图

F7-12 若质量块的重量为 50kg，确定 AB 杆上的正应力。AB 杆的直径为 8mm。

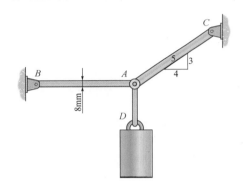

F7-12 图

习题

7-21 如图所示，工作台的支承轮通过一个 4mm 直径的销钉与台架腿相连。如果轮受到 3kN 的铅垂力，确定销钉上的平均切应力。忽略台架腿内侧与轮子上管子之间的摩擦力。

7-22 如图所示的杠杆通过一个锥形的销钉 AB 固定在

习题 7-21 图

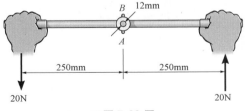

习题 7-22 图

一个轴上，销钉的平均直径为 6mm。如果施加一对力在杠杆上，确定销钉横截面上的平均切应力。

7-23　图示杆件的横截面面积为 A，杆受到轴向载荷 P 的作用。图中阴影部分截面与水平面之间的夹角为 θ，确定阴影截面上的正应力与切应力。画出这些应力作为 θ（$0 \leqslant \theta \leqslant 90°$）函数的曲线。

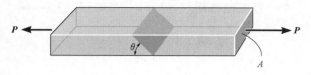

习题 7-23 图

*7-24　图示组合轴，由管 AB 和实心杆 BC 组成。管的内径为 20mm，外径为 28mm；实心杆的直径为 12mm。确定 D、E 点处的正应力，并画出两点处单元体上的应力。

习题 7-24 图

7-25　套筒螺母承受大小为 $P = 900\text{lb}$ 的轴向载荷，确定截面 a—a 以及每个螺栓杆 B、C 上的正应力。螺栓杆直径均为 0.5in。

7-26　套筒截面 a—a 处的正应力不允许超过 15ksi，螺栓杆 B、C 上的正应力不允许超过 45ksi。确定可以施加在套筒螺母上的最大轴向载荷 P，螺栓杆直径均为 0.5in。

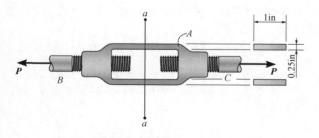

习题 7-25、习题 7-26 图

7-27　板的宽度为 0.5m。若支承处的反力分布如图所示，确定施加在板上的力 P 以及所施加的位置与端面之间的距离 d。

*7-28　用在飞机机身结构上的两个构件通过一个 30°

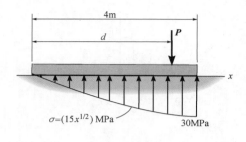

习题 7-27 图

的鱼嘴状焊接接头相连。确定每个焊接接头平面上的正应力与切应力。假设每个斜面承受 400lb 的水平力。

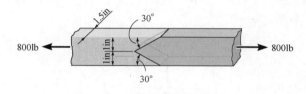

习题 7-28 图

7-29　图中所示的块体在中心处承受 600kN 的力，确定材料上的正应力。画出材料上不同单元体的应力状态。

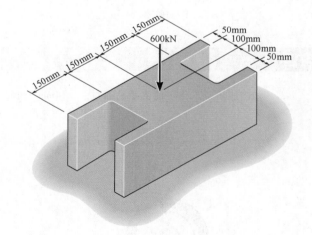

习题 7-29 图

7-30　确定桁架中每根直径 20mm 杆上的正应力。设定 $P = 40\text{kN}$。

7-31　若桁架中每根直径 20mm 杆上的正应力不允许超过 150MPa，确定可以施加在连接 C 处的最大载荷 P。

*7-32 确定桁架上 A 处销钉上的平均切应力。水平的载荷 P = 40kN 施加在连接 C 处。每个销钉的直径为 25mm 并且承受双剪切。

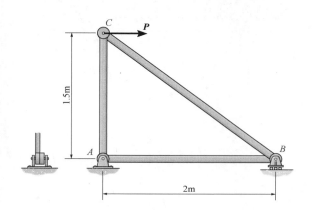

习题 7-30、习题 7-31、习题 7-32 图

7-33 一个 150kg 的木桶悬挂在结构的末端 E 处。分别确定直径为 6mm 的缆绳 CF、直径为 15mm 的短支架 BD 上的平均正应力。

7-34 一个 150kg 的木桶悬挂在结构的末端 E 处。若 A、D 处的销钉直径分别为 6mm 和 10mm，确定这些销钉上的平均切应力。每个销钉均承受双剪切。

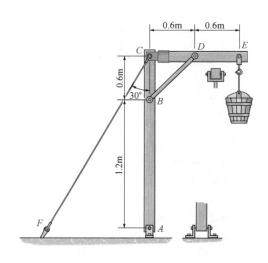

习题 7-33、习题 7-34 图

7-35 底座具有如图所示的三角形截面。若有一个

500lb 的压力作用在底座上，压力必须作用在截面上，指定 x、y 坐标系上的点 P（x，y），使得截面具有均匀分布正应力。计算应力的大小，并画出离载荷作用点较远处截面上的应力分布。

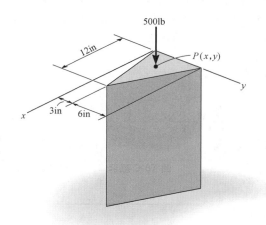

习题 7-35 图

*7-36 20kg 的枝形吊灯通过 AB 杆和 BC 杆悬挂在墙壁和天花板之间，杆的直径分别为 3mm 和 4mm。为使得两个杆上的正应力相等，确定角度 θ 的大小。

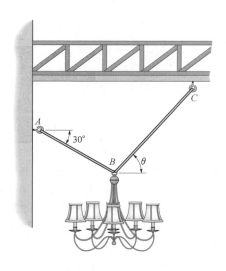

习题 7-36、习题 7-37 图

7-37 一个枝形吊灯通过 AB 杆和 BC 杆悬挂在墙壁和天花板之间，其直径分别为 3mm 和 4mm。如果两个杆上的正应力不允许超过 150MPa，确定若角度 θ = 45°时枝形吊灯的最大质量。

7-38 横梁由 A 处的销钉和短链环 BC 支撑。若 P = 15kN，确定 A、B、C 处销钉的平均切应力。所有的销钉受双剪切作用，每个销钉的直径为 18mm。

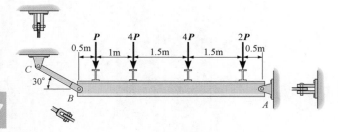

习题 7-38 图

7-39 连接件承受 6kip 的轴向结构力如图所示。确定 AB、BC 面上的平均正应力。假设连接处光滑，连接件厚度为 1.5in。

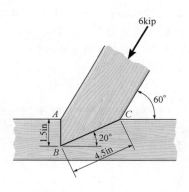

习题 7-39 图

*7-40 跑车的驾驶员踩动后刹车器引起轮胎在地面上滑动。若每个刹车轮胎的法向力为 400lb，轮胎与地面之间的动摩擦因数为 μ = 0.5，确定由轮胎摩擦力引起的平均切应力大小。假设轮胎的橡胶是弹性的且每个轮胎的胎压为 32psi。

7-41 拉伸试验中，木制试样承受的正应力为 2ksi。确定施加在试样上的轴向力 P。并计算试样沿 a—a 面上的平

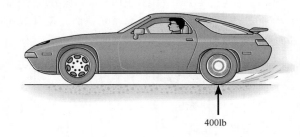

400lb

习题 7-40 图

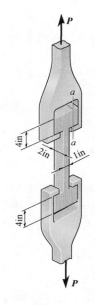

习题 7-41 图

均切应力。

7-42 接头承受轴向的载荷 P = 9kN，确定连接盖板与构件的、直径为 6mm 的销钉上的平均切应力，以及沿 4 个隐蔽的剪切面上的平均切应力。

7-43 如果要求盖板与构件之间直径为 6mm 销钉上的平均切应力，以及沿 4 个隐蔽的剪切面上的平均切应力，分别不允许超过 80MPa 和 500kPa。确定可以施加在连接件上的轴向载荷 P。

*7-44 如图所示，当手托着一个 5lb 重的石头时，假设肱骨 H 分别施加于桡骨 C 和尺骨 A 上的力分别为 F_C 和 F_A，而且三者连接处是光滑的。B 处的韧带最小的横截面面积为 0.30in²，确定韧带上的最大拉伸应力。

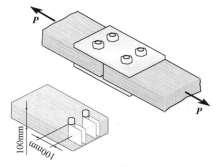

习题 7-42、习题 7-43 图

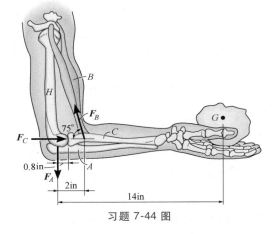

习题 7-44 图

7-45　2Mg 重的水泥管的重心位于 G 处，管由缆绳 AB 和 AC 悬吊，确定在两条缆绳上的正应力。缆绳 AB 和 AC 的直径分别为 12mm 和 10mm。

7-46　2Mg 重的水泥管的重心位于 G 处，管由缆绳 AB 和 AC 悬吊，为使 AB 缆绳上的正应力与直径为 10mm 缆绳 AC 上的正应力相等，确定缆绳 AB 的直径。

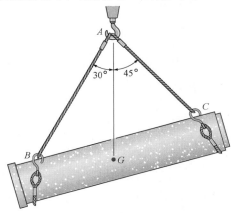

习题 7-45、习题 7-46 图

7-47　若混凝土基座的重度为 γ，确定基座中正应力与 z 的函数关系。

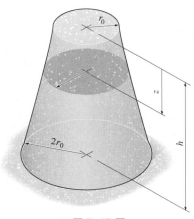

习题 7-47 图

* 7-48　将地脚螺栓从混凝土墙里拔出时，形成了墙的部分截头锥体和圆柱体失效面。在圆柱体 BC 上将发生剪切失效，而在截头锥体 AB 上将发生拉伸失效。假设两种失效面上的切应力和正应力均为分布，如图所示，确定必须施加在螺栓上的力 P。

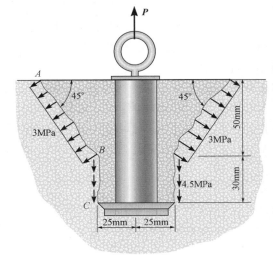

习题 7-48 图

7-49　摇臂起重机通过 A 处铰链支承，链式吊钩可以在横梁下方翼缘上移动，$1\text{ft} \leqslant x \leqslant 12\text{ft}$。若吊钩的额定最大起吊重量为 1500lb，确定直径为 0.75in 的连接杆 BC 上的最大正应力，以及 B 处直径为 0.625in 销钉上的最大平均切应力。

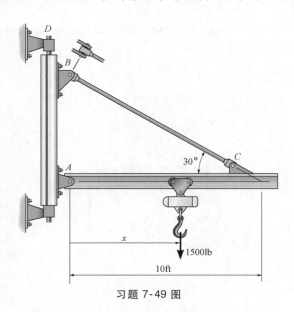

习题 7-49 图

7-50　若传动轴承受 5kN 的轴向力，确定作用在轴颈环 A 上的应力。

7-51　若直径为 60mm 的传动轴承受 5kN 的轴向力，确定轴颈环 A 与传动轴连接处剪切面上的平均切应力。

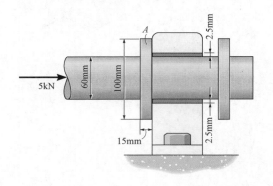

习题 7-50、习题 7-51 图

7.6　许用应力

　　为了正确设计结构部件或机械零件时，能够确保安全，必须将材料内的应力限制在确定的水平上。为此，有必要确定许用应力，从而限制所施加的载荷小于杆件可以完全承受的载荷。

　　之所以如此原因很多，例如，部件所设计的载荷与实际施加的载荷可能存在差别；对所涉及的结构构件或机械零件尺寸的测量，可能会因为制造或组装成部件过程中产生误差而不准确；使用过程中产生的未知振动、冲击或偶然载荷的影响；大气腐蚀、老化或风化引起的材料性能在使用过程中劣化，例如木材、混凝土以及纤维增强复合材料的力学性能在役工程中就会有很大的变化。

　　安全系数⊖法是确定构件许可载荷的一种方法。安全系数（F.S.）是失效载荷 F_{fail} 与许可载荷 F_{allow} 之间的比值。其中 F_{fail} 通过材料试验得到，安全系数是基于经验选择的，目的是考虑上述所提到的未知因素的影响，以使在相关载荷几何尺寸条件下，确保构件安全运行。数学表达式为

$$F.S. = \frac{F_{fail}}{F_{allow}} \tag{7-5}$$

　　若施加在构件上的载荷与构件内的应力是线性相关的，例如在 $\sigma = P/A$ 和 $\tau_{avg} = V/A$ 的情形下，安全系数也可以表达为失效应力 σ_{fail}（或 τ_{fail}）与许用应力 σ_{allow}（或 τ_{allow}）之比⊖，即

$$F.S. = \frac{\sigma_{fail}}{\sigma_{allow}} \tag{7-6}$$

或

⊖　国内教科书中一般将安全系数称为安全因数。——编辑注

⊖　在某些情形下，例如柱体，载荷与应力之间并不是线性相关的，因此只能用方程（7-5）来确定安全系数。详见第 17 章。

$$\text{F. S.} = \frac{\tau_{\text{fail}}}{\tau_{\text{allow}}} \tag{7-7}$$

任何设计中，安全系数都必须大于 1，以避免潜在的失效风险。具体值取决于材料的类型以及对结构或机械的预期使用目的。例如，在航空器或太空车部件的设计中，以减轻重量，F. S. 可能接近于 1。而在核电站的设计中，由于载荷或材料行为的不确定性，一些部件的安全系数而可能高达 3。特定情形下的安全系数可以在设计准则以及工程手册中查到。这些安全系数的确定旨在从保证公共与环境安全、以及提供经济合理的解决方案之间形成平衡。

7.7　简单连接件的设计

通过对相关材料的行为做一些简单的假设，方程 $\sigma = P/A$ 和 $\tau_{\text{avg}} = V/A$ 就可以用于分析或设计简单的连接件或机械零件。特别是，当构件在截面处承受法向力，在该处所要求的面积可以通过下式确定：

$$A = \frac{P}{\sigma_{\text{allow}}} \tag{7-8}$$

另一方面，若截面承受的是剪切力，则该处的面积由下式确定：

$$A = \frac{V}{\tau_{\text{allow}}} \tag{7-9}$$

正如本章 7.6 节中讨论的，上述方程中许用应力，可以利用材料的拉伸或剪切破坏时应力除以安全系数确定，或者从相关的设计准则中直接查到。

图 7-21 所示为以上方程应用的三个实例。

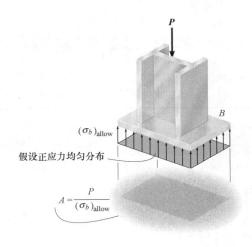

柱基座 B 的面积通过连接件的许用应力确定

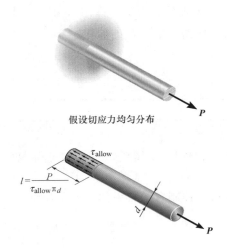

杆连接件嵌入的长度 l 可以利用黏接胶的许用切应力确定

图 7-21

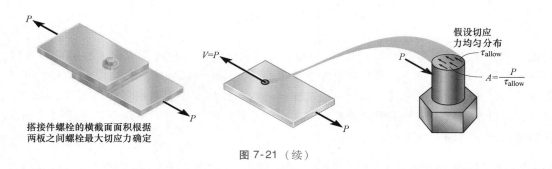

图 7-21（续）

搭接件螺栓的横截面面积根据
两板之间螺栓最大切应力确定

假设切应力均匀分布
τ_{allow}
$A = \dfrac{P}{\tau_{\text{allow}}}$

要点

- 构件的强度设计基于选择许用应力，使得构件能够安全承受预期载荷。根据构件的预期使用目的，并考虑诸多未知因素可能影响构件的实际应力，确定合适的安全系数确定构件可以承受的载荷。

分析过程

当利用正应力和平均切应力方程求解问题时，首先需要仔细考察应力比较大的危险截面。一旦确定了危险截面，设计这一截面必须具有足够的面积以承受应力的作用。危险截面的确定需遵循以下步骤。

内力

- 采用截面法将构件截开，并画出截开部分的自由体受力图，截开部分上的内力合力分量根据平衡方程确定。

所需面积

- 根据已知的或已确定的许用应力，由 $A = P/\sigma_{\text{allow}}$ 或 $A = V/\tau_{\text{allow}}$ 确定平衡载荷所需要的横截面面积。

设计用于移动很重载荷的起重机
与缆绳时，必须选用合适的安全系数

例题 | 7.10

控制杆承受的载荷如图 7-22a 所示。若钢材的许用切应力为 8ksi，确定 C 点处销钉的直径，精确到 1/4in。

解

剪切载荷。 控制臂的自由体受力图如图 7-22b 所示，根据平衡有

$$\zeta + \sum M_C = 0, \quad F_{AB}(8\text{in}) - 3\text{kip}(3\text{in}) - 5\text{kip}\left(\frac{3}{5}\right)(5\text{in}) = 0,$$

$$F_{AB} = 3\text{kip}$$

$$\xrightarrow{+} \sum F_x = 0, \quad -3\text{kip} - C_x + 5\text{kip}\left(\frac{4}{5}\right) = 0, \quad C_x = 1\text{kip}$$

例题 7.10

$$+\uparrow \sum F_y = 0, C_y - 3\text{kip} - 5\text{kip}\left(\frac{3}{5}\right) = 0, C_y = 6\text{kip}$$

C 处销钉抵抗 C 点的合力，即

$$F_C = \sqrt{(1\text{kip})^2 + (6\text{kip})^2} = 6.082\text{kip}$$

由于销钉承受双剪切，作用在控制臂与支承钢片之间销钉的每一横截面上的剪力均为 3.041kip，如图 7-22c 所示。

所需面积。有

$$A = \frac{V}{\tau_{\text{allow}}} = \frac{3.041\text{kip}}{8\text{kip}/\text{in}^2} = 0.3802\text{in}^2$$

$$\pi\left(\frac{d}{2}\right)^2 = 0.3802\text{in}^2$$

$$d = 0.696\text{in}$$

所用的销钉的直径为

$$d = \frac{3}{4}\text{in} = 0.750\text{in}$$

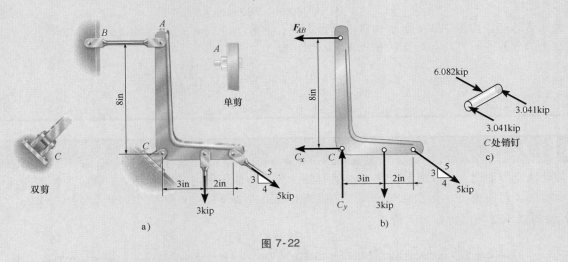

图 7-22

例题 7.11

如图 7-23a 所示，悬挂杆在其上端由一与之固接的圆盘所支承。杆穿过直径为 40mm 的小孔，上端与圆盘固接。确定在 20kN 载荷下，悬挂杆所需要的直径和圆盘的最小厚度。杆的许用正应力 $\sigma_{\text{allow}} = 60\text{MPa}$，圆盘的许用切应力 $\tau_{\text{allow}} = 35\text{MPa}$。

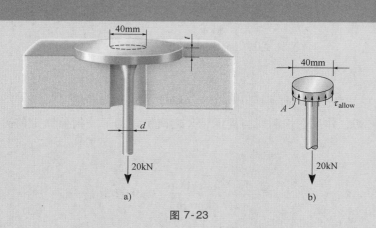

| 例题 | 7.11 |

图 7-23

7

解

杆的直径。杆的轴向力为 20kN，因此悬挂杆所必需的横截面面积为

$$A = \frac{P}{\sigma_{allow}}, \qquad \frac{\pi}{4}d^2 = \frac{20(10^3)\,N}{60(10^6)\,N/m^2}$$

杆直径

$$d = 0.0206m = 20.6mm$$

圆盘的厚度。由图 7-23b 所示的自由体受力图，直径为 40mm 的圆盘部分承受剪切作用。假设切应力在截开部分的面积上均匀分布，根据 $V = 20kN$，有

$$A = \frac{V}{\tau_{allow}}, \qquad 2\pi(0.02m)(t) = \frac{20(10^3)\,N}{35(10^6)\,N/m^2}$$

$$t = 4.55(10^{-3})\,m = 4.55mm$$

| 例题 | 7.12 |

传动轴受力如图 7-24a 所示，在 C 点处有轴颈环，轴颈环固定在轴承 B 的右侧。为使轴颈环所受正应力不超过许用应力 $(\sigma_b)_{allow} = 75MPa$；传动轴上的正应力不超过许用应力 $(\sigma_t)_{allow} = 55MPa$，确定轴在 EF 段所能承受轴向力的最大值 P。

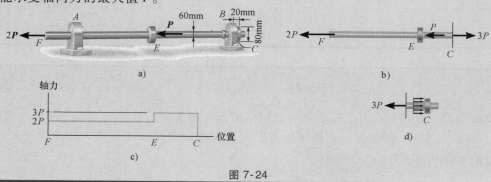

图 7-24

| 例题 | **7.12** |

解 求解这一问题，需要根据两个失效条件各确定一个 P 值，选择其中最小的。想一想为什么？

轴的正应力。 利用截面法，传动轴 FE 段的轴向力为 $2P$；EC 段上的轴向力为 $3P$，EC 段承受最大轴向力，如图 7-24b 所示。全轴的轴力图示于图 7-24c 中。由于整个轴的横截面面积处处相等，故 EC 段将承受最大正应力。应用公式（7-8），有

$$A = \frac{P}{\sigma_{\text{allow}}}, \quad \pi(0.03\text{m})^2 = \frac{3P}{55(10^6)\,\text{N/m}^2}$$

$$P = 51.8\text{kN}$$

轴颈环的法向应力。 图 7-24d 所示为 C 处轴颈环的自由体受力图，轴颈环承受 $3P$ 的载荷，法向作用面积为 $A_b = [\pi(0.04\text{m})^2 - \pi(0.03\text{m})^2] = 2.199(10^{-3})\,\text{m}^2$。因此

$$A = \frac{P}{\sigma_{\text{allow}}}, \quad 2.199(10^{-3})\,\text{m}^2 = \frac{3P}{75(10^6)\,\text{N/m}^2}$$

$$P = 55.0\text{kN}$$

通过比较，施加在传动轴上的最大载荷应为 $P = 51.8\text{kN}$，因为任何大于这一数值的载荷将引起传动轴内的应力超出许用应力。

注意： 本例未如例题 7.11 那样考虑轴颈环可能的剪切失效。

基础题

F7-13 AC 杆与 BC 杆用于悬挂 200kg 的质量。若每根杆所用的材料的正应力不允许超过 150MPa，确定每个杆所需的最小直径，精确到 mm。

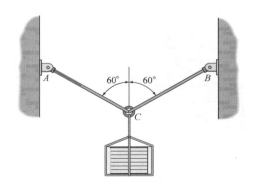

F7-13 图

F7-14 桁架承受的载荷如图所示。在 A 点处销钉直径为 0.25in，若销钉承受双剪切，确定其平均切应力。

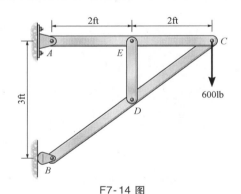

F7-14 图

F7-15 确定在每个 3/4in 直径螺栓上的最大平均切应力。

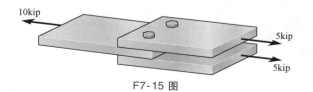

F7-15 图

F7-16 若三个钉子均具有 4mm 的直径并承受 60MPa 的平均切应力，确定可以施加在木板上的最大许可载荷 **P**。

F7-16 图

F7-17 支柱黏接在水平构件 *AB* 的表面上。若支柱的厚度为 25mm，黏接处可以承受 600kPa 的平均切应力，确定可以施加在支柱上的最大力 **P**。

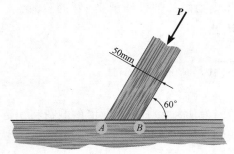

F7-17 图

F7-18 确定直径 30mm 销钉上的最大平均切应力。

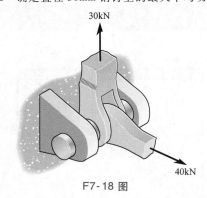

F7-18 图

F7-19 若吊环螺栓材料的屈服强度为 $\sigma_Y = 250$MPa，确定螺栓杆所需的最小直径。抗屈服的安全系数 F.S. = 1.5。

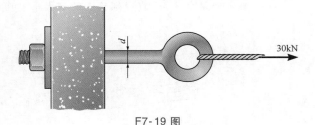

F7-19 图

F7-20 组合杆材料的屈服强度为 $\sigma_Y = 50$ksi，确定所需 h_1 与 h_2 的最小尺寸，精确到 1/8in。抗屈服的安全系数 F.S. = 1.5，杆的厚度为 0.5in。

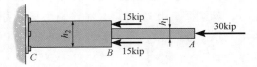

F7-20 图

F7-21 杆材料的屈服强度为 $\sigma_Y = 250$MPa，考虑杆中最可能失效的部位在截面 *a—a* 处。抵抗屈服的安全系数 F.S. = 2。确定可以施加在杆上的最大力 **P**。

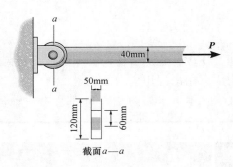

截面 *a—a*

F7-21 图

F7-22 销钉材料的失效切应力为 $\tau_{\text{fail}} = 100$MPa，抗剪切失效的安全系数 F.S. = 2.5。确定销钉所需的最小直径，精确到 mm。

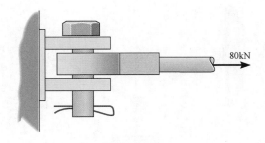

F7-22 图

F7-23 若螺栓头与支承托架由相同材料制成，失效切应力为 $\tau_{\text{fail}} = 120$MPa，抗剪切失效的安全系数 F.S. = 2.5。为使螺栓拉伸不会穿过金属板。确定可以施加的最大许可载荷 *P*。

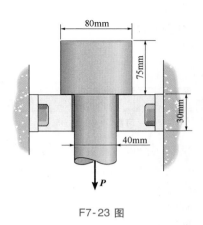

F7-23 图

F7-24　六个钉子将吊架钉在立柱上用于支承梁 *AB*。若钉子材料失效切应力为 $\tau_{fail}=16ksi$，抗剪切失效的安全系数 F. S. = 2。确定每个钉子所需的最小直径，精确到 1/16in。

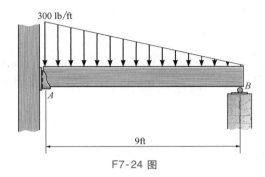

F7-24 图

习题

*7-52　构件 *B* 承受 800lb 的压力。若杆 *A* 与 *B* 均木质且都具有 3/8in 厚度，许用平均切应力为 $\tau_{allow}=300psi$。确定杆 *A* 的水平部分不发生剪切失效的最小尺寸 *h*，精确到 1/4in。

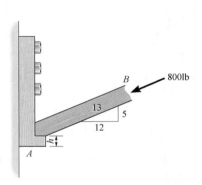

习题 7-52 图

7-53　扳手通过一个宽为 *d*，长为 25mm 的键卡在轴 *A* 上，若轴是固定的。大小为 200N 的铅垂力施加在手柄上。若键的许用切应力为 $\tau_{allow}=35MPa$，确定 *d* 的尺寸。

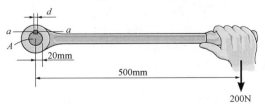

习题 7-53 图

7-54　三板由两个螺栓紧固形成连接件。若螺栓的失效切应力为 $\tau_{fail}=350MPa$，剪切的安全系数 F. S. = 2.5。确定螺栓所需要的直径。

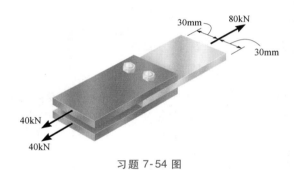

习题 7-54 图

7-55　桁架的支承与载荷如图所示。若材料的许用正应力为 $\sigma_{allow}=24ksi$，确定构件 *BC* 所需的横截面面积。

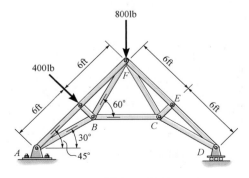

习题 7-55 图

*7-56 飞机上升降机控制器的钢制轴头衬套由图 a 所示的螺母与垫圈固定。垫圈 A 的失效会使得推杆如图 b 所示发生分离。若垫圈的最大平均正应力为 $\sigma_{max} = 60ksi$，最大平均切应力为 $\tau_{max} = 21ksi$，确定可以使推杆分离时施加在衬套上的力 F。垫圈的厚度为 1/16in。

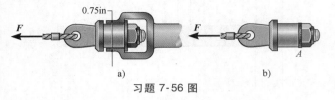

习题 7-56 图

7-57 构件 B 承受 600lb 的压力。若 A 与 B 均为木制，且具有 1.5in 的相同宽度，为使沿 A 右侧部分的水平平均切应力不超过 $\tau_{allow} = 50psi$，确定 a 的最小尺寸。精确到1/8in。忽略摩擦。

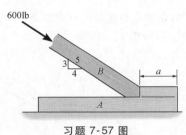

习题 7-57 图

7-58 挂钩 A 和 B 支承着托梁，若托梁承受的载荷如图所示，假设每个挂钩上的四个钉子均承受相等的载荷。确定 A 和 B 端挂钩上钉子的平均切应力。每个钉子的直径为 0.25in，挂钩只承受垂直载荷。

7-59 挂钩 A 和 B 支承着托梁，若托梁承受的载荷如图所示，假设每个挂钩上的四个钉子均承受相等的载荷。若钉子的许用切应力为 $\tau_{allow} = 4ksi$，确定 A 和 B 端钉子的最小直径。挂钩只承受垂直载荷。

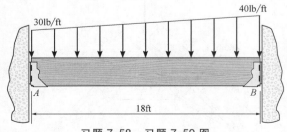

习题 7-58、习题 7-59 图

*7-60 拉伸构件由两个螺栓（一侧一个）紧固而成，如图所示。每个螺栓的直径为 0.3in，若螺栓的许用切应力为 $\tau_{allow} = 12ksi$，许用平均正应力为 $\sigma_{allow} = 20ksi$，确定可以施加在构件上的最大载荷 P。

习题 7-60 图

7-61 50kg 的花盆由绳索 AB 和 BC 悬挂。若绳索的失效正应力为 $\sigma_{fail} = 350MPa$，取安全系数为 2.5，确定每根绳子的最小直径。

7-62 50kg 的花盆由绳索 AB 和 BC 悬挂。二者直径分别为 1.5mm 和 2mm。若绳索的失效正应力为 $\sigma_{fail} = 350MPa$，确定每根绳子的安全系数。

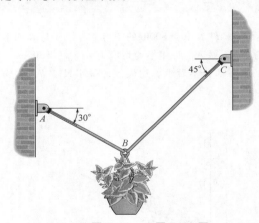

习题 7-61、习题 7-62 图

7-63 推力轴承由轴承 B 及固定在轴承 B 上的轴颈环 A 组成。为了使沿着圆柱面 a 或 b 上的切应力不超过许用切应力 $\tau_{allow} = 170MPa$，确定可以施加在轴上的最大轴向力 P。

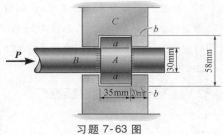

习题 7-63 图

*7-64 钢管柱支承在圆形垫板与混凝土基座上。若钢的失效正应力为 $(\sigma_{fail})_{st} = 350MPa$，抗失效的安全系数为

1.5，确定当载荷为 500kN 时，钢管的最小厚度 t。混凝土失效应力为 $(\sigma_{fail})_{con} = 25MPa$，抗失效的最小安全系数为 2.5。确定圆形垫板的最小半径 r。

7-65　钢管柱支承在圆形垫板与混凝土基座上。若钢管的厚度为 $t = 5mm$，圆形垫板的半径为 150mm，施加的载荷为 500kN，钢与混凝土的失效正应力分别为 $(\sigma_{fail})_{st} = 350MPa$ 和 $(\sigma_{fail})_{con} = 25MPa$。分别确定钢与混凝土抗失效的安全系数。

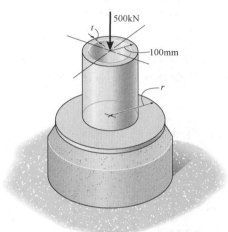

习题 7-64、习题 7-65 图

7-66　60mm×60mm 正方形截面橡木杆支承在松木块上，二者之间有一刚性垫板。若橡木和松木的许用支承应力分别为 $\sigma_{oak} = 43MPa$ 和 $\sigma_{pin} = 25MPa$，确定它们可以承受的最大载荷 P，并确定可以支撑该最大载荷 P 时所需的面积。

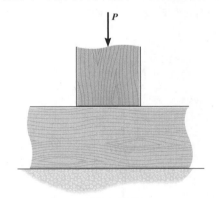

习题 7-66 图

7-67　框架在构件 ABD 的 D 点承受大小为 4kN 的载荷。若材料的许用切应力为 $\tau_{allow} = 40MPa$，确定 D、C 处销钉的直径。C 处销钉承受双剪切，D 处销钉承受单剪切。

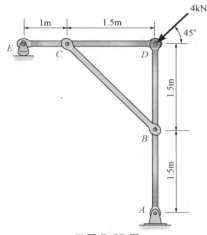

习题 7-67 图

*7-68　由松木制成的梁支承在砖墙砌成的基座上，承受载荷如图所示。如果松木和砖墙的许用应力分别为 $(\sigma_{pine})_{allow} = 2.81ksi$ 和 $(\sigma_{brick})_{allow} = 6.70ksi$，为支承图中所示载荷，确定在 A、B 处所需要的基座长度，精确到 1/4in。基座的宽度为 3in。

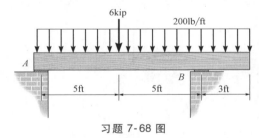

习题 7-68 图

7-69　铝制杆 AB 和 AC 支承大小为 $P = 20kN$ 的铅垂力。若铝的许用拉应力为 $\sigma_{allow} = 150MPa$，确定两杆的直径。

7-70　铝制杆 AB 和 AC 的直径分别为 10mm 和 8mm。铝的许用拉应力为 $\sigma_{allow} = 150MPa$。确定结构所能承受的最大铅垂力 **P**。

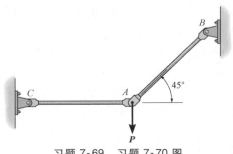

习题 7-69、习题 7-70 图

7-71 组合木梁在 B 处由螺栓和垫片连接而成。梁的支承和载荷如图所示。若螺栓的许用拉应力为 $(\sigma_t)_{allow}$ = 150MPa，木材的许用切应力为 $(\sigma_b)_{allow}$ = 150MPa，确定 B 处螺栓所需直径，以及螺栓垫片的外直径。假设垫片的孔洞直径与螺栓的直径一致。

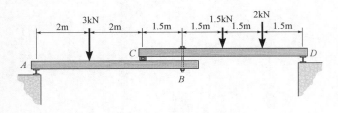

习题 7-71 图

*7-72 若 P = 9kip，抗失效的安全系数为 2，确定构件 AB 的最小厚度 t，以及构件支承外侧的长度 b。木材的失效正应力为 σ_{fail} = 6ksi，失效切应力为 τ_{fail} = 1.5ksi。

7-73 若 t = 1.25in，b = 3.5in，木头的失效正应力为 σ_{fail} = 6ksi，失效切应力为 τ_{fail} = 1.5ksi。抗失效的安全系数为 2。确定框架所能安全承受的许可载荷 P。

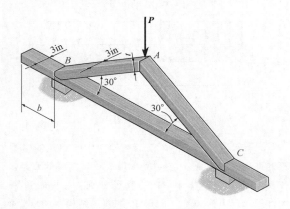

习题 7-72、习题 7-73 图

7-74 若梁支座 A、B 下方的垫板 A′、B′ 均为正方形，材料的许用支承应力为 $(\sigma_b)_{allow}$ = 1.5MPa，载荷如图所示，其中 P = 100kN。分别确定垫板的尺寸，精确到 mm，支座反力沿铅垂方向。

7-75 若梁支座 A、B 下方的垫板 A′、B′ 均为正方形，尺寸分别为 150mm×150mm 和 250mm×250mm，材料的许用支承应力为 $(\sigma_b)_{allow}$ = 1.5MPa。确定可以施加在梁上的最大载荷 P。

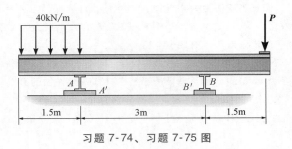

习题 7-74、习题 7-75 图

*7-76 钢制杆 AB、CD 的失效拉应力为 σ_{fail} = 510MPa。采用拉伸的安全系数 F.S. = 1.75，确定两杆支承如图所示载荷时的最小直径。假设梁在 A、C 处通过销钉连接。

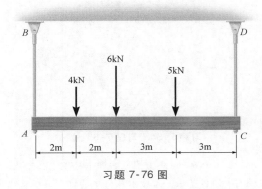

习题 7-76 图

7-77 铝块 A 用于支承大小为 8kip 的集中载荷。若铝块具有恒定的厚度 0.5in，铝的失效切应力为 τ_{fail} = 23ksi，剪切的安全系数取 F.S. = 2.5。确定防止剪切失效的最小高度 h。

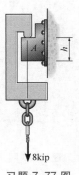

习题 7-77 图

7-78 桥桁架的铰支座 A 和辊轴支座 B 支承在混凝土桥墩上。若混凝土的支承失效应力为 $(\sigma_{fail})_b$ = 4ksi，抗失效的安全系数取 2。确定在 C、D 处所需的方形支座底板的最小尺寸，精确到 1/16in。

7-79　桥桁架的铰支座 A 和辊轴支座 B 支承在混凝土桥墩上。若方形支承座底板 C、D 的尺寸为 21in×21in，混凝土的支承失效应力为 $(\sigma_{fail})_b = 4$ksi，确定在每个支座下混凝土抗失效的安全系数。

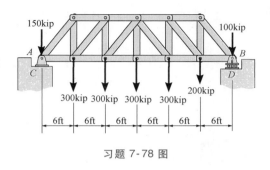

习题 7-78 图

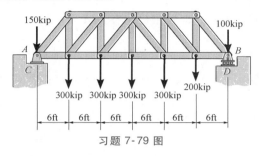

习题 7-79 图

7.8　变形

　　施加在物体上的力，将会改变物体的形状与尺寸。称为变形，变形可能是明显可见的，也可能实际上是不明显的。例如，橡皮筋在拉伸时会产生非常大的变形；而当人们在建筑物中走动时，建筑物中的结构件只会产生轻微的变形。当物体的温度发生变化时也会引起物体的变形。典型的例子就是屋顶因天气的变化而产生的热胀冷缩现象。

　　一般而言，物体的变形在其体积内并非处处一致，所以，物体内任何一个线段沿着其长度方向的变化可能有很大差异。因此，为了以更加统一的方式研究物体的变形，所考虑的线段很短，接近于一点。但是，要认识到线段的变化同样取决于线段在其点上的方向。例如，过一点在某一方向上的线段可能伸长，而在另一个方向上的线段则可能缩短，等等。

注意受拉伸的橡胶膜上三个不同线段前后位置的变化。铅垂线被拉长了，水平线缩短了，斜线长度与角度都发生了变化

7.9　应变

　　为了通过线段在长度与角度上的变化描述物体的变形，需要引入应变的概念。

　　应变实际上是通过实验测量到的，一旦得到了应变，在下一章中将会介绍应变如何与应力联系并作用于物体的内部。

　　正应变　　如果将正应变定义为直线单位长度上的改变量，则不必指定任意特定线段的实际长度。例如，考虑包含在未变形体内的直线 AB，如图 7-25a 所示。这条线沿着 n 轴，并具有 Δs 的原始长度。在变形之后，点 A、B 分别移动到 A'、B'，直线变为曲线并具有 $\Delta s'$ 的长度，如图 7-25b 所示。直线的长度改变

量为 $\Delta s' - \Delta s$。如果以符号 ε_{avg} 定义为平均应变，则有

$$\varepsilon_{avg} = \frac{\Delta s' - \Delta s}{\Delta s} \qquad (7\text{-}10)$$

当点 B 逐渐接近于点 A 时，直线的长度越来越短，即 $\Delta s \to 0$。同样，点 B' 也逐渐接近于点 A'，即 $\Delta s' \to 0$。因此，取极限后，在点 A 及 n 轴方向上的正应变为

$$\varepsilon = \lim_{B \to A沿 n轴} \frac{\Delta s' - \Delta s}{\Delta s} \qquad (7\text{-}11)$$

当 ε（或 ε_{avg}）为正时，直线伸长；若 ε 为负，直线缩短。

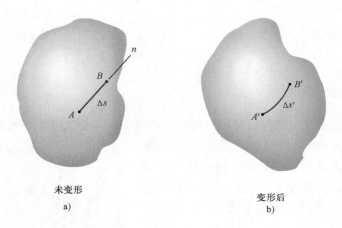

未变形
a)

变形后
b)

图 7-25

注意到，正应变为长度之比，故为无量纲量。即便如此，有时也需要规定长度比值中的长度单位。如果在国际单位制（SI 单位制）中，长度的基本单位是米（m）。通常，在大多数的工程应用中，ε 很小，因此对应变的测量采用微米每米（$\mu m/m$），其中 $1\mu m = 10^{-6} m$。在英制（英尺-磅-秒）单位中，应变规定为英寸每英寸（in/in）。有时在实验中，应变也会被表达为百分数，如 $0.001 m/m = 0.1\%$。例如，480（10^{-6}）的正应变可以表述为 480（10^{-6}）in/in、$480\mu m/m$ 或 0.0480%。同样，也可以将其简单地称为 480μ（480 "微应变"）。

切应变 变形不仅引起线段的伸长或缩短，还将引起线段方向的变化。

任取两条相互垂直的初始直线段，两条线段之间发生的角度变化则称为切应变。切应变以 γ 表示，并以弧度（rad）量度，同样为无量纲量。例如，考察物体内起点均为 A 的直线 AB 和 AC，分别沿着相互垂直的 n、t 轴，如图 7-26a 所示。变形之后，两条线的末端点都发生了移动，并且直线变为曲线，A 点上两条线之间的角度变为 θ'，如图 7-26b 所示。因此，在与 n、t 轴关联的 A 点处的切应变

$$\gamma_{nt} = \frac{\pi}{2} - \lim_{\substack{B \to A沿 n轴 \\ C \to A沿 t轴}} \theta' \qquad (7\text{-}12)$$

注意，若 θ' 小于 $\pi/2$，切应变为正；θ' 大于 $\pi/2$，切应为负。

笛卡儿应变分量 现在介绍应用正应变与切应变的定义，如何在笛卡儿坐标系中描述图 7-27a 所示物

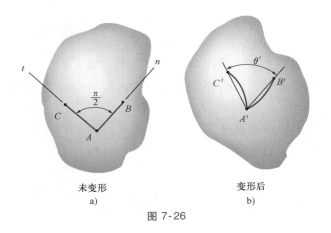

未变形
a)

变形后
b)

图 7-26

体的变形。

为此，首先围绕物体中的一点，截取一微小的单元体，如图 7-27b 所示。单元体为立方体，各边的初始尺寸分别为 Δx、Δy、Δz；三对面相互垂直。当各边无限缩小时，单元体趋于一点。任何物体都可以视为由无穷多个单元体所组成。

物体受力变形后，其中的单元体将变为平行六面体，如图 7-27c 所示。当单元体足够小时，其直线边在物体变形后将大致保持平直。

为研究物体变形后单元体的变形状态，首先用正应变描述单元体边长的变化，然后用切应变描述单元体角度的变化。例如，Δx 伸长了 $\varepsilon_x \Delta x$，则变形后的长度为 $\Delta x + \varepsilon_x \Delta x$。因此，平行六面体三个边的长度变形后变成

$$(1+\varepsilon_x)\Delta x, \quad (1+\varepsilon_y)\Delta y, \quad (1+\varepsilon_z)\Delta z$$

单元体各边之间的角度变为

$$\frac{\pi}{2}-\gamma_{xy}, \quad \frac{\pi}{2}-\gamma_{yz}, \quad \frac{\pi}{2}-\gamma_{xz}$$

注意，正应变引起单元体积的变化，而切应变引起单元形状的变化。当然，在变形过程中这些效应是同时发生的。

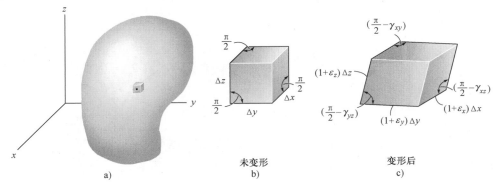

未变形
b)

变形后
c)

a)

图 7-27

总之，三个正应变 ε_x、ε_y、ε_z 和三个切应变 γ_{xy}、γ_{yz}、γ_{xz} 完整地描述了一点的应变状态。其中，切应变为单元体与 x、y、z 坐标轴平行棱边相对于坐标轴转过的角度，因而与坐标系有关。如果物体中所有点的这些应变都已经确定，则物体受力变形的形状也就确定。

小应变分析   大多数工程设计涉及问题大多限于小变形。因此，本书中假设物体内的变形几乎都是无穷小的。特别是，材料内部产生的正应变与 1 相比非常小，即 $\varepsilon \ll 1$。这一假设在工程中具有非常广泛的实际应用。相应的分析通常被称为小应变分析。例如，假设 θ 非常小，那么就可以用 $\sin\theta = \theta$，$\cos\theta = 1$ 以及 $\tan\theta = \theta$ 加以近似。

混凝土桥梁下的橡胶轴承承受着两种应变，
一个是桥的重量与桥大梁上的载荷
所产生的正应变，另一个是由于温度变化
而引起大梁水平移动所产生的切应变

---

7   **要点**

- 载荷将会引起材料体变形，结果就是物体内的点会发生位移或者位置的改变。
- 正应变是物体内一个小直线段在单位长度上的伸长量或缩短量，而切应变是两个原本相互垂直的小直线段间角度改变量。
- 一点的应变状态包含六个特征分量：三个正应变 ε_x、ε_y、ε_z 和三个切应变 γ_{xy}、γ_{yz}、γ_{xz}。这些分量取决于线段的原始方向以及它们在物体内的位置。
- 应变是利用实验方法测量到的几何量。一旦得到，物体内的应力就可以通过材料的物性关系来确定，这将在下一章中讨论。
- 大多数的工程材料会经历非常小的变形，因此有 $\varepsilon \ll 1$。"小变形"假设可使正应变的计算得以简化，这是因为该假设对相关尺寸进行了一阶近似。

例题 **7.13**

在图 7-28a 中，载荷 P 施加在刚性杠杆臂上，杠杆臂绕着销钉 A 逆时针旋转了 $0.05°$。确定线段 BD 的正应变。

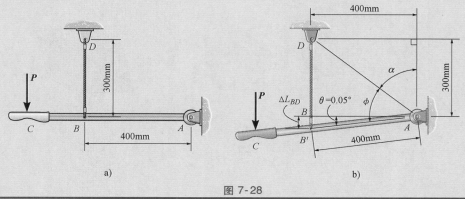

图 7-28

例题 | 7.13

解法 1

几何关系。杠杆臂绕点 A 旋转后的方向如图 7-28b 所示。由图中的几何关系，有

$$\alpha = \arctan\left(\frac{400\text{mm}}{300\text{mm}}\right) = 53.1301°$$

而

$$\phi = 90° - \alpha + 0.05° = 90° - 53.1301° + 0.05° = 36.92°$$

对 $\triangle ABD$ 应用勾股定理有

$$L_{AD} = \sqrt{(300\text{mm})^2 + (400\text{mm})^2} = 500\text{mm}$$

利用这一结果并应用 $\angle AB'D$ 的余弦定理，得

$$L_{B'D} = \sqrt{L_{AD}^2 + L_{AB'}^2 - 2(L_{AD})(L_{AB'})\cos\phi}$$

$$= \sqrt{(500\text{mm})^2 + (400\text{mm})^2 - 2(500\text{mm})(400\text{mm})\cos36.92°}$$

$$= 300.3491\text{mm}$$

正应变

$$\varepsilon_{BD} = \frac{L_{B'D} - L_{BD}}{L_{BD}} = \frac{300.3491\text{mm} - 300\text{mm}}{300\text{mm}} = 0.00116\text{mm/mm}$$

解法 2　由于应变是非常小的，通过计算线段 BD 的伸长量 ΔL_{BD} 可以得到相同的结果，如图 7-28b 所示。有

$$\Delta L_{BD} = \theta L_{AB} = \left[\left(\frac{0.05°}{180°}\right)(\pi\text{rad})\right](400\text{mm}) = 0.3491\text{mm}$$

因此，

$$\varepsilon_{BD} = \frac{\Delta L_{BD}}{L_{BD}} = \frac{0.3491\text{mm}}{300\text{mm}} = 0.00116\text{mm/mm}$$

例题 | 7.14

因为载荷作用，板变成了图 7-29a 中虚线所示的形状。确定（a）沿 AB 边的平均正应变，（b）在板中，A 点相对于 x、y 轴的平均切应变。

例题 7.14

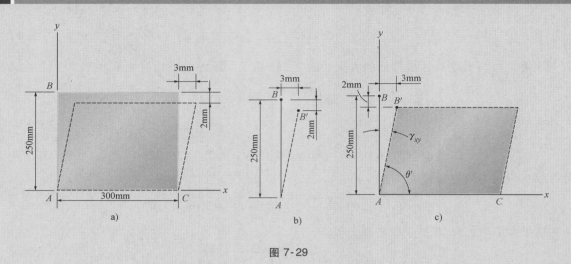

图 7-29

解

（a）部分。直线 AB，是与 y 轴一致的，在变形后变为线 AB'，如图 7-29b 所示。AB' 的长度是

$$AB' = \sqrt{(250\text{mm} - 2\text{mm})^2 + (3\text{mm})^2} = 248.018\text{mm}$$

因此 AB 的平均正应变为

$$(\varepsilon_{AB})_{\text{avg}} = \frac{AB' - AB}{AB} = \frac{248.018\text{mm} - 250\text{mm}}{250\text{mm}}$$

$$= -7.93(10^{-3})\,\text{mm/mm}$$

负号表明应变引起 AB 的缩短。

（b）部分。根据图 7-29c，由于点 B 移动到了 B'，曾经在 A 点板的两边之间呈 90° 的 $\angle BAC$ 变为了 θ'。由于 $\gamma_{xy} = \pi/2 - \theta'$，$\gamma_{xy}$ 如图所示。因此，

$$\gamma_{xy} = \arctan\left(\frac{3\text{mm}}{250\text{mm} - 2\text{mm}}\right) = 0.0121\,\text{rad}$$

例题 7.15

如图 7-30a 所示，板沿着 AB 固定连接并保持其顶端 AD 与底端 BC 水平的导向。如果给它的右边 CD 一个统一的 2mm 的水平位移，确定（a）沿对角线 AC 的平均正应变，（b）E 点相对于 x、y 轴的切应变。

例题 | **7.15**

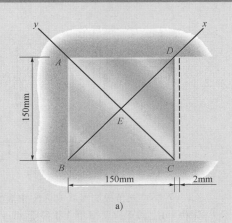
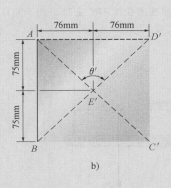

图 7-30

解

（a）部分。当板变形的时候，对角线 AC 变为 AC'，如图 7-30b 所示。对角线 AC 与 AC' 的长度可以通过勾股定理得到。有

$$AC = \sqrt{(0.150\text{m})^2 + (0.150\text{m})^2} = 0.21213\text{m}$$

$$AC' = \sqrt{(0.150\text{m})^2 + (0.152\text{m})^2} = 0.21355\text{m}$$

因此，沿着对角线的平均正应变为

$$(\varepsilon_{AC})_{\text{avg}} = \frac{AC' - AC}{AC} = \frac{0.21355\text{m} - 0.21213\text{m}}{0.21213\text{m}}$$

$$= 0.00669\text{mm/mm}$$

（b）部分。为确定 E 点相对于 x、y 轴的切应变，首先要确定变形后的角度 θ'，如图 7-30b 所示。有

$$\tan\left(\frac{\theta'}{2}\right) = \frac{76\text{mm}}{75\text{mm}}$$

$$\theta' = 90.759° = \left(\frac{\pi}{180°}\right)(90.759°) = 1.58404\text{rad}$$

应用方程（7-12），由此 E 点的切应变为

$$\gamma_{xy} = \frac{\pi}{2} - 1.58404\text{rad} = -0.0132\text{rad}$$

负号表明角度 θ' 大于 90°。

注意：如果 x、y 轴在 E 点是水平和垂直的，那么这两个轴之间的 90°角度将不会因变形而改变，因此在 E 点有 $\gamma_{xy} = 0$。

F7-25 当力 **P** 施加在刚性臂 ABC 上时，点 B 竖直向下移动了 0.2mm。确定直线 CD 上的正应变。

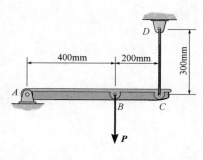

F7-25 图

F7-26 如果施加在刚性臂 ABC 上的力 **P** 使其绕点 A 顺时针旋转了 0.02°，确定直线 BD 和 CE 上的正应变。

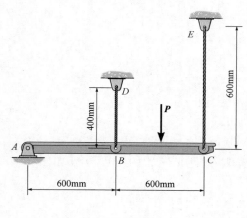

F7-26 图

F7-27 矩形板变形后成为图中虚线所示的菱形。确定角 A 相对于 x、y 轴的平均切应变。

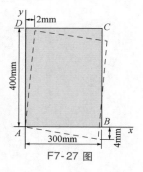

F7-27 图

F7-28 三角板变形后成为图中虚线所示的形状。确定沿 BC 边上的正应变与角 A 相对于 x、y 轴的平均切应变。

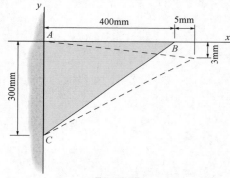

F7-28 图

F7-29 正方形板变形后成为图中虚线所示的形状。确定沿对角线 AC 上的正应变与点 E 相对于 x、y 轴的切应变。

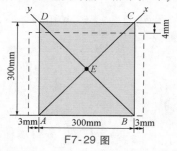

F7-29 图

*7-80 直径 6in 的充气橡胶球，若球内的空气压力增加直到球的直径变为 7in 时，确定橡胶的正应变。

7-81 将原长 15in 薄橡胶带，拉伸后绕在直径 5in 的管子上，确定橡胶带的正应变。

7-82 刚性梁由 A 处的销钉以及缆绳 BD 和 CE 支承。若作用在梁上的载荷 **P** 使得梁末端 C 向下移动了 10mm，确

定发生在缆绳 *BD* 和 *CE* 上的正应变。

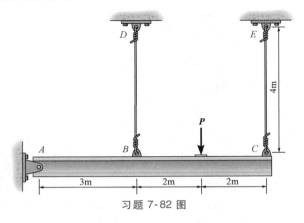

习题 7-82 图

7-83 施加在刚性水平杆手柄上的力，使得水平杆绕销钉 *B* 顺时针旋转了 2°。确定 *AH*、*CG*、*FD* 上的正应变。加载前刚性杆处于水平位置。

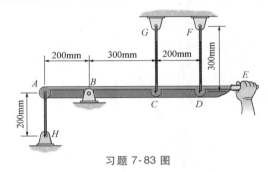

习题 7-83 图

* 7-84 两绳索在点 *A* 处相连。若力 *P* 引起点 *A* 沿水平方向向右移动了 2mm，确定在每根绳索上的正应变。

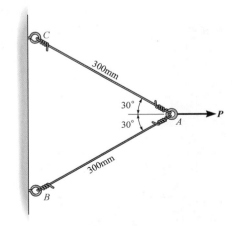

习题 7-84 图

7-85 原长为 $2r_0$ 的橡皮筋被紧套在截头锥体上。确定橡皮筋上的正应变与套入深度 *z* 之间的函数关系。

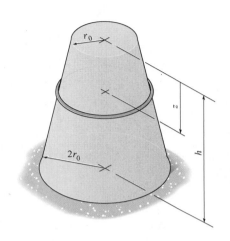

习题 7-85 图

7-86 刚性杆在 *A*、*B*、*C* 三处由销钉连接，*A* 和 *C* 之间为绳索连接。加载前 *AB* 与 *BC* 夹角 $\theta = 30°$。施加载荷 *P* 后角度 θ 变为 30.2° 时，确定绳索 *AC* 的正应变。

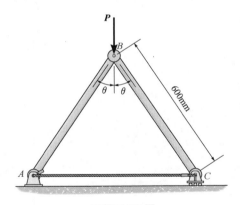

习题 7-86 图

7-87 飞机上操控联动装置的部件如图所示，由刚性杆 *CBD* 和线缆 *AB* 组成。力 *P* 施加在刚性杆上端 *D* 处，使刚性杆旋转了 $\theta = 0.3°$ 的角度，确定线缆中的正应变。加载前线缆无变形。

* 7-88 飞机上操控联动装置的部件如图所示，由刚性杆 *CBD* 和线缆 *AB* 组成。力 *P* 施加在刚性杆上端 *D* 处，使线缆产生大小为 0.0035mm/mm 的正应变，确定 *D* 点的位移。加载前线缆无变形。

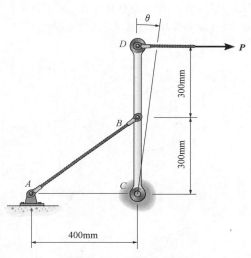

习题 7-87、习题 7-88 图

7-89　正方形板在外部载荷作用下，四个角的位移如图所示。确定 A、B 处板边界的切应变。

7-90　正方形板在外部载荷作用下，四个角的位移如图所示。分别确定 AB 边、对角线 AC、DB 上的正应变。

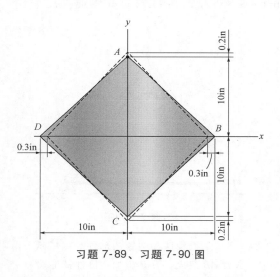

习题 7-89、习题 7-90 图

7-91　加载前，橡胶块为矩形。加载后，角 B、D 处发生位移引起橡胶变形，如图中虚线所示。确定在 A 处的平均切应变 γ_{xy}。

*7-92　橡胶块的原始形状是矩形的，并承受到变形成为图中虚线所示的形状。确定对角线 DB 和 AD 边上的平均正应变。

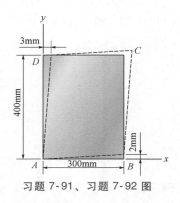

习题 7-91、习题 7-92 图

7-93　图示正方形框架结构由刚性杆 AD、DC 和 CB 以及绳索 AE 和 AC 组成。载荷 P 施加在框架的 D 点处引起框架位置改变如图中虚线菱形所示。确定在绳索 AC 上的正应变。

7-94　图示正方形框架结构由刚性杆 AD、DC 和 CB 以及绳索 AE 和 AC 组成。载荷 P 施加在框架的 D 点处引起框架位置改变如图中虚线菱形所示。确定在绳索 AE 上的正应变。

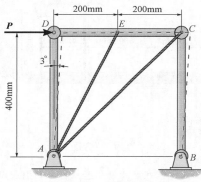

习题 7-93、习题 7-94 图

7-95　三角形板 ABC 受力变形后，变为图中虚线所示的形状。若在 A 点处，$\varepsilon_{AB} = 0.0075$，$\varepsilon_{AC} = 0.01$，$\gamma_{xy} = 0.005\text{rad}$，确定沿 BC 边的正应变。

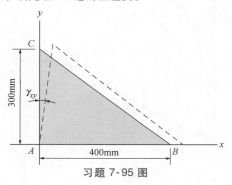

习题 7-95 图

* 7-96 板均匀变形后成为如图中虚线所示形状。若在 A 点处，$\gamma_{xy} = 0.0075\text{rad}$，而 $\varepsilon_{AB} = \varepsilon_{AF} = 0$，确定点 G 相对于 x'、y' 轴的平均切应变。

7-97 塑料板的初始形状为矩形，变形后成为图中虚线所示的形状。确定角 A、B 处的切应变 γ_{xy}。

7-98 塑料板的初始形状为矩形，变形后成为图中虚线所示的形状。确定角 D、C 处的切应变 γ_{xy}。

7-99 塑料板的初始形状为矩形，变形后成为图中虚线所示的形状。确定沿对角线 AC、DB 的正应变。

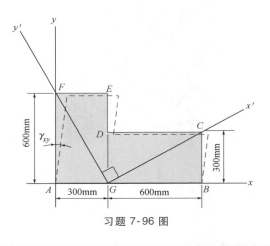

习题 7-96 图

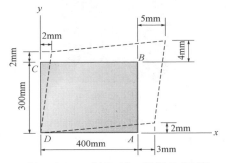

习题 7-97、习题 7-98、习题 7-99 图

概念题

P7-1 飓风引起了高速公路指示牌断裂，如图所示。假设飓风在指示牌上大小为 2kPa 的均匀压力，设想指示牌合理尺寸，确定发生断裂时的两个断口处横截面上的剪力与弯矩。

若销钉的直径为 50mm，那么在销钉内的最大平均切应力是多少？

P7-1 图

P7-2 两根结构管材通过贯穿的销钉相连接。如果需要支承的铅垂载荷为 100kN，画出销钉上的自由体受力图，然后利用截面法确定销钉承受最大剪力的位置。

P7-2 图

P7-3 液压缸 H 在 A 处销钉上施加了一水平力 F。画出销钉的自由体受力图及作用在销钉上的力。采用截面法，解释为什么销钉上最大平均切应力发生在 D、E 的间隙处，而不是在销钉的中部。

P7-3 图

P7-4　吊钩上铅垂载荷 1000lb。画出 A、B、C 处销钉上的自由体受力图并确定其最大平均切应力。注意为了对称性，在导轨上采用了四个滑轮用于支承荷载。

P7-4 图

本章回顾

物体内的内力包括轴力、剪力、弯矩和扭矩。它们是作用在物体横截面上正应力与切应力组成的合力。确定内力的合力，需要采用截面法和平衡方程	$\sum F_x = 0$ $\sum F_y = 0$ $\sum F_z = 0$ $\sum M_x = 0$ $\sum M_y = 0$ $\sum M_z = 0$	扭矩 T　　N 轴力 弯矩 M　　O　　V 剪力 F_1　　F_2
各向同性材料制成的杆件，如果承受作用线通过横截面形心的外部载荷，则在杆件的横截面上将产生均匀分布的正应力。正应力由公式 $\sigma = P/A$ 确定，其中 P 为横截面上的轴力	$\sigma = \dfrac{P}{A}$	P　　σ　　P σ　　$\sigma = \dfrac{P}{A}$
平均切应力由 $\tau_{\mathrm{avg}} = V/A$ 确定，其中 V 为作用在横截面面积 A 上的剪力。这一公式常用于确定紧固件以及连接件的平均切应力	$\tau_{\mathrm{avg}} = \dfrac{V}{A}$	F V　　V $\tau_{\mathrm{avg}} = \dfrac{V}{A}$

任何简单连接件的设计，要求横截面上的平均应力不得超过许用应力 σ_{allow} 或 τ_{allow} 许用应力值在相关的设计规范中都可以查到，这些数值是在试验或经验的基础上形成的，认为是安全的。有时，也可以先确定极限应力，再选用安全系数 变形被定义为物体形状与尺寸的变化。包括线段长度与方向的改变	$\text{F. S.} = \dfrac{\sigma_{\text{fail}}}{\sigma_{\text{allow}}} = \dfrac{\tau_{\text{fail}}}{\tau_{\text{allow}}}$	
正应变 ε 是线段在单位长度上的长度变化。若 ε 为正，线段伸长；ε 为负，线段缩短 切应变 γ 是两条相互垂直的线段之间角度的改变量 应变是无量纲量，但是，ε 有时采用无量纲量 in/in、mm/mm 作单位；γ 的单位是弧度（rad）	$\varepsilon_{\text{avg}} = \dfrac{\Delta s' - \Delta s}{\Delta s}$ $\gamma = \dfrac{\pi}{2} - \theta$	

7

复习题

*7-100 图示结构中，横梁 AB 由 A 点处的销钉和缆绳 BC 支承。缆绳 CG 用于保持结构平衡。梁 AB 单位长度的重量为 120lb/ft，柱 FC 单位长度的重量为 180lb/ft。分别确定作用在点 D、E 横截面上内力的合力各分量。计算时忽略梁和柱的宽度。

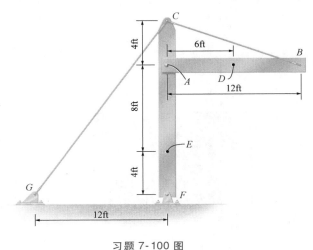

习题 7-100 图

7-101 长螺栓通过小孔穿过厚度为 30mm 的板，施加在螺栓杆上的力为 8kN。确定螺栓杆上的正应力；沿着板上由 a—a 截面线界定的圆柱面上的平均切应力；以及螺栓头上沿着 b—b 截面线界定的圆柱面上的平均切应力。

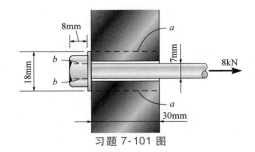

习题 7-101 图

7-102 若构件 BC 的许用应力为 $\sigma_{\text{allow}} = 29\text{ksi}$，销钉的许用切应力为 $\tau_{\text{allow}} = 10\text{ksi}$。确定图示结构中构件 BC 所需的厚度，以及 A、B 处销钉的直径。

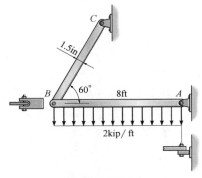

习题 7-102 图

7-103 圆柱形冲头 B 在板 A 的上部施加了 2kN 的力。确定板内的平均切应力。

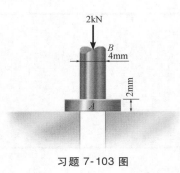

习题 7-103 图

*7-104   确定圆柱形冲头在金属板 AC、BD 环形截面上产生的平均冲压剪切切应力，以及冲头下方金属板表面上的支承应力。

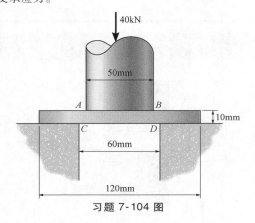

习题 7-104 图

7-105   轴瓦由 150mm×150mm 的铝块做成，承受着 6kN 的载荷，如图所示。确定作用在平面 a—a 截面上的平均正应力和平均切应力。画出这一平面上取出的单元体受力。

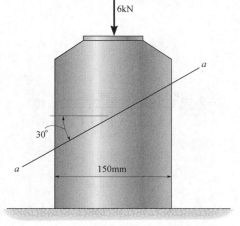

习题 7-105 图

7-106   受力变形后，正方形板变成图中虚线所示形状。若 DC 具有 $\varepsilon_x = 0.004$ 的正应变；DA 具有 $\varepsilon_y = 0.005$ 的正应变；D 点处有 $\gamma_{xy} = 0.02$rad 的切应变。确定沿着对角线 CA 的平均正应变。

7-107   受力变形后，正方形板变成图中虚线所示形状。若 DC 具有 $\varepsilon_x = 0.004$ 的正应变；DA 具有 $\varepsilon_y = 0.005$ 的正应变；D 点处有 $\gamma_{xy} = 0.02$rad 的切应变。确定点 E 处相对于 x'、y' 轴的切应变。

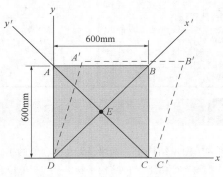

习题 7-106、习题 7-107 图

*7-108   橡胶板沿着 AB 边固定，移动 CD 边以使其中的任一点的铅垂位移为 $v(x) = (v_0/b^3)x^3$。确定点 $(b/2, a/2)$ 和 (b, a) 处的切应变 γ_{xy}。

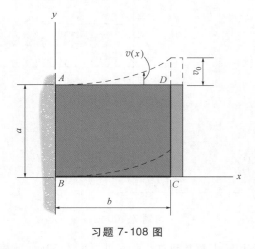

习题 7-108 图

第8章 材料的力学性能

8

由地震引起的水平地面位移使桥墩产生了过大的应变，直至断裂。工程师为了合理设计结构并避免类似失效事件，必须知道混凝土以及钢筋的力学性能。

本章任务

- 利用试验方法建立应力与应变之间的联系，对于给定材料确定其应力-应变图。
- 讨论工程中常用材料的应力-应变图中的特征点。
- 讨论与材料力学发展相关的其他的力学性能与试验。

8.1 拉伸与压缩试验

强度是材料承受载荷而不发生塑性变形或破坏的能力。这是材料内在的属性，需要通过试验确定。最重要的试验是拉伸或压缩试验。这一试验可以确定材料的几个重要的力学性能，但对于工程材料，如金属、陶瓷、高分子以及复合材料，首先用于确定平均正应力与平均正应变之间的关系。

进行拉伸或压缩试验，材料的试样采用"标准"的形状与尺寸。试样的试验段具有恒定的横截面面积，两端尺寸大于试验段，以保证试验过程中试样不会在夹持处发生破坏。

试验之前，在试样统一的试验长度的两端以小孔做标记，这段长度称为标距。同时测量试样的初始横截面面积 A_0，以及两个小孔标记之间的标距 L_0。对于用于拉伸试验的金属试样，一般初始直径 $d_0 = 0.5\text{in}$（13mm）、标距 $L_0 = 2\text{in}$（50mm），如图 8-1 所示。

为了使施加在试样上的载荷沿着试样的轴线方向，不使试样产生弯曲变形，试样的两端通常固定在试验机夹头的球窝中。

图 8-2 所示试验机会以较低且恒定的速率使试样产生拉伸，直到试样破坏。为了保持均匀伸长，需要将试验机设计成能够读取需要施加的载荷。

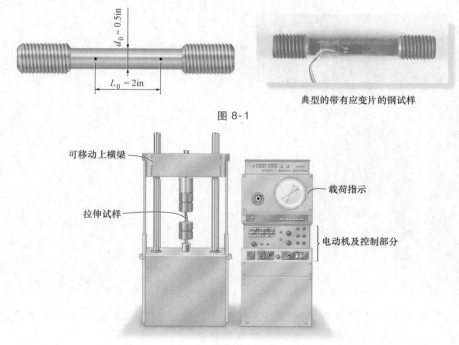

图 8-1

典型的带有应变片的钢试样

图 8-2

试验过程中，在密集的时间间隔内，从试验机面板上或者通过数字信号读取并记录施加的载荷 P 的数据。同时，通过卡尺或被称之为引伸计的机械或光学测试仪器，测量试样上标距的伸长量 $\delta = L - L_0$。δ 值随后用于计算试样的平均正应变。对于弹性阶段，也可以不用测量 δ，直接通过如图 8-3 所示的电阻应变片测得应变值。应变片由非常细的电阻丝或金属箔片构成，当发生应变时，其电阻值将发生改变。试验时，应变片沿着试样长度方向粘贴在试样表面上。如果粘贴牢固，当试样在应变片的方向发生应变时，电阻丝将会产生与试样相同的应变。经过校准的应变片，通过测量电阻丝的电阻就可以直接读出正应变值。

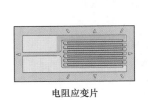
电阻应变片

图 8-3　电阻应变片

8.2　应力-应变图

对于每一个结构构件都制备一个符合尺寸 A_0 与 L_0 试样是不可能的。而试验的结果报告又必须使其能够应用于任何尺寸的构件。为此，载荷及其对应的变形数据被用于计算试样中不同的应力及其对应的应变值。结果会绘制出一曲线，这一曲线称之为应力-应变图。

绘制应力-应变图有两种方式。

一般应力-应变图　通过将施加的载荷 P 除以试样的初始横截面面积 A_0，可以确定名义应力或工程应力。这一计算基于假设在标距长度内横截面上的应力为常数。于是有

$$\sigma = \frac{P}{A_0} \tag{8-1}$$

同样，名义应变或工程应变可以直接通过应变片读出，或者通过将试样标距长度的变化量 δ，除以试样标距的初始长度 L_0 得到。这时，假设标距区域内的应变值为常数。因此

$$\varepsilon = \frac{\delta}{L_0} \tag{8-2}$$

在应变 ε 为横坐标轴、应力 σ 为纵坐标轴的坐标系中，标出应力以及与之对应的应变值，所得到的曲线即为一般应力-应变图。需要注意的是，对于同一种材料，在两次试验中得到的应力-应变曲线，二者将会非常相似，但绝不会完全相同。因为试验结果实际上取决于一些参数，如材料的组成、微观缺陷、试样加工的方式、加载的速率以及试验过程中的温度等。

下面讨论常用于制造结构件或机械部件的钢材的一般应力-应变图（见图 8-4 中曲线 2）上各个区段的特性。根据试样的应变量，这一曲线中可以确定材料分为四个阶段。力学性态如下：

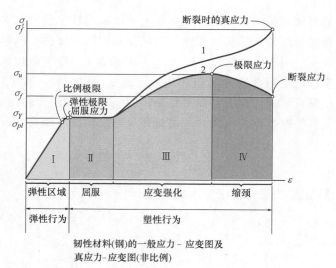

韧性材料(钢)的一般应力 – 应变图及
真应力–应变图(非比例)

图 8-4

弹性行为　当试样的应变处于图 8-4 所示的区域 I 时，材料发生的是弹性行为。在这个区域内的曲线实际上是一条直线，即应力与应变之间存在成比例关系。材料这一区域内的行为表现为线弹性。这一线性关系的应力上限称为比例极限 σ_{pl}。如果应力稍微超出比例极限，曲线就会趋于如图中所示的平缓弯曲状态，这一现象将会持续，直到应力达到弹性极限。到达弹性极限以后，如果除去载荷，试样将会恢复到其初始状态。但是，对于一般钢材而言，很少需要确定弹性极限，因为它与比例极限非常接近，因而难以检测。

屈服　超出弹性极限后，应力的轻微增加，材料将产生永久变形，从而导致材料失效。这一行为称为屈服，即曲线中矩形区域 II。引起屈服的应力称为屈服应力或屈服点 σ_Y，发生的变形称为塑性变形。虽然在图 8-4 中没有显示出来，对低碳钢或热轧钢来说，屈服点常常分为两个值。首先会达到上屈服点，随后会有一个承载能力的突然下降，到达下屈服点。注意，一旦达到屈服点，就像图 8-4 中所示，在没有任何载荷增加的情况下，试样将会持续伸长（应变）。当材料处于这种状态时，通常称为完全屈服。

应变强化　屈服结束后，试样将会继续承受载荷，导致曲线连续上升，但它会在到达称为极限应力 σ_u 的最大应力处趋于平缓。曲线的这种爬升的行为称为应变强化，如图 8-4 中区域 III 所示。

缩颈　随着试样的变形一直到达极限应力之前，试样的横截面面积逐步减小，并且这一减小在试样的整个标距长度内是相当一致的。但是，在这之后，在极限应力点，试样的某一个局部区域的横截面面积将会明显减小。即随着试样继续伸长，在这个区域内形成"缩颈"，如图 8-5a 所示。曲线在颈缩产生以后的部分如图 8-4 中的区域 IV 所示。此时应力-应变图中的曲线趋于下降直到试样在断裂应力 σ_f 处被拉断，如图 8-5b 所示。

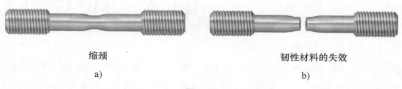

缩颈　　　　　　　　　　　　韧性材料的失效

a)　　　　　　　　　　　　　　　　b)

图 8-5

在这一钢试样断裂之前发
生的典型的缩颈方式

这一钢试样清晰地显示除了试样破坏前发生的缩颈。
这形成了一个"杯锥"状断裂面，是韧性材料的典型特征

　　真实应力-应变图　　采用瞬时载荷时的实际横截面面积与试样变形后标距的实际长度，代之以初始横截面面积与试样初始长度，得到的应力和应变值称之为真实应力和真实应变，由这些数值画出的曲线称为真实应力-应变图。如图 8-4 中的曲线 1 所示。需要注意的是，实际上，当应变非常小时，一般 ε-σ 曲线与真实的 ε-σ 曲线是非常接近的。二者在应变强化阶段开始出现差异，此时应变量已经非常明显增大。特别是在缩颈阶段，二者会出现非常大的分离。

　　从一般的 ε-σ 曲线中可以看出，由于在计算工程应力时 $\sigma = P/A_0$，A_0 是常数，试样实际上承受的应力载荷是减小的。但是，在真实 ε-σ 曲线中，在缩颈阶段，实际的横截面面积 A 一直减小直至断裂值 σ'_f，所以材料实际上承受的应力一直是增加的，这时 $\sigma = P/A$。

　　虽然真实应力-应变图与一般应力-应变图不同，但大多数工程设计都是以材料承受的应力处于弹性范围内为依据。因为在这个范围内，材料的变形一般都不大，并且会在除去载荷后恢复原状。在达到弹性极限之前的真实应变足够小，因而利用 σ 与 ε 的工程值，相对于其真实值而言，误差非常小（大约 0.1%）。这就是在设计中采用一般应力-应变图最主要的原因之一。

　　上述概念可以通过图 8-6 加以细述。

　　图 8-6 所示为一个低碳钢试样的一般应力-应变图。为做详细分析，曲线中的弹性部分通过放大的应变尺度在图中下方$^\ominus$表示（相应的数值是淡色的）。

　　跟踪材料的力学行为，可以看出在 $\sigma_{pl} = 35\text{ksi}(241\text{MPa})$ 处达到比例极限，相应的应变 $\varepsilon_{pl} = 0.0012\text{in/in}$。随后是上屈服点 $(\sigma_Y)_u = 38\text{ksi}(262\text{MPa})$，接着降到下屈服点 $(\sigma_Y)_l = 36\text{ksi}(248\text{MPa})$，最后的屈服发生在 $\varepsilon_Y = 0.030\text{in/in}$ 处，比比例极限处的应变大 25 倍！接着，材料经历了应变强化，直到到达极限应力 $\sigma_u = 63\text{ksi}(434\text{MPa})$ 处，然后就开始缩颈直到断裂，此时 $\sigma_f = 47\text{ksi}(324\text{MPa})$。可以看出，拉断时的应变，$\varepsilon_f = 0.380\text{in/in}$，这比 ε_{pl} 大 317 倍！

　$\ominus$　图 8-6 中未标曲线 2。——校者注

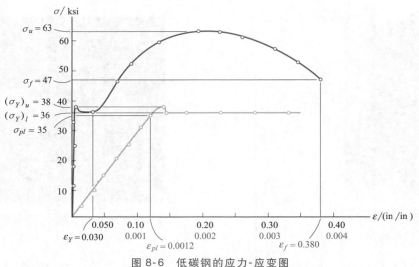

图 8-6　低碳钢的应力-应变图

8.3　韧性材料与脆性材料的应力-应变行为

材料可以分为韧性的或脆性的，这取决于它们的应力-应变特性。

韧性（塑性）材料　所有在断裂前能够承受大应变的材料称为韧性（塑性）材料。像此前讨论的低碳钢，就是一个典型的例子。工程师们通常会选择一些韧性材料用于设计，因为这些材料能够吸收冲击能量，如果它们承受了过大的载荷，它们在破坏前将会显示出很大的变形。

一种界定韧性材料的方法是测量断裂时的伸长率或断面收缩率。伸长率是将试样的断裂应变表达为百分数的形式。因此，如果试样的初始标距为 L_0，其断裂时的长度为 L_f，则

$$伸长率（百分比）＝\frac{L_f-L_0}{L_0}(100\%) \tag{8-3}$$

由图 8-6 可以看出，对低碳钢试样来说，由于 $\varepsilon_f=0.380$，那么伸长率就是 38%。

断面收缩率是另一种界定材料韧性的方式。它由缩颈部分定义为如下的形式：

$$断面收缩率（百分比）＝\frac{A_0-A_f}{A_0}(100\%) \tag{8-4}$$

其中 A_0 是试样的初始横截面面积，A_f 是断裂后的颈缩面积。典型的低碳钢具有 60% 的断面收缩率。

除了钢材，其他材料如黄铜、钼以及锌都表现出与钢类似的韧性应力-应变特征，它们都会经历弹性应力-应变行为、在某固定应力下发生屈服、应变强化与最后的缩颈直至断裂的过程。但是，其他大多数金属材料，在超出弹性范围之后一般不会发生应力屈服平台。铝即属此类。实际上，这类金属通常没有明显的屈服点，于是，公认的方法是采用称为条件法的图形处理过程，定义一条件屈服强度。一般对工程设计，在 ε 轴上选择 0.2% 的应变（0.002in/in）点，从这一点开始，作一个平行于应力-应变图中的初始直线部分的直线。这一直线与曲线的交点处的应力值，就定义为条件屈服强度。图 8-7 所示为确定铝合金条件屈服强度的案例。由图可知，条件屈服强度为 $\sigma_{YS}=51\text{ksi}(352\text{MPa})$。除金属材料外，通常也将 0.2% 的

应变作为确定一些塑料的条件屈服强度的一种补偿方法。

需要注意的是，条件屈服强度并不是材料的物理性能，因为它只是引起材料特定的永久变形所对应的应力。

本书中，除非特别声明，将会假设屈服强度、屈服点、弹性极限以及比例极限都是一致的。天然橡胶是一个例外，它实际上没有比例极限，因为其应力与应变并不是线性相关的。如图 8-8 所示，这种材料就是人们所熟知的高分子材料，显示出的是非线性弹性行为。

木材是一种具有适度韧性的材料，因此设计时仅仅用以承受弹性载荷。不同种类的木材的强度特性会有很大的差异，而且，对每一个种类，其强度还取决于木材的水分含量、生长周期、木材中节疤的分布与尺寸。由于木材属于纤维材料，当载荷施加在平行于或垂直于木纹方向（顺纹与横纹）时，其拉伸或压缩性能会有很大差异。特别是，当在垂直于木纹方向施加拉伸载荷时，木材很容易被撕裂，因此，拉伸载荷常常施加在平行于木材构件的顺纹方向。

脆性材料　破坏前只有很小的或没有屈服现象的材料称为脆性材料。灰口铸铁即属此例。灰口铸铁拉伸应力-应变图如图 8-9 曲线中 AB 部分所示。从图中可以看出，在 $\sigma_f = 22\text{ksi}(152\text{MPa})$ 处，发生断裂，断裂会从缺陷或微裂纹处开始，然后迅速地穿过试样，引起试样的完全断裂。由于试样中初始裂纹的出现是非常随机的，脆性材料没有明确定义的拉伸断裂应力，而是根据一系列记录在案的试验数据，确定一个平均值作为断裂应力。图 8-10a 所示为一典型的脆性材料破坏试样。

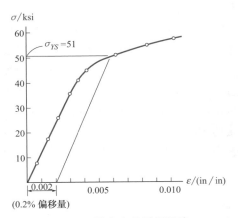

图 8-7　铝合金的屈服强度

用于结构设计的混凝土，按照惯例会进行压缩试验以保证它可以为桥板提供必需的设计强度。图中所示的混凝土柱子在固化 30 天后就要进行压缩试验得到其极限应力

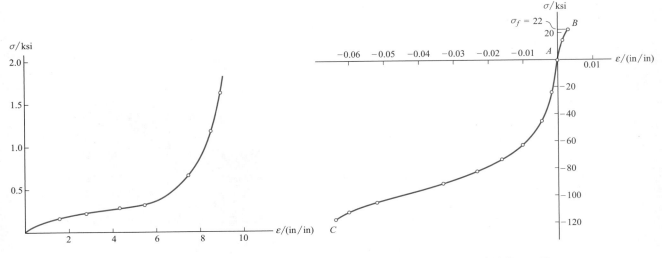

图 8-8　天然橡胶的 ε-σ 图　　　　　　　图 8-9　灰口铸铁的 ε-σ 图

　　脆性材料，如灰口铸铁，相对于其拉伸行为，会显示出很高的抵抗轴向压缩的性能。图 8-9 曲线中的 AC 部分表明，压缩时，试样的任何裂纹或缺陷都会闭合，并且随着载荷的增加，随着应变的增加试样会变得鼓胀或成为桶形，如图 8-10b 所示。

　　和灰口铸铁类似，混凝土也被归为脆性材料，并且同样在拉伸中具有很低的强度抵抗力。它的应力-应变图性能主要取决于混凝土的组合成分（水、沙子、碎石、水泥），以及其固化的温度和时间。图 8-11 所示为混凝土"完整的"应力-应变图的典型示例。通过观察可知，它们的最大压缩强度几乎是其拉伸强度的 12.5 倍，即 $(\sigma_c)_{max} = 5\text{ksi}(34.5\text{MPa})$ 相对于 $(\sigma_t)_{max} = 0.40\text{ksi}(2.76\text{MPa})$。由于这一原因，当混凝土用于承受拉伸载荷设计时，常常利用钢条或钢筋为其增强。

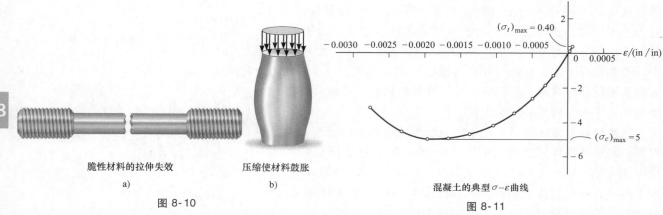

脆性材料的拉伸失效

a)

压缩使材料鼓胀

b)

图 8-10

混凝土的典型 $\sigma-\varepsilon$ 曲线

图 8-11

　　可以确定的是，大多数材料都会显示出韧性（塑性）与脆性的行为。例如，当钢的含碳量很高时就会具有脆性行为，当含碳量降低时就会显示出韧性行为。同样，材料在低温时会变得坚硬与更多的脆性，当温度升高时，它们又会变软并具有更多的韧性。这一效应如图 8-12 中的甲基丙烯酸酯塑料性能所示。

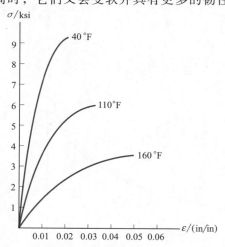

图 8-12　甲基丙烯酸酯塑料（有机玻璃）的

$\varepsilon - \sigma$ 图

钢在受热后会迅速失去其强度。由于这个原因，工程师常常要求主要的结构件是隔热的，以防止火灾

8.4　胡克定律

在前面的章节中可以注意到，对大多数工程材料弹性阶段的应力-应变图，其应力与应变之间呈线性关系。因此，应力的增加会引起应变成比例的增加。罗伯特·胡克（Robert Hooke）在 1676 年对弹簧的研究中发现了这一事实，这就是大家所熟知的胡克定律。它可以用数学式表达为

$$\sigma = E\varepsilon \tag{8-5}$$

其中 E 为比例常数，称为弹性模量或杨氏模量，以在 1807 年对其做出解释的托马斯·杨（Thomas Young）命名。

式（8-5）实际上是应力-应变图中比例极限之前的初始直线部分的方程。此外，弹性模量代表了该直线的斜率。由于应变是无量纲的，由式（8-5）可知，E 与应力具有相同的单位，如 psi、ksi 或 Pa。以图 8-6 所示的应力-应变图为例，有 $\sigma_{pl} = 35\text{ksi}$，$\varepsilon_{pl} = 0.0012\text{in/in}$，于是有

$$E = \frac{\sigma_{pl}}{\varepsilon_{pl}} = \frac{35\text{ksi}}{0.0012\text{in/in}} = 29(10^3)\text{ksi}$$

特种类型合金钢的比例极限取决于其含碳量；但是，对大多数钢种而言，从最软的轧制钢到最硬的工具钢，基本具有相同的弹性模量，如图 8-13 所示。普遍认为是 $E_{st} = 29$（10^3）ksi 或 200GPa。其他常用工程材料的 E 值常会在工程规范或工具书中制成表格列出，典型的值同样会在工具书的底封页列出来。需要注意的是，弹性模量是代表材料刚度的力学性能。非常硬的材料，如钢，E 值较大 [$E_{st} = 29(10^3)$ ksi 或 200GPa]，而较软的材料如硫化橡胶，就会有较低的 E 值 [$E_r = 0.10\text{ksi}$ 或 0.70MPa]。

在本书的公式中，弹性模量是最重要的力学性能之一。但是要记住，只有在材料具有线弹性行为时才可以使用 E。同样，当材料内的应力大于比例极限时，应力-应变图不再是直线，因此式（8-5）不再适用。

应变强化　对于韧性材料，如钢试样，加载至塑性区并卸载，随着材料恢复至平衡状态，弹性应变将会恢复。而塑性应变将会保留，从而导致材料产生永久变形。例如，一个铁丝被折弯（塑性的），当移除载荷后，铁丝将会回弹一小部分（弹性的），但它不会完全恢复到初始位置。这一行为可以见图 8-14a 所示的应力-应变图。试样首先加载超过屈服点 A 到达 A' 点，由于需要克服原子间的相互作用力，以使试样弹性伸长，当移除载荷后，相同的原子间力会将原子拉回来，如图 8-14a 所示。因为弹性模量 E 是相同的，所以直线 $O'A'$ 与 OA 具有相同的斜率。

当重新加载载荷时，材料内的原子将会重新移动，直到发生屈服或在 A' 附近的应力，应力-应变图将会沿着之前的路径，如图 8-14b 所示。但需要注意的是，由 $O'A'B$ 定义的新的应力-应变图，现在具有较高的屈服点（A'），这是应变强化的结果。换言之，相对于其初始状态，材料现在具有了较大的弹性区，但其韧性减小，具有较小的塑性区。

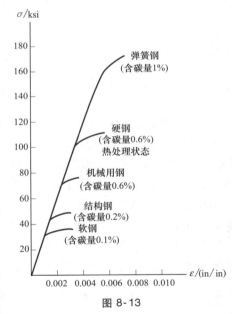

图 8-13

8

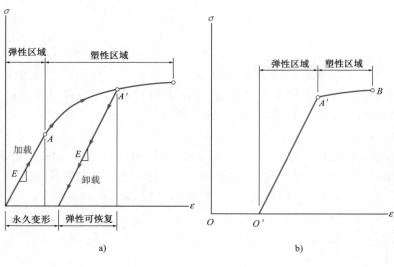

图 8-14

这一销钉由淬火钢制成，也就是，
具有很高的碳含量。因脆性断裂而失效

8.5 应变能

随着材料因载荷产生变形，载荷将做功，此为外力功，作为能量储存于材料内部。这一能量与材料的应变有关，因此称为应变能。为确定应变能，需要考察拉伸试样上的单元体，如图 8-15 所示。单元体承受轴向应力 σ，单元体在长度 Δz 方向产生垂直位移 $\varepsilon \Delta z$ 之后，应力在单元体的上下面上产生大小为 $\Delta F = \sigma \Delta A = \sigma(\Delta x \Delta y)$ 的力。通过功的定义，力 ΔF 所做的功等于力与该力作用方向上的位移的乘积。产生位移时，由于力是从 0 均匀增加至 ΔF 最终值，于是力在单元体上所做的功，等于均值力的大小（$\Delta F/2$）乘以位移 $\varepsilon \Delta z$。假设能量没有以热量的形式损失，根据能量守恒定律，这一外力功全部转变为应变能储存在单元体内。因此，应变能 $\Delta U = \left(\dfrac{1}{2}\Delta F\right)\varepsilon \Delta z = \left(\dfrac{1}{2}\sigma \Delta x \Delta y\right)\varepsilon \Delta z$。由于单元体的体积为 $\Delta V = \Delta x \Delta y \Delta z$，于是有 $\Delta U = \dfrac{1}{2}\sigma \varepsilon \Delta V$。

图 8-15

为了应用方便，通常采用材料单位体积内的应变能，称为应变能密度，其表达式为

$$u = \frac{\Delta U}{\Delta V} = \frac{1}{2}\sigma \varepsilon \tag{8-6}$$

最后，如果材料行为是线弹性的，应用胡克定律，$\sigma = E\varepsilon$，得到轴向应力 σ 产生的弹性应变能密度表达式为

$$u = \frac{1}{2} \frac{\sigma^2}{E} \tag{8-7}$$

回弹模量　需要特别指出的是，当应力 σ 达到比例极限时，由式（8-6）或式（8-7）计算得到的应变能密度，称为回弹模量，即

$$u_r = \frac{1}{2} \sigma_{pl} \varepsilon_{pl} = \frac{1}{2} \frac{\sigma_{pl}^2}{E} \tag{8-8}$$

根据图 8-16a 所示应力-应变图中的弹性部分，注意到，u_r 等于图中阴影部分的三角形面积。在物理意义上，回弹模量代表了材料在不产生永久损伤的情形下，单位体积内可以吸收的应变能的大小。可以肯定的是，这在汽车保险杠或减震器的设计中是非常重要的。

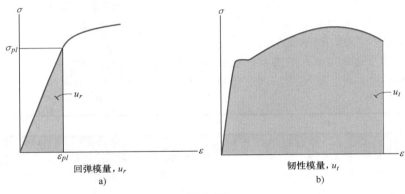

回弹模量，u_r

a)

韧性模量，u_t

b)

图 8-16

韧性模量　材料的另一个非常重要的性能是韧性模量 u_t。韧性模量的大小等于图 8-16b 中应力-应变曲线下方的整个面积，它代表了材料在断裂前所能吸收的最大应变能。这一性能在设计可能会承受突然过载的构件时显得非常重要。需要注意的是，合金金属同样可以改变它们的回弹性与韧性。例如，图 8-17 所示应力-应变图表明，通过改变钢内含碳量的百分比，回弹模量（图 8-16a）和韧性模量（图 8-16b）会有不同程度的改变。

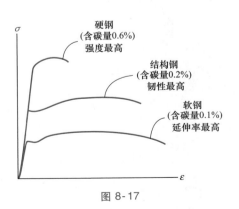

硬钢
（含碳量0.6%）
强度最高

结构钢
（含碳量0.2%）
韧性最高

软钢
（含碳量0.1%）
延伸率最高

图 8-17

由于在断裂前的缩颈部分非常大，该尼龙试样
显示了非常高的韧性

要点

- 一般应力-应变图在工程中是非常重要的，因为它提供了一种不需要考虑材料的物理尺寸与形状，就可以得到材料拉伸或压缩强度的数据。
- 工程应力与工程应变是利用试样的初始横截面面积和初始标距长度计算得到的。
- 韧性（塑性）材料，加载时会有四个明显的力学行为，分别为弹性行为、屈服、应变强化与缩颈。
- 如果在弹性阶段应力与应变存在比例关系，材料就是线弹性的。这一行为可以用胡克定律 $\sigma = E\varepsilon$ 描述，其中弹性模量 E 是直线的斜率。
- 材料的韧性可以用试样的伸长率和断面收缩率表征。
- 如果材料没有明显屈服点，其条件屈服强度可以采用条件法的图形处理过程得到。
- 脆性材料，如灰口铸铁，有很小的或没有屈服点，所以会突然发生断裂。
- 应变强化是用来使材料具有更高屈服点的。这通过使材料应变超出其弹性极限，然后卸载来实现。材料的弹性模量保持不变，但材料的韧性减小。
- 应变能是材料因为变形而储存的能量，单位体积的应变能称为应变能密度。如果只测量到比例极限，这一应变能称为回弹模量；如果测量到断裂点，这一应变能称为韧性模量。应变能可以由 $\sigma\text{-}\varepsilon$ 曲线下方的面积确定。

8

例题 8.1

图 8-18 所示为合金钢拉伸试验后的应力-应变图。计算弹性模量以及基于 0.2% 的条件屈服强度；根据图中曲线确定极限应力与断裂应力。

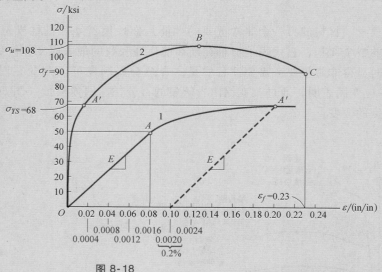

图 8-18

解

弹性模量。弹性模量必须通过计算图中初始直线部分的斜率来得到。利用放大的曲线 1 和尺寸，这一直线从 O 点伸出，到达 A 点，A 点的坐标约为（0.0016in/in, 50ksi）。因此

例题 8.1

$$E = \frac{50\text{ksi}}{0.0016\text{in/in}} = 31.2(10^3)\text{ksi}$$

直线 OA 的方程就是 $\sigma = 31.2(10^3)\varepsilon$。

屈服强度。由于规定的是 0.2% 的条件屈服强度，所以，从 0.2% 的应变或 0.0020in/in 的点开始，作平行于 OA 的直线（虚线），直到与 $\sigma\text{-}\varepsilon$ 曲线相交于 A' 点。屈服强度大约为

$$\sigma_{YS} = 68\text{ksi}$$

极限应力。这是由 $\sigma\text{-}\varepsilon$ 图中的顶点确定的，图 8-18 中的点 B。

$$\sigma_u = 108\text{ksi}$$

断裂应力。当试样应变至最大值 $\varepsilon_f = 0.23\text{in/in}$ 时，它断裂在 C 点，因此，

$$\sigma_f = 90\text{ksi}$$

例题 8.2

用于制造飞机部件的铝合金的应力-应变图如图 8-19 所示。如果试样的应力达到 600MPa，确定卸载后试样中残留的永久应变。同时，确定载荷加载前和加载后的回弹模量。

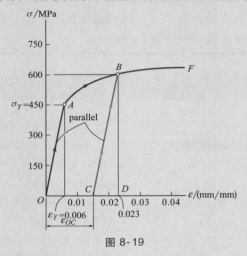

图 8-19

解

永久应变。当试样承受载荷使应力达到 600MPa 时，$\sigma\text{-}\varepsilon$ 图中应变强化直到点 B。该点的应变大约为 0.023in/in。卸载时，材料的力学行为将会沿平行于 OA 的直线 BC 变化，由于这两个直线具有相同的斜率，通过分析可以得到 C 点处的应变。直线 OA 的斜率就是弹性模量，即

$$E = \frac{450\text{MPa}}{0.006\text{mm/mm}} = 75.0\text{ GPa}$$

对 $\triangle CBD$，有

例题 8.2

$$E = \frac{BD}{CD}, 75.0(10^9)\,\text{Pa} = \frac{600(10^6)\,\text{Pa}}{CD}$$

$$CD = 0.008\,\text{mm/mm}$$

这一应变代表了恢复的弹性应变，于是，永久应变 ε_{OC} 为

$$\varepsilon_{OC} = 0.023\,\text{mm/mm} - 0.008\,\text{mm/mm}$$

$$= 0.0150\,\text{mm/mm}$$

需要注意的是：如果试样上初始标距为 50mm，则卸载后，标距变为 50mm +（0.0150）（50mm）= 50.75mm。

回弹模量。应用式（8-8），有⊖

$$(u_r)_{\text{initial}} = \frac{1}{2}\sigma_{pl}\varepsilon_{pl} = \frac{1}{2}(450\,\text{MPa})(0.006\,\text{mm/mm})$$

$$= 1.35\,\text{MJ/m}^3$$

$$(u_r)_{\text{final}} = \frac{1}{2}\sigma_{pl}\varepsilon_{pl} = \frac{1}{2}(600\,\text{MPa})(0.008\,\text{mm/mm})$$

$$= 2.40\,\text{MJ/m}^3$$

注意：通过对比，应变强化效果使得材料的回弹模量增加；但是，材料的韧性模量减小了，因为在初始曲线 OABF 下的面积，要大于曲线 CBF 下的面积。

基础题

F8-1 定义均质材料。

F8-2 在应力-应变图中标出比例极限点和极限应力点。

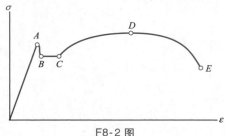

F8-2 图

F8-3 定义弹性模量 E。

F8-4 在室温下，低碳钢属于韧性材料，是对还是错？

F8-5 工程应力与应变是利用试样实际的横截面面积与长度计算得到的，是对还是错？

F8-6 随着温度的升高，弹性模量也会升高，是对还是错？

F8-7 一个 100mm 长的杆，直径为 15mm。如果施加了 100kN 的拉伸载荷，确定其长度的变化。$E = 200\text{GPa}$。

F8-8 一个长为 8in 的杆，横截面面积为 12in^2。如果在 10kip 的拉伸载荷下被拉长了 0.003in，确定材料的弹性模量。材料的力学行为属于线弹性的。

F8-9 一个 10mm 直径黄铜棒的弹性模量为 $E = 100\text{GPa}$，如果其长度为 4mm，并承受了 6kN 的拉伸载荷，确定其伸长量。

F8-10 图中所示为 50mm 长的试样的应力-应变图。如果 $P = 100\text{kN}$，确定试样的伸长量。

F8-11 图中所示为 50mm 长的试样的应力-应变图。如果施加了 $P = 150\text{kN}$ 的载荷并卸载，确定试样的永久伸长量。

⊖ 在国际单位制（SI）中，功的单位为焦耳 J，$1\text{J} = 1\text{N}\cdot\text{m}$。

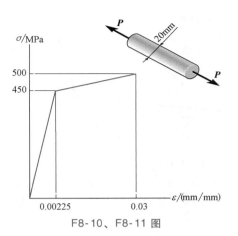

F8-10、F8-11 图

F8-12　如果施加载荷 P 后，绳索 BC 的伸长量为 0.2mm，确定 P 的大小。绳索的材质为 A-36 钢并具有 3 mm 的直径。

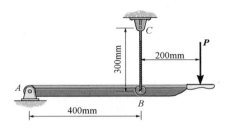

F8-12 图

习题

8-1　在一个初始直径为 0.503in，标距长度为 2.00in 的钢试样上进行了拉伸试验。试验数据如下表所示。画出应力-应变图并确定材料的弹性模量、屈服应力、极限应力与断裂应力。坐标尺寸采用 1in = 20ksi 和 1in = 0.05in/in。并利用相同的应力坐标尺寸和 1in = 0.001in/in 的应变坐标尺寸重新画出弹性区。

加载/kip	伸长率/in
0	0
1.50	0.0005
4.60	0.0015
8.00	0.0025
11.00	0.0035
11.80	0.0050
11.80	0.0080
12.00	0.0200
16.60	0.0400
20.00	0.1000
21.50	0.2800
19.50	0.4000
18.50	0.4600

习题 8-1 表

8-2　从陶瓷应力-应变试验中获取的数据如表所示。曲线在原点到第一个点之间是线性的。画出应力-应变图并确定弹性模量与回弹模量。

8-3　从陶瓷应力-应变试验中获取的数据如表所示。曲线在原点到第一个点之间是线性的。画出应力-应变图并确定材料近似的韧性模量。断裂应力为 $\sigma_r = 53.4$ksi。

σ/ksi	ε/(in/in)
0	0
33.2	0.0006
45.5	0.0010
49.4	0.0014
51.5	0.0018
53.4	0.0022

习题 8-2、习题 8-3 表

*8-4　在初始直径为 0.503in、标距长度为 2.00in 的钢试样上进行了拉伸试验。试验数据如下表所示。画出应力-应变图并确定材料大体的弹性模量、极限应力与断裂应力。坐标尺寸采用 1in = 15ksi 和 1in = 0.05in/in。并利用相同的应力坐标尺寸和 1in = 0.001in/in 的应变坐标尺寸重新画出线弹性区。

8-5　在初始直径为 0.503in、标距长度为 2.00in 的钢试样上进行了拉伸试验。利用表中列出的试验数据，画出应力-应变图并确定材料大体的韧性模量。

加载/kip	伸长率/in
0	0
2.50	0.0009
6.50	0.0025
8.50	0.0040
9.20	0.0065
9.80	0.0098
12.0	0.0400
14.0	0.1200
14.5	0.2500
14.0	0.3500
13.2	0.4700

习题 8-4、习题 8-5 表

8-6 试样的初始长度为 1ft，直径为 0.5in，承受着 500lb 的力。当力由 500lb 增加到 1800lb 时，试样伸长了 0.009in。如果材料仍然是线弹性的，确定材料的弹性模量。

8-7 用在核反应堆中的结构构件由锆合金制成。如果构件需要承载 4kip 的轴向载荷，确定构件所需要的横截面面积。相对于屈服的安全系数为 3。如果构件的长度为 3ft，在载荷作用下伸长了 0.02in，载荷的大小是多少？$E_{zr} = 14(10^3)$ksi，$\sigma_Y = 57.5$ksi，材料是线弹性的。

*8-8 支柱受 C 点的销钉和 A-36 钢制成的拉索 AB 承受。如果拉索的直径为 0.2in，当如图所示的载荷施加在支柱上时，确定拉索被拉长的长度。

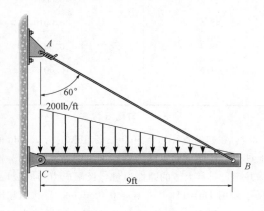

习题 8-8 图

8-9 组成人体皮肤与肌肉的弹性纤维的 σ-ε 图如图所示。确定纤维的弹性模量，并估计它们的韧性模量与回弹模量。

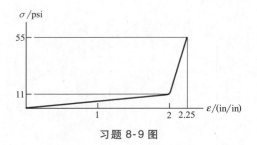

习题 8-9 图

8-10 初始直径为 0.5in、标距长度为 2in 的合金钢试样的应力-应变图如图所示。确定材料大体的弹性模量，引起试样屈服的载荷，以及试样所能承受的极限载荷。

8-11 初始直径为 0.5in、标距长度为 2in 的合金钢试样的应力-应变图如图所示。如果对试样加载直到其应力达到 90ksi，确定试样在卸载后的弹性恢复量和标距的伸长量。

*8-12 初始直径为 0.5in、标距长度为 2in 的合金钢试样的应力-应变图如图所示。确定材料大体的回弹模量与韧性模量。

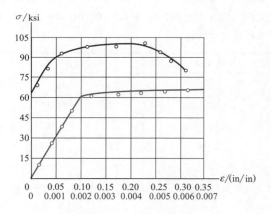

习题 8-10、习题 8-11、习题 8-12 图

8-13 长度为 5in、横截面面积为 0.7in^2 的棒材，承受着 8000lb 的轴向载荷。如果棒材被拉长了 0.002in，确定材料的弹性模量。材料是线弹性的。

习题 8-13 图

8-14 对直径为 0.5in、标距长度为 2in 的镁合金试样进行拉伸试验，试验的应力-应变结果如图所示。确定材料大约的弹性模量，并确定 0.2% 条件屈服强度。

8-15 对直径为 0.5in、标距长度为 2in 的镁合金试样进行拉伸试验，试验的应力-应变结果如图所示。如果试样被拉伸至应力为 30ksi 时卸载，确定试样的永久伸长量。

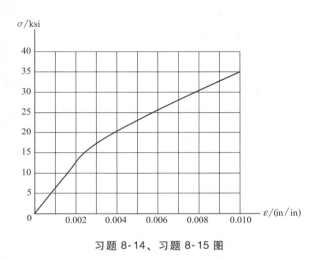

习题 8-14、习题 8-15 图

*8-16 直径为 5mm 的缆绳 DE，由 A-36 钢制成。当一个 80kg 的人坐在座位 C 上时，确定缆绳的伸长量。

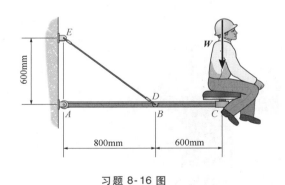

习题 8-16 图

8-17 图示结构中两直杆由聚苯乙烯制成，其应力-应变图如图所示。如果杆 AB 的横截面面积为 1.5in^2，杆 BC 的横截面面积为 4in^2，确定在任一杆件破裂前所能承受的最大力 P。假设不会发生屈曲效应。

8-18 图示结构中两直杆由聚苯乙烯制成，其应力-应

变图如图所示。确定每个杆件的横截面面积，以使得当载荷 P = 3kip 时，杆件同时发生破裂。假设不会发生屈曲效应。

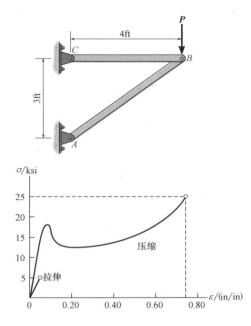

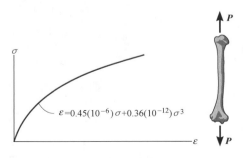

习题 8-17、习题 8-18 图

8-19 骨头的应力-应变图如图所示，其力学行为可以用方程 $\varepsilon = 0.45 (10^{-6}) \sigma + 0.36 (10^{-12}) \sigma^3$ 描述，其中 σ 的单位为 kPa。确定 0.3% 的条件屈服强度。

*8-20 骨头的应力-应变图如图所示，其力学行为可以用方程 $\varepsilon = 0.45 (10^{-6}) \sigma + 0.36 (10^{-12}) \sigma^3$ 描述，其中 σ 的单位为 kPa。如果在 $\varepsilon = 0.12$mm/mm 处发生破坏，确定其韧性模量，以及长度为 200mm 部分在断裂前的伸长量。

习题 8-19、习题 8-20 图

8.6　泊松比

变形体承受轴向拉伸载荷时，不仅纵向伸长，而且横向会缩小。例如，一橡皮条被拉伸，可以观察到厚度与宽度减小。同样，作用在变形体上的压缩载荷，将使该物体在载荷方向上缩小，从而使其侧边向外扩张。

考虑初始半径为 r、长度为 L 的圆棒，承受如图 8-20 所示的拉伸载荷 P。这一载荷使圆棒伸长了 δ，并使其半径减小了 δ'。在纵向或轴向方向上的应变，以及在横向或半径方向上的应变分别为

$$\varepsilon_{\text{long}} = \frac{\delta}{L}, \quad \varepsilon_{\text{lat}} = \frac{\delta'}{r}$$

早在 1800 年，法国科学家 S. D. 泊松（S. D. Poisson）意识到，在弹性范围内，这些应变的比是一个常数，因为 δ 和 δ' 是成比例的。这一常数称为泊松比，ν(nu)，对特定的均质、各向同性材料，这一数值是唯一的。用数学式表示为

$$\nu = \frac{\varepsilon_{\text{lat}}}{-\varepsilon_{\text{long}}} \tag{8-9}$$

式中的负号，表明若纵向伸长（正应变），则横向缩短（负应变）；反之亦然。需要注意的是，这些应变仅仅由轴向或纵向力 P 所引起，即没有在横向施加任何力或应力。

泊松比为无量纲量，对于大多数无孔隙固体，泊松比的数值一般介于 1/4 与 1/3 之间。一般工程材料的典型泊松比值 ν 列于本书的文前。对于"理想材料"，当被拉伸或压缩时无横向变形，其泊松比为 0。而且，在本书 14.10 节中将会看到泊松比的最大可能值为 0.5，因此有 $0 \le \nu \le 0.5$。

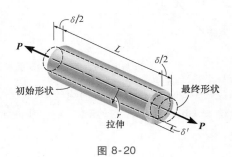

图 8-20

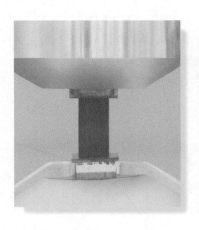

当橡胶块被压缩（负应变）时它的侧边会膨胀（正应变），两种应变之比为常数

例题 8.3

由 A-36 钢制成的直杆尺寸如图 8-21 所示。如果对直杆施加 $P=80\text{kN}$ 的自行轴向载荷，确定载荷施加后棒条长度的变化及其横截面尺寸的变化。材料是线弹性的。

解　直杆横截面上的正应力为

$$\sigma_z = \frac{P}{A} = \frac{80(10^3)N}{(0.1\text{m})(0.05\text{m})} = 16.0(10^6)\text{Pa}$$

由本书文前的弹性常数表可知，A-36 钢的弹性模量为 $E_{st}=200\text{GPa}$，则 z 方向的应变为

$$\varepsilon_z = \frac{\sigma_z}{E_{st}} = \frac{16.0(10^6)\text{Pa}}{200(10^9)\text{Pa}} = 80(10^{-6})\text{mm/mm}$$

因此直杆的轴向伸长量为

$$\delta_z = \varepsilon_z L_z = \left[80(10^{-6})\right](1.5\text{m}) = 120\mu\text{m}$$

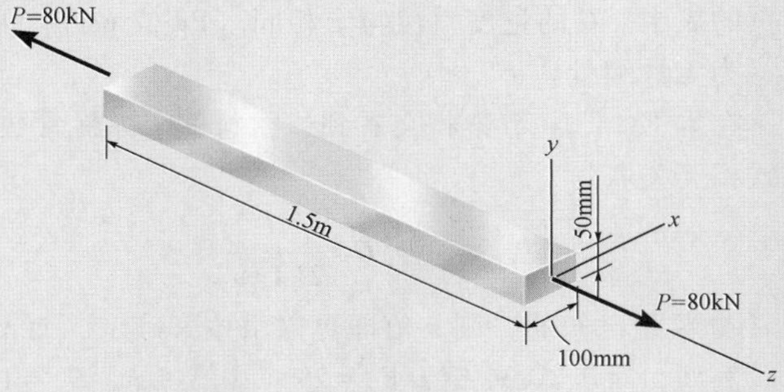

利用式（8-9），其中在文前可以查到 $\nu_{st}=0.32$，则在 x、y 方向的缩小应变均为

$$\varepsilon_x = \varepsilon_y = -\nu_{st}\varepsilon_z = -0.32\left[80(10^{-6})\right] = -25.6\mu\text{m/m}$$

因此横截面尺寸的改变量为

$$\delta_x = \varepsilon_x L_x = -\left[25.6(10^{-6})\right](0.1\text{m}) = -2.56\mu\text{m}$$

$$\delta_y = \varepsilon_y L_y = -\left[25.6(10^{-6})\right](0.05\text{m}) = -1.28\mu\text{m}$$

图 8-21

8

8.7　切应力-切应变图

根据本书 7.5 节中的分析可知，当材料的单元体承受纯剪切时，平衡要求在单元的四个面上必须产生相等的切应力。这些应力 τ_{xy} 的方向必须在单元体角点处相对或相背离，如图 8-22a 所示。此外，对于均质、各向同性材料，这些切应力将会使单元体的直角发生改变，如图 8-22b 所示。在 7.9 节中已经阐述，切应变 γ_{xy} 是量度单元体直角相对于 x、y 边改变量的量。

对承受纯剪切材料力学行为研究，可以在实验室中利用一个薄壁管试样使其承受扭转载荷实现。通过试验测得施加的扭矩和扭转角，根据第 10 章将要介绍的方法，这些数据即可用以确定切应力和切应变，据此画出切应力-切应变图。对塑性材料的切应力-切应变图-的实例如图 8-23 所示。与拉伸试验类似，这种材料在承受剪切时会显示出线弹性行为，并具有明确的比例极限 τ_{pl}。同样会发生应变强化，直到达到极限切应力 τ_u。最后到达断裂点 τ_f，材料的剪切强度失效。

对大多数工程材料，如上述韧性材料，其弹性行为是线性

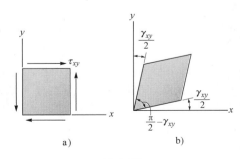

a)　　　b)

图 8-22

的，剪切的胡克定律可以写成

$$\tau = G\gamma \qquad (8\text{-}10)$$

其中 G 称为切变模量或剪切弹性模量。G 的数值代表了 τ-γ 图中直线的斜率，即 $G = \tau_{pl}/\gamma_{pl}$。普通工程材料 G 的典型值列于底封内页的表中。G 的量度单位与 τ 相同（Pa 或 psi），因为 γ 由弧度量度，为无量纲量。

在本书 14.10 节中将会看到，材料三个弹性常数 E、ν、G 通过下式相互关联

$$G = \frac{E}{2(1+\nu)} \qquad (8\text{-}11)$$

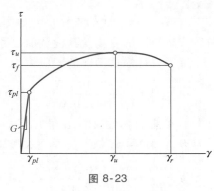

图 8-23

若 E 与 G 是已知的，则 ν 值即可以由该式确定，而不必通过试验测量。例如，对于 A-36 钢，$E_{\text{st}} = 29\,(10^3)$ ksi，$G_{\text{st}} = 11.0\,(10^3)$ ksi，根据式（8-11）得到 $\nu_{\text{st}} = 0.32$。

例题 **8.4**

对铝合金试样进行扭转试验，得到切应力-切应变图如图 8-24a 所示。确定其剪切弹性模量 G、比例极限以及极限切应力。同时，如图 8-24b 所示，如果材料的力学行为是弹性的，当受剪力 V 作用时材料块体的顶部能够水平移动，确定图中的最大位移 d，以及引起这一位移所必需的力 V 的大小。

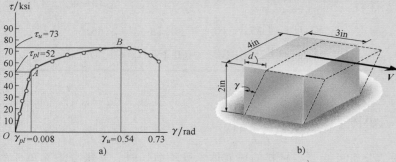

图 8-24

解

剪切弹性模量。这一值代表了 τ-γ 图中直线 OA 部分的斜率。A 点的坐标为（0.008rad，52ksi），因此，

$$G = \frac{52\text{ksi}}{0.008\text{rad}} = 6500\text{ksi}$$

直线 OA 的方程就是 $\tau = G\gamma = 6500\gamma$，这就是剪切胡克定律。

比例极限。根据观察，图在点 A 处就不再是线性的了，因此，

$$\tau_{pl} = 52\text{ksi}$$

极限应力。这一值代表最大切应力，即在点 B，由图可知，

$$\tau_u = 73\text{ksi}$$

例题 | 8.4

最大弹性位移与剪力。由于最大弹性切应变为 0.008rad，角度非常小，图 8-24b 中的块体顶部的水平位移由下式确定：

$$\tan(0.008\text{rad}) \approx 0.008\text{rad} = \frac{d}{2\text{in}}$$

$$d = 0.016\text{in}$$

在块体中相应的平均切应力为 $\tau_{pl} = 52\text{ksi}$。因此，引起这一位移的剪力 V 由下式确定：

$$\tau_{\text{avg}} = \frac{V}{A}, 52\text{ksi} = \frac{V}{(3\text{in})(4\text{in})}$$

$$V = 624\text{kip}$$

例题 | 8.5

如图 8-25 所示铝试样，直径为 $d_0 = 25\text{mm}$、标距为 $L_0 = 250\text{mm}$。如果大小为 165kN 的力使标距伸长了 1.20mm，确定其弹性模量。同时，确定该力使试样的直径缩小了多少。铝的 $G_{\text{al}} = 26\text{GPa}$，$\sigma_Y = 440\text{MPa}$。

解

弹性模量。试样横截面上的正应力为

$$\sigma = \frac{P}{A} = \frac{165(10^3)N}{(\pi/4)(0.025\text{m})^2} = 336.1\text{MPa}$$

相应的正应变为

$$\varepsilon = \frac{\delta}{L} = \frac{1.20\text{mm}}{250\text{mm}} = 0.00480\text{mm/mm}$$

由于 $\sigma < \sigma_Y = 440\text{MPa}$，材料的行为是弹性的。因此其弹性模量为

$$E_{\text{al}} = \frac{\sigma}{\varepsilon} = \frac{336.1(10^6)\text{Pa}}{0.00480} = 70.0\text{GPa}$$

直径的缩小量。首先利用式（8-11）确定材料的泊松比

$$G = \frac{E}{2(1+\nu)}$$

$$26\text{GPa} = \frac{70.0\text{GPa}}{2(1+\nu)}$$

$$\nu = 0.347$$

由于 $\varepsilon_{\text{long}} = 0.00480\text{mm/mm}$，应用式（8-9），

$$\nu = -\frac{\varepsilon_{\text{lat}}}{\varepsilon_{\text{long}}}$$

$$0.347 = -\frac{\varepsilon_{\text{lat}}}{0.00480\text{mm/mm}}$$

$$\varepsilon_{\text{lat}} = -0.00166\text{mm/mm}$$

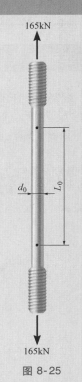

165kN

d_0 L_0

165kN

图 8-25

例题 8.5

因此直径的缩小量为

$$\delta' = (0.00166)(25mm)$$
$$= 0.0416mm$$

要点

- 对于均质、各向同性材料，泊松比 ν 为横向应变与纵向应变之比。一般情形下这两种应变符号相反，即如果一为伸长另一必为缩短。
- 切应力-切应变图是根据切应力与所对应的切应变绘制而成。如果材料是均质、各向同性的，并且是线弹性的，那么弹性部分中的直线斜率称为剪切弹性模量 G。
- G、E 和 ν 之间存在数学关系式。

---

8 基础题

F8-13 长度为 100mm 的圆棒，其直径为 15mm，材料的 $E = 70GPa$，$\nu = 0.35$。如果施加 10kN 的拉伸载荷，确定直径的改变量。

F8-14 长度为 600mm，直径为 20mm 的圆棒承受 $P = 50kN$ 的轴向力。圆棒的伸长量为 $\delta = 1.40mm$，直径变为 $d' = 19.9837mm$。确定材料的弹性模量和剪切弹性模量。假设材料没有发生屈服。

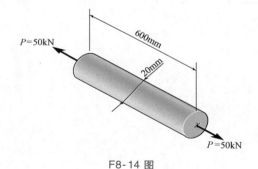

F8-14 图

F8-15 厚度为 20mm 的块体，顶部与底部均牢固地黏接在刚性板上。当施加力 P 使块体变为图中虚线所示的形状时，确定 P 的大小。块体材料的剪切弹性模量 $G = 26GPa$。假设材料没有发生屈服并利用小角度分析。

F8-16 厚度为 20mm 的块体，其顶部与底部均牢固

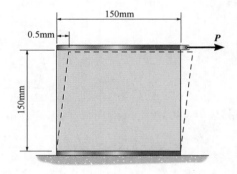

F8-15 图

地黏接在刚性板上。施加力 P 使块体变为图中虚线所示的形状。若 $a = 3mm$，确定卸载后，块体中的永久切应变。

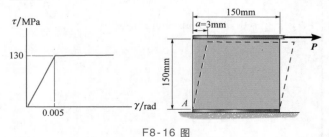

F8-16 图

习题

8-21　长 200mm、直径为 15mm 的丙烯酸塑料圆棒如图所示。如果在圆棒上施加 300N 的轴向载荷，确定圆棒在长度与直径上的变化。$E_p = 2.70\text{GPa}$，$\nu_p = 0.4$。

300N　200mm　300N

习题 8-21 图

8-22　薄壁圆管承受 40kN 的轴向力。若圆管伸长了 3mm，圆周长减少了 0.09mm，确定圆管材料的弹性模量、泊松比及剪切弹性模量。材料的力学行为是弹性的。

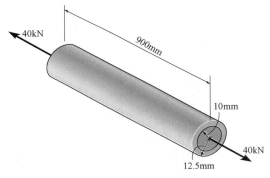

40kN　900mm　10mm　12.5mm　40kN

习题 8-22 图

8-23　图示结构中，BC 为直径 40mm 的圆截面直杆，材料为 A-36 钢，当在梁上施加两个大小均为 P 的力时，圆棒直径 BC 变为 39.99mm。确定力 P 的大小。

*8-24　若力 $P = 150\text{kN}$，确定杆 BC 的弹性伸长量与直径的减小量。BC 为直径 40mm 的圆截面直杆，材料为 A-36 钢。

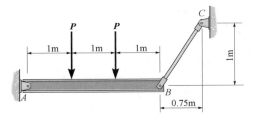

P　P　C
1m　1m　1m　1m
A　B　0.75m

习题 8-23、习题 8-24 图

8-25　宽度为 50mm 摩擦垫 A 用于支承所受轴向力为 $P = 2\text{kN}$ 的构件。摩擦垫材料的弹性模量为 $E = 4\text{MPa}$、泊松比 $\nu = 0.4$。如果没有发生滑动，确定摩擦垫内的正应变和纸平面内的切应变。假设材料是线弹性的，同时忽略作用在摩擦垫上的力矩。

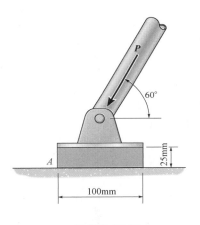

P　60°　25mm　A　100mm

习题 8-25 图

8-26　由 Ti-6A1-4V 钛合金制成的块体，承受压缩后沿着 y 轴方向被压缩了 0.06in 且其形状发生角度 $\theta = 89.7°$ 的倾斜。确定 ε_x、ε_y 与 ε_{xy}。

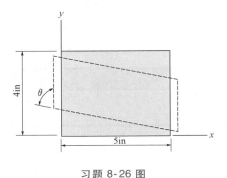

y　θ　4in　5in　x

习题 8-26 图

8-27　合金钢的切应力-切应变图如图所示。由这种材料制作的直径为 0.75in 螺栓，用于双搭接的连接件中，确定材料的弹性模量 E 及引起材料屈服的力 P。取 $\nu = 0.3$。

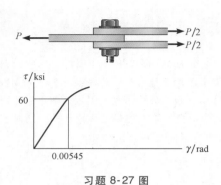

习题 8-27 图

确定因橡胶切应变而引起的刚性板的铅垂位移。刚性板的横截面尺寸均为 30mm 与 20mm，橡胶垫材料的 $G_r = 0.20$MPa。

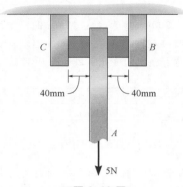

习题 8-29 图

*8-28 剪切弹簧通过将橡胶环黏接在刚性固定环与销钉之间。当在销钉上施加大小为 P 的轴向力时，橡胶环 y 处的斜率为 $dy/dr = -\tan\gamma = -\tan(P/(2\pi hGr))$。对小角度有 $dy/dr = -P/(2\pi hGr)$。利用在 $r = r_0$ 处 $y = 0$ 的条件对方程进行积分并确定积分常数。据此计算销钉在 y 方向上的位移 δ。

8-30 剪切弹簧是由两橡胶块制成，如图所示。橡胶块高均为 h、宽均为 b、厚度均为 a。橡胶块黏接在三刚性板之间。若橡胶的剪切弹性模量为 G，当铅垂载荷 P 施加在中间的刚性板上时，确定该刚性板的位移。假设位移很小，因此有 $\delta = a\tan\gamma \approx a\gamma$。

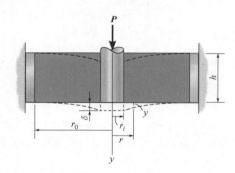

习题 8-28 图

8-29 图示结构中，刚性板 A、B、C 通过两个对称固定的橡胶垫连接。大小为 5kN 的铅垂力施加在刚性板 A 上，

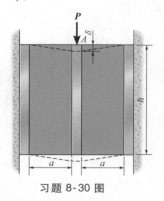

习题 8-30 图

本章回顾

拉伸试验是测试材料力学性能最重要的试验之一。利用尺寸已知试样的拉伸试验结果，在以正应变为横坐标、正应力为纵坐标的坐标系可以画出应力-应变图。

大多数工程材料在拉伸的初始阶段表现为线弹性行为。胡克定律 $\sigma = E\varepsilon$ 描述了这一阶段中应力与应变之间的比例关系，其中 E 为弹性模量，是应力-应变图中直线部分的斜率	$\sigma = E\varepsilon$	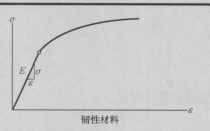 韧性材料

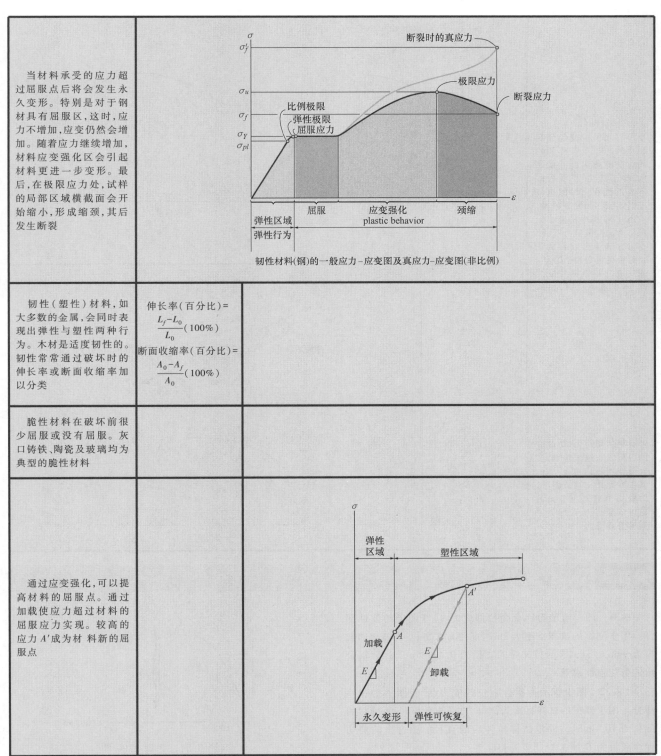

当材料承受的应力超过屈服点后将会发生永久变形。特别是对于钢材具有屈服区,这时,应力不增加,应变仍然会增加。随着应力继续增加,材料应变强化区会引起材料更进一步变形。最后,在极限应力处,试样的局部区域横截面会开始缩小,形成缩颈,其后发生断裂		韧性材料(钢)的一般应力-应变图及真应力-应变图(非比例)
韧性(塑性)材料,如大多数的金属,会同时表现出弹性与塑性两种行为。木材是适度韧性的。韧性常常通过破坏时的伸长率或断面收缩率加以分类	伸长率(百分比)= $\dfrac{L_f - L_0}{L_0}$(100%) 断面收缩率(百分比)= $\dfrac{A_0 - A_f}{A_0}$(100%)	
脆性材料在破坏前很少屈服或没有屈服。灰口铸铁、陶瓷及玻璃均为典型的脆性材料		
通过应变强化,可以提高材料的屈服点。通过加载使应力超过材料的屈服应力实现。较高的应力 A' 成为材料新的屈服点		

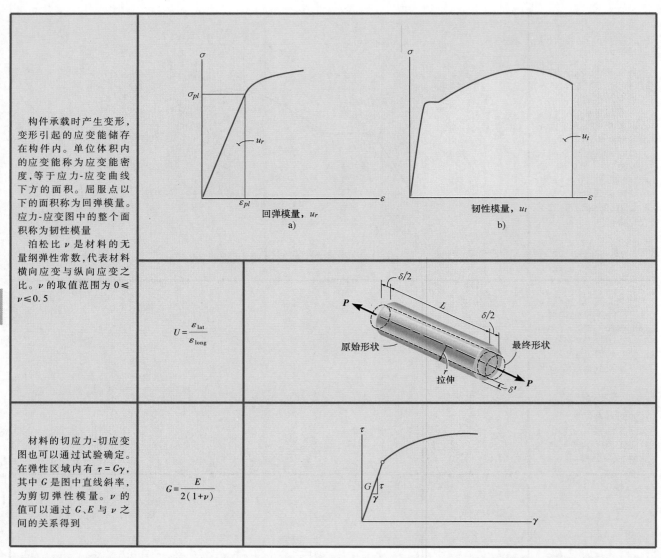

构件承载时产生变形，变形引起的应变能储存在构件内。单位体积内的应变能称为应变能密度，等于应力-应变曲线下方的面积。屈服点以下的面积称为回弹模量。应力-应变图中的整个面积称为韧性模量

泊松比 ν 是材料的无量纲弹性常数，代表材料横向应变与纵向应变之比。ν 的取值范围为 $0 \leqslant \nu \leqslant 0.5$

$$U = \frac{\varepsilon_{\text{lat}}}{\varepsilon_{\text{long}}}$$

材料的切应力-切应变图也可以通过试验确定。在弹性区域内有 $\tau = G\gamma$，其中 G 是图中直线斜率，为剪切弹性模量。ν 的值可以通过 G、E 与 ν 之间的关系得到

$$G = \frac{E}{2(1+\nu)}$$

复习题

8-31　图中所示为铝合金拉伸应力-应变图中的弹性部分。用于测试的试样标距为 2in，直径为 0.5in。当施加的载荷为 9kip 时，试样的拉伸后的直径为 0.49935in。计算铝合金的剪切弹性模量 G_{al}。

* 8-32　图中所示为铝合金拉伸应力-应变图中的弹性部分。用于测试的试样标距为 2in，直径为 0.5in。若施加的载荷为 10 kip 时，确定试样拉伸后的直径。铝合金的剪切弹性模量为 $G_{\text{al}} = 3.8 \ (10^3)$ ksi。

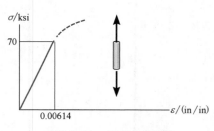

习题 8-31、习题 8-32 图

8-33 刚性梁水平固定在两个 2014-T6 铝制圆柱上，未承受载荷时圆柱的长度如图所示。若圆柱的直径均为 30mm，确定为使得梁保持水平位置，大小为 80kN 的载荷施加的位置 x，以及施加载荷后，圆柱 A 的直径。$\nu_{al} = 0.35$。

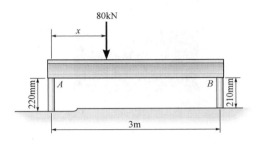

习题 8-33 图

8-34 图中每个绳索的直径均为 1/2in，长度均为 2ft，且均由 304 不锈钢制成。若 $P = 6$kip，确定刚性梁 AB 的倾斜角度。

8-35 图中每个绳索的直径均为 1/2in，长度均为 2ft，且均由 304 不锈钢制成。为使得刚性梁 AB 的倾斜大小为 0.015° 的角度，确定力 P 的大小。

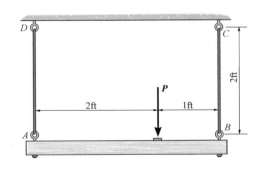

习题 8-34、习题 8-35 图

*8-36 封头 H 由 6 个钢制螺栓连接在压缩机气缸上。若每个螺栓的预紧力为 800lb，确定螺栓内的正应变。每个螺栓的直径均为 3/16in。若 $\sigma_Y = 40$ksi，$E_{st} = 29$ (10^3)，当螺母松开释放夹紧力时，每个螺栓内的应变为多少？

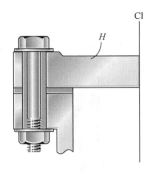

习题 8-36 图

8-37 用于同轴电缆套的聚乙烯的应力-应变图，是通过标有 10in 标距试样的拉伸试验确定的。若载荷 P 在试样内产生的应变为 $\varepsilon = 0.024$in/in，确定卸载后，试样上标距的大体长度。假设试样会有弹性恢复。

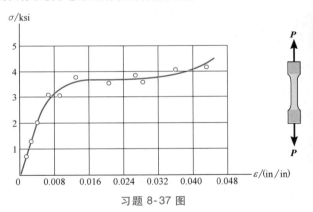

习题 8-37 图

8-38 管子在两端与两个刚性盖连接，承受大小为 P 的轴向力。若管子是由弹性模量为 E、泊松比为 ν 的材料制成，确定管子体积的变化。

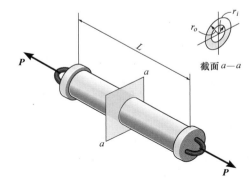

习题 8-38 图

8-39 直径 8mm 的镁合金螺柱，穿过内径为 12mm、外径为 20mm 的镁合金套筒。若螺柱与套筒的初始长度分别为 80mm 和 50mm。当螺母拧紧使得螺柱内产生的拉力为 8kN 时，确定套筒与螺柱内的应变。假定 A 处的材料是刚性的，并有 $E_{al} = 70GPa$，$E_{mg} = 45GPa$。

*8-40 缩醛缩聚物块的上下表面均与刚性板黏接。若顶部刚性板承受大小为 $P = 2kN$ 的水平力并沿水平方向移动了 2mm，确定缩聚物的剪切弹性模量。块体的宽度为 100mm。假定缩聚物是线弹性的并利用小角度概念分析。

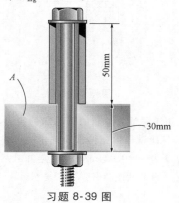

习题 8-39 图

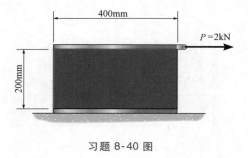

习题 8-40 图

8

第9章 轴向载荷

9

移动钻井平台上钻杆的滑车钢缆组，承受很大的轴向载荷与轴向变形。

本章任务

第8章介绍了确定承受轴向载荷构件正应力的方法，本章的目标为：

■ 确定承受轴向载荷构件的变形；

■ 求解仅仅依靠平衡方程无法确定的支座反力；

■ 分析温度应力的影响。

9.1 圣维南原理

上一章中建立了应力与应变的概念，应力用以衡量物体内一点处分布内力的大小；应变则用以衡量物体内一点处的变形程度。

同时，论述了组成物体的材料中所产生的应力与应变之间存在着定量的数学关系，即应力-应变关系公式。若为线弹性材料，应用胡克定律，得到应力与应变之间的比例关系。

基于此，考察矩形截面直杆沿杆轴线（通过横截面形心）方向承受载荷 P 时的弹性变形性态，如图9-1a 所示。其中，直杆的下端固定，上端通过小孔施加轴向载荷。事先在直杆表面上画上小方格。由于载荷作用，直杆上原来直角的小方格发生如图所示不同程度的变形，请注意，杆两端的局部变形是如何均匀起来，并最终在杆的中间截面上变得大小统一的。

从图中可以看出，除加力点的端面处的局部变形外，离开加力点处的小方格逐渐趋于均匀一致。

如果加载使材料保持弹性，则由变形引起的应变与应力线性相关。这表明，当在直杆上截取的截面离加力点越来越远时，横截面上的应力将趋于均匀分布。图9-1b 所示为截面 $a—a$、$b—b$ 与 $c—c$ 上各自应力分布的变化。可以看出，截面 $c—c$ 处其应力已经趋于均匀一致。这是因为在 $c—c$ 截面上，由载荷引起的局部变形已经消失。这个截面离直杆端部的最小距离，可以基于弹性理论应用数学分析确定。

分析结果表明，这一个距离要至少等于加载处杆件横截面的最大尺寸。因此，截面 $c—c$ 的位置到加载点距离至

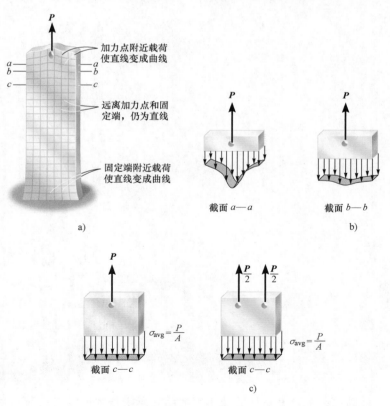

截面 $a—a$

截面 $b—b$

b)

$\sigma_{\mathrm{avg}} = \dfrac{P}{A}$

截面 $c—c$

$\sigma_{\mathrm{avg}} = \dfrac{P}{A}$

截面 $c—c$

c)

图 9-1

少应为直杆横截面的宽度（不是厚度），应力才会均匀分布。[○]

类似地，离开支承处横截面上应力的分布也会逐渐趋于均匀分布，在到支承点距离等于截面宽度的横截面上，应力分布将均匀一致。

上述应力与变形行为被称为圣维南原理，由法国科学家圣维南（Barréde Saint-Venant）于 1855 年首次提出。距载荷作用区域处物体部分上的应力与应变，原载荷以及与之静力学等效的任何载荷，在相同区域处将产生相同的应力与应变等。这就是圣维南原理。例如，如果两个大小为 $P/2$ 的集中力施加在直杆上，如图 9-1c 所示，与一个集中力 P 在同一截面（如 c—c 截面）处引起的应力分布将是相同的，即 $\sigma_{avg} = P/A$ 与图 9-1b 中相等。

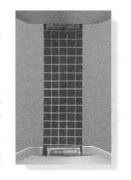

注意橡胶构件在拉伸后其表面上直线如何变化。可以看到在夹持处直线是扭曲的，随后将按圣维南原理所述逐渐趋于平直

9.2　轴向承载构件的弹性变形

应用胡克定律以及关于应力、应变的定义，本节将建立用于确定承受轴向载荷构件的弹性位移的方程。

为此，考察图 9-2a 所示一般情形：直杆在其长度 L 方向上具有渐变的横截面面积，两端承受集中载荷，同时承受沿长度方向分布的外部载荷。当杆处于铅垂位置时，这种分布载荷可能是直杆的自重；也可以由于某些原因在直杆表面产生摩擦力。假设分布载荷集度（单位长度上的力）为 p。

现在通过沿杆长度方向微段的受力和变形分析，确定上述载荷作用下引起的直杆两端的相对位移 δ。

根据圣维南原理，忽略加力点处的局部变形，对直杆应力变形的计算结果影响很小，因而在集中载荷施加点以及横截面突变处所发生的局部变形将忽略不计。对于杆的绝大部分，变形是均匀的，横截面上的正应力也将是均匀分布的。

应用截面法，从直杆的任意位置 x 处，截取一个长度为 dx、横截面面积为 $A(x)$ 的微段（或薄片）。微段自由体受力图如图 9-2b 所示。

分布载荷的存在将使沿直杆长度方向不同的横截面上具有不同的轴力，即轴力将会是 x 的函数。

根据长度为 x 段的平衡，或者微段的平衡，有

$$P(x) = P_1 + px$$

在分布载荷以及两侧轴向力的作用下，微段变为图 9-2b 中虚线所示的形状。因此微段一端相对于另一端的位移为 dδ。坐标为 x 的横截面上的应力与应变分别为

图 9-2

○　对于 c—c 截面，弹性理论算出最大应力应当为 $\sigma = 1.02\sigma_{avg}$。

$$\sigma = \frac{P(x)}{A(x)}, \quad \varepsilon = \frac{\mathrm{d}\delta}{\mathrm{d}x}$$

假设应力没有超过比例极限，应用胡克定律，即

$$\sigma = E(x)\varepsilon$$

$$\frac{P(x)}{A(x)} = E(x)\left(\frac{\mathrm{d}\delta}{\mathrm{d}x}\right)$$

$$\mathrm{d}\delta = \frac{P(x)\,\mathrm{d}x}{A(x)E(x)}$$

将上式沿杆全长 L 进行积分，得到

$$\delta = \int_0^L \frac{P(x)\,\mathrm{d}x}{A(x)E(x)} \tag{9-1}$$

式中　δ 为直杆轴线上一点相对于另一点的位移；

　　　L 为直杆的初始长度；

　　　$P(x)$ 为坐标在 x 处的截面上的轴力；

　　　$A(x)$ 为坐标在 x 处的直杆的横截面面积函数；

　　　$E(x)$ 为坐标在 x 处的直杆材料的弹性模量。

不变载荷与等截面杆　许多情形下，直杆将具有相同的横截面面积 A；材料也会是各向同性的，所以 E 是常数。如图 9-3 所示，如果直杆仅在其两端承受恒定的轴向载荷，这时，沿直杆长度方向上的轴向力 P 也将会是常数。于是，对方程（9-1）积分，得

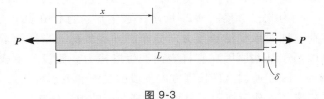

图 9-3

$$\delta = \frac{PL}{AE} \tag{9-2}$$

当直杆在其长度方向上承受几个不同的轴向载荷，或者直杆的各段的横截面面积或弹性模量不等时，只要这些量在直杆的不同段上保持恒定，上述方程将适用于直杆的每一段。将每一段的相对位移加和即可得到直杆一端相对于另一端的位移。于是，一般情形下，有

$$\delta = \sum \frac{PL}{AE} \tag{9-3}$$

符号规则　为了应用方程（9-3），需要规定轴力与位移正负号。为此，如图 9-4 所示，规定轴力与位移分别引起拉伸与伸长时，为正；反之，轴力与位移分别引起压缩或缩短时，则为负。

例如，考察图 9-5a 所示的直杆。每一段上的轴力 "P" 通过截面法确定，如图 9-5b 所示。它们分别为 $P_{AB} = +5\mathrm{kN}$，$P_{BC} = -3\mathrm{kN}$，$P_{CD} = -7\mathrm{kN}$。将这些不同轴力画在 P-x 正交坐标系中，如图 9-5c 所示，其中 x 表示横截面位置；P 表示各段的轴力。这种表示轴力

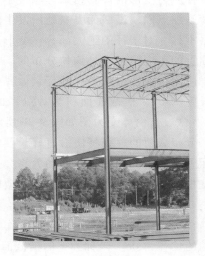

建筑物柱子顶端的位移，取决于施加在屋顶以及与柱子中点相连地板上的载荷

沿杆长变化的图形称为轴力图。应用轴力图和方程（9-3），即可确定 A 端相对于 D 端的位移

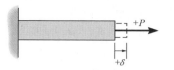

$$\delta_{A/D} = \sum \frac{PL}{AE} = \frac{(5\text{kN})L_{AB}}{AE} + \frac{(-3\text{kN})L_{BC}}{AE} + \frac{(-7\text{kN})L_{CD}}{AE}$$

代入各段的 L、A 和 E 的数据即可算得所要求的结果，若结果为正意味着 A 端将会远离 D 端（直杆伸长），若结果为负则意味着 A 端是朝着 D 端移动的（直杆缩短了）。双下标记号用于表示产生相对位移的两点。例如 $\delta_{A/D}$ 表示点 A 相对于点 D 的位移。如果采用单一下标，则表示相对于某一固定点位移，例如，若 D 端位于某一固定支承上，则 δ_A 表示点 A 相对于点 D 的位移。

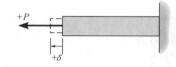

图 9-4 P 与 δ 的正符号规则

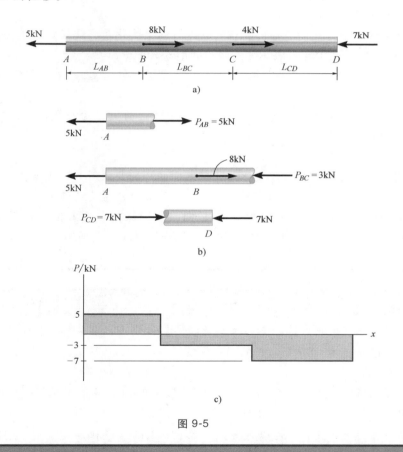

图 9-5

要点

- 圣维南原理表明，载荷施加区域内或支承区域内发生的局部变形与应力的不均匀性，将随着远离这些区域而逐渐消失。

- 确定承受轴向载荷构件的一端相对于另一端的位移的过程，一是利用 $\sigma = P/A$ 将轴向力与应力相关联；二是利用 $\varepsilon = \mathrm{d}\delta/\mathrm{d}x$ 将位移与应变相关联；将这两个方程用胡克定律 $\sigma = E\varepsilon$ 结合在一起，最终得到方程（9-1）。
- 由于推导位移方程时应用了胡克定律，所以只有加载过程材料保持弹性（未发生屈服），以及材料各向同性且表现为线弹性时，上述方程才可应用。可见，胡克定律非常重要。

分析过程

承受轴向载荷构件上，两点 A 与 B 之间的相对位移可以应用方程（9-1）［或方程（9-2）］得到。需要遵循以下步骤。

轴力

- 利用截面法确定构件横截面上的轴力 P。
- 如果轴向力因为外部分布的载荷而在构件长度方向上变化时，应任意从距构件一端为 x 的部位截取截面，并将这一横截面上的轴向力表达为 x 函数的形式，即 $P(x)$。
- 如果有多个恒定的外部力作用在构件上，需要确定构件上处于两个外部力之间的每一段上的轴力。
- 对任意一段，产生拉伸的轴力为正；产生压缩的轴力为负。为方便计算，需要画出轴力沿长度方向变化的图形——轴力图。

位移

- 当构件横截面面积沿其长度方向变化时，横截面面积需要表示为位置 x 的函数，即 $A(x)$。
- 当横截面面积、弹性模量或轴向力有突变时，应当在这些量为常数的每一段上应用方程（9-2）。
- 当将方程（9-1）中的数据代入方程（9-3）时，要确保轴向力 P 的正负号正确无误。拉伸载荷为正；压缩载荷为负。同时，要注意单位的一致性。对任意分段，若所得结果为正，表明伸长；若结果为负，则表明缩短。

例题 9.1

如图 9-6a 所示的 A-36 钢制直杆，由两段横截面面积分别为 $A_{AB} = 1\text{in}^2$ 和 $A_{BD} = 2\text{in}^2$ 的杆组成。确定杆末端 A 的铅垂位移以及点 B 相对于点 C 的铅垂位移。

解

轴力。 根据外部载荷作用状况，在 AB、BC 和 CD 段上的轴力各不相同。应用截面法和铅垂方向力的平衡（见图 9-6b）方程，轴力图示于图 9-6c 中。

位移。 由本书封底内页相关表格可以查得 $E_{\text{st}} = 29(10^3)\text{ksi}$。正确应用正负号规则，即拉伸的轴向力为正；压缩的轴力为负。A 端相对于固定支承端 D 的铅垂位移为

$$\delta_A = \sum \frac{PL}{AE} = \frac{[+15\text{kip}](2\text{ft})(12\text{in/ft})}{(1\text{in}^2)[29(10^3)\text{kip/in}^2]} + \frac{[+7\text{kip}](1.5\text{ft})(12\text{in/ft})}{(2\text{in}^2)[29(10^3)\text{kip/in}^2]} + \frac{[-9\text{kip}](1\text{ft})(12\text{in/ft})}{(2\text{in}^2)[29(10^3)\text{kip/in}^2]}$$

$$= +0.0127\text{in}$$

例题 9.1

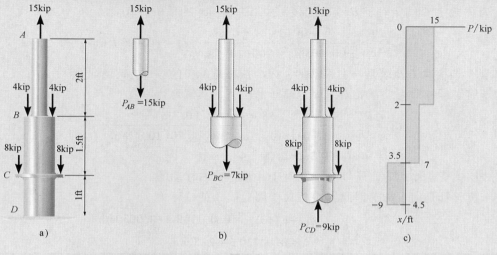

图 9-6

由于结果为正，直杆伸长，所以 A 点的位移向上。

在点 B 与 C 之间应用方程（9-2），有

$$\delta_{B/C} = \frac{P_{BC}L_{BC}}{A_{BC}E} = \frac{[+7\text{kip}](1.5\text{ft})(12\text{in/ft})}{(2\text{in}^2)[29(10^3)\text{kip/in}^2]} = +0.00217\text{in}$$

因为该段伸长，故 B 点是远离 C 点的。

例题 9.2

图 9-7a 所示的装配件由铝管与钢制拉杆组成，铝管的横截面面积为 400mm^2，钢制拉杆的直径为 10mm。铝管穿过连接在一起的钢制拉杆和刚性垫圈。若有大小为 80kN 的拉伸载荷施加在拉杆上，确定拉杆末端 C 的位移。取 $E_{\text{st}} = 200\text{GPa}$，$E_{\text{al}} = 70\text{GPa}$。

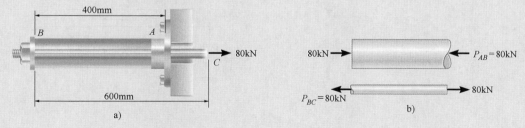

图 9-7

解

轴力。 铝管与钢制拉杆的自由体受力图如图 9-7b 所示，由图可知拉杆承受一个 80kN 的拉伸力，铝管承受一个 80kN 的压缩力。

例题 9.2

位移。首先确定 C 端相对于 B 端的位移，采用牛顿与米的单位，有

$$\delta_{C/B} = \frac{PL}{AE} = \frac{[+80(10^3)\,N](0.6m)}{\pi(0.005m)^2[200(10^9)\,N/m^2]} = +0.003056m \rightarrow$$

正的符号表示 C 端相对于 B 端是向右移动的，因为拉杆是伸长的。

铝管的压缩变形量即为 B 端相对于固定端 A 的位移，其值为

$$\delta_B = \frac{PL}{AE} = \frac{[-80(10^3)\,N](0.4m)}{[400mm^2(10^{-6})\,m^2/mm^2][70(10)^9\,N/m^2]}$$

$$= -0.001143m = 0.001143m \rightarrow$$

此处的负号表明铝管是缩短的，所以 B 端相对于 A 端是向右移动的。

由于两个位移都是向右的，因此 C 端相对于固定端 A 的位移为

$$(\stackrel{+}{\rightarrow}) \qquad \delta_C = \delta_B + \delta_{C/B} = 0.001143m + 0.003056m$$

$$= 0.00420m = 4.20mm \rightarrow$$

例题 9.3

刚性梁 AB 搁置在两根短杆上，如图 9-8a 所示。AC 为钢制、直径为 20mm；BD 为铝制、直径为 40mm。若一个 90kN 的铅垂载荷施加在梁 AB 上点 F 处。确定点 F 的位移。取 $E_{st} = 200GPa$，$E_{al} = 70GPa$。

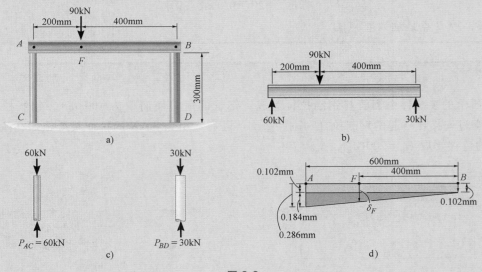

图 9-8

解

轴力。作用在每根杆顶部的压缩载荷可以由刚性梁 AB 的平衡确定，如图 9-8b 所示。这些力与每根杆轴向力相等，如图 9-8c 所示。

位移。每根杆顶部的位移为

例题 9.3

杆**AC**

$$\delta_A = \frac{P_{AC}L_{AC}}{A_{AC}E_{st}} = \frac{[-60(10^3)\text{N}](0.300\text{m})}{\pi(0.010\text{m})^2[200(10^9)\text{N/m}^2]} = -286(10^{-6})\text{m}$$
$$= 0.286\text{mm} \downarrow$$

杆**BD**

$$\delta_B = \frac{P_{BD}L_{BD}}{A_{BD}E_{al}} = \frac{[-30(10^3)\text{N}](0.300\text{m})}{\pi(0.020\text{m})^2[70(10^9)\text{N/m}^2]} = -102(10^{-6})\text{m}$$
$$= 0.102\text{mm} \downarrow$$

梁上中心线上点 A、B 与点 F 的位移如图 9-8d 所示。利用三角形的比例关系，得到点 F 的位移为

$$\delta_F = 0.102\text{mm} + (0.184\text{mm})\left(\frac{400\text{mm}}{600\text{mm}}\right) = 0.225\text{mm} \downarrow$$

例题 9.4

构件是由重度为 γ、弹性模量为 E 的材料做成。若构件为圆锥形的并具有图 9-9a 所示的尺寸，构件上部固定。当构件处于铅垂位置时，确定其下端因重力移动了多远。

解

轴力。 由于重力的作用，轴向力沿构件长度方向是变化的。在 x-y 坐标系中，在坐标为 y 处从构件截取一段如图 9-9b 所示，其上作用有这一段的重量 $W(y)$。因此，必须利用方程（9-1）计算位移。在距离自由端为 y 的截面上，圆锥的半径 x 作为 y 的函数，可以通过三角形的比例关系确定，即

$$\frac{x}{y} = \frac{r_0}{L}, \qquad x = \frac{r_0}{L}y$$

半径为 x，高度为 y 的圆锥的体积为

$$V = \frac{1}{3}\pi y x^2 = \frac{\pi r_0^2}{3L^2}y^3$$

由于 $W = \gamma V$，在此截面上的轴力为

$$+\uparrow \sum F_y = 0, \qquad P(y) = \frac{\gamma\pi r_0^2}{3L^2}y^3$$

位移。 横截面的面积同样是位置 y 的函数，如图 9-9b 所示，有

$$A(y) = \pi x^2 = \frac{\pi r_0^2}{L^2}y^2$$

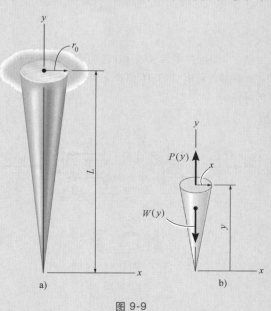

图 9-9

例题 **9.4**

在边界 $y = 0$ 与 $y = L$ 之间应用方程（9-1），有

$$\delta = \int_0^L \frac{P(y)\,\mathrm{d}y}{A(y)E} = \int_0^L \frac{[\,(\gamma\pi r_0^2/3L^2)y^3\,]\,\mathrm{d}y}{[\,(\pi r_0^2/L^2)y^2\,]E}$$

$$= \frac{\gamma}{3E}\int_0^L y\,\mathrm{d}y$$

$$= \frac{\gamma L^2}{6E}$$

注意：上述计算没有计入各个量的单位，作为对这一结果的一种校核，注意到所要求位移应该具有长度单位。

基础题

9

F9-1   直径为 20mm 的 A-36 钢制拉杆承受如图所示的轴向载荷。确定末端 C 相对于固定支承 A 的位移。

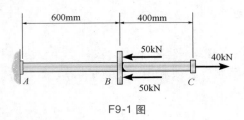

F9-1 图

F9-2   装配件中的 AB、CD 段为实心圆杆，BC 段为圆管。若装配件是由 6061-T6 铝合金制成，确定 D 端相对于 A 端的位移。

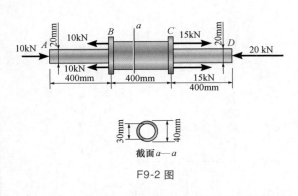

截面 a—a

F9-2 图

F9-3   直径 30mm 的 A-36 钢制拉杆承受如图所示的载

荷。确定 C 端相对于 A 端的位移。

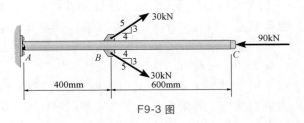

F9-3 图

F9-4   若直径为 20mm 的拉杆由 A-36 钢制成，弹簧的刚度为 $k = 50\mathrm{MN/m}$，当对拉杆施加 60kN 的力时，确定杆 A 端的位移。

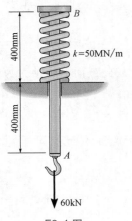

F9-4 图

F9-5 直径为 20mm 的 2014-T6 铝合金杆承受一个均匀分布的轴向载荷，确定杆末端 A 的位移。

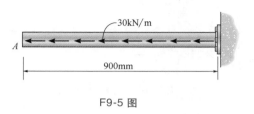

F9-5 图

F9-6 直径为 20mm 的 2014-T6 铝合金杆承受三角形分布的轴向载荷，确定杆末端 A 的位移。

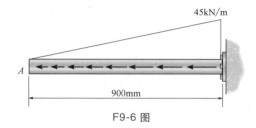

F9-6 图

习题

9-1 由 A992 钢制成的拉杆承受如图所示的载荷。若杆的横截面面积为 $60mm^2$，确定 B 与 A 的位移，忽略在 B、C、D 处接头的尺寸。

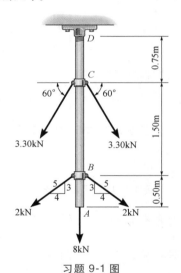

习题 9-1 图

9-2 铜轴承受如图所示的轴向载荷。若每一段的直径分别为 $d_{AB} = 0.75in$，$d_{BC} = 1in$，$d_{CD} = 0.5in$，确定 A 端相对于 D 端的位移。取 $E_{cu} = 18(10^3)$ ksi。

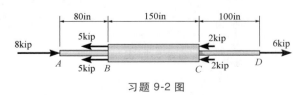

习题 9-2 图

9-3 一个包含铝、铜、钢部分的组合轴承受如图所示的载荷。确定 A 端相对于 D 端的位移，并确定每段中的正应力。每段的横截面面积与弹性模量如图中所示，并忽略 B、C 处颈圈的尺寸。

*9-4 确定习题 9-3 中组合轴上 B 相对于 C 的位移。

铝	铜	钢
$E_{al} = 10(10^3)$ ksi	$E_{cu} = 18(10^3)$ ksi	$E_{st} = 29(10^3)$ ksi
$A_{AB} = 0.09$ in^2	$A_{BC} = 0.12$ in^2	$A_{CD} = 0.06$ in^2

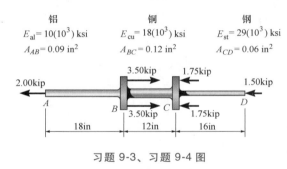

习题 9-3、习题 9-4 图

9-5 装配件包含一个钢拉杆 CB 和铝拉杆 BA，每根拉杆的直径为 12mm。若拉杆在 A 处与连接的 B 处承受轴向载荷，确定连接处 B 与 A 的位移。每一段未被拉伸时的长度如图所示。忽略 B、C 处连接的尺寸，并假设它们是刚性的。$E_{st} = 200GPa$，$E_{al} = 70GPa$。

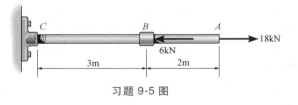

习题 9-5 图

9-6 直杆的横截面面积为 $3in^2$，弹性模量为 $E = 35$ (10^3) ksi。当直杆承受如图所示的轴向分布载荷时，确定 A 端的位移。

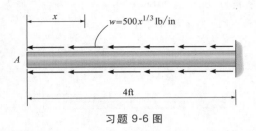

习题 9-6 图

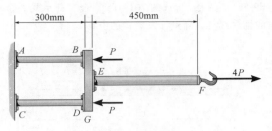

习题 9-9、习题 9-10 图

9-7　图示结构中，若 $P_1 = 50kip$，$P_2 = 150kip$，确定高强预制混凝土柱上 A 端的铅垂位移。

*9-8　若高强预制混凝土柱上 A 端相对于 B 端、B 端相对于 C 端的铅垂位移分别为 0.08in 和 0.1in，确定力 $\boldsymbol{P}_1$ 与 $\boldsymbol{P}_2$ 的大小。

钢缆索悬挂。加载前，刚性构件处于水平位置，每个拉索的横截面面积为 $0.025in^2$。确定当结构承受 500lb 载荷后，每个刚性构件倾斜的角度。

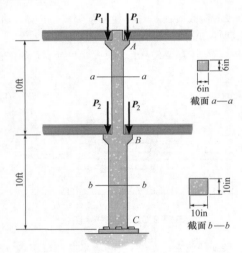

习题 9-7、习题 9-8 图

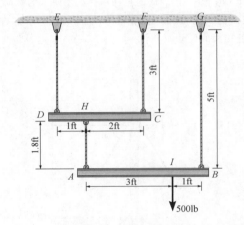

习题 9-11、习题 9-12 图

9-9　装配件由两根 10mm 直径的红黄铜 C83400 铜棒 AB 与 CD、一根直径 15mm 的 304 不锈钢杆 EF 以及刚性直杆 G 所组成。若 $P = 5kN$，确定 EF 杆 F 端的水平位移。

9-10　装配件由两根 10mm 直径的红黄铜 C83400 铜棒 AB 与 CD、一根直径 15mm 的 304 不锈钢杆 EF 以及刚性直杆 G 所组成。若 EF 杆 F 端的水平位移为 0.45mm，确定 P 的大小。

9-11　图示结构中刚性构件 AB、CD 由 4 根 304 不锈钢缆索悬挂。加载前，刚性构件处于水平位置，每个拉索的横截面面积为 $0.025in^2$。确定当结构承受 500lb 载荷后加载处的铅垂位移。

*9-12　图示结构中刚性构件 AB、CD 由 4 根 304 不锈

9-13　刚性直梁通过销钉与 CB 杆连接，CB 杆的横截面面积为 $14mm^2$，由 6061-T6 铝合金制成。刚性直梁承受分布载荷如图所示，确定 D 端的铅垂位移。

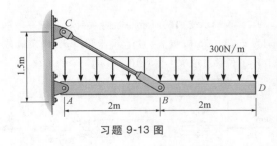

习题 9-13 图

9-14　直径为 60mm 的直杆，材料为花旗松木。直杆顶端承受 20kN 的集中力，埋入土壤部分表面承受均匀分布摩擦力 $w = 4kN/m$。确定底端维持平衡时所需的力 $\boldsymbol{F}$，以及顶

端 A 相对于 B 端的位移。忽略杆的自重。

9-15　直径为 60mm 的直杆,材料为松木。直杆顶端承受 20kN 的集中力,埋入土壤部分表面承受按线性变化的摩擦力:在 $y=0$ 处 $w=0$,在 $y=2m$ 处 $w=3kN/m$。确定底端维持平衡时所需的力 **F**,以及顶端 A 相对于 B 端的位移。忽略杆的自重。

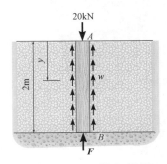

习题 9-14、习题 9-15 图

*9-16　吊架由图示三根 2014-T6 铝合金杆、两个刚性梁 AC 与 BD 以及一个刚度为 $k=100MN/m$ 的弹簧所组成。吊钩承受大小为 $P=60kN$ 的载荷,确定点 F 的垂直位移。杆 AB、CD 的直径均为 10mm,杆 EF 的直径为 15mm,当 $P=0$ 时三根杆均未受拉伸。

9-17　吊架由图示三根 2014-T6 铝合金杆、两个刚性梁 AC 与 BD 以及一个刚度为 $k=100MN/m$ 的弹簧所组成。已知受力后 F 端的铅垂位移为 5mm,确定载荷 **P** 的大小。杆 AB、CD 的直径均为 10mm,杆 EF 的直径为 15mm,当 $P=0$ 时三根杆均未受拉伸。

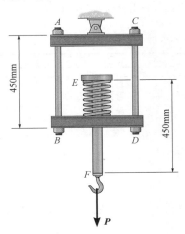

习题 9-16、习题 9-17 图

9-18　滑套 A 可以沿着光滑铅垂导杆自由滑动。若支承杆 AB 由 304 不锈钢制成,直径为 0.75in。确定当 $P=10kip$ 时滑套的铅垂位移。

9-19　滑套 A 可以沿着光滑铅垂导杆自由滑动。若滑套的铅垂位移为 0.035in,支承杆 AB 的直径为 0.75in,材料为 304 不锈钢。确定 **P** 的大小。

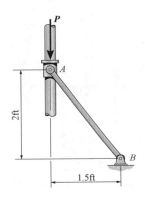

习题 9-18、习题 9-19 图

*9-20　A992 钢制油井钻杆钻入地面 1200ft 深。假设用于钻井的油管自由悬挂在 A 端的起重机上,确定每段管上的正应力,以及 D 端相对于固定端 A 的伸长量。钻杆包含三段不同尺寸的管子 AB、BC 与 CD,每段管的长度、比重以及横截面面积如图中所示。

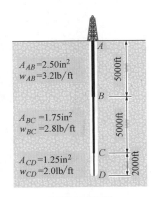

习题 9-20 图

9-21　管道的弹簧支承吊架包含两个刚度为 $k=60kN/m$、且初始未拉伸的弹簧,三个 304 不锈钢制圆杆和一刚性梁 GH。其中 AB、CD 杆的直径均为 5mm,EF 的直径为 12mm。若管道以及管道内装水的总重量为 4kN,确定当悬挂吊架上时管道的铅垂位移。

9-22　管道的弹簧支承吊架包含两个刚度为 $k = 60$kN/m、且初始未拉伸的弹簧，三个304不锈钢制圆杆和一刚性梁 GH。其中 AB、CD 杆的直径均为 5mm，EF 的直径为 12mm。如果管道内装满水时的位移为 82mm，确定管道与管道内的水总重量。

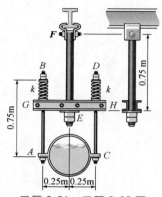

习题 9-21、习题 9-22 图

9-23　长度为 L 的小锥度圆杆，悬挂在天花板上并在其下端施加轴向载荷 P。证明：在载荷作用下，杆末端的位移为 $\delta = PL/(\pi E r_2 r_1)$。忽略杆的自重，材料弹性模量为 E。

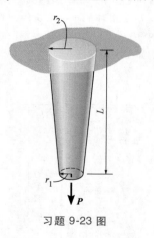

习题 9-23 图

*9-24　确定承受轴向载荷 P 的锥形板端相对于另一端的位移。

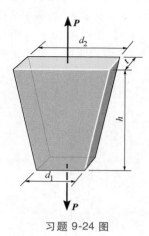

习题 9-24 图

9-25　确定 A-36 钢制构件承受 30kN 轴向载荷时的伸长量。构件的厚度为 10mm，可利用习题 9-24 中的结果。

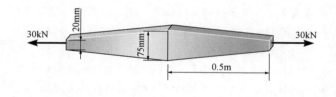

习题 9-25 图

9-26　确定 A992 钢制锥形杆承受 18kip 轴向载荷时的伸长量。提示：可利用习题 9-23 中的结果。

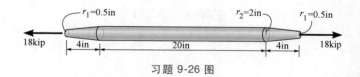

习题 9-26 图

9.3　叠加原理

叠加原理常用以确定承受复杂载荷构件上一点的应力或位移。

叠加原理认为，复杂载荷作用下，构件上某一点的总应力或总位移，等于各个载荷分量单独作用时，在同一点引起应力的代数和或位移代数和。

应用叠加原理，必须满足以下条件。

● 载荷与应力或位移必须存在线性关系。方程 $\sigma = P/A$，$\delta = PL/AE$ 中，σ 和 δ 与 P 之间的关系即属此例。

● 小变形——载荷不会引起构件形状或几何尺寸的显著变化。因为一旦发生了显著性变化，所施加载荷的作用点与方向，以及相应的力矩臂都将发生变化。例如，考虑图 9-10a 所示的细长梁，在自由端承受载荷 P。在图 9-10b 中，P 被其两个分量所代替，$P = P_1 + P_2$。如果 P 使细长梁产生很大的弯曲变形，如图 9-10b 所示，细长梁固定端承受弯矩 Pd，便不等于两个分量在同一处产生的弯矩之和，即 $Pd \neq P_1 d_1 + P_2 d_2$，因为 $d_1 \neq d_2 \neq d$。

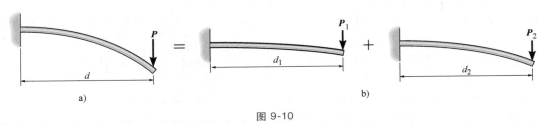

图 9-10

本书中，凡应用胡克定律分析应力和位移，均基于小变形前提，忽略变形加载位置以及载荷作用方向的影响，因而可以应用叠加原理。

9.4 轴向载荷作用下构件的超静定问题

考察 9-11a 所示的两端固定支承的直杆，根据图 9-11b 所示的自由体受力图，写出平衡方程

$$+\uparrow \sum F = 0, \qquad F_B + F_A - P = 0$$

因为一个平衡方程（或多个）不足以确定直杆上的两个支座反力。这一类问题称为超静定问题。求解此类问题需要补充方程。

为了找到用于求解超静定问题的补充方程，需要考虑直杆的变形和位移，以及二者所受到的限制。描述变形或位移所受限制的方程称为变形协调条件或几何学条件，或称协调方程与几何方程。对于图 9-11 中的问题，由于两端固定，直杆一端相对于另一端的位移等于零，协调方程为

$$\delta_{A/B} = 0$$

根据载荷-位移关系，这一方程可表示成载荷的形式，这当然取决于材料的行为。例如，线弹性行为下，有 $\delta = PL/AE$。注意到 AC 段的轴力为 $+F_A$，CB 段的轴力为 $-F_B$，如图 9-11c 所示。于是上述方程可以写成

$$\frac{F_A L_{AC}}{AE} - \frac{F_B L_{CB}}{AE} = 0$$

由于 AE 为常数，故有 $F_A = F_B (L_{CB}/L_{AC})$。将这一结果代入平衡方程，得到支座反力

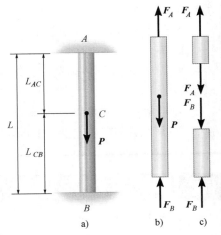

图 9-11

$$F_A = P\left(\frac{L_{CB}}{L}\right), \quad F_B = P\left(\frac{L_{AC}}{L}\right)$$

二者均为正，所以自由体受力图上所设的支座反力的方向是正确的。

要点

- 叠加原理用于确定复杂载荷下的应力与位移，有时可以使问题简化。即将复杂载荷分为几个简单载荷，然后将所得结果的代数值相加。
- 叠加原理要求载荷与应力或位移之间存在线性关系，而且载荷不会明显地改变构件的几何形状和尺寸。
- 仅用平衡方程不足以确定构件上全部支座反力时，这类问题为超静定问题。
- 变形协调条件与构件支承处或其他点处的位移所受约束有关。

分析过程

超静定问题中的支座反力，通过构件的平衡方程、协调方程，以及力-位移关系确定。

平衡方程

- 画出构件的自由体受力图，以及作用在构件上的所有力。
- 当自由体受力图上未知支座反力的数量，大于可用的平衡方程数量时，就可以将其归为超静定问题。
- 写出构件内所有的平衡方程。

协调方程

- 为了研究构件承受轴向载荷时是伸长还是缩短，可以考虑画出构件的位移图。
- 根据载荷所引起位移受到限制的方式，写出协调方程。

载荷-位移关系

- 利用载荷-位移关系，例如 $\delta = PL/AE$，将未知位移与支座反力联系起来。
- 求解平衡方程以及协调方程，得到支座反力。如果结果为负值，表明力实际作用方向与自由体受力图中所设方向相反。

大多数的钢筋混凝土通过钢筋加强；当柱承受载荷作用时，两种材料所承受的轴向力不同，求解这类问题材料的内力也属于超静定问题

例题 | **9.5**

如图 9-12a 所示的钢杆，直径为 10mm。其 A 端固定在墙壁上，在加载前，杆与 B′ 的墙壁之间具有 0.2mm 的间隙。如果杆受到如图所示大小为 $P = 20$kN 的轴向载荷作用，确定在 A、B′ 端的支座反力。忽略 C 处轴颈环尺寸，取 $E_{st} = 200$GPa。

例题 9.5

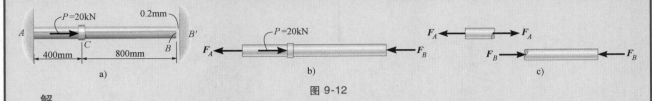

图 9-12

解

平衡方程。杆的自由体受力图如图 9-12b 所示，假设力 P 足够大，以使杆的 B 端在 B' 处与墙壁接触。这一问题即为超静定问题，因为有两个未知量而只有一个平衡方程。

$$+\uparrow \ \sum F = 0, \qquad -F_A - F_B + 20(10^3)\,\text{N} = 0 \tag{1}$$

协调方程。力 P 引起点 B 移向 B'，随后就位移限制为零。因此杆的协调方程为

$$\delta_{B/A} = 0.0002\,\text{m}$$

载荷-位移关系。利用载荷-位移关系，可以将位移表达为未知支座反力的形式。在 AC 段、CB 段应用方程（9-2），如图 9-12c 所示。以牛顿与米为单位进行计算，有

$$\delta_{B/A} = 0.0002\,\text{m} = \frac{F_A L_{AC}}{AE} - \frac{F_B L_{CB}}{AE}$$

$$0.0002\,\text{m} = \frac{F_A(0.4\,\text{m})}{\pi(0.005\,\text{m})^2 [200(10^9)\,\text{N/m}^2]} - \frac{F_B(0.8\,\text{m})}{\pi(0.005\,\text{m}^2)[200(10^9)\,\text{N/m}^2]}$$

代入平衡方程有

$$F_A(0.4\,\text{m}) - F_B(0.8\,\text{m}) = 3141.59\,\text{N}\cdot\text{m} \tag{2}$$

求解方程（1）和方程（2）得到

$$F_A = 16.0\,\text{kN}, \qquad F_B = 4.05\,\text{kN}$$

由于 F_B 为正，B 端会接触到墙上的 B' 处的初始假设就是真实的。

注意：如果 F_B 的值是负的，说明杆荷未与 B 端接触，这一问题就是静定问题，所以有 $F_B = 0$，$F_A = 20\,\text{kN}$。

例题 9.6

铝柱通过黄铜芯棒加强，如图 9-13a 所示。施加在装配件刚性盖上的轴向压缩载荷 $P = 9\,\text{kip}$，确定铝与黄铜芯棒横截面上的正应力。取 $E_{al} = 10(10^3)$ ksi，$E_{br} = 15(10^3)$ ksi。

解

平衡方程。柱子的自由体受力图如图 9-13b 所示。其中，在基座处的 F_{al} 为铝柱所受轴向力；F_{br} 为黄铜芯棒所受轴向力，二者均为未知分量。这一问题为超静定问题。为什么？

铝垂方向的力平衡要求

$$+\uparrow \ \sum F_y = 0, \qquad -9\,\text{kip} + F_{al} + F_{br} = 0 \tag{1}$$

协调方程。顶部的刚性盖使得铝柱与黄铜芯棒具有相同的位移量，因此，有

例题 9.6

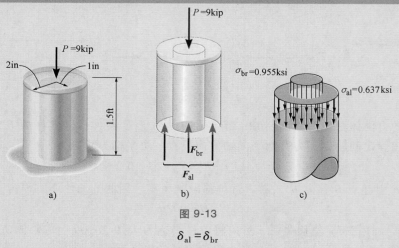

图 9-13

$$\delta_{al} = \delta_{br}$$

载荷-位移关系。 利用载荷-位移关系，并代入平衡方程，得

$$\frac{F_{al}L}{A_{al}E_{al}} = \frac{F_{br}L}{A_{br}E_{br}}$$

$$F_{al} = F_{br}\left(\frac{A_{al}}{A_{br}}\right)\left(\frac{E_{al}}{E_{br}}\right)$$

$$F_{al} = F_{br}\left[\frac{\pi\left[(2\text{in.})^2 - (1\text{in.})^2\right]}{\pi(1\text{in.})^2}\right]\left[\frac{10(10^3)\text{ksi}}{15(10^3)\text{ksi}}\right]$$

$$F_{al} = 2F_{br} \tag{2}$$

联立求解方程（1）、方程（2）得到

$$F_{al} = 6\text{kip}, \quad F_{br} = 3\text{kip}$$

由于结果为正，表明图 9-13b 所设轴向力的方向是正确的，即实际应力将是压应力。

因此，在铝柱与黄铜芯棒横截面上的正应力为

$$\sigma_{al} = \frac{6\text{kip}}{\pi\left[(2\text{in})^2 - (1\text{in})^2\right]} = 0.637\text{ksi}$$

$$\sigma_{br} = \frac{3\text{kip}}{\pi(1\text{in})^2} = 0.955\text{ksi}$$

注意： 根据这一结果，可以画出横截面上的应力分布，如图 9-13c 所示。

例题 9.7

如图 9-14a 所示三根 A-36 钢杆，通过销钉连接在刚性构件 *ACE* 上。若施加在构件上的载荷为 15kN，确定每根钢杆上的力。钢杆 *AB*、*EF* 的横截面面积为 50mm²，钢杆 *CD* 的横截面面积为 30mm²。⊖

⊖ 此例为不完全约束，不能构成结构。三杆变形不一致时将发生垮塌。——译者注

例题 | 9.7

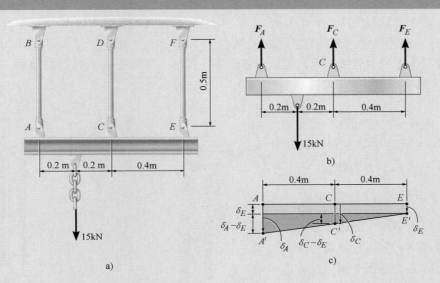

图 9-14

解

平衡方程。图 9-14b 所示为刚性构件的自由体受力图。这一问题为超静定问题，因为有三个未知量却只有两个平衡方程。

$$+\uparrow \sum F_y = 0, \qquad F_A + F_C + F_E - 15\text{kN} = 0 \tag{1}$$

$$\circlearrowleft + \sum M_C = 0, \qquad -F_A(0.4\text{m}) + 15\text{kN}(0.2\text{m}) + F_E(0.4\text{m}) = 0 \tag{2}$$

协调方程。施加的载荷引起图 9-14c 中的水平线 ACE 倾斜至 $A'C'E'$。点 A、C 与 E 的位移可以通过三角形联系起来，从而得到相关位移的协调方程为

$$\frac{\delta_A - \delta_E}{0.8\text{m}} = \frac{\delta_C - \delta_E}{0.4\text{m}}$$

$$\delta_C = \frac{1}{2}\delta_A + \frac{1}{2}\delta_E$$

载荷-位移关系。利用载荷-位移关系式（9-2），有

$$\frac{F_C L}{(30\text{mm}^2) E_{\text{st}}} = \frac{1}{2}\left[\frac{F_A L}{(50\text{mm}^2) E_{\text{st}}}\right] + \frac{1}{2}\left[\frac{F_E L}{(50\text{mm}^2) E_{\text{st}}}\right] F_C = 0.3 F_A + 0.3 F_E \tag{3}$$

联立求解方程（1）～方程（3），得

$$F_A = 9.52\text{kN}$$

$$F_C = 3.46\text{kN}$$

$$F_E = 2.02\text{kN}$$

例题 | **9.8**

如图 9-15a 所示螺栓由 2014-T6 铝合金制成，用以预紧由 Am 1004-T61 镁合金制成的柱形管。管的外径为 1/2in，并且假设管的内径与螺栓的直径均为 1/4in。假设管的上、下端的垫片为刚性，且厚度可以忽略。初始情况下螺栓与管接触无间隙，但不受力。然后，用扳手将螺母拧紧半圈。如果螺栓每英寸具有 20 道螺纹，确定螺栓内的应力。

解

平衡方程。 螺栓与柱管的自由体受力图如图 9-15b 所示，根据平衡要求螺栓的轴向力 F_b 与管内的轴向力 F_t 大小、方向相反。

$$+\uparrow \ \Sigma F_y = 0, \qquad F_b - F_t = 0 \qquad (1)$$

协调方程。 当拧紧螺栓上的螺母时，柱管将会缩短 δ_t，螺栓则伸长 δ_b，如图 9-15c 所示。由于螺母经历了二分之一圈，即前进半道螺纹，即螺帽沿着螺栓前进了（1/2）（1/20in）= 0.025in 的距离。根据图 9-15c 所示的几何关系，可以建立位移与螺帽前进距离之间的关系，即协调方程

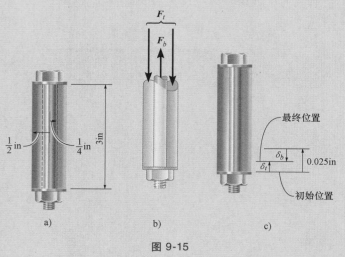

图 9-15

$$(+\uparrow) \qquad \delta_t = 0.025\text{in} - \delta_b$$

载荷-位移关系。 取封底内页表中所列的弹性模量，并应用方程（9-2），有

$$\frac{F_t(3\text{in})}{\pi\left[(0.5\text{in})^2 - (0.25\text{in})^2\right]\left[6.48(10^3)\text{ksi}\right]} = 0.025\text{in} - \frac{F_b(3\text{in})}{\pi(0.25\text{in})^2\left[10.6(10^3)\text{ksi}\right]}$$

$$0.78595F_t = 25 - 1.4414F_b \qquad (2)$$

将方程（1）、方程（2）联立求解，得到

$$F_b = F_t = 11.22\text{kip}$$

因此，螺栓与柱管内的应力分别为

$$\sigma_b = \frac{F_b}{A_b} = \frac{11.22\text{kip}}{\pi(0.25\text{in})^2} = 57.2\text{ksi}$$

$$\sigma_t = \frac{F_t}{A_t} = \frac{11.22\text{kip}}{\pi\left[(0.5\text{in})^2 - (0.25\text{in})^2\right]} = 19.1\text{ksi}$$

因为所求应力小于各自材料的屈服应力，$(\sigma_Y)_{\text{al}} = 60\text{ksi}$，$(\sigma_Y)_{\text{mg}} = 22\text{ksi}$（见封底内页），因此本题中的"弹性"分析是有效的。

9.5 轴向承载构件的力法分析

利用叠加原理建立协调方程求解超静定问题也是可能的。这种分析方法通常称为**柔度法**或**力法**。

重新考察图 9-16a 所示直杆说明力法的应用。

将 B 处的支承选择为"多余的"并暂时将其从直杆上除去，则直杆变为图 9-16b 所示的静定问题。利用叠加原理，就必须在多余支承 B 处施加未知的多余力 $\boldsymbol{F}_B$，如图 9-16c 所示。

设载荷 P 引起 B 端向下的位移量为 δ_P；支座反力 $\boldsymbol{F}_B$ 就必须使直杆的 B 端产生向上的位移量 δ_B；当两部分载荷叠加时在 B 端应该不产生位移。因此

$$(+\downarrow) \qquad 0 = \delta_P - \delta_B$$

这一方程即为 B 点处位移的协调方程，此处假设位移向下为正。

应用载荷-位移关系，有

$$\delta_P = PL_{AC}/AE, \quad \delta_B = F_B L/AE$$

代入协调方程，最后解得

$$0 = \frac{PL_{AC}}{AE} - \frac{F_B L}{AE}$$

$$F_B = P\left(\frac{L_{AC}}{L}\right)$$

根据图 9-11b 所示的自由体受力图，由平衡方程可以确定 A 处的支座反力，

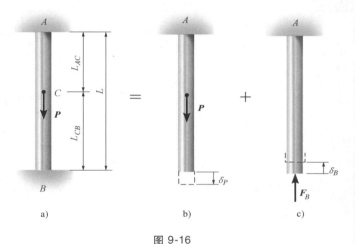

图 9-16

a）B 端没有位移　b）当 B 端多余力移除后的位移

c）当只有多余力施加时 B 端的位移

$$+\uparrow \ \sum F_y = 0, \qquad P\left(\frac{L_{AC}}{L}\right) + F_A - P = 0$$

由于 $L_{CB} = L - L_{AC}$，那么

$$F_A = P\left(\frac{L_{CB}}{L}\right)$$

除了此处应用协调方程得到一个支座反力，然后利用平衡条件得到另一个之外，这些结果与 9.4 节的结果相同。

分析过程

力法分析需要以下几步。

协调方程

- 选择一个支承作为多余的并写出其协调方程。要这样做，在多余支承处已知的位移常常为零，这个位移等于只有外部载荷作用在构件上时支承上的位移，加上（矢量的）只有多余支座反力作用于构件时支承上的位移。

- 利用载荷-位移关系，将外部载荷和多余支座处的位移表达为载荷的形式，如 $\delta = PL/AE$。
- 一旦确定，协调方程就可以求解得到多余力的大小。

平衡方程

- 利用求解得到的多余力的结果，为构件画出自由体受力图并写出适当的平衡方程。然后为任意其他的约束反力求解。

例题 **9.9**

直径为 10mm 的 A-36 钢杆，其 A 端固定在墙壁上，在加载前，杆与 B′ 的墙壁之间有 -0.2mm 的间隙，如图 9-17a 所示。确定在 A、B′ 端的支座反力。忽略 C 处环的尺寸，取 $E_{st} = 200GPa$。

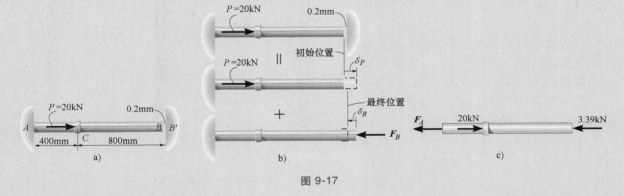

图 9-17

解

协调方程。假设 B′ 端的支承是多余的。利用图 9-17b 所示的叠加原理，有

$$(\overset{+}{\rightarrow}) \qquad 0.0002\text{m} = \delta_P - \delta_B \qquad (1)$$

变形量 δ_P 与 δ_B 就可以由方程（9-2）确定：

$$\delta_P = \frac{PL_{AC}}{AE} = \frac{[20(10^3)\text{N}](0.4\text{m})}{\pi(0.005\text{m})^2[200(10^9)\text{N/m}^2]} = 0.5093(10^{-3})\text{m}$$

$$\delta_B = \frac{F_B L_{AB}}{AE} = \frac{F_B(1.20\text{m})}{\pi(0.005\text{m})^2[200(10^9)\text{N/m}^2]} = 76.3944(10^{-9})F_B$$

将其代入方程（1），有

$$0.0002\text{m} = 0.5093(10^{-3})\text{m} - 76.3944(10^{-9})F_B$$

$$F_B = 4.05(10^3)\text{N} = 4.05\text{kN}$$

平衡方程。由图 9-17c 所示的自由体受力图，

$$\overset{+}{\rightarrow}\sum F_y = 0, \quad -F_A + 20\text{kN} - 4.05\text{kN} = 0, \quad F_A = 16.0\text{kN}$$

习题

9-27　混凝土柱由四根直径为 18mm 的钢筋加强。如果柱子承受 800kN 的轴向载荷，确定混凝土与钢筋内的应力。$E_{st} = 200GPa$，$E_c = 25GPa$。

*9-28　柱子由高强混凝土与四根 A-36 加强钢杆组成。如果柱子承受 800kN 的轴向载荷，确定每根钢杆的直径，以使四分之一的载荷由钢杆承担，四分之三的载荷由混凝土承担。$E_{st} = 200GPa$，$E_c = 25GPa$。

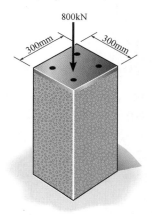

习题 9-27、习题 9-28 图

9-29　充填满混凝土的钢管，承受 80kN 的轴向压缩载荷。确定混凝土与钢管上的正应力。钢管的外径为 80mm，内径为 70mm。$E_{st} = 200GPa$，$E_c = 24GPa$。

习题 9-29 图

9-30　支承楼板的立柱 AB 由高强预制混凝土和四根直径为 3/4in 的 A-36 加强钢杆制成，确定在混凝土与每根钢

杆上产生的正应力。取 $P = 75kip$。

9-31　支承楼板的立柱 AB 由高强预制混凝土和四根直径为 3/4in 的 A-36 加强钢杆制成，确定楼板施加在立柱上最大的许用载荷 P。高强混凝土与钢的许用应力分别为 $(\sigma_{allow})_{con} = 2.5ksi$ 和 $(\sigma_{allow})_{st} = 24ksi$。

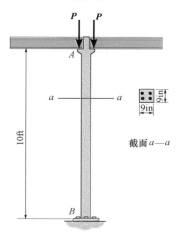

截面 a—a

习题 9-30、习题 9-31 图

*9-32　确定在刚性支承 A、C 处的支座反力。材料的弹性模量为 E。

9-33　如果支承 A、C 处为具有刚度 k 的弹性支承，确定支承 A、C 处的支座反力。材料的弹性模量为 E。

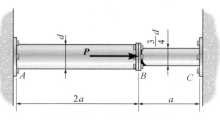

习题 9-32、习题 9-33 图

9-34　2800lb 的载荷由两根基本处于铅垂方向的 A-36 钢索悬挂。如果钢索 AB 的初始长度为 60in，钢索 AC 的初始长度为 40in，确定悬挂载荷后在每根钢索上产生的力。每根钢索的横截面面积为 0.02in²。

9-35　2800lb 的载荷受两根基本处于铅垂方向的 A-36 钢索悬挂。如果钢索 AB 的初始长度为 60in，钢索 AC 的初始长度为 40in，为了使载荷平均分配在两根钢索上，确定钢索 AB 的横截面面积。钢索 AC 的横截面面积为 $0.02in^2$。

座反力。

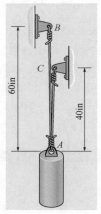

习题 9-34、习题 9-35 图

*9-36　三根 A-36 钢拉杆使刚性构件处于如图所示的位置。每个拉杆未拉伸时的长度为 0.75m，横截面面积为 $125mm^2$。确定当拉杆 EF 上的套筒螺母旋转一整圈时，每根拉杆上的力。螺距为 1.5mm，忽略套筒螺母的尺寸并假设其为刚性的。注意：当没有载荷作用时，套筒螺母旋转一圈，丝杠会使拉杆缩短 1.5mm。

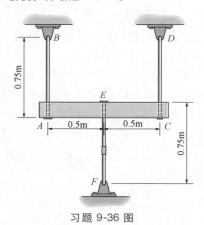

习题 9-36 图

9-37　2014-T6 铝杆 AC 通过紧密结合的 A992 钢管 BC 加强。若装配合适地安装在刚性构件之间，以使得 C 端无间隙。当施加 400kN 的轴向载荷时，确定其支座反力。D 端为固定端。

9-38　2014-T6 铝杆 AC 通过紧密结合的 A992 钢管 BC 加强。若装配件上没有载荷作用时，末端 C 距离刚性支承的间隙为 0.5mm。当施加 400kN 的轴向载荷时，确定其支

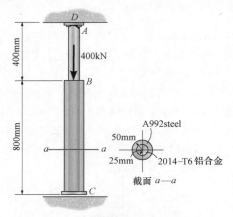

习题 9-37、习题 9-38 图

9-39　如图所示的装配件，包含两个直径为 30mm 的 C83400 红黄铜合金杆 AB 与 CD、一个直径为 40mm 的 304 不锈钢杆 EF，以及一个刚性平板 G。若 A、C、E 处的支承都是刚性的，确定在杆 AB、CD 与 EF 上产生的正应力。

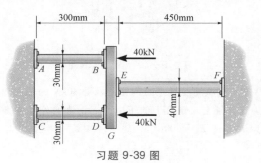

习题 9-39 图

*9-40　图中所示的装配件，包含两个直径为 30mm 的 C83400 红黄铜合金杆 AB 与 CD、一个直径为 40mm 的 304 不锈钢杆 EF，以及一个刚性板 G。若 A、C、E 处均为刚度 $k = 200MN/m$ 的弹性支承。确定图示载荷下，杆上产生的正应力。

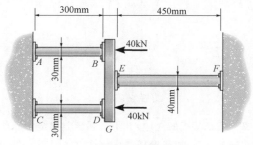

习题 9-40 图

9-41 直径为 20mm 的螺栓，穿过一个内径为 50mm、外径为 60mm 的钢管。若螺栓与钢管均由 A-36 钢制成，当对螺栓施加 40kN 的载荷时，确定钢管与螺栓内的正应力。假设端盖是刚性的。

习题 9-41 图

9-42 装配件左端固定；C 端与刚性墙壁 D 端的初始间隙为 0.15mm，确定当载荷 $P = 200$kN 时 A、D 端的支座反力。装配件由 A36 钢制成的。

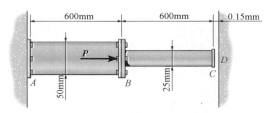

习题 9-42 图

9-43 下端支承的组合件由 C83400 红黄铜实心柱以及套在柱上的 304 不锈钢钢管组成，如图所示。在载荷施加之前，两个部件之间的间隙为 1mm。尺寸如图所示，确定可以施加在刚性盖 A 上的最大轴向载荷，以使每一种材料都不会发生屈服。

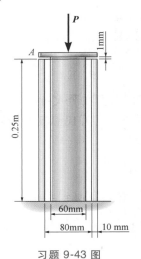

习题 9-43 图

*9-44 图中所示试件代表纤维增强的基体系统，由塑料（基体）和玻璃（纤维）制成。若有 n 根纤维，每根纤维的横截面面积为 A_f，模量为 E_f，填充在横截面面积为 A_m、模量为 E_m 的基体中，当对试件施加 P 的载荷时，确定基体与每根纤维上的应力。

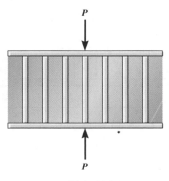

习题 9-44 图

9-45 锥形构件 A、B 两端固定，并在 $x = 30$in 处承受 $P = 7$kip 的轴向载荷。确定支承处的反力。材料为 2in 厚，由 2014-T6 铝合金制成。

9-46 锥形构件 A、B 两端固定并承受轴向载荷 P。确定载荷的位置 x 及载荷的最大值，以使杆内的正应力不超过 $\sigma_{allow} = 4$ksi。构件厚为 2in。

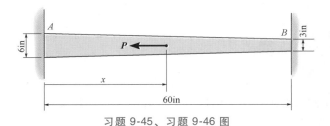

习题 9-45、习题 9-46 图

9-47 刚性直杆承受集度为 6kip/ft 的均匀分布载荷。若每根拉索的横截面面积均为 0.05in^2，弹性模量为 $E = 31(10^3)$ksi，确定每根拉索上的力。

*9-48 刚性直杆初始位置水平，由两根横截面面积为 0.05in^2、弹性模量为 $E = 31(10^3)$ ksi 的拉索悬挂。确定施加均匀分布载荷后，直杆轻微转动的角度。

9-49 压紧机构由两个刚性顶盖，以及与之相连的两根直径为 $1/2$in 的 A-36 钢杆组成。6061-T6 固体铝合金柱放置在压紧机构中，并将螺栓调整到正好压在圆柱上。如果螺栓旋紧二分之一圈，确定在杆与圆柱内的正应力。螺栓单

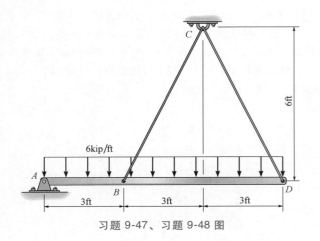

习题 9-47、习题 9-48 图

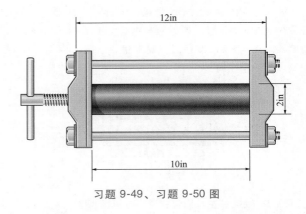

习题 9-49、习题 9-50 图

面面积 $450mm^2$。若刚性梁承受如图所示的载荷，确定每个悬挂杆内的正应力。

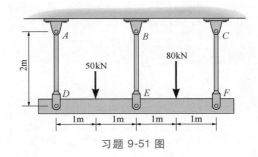

习题 9-51 图

线程螺距为 0.01in。注意：螺距代表螺母沿其轴向旋转一整圈所前进的距离。

9-50 压紧机构由两个刚性顶盖，以及与之相连的两根直径为 1/2in 的 A-36 钢杆组成。6061-T6 固体铝合金柱放置在压紧机构中，并将螺栓调整到正好压在圆柱上。确定使杆或柱不发生屈服，螺母可以拧紧的最大圈数。螺栓单线程螺距为 0.01in。注意：螺距代表螺母沿其轴向旋转一整圈所前进的距离。

9-51 三个悬挂杆由 A-36 钢制成，并具有相等的横截

9.6 热应力

温度的变化将引起物体尺寸变化。一般而言，温度升高，物体将膨胀；温度降低，物体就缩小$^\ominus$。这种膨胀或缩小与温度升高或降低是线性相关的。对于是均质、各向同性材料，试验结果表明，对于长度为 L 的构件，温度改变引起的位移由下式确定：

$$\delta_T = \alpha \Delta T L \tag{9-4}$$

式中 α 为材料的物理性能，称为线热膨胀系数，单位为应变每温度；它们在英尺-磅-秒单位制（英制单位）中为 1/℉（华氏温度），在国际单位制中为 1/℃（摄氏温度）或 1/K（开氏温度）；典型值列在了封底内页中；

ΔT 为构件中温度变化值；

L 为构件的原长；

δ_T 为构件的长度改变量。

对于静定构件，温度变化时其膨胀或缩小是自由的，故其膨胀（或缩小）量很容易由公式（9-4）算

$\ominus$ 有些材料的行为是相反的，包括不变钢（殷钢），是一种铁镍合金，以及无水氟化钪。但本书不涉及这些材料。

得。但是，对于超静定构件，由于因温度变化产生的位移受到限制，因而产生热应力，这是工程设计中必须考虑的问题。通过前面章节中介绍的求解超静定问题的方法，可以确定这些热应力。下面举例说明之。

大多数桥梁设计中均预设膨胀间隙，以避免桥板因热膨胀受到限制而产生热应力

用于运输流体的长距离管道或管线，气温变化时将会产生膨胀或缩短。图中所示膨胀接头，将吸纳直段管道的长度改变量，从而缓和减小直段管道内的热应力

例题　9.10

图 9-18a 所示两端固定的 A-36 钢杆，在温度 $T_1 = 60\,°\text{F}$ 时，恰好约束在两个固定支承之间。确定当温度升高至 $T_2 = 120\,°\text{F}$，杆内的正应力。

解

平衡方程。直杆的自由体受力图如图 9-18b 所示。由于没有外部载荷作用，根据平衡要求，A 处的力与 B 处的力大小相等、方向相反，即

$$+\uparrow \; \Sigma F_y = 0, \qquad F_A = F_B = F$$

仅仅根据这一方程无法确定未知力，故为超静定问题。

协调方程。由于两端固定，两端的相对位移 $\delta_{A/B} = 0$，由温度变化引起的热位移 δ_T 将与约束力 F 产生位移相互抵消，即力 F 需要在杆上产生位移 δ_F，以使杆回复初始长度，如图 9-18c 所示。于是可以写出协调方程

$$(+\uparrow) \qquad \delta_{A/B} = 0 = \delta_T - \delta_F$$

载荷-位移关系。根据热位移表达式，以及载荷-位移关系，由上述方程可以写出

$$0 = \alpha \Delta T L - \frac{FL}{AE}$$

由封底内页中的数据可知，

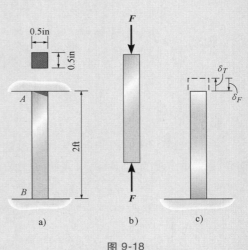

图 9-18

例题 | 9.10

$$F = \alpha \Delta TAE$$
$$= [6.60(10^{-6})/°F](120°F - 60°F)(0.5 \text{in})^2[29(10^3)\text{kip/in}^2]$$
$$2.871 \text{kip}$$

由力 F 为直杆横截面上的轴向力，因此得直杆的压缩正应力为

$$\sigma = \frac{F}{A} = \frac{2.871 \text{kip}}{(0.5 \text{in})^2} = 11.5 \text{ksi}$$

注意：上述结果表明，温度变化将会在超静定结构中引起非常大的支座反力（热应力）。

例题 | 9.11

图 9-19a 所示的刚性梁，固定在下端固定的三立柱的顶部，立柱分别由 A-36 钢与 2014-T6 铝合金制成。未加载荷且温度为 $T_1 = 20℃$ 时，各立柱长度均为 250mm。确定当刚性梁承受集度为 150kN/m 的均布载荷且温度升高至 $T_2 = 80℃$ 时，各立柱的支承力。

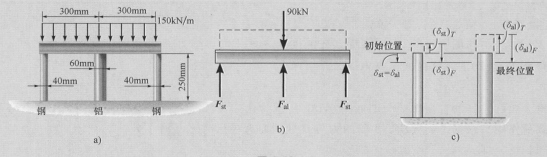

图 9-19

解

平衡方程。图 9-19b 所示为刚性梁的自由体受力图。对梁长度中点的力矩平衡方程要求左、右两侧钢立柱上的支承力大小相等。根据自由体受力的平衡方程，有

$$+\uparrow \sum F_y = 0, \qquad 2F_{st} + F_{al} - 90(10^3)\text{N} = 0 \qquad (1)$$

协调方程。根据载荷、几何形状及材料对称性要求，各立柱顶端的位移量相等。因此，

$$(+\downarrow) \qquad \delta_{st} = \delta_{al} \qquad (2)$$

各立柱顶端的最终位置，等于因温度引起的位移，减去轴向压缩力引起的位移，如图 9-19c 所示⊖
因此，对钢立柱与铝立柱，有

$$(+\downarrow) \qquad \delta_{st} = -(\delta_{st})_T + (\delta_{st})_F$$

$$(+\downarrow) \qquad \delta_{al} = -(\delta_{al})_T + (\delta_{al})_F$$

⊖ 只是一种可能的位置。——译者注。

例题 9.11

应用方程（2），得

$$-(\delta_{st})_T + (\delta_{st})_F = -(\delta_{al})_T + (\delta_{al})_F$$

载荷-位移关系。应用式（9-2）与式（9-4），以及底页内封中所列材料性质，有

$$-[12(10^{-6})/\text{℃}](80\text{℃}-20\text{℃})(0.250\text{m}) + \frac{F_{st}(0.250\text{m})}{\pi(0.020\text{m})^2[200(10^9)\text{N}/\text{m}^2]}$$

$$=-[23(10^{-6})/\text{℃}](80\text{℃}-20\text{℃})(0.250\text{m}) + \frac{F_{al}(0.250\text{m})}{\pi(0.030\text{m})^2[73.1(10^9)\text{N}/\text{m}^2]}$$

$$F_{st} = 1.216F_{al} - 165.9(10^3) \tag{3}$$

为保持运算过程中单位的一致性，所有的数值采用了牛顿、米与摄氏度的单位。联立求解方程（1）和方程（3），得到

$$F_{st} = -16.4\text{kN}, \quad F_{al} = 123\text{kN}$$

F_{st} 的负值表示这一力的作用方向与图 9-19b 中所示方向相反，即钢立柱是被拉伸的，铝立柱是被压缩的。

例题 9.12

横截面面积为 600mm² 的 2014-T6 铝管作为套筒，套在横截面面积为 400mm² 的 A-36 钢制螺栓上，如图 9-20a 所示。当温度为 $T_1 = 15\text{℃}$ 时，螺母处于合适的位置，螺栓横截面上没有轴向力。确定当温度增加到 $T_2 = 80\text{℃}$ 时，螺栓与套筒横截面上的正应力。

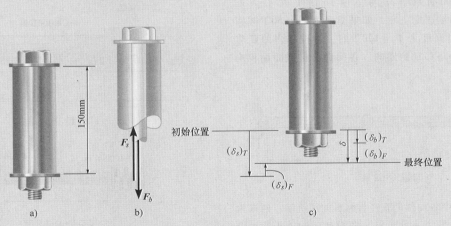

图 9-20

解

平衡方程。装配件上面部分的自由体受力图如图 9-20b 所示。由于套筒的热膨胀系数要大于螺栓的热膨胀系数，套管的热膨胀受到螺栓的限制，因而产生相互作用力 F_b 与 F_s。根据平衡要求

例题 9.12

$$+\uparrow \ \Sigma F_y = 0, \qquad F_s = F_b \tag{1}$$

协调方程。温度升高引起套筒与螺栓分别伸长了 $(\delta_s)_T$ 与 $(\delta_b)_T$，如图 9-20c 所示。但是，力 F_b 使螺栓伸长，F_s 使套筒缩短。装配件最终位置，将不同于初始位置。因此，协调方程为

$$(+\downarrow) \qquad \delta = (\delta_b)_T + (\delta_b)_F = (\delta_s)_T - (\delta_s)_F$$

载荷-位移关系。应用式（9-2）与式（9-4），以及封底内页表中所列力学性能，有

$$[12(10^{-6})/\text{℃}](80\text{℃}-15\text{℃})(0.150\text{m})$$
$$+\frac{F_b(0.150\text{m})}{(400\text{mm}^2)(10^{-5}\text{m}^2/\text{mm}^2)[200(10^9)\text{N/m}^2]}$$
$$=[23(10^{-6})/\text{℃}](80\text{℃}-15\text{℃})(0.150\text{m})-$$
$$\frac{F_s(0.150\text{m})}{(600\text{mm}^2)(10^{-6}\text{m}^2/\text{mm}^2)[73.1(10^9)\text{N/m}^2]}$$

将上述结果与方程（1）联立求解，得到

$$F_s = F_b = 20.3\text{kN}$$

注意：由于在本分析中假设了材料的线弹性行为，没有失效问题，否则应该校核附件内的正应力，以确保不会超出材料的比例极限。

习题

*9-52　C83400 黄铜杆 AB 与 2014-T6 铝杆 BC 在 B 处用连接环相连，两端固定支承。如果温度为 $T_1 = 50\text{℉}$ 时构件不受力。确定当温度为 $T_2 = 120\text{℉}$ 时，各构件内的正应力，同时确定连接环移动的距离。各构件的横截面面积均为 1.75in^2。

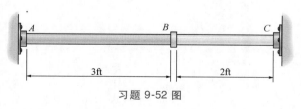

习题 9-52 图

9-53　装配件中各构件的直径与材料如图所示，两端为固定支承。当温度为 $T_1 = 70\text{℉}$ 时，装配件中无应力，确定当温度为 $T_2 = 110\text{℉}$ 时，各杆横截面上的正应力。

9-54　钢杆由 A-36 钢制成并具有 0.25in 的直径。当杆的温度为 $T = 40\text{℉}$，弹簧被压缩了 0.5in 时，杆的长度为 4ft。确定当温度为 $T = 160\text{℉}$ 时杆的受力。

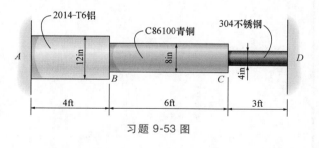

习题 9-53 图

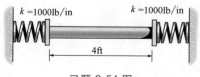

习题 9-54 图

9-55　当温度为 T_1 时，装配件正好安装在两刚性支承 A 与 C 之间，且无应力发生。确定当温度上升到 T_2 时，在两段杆横截面上产生的正应力。两段杆由相同材料制成，其弹性模量为 E，热膨胀系数为 α。

*9-56　当温度为 T_1 时，装配件正好安装在两弹性支承 A 与 C 之间，且无应力发生；弹性支承的刚度为 k。确定当温度上升到 T_2 时，在两段杆横截面上产生的正应力。两段杆由相同材料制成，其弹性模量为 E，热膨胀系数为 α。

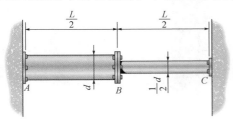

习题 9-55、习题 9-56 图

9-57　钢管由 A-36 钢制成并固定在两端连接环 A、B 之间。当温度为 60℉ 时，在钢管上无轴向载荷作用。若热气经过钢管并引起钢管以 $\Delta T = (40 + 15x)$ ℉ 的温度上升，其中 x 的单位为 ft。确定钢管横截面上的正应力。钢管的内径为 2in，壁厚为 0.15in。

9-58　C86100 青铜管的内径为 0.5in，壁厚为 0.2in。若热气经过铜管，引起铜管的温度在 A 端为 $T_A = 200$℉ 至 B 端为 $T_B = 60$℉ 的线性变化，确定在墙壁上产生的轴向载荷。当温度为 $T = 60$℉ 时，铜管正好固定在两端墙壁上无应力作用。

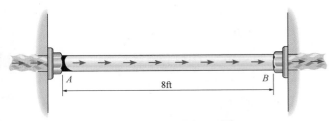

习题 9-57、习题 9-58 图

9-59　铺设火车轨道时，两根 40ft 长的 A-36 钢轨之间预留出一定的间隙以允许钢轨发生热膨胀。为使温度由 $T_1 = -20$℉ 升高至 $T_2 = 90$℉ 时，相邻钢轨恰好刚刚相互接触。确定间隙 δ 的大小。当温度升高到 $T_3 = 110$℉ 时，如果间隙不变，确定钢轨所受的轴向力。每根钢轨的横截面面积为 5.10in²。

*9-60　用于测量温度变化的装置如图所示。杆 AB 与

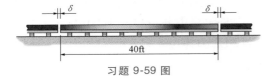

习题 9-59 图

CD 分别由 A-36 钢与 2014-T6 铝合金制成。当温度为 75℉ 时，ACE 处于水平位置。当温度上升至 150℉ 时，确定 E 处指针的铅垂位移。

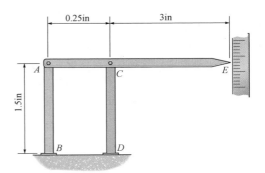

习题 9-60 图

9-61　直杆的横截面面积为 A，长度为 L，弹性模量为 E 以及线热膨胀系数为 α。直杆上的温度由 A 端的 T_A 至 B 端的 T_B 是线性变化，直杆上的任意点 x 处的温度表达式为 $T = T_A + x(T_B - T_A)/L$。确定直杆对刚性墙壁产生的作用力。初始状态下，直杆没有轴向力作用并且温度为 T_A。

习题 9-61 图

9-62　当温度为 30℃ 时，A-36 钢管恰好固定在两个油罐之间而不产生轴向力。当燃料流过钢管，在 A、B 端的温度分别上升为 130℃ 与 80℃。若沿钢管方向上温度的下降是线性的，确定在钢管上产生的正应力。假定每个油罐在 A、B 端提供的是刚性支承。

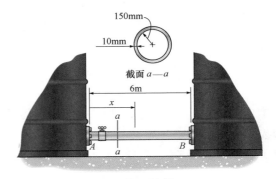

习题 9-62 图

9-63　当温度为 30℃ 时，A-36 钢管恰好固定在两个油罐之间而不产生轴向力。当燃料流过钢管，在 A、B 端的温度分别上升为 130℃ 与 80℃。若沿钢管方向上温度的下降是线性的，确定在钢管上产生的正应力。假定每个油罐壁可以视为弹性支承，刚度为 $k = 900\text{MN/m}$。

*9-64　当温度为 30℃ 时，A-36 钢管恰好固定在两个油罐之间而不产生轴向力。当燃料流过钢管，引起钢管温度沿其长度方向按方程：$T = ((5/3)x^2 - 20x + 120)$℃ 变化，$x$ 的单位为米。确定在钢管上产生的正应力。假定每个油罐在 A、B 端提供的是刚性支承。

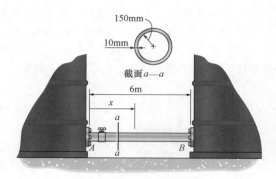

习题 9-63、习题 9-64 图

9.7　应力集中

本章 9.1 节中曾经指出，当轴向力作用于构件上时，将会在载荷作用点处的局部区域内形成复杂的应力分布。

复杂的应力分布不仅仅发生在集中载荷作用点处，在构件横截面面积突变处也会有类似的应力分布。

例如，考察图 9-21a 所示的开孔的直杆，直杆承受轴向载荷 P 的作用。加载前，在直杆表面画上规则的小方格；加载后，圆孔附近小方格变成了不规则形状。精确的弹性理论分析结果表明，直杆中的最大应力将发生在通过孔中心的横截面 a—a 处，直杆中横截面面积最小的截面。

假设材料的行为是线弹性的，弹性理论分析所得到的开孔处横截面上的应力分布，如图 9-21b 所示。类似的结果也可以由实验测量得到 a—a 截面处的正应变，然后应用胡克定律 $\sigma = E\varepsilon$ 计算得到。

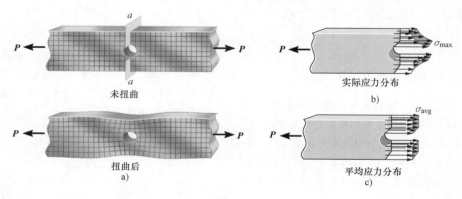

图 9-21

类似地，对于阶梯状杆或轴，在两段杆的横截面之间的倒角处，如图 9-22a 所示。同样会产生非均匀的应力分布，直杆中的最大正应力也发生在最小横截面面积 a—a 处，应力分布如图 9-22b 所示。

上述应力局部增大的现象，称为**应力集中**。应力集中的程度用**应力集中系数**[⊖]来量度。

⊖　国内教科书中一般将应力集中系数称为应力集中因数。——编辑注

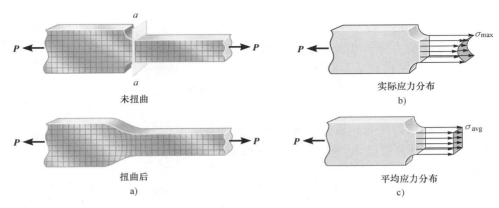

未扭曲

实际应力分布

b)

扭曲后

平均应力分布

a)

c)

图 9-22

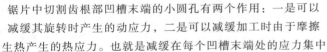

锯片中切割齿根部凹槽末端的小圆孔有两个作用：一是可以减缓其旋转时产生的动应力，二是可以减缓加工时由于摩擦生热产生的热应力。也就是减缓在每个凹槽末端处的应力集中

应力集中常发生在重型机械两部分铅垂相交的直角处。工程师常常在这些地方焊接加固物以减缓这一影响

上述两种情形下，力平衡要求分布应力所产生的合力大小等于 P。即

$$P = \int_A \sigma \, dA \qquad (9-5)$$

这一积分形象地描述出了图 9-21b 或图 9-22b 中每个应力分布图下的总体积。合力 P 必定作用于每个体积的形心处。

工程设计中，实际上没有必要确定图 9-21b 与图 9-22b 所示的应力分布，重要的应力集中处横截面上的最大应力，然后以最大应力为依据，设计构件所能承受的轴向载荷 P。

应力集中处最大正应力可以通过实验方法确定，或者利用弹性理论高等数学方法确定。研究的结果通常以**应力集中系数 K** 的形式发布。K 被定义为作用在横截面上的最大应力与平均正应力之比，即

$$K = \frac{\sigma_{max}}{\sigma_{avg}} \qquad (9-6)$$

假设 K 是已知的，平均正应力通过 $\sigma_{avg} = P/A$ 计算得到，其中 A 为最小横截面面积，如图 9-21c、图 9-22c

所示，则横截面处的最大正应力即为

$$\sigma_{max} = K(P/A)$$

K 的数值一般会在与应力分析相关的手册中列出。图 9-24 与图 9-25 给出了两种实例。需要注意的是，K 与直杆的材料性质是相互独立的，更确切地说，它只取决于直杆的形状及其不连续性的类型。随着不连续处圆角尺寸 r 的减小，应力集中将会增加。

例如，直杆横截面面积的变化，通过图 9-23a 所示的尖角实现，则所产生的应力集中系数将会超过 3。换句话说，在最小横截面处的最大应力将会超出平均正应力的 3 倍多。但是，通过图 9-23b 所示圆角，应力集中系数可以减小至 1.5。若希望更小的应力集中系数，则可以通过在圆弧过渡处作一些小的凹槽或圆孔实现，如图 9-23c、d 所示。所有这些设计都有助于减小边角周围材料的刚性，以使应变与应力可以更加均匀分布。

图 9-24 与图 9-25 中给出的应力集中系数，是在静载荷的基础上得到的，并且假定材料内的应力没有超出比例极限。

如果材料非常脆，比例极限接近断裂应力，对于这种材料，失效将会开始于应力集中处。其实质是这一点处开始发生裂纹，裂纹的尖端将会出现更高的应力集中。进而，引起裂纹扩展穿过整个横截面，导致突然断裂。基于此，当构件所采用的是脆性材料时，采用应力集中系数进行设计是非常重要的。另一方面，如果采用的是韧性材料并承受静载荷，通常没有必要利用应力

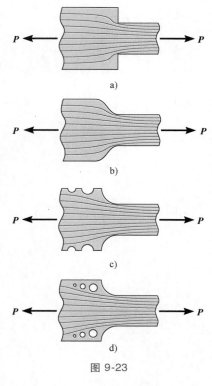

图 9-23

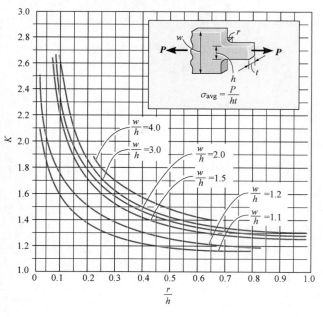

图 9-24

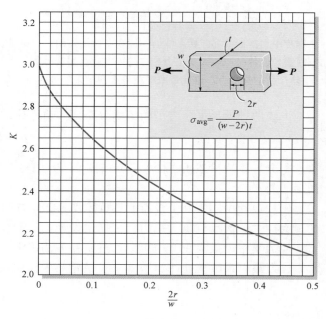

图 9-25

集中系数进行设计，因为任何超过比例极限的应力不会引发裂纹。相反，材料会因为屈服与应变强化而提高强度。下一章中将会讨论这一现象所产生的影响。

应力集中同样是承受疲劳载荷的结构构件或机械零件失效的主要原因。在这些情况下，如果应力超出了材料的持久极限，不管材料是韧性的还是脆性的，应力集中将会引起材料中发生裂纹。裂纹尖端的局部材料将呈脆性状态，裂纹持续扩展，造成损伤，导致断裂。于是，为了防止发生疲劳失效，工程师必须要找到限制损伤的方法。

钢管拉伸破坏发生在横截面面积最小处，该处有孔穿过。注意，在断裂面处材料是如何屈服的

要点

- 应力集中发生在横截面面积突变处。突变越严重，应力集中就会越大。
- 设计或分析时，只需要确定作用在最小横截面上的最大应力。可以利用应力集中系数 K 来确定。K 是通过实验确定的，与试样形状有关。
- 一般而言，承受静载荷的韧性材料构件的应力集中在设计中不必考虑；但是，如果材料是脆性的，或承受疲劳载荷，应力集中就变得很重要。

例题 9.13

钢制直杆承受轴向载荷如图 9-26a 所示，假定为理想弹塑性材料，其屈服强度为 $\sigma_Y = 250\text{MPa}$。（a）确定不发生失效可以施加的最大载荷 P 值；（b）确定直杆可以支承的最大载荷 P 值。画出每种情形下关键截面突变处的应力分布。

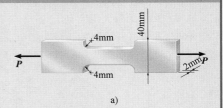

a)

解

（a）当材料行为是弹性时，需要利用到图 9-24 中所确定的应力集中系数，直杆横截面突变

$$\frac{r}{h} = \frac{4\text{mm}}{(40\text{mm}-8\text{mm})} = 0.125$$

$$\frac{w}{h} = \frac{40\text{mm}}{(40\text{mm}-8\text{mm})} = 1.25$$

从图 9-24 可以确定，$K \approx 1.75$。

不引起屈服的最大载荷，发生在 $\sigma_{\max} = \sigma_Y$ 时。正应力为 $\sigma_{\text{avg}} = P/A$。根据式（9-6），有

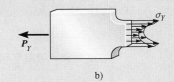

b)

$$\sigma_{\max} = K\sigma_{\text{avg}}, \qquad \sigma_Y = K\left(\frac{P_Y}{A}\right)$$

$$250(10^6)\,\text{Pa} = 1.75\left[\frac{P_Y}{(0.002\text{m})(0.032\text{m})}\right]$$

$$P_Y = 9.14\text{kN}$$

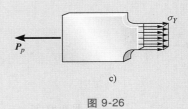

c)

图 9-26

| 例题 | 9.13 |

　　上述结果是利用最小横截面面积计算得到的。应力分布的结果如图 9-26b 所示。根据平衡要求，这一分布所包含的"体积"必须等于 9.14kN。

　　（b）对于理想弹塑性材料，当最小横截面处所有材料均发生屈服时，直杆将完全丧失承载能力。因此，随着载荷 P 增加至塑性载荷 P_p，将使图 9-26b 所示的应力分布逐渐变为图 9-26c 所示的塑性状态。这时的载荷就是直杆所能承受的最大载荷。于是有

$$\sigma_Y = \frac{P_p}{A}$$

$$250(10^6)\,\mathrm{Pa} = \frac{P_p}{(0.002\mathrm{m})(0.032\mathrm{m})}$$

$$P_p = 16.0\mathrm{kN}$$

此处 P_p 等于应力分布内包含的"体积"，在这一情形下为 $P_p = \sigma_Y A$。

习题

9

9-65　当直杆在力 $P = 8\mathrm{kN}$ 作用下承受轴向拉伸时，确定直杆横截面上的最大正应力。

9-66　如果直杆的许用正应力为 $\sigma_{\mathrm{allow}} = 120\mathrm{MPa}$，确定可以施加在直杆上的最大轴向载荷 P。

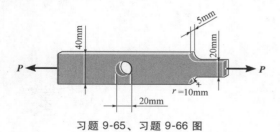

习题 9-65、习题 9-66 图

9-67　钢杆具有如图所示的尺寸，确定可以施加的最大

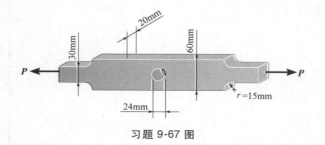

习题 9-67 图

轴向载荷 P，使其不超过许用拉伸应力 $\sigma_{\mathrm{allow}} = 150\mathrm{MPa}$。

* 9-68　确定可以施加在钢板上的最大轴向载荷 P。许用应力为 $\sigma_{\mathrm{allow}} = 21\mathrm{ksi}$。

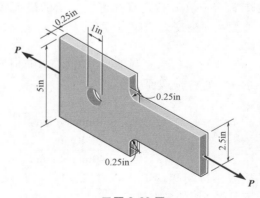

习题 9-68 图

9-69　直杆为钢制，许用应力 $\sigma_{\mathrm{allow}} = 21\mathrm{ksi}$。确定可以施加在直杆上的最大轴向载荷 P。

9-70　当直杆承受一个 $P = 2\mathrm{kip}$ 的拉伸时，确定直杆上的最大正应力。

9-71　当直杆在力 $P = 8\mathrm{kN}$ 作用下承受轴向拉伸时，确定直杆上的最大正应力。

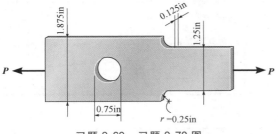

习题 9-69、习题 9-70 图

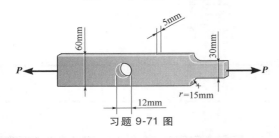

习题 9-71 图

* 9-72 沿直杆 AB 截面的应力分布如图所示。从这一分布中近似确定施加在直杆上的轴向力 P，以及应力集中系数。

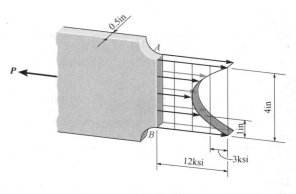

习题 9-72 图

概念题

P9-1 混凝土基座 A 在放置立柱后发生倾斜，随后地基厚板的其余部分也发生倾斜。能否解释直角处发生的 45° 的裂纹？能否想出一个更好的设计以避免这种裂纹？

P9-1 图

P9-2 以钢筋增强砂浆砖砌横楣梁支承建筑外墙通风口上方砖块的重量。试解释是何原因引发砖块以图示方式失效。

P9-2 图

本章回顾

圣维南原理——当载荷施加在物体上一点处时，在物体内形成一个应力分布，在远离载荷施加点处的区域应力分布会趋于均匀

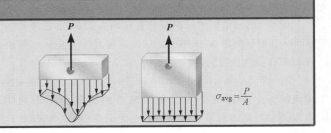

$$\sigma_{avg} = \frac{P}{A}$$

轴向承载构件的一端相对于另一端的相对位移可以由下式确定： $$\delta = \int_0^L \frac{P(x)\,dx}{AE}$$	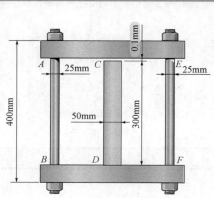
几个集中轴向载荷同时作用在构件的不同部位、每个分段内的横截面面积 A 以及材料的弹性模量 E 均为常数时，杆两端的相对位移 $$\delta = \sum \frac{PL}{AE}$$ 应用公式时需要注意轴力 P 与位移 δ 的正负号。拉伸与伸长为正；反之为负。同时，材料保持为线弹性	
叠加原理——载荷与位移使材料仍然保持线弹性；并且在载荷施加后构件的几何形状没有明显的改变——小变形	
确定超静定直杆上支座反力，需要利用平衡方程、由支承处位移被限制的协调方程以及像 $\sigma = PL/AE$ 这样的载荷-位移关系	
温度变化引起均质的、各向同性材料构件长度改变量为 $$\delta = \alpha \Delta T L$$ 如果这一改变量受到限制，将在构件内引起热应力	
横截面处的孔洞以及突变将会引起应力集中。对于脆性材料构件，设计时可以从相关的图表中得到与形状相关、唯一的应力集中系数 K。K 通过实验确定。将应力集中系数乘以横截面上的平均应力即可得到横截面上的最大应力 $$\sigma_{max} = K\sigma_{avg}$$	

复习题

　　9-73　装配件由 A992 钢制螺栓 AB 和 EF、6061-T6 铝合金杆 CD 以及上、下刚性梁 AE 和 BF 所组成。当温度为 30℃时，杆 CD 与刚性梁 AE 之间的间隙为 0.1mm。若温度上升到 130℃，确定螺栓与铝合金杆内产生的正应力。

　　9-74　装配件由 A992 钢制螺栓 AB 和 EF、6061-T6 铝合金杆 CD 以及上、下刚性梁 AE 和 BF 所组成。当温度为 30℃时，杆 CD 与刚性梁 AE 之间的间隙为 0.1mm。为保证螺栓与铝合金杆不发生屈服，确定杆件可以上升的最高温度。

　　9-75　图示结构中每根杆的直径均为 25mm，长度均为 600mm，而且均由 A-36 钢制成。确定当温度上升至 50℃时在每根杆内产生的轴力。

　　*9-76　A-36 钢制管 AB 和 BC 通过 B 处的螺纹接头拧紧连接成一体如图所示。每根钢管的横截面面积均为 0.32in²。装配的初始状态下钢管上无载荷作用。当螺纹接

习题 9-73、习题 9-74 图

头的螺纹间距为 0.15in，拧紧两整圈时，确定钢管内的正应力。假定在 B 处的螺纹接头与 A、C 处的管接头都是刚性的，并忽略接头的尺寸。注意：当没有载荷作用时，当接

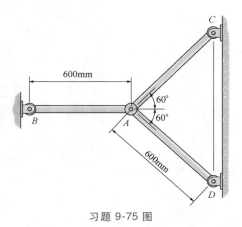

习题 9-75 图

头旋转一圈时，螺纹间距会使钢管缩短 0.15in。

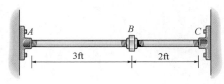

习题 9-76 图

9-77 黄铜柱塞压入刚性铸件时，假设柱塞压入部分承受大小为 15MPa 的均匀压力；柱塞与铸件之间的静摩擦系数为 $\mu_s = 0.3$。确定将柱塞子拉出时所需要施加的轴向载荷 P。同时，计算柱塞子开始滑移时 B 端相对于 A 端的位移。$E_{\text{br}} = 98$GPa。

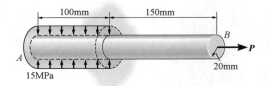

习题 9-77 图

9-78 装配件由三根直杆组成，其中杆 AB、CD 材料的弹性模量为 E_1、热膨胀系数为 α_1；杆 EF 的弹性模量为 E_2、热膨胀系数为 α_2。所有的直杆具有相同的长度 L 和相同的横截面面积 A。初始状态下，温度为 T_1 时，刚性梁处于水平位置。确定当温度上升至 T_2 时刚性梁倾斜的角度。

9-79 2014-T6 铝合金杆的直径为 0.5in，当温度为 $T_1 = 70$℉时，杆正好位于刚性支承 A、B 之间，不承受轴向载荷。为使得当温度为 $T = 0$℉时 B 处的支座反力为零，确定需要施加在轴环上的力 P。

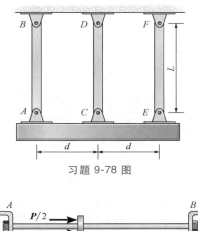

习题 9-78 图

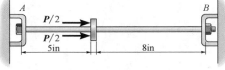

习题 9-79 图

*9-80 刚性构件由 A 处的固定铰支座以及 B、C 两处两根 A-36 钢索支承。每个钢索初始长度均为 12in，横截面面积均为 0.0125in^2。当构件承受大小为 350lb 的铅垂载荷时，确定钢索的受力。

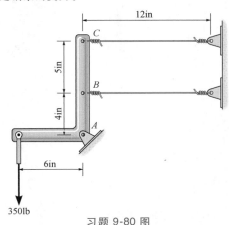

习题 9-80 图

9-81 搭接接头是由三块 A992 钢板组成，每块钢板在其焊接处紧密连接。当接头承受如图所示的轴向载荷时，确定接头上 A 端相对于 B 端的位移。每块钢板的厚度为 5mm。

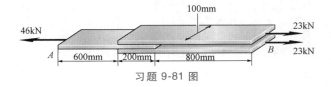

习题 9-81 图

第10章 扭 转

土样钻取器承受的扭转应力与扭转角，取决于机器旋转输出的土量以及土壤与钻杆之间的阻力。

本章任务

■ 确定圆轴的弹性扭转变形。

■ 当支承反力不能仅仅通过力矩平衡确定时，知道如何确定这时的支承反力。

■ 确定传动轴可以传递的最大功率。

10.1　圆轴的扭转变形

　　扭矩是使构件绕其纵轴扭转的力矩。扭转产生的应力和变形在车辆或机械传动轴的设计中是首先要考虑的问题。

　　考察圆截面的橡胶棒承受扭转后产生的明显变形。施加扭转力矩前，在轴上标上圆周线与纵向线，二者正交形成矩形网格如图 10-1a 所示。承受扭转力矩后，橡胶棒的变形如图 10-1b 所示：圆周线保持形状不变；纵向变成为螺旋状并以相同的角度与圆周线相交；橡胶棒末端的横截面仍然保持平面，亦即横截面没有翘曲——向内凹或向外凸；半径线在变形过程中仍然保持直线。根据这些现象可以假定，当扭转变形很小时，圆轴长度与半径均保持不变。

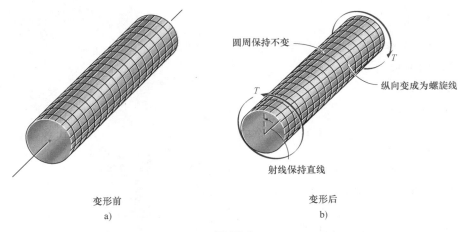

圆周保持不变

纵向变成为螺旋线

射线保持直线

变形前
a)

变形后
b)

图 10-1

　　图 10-2 中所受传动轴，一端固定、另一端施加扭矩，圆轴发生扭转变形：通过半径轴向阴影平面将变为倾斜状。此时，传动轴上距固定端 x 处横截面上的半径线，将会旋转一个角度 $\phi(x)$。这一角度 $\phi(x)$，即定义为该截面相对于固定端的扭转角。扭转角的大小取决于坐标 x，即：传动轴上不同位置截面处扭转角各不相同。

　　为了分析扭转变形所产生的应变，考察从距离轴线为 ρ 的半径处截取的单体元，其纵向尺寸为 Δx，如图 10-3 所示。

　　由图 10-2 所示的变形可知，单元体前面与背面将产生不同的扭转角——背面（坐标为 x 的面）扭转角为 $\phi(x)$；前面（坐标为 $x+\Delta x$ 的面）扭转角为 $\phi(x)+\Delta\phi$。二者之差 $\Delta\phi$ 使单元体体产生切应变。

　　注意到在变形之前，单元体体边线 AB 与 AC 之间的夹角为 90°，而变形后，二者之间的角度变为 θ'。

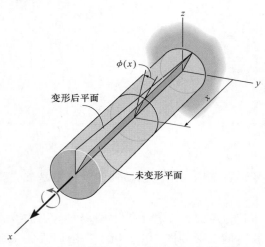

图 10-2　扭转角 $\phi(x)$ 随 x 的变化而变化

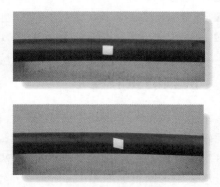

橡胶承受扭矩时表面的矩形单元体变成菱形

根据定义切应变的式（7-12），单元体的切应变为

$$\gamma = \frac{\pi}{2} - \theta'$$

γ 如图 10-3 所示。通过考察 BD 的弧长，可以建立 γ 与 ρ 和 $\Delta\phi$ 之间的关系

$$BD = \rho\Delta\phi = \Delta x \gamma$$

令 $\Delta x \rightarrow dx$，$\Delta\phi \rightarrow d\phi$，得到

$$\gamma = \rho \frac{d\phi}{dx} \qquad (10\text{-}1)$$

对于坐标为 x 的横截面，与其上各点对应的所有单元体体，dx 与 $d\phi$ 都是相同的，于是整个截面上 $dx/d\phi$ 为常数。所以，式（10-1）表明，横截面单元体上的切应变只与单元体处的点到传动轴轴线的距离 ρ 有关。这表明，传动轴横截面内切应变沿半径线呈线性变化，从传动轴轴线上的 0 开始，线性增大至传动轴外边缘上的最大切应变 γ_{max}，如图 10-4 所示。由于 $d\phi/dx = \gamma/\rho = \gamma_{max}/c$，故

$$\gamma = \left(\frac{\rho}{c}\right)\gamma_{max} \qquad (10\text{-}2)$$

只要前面所提到的与变形相关的假设成立。这一结果同样适用于圆管截面轴。

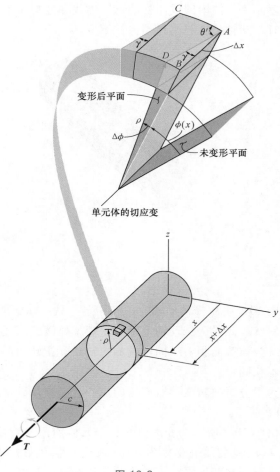

单元体的切应变

图 10-3

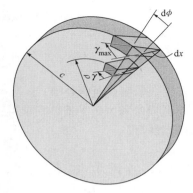

图 10-4　横截面点上的切应变随着 ρ 呈线性变化，即 $\gamma = (\rho / c)\gamma_{max}$

10.2　扭转公式

当传动轴承受外加扭转力矩时，轴的横截面上的扭矩与外加扭转力矩平衡。本节将研究扭矩与圆轴或圆管横截面上的应力分布之间的关系，建立圆轴扭转时应力与扭矩之间的关系式——扭转公式。

如果材料是线弹性的，应用胡克定律 $\tau = G\gamma$ 以及上一节中得到的在沿横截面半径线方向上切应变线性变化关系，可得到相应的切应力的线性变化关系。即：切应力 τ 将会由传动轴纵向轴线处（横截面中心）的 0 变化至传动轴横截面外缘处的最大值 τ_{max}。

图 10-5 中，在横截面上任意点半径 ρ 处及横截面外径 c 处，选择了一些小单元体，其切应力的变化就可在这些单元体上与横截面对应的面上表示出来。根据三角形的比例关系，可以写出

$$\tau = \left(\frac{\rho}{c}\right)\tau_{max} \tag{10-3}$$

这一公式，横截面上的切应力分布表示为横截面上任意点处半径 ρ 的形式。

应用这一公式，根据整个横截面上分布切应力产生形成合力矩，等于该截面上的扭矩 T，如图 10-5 所示，扭矩与作用在轴上的外加扭转力矩相平衡。

于是，设定横截面上每个单元体与横截面对应面的面积为 $\mathrm{d}A$，位于 ρ 处，承受的合力为 $\mathrm{d}F = \tau\mathrm{d}A$ 的力。这一力对于横截面中心的力矩为 $\mathrm{d}T = \rho\,(\tau\mathrm{d}A)$，因此整个横截面上的扭矩为

$$T = \int_A \rho(\tau\mathrm{d}A) = \int_A \rho\left(\frac{\rho}{c}\right)\tau_{max}\mathrm{d}A \tag{10-4}$$

由于 τ_{max}/c 是常数，

$$T = \frac{\tau_{max}}{c}\int_A \rho^2\mathrm{d}A \tag{10-5}$$

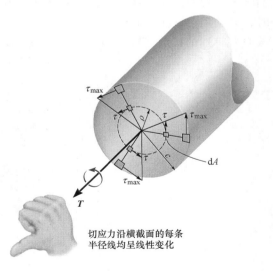

切应力沿横截面的每条半径线均呈线性变化

图 10-5

　　公式中的积分与传动轴圆截面的尺寸有关，称为横截面面积对截面中心的**极惯性矩**，用符号 J 表示。于是，上述公式可以写成更紧凑的形式，即

$$\tau_{max} = \frac{Tc}{J} \tag{10-6}$$

式中　τ_{max} 为传动轴上的最大切应力，发生在轴横截面的外缘；

　　　T 为作用在横截面上的扭矩，可由截面法和力矩平衡方程求得；

　　　J 为横截面面积对于其中心上的极惯性矩；

　　　c 为轴的外径。

　　结合式（10-3）与式（10-6），在横截面上半径为 ρ 的任意点处，切应力可以由下式确定：

$$\tau = \frac{T\rho}{J} \tag{10-7}$$

　　上述两个公式常称为**扭转公式**。如前所述，这些公式只有在圆轴、材料为各向同性且表现为线弹性行为时才适用，因为在推导过程应用了胡克定律。

　　实心圆轴　如果圆轴具有实心圆截面，其极惯性矩 J 可以通过厚度为 $\mathrm{d}\rho$，周长为 $2\pi\rho$ 的圆环形的面单元体确定，如图 10-6 所示。对于圆环，$\mathrm{d}A = 2\pi\rho\mathrm{d}\rho$，因此有

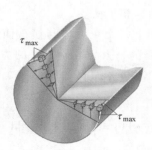

$$J = \int_A \rho^2 \mathrm{d}A = \int_0^c \rho^2(2\pi\rho\mathrm{d}\rho) = 2\pi\int_0^c \rho^3\mathrm{d}\rho = 2\pi\left(\frac{1}{4}\right)\rho^4\Big|_0^c$$

$$J = \frac{\pi}{2}c^4 \tag{10-8}$$

图 10-6

注意，J 为圆截面的几何性质，恒为正。其单位为 mm^4 或 in^4。

　　上述分析已经表明，圆轴扭转时横截面上的切应力沿半径方向呈线性变化。但是，如果将以横截面为一个面的单元体从圆轴取出，则根据切应力互等要求，必然相等的切应力作用在单元体其他相关面上，如图 10-7a 所示。这表明，**扭矩 T 不仅沿每条横截面平面上半径方向产生线性分布的切应力，还将在轴向截面上产生相应的沿半径方向线性分布的切应力**，如图 10-7b 所示。有意义的是，木制圆轴承受过大扭矩时，会发生沿纵向面的开裂，如图 10-8 所示。这是因为木材为各向异性材料，其平行于木纹方向（即纵截面方向）的抗剪强度远小于垂直于木纹方向（即横截面方向）的抗剪强度。

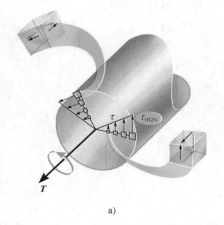

a)

b)

切应力沿半径线呈线性变化

图 10-7

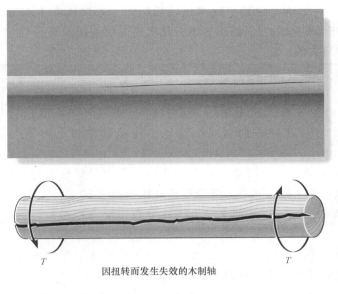

因扭转而发生失效的木制轴

图 10-8

空心轴 如果圆轴的横截面为圆环截面，其内径为 c_i、外径为 c_o。则由公式（10-8）可知，其极惯性矩可以通过将半径为 c_o 圆截面的 J 减去半径为 c_i 圆截面的 J 得到

$$J = \frac{\pi}{2}(c_o^4 - c_i^4) \tag{10-9}$$

与实心轴类似，圆环截面上的切应力沿着任一半径线也是呈线性分布的，如图 10-9a 所示。而且，沿着其纵向面的切应力也是这样分布的，如图 10-9b 所示。

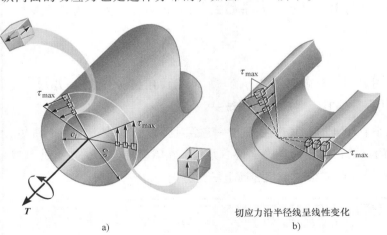

切应力沿半径线呈线性变化

a)   b)

图 10-9

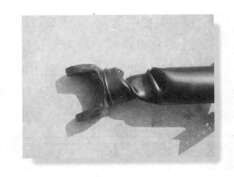

卡车上的空心传动轴由于承受过大扭矩，因材料屈服而发生失效

10

全轴中最大扭转切应力　为确定全轴中最大扭转切应力，寻找比值 T_c/J 取值最大的位置非常重要。为此，首先需要画出描述扭矩沿轴线方向的扭矩图；其次需要根据圆轴直径变化，确定 J 沿轴线方向变化的状况；最终确定 T_c/J 的最大值。

要点

- 当具有圆形横截面的轴承受扭矩时，其半径线会旋转但横截面仍然保持为平面，将在圆轴内产生切应变，切应变沿任一半径方向呈线性变化，从圆轴轴线上的零增大至横截面最外缘上的最大值。
- 对于线弹性各向同性材料，沿圆轴任一半径的切应力也呈线性变化，从圆轴轴线上的零增大至横截面最外缘上的最大值。这一最大切应力必须不超过比例极限。
- 由于切应力的互等要求，与横截面平面上线性分布切应力相类似，沿着圆轴纵向面也将产生线性分布切应力。
- 扭转公式建立在横截面上的扭矩等于分布切应力在横截面上形成的合力矩。要求构件具有圆形或圆环形截面，而且轴应由具有线弹性行为的各向同性材料制成。

分析过程

扭转公式的应用可以通过以下的步骤实现。

内部载荷

- 在需要确定切应力的点上，沿垂直于圆轴轴线的方向对其截断，利用必要的自由体受力图与平衡方程来获得该截面上的扭矩。

截面几何性质

- 计算横截面上的极惯性矩。对半径为 c 的实心圆轴为 $J = \pi c^4 / 2$，对外径为 c_o、内径为 c_i 的圆管，$J = \pi(c_o^4 - c_i^4)/2$。

切应力

- 指定半径距离 ρ，从横截面的中心测量到需要确定切应力的点。然后应用扭转公式 $\tau = T\rho/J$，或者利用 $\tau_{\max} = T_c/J$ 来确定最大切应力。当代入数据时，要确保单位统一。
- 作用在横截面上切应力的方向总是垂直于 ρ 的。其产生的力一定会对圆轴的轴线产生一个扭矩，这一扭矩与作用在横截面上的合力扭矩 T 的方向相同。一旦确定这一方向，在需要确定 τ 的点上就可以分离出一个单元体，那么就可以画出作用在单元体其余三个相邻面上 τ 的方向。

例题　10.1

图 10-10a 所示传动轴两端均由轴承支承，并受到三个扭矩作用。确定图 10-10c 所示 a—a 截面上点 A、B 上产生的切应力。

例题　10.1

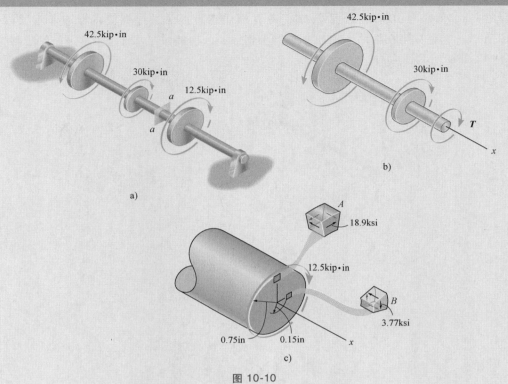

图 10-10

解

扭矩。由于轴承不提供反力矩，外加的扭转力矩应满足对于传动轴轴线的力矩平衡条件。 a—a 处截面上的扭矩，将由 a—a 左边部分轴的自由体受力图确定，如图 10-10b 所示，有

$$\sum M_x = 0, 42.5\text{kip} \cdot \text{in} - 30\text{kip} \cdot \text{in} - T = 0, T = 12.5\text{kip} \cdot \text{in}$$

截面几何性质。传动轴横截面面积的极惯性矩为

$$J = \frac{\pi}{2}(0.75\text{in})^4 = 0.497\text{in}^4$$

切应力。由于 A 点处的 $\rho = c = 0.75\text{in}$ 处，

$$\tau_A = \frac{Tc}{J} = \frac{(12.5\text{kip} \cdot \text{in})(0.75\text{in})}{(0.497\text{in}^4)} = 18.9\text{ksi}$$

同样，B 点处的 $\rho = 0.15\text{in}$ 处，有

$$\tau_B = \frac{T\rho}{J} = \frac{(12.5\text{kip} \cdot \text{in})(0.15\text{in})}{(0.497\text{in}^4)} = 3.77\text{ksi}$$

注意：图 10-10c 中 A、B 点每个单元体上的应力的方向，是由扭矩 **T** 的方向确定的，如图中所示。此处需要密切注意切应力是如何作用在单元体的每个面上的。

例题 10.2

内径为 80mm、外径为 100mm 的直管 AB，在 B 端用扭矩扳手通过螺旋将管的 A 端紧固在支承处，如图 10-11a 所示。确定：当在扳手上施加一对大小相等、方向相反、大小等于 80kN 的力时，直管中间段横截面内壁与外壁上的切应力。

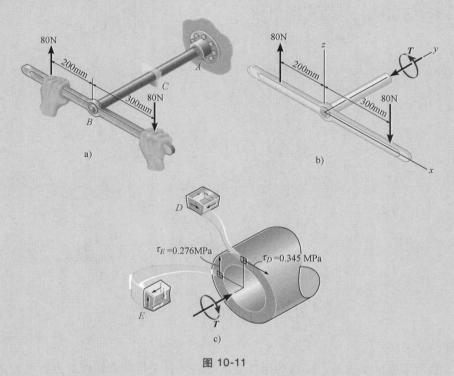

图 10-11

解

扭矩。在直管之间段的任意位置 C 处将轴截开，如图 10-11b 所示。截开的截面上的扭矩为 **T**。根据对 y 轴的力矩平衡要求，有

$$\sum M_y = 0, 80\text{N}(0.3\text{m}) - 80\text{N}(0.2\text{m}) - T = 0$$

$$T = 40\text{N} \cdot \text{m}$$

截面几何性质。直管横截面面积的极惯性矩为

$$J = \frac{\pi}{2}\big[(0.05\text{m})^4 - (0.04\text{m})^4\big] = 5.796(10^{-6})\text{m}^4$$

切应力。对任意位于直管横截面上外径边缘上的点，$\rho = c_o = 0.05\text{m}$，于是有

$$\tau_o = \frac{Tc_o}{J} = \frac{40\text{N} \cdot \text{m}(0.05\text{m})}{5.796(10^{-6})\text{m}^4} = 0.345\text{MPa}$$

对任意位于直管横截面上内径边缘上的点，$\rho = c_i = 0.04\text{m}$，所以有

例题 **10.2**

$$\tau_i = \frac{Tc_i}{J} = \frac{40\text{N} \cdot \text{m}(0.04\text{m})}{5.796(10^{-6})\text{m}^4} = 0.276\text{MPa}$$

注意： 为了确定截面上具有代表性的点 D、E 处单元体各面上的应力，考察图 10-11a 所示直管的 CA 段横截面 C，如图 10-11c 所示。

在这一截面上，扭矩与图 10-11b 所示的扭矩大小相等、方向相反。在点 D、E 处的切应力和其他各点处的切应力形成这一截面上的扭矩，据此可以确定作用在单元体阴影面上的切应力方向，如图所示。

利用这一结果，还可以确定单元体其他相关面上的切应力。

还需要注意的是，由于 D 处单元体的上表面对应于直管的外壁表面、E 处单元体的右侧表面对应于直管内壁的内表面，而外壁与内壁表明均无应力作用，因此与之对应的 D、E 处单元体的相关面上亦均无切应力存在。

10.3 功率传递

圆轴与圆管常用于传递功率。这时，轴上所承受的外加扭转力矩与传递功率和轴的角速度相关。功率被定义为单位时间内所做的功。对于力矩，旋转轴所传递的功等于外加的力矩乘以旋转角度。因此，若在某一瞬时 $\mathrm{d}t$，外加力矩 T 使轴旋转了角度 $\mathrm{d}\theta$，则瞬时功率为

$$P = \frac{T\mathrm{d}\theta}{\mathrm{d}t}$$

由于轴的角速度为 $\omega = \mathrm{d}\theta/\mathrm{d}t$，于是，外加力矩与功率和角速度的关系可以表达为

$$P = T\omega \tag{10-10}$$

国际单位制中，当扭矩用牛顿米（$\text{N} \cdot \text{m}$）来量度，ω 的单位为弧度每秒（rad/s）时，功率的单位为瓦特（$1\text{W} = 1\text{N} \cdot \text{m/s}$）。英制单位中，功率的基本单位为英尺磅每秒（$\text{ft} \cdot \text{lb/s}$）；但是，在工程实践中常用马力（$\text{hp}$）作为功率单位，其中

$$1\text{hp} = 550\text{ft} \cdot \text{lb/s}$$

对于一般机械，通常记录轴的旋转频率 f。即测量轴每秒钟旋转的转数或循环数，用赫兹（$1\text{Hz} = 1\text{cycle/s}$）表示。由于 $1\text{cycle} = 2\pi\text{rad}$，而 $\omega = 2\pi f$，所以功率的上述公式便变为

$$P = 2\pi f T \tag{10-11}$$

轴的设计 当轴所传递的功率与旋转频率均为已知时，作用在轴上的外加力矩可以由公式（10-11）确定，即 $T = P/2\pi f$。根据轴上外加力矩的作用状况，应用截面法和平衡条件即可确定轴横截面上作用的扭矩。最简单的情形是：轴上只有一对大小相等、方向相反的外加力矩作用时，横截面上扭矩就等于作用在轴上的外加力矩。

图中所示的传动链将发动机产生的力矩传递到轴上。轴横截面上的扭矩取决于发动机输出的功率以及轴旋转的角速率。$P = T\omega$

如果轴的材料的行为是线弹性的，则已知 T 以及材料的许用切应力 τ_{allow}，即可以利用扭转公式设计轴横截面面积的尺寸。设计的几何参数 J/c 为

$$\frac{J}{c} = \frac{T}{\tau_{allow}} \qquad (10\text{-}12)$$

对于实心轴，$J = (\pi/2)c^4$，代入上式，就可以确定轴半径 c 的唯一解。对于管状轴，$J = (\pi/2)(c_o^4 - c_i^4)$，设计的解答可以在很大范围选择。这是因为 c_o 或 c_i 都是可以任意选择的。但是，一旦确定其中一个，另一个就可以通过公式（10-12）随之确定。

例题 **10.3**

图 10-12 所示实心钢轴 AB 与电动机 M 相连，用于传递 5hp 功率。若轴的转速为 $\omega = 175$rpm，钢的许用切应力为 $\tau_{allow} = 14.5$ksi，确定轴所需要的直径，精确到 1/8in。

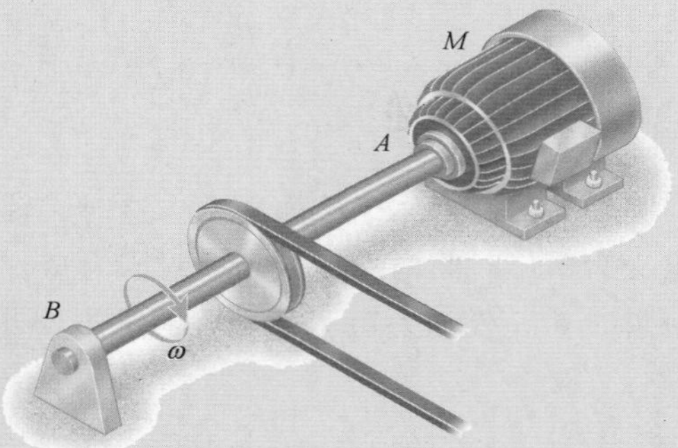

解　因为轴上只有一个外加扭转力矩，与电动机上的扭转力矩平衡，所以与电动机相连的一段轴的横截面上扭矩根据公式（10-10），即 $P = T\omega$。将 P 表达为 ft·lb/s，ω 表达为 rad/s，有

$$P = 5\text{hp}\left(\frac{550\text{ft} \cdot \text{lb/s}}{1\text{hp}}\right) = 2750\text{ft} \cdot \text{lb/s}$$

$$\omega = \frac{175\text{rev}}{\text{min}}\left(\frac{2\pi\text{rad}}{1\text{rev}}\right)\left(\frac{1\text{min}}{60\text{s}}\right) = 18.33\text{rad/s}$$

因此

$$P = T\omega, 2750\text{ft} \cdot \text{lb/s} = T(18.33\text{rad/s})$$

$$T = 150.1\text{ft} \cdot \text{lb}$$

图 10-12

应用公式（10-12），算得

$$\frac{J}{c} = \frac{\pi c^4}{2c} = \frac{T}{\tau_{allow}}$$

$$c = \left(\frac{2T}{\pi \tau_{allow}}\right)^{1/3} = \left(\frac{2(150.1\text{ft} \cdot \text{lb})(12\text{in/ft})}{\pi(14500\text{lb/in}^2)}\right)^{1/3}$$

$$c = 0.429\text{in}$$

由于 $2c = 0.858$in，所以选择轴的直径为

$$d = \frac{7}{8}\text{in} = 0.875\text{in}$$

基础题

F10-1 图示实心圆轴横截面上承受 $T = 5\text{kN} \cdot \text{m}$ 的扭矩。确定在点 A、B 上产生的切应力，并表示每个单元体的应力状态。

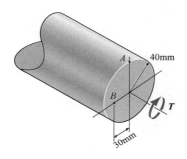

F10-1 图

F10-2 图示空心圆轴横截面上承受 $T = 10\text{kN} \cdot \text{m}$ 的扭矩。确定在点 A、B 上产生的切应力，并表示每个体单元体的应力状态。

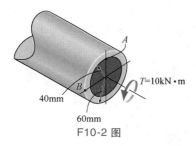

F10-2 图

F10-3 图中所示轴的 AB 段是中空的，BC 段是实心的。确定轴上产生的最大切应力。轴的外径为 80mm，空心部分的壁厚为 10mm。

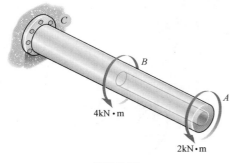

F10-3 图

F10-4 确定在直径为 40mm 轴上产生的最大切应力。

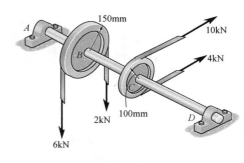

F10-4 图

F10-5 确定轴 a—a 横截面上产生的最大切应力。

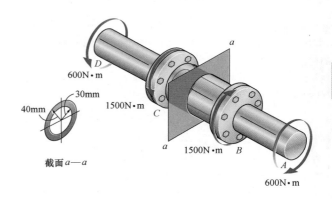

F10-5 图

F10-6 确定在轴的表面 A 点处的切应力，并表示这一点单元体的应力状态。轴的半径为 40mm。

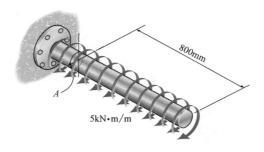

F10-6 图

习题

10-1 半径为 r 的实心轴承受扭矩 T。确定轴上承受一半扭矩（$T/2$）的内核的半径 r'。用两种方法求解这一问题：（a）利用扭转公式，（b）分布切应力形成的力矩。

10-2 半径为 r 的实心轴承受扭矩 T。确定轴上承受四分之一扭矩（$T/4$）的内核的半径 r'。用两种方法求解这一问题：（a）利用扭转公式，（b）分布切应力形成的力矩。

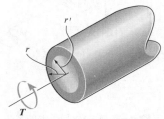

习题 10-1、习题 10-2 图

10-3 实心圆轴在 C 端为固定支承，轴承受的扭转载荷如图所示。确定在 A、B 点上的切应力，并画出这些点单元体上各面上的切应力。

习题 10-3 图

* 10-4 外径为 40mm、内径为 37mm 的紫铜管，A 端紧固在墙壁上，轴承受的扭转力矩如图所示。确定管上产生的绝对值最大的切应力。

习题 10-4 图

10-5 外径为 2.5in、内径为 2.30in 的紫铜管，在 C 端紧固在墙壁上，轴承受的扭转力矩如图所示。确定管上产生的绝对值最大的切应力。

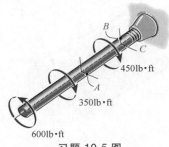

习题 10-5 图

10-6 直径为 0.75in 的实心圆轴，承受扭转载荷如图所示。分别确定轴的 BC、DE 段中产生的最大切应力。在 A、F 处的轴承可以允许轴自由转动。

10-7 直径为 0.75in 的实心圆轴，承受扭转载荷如图所示。分别确定轴的 CD、EF 段中产生的最大切应力。在 A、F 处的轴承可以允许轴自由转动。

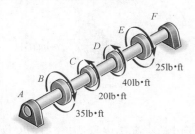

习题 10-6、习题 10-7 图

* 10-8 实心圆轴 C 端为固定支承，承受的扭转载荷如图所示。确定在轴的表面 A、B 点上的切应力，并画出这些点的单元体上的切应力。

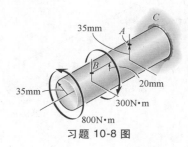

习题 10-8 图

10-9　A-36 钢圆轴支承在光滑的轴承上，可以自由旋转。若轴上齿轮承受的外加扭转力矩如图所示。分别确定轴上 AB、BC 段中产生的最大切应力。轴的直径为 40mm。

10-10　A-36 钢圆轴支承在光滑的轴承上，可以自由旋转。若轴上齿轮承受的外加扭转力矩如图所示。若 τ_{allow} = 60MPa，确定轴的直径，精确到 mm。

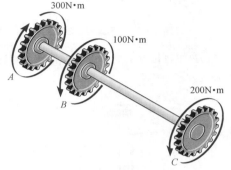

习题 10-9、习题 10-10 图

10-11　装配件由两段镀锌钢管组成，在 B 处利用一个缩径管接头连接。小管的外径为 0.75in，内径为 0.68in，大管的外径为 1in，内径为 0.86in。钢管在 C 端紧固在墙壁上。当如图所示的力偶施加在扳手的手柄上时，确定每段钢管内产生的最大切应力。

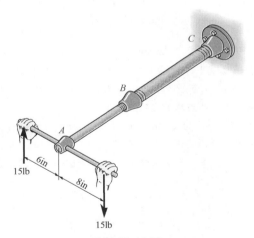

习题 10-11 图

* 10-12　直径为 150mm 的实心圆轴在 E 处和 F 处分别由光滑的径向轴承和光滑的推力轴承支承。确定在轴的每段上产生的最大切应力。

10-13　管状轴是由许用切应力为 τ_{allow} = 85MPa 的材料制成，确定轴所需要的最小壁厚，精确到 mm。轴的外径为 150mm。

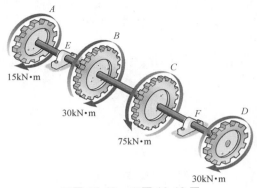

习题 10-12、习题 10-13 图

10-14　钢管轴的外径为 2.5in，当其转速为 27r/min 时用于传递 9 马力的功率。若许用切应力为 τ_{allow} = 10ksi，确定钢管的内径，精确到 1/8in。

10-15　实心圆轴是由许用切应力为 τ_{allow} = 10MPa 的材料制成，承受扭转载荷如图所示。确定轴所需要的直径，精确到 mm。轴的外径为 150mm。

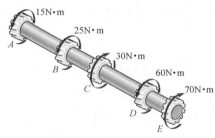

习题 10-14、习题 10-15 图

* 10-16　直径为 40mm 的实心圆轴，承受扭转载荷如图所示。确定轴上的绝对最大切应力，并在切应力最大处，画出沿轴半径方向的切应力分布。

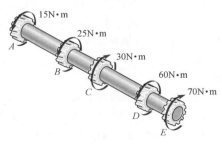

习题 10-16 图

10-17 直径为 1in 的圆杆，其重度为 10lb/ft。确定在 A 处截面上因杆的自重而产生的最大扭转应力。

10-18 直径为 1in 的圆杆，其重度为 10lb/ft。确定在 B 处截面上因杆的自重而产生的最大扭转应力。

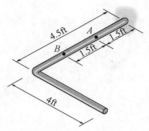

习题 10-17、习题 10-18 图

10-19 传动轴由两段直径为 80mm 的实心杆 AB 与 CD，以及一段外径为 100mm、内径为 80mm 的圆管 BC 所组成，轴承受扭转载荷如图所示。若材料的许用切应力为 $\tau_{allow} = 75MPa$，确定可以施加在轴上的最大许用扭转力矩 T。

*10-20 传动轴由两段直径为相同的实心杆 AB 与 CD，以及一段圆管 BC 所组成，轴承受扭转载荷如图所示，其中 $T = 10kN·m$。设圆管的外径为 120mm，材料的许用切应力为 $\tau_{allow} = 75MPa$。确定杆所需的最小直径，以及圆管的最大内径。

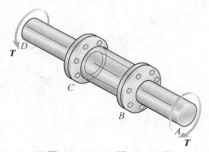

习题 10-19、习题 10-20 图

10-21 直径为 60mm 的实心轴承受如图所示的分布的与集中的扭转载荷。确定轴横截面上的绝对最大切应力与绝对最小切应力，并指出它们的位置，从固定端 A 处开始量度。

10-22 实心轴承受如图所示的分布的与集中的扭转载荷。若材料的许用切应力为 $\tau_{allow} = 50MPa$，确定轴所需的直径 d，精确到 mm。

10-23 当以等角速度钻井时，钻管的底端承受扭转阻力矩 T_A，同时，钻管周围的土壤对管沿长度方向均匀分布的摩擦扭转力矩，摩擦扭转力矩从地表面 B 处的 0 值均匀增加到 A 处的 t_A。确定要克服上述扭转阻力矩，动力单元

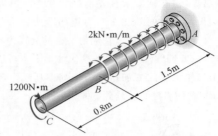

习题 10-21、习题 10-22 图

体所要提供的最小扭转力矩 T_B，并计算钻管内的最大切应力。管的外径为 r_o，内径为 r_i。

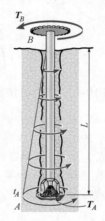

习题 10-23 图

*10-24 外径为 2.50in、内径为 2.30in 的紫铜管，C 端紧固在墙壁上，管承受均匀分布的扭转力矩如图所示。确定管的 A、B 点处产生的切应力；画出 A、B 点处单元体上的切应力。两点均处在横截面的外缘上。

10-25 外径为 2.50in、内径为 2.30in 的紫铜管，C 端紧固在墙壁上，管承受均匀分布的扭转力矩如图所示。确定在管上产生的绝对最大切应力。讨论这一结果的正确性。

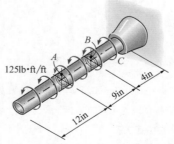

习题 10-24、习题 10-25 图

10-26 直径为 25mm 的实心圆轴 *AC*，在 *D*、*E* 处由光滑轴承支承；轴在 *C* 处与电动机相连，电动机转速为 50rev/s，输出的功率为 3kW。若从齿轮 *A*、*B* 分别输出 1kW 与 2kW。确定轴上 *AB*、*BC* 段内产生的最大切应力。轴在 *D*、*E* 的轴承支承处可以自由转动。

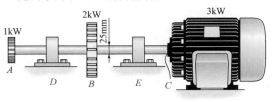

习题 10-26 图

10-27 功率为 85W 的电动机带动泵运转。若 *B* 处电动机转速为 150rev/min，确定 *A* 处直径为 20mm 传动轴上产生的最大切应力。

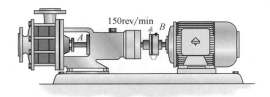

习题 10-27 图

10.4 扭转角

有时，轴的设计取决于轴承受扭矩作用时，对轴的扭转变形量限制。同时，当对超静定轴进行分析时，计算轴的扭转角也是非常重要的。

本节将导出用于计算轴的一端相对于另一端扭转角 ϕ 的公式。假设轴具有圆横截面，且圆截面的长度可以沿其长度方向逐渐变化，如图 10-13a 所示。同样，假设材料为各向同性、线弹性。与轴向加载构件类似，施加扭矩点处及横截面突变处发生的局部变形将被忽略。根据圣维南原理，忽略加力点附近的局部变形，对分析结果的影响很小。

采用截面法，轴的 x 位置处分截出厚度为 dx 的微段圆盘，如图 10-13b 所示。由于外加扭转载荷的变化，将会引起横截面上的扭矩可能沿轴线方向变化，故横截面上的扭转用 $T(x)$ 表示。

在 $T(x)$ 作用下，圆盘将发生扭转变形——圆盘的一面相对于另一面的相对扭转角，用 dϕ 表示，如图 10-13b 所示。结果，圆截面上距截面中心 ρ 处的单元体将承受切应变 γ。根据公式（10-1），γ 与 dϕ 之间有如下关系：

$$\mathrm{d}\phi = \gamma \frac{\mathrm{d}x}{\rho} \qquad (10\text{-}13)$$

应用胡克定律 $\gamma = \tau/G$，根据扭转公式 $\tau = T(x)\rho/J(x)$，可以将切应力表达为横截面上的扭矩的形式 $\gamma = T(x)\rho/J(x)G(x)$。将其代入公式（10-13），得到圆盘的扭转角表达式

$$\mathrm{d}\phi = \frac{T(x)}{J(x)G(x)}\mathrm{d}x$$

沿轴的长度 L 积分，得到整个轴的扭转角，即

油井钻杆钻进深度一般超过一千米。这种情形下钻杆件将产生很大扭转角，因而需要加以确定。

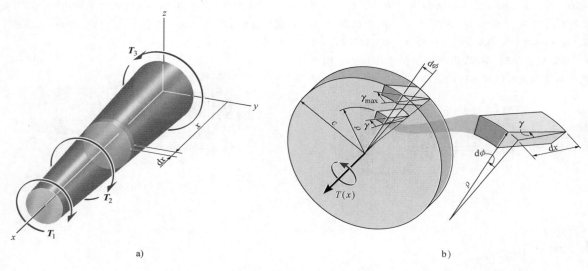

图 10-13

$$\phi = \int_0^L \frac{T(x)\,\mathrm{d}x}{J(x)\,G(x)} \qquad (10\text{-}14)$$

式中　ϕ 为轴的一端相对于另一端的扭转角，单位为弧度；

$T(x)$ 为任意位置 x 处横截面上的扭矩，由截面法以及对于轴线的力矩平衡方程求得；

$J(x)$ 为 x 处横截面面积的极惯性矩；

$G(x)$ 为 x 处材料的剪切弹性模量。

不变扭矩与横截面面积的几何性质　一般工程中，材料是均质的，所以 G 是常数。同时，如果轴的长度方向上，横截面面积与外加扭转力矩都不变，如图 10-14 所示。这种情形下，扭矩 $T(x)=T$，极惯性矩为 $J(x)=J$，于是，由公式（10-13）积分得到

$$\phi = \frac{TL}{JG} \qquad (10\text{-}15)$$

注意到，上述两个方程与承受轴向载荷构件的两个方程（$\delta = \int P(x)\,\mathrm{d}x/A(x)E$ 与 $\delta = PL/AE$）相似。

公式（10-15）也经常用于确定材料的剪切模量 G。为此，需要将长度、直径均已知的试样安装在图 10-15 所示的扭转试验机上。施加扭转力矩，测量扭矩 T 与扭转角 ϕ。然后由公式（10-15）算得剪切模量 $G = TL/J\phi$。通常，为了获得稳定、可靠的 G 值，需要采用若干个相同试样，在同一台试验机上进行相同的试验。最后将所测得的结果取其平均值。

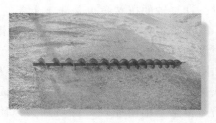

计算钻取土样的钻杆的应力与扭转角时，需要考虑沿杆长度方向上扭转载荷的变化

图 10-14

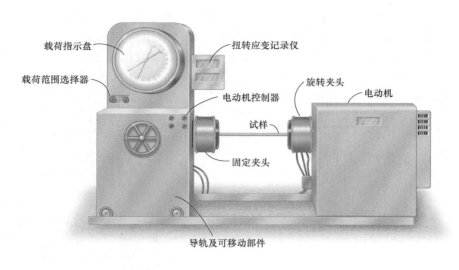

图 10-15

扭转角的分段计算   当轴在不同部位承受多个扭转力矩作用，或者轴的各区段的横截面面积不相等，或剪切模量不等时，只要这些量在每一段上均为常数，就可以应用公式（10-15）分段计算扭转角，然后按代数值相加，得到轴的一端相对于另一端的扭转角

$$\phi = \sum \frac{TL}{JG} \tag{10-16}$$

扭矩与扭转角的正负号规则   为了应用这一方程，必须规定轴横截面上的扭矩，以及相对扭转角的正负号。采用右手定则：四手指沿着扭矩或转角的旋转的方向握拳，若拇指指向从轴的横截面向外，则扭矩或扭转角为正；反之为负，如图 10-16 所示。

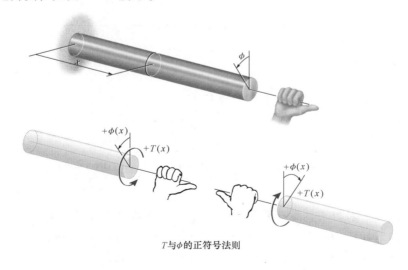

T 与 ϕ 的正符号法则

图 10-16

现以图 10-17a 中所示圆轴为例说明上述符号规则的应用。图中需要确定 A 端相对于 D 端的扭转角。由于轴上作用有四个外加扭转力矩，AB、BC 和 CD 段横截面上的扭矩各不相同，所以需将轴分成三段。应用截面法和平衡条件，可以得到每段轴横截面上的扭矩，如图 10-17b 所示。根据右手定则，正的扭矩的指向离开轴上截开的截面，于是，有 $T_{AB} = +80\text{N} \cdot \text{m}$，$T_{BC} = -70\text{N} \cdot \text{m}$ 以及 $T_{CD} = -10\text{N} \cdot \text{m}$，根据这些可以画出扭矩沿轴线变化的图形——扭矩图，如图 10-17c 所示。

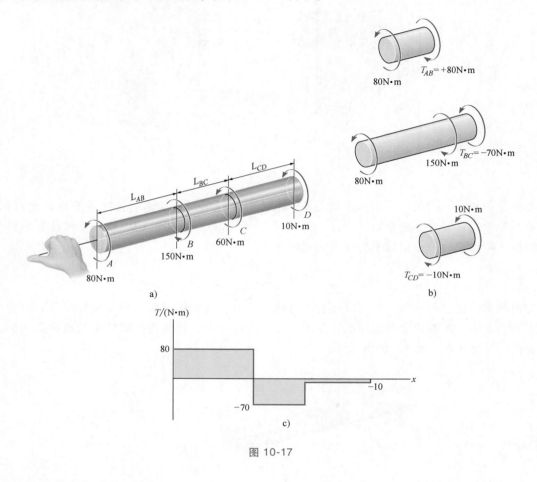

图 10-17

应用公式（10-16），有

$$\phi_{A/D} = \frac{(+80\text{N} \cdot \text{m})L_{AB}}{JG} + \frac{(-70\text{N} \cdot \text{m})L_{BC}}{JG} + \frac{(-10\text{N} \cdot \text{m})L_{CD}}{JG}$$

将相关数据代入上式，若结果为正，意味着拇指指向是背离圆轴上截开的横截面时，四指的握拳方向就是 A 端将要旋转的方向，如图 10-17a 所示。双下标符号用于表示这一相对扭转角（$\phi_{A/D}$）；但是，如果要确定的扭转角相对于固定支承的，将会采用单一的下标。例如，若 D 是一个固定支承，扭转角记为 ϕ_A。

要点

- 当应用公式（10-14）确定扭转角时，以下前提非常重要：施加的扭矩不会引起材料屈服，同时材料为均质且为线弹性。

分析过程

圆轴或圆管的一端相对于另一端的扭转角，可以通过以下的几步确定。

扭矩

- 圆轴轴向上一点的扭矩是利用截面法与力矩平衡方程得到的，要绕着圆轴的轴施加扭矩。
- 如果扭矩沿圆轴的长度方向是变化的，需要在沿轴的 x 位置处取一截面，并且将扭矩表达为 x 的函数的形式，即 $T(x)$。
- 若有多个恒定的外部扭矩作用在圆轴的两端之间，在两个外部扭转力矩之间，轴的每一段上的扭矩必须确定。结果可以以扭矩图的形式表达出来。

扭转角

- 若轴的横截面面积沿其轴向方向是变化的，极惯性矩必须表达为其在轴上 x 位置处的函数的形式，即 $J(x)$。
- 如果极惯性矩或扭矩在轴的两端之间有突变，则必须按 J、G 与 T 连续变化或恒定分段分别应用公式 $\phi = \int (T(x)/J(x)G)\, dx$ 或 $\phi = TL/JG$。
- 当确定了每一段上的扭矩，要确保在轴上采用一致的符号法则，就如同图 10-16 中讨论的那样。同样在向方程内代入数值数据时，要确保单位的统一性。

例题	10.4

安装在固定钢轴的齿轮上承受的扭转如图 10-18a 所示。若剪切模量为 80GPa，轴的直径为 14mm，确定齿轮 A 上轮齿 P 的位移。轴在 B 处的轴承内可以自由转动。

解

扭矩。 从受力图可以看出，轴的 AC、CD 与 DE 段横截面上扭矩各不相同，但在每一段上扭矩均为常数。应用截面法分别从轴的 AC、CD 与 DE 段的任意横截面处截开，其自由体受力图以及根据平衡条件算得的截开截面上扭矩分别示于图 10-18b 中。利用右手定则以及正负号规则，有

$$T_{AC} = +150\text{N} \cdot \text{m}, \quad T_{CD} = -130\text{N} \cdot \text{m}, \quad T_{DE} = -170\text{N} \cdot \text{m}$$

据此结果画出的扭矩图如图 10-18c 所示。

扭转角。 轴横截面的极惯性矩为

$$J = \frac{\pi}{2}(0.007\text{m})^4 = 3.771(10^{-9})\text{m}^4$$

在每一段上应用公式（10-16）并将所得结果相加，有

例题 | **10.4**

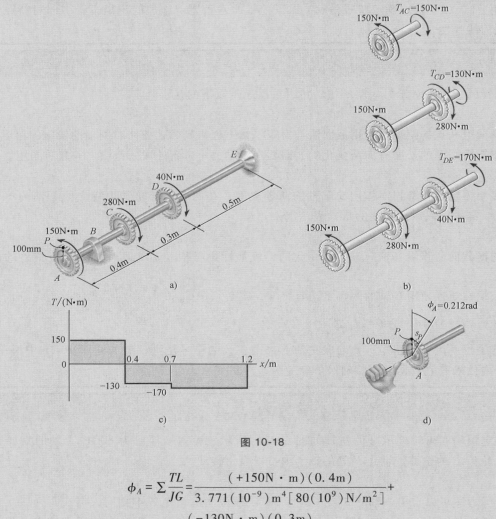

图 10-18

$$\phi_A = \sum \frac{TL}{JG} = \frac{(+150\text{N} \cdot \text{m})(0.4\text{m})}{3.771(10^{-9})\,\text{m}^4[\,80(10^9)\,\text{N/m}^2\,]} +$$

$$\frac{(-130\text{N} \cdot \text{m})(0.3\text{m})}{3.771(10^{-9})\,\text{m}^4[\,80(10^9)\,\text{N/m}^2\,]} +$$

$$\frac{(-170\text{N} \cdot \text{m})(0.5\text{m})}{3.771(10^{-9})\,\text{m}^4[\,80(10^9)\,\text{N/m}^2\,]} = 0.2121\text{rad}$$

结果中的负号，按右手定则，拇指方向是指向轴的 E 端，因此，齿轮 A 将会如图 10-18d 中所示方向旋转。

齿轮 A 上的轮齿 P 的位移为

$$S_P = \phi_A r = (0.2121\text{rad})(100\text{mm}) = 21.2\text{mm}$$

注意： 上述分析只有在切应力没有超出材料比例极限时才是有效的。

例题 | 10.5

图 10-19 所示的两个实心钢轴通过齿轮相互啮合。确定当 A 处外加扭转力矩 $T=15\text{N}\cdot\text{m}$ 时，A 端的扭转角。取 $G=80\text{GPa}$。轴 AB 在 E、F 处的轴承内可以自由转动；轴 DC 在 D 端固定。两轴的直径均为 20mm。

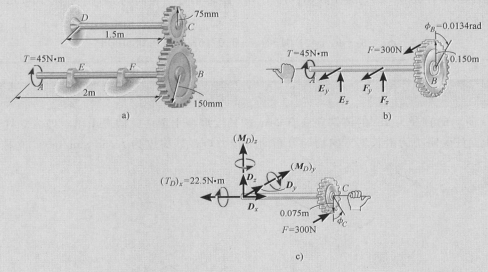

图 10-19

解

扭矩。两轴的自由体受力图分别如图 10-19b、c 所示。齿轮啮合处的相互作用力，可以分解为啮合处的切线方向和铅垂方向。根据 AB 轴上的力对于轴线的力矩平衡要求，得到齿轮啮合处切线方向的作用力 $F=45\text{N}\cdot\text{m}/0.15\text{m}=300$ N。将这一作用力对 DC 轴的轴线取力矩，得到作用在 C 处的外加扭转扭矩，$(T_D)_x=300$ N $(0.0075\text{m})=22.5\text{N}\cdot\text{m}$。

扭转角。为求 B 端扭转角，需要首先计算 DC 轴上齿轮 C 因扭转力矩 22.5N·m 产生的扭转角，如图 10-19c 所示。这一扭转角为

$$\phi_C=\frac{TL_{DC}}{JG}=\frac{(+22.5\text{N}\cdot\text{m})(1.5\text{m})}{(\pi/2)(0.010\text{m})^4[80(10^9)\text{N/m}^2]}=+0.0269\text{rad}$$

齿轮 C 处的扭转角 ϕ_C 引起齿轮 B 处的扭转角 ϕ_B，如图 10-19b 所示。这两个扭转角不相等，但两齿轮却转过相同的弧长。于是，有

$$\phi_B(0.15\text{m})=(0.0269\text{rad})(0.075\text{m})$$

$$\phi_B=0.0134\text{rad}$$

在 45N·m 的外加扭转扭矩作用下，轴 AB 的受力如图 10-19b 所示。因为 AB 轴上只有两端作用有外加扭转扭矩，所以轴的所有横截面上都具有相同的扭矩，其值等于外加扭转力矩，即 45N·m。于是，A 端相对于 B 端的扭转角为

例题 | **10.5**

$$\phi_{A/B} = \frac{T_{AB}L_{AB}}{JG} = \frac{(+45\text{N} \cdot \text{m})(2\text{m})}{(\pi/2)(0.010\text{m})^4\big[80(10^9)\text{N}/\text{m}^2\big]} = +0.0716\text{rad}$$

　　A 端的扭转角等于 ϕ_B 和 $\phi_{A/B}$ 的代数和，由于两个扭转角处于相同的方向，如图 10-19b 所示，于是得到 A 端的扭转角

$$\phi_A = \phi_B + \phi_{A/B} = 0.0134\text{rad} + 0.0716\text{rad} = +0.0850\text{rad}$$

例题 | **10.6**

　　图 10-20a 所示的直径为 2in 的铸铁立柱有 24in 的长度埋在土壤中。假设土壤对埋入立柱部分，在立柱旋转时给予立柱的阻力为沿长度方向均匀分布的扭转力矩，其集度为 t（lb·in/in）。立柱的 $G = 5.5$

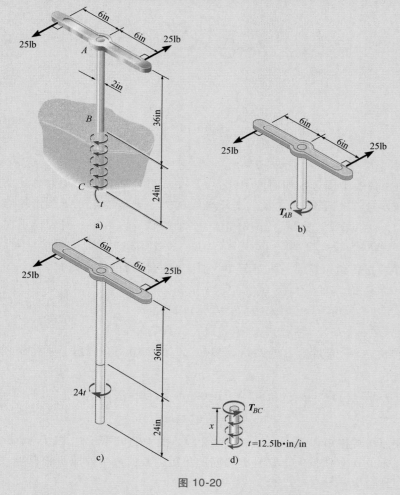

图 10-20

例题 10.6

(10^3) ksi。现用刚性扳手在立柱的顶端施加扭转力矩使转动，确定立柱即将转动时，立柱内的最大切应力以及立柱顶端的扭转角。

解

扭矩。立柱 AB 段，各横截面上的扭矩为常数。根据图 10-20b 所示的自由体受力图和平衡条件，得到 AB 段各横截面上的扭矩为

$$\sum M_z = 0, \quad T_{AB} = 25\text{lb}(12\text{in}) = 300\text{lb} \cdot \text{in}$$

对于埋入土壤中的 BC 段，其上作用有均匀分布的阻力矩，如图 10-20c 所示。根据力矩平衡条件，得到均匀分布阻力矩的集度

$$\sum M_z = 0, \quad 25\text{lb}(12\text{in}) - t(24\text{in}) = 0$$

$$t = 12.5\text{lb} \cdot \text{in}/\text{in}$$

立柱 x 位置处一段的自由体受力图如图 10-20d 所示。根据平衡，有

$$\sum M_z = 0, \quad T_{BC} - 12.5x = 0$$

$$T_{BC} = 12.5x$$

最大切应力。根据上述结果，最大扭矩发生在 AB 段，由于立柱的极惯性矩 J 为常数，所以最大切应力发生在 AB 段。应用扭转公式，有

$$\tau_{\text{max}} = \frac{T_{AB}}{J} = \frac{(300\text{lb} \cdot \text{in})(1\text{in})}{(\pi/2)(1\text{in})^4} = 191\text{psi}$$

扭转角。因为立柱即将转动时，其最底端未动。所以立柱顶端的扭转角等于顶端相对于底端的扭转角。由于 AB 与 BC 段均发生了扭转，故有

$$\phi_A = \frac{T_{AB}L_{AB}}{JG} + \int_0^{L_{BC}} \frac{T_{BC}\text{d}x}{JG}$$

$$= \frac{(300\text{lb} \cdot \text{in})36\text{in}}{JG} + \int_0^{24\text{in}} \frac{12.5x\text{d}x}{JG}$$

$$= \frac{10800\text{lb} \cdot \text{in}^2}{JG} + \frac{12.5[(24)^2/2]\text{lb} \cdot \text{in}^2}{JG}$$

$$= \frac{14400\text{lb} \cdot \text{in}^2}{(\pi/2)(1\text{in})^4 5500(10^3)\text{lb}/\text{in}^2} = 0.00167\text{rad}$$

基础题

F10-7　直径为60mm的钢轴承受扭转载荷如图所示。确定 A 端相对于 C 端的扭转角。取 $G=75\text{GPa}$。

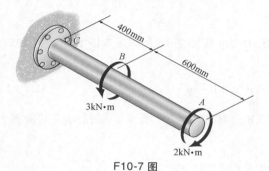

F10-7 图

F10-8　轴的直径为40mm，由剪切模量为 $G=75\text{GPa}$ 的钢制成，受力如图所示。确定轮 B 相对于轮 A 的扭转角。

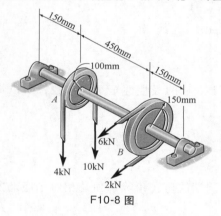

F10-8 图

F10-9　6061-T6空心铝轴的外径与内径分别为 $c_o=40\text{mm}$ 与 $c_i=30\text{mm}$。确定 A 端的扭转角。B 处为弹性扭转支承，弹性支承的扭转刚度为 $k=90\text{kN}\cdot\text{m/rad}$。

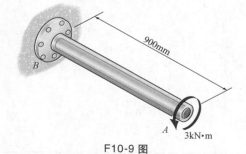

F10-9 图

F10-10　一系列齿轮安装在直径为40mm的钢轴上，确定齿轮 B 相对于齿轮 A 的扭转角。取 $G=75\text{GPa}$。

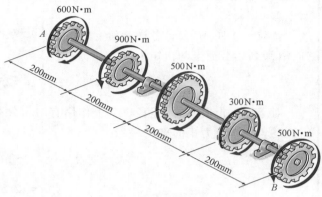

F10-10 图

F10-11　直径为80mm的轴为钢制，承受均匀分布的扭转力矩，确定 A 端相对于 B 端的扭转角。取 $G=75\text{GPa}$。

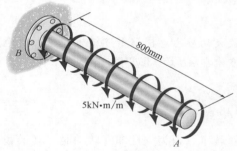

F10-11 图

F10-12　直径为80mm的轴由钢制成。若其承受一个呈三角形分布的扭转载荷，确定 A 端相对于 C 端的扭转角。取 $G=75\text{GPa}$。

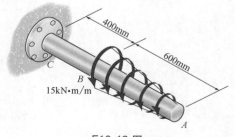

F10-12 图

习题

*10-28 船用螺旋桨与 A·36 钢管轴连接，钢轴长为 60m，外径为 340mm，内径为 260mm。若轴的转速为 20rad/s时其输出功率为 4.5MW，确定轴内的最大切应力及扭转角。

10-29 半径为 c 的实心圆轴在其两端承受扭转力矩 T。证明：在轴内产生的最大切应变为 $\gamma_{max} = Tc/JG$。确定距离轴中心 $c/2$ 处 A 点上某一单元体的切应变，画出这一单元体应变后的形状。

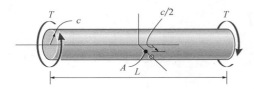

习题 10-29 图

10-30 A-36 钢轴由两个轴管 AB、CD 与一个实心轴 BC 组成。钢轴被支承在光滑轴承上以允许其自由转动。若固定在钢轴两端的齿轮承受大小为 85N·m 的扭转力矩，确定齿轮 A 相对于齿轮 D 的扭转角。轴管的外径为 30mm，内径为 20mm。实心轴的直径为 40mm。

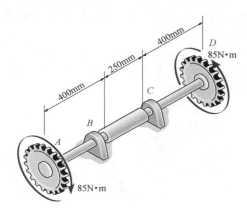

习题 10-30 图

10-31 水翼船具有长 100ft 的 A-36 螺旋桨钢轴，连接在一个串列式柴油机上。柴油机的最大功率为 2500hp，轴的转速为 1700rpm。若轴的外径为 8in，壁厚为 3/8in，确定轴内产生的最大切应力，以及轴满功率运转时的扭转角。

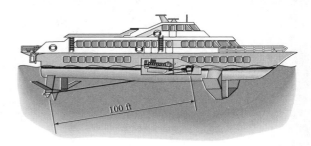

习题 10-31 图

*10-32 直径为 60mm 的轴由 6061-T6 铝制成，具有 $\tau_{allow} = 80$MPa 的许用切应力。确定轴的最大许用扭转力矩 T，以及这时圆盘 A 相对于圆盘 C 的扭转角。

10-33 直径为 60mm 的轴由 6061-T6 铝制成，具有 $\tau_{allow} = 80$MPa 的许用切应力。若圆盘 A 相对于圆盘 C 的扭转角限制不超过 0.06rad，确定轴所能承受的最大许用扭转力矩 T。

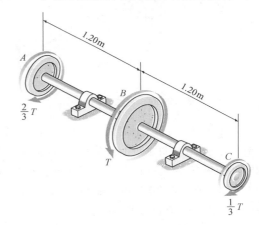

习题 10-32、习题 10-33 图

10-34 直径为 20mm 的 A-36 钢轴承受如图所示的扭转力矩。确定 B 端的扭转角。

10-35 图中所示齿轮轴由许用切应力为 $\tau_{allow} = 75$MPa 的 A992 钢制成。由齿轮 B 输入功率 15kW；齿轮 A、C 与 D 分别输出 6kW、4kW 和 5kW。确定轴所需的最小直径 d，精确到 mm；确定齿轮 A 相对于齿轮 D 的扭转角。轴以 600rpm 的转速旋转。

*10-36 图中所示齿轮轴由许用切应力为 $\tau_{allow} = 75$MPa 的 A992 钢制成。由齿轮 B 输入功率 15kW；齿轮 A、C 与 D

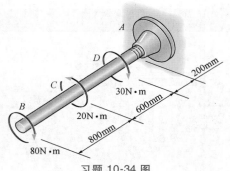

习题 10-34 图

分别输出 6kW、4kW 和 5kW，并且任意两个齿轮之间的扭转角不允许超过 0.05rad。确定轴所需的最小直径 d，精确到 mm。轴以 600rpm 的转速旋转。

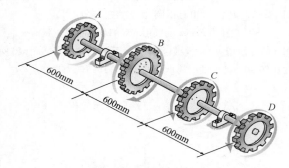

习题 10-35、习题 10-36 图

10-37　A-36 钢轴由两个轴管 AB、CD 与一个实心轴 BC 组成。钢轴被支承在光滑轴承上以允许其自由转动。若固定在钢轴两端的齿轮承受一个 85N·m 的扭矩，确定实心轴部分的 B 端相对于 C 端的扭转角。轴管的外径为 30mm，内径为 20mm。实心轴的直径为 40mm。

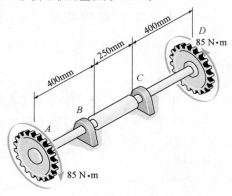

习题 10-37 图

10-38　涡轮机产生的功率为 150kW，其功率会传递到齿轮上使得齿轮 C 接收到 70% 的功率，齿轮 D 接收到 30% 的功率。若直径为 100mm 的 A-36 钢轴的转速为 $\omega = 800\text{rev/min}$，确定轴上的绝对最大切应力，以及轴上 E 端相对于 B 端的扭转角。E 处的径向轴承可以使轴绕其轴线自由旋转。

10-39　涡轮机产生的功率为 150kW，其功率会传递到齿轮上并使得齿轮 C、齿轮 D 接收到相等的功率。若直径为 100mm 的 A-36 钢轴的转速为 $\omega = 500\text{rev/min}$，确定轴上的绝对最大切应力，以及轴上 B 端相对于 E 端的扭转角。E 处的径向轴承可以使轴绕其轴线自由旋转。

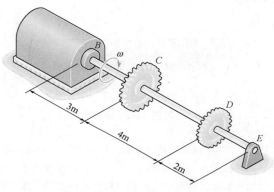

习题 10-38、习题 10-39 图

*10-40　图中所示轴由 A-36 钢制成，直径为 1in，A、D 处由轴承支承，轴承可以允许轴自由转动。确定齿轮 B 相对于 D 端的扭转角。

10-41　图中所示轴由 A-36 钢制成，直径为 1in，A、D 处由轴承支承，轴承可以允许轴自由转动。确定齿轮 C 相对于齿轮 B 端的扭转角。

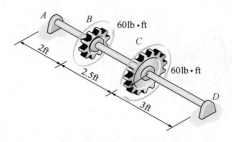

习题 10-40、习题 10-41 图

10-42　图中所示两根传动轴均由 A-36 钢制成。每根轴的直径均为 1in，A、B、C 处由轴承支承。轴承可以允许传动轴自由转动。若 D 端固定，确定图示扭转载荷作用时，

B 端的扭转角。

10-43　图中所示两根传动轴均由 A-36 钢制成。每根轴的直径均为 1in，A、B、C 处均由轴承支承。轴承可以允许传动轴自由转动。若 D 端固定，确定图示扭转载荷作用时，A 端的扭转角。

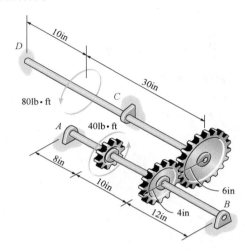

习题 10-42、习题 10-43 图

* 10-44　若轴是由许用切应力为 τ_{allow} = 20MPa 的 C83400 红黄铜制成，确定可以施加在 A、B 两处的最大许用扭转力矩 T_1、T_2，以及 A 端的扭转角。取 L = 0.75m。

10-45　若轴是由 C83400 红黄铜制成，并承受 T_1 = 20kN、T_2 = 50kN 的扭转力矩。为使 A 端的扭转角为 0，确定长度 L。

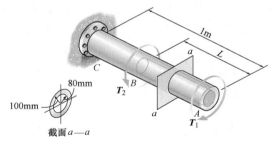

习题 10-44、习题 10-45 图

10-46　直径为 8mm 的 A-36 钢螺栓 A 端紧固在块体上。为使螺栓内的最大切应力为 18MPa，确定需要施加在扳手上的力 F 的大小；计算对应这一应力，每个力 F 的作用点的位移。假设扳手是刚性的。

10-47　利用旋转安装机，A992 钢立柱以等角速度"钻

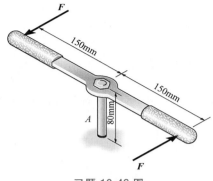

习题 10-46 图

入"土壤中。若立柱的内径为 200mm，外径为 225mm，假设由于土壤的摩擦力，立柱承受的扭转阻力矩沿着轴线方向呈图中所示的线性变化，并且在钻头处有一个 80kN·m 的集中扭转力矩。确定当立柱钻入如图所示的深度时，A 端相对于 B 端的相对扭转角。

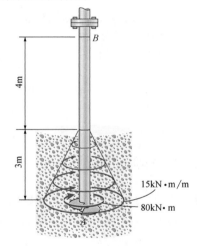

习题 10-47 图

* 10-48　圆锥轴的长度为 L，A 端的半径为 r，B 端的

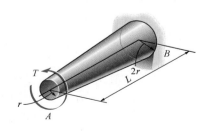

习题 10-48 图

半径为 $2r$；B 端固定并在 A 端承受一个扭转力矩 T，确定 A 端的扭转角。轴的剪切模量为 G。

10-49　半径为 c 的 ABC 杆埋入一个介质中，介质给杆一个线性分布的扭转阻力矩，其数值由 C 端的 0 线性变化至 B 端的 t_0。若在杠杆臂上施加一对力 P 形成的力偶，确定达到平衡时 t_0 的大小，以及 A 端的扭转角。杆是由剪切模量为 G 的材料制成。

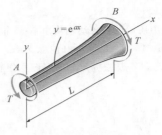

习题 10-50 图

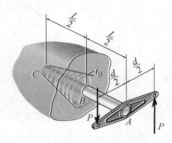

习题 10-49 图

10-50　如图所示的传动轴，其表面轮廓是由方程 $y = e^{ax}$ 确定，其中 a 为常数。若轴在两端承受大小为 T 的扭转力矩，确定 A 端相对于 B 端的扭转角。轴的剪切模量为 G。

10-51　圆柱形弹簧包含一个缠绕在刚性环上的橡胶环和刚性轴。若圆环保持固定并在刚性轴上施加扭转力矩 T，

确定轴的扭转角。橡胶的剪切模量为 G。提示：如图所示，在半径 r 处单元体的变形可以由 $r\,d\theta = dr\gamma$ 确定。利用这一表达式以及 $\tau = T/(2\pi r^2 h)$ 求解。

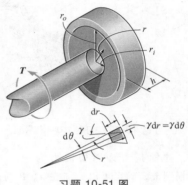

习题 10-51 图

10.5　扭转超静定问题

　　若对于轴线的力矩平衡方程，不足以确定作用在轴上的未知力矩时，这类问题称为扭转超静定问题。图 10-21a 所示的圆轴即为一例。这时轴的自由体受力图如图 10-21b 所示，其中 A 与 B 处的支承反力矩都是未知的。根据力矩平衡方程，有

$$\sum M_x = 0, \quad T - T_A - T_B = 0$$

一个方程无法解出两个未知力。

　　本节将利用 9.4 节中介绍的分析方法求解这类问题。

　　现在的协调条件或几何条件，因为两端的支承都是固定的，因而要求轴的一端相对于另一端的扭转角等于零，于是，有

$$\phi_{A/B} = 0$$

假设材料是线弹性的，应用载荷-位移关系 $\phi = TL/JG$，将协调方程表达为未知扭矩的形式。注意到 AC 段的扭矩为 $+T_A$，在 CB 段的扭矩为 $-T_B$，如图 10-21c 所示，代入上式后

$$\frac{T_A L_{AC}}{JG} - \frac{T_B L_{BC}}{JG} = 0$$

上述方程联立求解，并利用 $L=L_{AC}+L_{BC}$，得到两端的支承反力矩为

$$T_A = T\left(\frac{L_{BC}}{L}\right), \quad T_B = T\left(\frac{L_{AC}}{L}\right)$$

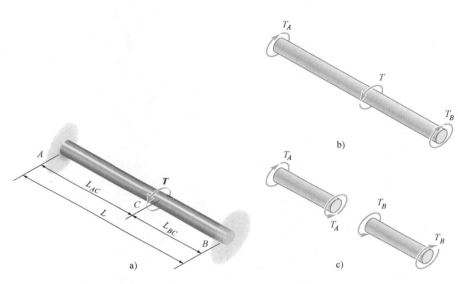

图 10-21

分析过程

扭转超静定问题中未知的支承反力矩，需要通过轴的平衡方程、协调方程和扭矩-位移关系联合求解，才能确定。

平衡方程

● 为了确定作用在轴上的未知反力矩，首先要画出轴的自由体受力图。然后写出对轴线的力矩平衡方程。

协调方程

● 为写出变形协调方程。需要考虑轴受扭时，支承对轴的约束。

● 利用扭矩-位移关系，例如 $\phi = TL/JG$，将扭转角的协调条件表达成未知支承力矩的形式。

● 联立求解平衡方程和包含未知支承力矩的协调方程，解出支承力矩。结果若为负，则表明支承力矩的实际方向与自由体受力图上所设方向相反。

切割机械上的轴两端固定，在中间设置扭转弹簧支承，承受扭矩

例题 | 10.7

直径为 20mm 的实心钢轴两端固定，承受外加扭转力矩作用，如图 10-22a 所示。确定在固定支承 A、B 端处的支座反力矩。

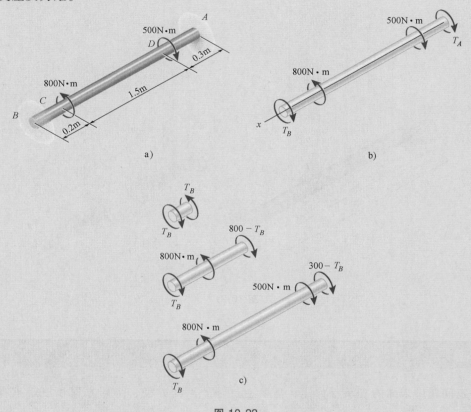

图 10-22

解

平衡方程。解除两端的固定端的约束，代之以支座反力矩，得到轴的自由体受力图，如图 10-22b 所示。因为有两个未知量，却只有一个可用的平衡方程，所以为超静定问题。

根据力矩平衡要求，有

$$\sum M_x = 0, \quad -T_B + 800\text{N} \cdot \text{m} - 500\text{N} \cdot \text{m} - T_A = 0 \tag{1}$$

协调方程。由于轴的两端固定，轴两端的扭转角必须为 0。因此，协调方程为

$$\phi_{A/B} = 0$$

利用载荷-位移关系，$\phi = TL/JG$，协调方程可以表达为未知反力矩的形式。

轴上三段横截面上的扭矩为不等常数。采用截面法，将每一段上截开，得到图 10-22c 所示自由体受力图。根据平衡条件得到每一端轴横截面上的扭矩，且均以 B 端的支承反力矩 T_B 表示。这一方法可以

例题 10.7

使得各段横截面上的扭矩均为 T_B 的函数。按照本章 10.4 节中的符号规则，有

$$-\frac{T_B(0.2\text{m})}{JG}+\frac{(800-T_B)(1.5\text{m})}{JG}+\frac{(300-T_B)(0.3\text{m})}{JG}=0$$

所以

$$T_B=645\text{N}\cdot\text{m}$$

代入方程（1），得到

$$T_A=-345\text{N}\cdot\text{m}$$

其中负号表示 $\boldsymbol{T_A}$ 的作用方向与图 10-22b 中所设方向相反。

例题 10.8

　　组合轴由粘接在黄铜芯轴上的钢管组成，B 端固定，A 端承受大小为 $T=250\text{lb}\cdot\text{ft}$ 的外加扭转力矩作用，如图 10-23a 所示。画出横截面上切应力沿半径线的分布。取 $G_{\text{st}}=11.4(10^3)\text{ksi}$，$G_{\text{br}}=5.20(10^3)\text{ksi}$。

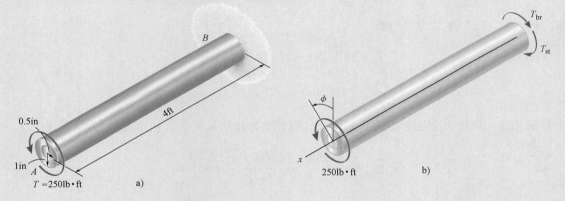

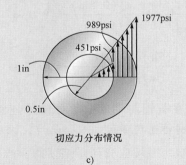

切应力分布情况

c)

图 10-23

例题 | **10.8**

解

平衡方程。轴的自由体受力图如图 10-23b 所示。在固定端处的支承反力矩由分别作用在芯轴和套管上两个未知反力矩 T_{br} 和 T_{st} 组成。以磅与英尺的单位进行计算，平衡条件要求

$$-T_{st}-T_{br}+(250\text{lb} \cdot \text{ft})(12\text{in/ft})=0 \qquad (1)$$

协调方程。由于钢与黄铜是粘接成一体，要求钢与黄铜在 A 端具有相同的扭转角。即

$$\phi = \phi_{st} = \phi_{br}$$

应用载荷-位移关系，$\phi = TL/JG$，

$$\frac{T_{st}L}{(\pi/2)\left[(1\text{in})^4-(0.5\text{in})^4\right]11.4(10^3)\text{kip/in}^2}=\frac{T_{br}L}{(\pi/2)(0.5\text{in})^4 5.20(10^3)\text{kip/in}^2}$$

$$T_{st}=32.88T_{br} \qquad (2)$$

联立求解方程（1）和方程（2），得到

$$T_{st}=2911.5\text{lb} \cdot \text{in}=242.6\text{lb} \cdot \text{ft}$$

$$T_{br}=88.5\text{lb} \cdot \text{in}=7.38\text{lb} \cdot \text{ft}$$

对于黄铜芯轴，切应力会从中心的 0 变化至与钢管交界处的最大值。利用扭转公式，

$$(\tau_{br})_{max}=\frac{(88.5\text{lb} \cdot \text{in})(0.5\text{in})}{(\pi/2)(0.5\text{in})^4}=451\text{psi}$$

对于钢套，其最小与最大切应力分别为

$$(\tau_{st})_{min}=\frac{(2911.5\text{lb} \cdot \text{in})(0.5\text{in})}{(\pi/2)\left[(1\text{in})^4-(0.5\text{in})^4\right]}=989\text{psi}$$

$$(\tau_{st})_{max}=\frac{(2911.5\text{lb} \cdot \text{in})(1\text{in})}{(\pi/2)\left[(1\text{in})^4-(0.5\text{in})^4\right]}=1977\text{psi}$$

以上结果如图 10-23c 所示。注意切应力在黄铜与钢的交界处的不连续性。这种结果是可以预期的，因为两种材料具有不同的切变模量；即钢要比黄铜硬（$G_{st}>G_{br}$），因此钢在交界处要承载更多的切应力。显然二者交界处的切应力是不连续的，但切应变却是连续的。或者说，二者交界处的切应变是相同的。

习题

*10-52 直径为 40mm 的钢轴两端 A、B 为固定端。轴承受如图所示力偶，确定轴上 AC、CB 部分的最大切应力。$G_{st} = 75GPa$。

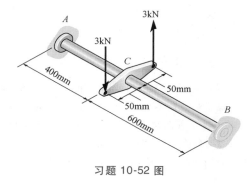

习题 10-52 图

10-53 直径为 60mm 的 A992 钢轴在其 A、B 两端固定。若其承受如图所示的外加扭转力矩，确定轴上的绝对最大切应力。

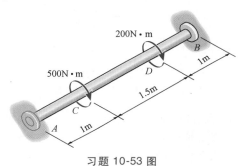

习题 10-53 图

10-54 如图所示的钢轴由两段组成：直径为 0.5in 的 AC 段与直径为 1in 的 CB 段。若轴在其两端 A、B 固定并承

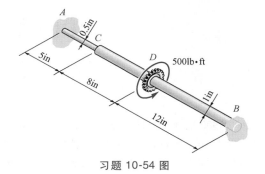

习题 10-54 图

受一个 500lb·ft 的外加扭转力矩，确定轴上的最大切应力。$G_{st} = 10.8(10^3)ksi$。

10-55 A-36 钢轴 A、D 两端固定。确定 A、D 两处的支座反力矩。

*10-56 A-36 钢轴在其 D 端固定，承受扭转载荷如图所示。如果允许 A 端产生 0.005rad 的扭转角，确定在这固定端处的支座反力矩。

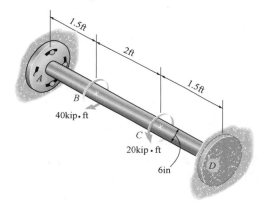

习题 10-55、习题 10-56 图

10-57 如图所示的组合轴由实心钢轴 AB 和黄铜芯轴的钢管所组成，轴在 A 端固定在刚性支承上，大小为 T = 50 lb·ft 外加扭转力矩施加在 C 端。确定 C 端发生的扭转角，并计算在黄铜芯轴与钢制部分的最大切应力与最大切应变。取 $G_{st} = 11.5(10^3)ksi$，$G_{br} = 5.6(10^3)ksi$。

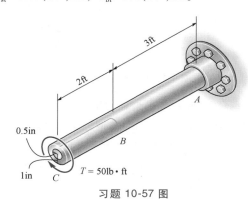

习题 10-57 图

10-58 电动机 A 在齿轮 B 上产生 450lb·ft 的扭转力

矩，直径为 2in 的钢轴 CD 在此扭转力矩作用下带动。行星齿轮 E、F 转动。齿轮 E、F 固定在竖直轴上，如图所示。确定轴的 CB、BD 部分中产生的最大切应力，以及每一部分的扭转角。在 C、D 处的齿轮只产生支座反力而不产生支座反力矩。$G_{st} = 12(10^3)$ ksi。

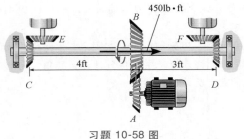

习题 10-58 图

10-59　Am 1004-T61 镁管粘接在 A-36 钢杆上。若镁与钢的许用切应力分别为 $(\tau_{allow})_{mg} = 45$ MPa，$(\tau_{allow})_{st} = 75$ MPa，确定可以施加在 A 端的许用外加扭转力矩，以及 A 端相应的扭转角。

*10-60　Am 1004-T61 镁管粘接在 A-36 钢杆上。若一个 $T = 5$ kN·m 的扭矩施加在 A 端，确定在每种材料内的最大切应力；画出横截面上的切应力分布。

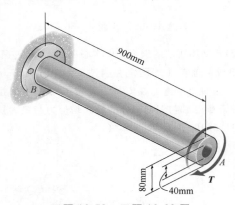

习题 10-59、习题 10-60 图

10-61　图中所示两根钢轴均由 A-36 钢制成。每根轴的直径均为 25mm，通过 C、D 两处固定在轴上的齿轮传递运动和功率。轴的 A、B 两端为固定端，C、D 两处为轴承支承，轴承允许轴自由旋转。当大小为 500N·m 的外加扭转力矩施加在齿轮 E 上时，确定 A、B 端处的支座反力矩。

10-62　确定习题 10-61 中齿轮 E 的扭转角。

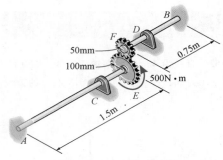

习题 10-61、习题 10-62 图

10-63　如图所示的杆由两段组成：钢杆 AB 与黄铜杆 BC。杆在两端固定并承受 $T = 680$ N·m 的外加扭转力矩，钢杆部分的直径为 30mm。为使两端墙壁处的支承反力矩大小相等，确定黄铜杆部分的直径。$G_{st} = 75$ GPa，$G_{br} = 39$ GPa。

*10-64　确定在习题 10-63 中，轴内的绝对最大切应力。

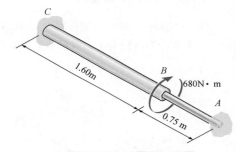

习题 10-63、习题 10-64 图

10-65　组合轴中间部分为钢管，两边的钢轴直径均为 1in；钢管与实心轴通过 A、B 两处的刚性法兰焊接成一体，轴在两端承受大小等于 800lb·ft 的外加扭转力矩。忽略法兰的厚度，确定轴上 C 端相对于 D 端的扭转角。轴的材料是 A-36 钢。

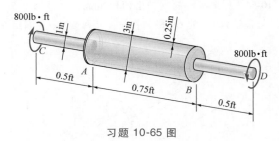

习题 10-65 图

10-66　A992 钢轴由两段组成，AC 段的直径为 0.5in，CB 段的直径为 1in。若钢轴在 A、B 两端固定，并在 CB 部分承受集度为 60lb·in/in 的均匀分布的扭转力矩，确定轴内的绝对最大切应力。

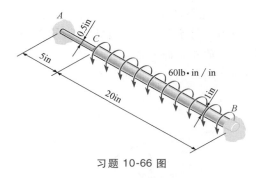

习题 10-66 图

10-67 轴由 2014-T6 铝合金管制成，在 A、C 两端固定。若轴在 AB 段承受集度为 $t = 20kN \cdot m/m$ 的均匀分布扭转力矩，确定轴内产生的最大切应力。

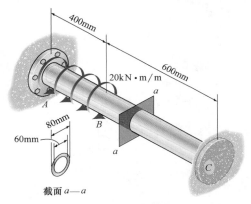

截面 a—a

习题 10-67 图

*10-68 圆锥形轴 A、B 两端固定支承。大小为 T 的外加扭转力矩施加在其长度中点处，确定在支承处的支座反力矩。

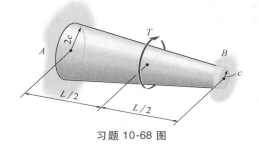

习题 10-68 图

10-69 半径为 c 的轴承受集度为 t 的分布扭转力矩，集度 $t = t(x)$ 示于图中。确定固定支承 A、B 处的支座反力矩。

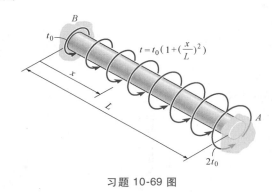

习题 10-69 图

*10.6 非圆实心截面轴

本章 10.1 节中已经证明了：当圆轴横截面上作用有扭矩时，由于圆轴结构的轴对称性质，横截面上的切应变从截面中心处的零值开始，沿半径方向线性增加，到横截面外缘上的点处达到最大值。而且，由于横截面同一半径上所有点上切应变都相等，扭转后轴的横截面将不会发生变形，即横截面依然保持平面。

具有非圆形横截面轴，属于非轴对称性结构。当轴承受扭转载荷后，其横截面将会发生凸起或翘曲。例如，图 10-24 中具有正方形横截面的轴承受扭转载荷后，从轴表面的网格线的变形即可看出这种翘曲。翘曲变形结果使非圆截面轴的扭转分析变得相当复杂，本书将不予讨论。

应用基于弹性理论的数学分析，可以确定正方形截面轴上的切应力分布。图 10-25a 所示为正方形截面轴横截面上切应力沿两条始于截面中心辐射线复杂变化的情形。复杂的切应力分布所引起的切应变将使横截面发生翘曲，如图 10-25b 所示。

特别要注意的是，轴横截面上的角点处的切应力必须等于零，切应变也因此为零。考察图 10-25c 中横截面上角点处单元体的受力与平衡，上述结论将得以证明。如果单元体的上表面出现任意方向的切应力，可以将其分解为平行于横截面两直角边的分量 τ 与 τ'，根据切应力互等定理，单元体上与两侧表面对应的面上将出现相同的切应力，而轴的外表面上没有任何力的作用，故轴外表面上的切应力必须为零。这一分析表明，横截面角点单元体上的切应力 τ 与 τ' 必须等于零，亦即，横截面角点处的切应力为零。

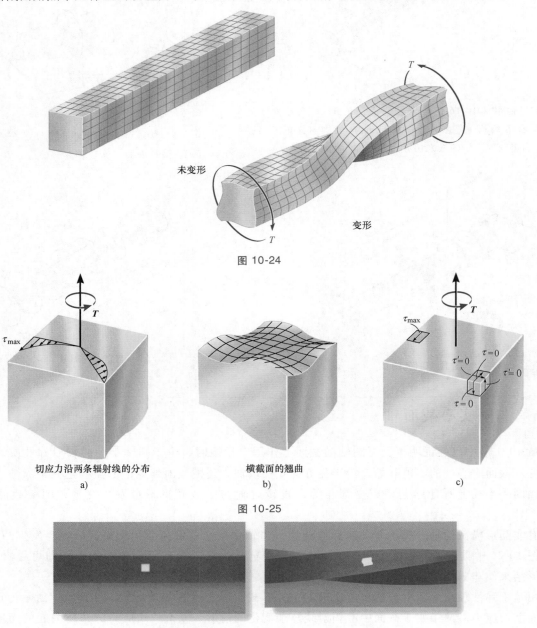

未变形

变形

图 10-24

切应力沿两条辐射线的分布

a)

横截面的翘曲

b)

c)

图 10-25

当正方形截面橡胶棒承受扭矩时，注意正方形单元体的变形对正方形截面的分析结果，以及通过弹性理论对三角形截面轴和椭圆形截面轴的分析结果，列于表 10-1 中。在所有情形下，最大切应力都发生在横截面边缘距离轴的中心线最近的点上，这些点以"圆点"的形式标记在了横截面上。表 10-1 中同时给出了每种轴的扭转角的计算公式。通过将这些结果扩展到具有任意截面的轴上可知，最优选择的轴是具有圆形横截面的轴，因为在具有相同大小的横截面面积、承受相同扭矩的情形下，与非圆形截面轴相比，圆形截面轴承受较小的最大切应力与较小的扭转角。

表 10-1

横截面形状	τ_{max}	ϕ
正方形	$\dfrac{4.81T}{a^3}$	$\dfrac{7.10TL}{a^4G}$
等边三角形	$\dfrac{20T}{a^3}$	$\dfrac{46TL}{a^4G}$
椭圆形	$\dfrac{2T}{\pi ab^2}$	$\dfrac{(a^2-b^2)TL}{\pi a^3b^3G}$

所示钻杆与土壤钻机通过正方形截面轴相连

例题 10.9

如图 10-26 所示的具有等边三角形横截面的 6061-T6 铝制轴。若轴的许用切应力为 $\tau_{allow}=8\text{ksi}$，其末端的扭转角限制在 $\phi_{allow}=0.02\text{rad}$，确定可以施加在轴上最大外加扭转力矩 T。若采用相同重量材料制成的圆截面轴，可以施加在轴的最大外加扭转力矩是多少？

例题 | 10.9

　　解　因为沿轴线方向，只有两端承受扭转力矩作用，所以任意横截面上的扭矩均为 T。利用表 10-1 中 τ_{max} 与 ϕ 的计算公式，得

$$\tau_{allow} = \frac{20T}{a^3}, \quad 8(10^3)\,lb/in^2 = \frac{20T}{(1.5in)^3}$$

$$T = 1350\,lb \cdot in$$

同样

$$\phi_{allow} = \frac{46TL}{a^4 G_{al}}, \quad 0.02\,rad = \frac{46T(4ft)(12in/ft)}{(1.5in)^4[3.7(10^6)\,lb/in^2]}$$

$$T = 170\,lb \cdot in$$

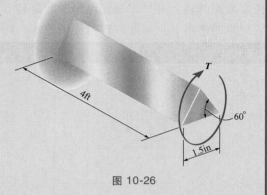

图 10-26

　　上述结果表明，所能施加的最大的外加扭转力矩取决于对扭转角的限制。

　　圆形横截面。若同样重量的铝用于制造具有相同长度的、圆形横截面的轴，横截面的半径由下式算得：

$$A_{circle} = A_{triangle}, \quad \pi c^2 = \frac{1}{2}(1.5in)(1.5\sin60°)$$

$$c = 0.557\,in$$

然后，根据对切应力与扭转角的限制要求，得到

$$\tau_{allow} = \frac{Tc}{J}, \quad 8(10^3)\,lb/in^2 = \frac{T(0.557)\,in}{(\pi/2)(0.557in)^4}$$

$$T = 2170\,lb \cdot in$$

$$\phi_{allow} = \frac{TL}{JG_{al}}, \quad 0.02\,rad = \frac{T(4ft)(12in/ft)}{(\pi/2)(0.557in)^4[3.7(10^6)\,lb/in^2]}$$

$$T = 233\,lb \cdot in$$

　　同样，所能施加的最大的外加扭转力矩取决于对扭转角的限制。

　　注意：对比这一结果（233lb·in）与上面的结果（170lb·in），可以看出圆形横截面轴要比三角形横截面轴多支承 37% 的外加扭转力矩。

习题

10-70 铝制杆具有 10mm×10mm 的正方形横截面。若其长度为 8m，确定使其一端相对于另一端扭转 90° 角时所要施加的扭转力矩 T。$G_{al} = 28\text{GPa}$，$(\tau_Y)_{al} = 240\text{MPa}$。

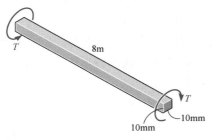

习题 10-70 图

10-71 具有椭圆形横截面与圆形横截面的轴由相同重量的相近材料制成。若两个轴具有相同的长度并承受相同大小的扭矩，确定椭圆形截面轴在最大切应力与扭转角上，比圆形截面轴所增加的百分比。

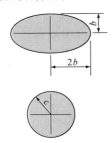

习题 10-71 图

*10-72 原本打算做一个圆形截面轴以承受扭矩，但在加工过程中做成了椭圆形截面轴，如图所示，椭圆一边的尺寸比另一边小，比例系数为 k。确定此时最大切应力所增加的系数。

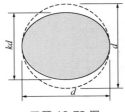

习题 10-72 图

10-73 椭圆形横截面轴由 C83400 红黄铜制成。如果其承受如图所示的扭转载荷，分别确定 AC 和 BC 段内的最大切应力，以及 B 端相对于 A 端的扭转角 ϕ。

10-74 求解习题 10-73 中 AC 和 BC 段内的最大切应力，以及 B 端相对于 C 端的扭转角 ϕ。

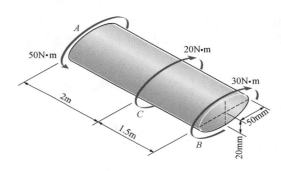

习题 10-73、习题 10-74 图

10-75 若具有等边三角形横截面的轴的 B 端，承受 $T = 900\text{lb} \cdot \text{ft}$ 的扭转力矩，确定轴内产生的最大切应力。同时确定 B 端的扭转角。轴由 6061-T1 铝合金制成。

*10-76 若轴具有等边三角形横截面，并由许用切应力为 $\tau_{\text{allow}} = 12\text{ksi}$ 的合金制成，确定可以施加在 B 端上的许用扭转力矩 T，同时确定 B 端相应的扭转角。

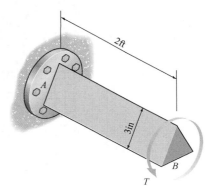

习题 10-75、习题 10-76 图

10.7   应力集中

扭转公式 $\tau_{max} = Tc/J$，不适用于轴横截面突变的区域。在这种局部区域，切应力与切应变分布都很复杂。

通过试验测试，或者通过基于弹性理论的数学分析可以得到这些局部区域的切应力与切应变的分布。这种现象称为扭转应力集中。

图 10-27 所示为工程实际中常见的三种横截面不连续的例子。其中，图 10-27a 为用于连接共线轴的联轴器，在联轴器处横截面不连续；图 10-27b 所示为齿轮轴，截面不连续处在将齿轮或带轮连接在轴上的键槽处；图 10-27c 为制造或机械加工产生阶梯轴中横截面过度处的不连续。这些情形下，最大切应力作用点在图 10-27 中均用横截面上的点（圆点）加以标记。

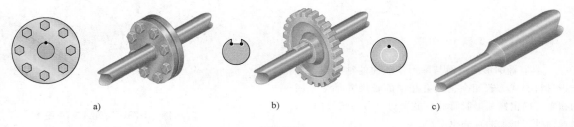

a)   b)   c)

图 10-27

通过扭转应力集中系数 K 可以替代不连续处复杂应力分析。与本书 9.7 节中轴向承载构件的应力集中系数类似，K 常常是取自基于试验数据的图表。图 10-28 所示即为阶梯轴台肩圆角应力集中系数曲线。利

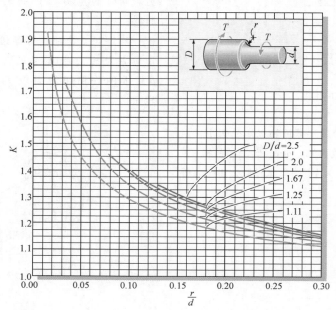

图 10-28

用这一曲线时，首先根据阶梯轴大端与小端部分的直径比 D/d 在图表找到合适的曲线，然后根据阶梯轴台肩圆角的半径与小端直径之比 r/d，以此作为横坐标值，即可从对应的纵坐标确定 K 的数值。

应力集中处最大切应力将由下式确定：

$$\tau_{\max} = K\frac{Tc}{J} \tag{10-17}$$

其中扭转公式（K 除外）相对于阶梯轴中小端部分，因为 $\tau_{\max}$ 发生在小端的根部，如图 10-27c 所示。

注意，从图 10-28 中的曲线可以看出，半径 r 增加，K 值将减小。因此，轴上的最大切应力可以通过增加半径 r 减小。类似地，大端横截面直径减小，D/d 值将降低，K 的值也将随之降低，从而使 $\tau_{\max}$ 变小。

与承受轴向载荷的构件类似，设计由脆性材料制成的轴时，或设计承受疲劳或循环扭转载荷的轴时，都需要考虑应力集中，因而总会用到扭转应力集中系数。应力集中将会大大增加应力集中处裂纹生成的概率，发生突然断裂。

另一方面，当很大的静态扭转载荷施加在由塑性材料制成的轴上时，轴上将会产生非弹性应变。材料的屈服将会使轴上的应力分布变得趋于均匀，所以最大应力将不会局限在应力集中区域发生。这一现象将在下一章中进一步讨论。

轴上的这种联轴器会发生应力集中，
轴的设计中必须要考虑到

要点

- 联轴器、键槽以及阶梯轴等构件横截面突变处，会发生应力集中现象。几何形状突变越严重，应力集中程度越高。

- 对于设计或分析，无须知道横截面上应力集中处的应力确切分布。可以直接利用应力集中系数 K 得到最大切应力。K 通过试验确定，由相关的图表和曲线可查。K 仅仅是与轴横截面突变处的几何参数相关的函数。

- 一般而言，在承受静态扭矩的韧性材料轴的设计中，没有必要考虑应力集中；但是，若材料是脆性的，或轴承受疲劳载荷，应力集中在设计中变得非常重要。

例题 | 10.10

阶梯轴在 A、B 两处由轴承支承，承受扭转力矩如图 10-29a 所示。轴的连接处，台肩圆角半径 $r=$ 6mm。确定轴上的最大切应力。

解

扭矩。根据承受载荷状况，轴上的外加扭转力矩满足力矩平衡条件。因为最大切应力发生在较小直径轴上与大端连接处，该处横截面上的扭矩由截面法和平衡方程求得为 30N·m，如图 10-29b 所示。

最大切应力。根据轴横截面突变处的几何尺寸

例题 | **10.10**

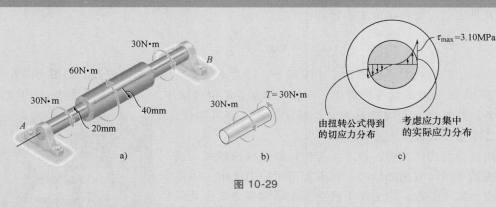

图 10-29

$$\frac{D}{d} = \frac{2(40\text{mm})}{2(20\text{mm})} = 2$$

$$\frac{r}{d} = \frac{6\text{mm}}{2(20\text{mm})} = 0.15$$

由图 10-28 可以确定应力集中系数 $K = 1.3$。

应用公式（10-17），算得轴内横截面上的最大切应力

$$\tau_{\text{max}} = K\frac{Tc}{J}, \tau_{\text{max}} = 1.3\left[\frac{30\text{N}\cdot\text{m}(0.020\text{m})}{(\pi/2)(0.020\text{m})^4}\right] = 3.10\text{MPa}$$

注意：试验结果表明，截面突变处，横截面上沿半径方向的实际应力分布与图 10-29c 中所示相似。需要注意的上，这一结果与由扭转公式得到的线性应力分布之间的差别。

习题

10-77　钢制阶梯轴的许用切应力 $\tau_{\text{allow}} = 8\text{MPa}$。若在横截面变化处的半径为 $r = 4\text{mm}$，确定可以施加在轴上的最大扭转力矩 T。

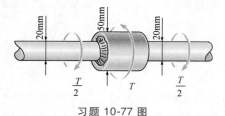

习题 10-77 图

10-78　转速 720rpm 的阶梯轴，传递的功率为 30kW，如图所示。轴的许用切应力 $\tau_{\text{allow}} = 12\text{MPa}$，轴横截面变化处

台肩圆角半径为 7.5mm。证明该轴能否运行？

10-79　转速为 540rpm 的组合轴几何尺寸如图所示。轴横截面变化处台肩圆角半径为 7.2mm，材料的许用应力为 $\tau_{\text{allow}} = 55\text{MPa}$。确定轴可以传递的最大功率。

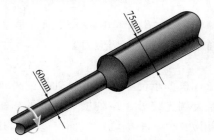

习题 10-78、习题 10-79 图

* 10-80 在阶梯轴的横截面变化处，台肩圆角半径为 2.8mm。确定在轴上产生的最大切应力。

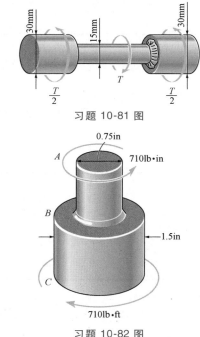

习题 10-81 图

习题 10-80 图

10-81 钢制阶梯轴的许用切应力为 $\tau_{allow} = 8MPa$。若在横截面变化处的台肩圆角半径 $r = 2.25mm$，确定可以施加在轴上的最大外加扭转力矩 T。

10-82 阶梯轴承受大小为 710lb·in 的扭转力矩作用。若材料的许用切应力为 $\tau_{allow} = 12ksi$，确定在连接处台肩圆角最小直径，以使轴可以承受这一扭转力矩作用。

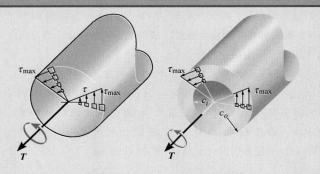

习题 10-82 图

本章回顾

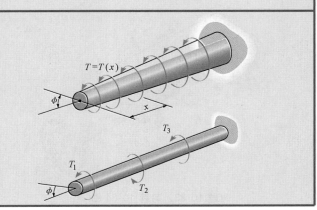

圆轴在扭矩作用下发生扭转变形，横截面上各处的切应变与其到截面中心的距离成比例。对于均匀、线弹性材料，切应力由扭转公式确定

$$\tau = \frac{T\rho}{J}$$

对轴的设计时需要确定其几何参数，

$$\frac{J}{c} = \frac{T}{\tau_{allow}}$$

传递功率轴所承受的扭转力矩 T 与轴传递的功率 P 以及轴的转速 ω 有关：$P = T\omega$

圆轴的扭转角由下式确定：

$$\phi = \int_0^L \frac{T(x)\,dx}{JG}$$

若轴上每一段扭矩 T 与 JG 均为常数，则有

$$\phi = \sum \frac{TL}{JG}$$

使用时注意扭矩和扭转角正确的正负号规则，而且加载过程中材料仍然保持线弹性

10

<table>
<tr><td colspan="2">对于超静定轴，未知的支座反力矩由平衡方程、扭转变形协调方程以及扭矩-扭转角关系确定，如 $\phi = TL/JG$</td></tr>
</table>

非圆截面实心轴在承受扭矩时其横截面会发生翘曲。这种情形下，由可用的公式可以确定其最大弹性切应力与扭转角	
当横截面发生突变时，会发生应力集中现象。最大切应力可以通过应力集中系数 K 确定，K 是由试验确定的并且表达为突变处几何参数的形式。K 一旦确定，则有 $$\tau_{\max} = K\left(\frac{Tc}{J}\right)$$	

复习题

10-83　如图所示的轴由 A992 钢制成，其许用切应力为 $\tau_{\text{allow}} = 75\text{MPa}$。当轴以 300rpm 的转速旋转时，从电动机输入的功率为 8kW，同时从齿轮 A、B 分别输出功率 5kW 与 3kW。确定轴所需的最小直径，精确到 mm。同时，确定齿轮 A 相对于 C 端的扭转角。

*10-84　如图所示的轴由 A992 钢制成，其许用切应力为 $\tau_{\text{allow}} = 75\text{MPa}$。当轴以 300rpm 的转速旋转时，从电动机输入的功率为 8kW，同时从齿轮 A、B 分别输出功率 5kW 与 3kW。若齿轮 A 相对于 C 端的扭转角不允许超过 0.03rad，确定轴所需的最小直径，精确到 mm。

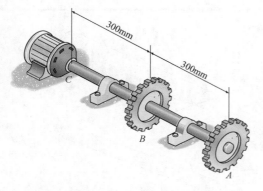

习题 10-83、习题 10-84 图

10-85　A-36 钢制圆管承受 10kN·m 的扭转力矩，若轴长 4m 并在其远端固定，确定管壁中线半径 $\rho = 60\text{mm}$ 处的切应力，并计算其扭转角。利用公式（10-7）与公式（10-15）求解。

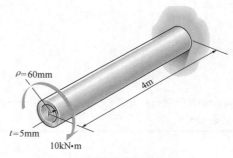

习题 10-85 图

10-86　装备件由钢杆 AB 和 BC 镁合金管组成。A-36 钢的许用切应力 $(\tau_{\text{allow}})_{\text{st}} = 75\text{mPa}$，AM 1004-T61 镁的许用切应力 $(\tau_{\text{allow}})_{\text{mg}} = 45\text{mPa}$。镁管 C 的扭转角不允许超过 0.05rad。确定可以施加在装配件上的最大许用扭转力矩 T。

10-87　如图所示的三个轴横截面，其材料的屈服应力为 τ_Y，剪切模量为 G。在不发生屈服的情况下，确定哪一个形状的轴承受的扭矩最大。其他两个轴可以承受的扭矩的百分比是多少？假设每个轴是由相同重量材料制成并具

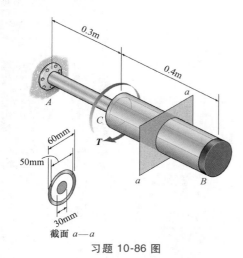

习题 10-86 图

有相同的横截面面积 *A*。

习题 10-87 图

*10-88　装配件中的 *AB*、*BC* 段分别由 6061-T6 铝合金和 A992 钢制成，*A*、*C* 两处为固定端。若由大小均为 *P* = 3kip、方向相反的两个力 *P* 组成的力偶施加在关系臂 *DE* 上，确定每一段中产生的最大切应力。

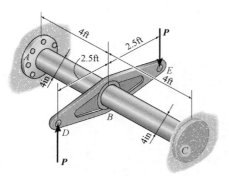

习题 10-88 图

10-89　装配件中的 *AB*、*BC* 段分别由 6061-T6 铝合金和 A992 钢制成，*A*、*C* 两处为固定端。若铝合金的许用应力 $(\tau_{allow})_{al} = 12$ksi，钢的许用应力 $(\tau_{allow})_{st} = 10$ksi，确定可以施加在水平臂上的最大许用载荷 *P*。

10-90　圆锥轴是由 2014-T6 铝合金制成，若其半径变

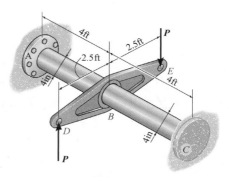

习题 10-89 图

化由 $r = 0.02(1 + x^{3/2})$ m 描述，其中 *x* 的单位为 m。若轴承受 450N·m 的扭转力矩，确定 *A* 端的扭转角。

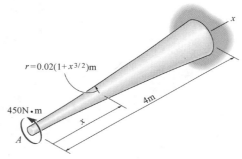

习题 10-90 图

10-91　连接在阀门扳手手柄上的实心轴 *AB*，由 C83400 红黄铜制成并具有 10mm 的直径，轴 *A* 端是固定的。确定在材料开始失效前可以施加在手柄上的最大力偶 *F*；试计算手柄的扭转角。取 $\tau_{allow} = 40$MPa。

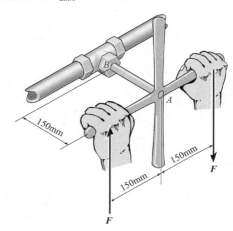

习题 10-91 图

第11章 弯　曲

梁是建筑结构中非常重要的构件。梁的设计主要基于其承受弯曲应力的能力，此为本章主题。

本章任务

- 建立描述弯曲构件横截面上剪力和弯矩沿构件轴线方向变化的方程——剪力方程与弯矩方程。
- 利用分布载荷集度、剪力与弯矩之间的关系绘制剪力图与弯矩图。
- 确定弹性对称构件承受弯曲时梁横截面上的应力。
- 提出确定非对称梁承受弯曲时梁内应力的方法。

11.1　剪力图与弯矩图

承受垂直于轴线载荷的细长构件被称为梁。一般而言，梁为等截面、细长的直杆。

根据支承方式通常将梁分为几类：简支梁——梁的一端为固定铰支座、另一端为辊轴支座，这种梁称为简支梁，如图 11-1 上方第一图所示；悬臂梁——梁的一端固定、另一端自由，称其为悬臂梁，如图 11-1 中间图所示；外伸梁——梁由固定铰支座和辊轴支座支承，但有一端或两端伸出支承以外，这种梁称为外伸梁，图11-1 下方图所示为一端外伸梁。

梁常用于支承建筑物的地板、楼板；桥梁的桥面板或者飞机的机翼；汽车中某些轴；起重机的吊杆等。甚至人体内某些部位的骨骼，都起着梁的作用。因此在各种结构设计中，梁都是需要重点考虑的构件之一。

在垂直于梁轴线载荷作用下，梁的横截面上的分布内力将组成两个内力分量——剪力 V 和弯矩 M。一般情形下，沿梁轴线方向，各横截面上的剪力与弯矩各不相同。对于梁的设计，确定梁内所有横截面中的最大剪力与最大弯矩至关重要。

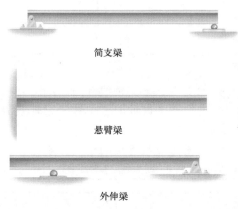

图 11-1　简支梁、悬臂梁、外伸梁

描述梁上剪力和弯矩的变化状况有两种方法：一是将 V 与 M 表示为梁横截面位置 x 的函数，分别称为剪力方程与弯矩方程。二是在确定的坐标系中剪力方程与弯矩方程用图形表示，这种图形分别称为剪力图与弯矩图。

根据剪力图和弯矩图即可得到 V 与 M 的最大值。同时，由于剪力图与弯矩图提供了梁轴线上剪力与弯矩变化的详细信息，工程师们经常用以确定梁内何处需要放置加固材料（例如钢筋）；或者沿梁的长度方向不同的点上调整梁的尺寸。

为了将 V 与 M 的公式表达为 x 的函数形式，需要选择 x 坐标轴的原点与正方向。当然这种选择可以是任意的，但最常用的是将梁的左端作为原点，自左向右为正方向。

一般情形下，在集度不等分布载荷处、集中力或集中力偶作用点处，与 x 相关的剪力方程与弯矩方程将会发生变化，此即剪力方程与弯矩方程的不连续性或者是曲线的斜率的不连续性。基于此，需要根据载荷的作用状况将梁分成若干段方程与弯矩方程，每一段梁上的剪力方程与弯矩方程是连续的。例如，在图 11-2 中，分别用坐标 x_1、x_2、x_3 表达 AB、BC、CD 三段梁沿长度方向上 V 与 M 的变化，即分别作为三段梁剪力方程和弯矩方程中的自变量。

分布载荷集度、剪力、弯矩的正负号规则　建立以 x 为函数剪力与弯矩方程以及绘制剪力图与弯矩图之前，先要确定剪力与弯矩的正负号规则，即定义 V 与 M 值的"正"与"负"。

正负号规则可以有不同的选择，本书将采用工程中常用的一种，如图 11-3 所示。分布载荷集度、剪力、弯矩的正方向分别规定如下：梁上的分布载荷向上为正；引起作用段梁产生顺时针转动效应的剪力为正；引起作用段梁的上部受压缩的弯矩为正。反之为负。

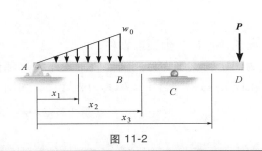

图 11-2

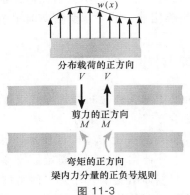

图 11-3

要点

- 承受垂直于其轴线载荷的细长直杆为梁。根据支承方式，梁分为简支梁、悬臂梁或外伸梁。
- 进行梁的设计时，了解沿梁轴线剪力与弯矩的变化是非常重要的，这有助于剪力与弯矩的最大值及其作用位置。
- 利用剪力与弯矩的正负号规则，梁内的剪力与弯矩表示成梁上横截面位置 x 的函数，据此，可以绘制表示这些的剪力图与弯矩图。

分析过程

绘制梁的剪力图与弯矩图需遵循以下步骤。

支承反力

- 确定作用在梁上的所有支承反力与反力矩，并将所有的力分解为垂直于梁轴线方向和平行于梁轴线方向的分量形式。

剪力方程与弯矩方程

- 根据载荷的作用状况分段，即集中力与/或力矩作用处之间的梁段；或者梁上没有不连续分布载荷作用段。以梁的最左端为起点，自左向右，选择每一段坐标为 x 的任意横截面。
- 在每一段坐标为 x 的任意横截面处将梁截开，画出最左端到截开处梁段的自由体受力图。假设 V 与 M 均为正方向，即与图 11-3 中给出的正负号规则一致。
- 根据垂直于梁轴线力的平衡方程得到剪力。
- 根据对 V 作用点的力矩平衡方程确定每段中截开部分弯矩。

剪力图与弯矩图

- 画出剪力图（V 相对于 x 的）与弯矩图（M 相对于 x 的）。若方程中描述 V 与 M 的数值为正，则数值点标在 x 轴上方；负值点标在 x 轴下方。
- 一般将剪力图与弯矩图放在梁的自由体受力图下方，应用时会更方便。

例题 | 11.1

画出图 11-4a 中梁的剪力图与弯矩图。

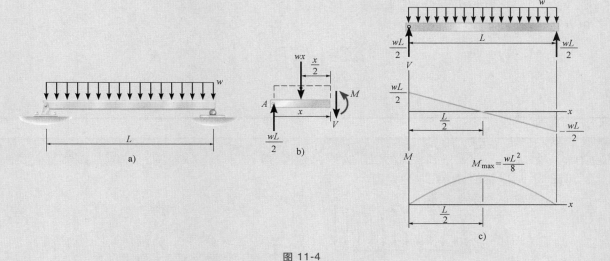

图 11-4

解

支承反力。梁上的支承反力如图 11-4c 所示。

剪力方程与弯矩方程。梁的左边一段的自由体受力图如图 11-4b 所示。在这一段上的分布载荷的合力 wx，只代表这一段梁的自由体受力图中的载荷的合力。合力作用点位于该段载荷面积形心处。应用力和力矩平衡方程，有

$$+\uparrow \sum F_y = 0, \quad \frac{wL}{2} - wx - V = 0$$

$$V = w\left(\frac{L}{2} - x\right) \tag{1}$$

$$\zeta + \sum M = 0, \quad -\left(\frac{wL}{2}\right)x + (wx)\left(\frac{x}{2}\right) + M = 0$$

$$M = \frac{w}{2}(Lx - x^2) \tag{2}$$

剪力图与弯矩图。根据方程（1）和方程（2），得到图 11-4c 中的剪力图与弯矩图。剪力为零的点可以由方程（1）得到

$$V = w\left(\frac{L}{2} - x\right) = 0$$

$$x = \frac{L}{2}$$

例题 11.1

注意：由弯矩图可知，x 的这一数值代表了最大弯矩作用的横截面位置点，因为由公式（11-2）（参见 11.2 节），斜率 $V = \mathrm{d}M/\mathrm{d}x = 0$。

由方程（2）可知

$$M_{\max} = \frac{w}{2}\left[L\left(\frac{L}{2}\right) - \left(\frac{L}{2}\right)^2 \right]$$

$$= \frac{wL^2}{8}$$

例题 11.2

画出图 11-5a 中梁的剪力图与弯矩图。

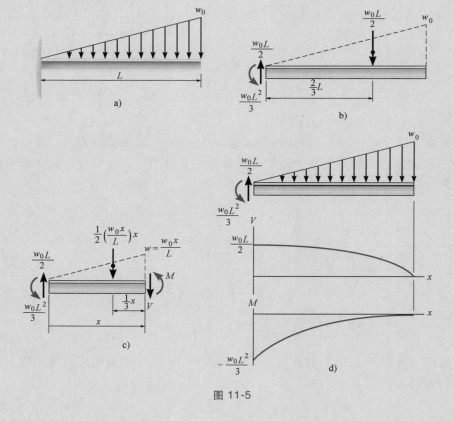

图 11-5

解

支承反力。根据梁所承受的分布载荷的合力，由力和力矩平衡方程可以确定固定端处支座反力和反力矩，如图 11-5b 所示。

例题 11.2

剪力方程与弯矩方程。长度为 x 的梁段的自由体受力图如图 11-5c 所示。注意三角形载荷在 x 处的集度通过三角形的比例关系得到，即 $w/x=w_0/L$ 或 $w=w_0x/L$。已知载荷集度，分布载荷的合力就可以通过载荷图的面积确定。因此

$$+\uparrow \sum F_y = 0, \quad \frac{w_0L}{2}-\frac{1}{2}\left(\frac{w_0w}{L}\right)x-V=0$$

$$V=\frac{w_0}{2L}(L^2-x^2) \tag{1}$$

$$\zeta+\sum M=0, \quad \frac{w_0L^2}{3}-\frac{w_0L}{2}(x)+\frac{1}{2}\left(\frac{w_0x}{L}\right)x\left(\frac{1}{3}x\right)+M=0$$

$$M=\frac{w_0}{6L}(-2L^3+3L^2x-x^3) \tag{2}$$

上述结果可以通过 11.2 节中的公式（11-1）和公式（11-2）加以验证，即

$$w=\frac{dV}{dx}=\frac{w_0}{2L}(0-2x)=-\frac{w_0x}{L}$$

$$V=\frac{dM}{dx}=\frac{w_0}{6L}(0+3L^2-3x^2)=\frac{w_0}{2L}(L^2-x^2)$$

剪力图与弯矩图。根据方程（1）和方程（2）画出的剪力图和弯矩图如图 11-5d 所示。

例题 11.3

画出图 11-6a 中梁的剪力图与弯矩图。

解

支承反力。分布载荷被分解为三角形与矩形载荷的分量形式，然后对这些载荷求合力。根据平衡方程确定两端支承处的反力如图 11-6b 中梁的自由体受力图所示。

剪力方程与弯矩方程。梁的位置为 x 的横截面左边梁段的自由体受力图如图 11-6c 所示。如上所述，梯形载荷被分解成了矩形与三角形的分布。注意三角形载荷在 x 处的集度通过三角形的比例关系得到，每一个分布的合力大小与位置如图中所示。应用平衡方程有

$$+\uparrow \sum F_y=0, \quad 30\text{kip}-(2\text{kip/ft})x-\frac{1}{2}(4\text{kip/ft})\left(\frac{x}{18\text{ft}}\right)x-V=0$$

$$V=\left(30-2x-\frac{x^2}{9}\right)\text{kip} \tag{1}$$

例题 11.3

$$\zeta + \sum M = 0, \quad -30\text{kip}(x) + (2\text{kip/ft})\,x\left(\frac{x}{2}\right) + \frac{1}{2}(4\text{kip/ft})\left(\frac{x}{18\text{ft}}\right)x\left(\frac{x}{3}\right) + M = 0$$

$$M = \left(30x - x^2 - \frac{x^3}{27}\right)\text{kip} \cdot \text{ft} \tag{2}$$

方程（2）可以通过 $dM/dx = V$ 验证，即方程（1）。同样，$w = dV/dx = -2 - (2/9)x$。这一方程也通过了验证，因为当 $x = 0$ 时，$w = -2\text{kip/ft}$，当 $x = 18\text{ft}$ 时，$w = -6\text{kip/ft}$，如图 11-6a 所示。

剪力图与弯矩图。根据方程（1）和方程（2）画出剪力图和弯矩图示于图 11-6d 中。由于当 $dM/dx = V = 0$ 时，横截面上将发生最大弯矩值［公式（11-2）］，则由方程（1），有

$$V = 0 = 30 - 2x - \frac{x^2}{9}$$

选择其算术平方根，得

$$x = 9.735\text{ft}$$

因此，由方程（2）得到

$$M_{\max} = 30(9.735) - (9.735)^2 - \frac{(9.735)^2}{27} = 163\text{kip} \cdot \text{ft}$$

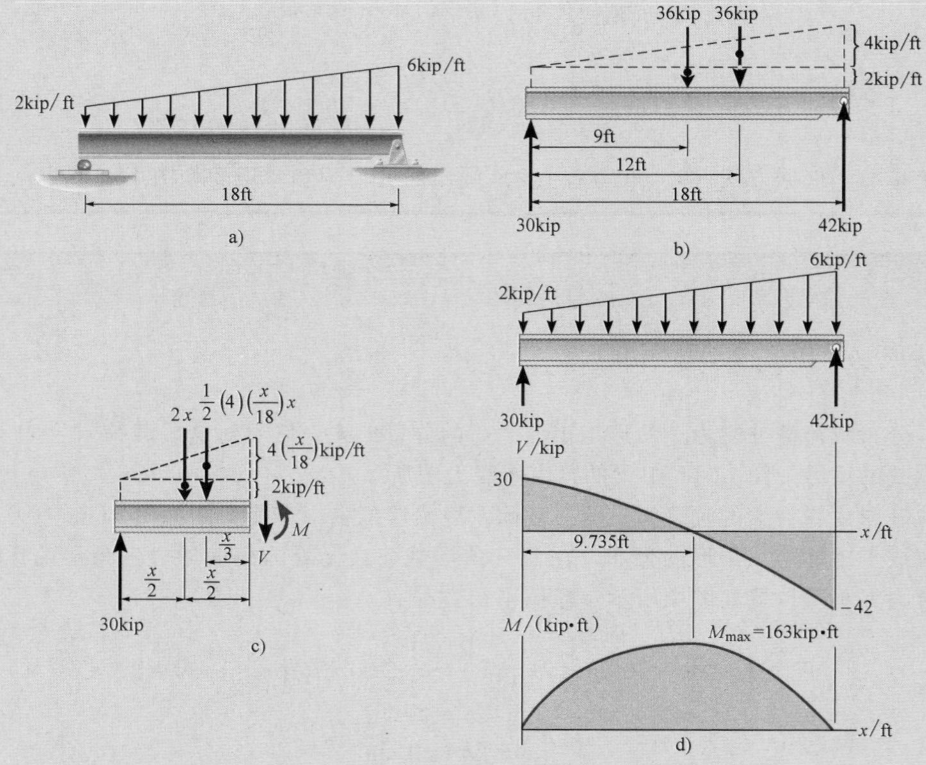

11

图 11-6

例题 | **11.4**

画出图 11-7a 中梁的剪力图和弯矩图。

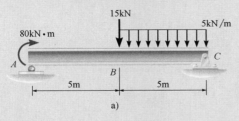

a)

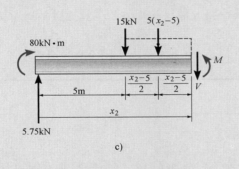

c)

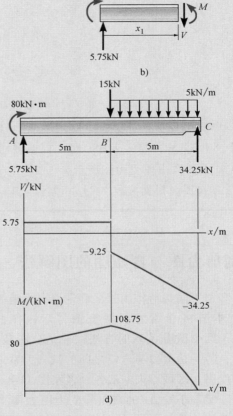

b)

d)

图 11-7

解

支承反力。根据平衡方程确定的支承反力如图 11-7d 中的自由体受力图所示。

剪力方程与弯矩方程。由于存在不连续的分布载荷以及梁的中点有一个集中载荷作用，需要分成两段描述梁的剪力方程与弯矩方程。

在 $0 \leqslant x_1 \leqslant 5\text{m}$ 处，如图 11-7b 所示：

$$+\uparrow \sum F_y = 0, \quad 5.75\text{kN} - V = 0$$

$$V = 5.75\text{kN} \tag{1}$$

$$\zeta + \sum M = 0, \quad -80\text{kN} \cdot \text{m} - 5.75\text{kN}x_1 + M = 0$$

$$M = (5.75x_1 + 80)\text{kN} \cdot \text{m} \tag{2}$$

例题 11.4

在 $5m \leqslant x_2 \leqslant 10m$ 处，如图 11-7c 所示：

$$+\uparrow \sum F_y = 0, \quad 5.75kN - 15kN - 5kN/m(x_2 - 5m) - V = 0$$

$$V = (15.75 - 5x_2)kN \tag{3}$$

$$\zeta + \sum M = 0, \quad -80kN \cdot m - 5.75kN x_2 + 15kN(x_2 - 5m)$$

$$+5kN/m(x_2 - 5m)\left(\frac{x_2 - 5m}{2}\right) + M = 0$$

$$M = (-2.5x_2^2 + 15.75x_2 + 92.5)kN \cdot m \tag{4}$$

上述结果可以通过 $w = dV/dx$ 与 $V = dM/dx$ 验证。当 $x_1 = 0$ 时，根据方程（1）和方程（2）有 $V = 5.75kN$ 与 $M = 80kN \cdot m$；当 $x_2 = 10m$ 时，根据方程（3）和方程（4）有 $V = -34.25kN$ 与 $M = 0$。验证的数值如图 11-7d 中的自由体受力图所示。

剪力图与弯矩图。根据方程（2）和方程（4）画出剪力图和弯矩图如图 11-7d 所示。

11.2   绘制剪力图与弯矩图的图解法

当梁承受多个不同载荷作用时，确定以 x 为函数的 $V(x)$ 与 $M(x)$，以及绘制剪力图和弯矩图的过程都比较烦琐。本节将介绍绘制剪力图与弯矩图的相对简单的方法——一种基于两个微分关系的方法：一是分布载荷集度与剪力之间的微分关系；另一是剪力与弯矩之间的微分关系。

分布载荷作用 区域不失一般性，考察图 11-8a 所示的承受任意分布载荷的梁。梁上小段 Δx 的自由体受力图如图 11-8b 所示。由于小段选择的位置 x 处为没有集中力或力矩作用的区域，所以由这一小段得到的结果不适用于集中力和力矩作用的区域点。

注意，根据图 11-3 中所确定的正负号规则，小段上的载荷以及两侧横截面上的剪力和弯矩均为正方向。为了维持平衡，作用在小段右边横截面上的剪力和弯矩，相对于左侧横截面上的剪力和弯矩都有微小增量 ΔV 和 ΔM。作用在小段上分布载荷的合力 $w(x)\Delta x$ 作用在小段长度的中央 $\Delta x/2$ 处。根据小段的平衡方程，有

桌子的失效发生在右边支架的支承处。若画出桌子在载荷作用下的弯矩图，该处为最大弯矩截面

$$+\uparrow \sum F_y = 0, \quad V + w(x)\Delta x - (V + \Delta V) = 0$$

$$\Delta V = w(x)\Delta x$$

$$\zeta + \sum M_O = 0, \quad -V\Delta x - M - w(x)\Delta x\left[\frac{1}{2}(\Delta x)\right] + (M + \Delta M) = 0$$

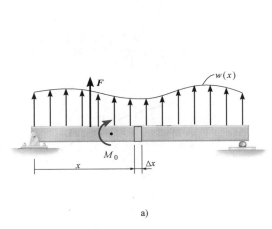

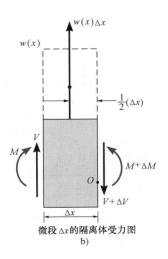

微段 Δx 的隔离体受力图

b)

图 11-8

$$\Delta M = V\Delta x + w(x)\frac{1}{2}(\Delta x)^2$$

在方程两边除以 Δx，并令 $\Delta x \to 0$，由极限概念，上述方程变为

$$\begin{cases} \dfrac{\mathrm{d}V}{\mathrm{d}x} = w(x) \\ \text{某点处剪力图的斜率}=\text{该点处分布载荷的集度} \end{cases} \qquad (11\text{-}1)$$

$$\begin{cases} \dfrac{\mathrm{d}M}{\mathrm{d}x} = V \\ \text{某点处弯矩图的斜率}=\text{该点处剪力的数值} \end{cases} \qquad (11\text{-}2)$$

根据这两个方程可以形成快速绘制梁的剪力图与弯矩图的新方法。公式（11-1）表明，一点处剪力图的斜率等于分布载荷的集度。例如，考虑图 11-9a 中所示的梁，其分布载荷为负，集度从 0 变化到 $-w_B$。因此，剪力图将会是一个具有负的斜率的曲线，其斜率由 0 到 $-w_B$。图 11-9b 示出了 A、C、D 和 B 各点的斜率 $w_A = 0$，$-w_C$，$-w_D$ 和 $-w_B$。

公式（11-2）表明，一点处弯矩图的斜率等于剪力的大小。注意图 11-9b 中的剪力图从 $+V_A$ 开始，减小到 0，然后变为负值并减小到 $-V_B$。于是弯矩图将会具有一个初始斜率 $+V_A$，逐渐减小至 0，随后斜率变为负值并减小至 $-V_B$。图 11-9c 示出了斜率 V_A、V_C、V_D、0 与 $-V_B$。

公式（11-1）与公式（11-2）还可以写为 $\mathrm{d}V = w(x)\mathrm{d}x$ 与 $\mathrm{d}M = V\mathrm{d}x$ 的形式。注意 $w(x)\mathrm{d}x$ 与 $V\mathrm{d}x$ 分别代表分布载荷与剪力图上的微分面积，对梁上任意两点 C 与 D 之间的这些面积进行积分，如图 11-9d 所示，就可以写为

$$\Delta V = \int w(x)\,\mathrm{d}x$$

剪力数值的变化 = 分布载荷图的面积 $\qquad (11\text{-}3)$

$$\Delta M = \int V(x)\,\mathrm{d}x$$

弯矩数值的变化 = 剪力图的面积 $\qquad (11\text{-}4)$

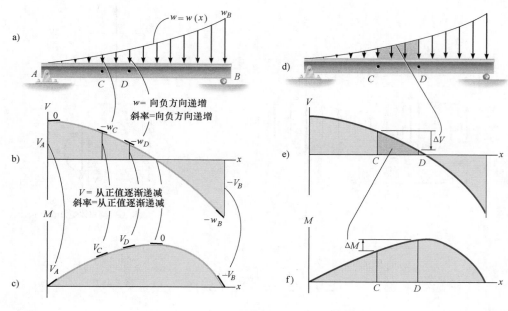

图 11-9

公式（11-3）表明，在 C 与 D 之间剪力的变化量等于这两点间分布载荷曲线下的面积，如图 11-9d 所示。因为分布载荷的作用方向向下，其变化量为负值。类似地，公式（11-4）为 C、D 两点间弯矩的变化，等于由 C 到 D 区域内剪力图下边的面积，如图 11-9f 所示。因为剪力为正，故此处的变化量为正值。

　上述公式不能应用于集中载荷或集中力矩作用的情形，下面将介绍这种情形。

集中载荷与力偶矩作用的区域　集中力作用情形下，从梁上截取一小段，其自由体受力图如图 11-10a 所示。按照正负号规则，作用在梁上的集中力 F 的正方向向上，两侧横截面上的剪力和弯矩均为正方向。根据力的平衡方程，有

$$+\uparrow \sum F_y = 0, \quad V+F-(V+\Delta V)=0$$
$$\Delta V = F \tag{11-5}$$

所得结果 ΔV 为正值，因此剪力将会向上"突变"。反之，若作用在梁上的集中力 F 的作用方向是向下的，则突变值（ΔV）将向下。

对于集中力偶作用的情形，用力偶作用点两侧的横截面从梁上截出一小段，小段上包含大小为 M_0 且为正方向的力偶矩，小段受力如图 11-10b 所示。根据力矩平衡要求，有

$$\curvearrowleft +\sum M_O = 0, \quad M+\Delta M-M_0-V\Delta x-M=0$$

令 $\Delta x \to 0$，得到小段两侧横截面上弯矩的突变值

$$\Delta M = M_0 \tag{11-6}$$

结果表明，若施加的 M_0 为顺时针方向（按规定为正值），ΔM 为正值，因而

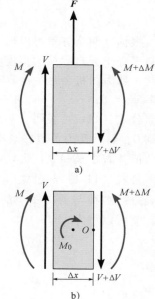

图 11-10

弯矩图将向上"突变"。反之，当 M_0 作用方向是逆时针方向（按规定为负值），突变值（ΔM）为负值，因而弯矩图将向下"突变"。

分析过程

基于分布载荷、剪力与弯矩之间的关系，形成绘制剪力图和弯矩图方法如下。

支承反力

• 确定支承反力，并将作用在梁上的外力分解为垂直和平行于梁轴线的分量。

剪力图

• 建立 $V\text{-}x$ 坐标系，在坐标中标出梁两端已知的剪力。

• 确认分布载荷沿梁的轴线方向如何变化，即分布载荷集度的大小和正负号（集度 w 方向向上时，为正；反之为负）。从而确定剪力图斜率（$\mathrm{d}V/\mathrm{d}x = w$）的变化方式（大小与正负号）。

• 若需要确定某一横截面上的剪力，可以利用截面法与力平衡方程，也可以利用 $\Delta V = \int w(x)\,\mathrm{d}x$ 确定。$\Delta V = \int w(x)\,\mathrm{d}x$ 表明任意两截面间的剪力变化值等于两截面间载荷图的面积。

弯矩图

• 建立 M 与 x 坐标系，在坐标中标出梁两端已知的弯矩。

• 根据梁上剪力变化情况（大小和正负），从而确定弯矩图斜率（$\mathrm{d}M/\mathrm{d}x = V$）的变化方式（大小与正负号）。

• 在剪力为 0 处有 $\mathrm{d}M/\mathrm{d}x = 0$，因此该处横截面上的弯矩将为最大值或最小值。

• 若需要确定某一横截面上的弯矩，可以利用截面法与力矩平衡方程，也可以利用 $\Delta M = \int V(x)\,\mathrm{d}x$ 确定。$\Delta M = \int V(x)\,\mathrm{d}x$ 表明任意两横截面弯矩的变化等于两截面间剪力图与 x 轴之间的面积。

• 由于通过微分关系对 $w(x)$ 进行积分得到 ΔV，对 $V(x)$ 进行积分得到 $M(x)$，所以当 $w(x)$ 为 n 次曲线时，$V(x)$ 则将会是 $n+1$ 次曲线，$M(x)$ 将会是 $n+2$ 次曲线。例如，当 $w(x)$ 为均匀分布集度时，$V(x)$ 图线将是一直线，$M(x)$ 图线将是二次抛物线。

例题　11.5

画出图 11-11a 中梁的剪力图与弯矩图。

解

支承反力。 在固定支承处的支承反力如图 11-11b 所示。

剪力图。 首先，根据载荷的连续性，将梁分为两段，建立 $V\text{-}x$ 坐标系，应用截面法和平衡方程确定梁每一段两个端点上的剪力大小和正负，并将其标在 $V\text{-}x$ 坐标中，如图 11-11c 所示。由于梁上没有分布载荷作用，剪力图中的斜率如图所示均为零。据此即可画出梁的剪力图。需要注意的是，在梁的中点集中力 P 作用点处，剪力图向下突变，突变数值为 P。因为集中力 P 作用方向向下。

弯矩图。 梁上的弯矩图分为两段，如图 11-11d 所示。两段弯矩图均为斜直线，其斜率分别为 $+2P$ 和 $+P$。

11

例题 11.5

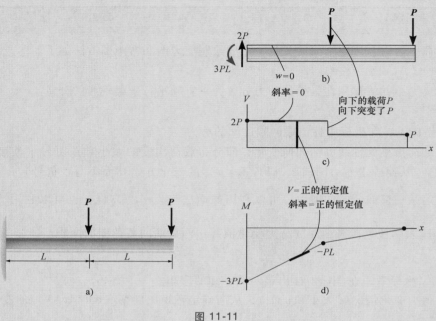

图 11-11

在梁的中点处的弯矩值可以通过截面法确定，或者通过剪力图与 x 轴所围的面积确定。根据梁中点以左部分的剪力图，得到

$$M\big|_{x=L}=M\big|_{x=0}+\Delta M$$

$$M\big|_{x=L}=-3PL+(2P)(L)=-PL$$

例题 11.6

画出图 11-12a 中梁的剪力图与弯矩图。

解

支承反力。支承反力如图 11-12b 中的自由体受力图所示。

剪力图。首先，根据集中力偶作用位置，将梁分成两段，确定每一段两端的剪力大小与正负号，并将其标在 V-x 坐标中，进而画出剪力图，如图 11-12c 所示。由于梁上没有分布载荷作用，剪力图斜率处处为零，即剪力图为水平直线。

弯矩图。根据载荷以及平衡条件，梁的两端上的弯矩均为零。因为梁上剪力处处相等，梁两段弯矩图为两条斜率（$-M_0/2L$）相同的斜直线，如图 11-12d 所示。注意到在梁的中点处，弯矩图发生向上的突变，突变值为 M_0，但对剪力图没有影响。

例题 | **11.6**

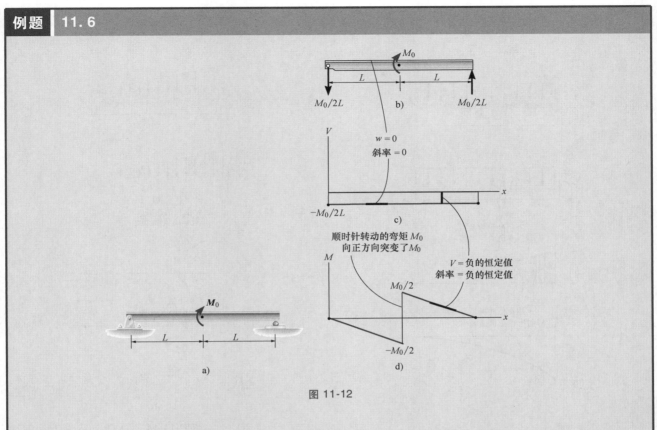

图 11-12

11

例题 | **11.7**

分别画出图 11-13a、图 11-14a 中每个梁的剪力图与弯矩图。

解

支承反力。 两根梁在固定端处的支承反力分别为图 11-13b、图 11-14b 自由体受力图所示。

剪力图。 首先，确定梁两端点处横截面上剪力大小和正负，并将其标在 V-x 坐标中，如图 11-13c、图 11-14c 所示。根据每根梁上的分布载荷集度与剪力图斜率之间的关系（$\mathrm{d}V/\mathrm{d}x = w$），即可确定剪力图的形状。

弯矩图。 首先，确定梁两端点处横截面上弯矩大小和正负，并将其标在 M-x 坐标中，如图 11-13d、图 11-14d 所示。根据每一点剪力值的大小和正负号，可以确定对应的弯矩图的斜率（$\mathrm{d}M/\mathrm{d}x = V$）。需要注意的是，怎样根据剪力图的变化确定弯矩图的曲线形状。

注意： 通过对 $\mathrm{d}V = w\mathrm{d}x$、$\mathrm{d}M = V\mathrm{d}x$ 的积分，观察从 w 到 V 再到 M，曲线的次数是如何变化的。例如，在图 11-14 中，线性分布载荷产生二次曲线剪力图与三次曲线弯矩图。

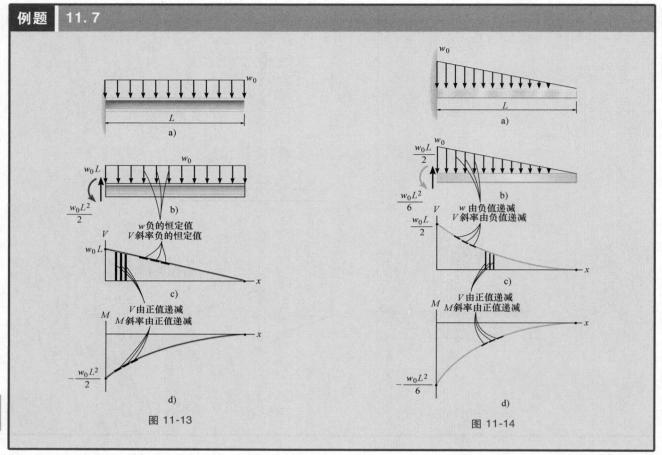

例题 11.7

图 11-13

图 11-14

 11

例题 11.8

画出图 11-15a 中悬臂梁的剪力图与弯矩图。

解

支承反力。在固定端 B 处的支承反力如图 11-15b 所示。

剪力图。在 A 端的剪力为 $-2kN$，将其标在 $x=0$ 处，如图 11-15c 所示。根据载荷 w 所定义的剪力图斜率，这一段的剪力图为水平直线。在 $x=4m$ 处，剪力为 $-5kN$。这一值可以利用公式（11-3）以及分布载荷图的面积加以验证。

$$V\big|_{x=4m}=V\big|_{x=2m}+\Delta V=-2kN-(1.5kN/m)(2m)=-5kN$$

弯矩图。在 $x=0$ 处，弯矩为零，图 11-5d 中已经标出。根据剪力图，这一段弯矩图的斜率处处相等并且等于这一段的剪力，据此画出这一段的弯矩图。在 $x=0$ 处，弯矩 $M=0$；在 $x=2m$ 处的弯矩根据 $x=0$ 到 $x=2m$ 处剪力图与 x 轴之间的面积确定，

$$M\big|_{x=2m}=M\big|_{x=0}+\Delta M=0+[-2kN(2m)]=-4kN\cdot m$$

例题 11.8

这一结果与通过图 11-15e 所示截面法得到的结果相同。

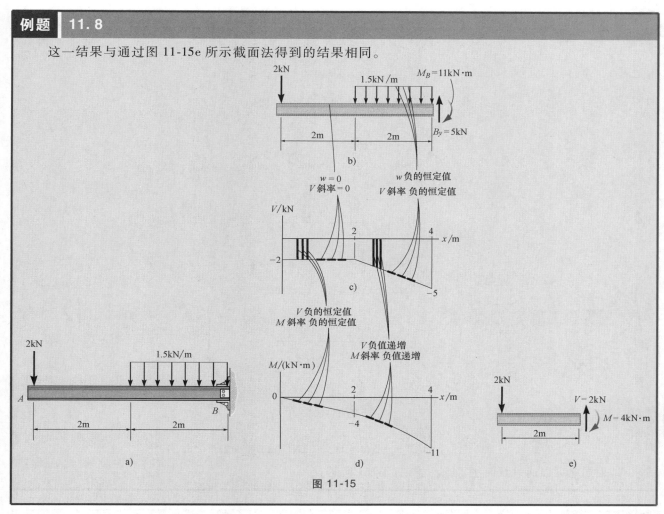

图 11-15

例题 11.9

画出图 11-16a 所示外伸梁的剪力图与弯矩图。

解

支承反力。支承反力如图 11-16b 所示。

剪力图。在梁的 A 端剪力为 -2kN，将其标在 V-x 坐标中 $x=0$ 处，如图 11-16c 所示。根据剪力图的斜率与载荷的关系，两支承之间的剪力图为水平直线；外伸段的剪力图为斜直线，其斜率为 -40kN/m，据此画出剪力图，如图 11-16c 所示。特别要注意在 $x=4$m 处，因为支座反力 B_y 作为集中力将使剪力图在其作用点处产生大小为 10kN 的向上突变，如图所示。

弯矩图。在 $x=0$ 处的弯矩为 0，将其标在 M-x 坐标中，如图 11-16d 所示。然后根据弯矩图的斜率与剪力关系，画出弯矩图。$x=4$m 处的弯矩是根据 $x=0$ 到 $x=4$m 之间剪力图与 x 轴所围的面积得到的。

例题 | **11. 9**

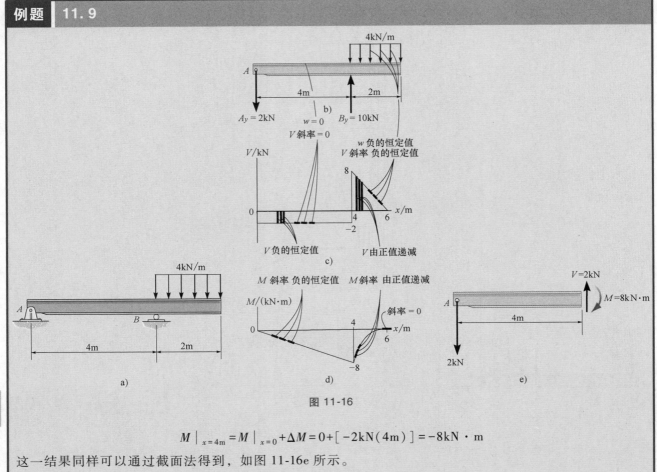

图 11-16

$$M \big|_{x=4\text{m}} = M \big|_{x=0} + \Delta M = 0 + [-2\text{kN}(4\text{m})] = -8\text{kN} \cdot \text{m}$$

这一结果同样可以通过截面法得到，如图 11-16e 所示。

例题 | **11. 10**

  轴 A 端由推力轴承支承，B 端由径向轴承支承，承受的载荷如图 11-17a 所示。画出其剪力图与弯矩图。

  解

  支承反力。支承反力如图 11-17b 所示。

  剪力图。如图 11-17c 所示，在 $x=0$ 处的剪力为 $+240\text{lb}$。根据剪力图的斜率与载荷集度之间的关系，可以画出剪力图，其中在 B 处的值为 -480lb。

  由于 A、B 端剪力改变了符号，需要确定 $V=0$ 的点。应用截面法，在任意位置 x 处将轴截开，截取的左边部分轴的自由体受力图如图 11-17e 所示。x 处的分布载荷集度 $w=10x$，通过三角形的比例关系得到，即 $120/12 = w/x$。

  令该处 $V=0$，得到

例题 | **11. 10**

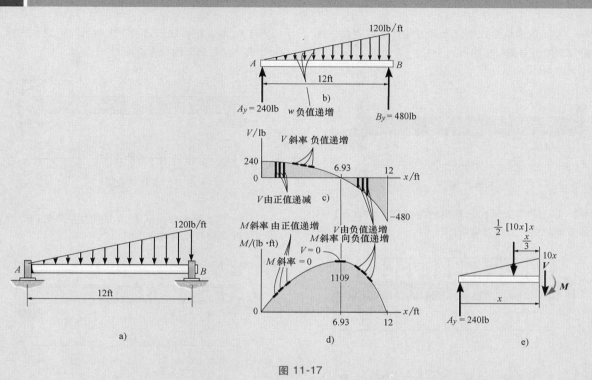

图 11-17

$$+\uparrow \sum F_y = 0, \quad 240\text{lb} - \frac{1}{2}(10x)x = 0$$

$$x = 6.93\text{ft}$$

弯矩图。由于 A 端没有弯矩，所以弯矩图是从 0 开始，然后由弯矩图斜率与剪力图的关系，可以画出弯矩图。在 $x = 6.93\text{ft}$ 处的剪力为 0，因为 $\text{d}M/\text{d}x = V = 0$，所以该处为最大弯矩作用的横截面，如图 11-17d 所示。

根据图 11-17e 所示的受力图，将所得到的 x 值代入力矩平衡方程，有

$$\zeta + \sum M = 0,$$

$$M_{\max} + \frac{1}{2}\left[(10)(6.93)\right]6.93\left(\frac{1}{3}(6.93)\right) - 240(6.93) = 0$$

$$M_{\max} = 1109\text{lb} \cdot \text{ft}$$

最后，要注意的是，载荷 w 是线性的，得到的剪力图图线为二次抛物线，对应的弯矩图图线为三次曲线。

注意：建议读者将上述例题中所学分析方法，应用到例题 11.1 至例题 11.4 中进行自我测试，应用这种方法画出剪力图与弯矩图。

基础题

F11-1 以 x 的函数形式表达出剪力与弯矩的方程，然后画出悬臂梁的剪力图与弯矩图。

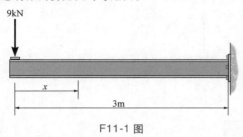

F11-1 图

F11-2 以 x 的函数形式表达出剪力与弯矩的方程，然后画出悬臂梁的剪力图与弯矩图。

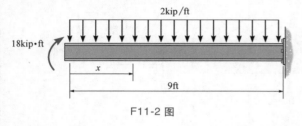

F11-2 图

F11-3 以 x 的函数形式表达出剪力与弯矩的方程，然后画出悬臂梁的剪力图与弯矩图。

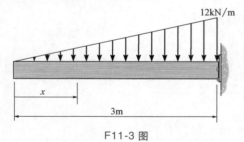

F11-3 图

F11-4 在 $0<x<1.5\text{m}$，$1.5\text{m}<x<3\text{m}$ 处，以 x 的函数形式表达出剪力与弯矩的方程，然后画出悬臂梁的剪力图与弯矩图。

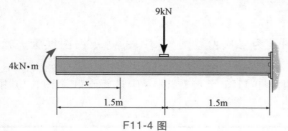

F11-4 图

F11-5 以 x 的函数形式表达出剪力与弯矩的方程，然后画出简支梁的剪力图与弯矩图。

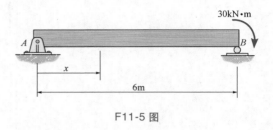

F11-5 图

F11-6 以 x 的函数形式表达出剪力与弯矩的方程，然后画出悬臂梁的剪力图与弯矩图。

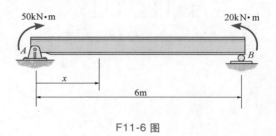

F11-6 图

F11-7 画出简支梁的剪力图与弯矩图。

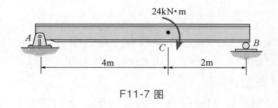

F11-7 图

F11-8 画出悬臂梁的剪力图与弯矩图。

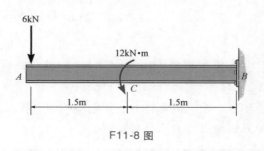

F11-8 图

F11-9　画出两端外伸梁的剪力图与弯矩图。

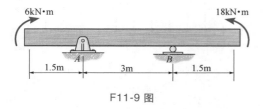

F11-9 图

F11-10　画出简支梁的剪力图与弯矩图。

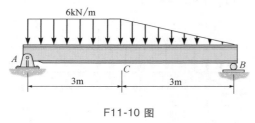

F11-10 图

F11-11　画出两端外伸梁的剪力图与弯矩图。

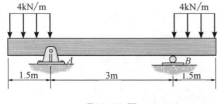

F11-11 图

F11-12　画出简支梁的剪力图与弯矩图。

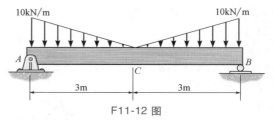

F11-12 图

F11-13　画出简支梁的剪力图与弯矩图。

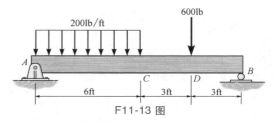

F11-13 图

F11-14　画出外伸梁的剪力图与弯矩图。

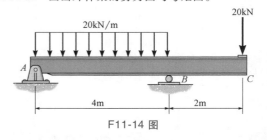

F11-14 图

11

习题

11-1　如图所示的锁紧器用于承受载荷。若施加在手柄上的力为 50lb，确定作用在每根索链上的张力 T_1 与 T_2，然后画出杆臂 ABC 的剪力图与弯矩图。

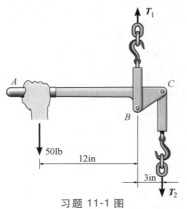

习题 11-1 图

11-2　画出轴的剪力图与弯矩图。在 A、D 端的轴承只给轴提供铅垂支座反力，载荷施加在 B、C、E 处的滑轮上。

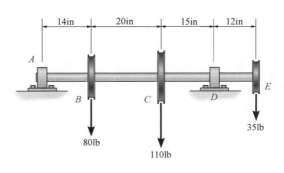

习题 11-2　图

11-3　如图所示的引擎吊车用于承受重量为 1200 lb 的发动机。当吊杆 *ABC* 处于如图所示的水平位置时，画出其剪力图与弯矩图。

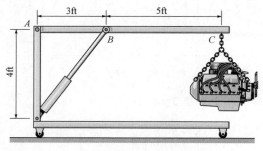

习题 11-3 图

*11-4　画出悬臂梁的剪力图与弯矩图。

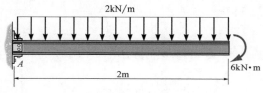

习题 11-4 图

11-5　画出梁的剪力图与弯矩图。

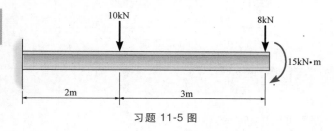

习题 11-5 图

11-6　将梁的剪力与弯矩表达为 *x* 的函数形式，并画出其剪力图与弯矩图。

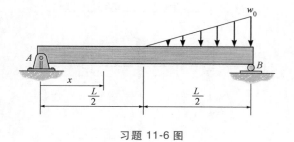

习题 11-6 图

11-7　画出组合梁的剪力图与弯矩图。

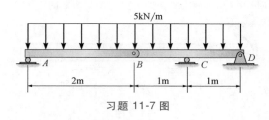

习题 11-7 图

*11-8　将梁的剪力与弯矩表达为 *x* 的函数形式，并画出其剪力图与弯矩图。

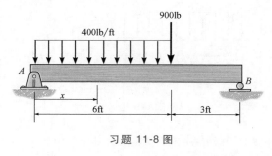

习题 11-8 图

11-9　将外伸梁的剪力与弯矩表达为 *x* 的函数形式，并画出其剪力图与弯矩图。

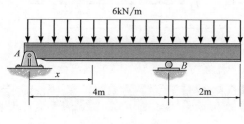

习题 11-9 图

11-10　吧台椅上的构件 *ABC* 与 *BD* 在 *B* 处刚性连接，在 *D* 处的光滑颈套筒可以使其沿着铅垂槽自由滑动。画出构件 *ABC* 的剪力图与弯矩图。

11-11　画出管的剪力图与弯矩图。其左端的螺纹处承受大小为 5kN 的水平力。提示：在固定铰支座 **C** 处的支承反力可以分解为铅垂和水平分力，然后由整体平衡条件确定。

*11-12　经过加强的混凝土桥墩上的横梁用于支承桥面板下方的纵梁。画出在图示载荷作用下，桥墩横梁的剪力图与弯矩图。假定支柱 *A*、*B* 只给桥墩横梁提供铅垂反力。

11-13　画出图中杆的剪力图与弯矩图。杆被 *A* 处的销钉与 *B* 处的光滑板支承，由于板的边缘处于凹槽内，所以不会给杆提供铅垂力，但能支承弯矩。

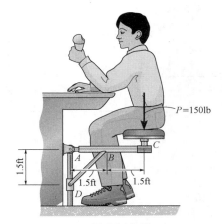

习题 11-10 图

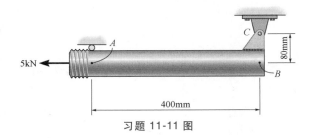

习题 11-11 图

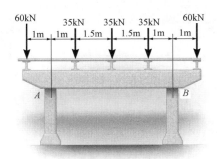

习题 11-12 图

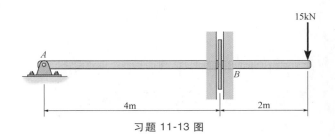

习题 11-13 图

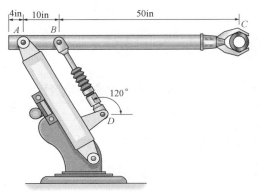

习题 11-14 图

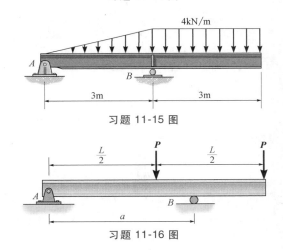

习题 11-15 图

习题 11-16 图

11-14 工业机器人处于某一固定位置如图所示。若臂杆 *ABC* 在 *A* 端由销钉支承，并铰接于液压缸 *BD* 上（二力杆），画出臂杆的剪力图与弯矩图。假定臂杆与抓手具有相同的重度 1.5lb/in，并在 *C* 端承受大小为 40lb 的载荷。

11-15 画出外伸梁的剪力图与弯矩图。

*11-16 确定滚轴支座位置到左端距离 *a*，以使弯矩的最大绝对值最小。画出这种情形下梁的剪力图与弯矩图。

11-17 画出悬臂梁的剪力图与弯矩图。

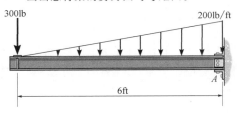

习题 11-17 图

11-18 画出梁的剪力图与弯矩图，并写出整个梁上以 x 为函数的剪力方程与弯矩方程。

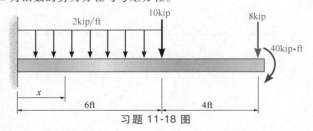

习题 11-18 图

11-19 画出梁的剪力图与弯矩图。

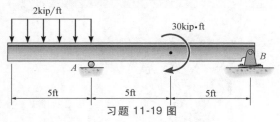

习题 11-19 图

*11-20 画出梁的剪力图与弯矩图。

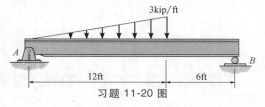

习题 11-20 图

11-21 体重 150 lb 的人坐在船中央，船具有均匀宽度，其重度为 3 lb/ft。确定船横截面上的最大弯矩。假定水在船的底部给船提供了向上的均匀分布载荷。

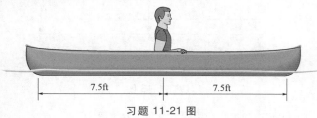

习题 11-21 图

11-22 画出梁的剪力图与弯矩图。

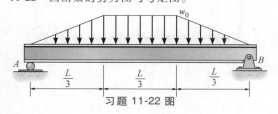

习题 11-22 图

11-23 画出梁的剪力图与弯矩图。

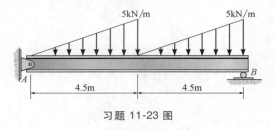

习题 11-23 图

*11-24 画出组合梁的剪力图与弯矩图。

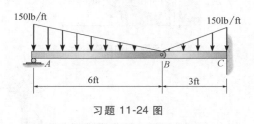

习题 11-24 图

11-25 将简支梁的剪力与弯矩表达为 x 的函数形式，并画出其剪力图与弯矩图。

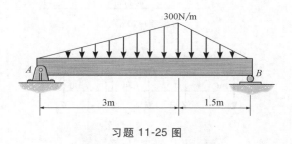

习题 11-25 图

11-26 画出梁的剪力图与弯矩图，并将梁上的剪力与弯矩表达为 x 的函数形式，其中 $4ft < x < 10ft$。

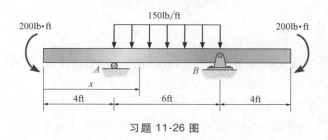

习题 11-26 图

11-27 滑雪板支承体重为 180lb 的人。若雪给滑雪板底面的梯形分布载荷如图所示，确定分布载荷的集度 w，然后画出滑雪板的剪力图与弯矩图。

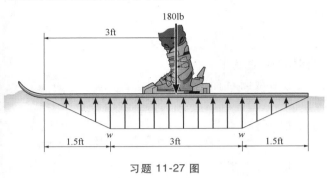

习题 11-27 图

*11-28 画出组合梁的剪力图与弯矩图。

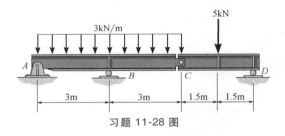

习题 11-28 图

11-29 画出简支梁的剪力图与弯矩图。

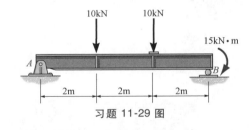

习题 11-29 图

11-30 画出外伸梁的剪力图与弯矩图。

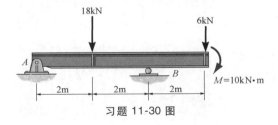

习题 11-30 图

11-31 用于支承重 6kN 的木板箱的梁如图所示。假设木板箱作用在沿 CD 上的力为均匀分布载荷；轴承支座 B 处的反力沿其宽度也是均匀分布的，画出梁的剪力图与弯矩图。

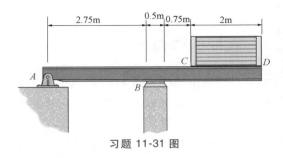

习题 11-31 图

*11-32 在 A 处的支承可以使梁沿着垂直方向自由滑动，所以不能承受铅垂力。画出梁的剪力图与弯矩图。

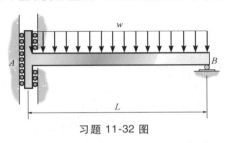

习题 11-32 图

11-33 轴在 A 和 B 处分别由光滑的推力轴承和光滑的径向轴承支承，如图所示。画出轴的剪力图与弯矩图。

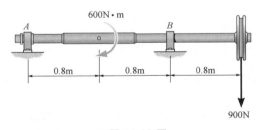

习题 11-33 图

11-34 图示基座承受由两根立柱传递的载荷。假设土壤对基座的反力是均匀的，画出基座的剪力图与弯矩图。

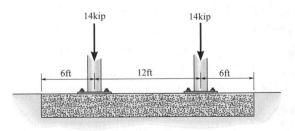

习题 11-34 图

11. 3　直杆的弯曲变形

本节将讨论由均匀连续材料制成的棱柱状直梁弯曲时发生的变形。讨论将限于具有对称横截面的梁，并且所承受外加力矩位于横截面对称轴所在的平面内，如图 11-18 所示。

具有非对称横截面梁以及由不同材料组成梁的变形行为，将在本节分析的基础上，在本章随后的章节中单独讨论。

利用可产生明显变形的材料如橡胶，观察棱柱状梁弯曲后将会发生的变形。

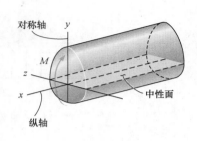

图 11-18

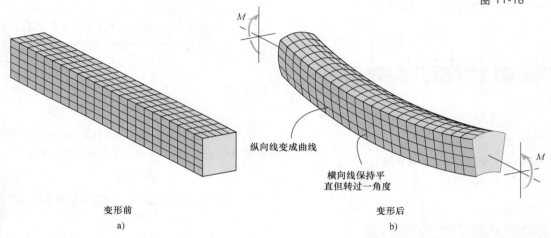

纵向线变成曲线

横向线保持平直但转过一角度

变形前
a)

变形后
b)

图 11-19

考察图 11-19a 所示具有正方形横截面的直梁，弯曲前，在梁的表面用相互垂直的纵向线和横向线形成小方格。施加弯曲力矩后，梁发生弯曲变形，表面上的纵向线、横向线变成图 11-19b 所示形状。其中纵向线变成了曲线，与之垂直的横向线保持平直但转过一角度。

弯曲变形使梁的下面部分的材料产生伸长变形，上面部分材料产生收缩变形。相应地，在伸长和收缩变形区域之间一定存在表面，其上的材料在纵向不会发生长度改变，即既不伸长也不缩短，这个表面被称为中性面，如图 11-18 所示。

根据上述观察到的变形状况，可以做出以下三个方面的假设。

第一，处于中性面上的纵轴 x，如图 11-20a 所示，其长度不会发生任何变化。即使梁的轴线弯曲成曲线，也将会处于梁的对

橡胶棒上的直线因弯曲发生的变形。顶端线受到了拉伸，底端线受到了压缩，中心线仍然保持长度不变。而且，铅垂线发生了旋转但仍然保持直线

称面 x-y 面内，如图 11-20b 所示。

第二，弯曲后梁上所有横截面仍然保持平面，并且在变形过程中始终垂直于梁的纵轴。

第三，任何横截面在其平面内的任何变形（见图 11-19b）将会被忽略。

特别需要指出的是，横截面在自身平面绕之转动的轴（z 轴），称为中性轴，如图 11-20b 所示。

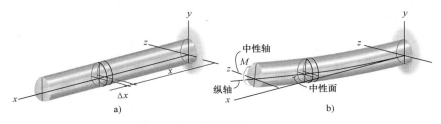

图 11-20

为了分析弯曲变形在梁中产生的应变，从梁上长度为 x 的横截面处，截取长度为 Δx 的小段，如图 11-20a 所示。

从梁上取下来的这一小段，其变形前与变形后的形状如图 11-21 所示。注意到，处于中性面上的线段 Δx 的长度没有变化；位于中性面上方任意位置 y 处的线段 Δs，变形后发生收缩并变为 $\Delta s'$。根据正应变的定义，线段 Δs 的正应变可以由公式（7-11）确定，即

$$\varepsilon = \lim_{\Delta s \to 0} \frac{\Delta s' - \Delta s}{\Delta s}$$

下面将应变表达为线段 Δs 的位置 y 与轴线弯曲后曲率半径 ρ 的形式。

变形前，$\Delta s = \Delta x$，如图 11-21a 所示。变形后，Δx 的曲率半径为 ρ，曲率中心在点 O' 处，如图 11-21b 所示。由于 $\Delta\theta$ 定义了小段的两侧横截面相互转过的角度，所以有 $\Delta x = \Delta s = \rho\Delta\theta$。类似地，$\Delta s$ 变形后的长度为 $\Delta s = (\rho - y)\Delta\theta$。将其一并代入上述应变表达式中，有

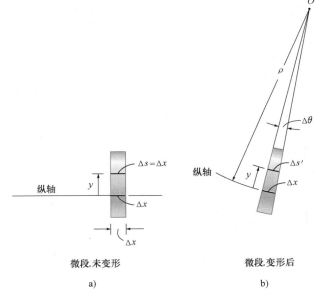

微段,未变形
a)

微段,变形后
b)

图 11-21

$$\varepsilon = \lim_{\Delta\theta \to 0} \frac{(p-y)\Delta\theta - \rho\Delta\theta}{\rho\Delta\theta}$$

或

$$\varepsilon = -\frac{y}{\rho} \tag{11-7}$$

这一重要结果表明，在小段上任意位置处的纵向正应变，取决于其在横截面上的位置 y 以及该横截面

处梁轴线弯曲后曲率半径 ρ。换言之，对于任意指定的横截面，从中性轴开始，各处纵向正应变将随 y 呈线性变化。在中性轴以上（$+y$）的材料将会发生收缩应变（$-\varepsilon$）；而中性轴以下（$-y$）的材料将会发生伸长应变（$+\varepsilon$）。在整个横截面上，这一应变的变化如图 11-22 所示。其中，最大正应变发生在横截面上面外缘的材料处，即距离中性轴的距离为 $y = c$，于是有 $\varepsilon_{\max} = c/\rho$，将其与公式（11-7）等号两边同时相除，

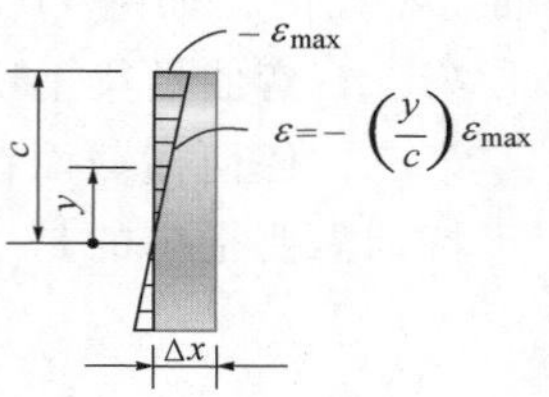

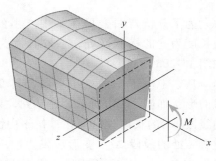

图 11-22　正应变分布

$$\frac{\varepsilon}{\varepsilon_{\max}} = -\left(\frac{y/\rho}{c/\rho}\right)$$

得到

$$\varepsilon = -\left(\frac{y}{c}\right)\varepsilon_{\max} \tag{11-8}$$

上述关于弯曲正应变的分析，基于前面关于变形而做出的假设。因此，当梁承受弯曲力矩发生弯曲变形时，将只会在横截面的纵向或 x 轴方向产生正应力；其他方向的正应力与切应力均为零。由公式（11-8）所定义的正应变，就是单向应力状态使材料产生的纵向正应变分量 ε_x。

根据纵向应变与横向应变之间的关系（通过泊松比），在 y 和 z 方向同时存在应变分量 $\varepsilon_y = -\nu\varepsilon_x$ 与 $\varepsilon_z = -\nu\varepsilon_x$，这些分量将会使横截面在其所在平面内发生变形，虽然本节的分析中忽略了这些变形。但是，这种变形将会引起横截面尺寸的变化，即在中性轴以下材料在 z 方向将会缩小；在中性轴以上材料在 z 方向将会胀大。于是，若梁的横截面弯曲前为正方形的，变形后将成为图 11-23 中所示的形状。

图 11-23

11.4　弯曲公式

本节将建立弯曲时横截面上正应力分布与横截面上分布作用力组成的合力矩——弯矩之间的关系方程。

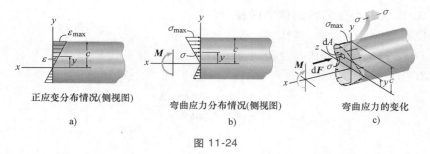

正应变分布情况(侧视图)
a)

弯曲应力分布情况(侧视图)
b)

弯曲应力的变化
c)

图 11-24

首先，假设材料是线弹性的，并且在弹性范围内加载。这时，横截面上的正应变的线性变化（见图 11-24a），一定会导致横截面上的正应力的线性变化（见图 11-24b）。因此，与正应变变化类似，梁中性轴

上各点的正应力 σ 等于零；距离中性轴最远处（$y=c$ 处），正应力取最大值 σ_{max}。利用三角形的比例关系，如图 11-24b 所示，或者利用胡克定律 $\sigma = E\varepsilon$ 与公式（11-8），可以写出以下公式：

$$\sigma = -\left(\frac{y}{c}\right)\sigma_{max} \qquad (11\text{-}9)$$

这一方程描述梁弯曲时横截面上的应力分布。

明确上述公式中各个量的规律是非常有意义的：对作用在 $+z$ 方向的正 M（矢量的方向与 z 轴正方向一致），y 的正值给出 σ 的负值。这表明，由于正应力作用在 x 的负方向，所以 σ 为压应力。类似地，y 的负值将会给出 σ 的正值或拉应力。

对于横截面上的某一确定点，其体单元体上，将只有拉伸或压缩正应力作用。例如，在位于 $+y$ 处的单元体的应力状态如图 11-24c 所示。

因为梁上没有平行于其轴线的载荷作用，根据 x 轴方向力的平衡条件，梁横截面上分布应力所形成的合力——轴力必须等于零。据此，可以确定横截面上中性轴位置。

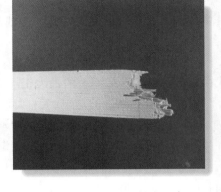

木制试样的破坏，是由于弯曲过程中上部材料被压碎、下部被撕裂所导致的

注意到，图 11-24c 所示作用在横截面上任意面积单元 dA 上的力为 $dF = \sigma dA$，根据 x 轴方向上力的平衡方程，有

$$F_R = \sum F_x, \qquad 0 = \int_A dF = \int_A \sigma dA$$

$$= \int_A -\left(\frac{y}{c}\right)\sigma_{max}\, dA$$

$$= \frac{-\sigma_{max}}{c}\int_A y\, dA$$

由于 σ_{max}/c 不等于 0，于是有

$$\int_A y\, dA = 0 \qquad (11\text{-}10)$$

这表明，梁横截面面积相对于中性轴的静矩（一次矩）必须等于零。

根据截面形心位置坐标与静矩之间的关系，上述条件只有在中性轴通过截面形心时才得以满足[⊖]。亦即，横截面的水平形心轴与中性轴重合。所以，一旦确定了横截面的形心，中性轴的位置随之确定。

根据分布内力与内力合力之间的关系，即梁横截面上分布的正应力对于中性轴形成的合力矩即为横截面上的弯矩 M。据此可以确定梁横截面上的正应力与弯矩之间关系的表达式。

图 11-24c 中面积单元上应力形成的力 dF 对于中性轴 x 之矩为 $dM = ydF$，将 $dF = \sigma dA$ 代入，利用公式（11-9），对整个横截面积分，有

$$(M_R)_z = \sum M_z, \qquad M = \int_A ydF = \int_A y(\sigma dA) = \int_A y\left(\frac{y}{c}\sigma_{max}\right)dA$$

⊖ 回忆一下，横截面形心的位置 $\bar{y}$ 是由方程 $\bar{y} = \int y dA / \int dA$ 确定的。若 $\int y dA = 0$，那么 $\bar{y} = 0$，所以形心处于参考线（中性轴）上。见公式（6-4）。

或写成

$$M = \frac{\sigma_{max}}{c} \int_A y^2 \, \mathrm{d}A \tag{11-11}$$

其中的积分为横截面面积对于中性轴的惯性矩，用 I 表示。因此，公式（11-11）给出

$$\sigma_{max} = \frac{Mc}{I} \tag{11-12}$$

式中　σ_{max} 为梁横截面上的最大正应力，发生在横截面上距离中性轴最远处的点上；

M 为横截面上的弯矩，由截面法与平衡方程确定；

c 为距离中性轴最远点到中性轴垂直距离，这些点为 σ_{max} 的作用点；

I 为横截面对于中性轴的惯性矩。

由于 $\sigma_{max}/c = -\sigma/y$，即公式（11-9），则横截面上位置为 y 任意点的正应力表达式可以表示成与公式（11-12）相似的形式，

$$\sigma = -\frac{My}{I} \tag{11-13}$$

需要注意的是式中负号的必要性，因为在确定的 x、y、z 坐标系中，根据右手定则，弯矩 M 的矢量方向与 z 轴正向一致时为正；所考察点位于中性轴上方时，其位置坐标 y 为正；结果 σ 必须为负，因为其指向 x 的负方向，为压应力。如图 11-24c 所示。

上述两个方程均称为弯曲公式。通常用于确定直梁横截面上的应力。这时，直梁的横截面至少必须有一根对称轴；弯矩作用在由所有横截面的同一对称轴组成的平面内。

虽然本章推导公式时，曾经假设所考察的梁为棱柱形直梁，但在大多数工程设计中，弯曲公式也可以用于确定具有很小锥度——轻微锥形构件内的正应力。例如，对于具有矩形横截面以及长度上有 15° 锥形的构件，基于弹性理论得到的最大正应力大约要比利用弯曲公式得到的数值小 5.4%。

要点

• 当直梁因为弯曲而发生变形时，其横截面仍然保持平面；横截面上的一部分将产生拉应力，另一部分将产生压应力；两个部分之间，存在零应力的中性轴。

• 弯曲变形产生的纵向应变沿横截面高度方向呈线性变化——从中性轴处的零值增大至横截面外缘处的最大值。若材料是均匀连续、线弹性的，且在弹性范围内加载，则在横截面上的正应力也会呈线性变化。

• 中性轴通过横截面形心。这一结果由"作用在横截面上分布内力的合力等于零"这一条件确定。

• 弯曲公式是以"横截面上的弯矩等于横截面上分布正应力对于中性轴形成的合力矩"这一概念为基础建立的。

分析过程

为了应用弯曲公式，建议遵循以下步骤。

弯　矩

分析过程

- 在需要考察的横截面处将梁截开，假设横截面上的弯矩为正方向，根据截开部分梁的平衡，由所有力和力矩（包括截开处横截面上的弯矩）对截开处横截面中心之矩的和等于零的条件确定。

- 如果需要确定全梁中的绝对值最大弯曲应力，则需要画出梁的弯矩图以确定最大弯矩。

横截面惯性矩

- 确定横截面对中性轴的惯性矩。所利用的计算方法以及包含几个常见形状截面的 I 值均列于附录 B 中。

正应力

- 确定所要求正应力点的位置 y 坐标——需要确定正应力点到中性轴的垂直距离。然后应用公式 $\sigma = -My/I$，若需要确定最大弯曲正应力，则利用 $\sigma_{max} = Mc/I$。运算时，要确保单位的一致性。

- 应力所作用的方向，应当使其在某点形成的力相对于中性轴的弯矩方向与弯矩 M 的方向一致，如图 11-24c 所示。以这种方式，就可以画出整个横截面上的应力分布，或分离出一个材料体单元来形象地表述作用在该点上的正应力。

例题 | 11.11

图 11-25a 中的简支梁具有图 11-25b 所示的横截面。确定梁内的绝对最大弯曲正应力，并画出这一横截面上的应力分布图。

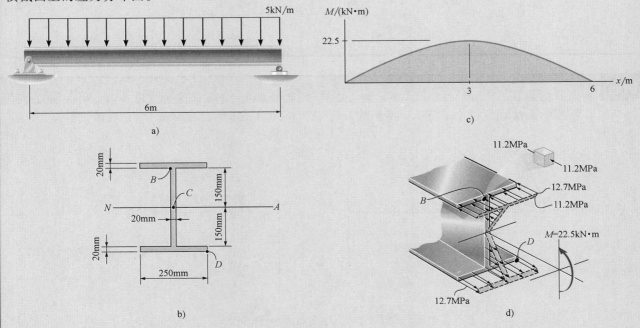

图 11-25

解

最大弯矩。画出梁的弯矩图，如图 11-25c 所示。梁上的最大弯矩发生在梁长度的中点处，其值为 $M = 22.5 \text{kN} \cdot \text{m}$。

例题 11.11

横截面惯性矩。应用对称性，中性轴通过梁横截面形心 C 处，如图 11-25b 所示。横截面被分为图中所示三个部分，利用平行轴定理［参见公式（6-12）］，计算得到了每个部分对于中性轴的惯性矩。以米为单位，有

$$I = \sum (\bar{I} + Ad^2)$$

$$= 2\left[\frac{1}{12}(0.25\text{m})(0.020\text{m})^3 + (0.25\text{m})(0.020\text{m})(0.160\text{m}^2)\right] +$$

$$\left[\frac{1}{12}(0.020\text{m})(0.300\text{m})^3\right]$$

$$= 301.3(10^{-6})\text{m}^4$$

$$\sigma_{max} = \frac{Mc}{L}, \quad \sigma_{max} = \frac{22.5(10^3)\text{N}\cdot\text{m}(0.170\text{m})}{301.3(10^{-6})\text{m}^4} = 12.7\text{MPa}$$

应力分布的三维视图如图 11-25d 所示。注意到，截面中性轴上、下两部分的正应力所形成的力对中性轴之矩与弯矩 M 的方向一致。

在点 B 处，$y_B = 150\text{mm}$，如图 11-25d 所示，所以

$$\sigma_B = -\frac{My_B}{I}, \quad \sigma_B = -\frac{22.5(10^3)\text{N}\cdot\text{m}(0.150\text{m})}{301.3(10^{-6})\text{m}^4} = -11.2\text{MPa}$$

11

例题 11.12

槽形截面梁受力如图 11-26a 所示，槽形截面尺寸示于图 11-26b 中。确定梁 a—a 截面上的最大弯曲正应力。

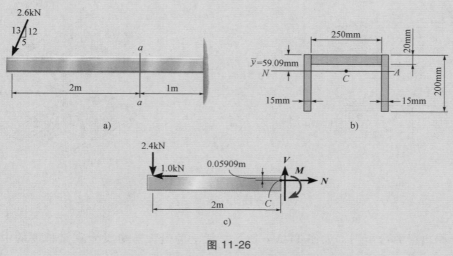

图 11-26

例题 11.12

解

弯矩。对于本例的悬臂梁以及承载的情形，无须确定支座反力，也无须画出弯矩图，直接利用截面法，从 a—a 截面处截开，考察左边截开部分平衡，即可确定该截面上的弯矩，如图 11-26c 所示。特别要注意的是轴向合力 N 应该通过截面形心。同时要意识到在 a—a 截面上的弯矩必须等于所有外力对截面中心之矩之和、方向相反。

应用截开部分的力矩平衡方程，有

$$\curvearrowleft + \sum M_{NA} = 0, \ 2.4\text{kN}(2\text{m}) + 1.0\text{kN}(0.05909\text{m}) - M = 0$$

$$M = 4.859\text{kN} \cdot \text{m}$$

为确定中性轴位置，需要将横截面分为图 11-26b 所示三部分。利用形心坐标与静矩的关系式 (6-5)。于是有

$$\bar{y} = \frac{\sum \bar{y}A}{\sum A} = \frac{2[0.100\text{m}](0.200\text{m})(0.015\text{m}) + [0.010\text{m}](0.02\text{m})(0.250\text{m})}{2(0.200\text{m})(0.015\text{m}) + 0.020\text{m}(0.250\text{m})}$$

$$= 0.05909\text{m} = 59.09\text{mm}$$

如图 11-26c 所示。

横截面惯性矩。通过对横截面中的每一个部分应用平行轴定理：$I = \sum(\bar{I} + Ad^2)$，可以确定横截面对中性轴的惯性矩。以米为单位，有

$$l = \left[\frac{1}{12}(0.250\text{m})(0.020\text{m})^3 + (0.250\text{m})(0.020\text{m})(0.05909\text{m} - 0.010\text{m})^2\right] +$$

$$2\left[\frac{1}{12}(0.015\text{m})(0.200\text{m})^3 + (0.015\text{m})(0.200\text{m})(0.100\text{m} - 0.05909\text{m})^2\right]$$

$$= 42.26(10^{-6})\text{m}^4$$

最大弯曲正应力。最大弯曲正应力发生在距离中性轴最远的点上，在梁的底部，距离中性轴的距离为 $c = 0.200\text{m} - 0.05909\text{m} = 0.1409\text{m}$。因此，

$$\sigma_{max} = \frac{Mc}{I} = \frac{4.859(10^3)\text{N} \cdot \text{m}(0.1409\text{m})}{42.26(10^{-6})\text{m}^4} = 16.2\text{MPa}$$

梁顶部的弯曲正应力为 $\sigma' = 6.79\text{MPa}$。

注意： 所考察的 a—a 截面上，除弯矩 M 外，尚有：轴向力 N = 1kN、剪力 V = 2.4kN 同样会对横截面产生应力。这些叠加的影响将会在 13 章中讨论。

例题 11.13

设计用于承受 40N · m 的弯矩矩形横截面梁，如图 11-27a 所示。为了增强梁的强度与刚度，在梁的底部加了两个肋，如图 11-27b 所示。确定两种情形下梁内的最大正应力。

例题 | **11. 13**

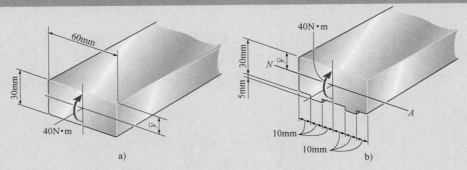

图 11-27

解

未加肋情形。很明显，中性轴位于横截面中心，如图 11-27a 所示，所以有 $\bar{y} = c = 15\text{mm} = 0.015\text{m}$。惯性矩

$$I = \frac{1}{12}bh^3 = \frac{1}{12}(0.060\text{m})(0.030\text{m})^3 = 0.135(10^{-6})\text{m}^4$$

最大正应力

$$\sigma_{\max} = \frac{Mc}{I} = \frac{(40\text{N} \cdot \text{m})(0.015\text{m})}{0.135(10^{-6})\text{m}^4} = 4.44\text{MPa}$$

加肋情形。由图 11-27b 可知，将横截面分为一个大矩形和底部两个小矩形（肋），根据形心与中性轴的坐标 $\bar{y}$，可由下式计算

$$\bar{y} = \frac{\sum \bar{y}A}{\sum A}$$

$$= \frac{[0.015\text{m}](0.030\text{m})(0.060\text{m}) + 2[0.0325\text{m}](0.005\text{m})(0.010\text{m})}{(0.03\text{m})(0.060\text{m}) + 2(0.005\text{m})(0.010\text{m})}$$

$$= 0.01592\text{m}$$

该值不是公式中 c 的取值，故有：

$$c = 0.035\text{m} - 0.01592\text{m} = 0.01908\text{m}$$

利用平行轴定理，横截面对中性轴的惯性矩为

$$I = \left[\frac{1}{12}(0.060\text{m})(0.030\text{m}^3) + (0.060\text{m})(0.030\text{m})(0.01592\text{m} - 0.015\text{m})^2\right] +$$

$$2\left[\frac{1}{12}(0.010\text{m})(0.005\text{m})^3 + (0.010\text{m})(0.005\text{m})(0.0325\text{m} - 0.01592\text{m})^2\right]$$

$$= 0.1642(10^{-6})\text{m}^4$$

这种情形下的最大正应力为

$$\sigma_{\max} = \frac{Mc}{I} = \frac{40\text{N} \cdot \text{m}(0.01908\text{m})}{0.1642(10^{-6})\text{m}^4} = 4.65\text{MPa}$$

注意：这一结果出乎意料，且表明，在梁上附加肋后将会增大最大正应力，而不是减小，基于此，应当排除加肋的设计。

基础题

F11-15 梁的横截面如图所示。若梁承受大小为 $M = 20\text{kN} \cdot \text{m}$ 的弯矩，确定梁上的最大弯曲正应力。

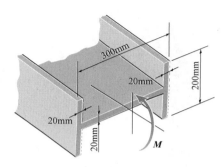

F11-15 图

F11-16 梁的横截面如图所示。若梁承受大小为 $M = 50\text{kN} \cdot \text{m}$ 的弯矩，画出梁横截面上的弯曲正应力分布。

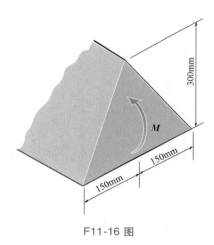

F11-16 图

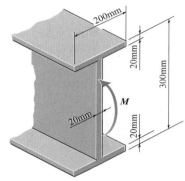

F11-17 图

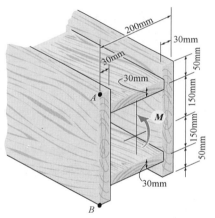

F11-18 图

F11-17 梁的横截面如图所示。若梁承受大小为 $M = 50\text{kN} \cdot \text{m}$ 的弯矩，确定梁上的最大弯曲正应力。

F11-18 梁的横截面如图所示。若梁承受大小为 $M = 10\text{kN} \cdot \text{m}$ 的弯矩，确定在 A、B 点上的弯曲正应力，并画出各点处单元体的应力状态。

F11-19 梁的横截面如图所示。若梁承受大小为 $M = 5\text{kN} \cdot \text{m}$ 的弯矩，确定在 A 点上产生的弯曲正应力，并将结果画在该点处单元体上。

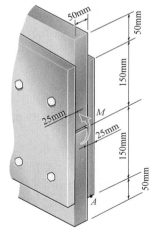

F11-19 图

11

习题

11-35　若 A-36 钢薄板卷芯轴受的支承如图所示，其许用弯曲应力为 165MPa，若薄板的宽度为 1m，厚度为 1.5mm，确定芯轴的最小直径 r。同时，确定薄板内产生的最大弯曲应力。

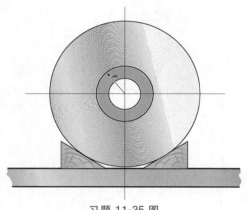

习题 11-35 图

*11-36　梁的横截面如图所示。确定弯矩 M 的值，以使横截面上的最大应力为 10ksi。

11-37　梁的横截面如图所示。若梁承受大小 $M=4\text{kip}\cdot\text{ft}$ 的弯矩，确定梁上的最大拉伸与压缩应力。

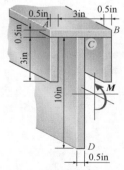

习题 11-36、习题 11-37 图

11-38　梁具有如图所示的三角形横截面。确定可以在横截面上所能承受的最大弯矩 M，以使梁内的拉伸应力和压缩应力分别不超过许用拉伸应力 $(\sigma_{\text{allow}})_t = 22\text{ksi}$ 和许用压缩应力 $(\sigma_{\text{allow}})_c = 15\text{ksi}$。

11-39　梁具有如图所示的三角形横截面。若横截面上的弯矩 $M=800\text{lb}\cdot\text{ft}$，确定在梁内的最大拉伸与压缩应力。

同时，画出横截面上应力分布的三维视图。

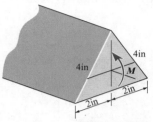

习题 11-38、习题 11-39 图

*11-40　梁的横截面如图所示。若梁承受大小为 $M=30\text{kN}\cdot\text{m}$ 的弯矩，确定梁内的最大弯曲正应力。梁是由 A992 钢制成。画出横截面上的弯曲应力分布。

11-41　梁的横截面如图所示。若梁承受大小为 $M=30\text{kN}\cdot\text{m}$ 的弯矩，确定上翼缘 A 上的弯曲正应力分布所形成的轴向合力大小。

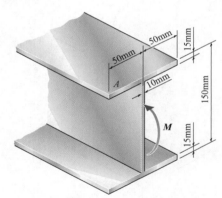

习题 11-40、习题 11-41 图

11-42　考虑图中所示两种横截面梁的设计，确定哪一个梁在承受大小为 $M=150\text{kN}\cdot\text{m}$ 的弯矩时具有最小的弯曲正应力，以及正应力的大小。

11-43　两端简支的桁架在中央部分承受均匀分布的载荷。桁架的顶部构件为外径 1in、厚度 3/16in 的管材；底部构件为直径 1/2in 的实心圆杆。忽略斜撑杆的影响，确定桁架内的绝对最大弯曲正应力。

*11-44　箱形梁由四块木板组成，以图中所示的方式黏接在一起。若横截面上的弯矩为 $10\text{kN}\cdot\text{m}$，确定在 A、B 点的应力，并画出作用在这些单元体上的应力。

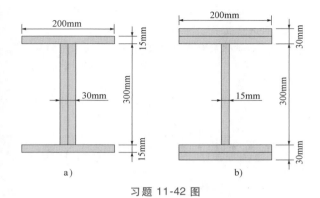

a)　　　　b)

习题 11-42 图

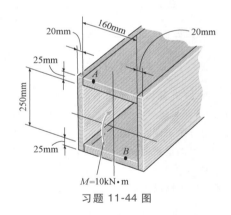

习题 11-43 图

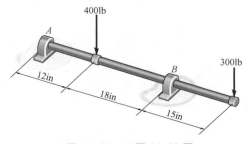

习题 11-44 图

11-45　直径为 1.5in 的轴受集中力作用，确定轴上的绝对最大弯曲应力。在 A、B 处的轴承只提供铅垂作用力。

习题 11-45、习题 11-46 图

11-46　如图所示的轴受集中力作用，确定轴的最小许用直径。在 A、B 处的轴承只提供铅垂作用力，材料的许用弯曲应力为 $\sigma_{allow} = 22\text{ksi}$。

11-47　梁的横截面如图所示。梁承受大小为 $M = 30\text{lb} \cdot \text{ft}$ 的弯矩，确定作用在 A、B 点上的弯曲正应力，同时画出作用在整个横截面上应力分布三维视图。

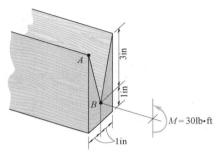

习题 11-47 图

* 11-48　如图所示的轴在 A 点和 D 点分别由光滑推力轴承和光滑径向轴承支承。若轴具有图示中的横截面，确定轴上的绝对最大弯曲正应力。

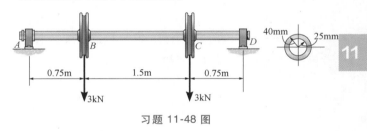

习题 11-48 图

11-49　厢式货车的车轴承受车轮的载荷为 20kip。若轴在 C、D 处由径向轴承支承，确定在轴长度中央产生的最大弯曲正应力，此处轴的直径为 5.5in。（货车的重量施加在 C、D 处的轴承上）

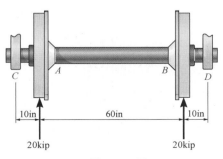

习题 11-49 图

11-50　若组合梁承受一个 $M = 75\text{kN} \cdot \text{m}$ 的弯矩，梁的横截面如图所示。确定作用在梁上的最大拉伸与压缩应力。

11-51　若组合梁承受一个 $M = 75\text{kN} \cdot \text{m}$ 的弯矩，梁的横截面如图所示。确定 A 板上所承受的弯矩量。

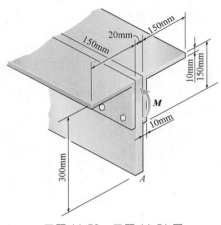

习题 11-50、习题 11-51 图

*11-52　若习题 11-7 中的复合梁具有边长为 a 的正方形横截面，许用弯曲应力为 $\sigma_{\text{allow}} = 150\text{MPa}$，确定 a 的最小值。

11-53　若习题 11-3 中的起重机吊臂 ABC 具有矩形横截面，基底边长为 2.5in，许用弯曲应力为 $\sigma_{\text{allow}} = 24\text{ksi}$，确定矩形所需的高度 h，精确到 1/4in。

11-54　梁由高分子材料制成并具有椭圆形横截面。若梁承受大小为 $M = 50\text{N} \cdot \text{m}$ 的弯矩，确定梁内的最大弯曲正应力。（a）利用弯曲公式，其中 $I_z = (1/4)\pi(0.08\text{m})$ $(0.04\text{m})^3$，（b）利用积分。画出作用在横截面上正应力分布的三维视图。

11-55　若 $M = 50\text{N} \cdot \text{m}$ 的弯矩是对于 y 轴而不是对 z 轴的，求解习题 11-54 中的问题。此处 $I_y = (1/4)\pi(0.04\text{m})$ $(0.08\text{m})^3$。

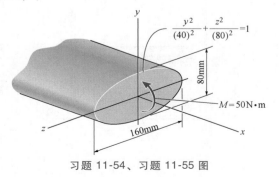

习题 11-54、习题 11-55 图

*11-56　若 $d_i = 160\text{mm}$，$d_o = 200\text{mm}$，确定管状梁内绝对最大弯曲正应力。

11-57　若管状梁横截面内直径与外直径关系为 $d_i = d_o$ 0.8。许用弯曲应力为 $\sigma_{\text{allow}} = 155\text{MPa}$，确定所需要的轴尺寸。

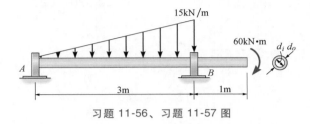

习题 11-56、习题 11-57 图

11-58　木质矩形横截面梁横截面边长具有图中所示的比例关系，若许用弯曲应力为 $\sigma_{\text{allow}} = 10\text{MPa}$，确定梁所需的尺寸 b。

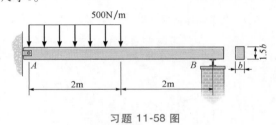

习题 11-58 图

11-59　梁的横截面如图所示。若梁承受大小为 $M = 100\text{kN} \cdot \text{m}$ 的弯矩，确定在 A、B、C 点产生的弯曲应力。画出横截面上的弯曲正应力分布。

*11-60　梁的横截面如图所示。若梁由许用拉应力和许用压应力分别为 $(\sigma_{\text{allow}})_t = 125\text{MPa}$，$(\sigma_{\text{allow}})_c = 150\text{MPa}$，的材料制成，确定可以施加在梁上的最大许用弯矩 M。

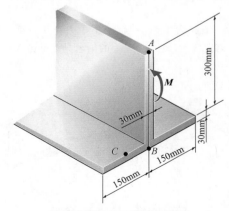

习题 11-59、习题 11-60 图

11-61　梁的横截面如图所示。若梁材料的许用弯曲应力为 $\sigma_{allow} = 150MPa$，确定均匀分布载荷的最大许用集度 w_0。

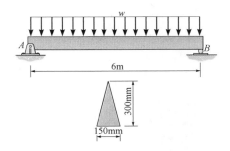

习题 11-61 图

11-62　若习题 11-24 中复合梁的横截面为正方形，许用弯曲应力为 $\sigma_{allow} = 150MPa$，确定 a 的尺寸。

11-63　若习题 11-22 中的梁具有宽为 b，高为 h 的矩形横截面，确定梁上的绝对最大弯曲应力。

*11-64　如图所示的轴在 A 点和 C 点分别由光滑推力轴承和光滑径向轴承支承。若 $d = 3in$，确定轴上的绝对最大弯曲正应力。

11-65　如图所示的轴在 A 点和 C 点分别由光滑推力轴承和光滑径向轴承支承。若材料的许用弯曲应力为 $\sigma_{allow} = 24ksi$，确定轴所需的最小直径 d，精确到 1/16in。

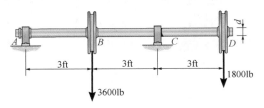

习题 11-64、习题 11-65 图

11-66　重量为 78kg 的人静止地站在跳水板的末端。若板具有图中所示的横截面，确定在板上产生的最大正应变。材料的弹性模量为 $E = 125GPa$。假定 A 处为固定铰支座，B 处为滚轴支座。

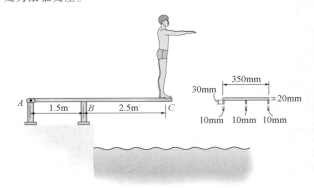

习题 11-66 图

11-67　两个圆截面实心钢杆沿着其长度方向用螺栓拴接在一起，并承受如图所示的载荷。假定在 A 处的支承为固定铰支座，在 B 处的支承为滚轴支座。若杆的许用弯曲应力为 $\sigma_{allow} = 130MPa$，确定每根杆所需的直径 d。

*11-68　若二杆同时在纸平面旋转 90°，使二者的铅垂轴变为水平轴，且在 A 处仍为固定铰支座、B 处仍为辊轴支座，重解习题 11-67。

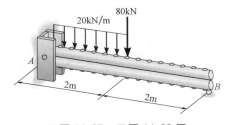

习题 11-67、习题 11-68 图

概念题

P11-1　带锯上的钢锯片绕过驱动轮，利用合适的测量与数据，如何确定锯片上的弯曲应力。

P11-2　轮船上起重机吊臂的惯性矩沿其长度方向是变化的。画出吊臂的弯矩图并解释为什么要把吊臂做成如图所示的锥形。

P11-3　公路标牌固定在由竖管和水平管组成一起的架子上，飓风引起了高速公路标牌的损坏。假定管是由 A-36 钢制成的，为标牌与管选择合适的尺寸，并尝试估计引起管屈服时，作用在标牌表面上的最小均匀风压。

P11-4　这一园艺剪刀是利用较差的材料制造的。利用 50lb 的载荷正向施加在刀片上，并为剪刀选择合适的尺寸，确定材料内的绝对最大弯曲正应力，并解释为什么会在手柄的关键位置处发生断裂。

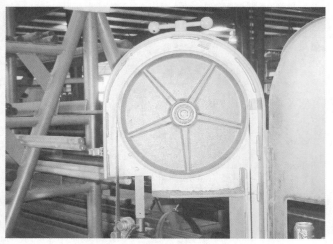

P11-1 图

P11-3 图

P11-2 图

a)　　　　　　　　　　b)

P11-4 图

11.5　非对称弯曲

在弯曲公式的推导中，有一限制条件，即横截面必须有一根对称轴，而且这一对称轴垂直中性轴。而且，弯矩 **M** 的作用面与所有横截面对称轴组成的平面一致。例如图 11-28 中所示的 "T" 形截面或槽形截面。但是，即使条件无法满足，弯曲公式在很多情形下也是适用的。本节将介绍弯曲公式同样可以应用于具有任何形状横截面的梁上，或者应用于承受任意方向弯矩的梁上。

弯矩作用面与主轴平面一致的情形　考察图 11-29a 所示横截面没有对称轴的梁，即任意形状横截面的梁。任意形状的横截面虽然没有对称轴，但是，对于截面上的任意点处，一定存在一对坐标轴，使得横截面面积对于这一对坐标轴的惯性积等于零，这一对坐标轴称为主轴。通过截面形心的主轴称为形心主轴。所有横截面的形心主轴所组成的平面称为主轴平面。所有没有对称轴截面的梁都有两个主轴平面。

　　现在讨论弯矩作用面与一个主轴平面一致时，梁的应力和变形。

　　根据 11.4 节所确定的右手坐标系，以横截面形心为坐标原点建立 $Cxyz$ 坐标系，其中 x 轴沿梁的轴线方向、y 和 z 分别与横截面的两主轴重合，其中 z 轴与中性轴重合。xy 和 xz 均为梁的主轴平面。

　　令弯矩的作用面与一个主轴平面——xy 平面一致，即弯矩矢量 M 是沿着 +z 方向的。根据加载条件，以及力和力矩的平衡要求，横截面上，没有轴向力；没有对 y 轴的力矩；只有对 z 轴的弯矩 $M^{\ominus}$。

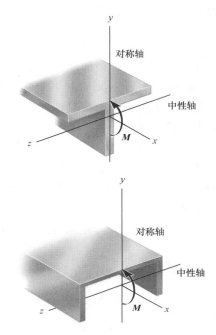

图 11-28

　　考察作用在（0，y，z）点处面积单元 dA 上的力 $dF = \sigma dA$，如图 11-29a 所示。根据分布内力与内力分量——轴向力，弯矩 M_y、弯矩 M_z 之间的关系，可以写出以下积分表达式：

$$F_R = \sum F_x, \qquad 0 = -\int_A \sigma dA \qquad (11\text{-}14)$$

$$(M_R)_y = \sum M_y, \qquad 0 = -\int_A z\sigma dA \qquad (11\text{-}15)$$

$$(M_R)_z = \sum M_z, \qquad M = -\int_A y\sigma dA \qquad (11\text{-}16)$$

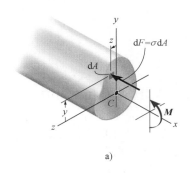

a)

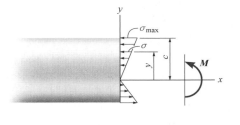

弯曲应力分布情况(侧视图)

b)

图 11-29

　　如 11.4 节所述，由于 z 轴通过横截面的形心，公式（11-14）得以满足。由于 z 轴代表为横截面的中性轴，正应力将从中性轴处的零，线性变化至 $|y| = c$ 处的最大值，如图 11-29b 所示。因此应力分布可以由 $\sigma = -(y/c)\sigma_{max}$ 确定。当将该方程代入公式（11-16）并积分，得到弯曲公式 $\sigma_{max} = Mc/I$。将 $\sigma = -(y/c)\sigma_{max}$ 代入公式（11-15）有

$$0 = \frac{-\sigma_{max}}{c}\int_A yz dA$$

$\ominus$　在 11.4 节中没有考虑对于 y 轴的弯矩等于零这一条件，因为对于 y 轴的弯曲应力分布是对称的，这样一个应力分布相对于 y 轴会自然地产生一个零弯矩，如图 11-24c 所示。

这就要求

$$\int_A yz\,\mathrm{d}A = 0$$

这一积分即为横截面面积对于 y、z 轴的惯性积。使惯性积为零的一对轴称为惯性主轴，简称主轴。

如附录 A 所示，通常利用惯性矩和惯性积的坐标变换或者应用莫尔惯性圆，都可以确定该截面的主轴。当然，如果横截面有对称轴，主轴就可以很容易确定，则对称轴以及与之相互垂直的轴即为主轴。

上述惯性积积分为零要求，y、z 轴一定是主轴。因为本节开始时已经设定 y 轴和 z 轴与主轴重合，所以这一条件自然满足。

例如，图 11-30 所示构件。在每一种情况下，为了满足公式（11-14）~公式（11-16），必须选择 y 轴与 z 轴作为通过截面形心的主惯性轴。在图 11-30a 中主轴是根据对称性确定的；在图 11-30b、c 中，主轴的方向是利用附录 A 中的方法确定的。由于 M 作用面与主轴平面——yx 面重合，即矢量 M 的方向与主轴（z 轴）一致，所以应力分布就可以通过 $\sigma = My/I_z$ 确定。每一种情形的应力分布均示于图中。

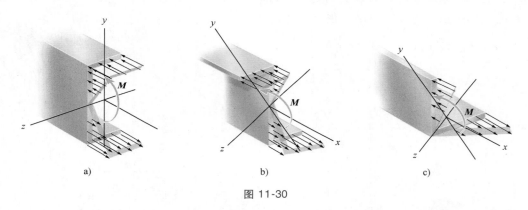

图 11-30

弯矩作用面与主轴平面不一致的情形 有时，构件承受的弯矩没有作用在梁的主轴平面内，即弯矩矢量 M 与横截面中任何一个主轴都不一致。

这种情形下，首先应当将弯矩分解为沿着主轴的分量，然后利用弯曲公式确定由每一个弯矩分量所引起的正应力。最后，利用叠加原理，将同一点正应力按代数值相加，即可确定一点处的总正应力。

为了说明上述过程，考察图 11-31a 所示的矩形横截面梁，承受弯矩 M。M 与最大主轴 z 轴有一夹角 θ，最大主轴是指横截面上惯性矩最大的轴。如图所示，当 θ 是由 $+z$ 轴方向指向最小主轴 $+y$ 轴方向时就假定其为正的。

将 M 分解为沿着 z 轴与 y 轴的分量：$M_z = M\cos\theta$ 与 $M_y = M\sin\theta$，如图 11-31b、c 所示。由 M 及其分量 M_z、M_y 所产生的正应力分布分别如图 11-31d、e、f 所示，此处假设 $(\sigma_x)_{max} > (\sigma_x')_{max}$。从正应力分布图可以看出，最大拉应力与最大压应力 $[(\sigma_x)_{max} + (\sigma_x')_{max}]$ 分布发生在横截面的两个对角处，如图 11-31d 所示。

对图 11-31b、c 中的每一个弯矩分量应用弯曲公式，并对结果进行代数值相加，图 11-31d 中横截面上任意一点上的总应力为

$$\sigma = -\frac{M_z y}{I_z} + \frac{M_y z}{I_y} \tag{11-17}$$

式中 σ 为一点上的正应力；y、z 为一点在 $Cxyz$ 坐标系中的坐标；$Cxyz$ 坐标系以横截面的形心为原点，x、y、z 坐标轴符合右手坐标系；

x 轴的方向指向背离横截面，y 轴与 z 轴分别代表横截面最小惯性矩主轴与最大惯性矩的主轴方向；

M_y、M_z 为沿着最大主轴 z 与最小主轴 y 的弯矩分量。若指向 $+y$ 与 $+z$ 方向，则为正值；反之，则为负值。或者用另一种方法规定，$M_y = M\sin\theta$ 与 $M_z = M\cos\theta$，其中 θ 由 $+z$ 轴指向 $+y$ 轴时为正值。

I_y、I_z 分别为横截面面积对于 z 轴与 y 轴的最大与最小主惯性矩。参见附录 B。

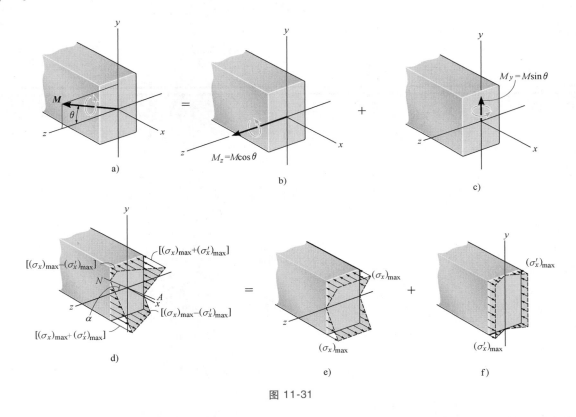

图 11-31

将上述 M_y、M_z、y、z 等的数值以及正确的正负号代入公式（11-17），若应力为正值，则为拉应力；若为负值，则为压应力。

中性轴的方向　图 11-31d 中，表示中性轴方向的 α 角，为中性轴与 z 轴的夹角。根据公式（11-17）和中性轴的定义，即中性轴上 $\sigma = 0$，有

$$y = \frac{M_y I_z}{M_z I_y} z$$

因为 $M_z = M\cos\theta$，$M_y = M\sin\theta$，代入上式，得

$$y = \left(\frac{I_z}{I_y}\tan\theta\right) z \tag{11-18}$$

这一公式，定义了横截面的中性轴。由于直线的斜率为 $\tan\alpha = y/z$，于是得到

$$\tan\alpha = \frac{I_z}{I_y}\tan\theta \qquad (11\text{-}19)$$

这一结果表明，除非 $I_z = I_y$，否则，用于定义弯矩 $\boldsymbol{M}$ 矢量方向的 θ 角，将不会等于用于定义中性轴方向的 α 角，如图 11-31d 所示。

> **要点**
>
> ● 弯曲公式只有在主轴平面内发生弯曲时才是适用的。这些主轴的原点在其形心处，若有对称轴，对称轴及与之垂直的轴为过二者交点的主轴。
>
> ● 如果弯矩矢量方向为沿着主轴以外的方向，必须将弯矩分解为沿着每一个主轴的分量，并且通过将每个弯矩分量所产生应力的代数值相加，得到一点的总应力。

例题 **11.14**

如图 11-32a 所示梁的矩形横截面，其上作用有弯矩 $M = 12\mathrm{kN} \cdot \mathrm{m}$。确定横截面每个角上产生的正应力，并指明中性轴的方向。

解

弯矩分量。不难看出，y 轴与 z 轴均为横截面的主轴，因为都是横截面的对称轴。根据要求，将 z 轴确定为最大惯性矩的主轴。弯矩被分解为沿着 y 轴与 z 轴的分量，其中

$$M_y = -\frac{4}{5}(12\mathrm{kN} \cdot \mathrm{m}) = -9.60\mathrm{kN} \cdot \mathrm{m}$$

$$M_z = \frac{3}{5}(12\mathrm{kN} \cdot \mathrm{m}) = 7.20\mathrm{kN} \cdot \mathrm{m}$$

横截面惯性矩。横截面对 y 轴与 z 轴的惯性矩分别为

$$I_y = \frac{1}{12}(0.4\mathrm{m})(0.2\mathrm{m})^3 = 0.2667(10^{-3})\mathrm{m}^4$$

$$I_z = \frac{1}{12}(0.2\mathrm{m})(0.4\mathrm{m})^3 = 1.067(10^{-3})\mathrm{m}^4$$

弯曲应力。应用公式（11-17），得

$$\sigma = -\frac{M_z y}{I_z} + \frac{M_y z}{I_y}$$

$$\sigma_B = -\frac{7.20(10^3)\mathrm{N} \cdot \mathrm{m}(0.2\mathrm{m})}{1.067(10^{-3})\mathrm{m}^4} - \frac{-9.60(10^3)\mathrm{N} \cdot \mathrm{m}(-0.1\mathrm{m})}{0.2667(10^{-3})\mathrm{m}^4} = 2.25\mathrm{MPa}$$

$$\sigma_C = -\frac{7.20(10^3)\mathrm{N} \cdot \mathrm{m}(0.2\mathrm{m})}{1.067(10^{-3})\mathrm{m}^4} + \frac{-9.60(10^3)\mathrm{N} \cdot \mathrm{m}(0.1\mathrm{m})}{0.2667(10^{-3})\mathrm{m}^4} = -4.95\mathrm{MPa}$$

$$\sigma_D = -\frac{7.20(10^3)\mathrm{N} \cdot \mathrm{m}(-0.2\mathrm{m})}{1.067(10^{-3})\mathrm{m}^4} + \frac{-9.60(10^3)\mathrm{N} \cdot \mathrm{m}(0.1\mathrm{m})}{0.2667(10^{-3})\mathrm{m}^4} = -2.25\mathrm{MPa}$$

$$\sigma_E = -\frac{7.20(10^3)\mathrm{N} \cdot \mathrm{m}(-0.2\mathrm{m})}{1.067(10^{-3})\mathrm{m}^4} + \frac{-9.60(10^3)\mathrm{N} \cdot \mathrm{m}(-0.1\mathrm{m})}{0.2667(10^{-3})\mathrm{m}^4} = 4.95\mathrm{MPa}$$

| 例题 | 11.14 |

利用这些值，画出横截面上正应力的分布，如图 11-32b 所示。因为应用了叠加，这一分布如图所示为线性变化。

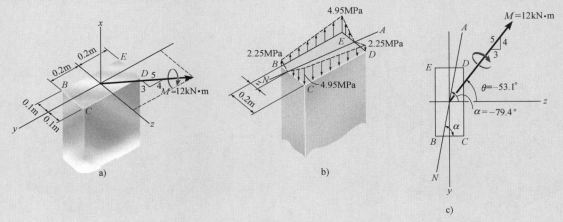

图 11-32

中性轴的方向。中性轴（*NA*）的位置 z，可以通过比例关系确定，如图 11-32b 所示。沿着 *BC* 边，要求

$$\frac{2.25\text{MPa}}{z} = \frac{4.95\text{MPa}}{(0.2\text{m}-z)}$$

$$0.450-2.25z = 4.95z$$

$$z = 0.0625\text{m}$$

这也是图 11-32b 中 *D* 点到中性轴的距离。

利用定义中性轴与惯性矩最大主轴（z 轴）夹角 α 的公式（11-19），也可以确定中性轴的方向。根据正负号规则，θ 必须从 $+z$ 轴指向 $+y$ 轴来量度。通过比例关系，在图 11-32c 中，$\theta = -\arctan(4/3) = -53.1°$（或 $\theta = +306.9°$）。因此，

$$\tan\alpha = \frac{I_z}{I_y}\tan\theta$$

$$\tan\alpha = \frac{1.067(10^{-3})\,\text{m}^4}{0.2667(10^{-3})\,\text{m}^4}\tan(-53.1°)$$

$$\alpha = -79.4°$$

这一结果如图 11-32c 所示。上面算得的 z 值，可以通过横截面尺寸的几何关系加以验证，所得到的结果是一样的。

F11-20　确定在 A、B 角上产生的弯曲正应力，以及中性轴的方向。

F11-21　确定梁横截面上的最大正应力。

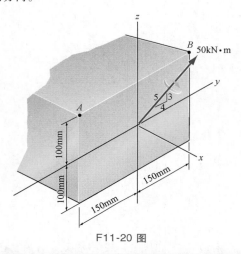

F11-20 图

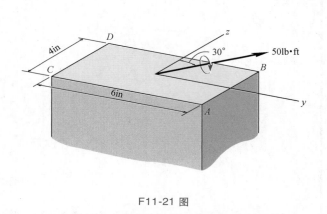

F11-21 图

11-69　梁的横截面上作用有大小为 $M = 20\text{kip} \cdot \text{ft}$ 的弯矩，方向如图所示。确定在梁内的最大弯曲正应力以及中性轴的方向。

11-70　为了使梁内的弯曲正应力不超过 12ksi，确定梁所能承受的最大弯矩 M 的数值。

11-71　若作用在铝制框架支杆横截面上的合弯矩的大小为 $M = 520\text{N} \cdot \text{m}$，方向如图所示。确定在 A、B 点上的弯曲正应力。同时，确定中性轴的方向。必须首先确定立柱横截面形心 C 的位置 $\overline{y}$。

*11-72　若作用在铝制框架支杆横截面上的合弯矩的大小为 $M = 520\text{N} \cdot \text{m}$，方向如图所示。确定立柱上的最大弯曲正应力。同时，确定中性轴的方向。必须首先确定立柱横截面形心 C 的位置 $\overline{y}$。

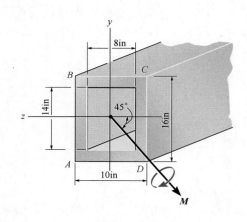

习题 11-69、习题 11-70 图

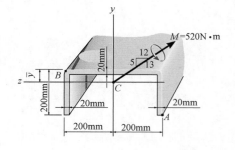

习题 11-71、习题 11-72 图

11-73 如图所示，当 x、y、z 坐标轴通过横截面的形心 C 时，考虑直梁承受 M_y、M_z 弯矩分量的一般情形。若材料是线弹性的，梁内任意点正应力与点的位置坐标（y，z）之间存在线性函数关系：$\sigma = a + by + cz$。利用平衡条件 $0 = \int_A \sigma \mathrm{d}A$，$M_y = \int_A z\sigma \mathrm{d}A$，$M_z = \int_A (-y\sigma)\mathrm{d}A$，确定常数 a、b、c 的表达式，并证明正应力可以由方程 $\sigma = [-(M_z I_y + M_y I_{yz})y + (M_y I_z + M_z I_{yz})z]/(I_y I_z - I_{yz}^2)$ 确定，其中的惯性矩与惯性积参见附录 B。

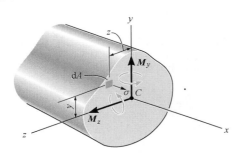

习题 11-73 图

11-74 箱形梁承受大小为 $M = 4\mathrm{kN} \cdot \mathrm{m}$ 的弯矩，其方向如图所示。确定在梁内产生的最大弯曲正应力以及中性轴的方向。

11-75 若用于制造箱形梁的木材的许用弯曲应力为 $(\sigma_{\mathrm{allow}}) = 6\mathrm{MPa}$，确定可以施加在梁上的最大许可弯矩 M。

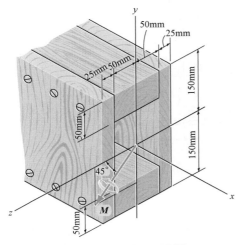

习题 11-74、习题 11-75 图

*11-76 对图中的截面，有 $I_{y'} = 31.7(10^{-6})\,\mathrm{m}^4$，$I_{z'} = 114(10^{-6})\,\mathrm{m}^4$，$I_{y'z'} = 15.1(10^{-6})\,\mathrm{m}^4$。利用附录 A 中列出的方法，构件横截面的主惯性矩为 $I_y = 29.0(10^{-6})\,\mathrm{m}^4$，$I_z = 117(10^{-6})\,\mathrm{m}^4$，分别为对于惯性主轴 y 与 z 计算得到的。若截面承受一个 $M = 2500\mathrm{N} \cdot \mathrm{m}$ 的弯矩，方向如图所示，利用公式（11-17）确定在 A 点产生的应力。

11-77 利用习题 11-73 中给出的方程重解习题 11-76。

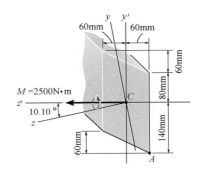

习题 11-76、习题 11-77 图

11-78 若梁承受大小为 $M = 1200\mathrm{kN} \cdot \mathrm{m}$ 的弯矩，确定作用在梁上的最大弯曲正应力及中性轴的方向。

11-79 若梁是由许用拉伸、压缩应力分别为 $(\sigma_{\mathrm{allow}})_t = 125\mathrm{MPa}$、$(\sigma_{\mathrm{allow}})_c = 150\mathrm{MPa}$ 的材料制成，确定可以施加在梁上的最大许可弯矩 M。

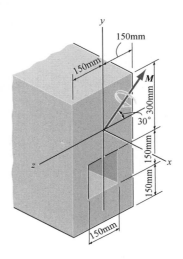

习题 11-78、习题 11-79 图

11.6 应力集中

弯曲公式不适用于确定构件横截面发生突变处的应力分布，因为在此截面上的应力、应变分布均为非线性分布。其结果只能通过试验获得，或在某些情形下利用弹性理论计算得到。横截面常见的不连续性包括：表面上具有缺口的构件，如图 11-33a 所示；紧固件或其他配件上的贯通孔，如图 11-33b 所示；或者在构件横截面外部尺寸发生突变，如图 11-33c 所示。在这些情形下，最大正应力均发生在构件最小横截面部分的截面上。

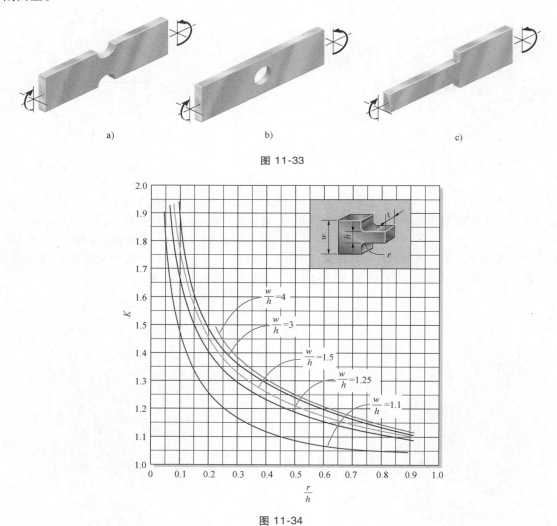

a)   b)   c)

图 11-33

图 11-34

设计时，一般只需知道在这些截面处的最大正应力即可，而不是实际的应力分布。由前面几章中轴向承载杆件与承载扭转的轴可知，因弯曲而产生的最大正应力可以利用应力集中因数 K 来获得。例如，图

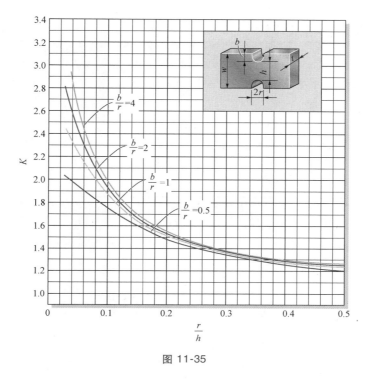

图 11-35

11-34 给出了因板状直杆横截面突变处不同凸肩圆角处的 K 值。对特定几何形状的构件，确定尺寸比 w/h 与 r/h，即可利用图中所示曲线简便地确定相应的 K 值。一旦得到了 K，图 11-36 中的最大弯曲正应力即可由下式确定：

$$\sigma_{max} = K\frac{Mc}{I} \tag{11-20}$$

同样，对于包含圆形凹槽或圆形缺口的构件，可以利用图 11-35 所示曲线确定应力集中因数。

图 11-36

窗户楣梁的尖角处由弯曲所引起
的应力集中，导致了裂纹产生

与轴向载荷以及扭转载荷类似，设计由脆性材料组成的构件或承受疲劳或循环载荷作用的构件时，常常要考虑弯曲中的应力集中效应。同样，要意识到只有在材料处于线弹性行为时才能应用应力集中系数。

若施加的弯矩引起了材料的屈服，对塑性材料，应力要在构件内重新分布，因此最大应力要低于利用应力集中系数确定的数值。这在下一章中将做进一步讨论。

要点

- 应力集中发生在缺口或孔洞等横截面突变处，由于这些区域的应力与应变非线性分布所致。突变越严重，应力集中现象就越突出。
- 设计或分析时，最大正应力发生在最小横截面上。这一应力可以利用应力集中系数 K 得到，K 通过试验确定，并且仅仅是构件几何形状的函数。
- 一般设计中，承受静弯矩的塑性材料构件的应力集中可以不予考虑；但是，若材料是脆性的，或承受疲劳载荷，考虑应力集中非常重要。

例题　11.15

板状钢制杆件横截面突变处采用倒角过渡，如图 11-37a 所示。若杆件承受大小为 5kN·m 的弯矩，确定杆件内的最大正应力。屈服应力为 $\sigma_Y = 500$MPa。

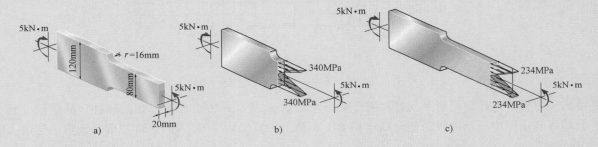

图 11-37

解　弯矩板状钢制杆件倒角处最小横截面上产生最大正应力。杆件的应力集中系数由图 11-34 所示曲线确定。根据杆件的几何尺寸，$r=16$mm，$h=80$mm，$w=120$mm，因此，有

$$\frac{r}{h} = \frac{16\text{mm}}{80\text{mm}} = 0.2, \qquad \frac{w}{h} = \frac{120\text{mm}}{80\text{mm}} = 1.5$$

据此，从相关曲线上找到 $K=1.45$。应用公式（11-20），有

$$\sigma_{\max} = K\frac{Mc}{I} = (1.45)\frac{(5(10^3)\text{N}\cdot\text{m})(0.04\text{m})}{\left[\frac{1}{12}(0.020\text{m})(0.08\text{m})^3\right]} = 340\text{MPa}$$

此值小于屈服应力（500MPa），表明杆件的变形仍然保持线弹性。

注意：横截面上非线性分布的正应力，如图 11-37b 所示。但要意识到，根据 9.1 节中介绍的圣维南原理，对于距离过度处稍远处，这些局部应力分布会逐渐平缓，并逐渐趋于线性。例如，当截面向过渡处的右边移动 80mm 的距离（近似距离）或更远，这时，根据弯曲公式，有 $\sigma_{\max} = 234$MPa，如图11-37c所示。同时要注意到，如图 11-34 所示，随着圆角半径 r 的增大 K 值将会减小，因此，选择较大的倒角半径将会明显降低 $\sigma_{\max}$ 的值。

习题

* 11-80　阶梯板状直杆的厚度为 15mm，若其由许用弯曲应力为 $\sigma_{allow} = 200MPa$ 的材料制成，确定可以在板状直杆两端施加的最大弯曲力矩。

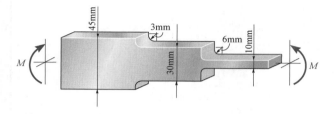

习题 11-80 图

11-81　若板状直杆上每个缺口的半径均为 $r = 0.5in$，确定可以施加在板上的最大弯曲力矩。材料的许用弯曲应力为 $\sigma_{allow} = 18ksi$。

11-82　如图所示的具有对称缺口的板状直杆承受弯曲力矩作用。若杆上每个缺口的半径均为 $r = 0.5in$，施加弯曲力矩为 $M = 10kip \cdot ft$，确定杆内的最大弯曲正应力。

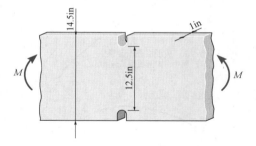

习题 11-81、习题 11-82 图

11-83　如图所示的板状直杆承受大小为 $M = 40N \cdot m$ 的弯曲力矩作用，为了使应力不超过许用弯曲应力 $\sigma_{allow} = 124MPa$，确定圆角的最小半径 r。

* 11-84　板状直杆承受大小为 $M = 17.5N \cdot m$ 的弯曲力矩作用，若圆角半径 $r = 5mm$，确定材料内的最大弯曲正应力。

11-85　具有缺口的梁两端简支承，承受力 P 作用如图所示。确定可以施加在梁上，且不使材料发生屈服的 P 的最大值。材料为 A-36 钢，每个缺口的半径均为 $r = 0.125in$。

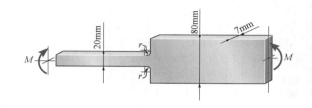

习题 11-83、习题 11-84 图

11-86　具有缺口的梁两端简支承，承受大小为 $P = 100lb$ 的两个力作用如图所示。确定在梁内产生的最大弯曲正应力，并画出梁中间横截面处整个截面上的弯曲正应力分布。每个缺口的半径均为 $r = 0.125in$。

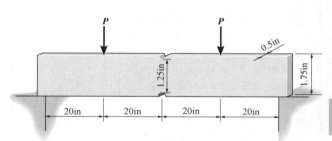

习题 11-85、习题 11-86 图

11-87　如图所示的板状杆件承受大小为 $M = 153N \cdot m$ 的弯曲力矩作用，为了使应力不超过许用弯曲应力 $\sigma_{allow} = 120MPa$，确定圆角的最小半径 r。

* 11-88　板状杆件承受大小为 $M = 17.5N \cdot m$ 的弯曲力矩作用，若倒角半径 $r = 6mm$，确定材料内的最大弯曲正应力。

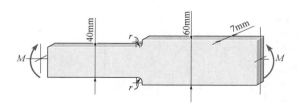

习题 11-87、习题 11-88 图

本章回顾

剪力图与弯矩图是对梁上剪力与弯矩变化的图形表达。可以通过应用截面法和平衡方程建立作为 x 函数的 V 与 M 方程，画出相应的图形。需要按照有关的正负号规定，确定正向分布载荷、剪力与弯矩的正方向

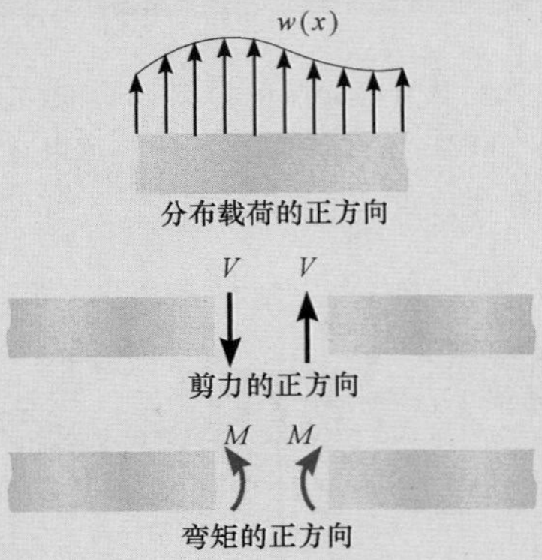

分布载荷的正方向

剪力的正方向

弯矩的正方向

剪力图中每点上的斜率等于该点处分布载荷的集度，据此可以画出梁的剪力图

同样，弯矩图中的斜率等于该点处剪力的大小，据此可以画出梁的弯矩图

两点间分布载荷下的面积代表了剪力值的变化

剪力图下的面积代表了弯矩值的变化

在任意一点处的剪力与弯矩可以利用截面法得到。最大（或最小）弯矩发生在剪力等于零处

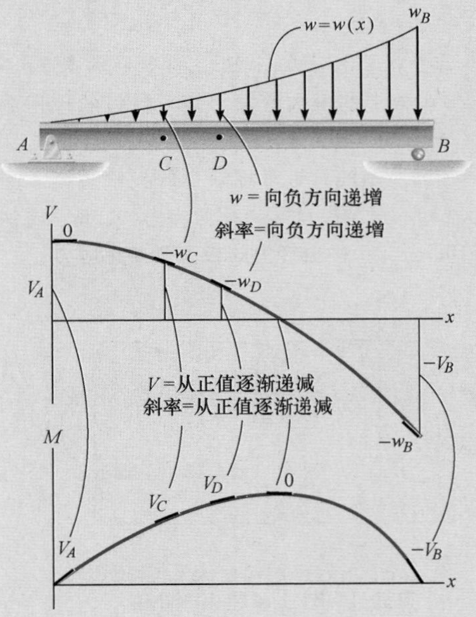

$$w = \frac{dV}{dx}$$

$$V = \frac{dM}{dx}$$

$$\Delta V = \int w\,dx$$

$$\Delta M = \int V\,dx$$

弯矩可以使平直梁内产生线性变化的正应变。假设材料是均匀的并且是线弹性的，就可以用相关的平衡方程建立梁内弯矩与正应力的关系式，即弯曲公式

$$\sigma_{max} = \frac{Mc}{I}$$

其中 I 与 c 可以从通过横截面形心的中性轴中确定

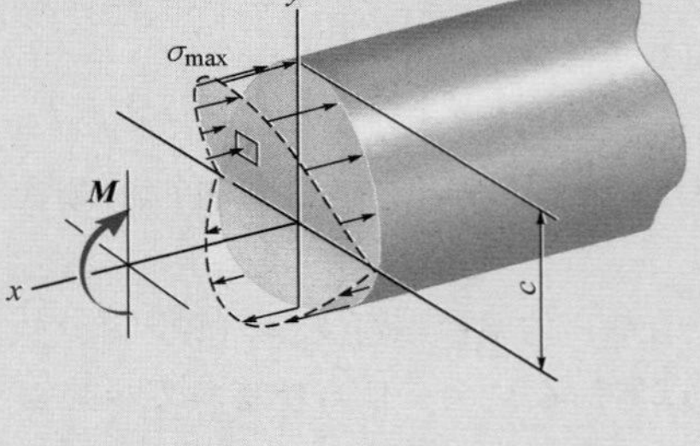

若梁的横截面没有对称轴，梁将发生非对称弯曲。最大正应力可以由公式确定；或者将弯矩分解为主惯性轴方向的分量 M_y、M_z，分别确定二者在同一点引起的正应力，应用叠加法，按代数值相加	$$\sigma = -\frac{M_z y}{I_z} + \frac{M_y z}{I_y}$$	
在具有突变横截面的构件内会发生应力集中，例如由孔洞或缺口引起的横截面突变。在这些位置处的最大应力可以利用应力集中系数 K 确定，K 可以由通过试验所确定的图表曲线找到	$$\sigma_{max} = k\frac{Mc}{I}$$	

复习题

　　11-89　梁由三块木板制成，并如图所示钉在一起。若作用在横截面上的弯矩为 $M = 650\text{N·m}$，确定顶部木板上弯曲正应力所形成的合力。

　　11-90　梁由三块木板制成，并如图所示钉在一起。确定在梁内的最大拉伸应力与压缩应力。

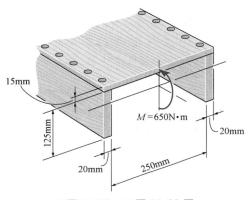

习题 11-89、习题 11-90 图

　　11-91　若轴在带、齿轮与飞轮处承受垂直载荷作用，在 A、B 处的轴承只对轴提供铅垂反力，如图所示。画出轴的剪力图与弯矩图。

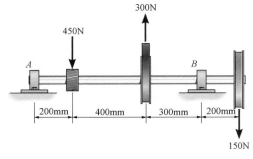

习题 11-91 图

　　* 11-92　图中所示梁承受弯矩 M 作用。确定作用在梁顶板 A、底板 B 上的正应力所形成的力对中性轴之矩，在弯矩 M 数值中所占的百分比。

　　11-93　为了在 D 点产生压缩正应力 $\sigma_D = 30\text{MPa}$，确定应当施加在梁上的弯矩 M。同时画出作用在整个横截面上的正应力分布并计算出梁内的最大正应力。

　　11-94　聚合物轴具有椭圆形横截面。若其产生大小为 $M = 125\text{N·m}$ 的弯矩作用，确定在材料内产生的最大弯曲正应力。（a）利用弯曲公式；（b）利用积分。画出作用在整个横截面上应力分布的三维视图。

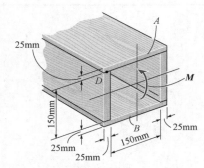

习题 11-92、习题 11-93 图

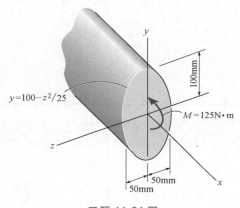

习题 11-94 图

11-95 大小为 45lb 的力作用在电缆钳的手柄上，手柄上的横截面如图所示。确定在电缆钳手柄 a—a 截面上的最大弯曲正应力。

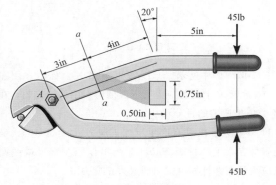

习题 11-95 图

*11-96 图中所示座椅由一铰链连接的悬臂支承，以使其能够相对于 A 处的铅垂轴旋转。若座椅上的载荷为

180lb，悬臂具有如图所示的中空横截面，确定在 a—a 截面上的最大弯曲正应力。

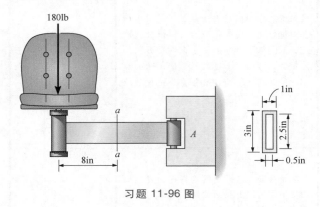

习题 11-96 图

11-97 建立梁内作为 x 函数的剪力方程与弯矩方程，其中 $0 \leqslant x \leqslant 6\text{ft}$。画出梁的剪力图与弯矩图。

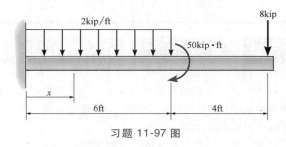

习题 11-97 图

11-98 轻型飞机的翼梁 ABD 是由 2014-T6 铝合金制成的，其横截面面积为 1.27in^2，高度为 3in，对于中性轴的惯性矩为 2.68in^4。若施加图示中预期的载荷，确定在翼梁上的绝对值最大弯曲正应力。假设 A、B、C 处均为销钉连接，并且所有的连接都是沿着翼梁的中心纵轴方向。

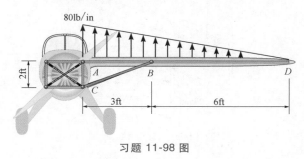

习题 11-98 图

第12章 横向剪切

　　铁轨枕木可视为承受非常大横向剪切载荷的梁。因此，如果枕木为木制，则在梁的端部，切向载荷最大处，将会被劈开。

本章任务

■ 确定横力弯曲时直梁中的切应力。

■ 计算各种组合截面构件的剪力流。

12.1   直梁的剪切

一般情形下，梁同时受到剪力与弯矩的作用。剪力 V 是作用在梁横截面上的横向切应力合成的结果。根据切应力互等定理，这个方向的切应力会在梁的纵向截面上产生一个相应的纵向切应力，如图 12-1 所示。

为了分析这个现象，假设梁是由三块板组成，如图 12-2a 所示。如果，各板没有黏合在一起，并且板的上下表面均光滑无摩擦，当施加载荷 P 使板产生弯曲变形时，将会引起板之间的相互滑动。但当各板相互粘接成一体，为阻止板与板之间的相对滑动，纵截面上将产生纵向切应力，从而使梁作为一个整体而变形。

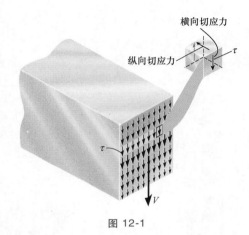

图 12-1

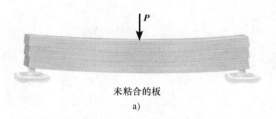

未粘合的板
a)

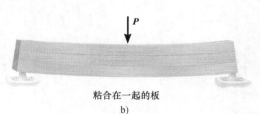

粘合在一起的板
b)

图 12-2

切应力会产生切应变，切应变会使横截面以一种复杂的方式产生翘曲。例如：考察一个使用可以产生大变形材料制成的短梁（见图 12-3a），在其表面上画出横线和纵线，施加剪力 V 后，横线和纵向的形状将发生如图 12-3b 所示的变化。这是由于横截面上非均匀分布的切应变引起的横截面翘曲。

于是，当梁同时承受弯矩和剪力作用时，横截面不再如导出弯曲正应力公式时所假设的横截面那样保持平面。但是，对于大多数的细长梁（与长度相比，横截面的宽度足够小的梁），由于剪切引起的横截面翘曲足够小，小至因而可以忽略不计，因此平面假设依然可以应用。

焊接在作为衬板的波纹钢板上抗剪连接件，当混凝土浇筑到波纹板上以后，将阻止混凝土板与衬板之间的相对滑动。于是这两种材料便组成复合厚板

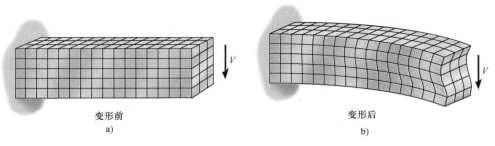

变形前
a)

变形后
b)

图 12-3

12.2　切应力公式

　　与轴向拉伸、扭转、弯曲相比，弯曲引起的切应变的分布不易确定，于是本书应采用一种间接的方法分析并导出弯曲切应力公式。

　　考察梁中一微段局部在水平方向上的力的平衡，如图 12-4a 所示。图 12-4b 所示为微段的自由体受力图。图中微段两侧横截面上的分布正应力分别由弯矩 M 和 $M+\mathrm{d}M$ 引起；没有考虑剪力 V 和 $V+\mathrm{d}V$ 和分布载荷集度 $w\,(x)$，因为这些力都是纵向的，不会影响横向力的平衡。由于两边的正应力分布是仅由一对力偶所引起，并没有横向力的作用，故图 12-4b 所示的微段一定会满足 x 方向的平衡条件：$\sum F_x = 0$。

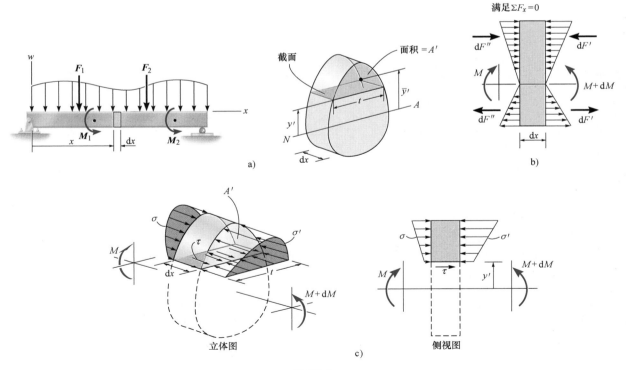

立体图

侧视图

c)

图 12-4

现在考察微段上方阴影的局部。从距中性轴距离 y' 处将微段截开，如图 12-4a 所示。这一微段局部横截面的宽度为 t，两侧的横截面面积均为 A'。由于该微段局部两侧的合力矩相差 dM，故除非在该微段局部截开的纵截面上有一纵向切应力 τ，否则不满足 $\sum F_x = 0$ 的条件，如图 12-4c 所示。

我们假设切应力沿横截面宽度 t 方向均匀分布，即为常量，根据切应力互等定理，纵截面上将产生图 12-4c 所示的切应力，其作用面积为 $t\,dx$，应用弯曲公式（11-13），考察水平方向上力的平衡方程，有

$$\xleftarrow{+}\sum F_x = 0, \quad \int_{A'}\sigma'\,dA - \int_{A'}\sigma\,dA' - \tau(t\,dx) = 0$$

$$\int_{A'}\left(\frac{M+dM}{I}\right)y\,dA' - \int_{A'}\left(\frac{M}{I}\right)y\,dA' - \tau(t\,dx) = 0$$

$$\left(\frac{dM}{I}\right)\int_{A'}y\,dA' = \tau(t\,dx) \tag{12-1}$$

由此解出切应力 τ：

$$\tau = \frac{1}{It}\left(\frac{dM}{dx}\right)\int_{A'}y\,dA'$$

注意到 $V = dM/dx$ ［参见第 11 章的式（11-2）］，上述方程可进一步简化。同样，积分式内显示的是面积 A' 对中性轴的静矩，定义为 Q。根据形心坐标与静矩之间的关系，面积 A' 的形心为

$$\overline{y}' = \int_A y\,dA'/A'$$

则有

$$Q = \int_{A'}y\,dA' = \overline{y}'A' \tag{12-2}$$

最终得到

$$\tau = \frac{VQ}{It} \tag{12-3}$$

横截面上的切应力分布如图 12-5 所示。

公式（12-3）即为弯曲切应力公式。

式中　τ 为距离中性轴 y' 处的弯曲切应力；

　　　V 为剪力，由截面法和平衡方程确定；

　　　I 为整个横截面对中性轴的惯性矩；

　　　t 为从要求 τ 的那一点来量度的横截面宽度；

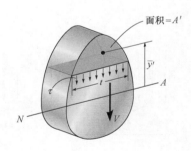

面积 $= A'$

图 12-5

　　Q 为面积 A' 对中性轴的静矩，即 $\overline{y}'A'$，其中 A' 为由从横截面宽度 t 处分割后的横截面局部面积（以上部分或以下部分），$\overline{y}'$ 为面积 A' 的形心到中性轴的距离。

上述推导中所得到的虽然是梁纵截面上的切应力公式，但这一公式也可以应用于确定梁横截面上的切应力。因为根据切应力互等定理，这两个方向上的切应力大小相等，方向相反。

此外，由于推导过程中应用了弯曲正应力公式，故要求材料处于线弹性阶段，并且拉伸和压缩的弹性模量相同。

　　弯曲切应力公式的应用限制除了材料处于线弹性范围要求外，还对横截面尺寸有一定的限制。这是因为在弯曲切应力公式推导过程中采用了重要假定：切应力在宽度 t 上均匀分布。这表明，由公式算得的是宽度 t 上的平均切应力。

　　应用更加精确的弹性理论分析结果，可以验证弯曲切应力公式的精确度。以矩形截面梁为例，由弹性理论得到的中性轴上的切应力分布如图 12-6 所示。最大切应力 $\tau'_{\max}$ 发生在横截面的最边缘处，其数值取决于横截面的宽度与高度之比（b/h）。当 $b/h = 0.5$ 时，如图 12-6a 所示，$\tau'_{\max}$ 只比用弯曲切应力公式算得的 $\tau_{\max}$ 值大 3%。但是，对于扁平截面，例如当 $b/h = 2$ 时，如图 12-6b 所示，$\tau'_{\max}$ 将比 $\tau_{\max}$ 大 40%。随着截面形状的扁平化，或者说宽度与高度之比 b/h 的增大，误差将会进一步增大。例如，如果应用弯曲切应力公式计算图 12-7 所示的工字截面梁的翼缘上与剪力 V 方向一致的切应力，则会产生很大的误差，这显然是不能接受的。

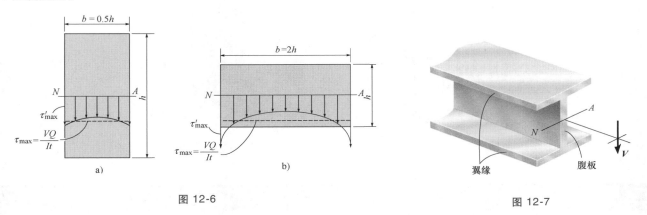

图 12-6　　　　　　　　　　　　　　　　　　　　　图 12-7

　　另外需要注意的是，当计算具有宽翼缘形式的工字形梁的翼缘上与腹板交汇处的切应力时，弯曲切应力公式不能提供精确解，因为在该处截面形状发生突然变化，产生应力集中现象。幸运的是，对于应用弯曲切应力公式计算翼缘上切应力的限制在工程实际中并不重要。多数情形下，工程师只需计算梁中的平均最大切应力，而平均最大切应力一般发生在中性轴处，该处的宽度与高度之比 b/h 很小，因此应用弯曲切应力公式得出的结果非常接近实际的最大切应力。

　　此外，图 12-8a 显示了弯曲切应力公式应用于不规则边缘非矩形截面梁的局限。如果应用弯曲切应力公式计算 AB 线上的（平均）切应力 τ，则切应力的方向会铅垂向下，如图 12-8b 所示。但是，若从边缘上 B 点处取一单元体（图 12-8c），将 τ 沿着垂直于边界和平行于边界分解成 τ' 和 τ''，由于梁外侧自由表面上的切应力 τ' 必须等于 0，根据切应力互等定理，梁横截面上的 τ' 也必须等于 0。为了满足边界条件，边界点上的切应力必须沿着边界的切线方向分布。因此，线 AB 上的切应力实际分布如图 12-8d 所示。而这种特殊点上的切应力数值需要由弹性理论进行分析。我们只能应用弯曲切应力公式得到图 12-8a 所示直线 1、2、3 上的切应力，因为这些线与截面边缘的切线互相垂直，如图 12-8e 所示，而弯曲切应力的方向与这些线垂直，且均匀分布。

　　总结上述要点：弯曲切应力公式并不能给出扁平截面的精确解；或者在截面发生突变处的切应力值，也不能计算不与截面边缘切线垂直的线上的切应力。对于这些情形，切应力需要采用基于弹性理论的更高级的方法计算。

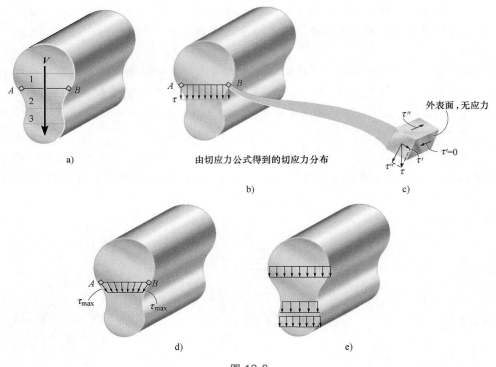

a)

由切应力公式得到的切应力分布

b)

外表面，无应力

c)

d)

e)

图 12-8

要点

- 剪力在梁的横截面内产生非线性分布切应变，引起横截面翘曲。
- 基于切应力互等定理，梁的横、纵截面内均有切应力。
- 考察梁的某微段局部纵截面水平方向上的切应力与弯曲正应力组成的合力的平衡，导出了弯曲切应力公式。
- 弯曲切应力公式只能用于由各向同性材料制造的、线弹性范围内加载的、棱柱形直杆。同时，剪力的合力方向需要沿着横截面的对称轴方向。
- 弯曲切应力公式不能计算扁平截面上的切应力、截面突变点处的切应力以及倾斜边缘上的切应力。

分析过程

计算弯曲切应力应遵循以下过程：

计算剪力

- 在要求计算剪力的那个截面处将杆件截开，确定该截面上的剪力 V。

截面性质

- 分析中性轴的位置，计算整个截面对中性轴的惯性矩 I。

- 在要求剪力的那一点，用一个假想的水平面将横截面分割，确定被分割处的宽度 t。

A' 是横截面上被分割（无论是上半部分还是下半部分）的面积。应用公式 $Q=\bar{y}'A'$ 计算 Q。其中 $\bar{y}'$ 是 A' 的形心到中性轴的距离。也可以这样认为，A' 是由于纵向切应力的作用而"保留在杆件上"的横截面的一部分。如图 12-4c 所示。

弯曲切应力

- 应用统一的单位，将相关数据代入弯曲切应力公式并计算切应力 τ。
- 建议在计算切应力的点取单元体来确立切应力的方向。横截面上切应力 τ 的方向与剪力 V 一致，意识到这一点后即可进行切应力方向的分析了。由此，单元体上另外三个面上的切应力的方向便全部确定。

例题 12.1

图 12-9a 所示的实心轴和空心管受到 4kN 的剪力作用。请计算横截面直径上的切应力大小。

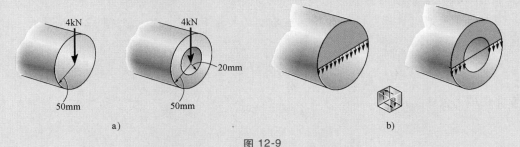

图 12-9

解　截面几何性质。应用附录 B 列表中相关公式，计算得到各截面对其直径的惯性矩（或者中性轴）为

$$I_{\text{solid}}=\frac{1}{4}\pi c^4=\frac{1}{4}\pi(0.05\,\text{m})^4=4.909(10^{-6})\,\text{m}^4$$

$$I_{\text{tube}}=\frac{1}{4}\pi(c_o^4-c_i^4)=\frac{1}{4}\pi[(0.05\,\text{m})^4-(0.02\,\text{m})^4]=4.783(10^{-6})\,\text{m}^4$$

直径上半部分（或者下半部分）的半圆，见图 12-9b 的阴影部分，即为由沿着直径方向的纵向切应力"保留在构件上"的部分。计算 Q：

$$Q_{\text{solid}}=\bar{y}'A'=\frac{4c}{3\pi}\left(\frac{\pi c^2}{2}\right)=\frac{4(0.05\,\text{m})}{3\pi}\left(\frac{\pi(0.05\,\text{m})^2}{2}\right)=83.33(10^{-6})\,\text{m}^3$$

$$Q_{\text{tube}}=\sum\bar{y}'A'=\frac{4c_o}{3\pi}\left(\frac{\pi c_o^2}{2}\right)-\frac{4c_i}{3\pi}\left(\frac{\pi c_i^2}{2}\right)$$

$$=\frac{4(0.05\,\text{m})}{3\pi}\left(\frac{\pi(0.05\,\text{m})^2}{2}\right)-\frac{4(0.02\,\text{m})}{3\pi}\left(\frac{\pi(0.02\,\text{m})^2}{2}\right)$$

$$=78.0(10^{-6})\,\text{m}^3$$

例题 12.1

弯曲切应力。对于实心圆轴，$t = 0.1\text{m}$；对于空心圆管来说，$t = 2$（0.03m）$= 0.06\text{m}$，代入弯曲切应力公式，有

$$\tau_{\text{solid}} = \frac{VQ}{It} = \frac{4(10^3)\text{N}(83.33(10^{-6})\text{m}^3)}{4.909(10^{-6})\text{m}^4(0.1\text{m})} = 679\text{kPa}$$

$$\tau_{\text{tube}} = \frac{VQ}{It} = \frac{4(10^3)\text{N}(78.0(10^{-6})\text{m}^3)}{4.783(10^{-6})\text{m}^4(0.06\text{m})} = 1.09\text{MPa}$$

注意： 根据之前讨论的弯曲切应力公式的局限，本例中可应用该公式是由于切应力垂直于直径方向，切应力在与横截面的边缘处与边界相切，单元体受到纯剪切的作用，如图 12-9b 所示。

例题 12.2

确定图 12-10a 所示梁的横截面上的切应力分布。

解 切应力分布可通过计算距离中性轴任意高度 y 上的切应力确定，如图 12-10b 所示，然后画出函数图像。应用阴影部分 A' 计算 $Q^{\ominus}$。于是有

$$Q = \bar{y}'A' = \left[y + \frac{1}{2}\left(\frac{h}{2} - y\right)\right]\left(\frac{h}{2} - y\right)b = \frac{1}{2}\left(\frac{h^2}{4} - y^2\right)b$$

应用弯曲切应力公式，可得

$$\tau = \frac{VQ}{It} = \frac{V\left(\dfrac{1}{2}\right)\left[(h^2/4) - y^2\right]b}{\left(\dfrac{1}{12}bh^3\right)b} = \frac{6V}{bh^3}\left(\frac{h^2}{4} - y^2\right) \tag{1}$$

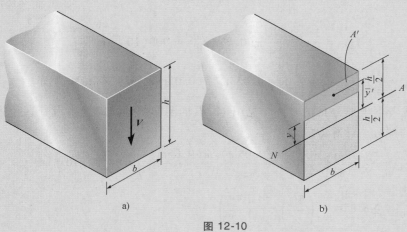

图 12-10

$\ominus$ y 以下的部分也可被用来计算 $Q[A' = b(h/2 + y)]$，但应用此部分在计算上略显复杂。

例题　12.2

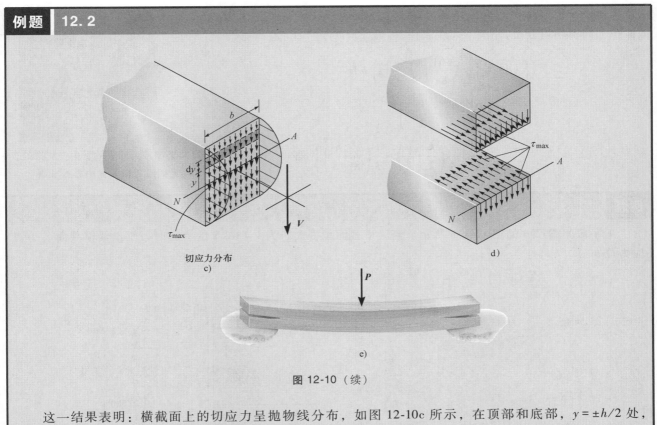

图 12-10（续）

　　这一结果表明：横截面上的切应力呈抛物线分布，如图 12-10c 所示，在顶部和底部，$y = \pm h/2$ 处，切应力均为 0，在中性轴，$y = 0$ 处，取得最大值。注意到，整个横截面面积 $A = bh$，在 $y = 0$ 处有

$$\tau_{\max} = 1.5 \frac{V}{A} \tag{2}$$

　　直接应用弯曲切应力公式，$\tau = VQ/It$，也可得出同样的 $\tau_{\max}$。因为 V、I、t 为常量，$\tau_{\max}$ 一定发生在 Q 最大处。经检验，当中性轴上方（或下方）的整个面积都参与计算时，Q 将会取得极大值，此时 $A' = bh/2$，$\bar{y}' = h/4$。因此，

$$\tau_{\max} = \frac{VQ}{It} = \frac{V(h/4)(bh/2)}{\left[\frac{1}{12}bh^3\right]b} = 1.5 \frac{V}{A}$$

　　比较得到，$\tau_{\max}$ 比采用第 7 章中的公式（7-4）（$\tau_{\text{avg}} = V/A$）计算得到的平均切应力大 50%。

　　另一个重点是：需要认识到 $\tau_{\max}$ 同时作用在梁的纵向截面上，如图 12-10d 所示。纵向面上的最大切应力能够引起材料如图 12-10e 所示的开裂。木梁的横向开裂始于梁端部的中性轴处，因为中性轴处的纵向截面承受了最大切应力，而木材在这个取向上的抗剪能力很差。

　　有意义的是：当切应力分布函数［式（1）］在整个横截面上积分时，将等于剪力 V。为了证明这一

点，我们换一种微面积的取法，即 $dA = b dy$，如图 12-10c 所示。由于微面积上的 τ 均匀分布，有

$$
\int_A \tau dA = \int_{-h/2}^{h/2} \frac{6V}{bh^3}\left(\frac{h^2}{4} - y^2\right) b dy
$$

$$
= \frac{6V}{h^3}\left[\frac{h^2}{4}y - \frac{1}{3}y^3\right]_{-h/2}^{h/2}
$$

$$
= \frac{6V}{h^3}\left[\frac{h^2}{4}\left(\frac{h}{2} + \frac{h}{2}\right) - \frac{1}{3}\left(\frac{h^3}{8} + \frac{h^3}{8}\right)\right] = V
$$

木制梁典型的剪切失效发生在支撑处，且近似沿着横截面中心处开裂

例题 12.3

工字截面梁尺寸如图 12-11a 所示。当梁横截面承受大小为 $V = 80\text{kN}$ 的剪力时，画出梁横截面上的切应力分布。

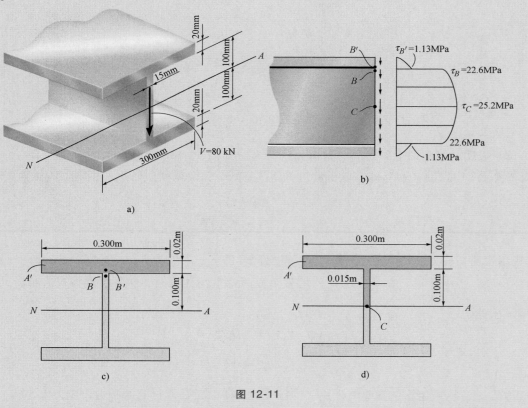

图 12-11

解 由于翼缘和腹板都是矩形截面，根据前例得到的结论，截面上的切应力都将呈抛物线形分布，并根据图 12-11b 的方式变化。根据截面的对称性，只有 B、B' 和 C 点处的切应力需要计算。为了计算这些点处的切应力，首先需要确定整个截面对中性轴的惯性矩，即

例题 12.3

$$I = \left[\frac{1}{12}(0.015\text{m})(0.200\text{m})^3 \right] +$$

$$2\left[\frac{1}{12}(0.300\text{m})(0.02\text{m})^3 + (0.300\text{m})(0.02\text{m})(0.110\text{m})^2 \right]$$

$$= 155.6(10^{-6})\ \text{m}_4$$

在 B' 点，$t_{B'} = 0.300\text{m}$，A' 为图 12-11c 所示的阴影部分面积。因此，

$$Q_{B'} = \bar{y}'A' = [0.110\text{m}](0.300\text{m})(0.02\text{m}) = 0.660(10^{-3})\ \text{m}^3$$

于是，

$$\tau_{B'} = \frac{VQ_{B'}}{It_{B'}} = \frac{80(10^3)\,\text{N}(0.660(10^{-3})\,\text{m}^3)}{155.6(10^{-6})\,\text{m}^4(0.300\text{m})} = 1.13\text{MPa}$$

对于 B 点，$t_B = 0.015\text{m}$，$Q_B = Q_{B'}$，如图 12-11c 所示，于是，

$$\tau_B = \frac{VQ_B}{It_B} = \frac{80(10^3)\,\text{N}(0.660(10^{-3})\,\text{m}^3)}{155.6(10^{-6})\,\text{m}^4(0.015\text{m})} = 22.6\text{MPa}$$

需要注意的是，根据前面关于"对切应力公式的应用限制"中的讨论，τ_B 和 $\tau_{B'}$ 的计算值都有较大的误差。这是为什么？这一问题请读者思考。

对于 C 点，$t_C = 0.015\text{m}$，A' 为图 12-11d 所示的阴影面积。考虑到这个面积是由两块矩形组合而成，有

$$Q_C = \sum \bar{y}'A' = [0.110\text{m}](0.300\text{m})(0.02\text{m}) +$$

$$[0.05\text{m}](0.015\text{m})(0.100\text{m})$$

$$= 0.735(10^{-3})\ \text{m}^3$$

因此，

$$\tau_C = \tau_{\max} = \frac{VQ_C}{It_C} = \frac{80(10^3)\,\text{N}[0.735(10^{-3})\,\text{m}^3]}{155.6(10^{-6)}\,\text{m}^4(0.015\text{m})} = 25.2\text{MPa}$$

注意： 从图 12-11b 可知，大部分的切应力发生在腹板上，且沿腹板高度方向上几乎均匀分布，变化范围从 22.6MPa 到 25.2MPa。这就是某些设计准则中允许计算腹板的平均切应力而不是应用切应力公式计算的缘故。因为

$$\tau_{\text{avg}} = \frac{V}{A_w} = \frac{80(10^3)\,\text{N}}{(0.015\text{m})(0.2\text{m})} = 26.7\text{MPa}$$

这在本书第 15 章中将做进一步讨论。

例题 12.4

图 12-12a 所示的梁由两块板黏合而成。为保证两块板不脱开，需要粘合胶所能承受的切应力。

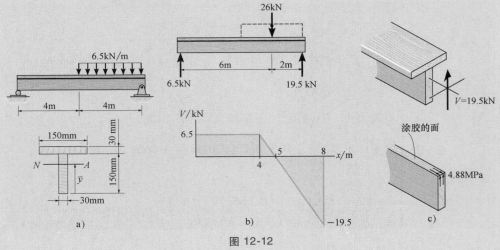

图 12-12

解

剪力。支撑处的反力和剪力图如图 12-12b 所示。从中可见梁内的最大剪力为 19.5kN。

截面几何性质。以横截面的最底端为坐标原点建立参考坐标系，确定横截面的形心和中性轴位置，如图 12-12a 所示。以 m 为单位，有

$$\bar{y} = \frac{\sum \tilde{y}A}{\sum A} = \frac{[0.075\text{m}](0.150\text{m})(0.030\text{m}) + [0.165\text{m}](0.030\text{m})(0.150\text{m})}{(0.150\text{m})(0.030\text{m}) + (0.030\text{m})(0.150\text{m})} = 0.120\text{m}$$

截面对中性轴的惯性矩为

$$I = \left[\frac{1}{12}(0.030\text{m})(0.150\text{m})^3 + (0.150\text{m})(0.030\text{m})(0.120\text{m}-0.075\text{m})^2\right] +$$

$$\left[\frac{1}{12}(0.150\text{m})(0.030\text{m})^3 + (0.030\text{m})(0.150\text{m})(0.165\text{m}-0.120\text{m})^2\right]$$

$$= 27.0(10^{-6})\text{m}^4$$

翼缘（水平板）和腹板（竖板）用胶粘合，粘合处的厚度 $t = 0.03\text{m}$。因此 A' 就是横截面翼缘的面积，如图12-12a所示。于是，有

$$Q = y'A' = [0.180\text{m}-0.015\text{m}-0.120\text{m}](0.03\text{m})(0.150\text{m}) = 0.2025(10^{-3})\text{m}^3$$

切应力。将上述数据代入切应力公式，得

$$\tau_{max} = \frac{VQ}{It} = \frac{19.5(10^3)\text{N}(0.2025(10^{-3})\text{m}^3)}{27.0(10^{-6})\text{m}^4(0.030\text{m})} = 4.88\text{MPa}$$

图 12-12c 所示为腹板上端纵截面上的切应力作用状况。

注意：此答案即为保证右边支撑处两块板粘接不开裂，所需要粘胶能够承受的切应力。

基础题

F12-1 若梁承受 $V=100$kN 的剪力，计算 A 点处的切应力，并用单元体表示该点的应力状态。

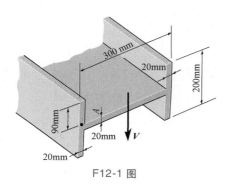

F12-1 图

F12-2 若梁承受 $V=600$kN 的剪力，计算 A 点和 B 点处的切应力，并用单元体表示这两点的应力状态。

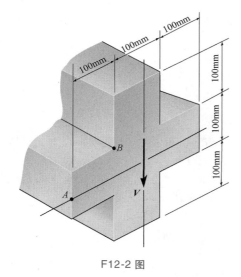

F12-2 图

F12-3 计算梁内的最大切应力绝对值。

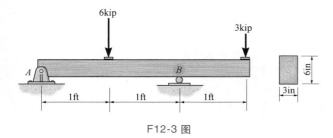

F12-3 图

F12-4 若梁承受 $V=20$kN 的剪力，计算梁内的最大切应力。

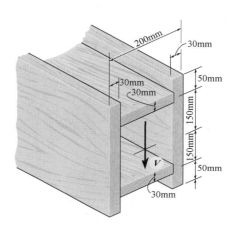

F12-4 图

F12-5 若梁是由四块板组成，且承受 $V=20$kN 的剪力，计算 A 点处的最大切应力，并以单元体表示该点的应力状态。

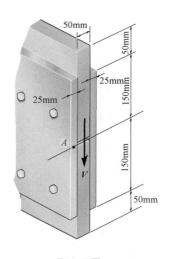

F12-5 图

12

习题

12-1 若工字钢承受了 $V=20$kN 的剪力，计算腹板上 A 点的切应力，并以单元体表示该点的应力状态。

12-2 若工字钢承受了 $V=20$kN 的剪力，计算梁内的最大切应力。

12-3 若工字钢横截面上承受 $V=20$kN 的剪力，计算由腹板部分所承受的剪力大小。

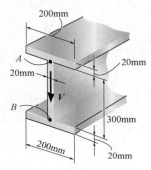

习题 12-1～习题 12-3 图

*12-4 若图示 T 形梁横截面上承受垂直向下的剪力 $V=12$kip，计算梁内的最大切应力。同时，计算翼缘与腹板交界处 AB 的切应力突变值。画出整个截面上的切应力分布图。

12-5 若图示 T 形梁横截面上承受垂直向下的剪力 $V=12$kip，计算翼缘上所承受的剪力大小。

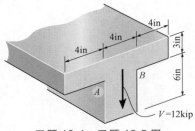

习题 12-4、习题 12-5 图

12-6 木制梁所能承受的最大切应力 $\tau_{allow}=7$MPa，确定横截面上所能承受的最大剪力。

12-7 由光滑推力轴承 A 和光滑滑动轴承 B 支承的圆轴，若 $P=20$kN，计算梁内最大切应力的绝对值。

*12-8 由光滑推力轴承 A 和光滑滑动轴承 B 支承的圆轴，其材料所能承受的最大许用切应力 $\tau_{allow}=75$MPa。确定

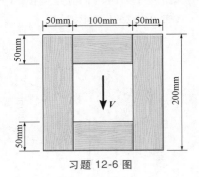

习题 12-6 图

许可载荷 P 的最大值。

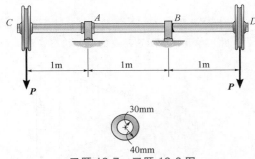

习题 12-7、习题 12-8 图

12-9 若梁的许用切应力 $\tau_{allow}=8$ksi，确定梁横截面上能够承受的最大剪力 V。

12-10 若梁横截面上承受大小为 $V=18$kip 的剪力，确定梁内的最大切应力。

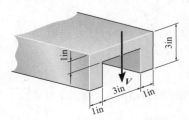

习题 12-9、习题 12-10 图

12-11 图示外伸梁承受了 $w=50$kN/m 的均布载荷，确定梁内的最大切应力。

*12-12 木制矩形截面梁，许用切应力为 $\tau_{allow}=200$psi。确定该截面所能承受的最大剪力 V，并画出截面上的切应力分布。

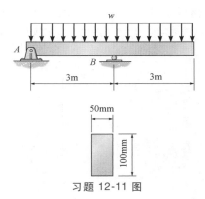

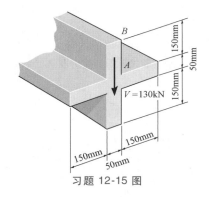

习题 12-15 图

*12-16　钢制圆轴半径为 1.25in，若其承受的剪力为 $V=$ 5kip，计算其最大切应力。

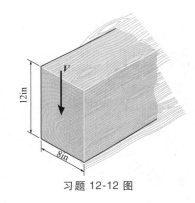

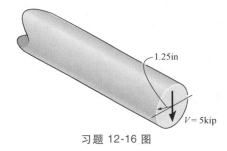

习题 12-16 图

12-13　若梁承受了 $V=20$kN 的剪力，确定其最大切应力。

12-14　若梁的许用切应力 $\tau_{allow}=40$MPa，确定其所能承受的最大剪力。

12-17　若梁承受剪力 $V=15$kN，计算腹板上 A 点和 B 点的切应力，并用单元体的形式表示其应力状态。设 $w=125$mm，中性轴在距离底面 $\bar{y}=0.1747$m 处，$I_{NA}=0.2182$ (10^{-3}) m^4。

12-18　若工字钢承受剪力 $V=30$kN，计算梁内的最大切应力。假设 $w=200$mm。

12-19　若工字钢承受剪力 $V=30$kN，计算腹板所承受的剪力大小。假设 $w=200$mm。

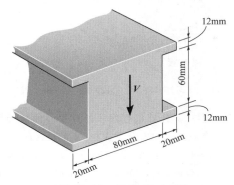

习题 12-13、习题 12-14 图

12-15　图示支柱承受竖直向下的剪力 $V=130$kN，画出截面上的切应力分布，并计算竖直部分 AB 上承受的剪力。

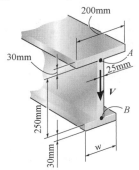

习题 12-17～习题 12-19 图

*12-20　钢制圆轴承受 30kip 的剪力，计算轴内的最大切应力。

12-21　钢制圆轴承受 30kip 的剪力，计算 A 点处的切应力，并用单元体的形式表示其应力状态。

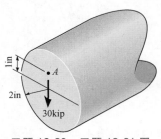

习题 12-20、习题 12-21 图

12-22　计算悬臂梁横截面 a—a 腹板上 B 点处的切应力。

12-23　计算悬臂梁横截面 a—a 上的最大切应力。

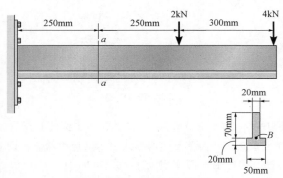

习题 12-22、习题 12-23 图

*12-24　计算 T 形截面梁剪力最大截面上的最大切应力。

12-25　计算 T 形截面梁 C 截面上的最大切应力，并用单元体的形式表示其应力状态。

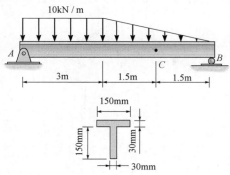

习题 12-24、习题 12-25 图

12-26　木制梁的横截面为正方形，许用切应力 $\tau_{allow} =$ 1.4ksi。若该梁承受剪力 V = 1.5kip，设计其最小边长 a。

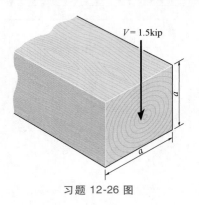

习题 12-26 图

12-27　图示梁的左右两侧均切开一细缝，若该梁承受 V = 250kN 的剪力，试比较切开前后梁内的最大切应力。

*12-28　图示梁的左右两侧切开一细缝，如果该梁的许用切应力 $\tau_{allow} =$ 75MPa，比较切开前后梁所能承受的最大剪力。

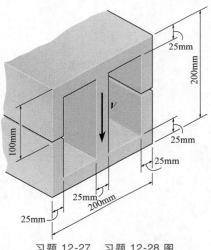

习题 12-27、习题 12-28 图

12-29　编写一计算机程序，计算梁内的最大切应力。梁承受一均布载荷 w 和集中载荷 P，梁的横截面尺寸如图所示，其中：L = 4m，a = 2m，P = 1.5kN，$d_1 = 0$，$d_2 = 2m$，w = 400N/m，$t_1 = 15mm$，$t_2 = 20mm$，b = 50mm，h = 150mm。

12-30　承受载荷 P 的矩形截面悬臂梁，当载荷足够大时，固定端处材料完全屈服，进入塑性，形成塑性弯矩，其值为 $M_p = PL$。若材料为理想弹塑性材料，则在 x < L 的区域，弯矩 M = Px 将使横截面上部分材料进入塑性屈服状态，

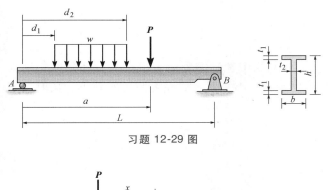

习题 12-29 图

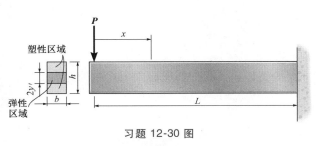

习题 12-30 图

而距横截面中性轴 $2y'$ 以内部分的材料仍然是弹性的。证明：梁内的最大切应力表达式为 $\tau_{\max} = \dfrac{3}{2}(P/A')$，其中 $A' = 2y'b$，即弹性区域的面积。

12-31　图示的梁承受了使横截面完全进入塑性状态的弯矩 M_p，证明：梁的横、纵截面上的切应力均为零。提示：可以选取图 12-4c 所示的梁单元进行分析。

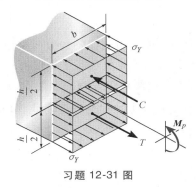

习题 12-31 图

12.3　构件的剪力流

为了使构件获得更大的承载能力，工程实际中有时会将几种可以组合的部件，形成复合形式的构件。图 12-13 所示为相关实例。这种构件在载荷作用下发生弯曲变形，各部件将会相对滑动（参见图 12-2）。为阻止这种滑动，需要采用钉子、螺栓、焊缝或者胶等对各个部件加以紧固。为了设计这些紧固件的尺寸或紧固件之间的间距，必须知道这些紧固件由于阻止相对滑动所产生的剪力。作用在紧固件上的这种载荷，以沿梁的单位长度上的力 q 来量度，称之为**剪力流**。

图 12-13

采用类似于梁内切应力的推导过程，可以确定剪力流 q 的大小。

以图 12-14a 所示组合梁为例，考察与翼缘连接部分黏接处的剪力流。这一部分上必须作用有 3 个水平力，如图 12-14b 所示。其中，F 和 $F+\mathrm{d}F$，是由弯矩 M 和 $M+\mathrm{d}M$ 产生的正应力组成的合力。根据平衡要求，第三个力的大小等于 $\mathrm{d}F$、作用在接缝处，由紧固件承受。由前节分析可知，$\mathrm{d}F$ 是 $\mathrm{d}M$ 的作用结果，

参考式（12-1），有

$$\mathrm{d}F = \frac{\mathrm{d}M}{I}\int_A y\,\mathrm{d}A'$$

其中，积分部分即为 Q，即图 12-14b 中截开部分的面积 A' 对截面中性轴的静矩。由于截开部分的长度为 $\mathrm{d}x$，故剪力流，即沿着梁轴线方向上单位长度的剪力大小为 $q = \mathrm{d}F/\mathrm{d}x$。对上式左右两边除以 $\mathrm{d}x$，同时注意到 $V = \mathrm{d}M/\mathrm{d}x$，最后得到

$$q = \frac{VQ}{I} \tag{12-4}$$

式中　Q 为剪力流，沿着梁轴线方向上单位长度的剪力大小；

　　　V 为剪力，由截面法和平衡求得；

　　　I 为整个截面对中性轴的惯性矩；

　　　Q 为 $\bar{y}'A'$，其中 A' 是被需要计算切应力的接缝所分割的面积，$\bar{y}'$ 是 A' 的形心到中性轴的距离。

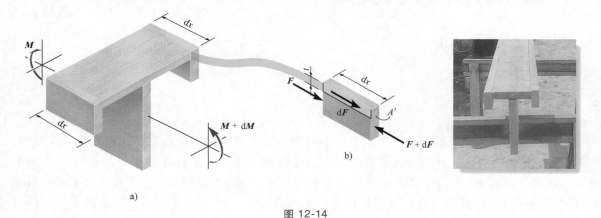

图 12-14

得到这个公式的分析过程与 12.2 节中推导切应力公式的过程一致。其中，正确确定 Q 是计算截面中特定接缝处的切应力大小的重要环节。

下面以几个简单实例说明如何确定 Q。图 12-15 所示为几种梁的横截面形式，其中，深色部分用紧固

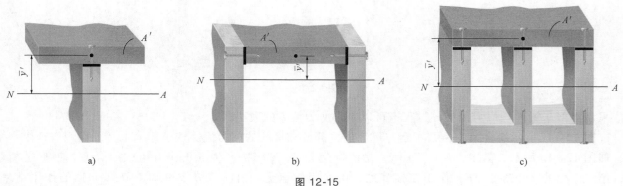

图 12-15

件连接。采用各结构中所标示的 A' 和 $\bar{y}'$ 计算 Q，进而计算接合面（图中黑线）上的剪力流 q。

图 12-15a 中，只有一个紧固件承受 q；图 12-15b 中有两个紧固件承受 q；12-15c 中有三个紧固件承受 q。这表明，12-15a 中的紧固件承受全部剪力流 q，而图 12-15b、c 中的每个紧固件承受的剪力流分别为 $q/2$ 和 $q/3$。

> **要点**
>
> 剪力流用沿着梁轴线方向上单位长度的力来量度，其大小由切应力公式确定，主要用于确定组合结构梁中将各个部件固定在一起的紧固件和胶合处承受的剪力。

例题　12.5

由三块木板组合而成的梁用胶黏合成一体，其横截面如图 12-16a 所示。若结构承受 $V = 850\text{kN}$ 的剪力，确定 B 和 B' 处胶所承受的剪力流大小。

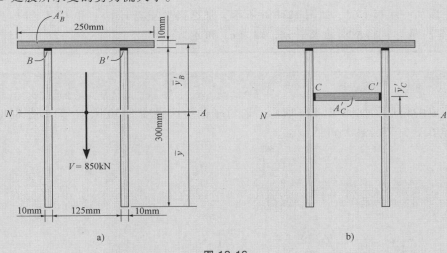

图 12-16

解

截面几何性质。以底面为坐标原点建立参考坐标系，确定截面形心和中性轴的位置，如图 12-16a 所示。以 m 为单位，有

$$\bar{y} = \frac{\sum \tilde{y}A}{\sum A} = \frac{2\,[0.15\text{m}]\,(0.3\text{m})\,(0.01\text{m}) + [0.305\text{m}]\,(0.250\text{m})\,(0.01\text{m})}{2\,(0.3\text{m})\,(0.01\text{m}) + 0.250\text{m}\,(0.01\text{m})} = 0.1956\text{m}$$

因此，截面对中性轴的惯性矩为

$$I = 2\left[\frac{1}{12}(0.01\text{m})(0.3\text{m})^3 + (0.01\text{m})(0.3\text{m})(0.1956\text{m} - 0.150\text{m})^2\right] +$$

$$\left[\frac{1}{12}(0.250\text{m})(0.01\text{m})^3 + (0.250\text{m})(0.01\text{m})(0.305\text{m} - 0.1956\text{m})^2\right]$$

$$= 87.42\,(10^{-6})\,\text{m}^4$$

例题 12.5

由于 B 和 B' 处的胶将顶板与下面两块竖板"固结在一起"，可以得到

$$Q_B = \bar{y}_B' A_B' = [0.305\text{m} - 0.1956\text{m}](0.250\text{m})(0.01\text{m})$$
$$= 0.2735(10^{-3})\text{m}^3$$

剪力流。对于 B 和 B'，有

$$q_B' = \frac{VQ_B}{I} = \frac{850(10^3)\text{N}(0.2735(10^{-3})\text{m}^3)}{87.42(10^{-6})\text{m}^4} = 2.66\text{MN/m}$$

由于有两个结合面，对于每个结合面，单位长度（每米）上的胶需要能够承受 q_B' 的一半才能保证不发生失效，即

$$q_B = q_B' = 1.33\text{MN/m}$$

如果在梁中添加一块板 CC'，如图 12-16b 所示，那么需要重新计算 $\bar{y}'$ 和 I，C 和 C' 处的剪力流可用 $q_C' = V y_C' A_C' / I$ 计算。最后，将所求结果平分，即为 q_C 和 q_C'。

例题 12.6[⊖]

由四块板钉成的箱形梁如图 12-17a 所示。若钉子的抗剪强度为 30lb，在梁承受 80lb 的载荷的情形下，设计 B 处和 C 处钉子的最大间距 s。

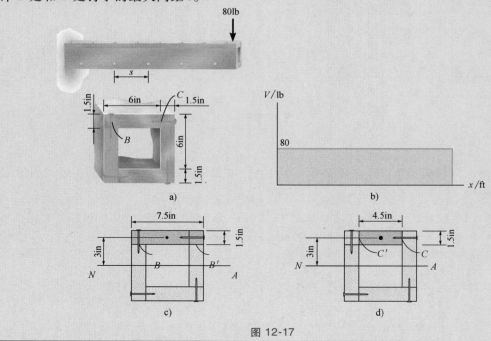

图 12-17

⊖ 此例没有阐明上、下翼缘上的水平方向的切应力。——译者注

例题 **12.6**

解

内力。在任意点上将梁截开，根据平衡都可得到该截面上剪力 $V=80\text{lb}$，梁的剪力图如图 12-17b 所示。

截面性质。整个截面对中性轴的惯性矩可用 7.5in×7.5in 的正方形惯性矩减去 4.5in×4.5in 的正方形惯性矩得到

$$I=\frac{1}{12}(7.5\text{in})(7.5\text{in})^3-\frac{1}{12}(4.5\text{in})(4.5\text{in})^3=229.5\text{in}^4$$

应用图 12-17c 中的阴影部分面积计算 Q_B，进而求得 B 处的剪力流大小。根据对称性，左边的部分是由钉子"固定"在梁的其他部分上，右边的部分则是由木板的纤维自然固定。因此，

$$Q_B=\overline{y}'A'=[3\text{in}](7.5\text{in})(1.5\text{in})=33.75\text{in}^3$$

同样的，可用图 12-17d 中的"对称性"阴影部分对 C 处的剪力流进行分析。

$$Q_C=\overline{y}'A'=[3\text{in}](4.5\text{in})(1.5\text{in})=20.25\text{in}^3$$

剪力流

$$q_B=\frac{VQ_B}{I}=\frac{80\text{lb}(33.75\text{in}^3)}{229.5\text{in}^4}=11.76\text{lb/in}$$

$$q_C=\frac{VQ_C}{I}=\frac{80\text{lb}(20.25\text{in}^3)}{229.5\text{in}^4}=7.059\text{lb/in}$$

q_B 是图 12-17c 中 B 处钉子和 B' 处的木纤维在单位长度上所承受的剪力大小，q_C 是图 12-17d 中 C 处钉子和 C' 处的木纤维在单位长度上所承受的剪力大小。由于每种情况下都是由两个面共同承受，而每个钉子能够承受 30lb 的载荷，因此，对于 B 处的钉子，间距为

$$s_B=\frac{30\text{lb}}{(11.76/2)\text{lb/in}}=5.10\text{in},\quad 取\ s_B=5\text{in}$$

对于 C 处的钉子，间距为

$$s_C=\frac{30\text{lb}}{(7.059/2)\text{lb/in}}=8.50\text{in},\quad 取\ s_C=8.5\text{in}$$

12

例题 **12.7**[⊖]

抗剪强度为 40lb 的钉子用来制造图 12-18 所示的两种组合梁。若钉子间的间距为 9in，求紧固件不失效情形下梁所能承受的最大剪力。

解　由于两种情形的梁横截面尺寸相同，故截面对中性轴的惯性矩均为

$$I=\frac{1}{12}(3\text{in})(5\text{in})^3-2\left[\frac{1}{12}(1\text{in})(4\text{in})^3\right]=20.58\text{in}^4$$

情形 1。根据这种设计，应用单排的钉子将上下翼缘与腹板固定，对于单面翼缘：

⊖　此例没有阐明上、下翼缘上的水平方向的切应力。——译者注

例题 12.7

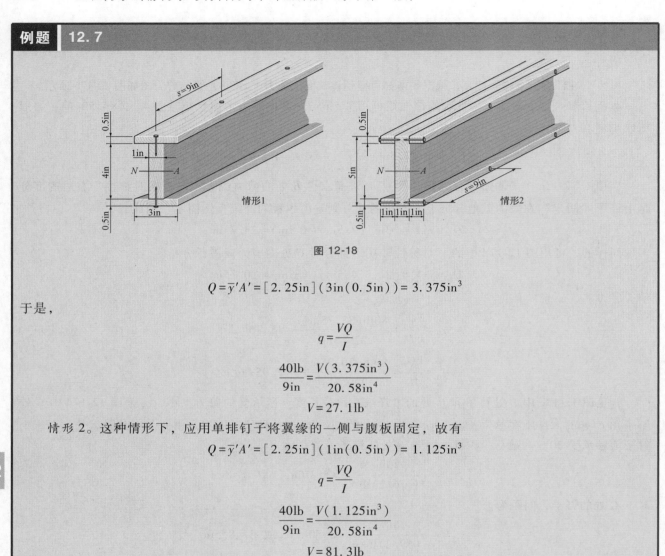

图 12-18

$$Q = \overline{y}'A' = [2.25\text{in}](3\text{in}(0.5\text{in})) = 3.375\text{in}^3$$

于是，

$$q = \frac{VQ}{I}$$

$$\frac{40\text{lb}}{9\text{in}} = \frac{V(3.375\text{in}^3)}{20.58\text{in}^4}$$

$$V = 27.1\text{lb}$$

情形 2。这种情形下，应用单排钉子将翼缘的一侧与腹板固定，故有

$$Q = \overline{y}'A' = [2.25\text{in}](1\text{in}(0.5\text{in})) = 1.125\text{in}^3$$

$$q = \frac{VQ}{I}$$

$$\frac{40\text{lb}}{9\text{in}} = \frac{V(1.125\text{in}^3)}{20.58\text{in}^4}$$

$$V = 81.3\text{lb}$$

基础题

F12-6　梁由两块板用螺栓紧固而成。若螺栓的抗剪强度为 15kN，计算螺栓的最大允许间距 s（精确到 mm）。该梁承受的剪力为 V = 50kN。

F12-7　梁由两块板用螺栓紧固而成。若螺栓的间距为 s = 100mm，螺栓的抗剪强度为 15kN，计算该梁所能承受的最大剪力 V。

F12-8　两块厚度为 20mm 的平板通过螺栓分别与工字形梁的上、下表面固接，组成了图示组合梁。若梁承受 V =

300kN 的剪力，计算螺栓的最大允许间距 s（精确到 mm）。螺栓的抗剪强度为 30kN。

F12-9　四块木板采用螺栓紧固组成一组合梁。若梁承受 V = 20kN 的剪力，计算螺栓的最大允许间距 s（精确到 mm）。螺栓的抗剪强度为 8kN。

F12-10　五块木板采用螺栓紧固组成一组合梁。若梁承受 V = 15kip 的剪力，计算螺栓的最大允许间距 s（精确到 1/8in）。螺栓的抗剪强度为 6kip。

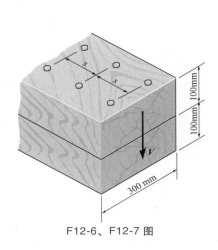

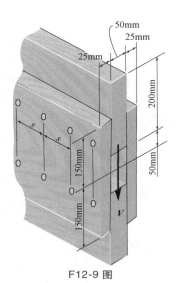

F12-6、F12-7 图

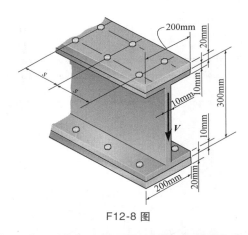

F12-8 图

F12-9 图

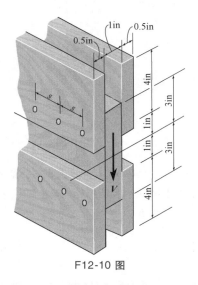

F12-10 图

12

习题

* **12-32** 两排钉子将两块木板上下紧固，形成一组合梁，钉子的间距为 6in。若钉子的抗剪强度为 500lb，计算该梁所能承受的最大剪力 V。

12-33 两排钉子将两块木板上下紧固，形成一组合梁，钉子的间距为 6in。若该梁承受 $V = 600$lb 的载荷，计算每个钉子所承受的剪力大小。

12-34 4 块木板通过胶粘形成一组合梁。若木材的许用切应力 $\tau_{allow} = 3$MPa，B 处的胶可最大承受 1.5MPa 的切

应力，计算该组合梁的最大许可剪力 V。

12-35 4 块木板通过胶粘形成一组合梁。若木材的许用切应力 $\tau_{allow} = 3$MPa，D 处的胶可最大承受 1.5MPa 的切应力，计算该组合梁的最大许可剪力 V。

* **12-36** 三块木板通过螺栓紧固组成一组合梁。螺栓的抗剪强度为 1.5kip，螺栓间距 $s = 6$in。若木材的许用切应力 $\tau_{allow} = 450$psi，计算该组合梁的最大许可剪力 V。

12-37 三块板子通过螺栓紧固组成一组合梁。若木材

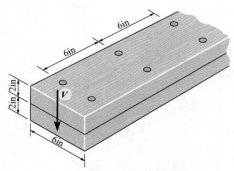

习题 12-32、习题 12-33 图

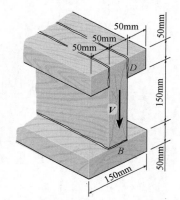

习题 12-34、习题 12-35 图

的许用切应力 $\tau_{allow} = 450\text{psi}$，计算该组合梁的最大许可剪力 V。同时，若采用 3/8in 直径的螺栓，螺栓间距为 $s = 6\text{in}$，计算螺栓上的平均切应力。

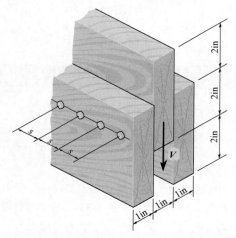

习题 12-36、习题 12-37 图

12-38　图示结构梁承受了 $V = 2\text{kN}$ 的剪力，若钉子的间距为 75mm，钉子直径为 4mm，计算每个钉子上的平均切应力。

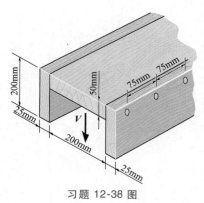

习题 12-38 图

12-39　图示的箱形梁是由 4 块木板钉接而成，钉子钉在梁的两个侧面上。若钉子的抗剪能力为 3kN，计算该梁所能承受的最大许可载荷 P。

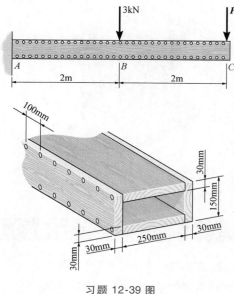

习题 12-39 图

* 12-40　图示的梁是由三块基苯乙烯板胶接而成。若胶的抗剪强度为 80kPa，计算保证不脱胶情形下该梁所能承受的最大载荷 P。

12-41　箱形梁由四块塑料板胶接而成。若 $V = 2\text{kip}$，计算每个胶接缝处的切应力大小。

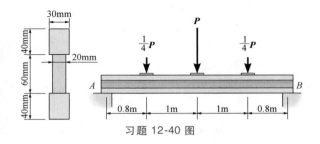

习题 12-40 图

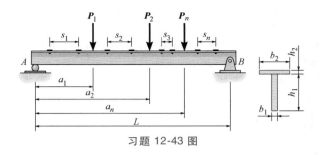

习题 12-43 图

*12-44　三块木板由螺栓紧固组成一组合梁。若螺栓间距 $s = 250mm$，给定剪力 $V = 35kN$，计算每个螺栓所承受的剪力。

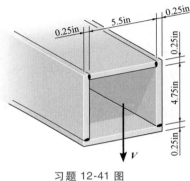

习题 12-41 图

12-42　图示梁承受 $V = 800N$ 的剪力。若钉子的间距 $s = 100mm$，钉子直径为 2mm，计算 A 面和 B 面上钉子的平均切应力。

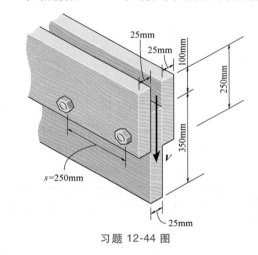

习题 12-44 图

12-45　图示简支梁由三块木板钉成。若木材的许用切应力 $\tau_{allow} = 1.5MPa$，许用应力 $\sigma_{allow} = 9MPa$，钉子间的间距 $s = 75mm$，钉子的抗剪强度为 1.5kN，计算该梁可承受的最大许可载荷 P。

12-46　图示简支梁由三块木板钉成。若 $P = 12kN$，每个钉子的抗剪强度为 1.5kN，计算钉子的最大允许间距 s。

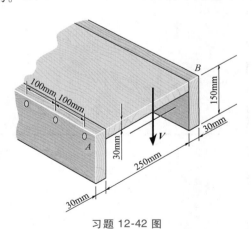

习题 12-42 图

12-43　图示木制 T 形梁承受 n 个集中载荷 P_n。若每个钉子的许用剪力 V_{nail} 已知，编写一计算机程序用以计算每个载荷间的钉子间距，并应用下列数据检验程序的可用性。$L = 15ft$，$a_1 = 4ft$，$P_1 = 600lb$，$a_2 = 8ft$，$P_2 = 1500lb$，$b_1 = 1.5in$，$h_1 = 10in$，$b_2 = 8in$，$h_2 = 1in$，$V_{nail} = 200lb$。

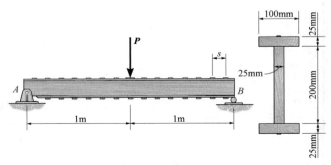

习题 12-45、习题 12-46 图

12-47　两块木板用钉子定在一起组成 T 形截面梁。如果每个钉子能够承受 950lb 的剪力，当钉子的间距 s 约为 1/8in 时，计算该梁所能承受的最大许可剪力 V。木材的许用切应力 τ_{allow} = 450psi。

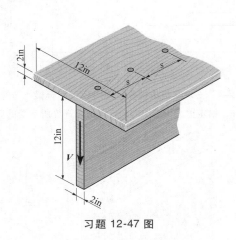

习题 12-47 图

*12-48　计算图示梁 AB 段内钉子的平均切应力。钉子位于梁的两侧，间距为 100mm，钉子的直径为 4mm，P = 2kN。

12-49　钉子位于梁的两侧，每个钉子能够承受 2kN 的剪力。在图示载荷作用情形下，确定能够施加在梁悬臂自由端上的集中载荷 P 的最大值。其中：钉子的间距为 100mm，木材的许用切应力 τ_{allow} = 3MPa。

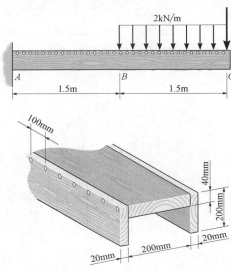

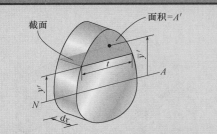

习题 12-48、习题 12-49 图

本章回顾

梁横截面上的切应力是应用弯曲正应力公式和弯矩与剪力的关系（$V = dM/dx$）直接得到的。弯曲切应力公式为

$$\tau = \frac{VQ}{It}$$

其中，Q 为面积 A' 对中性轴的静矩，$Q = \bar{y}'A'$。面积 A' 是横截面的局部，即用求 τ 的那一点在厚度 t 方向上将横截面分割后"保留"在梁上的部分（上部或下部）

如果梁的横截面为矩形，横截面上的切应力呈抛物线形分布，在中性轴处切应力取得最大值。最大切应力可用以下公式计算：

$$\tau = 1.5\frac{V}{A}$$

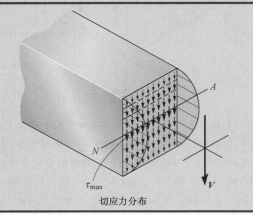

切应力分布

紧固件，如钉子、螺栓、胶或者焊缝，被用来连接各个部分以组成组合截面梁。这些紧固件承受的剪力可用剪力流 q，或者单位长度上的力来量度。剪力流公式为

$$q = \frac{VQ}{I}$$

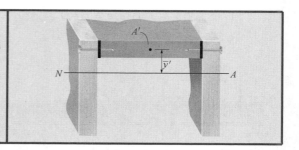

复习题

12-50　画出梁横截面上的切应力分布简图，并计算 AB 部分承受的剪力大小。横截面上的剪力 $V=35\text{kip}$，横截面惯性矩 $I_{NA}=872.49\text{in}^4$。

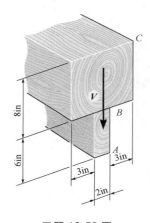

习题 12-50 图

12-51　T 形截面梁承受 $V=150\text{kN}$ 的剪力。计算腹板 B 部分所承受的剪力大小。

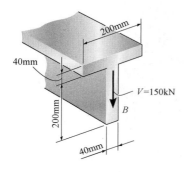

习题 12-51 图

* 12-52　构件承受 $V=2\text{kN}$ 的剪力，计算 A 点、B 点和 C 点的剪力流。其中，构件每部分的壁厚均为 15mm。

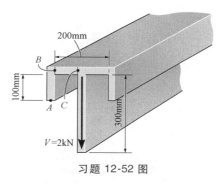

习题 12-52 图

12-53　图示梁是由 4 块板胶接而成。如果胶的强度为 $75\text{lb}/\text{in}$，该梁所能承受的最大许可剪力 V 为多少？若该结构旋转 90°，则该梁所能承受的最大许可剪力 V 变为多少？

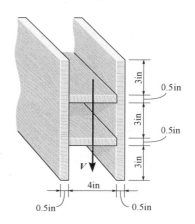

习题 12-53 图

12-54　计算梁横截面 a—a 上 B 点和 C 点的切应力。

12-55　计算梁横截面 a—a 内的最大切应力。

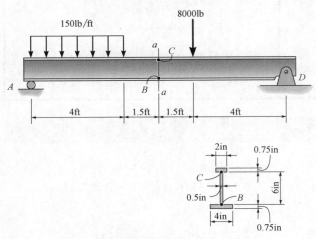

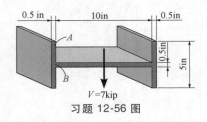

习题 12-54、习题 12-55 图

*12-56　图示的梁承受 $V = 7\text{kip}$ 的剪力。计算梁 AB 部分所承受的剪力。

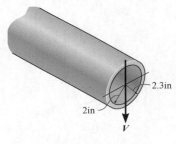

$V = 7\text{kip}$

习题 12-56 图

12-57　图示构件由两个三角形的塑料板黏接组成。如果胶的许用切应力 $\tau_{\text{allow}} = 600\text{psi}$，根据胶的强度计算该构件所能承受的最大剪力。

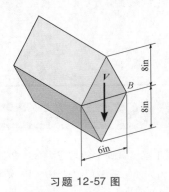

习题 12-57 图

12-58　若图示的管子承受 $V = 15\text{kip}$ 的剪力，计算管内的最大切应力。

习题 12-58 图

第13章　组合受力

滑雪场索道缆车的偏心吊臂受到轴力和弯矩的组合作用。

本章任务

■ 分析薄壁压力容器的应力。
■ 建立承受组合载荷（诸如拉伸或压缩、剪切、扭转、弯曲等）构件的应力分析方法。

13.1   薄壁压力容器

圆柱或者圆球形压力容器，诸如锅炉和储气（液）罐等，在工业领域得到广泛应用。当容器承受内压时，材料在所有方向上均承受载荷作用。虽然实际情况比较复杂，但当容器的壁厚较薄时（这种容器称为薄壁容器），分析容器中应力的方法可以简化。一般而言，薄壁是指内壁半径与壁厚之比等于或大于10（$r/t \geq 10$）的情形。值得注意的是，当$r/t = 10$时，应用薄壁模型分析的结果与容器内实际最大应力相差不超过4%。对于更大的r/t，误差还会进一步减小。

假设容器的壁厚"足够薄"，沿壁厚方向上的应力分布不会有很大变化。于是，可以假设沿壁厚方向上的应力分布是均匀的或恒定的。应用这一假设，即可分析薄壁圆柱或圆球容器中的应力。需要注意的是，对这两种形状的容器，内压均以表压（压力表显示的压力）表示，压力表测量的是大气压以上的压力，因为假设在容器承压前，无论内壁还是外壁均存在着大气压。

天然气储罐这类圆柱形的压力容器，其两端为半球状封头，而不是平板封头，这是为了减轻储罐内的应力

圆柱形容器   图13-1a所示的圆柱形薄壁容器，其壁厚为t，内半径为r，承受内部气体压力p。根据图13-1a中所示方位取向，从容器外表面取一个单元体，单元体上将作用有周向或者环向正应力σ_1，以及纵向或轴向的正应力σ_2。

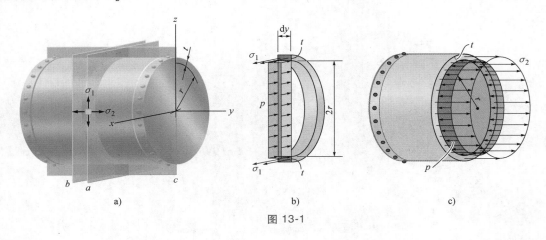

a)   b)   c)

图 13-1

环向应力可以通过考察由横截面a和b以及纵截面c从容器上截得的部分的受力与平衡求得。将容器的后半部分及其中的气体整体作为一个隔离体，其受力图如图13-1b所示。从截出部分的受力图可以看出，作用在x方向上的力有：容器壁上均匀分布的环向正应力σ_1组成的合力，以及作用在铅垂平面上气体

压力的合力。根据 x 方向上力的平衡条件，有

$$\sum F_x = 0, \quad 2[\sigma_1(t\mathrm{d}y)] - p(2r\mathrm{d}y) = 0$$

$$\sigma_1 = \frac{pr}{t} \tag{13-1}$$

纵向应力可以通过考察由横截面 b 截开容器左侧部分（图 13-1a）的受力与平衡得到。这一部分的受力图如图 13-1c 所示，其中 σ_2 在整个壁厚上均匀分布，p 作为气体内压作用在横截面上。由于名义半径（又称平均半径，即厚度中线圆的半径）近似等于容器的内半径，根据 y 方向上的平衡条件，有

$$\sum F_y = 0, \quad \sigma_2(2\pi r t) - p(\pi r^2) = 0$$

$$\sigma_2 = \frac{pr}{2t} \tag{13-2}$$

式中　σ_1、σ_2 分别为环向和纵向的正应力，均被假设为在容器壁厚方向上均布，并使材料受拉；

p 为气体内压（表压）；

r 为容器的内半径；

t 为容器壁厚（$r/t \geqslant 10$）。

比较式（13-1）和式（13-2），不难发现环向或周向的应力是纵向或轴向应力的 2 倍。因此，当用轧制成型的钢板制造圆柱形压力容器时，纵向接缝的承载能力需设计为周向接缝的 2 倍。

图示为开火前被垃圾堵塞的猎枪枪筒破坏图像。开火后被堵塞在枪筒内的气体压力使枪筒的周向应力增加，从而引起枪筒发生纵向开裂

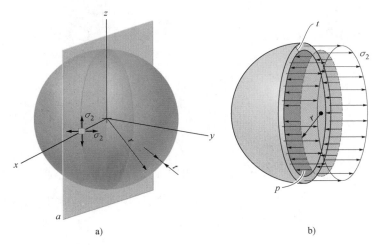

13

图 13-2

球形容器　采用类似方法可以分析球形容器中的应力。设容器的壁厚为 t，承受的内压为 p，如图 13-2a 所示。将容器从中间截开分成两半，其隔离体受力图如图 13-2b 所示。与圆柱形容器的分析方法类似，考虑 y 方向的平衡条件，有

$$\sum F_y = 0, \quad \sigma_2(2\pi r t) - p(\pi r^2) = 0$$

$$\sigma_2 = \frac{pr}{2t} \tag{13-3}$$

　　该结果与圆柱形容器的纵向应力是相同的。进一步分析可知，无论半球隔离体的取向如何，所得到的结果都是一样的。因此，以一单元体表示材料所受的应力状态，如图 13-2a 所示。

　　以上的分析表明，无论是圆柱形容器还是球形容器上的单元体的受力，均为二向应力状态，即只在两个方向上存在正应力。

　　实际上，材料还会承受沿着直径方向的径向应力 σ_3。该应力在容器内部取最大值，即压力 p，沿着壁厚方向逐渐减小，到容器外表面处变为零（因为容器外表面的表压为 0）。对于薄壁容器，径向应力可以忽略，这是由于假设 $r/t = 10$，这种情形下，σ_1 和 σ_2 分别比最大径向应力的绝对值 $|\sigma_3|_{max} = p$ 大 5 倍和 10 倍。如果容器承受外压，压应力可能会引起薄壁容器的失稳，与材料的断裂失效相比，由失稳引起屈曲失效更容易发生。

例题 | 13.1

　　圆柱形压力容器，内直径为 4ft，壁厚为 1/2in。确定其所能承受的最大内压，使其无论是周向应力还是纵向应力均不超过 20ksi。在同等条件下，具有同样内径的球形压力容器所能承受的最大内压又是多少？

解

圆柱形容器。最大应力发生在周向。应用式（13-1），有

$$\sigma_1 = \frac{pr}{t}, \quad 20\text{kip/in}^2 = \frac{p(24\text{in})}{\frac{1}{2}\text{in}}$$

$$p = 417\text{psi}$$

注意到当压力达到计算值时，根据式（13-2），纵向应力为 $\sigma_2 = 1/2(20\text{ksi}) = 10\text{ksi}$。而最大径向应力发生在容器内壁，其值为 $\sigma_3 = p = 417\text{psi}$，是周向应力（20ksi）的 1/48。正如前所述，径向应力可以忽略不计。

　　球形容器。对于球形容器，最大应力发生在单元体的任意两个垂直方向，如图 13-2a 所示。根据式（13-3），有

$$\sigma_2 = \frac{pr}{2t}, \quad 20\text{kip/in}^2 = \frac{p(24\text{in})}{2\left(\frac{1}{2}\text{in}\right)}$$

$$p = 833\text{psi}$$

注意： 虽然球形容器制造更加困难，但比起圆柱形容器，球形容器所能承受的内压是其两倍。

习题

13-1　球形气体储罐，内半径 $r = 1.5\text{m}$，内压为 $p = 300\text{kPa}$，若要求其最大正应力不超过 12MPa，试确定其壁厚。

13-2　球形压力储罐由壁厚为 0.5in 的厚板制成。若其内压为 $p = 200\text{ksi}$，要求储罐内最大正应力不超过 15ksi，试确定其外半径。

13-3　以两种支承方式之一支承的薄壁圆柱形容器，如图所示。若载荷 P 引起的内压为 65psi，壁厚为 0.25in，内径为 8in，确定两种情形下容器壁上的应力状态。[一]

习题 13-3 图

__* 13-4__　空气压缩机的储气罐内压为 90psi，若储罐的内直径为 22in，壁厚为 0.25in，确定 A 点的应力分量，并用单元体的形式表示该点应力状态。

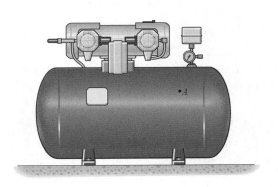

习题 13-4 图

13-5　两端开口的聚氯乙烯管道内直径为 4in，壁厚为 0.2in。如果其内部水压为 60psi，试确定管壁上的应力状态。

13-6　如果习题 13-5 中管道内的水由于关闭阀门而停止流动，确定这种情形下管壁上的应力状态。忽略水的重量，假设支承对管道只产生铅垂方向的力。

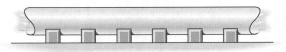

习题 13-5、习题 13-6 图

13-7　由 8mm 厚钢板制造的锅炉，在纵向接缝处由 2 块厚 8mm 的盖板及直径为 10mm、间距为 50mm 的铆钉铆固，如图所示。若锅炉内的蒸汽压力为 1.35MPa，确定：（a）远离接缝处的锅炉壁上的周向应力；（b）在接缝处外盖板铆接线 a—a 上的周向应力；（c）铆钉的切应力。

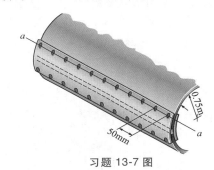

习题 13-7 图

__* 13-8__　钢制水管内直径为 12in，壁厚为 0.25in。如果打开阀门 A，水流的压力为 250psi（表压），确定管壁上的纵向和周向应力。

13-9　钢制水管内径为 12in，壁厚为 0.25in。如果关闭阀门 A，水的压力为 300psi，确定管壁上的纵向和周向应力，并在管壁上取一单元体，画出其应力状态。

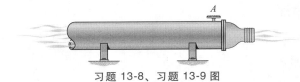

习题 13-8、习题 13-9 图

13-10　A-36 钢带宽度为 2in，将其围绕在一个光滑刚性圆柱外。如果拧紧螺栓使得螺栓力为 400lb，确定钢带横

[一]　此题：图文不符；未见两种支承；文中所给尺寸为英制，图中又给出国际单位制的外直径。

截面上的正应力、圆柱外表面所受的压力，以及半圆上钢带的伸长量。

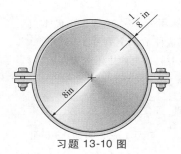

习题 13-10 图

13-11 若干纵向木板条由厚 0.5in、宽 2in 的半圆环箍在一起形成木桶或木制容器，如图所示。若容器受到 2psi 的内压，且该压力直接传导在圆箍上，确定半圆箍 AB 上的正应力。同时，若使用直径为 0.25in 的螺栓把两个半圆箍固定在一起，计算 A 点和 B 点处螺栓所受的拉应力。假设圆箍 AB 承受容器上长度为 12in 段的载荷。

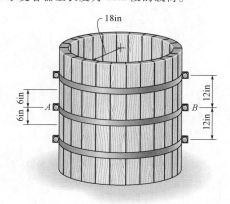

习题 13-11 图

* 13-12 某压力容器封头部分的制造方法是用胶将一块圆形钢板粘在容器末端，如图所示。若容器承受 450kPa 的内压，计算胶合缝上的平均切应力，并确定容器壁上的应力状态。

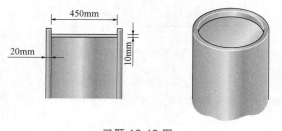

习题 13-12 图

13-13 A-36 号钢制圆箍内直径为 23.99in、厚度为 0.25in、宽度为 1in。若圆箍与一刚性圆柱的温度均为 65℉，计算需要将圆箍升温至多少度才能将其套在圆柱外面。当圆箍重新降温至 65℉ 时，确定作用在圆柱外表面的压力以及圆环内的拉应力。

习题 13-13 图

13-14 放置在一柔性构件外表面的圆环尺寸如图所示，当柔性构件内压为 p 时，计算圆环的内半径。圆环材料的弹性模量为 E。

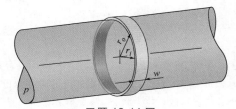

习题 13-14 图

13-15 内环 A 的内半径为 r_1，外半径为 r_2；外环 B 的内半径为 r_3，外半径为 r_4，且 $r_2 > r_3$。外环加温后，将两个圆环装配在一起。当外环 B 达到与内环相同的温度时，计算两环间的压力。材料的弹性模量为 E，热膨胀系数为 α。

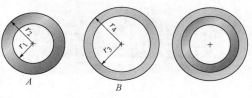

习题 13-15 图

* 13-16 圆柱形的容器由细薄钢板条螺旋卷制焊接而成，螺旋焊缝与容器轴线的夹角为 θ。若薄钢板条的宽度为 w、厚度为 t，容器的平均直径为 d，内部气体压力为 p，证明：沿着钢板长度方向上的正应力表达式为 $\sigma_\theta = (pd/8t)$

$(3-\cos2\theta)$。

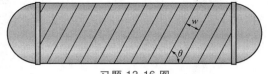

习题 13-16 图

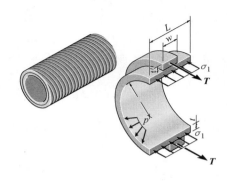

13-17　为增加压力容器的强度，使用同样材料对容器外壁圆周进行纤维缠绕，如图所示。若纤维的预紧力为 T，容器受到内压 p，分别计算缠绕纤维和容器壁的环向应力。可用图示隔离体进行分析，并假设缠绕纤维的厚度为 t'，宽度为 w，在整个容器的长度 L 上均进行了缠绕。

习题 13-17 图

13.2　由组合受力引起的应力状态

在之前的章节中我们学习了当构件承受轴向力、剪力、弯矩或扭矩情况下的计算应力分布的方法。但是，更多情况下，构件的横截面上会有几种载荷同时作用。这种情况下，可应用叠加法计算合应力的分布。回忆 9.3 节，叠加法的原理是建立在载荷与应力的线性关系上的。同时，当承受载荷时，构件的几何尺寸不能发生显著变化。为了保证一种载荷产生的应力同另一种载荷产生的应力并不互相关联，这些条件是必需的。

图示烟囱承受风载和自重的组合作用。由于砖的拉伸强度
很弱，故分析烟囱横截面上的拉应力是重中之重

分析过程

当构件同时承受几种不同类型的载荷作用时，为了求得构件一点处的正应力和切应力，应遵循以下方法。首先假设材料各向同性，并且处于线弹性范围内。同时，根据圣维南原理，所求应力的点应该远离截面的不连续处或加力点处。

内力

- 在所求应力点处，用垂直于轴线的横截面将构件截开，求得轴力、剪力、弯矩以及扭矩等内力分量。

- 各内力分量应作用在截面形心处，且以主形心惯性轴为参考坐标轴确定力矩分量。

应力分量

- 计算各个内力分量引起的应力分量。对于不同情形，可画出整个截面上的应力分布，或者用单元体的形式表示某一特定点的应力状态。

轴力

- 由轴力引起的正应力在截面上均匀分布，$\sigma = P/A$。

剪力

- 由剪力引起的切应力在截面上的分布可用以下公式表示为 $\tau = VQ/It$。需要注意的是，该公式的应用需要满足 12.2 节所述的应用条件。

弯矩

- 对于直件或梁，弯矩引起的正应力线性分布，中性轴上应力为 0，上下表面取得极值。可以用弯曲正应力公式来描述应力分布：$\sigma = -My/I$。如果是曲杆或梁，则应力分布变为非线性：$\sigma = My/[Ae(R-y)]$。

扭矩

- 对于圆轴和圆管，扭矩引起的切应力线性分布，在截面形心处为 0，在圆轴横截面的外缘取得极值。可用扭转切应力公式来描述应力分布：$\tau = T\rho/J$。

薄壁压力容器

- 对于薄壁圆柱形容器，内压 p 将使得材料承受二向应力状态，即环向或周向应力分量 $\sigma_1 = pr/t$，纵向应力 $\sigma_2 = pr/2t$。对于薄壁圆球形容器，则应力状态为等轴二向应力状态，每个应力分量的大小均为 $\sigma_2 = pr/2t$。

叠加法

- 在计算完每种载荷在同一点引起的正应力和切应力分量后，应用叠加法原理，确定最终的正应力和切应力分量。

- 将结果用所求点处的应力单元体表示，或将其表示为整个构件横截面上的应力分布的形式。

本节所解决的组合受力问题，是前面所学的应力公式的一个基本回顾。若想成功解决本章最后所涉及的问题，需要读者对前面章节所讲授公式融会贯通。

在试图解决实际问题前，以下几个例子需要同学们好好学习。

13

例题 | 13.2

一个大小为 150lb 的集中力施加在图 13-3a 所示构件的边缘。忽略构件自重，试确定 B 点和 C 点的应力状态。

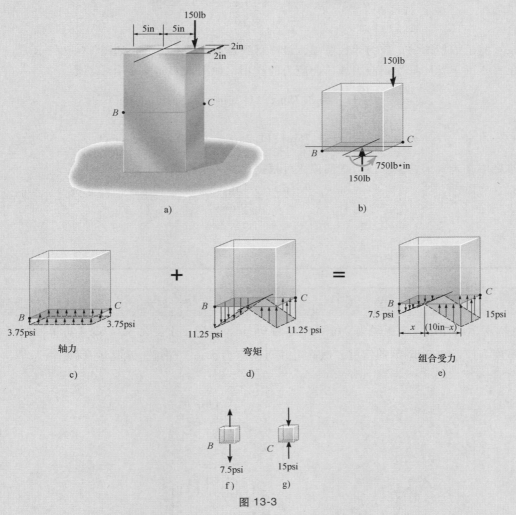

图 13-3

解

内力。从 B 点和 C 点处将构件截开。根据平衡，截面上必有大小为 150lb 的轴力作用在形心上，且对中性轴取矩，弯矩的大小为 750lb·in，如图 13-3b 所示。

应力分量。

轴力：图 13-3c 所示为由轴力引起的平均正应力分布，有

$$\sigma = \frac{P}{A} = \frac{150\text{lb}}{(10\text{in})(4\text{in})} = 3.75\text{psi}$$

例题 13.2

弯矩：图 13-3d 所示为由弯矩引起的正应力分布，有

$$\sigma_{max} = \frac{Mc}{I} = \frac{750\text{lb} \cdot \text{in}(5\text{in})}{\dfrac{1}{12}(4\text{in})(10\text{in})^3} = 11.25\text{psi}$$

叠加法：将上面所求的正应力代数叠加，最终得到截面上的应力分布如图 13-3c 所示。
B 点和 C 点的单元体只受正应力或单向应力的作用，如图 13-3f、g 所示。于是，

$$\sigma_B = -\frac{P}{A} + \frac{Mc}{I} = -3.75\text{psi} + 11.25\text{psi} = 7.5\text{psi}(\text{tension})$$

$$\sigma_C = -\frac{P}{A} - \frac{Mc}{I} = -3.75\text{psi} - 11.25\text{psi} = 15\text{psi}(\text{compression})$$

虽然本题中并未要求，但零应力线的位置可根据比例关系得到：

$$\frac{7.5\text{psi}}{x} = \frac{15\text{psi}}{(10\text{in}-x)}$$

$$x = 3.33\text{in}$$

例题 13.3

图 13-4a 所示的储罐，内半径为 24in，壁厚为 0.5in，装满了重度为 $\gamma_w = 62.4\ \text{lb/ft}^3$ 的水，若储罐的制造材料重度为 $\gamma_{st} = 490\ \text{lb/ft}^3$ 的钢材，试确定 A 点的应力状态。储罐上端是敞开的。

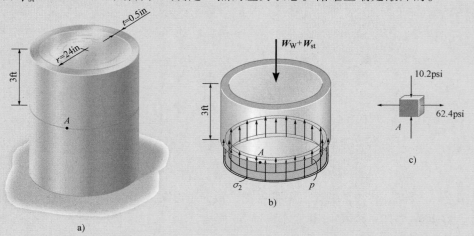

图 13-4

解

内力。从 A 点将储罐截开，并以储罐和水的综合体作为隔离体，如图 13-4b 所示。需要注意的是，

例题 | **13.3**

水的重量是由截面下方的水的表面支承的，而不是储罐的罐壁。在铅垂方向上，罐壁只支承了储罐的重量，即

$$W_{st} = \gamma_{st} V_{st} = (490\text{lb/ft}^3)\left[\pi\left(\frac{24.5}{12}\text{ft}\right)^2 - \pi\left(\frac{24}{12}\text{ft}\right)^2\right](3\text{ft})$$

$$= 777.7\text{lb}$$

周向的应力是由 A 深度处的水压引起的。为了得到这一个压力，我们应用公式 $p = \gamma_w z$，该公式描述了深度为 z 处一点的水压。最终，A 深度上的压力为

$$p = \gamma_w z = (62.4\text{lb/ft}^3)(3\text{ft}) = 187.2\text{lb/ft}^2 = 1.30\text{psi}$$

应力分量。

周向应力：由于 $r/t = 24\text{in}/0.5\text{in} = 48 > 10$，该储罐为薄壁容器。应用式（13-1），将内半径 $r = 24\text{in}$ 代入，有

$$\sigma_1 = \frac{pr}{t} = \frac{1.30\text{lb/in}^2(24\text{in})}{0.5\text{in}} = 62.4\text{psi}$$

纵向应力：考虑到储罐的重量是由罐壁均匀支承的，有

$$\sigma_2 = \frac{W_{st}}{A_{st}} = \frac{777.7\text{lb}}{\pi[(24.5\text{in})^2 - (24\text{in})^2]} = 10.2\text{psi}$$

注意：式（13-2），$\sigma_2 = pr/2t$，在本题中并未应用。这是由于之前提及储罐顶部是敞开的，因此水并没有给罐壁纵向的载荷。

最终，A 点的应力状态为二向应力状态，如图 13-4c 所示。

例题 | **13.4**

图 13-5a 所示构件的横截面形状为矩形。试确定载荷引起的 C 点的应力状态。

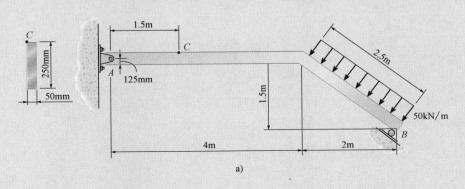

a)

图 13-5

例题 | 13.4

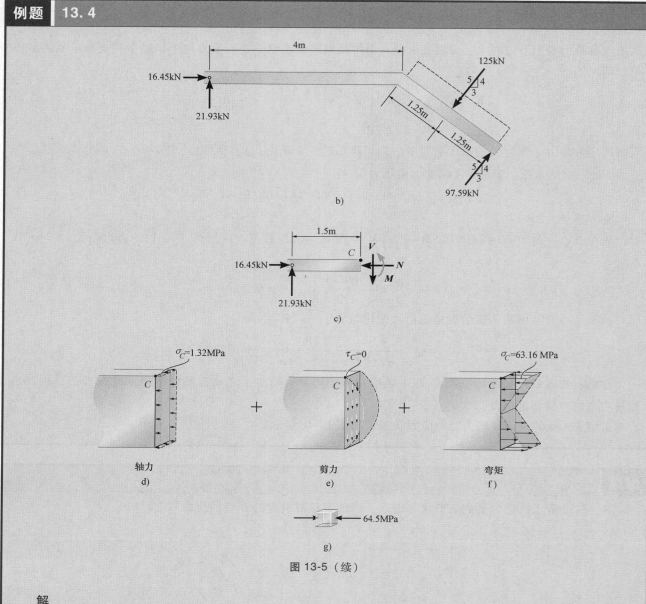

图 13-5（续）

解

内力。求得支座反力的大小、方向，如图 13-5b 所示。考察 C 以左部分 AC 段平衡，如图 13-5c 所示，C 点所在截面上的内力分量包括轴力、剪力和弯矩。解出：

$$N = 16.45\text{kN}, \quad V = 21.93\text{kN}, \quad M = 32.89\text{kN} \cdot \text{m}$$

应力分量。

轴力：由轴力引起的正应力在整个横截面上均匀分布，如图 13-5d 所示。在 C 点，有

例题 13.4

$$\sigma_C = \frac{P}{A} = \frac{16.45(10^3)\,\mathrm{N}}{(0.050\mathrm{m})(0.250\mathrm{m})} = 1.32\mathrm{MPa}$$

剪力：图 13-5e 所示为剪力引起的切应力分布。由于 C 点位于构件顶端边缘处，故切应力中的 $A' = 0$，即 $Q = \bar{y}'A' = 0$，于是有

$$\tau_C = 0$$

弯矩：图 13-5f 所示为弯矩引起的正应力分布。点 C 位于距离中性轴 $y = c = 0.125\mathrm{m}$ 处，故 C 点处正应力大小为

$$\sigma_C = \frac{Mc}{I} = \frac{(32.89(10^3)\,\mathrm{N}\cdot\mathrm{m})(0.125\mathrm{m})}{\left[\frac{1}{12}(0.050\mathrm{m})(0.250\mathrm{m})^3\right]} = 63.16\mathrm{MPa}$$

叠加法：本例中 C 点切应力为零。将正应力进行叠加，则 C 点处的正应力为压应力，大小为

$$\sigma_C = 1.32\mathrm{MPa} + 63.16\mathrm{MPa} = 64.5\mathrm{MPa}$$

最终，C 点的应力状态单元体图如图 13-5g 所示。

例题 13.5

可忽略自重的矩形截面的柱子，几何尺寸如图 13-6a 所示。在柱上端角点处施加大小为 40kN 的集中力，试确定横截面 $ABCD$ 上的最大正应力。

解

内力。若考虑 $ABCD$ 截面以下部分柱体的平衡，将 40kN 的力向截面形心平移，该力对形心主轴分别产生 16kN·m 和 8kN·m 的两个弯矩，如图 13-6b 所示。

应力分量。

轴力：图 13-6c 所示为轴力引起的均匀压应力，其大小为

$$\sigma = \frac{P}{A} = \frac{40(10^3)\,\mathrm{N}}{(0.8\mathrm{m})(0.4\mathrm{m})} = 125\mathrm{kPa}$$

弯矩：图 13-6d 所示为 8kN·m 的弯矩引起的正应力分布。最大应力为

$$\sigma_{max} = \frac{M_x c_y}{I_x} = \frac{8(10^3)\,\mathrm{N}\cdot\mathrm{m}(0.2\mathrm{m})}{\left[\frac{1}{12}(0.8\mathrm{m})(0.4\mathrm{m})^3\right]} = 375\mathrm{kPa}$$

图 13-6e 所示为 16kN·m 的弯矩引起的正应力分布，其中最大应力为

$$\sigma_{max} = \frac{M_y c_x}{I_y} = \frac{16(10^3)\,\mathrm{N}\cdot\mathrm{m}(0.4\mathrm{m})}{\left[\frac{1}{12}(0.4\mathrm{m})(0.8\mathrm{m})^3\right]} = 375\mathrm{kPa}$$

叠加法：通过分析可知，每个应力分量均在 C 点产生了压应力，且为最大值：

$$\sigma_C = -125\mathrm{kPa} - 375\mathrm{kPa} - 375\mathrm{kPa} = -875\mathrm{kPa}$$

13

例题 | 13.5

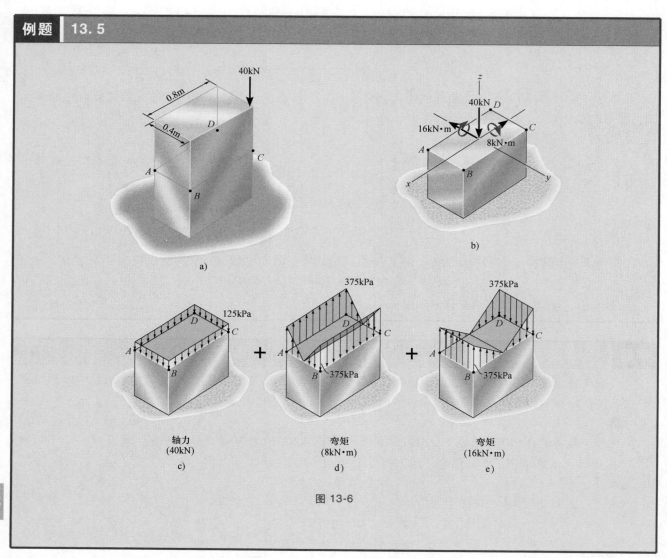

图 13-6

例题 | 13.6

半径为 0.75in 的实心杆件，承受 500lb 载荷如图 13-7a 所示。试求 A 点的应力状态。

解

内力。在 A 点处将杆件截开，以 AB 段为隔离体，如图 13-7b 所示。根据平衡求得各个内力分量。为了清楚地显示载荷引起的应力分布，可以分析作用在 AC 段上的 A 截面的内力，该截面上的内力与 AB 段上 A 截面的内力大小相等、方向相反，互为作用力与反作用力，如图 13-7c 所示。

应力分量。

轴力：图 13-7d 所示为轴力引起的正应力分布。对于 A 点，有

例题 13. 6

$$(\sigma_A)_y = \frac{P}{A} = \frac{500\text{lb}}{\pi(0.75\text{in})^2} = 283\text{psi} = 0.283\text{ksi}$$

弯矩：对于弯矩，$c = 0.75\text{in}$，于是 A 点处的弯曲正应力（图 13-7e）为

$$(\sigma_A)_y = \frac{Mc}{I} = \frac{7000\text{lb} \cdot \text{in}(0.75\text{in})}{\left[\frac{1}{4}\pi(0.75\text{in})^4\right]}$$

$$= 21.126\text{psi} = 21.13\text{ksi}$$

叠加法：将以上结果代数值相加，即可得到 A 点处材料所受正应力：

$$(\sigma_A)_y = 0.283\text{ksi} + 21.13\text{ksi} = 21.4\text{ksi}$$

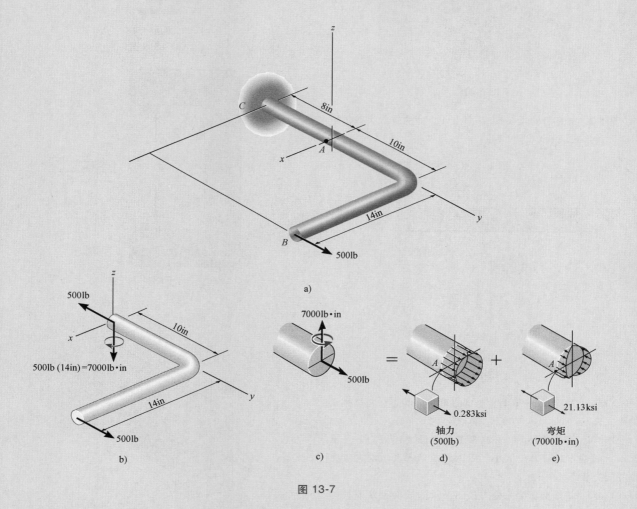

图 13-7

F13-1　计算图示柱子角点 A 和 B 的正应力。

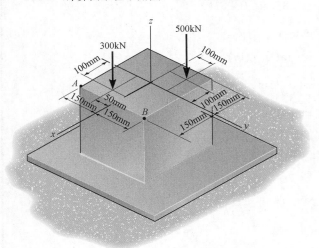

F13-1 图

F13-2　确定悬臂梁 a—a 截面上 A 点处的应力状态，并以微元的形式表示。

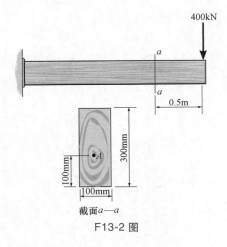

截面 a—a

F13-2 图

F13-3　确定梁 a—a 截面上 A 点的应力状态，并以微元的形式表示。

F13-4　若要求链环 a—a 截面上的最大正应力 σ_{max} = 30ksi，试确定载荷 P 的大小。用微元的形式表示最大应力点的应力状态。

F13-5　矩形截面梁的受力如图所示。试确定 B 点处的应力状态，并以微元的形式表示。

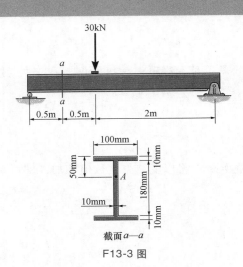

截面 a—a

F13-3 图

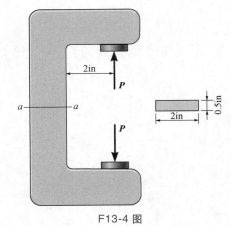

F13-4 图

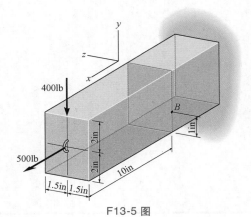

F13-5 图

13

F13-6　图示结构由圆管装配而成。试求 a—a 截面上 A 点的应力状态，并以微元的形式表示。

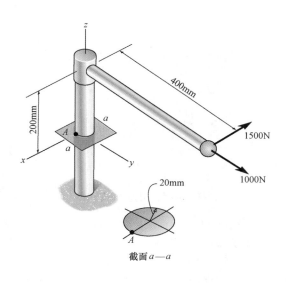

F13-6 图

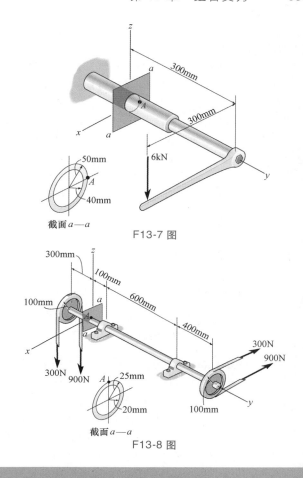

F13-7 图

F13-8 图

F13-7　试确定圆管 a—a 截面上 A 点的应力状态，并以微元的形式表示。

F13-8　试确定圆轴 a—a 截面上 A 点的应力状态，并以微元的形式表示。

习题

13-18　竖直向下的集中力 P 作用在可忽略重量板的下端。若要使 a—a 截面上无压应力作用，计算 P 的作用点到板边缘的最短距离。设板的厚度为 10mm，且 P 作用在厚度中间。

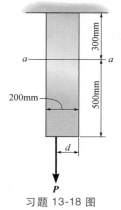

习题 13-18 图

13-19　当力施加在 $x = 0$ 处，计算托架 a—a 截面上的最大和最小正应力。

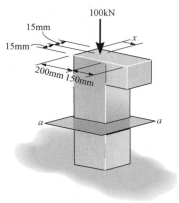

习题 13-19、习题 13-20 图

* 13-20 当力施加在 $x = 300\text{mm}$ 处，计算托架 a—a 截面上的最大和最小正应力。

13-21 设重物的重量为 600lb，计算悬架 a—a 截面上的最大正应力，同时画出该截面上的应力分布。

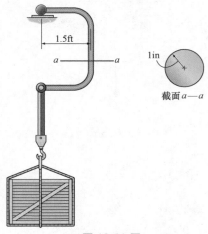

习题 13-21 图

13-22 由构件 AB 和 AC 制成的钳子在 A 点处用销钉连接。若在 B 点和 C 点承受 180N 的压力，计算钳子 a—a 截面上的最大压应力。螺杆 EF 只承受轴向的拉力。

13-23 由构件 AB 和 AC 制成的钳子在 A 点处用销钉连接。若在 B 点和 C 点承受 180N 的压力，画出 a—a 截面上的应力分布。螺杆 EF 只承受轴向的拉力。

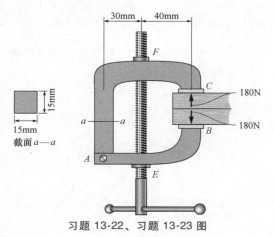

习题 13-22、习题 13-23 图

* 13-24 销轴上承受 700lb 的载荷如图所示。计算悬臂上 A 点的应力分量。悬臂厚度为 0.5in。

13-25 销轴上承受 700lb 的载荷如图所示。计算悬臂上 B 点的应力分量。悬臂厚度为 0.5in。

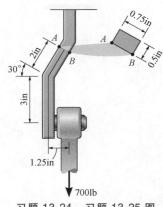

习题 13-24、习题 13-25 图

13-26 图示柱体是由两块板黏接在一起。当集中力 $P = 50\text{kN}$ 时，计算横截面上的最大正应力。

13-27 图示柱体是由两块板黏接在一起。若木材的许用正应力 $\sigma_{\text{allow}} = 6\text{MPa}$，试计算作用在柱体上的最大许可载荷 P。

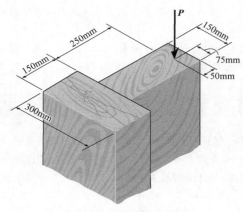

习题 13-26、习题 13-27 图

* 13-28 圆柱形支柱的直径为 40mm，用一吊索将其吊在地面上。若吊索承受铅垂向上、大小为 $P = 500\text{N}$ 的力，计算 A 点和 B 点的正应力，并用单元体的形式表示其应力状态。吊索的粗细忽略不计。

13-29 圆柱形支柱的直径为 40mm，用一吊索将其吊在地面上，若吊索承受铅垂向上的力作用。设柱材料的许用应力 $\sigma_{\text{allow}} = 30\text{MPa}$，试计算能够施加在吊索上的最大许可载荷。

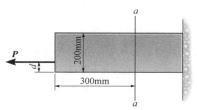

习题 13-31、习题 13-32 图

13-34　控制杆在手柄处承受了大小为 20lb 的水平力。试求 E 点和 F 点的应力状态，并用单元体的形式表示。假设该构件在 C 处由销钉连接，D 点由一缆绳固定。

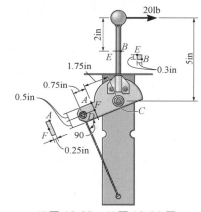

习题 13-33、习题 13-34 图

13-35　钻土机管轴承受轴向力和转矩作用，如图所示。若钻土机以一个恒定的角速度旋转，试求轴横截面 a—a 上 A 点和 B 点的应力状态。

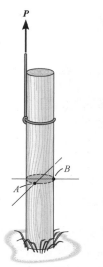

习题 13-28、习题 13-29 图

13-30　肋型钳用以剪断光滑管 C。如果在手柄处施加 100N 的力，试确定钳口处 a—a 截面上 A 点和 B 点的应力状态，并用单元体的形式表示。

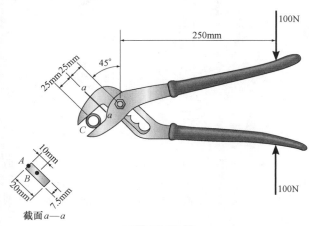

习题 13-30 图

13-31　确定载荷 P 的施加点到板边缘的最小距离 d，以使截面 a—a 上没有压应力作用。板的厚度为 20mm，P 施加在厚度中心。

*13-32　水平力 P 的大小为 80kN，施加在板端的厚度中心处，若 d = 50mm，画出 a—a 截面上的正应力分布。

13-33　控制杆在手柄处承受了大小为 20lb 的水平力。试求 A 点和 B 点的应力状态，并用单元体的形式表示。假设该构件在 C 处由销钉连接，D 点由一缆绳固定。

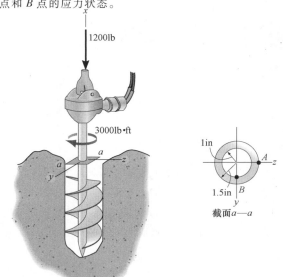

习题 13-35 图

*13-36   钻墙的钻头所承受的扭矩和力如图所示。试确定钻头上 a—a 截面上 A 点的应力状态。

13-37   钻墙的钻头承受的扭矩和力如图所示。试确定钻头上 a—a 截面上 B 点的应力状态。

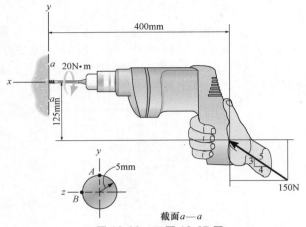

习题 13-36、习题 13-37 图

13-38   框架承受的载荷分布如图所示。试确定 D 点的应力状态，并用单元体的形式表示。

13-39   框架承受的载荷分布如图所示。试求 E 点的应力状态，并用单元体的形式表示。

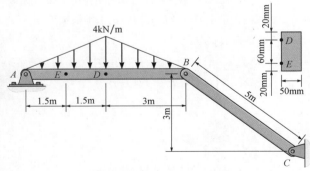

习题 13-38、习题 13-39 图

*13-40   500kg 的引擎由起重机吊起，当引擎处于图示位置时，试确定吊杆 a—a 截面上 A 点的应力状态。

13-41   500kg 的引擎由起重机吊起，当引擎处于图示位置时，试确定吊杆 a—a 截面上 B 点的应力状态。B 点恰好位于下翼缘的上方。

13-42   试确定 a—a 截面上 A 点的应力状态，并用单元体的形式表示。

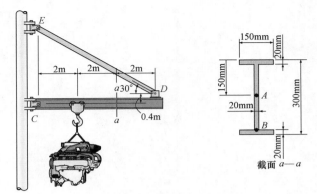

习题 13-40、习题 13-41 图

13-43   试确定 a—a 截面上 B 点的应力状态，并用单元体的形式表示。

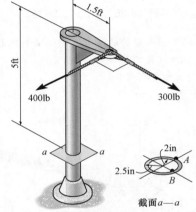

习题 13-42、习题 13-43 图

*13-44   试求 A 点和 B 点的正应力大小。忽略柱体的自重。

13-45   画出 a—a 截面上的正应力分布。忽略柱体的自重。

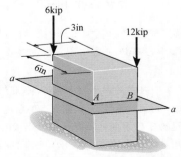

习题 13-44、习题 13-45 图

13-46 底座承受一集中压力 P。试求支柱内最大和最小正应力的绝对值。

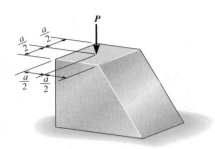

习题 13-46 图

13-47 折杆固定在墙面上的 A 点，若力 F 施加在 B 点，试计算 D 点和 E 点的应力分量，并以单元体的形式表示。其中，$F = 12\text{lb}$，$\theta = 0°$。

*13-48 折杆固定在墙面上的 A 点，若力 F 施加在 B 点，试计算 D 点和 E 点的应力分量，并以单元体的形式表示。其中，$F = 12\text{lb}$，$\theta = 90°$。

13-49 折杆固定在墙面上的 A 点，若力 F 施加在 B 点，试计算 D 点和 E 点的应力分量，并以单元体的形式表示。其中，$F = 12\text{lb}$，$\theta = 45°$。

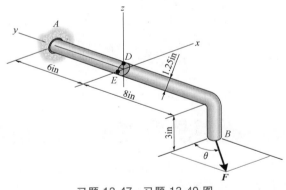

习题 13-47～习题 13-49 图

13-50 直径为 1in 的杆件受力如图所示。试确定 A 点的应力状态，并以单元体的形式表示。

13-51 直径为 1in 的杆件受力如图所示。试确定 B 点的应力状态，并以单元体的形式表示。

*13-52 直径为 2in 的杆件受力如图所示。试确定 A 点的应力状态，并以单元体的形式表示。

13-53 直径为 2in 的杆件受力如图所示。试确定 B 点的应力状态，并以单元体的形式表示。

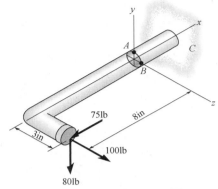

习题 13-50、习题 13-51 图

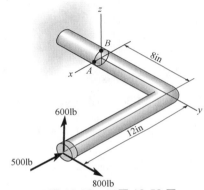

习题 13-52、习题 13-53 图

13-54 若 $P = 60\text{kN}$，试计算柱体横截面上的最大正应力。

13-55 若柱体是由许用正应力 $\sigma_{\text{allow}} = 100\text{MPa}$ 的材料制成，试求最大许可载荷 P。

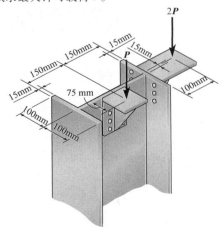

习题 13-54、习题 13-55 图

*13-56　指示牌受到均匀风载的作用。试求在直径为 100mm 的竖杆上的 A 点和 B 点的应力分量，并以单元体的形式表示。

13-57　指示牌受到均匀风载的作用。试求在直径为 100mm 的竖杆上的 C 点和 D 点的应力分量，并以单元体的形式表示。

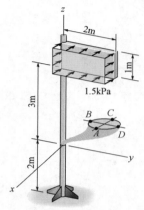

习题 13-56、习题 13-57 图

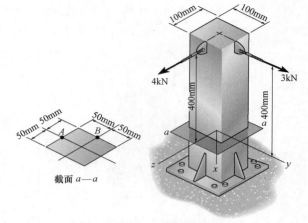

习题 13-58、习题 13-59 图

13-58　试确定支承柱 a—a 截面上 A 点的应力状态，并以单元体的形式表示。

13-59　试确定支承柱 a—a 截面上 B 点的应力状态，并以单元体的形式表示。

*13-60　质量 20kg 的圆筒吊在木质框架上，试确定截面 a—a 上 E 点的应力状态，并以单元体的形式表示。

13-61　质量为 20kg 的圆筒吊在木质框架上，试确定截面 b—b 上 F 点的应力状态，并以单元体的形式表示。

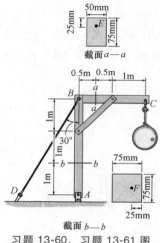

习题 13-60、习题 13-61 图

概念题

P13-1　试解释为何橡胶软管的失效发生在靠近尾端处，并且水是沿着其长度方向泄露。应用数学模型进行分析。假设水压是 30psi。

P13-1 图

P13-2　开盖式储罐内储存着颗粒状材料。该储罐是用木板制造，并用钢板箍紧。应用数学模型解释：为何沿着高度方向钢箍的间距不是均匀的？另外，如果每一钢箍所承受的应力相同，则钢箍的间距大小该如何表示？

P13-3　B 处的螺钉沿着轴向连接杆件，而 A 处的连接形式是将杆件尾部焊接在一起，故 A 处的杆件会承受附加应力。假设杆件的直径相同，承受同样大小的拉力，比较各个杆件中的应力大小。

P13-4　烟囱的一面遭受持续风载，于是在泥浆接缝处产生蠕变应变，这将会引起烟囱发生显著变形。分析如何确定这种情形下烟囱横截面上的应力分布，并画出此应力分布。

P13-2 图　　　　　　　P13-3 图　　　　　　　P13-4 图

本章回顾

当 $r/t \geqslant 10$ 时，容器可视为薄壁容器。对于薄壁圆柱形容器，周向或环向应力为

$$\sigma_1 = \frac{pr}{t}$$

该应力是纵向应力的 2 倍：

$$\sigma_2 = \frac{pr}{2t}$$

薄壁球形容器在容器壁上各个方向应力均相等，即

$$\sigma_1 = \sigma_2 = \frac{pr}{2t}$$

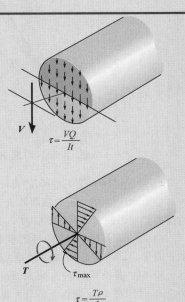

在构件承受组合受力的情况下，求某一点的正应力及切应力大小时可应用叠加法。首先要确定所求点所在截面上的轴力和剪力、扭矩和弯矩数值，然后将各个内力引起的应力分量按代数值叠加，即可求得该点处的正应力和切应力分量

$$\sigma = \frac{P}{A}$$

$$\tau = \frac{VQ}{It}$$

$$\tau = \frac{T\rho}{J}$$

13

复习题

13-62　图示砖体承受了 3 个轴向载荷。试求 A 点和 B 点的正应力。忽略砖体自重。

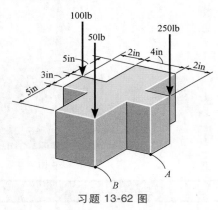

习题 13-62 图

13-63　正方形截面杆件，截面尺寸为 30mm×30mm，长度为 2m，朝上握住。若其比重为 5kg/m，试求从垂直方向算起的最大角度 θ，使得其在握持端不受沿轴向拉应力的作用。

*13-64　杆为直径 30mm 的圆截面直杆，重解习题 13-63。

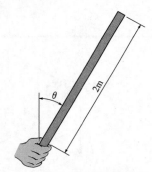

习题 13-63、习题 13-64 图

13-65　销环承受了 50lb 的力，试计算 a—a 截面的最大拉应力和压应力。a—a 截面形状为圆形，直径为 0.25in。应用曲梁应力公式计算弯曲应力。

13-66　将习题 13-65 中环的横截面改为 0.25in×0.25in 的正方形，试计算 a—a 截面的最大拉应力和压应力。

13-67　若股骨上 a—a 横截面可近似视为圆环，当载荷为 75lb 时计算 a—a 截面上的最大正应力。

*13-68　液压容器需要承受 $P=100$kN 的力。若容器内

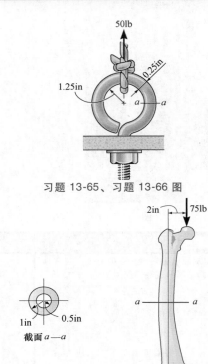

习题 13-65、习题 13-66 图

习题 13-67 图

直径为 100mm，以许用正应力 $\sigma_{\text{allow}}=150$MPa 的材料制成，计算容器所需的最小壁厚 t。[译注]

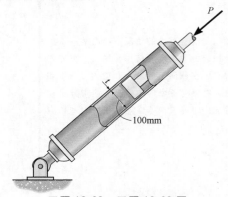

习题 13-68、习题 13-69 图

——————————
[译注] 此题需要说明力施加在缸体上。——译者注

13-69　液压容器的内径为 100mm，壁厚为 $t = 4$mm，若以许用正应力 $\sigma_{\text{allow}} = 150$MPa 的材料制成，试求最大许可载荷 P。

13-70　缆车和乘客的重量为 1500lb，重心位于 G 处。吊臂 AE 的横截面为正方形，尺寸为 1.5in×1.5in，并在两端 A 和 E 处用销钉连接。计算 AB 段和 DC 段上的最大拉应力。

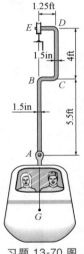

习题 13-70 图

13-71　在两端承受的力 $P = 2$kN 的情况下，容器中的气压不断增加。若容器的内半径为 45mm，壁厚为 2mm，试确定容器壁上的应力状态。

*13-72　试求能够施加在容器两端的力的最大值，以使容器的周向应力不超过 3MPa。容器的内半径为 45mm，壁厚为 2mm。

13-73　厚度为 0.25in 的墙托，用以支承图示承载的

习题 13-71、习题 13-72 图

梁。若载荷均匀地传递在两边的墙托上，试确定托扣 A 上 C 点和 D 点的应力状态。假设支座的铅垂反力 F 作用在托扣边缘的中心处（参见下图）。

13-74　厚度为 0.25in 的墙托，用以支承图示承载的梁。若载荷均匀地传递在两边的墙托上，试确定托扣 B 上 C 点和 D 点的应力状态。假设支座的铅垂反力 F 作用在托扣边缘的中心处（参见下图）。

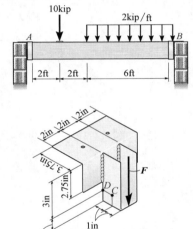

习题 13-73、习题 13-74 图

13

第14章　应力变换和应变变换

汽轮机叶片承受复杂应力状态作用。为了设计这些叶片，需要确定最大应力发生在何处，方向如何。

本章任务

■ 坐标系内由一个方向角到另一个方向角的应力分量的变换。

■ 求解主应力和面内最大切应力。

■ 坐标系内由一个方向角到另一个方向角的平面应变分量的变换。

■ 求解主应变和面内最大切应变。

■ 讨论应变测量的应变花。

■ 表达材料常数间的关系，如：弹性模量、切变模量和泊松比。

14.1 平面应力变换

　　如同 7.3 节所述，一般情形下一点的应力可由 6 个独立的正应力和切应力分量表示，这些应力分量作用在对应于该点的单元体的各个面上，如图 14-1a 所示。但是，这种应力状态在工程实际中很少遇见。相反，工程师们经常通过对载荷进行近似或简化，使结构构件或机械构件中的应力可以在一个单平面内进行分析。这时，材料处于平面应力状态，如图 14-1b 所示。例如，若物体表面上没有载荷作用，则所有单元体与表面对应的面上的正应力和切应力分量均为零。因此，与这一面相对的面上的应力分量也将为零，于是该点为平面应力状态。本书前面所有章节中所涉及的均为这种情形。

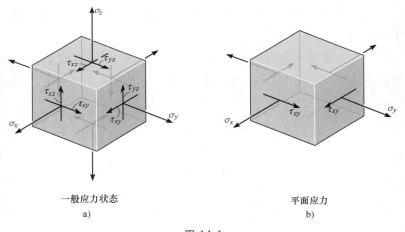

一般应力状态
a)

平面应力
b)

图 14-1

　　因此，一般而言，某点平面应力状态可以用单元体四个面上两个正应力分量 σ_x、σ_y，以及一个切应力分量 τ_{xy} 表达。

　　为简单起见，我们在 $x\text{-}y$ 平面内考察这一应力状态，x、y 轴如图 14-2a 所示。如果将这一应力状态旋转一 θ 角，坐标系变为 $x'\text{-}y'$，如图 14-2b 所示，相应地，这一应力状态则用应力分量 $\sigma_{x'}$、$\sigma_{y'}$、$\tau_{x'y'}$ 表示。换言之，平面应力状态一般以作用在单元体上的两个正应力分量和一个切应力分量来表达。对于单元体而言，若方向角取向改变，则这三个应力分量也随之改变。

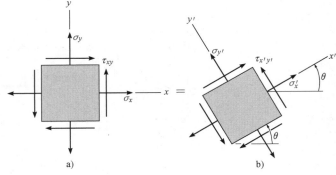

a)

b)

图 14-2

本章将介绍怎样将应力分量从一个方向角（见图 14-2a）变换到另一个方向角（见图 14-2b）。就如同两个力的分量，如分别沿着 x 轴和 y 轴方向的 F_x、F_y，合力为 F_R，之后将其分解成沿着 x' 轴和 y' 轴的分量 $F_{x'}$ 和 $F_{y'}$ 一样。力的变换只需考察力分量的大小和方向。而应力变换更加困难是因为除了考察各个应力分量的大小和方向外，还需考察其作用面积，而作用面积与方向角有关。

分析过程

若在给定方向角的情形下已知一点的应力状态，如图 14-3a 所示，则转过一方向角 θ 后，其应力状态可通过以下步骤确定。

- 为了确定图 14-3b 中作用在 $+x'$ 面内的正应力分量 $\sigma_{x'}$ 和切应力分量 $\tau_{x'y'}$，将图 14-3a 中的单元体按照图 14-3c 所示将其截开。若截开的面积为 ΔA，则相邻的两个面积将是 $\Delta A \sin\theta$ 和 $\Delta A \cos\theta$。

- 画出隔离体，并画出作用在单元体各个面上的力，如图 14-3d 所示。力的大小为应力分量乘以与之相对应的作用面积。

- 根据隔离体的平衡条件 $\Sigma F_{x'} = 0$，消去面积 ΔA，可直接求得 $\sigma_{x'}$。同样，应用平衡条件 $\Sigma F_{y'} = 0$ 可求得 $\tau_{x'y'}$。

- 若要求得作用在 $+y'$ 面上的 $\sigma_{y'}$（图 14-3b），则需考察图 14-3e 所示单元体，分析方法与上述相同。根据切应力互等定理，这一面上的切应力与上一步求得的 $\tau_{x'y'}$ 大小相等。因而无须重复计算。

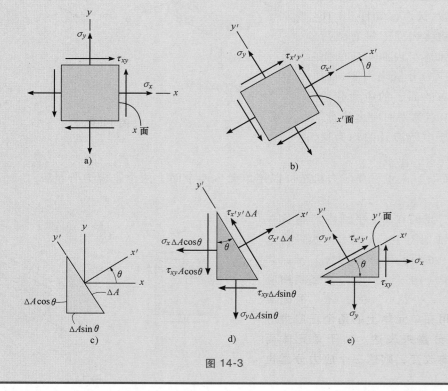

图 14-3

例题 14.1

飞机机身外表面上一点的应力状态如图 14-4a 中的单元体所示。试用单元体表示顺时针旋转 30° 后的应力状态。

解 旋转后的单元体如图 14-4d 所示。为了得到该单元体上的各应力分量，我们首先将图 14-4a 所示的单元体沿 a—a 截开。考察单元体下半部分，假设截开的平面（斜面）的面积为 ΔA，水平和垂直的平面面积如图 14-4b 所示。隔离体的受力图如图 14-4c 所示。需要注意的是，截开的 x' 面由外法线 x' 轴定义，y' 轴则平行于该平面。

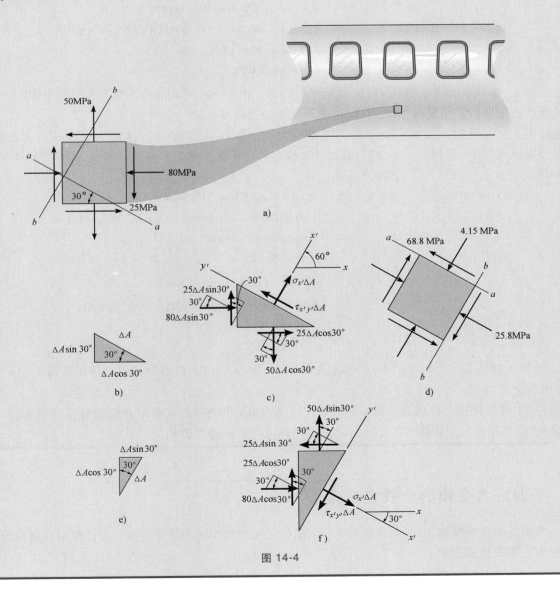

图 14-4

例题	14.1

平衡。为了避免同时出现两个未知量 $\sigma_{x'}$ 和 $\tau_{x'y'}$，考察沿着 x' 轴和 y' 轴方向上力的平衡，并建立平衡方程：

$$+\nearrow \sum F_{x'} = 0, \quad \sigma_{x'}\Delta A - (50\Delta A\cos30°)\cos30° +$$
$$(25\Delta A\cos30°)\sin30° + (80\Delta A\sin30°)\sin30° +$$
$$(25\Delta A\sin30°)\cos30° = 0$$
$$\sigma_{x'} = -4.15\text{MPa}$$

$$+\nwarrow \sum F_{y'} = 0, \quad \tau_{x'y'}\Delta A - (50\Delta A\cos30°)\sin30° -$$
$$(25\Delta A\cos30°)\cos30° - (80\Delta A\sin30°)\cos30° +$$
$$(25\Delta A\sin30°)\sin30° = 0$$
$$\tau_{x'y'} = 68.8\text{MPa}$$

由于 $\sigma_{x'}$ 为负，故其实际方向与图 14-4c 所示方向相反。图 14-4d 所示单元体的上表面即为图 14-4c 所分析的截面，将上述计算结果画在图 14-4d 所示单元体的对应面上。

重复上述分析过程，求得互垂面 $b—b$ 上的应力。将图 14-4a 中的单元体沿 $b—b$ 截开，截出的单元体各部分面积如图 14-4e 所示。$+x'$ 轴为截面外法线方向，垂直于截面，隔离体的受力图如图 14-4f 所示。因此，有

$$+\searrow \sum F_{x'} = 0, \quad \sigma_{x'}\Delta A - (25\Delta A\cos30°)\sin30° +$$
$$(80\Delta A\cos30°)\cos30° - (25\Delta A\sin30°)\cos30° -$$
$$(50\Delta A\sin30°)\sin30° = 0$$
$$\sigma_{x'} = -25.8\text{MPa}$$

$$+\nearrow \sum F_{y'} = 0, \quad -\tau_{x'y'}\Delta A + (25\Delta A\cos30°)\cos30° +$$
$$(80\Delta A\cos30°)\sin30° - (25\Delta A\sin30°)\sin30° +$$
$$(50\Delta A\sin30°)\cos30° = 0$$
$$\tau_{x'y'} = 68.8\text{MPa}$$

由于 $\sigma_{x'}$ 为负，故其实际方向与图 14-4f 所示方向相反。所求的各个应力分量即为作用在图 14-4d 右侧面上的应力分量。

通过以上分析过程，可以总结出：一点的应力状态可以用图 14-4a 所示角度的单元体表示，也可以用图 14-4d 所示角度的单元体表示。换言之，这两种应力状态是等价的。

14.2 平面应力变换的一般表达式

上一节讨论的从坐标轴 x、y 向坐标轴 x'、y' 进行正应力和切应力分量变换的方法可写成通用形式，并用一组应力变换表达式表示。

正负号规则 首先必须规定应力分量的正负号规则。$+x$ 和 $+x'$ 轴一般沿单元体截面的外法线方向。沿着 x 和 x' 轴正方向的 σ_x 和 $\sigma_{x'}$ 为正，沿着 y 和 y' 轴正方向的 τ_{xy} 和 $\tau_{x'y'}$ 为正，如图 14-5a 所示。⊖

所求的正应力和切应力分量作用截面的角度由 $+x$ 轴向 $+x'$ 轴的旋转角度 θ 来定义，如图 14-5b 所示。注意到坐标变换前后的坐标轴均遵循右手系坐标轴，即：z（或 z'）的正方向由右手准则定义。顺着右手手指方向旋转，或者说，逆时针旋转的角度 θ 为正，如图 14-5b 所示。

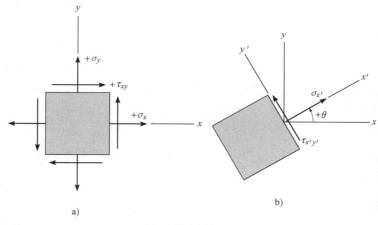

图 14-5

正应力和切应力分量 应用上述的正负号规则，图 14-6a 所示的单元体沿斜面截开，截开后的隔离体如图 14-6b 所示。假设截面的面积为 ΔA，水平面和垂直面的面积分别为 $\Delta A \sin\theta$ 和 $\Delta A \cos\theta$。

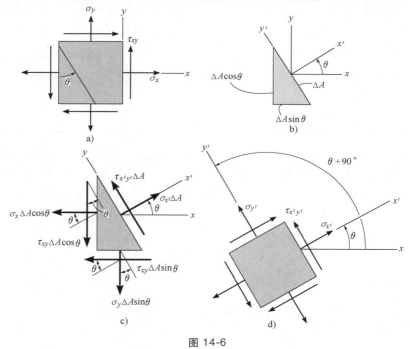

图 14-6

隔离体受力图如图 14-6c 所示。列出平衡方程，求解未知的正应力分量 $\sigma_{x'}$ 和切应力分量 $\tau_{x'y'}$，有

$$+\nearrow \sum F_{x'}=0, \quad \sigma_{x'}\Delta A-(\tau_{xy}\Delta A\sin\theta)\cos\theta-(\sigma_y\Delta A\sin\theta)\sin\theta-$$
$$(\tau_{xy}\Delta A\cos\theta)\sin\theta-(\sigma_x\Delta A\cos\theta)\cos\theta=0$$

⊖ 切应力的正负号规则不同于我国材料力学。——译者注

$$\sigma_{x'} = \sigma_x \cos^2\theta + \sigma_y \sin^2\theta + \tau_{xy}(2\sin\theta\cos\theta)$$

$$+\sum F_{y'}=0,\quad \tau_{x'y'}\Delta A + (\tau_{xy}\Delta A\sin\theta)\sin\theta - (\sigma_y\Delta A\sin\theta)\cos\theta -$$

$$(\tau_{xy}\Delta A\cos\theta)\cos\theta + (\sigma_x\Delta A\cos\theta)\sin\theta = 0$$

$$\tau_{x'y'} = (\sigma_y - \sigma_x)\sin\theta\cos\theta + \tau_{xy}(\cos^2\theta - \sin^2\theta)$$

上述两式可用三角关系 $\sin2\theta = 2\sin\theta\cos\theta$，$\sin^2\theta = (1-\cos2\theta)/2$，$\cos^2\theta = (1+\cos2\theta)/2$ 加以变换，有

$$\sigma_{x'} = \frac{\sigma_x+\sigma_y}{2} + \frac{\sigma_x-\sigma_y}{2}\cos2\theta + \tau_{xy}\sin2\theta \tag{14-1}$$

$$\tau_{x'y'} = \frac{\sigma_x-\sigma_y}{2}\sin2\theta + \tau_{xy}\cos2\theta \tag{14-2}$$

如果需要求图 14-6d 所示 y' 方向的正应力，可将 θ 替换为（$\theta=\theta+90°$）代入式（14-1），得到

$$\sigma_{y'} = \frac{\sigma_x+\sigma_y}{2} - \frac{\sigma_x-\sigma_y}{2}\cos2\theta - \tau_{xy}\sin2\theta \tag{14-3}$$

若 $\sigma_{y'}$ 的计算值为正，意味着它的作用方向是沿着 y' 轴的正方向，如图 14-6d 所示。

分析过程

　　只需简单代入符合正负号规则的已知量 σ_x、σ_y、τ_{xy} 和 θ 到应力变换式（14-1）和式（14-2）中，即可进行应力变换。需要注意的是，对于需要计算正应力的面而言，x' 轴永远是沿着截面的外法线方向为正，从 x 轴转向 x' 轴的角度 θ 逆时针为正。若 $\sigma_{x'}$ 和 $\tau_{x'y'}$ 的计算结果为正值，则意味着应力的作用方向为沿着 x' 轴和 y' 轴的正方向。

　　为简单起见，上述变换可通过可编程的计算器进行运算。

例题　14.2

一点的平面状态如图 14-7a 所示。试计算顺时针旋转 30° 后单元体的应力状态。

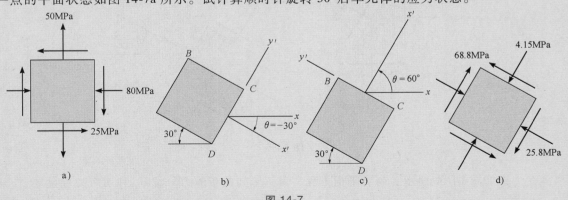

图 14-7

　　解　本例已经在例 14.1 中应用基本方法求得。现在应用式（14-1）和式（14-2）求解。根据图14-5 所示的正负号规则，可以看出：

例题 14.2

$$\sigma_x = -80\text{MPa}, \quad \sigma_y = 50\text{MPa}, \quad \tau_{xy} = -25\text{MPa}$$

CD 面。为求得图 14-7b 所示 CD 面上的应力分量，x' 轴的正方向须为外法线方向，垂直于 CD 面，相应的 y' 轴则为沿着 CD 截面的方向。从 x 轴到 x' 轴旋转的角度为 $\theta = -30°$（顺时针）。应用式（14-1）和式（14-2），解得

$$\sigma_{x'} = \frac{\sigma_x + \sigma_y}{2} + \frac{\sigma_x - \sigma_y}{2}\cos2\theta + \tau_{xy}\sin2\theta$$

$$= \frac{-80+50}{2} + \frac{-80-50}{2}\cos2(-30°) + (-25)\sin2(-30°)$$

$$= -25.8\text{MPa}$$

$$\tau_{x'y'} = \frac{\sigma_x - \sigma_y}{2}\sin2\theta + \tau_{xy}\cos2\theta$$

$$= \frac{-80-50}{2}\sin2(-30°) + (-25)\cos2(-30°)$$

$$= -68.8\text{MPa}$$

负号意味着 $\sigma_{x'}$ 和 $\tau_{x'y'}$ 沿着 x' 和 y' 轴的负方向。单元体表示的计算结果如图 14-7d 所示。

BC 面。沿着 BC 截面的外法线定义 x' 轴，如图 14-7c 所示，则 x 轴和 x' 轴间的 $\theta = 60°$（逆时针）。应用式（14-1）和式（14-2）[注]，得到

$$\sigma_{x'} = \frac{-80+50}{2} + \frac{-80-50}{2}\cos2(60°) + (-25)\sin2(60°)$$

$$= -4.15\text{MPa}$$

$$\tau_{x'y'} = \frac{-80-50}{2}\sin2(60°) + (-25)\cos2(60°)$$

$$= 68.8\text{MPa}$$

为了验证计算结果的正确性，又一次计算了 $\tau_{x'y'}$。$\sigma_{x'}$ 的负号意味着它的作用方向为 x' 轴的负方向，如图 14-7c 所示。用单元体表示的计算结果如图 14-7d 所示。

14.3　主应力和面内最大切应力

由式（14-1）和式（14-2）可知，$\sigma_{x'}$ 和 $\tau_{x'y'}$ 的大小与其所作用的面的方向角 θ 有关。一般而言，单元体的哪个方向面上存在最大、最小正应力以及最大切应力是工程实践所关注的。在本节中我们将要讨论这些问题。

⊖　事实上，比起式（14-1），将 $\theta = -30°$ 代入式（14-3）更加简便。

面内主应力   为了求得最大和最小正应力，我们将式（14-1）对 θ 求导，并令其等于零。有

$$\frac{\mathrm{d}\sigma_{x'}}{\mathrm{d}\theta} = -\frac{\sigma_x - \sigma_y}{2}(2\sin2\theta) + 2\tau_{xy}\cos2\theta = 0$$

求解上式，便可得到：最大或最小正应力作用面的方向角为 $\theta = \theta_p$。

$$\tan2\theta_p = \frac{\tau_{xy}}{(\sigma_x - \sigma_y)/2} \tag{14-4}$$

该解存在两个根，θ_{p1} 和 θ_{p2}。需要注意的是，由于 $2\theta_{p1}$ 和 $2\theta_{p2}$ 相差 $180°$，因此 θ_{p1} 和 θ_{p2} 相差 $90°$。

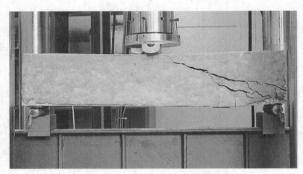

尽管混凝土梁同时承受弯矩和剪力，但其裂纹是由拉应力造成的。
应力变换公式可用于预测裂纹方向，以及计算由弯矩和剪力造成的主应力

若要求得最大及最小正应力，需要将 θ_{p1} 和 θ_{p2} 的值代入式（14-1）。可用图 14-8 中的阴影部分三角形求得式中所需要的 $2\theta_{p1}$ 和 $2\theta_{p2}$ 的正弦与余弦值。该三角形是基于式（14-4）而建立的，假设 τ_{xy} 和（$\sigma_x - \sigma_y$）同为正或同为负。

将这些三角函数的数值代入式（14-1）并进行化简，得到

$$\sigma_{1,2} = \frac{\sigma_x + \sigma_y}{2} \pm \sqrt{\left(\frac{\sigma_x - \sigma_y}{2}\right)^2 + \tau_{xy}^2} \tag{14-5}$$

取决于符号的选择，上式给出了作用在某点的面内最大或最小主应力，其中，$\sigma_1 > \sigma_2$。这一系列特殊的值被称为面内**主应力**，相应的，该应力的作用面被称为**主平面**，如图 14-9 所示。此外，如果将 θ_{p1} 和 θ_{p2} 的三角函数值代入式（14-2），可以得到 $\tau_{x'y'} = 0$；换言之，主平面上没有切应力。

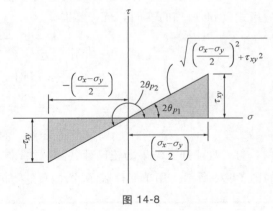

图 14-8

面内最大切应力   为确定单元体内承受最大切应力作用面的方向角，可将式（14-2）对 θ 求导数，并令其等于零。得到

$$\tan2\theta_s = \frac{-(\sigma_x - \sigma_y)/2}{\tau_{xy}} \tag{14-6}$$

该式的两个根，θ_{s1} 和 θ_{s2}，可用图 14-10 中阴影部分三角形求得。与式（14-4）比较可知，$\tan2\theta_s$ 为

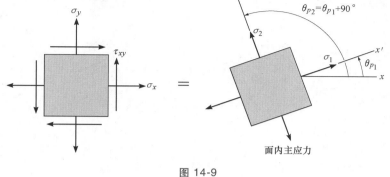

图 14-9

$\tan 2\theta_p$ 的负倒数，因此，$2\theta_s$ 与 $2\theta_p$ 相差 90°，θ_s 与 θ_p 相差 45°。于是，**承受最大切应力的单元体与承受主应力的单元体的位置相差 45°。**

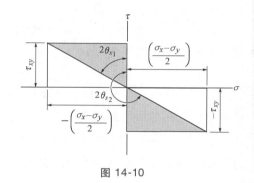

无论应用 θ_{s1} 和 θ_{s2} 中的哪一个根，均可得到最大切应力。将由图 14-10 计算得到的 $\sin 2\theta_s$ 与 $\cos 2\theta_s$ 的值代入式（14-2），结果为

$$\tau_{\substack{\max \\ \text{面内}}} = \sqrt{\left(\frac{\sigma_x - \sigma_y}{2}\right)^2 + \tau_{xy}^2} \qquad (14\text{-}7)$$

上式计算得到的 $\tau_{\substack{\max \\ \text{面内}}}$ 被称为**面内最大切应力**，因为该应力

图 14-10

作用在单元体的 x-y 面上。

将 $\sin 2\theta_s$ 与 $\cos 2\theta_s$ 的值代入式（14-1），我们可以看出面内最大切应力作用的平面上也有一个正应力：

$$\sigma_{\text{avg}} = \frac{\sigma_x + \sigma_y}{2} \qquad (14\text{-}8)$$

称为平均正应力。

如同应力变换公式一样，式（14-4）~式（14-8）同样可以利用可编程计算器通过编程计算。

要点

- 面内主应力代表了一点在 x-y 平面内的最大或最小正应力。
- 当用主应力来表示应力状态时，单元体主应力作用面上没有切应力作用。
- 一点的应力状态同样也可用面内最大切应力表示。这种情形下，面内最大切应力作用面上的正应力为平均正应力。
- 用面内最大切应力表示的单元体与用主应力表示的单元体取向相差 45°。

例题 | **14. 3**

轴上失效点处的平面应力状态如图 14-11a 中的单元体所示。用主应力的方式重新表示该应力状态。

14.3

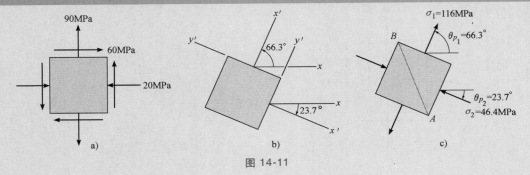

图 14-11

解　根据正负号规则，有

$$\sigma_x = -20\text{MPa}, \quad \sigma_y = 90\text{MPa}, \quad \tau_{xy} = 60\text{MPa}$$

主方向角。应用式（14-4），有

$$\tan 2\theta_p = \frac{\tau_{xy}}{(\sigma_x - \sigma_y)/2} = \frac{60}{(-20-90)/2}$$

求解上式，并将所得的结果定义为 θ_{p2}，有

$$2\theta_p = -47.49°, \quad \theta_{p2} = -23.7°$$

由于 $2\theta_{p1}$ 与 $2\theta_{p2}$ 之间相差 180°，故有

$$2\theta_{p1} = 180° + 2\theta_{p2} = 132.51°, \quad \theta_{p1} = 66.3°$$

由于从 x 轴到变换后的单元体面上外法线方向（x' 轴）逆时针旋转才是 θ 的正方向，故结果如图 14-11b 所示。

　主应力

$$\sigma_{1,2} = \frac{\sigma_x + \sigma_y}{2} \pm \sqrt{\left(\frac{\sigma_x - \sigma_y}{2}\right)^2 + \tau_{xy}^2}$$

$$= \frac{-20+90}{2}\text{MPa} \pm \sqrt{\left(\frac{-20-90}{2}\right)^2 + (60)^2}\,\text{MPa}$$

$$= (35.0 \pm 81.4)\text{MPa}$$

$$\sigma_1 = 116\text{MPa}$$

$$\sigma_2 = -46.4\text{MPa}$$

各个主应力作用的主平面可应用式（14-1）定义，即：$\theta = \theta_{p2} = -23.7°$。因此，

$$\sigma_{x'} = \frac{\sigma_x + \sigma_y}{2} + \frac{\sigma_x - \sigma_y}{2}\cos 2\theta + \tau_{xy}\sin 2\theta$$

$$= \frac{-20+90}{2} + \frac{-20-90}{2}\cos 2(-23.7°) + 60\sin 2(-23.7°)$$

$$= -46.4\text{MPa}$$

注意：为何由材料撕裂引起的失效面位于角度为 23.7° 的平面上（图 14-11c）

14

例题 14.3

于是，$\sigma_2 = -46.4\text{MPa}$，作用在方向角 $\theta_{p2} = -23.7°$ 的面上，同时，$\sigma_1 = 116\text{MPa}$，作用在方向角 $\theta_{p1} = 66.3°$ 的面上。图 14-11c 所示为单元体表示的计算结果，记住该单元体上没有切应力。

例题 14.4

平面应力状态如图 14-12a 所示的单元体。用面内最大切应力以及相应的平均正应力的形式重新表示该应力状态。

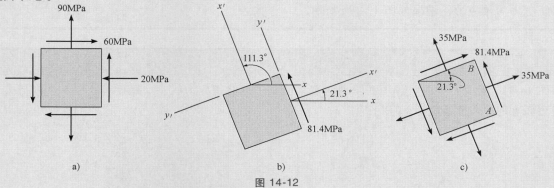

图 14-12

解

单元体的主方向角。由于 $\sigma_x = -20\text{MPa}$，$\sigma_y = 90\text{MPa}$，$\tau_{xy} = 60\text{MPa}$，应用式（14-6），可以求得

$$\tan 2\theta_s = \frac{-(\sigma_x - \sigma_y)/2}{\tau_{xy}} = \frac{-(-20-90)/2}{60}$$

$$2\theta_{s2} = 42.5°, \quad \theta_{s2} = 21.3°$$

$$2\theta_{s1} = 180° + 2\theta_{s2}, \quad \theta_{s1} = 111.3°$$

计算结果如图 14-12b 所示，注意从 x 轴转到 x' 轴的旋转方向。该角度与应用式（14-3）计算得到的主平面角度相差了 45°。

面内最大切应力。应用式（14-7），得

$$\tau_{\text{面内}}^{\max} = \sqrt{\left(\frac{\sigma_x - \sigma_y}{2}\right)^2 + \tau_{xy}^2} = \sqrt{\left(\frac{-20-90}{2}\right)^2 + (60)^2}$$

$$= \pm 81.4\text{MPa}$$

为了确定单元体内 $\tau_{\text{面内}}^{\max}$ 的正确方向，可将 $\theta = \theta_{s2} = 21.3°$ 代入式（14-2），于是，有

$$\tau_{x'y'} = -\left(\frac{\sigma_x - \sigma_y}{2}\right)\sin 2\theta + \tau_{xy}\cos 2\theta$$

$$= -\left(\frac{-20-90}{2}\right)\sin 2(21.3°) + 60\cos 2(21.3°)$$

$$= 81.4\text{MPa}$$

例题　14.4

计算结果的正号表示 $\tau_{\text{面内}}^{\max} = \tau_{x'y'}$ 在 $\theta = 23.7°$ 的面上沿着 y' 的正方向作用，如图 14-12b 所示。其他三个面上的切应力方向如图 14-12c 所示。

平均正应力。除了上述计算的最大切应力，单元体还承受了平均正应力的作用。根据式（14-8），有

$$\sigma_{\text{avg}} = \frac{\sigma_x + \sigma_y}{2} = \frac{-20 + 90}{2} = 35\text{MPa}$$

该平均正应力为拉应力。结果如图 14-12c 所示。

例题　14.5

如图 14-13a 所示，扭矩 T 作用在圆轴两端，形成了纯剪切应力状态。试计算：（a）面内最大切应力及其作用面上的平均正应力；（b）主应力。

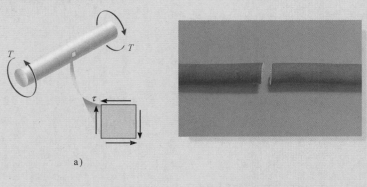

a)

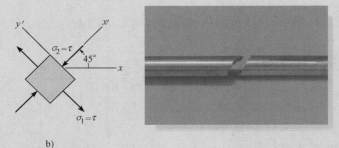

b)

图 14-13

解　根据正负号规则：

$$\sigma_x = 0, \quad \sigma_y = 0, \quad \tau_{xy} = -\tau$$

面内最大切应力。应用式（14-7）和式（14-8）有

例题　14.5

$$\tau_{\max \atop \text{面内}} = \sqrt{\left(\frac{\sigma_x - \sigma_y}{2}\right)^2 + \tau_{xy}^2} = \sqrt{(0)^2 + (-\tau)^2} = \pm\tau$$

$$\sigma_{\text{avg}} = \frac{\sigma_x + \sigma_y}{2} = \frac{0+0}{2} = 0$$

于是，用面内最大切应力表示的单元体如图 14-13a 所示。

注意：实验结果表明，韧性材料失效由切应力所致。于是，图 14-13a 所示由低碳钢（美标材料）制造的圆轴，最大切应力引起的破坏如图 14-13 中上方照片所示。

主应力。

应用式（14-4）和式（14-5），得到

$$\tan 2\theta_p = \frac{\tau_{xy}}{(\sigma_x - \sigma_y)/2} = \frac{-\tau}{(0-0)/2}, \theta_{p2} = -45°, \quad \theta_{p1} = -45°$$

$$\sigma_{1,2} = \frac{\sigma_x + \sigma_y}{2} \pm \sqrt{\left(\frac{\sigma_x - \sigma_y}{2}\right)^2 + \tau_{xy}^2} = 0 \pm \sqrt{(0)^2 + \tau^2} = \pm\tau$$

如果将 $\theta_{p2} = 45°$ 代入式（14-1），则有

$$\sigma_{x'} = \frac{\sigma_x + \sigma_y}{2} + \frac{\sigma_x - \sigma_y}{2}\cos 2\theta + \tau_{xy}\sin 2\theta$$

$$= 0 + 0 + (-\tau)\sin 90° = -\tau$$

因此，$\sigma_2 = -\tau$，作用在方向角 $\theta_{p2} = 45°$ 的面上，如图 14-13b 所示；同时 $\sigma_1 = \tau$，作用在方向角 $\theta_{p1} = -45°$ 的面上。

注意：脆性材料的失效由正应力引起。因此，如果图 14-13a 所示由铸铁制造的圆轴，将在 45° 方向上，由拉应力引起断裂，如图 14-13 中下方照片所示。

例题　14.6

当轴向拉力 P 作用在图 14-14a 所示的圆轴上时，则其在材料内部产生了拉应力。试计算：（a）主应力；（b）面内最大切应力及与其作用面上的平均正应力。

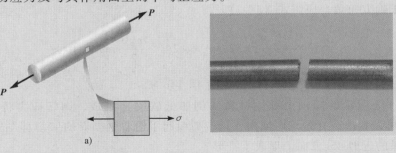

a)

图 14-14

例题 14.6

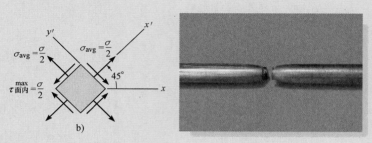

图 14-14（续）

解 根据正负号规则：

$$\sigma_x = \sigma, \quad \sigma_y = 0, \quad \tau_{xy} = 0$$

主应力。 不难看出，图 14-14a 所示单元体表示了主应力状态，这是由于单元体正应力作用面上没有切应力作用。将上述值直接代入式（14-4）和式（14-5），也可得到同样的结果。故

$$\sigma_1 = \sigma, \quad \sigma_2 = 0$$

注意： 实验结果表明，脆性材料失效由正应力引起。因此，若图 14-14a 所示的圆轴由铸铁制成，它的失效形式将如图 14-14 中上方的照片所示。

面内最大切应力。 应用式（14-6）~式（14-8），有

$$\tan 2\theta_s = \frac{-(\sigma_x - \sigma_y)/2}{\tau_{xy}} = \frac{-(\sigma - 0)/2}{0}, \quad \theta_{s_1} = 45°, \quad \theta_{s_2} = -45°$$

$$\tau_{\text{面内}}^{\max} = \sqrt{\left(\frac{\sigma_x - \sigma_y}{2}\right)^2 + \tau_{xy}^2} = \sqrt{\left(\frac{\sigma - 0}{2}\right)^2 + (0)^2} = \pm\frac{\sigma}{2}$$

$$\sigma_{\text{avg}} = \frac{\sigma_x + \sigma_y}{2} = \frac{\sigma + 0}{2} = \frac{\sigma}{2}$$

为了计算单元体的正确方向角，应用式（14-2），得

$$\tau_{x'y'} = -\frac{\sigma_x - \sigma_y}{2}\sin 2\theta + \tau_{xy}\cos 2\theta = -\frac{\sigma - 0}{2}\sin 90° + 0 = -\frac{\sigma}{2}$$

负的切应力作用在 x' 面上，沿着 y' 的负方向，如图 14-14b 所示。

注意： 若图 14-14a 所示的圆轴由韧性材料（例如低碳钢）制成，则切应力将引起其失效。从图 14-14 中下方的照片可以看出，在颈缩区域内，切应力引起了沿着钢晶界的"滑移"，造成失效面附近材料在如上述计算结果的近似 45°方向上形成了锥形。

F14-1 计算斜截面 AB 上的正应力和切应力，并将结果画在截开的单元体上。

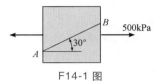

F14-1 图

F14-2 计算图示单元体顺时针旋转 45°后的等效应力状态。

F14-3 计算图示单元体的主应力，并求得主平面的方向角。

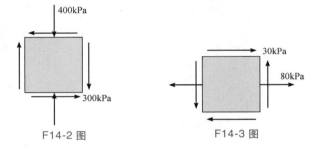

F14-2 图   F14-3 图

F14-4 将图示的应力状态用面内最大切应力的形式重新表示。

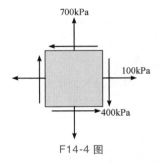

F14-4 图

F14-5 悬臂梁在自由端承受如图所示的载荷，计算 B 点处的主应力。

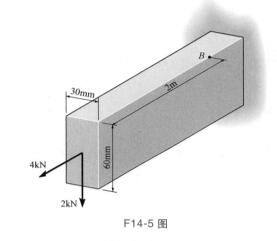

F14-5 图

F14-6 简支梁承受如图所示的载荷，计算 C 点处的主应力。

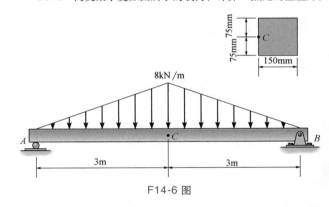

F14-6 图

14-1 试证明正应力之和为一常数，即 $\sigma_x + \sigma_y = \sigma_{x'} + \sigma_{y'}$。参见图 14-2a、b。

14-2 构件上某点的应力状态如图所示。计算斜截面 AB 上的应力分量。应用 14.1 节的平衡的方法求解。

14-3 构件上某点的应力状态如图所示。计算斜截面 AB 上的应力分量。应用 14.1 节的平衡的方法求解。

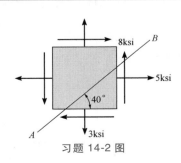

习题 14-2 图

*14-4　计算斜截面 AB 上的正应力和切应力。应用 14.1 节的平衡的方法求解。

14-5　计算斜截面 AB 上的正应力和切应力。应用应力变换表达式求解，并将各个应力分量画在截开的单元体上。

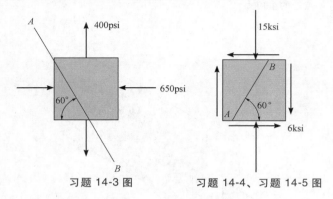

习题 14-3 图　　　　习题 14-4、习题 14-5 图

14-6　构件上某点的应力状态如图所示。计算斜截面 AB 上的各应力分量。应用 14.1 节的平衡的方法求解。

14-7　应用 14.2 节应力变换表达式求解习题 14-6，并将各个应力分量画在截开的单元体上。

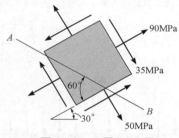

习题 14-6、习题 14-7 图

*14-8　单元体应力状态如图所示，试计算顺时针旋转 30°后单元体的应力分量，并将各个应力分量画在旋转后的单元体上。

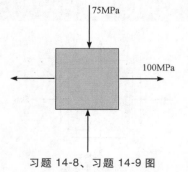

习题 14-8、习题 14-9 图

14-9　单元体应力状态如图所示，试计算逆时针旋转 30°后单元体的应力分量，并将各个应力分量画在旋转后的单元体上。

14-10　单元体应力状态如图所示，试计算顺时针旋转 60°后单元体的应力分量，并将各个应力分量画在旋转后的单元体上。

14-11　单元体应力状态如图所示，试计算逆时针旋转 60°后单元体的应力分量，并将各个应力分量画在旋转后的单元体上。

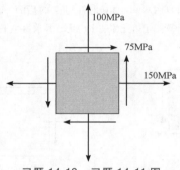

习题 14-10、习题 14-11 图

*14-12　单元体应力状态如图所示，应用应力变换表达式的方法计算逆时针旋转 50°后单元体的应力分量。

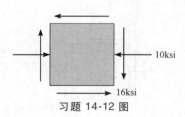

习题 14-12 图

14-13　单元体应力状态如图所示，应用应力变换表达式的方法计算顺时针旋转 30°后单元体的应力分量。

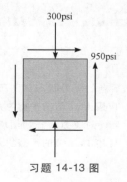

习题 14-13 图

14-14　单元体应力状态如图所示。计算：（a）主应力；（b）面内最大切应力及与之相对应的平均正应力。同时求出以上两种情形对应的方向角，并用单元体的形式表示。

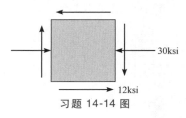

习题 14-14 图

14-15　单元体应力状态如图所示。计算：（a）主应力；（b）面内最大切应力及与之相对应的平均正应力。同时求出以上两种情形对应的方向角。

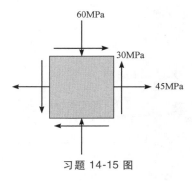

习题 14-15 图

以下习题涉及第 13 章的有关内容

* 14-16　木板上木头的纹理与水平方向的夹角为 $20°$，如图所示。若木板承受 250N 的轴向载荷，试计算垂直于纹理的正应力大小以及平行于纹理的切应力大小。

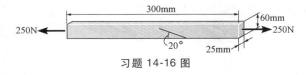

习题 14-16 图

14-17　木梁承受了 12kN 的载荷。若 A 点处的木纹与水平方向的夹角为 $25°$，试计算垂直于纹理的正应力大小以及平行于纹理的切应力大小。

14-18　木梁承受了 12kN 的载荷。计算 A 点处的主应力，并确定主方向。

14-19　当沿着木纹方向作用的切应力为 550psi 时，木块将会失效。若正应力 $\sigma_x = 400$psi，试计算压应力 σ_y 为多大时将会引发失效。

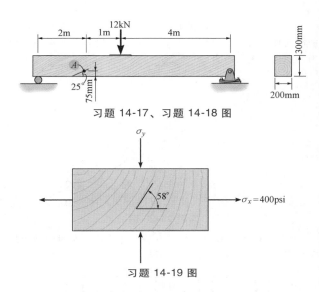

习题 14-17、习题 14-18 图

习题 14-19 图

* 14-20　图示托架承受了 3kip 的载荷。试计算 a—a 截面上 A 点的主应力及面内最大切应力，同时求出以上两种情形对应的方向角，并用单元体的形式表示。

14-21　图示托架承受了 3kip 的载荷。试计算 a—a 截面上 B 点的主应力及面内最大切应力，同时求出以上两种情形对应的方向角，并用单元体的形式表示。

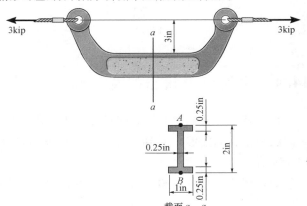

截面 a—a

习题 14-20、习题 14-21 图

14-22　25mm 厚的矩形杆承受 10kN 的轴向载荷。若该轴是由与水平方向夹角为 $60°$ 的焊缝连接，计算垂直于焊缝的正应力大小及平行于焊缝的切应力大小。

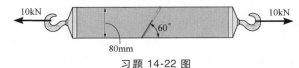

习题 14-22 图

14-23　直径为 3in 的轴由 A 处的光滑推力轴承和 B 处的滑动轴承支承。计算横截面 a—a 处外表面上各点的主应力及面内最大切应力。

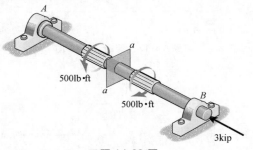

习题 14-23 图

*14-24　T 形截面梁在其中心线处承受了如图所示的均布载荷。计算 A 点的主应力，并将其用单元体的形式表示。

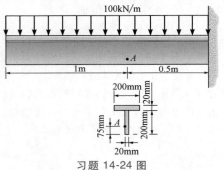

习题 14-24 图

14-25　计算吊臂 a—a 截面上 A 点的主应力及主方向，并用单元体的形式表示。

14-26　计算吊臂 a—a 截面上 A 点的面内最大切应力及对应的方向角，并用单元体的形式表示。

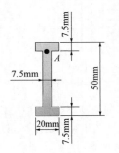

截面 a—a

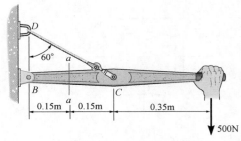

习题 14-25、习题 14-26 图

14. 4　平面应力状态的莫尔圆

在本节中，我们将介绍怎样通过便于应用且易于记忆的图形解析法得到平面应力变换公式。此外，这一方法将使我们能够"看到"正应力分量 $\sigma_{x'}$ 和切应力分量 $\tau_{x'y'}$ 怎样随其作用面角度的变化而变化，如图 14-15a 所示。

如果将式（14-1）和式（14-2）写成如下形式：

$$\sigma_{x'} - \left(\frac{\sigma_x + \sigma_y}{2}\right) = \left(\frac{\sigma_x - \sigma_y}{2}\right)\cos 2\theta + \tau_{xy}\sin 2\theta \qquad (14\text{-}9)$$

$$\tau_{x'y'} = -\left(\frac{\sigma_x - \sigma_y}{2}\right)\sin 2\theta + \tau_{xy}\cos 2\theta \qquad (14\text{-}10)$$

将上两式平方后相加，消去参数 θ，得到

$$\left[\sigma_{x'} - \left(\frac{\sigma_x + \sigma_y}{2}\right)\right]^2 + \tau_{x'y'}^2 = \left(\frac{\sigma_x - \sigma_y}{2}\right)^2 + \tau_{xy}^2$$

对于具体问题，σ_x、σ_y 和 τ_{xy} 均为已知量。因此上式可以写成更为简洁的形式：

$$(\sigma_{x'} - \sigma_{avg})^2 + \tau_{x'y'}^2 = R^2 \qquad (14\text{-}11)$$

其中，

$$\sigma_{avg} = \frac{\sigma_x + \sigma_y}{2}$$

$$R = \sqrt{\left(\frac{\sigma_x - \sigma_y}{2}\right)^2 + \tau_{xy}^2} \qquad (14\text{-}12)$$

建立坐标系，以 $\sigma_{x'}$ 为横轴，向右为正；$\tau_{x'y'}$ 为纵轴，向下为正。在这一坐标系中式（14-11）即为圆方程，圆的半径为 R，圆心位于 $\sigma_{x'}$ 轴的点 C（σ_{avg}, 0）上，如图 14-15b 所示。该圆被称为莫尔圆，因为它是由德国工程师 Otto Mohr 提出的。[⊖]

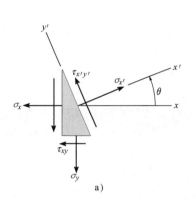

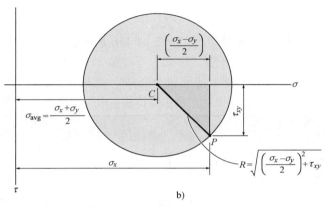

图 14-15

对于确定方向角为 θ 的 x' 轴，莫尔圆上的每一点代表了单元体上外法线为 x' 所定义的方向面上的两个应力分量 $\sigma_{x'}$ 和 $\tau_{x'y'}$。例如，当 x' 轴与 x 轴重合，如图 14-16a 所示，则 $\theta = 0°$，$\sigma_x = \sigma_{x'}$，$\tau_{xy} = \tau_{x'y'}$。将其定义为"参考点" A（σ_x, τ_{xy}），并将其画在坐标系中，如图 14-16c 所示。

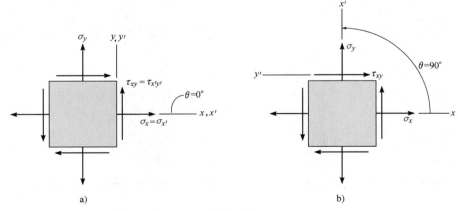

图 14-16

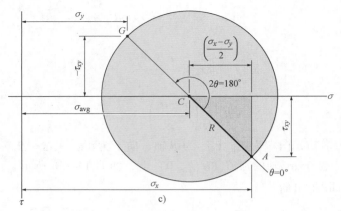

图 14-16（续）

将 x' 轴逆时针转过 90°，如图 14-16b 所示。则 $\sigma_{x'}=\sigma_y$，$\tau_{x'y'}=-\tau_{xy}$，据此确定圆上点 G（σ_y，$-\tau_{xy}$）的坐标，如图 14-16c 所示。因此，半径 CG 为半径 CA 逆时针旋转 180° 的结果。换言之，单元体上 x' 轴的旋转角度 θ 对应莫尔圆上的旋转角度 2θ，旋转方向相同。⊖

根据上述分析，可以应用莫尔圆计算主应力、面内最大切应力及其相应的平均正应力，或任意面上的应力。

分析过程

绘制和应用莫尔圆应遵循以下流程：

建立莫尔圆

- 定义坐标系，水平轴代表正应力 σ，向右为正；铅垂轴代表切应力 τ，向下为正，如图 14-17a 所示。⊖

- 应用正负号规则确定图 14-17b 所示单元体的 σ_x、σ_y、τ_{xy} 的正负，并画出圆心。圆心的位置位于 σ 轴上，距离圆点 $\sigma_{avg}=(\sigma_x+\sigma_y)/2$ 处，如图 14-17a 所示。

- 画出"参考点" A，其坐标为 $A(\sigma_x，\tau_{xy})$。该点代表了单元体右边铅垂面上的正应力与切应力。由于 x' 轴与 x 轴重合，即 $\theta=0°$，如图 14-17a 所示。

- 连接 A 点与圆心 C，应用三角形的几何关系计算 CA 的长度，该长度即为圆的半径。

- 确定了半径 R 之后，即可画出莫尔圆。⊜

主应力

- 主应力 σ_1 和 σ_2（$\sigma_1>\sigma_2$）位于圆的 B 点和 D 点，即圆与 σ 轴的交点，在这两点处 $\tau=0$，如图 14-17a 所示。

- 主应力的作用面由角度 θ_{p1} 和 θ_{p2} 确定，如图 14-17c 所示。在圆中二者分别由半径 CA 到 CB 的角度 $2\theta_{p1}$（图中有显示）和由 CA 到 CD 的 $2\theta_{p2}$（图中未显示）确定。

⊖、⊖　若 τ 轴定义为向上为正，则圆上的旋转角度 2θ 与 x' 轴的旋转角度 θ 的旋转方向相反。

⊜　这不是画应力圆的最好方法。只要在坐标系中确定代表单元体相互垂直面上应力分量的两个点 A 和 G，连接 AG 其与横轴的交点 C 即为圆心，CA 或 CG 即为莫尔圆的半径。——译者注

- 由于 θ_{p1} 和 θ_{p2} 相差了 90°，故在圆中只需应用三角形几何关系计算一个角度即可。注意，$2\theta_p$ 的旋转方向（在本例中为逆时针旋转）与单元体中从参考坐标轴（$+x$）到主平面（$+x'$）之间的角度 θ_p 的旋转方向是一致的，如图 14-17c 所示$^{\ominus}$。

面内最大切应力

- 平均正应力和面内最大切应力在圆的 E 点和 F 点上，如图 14-17a 所示。
- 在本例中，角 θ_{s1} 和 θ_{s2} 即为参考面到面内最大切应力作用面的旋转角度，如图 14-17d 所示。图 14-17a 所示的角度 $2\theta_{s1}$ 可应用三角形的几何关系得到。在此，由 CA 到 CE 为顺时针旋转，故在单元体中旋转方向也必须为顺时针，如图 14-17d 所示。$^{\ominus}$

任意面内的应力

- 作用在任意面内或由角度 θ 定义的 x' 轴方向上的正应力分量 $\sigma_{x'}$ 和切应力分量 $\tau_{x'y'}$，可通过应用三角形的几何关系求圆上 P 点坐标的方法求得，如图 14-17a 所示。
- 为了确定 P 点坐标，对于图 14-17e 中的角度 θ（在本例中为逆时针旋转），在应力圆中应同方向旋转 2θ 角度（逆时针），即从原始参考线 CA 旋转到 CP，如图 14-17a。$^{\ominus}$

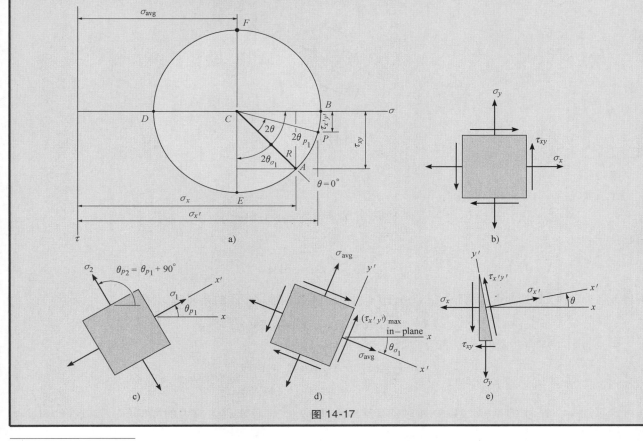

图 14-17

$^{\ominus}$、$^{\ominus}$、$^{\ominus}$　若 τ 轴定义为向上为正，则圆上的旋转角度 2θ 与 x' 轴的旋转角度 θ 的旋转方向相反。

例题 14.7

根据外加载荷，实心圆轴 A 点处单元体的应力状态如图 14-18a 所示。试求该点处的主应力。

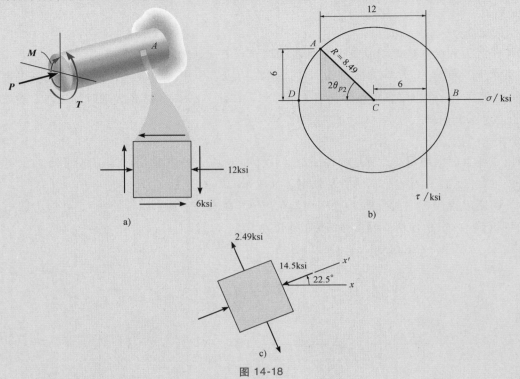

a)

b)

c)

图 14-18

解

建立应力圆。由图 14-18a，有

$$\sigma_x = -12\text{ksi}, \quad \sigma_y = 0, \quad \tau_{xy} = -6\text{ksi}$$

圆心位于：

$$\sigma_{\text{avg}} = \frac{-12+0}{2}\text{ksi} = -6\text{ksi}$$

画出参考点 A（-12，-6）及圆心 C（-6，0），如图 14-18b 所示。圆的半径为

$$R = \sqrt{(12-6)^2 + (6)^2}\,\text{ksi} = 8.49\text{ksi}$$

主应力。主应力在圆的 B 点和 D 点处。对于 $\sigma_1 > \sigma_2$，有

$$\sigma_1 = (8.49-6)\text{ksi} = 2.49\text{ksi}$$

$$\sigma_2 = (-6-8.49)\text{ksi} = -14.5\text{ksi}$$

通过计算图 14-18b 中的从 CA 到 CD 逆时针旋转的角度 $2\theta_{p2}$，即可求得主应力的方向角，如图 14-18b 所示。θ_{p2} 即为作用有 σ_2 的主平面的方向角。即

例题 14.7

$$2\theta_{p_2} = \arctan \frac{6}{12-6} = 45.0°$$

$$\theta_{p_2} = 22.5°$$

对于单元体而言，x' 轴或 σ_2 的旋转方向为：从水平轴（x 轴）逆时针旋转 22.5°，如图 14-18c 所示。

例题 14.8

某点的应力状态如图 14-19a 所示。试求该点处的面内最大切应力。

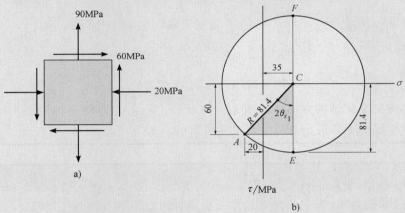

b)

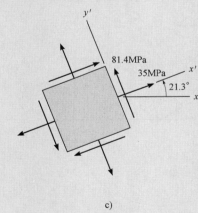

c)

图 14-19

解

　　建立应力圆。由应力状态可知

$$\sigma_x = -20\text{MPa}, \quad \sigma_y = 90\text{MPa}, \quad \tau_{xy} = 60\text{MPa}$$

建立 σ、τ 轴，如图 14-19b 所示。圆心 C 点位于 σ 轴上，位置为

例题 14.8

$$\sigma_{avg} = \frac{-20+90}{2}\text{MPa} = 35\text{MPa}$$

在坐标系中画出 C 点及参考点 A，应用勾股定理，求解阴影部分三角形，得到半径 CA：

$$R = \sqrt{(60)^2 + (55)^2} = 81.4\text{MPa}$$

面内最大切应力。面内最大切应力与平均应力位于圆的 E 点（或 F 点）上。通过 E 点的坐标（35，81.4）可知

$$\tau_{\text{面内}}^{\max} = 81.4\text{MPa}$$

$$\sigma_{avg} = 35\text{MPa}$$

对于主应力的方向角 θ_{s_1}，可从圆中的从 CA 到 CE 逆时针旋转的 $2\theta_{s_1}$ 中求得。有

$$2\theta_{s_1} = \arctan\left(\frac{20+35}{60}\right) = 42.5°$$

$$\theta_{s_1} = 21.3°$$

该逆时针旋转的角度定义了 x' 轴的方向，如图 14-19c 所示。由于 E 点的坐标为正，即平均正应力和面内最大切应力均沿着 x' 轴和 y' 轴的正方向分布，如图所示。

例题 14.9

某点的应力状态如图 14-20a 所示。用单元体表示逆时针旋转 30°后的应力状态。

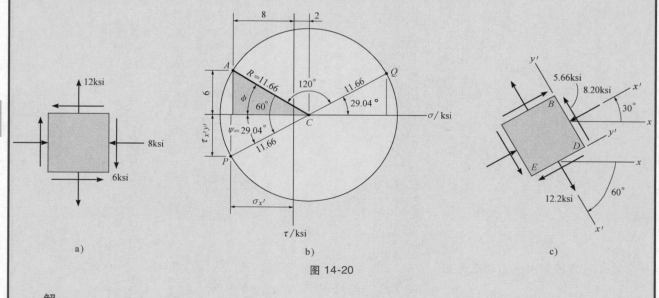

图 14-20

解

建立应力圆。由给定数据：

例题 14.9

$$\sigma_x = -8\text{ksi}, \quad \sigma_y = 12\text{ksi}, \quad \tau_{xy} = -6\text{ksi}$$

建立 σ、τ 轴，如图 14-20b 所示。圆心 C 位于 σ 轴上，位置为

$$\sigma_{avg} = \frac{-8+12}{2}\text{ksi} = 2\text{ksi}$$

$\theta = 0°$ 的参考点坐标为 $(-8, -6)$。因此，由阴影部分三角形，可以求得半径 CA 为

$$R = \sqrt{(10)^2 + (6)^2} = 11.66$$

旋转 30° 后的单元体应力。由于单元体逆时针旋转 30°，我们须将参考半径 CA（$\theta = 0°$）逆时针旋转 $2(30°) = 60°$，得到半径 CP，如图 14-20b 所示。根据圆的几何关系，可以求得 P 点坐标 $(\sigma_{x'}, \tau_{x'y'})$ 为

$$\phi = \arctan\frac{6}{10} = 30.96°, \quad \psi = 60° - 30.96° = 29.04°$$

$$\sigma_{x'} = 2 - 11.66\cos 29.04° = -8.20\text{ksi}$$

$$\tau_{x'y'} = 11.66\sin 29.04° = 5.66\text{ksi}$$

作用在 BD 面上的两个应力分量如图 14-20c 所示，定义该面的 x' 轴是由 x 轴逆时针旋转 30° 得到的。

圆上 Q 点的坐标表示了作用在与 BD 面垂直的平面 DE，即从 x 轴的正方向顺时针旋转 60° 后所得的平面，上的应力分量。Q 点位于与 CP 夹角为 180° 的半径线 CQ 上，其坐标为

$$\sigma_{x'} = [2 + 11.66\cos 29.04°]\text{ksi} = 12.2\text{ksi}$$

$$\tau_{x'y'} = -(11.66\sin 29.04)\text{ksi} = -5.66\text{ksi}（验证）$$

注：$\tau_{x'y'}$ 沿着 y' 轴的负方向分布。

基础题

14

F14-7　计算斜截面 AB 上的正应力和切应力，并用单元体的形式表示。

F14-8　计算图示的单元体应力状态的主应力及主方向的方向角，并用单元体的形式表示。

F14-9　空心圆轴承受了 4kN·m 的外力偶矩，计算圆轴外表面上任意点的主应力。

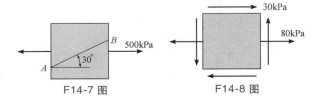

F14-7 图　　　　　F14-8 图

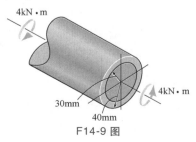

F14-9 图

F14-10　计算梁 a—a 截面上 A 点的主应力。

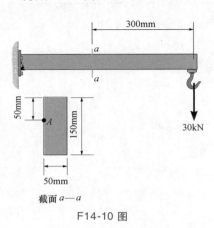

截面 a—a

F14-10 图

F14-11　计算梁 a—a 截面上（即 60kN 集中载荷的左

截面）A 点的面内最大切应力。A 点位于翼缘的下边缘处。

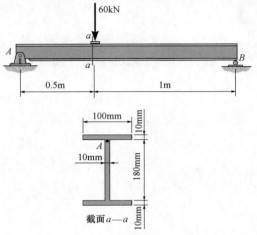

截面 a—a

F14-11 图

习题

14-27　应用莫尔圆的方法求解习题 14-3。

* 14-28　应用莫尔圆的方法求解习题 14-6。

14-29　应用莫尔圆的方法求解习题 14-14。

14-30　应用莫尔圆的方法求解习题 14-12。

14-31　应用莫尔圆的方法求解习题 14-10。

* 14-32　图 14-15b 所示为图 14-15a 所示单元体的应力状态的莫尔圆。证明：P 点坐标给出的应力值（$\sigma_{x'}$，$\tau_{x'y'}$）与应用应力变换公式［式（14-1）和式（14-2）］得到的应力值是一致的。

14-33　某点应力状态如图所示，计算该单元体顺时针旋转 45° 后的各应力分量。

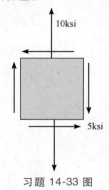

习题 14-33 图

14-34　某点应力状态如图所示，计算该单元体顺时针

旋转 20° 后的各应力分量。

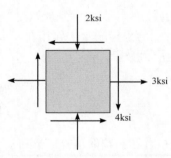

习题 14-34 图

14-35　某点应力状态如图所示，计算该单元体顺时针旋转 30° 后的各应力分量。

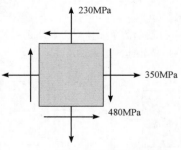

习题 14-35 图

*14-36　某点应力状态如图所示，计算（a）主应力和主方向，（b）面内最大切应力，相应的平均正应力以及对应的旋转角度。

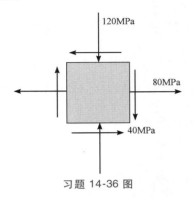

习题 14-36 图

14-37　某点应力状态如图所示，计算（a）主应力和主方向，（b）面内最大切应力，相应的平均正应力以及对应的方向角。

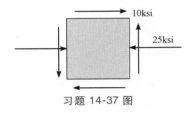

习题 14-37 图

14-38　构件上某点应力状态如图所示，试计算该点处的主应力和主方向，面内最大切应力、相应的平均正应力以及对应的方向角。

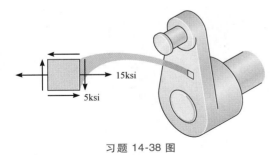

习题 14-38 图

14-39　某点应力状态如图所示，计算（a）主应力和主方向，（b）面内最大切应力，相应的平均正应力以及对应的方向角。

*14-40　某点应力状态如图所示，计算该单元体逆时针旋转 25° 后的各应力分量。

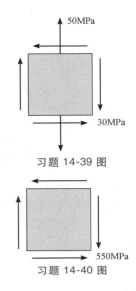

习题 14-39 图

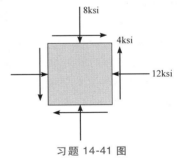

习题 14-40 图

14-41　某点应力状态如图所示，计算（a）主应力和主方向，（b）面内最大切应力，相应的平均正应力以及对应的方向角。

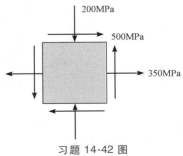

习题 14-41 图

14-42　某点应力状态如图所示，计算（a）主应力和主方向，（b）面内最大切应力，相应的平均正应力以及对应的方向角。

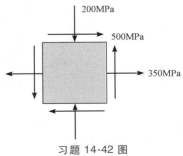

习题 14-42 图

14-43　画出以下各个应力状态所对应的莫尔圆。

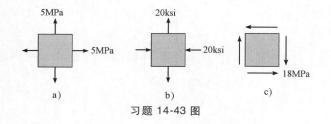

习题 14-43 图

以下习题涉及第 13 章的有关内容

* 14-44   木板上木头的纹理与水平方向的夹角为 20°，如图所示。若木板承受 250N 的轴向载荷，应用莫尔圆的方法计算垂直于木纹的正应力大小以及平行于木纹的切应力大小。

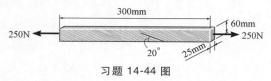

习题 14-44 图

14-45   图示木杆的横截面为正方形。若其底部为插入端约束，并在顶部承受一水平方向的集中力，试计算（a）A 点处的面内最大切应力，（b）A 点处的主应力。

14-46   自动扶梯的台阶是由 A 处的活动铰链及 B 处的螺栓与支撑架连接。若人体的重量为 300lb，站在台阶的正中央，试计算支撑架横截面上 C 点处的主应力。假设电梯的行进速度为匀速。

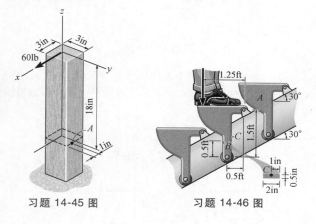

习题 14-45 图   习题 14-46 图

14-47   薄壁圆管的内径为 0.5in，壁厚为 0.025in。若其承受了 500psi 的内压，同时在圆管的两端还承受了大小如图所示的轴向拉力和扭矩，试计算圆管表面各点的主应力。

习题 14-47 图

* 14-48   计算 a—a 截面上 A 点的主应力和面内最大切应力。

14-49   计算 a—a 截面上 B 点的主应力和面内最大切应力。

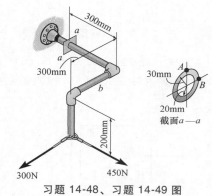

习题 14-48、习题 14-49 图

14-50   当直升机在半空中悬停时，直升机的叶片提供升力，而转轴承受了如图所示的轴向载荷和扭矩。若轴的直径为 6in，试计算转轴表面各点的主应力和面内最大切应力。

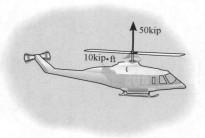

习题 14-50 图

14.5   单元体内最大切应力

当构件内一点承受三向应力状态时，单元体的每个面上均作用一个正应力分量和两个切应力分量，如

图 14-21a 所示。

如同平面应力状态一样，三向应力状态下也可推导出应力变换公式，以求得任意截面上的正应力分量 σ 和切应力分量 τ，如图 14-21b 所示。进而，对于这一单元体，也必然有一个特定的方向角，使得微元的各个表面上只作用主应力，如图 14-21c 所示。一般而言，主应力的大小顺序为：最大主应力、中间主应力和最小主应力，即 $\sigma_{\max} \geqslant \sigma_{\mathrm{int}} \geqslant \sigma_{\min}$。[⊖]此应力状态即为**三向应力状态**。

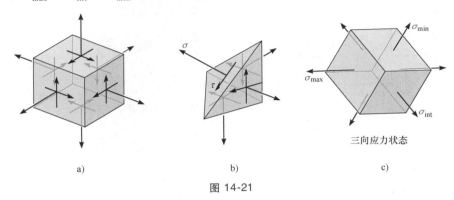

三向应力状态

a) b) c)

图 14-21

关于三维的应力变换的讨论超出了本书的范围，在弹性理论的书中会有相关的详细内容。

本书中，我们只关注平面应力的情形。例如：考察材料承受图 14-22a 所示的面内主应力 σ_1 和 σ_2（二者均为拉应力）。如果我们在二维坐标中考察此单元体，即：在 y-z、x-z、x-y 平面内，得到的单元体如图 14-22b、c、d 所示，然后应用莫尔圆计算每种情形下的面内最大切应力，由此可得到单元体内的最大切应力。例如：对于图 14-22b 所示的情形，莫尔圆的范围为从 0 到 σ_2。由该莫尔圆得到的面内最大切应力为 $\tau_{y'z'} = \sigma_2/2$，如图 14-22e 所示。而对于全部三个莫尔圆，可以看出，虽然面内最大切应力 $\tau_{x'y'} = (\sigma_1 - \sigma_2)/2$，但该值不是单元体内的最大切应力。由图 14-22e 可知

$$\tau_{\max}^{\mathrm{abs}} = \frac{\sigma_1}{2} \quad (\sigma_1 \text{ 和 } \sigma_2 \text{ 同号}) \tag{14-13}$$

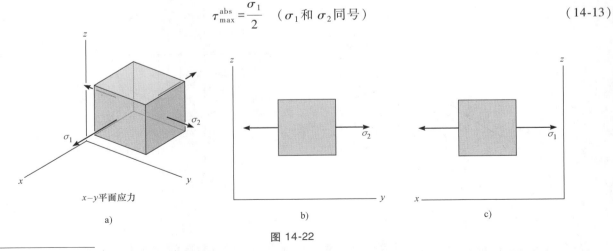

x-y 平面应力

a) b) c)

图 14-22

14

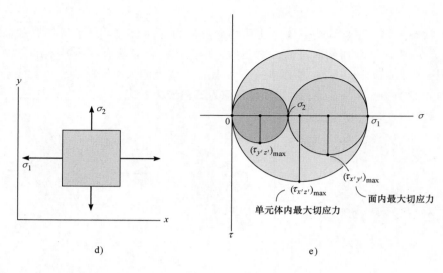

d)

e)

图 14-22（续）

对于面内的两个主应力具有相反符号的情形，如图 14-23a 所示，则描述该应力状态的三个应力圆如图 14-23b所示。显而易见地，在此情形下，

$$\tau_{max}^{abs} = \frac{\sigma_1 - \sigma_2}{2}(\sigma_1 \text{和} \sigma_2 \text{异号}) \tag{14-14}$$

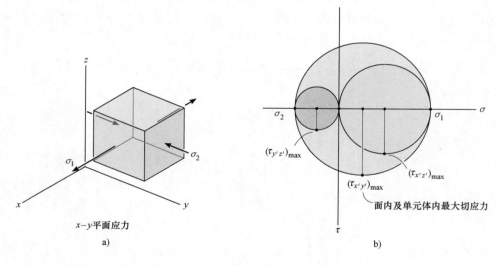

x-y平面应力

a)

b)

图 14-23

　　在本节中讨论的最大切应力的计算问题，对于设计由韧性材料制造的构件十分重要，这是由于韧性材料的强度取决于其抗剪应力的能力。

要点

- 一点处的三向应力状态可用经过角度变换后只作用三个主应力 σ_{max}、σ_{int}、σ_{min} 的单元体表示。
- 在平面应力情形下，若两个面内主应力同号，则单元体内的最大切应力将会发生在平面之外，大小为 $\tau_{max}^{abs} = \sigma_1/2$，该值大于面内的最大切应力。
- 若两个面内主应力异号，则单元体内最大切应力就等于面内最大切应力，即 $\tau_{max}^{abs} = (\sigma_1 - \sigma_2)/2$。

例题 | 14.10

圆柱形压力容器表面某点的应力状态为平面应力状态，如图 14-24a 所示。试求该点处的单元体内最大切应力。

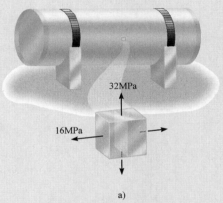

图 14-24

解　由已知条件可知，两个非零主应力分别为 $\sigma_1 = 32\text{MPa}$，$\sigma_2 = 16\text{MPa}$。将这些数值画在 σ 轴上，建立 3 个莫尔圆[⊖]。这些圆即描述了 3 个特定平面的应力状态，如图 14-24b 所示。最大的圆的半径为 16MPa，描述了只含有 $\sigma_1 = 32\text{MPa}$ 的平面的应力状态，即图 14-24a 所示微元中的阴影平面。在此平面内 45°方向上作用了单元体内最大切应力及相应的平均正应力，即

$$\tau_{max}^{abs} = 16\text{MPa}$$

$$\sigma_{avg} = 16\text{MPa}$$

应用式（14-13），也可算出相同的结果：

$$\tau_{max}^{abs} = \frac{\sigma_1}{2} = \frac{32}{2} = 16\text{MPa}$$

$$\sigma_{avg} = \frac{32+0}{2} = 16\text{MPa}$$

比较而言，面内最大切应力可通过应用 $\sigma_1 = 32\text{MPa}$ 和 $\sigma_2 = 16\text{MPa}$ 的应力圆计算得到，如图 14-24b 所

14

⊖　仅由两个非零主应力不可能画出 3 个莫尔圆，只有通过两个非零的主应力和一个为零的主应力才能画出 3 个莫尔圆。——译者注

例题 **14.10**

示。该值为

$$\tau_{\text{in-plane}}^{\max} = \frac{32-16}{2}\text{MPa} = 8\text{MPa}$$

$$\sigma_{\text{avg}} = \frac{32+16}{2}\text{MPa} = 24\text{MPa}$$

例题 **14.11**

在外加载荷作用下，轴上某点的应力状态如图 14-25a 所示。试计算该点处的主应力及单元体内的最大切应力。

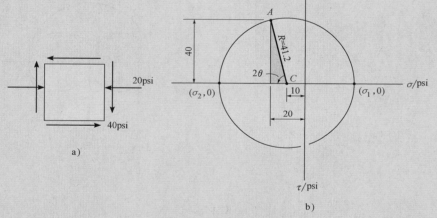

b)

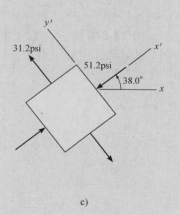

c)

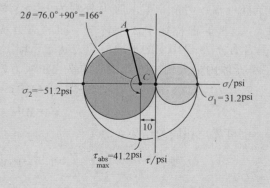

d)

图 14-25

解

主应力。面内主应力可通过莫尔圆计算得到。圆心位于 σ 轴上，位置为 $\sigma_{\text{avg}} = [(-20+0)/2]\text{psi} = -10\text{psi}$ 处。画出参考点 A（-20，-40），得到半径 CA 并画出莫尔圆，如图 14-25b 所示。半径为

例题 | 14.11

$$R = \sqrt{(20-10)^2 + (40)^2}\, \text{psi} = 41.2\,\text{psi}$$

主应力位于圆与 σ 轴的交点上:

$$\sigma_1 = (-10+41.2)\,\text{psi} = 31.2\,\text{psi}$$

$$\sigma_2 = (-10-41.2)\,\text{psi} = -51.2\,\text{psi}$$

圆中从 CA 到 $-\sigma$ 轴逆时针旋转的角度 2θ 为

$$2\theta = \arctan\left(\frac{40}{20-10}\right) = 76.0°$$

因此,

$$\theta = 38.0°$$

该逆时针旋转的角度定义了 x' 轴的方向、主应力 σ_2 的方向和主平面的方向, 如图 14-25c 所示。可得

$$\sigma_1 = 31.2\,\text{psi}, \sigma_2 = -51.2\,\text{psi}$$

　单元体内最大切应力。由于 2 个主应力异号, 应用式 (14-14), 可得

$$\tau_{\max}^{\text{abs}} = \frac{\sigma_1 - \sigma_2}{2} = \frac{31.2-(-51.2)}{2}\,\text{psi} = 41.2\,\text{psi}$$

$$\sigma_{\text{avg}} = \frac{31.2-51.2}{2}\,\text{psi} = -10\,\text{psi}$$

　注意:通过画单元体内平行于 x、y 和 z 轴平面的三个莫尔圆, 也可得到同样的结果, 如图 14-25d 所示。由于 σ_1 和 σ_2 异号, 单元体内的最大切应力等于面内最大切应力。

习题

14-51　画出各个单元体的三向应力状态莫尔圆。

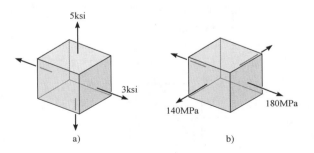

a)　　　　　b)

习题 14-51 图

* 14-52　画出描述以下单元体三向应力状态莫尔圆。

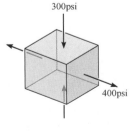

习题 14-52 图

14-53　某点的应力状态如图所示。计算该点的主应力及单元体内最大切应力。

14-54　某点的应力状态如图所示。计算该点的主应力

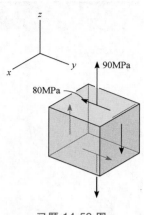

习题 14-53 图

及单元体内最大切应力。

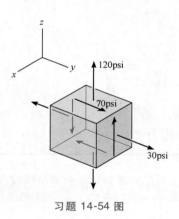

习题 14-54 图

14-55　某点的应力状态如图所示。计算该点的主应力及单元体内最大切应力。

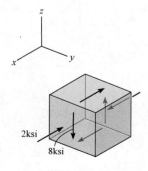

习题 14-55 图

* 14-56　某点的应力状态如图所示。计算该点的主应力及单元体内最大切应力。

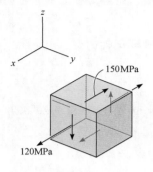

习题 14-56 图

14-57　某点的应力状态如图所示。计算该点的主应力及单元体内最大切应力。

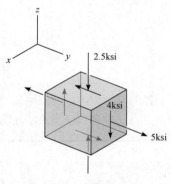

习题 14-57 图

14-58　平面应力状态的一般情形如下图所示。试编写计算机程序，绘制单元体的三向应力状态莫尔圆，同时计算面内最大切应力和单元体内最大切应力。

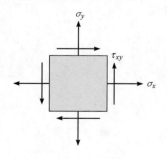

习题 14-58 图

14-59　实心圆轴的半径为 r，放置在一密闭容器内，承受了外压力 p。计算圆轴轴线上 A 点处的各应力分量，并绘制该点处的三向应力状态莫尔圆。

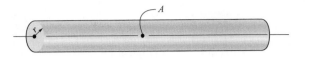

习题 14-59 图

*14-60　图示板承受了 $P=5\text{kip}$ 的拉力。若板的尺寸如图所示，计算主应力和单元体内最大切应力。若板的材料为韧性材料，则板会由于剪切而发生失效，画出失效形式的示意图。若板的材料为脆性，则板会由于主应力而发生失

习题 14-60 图

效，画出失效形式的示意图。

14-61　计算吊臂横截面 a—a 上 A 点的主应力及单元体内最大切应力。

14-62　计算吊臂横截面 a—a 上 B 点的主应力及单元体内最大切应力。

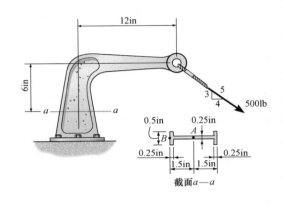

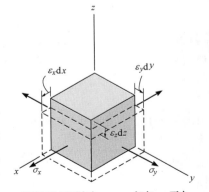

习题 14-61、习题 14-62 图

14.6　平面应变

如 14.1 节中所述，一点的一般应变状态可由三个正应变分量 ε_x、ε_y、ε_z 和三个切应变分量 γ_{xy}、γ_{xz}、γ_{yz} 组成。这六个分量使单元体的每个面产生变形，并且，如同应力那样，一点的正应变和切应变分量随着单元体的角度变化而变化。一般而言，使用应变计测量一点的应变，而应变计测量的是某特定方向上的正应变，因此，无论是分析还是设计，工程师们为了得到其他方向的应变，有些时候需要进行应变变换。

为了分析应变变换过程，我们先将注意力集中在平面应变的研究上，即不考察 ε_z、γ_{xz}、γ_{yz} 的影响。

一般而言，一个平面应变状态的单元体受到两个正应变 ε_x、ε_y，以及一个切应变 γ_{xy} 的作用。虽然平面应变状态和平面应力状态均为三个应变/应力分量位于同一个平面内，需要注意的是。平面应力并不必然地引起平面应变，反过来也一样。原因可见 8.6 节讨论的泊松比效应。例如，若图 14-26 所示的单元体承受了平面应力 σ_x 和 σ_y，则不仅产生了正应变 ε_x 和 ε_y，同时还有个相关的正应变 ε_z。显然，这不是平面应变状态。一般而言，除非 $\nu=0$，泊松效应将会阻止平面应力状态和平面应变状态的同时发生。

14

虽然图为平面应力 σ_x、σ_y，但在 x–y 面内并不是平面应变状态，因为 $\varepsilon_z\neq0$

图 14-26

14.7 平面应变变换的一般表达式

在平面应变分析中，知道某点 x、y 方向的应变分量后，建立计算该点处 x'、y' 方向的正应变和切应变分量的变换公式是十分重要的。实质上这是一个几何问题。

首先将表示单元体的平行于坐标轴的平面表示为线段；其次，需将该线段的伸长和角度改变联系起来。

正负号规则 在应变变换公式推导之前，我们首先要规定应变的正负号规则。参考图 14-27a 所示的不同单元体，若产生了沿着 x 轴和 y 轴的伸长变形，则正应变 ε_x 和 ε_y 为正，同时，若直角 AOB 变得小于 $90°$，则切应变 γ_{xy} 为正。应变的正负号规则亦遵从于图 14-5a 所示的应力的正负号规则，即：正的应力 σ_x、σ_y、τ_{xy} 将会使单元体变形，产生正的应变 ε_x、ε_y、γ_{xy}。

现在的问题是，若已知 x、y 坐标系下的 ε_x、ε_y、γ_{xy}，如何求得 x'、y' 坐标系下的 $\varepsilon_{x'}$、$\varepsilon_{y'}$、$\gamma_{x'y'}$。若 x 轴与 x' 轴之间夹角为 θ，则如同平面应力的情形，θ 遵从于右手螺旋法则（逆时针旋转）的情形下为正，如图 14-27b 所示。

正应变和切应变 为了推导 $\varepsilon_{x'}$ 的应变变换公式，在已知应变分量为 ε_x、ε_y、γ_{xy} 的情形下，必须计算沿着 x' 轴的线段 dx' 的伸长量。如图 14-28a 所示，线段 dx' 沿着 x 轴和 y 轴的分量分别为

$$\begin{cases} dx = dx'\cos\theta \\ dy = dx'\sin\theta \end{cases} \quad (14-15)$$

当产生了正应变 ε_x 后，线段 dx 伸长了 $\varepsilon_x dx$，则该伸长量使得线段 dx' 伸长了 $\varepsilon_x dx\cos\theta$，如图 14-28b 所示。

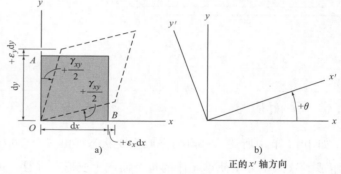

图 14-27

正的 x' 轴方向

同样的，当正应变 ε_y 产生后，线段 dy 伸长了 $\varepsilon_y dy$，则该伸长量使得线段 dx' 伸长了 $\varepsilon_y dy\sin\theta$，如图 14-28c 所示。最后，假设 dx 保持沿着 x 轴正方向不变，改变了 dx 和 dy 夹角的切应变 γ_{xy} 引起 dy 段的顶端位置右移了 $\gamma_{xy} dy$，如图 14-28d 所示。这个改变引起了 dx' 伸长了 $\gamma_{xy} dy\cos\theta$。若三个伸长量互相叠加，则 dx' 的最终伸长量为

$$\delta x' = \varepsilon_x dx\cos\theta + \varepsilon_y dy\sin\theta + \gamma_{xy} dy\cos\theta$$

由式（7-11），沿着 dx' 方向的正应变 $\varepsilon_{x'} = \delta x'/dx'$。应用式（14-15），最终得到

$$\varepsilon_{x'} = \varepsilon_x\cos^2\theta + \varepsilon_y\sin^2\theta + \gamma_{xy}\sin\theta\cos\theta \quad (14-16)$$

在应变分量 ε_x、ε_y、γ_{xy} 的作用下，考察线段 dx' 和 dy' 的旋转量，即可推导得到 $\gamma_{x'y'}$ 的应变变换表达式。

首先我们考察 dx' 的旋转量，该旋转量在图 14-28e 中为逆时针旋转的角度 α。通过由 $\delta y'$ 引起的位移量，可以计算得到 $\alpha = \delta y'/dx'$。

为了得到 $\delta y'$，我们考察沿着 y' 方向的三个位移分量：第一个是由 ε_x 引起的，大小为 $-\varepsilon_x dx\sin\theta$，如图

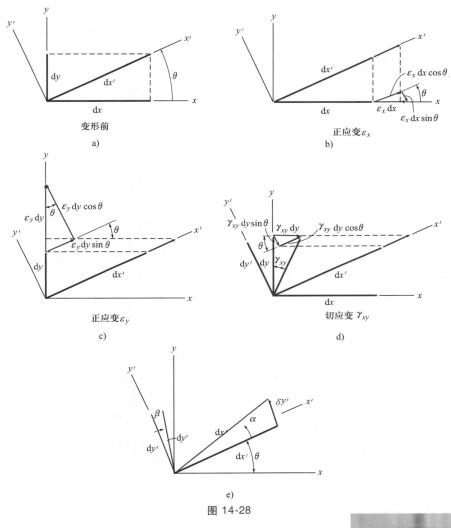

图 14-28

14-28b 所示；第二个为 ε_y 引起的，大小为 $\varepsilon_y dy\cos\theta$，如图14-28c 所示；最后一个是由 γ_{xy} 引起的，大小为 $-\gamma_{xy}dy\sin\theta$，如图14-28d 所示。由此，由三个应变分量引起的 $\delta y'$ 为

$$\delta y' = -\varepsilon_x dx\sin\theta + \varepsilon_y dy\cos\theta - \gamma_{xy}dy\sin\theta$$

将上式各项均除以 dx'，应用式（14-15），同时考虑到 $\alpha = \delta y'/ dx'$，有

$$\alpha = (-\varepsilon_x + \varepsilon_y)\sin\theta\cos\theta - \gamma_{xy}\sin^2\theta \qquad (14-17)$$

　　如图 14-28e 所示，线段 dy' 的旋转量为 β。我们可以用上述方法推导求得 β，或者直接将 $\theta+90°$ 替代 θ 代入式（14-17）中也可求得。根据三角函数关系，$\sin(\theta+90°) = \cos\theta$，$\cos(\theta+90°) = $

限制在两个固定支座之间的橡胶试样，承受水平面内的载荷作用时，将会产生平面应变状态

$-\sin\theta$，有

$$\beta = (-\varepsilon_x+\varepsilon_y)\sin(\theta+90°)\cos(\theta+90°)-\gamma_{xy}\sin^2(\theta+90°)$$

$$= -(-\varepsilon_x+\varepsilon_y)\cos\theta\sin\theta-\gamma_{xy}\cos^2\theta$$

从微元的角度，假设单元体的两个面 $\mathrm{d}x'$ 和 $\mathrm{d}y'$ 初始位置为沿着 x' 轴和 y' 轴方向，则 α 和 β 分别表示了这两个面的旋转量，如图 14-28e 所示。因此，该单元体承受的切应变为

$$\gamma_{x'y'} = \alpha-\beta = -2(\varepsilon_x-\varepsilon_y)\sin\theta\cos\theta+\gamma_{xy}(\cos^2\theta-\sin^2\theta) \tag{14-18}$$

应用三角恒等式：$\sin2\theta = 2\sin\theta\cos\theta$，$\cos^2\theta = (1+\cos2\theta)/2$，$\sin^2\theta+\cos^2\theta = 1$，可以将式（14-16）和式（14-18）化简为最终形式：

$$\varepsilon_{x'} = \frac{\varepsilon_x+\varepsilon_y}{2}+\frac{\varepsilon_x-\varepsilon_y}{2}\cos2\theta+\frac{\gamma_{xy}}{2}\sin2\theta \tag{14-19}$$

$$\frac{\gamma_{x'y'}}{2} = -\left(\frac{\varepsilon_x-\varepsilon_y}{2}\right)\sin2\theta+\frac{\gamma_{xy}}{2}\cos2\theta \tag{14-20}$$

上述应变变换表达式给出了旋转角度为 θ 的情形下沿 x' 方向的正应变 $\varepsilon_{x'}$ 和切应变 $\gamma_{x'y'}$，如图 14-29 所示。根据正负号规则，若 $\varepsilon_{x'}$ 为正，则单元体沿着正 x' 方向伸长，如图 14-29a 所示；若 $\gamma_{x'y'}$ 为正，则单元体的变形形式如图 14-29b 所示。

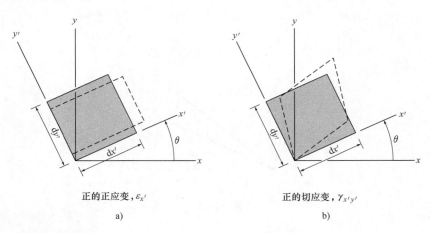

正的正应变，$\varepsilon_{x'}$

a)

正的切应变，$\gamma_{x'y'}$

b)

图 14-29

y' 方向的正应变可通过将 $\theta+90°$ 替代 θ 代入式（14-19）得到

$$\varepsilon_{y'} = \frac{\varepsilon_x+\varepsilon_y}{2}-\frac{\varepsilon_x-\varepsilon_y}{2}\cos2\theta-\frac{\gamma_{xy}}{2}\sin2\theta \tag{14-21}$$

需要注意的是，上述三个应变变换公式与平面应力变换公式［式（14-1）~式（14-3）］形式上非常接近，ε_x、ε_y、$\varepsilon_{x'}$、$\varepsilon_{y'}$ 可类比于 σ_x、σ_y、$\sigma_{x'}$、$\sigma_{y'}$；$\gamma_{xy}/2$ 和 $\gamma_{x'y'}/2$ 可类比于 τ_{xy} 和 $\tau_{x'y'}$。

主应变　与应力变换类似，单元体旋转至某特定角度后，其变形可能只由正应变引起，单元体的各个面上均无切应变作用。在该情形下，单元体内的正应变被称为主应变。若材料是各向同性的，则定义主应变作用面的坐标轴与定义主应力作用面的坐标轴是一致的。

由式（14-4）和式（14-5），以及上面提到的应力与应变的一致性，x' 轴的方向角以及两个主应变 ε_1 和 ε_2 的值可由以下公式计算：

$$\tan2\theta_p = \frac{\gamma_{xy}}{\varepsilon_x - \varepsilon_y} \tag{14-22}$$

$$\varepsilon_{1,2} = \frac{\varepsilon_x + \varepsilon_y}{2} \pm \sqrt{\left(\frac{\varepsilon_x - \varepsilon_y}{2}\right)^2 + \left(\frac{\gamma_{xy}}{2}\right)^2} \tag{14-23}$$

面内最大切应变　应用式（14-6）~式（14-8），x' 轴的方向，面内最大切应变以及相应的平均正应变可由以下公式计算：

$$\tan2\theta_s = -\left(\frac{\varepsilon_x - \varepsilon_y}{\gamma_{xy}}\right) \tag{14-24}$$

$$\frac{\gamma_{\text{面内}}^{\max}}{2} = \sqrt{\left(\frac{\varepsilon_x - \varepsilon_y}{2}\right)^2 + \left(\frac{\gamma_{xy}}{2}\right)^2} \tag{14-25}$$

$$\varepsilon_{\text{avg}} = \frac{\varepsilon_x + \varepsilon_y}{2} \tag{14-26}$$

要点

- 平面应力的情形下，应变计可测得应力作用平面内的应变数据，平面应变分析方法可对测得的数据进行分析。需要注意的是，在垂直于应变计的方向，由于泊松效应，也会产生正应变。
- 当使用主应变的形式表达应变状态时，单元体没有切应变作用。
- 相应地，一点的应变状态也可用面内最大切应变的形式表示。在此情形下，单元体内同时作用了平均正应变。
- 用面内最大切应变及相应的平均正应变表示的单元体与用主应变表示的单元体相差了 45°。

例题 14.12

某点处微元的应变状态为平面应变状态，$\varepsilon_x = 500\ (10^{-6})$，$\varepsilon_y = -300\ (10^{-6})$，$\gamma_{xy} = 200\ (10^{-6})$，使微元的变形形式如图 14-30a 所示。计算该单元体顺时针旋转 30° 后，作用在单元体上的各等效应变分量。

解　可应用应变变换公式（14-19）和式（14-20）求解此例。根据正负号规则，θ 逆时针旋转为正，$\theta = -30°$。于是，

$$\varepsilon_{x'} = \frac{\varepsilon_x + \varepsilon_y}{2} + \frac{\varepsilon_x - \varepsilon_y}{2}\cos2\theta + \frac{\gamma_{xy}}{2}\sin2\theta$$

$$= \left[\frac{500 + (-300)}{2}\right](10^{-6}) + \left[\frac{500 - (-300)}{2}\right](10^{-6})\cos(2(-30°)) +$$

$$\left[\frac{200(10^{-6})}{2}\right]\sin(2(-30°))$$

14

例题 14.12

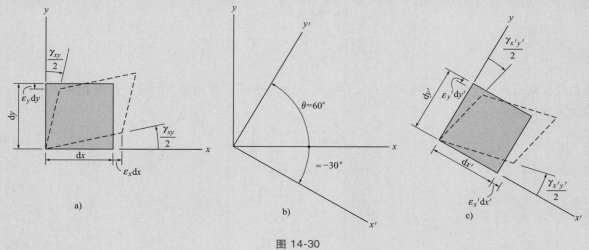

图 14-30

$$\varepsilon_{x'} = 213(10^{-6})$$

$$\frac{\gamma_{x'y'}}{2} = -\left(\frac{\varepsilon_x - \varepsilon_y}{2}\right)\sin 2\theta + \frac{\gamma_{xy}}{2}\cos 2\theta$$

$$= -\left[\frac{500-(-300)}{2}\right](10^{-6})\sin(2(-30°)) + \frac{200(10^{-6})}{2}\cos(2(-30°))$$

$$\gamma_{x'y'} = 793(10^{-6})$$

y' 方向的应变可将 $\theta = -30°$ 代入式（14-21）求得。或者我们可将 $\theta = 60°$（$\theta = -30° + 90°$）代入式（14-19），亦可求得 $\varepsilon_{y'}$。

$$\varepsilon_{y'} = \frac{\varepsilon_x + \varepsilon_y}{2} + \frac{\varepsilon_x - \varepsilon_y}{2}\cos 2\theta + \frac{\gamma_{xy}}{2}\sin 2\theta$$

$$= \left[\frac{500+(-300)}{2}\right](10^{-6}) + \left[\frac{500-(-300)}{2}\right](10^{-6})\cos(2(60°)) + \frac{200(10^{-6})}{2}\sin(2(60°))$$

$$\varepsilon_{y'} = -13.4(10^{-6})$$

以上应变使单元体产生图 14-30c 所示的变形。

例题 14.13

某点处微元的应变状态为平面应变状态，$\varepsilon_x = -350$（10^{-6}），$\varepsilon_y = 200$（10^{-6}），$\gamma_{xy} = 80$（10^{-6}），使微元的变形形式如图 14-31a 所示。计算该点处主应变的数值及其方向角。

例题 | 14.13

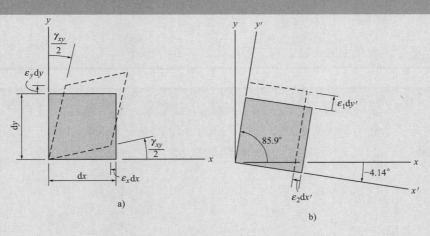

图 14-31

解　主应变的方向角。由式（14-22），有

$$\tan 2\theta_p = \frac{\gamma_{xy}}{\varepsilon_x - \varepsilon_y} = \frac{80(10^{-6})}{(-350-200)(10^{-6})}$$

因此，$2\theta_p = -8.28°$ 和 $-8.28° + 180° = 171.72°$，于是，

$$\theta_p = -4.14° \text{ 和 } 85.9°$$

以上两个角度为由 x 轴到主应变作用面的旋转角度，旋转方向均为沿着正方向，即逆时针旋转，如图 14-31b 所示。

主应变。主应变可由式（14-23）计算得到

$$\varepsilon_{1,2} = \frac{\varepsilon_x + \varepsilon_y}{2} \pm \sqrt{\left(\frac{\varepsilon_x - \varepsilon_y}{2}\right)^2 + \left(\frac{\gamma_{xy}}{2}\right)^2}$$

$$= \frac{(-350+200)(10^{-6})}{2} \pm \left[\sqrt{\left(\frac{-350-200}{2}\right)^2 + \left(\frac{80}{2}\right)^2}\right](10^{-6})$$

$$= -75.0(10^{-6}) \pm 277.9(10^{-6})$$

$$\varepsilon_1 = 203(10^{-6}),\ \varepsilon_2 = -353(10^{-6})$$

将 $\theta = -4.14°$ 代入式（14-19），即可得到以上两个应变中的哪个使单元体产生了 x' 方向的变形：

$$\varepsilon_{x'} = \frac{\varepsilon_x + \varepsilon_y}{2} + \frac{\varepsilon_x - \varepsilon_y}{2}\cos 2\theta + \frac{\gamma_{xy}}{2}\sin 2\theta$$

$$= \left(\frac{-350+200}{2}\right)(10^{-6}) + \left(\frac{-350-200}{2}\right)(10^{-6})\cos 2(-4.14°) + \frac{80(10^{-6})}{2}\sin 2(-4.14°)$$

例题　**14.13**

$$\varepsilon_{x'} = -353(10^{-6})$$

于是，$\varepsilon_{x'} = \varepsilon_2$。当单元体承受主应变时，其变形形式如图 14-31b 所示。

例题　**14.14**

　　某点处微元的应变状态为平面应变状态，$\varepsilon_x = -350$（10^{-6}），$\varepsilon_y = 200$（10^{-6}），$\gamma_{xy} = 80$（10^{-6}），使微元的变形形式如图 14-32a 所示。计算该点处的面内最大切应变及相应的方向角。

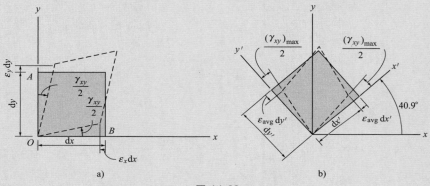

图 14-32

解

　　面内最大切应变的方向角。应用式（14-24），有

$$\tan 2\theta_s = -\left(\frac{\varepsilon_x - \varepsilon_y}{\gamma_{xy}}\right) = -\frac{(-350 - 200)(10^{-6})}{80(10^{-6})}$$

因此，$2\theta_s = 81.72°$ 和 $81.72° + 180° = 261.72°$，于是，

$$\theta_s = 40.9° 和 131°$$

　　注意到，该角度与例题 14.13 中图 14-31b 所显示的角度相差了 45°。

　　面内最大切应变。应用式（14-25），有

$$\frac{\gamma_{\text{面内}}^{\max}}{2} = \sqrt{\left(\frac{\varepsilon_x - \varepsilon_y}{2}\right)^2 + \left(\frac{\gamma_{xy}}{2}\right)^2}$$

$$= \left[\sqrt{\left(\frac{-350 - 200}{2}\right)^2 + \left(\frac{80}{2}\right)^2}\right](10^{-6})$$

$$\gamma_{\text{面内}}^{\max} = 556(10^{-6})$$

由于平方根的缘故，将 $\theta_s = 40.9°$ 代入式（14-20），即可得到 $\gamma_{\text{面内}}^{\max}$ 的正确符号。于是，

例题 14.14

$$\frac{\gamma_{x'y'}}{2} = -\frac{\varepsilon_x - \varepsilon_y}{2}\sin2\theta + \frac{\gamma_{xy}}{2}\cos2\theta$$

$$= -\left(\frac{-350-200}{2}\right)(10^{-6})\sin2(40.9°) + \frac{80(10^{-6})}{2}\cos2(40.9°)$$

$$\gamma_{x'y'} = 556(10^{-6})$$

该结果为正，于是单元体将会产生图 14-32b 所示的变形，dx' 和 dy' 之间的角度变小（正负号规则）。

同时，单元体内作用的相应的平均正应变可应用式（14-26）求得

$$\varepsilon_{\text{avg}} = \frac{\varepsilon_x + \varepsilon_y}{2} = \frac{-350+200}{2}(10^{-6}) = -75(10^{-6})$$

该应变使得单元体变小，如图 14-32b 所示。

*14.8 莫尔圆——平面应变

由于平面应变变换的表达式在数学形式上与平面应力的表达式十分相似，同样可以通过莫尔应变圆求解平面应变问题。

如同应力的情形，式（14-19）和式（14-20）中的参数 θ 被消去后，可以得到以下公式：

$$(\varepsilon_{x'} - \varepsilon_{\text{avg}})^2 + \left(\frac{\gamma_{x'y'}}{2}\right)^2 = R^2 \qquad (14-27)$$

其中，

$$\varepsilon_{\text{avg}} = \frac{\varepsilon_x + \varepsilon_y}{2}$$

$$R = \sqrt{\left(\frac{\varepsilon_x - \varepsilon_y}{2}\right)^2 + \left(\frac{\gamma_{xy}}{2}\right)^2}$$

式（14-27）即为应变的莫尔圆方程。该圆的圆心在 ε 轴上，位于点 $C(\varepsilon_{\text{avg}}, 0)$，半径为 R。

分析过程

绘制应变的莫尔圆应与绘制应力的莫尔圆遵从一样的方法。

建立莫尔圆

● 定义坐标系，横坐标代表正应变 ε，向右为正；纵坐标代表切应变数值的一半，$\gamma/2$，向下为正，如图 14-33 所示。

- 应用正负号规则确定图 14-27 所示单元体的 ε_x、ε_y、γ_{xy} 的正负，并画出圆心。圆心的位置位于 ε 轴上，距离原点 $\varepsilon_{\mathrm{avg}}=(\varepsilon_x+\varepsilon_y)/2$ 处，如图 14-33 所示。

- 画出"参考点" A，其坐标为 $A(\varepsilon_x,\ \gamma_{xy}/2)$。该点代表了 x' 轴与 x 轴重合的情形。因此，$\theta=0°$，如图 14-33 所示。

- 连接 A 点与圆心 C，应用阴影三角形中的几何关系计算半径 R，如图 14-33 所示。

- 确定了半径 R 之后，即可画出莫尔圆。

主应变

- 主应力 ε_1 和 ε_2 位于圆的 B 点和 D 点，即 $\gamma/2=0$ 处，如图 14-34a 所示。

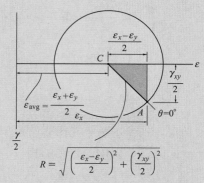

$$R=\sqrt{\left(\frac{\varepsilon_x-\varepsilon_y}{2}\right)^2+\left(\frac{\gamma_{xy}}{2}\right)^2}$$

图 14-33

- 主应变 ε_1 的作用面方向角，通过三角形几何关系计算角度 $2\theta_{p1}$，在圆中该角度为从原始的参考线 CA 逆时针旋转到 CB 的角度，如图 14-34a 所示。需要注意的是，对单元体而言，参考轴 x 与 x' 轴的夹角 θ_{p1} 的旋转方向必须与应力圆中的 $2\theta_{p1}$ 相同，如图 14-34b 所示⊖。

- 当计算得到的 ε_1 和 ε_2 为正，即图 14-34a 所示的情形，则 14-34b 所示的单元体在 x' 和 y' 方向均会伸长，即图形由实线的变为虚线。

面内最大切应变

- 平均正应变和面内最大剪应变的一半在圆的 E 点和 F 点上，如图 14-34a。

- 作用了 $\gamma_{\text{面内}}^{\max}$ 和 $\varepsilon_{\mathrm{avg}}$ 的平面的方向角可通过应用三角形的几何关系计算得到角度 $2\theta_{s1}$ 而确定。在此，由 CA 到 CE 为顺时针旋转，如图 14-34a 所示。故在单元体中从 x 轴到 x' 轴的旋转方向也必须相同，如图 14-34c⊖。

面内任意方向应变

- 作用在由角度 θ 定义的面内正应变分量 $\varepsilon_{x'}$ 和切应变分量 $\gamma_{x'y'}$，如图 14-34d 所示，可通过应用三角形的几何关系计算圆上 P 点坐标的方法确定，如图 14-34a 所示。

- 为了确定 P 点坐标，对于 x' 轴的旋转角度 θ，在应变圆中应旋转 2θ 角度，即从原始参考线 CA 旋转到 CP。切记 2θ 的旋转方向与 x' 轴的变换角度 θ 的旋转方向是相同的。⊖

- 若要求确定 $\varepsilon_{y'}$，则可通过计算图 14-34a 中 Q 点的坐标获取。线段 CQ 与 CP 之间的夹角为 180°，这是由于 y' 轴与 x' 轴之间的夹角为 90°。

⊖、⊜、⊝若 $\gamma/2$ 轴定义为向上为正，则圆上的旋转角度 2θ 与 x' 轴的旋转角度 θ 的旋转方向相反。

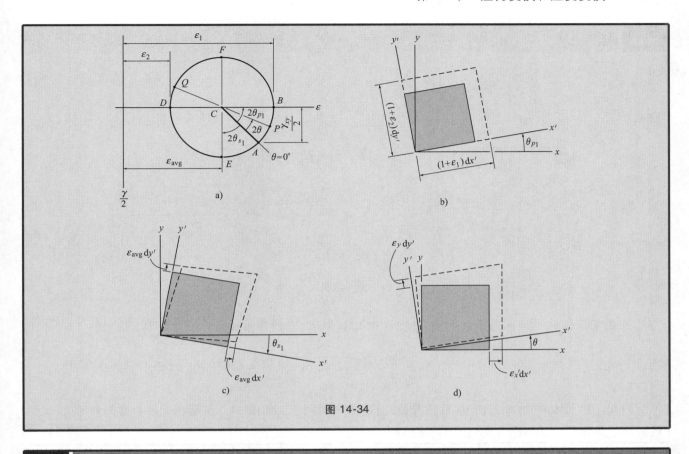

图 14-34

例题	14.15

某点处的平面应变状态各分量为 $\varepsilon_x = 250(10^{-6})$，$\varepsilon_y = -150$（$10^{-6}$），$\gamma_{xy} = 120$（$10^{-6}$）。计算该点处的主应变及相应的方向角。

解

建立莫尔圆。分别建立 ε 和 $\gamma/2$ 轴，如图 14-35a 所示。切记 $\gamma/2$ 轴的正方向必须向下，使得单元体的逆时针旋转方向与莫尔圆上的逆时针旋转方向是一致的，反过来亦然。圆心 C 位于 ε 轴上，坐标为

$$\varepsilon_{\text{avg}} = \frac{250 + (-150)}{2}(10^{-6}) = 50(10^{-6})$$

由于 $\gamma_{xy}/2 = 60(10^{-6})$，参考点 $A(\theta = 0°)$ 的坐标为（$250(10^{-6})$，$60(10^{-6})$），由图 14-35a 中的阴影部分三角形可以计算得到圆的半径 CA：

$$R = \left[\sqrt{(250-50)^2 + (60)^2}\right](10^{-6}) = 208.8(10^{-6})$$

主应变。B 点和 D 点的在 ε 方向的坐标即为主应变的数值。主应力为

$$\varepsilon_1 = (50 + 208.8)(10^{-6}) = 259(10^{-6})$$

$$\varepsilon_2 = (50 - 208.8)(10^{-6}) = -159(10^{-6})$$

例题 14.15

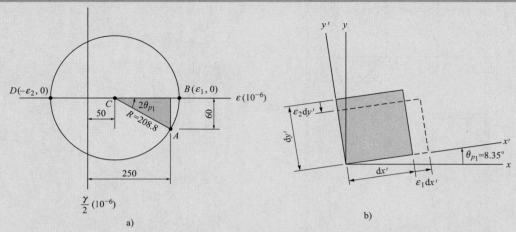

图 14-35

正的主应变 ε_1 的方向是由从半径 CA（$\theta = 0°$）到半径 CB 的逆时针旋转的角度 $2\theta_{p1}$ 决定的。即

$$\tan 2\theta_{p1} = \frac{60}{(250 - 50)}$$

$$\theta_{p1} = 8.35°$$

因此，单元体的 $\mathrm{d}x'$ 面是由 $\mathrm{d}x$ 面逆时针旋转 8.35°得到的，如图 14-35b 所示。该角度同样定义了 ε_1 的方向。单元体的变形形式也显示在了图 14-35b 中。

例题 14.16

某点处的平面应变状态各分量为 $\varepsilon_x = 250(10^{-6})$，$\varepsilon_y = -150(10^{-6})$，$\gamma_{xy} = 120(10^{-6})$。计算该点处的面内最大切应变及相应的方向角。

解

针对此问题，上例中已经建立了相应的莫尔圆，如图 14-36a 所示。

面内最大切应变。 面内最大切应变的一般以及相应的平均正应变的数值即为圆上 E 点和 F 点的坐标。由 E 点坐标可知

$$\frac{(\gamma_{x'y'})^{\max}_{\text{面内}}}{2} = 208.8(10^{-6})$$

$$(\gamma_{x'y'})^{\max}_{\text{面内}} = 418(10^{-6})$$

$$\varepsilon_{\text{avg}} = 50(10^{-6})$$

为了得到单元体的旋转角度，我们需计算由 $CA(\theta = 0°)$ 到 CE 的顺时针旋转角度 $2\theta_{s_1}$。

$$2\theta_{s_1} = 90° - 2(8.35°)$$

例题 | **14.16**

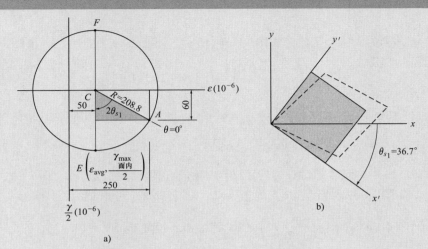

图 14-36

$$\theta_{s_1} = 36.7°$$

该角度在图 14-36b 中显示。由于圆上 E 点坐标得到的切应变为正，平均正应变也为正，意味着这些应变使单元体从图 14-36b 中的阴影部分的形状变为虚线部分的形状。

例题 | **14.17**

某点处的平面应变状态各分量为 $\varepsilon_x = -300(10^{-6})$，$\varepsilon_y = -100(10^{-6})$，$\gamma_{xy} = 100(10^{-6})$。计算该单元体顺时针旋转 20°后，作用在各面上的应变分量。

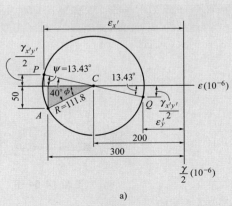

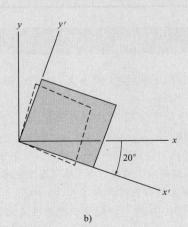

图 14-37

例题 14.17

解

建立莫尔圆。分别建立 ε 和 $\gamma/2$ 轴，如图 14-37a 所示。圆心 C 位于 ε 轴上，坐标为

$$\varepsilon_{\text{avg}} = \left(\frac{-300-100}{2} \right)(10^{-6}) = -200(10^{-6})$$

参考点 A 的坐标为（$-300(10^{-6})$，$50(10^{-6})$）。半径 CA 可经过三角形的几何关系计算得到：

$$R = \left[\sqrt{(300-200)^2 + (50)^2} \right](10^{-6}) = 111.8(10^{-6})$$

斜截面上的应变。由于单元体顺时针旋转了 20°，我们可画出半径线 CP，即从 CA（$\theta=0°$）处顺时针旋转 $2\times20°=40°$，如图 14-37a 所示。P 点的坐标（$\varepsilon_{x'}$，$\gamma_{x'y'}/2$）可由圆的几何关系得到。注意到：

$$\phi = \arctan\left(\frac{50}{(300-200)} \right) = 26.57°, \quad \psi = 40° - 26.57° = 13.43°$$

因此，

$$\varepsilon_{x'} = -(200 + 111.8\cos13.43°)(10^{-6})$$

$$= -309(10^{-6})$$

$$\frac{\gamma_{x'y'}}{2} = -(111.8\sin13.43°)(10^{-6})$$

$$\gamma_{x'y'} = -52.0(10^{-6})$$

正应变 $\varepsilon_{y'}$ 可由 Q 点处 ε 方向的坐标求得，如图 14-37a 所示。思考一下，为何？

$$\varepsilon_{y'} = -(200 - 111.8\cos13.43°)(10^{-6}) = -91.3(10^{-6})$$

根据各应变分量的数值，单元体在 x'、y' 坐标下的变形形式如图 14-37b 所示。

14　习题

14-63　证明任意方向角上两个互垂面上的正应变之和为一常数。

*14-64　某点处的平面应变状态各分量为 $\varepsilon_x = 200$ (10^{-6})，$\varepsilon_y = -300(10^{-6})$，$\gamma_{xy} = 400(10^{-6})$。应用应变变换表达式，计算该单元体逆时针旋转 30° 后相应的应变分量，并在 x-y 面内画出由这些应变引起的单元体变形示意图。

14-65　扳手上某点的应变状态为 $\varepsilon_x = 120(10^{-6})$，$\varepsilon_y = -180(10^{-6})$，$\gamma_{xy} = 150(10^{-6})$。应用应变变换表达式计算（a）面内主应变，（b）面内最大切应变及相应的平均正应变。同时计算各个情形下单元体的方向角，并在 x-y 面内

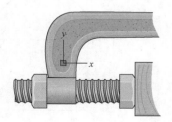

习题 14-64 图

画出由这些应变引起的单元体变形示意图。

14-66　齿轮上某点的应变状态为 $\varepsilon_x = 850(10^{-6})$，$\varepsilon_y = 480(10^{-6})$，$\gamma_{xy} = 650(10^{-6})$。应用应变变换表达式计算（a）面内主应变，（b）面内最大切应变及相应的平均正应变。同时计算各个情形下单元体的方向角，并在 x-y 面内画出由这些应变引起的单元体变形示意图。

14-67　齿轮上某点的应变状态为 $\varepsilon_x = 520(10^{-6})$，$\varepsilon_y = -760(10^{-6})$，$\gamma_{xy} = -750(10^{-6})$。应用应变变换表达式计算（a）面内主应变，（b）面内最大切应变及相应的平均正应变。同时计算各个情形下单元体的方位角，并在 x-y 面内画出由这些应变引起的单元体变形示意图。

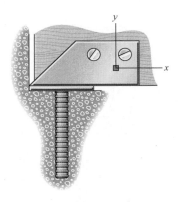

习题 14-68、习题 14-69 图

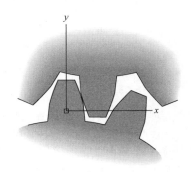

习题 14-66、习题 14-67 图

*14-68　支撑处某微元的平面应变状态下各应变分量分别为 $\varepsilon_x = 150(10^{-6})$，$\varepsilon_y = 200(10^{-6})$，$\gamma_{xy} = -700(10^{-6})$。应用应变变换表达式，计算该单元体逆时针旋转 $\theta = 60°$ 后各个面上的等效应变分量。并在 x-y 面内画出由这些应变引起的单元体变形示意图。

14-69　在旋转角度为顺时针旋转 $\theta = 30°$ 的条件下求解上题。

14-70　三角支架某点处的各应变分量分别为 $\varepsilon_x = -200(10^{-6})$，$\varepsilon_y = -650(10^{-6})$，$\gamma_{xy} = -175(10^{-6})$。应用应变变换表达式，计算该单元体逆时针旋转 $\theta = 20°$ 后各个面上的等效应变分量。并在 x-y 面内画出由这些应变引起的单元体变形示意图。

14-71　某点处的各应变分量为 $\varepsilon_x = 180(10^{-6})$，$\varepsilon_y = -120(10^{-6})$，$\gamma_{xy} = -100(10^{-6})$。应用应变变换表达式计算（a）面内主应变，（b）面内最大切应变及相应的平均正应变。同时计算各个情形下单元体的方向角，并在 x-y 面内画出由这些应变引起的单元体变形示意图。

*14-72　支座上某点处的各应变分量分别为 $\varepsilon_x = 350$

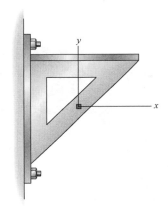

习题 14-70 图

(10^{-6})，$\varepsilon_y = 400(10^{-6})$，$\gamma_{xy} = -675(10^{-6})$。应用应变变换表达式计算（a）面内主应变，（b）面内最大切应变及相应的平均正应变。同时计算各个情形下单元体的方向角，并在 x-y 面内画出由这些应变引起的单元体变形示意图。

14-73　微元上的各应变分量分别为 $\varepsilon_x = -150(10^{-6})$，$\varepsilon_y = 450(10^{-6})$，$\gamma_{xy} = 200(10^{-6})$。计算该单元体逆时针旋转 30° 后各个面上的等效应变分量，并用单元体的形式表示。

14-74　某点处的平面应变状态各分量分别为 $\varepsilon_x = -400(10^{-6})$，$\varepsilon_y = 0$，$\gamma_{xy} = 150(10^{-6})$。计算该单元体顺时针旋转 30° 后各等效应变分量并用单元体的形式表示。

14-75　某点处的平面应变状态各分量分别为 $\varepsilon_x = -300(10^{-6})$，$\varepsilon_y = 0$，$\gamma_{xy} = 150(10^{-6})$。计算（a）主应变，（b）

14

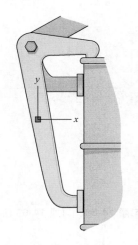

习题 14-71 图

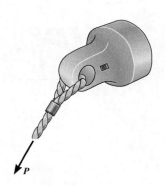

习题 14-72 图

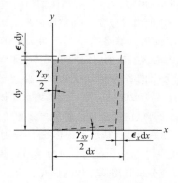

习题 14-73 图

面内最大切应变及相应的平均正应变。同时计算各个情形下单元体的方向角，并用单元体的形式表示。

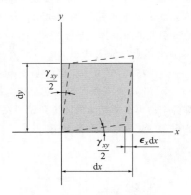

习题 14-74、习题 14-75 图

*14-76　液压起重机吊臂上某点的各应变分量分别为 $\varepsilon_x = 250(10^{-6})$，$\varepsilon_y = 300(10^{-6})$，$\gamma_{xy} = -180(10^{-6})$。应用应变变换表达式计算（a）面内主应变，（b）面内最大切应变及相应的平均正应变。同时计算各个情形下单元体的方向角，并在 x-y 面内画出由这些应变引起的单元体变形示意图。

习题 14-76 图

14-77　考察一般情形下的平面应变状态，ε_x、ε_y、γ_{xy} 已知。编写计算机程序以计算从水平方向旋转 θ 后单元体平面上的正应变 $\varepsilon_{x'}$ 和切应变 $\gamma_{x'y'}$、主应变和主方向、面内最大切应变、相应的平均正应变及其方向角。

14-78　某点处的平面应变状态各分量为 $\varepsilon_x = -300$ (10^{-6})，$\varepsilon_y = 100(10^{-6})$，$\gamma_{xy} = 150(10^{-6})$。计算（a）主应变，（b）面内最大切应变及相应的平均正应变。同时计算各个情形下单元体的方向角，并用单元体的形式表示。

14-79　应用莫尔圆的方法求解习题 14-65。

* 14-80　应用莫尔圆的方法求解习题 14-66。

14-81　应用莫尔圆的方法求解习题 14-67。

14-82　应用莫尔圆的方法求解习题 14-70。

14-83　应用莫尔圆的方法求解习题 14-76。

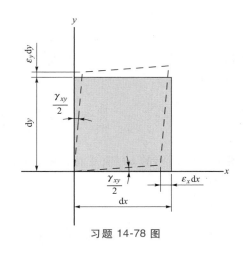

习题 14-78 图

14.9　应变花

当对试件进行拉伸试验时（参见 8.1 节），材料中的正应变是应用由丝栅或者金属片组成的电阻应变片贴在试件表面后测量的。但是，对于承受一般载荷的情形，试件自由表面上一点的应变一般应用一组排列成特定形状的三个电阻应变片测量。该特定形状的一组电阻片称为应变花。一旦测量出三个方向上的正应变，即可通过测量数据计算确定该点的应变状态。由于这些应变只测得于应变花所在平面，并且考察到在试件表面处是无应力的，故应变片承受的是平面应力状态，而不是平面应变状态。虽然垂直于表面的应变并未测量，但实际上，由垂直于表面的应变引起的面外位移不影响面内的应变测量。

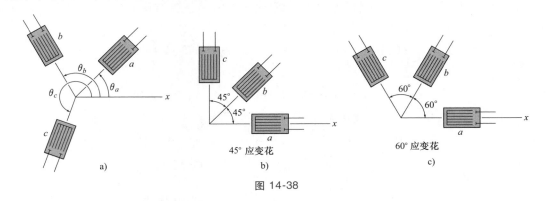

图 14-38

在一般情形下，三个应变片中心线与水平轴的夹角分别为 θ_a、θ_b、θ_c，如图 14-38a 所示。若已知应变计读数 ε_a、ε_b、ε_c，我们可通过应用应变变换公式（14-16），得到该点的应变分量 ε_x、ε_y、γ_{xy}。有

$$\begin{cases} \varepsilon_a = \varepsilon_x \cos^2\theta_a + \varepsilon_y \sin^2\theta_a + \gamma_{xy}\sin\theta_a\cos\theta_a \\ \varepsilon_b = \varepsilon_x \cos^2\theta_b + \varepsilon_y \sin^2\theta_b + \gamma_{xy}\sin\theta_b\cos\theta_b \\ \varepsilon_c = \varepsilon_x \cos^2\theta_c + \varepsilon_y \sin^2\theta_c + \gamma_{xy}\sin\theta_c\cos\theta_c \end{cases} \qquad (14-28)$$

联立求解以上三个方程即可得到 ε_x、ε_y、γ_{xy} 的值。

应变花与水平方向的夹角通常为 45°或 60°。

以 45°排列的应变花，称为"直角"应变花，如图 14-38b 所示，即 $\theta_a = 0°$，$\theta_b = 45°$，$\theta_c = 90°$，于是根据式（14-28），有

$$\varepsilon_x = \varepsilon_a$$
$$\varepsilon_y = \varepsilon_c$$
$$\gamma_{xy} = 2\varepsilon_b - (\varepsilon_a + \varepsilon_c)$$

而对于图 14-38c 所示的 60°应变花，$\theta_a = 0°$，$\theta_b = 60°$，$\theta_c = 120°$。根据式（14-28），有

$$\begin{cases} \varepsilon_x = \varepsilon_a \\ \varepsilon_y = \dfrac{1}{3}(2\varepsilon_b + 2\varepsilon_c - \varepsilon_a) \\ \gamma_{xy} = \dfrac{2}{\sqrt{3}}(\varepsilon_b - \varepsilon_c) \end{cases} \quad (14\text{-}29)$$

一旦确定了 ε_x、ε_y、γ_{xy} 的值，即可应用 14.7 节[⊖] 得到的应变变换公式或莫尔圆求得一点的主应变和面内最大切应变。

典型的 45°电阻应变花

例题 14.18

图 14-39a 所示悬臂上 A 点的应变状态由图 14-39b 所示的应变花进行测量。根据载荷，应变计读数分别为 $\varepsilon_a = 60(10^{-6})$，$\varepsilon_b = 135(10^{-6})$，$\varepsilon_c = 264(10^{-6})$。计算该点处的面内主应变及主方向。

解 本例可应用式（14-28）求解。

建立 x 轴，如图 14-39b 所示，测量 $+x$ 轴方向到各应变片中心线的逆时针旋转角度，得到 $\theta_a = 0°$，$\theta_b = 60°$，$\theta_c = 120°$。将这些值和已知条件代入式（14-28），有

$$60(10^{-6}) = \varepsilon_x \cos^2 0° + \varepsilon_y \sin^2 0° + \gamma_{xy} \sin 0° \cos 0°$$
$$= \varepsilon_x \tag{1}$$

$$135(10^{-6}) = \varepsilon_x \cos^2 60° + \varepsilon_y \sin^2 60° + \gamma_{xy} \sin 60° \cos 60°$$
$$= 0.25\varepsilon_x + 0.75\varepsilon_y + 0.433\gamma_{xy} \tag{2}$$

$$264(10^{-6}) = \varepsilon_x \cos^2 120° + \varepsilon_y \sin^2 120° + \gamma_{xy} \sin 120° \cos 120°$$
$$= 0.25\varepsilon_x + 0.75\varepsilon_y - 0.433\gamma_{xy} \tag{3}$$

将式（1）代入式（2）和式（3）联立求解，得到

$$\varepsilon_x = 60(10^{-6}), \varepsilon_y = 246(10^{-6}), \gamma_{xy} = -149(10^{-6})$$

应用式（14-29）可更加直接地得到同样的结果。

面内主应变可应用莫尔圆计算。圆上的参考点坐标为 A（$60(10^{-6})$，$-74.5(10^{-6})$）；圆心 C 在 ε 轴上，坐标为 $\varepsilon_{avg} = 153(10^{-6})$，如图 14-39c 所示。由阴影部分三角形可求得半径为

⊖ 原著为 14.6 节，似有错。——译者注

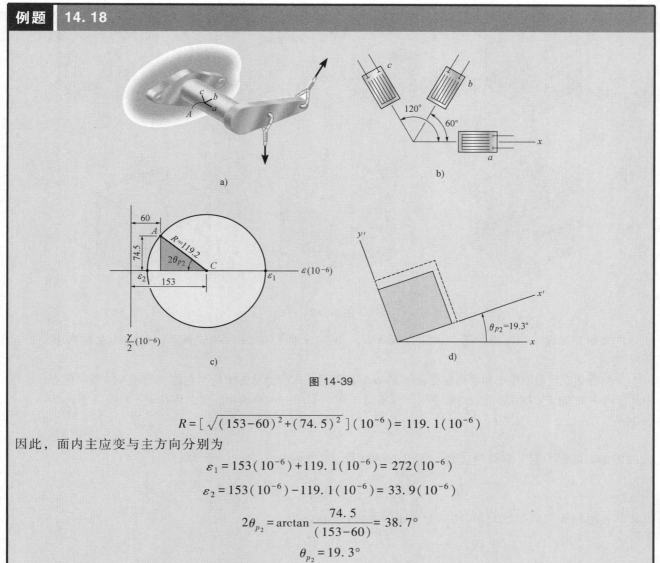

图 14-39

$$R = \left[\sqrt{(153-60)^2 + (74.5)^2}\, \right](10^{-6}) = 119.1(10^{-6})$$

因此，面内主应变与主方向分别为

$$\varepsilon_1 = 153(10^{-6}) + 119.1(10^{-6}) = 272(10^{-6})$$

$$\varepsilon_2 = 153(10^{-6}) - 119.1(10^{-6}) = 33.9(10^{-6})$$

$$2\theta_{p_2} = \arctan \frac{74.5}{(153-60)} = 38.7°$$

$$\theta_{p_2} = 19.3°$$

注意：变形后的单元体如图 14-39a 的虚线部分所示。需要注意的是，由于泊松效应，该单元体同时承受一个面外应变，即 z 方向的应变，但该应变值的大小不影响本例的计算结果。

14.10　材料常数间的关系

本节将讨论当材料承受复杂应力状态时，材料性能常数间的相互重要关系。为了研究这一问题，假设材料是均匀且各向同性的，并且处于线弹性范围内。

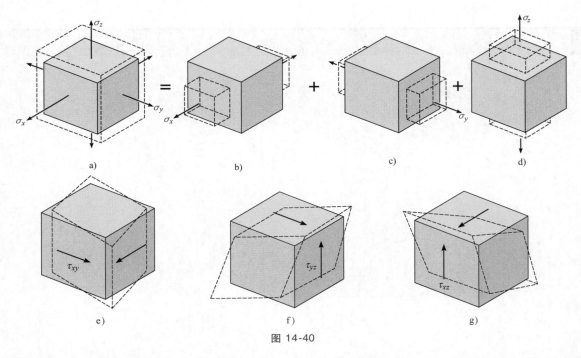

图 14-40

广义胡克定律   当某点承受三向应力状态 σ_x、σ_y、σ_z 时，如图 14-40a 所示，相应的在材料中会产生正应变 ε_x、ε_y、ε_z。

应用叠加原理、泊松比和单向胡克定律 $\varepsilon=\sigma/E$，得到三向应力状态下应力与应变的相互关系。例如，考察单元体内由各方向应力引起的 x 向正应变。当施加 σ_x 时，如图 14-40b 所示，单元体在 x 方向的应变 ε_x 为

$$\varepsilon_x'=\frac{\sigma_x}{E}$$

σ_y 的施加也能够引起 x 方向的应变，如图 14-40c 所示。该应变为

$$\varepsilon_x^n=-\nu\frac{\sigma_y}{E}$$

同样的，σ_z 的施加引起的 x 方向应变，如图 14-40d 所示，为

$$\varepsilon_x^m=-\nu\frac{\sigma_z}{E}$$

将这三个正应变叠加后，即为图 14-40a 中所示的最终应变 ε_x。

对 y 方向和 z 方向，也有类似的公式。

最终应变的表达式为

$$\begin{cases}\varepsilon_x=\dfrac{1}{E}[\sigma_x-\nu(\sigma_y+\sigma_z)]\\[2mm]\varepsilon_y=\dfrac{1}{E}[\sigma_y-\nu(\sigma_x+\sigma_z)]\\[2mm]\varepsilon_z=\dfrac{1}{E}[\sigma_z-\nu(\sigma_x+\sigma_y)]\end{cases}\qquad(14\text{-}30)$$

以上三个公式即为三向应力状态下的胡克定律的一般形式。对于实际应用而言，拉应力为正，压应力为负。如果最终的正应变为正，表示材料产生了伸长变形；反之，负的正应变表示材料产生了缩短变形。

如果现在我们对单元体施加切应力 τ_{xy}，如图 14-40e 所示，则对实验的考察表明：材料仅由切应变 γ_{xy} 引起变形，即为：τ_{xy} 不引起其他的应变分量。同样的，τ_{yz} 和 τ_{xz} 也只引起切应变 γ_{yz} 和 γ_{xz}，如图 14-40f、g 所示。于是对于切应力和切应变，胡克定律可写为

$$\gamma_{xy} = \frac{1}{G}\tau_{xy}, \quad \gamma_{yz} = \frac{1}{G}\tau_{yz}, \quad \gamma_{xz} = \frac{1}{G}\tau_{xz} \tag{14-31}$$

E、ν 和 G 相互间的关系 在 8.7 节中，已经简单说明了弹性模量 E 与剪切模量 G 是相关的，即

$$G = \frac{E}{2(1+v)} \tag{14-32}$$

一个证明上述关系的方法为：考察一个纯剪切应力状态的单元体 ($\sigma_x = \sigma_y = \sigma_z = 0$)，如图 14-41a 所示。应用式（14-5）可求得主应力为 $\sigma_{max} = \tau_{xy}$，$\sigma_{min} = -\tau_{xy}$。主应力作用的单元体为原单元体逆时针旋转 45°后的结果，如图 14-41b 所示。将三个主应力代入式（14-30）中的第一个式子，得到主应变 ε_{max} 与切应力 τ_{xy} 的关系为

$$\varepsilon_{max} = \frac{\tau_{xy}}{E}(1+\nu) \tag{14-33}$$

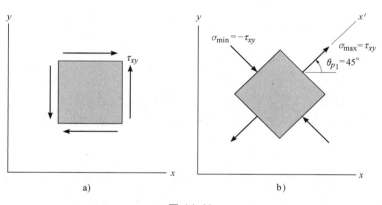

图 14-41

这个使单元体产生沿着 x' 轴方向变形的应变也与切应变有一定的关系。为了证明这一点，首先注意到 $\sigma_x = \sigma_y = \sigma_z = 0$，于是由式（14-30）的第一个和第二个式子可得 $\varepsilon_x = \varepsilon_y = 0$。将这些结果代入应变变换公式，式 14-23，得到：

$$\varepsilon_1 = \varepsilon_{max} = \frac{\gamma_{xy}}{2}$$

应用胡克定律，$\gamma_{xy} = \tau_{xy}/G$，于是有 $\varepsilon_{max} = \tau_{xy}/2G$。代入式 14-33，可得到最终结果形式与式 14-32 相同。

膨胀量和体积模量 当弹性材料承受正应力时，它的体积会发生改变。例如，考察一个单元体，承受正应力 σ_x、σ_y 和 σ_z。假设单元体的原始边长分别为 dx、dy 和 dz，如图 14-42a 所示，施加应力后边长分别变为 $(1+\varepsilon_x)\,dx$、$(1+\varepsilon_y)dy$ 和 $(1+\varepsilon_z)dz$，如图 14-42b 所示。

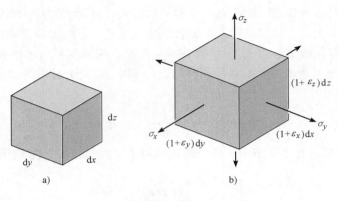

图 14-42

单元体体积的改变量为

$$\delta V = (1+\varepsilon_x)(1+\varepsilon_y)(1+\varepsilon_z)\mathrm{d}x\mathrm{d}y\mathrm{d}z - \mathrm{d}x\mathrm{d}y\mathrm{d}z$$

由于应变非常小，忽略应变的高阶项后，有

$$\delta V = (\varepsilon_x + \varepsilon_y + \varepsilon_z)\mathrm{d}x\mathrm{d}y\mathrm{d}z$$

单位体积上的体积改变量称为"体积应变"或"膨胀量"，可写为

$$e = \frac{\delta V}{\mathrm{d}V} = \varepsilon_x + \varepsilon_y + \varepsilon_z \tag{14-34}$$

上述结果表明，切应变不引起单元体的体积改变，它们只改变直角的形状。

同时，如果我们应用胡克定律的一般式（14-30），便可将膨胀量与施加的应力建立关系，有

$$e = \frac{1-2\nu}{E}(\sigma_x + \sigma_y + \sigma_z) \tag{14-35}$$

当单元体承受了均匀水压 p，则在所有方向上的压力均相等，且压力的方向永远垂直于作用面，同时无切应力作用。这是由于水的抗剪能力为零。"静水压力"的载荷状态要求在任意及所有方向上的正应力均相等。因此，单元体的主应力为 $\sigma_x = \sigma_y = \sigma_z = -p$，如图 14-43 所示。将以上数据代入到式（14-35），得到

$$\frac{p}{e} = -\frac{E}{3(1-2\nu)} \tag{14-36}$$

由于该比例式与线弹性的应力应变比例式 $\sigma/\varepsilon = E$ 十分相似，因此该比例式的右边被称为弹性体积模量或体积模量。该模量以 k 表示，并与应力有着相同的单位，即

$$k = \frac{E}{3(1-2\nu)} \tag{14-37}$$

注意到多数金属的 $\nu \approx 1/3$，于是 $k \approx E$。如果材料的体积不发生改变，则 $\delta V = e = 0$，k 为无穷大。

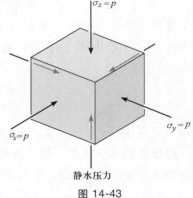

静水压力
图 14-43

由式（14-37）还可以看出，理论上泊松比的最大值为 $\nu = 0.5$。在屈服阶段，材料的实际体积没有发生变化，故在塑性屈服发生时 $\nu = 0.5$。

> **要点**
>
> - 当一个各向同性材料承受三向应力时，每个方向上的应变均受到所有的应力影响。这是由于泊松效应所造成的，且服从广义胡克定律。
> - 与正应力不同的是，施加在各向同性材料上的切应力只引起同平面内的切应变。
> - 材料常数 E、G 和 ν 数学相关。
> - 膨胀量，或体积应变，只由正应变引起，与切应变无关。
> - 体积模量为材料刚度的衡量参数。该材料性能的上限为泊松比 $\nu = 0.5$ 时，意味着材料发生了塑性屈服。

> **例题　14.19**
>
> 例题 14.18 中的悬臂支架，如图 14-44a 所示，由 $E_{st} = 200\text{GPa}$，$\nu_{st} = 0.3$ 的钢材制成。计算 A 点的主应力
>
> **解法 1**　由例题 14.18 可知，主应变为
> $$\varepsilon_1 = 272(10^{-6})$$
> $$\varepsilon_2 = 33.9(10^{-6})$$
>
> 由于 A 点位于悬臂的表面，该面上无载荷作用，表面的应力为 0，于是 A 点为平面应力状态。将 $\sigma_3 = 0$ 代入广义胡克定律，有
>
>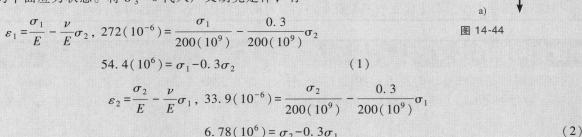
>
> a)
>
> 图 14-44
>
> $$\varepsilon_1 = \frac{\sigma_1}{E} - \frac{\nu}{E}\sigma_2, \quad 272(10^{-6}) = \frac{\sigma_1}{200(10^9)} - \frac{0.3}{200(10^9)}\sigma_2$$
> $$54.4(10^6) = \sigma_1 - 0.3\sigma_2 \qquad (1)$$
>
> $$\varepsilon_2 = \frac{\sigma_2}{E} - \frac{\nu}{E}\sigma_1, \quad 33.9(10^{-6}) = \frac{\sigma_2}{200(10^9)} - \frac{0.3}{200(10^9)}\sigma_1$$
> $$6.78(10^6) = \sigma_2 - 0.3\sigma_1 \qquad (2)$$
>
> 联立求解式（1）和式（2），得到
> $$\sigma_1 = 62.0\text{MPa}$$
> $$\sigma_2 = 25.4\text{MPa}$$
>
> **解法 2**
> 通过例题 14.18 中的应变状态也可求解该问题。由已知：
> $$\varepsilon_x = 60(10^{-6}), \quad \varepsilon_y = 246(10^{-6}), \quad \gamma_{xy} = -149(10^{-6})$$
> 在 x-y 平面内，应用广义胡克定律，有

14

例题 14.19

$$\varepsilon_x = \frac{\sigma_x}{E} - \frac{\nu}{E}\sigma_y, \quad 60(10^{-6}) = \frac{\sigma_x}{200(10^9)\,\mathrm{Pa}} - \frac{0.3\sigma_y}{200(10^9)\,\mathrm{Pa}}$$

$$\varepsilon_y = \frac{\sigma_y}{E} - \frac{\nu}{E}\sigma_x, \quad 246(10^{-6}) = \frac{\sigma_y}{200(10^9)\,\mathrm{Pa}} - \frac{0.3\sigma_x}{200(10^9)\,\mathrm{Pa}}$$

$$\sigma_x = 29.4\mathrm{MPa} \quad \sigma_y = 58.0\mathrm{MPa}$$

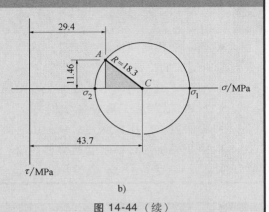

b)

图 14-44（续）

若想应用胡克定律计算得到切应力，首先需要得到 G 的数值：

$$G = \frac{E}{2(1+\nu)} = \frac{200\mathrm{GPa}}{2(1+0.3)} = 76.9\mathrm{GPa}$$

因此，

$$\tau_{xy} = G\gamma_{xy}, \quad \tau_{xy} = 76.9(10^9)[-149(10^{-6})] = -11.46\mathrm{MPa}$$

该平面应力状态的莫尔圆圆心位于 $\sigma_{\mathrm{avg}} = 43.7\mathrm{MPa}$ 处，圆上

参考点 A 的坐标为（29.4MPa，−11.46MPa），如图 14-44b 所示。由阴影部分三角形的几何关系可求得圆的半径：

$$R = \sqrt{(43.7-29.4)^2 + (11.46)^2}\,\mathrm{MPa} = 18.3\mathrm{MPa}$$

于是，

$$\sigma_1 = 43.7\mathrm{MPa} + 18.3\mathrm{MPa} = 62.0\mathrm{MPa}$$

$$\sigma_2 = 43.7\mathrm{MPa} - 18.3\mathrm{MPa} = 25.4\mathrm{MPa}$$

注意： 由于主应力和主应变的平面重合，当材料同时满足线弹性和各向同性时，结果有效。

例题 14.20

铜制构件周边承受均匀压力，如图 14-45 所示。若在载荷施加前构件的长度 $a = 300\mathrm{mm}$，宽度 $b = 50\mathrm{mm}$，厚度 $t = 20\mathrm{mm}$，求施加载荷后的新长度、宽度和厚度。材料常数为 $E_{\mathrm{cu}} = 120\mathrm{GPa}$，$\nu_{\mathrm{cu}} = 0.34$。

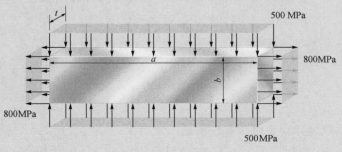

图 14-45

解 由已知，该铜制构件的应力状态为平面应力状态。由载荷可知

例题 14.20

$$\sigma_x = 800\text{MPa}, \quad \sigma_y = -500\text{MPa}, \quad \tau_{xy} = 0, \quad \sigma_z = 0$$

根据广义胡克定律，即式（14-30），可以求得相应的正应变：

$$\varepsilon_x = \frac{\sigma_x}{E} - \frac{\nu}{E}(\sigma_y + \sigma_z)$$

$$= \frac{800\text{MPa}}{120(10^3)\text{MPa}} - \frac{0.34}{120(10^3)\text{MPa}}(-500\text{MPa} + 0) = 0.00808$$

$$\varepsilon_y = \frac{\sigma_y}{E} - \frac{\nu}{E}(\sigma_x + \sigma_z)$$

$$= \frac{-500\text{MPa}}{120(10^3)\text{MPa}} - \frac{0.34}{120(10^3)\text{MPa}}(800\text{MPa} + 0) = -0.00643$$

$$\varepsilon_z = \frac{\sigma_z}{E} - \frac{\nu}{E}(\sigma_x + \sigma_y)$$

$$= 0 - \frac{0.34}{120(10^3)\text{MPa}}(800\text{MPa} - 500\text{MPa}) = -0.000850$$

构件的新长度、宽度和厚度为

$$a' = 300\text{mm} + 0.00808(300\text{mm}) = 302.4\text{mm}$$

$$b' = 50\text{mm} + (-0.00643)(50\text{mm}) = 49.68\text{mm}$$

$$t' = 20\text{mm} + (-0.000850)(20\text{mm}) = 19.98\text{mm}$$

例题 14.21

　　若图 14-46 所示长方体承受均匀压力 $p = 20\text{psi}$，计算其膨胀量及每个边的边长改变量。取 $E = 600\text{psi}$，$\nu = 0.45$。

　　解

　　膨胀量。将 $\sigma_x = \sigma_y = \sigma_z = -20\text{psi}$ 代入式（14-35），即可求得膨胀量：

$$e = \frac{1-2\nu}{E}(\sigma_x + \sigma_y + \sigma_z) = \frac{1-2(0.45)}{600\text{psi}}[3(-20\text{psi})] = -0.01\text{in}^3/\text{in}^3$$

　　长度改变量。每条边上的正应变可由广义胡克定律，即式（14-30），计算得到：

$$\varepsilon = \frac{1}{E}[\sigma_x - \nu(\sigma_y + \sigma_z)] = \frac{1}{600\text{psi}}[-20\text{psi} - (0.45)(-20\text{psi} - 20\text{psi})] = -0.00333\text{in/in}$$

因此，每条边上的长度改变量为

$$\delta a = -0.00333(4\text{in}) = -0.0133\text{in}$$

$$\delta b = -0.00333(2\text{in}) = -0.00667\text{in}$$

$$\delta c = -0.00333(3\text{in}) = -0.0100\text{in}$$

式中负号表明产生了缩短变形。

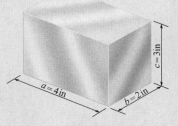

图 14-46

14

习题

* 14-84　60°应变花粘贴在支座表面 A 点处。根据载荷，应变片读数分别为 $\varepsilon_a = 300(10^{-6})$，$\varepsilon_b = -150(10^{-6})$，$\varepsilon_c = -450(10^{-6})$。应用莫尔圆的方法试求：（a）面内主应变；（b）面内最大切应变及相应的平均正应变。同时计算各应变状态下单元体与 x 轴的夹角。

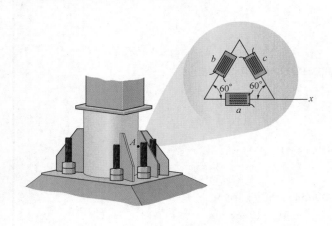

习题 14-84 图

14-85　应变花粘贴在泵的外表面上。根据载荷，应变片读数分别为 $\varepsilon_a = -250(10^{-6})$，$\varepsilon_b = 300(10^{-6})$，$\varepsilon_c = -200(10^{-6})$。试求：（a）面内主应变；（b）面内最大切应变及相应的平均正应变。同时计算各应变状态下单元体与 x 轴的夹角。

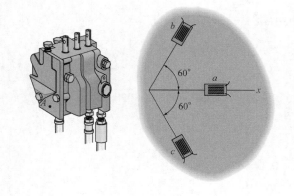

习题 14-85 图

14-86　60°应变花贴在梁的表面上，各应变片读数分别为 $\varepsilon_a = 250(10^{-6})$，$\varepsilon_b = -400(10^{-6})$，$\varepsilon_c = 280(10^{-6})$。试求：（a）面内主应变；（b）面内最大切应变及相应的平均正应变。同时表示以上两种情形下由应变引起的单元体变形。

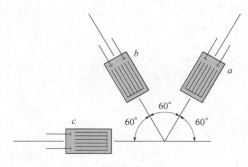

习题 14-86 图

14-87　某点处若粘贴了方向任意的三个应变片，如图所示，试编写计算机程序计算该点处的主应变和面内最大切应变。同时以 $\theta_a = 40°$，$\varepsilon_a = 250(10^{-6})$，$\theta_b = 125°$，$\varepsilon_b = -400(10^{-6})$，$\theta_c = 220°$，$\varepsilon_c = 280(10^{-6})$ 为例，检验程序的通用性。

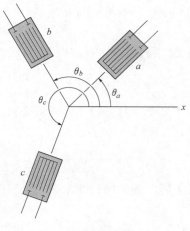

习题 14-87 图

* 14-88　试证明在平面应力状态下，广义胡克定律可写为以下形式：

$$\sigma_x = \frac{E}{(1-\nu^2)}(\varepsilon_x + \nu\epsilon_y),\ \sigma_y = \frac{E}{(1-\nu^2)}(\epsilon_y + \nu\epsilon_x)$$

14-89 应用式（14-30）的胡克定律及应力变换公式（14-1）和式（14-2），推导应力变换公式（14-19）、式（14-20）。

14-90 平面应变状态下的两个主应力分别为 $\sigma_1 = 36\text{ksi}$，$\sigma_2 = 16\text{ksi}$；相应的面内一点的应变分别为 $\varepsilon_1 = 1.02\ (10^{-3})$，$\varepsilon_2 = 0.180\ (10^{-3})$。试求弹性模量和泊松比。

14-91 轴的半径为 10mm。若该轴承受轴向载荷 15N，轴向应变为 $\varepsilon_x = 2.75\ (10^{-6})$，试求弹性模量 E 及该轴的直径改变量。取 $\nu = 0.23$。

*14-92 图示聚氯乙烯棒承受了 900lb 的轴向拉力。若其原尺寸如图所示，若 $E_{\text{pvc}} = 800(10^3)$，$\nu_{\text{pvc}} = 0.20$，试求施加载荷后角度 θ 的变化量。

14-93 图示聚氯乙烯棒承受了 900lb 的轴向拉力。若其原尺寸如图所示，变形后角度 θ 减小了 $\Delta\theta = 0.01°$，$E_{\text{pvc}} = 800(10^3)\text{psi}$，试求材料的泊松比。

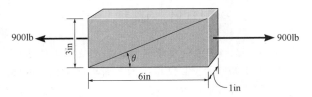

习题 14-92、习题 14-93 图

14-94 钢制圆轴的半径为 15mm。若圆轴表面粘贴两个应变片，读数分别为 $\varepsilon_{x'} = -80(10^{-6})$，$\varepsilon_{y'} = 80\ (10^{-6})$，试计算扭矩 T。同时计算 x 向和 y 向的应变。$E_{\text{st}} = 200\text{GPa}$，$\nu_{\text{st}} = 0.30$。

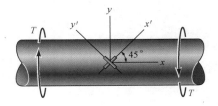

习题 14-94 图

14-95 试计算以下材料的体积模量：（a）橡胶，$E_r =$ 0.4°ksi，$\nu_r = 0.48$；（b）玻璃，$E_g = 8\ (10^3)\ \text{ksi}$，$\nu_g = 0.24$。

*14-96 某点的主应力如图所示。若材料为 A-36 钢，计算主应变。

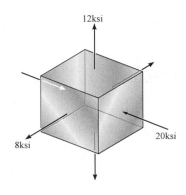

习题 14-96 图

14-97 球形压力容器的内径为 2m，壁厚为 10mm。应变计的长度为 20mm，粘贴在压力容器的表面上。当压力容器承受内压时，应变计在长度方向伸长了 0.012mm。试计算引起该变形的内压力值、容器外表面上任意点的面内最大切应力以及单元体内最大切应力。材料为钢材，$E_{\text{st}} = 200\text{GPa}$，$\nu_{\text{st}} = 0.30$。

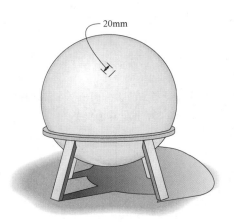

习题 14-97 图

14-98 钢梁 A 点处 x 方向的应变为 $\varepsilon_x = -100(10^{-6})$，试计算载荷 P 以及 A 点出的切应变 γ_{xy}。$E_{\text{st}} = 29(10^3)\text{ksi}$，$\nu_{\text{st}} = 0.3$。

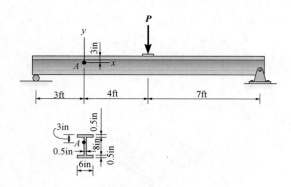

习题 14-98 图

14-99 矩形截面梁横截面上的弯矩为 M。试推导线段 AB 和 CD 的伸长量表达式。材料的弹性模量为 E，泊松比为 ν。

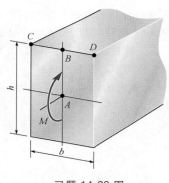

习题 14-99 图

*14-100 某点处的主应力如图所示。若材料为铝，$E_{al} = 10\ (10^3)$ ksi，$\nu_{st} = 0.33$，试计算主应变。

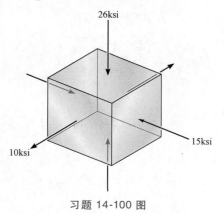

习题 14-100 图

14-101 储气罐外表面的长度方向（x 向）上粘贴一应变片 a。当储气罐承受内压时，应变片读数为 $\varepsilon_a = 100\ (10^{-6})$。试计算容器内的内压 p。储气罐的内径为 1.5m，壁厚为 25mm，所用钢材的弹性模量为 $E = 200$GPa，泊松比为 $\nu = 1/3$。

14-102 储气罐外表面的与轴线（x 轴）夹角为 45°的方向上粘贴一应变片 b。当储气罐承受内压时，应变片读数为 $\varepsilon_a = 250\ (10^{-6})$。试计算容器内的内压 p。储气罐的内径为 1.5m，壁厚为 25mm，所用钢材的弹性模量为 $E = 200$GPa，泊松比为 $\nu = 1/3$。

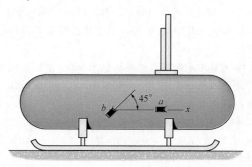

习题 14-101、习题 14-102 图

14-103 某点的主应力为 σ_x 和 σ_y。若在该点处粘贴一应变片，使其应变值读数仅与 σ_y 有关而与 σ_x 无关，试求该应变片的粘贴角度。材料常数为 E 和 ν。

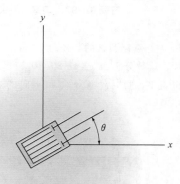

习题 14-103 图

本章回顾

对设计而言，确定最大主应力或面内最大切应力作用的方向角十分重要。应用应力变换公式可知：在主应力的作用面内没有切应力的存在。主应力的大小为

$$\sigma_{1,2} = \frac{\sigma_x + \sigma_y}{2} \pm \sqrt{\left(\frac{\sigma_x - \sigma_y}{2}\right)^2 + \tau_{xy}^2}$$

面内最大切应力的作用面与主应力的作用面相差 45°，而在该平面内还有平均正应力

$$\tau_{\text{面内}}^{\max} = \sqrt{\left(\frac{\sigma_x - \sigma_y}{2}\right)^2 + \tau_{xy}^2}$$

$$\sigma_{\text{avg}} = \frac{\sigma_x + \sigma_y}{2}$$

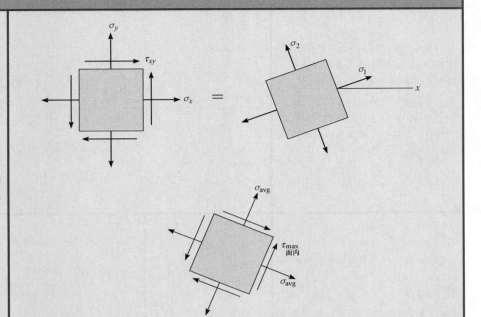

莫尔圆为求解任意面上的应力分量、主应力和面内最大切应力提供了一个类似几何的方法。为了绘制此圆，首先建立 σ 和 τ 轴，圆心位于 $C\ ((\sigma_x + \sigma_y)/2，0)$ 处，另外画出参考点 $A\ (\sigma_x，\tau_{xy})$。圆的半径 R 即为这两点间的距离，可应用三角形几何关系求得

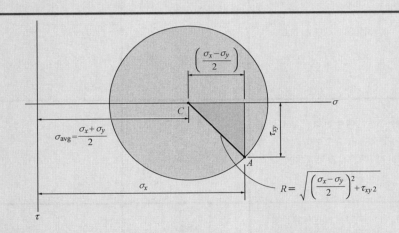

$$R = \sqrt{\left(\frac{\sigma_x - \sigma_y}{2}\right)^2 + \tau_{xy}{}^2}$$

若 σ_1 和 σ_2 同号，则单元体内最大切应力位于主应力的作用面外

在平面应力的情形下，若主应力 σ_1 和 σ_2 异号，则单元体内最大切应力与面内最大切应力相等

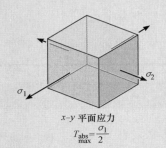

x–y 平面应力

$$T_{\max}^{\text{abs}} = \frac{\sigma_1}{2}$$

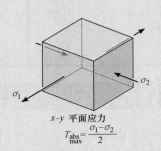

x–y 平面应力

$$T_{\max}^{\text{abs}} = \frac{\sigma_1 - \sigma_2}{2}$$

14

当单元体仅在一个平面内产生变形，则该单元体承受平面应变状态。单元体某特定角度下的 ε_x、ε_y、γ_{xy} 已知，则单元体旋转到其他角度后的各应变分量可由平面应变变换公式计算得到。同样的，应用应变变换公式也可求得主应变和面内最大切应变		$\varepsilon_{x'} = \dfrac{\varepsilon_x+\varepsilon_y}{2} + \dfrac{\varepsilon_x-\varepsilon_y}{2}\cos2\theta + \dfrac{\gamma_{xy}}{2}\sin2\theta$ $\varepsilon_{y'} = \dfrac{\varepsilon_x+\varepsilon_y}{2} - \dfrac{\varepsilon_x-\varepsilon_y}{2}\cos2\theta - \dfrac{\gamma_{xy}}{2}\sin2\theta$ $\dfrac{\gamma_{x'y'}}{2} = -\left(\dfrac{\varepsilon_x-\varepsilon_y}{2}\right)\sin2\theta + \dfrac{\gamma_{xy}}{2}\cos2\theta$ $\varepsilon_{1,2} = \dfrac{\varepsilon_x+\varepsilon_y}{2} \pm \sqrt{\left(\dfrac{\varepsilon_x-\varepsilon_y}{2}\right)^2 + \left(\dfrac{\gamma_{xy}}{2}\right)^2}$ $\dfrac{(\gamma)_{\substack{\max \\ \text{in-plane}}}}{2} = \sqrt{\left(\dfrac{\varepsilon_x-\varepsilon_y}{2}\right)^2 + \left(\dfrac{\gamma_{xy}}{2}\right)^2}$ $\varepsilon_{\text{avg}} = \dfrac{\varepsilon_x+\varepsilon_y}{2}$
应变变换问题也可用类似几何的解决方法，即莫尔圆的方法来求解。绘制此圆首先需建立 ε 和 $\gamma/2$ 轴，圆心 C 点坐标为 $((\varepsilon_x+\varepsilon_y)/2, 0)$ 处，参考点 A 位于 $(\varepsilon_x, \gamma_{xy}/2)$ 处。圆的半径即为两点间的距离，可应用三角形几何关系求得		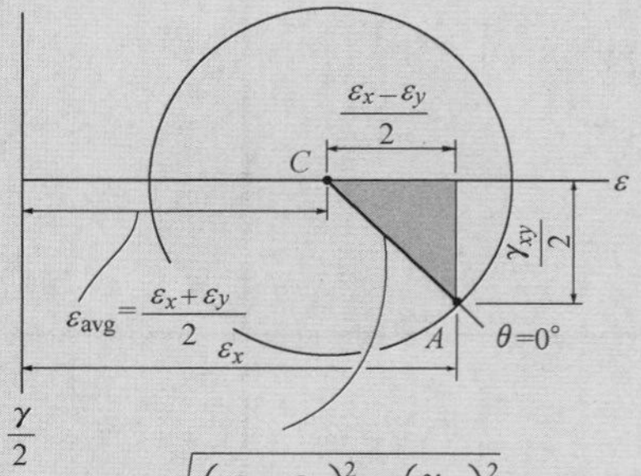 $R = \sqrt{\left(\dfrac{\varepsilon_x-\varepsilon_y}{2}\right)^2 + \left(\dfrac{\gamma_{xy}}{2}\right)^2}$
当材料承受三向应力时，每个方向的应变均受到所有的三个方向的应力影响。这时的胡克定律包含材料性能参数 E 和 ν	$\varepsilon_x = \dfrac{1}{E}[\sigma_x - \nu(\sigma_y+\sigma_z)]$ $\varepsilon_y = \dfrac{1}{E}[\sigma_y - \nu(\sigma_x+\sigma_z)]$ $\varepsilon_z = \dfrac{1}{E}[\sigma_z - \nu(\sigma_x+\sigma_y)]$	
已知 E 和 ν 后，G 可通过计算得到	$G = \dfrac{E}{2(1+\nu)}$	
膨胀量是一个衡量体积应变的参量体积模量是一个衡量体积刚度的参量	$e = \dfrac{1-2\nu}{E}(\sigma_x+\sigma_y+\sigma_z)$ $k = \dfrac{E}{3(1-2\nu)}$	

复习题

*14-104　平面应变情形下，面内主应变由 ε_1 和 ε_2 表示，试证明第三个主应变可以写为 $\varepsilon_2 = -[\nu/(1-\nu)(\varepsilon_1 + \varepsilon_2)]$，其中 ν 为材料的泊松比。

14-105　图示平板由弹性模量 $E = 200\text{GPa}$，泊松比 $\nu =$

1/3 的材料制成。当板承受图示均匀载荷时，试计算宽度 a、高度 b 和厚度 t 的改变量。

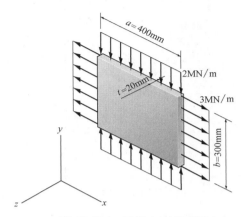

习题 14-104、习题 14-105 图

14-106　钢管的内径为 2.75in，外径为 3in。若其固定在 C 点，在另一端承受了作用在管钳上的大小为 20lb 的水平力，试求外表面 A 点处的主应力。

14-107　已知条件与习题 14-106 相同，试求外表面 B 点处的主应力。

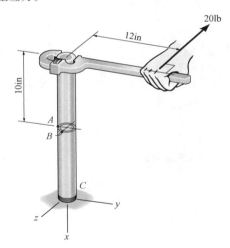

习题 14-106、习题 14-107 图

*14-108　一个薄壁球形压力容器，内径为 r，壁厚为 t，内部压力为 p。若其材料常数为 E 和 ν，用以上参数表示其周向应变。

14-109　壳体 A 点处的应变分量为 $\varepsilon_x = 250(10^{-6})$，$\varepsilon_y = 400(10^{-6})$，$\gamma_{xy} = 275(10^{-6})$，$\varepsilon_z = 0$。计算（a）$A$ 点处的主应变，（b）x-y 面内的最大切应变，（c）单元体内的最大切应变。

习题 14-109 图

14-110　平面应力状态下一点的主应力状态如图所示。若材料的屈服强度为 $\sigma_Y = 500\text{MPa}$，应用最大切应力理论[⊖]，计算该点处的安全系数。

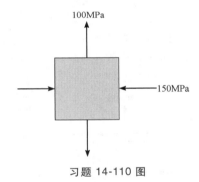

习题 14-110 图

14-111　构件上某点的应力状态如图所示。计算 AB 面上的各应力分量。

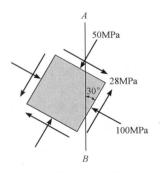

习题 14-111 图

⊖　正文中未涉及最大切应力理论，$\tau_{\max} \leqslant [\tau]$。——译者注

*14-112　支座上某点处的各应变分量为：$\varepsilon_x = 350$ (10^{-6})，$\varepsilon_y = -860(10^{-6})$，$\gamma_{xy} = 250(10^{-6})$。应用应变变换公式计算该单元体顺时针旋转 45°后的面内应变分量，并画出单元体 x–y 面内由这些应变引起的变形图。

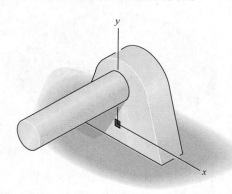

习题 14-112 图

14-113　薄钢板上危险点的平面应力分量如图所示。根据最大畸变能准则判断失效（屈服）是否发生。钢材的屈服强度为 $\sigma_Y = 650\text{MPa}$。

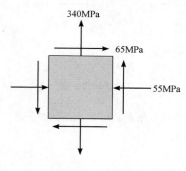

习题 14-113 图

14-114　60°应变花粘贴在梁表面上，各应变片读数分别为 $\varepsilon_a = 600(10^{-6})$，$\varepsilon_b = -700(10^{-6})$，$\varepsilon_c = 350(10^{-6})$。试求：（a）面内主应变；（b）面内最大切应变及相应的平均正应变。同时画出以上两种情形下由应变引起的单元体变形。

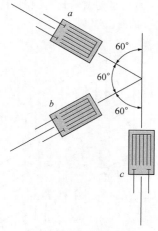

习题 14-114 图

14-115　由 A-36 钢制造的电线杆承受的载荷如图所示。若 A 点处的应变片 a 和 b 的读数分别为：$\varepsilon_a = 300(10^{-6})$，$\varepsilon_b = 175(10^{-6})$，计算载荷 P_1 和 P_2 的大小。

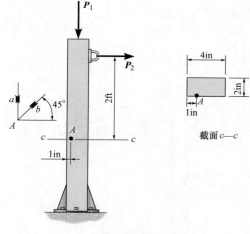

习题 14-115 图

第15章 梁与轴的设计

梁是支承房顶和地板载荷的重要结构构件。

本章任务

■ 为同时承受弯曲和剪切载荷的梁提供强度设计方法。

■ 为同时承受弯曲和剪切载荷的梁提供刚度设计方法。[⊖]

■ 应用平衡和梁变形协调条件求解超静定问题。

15.1　梁的设计基础

设计梁的基本原则为强度准则，即梁可以抵抗沿其长度方向分布的剪力与弯矩。由于弯曲正应力与弯曲切应力公式的应用范围是：材料均匀，在线弹性范围内，故梁的设计准则也应在此范围以内。尽管有些梁可能承受轴力，但由于轴力引起的应力比起由弯矩引起的应力而言是小量，故经常在设计中忽略轴力引起的应力。

如图 15-1 所示，梁上作用的外载荷会直接在载荷作用点下方产生应力。需要注意的是，除了之前讨论过的弯曲正应力 σ_x 和弯曲切应力 τ_{xy} 之外，在梁内还会产生压应力 σ_y。应用弹性理论中的精确分析方法，可知 σ_y 沿着梁的高度方向迅速衰减，对于大多数工程中的梁，其长度-高度比足够大，这时，σ_y 的最大值与 σ_x 相比只占很小的百分比，即 $\sigma_x \gg \sigma_y$。再者，在梁的设计中一般避免直接施加集中载荷。作为替代，可应用垫板将载荷传播到梁的表面。

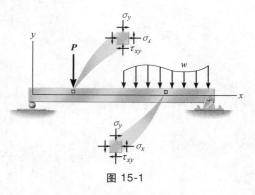

图 15-1

尽管设计梁的主要依据为强度，梁的两端也必须有着良好的支承，使其不会产生屈曲或突然失稳。另外，在某些情形下，当梁用于支承脆性材料例如石膏类制成的天花板时，还需要将梁的挠度限定在一定范围内。确定梁挠度的方法将在第 16 章中讨论；而对梁的屈曲限制通常在相关的结构或机械规范中讨论。

因为梁的设计中应用的是剪切和弯曲公式，所以，下面将以端部承受集中载荷 P 的矩形截面的悬臂梁为例（图 15-2a），将弯曲正应力公式和弯曲切应力公式应用在梁横截面上的不同点，并对所得到的一般性结果加以讨论。

一般而言，沿梁轴线上的任意横截面 a—a，如图 15-2b 所示，剪力 V 和弯矩 M 分别产生沿抛物线分布的切应力和沿线性分布的正应力，如图 15-2c 所示。因此，横截面上点 1 到点 5 的单元体应力状态分别如图 15-2d 所示。

15

⊖　本章未涉及刚度设计。——译者注

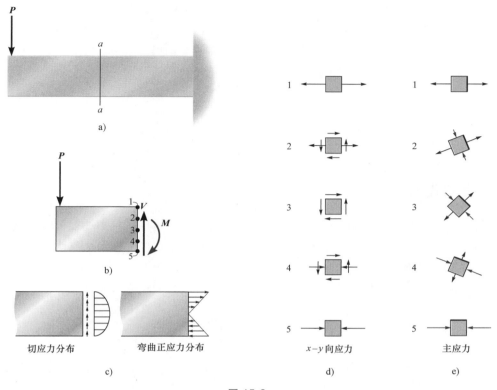

切应力分布　　弯曲正应力分布

c)

$x-y$ 向应力

主应力

d)　　　　　　　　e)

图 15-2

　　单元体 1 和 5 只承受了最大正应力，而单元体 3，位于中性轴处，只承受了最大切应力。位于中间的 2 和 4 则同时承受正应力和切应力。

　　对于每个点，其应力状态均可转换为主应力状态。使用应力变换公式或莫尔圆法，得到的各点的主应力状态如图 15-2e 所示。对于由 1 到 5 的单元体来说，其主应力的方向角是逆时针连续变化的。例如，对于单元体 1，认为它是在 0°的位置，单元体 3 则是旋转了 45°，单元体 5 旋转了 90°。

　　若把这个分析过程推广到梁的多个铅垂截面 a—a，得到的系列结果可用曲线表示，称为主应力迹线。每条曲线上单元体的主应力方向均一致。图 15-3 所示为悬臂梁的一些主应力迹线。其中实线为最大主应力（拉）的主迹线，虚线为最小主应力（压）迹线。如同预想的那样，主应力迹线在中性层处的夹角为 45°（如单元体 3）。实线与虚线之间夹角为 90°，这是由于两个主应力永远是正交的。若梁是由脆性材料制成的，了解这些迹线的方向可以帮助工程师决定梁需要的加固部位，使其不产生裂纹或发生失稳。

当梁承受较大的剪切载荷时，例如在 A 点，为了防止翼缘处局部屈曲破坏，使用加强筋是十分必要的

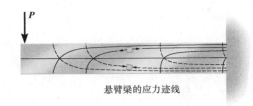

悬臂梁的应力迹线

图 15-3

15.2   等直梁的设计

多数梁均由韧性材料制成。这种情形下不需要画出应力迹线，相反，只需要保证梁中的实际弯曲应力和切应力，不超过由结构或机械设计规范确定的许用正应力和许用切应力即可。在大多数情形下，梁的长度足够长，于是弯矩就变得很大。这时，工程师首先会根据弯曲正应力进行设计，再对剪切强度进行校核。弯曲设计需要确定梁的截面模量，即一个表示 I 与 c 比值的几何参量，形式为 $S = I/c$。应用弯曲公式 $\sigma = Mc/I$，可得

$$S_{\text{req'd}} = \frac{M_{\max}}{\sigma_{\text{allow}}} \tag{15-1}$$

其中 M 是由梁的弯矩图确定的弯矩数值，而许用弯曲应力 σ_{allow} 由设计规范决定。在多数情形下，与梁所必须承受的载荷相比之下，梁的重量（未知）是一个小量，可以被忽略。但是，如果设计中需要考虑由重量引起的附加弯矩，则需要重新选择一个比 $S_{\text{req'd}}$ 略大的弯曲截面模量 S。

$S_{\text{req'd}}$ 一旦确定，根据梁横截面的几何形状（诸如正方形、圆形或已知长宽比的矩形），应用 $S = I/c$ 即可确定横截面的几何尺寸。

若横截面是由几个部分组成的，如腹板－翼缘结构，则在符合 $S_{\text{req'd}}$ 的情形下有无数的腹板和翼缘尺寸。在工程实际中，工程师一般是在符合设计规范尺寸的工程手册中找到合适的、且满足 $S > S_{\text{req'd}}$ 的形状。一般而言，从手册中可选出若干具有相同截面模量的梁。如果没有限制梁的挠度，一般可选取横截面面积最小的形状，这样可以节省制造材料，因而具有更轻、更经济的优点。

一旦梁被选定，弯曲切应力公式 $\tau_{\max} \geq VQ/It$ 即可被用于检验切应力是否超过许用数值。多数情形下，这一要求都会得以满足。但是，如果梁很短，并且支承了较大的集中载荷，对切应力的限制将决定梁的尺寸设计。这在木梁的设计中十分重要，因为木材会沿木纹方向被剪断（参见图 12-10e）。

预制梁　由于梁一般由钢材或木材制成，现在讨论由这些材料制造的列在设计手册中的梁的性能。

轧制型钢　多数钢制梁是将钢锭热轧成规定的形状，称之为轧制型钢。其性能在美国钢结构学会（AISC）的手册中列出。附录 C

两根楼板梁与大梁 AB 相连接，梁 AB 将载荷传递到建筑物框架的柱子上。设计时，所有的连接处都可以视为铰链连接

中列出了具有代表性的宽翼缘工字钢性能表。

　　注意到，宽翼缘工字钢是按高度和单位长度上的重量设计的，例如：W18×46 表示工字钢截面的高度为 18in，重量为 46lb/ft，如图 15-4 所示。对于任意给定截面，单位长度的重量、截面尺寸、横截面面积、惯性矩及截面模量均可查到。同时，也给出了惯性半径 r，该指标也是一个表示截面几何性质的参量，与梁的稳定性有关，相关内容将在第 17 章中讨论。附录 C 及 AISI 手册同时也给出了其他型钢的参数，如槽钢、角钢等。

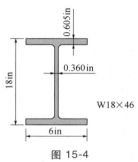

图 15-4

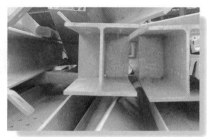

典型的工字钢截面

　　木制梁　多数木制梁的横截面为矩形，这是因为该形状容易加工和运输。美国国家木制品协会的手册中也列出了木制梁常见的尺寸。

　　多数情形下，名义尺寸和实际尺寸均被给出。木制梁以其名义尺寸定义，如：2×4（2in 乘以 4in）。但是，实际上或"加工后"的尺寸要小一点，只有 1.5in 乘以 3.5in。尺寸的减小是因为从粗锯状态刨光到光滑表面。显而易见，无论何时，计算木制梁内的应力时，都应使用其实际尺寸。

　　组合截面梁。

　　组合截面是由两个或以上部分互相连接形成的独立截面。

　　由于 $S_{\text{req'd}} = M/\sigma_{\text{allow}}$，梁承受弯矩的能力将直接随着其截面模量的变化而变化。因为 $S_{\text{req'd}} = I/c$，所以 $S_{\text{req'd}}$ 随着 I 的增大而增大。为了增大 I，在实际工程中，大部分材料放置在离中性轴越远越好。这就是工字钢具有较强的承受弯矩能力的原因。

焊接　　　螺栓连接

钢制板梁

图 15-5

　　对于很大的载荷，现行的热轧型钢的截面模量可能不足以支承载荷，这时，工程师们经常会应用板材和角铁连接"构造"一个梁。较高的 I 型组合截面梁被称为板梁。例如图 15-5 所示钢制板梁是由两个翼缘与腹板焊接或螺栓连接而成的。

　　木制梁也可以是组合截面梁，一般为箱形截面，如图 15-6a 所示。它们由胶合腹板与较宽的翼缘板组成。当跨距非常大时，一般应用胶合梁，即由几块板胶粘在一起而形成的独立构件，如图 15-6b 所示。

　　如同轧制成型的梁或独立的梁，组合截面梁的设计同样要求校核正应力与切应力。另外，连接件内的切应

木制箱形梁

a)

胶合梁

b)

图 15-6

力，如焊缝、胶合面、钉子等，同样需要加以校核以保证梁作为一个整体受力。相关的分析方法参见本书 12.4 节。

要点

- 梁承受垂直于其轴线的载荷。如果以强度为基础设计梁，则梁必须足以承受许用切应力与许用弯曲正应力。
- 假设梁中的最大弯曲正应力比梁表面的由施加载荷引起的局部应力要大得多。

分析过程

根据以上讨论，按照设计准则，对梁进行强度设计需遵循以下步骤。

剪力弯矩图

- 一般可应用建立梁的剪力、弯矩图的方法确定梁内的最大剪力和弯矩。
- 对于组合截面梁，剪力、弯矩图一般用于确定剪力和弯矩均相对比较大的区域，该区域可能要求额外的加固结构或紧固件。

弯曲正应力

- 若梁为细长梁，其设计即为确定弯曲正应力中的截面模量，$S_{req'd} = M_{max}/\sigma_{allow}$。
- 一旦确定了 $S_{req'd}$，根据 $S_{req'd} = I/c$，便可计算出简单图形的横截面尺寸。
- 若梁的横截面为轧制成型截面，则可以从附录 C 中选择若干个 S 值。对于这种情形，选择截面尺寸最小的一个，可使梁的重量最小最经济。
- 必须保证选取的截面模量 S 大于 $S_{req'd}$，以使梁自重引起的附加弯曲也得以考虑。

切应力

- 一般而言，梁若很短，并且承受较大的集中载荷，尤其是当梁为木制梁时，首先需要设计其抗剪能力，然后再校核其是否满足许用弯曲正应力的要求。
- 应用弯曲切应力公式，即 $\tau_{max} \geq V_{max}Q/It$，校核弯曲切应力并未超过许用切应力。
- 若梁的横截面为实心矩形截面，切应力条件变为 $\tau_{max} \geq 1.5(V_{max}/A)$ [参见例题 12.2 中的式（2）]。若横截面为工字形，多数情形下，假设梁腹板上的切应力为常数，于是 $\tau_{max} \geq V_{max}/A_{web}$，其中 A_{web} 为梁的高度乘以腹板厚度（参见例 12.3 最后的备注）。

足够的紧固件

- 对于组合截面梁，紧固件的个数取决于紧固件的抗剪应力能力，尤其是对于特定尺寸下钉子和螺栓的间距，是由许用剪力流决定的，即 $q_{allow} = VQ/I$，该公式计算的是紧固件所在部位的剪力流。

例题　15.1

钢制梁的许用弯曲正应力为 $\sigma_{allow} = 24\text{ksi}$、许用切应力为 $\tau_{allow} = 14.5\text{ksi}$。对于图 15-7a 所示的载荷情形，选择合适的 W 型工字钢的型号。

例题 | **15.1**

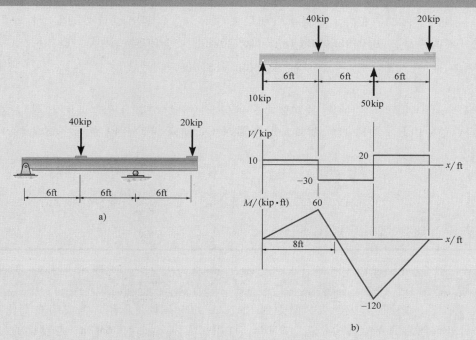

图 15-7

解

剪力弯矩图。梁的支座反力与剪力弯矩图如图 15-7b 所示。由图中可知，$V_{max} = 30\,kip$，$M_{max} = 120\,kip \cdot ft$。

弯曲应力。由弯曲公式，求得该梁的最小截面模量为

$$S_{req'd} = \frac{M_{max}}{\sigma_{allow}} = \frac{120\,kip \cdot ft(12in/ft)}{24\,kip/in^2} = 60\,in^3$$

根据附录 C 的列表，可选择以下尺寸的梁：

$$W18 \times 40, \quad S = 68.4\,in^3$$

$$W16 \times 45, \quad S = 72.7\,in^3$$

$$W14 \times 43, \quad S = 62.7\,in^3$$

$$W12 \times 50, \quad S = 64.7\,in^3$$

$$W10 \times 54, \quad S = 60.0\,in^3$$

$$W8 \times 67, \quad S = 60.4\,in^3$$

选择每英尺中重量最小的，即

$$W18 \times 40$$

15

例题 15.1

　　设计时，应使用实际的、包含了梁自重引起最大弯矩 M_{max} 计算并校核梁的安全性。但是，与所施加的载荷相比，梁的重量，（0.040kip/ft）（18ft）= 0.720kip，只会使 $S_{req'd}$ 增大一点，据此，

$$S_{req'd} = 60in^3 < 68.4in^3$$

是可用的。

　　切应力。由于梁的截面为工字形，故需要考虑腹板上的平均切应力（参见例12.3）。在这里，腹板尺寸的选取为从梁的上表面到梁的下表面。根据附录 C，对于 W18×40 型工字钢，$d = 17.90in$，$t_w = 0.315in$。因此，

$$\tau_{avg} = \frac{V_{max}}{A_w} = \frac{30kip}{(17.90in)(0.315in)} = 5.32ksi < 14.5ksi$$

符合要求，故选取 W18×40 型工字钢。

例题 15.2

　　图 15-8a 所示梁由木质层合板制成。梁受到 12kN/m 的均布载荷作用。若梁的高宽比为 1.5，试确定最小宽度。已知许用弯曲正应力为 $\sigma_{allow} = 9MPa$，许用切应力 $\tau_{allow} = 0.6MPa$，忽略梁的自重。

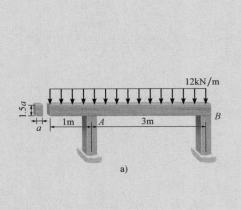

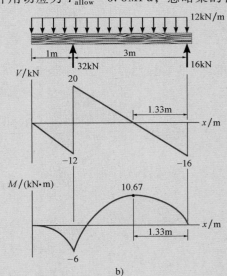

图 15-8

解

　　剪力弯矩图。求出 A 和 B 处的支座反力，画出剪力弯矩图，如图 15-8b 所示。由图中可知 $V_{max} = 70kN$，$M_{max} = 10.67kN \cdot m$。

例题 15.2

弯曲正应力。应用弯曲公式,

$$S_{\text{req}'\text{d}} = \frac{M_{\max}}{\sigma_{\text{allow}}} = \frac{10.67(10^3)\,\text{N}\cdot\text{m}}{9(10^6)\,\text{N/m}^2} = 0.00119\text{m}^3$$

假设宽度为 a,则高度为 $1.5a$,参见图 15-8a。有

$$S_{\text{req}'\text{d}} = \frac{I}{c} = 0.00119\text{m}^3 = \frac{\dfrac{1}{12}(a)(1.5a)^3}{(0.75a)}$$

$$a^3 = 0.003160\text{m}^3$$

$$a = 0.147\text{m}$$

切应力。应用矩形截面的弯曲切应力公式(即为 $\tau_{\text{allow}} = VQ/It$ 的一个特例,参见例题 12.2),有

$$\tau_{\max} = 1.5\frac{V_{\max}}{A} = (1.5)\frac{20(10^3)\,\text{N}}{(0.147\text{m})(1.5)(0.147\text{m})}$$

$$= 0.929\text{MPa} > 0.6\text{MPa}$$

等式。由于切应力不满足强度要求,该梁必须以切应力为依据重新设计。

$$\tau_{\text{allow}} = 1.5\frac{V_{\max}}{A}$$

$$600\text{kN/m}^2 = 1.5\frac{20(10^3)\,\text{N}}{(a)(1.5a)}$$

$$a = 0.183\text{m} = 183\text{mm}$$

该截面面积比原设计的更大,因此能满足正应力强度条件。

例题 15.3

由两块 200mm×30mm 的木板制成的 T 形截面梁如图 15-9a 所示。若许用弯曲正应力为 $\sigma_{\text{allow}} = 12\text{MPa}$,许用切应力 $\tau_{\text{allow}} = 0.8\text{MPa}$,在图示载荷下试校核梁的强度。同时,若钉子的许用剪力为 1.5kN,试计算使两块板不脱开钉子的最大间距。

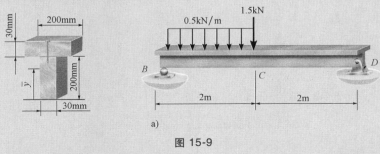

图 15-9

例题 15.3

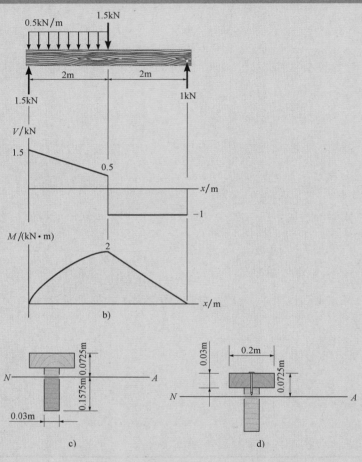

图 15-9（续）

解

剪力弯矩图。求出支座反力并画在图中，得到该梁的剪力弯矩图如图 15-9b 所示。由图中可以看出，$V_{max} = 1.5\text{kN}$，$M_{max} = 2\text{kN} \cdot \text{m}$。

弯曲应力。从梁的底部起，计算中性轴（形心）的位置。以米为单位，有

$$\overline{y} = \frac{\sum \overline{y}A}{\sigma A}$$

$$= \frac{(0.1\text{m})(0.03\text{m})(0.2\text{m}) + 0.215\text{m}(0.03\text{m})(0.2\text{m})}{0.03\text{m}(0.2\text{m}) + 0.03\text{m}(0.2\text{m})} = 0.1575\text{m}$$

因此，

例题 | 15.3

$$I = \left[\frac{1}{12}(0.03\text{m})(0.2\text{m})^3 + (0.03\text{m})(0.2\text{m})(0.1575\text{m}-0.1\text{m})^2\right] +$$

$$\left[\frac{1}{12}(0.2\text{m})(0.03\text{m})^3 + (0.03\text{m})(0.2\text{m})(0.215\text{m}-0.1575\text{m})^2\right]$$

$$= 60.125(10^{-6})\text{m}^4$$

由于最大正应力发生在横截面下边缘，$c = 0.1575\text{m}$，（而不是下边缘 $c = 0.230\text{m}-0.1575\text{m} = 0.0725\text{m}$），有

$$\sigma_{\text{allow}} \geqslant \frac{M_{\text{max}}c}{I}$$

$$12(10^6)\text{Pa} \geqslant \frac{2(10^3)\text{N}\cdot\text{m}(0.1575\text{m})}{60.125(10^{-6})\text{m}^4} = 5.24(10^6)\text{Pa}$$

符合要求。

弯曲切应力。梁内的最大切应力取决于 Q 和 t 的数值。由于 Q 在中性轴处取得极大值，并且中性轴在腹板处，该处的 $t = 0.03\text{m}$，为横截面上的厚度最小的地方，因此最大切应力发生在中性轴处。简单起见，我们使用中性轴下方的矩形面积计算 Q，这比使用中性轴上方的由两个矩形组合而成的形状计算 Q 更加简便，如图 15-9c 所示。有

$$Q = \bar{y}'A' = \left(\frac{0.1575\text{m}}{2}\right)\left[(0.1575\text{m})(0.03\text{m})\right] = 0.372(10^{-3})\text{m}^3$$

于是，

$$\tau_{\text{allow}} \geqslant \frac{V_{\text{max}}Q}{It}$$

$$800(10^3)\text{Pa} \geqslant \frac{1.5(10^3)\text{N}[0.372(10^{-3})]\text{m}^3}{60.125(10^{-6})\text{m}^4(0.03\text{m})} = 309(10^3)\text{Pa}$$

也符合要求。

钉子间距。根据剪力图可以看出，剪力在梁的整个区间均非恒定值。由于钉子的间距取决于剪力的大小，为了简化起见（以及保证安全），在 BC 段取 $V = 1.5\text{kN}$，在 CD 段取 $V = 1\text{kN}$，以此为依据进行设计。由于钉子是将腹板与翼缘钉在一起（参见图 15-9d），因此，

$$Q = \bar{y}'A' = (0.0725\text{m}-0.015\text{m})\left[(0.2\text{m})(0.03\text{m})\right] = 0.345(10^{-3})\text{m}^3$$

于是，每个区间的剪力流大小为

$$q_{BC} = \frac{V_{BC}Q}{I} = \frac{1.5(10^3)\text{N}[0.345(10^{-3})\text{m}^3]}{60.125(10^{-6})\text{m}^4} = 8.61\text{kN/m}$$

$$q_{CD} = \frac{V_{CD}Q}{I} = \frac{1(10^3)\text{N}[0.345(10^{-3})\text{m}^3]}{60.125(10^{-6})\text{m}^4} = 5.74\text{kN/m}$$

由于一个钉子可以承受 1.50kN 的剪力，于是钉子间的最大间隔为

15

例题 15.3

$$s_{BC} = \frac{1.50\text{kN}}{8.61\text{kN/m}} = 0.174\text{m}$$

$$s_{CD} = \frac{1.50\text{kN}}{5.74\text{kN/m}} = 0.261\text{m}$$

为了便于测量，最终间距为

$$s_{BC} = 150\text{mm}$$

$$s_{CD} = 250\text{mm}$$

基础题

F15-1 试确定使梁能够安全承载的横截面最小尺寸 a（mm 的整数单位）。木材的许用正应力为 $\sigma_{\text{allow}} = 10\text{MPa}$，许用切应力为 $\tau_{\text{allow}} = 1\text{MPa}$。

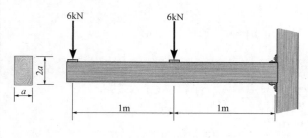

F15-1 图

F15-2 试确定使杆件能够安全承载的最小直径 d（1/8in 的整数倍）。杆件是由许用正应力为 $\sigma_{\text{allow}} = 20\text{ksi}$，许用切应力为 $\tau_{\text{allow}} = 10\text{ksi}$ 的材料制成。

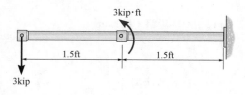

F15-2 图

F15-3 试确定使梁能够安全承载的最小横截面尺寸 a（mm 的整数单位）。木材的许用正应力为 $\sigma_{\text{allow}} = 12\text{MPa}$，许用切应力为 $\tau_{\text{allow}} = 1.5\text{MPa}$。

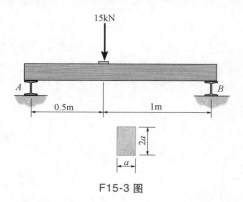

F15-3 图

F15-4 试确定使梁能够安全承载的最小横截面尺寸 h（1/8in 的整数倍）。木材的许用正应力为 $\sigma_{\text{allow}} = 2\text{ksi}$，许用切应力为 $\tau_{\text{allow}} = 200\text{psi}$。

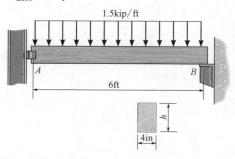

F15-4 图

F15-5 试确定使梁能够安全承载的最小横截面尺寸 b（mm 的整数单位）。木材的许用正应力为 $\sigma_{\text{allow}} = 12\text{MPa}$，许

用切应力为 $\tau_{allow} = 1.5 \text{MPa}$。

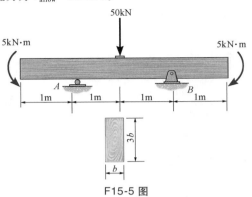

F15-5 图

F15-6　试选择能够安全承载的 W410 形状截面,并使梁的总体重量最轻。梁由许用正应力为 $\sigma_{allow} = 150 \text{MPa}$,许用切应力为 $\tau_{allow} = 75 \text{MPa}$ 的钢材制成。

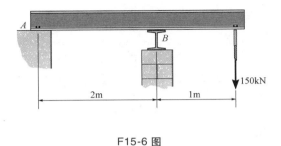

F15-6 图

习题

15-1　图示简支梁由木材制成,许用正应力为 $\sigma_{allow} = 6.5 \text{MPa}$,许用切应力为 $\tau_{allow} = 500 \text{kPa}$。若其横截面是高宽比为 1.25 的矩形,试确定其截面尺寸。

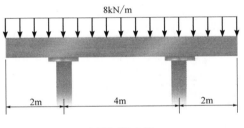

习题 15-1 图

15-2　试确定使梁能够安全承载 $P = 8\text{kip}$ 的横截面最小宽度 h(1/4in 的整数倍)。许用正应力为 $\sigma_{allow} = 24 \text{ksi}$,许用切应力为 $\tau_{allow} = 15 \text{ksi}$。

15-3　在 $P = 10\text{kip}$ 的情形下重新求解习题 15-2。

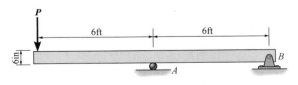

习题 15-2、习题 15-3 图

*15-4　图示砖墙对梁的作用可视为 1.20kip/ft 的均布载荷。若许用正应力为 $\sigma_{allow} = 22 \text{ksi}$,许用切应力为 $\tau_{allow} = 12 \text{ksi}$,在安全承载的前提下,试从附录 B 中选择最轻的工字钢型号,并且使横截面的高度最小。若同等重量下有若干选择,则选择具有最小高度的截面。

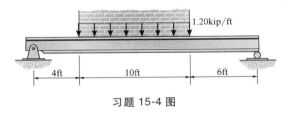

习题 15-4 图

15-5　机器对梁作用的载荷如图所示,在确保梁能够安全承载的情形下,从附录 C 中选择最轻的工字钢型号。已知梁的许用正应力为 $\sigma_{allow} = 24 \text{ksi}$,许用切应力为 $\tau_{allow} = 14 \text{ksi}$。

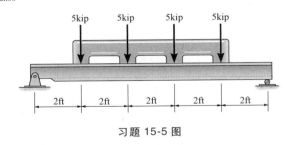

习题 15-5 图

15-6　3000-lb 重的管子固定在吊梁 AB 上的 C、D 两处,缓慢吊起。若梁的型号为 W12×45,试校核其能否安全承载。已知许用正应力为 $\sigma_{allow} = 22 \text{ksi}$,许用切应力为 $\tau_{allow} = 12 \text{ksi}$。

15

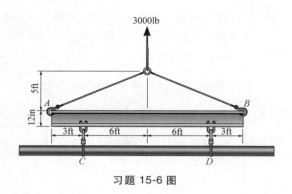

习题 15-6 图

15-7　图示梁为 W12×14 的工字钢制成，画出剪力弯矩图并校核其强度。已知许用正应力为 $\sigma_{allow} = 22ksi$，许用切应力为 $\tau_{allow} = 12ksi$。

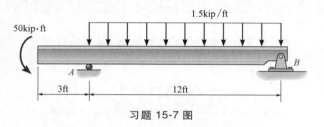

习题 15-7 图

*15-8　图示简支梁为木材制成，许用正应力为 $\sigma_{allow} = 1.20ksi$，许用切应力为 $\tau_{allow} = 100psi$。若其横截面为矩形，且高宽比为 1.5，试确定其最小截面尺寸（1/8in 的整数倍）。

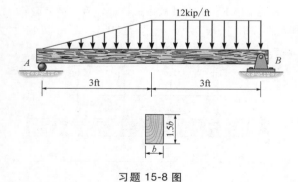

习题 15-8 图

15-9　外伸梁所受载荷如图所示，在保证安全承载的前提下，从附录 B 中选择最轻的 W 360 型钢型号。已知材料的许用正应力为 $\sigma_{allow} = 150MPa$，许用切应力为 $\tau_{allow} = 80MPa$。

15-10　外伸梁所受载荷如图所示，若梁由 W250×58 工字钢制成，试校核其强度。已知材料的许用正应力为 $\sigma_{allow} = 150MPa$，许用切应力为 $\tau_{allow} = 80MPa$。

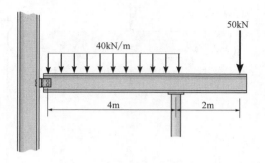

习题 15-9、习题 15-10 图

15-11　木制梁承受如图所示的载荷，若其两端只提供铅锤方向的支承力，试确定最大许可载荷 P。已知许用正应力为 $\sigma_{allow} = 25MPa$，许用切应力为 $\tau_{allow} = 700kPa$。

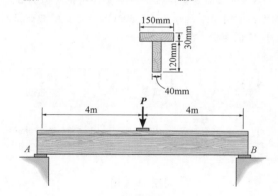

习题 15-11 图

*15-12　已知 $P = 8kip$，试确定使梁安全承载的最小宽度（1/4in 的整数倍）。已知许用正应力为 $\sigma_{allow} = 24ksi$，许用切应力为 $\tau_{allow} = 15ksi$。

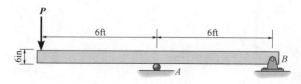

习题 15-12 图

15-13　梁所承受的载荷如图所示，在保证安全承载的前提下，试从附录 C 中选择最轻和最矮的工字钢型号。已知许用正应力为 $\sigma_{allow} = 22ksi$，许用切应力为 $\tau_{allow} = 12ksi$。

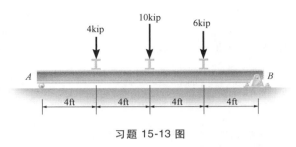

习题 15-13 图

15-14　梁所承受的载荷如图所示，在保证安全承载的前提下，试从附录 B 中选择重量最轻的工字钢型号。已知许用正应力为 $\sigma_{\text{allow}} = 24\text{ksi}$，许用切应力为 $\tau_{\text{allow}} = 14\text{ksi}$。

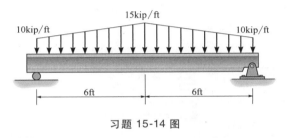

习题 15-14 图

15-15　两个塑料构件粘合在一起，承受图示载荷。若塑料的许用正应力为 $\sigma_{\text{allow}} = 13\text{ksi}$，许用切应力为 $\tau_{\text{allow}} = 4\text{ksi}$，试根据强度和胶的剪切强度，确定最大许可载荷 P。

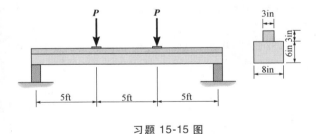

习题 15-15 图

*15-16　若缆绳能够承受的最大载荷为 $P = 50\text{kN}$，试在保证强度的前提下选择最轻的 W310 型号。已知钢材的许用正应力为 $\sigma_{\text{allow}} = 150\text{MPa}$，许用切应力为 $\tau_{\text{allow}} = 85\text{MPa}$。

15-17　若钢制的 W360×45 梁，许用正应力为 $\sigma_{\text{allow}} = 150\text{MPa}$，许用切应力为 $\tau_{\text{allow}} = 85\text{MPa}$，试确定梁能够承载的最大许可载荷 P。

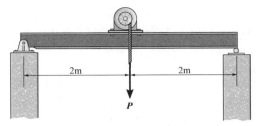

习题 15-16、习题 15-17 图

15-18　若 $P = 800\text{lb}$，在保证安全承载的前提下，确定横截面的最小尺寸 a（$1/8\text{in}$ 的整数倍）。已知木材的许用正应力为 $\sigma_{\text{allow}} = 1.5\text{ksi}$，许用切应力为 $\tau_{\text{allow}} = 150\text{psi}$。

15-19　若 $a = 3\text{in}$，木材的许用正应力为 $\sigma_{\text{allow}} = 1.5\text{ksi}$，许用切应力为 $\tau_{\text{allow}} = 150\text{psi}$，试确定梁能够承受的最大许可载荷 P。

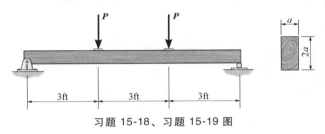

习题 15-18、习题 15-19 图

*15-20　在保证梁能够安全承受图示载荷的前提下，试确定梁横截面的最小高度 h（$1/8\text{in}$ 的整数倍）。已知许用正应力为 $\sigma_{\text{allow}} = 21\text{ksi}$，许用切应力为 $\tau_{\text{allow}} = 10\text{ksi}$，梁为等厚度梁，厚度为 3in。

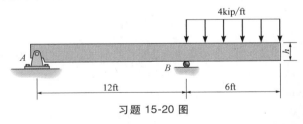

习题 15-20 图

15-21　已知图示箱形梁的许用正应力为 $\sigma_{\text{allow}} = 10\text{MPa}$，许用切应力为 $\tau_{\text{allow}} = 775\text{kPa}$。试确定梁能够承受的最大分布载荷集度 w。每个钉子能够承受的剪力为 200N。

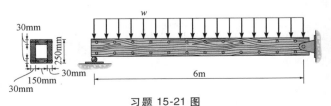

习题 15-21 图

15-22　图示轴由 A 处的光滑推力轴承和 B 处的滑动轴承支承。若 P = 10kN，轴是由许用正应力为 σ_{allow} = 150MPa，许用切应力为 τ_{allow} = 85MPa 的钢材制成，在保证安全承载的前提下，试确定轴的最小壁厚 t（mm 的整数单位）。

15-23　空心圆环截面轴由 A 处的光滑推力轴承和 B 处的滑动轴承支承。若轴由许用正应力为 σ_{allow} = 150MPa，许用切应力为 τ_{allow} = 85MPa 的钢材制成，试确定该轴能够承受的最大许可载荷 P。轴的壁厚为 t = 5mm。

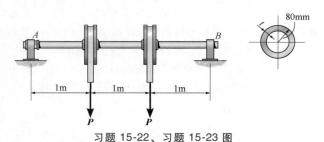

习题 15-22、习题 15-23 图

*15-24　梁所承受的载荷如图所示，在保证强度的前提下，从附录 C 中选择具有最轻重量的工字钢型号。已知许用正应力为 σ_{allow} = 22ksi，许用切应力为 τ_{allow} = 12ksi。

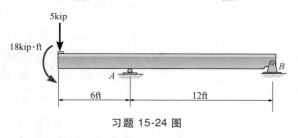

习题 15-24 图

15-25　图示 T 形梁由两块板焊接而成。若许用正应力为 σ_{allow} = 150MPa，许用切应力为 τ_{allow} = 85MPa，在保证强度的前提下，试确定最大许可均布载荷集度 w。

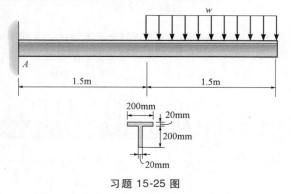

习题 15-25 图

15-26　图示的钢制 T 形悬臂梁由两块板焊接而成。若许用正应力为 σ_{allow} = 170MPa，许用切应力为 τ_{allow} = 95MPa，在保证强度的前提下，试确定梁的最大许可载荷 P。

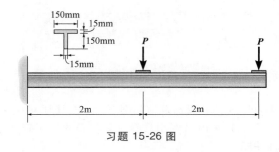

习题 15-26 图

15-27　梁被用来支承某机器，机器给梁的载荷分别为 6kip 和 8kip，如图所示。若最大弯曲应力不能超过 σ_{allow} = 22ksi，试确定翼缘的宽度 b。

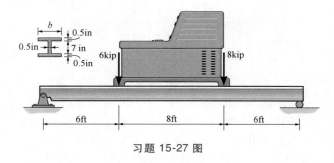

习题 15-27 图

*15-28　图示梁是由三块板子组合而成。若每个钉子能够承受的剪力为 300lb，试分别确定 AB、BC、CD 段上钉子的最大间距 s、s′ 和 s″。同时，若材料的许用正应力为 σ_{allow} = 1.5ksi，许用切应力为 τ_{allow} = 150psi，校核整个梁的强度。

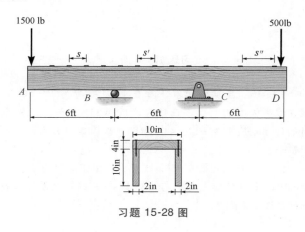

习题 15-28 图

*15.3　等强度梁

由于梁中的弯矩一般而言是沿着长度变化的，在梁内当某横截面处的弯矩小于最大弯矩时，该横截面处并不能够充分发挥其潜能。故选择等截面梁的效益不好。为了减轻梁的重量，工程师们某些情形下会选择有变化的横截面梁，使得梁的每个截面上的弯曲正应力最大值都达到最大许用应力值。有着多种截面尺寸的梁被称为变截面梁。由于变截面梁可以很容易地铸造成型，因此这些梁经常被应用在机器中。图 15-10a 所示即为几种变截面梁。在结构中，某些梁可能会在其末端"加粗"形成拱形梁，如图 15-10b 所示。同样的，在车间内可以用板材组合形成变截面梁。例如，由轧制成型的工字钢制造的梁，在其最大弯矩处上下焊上盖板，如图 15-10c 所示。

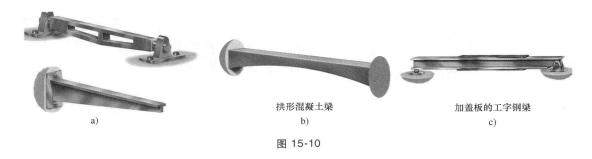

拱形混凝土梁

加盖板的工字钢梁

a)　　　　　b)　　　　　c)

图 15-10

一般情形下，变截面梁的应力分析非常复杂，超出了本书的范围。多数情形下，应用计算机或弹性理论对这些梁的形状进行分析。这些分析的结果确实显示了：由于在推导弯曲公式中应用了假设条件，因此，在梁的上下边界线斜率相差不太剧烈的情形下，由弯曲公式计算变截面梁的弯曲应力多为近似解。另一方面，在变截面梁的设计中不能应用弯曲切应力公式，由该公式得到的结果误差都很大。

虽然在应用弯曲公式设计变截面梁时需要非常审慎地计算，但在这里我们仍然说明为何原则上该公式仍可被用于得到梁的大致形状的近似值。在实际中，承受给定载荷的变截面梁的截面尺寸可应用以下公式计算：

$$S = \frac{M}{\sigma_{\text{allow}}}$$

如果我们将弯矩 M 表示为与其位置 x 相关的函数，由于 σ_{allow} 为已知，且为常数，则截面模量 S，或梁的尺寸，变为 x 的函数。以这种方法设计的梁称为等强度梁。虽然只考虑弯曲正应力便得到了梁的最终尺寸，需要注意的是，须保证其具有足够的抗剪能力，尤其是在集中载荷的施加点处。

图示桥墩的承载梁内弯矩是变化的。这种设计可以减轻材料重量，同时节省开支

例题　15.4

试设计图 15-11a 所示中心承受集中载荷简支梁的等强度梁形状。该梁横截面为矩形，宽度为恒定值 b，许用应力为 σ_{allow}。

例题 | **15.4**

图 15-11

解 梁的内力，如图 15-11b 所示，可用位置的函数表示，在 $0 \leqslant x < L/2$ 的区间为

$$M = \frac{P}{2}x$$

因此，所需的截面模量为

$$S = \frac{M}{\sigma_{\text{allow}}} = \frac{P}{2\sigma_{\text{allow}}}x$$

由于 $S = I/c$，而横截面高为 h 宽为 b，有

$$\frac{I}{c} = \frac{\frac{1}{12}bh^3}{h/2} = \frac{P}{2\sigma_{\text{allow}}}x$$

$$h^2 = \frac{3P}{\sigma_{\text{allow}}b}x$$

若在 $x = L/2$ 处，$h = h_0$，则

$$h_0^2 = \frac{3PL}{2\sigma_{\text{allow}}b}$$

于是，

$$h^2 = \left(\frac{2h_0^2}{L}\right)x$$

因此，高度 h 随着距离 x 呈抛物线形变化。

注意：在实际工程中，该形状为多数卡车或火车中的，用于支承尾端轮轴的板簧的基本形状，见下图。需要注意的是，虽然该结果显示当 $x = 0$ 时 $h = 0$，但在该支承处梁需要抵抗切应力，所以从实际角度出发，在支承处的 h 必须大于 0，如图 15-11a 所示。

车辆中的板簧

习题

15-29　悬臂梁在自由端承受集中载荷 P，试将宽度 w 表示为 x 的函数，使其沿长度上每个截面的最大弯曲正应力均为 σ_{allow}。梁的厚度 t 为恒定。

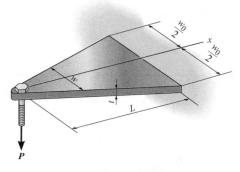

习题 15-29 图

15-30　梁是由厚度 b 为恒定的板制成。若其在两端为简单支承，承受了均布载荷 w，且沿着长度方向上各个截面的最大弯曲正应力为恒定值 σ_{allow}，试将梁高度表示为 x 的函数。

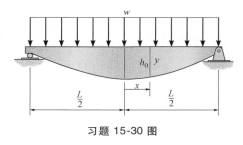

习题 15-30 图

15-31　锥形简支梁横截面为矩形，宽度 b 为恒定值，承受两个集中载荷 P。试确定梁内的最大正应力绝对值，并指出其作用位置。

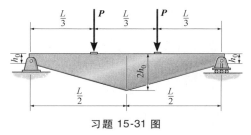

习题 15-31 图

*15-32　图示悬臂梁在自由端承受一集中载荷 P，若沿着其长度方向上各个截面的最大弯曲正应力为恒定值 σ_{allow}，试确定其高度 d 的 x 函数。梁的宽度为恒定值 b_0。

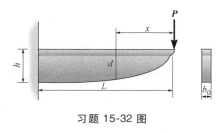

习题 15-32 图

15-33　图示梁由厚度恒为 b 的板制成。若其在两端为简单支承，承受如图所示的分布载荷，确定梁内的最大弯曲应力。

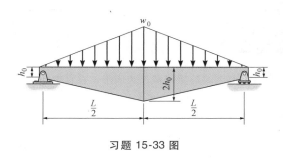

习题 15-33 图

15-34　图示悬臂梁承受均布载荷，若沿着其长度方向上各个截面的最大弯曲正应力 σ_{max} 为恒定值，试写出梁横截面半径 r 的 x 函数。

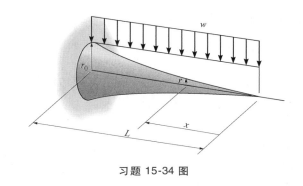

习题 15-34 图

15

本章回顾

当剪力或弯矩达到极限值时梁会发生失效。为了抵抗这些载荷，保证最大剪力和弯矩不超过根据准则设计出的许用值是非常重要的。一般而言，为了满足许用应力的要求，首先要设计梁的横截面尺寸，$$\sigma_{allow} = \frac{M_{max} c}{I}$$	
然后，需要校核许用切应力。对于矩形截面，$\tau_{allow} \geqslant 1.5 \, (V_{max}/A)$；对于工字形截面，可应用公式 $\tau_{allow} \geqslant V_{max}/A_{web}$。总体而言，可用 $$\tau_{allow} = \frac{VQ}{It}$$	
对于组合梁，紧固件的间距或胶/焊缝的强度由许用剪力流确定 $$q_{allow} = \frac{VQ}{I}$$	
等强度梁是变截面梁，梁的形状设计原则为：沿着梁轴线方向上每个横截面最大正应力均恰好达到许用正应力	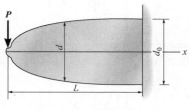

复习题

15-35　图示悬臂梁横截面为圆形，在自由端承受集中载荷 P，若其在长度方向上各个截面所承受的最大弯曲正应力为恒定值 σ_{allow}，试将其截面半径 y 表示为 x 的函数。

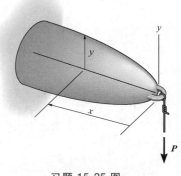

习题 15-35 图

*15-36　工字形截面外伸梁可安全地支承图示载荷。试根据附录 B 选择重量最轻的工字钢型号。假设支承 A 为销钉固定，B 为滚轴支承。许用正应力为 $\sigma_{allow} = 24\text{ksi}$，许用切应力为 $\tau_{allow} = 14\text{ksi}$。

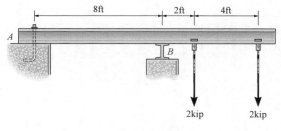

习题 15-36 图

15-37　图示悬臂梁横截面在自由端承受集中载荷 P，若其在长度方向上各个截面所承受的最大弯曲正应力为恒定值 σ_{allow}，试写出高度 d 的 x 函数。梁的宽度 b_0 为恒定值。

习题 15-37 图

15

15-38　均布载荷作用在悬臂梁的中心线上，如图所示。若其在长度方向上各个截面所承受的最大弯曲正应力为恒定值 σ_{allow}，试将其宽度 b 表示为 x 的函数。梁的高度 t 为恒定值。

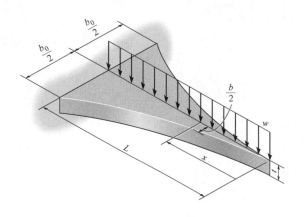

习题 15-38 图

15-39　简支梁所受载荷如图所示，在保证强度的前提下从附录 B 中选择具有最小重量的工字钢型号。许用正应力为 $\sigma_{allow} = 12\text{ksi}$，许用切应力为 $\tau_{allow} = 12\text{ksi}$。

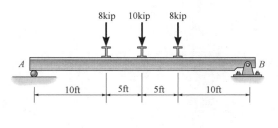

习题 15-39 图

*15-40　图示简单支承的托梁用于建筑物的地板结构中。为了保证地板到底梁足够近，托梁的两端搁置在底梁 C 和 D 上部的凹槽中，如图所示。若木材的许用切应力为 $\tau_{allow} = 350\text{psi}$，许用正应力为 $\sigma_{allow} = 1500\text{psi}$，试确定高度 h，使得梁内应力同时达到许用正应力和许用切应力。同时，确定载荷 P 的大小。忽略托梁在凹槽处的应力集中。

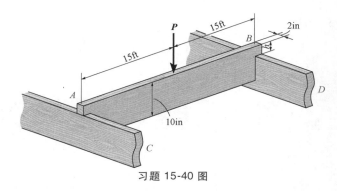

习题 15-40 图

15-41　图示简单支承的托梁用于建筑物的地板结构中。为了保证地板到底梁足够近，托梁的两端搁置在底梁 C 和 D 上部的凹槽中，如图所示。若木材的许用切应力为 $\tau_{allow} = 350\text{psi}$，许用正应力为 $\sigma_{allow} = 1700\text{psi}$，载荷 $P = 600\text{lb}$，在保证强度的前提下试确定最小高度 h。同时校核整个结构是否安全。忽略托梁在凹槽处的应力集中。

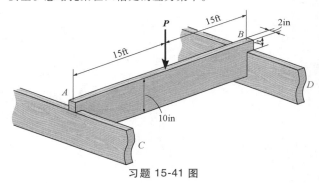

习题 15-41 图

15-42　悬臂梁是由 2 块 2in×4in 的木材组成，并由 AB 支承，如图所示。若许用正应力为 $\sigma_{allow} = 600\text{psi}$，试确定最大许可载荷 P。同时，若每个钉子能够承受 800lb 的剪力，计算 AC 段内钉子的最大间距 s。假设梁在 A、B 和 D 处为销钉联接。忽略 DA 段的轴力。

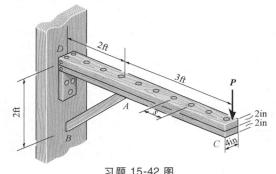

习题 15-42 图

第16章 梁与轴的挠度

如果能够测出撑杆跳高用的杆的曲率，则杆内的弯曲应力即可确定。

本章任务

- 应用积分法、阶跃函数及叠加法确定梁与轴上指定点的挠度和转角。
- 应用叠加法求解超静定梁或轴的支承反力。

16.1　弹性曲线

为了保证结构或机械的整体性和稳定性，以及防止混凝土和玻璃等脆性材料发生开裂，必须将梁或轴的挠度限制在一定范围内。此外，为了使构件在确定载荷作用下不发生振动，通常在设计准则中也要对构件的挠度加以严格限制。然而，最重要的是，当分析超静定梁或超静定轴时，必须确定某些特定点的挠度。

在计算梁（或轴）上的某点的转角或挠度之前，为了使计算结果可视化，以及检验某些部分结果的正确性，画出梁挠曲后的大致形状是十分有益的。

梁上所有横截面形心的连线称为轴线，挠曲后的轴线称为弹性曲线。

对于大多数梁，画出弹性曲线大致形状并不困难。首先，需要知道在不同支承对于挠度与转角的限制。一般而言，能够承受力的支承，如铰链，限制了挠度；而那些承受力矩的支承，如固定端，在限制挠度的同时还限制了转角。

图 16-1 所示为两个典型梁（或轴）加载后的弹性曲线草图，图中夸大了挠曲后梁的形状。

当梁上的载荷比较复杂时，绘制弹性曲线的难度比较大，这时，建议读者首先画出该梁的弯矩图。根据 11.1 节确立的弯矩正负号规则，正的弯矩将使梁的轴线产生上凹的趋势（见图 16-2a）；负的弯矩将使梁的挠曲线产生下凹的趋势（见图 16-2b）。

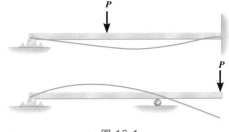

图 16-1

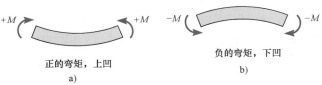

| 正的弯矩，上凹 | 负的弯矩，下凹 |
| a) | b) |

图 16-2

因此，如果建立了梁的弯矩图，画出梁的弹性曲线就变得很容易些。例如，考察图 16-3a 所示的梁，其弯矩图如图 16-3b 所示。根据固定支座和滚轴支座，B 点和 D 点的挠度必须为零。在负弯矩区域 AC（见图 16-3b），弹性曲线必须向下凹，在正的弯矩区域 CD，弹性曲线必须向上凸。因此，由于 C 点处弯矩为零，C 点一定为弹性曲线的拐点，使弹性曲线由上凹变为下凹。根据以上分析，梁的弹性曲线草图如图 16-3c 所示。需要注意的是，位移 Δ_A 和 Δ_E 均为关键值。在 E 点，弹性曲线的转角为零，梁的变形可能达到最大。Δ_E 是否比 Δ_A 更大取决于 P_1 和 P_2 的数值以及滚轴支座 B 的位置。

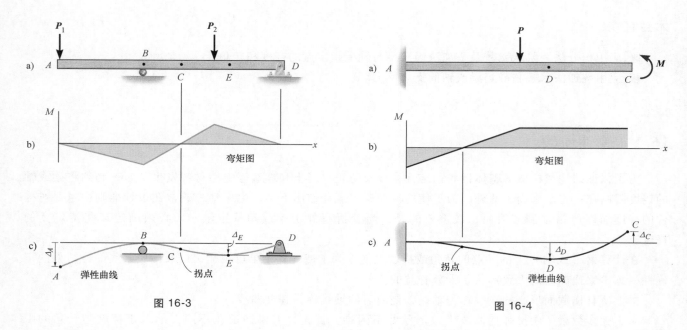

图 16-3

图 16-4

基于同样过程，可以大致画出图 16-4 所示梁的弹性曲线。该梁为悬臂梁，在 A 点为固定端，因此弹性曲线在 A 点处的挠度和转角必须为零。同样，最大位移发生在 D 点转角为零的点或 C 点中的某一点。

弯矩-曲率关系　现在讨论梁或轴任意点处的弯矩与弹性曲线曲率半径 ρ（rho）之间的重要关系。为了寻找弹性曲线上任意点的挠度与转角，已知的公式将被应用在本章的推导过程中。

本节和下一节的分析过程涉及三个坐标 x、v 和 y。如图 16-5a 所示，x 轴正向向右，沿着未变形时梁的轴线方向，该坐标用于确定梁微段的位置。微段在变形前的长度为 $\mathrm{d}x$。v 轴垂直于 x 轴，向上为正，该轴用以量度弹性曲线的挠度。最后，微段上的坐标 y 用于确定梁微段上某层的位置。该轴以中性层为起点，向上为正，如图 16-5b 所示。x 轴和 y 轴的正负号规则与推导弯曲公式所确立的规则相同。

为了研究弯矩与 ρ 的关系，将分析仅限于一般的直梁情形，即：载荷施加在特定的位置——x 轴上，梁横截面的对称轴位于 x-v 平面内。在一般横向载荷作用下，梁的变形同时受到剪力和弯矩的影响。若梁的长度远大于其高度，剪力的影响可以忽略不计，变形将由弯矩引起。因此，我们将注意力集中在弯曲效应上。

当弯矩 M 使梁的微段产生变形，两个横截面间的夹角变为 $\mathrm{d}\theta$，如图 16-5b 所示。弧线 $\mathrm{d}x$ 表示了弹性曲线的一部分，且与各个截面上的中性轴相交。该段弧线的曲率半径由 ρ 定义，即从曲率中心 O' 到 $\mathrm{d}x$ 的距离。微段上除 $\mathrm{d}x$ 外的其他各层材料均承受正应变的作用。例如，距离中性层 y 处的弧线段 $\mathrm{d}s$ 的正应变为 $\varepsilon = (\mathrm{d}s' - \mathrm{d}s)/\mathrm{d}s$。其中，$\mathrm{d}s = \mathrm{d}x = \rho\,\mathrm{d}\theta$，$\mathrm{d}s' = (\rho - y)\,\mathrm{d}\theta$，于是 $\varepsilon = [(\rho - y)\,\mathrm{d}\theta - \rho\,\mathrm{d}\theta]/\rho\,\mathrm{d}\theta$，或写成

$$\frac{1}{\rho} = -\frac{\varepsilon}{y} \tag{16-1}$$

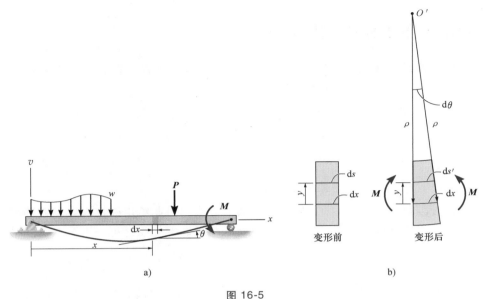

图 16-5

若材料是均匀的，在线弹性范围内变形，则胡克定律有效，$\varepsilon = \sigma/E$。同时应用弯曲正应力公式，$\sigma = -My/I$。联立上述两式，并将结果代入式（16-1），有

$$\frac{1}{\rho} = \frac{M}{EI} \tag{16-2}$$

式中　ρ 为弹性曲线上一点的曲率半径（$1/\rho$ 为曲率）；

　　　M 为梁上某横截面上处的弯矩；

　　　E 为材料的弹性模量；

　　　I 为横截面对中性轴的惯性矩。

上式中 EI 被称为弯曲刚度，且恒为正。故此，ρ 的正负号取决于弯矩方向。如图 16-6 所示，当 M 为正，ρ 在梁的上方，即在 v 的正方向上；当 M 为负时，ρ 位于梁的下方，或在 v 的负方向。

应用弯曲正应力公式，$\sigma = -My/I$，我们可以把曲率表示为与梁上应力有关的公式，即

$$\frac{1}{\rho} = -\frac{\sigma}{Ey} \tag{16-3}$$

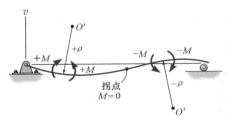

图 16-6

式（16-2）和式（16-3）对于任何大小的曲率半径均有效。但是，ρ 的数值几乎无论何时都是一个很大的量级。例如，一个由 A-36 钢制造的梁，截面形式为 W14×53 工字型钢（见附录 C），其中 $E_{st} = 29\ (10^3)$ ksi，$\sigma_Y = 36$ksi。当梁的上下表面，即 $y = \pm 7$in 处的材料产生屈服时，由式（16-3），$\rho = \pm 5639$in。由于梁外表面的 σ 不能超过 σ_Y，梁的弹性曲线上其他点的 ρ 值可能更大。

16.2　确定转角与挠度的积分法

数学上，梁的弹性曲线方程用 $v=f(x)$ 表示。为了确定这一方程，首先我们需要用 v 和 x 表示曲率（$1/\rho$）。在多数数学手册中，曲率与坐标的关系为

$$\frac{1}{\rho}=\frac{|\,\mathrm{d}^2v/\mathrm{d}x^2\,|}{[\,1+(\mathrm{d}v+\mathrm{d}x)^2\,]^{3/2}}$$

代入式（16-2），有

$$\frac{\mathrm{d}^2v/\mathrm{d}x^2}{[\,1+(\mathrm{d}v/\mathrm{d}x)^2\,]^{3/2}}=\pm\frac{M}{EI} \tag{16-4}$$

该式为非线性二次微分方程，它的解 $v(x)$ 即为弹性曲线方程，由此给出弹性曲线的精确形状。当然，这是在假设梁仅由弯曲引起变形的情形下。通过应用高等数学的相关知识，可获得形状与载荷都比较简单情形下梁的弹性曲线方程。[⊖]

为使大量的变形问题求解简单起见，需对式（16-4）加以简化。在大多数工程设计规范中，基于许用和美学目的，对梁或轴的变形加以特别限制。因此，多数情形下梁与轴弹性变形后曲线均为小曲率曲线（浅曲线）。同时，弹性曲线的转角，定义为 $\mathrm{d}v/\mathrm{d}x$，将变得非常小，它的平方项与主项相比可以忽略。[⊖]因此，之前定义的曲率可近似表示为 $1/\rho=\mathrm{d}^2v/\mathrm{d}x^2$。根据这一化简，式（16-4）可以写为

$$\frac{\mathrm{d}^2v}{\mathrm{d}x^2}=\frac{M}{EI} \tag{16-5}$$

此外，还可将上式再写为另外两种形式。对等号两边的 x 项取微分，并利用 $V=\mathrm{d}M/\mathrm{d}x$ [式（11-2）]，有

$$\frac{\mathrm{d}}{\mathrm{d}x}\left(EI\frac{\mathrm{d}^2v}{\mathrm{d}x^2}\right)=V(x) \tag{16-6}$$

再取一次微分，应用式（11-1），得到

$$\frac{\mathrm{d}^2}{\mathrm{d}x^2}\left(EI\frac{\mathrm{d}^2v}{\mathrm{d}x^2}\right)=w(x) \tag{16-7}$$

多数情形下，弯曲刚度 EI 沿着梁的长度方向为常数。这时，上面结果可以表示为以下三个公式：

$$EI\frac{\mathrm{d}^4v}{\mathrm{d}x^4}=w(x) \tag{16-8}$$

$$EI\frac{\mathrm{d}^3v}{\mathrm{d}x^3}=V(x) \tag{16-9}$$

$$EI\frac{\mathrm{d}^2v}{\mathrm{d}x^2}=M(x) \tag{16-10}$$

为了得到弹性曲线的挠度方程 v，只需对以上三个方程中的任意一个连续进行积分计算，即可求得解答。对于上述任意一积分表达式，在积分过程中均会引入积分常数。对于特定问题，需求得所有常数以得

⊖　其中正负号与 v 的坐标取向有关，本书采用 v 向上的坐标系，式中取正号。——译者注
⊖　参见例题 16.1。

到唯一解。例如，对于连续分布载荷，w 表示为 x 的连续函数，应用式（16-8），则需要求解 4 个积分常数。但是，若弯矩 M 已经被确定，并应用式（16-10），则只需要求得 2 个积分常数就可以了。选择哪个公式进行分析求解取决于实际问题。但是，总体而言，将弯矩 M 表示成 x 的函数并进行分析会比较容易，因为只需积分两次，求解两个积分常数。

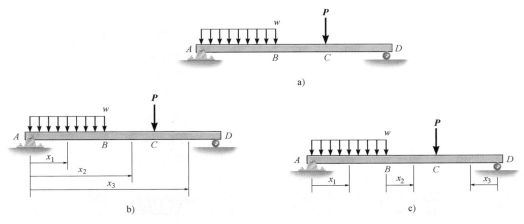

图 16-7

回顾 11.1 节，若梁上的载荷是不连续的，即：包含若干分布载荷和集中载荷，则弯矩方程也有若干个，每个分段区间均有一个弯矩方程。同时，为了方便建立每段的弯矩表达式，可主观选择 x 坐标的区间。例如，对于图 16-7a 所示的梁，AB、BC 和 CD 区域内的弯矩可分别用 x_1、x_2 和 x_3 的函数表示，如图 16-7b 或图 16-7c 所示，或任何可以简单方便地表达 $M=f(x)$ 的情形均可。一旦这些方程依据式（16-10）积分两次，确定了积分常数，即可获得弯矩方程有效范围内每段的挠度和转角方程。

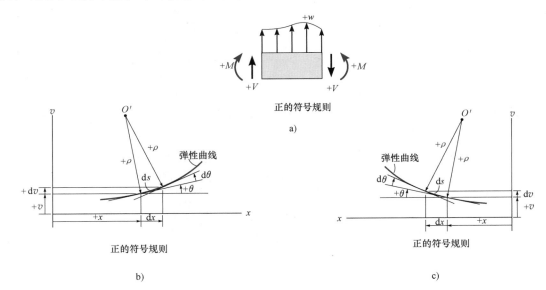

图 16-8

正负号规则及坐标系　当应用式（16-8）至式（16-10）时，正确地确定 M、V 或 w 的正负号十分重要。回顾一下，图 16-8a 所示的各个分量均在其正方向上。继续回顾：v 的正负号规则为向上为正，因此，正的转角 θ 的方向为：当 x 轴向右为正时，由 x 轴逆时针旋转的 θ 为正。规定 θ 正方向的原因如图 16-8b 所示。在 x 方向正的增量 dx 和 v 方向正的增量 dv 下产生的增量 θ 为逆时针方向。但是，当 x 向左为正时，则 θ 的正方向为顺时针，如图 16-8c 所示。

假设 dv/dx 非常小，则原始的水平长度与其弹性曲线的弧长将非常接近。换句话说，图 16-8b、c 中的 ds 与 dx 几乎相等，即：$ds = \sqrt{(dx)^2+(dv)^2} = \sqrt{1+(dv/dx)^2}\,dx \approx dx$。于是，弹性曲线上一点可假设只在铅锤方向存在位移，水平方向无位移。同时，由于转角 θ 也非常小，因此其数值可直接定义为：$\theta \approx \tan\theta = dv/dx$。

边界条件与连续条件　当求解式（16-8）~式（16-10）时，积分常数由梁上某特定点（方程解已知的点）的剪力方程、弯矩方程、转角和挠度方程解出。这些值被称为边界条件。常用到的解决梁或轴挠度问题的边界条件在表 16-1 中列出。例如，若梁由滚轴支座或销钉支承（情形 1~情形 4），则要求该点处的挠度为 0。在固定端处（情形 5），转角和挠度均为 0。另外，在自由端处（情形 6），则剪力与弯矩均为 0[⊖]。最后，若梁的两段由一个"内"销钉联接，则该联接处的弯矩为 0。

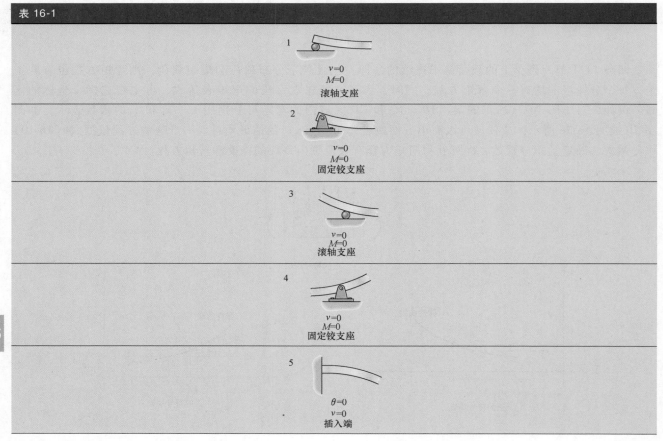

表 16-1

1	$v=0$ $M=0$ 滚轴支座
2	$v=0$ $M=0$ 固定铰支座
3	$v=0$ $M=0$ 滚轴支座
4	$v=0$ $M=0$ 固定铰支座
5	$\theta=0$ $v=0$ 插入端

16

⊖　自由端处没有集中力和集中力偶作用时才成立。——译者注

（续）

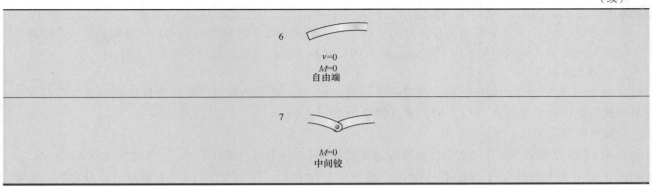

| 6 | $v=0$ $M=0$ 自由端 |
| 7 | $M=0$ 中间铰 |

当弹性曲线方程无法使用单一坐标描述时，需要利用连续条件求解某些积分常数。

例如，对于图 16-9a 中的梁，由原点 A 分别建立 x_1 和 x_2 两个坐标，每个坐标的有效区间分别为 $0 \leqslant x_1 \leqslant a$，$a \leqslant x_2 \leqslant (a+b)$。

确定了转角与挠度表达式后，在 B 点处的转角和挠度必须具有相同的数值，以保证弹性曲线的连续。用数学的方法表示，即 $\theta_1(a) = \theta_2(a)$，$v_1(a) = v_2(a)$。这就为求解积分常数提供了条件。

如果两段的坐标原点不同，x 轴方向不同，例如弹性曲线表达式的分段区间为 $0 \leqslant x_1 \leqslant a$，$0 \leqslant x2 \leqslant b$，如图 16-9b 所示，则 B 点的转角和挠度曲线为 $\theta_1(a) = -\theta_2(b)$，$v_1(a) = v_2(b)$。但在第二个例子中，由于 x_1 坐标系是向右为正，而 x_2 坐标系是向左为正，因此，θ_1 的正方向为逆时针，而 θ_2 的正方向为顺时针，故在 B 点处的转角条件中需要添加一个负号。这一正负号规则详见图 16-8b、c。

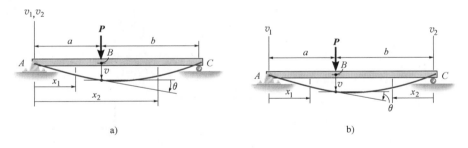

a)   b)

图 16-9

分析过程

应用积分法确定梁（或轴）的转角和挠度应遵循以下步骤。

弹性曲线

● 画出梁的弹性曲线草图。注意在固定端处挠度和转角均为零，在销钉联接和铰链支座处挠度为零。

● 建立 x 和 v 坐标系。x 轴必须沿着梁的长度方向、与梁的轴线一致，其正方向可以向右也可以向左。但无论哪种情形，相应的 v 坐标均应向上为正。

16

分析过程

- 当有若干个不连续的载荷作用在梁上时，则在梁的每个不连续段分别建立 x 坐标系。可选择那些方便接下来数学运算的坐标系（译者注：即有的段向左为正；也可以有的段为负）。

载荷或弯矩方程

- 对于每个独立的坐标区间，将载荷 w 或弯矩 M 表示成 x 的函数。需要特别注意的是，在写弯矩的平衡方程以确定函数 $M = f(x)$ 时，始终假设 M 为正方向。

转角和弹性曲线

- 规定 EI 为常数，应用载荷方程或弯矩方程中的任意一个进行积分运算。对于载荷方程 $EI \mathrm{d}^4 v/\mathrm{d} x^4 = w(x)$，需要四个积分常数以求解 $v = v(x)$；或弯矩方程 $EI \mathrm{d}^2 v/\mathrm{d} x^2 = M(x)$，只需要两个积分常数。需要注意的是，每次积分过程均会产生一个积分常数。

- 积分常数可用支承的边界条件（见表 16-1）和两个方程衔接处的挠度和转角的连续条件求解。当解出全部积分常数，并将其代回挠度和转角表达式后，弹性曲线上特定点的挠度和转角即可确定。

- 将得到的结果与弹性曲线草图对比以检查结果的正确性。需要注意的是，当 x 轴的正方向为右时，转角的正方向为逆时针，而当 x 轴的正方向为左时，转角的正方向为顺时针。无论哪种情形，位移的正方向均为向上。

例题 | **16. 1**

图 16-10a 所示悬臂梁承受一铅垂方向的集中载荷 P。试写出弹性曲线表达式。EI 为常数。

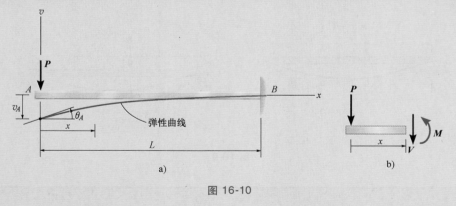

图 16-10

16

解法 1

弹性曲线。在载荷作用下，梁将会产生如图 16-10a 所示的变形。不难看出，该梁的弯矩方程只需建立一个独立的 x 坐标即可写出。

弯矩方程。根据隔离体受力图，假设 M 作用在其正方向上，如图 16-10b 所示，则弯矩方程可写为

$$M = -Px$$

转角和弹性曲线。

例题 | 16.1

应用式（16-10），连续积分两次，得到

$$EI = \frac{\mathrm{d}^2 v}{\mathrm{d}x^2} = -Px \tag{1}$$

$$EI\frac{\mathrm{d}v}{\mathrm{d}x} = -\frac{Px^2}{2} + C_1 \tag{2}$$

$$EIv = -\frac{Px^3}{6} + C_1 x + C_2 \tag{3}$$

应用边界条件：在 $x=L$ 处 $\mathrm{d}v/\mathrm{d}x=0$，以及在 $x=L$ 处 $v=0$，式（2）和式（3）变为

$$0 = -\frac{PL^2}{2} + C_1$$

$$0 = -\frac{PL^3}{6} + C_1 L + C_2$$

因此，$C_1 = PL^2/2$，$C_2 = -PL^3/3$。将结果代回式（2）和式（3），并注意到 $\theta = \mathrm{d}v/\mathrm{d}x$，最终得到

$$\theta = \frac{P}{2EI}(L^2 - x^2)$$

$$v = \frac{P}{6EI}(-x^3 + 3L^2 x - 2L^3)$$

最大转角和挠度发生在 A 点（$x=0$ 处），有

$$\theta_A = \frac{PL^2}{2EI} \tag{4}$$

$$v_A = -\frac{PL^3}{3EI} \tag{5}$$

θ_A 的结果为正意味着 θ_A 的旋转方向为逆时针方向，而 v_A 的结果为负意味着 v_A 的移动方向为向下。该结果与图 16-10a 中变形草图的结果一致。

为了对 A 端的实际挠度和转角的量级有一个基本概念，我们可以假设图 16-10a 中的梁长度为 15ft，载荷 $P=6$kip，梁是由 A-36 钢制造而成的，$E_{\mathrm{st}} = 29(10^3)$ ksi。应用 15.2 节的方法，若不考虑安全因数，假设该梁的许用正应力等于屈服应力 $\sigma_{\mathrm{allow}} = 36$ksi；则选用 W12×16 型工字钢（$I = 204\mathrm{in}^4$）是符合要求的。由式（4）和式（5），得到

$$\theta_A = \frac{6\mathrm{kip}(15\mathrm{ft})^2(12\mathrm{in/ft})^2}{2\left[29(10^3)\,\mathrm{kip/in}^2\right](204\mathrm{in}^4)} = 0.0164\mathrm{rad}$$

$$v_A = \frac{6\mathrm{kip}(15\mathrm{ft})^3(12\mathrm{in/ft})^3}{3\left[29(10^3)\,\mathrm{kip/in}^2\right](204\mathrm{in}^4)} = -1.97\mathrm{in}$$

16

例题 **16.1**

可以看出 $\theta_A{}^2=(\mathrm{d}v/\mathrm{d}x)^2\ll1$，这表明，根据式（16-4）可以得到精确解，但在计算梁的挠度时，式（16-10）则更为方便。本例得到的悬臂梁的最大挠度和转角，要比由滚轴支座或固定铰支座支承的、材料与几何尺寸相同的简支梁的最大挠度和转角大得多。

解法 2

应用式（16-8），$EI\mathrm{d}^4v/\mathrm{d}x^4=w(x)$ 求解。在本例中，在 $0\le x\le L$ 区间，$w(x)=0$，如图 16-10a 所示，于是积分一次之后我们得到了式（16-9）的形式：

$$EI\frac{\mathrm{d}^4v}{\mathrm{d}x^4}=0$$

$$EI\frac{\mathrm{d}^3v}{\mathrm{d}x^3}=C_1'=V$$

常数 C_1' 可由 $x=0$ 处力的边界条件求得：因为 $V_A=-P$（负号是根据梁的正负号规则得到的，如图16-8a所示）。因此，$C_1'=-P$。连续积分，得到式（16-10）的形式，即

$$EI=\frac{\mathrm{d}^3v}{\mathrm{d}x^3}=-P$$

$$EI\frac{\mathrm{d}^2v}{\mathrm{d}x^2}=-Px+C_2'=M$$

由于在 $x=0$ 处 $M=0$，于是 $C_2'=0$，代入后得到的结果与式（1）一致，之后的求解过程与解法 1 的过程相同。

例题 **16.2**

简支梁承受集中载荷，如图 16-11a 所示。试计算梁内最大挠度。EI 为常数。

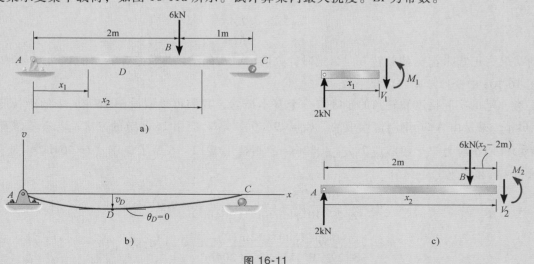

图 16-11

例题 16.2

解

弹性曲线。梁的变形草图如图 16-11b 所示。由于弯矩方程在 B 点处发生了改变，故必须使用 2 个坐标来描述弯矩方程。在本例中我们选取 x_1 和 x_2 两个坐标，这两个坐标系的原点均为 A 点。

弯矩方程。由隔离体受力简图，如图 16-11c 所示，有

$$M_1 = 2x_1$$
$$M_2 = 2x_2 - 6(x_2 - 2) = 4(3 - x_2)$$

转角和弹性曲线。在 $0 \leqslant x_1 < 2\text{m}$ 的区域，对 M_1 应用式（16-10），并积分两次，求得

$$EI \frac{\mathrm{d}^2 v_1}{\mathrm{d}x_1^2} = 2x_1$$

$$EI \frac{\mathrm{d}v_1}{\mathrm{d}x_1} = x_1^2 + C_1 \tag{1}$$

$$EI v_1 = \frac{1}{3}x_1^3 + C_1 x_1 + C_2 \tag{2}$$

同样，在 $2\text{m} < x_2 \leqslant 3\text{m}$ 的区域，对 M_2 进行同样的步骤，得

$$EI \frac{\mathrm{d}^2 v_2}{\mathrm{d}x_2^2} = 4(3 - x_2)$$

$$EI \frac{\mathrm{d}v_2}{\mathrm{d}x_2} = 4\left(3x_2 - \frac{x_2^2}{2}\right) + C_3 \tag{3}$$

$$EI v_2 = 4\left(\frac{3}{2}x_2^2 - \frac{x_2^3}{6}\right) + C_3 x_2 + C_4 \tag{4}$$

四个积分常数可应用两个边界条件，即：$x_1 = 0$，$v_1 = 0$ 和 $x_2 = 3\text{m}$，$v_2 = 0$，以及 B 点处的两个连续条件，即：$x_1 = x_2 = 2\text{m}$ 处，$\mathrm{d}v_1/\mathrm{d}x_1 = \mathrm{d}v_2/\mathrm{d}x_2$，$x_1 = x_2 = 2\text{m}$ 处，$v_1 = v_2$ 求解。将以上条件代入方程，并化简，得到以下四个方程：

在 $x_1 = 0$ 处，$v_1 = 0$，$0 = 0 + 0 + C_2$

在 $x_2 = 3\text{m}$ 处，$v_2 = 0$，$0 = 4\left(\frac{3}{2}(3)^2 - \frac{(3)^3}{6}\right) + C_3(3) + C_4$

$$\left.\frac{\mathrm{d}v_1}{\mathrm{d}x_1}\right|_{x=2\text{m}} = \left.\frac{\mathrm{d}v_2}{\mathrm{d}x_2}\right|_{x=2\text{m}}, \quad (2)^2 + C_1 = 4\left(3(2) - \frac{(2)^2}{2}\right) + C_3$$

$$v_1(2\text{m}) = v_2(2\text{m}), \quad \frac{1}{3}(2)^3 + C_1(2) + C_2 = 4\left(\frac{3}{2}(2)^2 - \frac{(2)^3}{6}\right) + C_3(2) + C_4$$

联立求解，得到

16

例题 16.2

$$C_1 = -\frac{8}{3}, \quad C_2 = 0$$

$$C_3 = -\frac{44}{3}, \quad C_4 = 8$$

因此，式（1）至式（4）可以写为

$$EI\frac{dv_1}{dx_1} = x_1^2 - \frac{8}{3} \tag{5}$$

$$EIv_1 = \frac{1}{3}x_1^3 - \frac{8}{3}x_1 \tag{6}$$

$$EI\frac{dv_2}{dx_2} = 12x_2 - 2x_2^2 - \frac{44}{3} \tag{7}$$

$$EIv_2 = 6x_2^2 - \frac{2}{3}x_2^3 - \frac{44}{3}x_2 + 8 \tag{8}$$

从弹性曲线图（见图 16-11b）可以看出，最大挠度发生在 AB 区间内的某点，D 点。在该点处转角一定为零。由式（5），

$$x_1^2 - \frac{8}{3} = 0$$

$$x_1 = 1.633$$

代入式（6）得到最大挠度

$$v_{max} = -\frac{2.90\text{kN} \cdot \text{m}^3}{EI}$$

负号表示了 D 点处挠度向下。

基础题

F16-1　试求悬臂梁 A 端的挠度和转角。$E = 200\text{GPa}$，$I = 65.0(10^6)\text{mm}^4$。

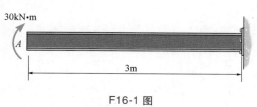

F16-1 图

F16-2　试求悬臂梁 A 端的挠度和转角。$E = 200\text{GPa}$，$I = 65.0(10^6)\text{mm}^4$。

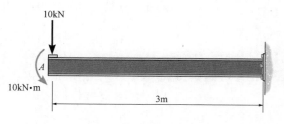

F16-2 图

F16-3　试求悬臂梁 A 端的挠度和转角。$E = 200\text{GPa}$，$I = 65.0(10^6)\text{mm}^4$。

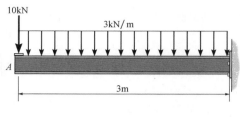

F16-3 图

F16-4　试求简支梁的最大变形。该梁是由木材制成的，弹性模量为 $E_w = 1.5(10^3)$ ksi，梁的横截面为矩形，$b = 3$in，$h = 6$in。

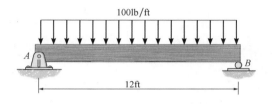

F16-4 图

F16-5　试求简支梁的最大变形。$E = 200$GPa，$I = 39.9$ (10^{-6}) m^4。

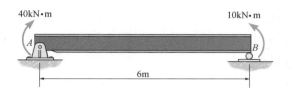

F16-5 图

F16-6　试求简支梁 A 点处的转角。$E = 200$GPa，$I = 39.9(10^{-6})$ m^4。

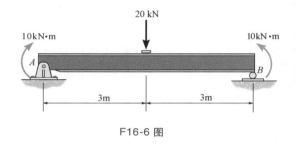

F16-6 图

习题

16-1　一个 L2 钢制作的钢片，厚度为 0.125in，宽度为 2in，弯成弧形后曲率半径为 600in。试计算钢片内的最大弯曲正应力。

16-2　由 L2 钢制造的带锯锯条缠绕在半径为 12in 的滑轮上。试计算锯条内的最大弯曲正应力。已知锯条的宽度为 0.75in，厚度为 0.0625in。

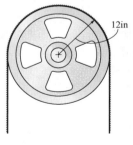

习题 16-2 图

16-3　下图为一运动员正在进行撑杆跳的照片，经测量，杆的最小曲率半径为 4.5m。若杆的直径为 40mm，由

弹性模量 $E_g = 131$GPa 的玻璃钢制成，试计算杆内的最大弯曲正应力。

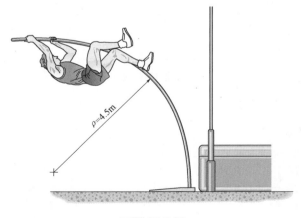

习题 16-3 图

*16-4　试用不同的坐标系 x_1 和 x_2，写出弹性曲线的表达式。EI 为常数。

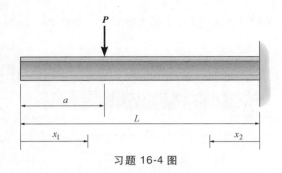

习题 16-4 图

16-5　图示轴为直径 $d = 100mm$ 的实心圆轴，试计算 C 端的挠度。轴是由弹性模量 $E = 200GPa$ 的钢材制成。

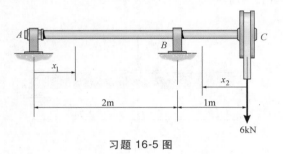

习题 16-5 图

16-6　试用不同的坐标系 x_1 和 x_3，写出梁的弹性曲线表达式，并求出梁内最大挠度。EI 为常数。

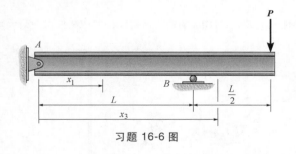

习题 16-6 图

16-7　试用不同的坐标系 x_1 和 x_3，写出弹性曲线表达式，并求出 A 点的转角和 C 点的挠度。EI 为常数。

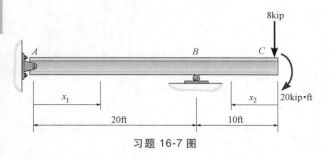

习题 16-7 图

*16-8　梁是由两根杆件组合而成，在 C 点承受集中载荷 P。若杆件的惯性矩分别为 I_{AB} 和 I_{BC}，弹性模量为 E，试计算梁的最大挠度。

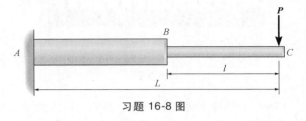

习题 16-8 图

16-9　试用不同的坐标系 x_1 和 x_3，写出弹性曲线表达式。EI 为常数。

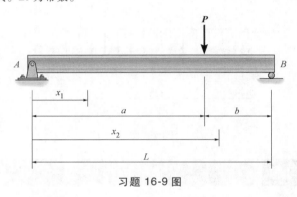

习题 16-9 图

16-10　简支梁承受集中力偶 M_0 作用，试计算梁内的最大挠度和转角。EI 为常数。

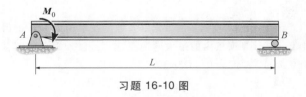

习题 16-10 图

16-11　图示轴由 A 点处只能提供铅垂方向支反力的滑动轴承，以及 C 点处可同时提供铅垂和水平方向支座反力的推力轴承支承。试用不同的坐标系 x_1 和 x_3，写出弹性曲线的表达式。EI 为常数。

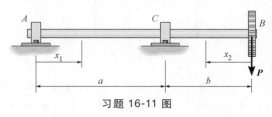

习题 16-11 图

*16-12　试用不同的坐标系 x_1 和 x_3，写出弹性曲线的表达式，并计算 A 点的转角及梁内最大挠度。EI 为常数。

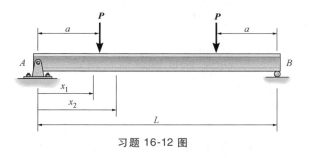

习题 16-12 图

16-13　已知图示简支梁 BC 段的惯性矩为 $2I$，AB 和 CD 段的惯性矩为 I。试计算载荷 P 作用下的梁内最大挠度。

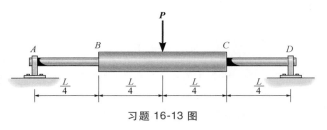

习题 16-13 图

16-14　试计算图示实心圆轴的最大挠度。轴是由 $E = 200\text{GPa}$ 的钢材制成，直径为 100mm。

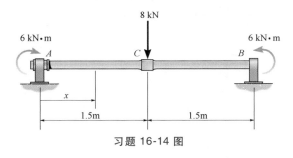

习题 16-14 图

16-15　图示悬臂梁是由 $W14 \times 30$ 的型钢制成，试用 x 坐标写出弹性曲线的表达式，并计算梁内的最大转角和挠度。$E = 29(10^3)\,\text{ksi}$。

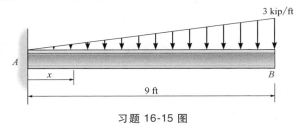

习题 16-15 图

*16-16　试用不同的坐标系 x_1 和 x_2，写出弹性曲线的表达式，并计算 C 点的转角。EI 为常数。

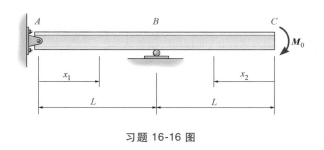

习题 16-16 图

16-17　试用不同的坐标系 x_1 和 x_3，写出弹性曲线的表达式，并计算 A 点的转角。EI 为常数。

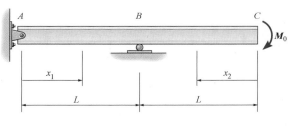

习题 16-17 图

16-18　机舱内的地板可视为承受图示载荷的梁。假设机身只在梁的两端提供铅垂方向的支承反力，试计算梁的最大挠度。EI 为常数。

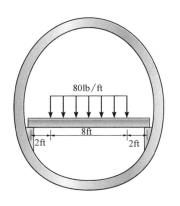

习题 16-18 图

16-19　试用不同的坐标系 x_1 和 x_3，写出弹性曲线的表达式，并计算 B 点的转角和挠度。EI 为常数。

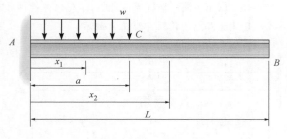

习题 16-19 图

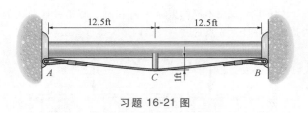

习题 16-21 图

16-22　试用不同的坐标系 x_1 和 x_2，写出弹性曲线的表达式，并计算 C 点的挠度。EI 为常数。

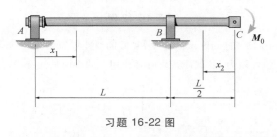

习题 16-22 图

*16-20　两个木制的米尺在其中心处被一个直径为 50mm 的刚性光滑圆柱体分开。试计算使两个木制米尺的尾端能够捏合在一起的力 F 的大小。已知尺子的宽度为 20mm，厚度为 5mm，$E_w = 10\text{GPa}$。

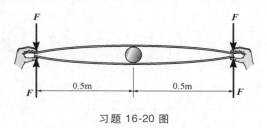

习题 16-20 图

16-21　图示管道可假设为由两端的滚轴及中心处 C 点的刚性鞍座支承。刚性鞍座放置在一条连接两端支承的绳索上。若鞍座使管道中心处不产生下垂（挠度为零），试计算绳子所承受的力的大小。管道和其中的液体重量为 125lb/ft，EI 为常数。

16-23　图示轴是由 B 点处的允许铅锤方向位移，但限制轴向载荷和力矩的滚轴支座支承。若轴承受图示载荷，试计算 A 点的转角和 C 点的挠度。EI 为常数。

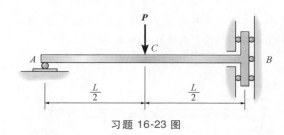

习题 16-23 图

---

*16.3　阶跃函数

当载荷或弯矩在整个梁的长度上可用一个连续函数表示时，应用积分法确定梁或轴弹性曲线方程十分方便。但当梁上作用了若干不同载荷，由于载荷或弯矩方程必须分段建立，该方法就变得烦冗。更重要的是，应用积分法建立表达式需要同时应用边界条件和连续条件确定积分常数。例如，对于图 16-12 所示的梁，需要建立四个弯矩方程以分别描述 AB、BC、CD 和 DE 段的弯矩变化。应用弯矩-曲率之间的关系 $EI\mathrm{d}^2v/\mathrm{d}x^2 = M$，并对每个弯矩

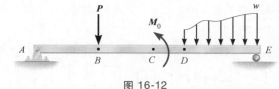

图 16-12

方程连续积分两次，必须确定八个积分常数。确定积分常数需要两个边界条件，即 A 点和 E 点的挠度为零；以及六个连续条件，即 B 点、C 点和 D 点的挠度、转角均连续。

16

本节中，将讨论无论由载荷 $w = w(x)$ 导出的微分方程 $EI \mathrm{d}^4 v/\mathrm{d}x^4 = w(x)$，还是由弯矩 $M = M(x)$ 导出的微分方程 $EI \mathrm{d}^4 v/\mathrm{d}x^4 = w(x)$，都可以用一个方程描述多载荷作用梁的弹性曲线。对 $EI \mathrm{d}^4 v/\mathrm{d}x^4 = w(x)$，连续积分四次，对 $EI \mathrm{d}^2 v/\mathrm{d}x^2 = M(x)$ 连续积分两次，所涉及的积分常数只需用边界条件即可确定。由于不包括连续条件，分析过程将大为化简。

阶跃函数　为了用一个方程描述梁上的载荷或弯矩，我们将使用两种数学运算符，称之为阶跃函数。

从安全角度出发，这些支承胶合板的悬臂梁必须从强度和刚度两方面进行设计。

表 16-2

加载情况	加载方程 $w = w(x)$	剪力 $V = \int w(x)\,\mathrm{d}x$	弯矩 $M = \int V\,\mathrm{d}x$
(1)　M_0	$w = M_0 \langle x-a \rangle^{-2}$	$V = M_0 \langle x-a \rangle^{-1}$	$M = M_0 \langle x-a \rangle^{0}$
(2)　P	$w = P \langle x-a \rangle^{-1}$	$V = P \langle x-a \rangle^{0}$	$M = P \langle x-a \rangle^{1}$
(3)　w_0	$w = w_0 \langle x-a \rangle^{0}$	$V = w_0 \langle x-a \rangle^{1}$	$M = \dfrac{w_0}{2} \langle x-a \rangle^{2}$
(4)　slope = m	$w = m \langle x-a \rangle^{1}$	$V = \dfrac{m}{2} \langle x-a \rangle^{2}$	$M = \dfrac{m}{6} \langle x-a \rangle^{3}$

麦考利函数　为了研究梁或轴的挠度问题，以数学家 W. H. Macaulay 命名的麦考利函数，用于描述不连续的分布载荷。该函数的一般形式为

$$\langle x-a \rangle^n = \begin{cases} 0 & x < a,\ n \geqslant 0 \\ (x-a)^n & x \geqslant a \end{cases} \tag{16-11}$$

其中，x 代表梁上某点位置的坐标，a 为发生"间断"的位置，即分布载荷的起始点。注意到麦考利函数 $\langle x-a \rangle^n$ 采用了角括号，使之与采用圆括号的普通函数 $(x-a)^n$ 加以区分。如同函数状态显示的，只有当 $x \geqslant a$ 时 $\langle x-a \rangle^n = (x-a)^n$，其他情形下函数值为零。另外，该函数只有在指数项 $n \geqslant 0$ 时才有效。麦考利函数的积分与普通函数的积分规则相同，即

$$\int \langle x-a \rangle^n \mathrm{d}x = \frac{\langle x-a \rangle^{n+1}}{n+1} + C \tag{16-12}$$

16

注意到麦考利函数可同时描述均布载荷 $w_0(n=0)$ 和三角载荷（$n=1$），如表 16-2 的第三、第四行所示。显然，这种描述方法也能够扩展至描述其他形式的分布载荷。同时，也可应用叠加法将均布载荷和三角载荷构造出描述梯形载荷的麦考利函数。应用积分法，可得到剪力 $V = \int w(x)\,dx$ 和弯矩 $M = \int V dx$ 的麦考利函数形式，具体形式见表 16-2。

奇异函数 该函数只能应用于描述梁或轴上作用了集中力或集中力偶的情形。例如，集中载荷 P 可被视为无限大均布载荷的一个特例，该均布载荷的集度为 $w = P/\varepsilon$，而均布载荷的作用长度 $\varepsilon \to 0$，如图 16-13 所示。该载荷图的面积与 P 等效，向上为正，并且只在 $x=a$ 时有此数值。数学表达形式为

$$w = P\langle x-a \rangle^{-1} = \begin{cases} 0 & x \neq a \\ P & x = a \end{cases} \tag{16-13}$$

该表达式被称为奇异函数，且只有当 $x=a$ 时函数值为 P，其余为 $0^{\ominus}$。

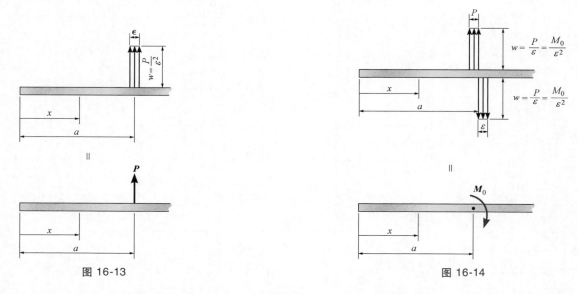

图 16-13　　　　　　　　　　　图 16-14

类似地，集中力偶 M_0（顺时针旋转为正），可被视为 $\varepsilon \to 0$ 的两个均布载荷的等效，如图 16-14 所示。以下函数描述了集中力偶的数值：

$$w = M_0\langle x-a \rangle^{-2} = \begin{cases} 0 & x \neq a \\ M_0 & x = a \end{cases} \tag{16-14}$$

指数项 $n = -2$，是为了保证 w 的单位为单位长度上的力。

以上两个奇异函数的积分遵循微积分的运算法则，而求得的结果与麦考利函数的结果不同。例如：

$$\int \langle x-a \rangle^n\,dx = \langle x-a \rangle^{n+1}, \quad n = -1,\ -2 \tag{16-15}$$

应用该公式，分别积分一次和积分两次，以得到表 16-2 第一行和第二行中显示的梁在作用了 M_0 和 P 情形下的剪力和弯矩表达式。

$\ominus$　集中载荷函数 $\langle x-a \rangle^{-1}$ 有时也可参考单位冲量函数或 Dirac δ 函数的形式。

式（16-11）~ 式（16-15）的应用给出了将梁内载荷或弯矩表示为 x 的函数的一个比较直接的方法。应用这一方法时，必须时刻注意外载荷的正负号。根据以上分析以及表 16-2，集中载荷和分布载荷均为向上为正，集中力偶是顺时针为正。若遵循了这些正负号规则，则梁内的剪力和弯矩的符号便与 11.1 节中的正负号规则一致。

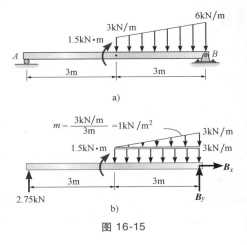

图 16-15

为了展示如何应用阶跃函数描述载荷或弯矩，考虑承受图 16-15a 所示载荷的梁。由于滚轴支座提供的大小为 2.75kN 的支反力，如图 16-15b 所示，方向向上，故其为正。而 1.5kN·m 的集中力偶作用方向为顺时针，故其也为正。最后，梯形载荷为负，并可以分解为三角载荷和均布载荷。由表 16-2，梁上任意点 x 的载荷为

$$w = 2.75\text{kN}\langle x-0 \rangle^{-1} + 1.5\text{kN·m}\langle x-3\text{m} \rangle^{-2} - 3\text{kN/m}\langle x-3\text{m} \rangle^{0} - 1\text{kN/m}^2\langle x-3\text{m} \rangle^{1}$$

上式中并未包含 B 点的支座反力，这是因为 x 永远不会大于 6m，而且该值对计算梁的挠度和转角毫无意义。

可以直接从表 16-2 中得到弯矩的表达式，这比通过将上式积分两次得到要容易得多。因而，不管应用哪种方法，最终得到

$$M = 2.75\text{kN}\langle x-0 \rangle^{1} + 1.5\text{kN·m}\langle x-3\text{m} \rangle^{0} - \frac{3\text{kN/m}}{2}\langle x-3\text{m} \rangle^{2} - \frac{1\text{kN/m}^2}{6}\langle x-3\text{m} \rangle^{3}$$

$$= 2.75x + 1.5\langle x-3 \rangle^{0} - 1.5\langle x-3 \rangle^{2} - \frac{1}{6}\langle x-3 \rangle^{3}$$

对上式积分两次，并应用边界条件——A 点和 B 点的挠度为 0——求得积分常数后，即可求得梁的挠度。

分析过程

应用阶跃函数求解梁的弹性曲线应遵循以下过程。这一过程对于若干个载荷作用的梁或轴，效率很高，因为积分常数只需应用边界条件即可确定，而连续条件是自动满足的。

弹性曲线

- 画出梁的弹性曲线草图，标出支承处的边界条件。
- 在所有的滚轴支座或固定铰支座处挠度均为零，在插入端约束处转角和挠度均为零。
- 建立 x 坐标，使其向右为正方向，坐标原点在梁的最左端。

载荷或弯矩方程

- 计算 $x=0$ 处的支座反力，之后应用表 16-2 中的间断函数，将载荷 w 或弯矩 M 表示成 x 的函数。在写表达式时一定要遵循载荷的正负号规则。
- 注意，对于分布载荷，应确保其一直延续到梁的右端，这样函数才有效。若非如此，则应用叠加法，具体例子参见例题 16.4。

16

分析过程

转角和弹性曲线

● 将 w 表达式代入 $EI\mathrm{d}^4v/\mathrm{d}x^4=w(x)$，或将 M 表达式代入弯矩-曲率关系式 $EI\mathrm{d}^2v/\mathrm{d}x^2=M(x)$，再积分得到转角和挠度的表达式。

● 应用边界条件求解积分常数，并将这些常数代回转角和挠度表达式以求得最终结果。

● 当任意点的转角和挠度表达式确定后，需要记住的是，正的转角为逆时针方向旋转，正的挠度为向上。

例题 16.3

确定图 16-16a 所示梁的最大挠度，梁的 EI 为常数。

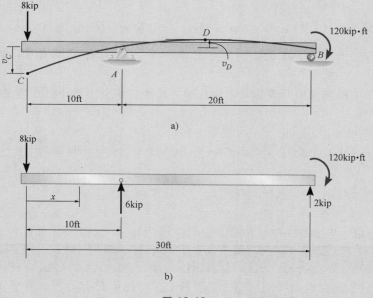

图 16-16

解

弹性曲线。梁挠曲后的弹性曲线如图 16-16a 所示。边界条件要求 A 和 B 处的挠度等于零。

载荷函数。支座反力已经算出并且标在图 16-16b 所示的隔离体上。梁的载荷可以写成

$$w=-8\mathrm{kip}\langle x-0\rangle^{-1}+6\mathrm{kip}\langle x-10\mathrm{ft}\rangle^{-1}$$

其中没有包含 B 处的力和力偶，这是因为二者均位于梁的最右端，且 x 不可能大于 30ft。

积分 $\dfrac{\mathrm{d}V}{\mathrm{d}x}=w(x)$，得到

$$V=-8\langle x-0\rangle^0+6\langle x-10\rangle^0$$

16

例题 16.3

类似地，由 $\dfrac{\mathrm{d}M}{\mathrm{d}x}=V$，有

$$M = -8\langle x-0\rangle^1 + 6\langle x-10\rangle^1$$
$$= (-8x + 6\langle x-10\rangle^1)\,\mathrm{kip}\cdot\mathrm{ft}$$

这一方程也可以通过直接利用表 16-2 中关于弯矩的表达式得到。

转角与弹性曲线。积分两次，得

$$EI\frac{\mathrm{d}^2v}{\mathrm{d}x^2} = -8x + 6\langle x-10\rangle^1$$

$$EI\frac{\mathrm{d}v}{\mathrm{d}x} = -4x^2 + 3\langle x-10\rangle^2 + C_1$$

$$EIv = -\frac{4}{3}x^3 + \langle x-10\rangle^3 + C_1x + C_2 \qquad (1)$$

利用边界条件：$x=10\mathrm{ft}$，$v=0$ 以及 $x=30\mathrm{ft}$，$v=0$，由方程（1）给出

$$0 = -1333 + (10-10)^3 + C_1(10) + C_2$$
$$0 = -36000 + (30-10)^3 + C_1(30) + C_2$$

联立求解，得到 C_1 和 C_2 分别为

$$C_1 = 1333,\quad C_2 = -12000$$

$$EI\frac{\mathrm{d}v}{\mathrm{d}x} = -4x^2 + 3\langle x-10\rangle^2 + 1333 \qquad (2)$$

$$EIv = -\frac{4}{3}x^3 + \langle x-10\rangle^3 + 1333x - 12000 \qquad (3)$$

根据图 16-16a，最大挠度可能发生在点 C 或 D 处。

令方程（3）中 $x=0$，得到点 C 处挠度为

$$v_C = -\frac{12000\mathrm{kip}\cdot\mathrm{ft}^3}{EI}$$

其中负号表明 C 处的挠度向下，如图 16-16a 所示。

在点 D 处，令方程（2）中 $\dfrac{\mathrm{d}v}{\mathrm{d}x}=0$ 以及 $x>10\mathrm{ft}$，得到

$$0 = -4x_D^2 + 3(x_D-10)^2 + 1333$$

$$x_D^2 + 60x_D - 1633 = 0$$

由此解得

$$x_D = 20.3\mathrm{ft}$$

于是，根据方程（3），有

16

例题 16.3

$$EI v_D = -\frac{4}{3}(20.3)^3 + (20.3-10)^3 + 1333(20.3) - 12000$$

$$v_D = \frac{5006\,\text{kip}\cdot\text{ft}^3}{EI}$$

将其与 v_C 比较，可以看出

$$v_{\max} = v_C$$

例题 16.4

确定图 16-17a 所示悬臂梁的弹性曲线方程，梁的 EI 为常数。

解

弹性曲线。载荷使梁挠曲后的形状如图 16-17a 所示。边界条件要求 A 的转角和挠度都等于零。

载荷函数。根据梁的隔离体受力图，确定支座反力如图16-17b 所示。

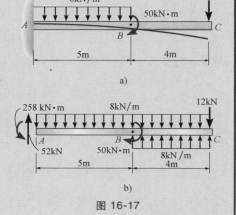

a)

b)

图 16-17

图 16-17a 中的分布载荷没有按要求延伸到点 C，但可以采用叠加的方法，以图 16-17b 所示的载荷替代，效果是相同的。

根据正负号规则，梁上的载荷可以写成

$$w = 52\text{kN}\langle x-0\rangle^{-1} - 258\text{kN}\cdot\text{m}\langle x-0\rangle^{-2} - 8\text{kN/m}\langle x-0\rangle^0 +$$
$$50\text{kN}\cdot\text{m}\langle x-5\text{m}\rangle^{-2} + 8\text{kN/m}\langle x-5\text{m}\rangle^0$$

其中没有变换集中载荷 12kN，因为 x 不可能大于 9m。

因为支座反力已经包含在载荷函数中，故对 $\dfrac{\mathrm{d}V}{\mathrm{d}x} = w(x)$ 积分时，可以忽略积分常数，因此得到

$$V = 52\langle x-0\rangle^0 - 258\langle x-0\rangle^{-1} - 8\langle x-0\rangle^1 + 50\langle x-5\rangle^{-1} + 8\langle x-5\rangle^1$$

进而，根据 $\dfrac{\mathrm{d}M}{\mathrm{d}x} = V$，对上式再积分一次，得

$$M = -258\langle x-0\rangle^0 + 52\langle x-0\rangle^1 - \frac{1}{2}(8)\langle x-0\rangle^2 + 50\langle x-5\rangle^0 + \frac{1}{2}(8)\langle x-5\rangle^2$$
$$= (-258 + 52x - 4x^2 + 50\langle x-5\rangle^0 + 4\langle x-5\rangle^2)\,\text{kN}\cdot\text{m}$$

同样的结果也可以直接从表 16-2 得到。

转角与弹性曲线。应用方程（16-10），连续积分两次，有

$$EI\frac{\mathrm{d}^2 v}{\mathrm{d}x^2} = -258 + 52x - 4x^2 + 50\langle x-5\rangle^0 + 4\langle x-5\rangle^2$$

$$EI\frac{\mathrm{d}v}{\mathrm{d}x} = -258x + 26x^2 - \frac{4}{3}x^3 + 50\langle x-5\rangle^1 + \frac{4}{3}\langle x-5\rangle^3 + C_1$$

16

例题 | **16.4**

$$EIv = -129x^2 + \frac{26}{3}x^3 - \frac{1}{3}x^4 + 25\langle x-5 \rangle^2 + \frac{1}{3}\langle x-5 \rangle^4 + C_1 x + C_2$$

因为，$x=0$ 处，$\dfrac{\mathrm{d}v}{\mathrm{d}x}=0$，有 $C_1 = 0$，以及 $x=0$ 处，$v=0$，有 $C_2 = 0$，据此得到

$$v = \frac{1}{EI}\left(-129x^2 + \frac{26}{3}x^3 - \frac{1}{3}x^4 + 25\langle x-5 \rangle^2 + \frac{1}{3}\langle x-5 \rangle^4\right)\text{m}$$

习题

*16-24　图示轴 A 端由滑动轴承支承，只提供铅垂方向的支座反力；C 处为推力轴承，提供铅垂和水平方向的支座反力。EI 为常数。确定轴的弹性曲线方程。

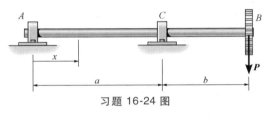

习题 16-24 图

16-25　支承两个带轮载荷如图所示，A、B 两处的轴承只提供铅垂方向的反力。EI 为常数。确定轴的弹性曲线方程。

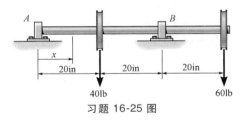

习题 16-25 图

16-26　轴的受力和支承如图所示。确定弹性曲线方程、BC 段内的最大挠度以及 A 端的挠度。EI 为常数。

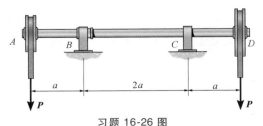

习题 16-26 图

16-27　轴的受力和支承如图所示。确定弹性曲线方程、AB 段内的最大挠度以及 C 端的挠度。EI 为常数。

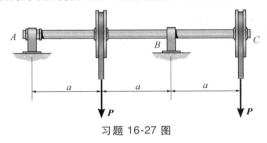

习题 16-27 图

*16-28　图中所示梁，EI 为常数。确定轴的弹性曲线方程。

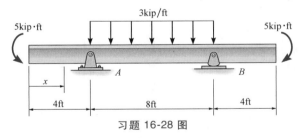

习题 16-28 图

16-29　图中所示的简支梁，EI 为常数。确定 A 处的转角和 B 处的挠度。

16-30　图中所示的简支梁，EI 为常数。确定弹性曲线方程。

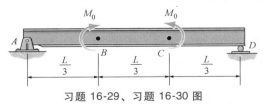

习题 16-29、习题 16-30 图

16-31　该题原书有误，此处从略，未译出。

*16-32　悬臂梁受力如图所示，材料的 $E = 200$ GPa，$I = 65.0 \times 10^6$ mm⁴。确定梁的最大挠度。

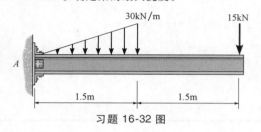

习题 16-32 图

16-33　直径 30mm 的钢制圆轴，受力与支承如图所示，支座 A 和 B 只能承受铅垂方向的反力，材料的 $E = 200$GPa。确定带轮 C、D 和 E 处的挠度。

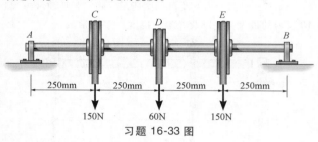

习题 16-33 图

16-34　直径 30mm 的钢制圆轴，受力与支承如图所示，支座 A 和 B 只能承受铅垂方向的反力，材料的 $E = 200$GPa。确定轴承 A 和 B 处的转角。

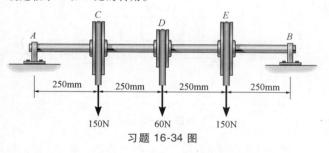

习题 16-34 图

16-35　梁的受力与支承如图所示，EI 为常数，确定梁的弹性曲线方程。

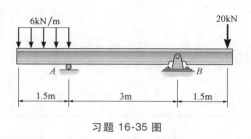

习题 16-35 图

*16-36　梁的受力与支承如图所示，EI 为常数，确定梁的弹性曲线方程。

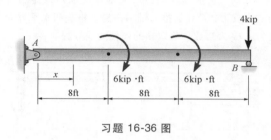

习题 16-36 图

16-37　梁的受力与支承如图所示，EI 为常数，确定梁的弹性曲线方程。

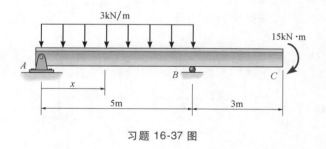

习题 16-37 图

16

16.4　叠加法

微分方程 EId^2v/dx^2 满足应用叠加原理的两个必要条件，即：载荷 $w(x)$ 与挠度 $v(x)$ 线性相关；梁和轴的几何形状不会在载荷的作用下发生明显的改变。

基于此，由若干不同载荷引起的挠度可以互相叠加。例如，v_1 是一个载荷产生的挠度，v_2 是另一个载荷产生的挠度，这两个一起作用时所产生的总挠度即为二者的代数和 $v_1 + v_2$。

利用本书附录 D 或者某些工程手册中表列的各种不同承载梁的结果，通过将不同载荷在梁上同一点产生的转角和挠度代数值相加，即可得到这些载荷在同一点产生的总转角和总挠度。

下面的例题将详细说明如何应用叠加法确定挠度问题，其中的转角和挠度不仅仅由梁的变形引起，而且也包含由刚体位移引起的转角和挠度，例如由弹簧支承的梁即如此。

通过将作用在梁上的每一个载荷所产生的挠度叠加，即可确定梁的总挠度

例题 16.5

简支梁受力如图 16-18a 所示，梁的 EI 为常数。确定 C 处的挠度和支承 A 处的转角。

解 作用在梁上的载荷可以分解为图 16-18b、c 所示两部分。利用附录 D 中的列表，可以找到每一部分载荷引起的 C 处的挠度和 A 处的转角。

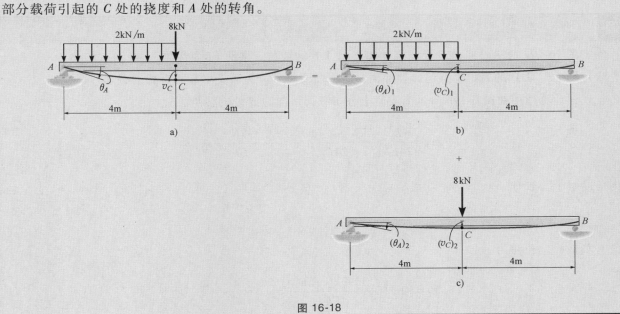

图 16-18

16

例题 16.5

对于分布载荷，

$$(\theta_A)_1 = \frac{3wL^3}{128EI} = \frac{3(2\text{kN/m})(8\text{m})^3}{128EI} = \frac{24\text{kN} \cdot \text{m}^2}{EI} \ \circlearrowright$$

$$(v_C)_1 = \frac{5wL^4}{768EI} = \frac{5(2\text{kN/m})(8\text{m})^4}{768EI} = \frac{53.33\text{kN} \cdot \text{m}^3}{EI} \ \downarrow$$

对于集中力 8kN，

$$(\theta_A)_2 = \frac{PL^2}{16EI} = \frac{8\text{kN}(8\text{m})^2}{16EI} = \frac{32\text{kN} \cdot \text{m}^2}{EI} \ \circlearrowright$$

$$(v_C)_2 = \frac{PL^3}{48EI} = \frac{8\text{kN}(8\text{m})^3}{48EI} = \frac{85.33\text{kN} \cdot \text{m}^3}{EI} \ \downarrow$$

两部分载荷引起的 C 处挠度与 A 处转角的代数和为

$$(+\circlearrowright) \qquad \theta_A = (\theta_A)_1 + (\theta_A)_2 = \frac{56\text{kN} \cdot \text{m}^2}{EI} \ \circlearrowright$$

$$(+\downarrow) \qquad v_C = (v_C)_1 + (v_C)_2 = \frac{139\text{kN} \cdot \text{m}^3}{EI} \ \downarrow$$

例题 16.6

确定图 16-19a 所示外伸梁 C 处的挠度和支承 A 处的转角。梁的 EI 为常数。

解 因为附录 D 的表中没有包含外伸梁，所以需要将其分为简支梁和悬臂梁的叠加。

首先，计算作用在图 6-19b 所示简支梁上分布载荷引起的 B 处的转角

$$(\theta_B)_1 = \frac{wL^3}{24EI} = \frac{5\text{kN/m}(4\text{m})^3}{24EI} = \frac{13.33\text{kN} \cdot \text{m}^2}{EI} \ \circlearrowleft$$

因为角度很小，故有

$$(\theta_B)_1 \approx \tan(\theta_B)_1$$

于是 C 处的铅垂位移为

$$(v_C)_1 = (2\text{m})\left(\frac{13.33\text{kN} \cdot \text{m}^2}{EI}\right) = \frac{26.67\text{kN} \cdot \text{m}^3}{EI} \ \uparrow$$

例题 16.6

其次，作用在悬臂上的载荷 10kN，与作用在支承 B 处的 10kN 的力和 20kN·m 的力偶静力学等效，如图 16-19c 所示。10kN 的力在 B 处不会引起挠度和转角，但是，20kN·m 的力偶却会在 B 处产生转角。力偶产生的 B 处转角为

$$(\theta_B)_2 = \frac{M_0 L}{3EI} = \frac{20\text{kN·m}(4\text{m})}{3EI} = \frac{26.67\text{kN·m}^2}{EI}\circlearrowright$$

这一转角将在 C 处产生挠度

$$(v_C)_2 = (2\text{m})\left(\frac{26.7\text{kN·m}^2}{EI}\right) = \frac{53.33\text{kN·m}^3}{EI}\downarrow$$

最后，悬臂部分将在 10kN 的力作用下发生变形，如图 16-19d 所示。于是有

$$(v_C)_3 = \frac{PL^3}{3EI} = \frac{10\text{kN}(2\text{m})^3}{3EI} = \frac{26.67\text{kN·m}^3}{EI}\downarrow$$

即上述结果的代数值相加，得到 C 处的挠度为

$$(+\downarrow)\quad v_C = \frac{26.7}{EI} + \frac{53.3}{EI} + \frac{26.7}{EI} = \frac{53.3\text{kN·m}^3}{EI}\downarrow$$

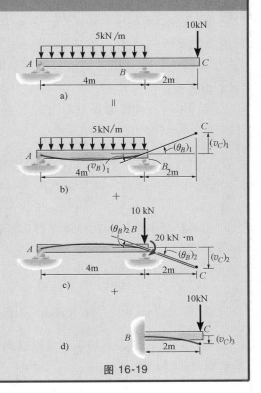

图 16-19

例题 16.7

悬臂梁受力如图 16-20a 所示，梁的 EI 为常数。确定 C 处的挠度。

解　利用附录 D 中表列三角形载荷作用的悬臂梁的结果，B 处的转角和挠度为

$$\theta_B = \frac{w_0 L^3}{24EI} = \frac{4\text{kN/m}(6\text{m})^3}{24EI} = \frac{36\text{kN·m}^2}{EI}$$

$$v_B = \frac{w_0 L^4}{30EI} = \frac{4\text{kN/m}(6\text{m})^4}{30EI} = \frac{172.8\text{kN·m}^3}{EI}$$

没有载荷作用部分 BC 保持直线，如图 16-20 所示。因为 θ 很小，故梁在 C 处的挠度变为

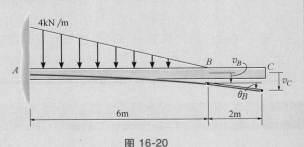

图 16-20

$$(+\downarrow)\quad v_C = v_B \oplus \theta_B(L_{BC})$$

$$= \frac{172.8\text{kN·m}^3}{EI} + \frac{36\text{kN·m}^2}{EI}(2\text{m})$$

$$= \frac{244.8\text{kN·m}^3}{EI}\downarrow$$

16

例题 16.8

图 16-21a 所示钢制直杆，在 A 和 B 两端均由弹簧支承。弹簧的刚度均为 $k = 15\text{kip/ft}$。加载前弹簧保持原长。杆在 C 处承受 3kip 的力。确定加力点的位移。梁 $E_{st} = 29 \times 10^3$，$I = 12\text{in}^4$。忽略杆的重量。

解　A 和 B 两端的支座反力如图 16-21b 所示。每一根弹簧的变形量分别为

$$(v_A)_1 = \frac{2\text{kip}}{15\text{kip/ft}} = 0.1333\text{ft}$$

$$(v_B)_1 = \frac{1\text{kip}}{15\text{kip/ft}} = 0.0667\text{ft}$$

如果杆是刚性的，在弹簧变形后杆将移动到图 16-21b 所示位置。这时 C 处的铅垂位移为

$$(v_C)_1 = (v_B)_1 + \frac{6\text{ft}}{9\text{ft}}[(v_A)_1 - (v_B)_1]$$

$$= 0.0667\text{ft} + \frac{2}{3}[0.1333\text{ft} - 0.0667\text{ft}] = 0.1111\text{ft} \downarrow$$

利用附录 D 中表列结果，可以找到图 16-21c 所示杆变形后 C 处铅垂位移，即

$$(v_C)_2 = \frac{Pab}{6EIL}(L^2 - b^2 - a^2)$$

$$= \frac{3\text{kip}(3\text{ft})(6\text{ft})[(9\text{ft})^2 - (6\text{ft})^2 - (3\text{ft})^2]}{6[29(10^3)\text{kip/in}^2](144\text{in}^2/1\text{ft}^2)(12\text{in}^4)(1\text{ft}^4/20736\text{in}^4)(9\text{ft})}$$

$$= 0.0149\text{ft} \downarrow$$

将上述位移的代数值相加，得到加力点的铅垂位移

$$(+\downarrow)v_C = 0.1111\text{ft} + 0.0149\text{ft} = 0.126\text{ft} = 1.51\text{in} \downarrow$$

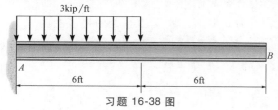

图 16-21

习题

16

16-38　型钢 W10×15 悬臂梁承载如图所示。梁的材料为 A-36 钢。确定 B 端的转角和挠度。

16-39　型钢 W12×45 简支梁由 A-36 钢制成，承受如图所示的载荷。确定 B 端的转角和挠度。

*16-40　确定外伸梁 C 端的转角和挠度，梁的 EI 为常数。

16-41　确定外伸梁 A 端的转角和 D 点的挠度，梁的 EI 为常数。

16-42　确定简支梁 B 端的转角和 C 点的挠度，梁的

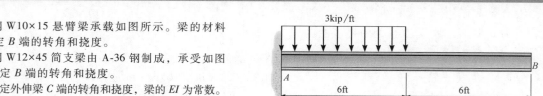

习题 16-38 图

$E = 200\text{GPa}$，$I = 45.5 \times 10^6\text{mm}^4$。

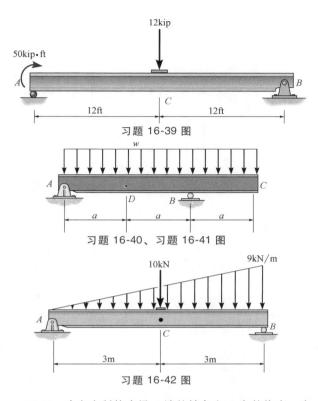

习题 16-39 图

习题 16-40、习题 16-41 图

习题 16-42 图

16-43　确定木制简支梁 A 端的转角和 C 点的挠度，木材的 $E = 10\text{GPa}$。

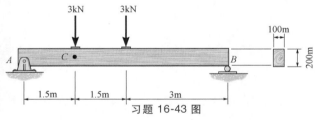

习题 16-43 图

* 16-44　型钢 W8×24 简支梁由 A-36 钢制成，承受如图所示的载荷。确定梁中点 C 处的挠度。

16-45　简支梁承受 2kip/ft 的均布载荷。由于石膏天花板设计规范的限制，要求最大挠度不超过跨度的 1/300。从附录 B 中选择最轻重量钢 A992，满足承受载荷的要求。许用弯曲正应力 $\sigma_{\text{allow}} = 24\text{ksi}$，许用切应力 $\tau_{\text{allow}} = 14\text{ksi}$。假设 A 处为销钉，B 处为滚轴。

16-46　A-36 钢制简支梁承受的载荷如图所示。确定梁中点 C 的挠度，$I = 0.145 \times 10^{-3}\ \text{m}^4$。

16-47　型钢 W10×30 悬臂梁由 A-36 钢制成，在力矩作用下发生非对称弯曲。确定 A 端形心处的挠度。提示：将力矩分解为两个分量，然后应用叠加法。

* 16-48　装配管件由 3 根等长度管组成，3 根管具有相同

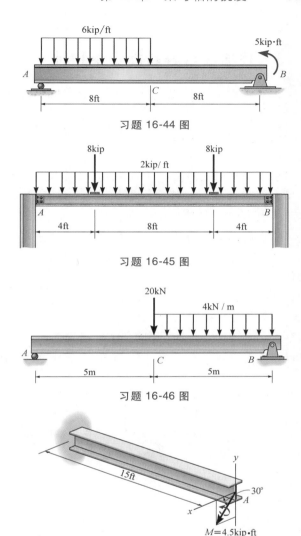

习题 16-44 图

习题 16-45 图

习题 16-46 图

习题 16-47 图

的弯曲刚度 EI 和相同的扭转刚度 GJ。确定 A 点的铅垂位移。

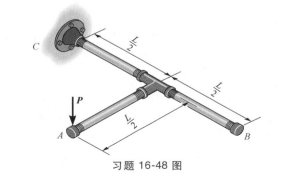

习题 16-48 图

16

16.5 叠加法求解超静定梁和轴

在 9.4 节和 10.5 节已经分别分析了轴向载荷作用下杆件的超静定问题以及轴的扭转超静定问题。

本节将详细介绍确定超静定梁或轴支座反力的一般方法。特别是一些典型的超静定问题，这些问题中，未知支座反力数超过了平衡方程的数目。

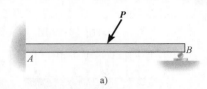

a)

对于保持稳定平衡以外而附加的支座反力，称之为多余的。多余反力的数目称为超静定次数。例如，考察图 16-22a 所示梁，其隔离体受力图示于图 16-22b 中，其上有 4 个未知反力，因为只有 3 个可供求解的平衡方程，所以可以归类于一次超静定。支座反力 A_y、B_y 和 M_A 中的任意一个都可以视为多余的支座反力。除去其中的任意一个，梁保持稳定和平衡。（支座反力 A_x 不能认为是多余的，如果除去这个支座反力，平衡方程 $\sum F_x = 0$ 将不能满足。）

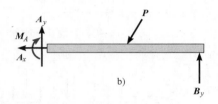

b)

图 16-22

类似的分析可以认为，图 16-23a 中的连续梁为二次超静定，因为有 5 个未知反力，而可用的平衡方程只有 3 个，如图 16-23b 所示。可以选择支座反力 A_y、B_y、C_y 和 M_A 中的任意两个作为多余的。

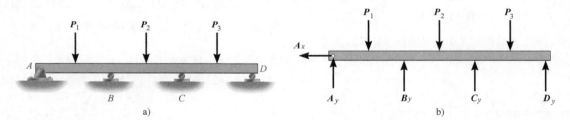

a)   b)

图 16-23

确定超静定梁（或轴）的支座反力，首先需要确定多余的反力。应用被称之为协调条件的几何方程即可确定多余的支座反力。多余的支座反力一旦确定，其余的支座反力即可由平衡方程确定。

此前，叠加法用于求解轴向载荷作用杆和扭转载荷作用轴的超静定问题。

为了将叠加法应用于求解超静定梁（或轴），首先必须确认多余的支座反力；然后除去多余的支座反力得到所谓的静定基本梁，基本梁是静定和稳定的，而且仅承受外载荷。在没有外加载荷的静定基本梁上施加多余的支座反力，然后应用叠加原理即可得到实际承载的梁；最后为了求解多余的支座反力，必须写出存在于多余支座反力作用处的协调条件。

基于这一方法中直接解出的是多余支座反力，因此这种分析方法有时又称为力法。

多余支座反力一旦确定，梁上其余的支座反力即可由 3 个平衡方程确定。

为说明上述有关概念，考察图 16-24a 所示的梁。如果选择滚轴的支座反力 B_y 作为多余力，则基本静定梁如图 16-24b 所示，承受多余力的梁如图 16-24c 所示。滚轴处的总位移应为零，静定基本梁上支承 B 处的位移为 v_B，B_y 在 B 处引起向上的位移 v'_B，于是可以写出协调方程为

$$(+\uparrow)\qquad 0=-v_B+v'_B$$

其中位移 v_B 和 v'_B 由叠加法求得，根据附录 D，有

$$v_B=\frac{5PL^3}{48EI}$$

和

$$v'_B=\frac{B_y L^3}{3EI}$$

将其代入协调方程，得到

$$0=-\frac{5PL^3}{48EI}+\frac{B_y L^3}{3EI}$$

$$B_y=\frac{5}{16}P$$

现在，$\boldsymbol{B}_y$ 由未知变为已知，应用图 16-24d 所示的隔离体受力图，根据三个平衡方程即可确定墙壁固定端处的全部支座反力。结果为

$$A_x=0,\quad A_y=\frac{11}{16}P$$

$$M_A=\frac{3}{16}PL$$

只要保证静定基本梁是稳定的，多余力的选择可以是任意的。

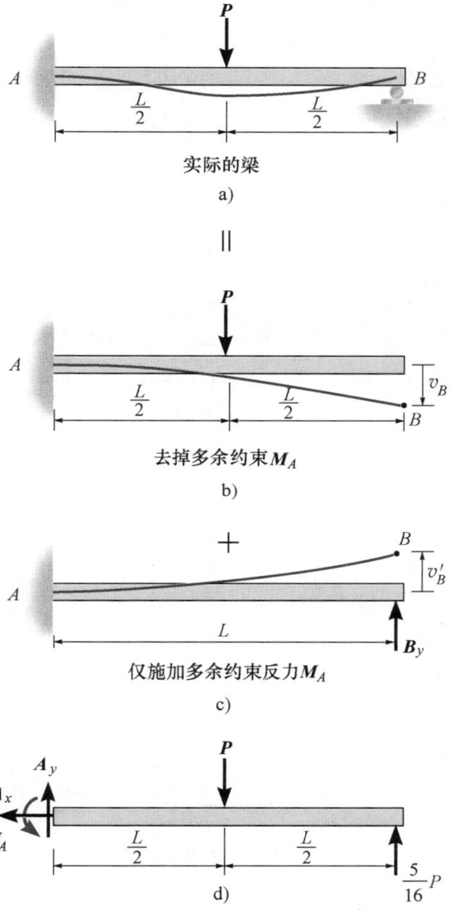

例如，对于图 16-25a 所示梁，也可以选择 A 端的反力偶作为多余的支座反力。如果将 $\boldsymbol{M}_A$ 除去，梁仍然具有承载能力，故基本静定梁在 A 端为固定铰支座，如图 16-25b 所示。在这一梁的 A 处再加上多余支座反力如图 16-25c 所示。设载荷 $\boldsymbol{P}$ 和多余支座反力 $\boldsymbol{M}_A$ 在 A 处引起的转角分别为 θ_A 和 θ'_A，则 A 处的协调方程为

$$(\nearrow+)\qquad 0=\theta_A+\theta'_A$$

利用附录 D，有

$$\theta_A=\frac{PL^2}{16EI},\ \theta'_A=\frac{M_A L}{3EI}$$

于是，

$$0=\frac{PL^2}{16EI}+\frac{M_A L}{3EI}$$

$$M_A=-\frac{3}{16}PL$$

这与此前的结果相同。M_A 的负号表明 $\boldsymbol{M}_A$ 的实际方向与图 16-25c 所示方向相反。

实际的梁
a)

去掉多余约束 M_A
b)

仅施加多余约束反力 M_A
c)

d)

图 16-24

图 16-26a 所示为详细说明这一方法的另一个例子。这种情形下，梁是二次超静定，因而求解需要两个协调方程。选择 B、C 两处的滚轴处反力作为多余力。除去多余力，基本静定梁如图 16-26b 所示。每一个多余力引起的基本静定梁的变形分别如图 16-26c、d 所示。

应用叠加法，B 和 C 处位移的协调方程为

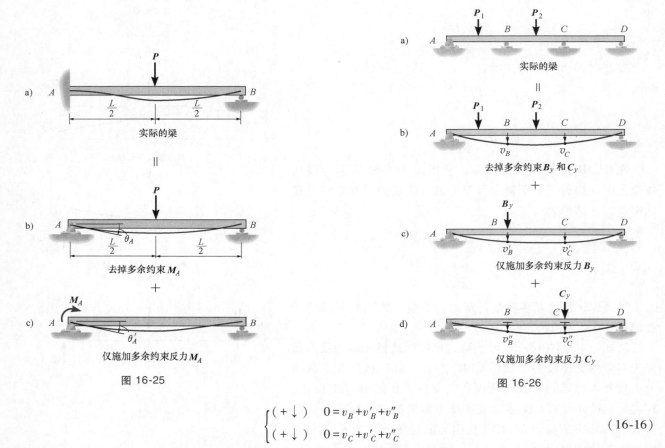

图 16-25

图 16-26

$$\begin{cases}(+\downarrow) & 0 = v_B + v'_B + v''_B \\ (+\downarrow) & 0 = v_C + v'_C + v''_C\end{cases} \tag{16-16}$$

位移分量 v'_B 和 v'_C 将表示为未知力 B_y 的形式，位移分量 v''_B 和 v''_C 将表示为未知力 C_y 的形式。当这些位移确定之后并代入方程（16-16），联立求解即可得到未知力 B_y 和 C_y。

分析过程

16

应用叠加法求解超静定梁或轴应遵循以下过程。

弹性曲线

- 确定未知多余力或力矩，确保除去多余力或力矩后梁是静定的和稳定的。
- 画出与超静定梁相对应的一系列静定梁。
- 这些梁中首先是静定基本梁，其余为施加多余力的梁，以及在静定基本梁上施加多余力的梁。
- 画出每一种梁的挠曲线，标出每一个多余力（力矩）作用点处的挠度（转角）。

协调方程

- 对于每一个多余力（力矩）作用点处的挠度（转角），写出协调方程。
- 应用附录 D 中的表列结果确定协调方程中所有挠度和转角。
- 将上述结果代入协调方程，解出未知力。
- 如果所得数值为正，则表明实际方向与开始假设的方向相同；如果为负，则表明多余力的实际作用方向与假设方向相反。

平衡方程

- 一旦确定了多余力或力矩，其余未知支座反力即可根据作用在梁的隔离体的受力图（其上包括外加载荷与多余力）的平衡方程求出。

例题　16.9

梁的支承和载荷如图 16-27a 所示。确定滚轴 B 处的支座反力，画出剪力图和弯矩图。梁的 EI 为常数。

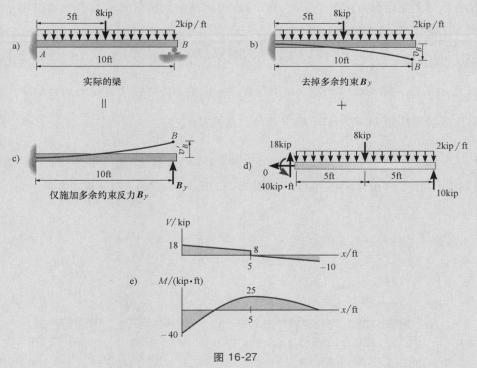

图 16-27

解　通过考察，梁为一次超静定梁。选择滚轴支座 B 处的反力为多余力，多余力将可以直接确定。图 16-27b、c 所示为叠加原理的应用。其中 B_y 假设方向向上。

协调方程。 位移向下为正，B 处的协调方程为

$$(+\downarrow) \qquad 0 = v_B - v'_B \qquad (1)$$

16

例题 | **16.9**

位移可以由附录 D 中的表列结果直接得到

$$v_B = \frac{wL^4}{8EI} + \frac{5PL^3}{48EI}$$

$$= \frac{2\text{kip/ft}(10\text{ft})^4}{8EI} + \frac{5(8\text{kip})(10\text{ft})^3}{48EI} = \frac{3333\text{kip} \cdot \text{ft}^3}{EI} \downarrow$$

$$v'_B = \frac{PL^3}{3EI} = \frac{B_y(10\text{ft})^3}{3EI} = \frac{333.3\text{ft}^3 B_y}{EI} \uparrow$$

将其代入方程（1）解出

$$0 = \frac{3333}{EI} - \frac{333.3 B_y}{EI}$$

$$B_y = 10\text{kip}$$

平衡方程。利用上述结果，由 3 个平衡方程可以得到其余支座反力，如图 16-27d 所示。剪力图和弯矩图示于图 16-27e 中。

例题 | **16.10**

图 16-28a 所示梁在 A 端与墙体固定，B 端与直径 $\frac{1}{2}$ in 的 BC 杆铰接。设两构件的 $E = 29$（10^3）ksi，梁横截面对中性轴的惯性矩 $I = 475$ in^4。确定载荷引起的杆的受力。

解法 1

叠加原理。通过考察，这是一次超静定问题。由于杆被拉伸，B 处将产生未知位移 v''_B。杆将作为多余支承，将 B 处杆对梁的作用力作为多余力从梁上除去，如图 16-28b 所示。在梁的 B 处再施加多余力如图 16-28c 所示。

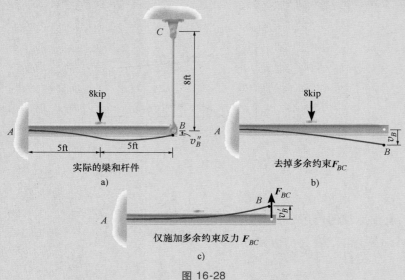

a) 实际的梁和杆件

b) 去掉多余约束 F_{BC}

c) 仅施加多余约束反力 F_{BC}

图 16-28

例题 **16.10**

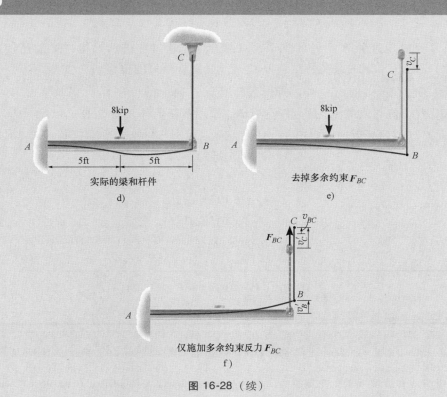

图 16-28（续）

协调方程。在 B 处，要求

$$(+\downarrow) \qquad v''_B = v_B - v'_B \tag{1}$$

位移 v_B 和 v'_B 由附录 D 表列结果确定。v''_B 由方程（9-2）算出。采用千磅和英寸单位，有

$$v''_B = \frac{PL}{AE} = \frac{F_{BC}(8\text{ft})(12\text{in/ft})}{(\pi/4)\left(\frac{1}{2}\text{in}\right)^2\left[29(10^3)\text{kip/in}^2\right]} = 0.01686F_{BC}\downarrow$$

$$v_B = \frac{5PL^3}{48EI} = \frac{5(8\text{kip})(10\text{ft})^3(12\text{in/ft})^3}{48\left[29(10^3)\text{kip/in}^2\right](475\text{in}^4)} = 0.1045\text{in}\downarrow$$

$$v'_B = \frac{PL^3}{3EI} = \frac{F_{BC}(10\text{ft})^3(12\text{in/ft})^3}{3\left[29(10)^3\text{kip/in}^2\right](475\text{in}^4)} = 0.04181F_{BC}\uparrow$$

于是方程（1）变为

$$(+\downarrow) \qquad 0.01686F_{BC} = 0.1045 - 0.04181F_{BC}$$

解出结果

$$F_{BC} = 1.78\text{kip}$$

16

例题	16.10

解法 2

叠加原理。也可以通过解除 C 处的支承，求解此例，这时杆仍然保持与梁的连接。这种情形下，如果杆 BC 不受力，所以 8kip 的载荷将在点 B 和 C 承受同样数值的位移 v_C，如图 16-28e 所示。

当多余力 $\boldsymbol{F}_{BC}$ 实际在杆上的点 C 时，将引起杆上点 C 向上的位移 v'_C，以及梁的 B 端向上位移 v'_B，如图 16-28f 所示。两个位移之差 v_{BC} 是为杆在力 $\boldsymbol{F}_{BC}$ 作用下杆的伸长量，即 $v'_C = v_{BC} + v'_B$。因此，根据图 16-28d、e、f，点 C 处位移的协调方程为

$$(+\downarrow) \qquad 0 = v_C - (v_{BC} + v'_B) \tag{2}$$

根据解法 1，有

$$v_C = v_B = 0.1045\text{in.} \downarrow$$

$$v_{BC} = v''_B = 0.01686 F_{BC} \uparrow$$

$$v'_B = 0.04181 F_{BC} \uparrow$$

于是方程（2）变为

$$(+\downarrow) \qquad 0 = 0.1045 - (0.01686 F_{BC} + 0.04181 F_{BC})$$

$$F_{BC} = 1.78\text{kip}$$

基础题

F16-7　确定固定端 A 和滚轴 B 处的支座反力。EI 为常数。

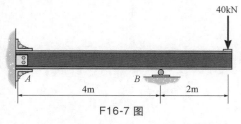

F16-7 图

F16-8　确定固定端 A 和滚轴 B 处的支座反力。EI 为常数。

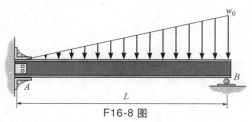

F16-8 图

F16-9　确定固定端 A 和滚轴 B 处的支座反力。支座 B

沉降 2mm。$E = 200\text{GPa}$，$I = 65.0(10^{-6})\ \text{m}^4$。

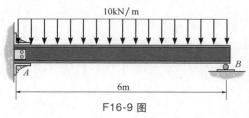

F16-9 图

F16-10　确定固定端 A 和滚轴 B 处的支座反力。EI 为常数。

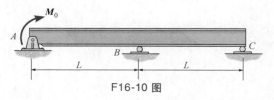

F16-10 图

F16-11　确定滚轴 B 处的支座反力。EI 为常数。

F16-12　确定滚轴 B 处的支座反力。支座 B 沉降 2mm。$E = 200\text{GPa}$，$I = 65.0\ (10^{-6})\text{m}^4$。

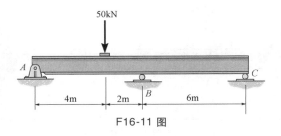

F16-11 图

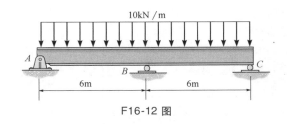

F16-12 图

习题

16-49 确定轴承支承 A、B 和 C 的支座反力，画出轴的剪力图和弯矩图。EI 为常数。每个轴承只对轴产生铅垂方向的反力。

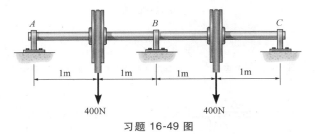

习题 16-49 图

16-50 确定支承 A 和 B 的反力，EI 为常数。

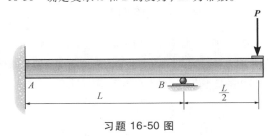

习题 16-50 图

16-51 确定支承 A、B 和 C 的反力，画出轴的剪力图和弯矩图。EI 为常数。

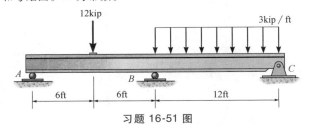

习题 16-51 图

*16-52 确定支承 A 和 B 处的反力矩，EI 为常数。

16-53 确定 A-36 钢制板条 B 端的挠度，并画出剪力图

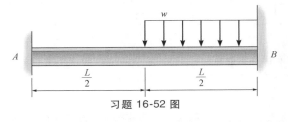

习题 16-52 图

和弯矩图。弹簧刚度 $k = 2\text{N/mm}$。板条宽 5mm，高 10mm。

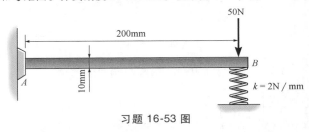

习题 16-53 图

16-54 确定支承 A 和 B 处的反力和反力矩，EI 为常数。

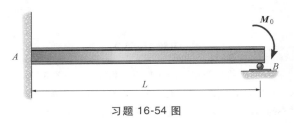

习题 16-54 图

16-55 确定支承 C 处的反力。二梁的 EI 相等且为常数。

*16-56 组合梁段用光滑的滚轴在 C 处连接，如图所示。确定施加载荷 P 之后固定端 A 和 B 处的支座反力。EI 为常数。

16-57 两端刚度支承的梁，为提高其强度，在其下方用一简支梁支承 CD，二者之间在 F 点处通过光滑滚轴接触。加载前滚轴不受力。确定各个支承处的反力。二梁的

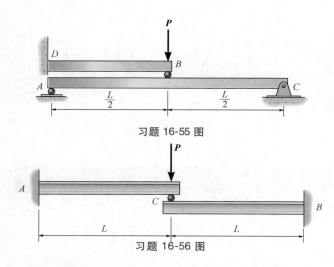

习题 16-55 图

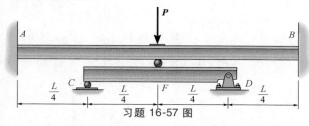

习题 16-56 图

EI 相等且为常数。

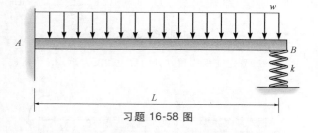

习题 16-57 图

16-58 确定弹簧受力。梁的 *EI* 为常数。

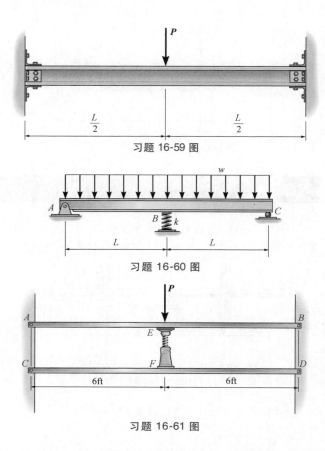

习题 16-59 图

习题 16-60 图

习题 16-61 图

16-62 A992 钢制梁和杆用于承受 8kip 的载荷如图所示。钢的许用应力 $\sigma_{allow} = 19$ksi，要求梁的最大挠度不超过 0.05in，确定杆可用的最小直径。梁为高 5in、宽 3in 的矩形截面。

习题 16-58 图

16-59 梁的两端用螺栓与固定物连接，加载时两端不能通过完全固定的支承，但是在变为完全固定端之前，允许有一微小的角度 *α*。确定两端连接处的反力矩以及梁的最大挠度。

*16-60 图示梁中 *A* 处为固定铰支座、*B* 处为刚度等于跨度弹簧、*C* 处由滚轴支承。确定弹簧的受力。梁的 *EI* 为常数。

16-61 两个由铝合金 6061-T6 组成的构件，横截面均为 1in×1in。构件的两端均为铰链连接，二者之间中点处安置一千斤顶，千斤顶施加 50lb 的力使两构件张开。为保证两构件都发生屈服，确定顶面中点处所能施加的最大载荷 *P*。分析过程中不考虑轴向力，且假设千斤顶为刚体。

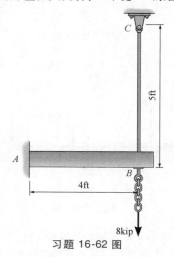

习题 16-62 图

16

16-63　直径为 1in 的圆轴由 A-36 钢制成，在 A、C 两处由刚性轴承支承。轴承 B 静置在一宽翼缘型钢简支梁上，梁横截面惯性矩 $I = 500\text{in}^4$。滑轮上每根带的载荷为 400lb。确定 A、B 和 C 三处的支座反力。

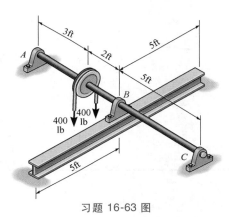

习题 16-63 图

*16-64　三个简支梁组合的装配件如图所示。上梁的下表面静置在下面两根梁的顶面上。3kN/m 的均布载荷施加在上梁的顶面上。确定每一根梁的铅垂支座反力。三梁的 EI 相等且为常数。

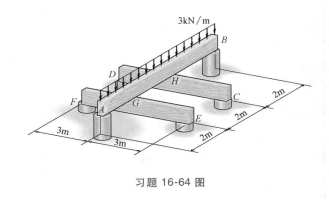

习题 16-64 图

本章回顾

弹性曲线表示梁或轴挠曲的中心线

弹性曲线的形状可由弯矩图确定。正的弯矩产生向上凹的曲线，负的弯矩产生向下凸的曲线

任意点的弹性曲线的曲率由下式确定：

$$\frac{1}{\rho} = \frac{M}{EI}$$

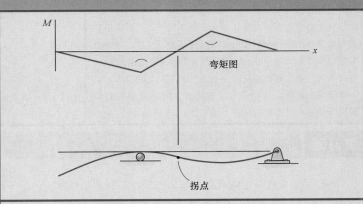

弯矩图

拐点

确定弹性曲线方程及转角，首先需要将构件中的弯矩表示为 x 的函数

如果有几个载荷同时作用，必须在各个载荷之间分别建立各自的弯矩函数

利用

$$EI(\mathrm{d}^2v/\mathrm{d}x^2) = M(x)$$

积分一次得到转角方程，再积分一次得到挠度方程

积分常数由支承处的边界条件确定；当弯矩函数分为若干段时，还将涉及转角和挠度的连续条件，即：在弯矩分段点处转角和挠度函数的连续性必须满足

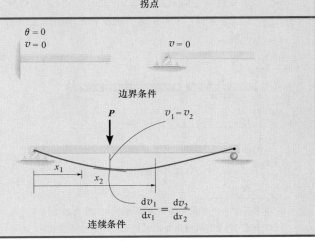

边界条件

连续条件

阶跃函数有可能将弹性曲线方程表示成连续函数，而与作用在构件上的载荷数目无关 　这一方法舍去原来需要的连续条件。根据两个边界条件即可确定两个积分常数	
面积矩法[○]是一种半图解法，用于确定切线倾角或者确定弹性曲线上特殊点切线之间的竖直距离 　这一方法要求确定一段 M/EI 图下的面积或者这块面积对于弹性曲线上某一点之矩 　对于由诸如集中载荷和集中力偶引起的简单形状组成的 M/EI 图，这一方法很好使	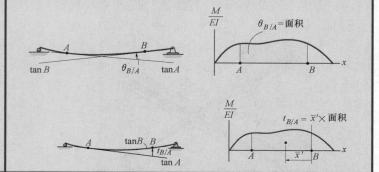
承受多个载荷构件上一点的转角和挠度，可以采用叠加法确定 　为此附录 D 中的表列结果是可用的	
对于超静定梁或轴，未知支座反力的个数多于可用的平衡方程数目 　求解超静定问题首先要认定多余支座反力。然后采用积分法或面积矩法解出未知的多余支座反力。当然，应用叠加法也可以求解多余反力，这需要考察多余反力作用处的连续条件。这时要确定除去多余力时载荷引起的位移，还要确定除去载荷后多余力引起的位移。附录 D 中表列结果可用于这些所需的位移	

复习题

　16-65　承受两个忽略载荷的轴如图所示。利用不连续函数确定弹性曲线方程。A 和 B 端的轴承只提供铅垂方向的反力。EI 为常数。

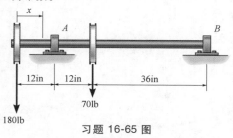

习题 16-65 图

　16-66　轴的受力和轴承如图所示。A 处的径向轴承只提供铅垂方向的反力；B 处的推力轴承提供水平和铅垂两个方向的反力。画出轴的弯矩图，根据弯矩图画出轴线的挠曲线或弹性曲线。采用图中所示 x_1 和 x_2 坐标确定弹性曲线方程。EI 为常数。

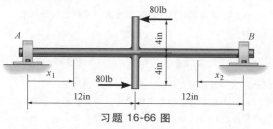

习题 16-66 图

　　○　本书正文中没有关于面积矩法的论述。有兴趣的读者可以参考 Beer 所著《Mechanics of Materials》的中译本，由陶秋帆、范钦珊译，该书于 2015 由机械工业出版社出版。——译者注

16-67　型钢 W8×24 制成的简支梁的支承和载荷如图所示。采用叠加法确定梁中点 C 处的挠度。梁的材料为 A-36 钢。

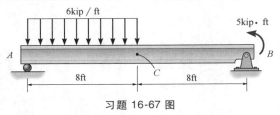

习题 16-67 图

*16-68　应用积分法，由图中所示 x_1 和 x_2 坐标确定弹性曲线方程。确定 A 处转角和最大挠度。EI 为常数。

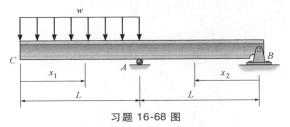

习题 16-68 图

16-69　采用叠加法确定全部支座反力。EI 为常数。

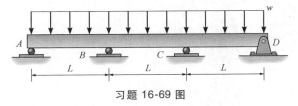

习题 16-69 图

16-70　应用积分法，由图中所示 x_1 和 x_2 坐标确定支座 A 和 B 之间的最大挠度。EI 为常数。

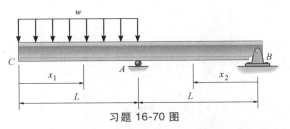

习题 16-70 图

16-71　厚度为 t 的等厚度悬臂梁承受图示载荷，梁材料的弹性模量为 E。确定 A 端的挠度。

*16-72　确定图示梁中点的挠度为零时，作用在梁上的 M_0 与分布载荷集度 w 和几何尺寸 a 之间的关系。EI 为常数。

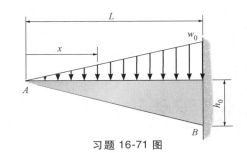

习题 16-71 图

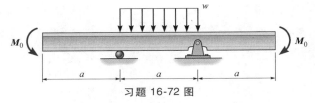

习题 16-72 图

16-73　图中所示二梁均为木制，木材的弹性模量 $E = 1.5（10^3）$ ksi。采用叠加法确定 AB 梁上 C 处挠度。

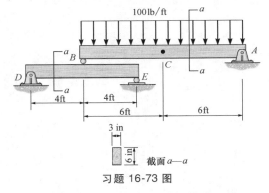

习题 16-73 图

16-74　图示框架由 A-36 钢制的两根悬臂梁 CD 和 BA 以及简支梁 CB 组成。3 根梁横截面的主惯性矩 $I_x = 118 in^4$。确定 CB 梁上 G 处挠度。采用叠加法。

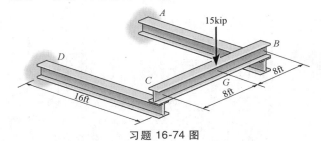

习题 16-74 图

16

水塔水箱的立柱在中部增加了连接，以降低屈曲的可能性。

本章任务

■ 详细介绍引起弹性范围内受力柱（压杆）屈曲的临界载荷方法。

■ 研究不同的支承形式对临界载荷的影响。

■ 介绍非弹性情形下计算屈曲临界载荷的近似方法。

17.1　临界载荷

无论设计什么构件，都必须使其满足特定的强度、刚度及稳定性要求。本书前面的章节中讨论了用于确定构件强度和挠度的一些方法，这些情形下，构件始终保持稳定平衡状态。然而，对于一些细长构件，当承受压缩载荷而且载荷又足够大时，在外界扰动下，将发生横向或侧向挠曲。

定义：承受轴向压缩载荷的长细构件称之为柱（压杆）；发生的横向或侧向挠曲的现象称之为屈曲。柱（压杆）的屈曲将导致结构或机械发生突发恶性事故，因此，必须特别关注柱（压杆）的设计，确保其安全承受载荷而不发生屈曲。

柱（压杆）临近屈曲时所承受的最大轴向载荷被称之为临界载荷，用 P_{cr} 表示（见图 17-1a）。这时，载荷的任意微小增量将会引起杆件屈曲，并产生如图 17-1b 所示的横向挠曲。

为了更好地理解这一非稳定现象的机理，考虑图 17-2a 所示的由铰链连接的 2 个无重量杆件组成的机构。当杆件在铅垂位置时，刚度系数为 k 的弹簧未变形，在杆件顶端施加了一个小的铅垂载荷 P。

通过令铰接 A 处产生一个微小位移 Δ 以打破平衡状态，如图 17-2b 所示。杆件产生位移后其隔离体受力图如图 17-2c 所示，弹簧将产生大小为 $F=k\Delta$ 的恢复力，外加载荷 P 将产生两个水平方向的分量，$P_x=P\tan\theta$，力图使销钉（以及杆件）更加远离平衡位置。

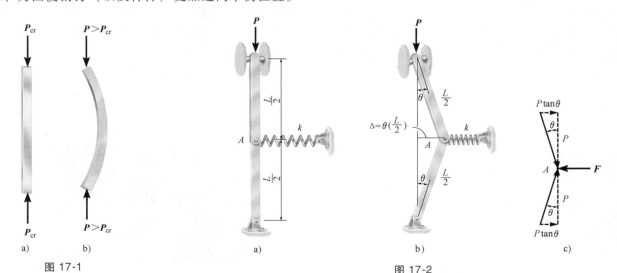

图 17-1

图 17-2

17

由于 θ 很小，故 $\Delta\approx\theta(L/2)$，$\tan\theta\approx\theta$，因此弹簧的恢复力可写为 $F=k\theta L/2$，而扰动力为 $2P_x=2P\theta$。若恢复力大于扰动力，即 $k\theta L/2>2P\theta$，消去 θ 后解出

$$P < \frac{kL}{4} \quad \text{稳定平衡}$$

此为稳定平衡条件，因为弹簧的恢复力足够大，杆件能够重新回到铅垂位置。如果 $k\theta L/2 < 2P\theta$，或

$$P > \frac{kL}{4} \quad \text{不稳定平衡}$$

则机构处于不稳定平衡。这表明，当施加载荷 P 时，若令 A 处产生了一个微小位移，则机构会偏离平衡位置，且不会重新回到原始位置。

当 $k\theta L/2 = 2P\theta$，得到介于二者之间的 P 值，即为临界载荷，于是有

$$P = \frac{kL}{4} \quad \text{中性平衡}$$

该载荷表示了机构处于中性平衡状态。由于 P_{cr} 与杆件的位移 θ 无关，任意微小扰动既不会使机构偏离其平衡位置，也不会使结构回到初始平衡位置。即杆件会保持在变形后的位置。

图 17-3 所示为以上三种平衡状态下 P-θ 的关系曲线。载荷等于临界载荷 $P = P_{cr}$ 的那一点，是从稳定平衡到不稳定的过渡点，称为分岔点。在该点处，在任意微小 θ 值下（无论 θ 是在竖直坐标的左侧还是右侧）机构都是平衡的。事实上，P_{cr} 表示了机构在临界屈曲状态下的载荷。因此上述分析推导过程中假设一个微小扰动以确定临界载荷是非常合理的。但是，需要注意的是，P_{cr} 可能并不是机构所能承受的 P 的最大值。实际上，如果在杆上施加一个更大的 P，在弹簧被压缩或拉伸到足以使机构保持平衡之前，机构可能会产生更大侧向位移。

类似于两杆机构临界载荷的分析过程，可以确定不同支承条件下柱（压杆）的临界屈曲载荷。下一节中将详细阐述推导过程。

虽然工程设计中，临界载荷被认为是柱（压杆）所能承受的最大载荷，实际上，如同两杆机构的挠曲或屈曲那样，柱（压杆）可承受比 P_{cr} 更大的载荷。不幸的是，该载荷可能会引起柱（压杆）的较大挠曲，一般而言，这在工程结构或机械中是不允许的。例如，只需要几个牛顿的力就可以使米尺屈曲，但米尺可一直承受载荷，直至其产生了很大的侧向挠度。

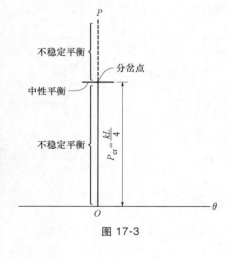

图 17-3

一些细长的铰链连接构件，如图所示的短连杆，被应用在可动机构中，并且承受压缩载荷，因此该构件可被视为柱（压杆）

17.2 两端铰支的理想柱（压杆）

本节将确定图 17-4a 所示两端铰支柱（压杆）的临界屈曲载荷。柱（压杆）可视为理想柱（压杆），即在施加载荷前杆件为理想直杆，由均匀材料制成，且载荷施加在其横截面的形心上。更进一步的假设包括：材料在线弹性范围内变形，柱（压杆）在一个独立平面内发生屈曲或弯曲。虽然在实际中柱（压杆）的直线程度及载荷的施加条件很难满足理想直杆的要求。

但是，应用"理想柱（压杆）"进行分析的过程与应用有初始弯曲或施加偏心载荷的柱（压杆）分析的方法是类似的。那些更接近实际的情形将在本章的后面进行讨论。

由于理想柱（压杆）是直杆，理论上轴向载荷 P 可一直增加至材料发生断裂失效或屈服失效。但是当载荷达到临界载荷 P_{cr} 时，柱（压杆）将处于不稳定的临界点，任何极小的横向力 F（图 17-4b），将使柱（压杆）产生横向挠曲，移除 F 后，柱（压杆）也将保持变形后的位形（图 17-4c）。若轴向载荷 P 由 P_{cr} 开始逐渐减小，则柱（压杆）将会重新变直，相反，轴向载荷 P 若超过了 P_{cr}，柱（压杆）会产生更大的横向挠度。

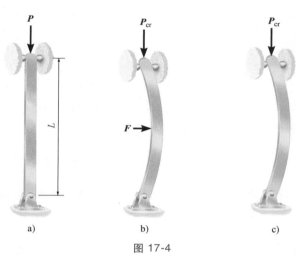

图 17-4

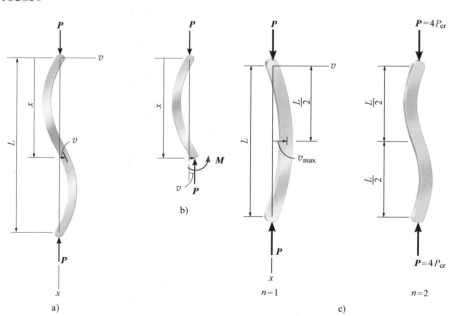

图 17-5

当承受轴向载荷时，柱（压杆）是保持稳定还是变为不稳定，取决于使其弯曲后的恢复力。因此，为了确定临界载荷及柱（压杆）的屈曲构型，我们将应用式（16-5），即挠曲形状与弯矩的关系式：

$$EI \frac{\mathrm{d}^2 v}{\mathrm{d}x^2} = M \tag{17-1}$$

如前所述，这一方程假设弹性曲线的转角很小，挠度仅由弯曲引起。当柱（压杆）挠曲后如图 17-5a 所示时，应用截面法可以确定杆件的弯矩。图 17-5b 所示为挠曲后柱（压杆）局部的隔离体受力图，依照建立方程（17-1）时的正负号规则，图中的挠度 v 和弯矩 M 均为正方向。根据力矩平衡条件，$M = -Pv$，方程（17-1）变为

$$EI \frac{\mathrm{d}^2 v}{\mathrm{d}x^2} = -Pv$$

$$\frac{\mathrm{d}^2 v}{\mathrm{d}x^2} + \left(\frac{P}{EI}\right) v = 0 \tag{17-2}$$

上式为二阶齐次线性常系数微分方程。采用求解微分方程的方法，或者采用直接代入并验证方程（17-2）的方法，得到微分方程的通解为

$$v = C_1 \sin\left(\sqrt{\frac{P}{EI}} x\right) + C_2 \cos\left(\sqrt{\frac{P}{EI}} x\right) \tag{17-3}$$

其中的积分常数可由柱（压杆）两端的边界条件确定。由于在 $x = 0$ 处 $v = 0$，可得 $C_2 = 0$。根据 $x = L$ 处 $v = 0$，有

$$C_1 \sin\left(\sqrt{\frac{P}{EI}} L\right) = 0$$

当 $C_1 = 0$ 时上式恒成立，但其意味着 $v = 0$，即零解，其意义为：即使载荷可能使柱（压杆）屈曲，也要求柱（压杆）永远保持直线构型。而其他可能的解为

$$\sin\left(\sqrt{\frac{P}{EI}} L\right) = 0$$

上式满足时有

$$\sqrt{\frac{P}{EI}} L = n\pi$$

或写成

$$P = \frac{n^2 \pi^2 EI}{L^2} \quad (n^{\ominus} = 1, 2, 3, \cdots) \tag{17-4}$$

当 $n = 1$ 时 P 有最小值，因此柱（压杆）的临界载荷为

$$P_{\mathrm{cr}} = \frac{\pi^2 EI}{L^2}$$

这一载荷有些时候也称为欧拉载荷，以瑞士数学家欧拉（Leonhard Euler）命名，他在 1757 年首先解

17

$\ominus$　n 表示了柱（压杆）变形后正弦半波的个数。例如，若 $n = 2$，则将出现两个正弦半波，如图 17-5c 所示。图中在临界屈曲之前的临界载荷是 $4P_{\mathrm{cr}}$，但实际上是不存在的。

决了该问题。相应地，屈曲构型可由以下公式确定：

$$v = C_1 \sin \frac{\pi x}{L}$$

其中常数 C_1 表示了发生在柱（压杆）的中点的最大挠度 v_{max}，如图 17-5c 所示。C_1 的具体数值不能确定，这是由于柱（压杆）屈曲后确切的形状是未知的。但是，可以假设其变形很小。

　　注意到临界载荷的大小与材料的强度无关，仅与柱（压杆）的尺寸（I 和 L）、材料的刚度或弹性模量 E 有关。基于此原因，从考虑弹性屈曲的角度，用高强度钢制造的柱（压杆）并不比用低强度钢制造的更有优势，因为这两种钢材的弹性模量基本上相同。同时需要注意的是，柱（压杆）的承载能力随着横截面的惯性矩增大而加大，因此，大部分面积位于距离中性轴较远处的截面形式被视为制造柱（压杆）的有效截面形式。这便是为何中空截面，如圆环，比实心截面更经济的原因。进而，工字形截面以及用板"组合成"的截面比实心矩形截面更好。

　　同时需要指出的是：即使支承都一样，柱（压杆）将会围绕着惯性矩最小的（承载力最弱的）主轴屈曲。例如，矩形截面柱（压杆）（例如图 17-6 所示米尺），将会绕着 a—a 轴屈曲，而不是 b—b 轴。因此，工程师们通常会追求均衡，即：使各个方向的惯性矩都保持一致。从几何上讲，圆环形截面为制造柱（压杆）的最佳选择，同样的，中空正方形或其他的 $I_x \approx I_y$ 的截面形式也经常应用在柱（压杆）中。

　　总结上述分析结果，两端铰支细长柱（压杆）的屈曲公式可写为

$$P_{cr} = \frac{\pi^2 EI}{L^2} \tag{17-5}$$

式中　P_{cr} 为柱（压杆）的临界载荷，或刚好发生屈曲前杆件承受的最大轴向载荷，该载荷一定不能使柱（压杆）内的应力超过比例极限；

　　E 为材料的弹性模量；

　　I 为柱（压杆）横截面的最小惯性矩；

　　L 为柱（压杆）的未支承部分的长度，在其两端为铰链支承。

　　工程设计中，将 I 表示为 $I = Ar^2$，上式可写为一个应用性更强的形式。其中 A 为横截面面积，r 为横截面的惯性半径，因此，

$$P_{cr} = \frac{\pi^2 E(Ar^2)}{L^2} \qquad \left(\frac{P}{A}\right)_{cr} = \frac{\pi^2 E}{(L/r)^2}$$

或

$$\sigma_{cr} = \frac{\pi^2 E}{(L/r)^2} \tag{17-6}$$

式中　σ_{cr} 为临界应力，即为柱（压杆）临近屈曲前的平均正应力，该应力为弹性应力，因此 $\sigma_{cr} \leqslant \sigma_Y$；

　　E 为材料的弹性模量；

　　L 为柱（压杆）的未支承部分长度，在其两端为铰链支承；

　　r 为柱（压杆）横截面的惯性半径，定义为 $r = \sqrt{I/A}$，其中 I 为横截面面积 A 的最小惯性矩。

图 17-6

17

典型的钢管柱用于支承仓储建筑的屋顶

式（17-6）中的几何比例 L/r 定义为长细比，是量度柱（压杆）柔韧性（易弯曲性）的量，这将在后面加以讨论。以该值的大小将柱（压杆）区分为细长、中长或粗短杆件。

根据式（17-6），在以 σ_{cr} 为纵坐标、L/r 为横坐标的 σ_{cr}-L/r 坐标系中，可以画出相应的曲线，称为临界应力图。

图 17-7 所示为典型结构钢和铝合金柱（压杆）的临界应力图。注意到曲线为双曲线形式，且只在材料的屈服点（比例极限）以下有效，因为材料必须处于弹性范围内。

对于钢材，$(\sigma_Y)_{st} = 36$ksi $[E_{st} = 29(10^3)$ksi$]$；对于铝合金，$(\sigma_Y)_{al} = 27$ksi $[E_{al} = 10(10^3)$ksi$]$。将 $\sigma_{cr} = \sigma_Y$ 代入式（17-6），钢材和铝合金的最小许用长细比分别为 $(L/r)_{st} = 89$，$(L/r)_{al} = 60.5$。因此，对于钢制柱（压杆），若 $(L/r)_{st} \geq 89$，由于柱（压杆）内的应力保持在弹性范围内，可应用欧拉公式确定临界载荷。另一方面，若 $(L/r)_{st} < 89$，在屈曲发生前柱（压杆）内的应力已经超过了屈服点，因而欧拉公式在此情形下是无效的。

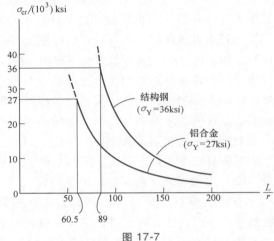

图 17-7

要点

- 柱（压杆）为承受压缩载荷的细长构件。
- 临界载荷为柱（压杆）在临近屈曲时所能支承的最大轴向载荷。该载荷表示了随遇平衡的情形。[⊖]
- 理想柱（压杆）初始为完善直杆（无任何曲率的直杆），由均匀材料制成，载荷的作用线通过柱（压杆）横截面形心。
- 两端铰支的柱（压杆）将绕着惯性矩最小的横截面主轴屈曲。
- 长细比的定义为 L/r，其中 r 为截面的最小惯性半径。将绕长细比值最大的轴（即惯性半径 r 最小的惯性主轴）发生屈曲。

例题 17.1

由材料为 A-36 钢、截面型号为 W8×31 的工字钢制成的两端铰支柱（压杆）如图 17-8 所示。A-36 钢的屈服强度为 $\sigma_Y = 36$ksi。试确定构件屈曲或屈服前所能承受的最大载荷。

解 由附录 C 查得柱（压杆）的横截面面积和惯性矩分别为 $A = 9.13$in^2，$I_x = 110$in^4，$I_y = 37.1$in^4。比较可知，柱（压杆）将会绕着 y 轴屈曲（请读者思考为什么）。根据式（17-5），有

$$P_{cr} = \frac{\pi^2 EI}{L^2} = \frac{\pi^2 [29(10^3)\text{kip/in}^2](37.1\text{in}^4)}{[12\text{ft}(12\text{in/ft})]^2} = 512\text{kip}$$

⊖ 非线性稳定理论分析结果以及试验验证都表明细长杆临界点以及其后的平衡路径都是稳定的。不存在随遇平衡。——译者注

例题 17.1

当承受临界载荷时，柱（压杆）内的平均压应力为

$$\sigma_{cr}=\frac{P_{cr}}{A}=\frac{512\text{kip}}{9.13\text{in}^2}=56.1\text{ksi}$$

由于该应力超过了屈服应力（36ksi），载荷 P 需由简单压缩（发生屈服）的公式确定：

$$36\text{ksi}=\frac{P}{9.13\text{in}^2},\quad P=329\text{kip}$$

在实际应用中，需按这一载荷设定安全系数。

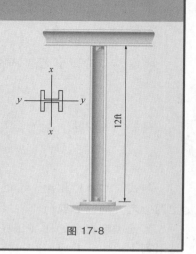

图 17-8

17.3　不同类型支承的柱（压杆）

欧拉公式是根据两端铰支或两端可自由转动的柱（压杆）导出的，但是多数情形下柱（压杆）可能由其他形式支承。例如，考虑底端固定而顶端自由的柱（压杆）的情形，如图 17-9a 所示。当柱（压杆）屈曲时，加载点移动了 δ，在任意 x 处的位移为 v。由隔离体受力简图 17-9b，任意横截面上的弯矩 M 为 $M=P(\delta-v)$。因此，挠曲线的微分方程为

$$EI\frac{\mathrm{d}^2v}{\mathrm{d}x^2}=P(\delta-v)$$

$$\frac{\mathrm{d}^2v}{\mathrm{d}x^2}+\frac{P}{EI}v=\frac{P}{EI}\delta \tag{17-7}$$

与式（17-2）不同的是，由于右边的非零项，故为非齐次方程。该方程的解包括特解项和通解项，即

$$v=C_1\sin\left(\sqrt{\frac{P}{EI}}x\right)+C_2\cos\left(\sqrt{\frac{P}{EI}}x\right)+\delta$$

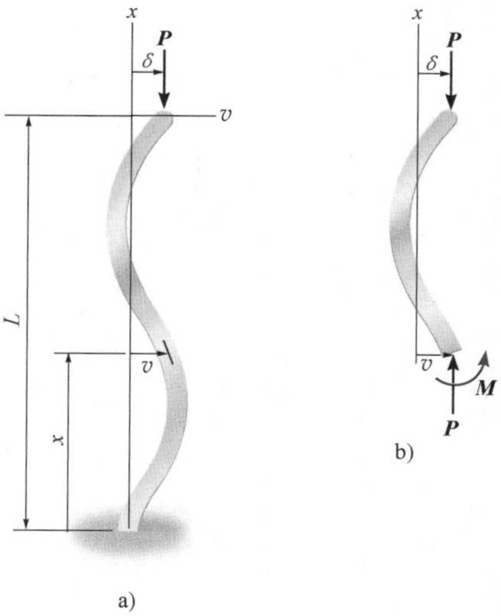

式中的常数将由边界条件确定。在 $x=0$ 处，$v=0$，于是 $C_2=-\delta$。同时，

$$\frac{\mathrm{d}v}{\mathrm{d}x}=C_1\sqrt{\frac{P}{EI}}\cos\left(\sqrt{\frac{P}{EI}}x\right)-C_2\sqrt{\frac{P}{EI}}\sin\left(\sqrt{\frac{P}{EI}}x\right)$$

在 $x=0$ 处，$\mathrm{d}v/\mathrm{d}x=0$，于是 $C_1=0$。因此挠曲线方程为

$$v=\delta\left[1-\cos\left(\sqrt{\frac{P}{EI}}x\right)\right] \tag{17-8}$$

图 17-9

由于柱（压杆）顶端的挠度为 δ，即：$x = L$ 处，$v = \delta$，要求

$$\delta\cos\left(\sqrt{\frac{P}{EI}}L\right) = 0$$

零解 $\delta = 0$ 表示了无论 P 的大小柱（压杆）均未发生屈曲。故有

$$\cos\left(\sqrt{\frac{P}{EI}}L\right) = 0 \quad 或 \quad \sqrt{\frac{P}{EI}}L = \frac{n\pi}{2}(n = 1,3,5,\cdots)$$

当 $n = 1$ 时有最小临界载荷。于是

$$P_{\mathrm{cr}} = \frac{\pi^2 EI}{4L^2} \tag{17-9}$$

与式（17-5）相比，可以看出相对于两端铰支的柱（压杆），一端固支一端自由的柱（压杆）只能承受四分之一的临界载荷。

其他类型支承的柱（压杆）的分析方法与此相同，不再详述。现将常见的不同支承下柱（压杆）的结果列于表中，并应用欧拉公式的统一形式表示。

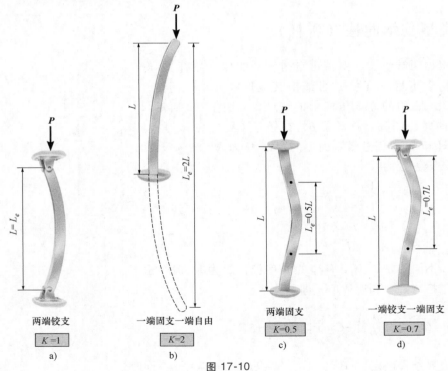

图 17-10

有效长度　如前所述，欧拉公式，式（17-5），是由两端铰支或两端可自由转动的柱（压杆）导出的。换言之，本式中的 L 表示了两个弯矩为零的点之间未受支承的长度。该公式可用于计算其他支承类型柱（压杆）的临界载荷，只要 "L" 为零弯矩点之间的距离。该距离被称为有效长度，用 L_e 表示。

显而易见，对于两端铰支的柱（压杆），$L_e = L$，如图 17-10a 所示。对于一端固支一端自由的柱（压杆），屈曲后的挠曲线，式（17-8），实际上是长度为 $2L$ 的两端铰支柱（压杆）挠曲线的一半，如

图 17-10b所示，因此两个弯矩零点间的有效长度为 $L_e = 2L$。另外两个不同类型支承柱（压杆）亦示于图 17-10 中。两端固支的柱（压杆）如图 17-10c 所示，其拐点或弯矩零点位于距离两端 $L/4$ 处，因此柱（压杆）总长的中段部分即为其有效长度，即 $L_e = 0.5L$。最后，一端铰支一端固支的柱（压杆）如图 17-10d 所示，其拐点位于距离铰支端大约 $0.7L$ 处，因此 $L_e = 0.7L$。

多数设计规范所提供的公式中，不是一一给出柱（压杆）的有效长度，而是在柱（压杆）公式中引入一个无量纲的系数 K，称为有效长度因子。该因子是由下式定义的：

$$L_e = KL \tag{17-10}$$

图 17-10 中给出了各个 K 的特定值。根据此通则，我们便可将欧拉公式写为

$$P_{\mathrm{cr}} = \frac{\pi^2 EI}{(KL)^2} \tag{17-11}$$

或

$$\sigma_{\mathrm{cr}} = \frac{\pi^2 E}{(KL/r)^2} \tag{17-12}$$

其中 (KL/r) 为柱（压杆）的有效长细比。例如，若柱（压杆）为一段固支一端自由，有 $K = 2$，于是式 (17-11) 便得到了与式 (17-9) 相同的结果。

例题　17.2

由 W6×15 号型钢制成的柱（压杆），长度为 24ft，两端固定支承，如图 17-11a 所示。其承载能力可通过对 y-y 轴（最小惯性矩轴）添加支杆而提高。假设支杆与柱（压杆）在中点处铰接，试计算柱（压杆）能够承受的不引起屈曲或屈服的最大载荷。取 $E_{\mathrm{st}} = 29\,(10^3)$ ksi，$\sigma_Y = 60$ksi。

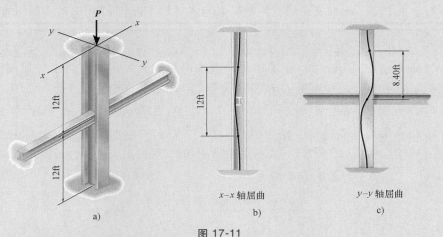

图 17-11

解　由于支杆的支承，柱（压杆）对 x-x 轴和 y-y 轴的屈曲行为并不相同。对于两种情形，其屈曲构型分别如图 17-11b、c 所示。绕 x-x 轴屈曲，如图 17-11b 所示，屈曲的有效长度为 $(KL)_x = 0.5\,(24\text{ft}) = 12\text{ft} = 144\text{in}$。绕 y-y 轴屈曲，如图 17-11c 所示，屈曲的有效长度为 $(KL)_y = 0.7\,(24\text{ft}/2) = 8.40\text{ft} = 100.8\text{in}$。对于 W6×15 号型钢，由附录 C 可查得截面的惯性矩分别为 $I_x = 29.1\text{in}^4$，$I_y = 9.32\text{in}^4$。

例题　17.2

应用式（17-11）

$$(P_{\text{cr}})_x = \frac{\pi^2 EI_x}{(KL)^2_x} = \frac{\pi^2\left[29(10^3)\text{ksi}\right]29.1\text{in}^4}{(144\text{in})^2} = 401.7\text{kip} \tag{1}$$

$$(P_{\text{cr}})_y = \frac{\pi^2 EI_y}{(KL)^2_y} = \frac{\pi^2\left[29(10^3)\text{ksi}\right]9.32\text{in}^4}{(100.8\text{in})^2} = 262.5\text{kip} \tag{2}$$

通过对比可知，柱（压杆）将会绕 y-y 轴屈曲。

横截面面积为 4.43in^2，于是柱（压杆）内的平均压应力为

$$\sigma_{\text{cr}} = \frac{P_{\text{cr}}}{A} = \frac{262.5\text{kip}}{4.43\text{in}^2} = 59.3\text{ksi}$$

由于该应力小于屈服应力，在材料屈服前柱（压杆）即会发生屈曲，因此，

$$P_{\text{cr}} = 263\text{kip}$$

注意： 由式（17-12）可以看出，屈曲将永远发生在最大长细比的情形，因为较大的长细比会使计算得到较小的临界应力。因此，应用附录 C 中查得的惯性半径，可得

$$\left(\frac{KL}{r}\right)_x = \frac{144\text{in}}{2.56\text{in}} = 56.2$$

$$\left(\frac{KL}{r}\right)_y = \frac{100.8\text{in}}{1.46\text{in}} = 69.0$$

于是柱（压杆）将围绕 y-y 轴发生屈曲，该结果与式（1）和式（2）比较后得到的结果一致。

例题　17.3

图 17-12a 所示的铝制柱（压杆），底端固支，顶端由一绳索固定，以防止在顶端产生 x 方向的力矩。若假设其底端是固定的，试确定最大的许可载荷 P。稳定的安全因数 F.S. = 3.0，取 $E_{\text{al}} = 70\text{GPa}$，$\sigma_Y = 215\text{MPa}$，$A = 7.5\,(10^{-3})\ \text{m}^2$，$I_x = 61.3\,(10^{-6})\ \text{m}^4$，$I_y = 23.2\,(10^{-6})\ \text{m}^4$。

解　围绕 x 轴和 y 轴的屈曲构型分别如图 17-12b、c 所示。根据图 17-10a，对于绕 x-x 轴的屈曲，$K = 2$，$(KL)_x = 2\,(5\text{m}) = 10\text{m}$。对于绕 y-y 轴的屈曲，$K = 0.7$，$(KL)_y = 0.7\,(5\text{m}) = 3.5\text{m}$。

应用式（17-11），每种情形的临界载荷为

$$(P_{\text{cr}})_x = \frac{\pi^2 EI_x}{(KL)^2_x} = \frac{\pi^2\left[70(10^9)\,\text{N/m}^2\right](61.3(10^{-6})\,\text{m}^4)}{(10\text{m})^2}$$

$$= 424\text{kN}$$

$$(P_{\text{cr}})_y = \frac{\pi^2 EI_y}{(KL)^2_y} = \frac{\pi^2\left[70(10^9)\,\text{N/m}^2\right](23.2(10^{-6})\,\text{m}^4)}{(3.5\text{m})^2}$$

$$= 1.31\text{MN}$$

比较可知，随着 P 的增加，柱（压杆）将会绕着 x-x 轴屈曲。因此许用载荷为

17

例题 17.3

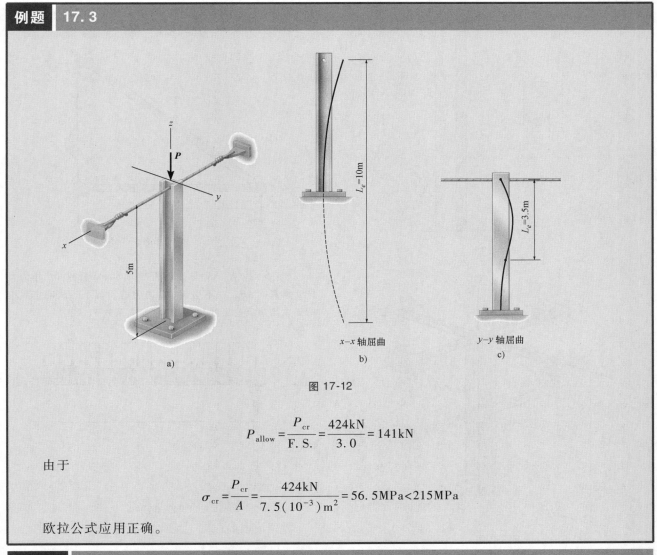

图 17-12

$$P_{\text{allow}} = \frac{P_{\text{cr}}}{\text{F. S.}} = \frac{424\text{kN}}{3.0} = 141\text{kN}$$

由于

$$\sigma_{\text{cr}} = \frac{P_{\text{cr}}}{A} = \frac{424\text{kN}}{7.5(10^{-3})\,\text{m}^2} = 56.5\text{MPa} < 215\text{MPa}$$

欧拉公式应用正确。

基础题

F17-1 已知某杆件长度为 50in，直径为 1in。若其两端为固定支承，试计算其屈曲临界载荷。取 $E = 29$（10^3）ksi，$\sigma_Y = 36$ksi。

F17-2 图示的木制柱（压杆），长度为 12ft，横截面为长方形，尺寸如图所示。若其两端为铰链支承，试计算其屈曲临界载荷。取 $E = 1.6$（10^3）ksi。并不会发生屈服现象。

F17-3 图示 A-36 钢制柱（压杆），其顶端和底端可视为铰链支承，在中部添加了支杆以增强绕薄弱轴发生屈曲的承载能力。确定该柱（压杆）能够承受的不引起屈曲的最大许可载荷 P。取稳定的安全系数 F. S. = 2，$A = 7.4$（10^{-3}）m^2，$I_x = 87.3$（10^{-6}）m^4，$I_y = 18.8$（10^{-6}）m^4。

F17-4 长度为 5m 的钢管两端为固定支承，若其外径为 50mm，壁厚为 10mm，试确定不引起屈曲的最大轴向载荷 P。$E_{\text{st}} = 200\text{GPa}$，$\sigma_Y = 250\text{MPa}$。

F17-5 已知结构如图所示，在不引起 AC 屈曲的前提

17

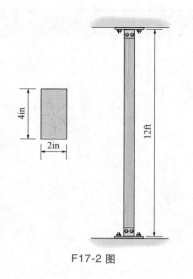

F17-2 图

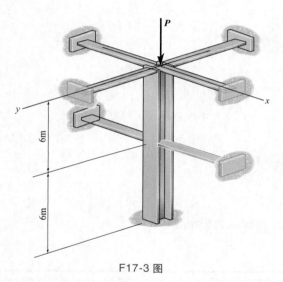

F17-3 图

下试确定该结构能承受的最大载荷 **P**。结构由 A-36 钢制造，杆件直径为 2in。取稳定的安全系数 F.S. = 2。

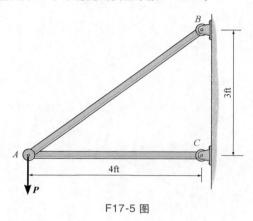

F17-5 图

F17-6 由 A-36 钢制造的直径为 50mm 杆件 BC 作为支杆支承着梁 AB。在不引起 BC 屈曲的前提下，试确定梁上的最大均布载荷集度 w。取稳定安全系数 F.S. = 2。

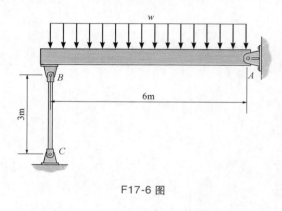

F17-6 图

习题

17-1 试确定图示结构中柱（压杆）的屈曲临界载荷。可假设材料为刚性。

17-2 图示刚性柱（压杆），底端铰支，顶端与一弹簧相连。若柱（压杆）在铅垂位置时，弹簧未变形，试确定能够施加在柱（压杆）上的极限载荷。

17-3 飞机连杆由 A992 钢制造，若其承受 4kip 的载荷，在不屈曲的前提下试确定杆件的最小直径（1/16in 的整数倍）。杆件两端为铰链连接。

*17-4 刚性杆件 AB 和 BC 在 B 点铰接。若 D 点处的弹簧刚度为 k，试确定整个系统的临界载荷 P_{cr}。

17-5 图示由四个角钢拼成的柱（压杆），材料为 A992 钢。柱（压杆）的长度为 25ft，两端可假设为铰支。图中每个角钢的面积均为 $A = 2.75\text{in}^2$，惯性矩为 $I_x = I_y = 2.22\text{in}^4$。确定角钢形心 C 间的距离 d，使结构可支承 P = 350kip 的轴

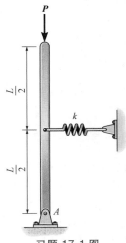

习题 17-1 图

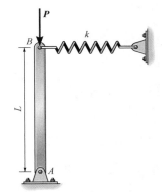

习题 17-2 图

习题 17-3 图

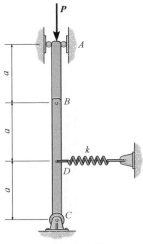

习题 17-4 图

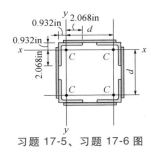

习题 17-5、习题 17-6 图

30ft，底端为固定支承，顶端为铰链支承。若其横截面的尺寸如下图所示，试确定其极限载荷。

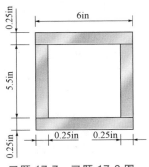

习题 17-7、习题 17-8 图

向压缩载荷而不产生屈曲。忽略拼接而产生的影响。

17-6　图示由四个角钢拼成的柱（压杆），材料为 A992 钢。柱（压杆）的长度为 40ft，两端可假设为固定支承。图中每个角钢的面积均为 $A = 2.75\text{in}^2$，惯性矩为 $I_x = I_y = 2.22\text{in}^4$。确定角钢形心 C 间的距离 d，使结构可支承 $P = 350\text{kip}$ 的轴向压缩载荷而不产生屈曲。忽略拼接而产生的影响。

17-7　由 A-36 钢制造的柱（压杆），长度为 20ft，两端铰支。若其横截面的尺寸如下图所示，试确定其极限载荷。

*17-8　由 2014-T6 铝合金制造的柱（压杆），长度为

17-9　由 W14×38 号型钢制造的柱（压杆），材料为 A-36 钢，底部为固定支承。若其承受了 $P = 15\text{kip}$ 的轴向载荷，考虑屈曲的影响，试确定其安全系数。

17-10　由 W14×38 号型钢制造的柱（压杆），材料为

17

A-36钢。若其底部为固定支承，而顶端可围绕其牢固轴自由移动，对于其薄弱轴则是铰链支承，试确定其极限载荷。

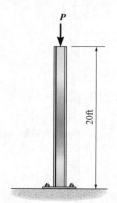

习题 17-9、习题 17-10 图

17-11 由 A992 钢制造的柱（压杆），长度为 5m，两端为固定支承。若其横截面尺寸如图所示，试确定极限载荷。

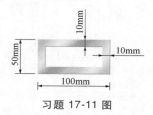

习题 17-11 图

* **17-12** 由 A-36 钢制造的柱（压杆）长度为 15ft，两端为铰链支承。若其横截面尺寸如图所示，试确定极限载荷。

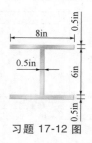

习题 17-12 图

17-13 A992 材料的角钢横截面面积为 $A = 2.48\text{in}^2$，对于 x 轴的惯性半径为 $r_x = 1.26\text{in}$，对于 y 轴的惯性半径为 $r_y = 0.879\text{in}$。截面对 a—a 轴有最小惯性半径，$r_a = 0.644\text{in}$。若该角钢被用于两端铰支的长度为 10ft 的柱（压杆），在不发生

屈曲的前提下确定能够加载到形心 C 上的最大轴向压缩载荷。

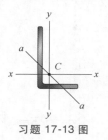

习题 17-13 图

17-14 某机械的控制连杆由两个 L2 钢制造的杆件 BE 和 FG 组成，杆件的直径均为 1in。若 G 处的设备可使 G 端完全冻结变为固定端连接[⊖]，在两个杆件均不发生屈曲的前提下，试确定能够加载到手柄上的最大水平方向力 P。构件在 A、B、D、E、F 处均为铰链连接。

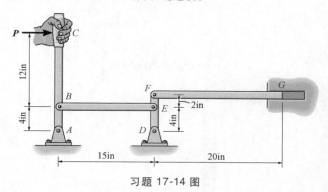

习题 17-14 图

17-15 W8×24 号型钢制造的柱（压杆）材料为 A-36 钢，一端固定，一端自由。若其承受大小为 20kip 的轴向压缩载荷，且稳定安全系数为 F. S. = 2，试确定柱（压杆）的最大许可长度。

* **17-16** W8×24 号型钢制造的柱（压杆）材料为 A-36 钢，一端固定，一端铰支。若其承受大小为 60kip 的轴向压缩载荷，且稳定的安全系数为 F. S. = 2，试确定柱（压杆）的最大许可长度。

17-17 木制柱（压杆）的长度为 10ft，横截面为矩形，截面尺寸如图所示。若其两端可视为铰链连接，试确定其极限载荷。$E_w = 1.6×10^3\text{ksi}$，$\sigma_Y = 5\text{ksi}$。

17-18 木制柱（压杆）长度为 10ft，尺寸如图所示。若其底端固支，顶端铰支，试确定其极限载荷。$E_w = 1.6×10^3\text{ksi}$，$\sigma_Y = 5\text{ksi}$。

⊖ 原文意为铰链连接。——译者注

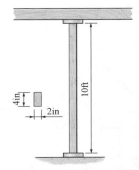

习题 17-17、习题 17-18 图

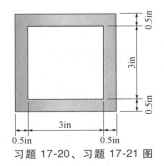

习题 17-20、习题 17-21 图

17-19　在 A992 钢制控制杆 AB 不发生屈曲的前提下，试确定能够施加在手柄上的最大载荷 P。杆件直径为 1.25in，两端铰支。

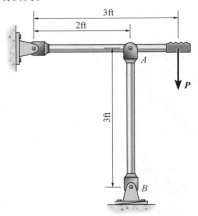

习题 17-19 图

* 17-20　A992 钢制造的管道横截面尺寸如图所示。若其长度为 15ft，两端铰支，在不引起管道屈曲的前提下试确定最大轴向压缩载荷。

17-21　A992 钢制造的管道横截面尺寸如图所示。若其长度为 15ft，一端固定，一端自由，在不引起管道屈曲的前提下试确定最大轴向压缩载荷。

17-22　图示机构由两个 A992 钢制造的圆形杆件组成。若机构将承受 P = 6kip 的载荷，试确定每个杆件的直径（1/8in 的整数倍）。假设杆件两端均为铰链连接，取稳定安全系数为 1.8。

17-23　图示机构由两个 A992 钢制造的圆形杆件组成。若杆件的直径均为 3/4in，在杆件均不屈曲的前提下，确定机构所能承受的最大载荷。假设杆件两端均为铰链连接。

* 17-24　锻造机中由 L-2 工具钢制造的连杆与夹头通

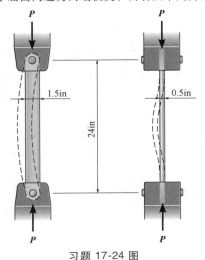

习题 17-22、习题 17-23 图

过销钉联接，如图所示。在不发生屈曲的前提下试确定其所能承受的最大载荷 P。取稳定安全系数 F. S. = 1.75。注意左图中对于屈曲问题为两端铰支，而右图中则为两端固支。

习题 17-24 图

17-25　材料为 A-36 钢的 W14×30 号型钢所制造的柱（压杆）可被视为两端铰支。在不发生屈曲的前提下试确定所能施加的最大载荷 P。

17

习题 17-25 图

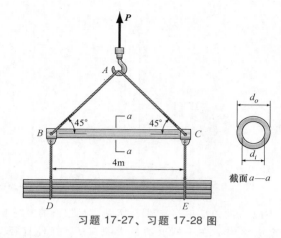

截面 a—a

习题 17-27、习题 17-28 图

17-26　由 A-36 钢制造的杆件 *AB*，截面为正方形。若其两端为铰链连接，试确定能够施加在框架上的最大许可载荷 *P*。取稳定安全系数为 2。

下试计算结构所能承受的最大载荷。

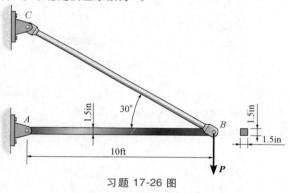

习题 17-26 图

17-27　辅梁 *BC* 由材料为 A992 钢的圆管制成，截面尺寸为 $d_o = 60mm$，$d_i = 40mm$。在不引起屈曲的前提下，试确定最大许可起吊载荷。取稳定的安全系数 F. S. = 2。

*17-28　辅梁 *BC* 由材料为 A992 钢的圆管制成，管体外径 $d_o = 60mm$。若设计的起吊载荷为 $P = 60kN$，在不引起屈曲的前提下试确定辅梁的最小许用壁厚。取稳定安全系数 F. S. = 2。

17-29　图示框架承载了 $P = 4kN$ 的载荷。因此，由 A992 钢制造的构件 *BC* 承受了压缩载荷。由于该构件两端的加工形状，可认为对于 *x-x* 轴方向 *B* 和 *C* 点为铰链连接，而对于 *y-y* 轴则为固定端约束。试计算该构件对于每个轴的稳定安全系数。

17-30　由 A992 钢制造的构件 *BC* 承受了压缩载荷。由于该构件两端的加工形状，可认为对于 *x-x* 轴方向 *B* 和 *C* 点为铰链连接，而对于 *y-y* 轴则为固定端约束。在 *BC* 不屈曲的前提

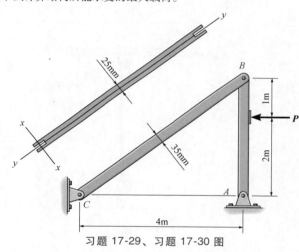

习题 17-29、习题 17-30 图

17-31　钢制杆件 *AB* 的横截面为矩形。若其两端为铰链连接，在不引起 *AB* 屈曲的前提下试确定能够施加在 *BC* 上的最大许可均布载荷集度 *w*。取稳定安全系数为 1. 5，$E_{st} = 200GPa$，$\sigma_Y = 360MPa$。

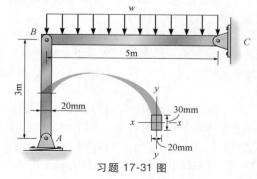

习题 17-31 图

*17.4　正割公式

　　欧拉公式是基于假设载荷 P 永远施加在压杆横截面形心处，以及压杆为完全直杆的基础上推导得到的。实际上，因为压杆永远不会是完善直杆，同时所施加的载荷也不可能精准地通过截面形心。事实上，从载荷施加的那一刻，压杆就会产生弯曲变形，虽然变形程度很小，但压杆不会突然失稳。因此实际的加载规则应同时限制压杆的变形，或者不允许压杆横截面上的最大应力超过许用应力。

　　为了研究上述效应，将载荷 P 施加在距离形心一个较小偏心距 e 处，如图 17-13a 所示。这一载荷可静力等效为轴向载荷 P 和弯矩 $M'=Pe$（见图 17-13b）。如图所示，两种情形下 A 端和 B 端均可自由转动（可视为铰链连接）。同之前一样，我们仅考虑挠度和转角均很小的情形，且材料在线弹性范围内变形。此外，x-v 面为柱的对称面。（译者注：原文为柱横截面积的对称面。）

　　在柱的任意截面（x）处将其截开，隔离体受力图如图 17-13c 所示，柱的弯矩为

$$M = -P(e+v) \qquad (17\text{-}13)$$

因此，挠度曲线的微分方程为

$$EI\frac{\mathrm{d}^2 v}{\mathrm{d}x^2} = -P(e+v)$$

或写成

$$\frac{\mathrm{d}^2 v}{\mathrm{d}x^2} + \frac{P}{EI}v = -\frac{P}{EI}e$$

该式与式（17-7）类似，其解的一般形式包括了特解和通解两部分，即

$$v = C_1\sin\sqrt{\frac{P}{EI}}\,x + C_2\cos\sqrt{\frac{P}{EI}}\,x - e \qquad (17\text{-}14)$$

为了得到积分常数，须应用边界条件。在 $x=0$ 处，$v=0$，于是 $C_2=e$。在 $x=L$ 处，$v=0$，得到

$$C_1 = \frac{e\left[\,1-\cos(\sqrt{P/EI}\,L)\,\right]}{\sin(\sqrt{P/EI}\,L)}$$

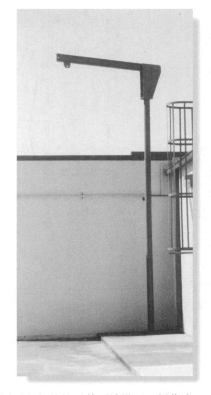

图示很长的柱子其顶端设置一摄像头。这一柱子不仅承受了轴向压缩载荷，同时还承受弯矩。为确保柱子不产生弯曲，其顶端用铰链与固定摄像头的装置连接[一]

　　[一]　右侧部分装置的重量产生由摄像头重量引起的弯矩相反的弯矩。——译者注

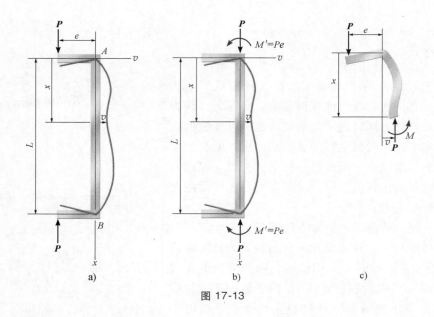

图 17-13

由于

$$1-\cos(\sqrt{P/EI}\,L) = 2\sin^2(\sqrt{P/EI}\,L/2)$$

以及

$$\sin(\sqrt{P/EI}\,L) = 2\sin(\sqrt{P/EI}\,L/2)\cos(\sqrt{P/EI}\,L/2)$$

可以得到

$$C_1 = e\tan\left(\sqrt{\frac{P}{EI}}\,\frac{L}{2}\right)$$

因此，挠度曲线方程（17-14）可以写为

$$v = e\left[\tan\left(\sqrt{\frac{P}{EI}}\,\frac{L}{2}\right)\sin\left(\sqrt{\frac{P}{EI}}\,x\right)+\cos\left(\sqrt{\frac{P}{EI}}\,x\right)-1\right] \qquad (17\text{-}15)$$

最大挠度　根据载荷的对称性，最大挠度和最大应力均发生在压杆的中点。因此在 $x = L/2$ 时，$v = v_{\max}$，于是

$$v_{\max} = e\left[\sec\left(\sqrt{\frac{P}{EI}}\,\frac{L}{2}\right)-1\right] \qquad (17\text{-}16)$$

注意到当 e 趋近于零时，$v_{\max}$ 也趋近于零。但是，若括号中的项趋近于无穷时，即使 e 趋近于零，$v_{\max}$ 也非零值。数学上，该式表明了承受轴向载荷的压杆在承受临界载荷 P_{cr} 时的失效现象。因此，为了求得 P_{cr}，我们需要

$$\sec\left(\sqrt{\frac{P_{cr}}{EI}}\,\frac{L}{2}\right) = \infty$$

$$\sqrt{\frac{P_{cr}}{EI}}\frac{L}{2}=\frac{\pi}{2}$$

$$P_{cr}=\frac{\pi^2EI}{L^2} \tag{17-17}$$

这一结果与欧拉公式（17-15）一致。

若将式（17-16）表示成图形的形式，即不同偏心距 e 下载荷 P 与挠度 v_{max} 的关系曲线，则可以得到如图 17-14 所示的系列曲线。在图中，临界载荷变为曲线的渐近线，即现实中不存在的理想压杆情形（$e=0$）。正如之前讨论的，由于初始压杆直线度和载荷施加的不完善性，e 永远不可能为零；但是，随着 $e\to 0$，曲线趋于理想的情形。此外，这些曲线仅在小变形的情形下是有效的，这是因为在推导式（17-16）时曲率公式中的 $\mathrm{d}^2v/\mathrm{d}x^2$ 项被忽略了。继续深入分析，可以得知，所有的曲线均有向上发展的趋势，与 $P=P_{cr}$ 相交并最终超越它。因此，显而易见地，该现象表明了为

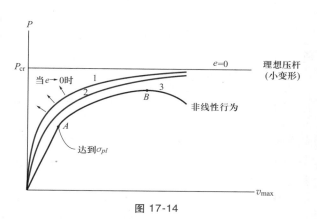

图 17-14

了产生更大的挠度，需要更大的载荷 P。在这里，我们并未考虑这种现象，因为多数情形下工程师会将压杆的变形限制在小范围内。

同时需要注意的是，图 17-14 中的曲线 1 和曲线 2 仅对线弹性范围内的材料行为适用。同时还要求柱为细长杆。但是，如果柱为粗短杆或中长杆，则随着载荷的增大，材料可能会发生屈服，压杆会在非线性阶段内变形。对于图 17-14 中的曲线 3，该现象从 A 点开始产生，随着载荷继续增大，曲线将永远不会达到极限载荷，而是会达到某一极大值 B 点。之后，杆件的承载能力会突然下降，压杆产生屈服现象并发生大变形。

最后，图 17-14 中的曲线 1 和 2 同样显示了载荷 P 与挠度 v 之间产生了非线性关系。因此，在计算由逐次施加的载荷引起的总变形时不能应用叠加法。相应地，应首先施加载荷，之后再计算由其合力而引起的相应挠度。理论上，逐次施加的载荷和相应的挠度不能被叠加的原因是压杆内部的弯矩是同时由载荷 P 和挠度 v 决定的，即 $M=-P(e+v)$，见式（17-13）。

正割公式　认识到柱内的最大应力同时由轴力和弯矩引起的之后，最大应力即可被确定，如图 17-15a 所示。最大弯矩发生在柱的中点，应用式（17-13）和式（17-16），弯矩的大小为

$$M=|P(e+v_{max})| \quad M=Pe\,\sec\left(\sqrt{\frac{P}{EI}}\frac{L}{2}\right) \tag{17-18}$$

如图 17-15b 所示，柱内的最大应力为压应力，其值为

$$\sigma_{max}=\frac{P}{A}+\frac{Mc}{I},\ \sigma_{max}=\frac{P}{A}+\frac{Pec}{I}\sec\left(\sqrt{\frac{P}{EI}}\frac{L}{2}\right)$$

由于惯性半径的定义为 $r^2=I/A$，上式可以写为以下形式：

$$\sigma_{max}=\frac{P}{A}\left[1+\frac{ec}{r^2}\sec\left(\frac{L}{2r}\sqrt{\frac{P}{EA}}\right)\right] \tag{17-19}$$

17

这一公式称为正割公式。

式中　$\sigma_{\max}$ 为压杆内的最大弹性应力，发生在压杆凹侧内边中点，该应力为压应力；

P 为施加在压杆上的铅垂载荷。$P<P_{\mathrm{cr}}$，除非 $e=0$，则 $P=P_{\mathrm{cr}}$［式（17-5）］；

e 为载荷 P 的偏心距，即压杆横截面形心主轴到 P 的作用线的距离；

c 为形心主轴到压杆最外侧（最大压应力 $\sigma_{\max}$ 发生处）的距离；

A 为压杆横截面面积；

L 为在弯曲平面内压杆的未支撑段长度，对于销钉以外的支撑，使用有效长度 $L_e = KL$，如图 17-10 所示；

E 为材料的弹性模量；

r 为惯性半径，$r=\sqrt{I/A}$，其中 I 为横截面对形心主轴或弯曲轴的惯性矩。

如式（17-16）那样，式（17-19）显示了载荷与应力的非线性关系。因此，叠加法不能被应用，必须首先施加载荷之后再计算应力。另外，由于该非线性关系，设计时所有安全系数均对应于在载荷上，非应力。

对于给定的 $\sigma_{\max}$，根据式（17-19），可以画出在不同偏心比 ec/r^2 数值下长细比 KL/r 与平均应力 P/A 之间的系列曲线。

对于结构钢 A-36，其屈服点为 $\sigma_{\max}=\sigma_Y=36\mathrm{ksi}$，弹性模量 $E_{\mathrm{st}}=29\,(10^3)\,\mathrm{ksi}$，可以得到如图 17-16 所示的系列曲线。注意到当 $e\to0$ 时，或者说当 $ec/r^2\to0$ 时，由式（17-19）可得出 $\sigma_{\max}=P/A$，其中 P 为由欧拉公式决定的压杆的极限载荷。该现象即为式（17-6），并在图 17-7 中展示出来，同时在图 17-16 中又一次展现。由于式（17-6）和式（17-19）两个公式都仅在弹性阶段有效，图 17-16 所示的所有应力均不能超过 $\sigma_Y=36\mathrm{ksi}$，在图中以水平线表示。

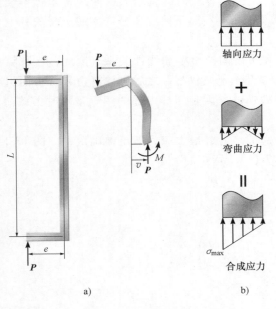

图 17-15

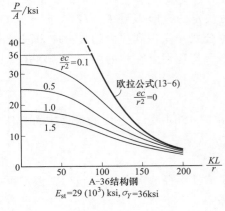

图 17-16

图 17-16 中所示的曲线表示了偏心比的差异对长细比较小的柱的承载能力有着巨大的影响。但是，具有较大长细比的压杆，无论其偏心比数值如何，均会在接近欧拉载荷处发生失效。当应用式（17-19）进行设计时，对于粗短杆，确定其准确的偏心比显得非常重要。

设计　一旦确定了偏心比，便可将柱的数据代入式（17-19）。若确定了 $\sigma_{max} = \sigma_Y$，由于方程是个超越方程，对于 P_Y 没有明确解，故相应的载荷 P_Y 可通过试错法确定。作为设计的辅助，计算机软件或如图 17-16 所示的图表，也可用于直接确定 P_Y 的数值。

需要注意的是，P_Y 是引起柱凹侧内边最大压应力 σ_Y 的载荷。由于 P_Y 施加的偏心，P_Y 将永远小于应用欧拉公式计算得到的 P_{cr}，因为欧拉公式是假设柱承受轴向加载（实际并非如此）得到的。一旦确定了 P_Y，采用合适的安全因数即可得到压杆的安全载荷。

要点

- 由于制造或载荷施加的不完善性，柱永远不会突然屈曲，而是会产生弯曲而失效。
- 施加在柱上的载荷与其在非线性阶段的变形有关，因此叠加法不适用。
- 随着长细比的增加，承受偏心载荷的压杆会在欧拉屈曲载荷或屈曲载荷附近失效。

例题 17.4

由型号为 W8×40 的 A-36 钢制造的压杆如图 17-17a 所示，底部为固定支撑，顶部加固以避免产生位移，但其对 y-y 轴仍然可以自由转动。同时，该压杆也可在 y-z 平面内摇摆。在不引起杆件屈曲或屈服的前提下，试确定该压杆所能承受的最大偏心载荷。

解　根据支承状况，可以判断：对于 y-y 轴，柱顶端为销钉支承；底部为固定支承，承受轴向载荷 P，如图 17-17b 所示。而对于 x-x 轴，柱顶端自由，底部为固定支承，同时承受轴向载荷 P 和弯矩 $M = P$（9in）的作用，如图 17-17c 所示。

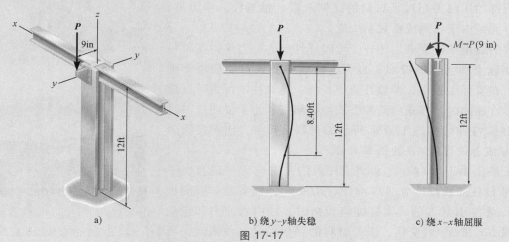

a)　　　　b) 绕 y-y 轴失稳　　　　c) 绕 x-x 轴屈服

图 17-17

绕 y-y 轴的失稳。根据图 17-10d，柱的有效长度因子 $K_y = 0.7$，于是 $(KL)_y = 0.7$（12ft）$= 8.40\text{ft} = 100.8\text{in}$。采用附录 C 中的表，查到 W8×40 型钢截面的 I_y，并代入式（17-11），有

例题 17.4

$$(P_{cr})_y = \frac{\pi^2 EI_y}{(KL)_y^2} = \frac{\pi^2 [29(10^3)\,\text{ksi}](49.1\text{in}^4)}{(100.8\text{in})^2} = 1383\text{kip}$$

绕 x-x 轴的屈服。通过图 17-10b 可知，$K_x = 2$，于是 $(KL)_x = 2(12)\text{ft} = 24\text{ft} = 288\text{in}$。继续查询附录 C 中的表，得到 $A = 11.7\text{in}^2$，$c = 8.25\text{in}/2 = 4.125\text{in}$，$r_x = 3.53\text{in}$，代入正割公式，有

$$\sigma_Y = \frac{P_x}{A}\left[1 + \frac{ec}{r_x^2}\sec\left(\frac{(KL)_x}{2r_x}\sqrt{\frac{P_x}{EA}}\right)\right]$$

将数据代入并化简，可得

$$421.2 = P_x\left[1 + 2.979\sec\left(0.0700\sqrt{P_x}\right)\right]$$

应用试错法求解 P_x，同时注意到正割函数里的单位为弧度，最终得到

$$P_x = 88.4\text{kip}$$

由于该值小于 $(P_{cr})_y = 1383\text{kip}$，该压杆将围绕 x-x 轴发生失效。

*17.5 非弹性屈曲

　　工程实践中，柱的失稳类型，一般是根据其失稳时内部的应力类型加以区分。细长杆在失稳时，内部的压应力仍保持在弹性范围内，这种失效被称为弹性失稳。中长杆由于非弹性屈曲而失效，意味着在失效时杆件内部的压应力超过了材料的比例极限。粗短杆，作为桩，并不会失稳，而是由于屈服或断裂而失效。

　　欧拉公式的适用条件要求当压杆变弯时杆件内的应力保持在材料的屈服点（实际上即为比例极限）以下，故欧拉公式只能应用于细长柱。然而，在实际工程中，多数柱为中长杆。这类柱的行为可以通过应用于非弹性屈曲的、修正的欧拉公式加以研究。为了说明这一过程，考察应力-应变曲线如图 17-18a 所示的材料。其中，比例极限为 σ_{pl}，弹性模量或者说直线 AB 的斜率为 E。

　　若柱的长细比小于 $(KL/r)_{pl}$，则压杆内的极限应力一定会大于 σ_{pl}。例如，假设柱的长细比为 $(KL/r)_1 < (KL/r)_{pl}$，则需要相应的极限应力 $\sigma_D > \sigma_{pl}$ 才能引起失稳。当柱即将屈曲时，柱内的应力和应变在一个小范围 $\Delta\sigma$ 和 $\Delta\varepsilon$ 内变化，于是材料的弹性模量，或刚度，可通过 D 点切线模量 $E_t = \Delta\sigma/\Delta\varepsilon$，亦即 σ-ε 曲线的斜率确定，如图 17-18a 所示。换言之，在失效瞬时，可以认为柱是由刚度比其弹性变形时低的材料制成的，即 $E_t < E$。

起重机的起重臂因超载发生屈曲而失效。请注意局部塌陷区域

17

总之，随着长细比（KL/r）的减小，压杆的极限应力持续上升。根据 $\sigma\text{-}\varepsilon$ 曲线，材料的切线模量是逐渐下降。根据这一现象，可对欧拉公式进行改进，考虑非弹性屈曲的情形，使用材料的切线模量 E_t 代替 E，于是

$$\sigma_{\mathrm{cr}} = \frac{\pi^2 E_t}{(KL/r)^2} \qquad (17\text{-}20)$$

该公式由 F. Engesser 于 1889 年提出，于是也被称为切线模量或 Engesser 公式。由图 17-18a 所示 $\sigma\text{-}\varepsilon$ 曲线所定义材料制成的一些中长柱及粗短柱的公式示于图 17-18b 中。

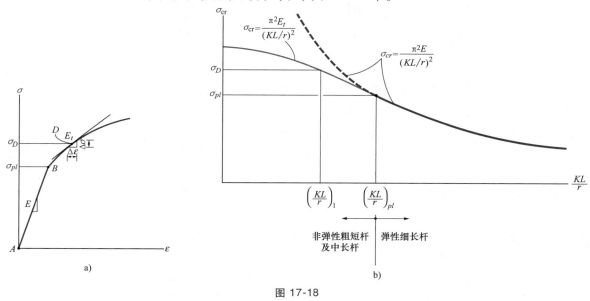

图 17-18

在实际情况中，如本章所假设的那样，柱体完全平直或载荷作用线完全沿着柱体轴线的情形并不存在。因此，通过全面分析这一现象导出相关表达式确实非常困难。故而，其他的描述柱非弹性屈曲的方法得以发展。航空工程师 F. R. Shanley 贡献了其中的一种方法，称为非弹性屈曲的 Shanley 理论。虽然这一理论描述这一现象优于本书中叙述的正切模量理论，大量近似于理想柱的实验数据表明，式（17-20）所预测的柱临界应力具有合理精度。此外，模拟弹性柱行为的正切模量法相对更容易应用。

例题　17.5

　　一承受压缩载荷的实心圆截面杆，其直径为 30mm，长度为 600mm，材料的应力-应变曲线模型如图 17-19 所示。若其两端为铰支支承，试确定临界载荷。

　　解　惯性半径为

$$r = \sqrt{\frac{I}{A}} = \sqrt{\frac{(\pi/4)(15\mathrm{mm})^4}{\pi(15\mathrm{mm})^2}} = 7.5\mathrm{mm}$$

因此长细比为

17

例题 17.5

$$\frac{KL}{r} = \frac{1(600\text{mm})}{7.5\text{mm}} = 80$$

应用式（17-20），得到

$$\sigma_{cr} = \frac{\pi^2 E_t}{(KL/r)^2} = \frac{\pi^2 E_t}{(80)^2} = 1.542(10^{-3})E_t \qquad (1)$$

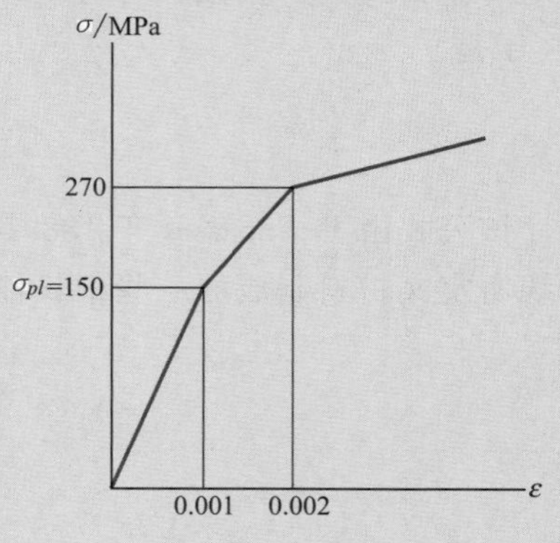

首先假设该极限应力处于弹性阶段，由图 17-19，得

$$E = \frac{150\text{MPa}}{0.001} = 150\text{GPa}$$

因此，式（1）变为

$$\sigma_{cr} = 1.542(10^{-3})[150(10^3)]\text{MPa} = 231.3\text{MPa}$$

由于 $\sigma_{cr} > \sigma_{pl} = 150\text{MPa}$，将会发生非弹性屈曲。

根据图 17-19 中 $\sigma\text{-}\varepsilon$ 曲线的第二阶段，有

$$E_t = \frac{\Delta\sigma}{\Delta\varepsilon} = \frac{270\text{MPa} - 150\text{MPa}}{0.002 - 0.001} = 120\text{GPa}$$

应用式（1），得到

$$\sigma_{cr} = 1.542(10^{-3})[120(10^3)]\text{MPa} = 185.1\text{MPa}$$

由于该值处于两个极限数值 150MPa 和 270MPa 之间，因此该值即为临界应力。

由此，计算出杆件的临界载荷：

$$P_{cr} = \sigma_{cr}A = 185.1(10^6)\text{Pa}[\pi(0.015\text{m})^2 = 131\text{kN}$$

图 17-19

习题

*17-32　正方形截面木制柱，截面尺寸为 100mm×100mm。其底端为固定约束，顶端自由。在柱既不屈曲也不屈服的前提下，试确定能够加在柱边缘处的载荷 P。木材的 $E_w = 12\text{GPa}$，$\sigma_Y = 55\text{MPa}$。

17-33　由红黄铜 C83400 合金制造的空心圆柱在一端固定，另一端自由。在既不屈曲也不屈服的前提下，试确定锥体所能承受的最大偏心载荷 P。同时，计算该载荷下柱的最大挠度。

17-34　由红黄铜 C83400 合金制造的空心圆柱在一端固定，另一端自由。已知偏心载荷 $P = 5\text{kN}$，施加点如图所示，试计算柱内最大正应力，同时确定其最大挠度。

17-35　外径为 35mm、壁厚为 7mm 的铜制圆管承受纵向偏心载荷如图所示。对于屈曲或屈服，均取安全系数 F.S.=2.5，试确定许用偏心载荷 P。管道可视为两端铰支。

$E_{cu} = 120\text{GPa}$，$\sigma_Y = 750\text{MPa}$。

*17-36　外径为 35mm、壁厚为 7mm 的铜制圆管承受纵向偏心载荷如图所示。对于屈曲或屈服，均取安全系数 F.S.=2.5，在不发生失效的前提下试确定许用偏心载荷 P。管道为两端固支。$E_{cu} = 120\text{GPa}$，$\sigma_Y = 750\text{MPa}$。

17-37　假设木制柱的顶部和底部均为铰支。在不引起屈曲或屈服的前提下，确定柱能够承受的最大偏心载荷 P。$E_w = 1.8(10^3)$ ksi，$\sigma_Y = 8\text{ksi}$。

17-38　假设木制柱的对于 $x\text{-}x$ 轴顶部和底部均为铰支以防止移动；对于 $y\text{-}y$ 轴，底端固定支承，顶端自由。在不发生屈曲或屈服的前提下，确定柱能够承受的最大偏心载荷 P。$E_w = 1.8(10^3)$ ksi，$\sigma_Y = 8\text{ksi}$。

17-39　一个由材料为 A992 结构钢、型号为 W12×26 的工字钢制造的柱，两端为铰链支承，长度为 $L = 11.5\text{ft}$。在不发生

17

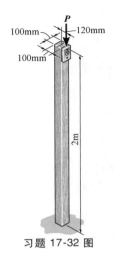

习题 17-32 图

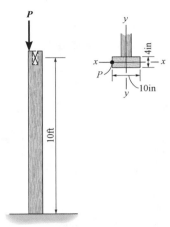

习题 17-37、习题 17-38 图

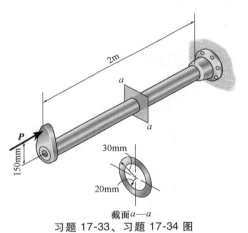

截面 a—a

习题 17-33、习题 17-34 图

习题 17-39 图

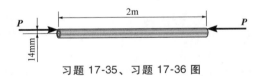

习题 17-35、习题 17-36 图

形下会不会发生屈曲或屈服现象。取 $E = 10\text{GPa}$，$\sigma_Y = 15\text{MPa}$。

屈曲或屈服的前提下，确定柱能够承受的最大偏心载荷 P，并将其与施加在截面形心上的轴向临界载荷 P' 加以比较。

* 17-40　一个由材料为 A992 结构钢，型号为 W12×26 的工字钢制造的柱，两端为铰链支承，长度 $L = 10\text{ft}$。在不发生屈曲或屈服的前提下，确定柱能够承受的最大偏心载荷 P，并将其与施加在截面形心上的轴向临界载荷 P' 加以比较。

17-41　木制柱，底端固支，顶端可认为是铰支。若大小为 $P = 10\text{kN}$ 的偏心载荷施加在柱上，试研究该柱在这种支承情

习题 17-40 图

17

17-42　木制压杆，底端固支，顶端可认为是铰支。在不发生屈曲或屈服的前提下，确定压杆能够承受的最大偏心载荷 P。取 $E=10\mathrm{GPa}$，$\sigma_Y=15\mathrm{MPa}$。

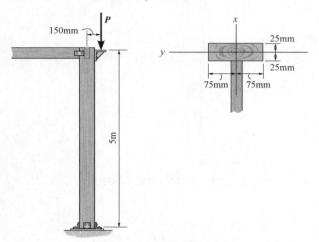

习题 17-41、习题 17-42 图

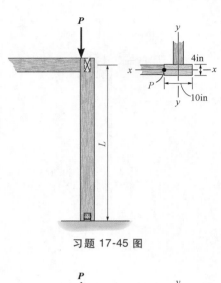

习题 17-45 图

17-43　由 6061-T6 铝合金制造的实心压杆，一端固支、另外一端自由。若其直径为 100mm，承受了 $P=80\mathrm{kN}$ 的偏心载荷，确定该轴的最大许用长度 L。

*17-44　由 6061-T6 铝合金制造的实心压杆，一端固支，另外一端自由。若其长度 $L=3\mathrm{m}$，当偏心载荷 $P=60\mathrm{kN}$ 时，试确定其最小直径。

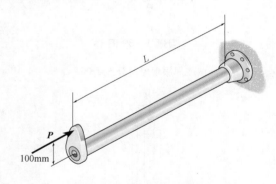

习题 17-43、习题 17-44 图

17-45　木制柱的顶部和底部均为铰支。若 $L=7\mathrm{ft}$，在不发生屈曲或屈服的前提下，确定柱能够承受的最大偏心载荷 P。$E_w=1.8(10^3)\mathrm{ksi}$，$\sigma_Y=8\mathrm{ksi}$。

17-46　木制柱的顶部和底部均为铰支。若 $L=5\mathrm{ft}$，在不发生屈曲或屈服的前提下，确定柱能够承受的最大偏心载荷 P。$E_w=1.8(10^3)\mathrm{ksi}$，$\sigma_Y=8\mathrm{ksi}$。

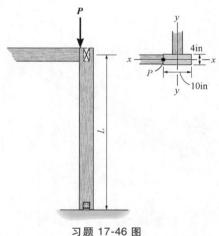

习题 17-46 图

17-47　由 A992 钢制造的矩形空心截面压杆，两端为铰链支承。若其长度为 $L=14\mathrm{ft}$，在不发生屈曲或屈服的前提下，确定压杆能够承受的最大许可偏心载荷 P。

*17-48　由 A992 钢制造的矩形空心截面压杆，两端为铰链支承。若其承受 $P=45\mathrm{kip}$ 的偏心载荷，在不发生屈曲或屈服的前提下，确定压杆的最大许可长度 L。

17-49　材料为 A-36 结构钢、型号为 W14×26 的工字钢制造的 20ft 长的柱，假设其两端均为固定支承。若载荷为 15kip，偏心距为 10in，确定柱内的最大应力。

17-50　材料为 A-36 结构钢、型号为 W14×26 的工字钢制造的柱，可假设其顶端为固定支承，底端为铰链支承。若载荷为 15kip，偏心距为 10in，确定压杆内的最大应力。

17-51　支柱由 2014-T6 铝合金制成，在不发生屈曲或

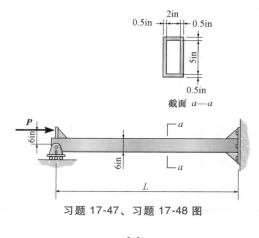

截面 *a—a*

习题 17-47、习题 17-48 图

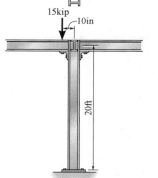

习题 17-49、习题 17-50 图

屈服的前提下，确定该支柱所能承受的最大偏心载荷。支柱的两端为铰链支承。

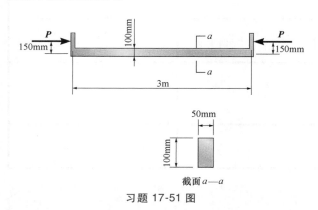

习题 17-51 图

*17-52　材料为 A992 钢、型号为 W10×45 的工字钢制造的柱，可假设两端均为铰链支承。若载荷的大小为 12kip，偏心距为 8in，确定柱内的最大应力。取 *L* = 12.6ft。

17-53　材料为 A992 钢、型号为 W10×45 的工字钢制造的柱，可假设两端均为铰链支承。若载荷的大小为 12kip，偏心距为 8in，确定杆内的最大应力。取 *L* = 9ft。

习题 17-52、习题 17-53 图

17-54　材料为 A992 钢、型号为 W14×53 的工字钢制造的柱，底端固支，顶端自由。若 *P* = 75kip，确定其侧移挠度以及杆内的最大应力。

17-55　材料为 A992 钢、型号为 W14×53 的工字钢制造的柱，底端固支，顶端自由。在不发生屈曲或屈服的前提下，确定压杆能够承受的最大偏心载荷 *P*。$E_{st} = 29(10^3)$ ksi，$\sigma_Y = 50$ksi。

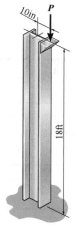

习题 17-54、习题 17-55 图

*17-56　圆柱材料的应力-应变曲线可近似地由两段折线表示。若柱的直径为 80mm，长度为 1.5m，柱两端铰支。应用 Engesser 公式确定临界载荷。假设载荷的作用线与柱

17

的轴线一致。

17-57　圆柱材料的应力-应变曲线可近似地由两段折线表示。若柱的直径为 80mm，长度为 1.5m，柱两端固支。应用 Engesser 公式确定临界载荷。假设载荷的作用线与柱的轴线一致。

17-58　圆柱材料的应力-应变曲线可近似地由两段折线表示。若柱的直径为 80mm，长度为 1.5m，柱的一端铰支，另一端固支。应用 Engesser 公式确定临界载荷。假设载荷的作用线与柱的轴线一致。

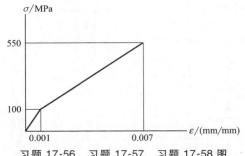

习题 17-56、习题 17-57、习题 17-58 图

本章回顾

屈曲——柱或承受轴向压缩载荷的构件突然发生的失稳现象。构件在临界状态时所承受的最大轴向载荷称为临界载荷 P_{cr}		
理想柱的临界载荷由欧拉公式计算，对于两端铰支的情形，$K=1$；两端固支的情形 $K=0.5$；一端铰支一端固支的情形 $K=0.7$，一端固支一端自由的情形 $K=2$	$P_{cr} = \dfrac{\pi^2 EI}{(KL)^2}$	
若所施加的载荷为偏心载荷，则可应用正割公式确定柱内的最大应力	$\sigma_{max} = \dfrac{P}{A}\left[1 + \dfrac{ec}{r^2}\sec\left(\dfrac{L}{2r}\sqrt{\dfrac{P}{EA}}\right)\right]$	
当轴向载荷引起材料的屈服，则欧拉公式中应使用切线模量以确定压杆的临界载荷。该方法称为 Engesser 公式	$\sigma_{cr} = \dfrac{\pi^2 E_t}{(KL/r)^2}$	
基于实验数据的经验公式被应用在钢制、铝制以及木制柱的设计过程中		

17

复习题

17-59　木制柱，长度为 4m，要求其能够支承 25kN 的轴向压缩载荷。若横截面为正方形，取稳定的安全系数 F. S. =

2.5，试确定截面尺寸 a。柱可视为顶端和底端均为铰支。应用欧拉公式求解这一问题。$E_w = 11\text{GPa}$，$\sigma_Y = 10\text{MPa}$。

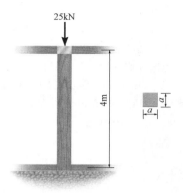

习题 17-59 图

*17-60　扭力弹簧连接于刚性构件 *AB* 和 *CB* 的两端 *A* 和 *C*，若弹簧的刚度系数为 *k*，确定临界载荷 P_{cr}。

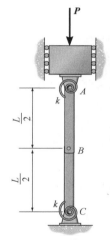

习题 17-60 图

17-61　钢制柱长度为 5m，一端自由，另一端固定支承。若横截面尺寸如图所示，确定其临界载荷。$E_{st} = 200GPa$，$\sigma_Y = 360MPa$。

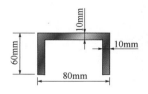

习题 17-61 图

17-62　制成柱材料的压缩应力-应变曲线如图中双折线

所示，试画出压杆的屈曲曲线、*P/A-L/r* 曲线。

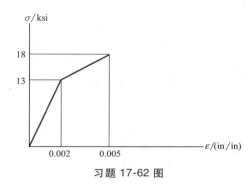

习题 17-62 图

17-63　桁架中各杆采用铰链连接。若构件 *AC* 是由 A-36 钢制成，直径为 2in，在不发生屈曲或屈服的前提下，确定桁架所能承受的最大载荷 *P*。

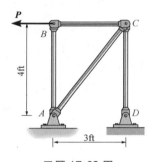

习题 17-63 图

*17-64　桁架内的钢制构件 *AB*，当绕 *y-y* 轴发生屈曲时，其两端可视为铰支约束。若 $w = 3kN/m$，根据所施加的载荷，考虑压杆绕 *y-y* 轴的屈曲效应，计算稳定安全系数。$E_{st} = 200GPa$，$\sigma_Y = 360MPa$。

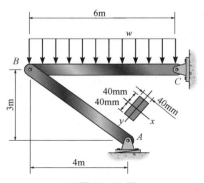

习题 17-64 图

17

17-65 桁架中各杆之间均可视为铰链连接。若杆 AB 由 A-36 钢制成，直径为 40mm，在不发生屈曲或屈服的前提下，确定该桁架所能承受的最大载荷 P。

17-66 桁架中各杆之间均可视为铰链连接。若杆 CB 由 A-36 钢制成，直径为 40mm，在不发生屈曲或屈服的前提下，确定该桁架所能承受的最大载荷 P。

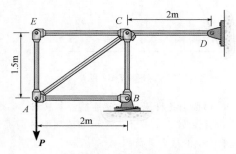

习题 17-65、习题 17-66 图

17-67 材料为 A992 钢，型号为 W10×30 的工字钢制造的柱，两端为铰链支承。试计算其所能承受的最大载荷 P。

* 17-68 材料为 A992 钢，型号为 W10×30 的工字钢制造的柱，底端固支，顶端自由。若其承受 P = 85kip 的偏心载荷，试证明柱将由屈服引起失效。该柱进行了加固，因此不会绕着 y-y 轴屈曲。

17-69 铝制圆柱底部固支、顶部自由。若其承受 P = 200kN 的偏心压缩载荷，在不发生屈曲或屈服的前提下，确定最大许可长度 L。$E_{al} = 72$GPa，$\sigma_Y = 410$MPa。

17-70 铝制圆柱底部固支、顶部自由。若圆柱的长度为 L = 2m，在不发生屈曲或屈服的前提下，确定其所能承受的最大许可载荷。同时，计算由该载荷引起的最大侧向挠度。$E_{al} = 72$GPa，$\sigma_Y = 410$MPa。

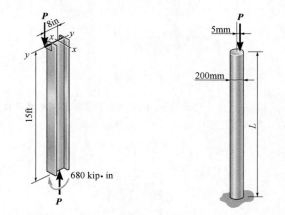

习题 17-67、习题 17-68 图　习题 17-69、习题 17-70 图

附　录

附录 A　数学知识回顾及相关表达式

几何和三角函数回顾

如图 A-1 所示，两条平行线被第三条直线所截，图中所有的 θ 角均相等。

如图 A-2 所示，对于直线和其法线来说，图中所有的 θ 角均相等。

如图 A-3 所示，在圆中，$s = \theta r$，故当 $\theta = 360° = 2\pi\,\text{rad}$ 时，圆的周长为 $s = 2\pi r$。另外，由于 $180° = \pi\,\text{rad}$，有 $\theta(\text{rad}) = (\pi/180°)\theta°$。圆的面积为 $A = \pi r^2$。

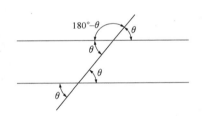

图 A-1

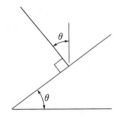

图 A-2

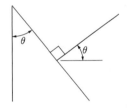

图 A-3

如图 A-4 所示，相似三角形的边长可由比例获得，即 $\dfrac{a}{A} = \dfrac{b}{B} = \dfrac{c}{C}$。

对于图 A-5 所示的直角三角形，勾股定理为

$$h = \sqrt{(o)^2 + (a)^2}$$

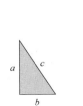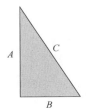

图 A-4

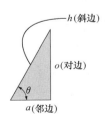

图 A-5

相关三角函数为

$$\sin\theta = \frac{o}{h}$$

$$\cos\theta = \frac{a}{h}$$

$$\tan\theta = \frac{o}{a}$$

相关方程可根据 "soh、cah、toa" 来进行记忆，即：正弦即为对边比斜边，其余的类似。其他的三角函数为

$$\csc\theta = \frac{1}{\sin\theta} = \frac{h}{o}$$

$$\sec\theta = \frac{1}{\cos\theta} = \frac{h}{a}$$

$$\cot\theta = \frac{1}{\tan\theta} = \frac{a}{o}$$

与三角函数相关的恒等式

$$\sin^2\theta + \cos^2\theta = 1$$

$$\sin(\theta \pm \phi) = \sin\theta\cos\phi \pm \cos\theta\sin\phi$$

$$\sin2\theta = 2\sin\theta\cos\theta$$

$$\cos(\theta \pm \phi) = \cos\theta\cos\phi \mp \sin\theta\sin\phi$$

$$\cos2\theta = \cos^2\theta - \sin^2\theta$$

$$\cos\theta = \pm\sqrt{\frac{1+\cos2\theta}{2}} , \sin\theta = \pm\sqrt{\frac{1-\cos2\theta}{2}}$$

$$\tan\theta = \frac{\sin\theta}{\cos\theta}$$

$$1+\tan^2\theta = \sec^2\theta \quad 1+\cot^2\theta = \csc^2\theta$$

一元二次方程求解

若 $ax^2+bx+c=0$，则

$$x = \frac{-b \pm \sqrt{b^2-4ac}}{2a}$$

双曲线函数

$$\sinh x = \frac{e^x - e^{-x}}{2}$$

$$\cosh x = \frac{e^x + e^{-x}}{2}$$

$$\tanh x = \frac{\sinh x}{\cosh x}$$

幂级数展开

$$\sin x = x - \frac{x^3}{3!} + \cdots, \quad \cos x = 1 - \frac{x^2}{2!} + \cdots$$

$$\sinh x = x + \frac{x^3}{3!} + \cdots, \quad \cosh x = 1 + \frac{x^2}{2!} + \cdots$$

导数

$$\frac{d}{dx}(u^n) = nu^{n-1}\frac{du}{dx}, \quad \frac{d}{dx}(\sin u) = \cos u\frac{du}{dx}$$

$$\frac{d}{dx}(uv) = u\frac{dv}{dx} + v\frac{du}{dx}, \quad \frac{d}{dx}(\cos u) = -\sin u\frac{du}{dx}$$

$$\frac{d}{dx}\left(\frac{u}{v}\right) = \frac{v\dfrac{du}{dx} - u\dfrac{dv}{dx}}{v^2}, \quad \frac{d}{dx}(\tan u) = \sec^2 u\frac{du}{dx}$$

$$\frac{d}{dx}(\cot u) = -\csc^2 u\frac{du}{dx}, \quad \frac{d}{dx}(\sinh u) = \cosh u\frac{du}{dx}$$

$$\frac{d}{dx}(\sec u) = \tan u\sec u\frac{du}{dx}, \quad \frac{d}{dx}(\cosh u) = \sinh u\frac{du}{dx}$$

$$\frac{d}{dx}(\csc u) = -\csc u\cot u\frac{du}{dx}$$

积分

$$\int x^n dx = \frac{x^{n+1}}{n+1} + C, n \neq -1$$

$$\int \frac{dx}{a+bx} = \frac{1}{b}\ln(a+bx) + C$$

$$\int \frac{dx}{a+bx^2} = \frac{1}{2\sqrt{-ab}}\ln\left[\frac{a+x\sqrt{-ab}}{a-x\sqrt{-ab}}\right] + C, ab < 0$$

$$\int \frac{x dx}{a+bx^2} = \frac{1}{2b}\ln(bx^2+a) + C$$

$$\int \frac{x^2 dx}{a+bx^2} = \frac{x}{b} - \frac{a}{b\sqrt{ab}}\arctan\frac{x\sqrt{ab}}{a} + C, ab > 0$$

$$\int \sqrt{a+bx}\, dx = \frac{2}{3b}\sqrt{(a+bx)^3} + C$$

$$\int x\sqrt{a+bx}\, dx = \frac{-2(2a-3bx)\sqrt{(a+bx)^3}}{15b^2} + C$$

$$\int x^2\sqrt{a+bx}\, dx = \frac{2(8a^2-12abx+15b^2x^2)\sqrt{(a+bx)^3}}{105b^3} + C$$

$$\int \sqrt{a^2 - x^2}\,\mathrm{d}x = \frac{1}{2}\left[x\sqrt{a^2 - x^2} + a^2\arcsin\frac{x}{a}\right] + C, a > 0$$

$$\int x\sqrt{a^2 - x^2}\,\mathrm{d}x = -\frac{1}{3}\sqrt{(a^2 - x^2)^3} + C$$

$$\int x^2\sqrt{a^2 - x^2}\,\mathrm{d}x = -\frac{x}{4}\sqrt{(a^2 - x^2)^3} + \frac{a^2}{8}\left(x\sqrt{a^2 - x^2} + a^2\arcsin\frac{x}{a}\right) + C, a > 0$$

$$\int \sqrt{x^2 \pm a^2}\,\mathrm{d}x = \frac{1}{2}\left[x\sqrt{x^2 \pm a^2} \pm a^2\ln(x + \sqrt{x^2 \pm a^2})\right] + C$$

$$\int x\sqrt{x^2 \pm a^2}\,\mathrm{d}x = \frac{1}{3}\sqrt{(x^2 \pm a^2)^3} + C$$

$$\int x^2\sqrt{x^2 \pm a^2}\,\mathrm{d}x = \frac{x}{4}\sqrt{(x^2 \pm a^2)^3} \mp \frac{a^2}{8}x\sqrt{x^2 \pm a^2} - \frac{a^4}{8}\ln(x + \sqrt{x^2 \pm a^2}) + C$$

$$\int \frac{\mathrm{d}x}{\sqrt{a + bx}} = \frac{2\sqrt{a + bx}}{b} + C$$

$$\int \frac{x\mathrm{d}x}{\sqrt{x^2 \pm a^2}} = \sqrt{x^2 \pm a^2} + C$$

$$\int \frac{\mathrm{d}x}{\sqrt{a + bx + cx^2}} = \frac{1}{\sqrt{c}}\ln\left[\sqrt{a + bx + cx^2} + x\sqrt{c} + \frac{b}{2\sqrt{c}}\right] + C, c > 0$$

$$= \frac{1}{\sqrt{-c}}\arcsin\left(\frac{-2cx - b}{\sqrt{b^2 - 4ac}}\right) + C, c < 0$$

$$\int \sin x\mathrm{d}x = -\cos x + C$$

$$\int \cos x\mathrm{d}x = \sin x + C$$

$$\int x\cos(ax)\,\mathrm{d}x = \frac{1}{a^2}\cos(ax) + \frac{x}{a}\sin(ax) + C$$

$$\int x^2\cos(ax)\,\mathrm{d}x = \frac{2x}{a^2}\cos(ax) + \frac{a^2x^2 - 2}{a^3}\sin(ax) + C$$

$$\int \mathrm{e}^{ax}\mathrm{d}x = \frac{1}{a}\mathrm{e}^{ax} + C$$

$$\int x\mathrm{e}^{ax}\mathrm{d}x = \frac{\mathrm{e}^{ax}}{a^2}(ax - 1) + C$$

$$\int \sinh x\mathrm{d}x = \cosh x + C$$

$$\int \cosh x\mathrm{d}x = \sinh x + C$$

附录 B　常见形状的几何性质

形心位置		形心位置	惯性矩

梯形　$A=\dfrac{1}{2}h(a+b)$，$\dfrac{1}{3}\left(\dfrac{2a+b}{a+b}\right)h$

扇形　$A=\theta r^2$，$\dfrac{2}{3}\dfrac{r\sin\theta}{\theta}$，$I_x=\dfrac{1}{4}r^4\left(\theta-\dfrac{1}{2}\sin2\theta\right)$，$I_y=\dfrac{1}{4}r^4\left(\theta+\dfrac{1}{2}\sin2\theta\right)$

半抛物线形　$A=\dfrac{2}{3}ab$，$\dfrac{2}{5}a$，$\dfrac{3}{8}b$

四分之一圆　$A=\dfrac{1}{4}\pi r^2$，$\dfrac{4r}{3\pi}$，$I_x=\dfrac{1}{16}\pi r^4$，$I_y=\dfrac{1}{16}\pi r^4$

半抛物线形　$A=\dfrac{1}{3}ab$，$\dfrac{3}{4}a$，$\dfrac{3}{10}b$

半圆形　$A=\dfrac{\pi r^2}{2}$，$\dfrac{4r}{3\pi}$，$I_x=\dfrac{1}{8}\pi r^4$，$I_y=\dfrac{1}{8}\pi r^4$

抛物线形　$A=\dfrac{4}{3}ab$，$\dfrac{2}{5}a$

圆形　$A=\pi r^2$，$I_x=\dfrac{1}{4}\pi r^4$，$I_y=\dfrac{1}{4}\pi r^4$

半球体　$V=\dfrac{2}{3}\pi r^3$，$\dfrac{3r}{8}$

矩形　$A=bh$，$I_x=\dfrac{1}{12}bh^3$，$I_y=\dfrac{1}{12}hb^3$

圆锥体　$V=\dfrac{1}{3}\pi r^2h$，$\dfrac{h}{4}$

三角形　$A=\dfrac{1}{2}bh$，$\dfrac{1}{3}h$，$I_x=\dfrac{1}{36}bh^3$

附录 C　工字钢截面的几何参数

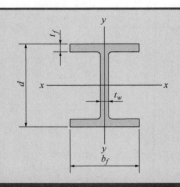

工字钢截面尺寸或型号 FPS 单位

型号	面积 A	高度 d	腹板厚度 t_w	翼缘		x-x 轴			y-y 轴		
				宽度 b_f	厚度 t_f	I	S	r	I	S	r
in×lb/ft	in²	in	in	in	in	in⁴	in³	in	in⁴	in³	in
W24×104	30.6	24.06	0.500	12.750	0.750	3100	258	10.1	259	40.7	2.91
W24×94	27.7	24.31	0.515	9.065	0.875	2700	222	9.87	109	24.0	1.98
W24×84	24.7	24.10	0.470	9.020	0.770	2370	196	9.79	94.4	20.9	1.95
W24×76	22.4	23.92	0.440	8.990	0.680	2100	176	9.69	82.5	18.4	1.92
W24×68	20.1	23.73	0.415	8.965	0.585	1830	154	9.55	70.4	15.7	1.87
W24×62	18.2	23.74	0.430	7.040	0.590	1550	131	9.23	34.5	9.80	1.38
W24×55	16.2	23.57	0.395	7.005	0.505	1350	114	9.11	29.1	8.30	1.34
W18×65	19.1	18.35	0.450	7.590	0.750	1070	117	7.49	54.8	14.4	1.69
W18×60	17.6	18.24	0.415	7.555	0.695	984	108	7.47	50.1	13.3	1.69
W18×55	16.2	18.11	0.390	7.530	0.630	890	98.3	7.41	44.9	11.9	1.67
W18×50	14.7	17.99	0.355	7.495	0.570	800	88.9	7.38	40.1	10.7	1.65
W18×46	13.5	18.06	0.360	6.060	0.605	712	78.8	7.25	22.5	7.43	1.29
W18×40	11.8	17.90	0.315	6.015	0.525	612	68.4	7.21	19.1	6.35	1.27
W18×35	10.3	17.70	0.300	6.000	0.425	510	57.6	7.04	15.3	5.12	1.22
W16×57	16.8	16.43	0.430	7.120	0.715	758	92.2	6.72	43.1	12.1	1.60
W16×50	14.7	16.26	0.380	7.070	0.630	659	81.0	6.68	37.2	10.5	1.59
W16×45	13.3	16.13	0.345	7.035	0.565	586	72.7	6.65	32.8	9.34	1.57
W16×36	10.6	15.86	0.295	6.985	0.430	448	56.5	6.51	24.5	7.00	1.52
W16×31	9.12	15.88	0.275	5.525	0.440	375	47.2	6.41	12.4	4.49	1.17
W16×26	7.68	15.69	0.250	5.500	0.345	301	38.4	6.26	9.59	3.49	1.12
W14×53	15.6	13.92	0.370	8.060	0.660	541	77.8	5.89	57.7	14.3	1.92
W14×43	12.6	13.66	0.305	7.995	0.530	428	62.7	5.82	45.2	11.3	1.89
W14×38	11.2	14.10	0.310	6.770	0.515	385	54.6	5.87	26.7	7.88	1.55
W14×34	10.0	13.98	0.285	6.745	0.455	340	48.6	5.83	23.3	6.91	1.53
W14×30	8.85	13.84	0.270	6.730	0.385	291	42.0	5.73	19.6	5.82	1.49
W14×26	7.69	13.91	0.255	5.025	0.420	245	35.3	5.65	8.91	3.54	1.08
W14×22	6.49	13.74	0.230	5.000	0.335	199	29.0	5.54	7.00	2.80	1.04
W12×87	25.6	12.53	0.515	12.125	0.810	740	118	5.38	241	39.7	3.07
W12×50	14.7	12.19	0.370	8.080	0.640	394	64.7	5.18	56.3	13.9	1.96

（续）

工字钢截面尺寸或型号 FPS 单位

型号	面积 A	高度 d	腹板厚度 t_w	翼缘 宽度 b_f	翼缘 厚度 t_f	x-x 轴 I	x-x 轴 S	x-x 轴 r	y-y 轴 I	y-y 轴 S	y-y 轴 r
in×lb/ft	in²	in	in	in	in	in⁴	in³	in	in⁴	in³	in
W12×45	13.2	12.06	0.335	8.045	0.575	350	58.1	5.15	50.0	12.4	1.94
W12×26	7.65	12.22	0.230	6.490	0.380	204	33.4	5.17	17.3	5.34	1.51
W12×22	6.48	12.31	0.260	4.030	0.425	156	25.4	4.91	4.66	2.31	0.847
W12×16	4.71	11.99	0.220	3.990	0.265	103	17.1	4.67	2.82	1.41	0.773
W12×14	4.16	11.91	0.200	3.970	0.225	88.6	14.9	4.62	2.36	1.19	0.753
W10×100	29.4	11.10	0.680	10.340	1.120	623	112	4.60	207	40.0	2.65
W10×54	15.8	10.09	0.370	10.030	0.615	303	60.0	4.37	103	20.6	2.56
W10×45	13.3	10.10	0.350	8.020	0.620	248	49.1	4.32	53.4	13.3	2.01
W10×39	11.5	9.92	0.315	7.985	0.530	209	42.1	4.27	45.0	11.3	1.98
W10×30	8.84	10.47	0.300	5.810	0.510	170	32.4	4.38	16.7	5.75	1.37
W10×19	5.62	10.24	0.250	4.020	0.395	96.3	18.8	4.14	4.29	2.14	0.874
W10×15	4.41	9.99	0.230	4.000	0.270	68.9	13.8	3.95	2.89	1.45	0.810
W10×12	3.54	9.87	0.190	3.960	0.210	53.8	10.9	3.90	2.18	1.10	0.785
W8×67	19.7	9.00	0.570	8.280	0.935	272	60.4	3.72	88.6	21.4	2.12
W8×58	17.1	8.75	0.510	8.220	0.810	228	52.0	3.65	75.1	18.3	2.10
W8×48	14.1	8.50	0.400	8.110	0.685	184	43.3	3.61	60.9	15.0	2.08
W8×40	11.7	8.25	0.360	8.070	0.560	146	35.5	3.53	49.1	12.2	2.04
W8×31	9.13	8.00	0.285	7.995	0.435	110	27.5	3.47	37.1	9.27	2.02
W8×24	7.08	7.93	0.245	6.495	0.400	82.8	20.9	3.42	18.3	5.63	1.61
W8×15	4.44	8.11	0.245	4.015	0.315	48.0	11.8	3.29	3.41	1.70	0.876
W6×25	7.34	6.38	0.320	6.080	0.455	53.4	16.7	2.70	17.1	5.61	1.52
W6×20	5.87	6.20	0.260	6.020	0.365	41.4	13.4	2.66	13.3	4.41	1.50
W6×16	4.74	6.28	0.260	4.030	0.405	32.1	10.2	2.60	4.43	2.20	0.966
W6×15	4.43	5.99	0.230	5.990	0.260	29.1	9.72	2.56	9.32	3.11	1.46
W6×12	3.55	6.03	0.230	4.000	0.280	22.1	7.31	2.49	2.99	1.50	0.918
W6×9	2.68	5.90	0.170	3.940	0.215	16.4	5.56	2.47	2.19	1.11	0.905

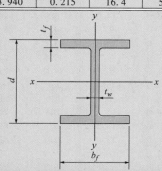

工字钢截面尺寸或型号 SI 单位

型号	面积 A	高度 d	腹板厚度 t_w	翼缘 宽度 b_f	翼缘 厚度 t_f	x-x 轴 I	x-x 轴 S	x-x 轴 r	y-y 轴 I	y-y 轴 S	y-y 轴 r
mm×kg/m	mm²	mm	mm	mm	mm	10⁶mm⁴	10³mm³	mm	10⁶mm⁴	10³mm³	mm
W610×155	19800	611	12.70	324.0	19.0	1290	4220	255	108	667	73.9
W610×140	17900	617	13.10	230.0	22.2	1120	3630	250	45.1	392	50.2
W610×125	15900	612	11.90	229.0	19.6	985	3220	249	39.3	343	49.7

（续）

工字钢截面尺寸或型号 SI 单位

型号	面积 A	高度 d	腹板厚度 t_w	翼缘 宽度 b_f	翼缘 厚度 t_f	x-x 轴 I	x-x 轴 S	x-x 轴 r	y-y 轴 I	y-y 轴 S	y-y 轴 r
mm×kg/m	mm²	mm	mm	mm	mm	10^6 mm⁴	10^3 mm³	mm	10^6 mm⁴	10^3 mm³	mm
W610×113	14400	608	11.20	228.0	17.3	875	2880	247	34.3	301	48.8
W610×101	12900	603	10.50	228.0	14.9	764	2530	243	29.5	259	47.8
W610×92	11800	603	10.90	179.0	15.0	646	2140	234	14.4	161	34.9
W610×82	10500	599	10.00	178.0	12.8	560	1870	231	12.1	136	33.9
W610×97	12300	466	11.40	193.0	19.0	445	1910	190	22.8	236	43.1
W460×89	11400	463	10.50	192.0	17.7	410	1770	190	20.9	218	42.8
W460×82	10400	460	9.91	191.0	16.0	370	1610	189	18.6	195	42.3
W460×74	9460	457	9.02	190.0	14.5	333	1460	188	16.6	175	41.9
W460×68	8730	459	9.14	154.0	15.4	297	1290	184	9.41	122	32.8
W460×60	7590	455	8.00	153.0	13.3	255	1120	183	7.96	104	32.4
W460×52	6640	450	7.62	152.0	10.8	212	942	179	6.34	83.4	30.9
W410×85	10800	417	10.90	181.0	18.2	315	1510	171	18.0	199	40.8
W410×74	9510	413	9.65	180.0	16.0	275	1330	170	15.6	173	40.5
W410×67	8560	410	8.76	179.0	14.4	245	1200	169	13.8	154	40.2
W410×53	6820	403	7.49	177.0	10.9	186	923	165	10.1	114	38.5
W410×46	5890	403	6.99	140.0	11.2	156	774	163	5.14	73.4	29.5
W410×39	4960	399	6.35	140.0	8.8	126	632	159	4.02	57.4	28.5
W360×79	10100	354	9.40	205.0	16.8	227	1280	150	24.2	236	48.9
W360×64	8150	347	7.75	203.0	13.5	179	1030	148	18.8	185	48.0
W360×57	7200	358	7.87	172.0	13.1	160	894	149	11.1	129	39.3
W360×51	6450	355	7.24	171.0	11.6	141	794	148	9.68	113	38.7
W360×45	5710	352	6.86	171.0	9.8	121	688	146	8.16	95.4	37.8
W360×39	4960	353	6.48	128.0	10.7	102	578	143	3.75	58.6	27.5
W360×33	4190	349	5.84	127.0	8.5	82.9	475	141	2.91	45.8	26.4
W310×129	16500	318	13.10	308.0	20.6	308	1940	137	100	649	77.8
W310×74	9480	310	9.40	205.0	16.3	165	1060	132	23.4	228	49.7
W310×67	8530	306	8.51	204.0	14.6	145	948	130	20.7	203	49.3
W310×39	4930	310	5.84	165.0	9.7	84.8	547	131	7.23	87.6	38.3
W310×33	4180	313	6.60	102.0	10.8	65.0	415	125	1.92	37.6	21.4
W310×24	3040	305	5.59	101.0	6.7	42.8	281	119	1.16	23.0	19.5
W310×21	2680	303	5.08	101.0	5.7	37.0	244	117	0.986	19.5	19.2
W250×149	19000	282	17.30	263.0	28.4	259	1840	117	86.2	656	67.4
W250×80	10200	256	9.40	255.0	15.6	126	984	111	43.1	338	65.0
W250×67	8560	257	8.89	204.0	15.7	104	809	110	22.2	218	50.9
W250×58	7400	252	8.00	203.0	13.5	87.3	693	109	18.8	185	50.4
W250×45	5700	266	7.62	148.0	13.0	71.1	535	112	7.03	95	35.1
W250×28	3620	260	6.35	102.0	10.0	39.9	307	105	1.78	34.9	22.2
W250×22	2850	254	5.84	102.0	6.9	28.8	227	101	1.22	23.9	20.7
W250×18	2280	251	4.83	101.0	5.3	22.5	179	99.3	0.919	18.2	20.1
W200×100	12700	229	14.50	210.0	23.7	113	987	94.3	36.6	349	53.7
W200×86	11000	222	13.00	209.0	20.6	94.7	853	92.8	31.4	300	53.4
W200×71	9100	216	10.20	206.0	17.4	76.6	709	91.7	25.4	247	52.8
W200×59	7580	210	9.14	205.0	14.2	61.2	583	89.9	20.4	199	51.9
W200×46	5890	203	7.24	203.0	11.0	45.5	448	87.9	15.3	151	51.0
W200×36	4570	201	6.22	165.0	10.2	34.4	342	86.8	7.64	92.6	40.9
W200×22	2860	206	6.22	102.0	8.0	20.0	194	83.6	1.42	27.8	22.3

工字钢截面尺寸或型号 SI 单位

型号	面积 A	高度 d	腹板厚度 t_w	翼缘		x-x 轴			y-y 轴		
				宽度 b_f	厚度 t_f	I	S	r	I	S	r
mm×kg/m	mm²	mm	mm	mm	mm	10^6 mm⁴	10^3 mm³	mm	10^6 mm⁴	10^3 mm³	mm
W150×37	4730	162	8.13	154.0	11.6	22.2	274	68.5	7.07	91.8	38.7
W150×30	3790	157	6.60	153.0	9.3	17.1	218	67.2	5.54	72.4	38.2
W150×22	2860	152	5.84	152.0	6.6	12.1	159	65.0	3.87	50.9	36.8
W150×24	3060	160	6.60	102.0	10.3	13.4	168	66.2	1.83	35.9	24.5
W150×18	2290	153	5.84	102.0	7.1	9.19	120	63.3	1.26	24.7	23.5
W150×14	1730	150	4.32	100.0	5.5	6.84	91.2	62.9	0.912	18.2	23.0

附录 D　梁的转角与挠度

简支梁的转角与挠度

梁	转角	挠度	弹性曲线
	$\theta_{max} = \dfrac{-PL^2}{16EI}$	$v_{max} = \dfrac{-PL^3}{48EI}$	$v = \dfrac{-Px}{48EI}(3L^2 - 4x^2),$ $0 \leq x \leq L/2$
	$\theta_1 = \dfrac{-Pab(L+b)}{6EIL}$ $\theta_2 = \dfrac{Pab(L+a)}{6EIL}$	$v\,\big|_{x=a} = \dfrac{-Pba}{6EIL}(L^2 - b^2 - a^2)$	$v = \dfrac{-Pbx}{6EIL}(L^2 - b^2 - x^2),$ $0 \leq x \leq a$
	$\theta_1 = \dfrac{-M_0 L}{6EI}$ $\theta_2 = \dfrac{M_0 L}{3EI}$	$v_{max} = \dfrac{-M_0 L^2}{9\sqrt{3}EI},$ 在 $x = 0.5774L$ 处	$v = \dfrac{-M_0 x}{6EIL}(L^2 - x^2)$
	$\theta_{max} = \dfrac{-wL^3}{24EI}$	$v_{max} = \dfrac{-5wL^4}{384EI}$	$v = \dfrac{-wx}{24EI}(x^3 - 2Lx^2 + L^3)$
	$\theta_1 = \dfrac{-3wL^3}{128EI}$ $\theta_2 = \dfrac{7wL^3}{384EI}$	$v\,\big|_{x=L/2} = \dfrac{-5wL^4}{768EI}$ $v_{max} = -0.006563\dfrac{wL^4}{EI},$ 在 $x = 0.4598L$ 处	$v = \dfrac{-wx}{384EI}(16x^3 - 24Lx^2 + 9L^3),$ $0 \leq x \leq L/2$ $v = \dfrac{-wL}{384EI}(8x^3 - 24Lx^2 + 17L^2 x - L^3),$ $L/2 \leq x < L$

（续）

简支梁的转角与挠度

梁	转角	挠度	弹性曲线
	$\theta_1 = \dfrac{-7w_0 L^3}{360EI}$ $\theta_2 = \dfrac{w_0 L^3}{45EI}$	$v_{max} = -0.00652\dfrac{w_0 L^4}{EI}$, 在 $x = 0.5193L$ 处	$v = \dfrac{-w_0 x}{360EIL}(3x^4 - 10L^2 x^2 + 7L^4)$

悬臂梁的转角与挠度

梁	转角	挠度	弹性曲线
	$\theta_{max} = \dfrac{-PL^2}{2EI}$	$v_{max} = \dfrac{-PL^3}{3EI}$	$v = \dfrac{-Px^2}{6EI}(3L - x)$
	$\theta_{max} = \dfrac{-PL^2}{8EI}$	$v_{max} = \dfrac{-5PL^3}{48EI}$	$v = \dfrac{-Px^2}{12EI}(3L - 2x), 0 \leqslant x \leqslant L/2$ $v = \dfrac{-PL^2}{48EI}(6x - L), L/2 \leqslant x \leqslant L$
	$\theta_{max} = \dfrac{-wL^3}{6EI}$	$v_{max} = \dfrac{-wL^4}{8EI}$	$v = \dfrac{-wx^2}{24EI}(x^2 - 4Lx + 6L^2)$
	$\theta_{max} = \dfrac{M_0 L}{EI}$	$v_{max} = \dfrac{M_0 L^2}{2EI}$	$v = \dfrac{M_0 x^2}{2EI}$
	$\theta_{max} = \dfrac{-wL^3}{48EI}$	$v_{max} = \dfrac{-7wL^4}{384EI}$	$v = \dfrac{-wx^2}{24EI}\left(x^2 - 2Lx + \dfrac{3}{2}L^2\right), 0 \leqslant x \leqslant L/2$ $v = \dfrac{-wL^3}{384EI}(8x - L), L/2 \leqslant x \leqslant L$
	$\theta_{max} = \dfrac{-w_0 L^3}{24EI}$	$v_{max} = \dfrac{-w_0 L^4}{30EI}$	$v = \dfrac{-w_0 x^2}{120EIL}(10L^3 - 10L^2 x + 5Lx^2 - x^3)$

基础题部分解题过程及答案

第 2 章

F2-1

$$F_R = \sqrt{(2kN)^2 + (6kN)^2 - 2(2kN)(6kN)\cos105°}$$
$$= 6.798kN = 6.80kN \qquad Ans.$$

$$\frac{\sin\phi}{6kN} = \frac{\sin105°}{6.798kN}, \quad \phi = 58.49°$$

$$\theta = 45° + \phi = 45° + 58.49° = 103° \qquad Ans.$$

F2-2 $\quad F_R = \sqrt{200^2 + 500^2 - 2(200)(500)\cos140°}$
$$= 666N \qquad Ans.$$

F2-3 $\quad F_R = \sqrt{600^2 + 800^2 - 2(600)(800)\cos60°}$
$$= 721.11N = 721N \qquad Ans.$$

$$\frac{\sin\alpha}{800} = \frac{\sin60°}{721.11}; \quad \alpha = 73.90°$$

$$\phi = \alpha - 30° = 73.90° - 30° = 43.9° \qquad Ans.$$

F2-4 $\quad \dfrac{F_u}{\sin45°} = \dfrac{30}{\sin105°}; \quad F_u = 22.0lb \qquad Ans.$

$$\frac{F_v}{\sin30°} = \frac{30}{\sin105°}; \quad F_v = 15.5lb \qquad Ans.$$

F2-5 $\quad \dfrac{F_{AB}}{\sin105°} = \dfrac{450}{\sin30°}$

$$F_{AB} = 869lb \qquad Ans.$$

$$\frac{F_{AC}}{\sin45°} = \frac{450}{\sin30°}$$

$$F_{AC} = 636lb \qquad Ans.$$

F2-6 $\quad \dfrac{F}{\sin30°} = \dfrac{6}{\sin105°} \quad F = 3.11kN \qquad Ans.$

$$\frac{F_v}{\sin45°} = \frac{6}{\sin105°} \quad F_v = 4.39kN \qquad Ans.$$

F2-7 $\quad (F_1)_x = 0 \quad (F_1)_y = 300N \qquad Ans.$
$$(F_2)_x = -(450N)\cos45° = -318N \qquad Ans.$$
$$(F_2)_y = (450N)\sin45° = 318N \qquad Ans.$$

$$(F_3)_x = \left(\frac{3}{5}\right)600N = 360N \qquad Ans.$$

$$(F_3)_y = \left(\frac{4}{5}\right)600N = 480N \qquad Ans.$$

F2-8 $\quad F_{Rx} = 300 + 400\cos30° - 250\left(\dfrac{4}{5}\right) = 446.4N$

$$F_{Ry} = 400\sin30° + 250\left(\frac{3}{5}\right) = 350N$$

$$F_R = \sqrt{(446.4)^2 + 350^2} = 567N \qquad Ans.$$

$$\theta = \arctan\frac{350}{446.4} = 38.1° \angle \qquad Ans.$$

F2-9 $\quad \overset{+}{\rightarrow}(F_R)_x = \sum F_x;$

$$(F_R)_x = -(700lb)\cos30° + 0 + \left(\frac{3}{5}\right)(600lb)$$
$$= -246.22lb$$

$$+\uparrow (F_R)_y = \sum F_y;$$

$$(F_R)_y = -(700lb)\sin30° - 400lb - \left(\frac{4}{5}\right)(600lb)$$
$$= -1230lb$$

$$F_R = \sqrt{(246.22lb)^2 + (1230lb)^2} = 1254lb \qquad Ans.$$

$$\phi = \arctan\left(\frac{1230lb}{246.22lb}\right) = 78.68°$$

$$\theta = 180° + \phi = 180° + 78.68 = 259° \qquad Ans.$$

F2-10 $\quad \overset{+}{\rightarrow}(F_R)_x = \sum F_x;$

$$750N = F\cos\theta + \left(\frac{5}{13}\right)(325N) + (600N)\cos45°$$

$$+\uparrow (F_R)_y = \sum F_y;$$

$$0 = F\sin\theta + \left(\frac{12}{13}\right)(325N) - (600N)\sin45°$$

$$\tan\theta = 0.6190, \quad \theta = 31.76° = 31.8° \angle \qquad Ans.$$
$$F = 236N \qquad Ans.$$

F2-11 $\quad \overset{+}{\rightarrow}(F_R)_x = \sum F_x;$

$$(80lb)\cos45° = F\cos\theta + 50lb - \left(\frac{3}{5}\right)90lb$$

$$+\uparrow (F_R)_y = \sum F_y;$$

$$-(80lb)\sin45° = F\sin\theta - \left(\frac{4}{5}\right)(90lb)$$

$$\tan\theta = 0.2547, \quad \theta = 14.29° = 14.3° \angle \qquad Ans.$$
$$F = 62.5lb \qquad Ans.$$

F2-12 $\quad (F_R)_x = 15\left(\dfrac{4}{5}\right) + 0 + 15\left(\dfrac{4}{5}\right) = 24kN \rightarrow$

$$(F_R)_y = 15\left(\frac{3}{5}\right) + 20 - 15\left(\frac{3}{5}\right) = 20kN \uparrow$$

$$F_R = 31.2kN \qquad Ans.$$
$$\theta = 39.8° \qquad Ans.$$

F2-13 $\quad F_x = 75\cos30°\sin45° = 45.93lb$

$F_y = 75\cos30°\cos45° = 45.93\text{lb}$

$F_z = -75\sin30° = -37.5\text{lb}$

$\alpha = \arccos\left(\dfrac{45.93}{75}\right) = 52.2°$ *Ans.*

$\beta = \arccos\left(\dfrac{45.93}{75}\right) = 52.2°$ *Ans.*

$\gamma = \arccos\left(\dfrac{-37.5}{75}\right) = 120°$ *Ans.*

F2-14　$\cos\beta = \sqrt{1-\cos^2 120°-\cos^2 60°} = \pm0.7071$

要求 $\beta = 135°$

$\boldsymbol{F} = Fu_F = (500\text{N})(-0.5\boldsymbol{i}-0.7071\boldsymbol{j}+0.5\boldsymbol{k})$

$\quad = (-250\boldsymbol{i}-354\boldsymbol{j}+250\boldsymbol{k})\text{N}$ *Ans.*

F2-15　$\cos^2\alpha+\cos^2 135°+\cos^2 120° = 1$

$\alpha = 60°$

$\boldsymbol{F} = Fu_F = (500\text{N})(0.5\boldsymbol{i}-0.7071\boldsymbol{j}-0.5\boldsymbol{k})$

$\quad = (250\boldsymbol{i}-354\boldsymbol{j}-250\boldsymbol{k})\text{N}$ *Ans.*

F2-16　$F_z = (50\text{lb})\sin45° = 35.36\text{lb}$

$F' = (50\text{lb})\cos45° = 35.36\text{lb}$

$F_x = \left(\dfrac{3}{5}\right)(35.36\text{lb}) = 21.21\text{lb}$

$F_y = \left(\dfrac{4}{5}\right)(35.36\text{lb}) = 28.28\text{lb}$

$\boldsymbol{F} = (-21.2\boldsymbol{i}+28.3\boldsymbol{j}+35.4\boldsymbol{k})\text{lb}$ *Ans.*

F2-17　$F_z = (750\text{N})\sin45° = 530.33\text{N}$

$F' = (750\text{N})\cos45° = 530.33\text{N}$

$F_x = (530.33\text{N})\cos60° = 265.1\text{N}$

$F_y = (530.33\text{N})\sin60° = 459.3\text{N}$

$\boldsymbol{F}_2 = (265\boldsymbol{i}-459\boldsymbol{j}+530\boldsymbol{k})\text{N}$ *Ans.*

F2-18　$\boldsymbol{F}_1 = \left(\dfrac{4}{5}\right)(500\text{lb})\boldsymbol{j}+\left(\dfrac{3}{5}\right)(500\text{lb})\boldsymbol{k}$

$\quad = (400\boldsymbol{j}+300\boldsymbol{k})\text{lb}$

$\boldsymbol{F}_2 = [(800\text{lb})\cos45°]\cos30°\boldsymbol{i}+$

$\qquad [(800\text{lb})\cos45°]\sin30°\boldsymbol{j}+$

$\qquad (800\text{lb})\sin45°(-\boldsymbol{k})$

$\quad = (489.90\boldsymbol{i}+282.84\boldsymbol{j}-565.69\boldsymbol{k})\text{lb}$

$\boldsymbol{F}_R = \boldsymbol{F}_1+\boldsymbol{F}_2 = (490\boldsymbol{i}+683\boldsymbol{j}-266\boldsymbol{k})\text{lb}$ *Ans.*

F2-19　$\boldsymbol{r}_{AB} = (-6\boldsymbol{i}+6\boldsymbol{j}+3\boldsymbol{k})\text{m}$ *Ans.*

$r_{AB} = \sqrt{(-6\text{m})^2+(6\text{m})^2+(3\text{m})^2} = 9\text{m}$ *Ans.*

$\alpha = 132°,\quad \beta = 48.2°,\quad \gamma = 70.5°$ *Ans.*

F2-20　$\boldsymbol{r}_{AB} = (-4\boldsymbol{i}+2\boldsymbol{j}+4\boldsymbol{k})\text{ft}$ *Ans.*

$r_{AB} = \sqrt{(-4\text{ft})^2+(2\text{ft})^2+(4\text{ft})^2} = 6\text{ft}$ *Ans.*

$\alpha = \arccos\left(\dfrac{-4\text{ft}}{6\text{ft}}\right) = 131.8°$

$\theta = 180°-131.8° = 48.2°$ *Ans.*

F2-21　$\boldsymbol{r}_B = (2\boldsymbol{i}+3\boldsymbol{j}-6\boldsymbol{k})\text{m}$

$\boldsymbol{F}_B = F_B u_B$

$\quad = (630\text{N})\left(\dfrac{2}{7}\boldsymbol{i}+\dfrac{3}{7}\boldsymbol{j}-\dfrac{6}{7}\boldsymbol{k}\right)$

$\quad = (180\boldsymbol{i}+270\boldsymbol{j}-540\boldsymbol{k})\text{N}$ *Ans.*

F2-22　$\boldsymbol{F} = Fu_{AB} = 900\text{N}\left(-\dfrac{4}{9}\boldsymbol{i}+\dfrac{7}{9}\boldsymbol{j}-\dfrac{4}{9}\boldsymbol{k}\right)$

$\quad = (-400\boldsymbol{i}+700\boldsymbol{j}-400\boldsymbol{k})\text{N}$

F2-23　$\boldsymbol{F}_B = F_B u_B$

$\quad = (840\text{N})\left(\dfrac{3}{7}\boldsymbol{i}-\dfrac{2}{7}\boldsymbol{j}-\dfrac{6}{7}\boldsymbol{k}\right)$

$\quad = (360\boldsymbol{i}-240\boldsymbol{j}-720\boldsymbol{k})\text{N}$

$\boldsymbol{F}_C = F_C u_C$

$\quad = (420\text{N})\left(\dfrac{2}{7}\boldsymbol{i}+\dfrac{3}{7}\boldsymbol{j}-\dfrac{6}{7}\boldsymbol{k}\right)$

$\quad = (120\boldsymbol{i}+180\boldsymbol{j}-360\boldsymbol{k})\text{N}$

$F_R = \sqrt{(480\text{N})^2-(-60\text{N})^2+(-1080\text{N})^2}$

$\quad = 1.18\text{kN}$ *Ans.*

F2-24　$\boldsymbol{F}_B = F_B u_B$

$\quad = (600\text{lb})\left(-\dfrac{1}{3}\boldsymbol{i}+\dfrac{2}{3}\boldsymbol{j}-\dfrac{2}{3}\boldsymbol{k}\right)$

$\qquad (-200\boldsymbol{i}+400\boldsymbol{j}-400\boldsymbol{k})\text{lb}$

$\boldsymbol{F}_C = F_C u_C$

$\quad = (490\text{lb})\left(-\dfrac{6}{7}\boldsymbol{i}+\dfrac{3}{7}\boldsymbol{j}-\dfrac{2}{7}\boldsymbol{k}\right)$

$\quad = (-420\boldsymbol{i}+210\boldsymbol{j}-140\boldsymbol{k})\text{lb}$

$\boldsymbol{F}_R = \boldsymbol{F}_B+\boldsymbol{F}_C = (-620\boldsymbol{i}+610\boldsymbol{j}-540\boldsymbol{k})\text{lb}$ *Ans.*

F2-25　$u_{AO} = -\dfrac{1}{3}\boldsymbol{i}+\dfrac{2}{3}\boldsymbol{j}-\dfrac{2}{3}\boldsymbol{k}$

$u_F = -0.5345\boldsymbol{i}+0.8018\boldsymbol{j}+0.2673\boldsymbol{k}$

$\theta = \arccos(u_{AO} \cdot u_F) = 57.7°$ *Ans.*

F2-26　$u_{AB} = -\dfrac{3}{5}\boldsymbol{j}+\dfrac{4}{5}\boldsymbol{k}$

$u_F = \dfrac{4}{5}\boldsymbol{i}-\dfrac{3}{5}\boldsymbol{j}$

$\theta = \arccos(u_{AB} \cdot u_F) = 68.9°$ *Ans.*

F2-27　$u_{OA} = \dfrac{12}{13}\boldsymbol{i}+\dfrac{5}{13}\boldsymbol{j}$

$u_{OA} \cdot \boldsymbol{j} = u_{OA}(1)\cos\theta$

$$\cos\theta = \frac{5}{13}; \theta = 67.4° \qquad\qquad Ans.$$

F2-28 $\quad u_{OA} = \frac{12}{13}i + \frac{5}{13}j$

$$F = Fu_F = (650j)\,\mathrm{N}$$

$$F_{OA} = F \cdot u_{OA} = 250\mathrm{N}$$

$$F_{OA} = F_{OA}u_{OA} = (231i + 96.2j)\,\mathrm{N} \qquad Ans.$$

F2-29 $\quad F = (400\mathrm{N})\dfrac{(4i+1j-6k)\,\mathrm{m}}{\sqrt{(4\mathrm{m})^2+(1\mathrm{m})^2+(-6\mathrm{m})^2}}$

$$= (219.78i + 54.94j - 329.67k)\,\mathrm{N}$$

$$u_{AO} = \frac{(-4j-6k)\,\mathrm{m}}{\sqrt{(-4\mathrm{m})^2+(-6\mathrm{m})^2}}$$

$$= -0.5547j - 0.8321k$$

$$(F_{AO})_{proj} = F \cdot u_{AO} = 244\mathrm{N} \qquad Ans.$$

F2-30 $\quad F = [(-600\mathrm{lb})\cos60°]\sin30°i +$

$$[(600\mathrm{lb})\cos60°]\cos30°j +$$

$$[(600\mathrm{lb})\sin60°]k$$

$$= (-150i + 259.81j + 519.62k)\,\mathrm{lb}$$

$$u_A = -\frac{2}{3}i + \frac{2}{3}j + \frac{1}{3}k$$

$$(F_A)_{proj} = F \cdot u_A = 446.41\mathrm{lb} = 446\mathrm{lb} \qquad Ans.$$

$$(F_A)_{per} = \sqrt{(600\mathrm{lb})^2-(446.41\mathrm{lb})^2}$$

$$= 401\mathrm{lb} \qquad Ans.$$

第 3 章

F3-1 $\quad \zeta + M_O = 600\sin50°(5) + 600\cos50°(0.5)$

$$= 2.49\mathrm{kip}\cdot\mathrm{ft} \qquad Ans.$$

F3-2 $\quad \zeta + M_O = -\left(\dfrac{4}{5}\right)(100\mathrm{N})(2\mathrm{m}) - \left(\dfrac{3}{5}\right)(100\mathrm{N})(5\mathrm{m})$

$$= -460\mathrm{N}\cdot\mathrm{m} = 460\mathrm{N}\cdot\mathrm{m}\,\circlearrowright \qquad Ans.$$

F3-3 $\quad \zeta + M_O = [(300\mathrm{N})\sin30°][0.4\mathrm{m}+(0.3\mathrm{m})\cos45°] -$

$$[(300\mathrm{N})\cos30°][(0.3\mathrm{m})\sin45°]$$

$$= 36.7\mathrm{N}\cdot\mathrm{m} \qquad Ans.$$

F3-4 $\quad \zeta + M_O = (600\mathrm{lb})(4\mathrm{ft}+(3\mathrm{ft})\cos45°-1\mathrm{ft})$

$$= 3.07\mathrm{kip}\cdot\mathrm{ft} \qquad Ans.$$

F3-5 $\quad \zeta + M_O = 50\sin60°(0.1+0.2\cos45°+0.1) -$

$$50\cos60°(0.2\sin45°)$$

$$= 11.2\mathrm{N}\cdot\mathrm{m} \qquad Ans.$$

F3-6 $\quad \zeta + M_O = 500\sin45°(3+3\cos45°) -$

$$500\cos45°(3\sin45°)$$

$$= 1.06\mathrm{kN}\cdot\mathrm{m} \qquad Ans.$$

F3-7 $\quad \zeta + (M_R)_O = \Sigma Fd;$

$$(M_R)_O = -(600\mathrm{N})(1\mathrm{m}) +$$

$$(500\mathrm{N})[3\mathrm{m}+(2.5\mathrm{m})\cos45°] -$$

$$(300\mathrm{N})[(2.5\mathrm{m})\sin45°]$$

$$= 1254\mathrm{N}\cdot\mathrm{m} = 1.25\mathrm{kN}\cdot\mathrm{m} \qquad Ans.$$

F3-8 $\quad \zeta + (M_R)_O = \Sigma Fd;$

$$(M_R)_O = \left[\left(\frac{3}{5}\right)500\mathrm{N}\right](0.425\mathrm{m}) -$$

$$\left[\left(\frac{4}{5}\right)500\mathrm{N}\right](0.25\mathrm{m}) -$$

$$[(600\mathrm{N})\cos60°](0.25\mathrm{m}) -$$

$$[(600\mathrm{N})\sin60°](0.425\mathrm{m})$$

$$= -268\mathrm{N}\cdot\mathrm{m} = 268\mathrm{N}\cdot\mathrm{m}\,\circlearrowright$$

F3-9 $\quad \zeta + (M_R)_O = \Sigma Fd;$

$$(M_R)_O = (300\cos30°\mathrm{lb})(6\mathrm{ft}+6\sin30°\mathrm{ft}) -$$

$$(300\sin30°\mathrm{lb})(6\cos30°\mathrm{ft}) +$$

$$(200\mathrm{lb})(6\cos30°\mathrm{ft})$$

$$= 2.60\mathrm{kip}\cdot\mathrm{ft} \qquad Ans.$$

F3-10 $\quad F = Fu_{AB} = 500\mathrm{N}\left(\dfrac{4}{5}i - \dfrac{3}{5}j\right) = \{400i - 300j\}\,\mathrm{N}$

$$M_O = r_{OA}\times F = (3j)\,\mathrm{m}\times(400i - 300j)\,\mathrm{N}$$

$$= (-1200k)\,\mathrm{N}\cdot\mathrm{m} \qquad Ans.$$

或

$$M_O = r_{AB}\times F = (4i)\,\mathrm{m}\times(400i - 300j)\,\mathrm{N}$$

$$= (-1200k)\,\mathrm{N}\cdot\mathrm{m} \qquad Ans.$$

F3-11 $\quad F = Fu_{BC}$

$$= 120\mathrm{lb}\left[\frac{(4i-4j-2k)\,\mathrm{ft}}{\sqrt{(4\mathrm{ft})^2+(-4\mathrm{ft})^2+(-2\mathrm{ft})^2}}\right]$$

$$= (80i - 80j - 40k)\,\mathrm{lb}$$

$$M_O = r_C\times F = \begin{vmatrix} i & j & k \\ 5 & 0 & 0 \\ 80 & -80 & -40 \end{vmatrix}$$

$$= (200j - 400k)\,\mathrm{lb}\cdot\mathrm{ft} \qquad Ans.$$

或

$$M_O = r_B\times F = \begin{vmatrix} i & j & k \\ 1 & 4 & 2 \\ 80 & -80 & -40 \end{vmatrix}$$

$$= (200j - 400k)\,\mathrm{lb}\cdot\mathrm{ft} \qquad Ans.$$

F3-12 $\quad F_R = F_1 + F_2$

$$= \{ (100-200)\boldsymbol{i} + (-120+250)\boldsymbol{j} +$$
$$(75+100)\boldsymbol{k} \} \, \text{lb}$$
$$= (-100\boldsymbol{i} + 130\boldsymbol{j} + 175\boldsymbol{k}) \, \text{lb}$$

$$(\boldsymbol{M}_R)_O = \boldsymbol{r}_A \times \boldsymbol{F}_R = \begin{vmatrix} \boldsymbol{i} & \boldsymbol{j} & \boldsymbol{k} \\ 4 & 5 & 3 \\ -100 & 130 & 175 \end{vmatrix}$$
$$= (485\boldsymbol{i} - 1000\boldsymbol{j} + 1020\boldsymbol{k}) \, \text{lb} \cdot \text{ft} \qquad Ans.$$

F3-13 $\quad M_x = \boldsymbol{i} \cdot (\boldsymbol{r}_{OB} \times \boldsymbol{F}) = \begin{vmatrix} 1 & 0 & 0 \\ 0.3 & 0.4 & -0.2 \\ 300 & -200 & 150 \end{vmatrix}$
$$= 20\text{N} \cdot \text{m} \qquad Ans.$$

F3-14 $\quad \boldsymbol{u}_{OA'} = \dfrac{\boldsymbol{r}_A}{r_A} = \dfrac{(0.3\boldsymbol{i} + 0.4\boldsymbol{j}) \, \text{m}}{\sqrt{(0.3\text{m})^2 + (0.4\text{m})^2}}$

$$M_{OA} = \boldsymbol{u}_{OA} \cdot (\boldsymbol{r}_{AB} \times \boldsymbol{F}) = \begin{vmatrix} 0.6 & 0.8 & 0 \\ 0 & 0 & -0.2 \\ 300 & -200 & 150 \end{vmatrix}$$
$$= -72\text{N} \cdot \text{m} \qquad Ans.$$

F3-15 $\quad \boldsymbol{F} = (200\text{N})\cos 120° \boldsymbol{i} +$
$$(200\text{N})\cos 60° \boldsymbol{j} + (200\text{N})\cos 45° \boldsymbol{k}$$
$$= (-100\boldsymbol{i} + 100\boldsymbol{j} + 141.42\boldsymbol{k}) \, \text{N}$$

$$M_O = \boldsymbol{i} \cdot (\boldsymbol{r}_A \times \boldsymbol{F}) = \begin{vmatrix} 1 & 0 & 0 \\ 0 & 0.3 & 0.25 \\ -100 & 100 & 141.42 \end{vmatrix}$$
$$= 17.4\text{N} \cdot \text{m}$$

F3-16 $\quad M_p = \boldsymbol{j} \cdot (\boldsymbol{r}_A \times \boldsymbol{F}) = \begin{vmatrix} 0 & 1 & 0 \\ -3 & -4 & 2 \\ 30 & -20 & 50 \end{vmatrix}$
$$= 210\text{N} \cdot \text{m} \qquad Ans.$$

F3-17 $\quad \boldsymbol{u}_{AB} = \dfrac{\boldsymbol{r}_{AB}}{r_{AB}} = \dfrac{(-4\boldsymbol{i} + 3\boldsymbol{j}) \, \text{ft}}{\sqrt{(-4\text{ft})^2 + (3\text{ft})^2}} = -0.8\boldsymbol{i} + 0.6\boldsymbol{j}$

$$M_{AB} = \boldsymbol{u}_{AB} \cdot (\boldsymbol{r}_{AC} \times \boldsymbol{F})$$
$$= \begin{vmatrix} \boldsymbol{i} & \boldsymbol{j} & \boldsymbol{k} \\ -0.8 & 0.6 & 0 \\ 0 & 0 & 2 \\ 50 & -40 & 20 \end{vmatrix} = -4\text{lb} \cdot \text{ft}$$

$$\boldsymbol{M}_{AB} = M_{AB}\boldsymbol{u}_{AB} = (3.2\boldsymbol{i} - 2.4\boldsymbol{j}) \, \text{lb} \cdot \text{ft} \qquad Ans.$$

F3-18 $\quad F_x = \left[\left(\dfrac{4}{5} \right) 500\text{N} \right] \left(\dfrac{3}{5} \right) = 240\text{N}$

$$F_y = \left[\left(\dfrac{4}{5} \right) 500\text{N} \right] \left(\dfrac{4}{5} \right) = 320\text{N}$$

$$F_z = (500\text{N})\left(\dfrac{3}{5} \right) = 300\text{N}$$

$$M_x = 300\text{N}(2\text{m}) - 320\text{N}(3\text{m})$$
$$= -360\text{N} \cdot \text{m} \qquad Ans.$$
$$M_y = 300\text{N}(2\text{m}) - 240\text{N}(3\text{m})$$
$$= -120\text{N} \cdot \text{m} \qquad Ans.$$
$$M_z = 240\text{N}(2\text{m}) - 320\text{N}(2\text{m})$$
$$= -160\text{N} \cdot \text{m} \qquad Ans.$$

F3-19 $\quad \circlearrowleft + M_{C_R} = \sum M_A = 400(3) - 400(5) + 300(5) +$
$$200(0.2) = 740\text{N} \cdot \text{m} \qquad Ans.$$

也有
$$\circlearrowleft + M_{C_R} = 300(5) - 400(2) + 200(0.2)$$
$$= 740\text{N} \cdot \text{m} \qquad Ans.$$

F3-20 $\quad \circlearrowleft + M_{C_R} = 300(4) + 200(4) + 150(4)$
$$= 2600\text{lb} \cdot \text{ft} \qquad Ans.$$

F3-21 $\quad \circlearrowleft + (M_B)_R = \sum M_B$
$$-1.5\text{kN} \cdot \text{m} = (2\text{kN})(0.3\text{m}) - F(0.9\text{m})$$
$$F = 2.33\text{kN} \qquad Ans.$$

F3-22 $\quad \circlearrowleft + M_C = 10\left(\dfrac{3}{5} \right)(2) - 10\left(\dfrac{4}{5} \right)(4) = -20\text{kN} \cdot \text{m}$
$$= 20\text{kN} \cdot \text{m} \circlearrowright$$

F3-23 $\quad \boldsymbol{u} = \dfrac{\boldsymbol{r}_1}{r_1} = \dfrac{[-2\boldsymbol{i} + 2\boldsymbol{j} + 3.5\boldsymbol{k}] \, \text{ft}}{\sqrt{(-2\text{ft})^2 + (2\text{ft})^2 + (3.5\text{ft})^2}}$
$$= -\dfrac{2}{4.5}\boldsymbol{i} + \dfrac{2}{4.5}\boldsymbol{j} + \dfrac{3.5}{4.5}\boldsymbol{k}$$

$$\boldsymbol{u}_2 = -\boldsymbol{k}$$

$$\boldsymbol{u}_3 = \dfrac{1.5}{2.5}\boldsymbol{i} - \dfrac{2}{2.5}\boldsymbol{j}$$

$$(\boldsymbol{M}_c)_1 = (M_c)_1 \boldsymbol{u}_1$$
$$= (450\text{lb} \cdot \text{ft})\left(-\dfrac{2}{4.5}\boldsymbol{i} + \dfrac{2}{4.5}\boldsymbol{j} + \dfrac{3.5}{4.5}\boldsymbol{k} \right)$$
$$= (-200\boldsymbol{i} + 200\boldsymbol{j} + 350\boldsymbol{k}) \, \text{lb} \cdot \text{ft}$$
$$(\boldsymbol{M}_c)_2 = (M_c)_2 \boldsymbol{u}_2 = (250\text{lb} \cdot \text{ft})(-\boldsymbol{k})$$
$$= (-250\boldsymbol{k}) \, \text{lb} \cdot \text{ft}$$

$$(\boldsymbol{M}_c)_3 = (M_c)_3 \boldsymbol{u}_3 = (300\text{lb} \cdot \text{ft})\left(\dfrac{1.5}{2.5}\boldsymbol{i} - \dfrac{2}{2.5}\boldsymbol{j} \right)$$
$$= (180\boldsymbol{i} - 240\boldsymbol{j}) \, \text{lb} \cdot \text{ft}$$
$$(\boldsymbol{M}_c)_R = \sum \boldsymbol{M}_c ,$$
$$(\boldsymbol{M}_c)_R = (-20\boldsymbol{i} - 40\boldsymbol{j} + 100\boldsymbol{k}) \, \text{lb} \cdot \text{ft} \qquad Ans.$$

F3-24　$F_B = \left(\dfrac{4}{5}\right)(450\text{N})j - \left(\dfrac{3}{5}\right)(450\text{N})k$

$= (360j - 270k)\text{ N}$

$M_c = r_{AB} \times F_B = \begin{vmatrix} i & j & k \\ 0.4 & 0 & 0 \\ 0 & 360 & -270 \end{vmatrix}$

$= (108j + 144k)\text{ N} \cdot \text{m}$ 　　　　　　　*Ans.*

也有

$M_c = (r_A \times F_A) + (r_B \times F_B)$

$= \begin{vmatrix} i & j & k \\ 0 & 0 & 0.3 \\ 0 & -360 & 270 \end{vmatrix} + \begin{vmatrix} i & j & k \\ 0.4 & 0 & 0.3 \\ 0 & 360 & -270 \end{vmatrix}$

$= (108j + 144k)\text{ N} \cdot \text{m}$ 　　　　　　　*Ans.*

F3-25　$\xleftarrow{+} F_{Rx} = \sum F_x;\ F_{Rx} = 200 - \dfrac{3}{5}(100) = 140\text{lb}$

$+\downarrow F_{Ry} = \sum F_y;\ F_{Ry} = 150 - \dfrac{4}{5}(100) = 70\text{lb}$

$F_R = \sqrt{140^2 + 70^2} = 157\text{lb}$ 　　　　　*Ans.*

$\theta = \arctan\left(\dfrac{70}{140}\right) = 26.6° \nearrow$ 　　　　*Ans.*

$\zeta + M_{A_R} = \sum M_A;$

$M_{A_R} = \dfrac{3}{5}(100)(4) - \dfrac{4}{5}(100)(6) + 150(3)$

$M_{R_A} = 210\text{lb} \cdot \text{ft}$ 　　　　　　　　*Ans.*

F3-26　$\xrightarrow{+} F_{Rx} = \sum F_x;\ F_{Rx} = \dfrac{4}{5}(50) = 40\text{N}$

$+\downarrow F_{Ry} = \sum F_y;\ F_{Ry} = 40 + 30 + \dfrac{3}{5}(50)$

$= 100\text{N}$

$F_R = \sqrt{(40)^2 + (100)^2} = 108\text{N}$ 　　　*Ans.*

$\theta = \arctan\left(\dfrac{100}{40}\right) = 68.2° \nwarrow$ 　　　　*Ans.*

$\nearrow + M_{A_R} = \sum M_A;$

$M_{A_R} = 30(3) + \dfrac{3}{5}(50)(6) + 200$

$= 470\text{N} \cdot \text{m}$ 　　　　　　　　　*Ans.*

F3-27　$\xrightarrow{+} (F_R)_x = \sum F_x;$

$(F_R)_x = 900\sin 30° = 450\text{N} \rightarrow$

$+\uparrow (F_R)_y = \sum F_y;$

$(F_R)_y = -900\cos 30° - 300$

$= -1079.42\text{N} = 1079.42\text{N} \downarrow$

$F_R = \sqrt{450^2 + 1079.42^2}$

$= 1169.47\text{N} = 1.17\text{kN}$ 　　　　　　*Ans.*

$\theta = \arctan\left(\dfrac{1079.42}{450}\right) = 67.4° \nwarrow$ 　　　　*Ans.*

$\zeta + (M_R)_A = \sum M_A;$

$(M_R)_A = 300 - 900\cos 30°(0.75) - 300(2.25)$

$= -959.57\text{N} \cdot \text{m}$

$= 960\text{N} \cdot \text{m} \swarrow$ 　　　　　　　*Ans.*

F3-28　$\xrightarrow{+} (F_R)_x = \sum F_x;$

$(F_R)_x = 150\left(\dfrac{3}{5}\right) + 50 - 100\left(\dfrac{4}{5}\right) = 60\text{lb} \rightarrow$

$+\uparrow (F_R)_y = \sum F_y;$

$(F_R)_y = -150\left(\dfrac{4}{5}\right) - 100\left(\dfrac{3}{5}\right)$

$= -180\text{lb} = 180\text{lb} \downarrow$

$F_R = \sqrt{60^2 + 180^2} = 189.74\text{lb} = 190\text{lb}$ 　　　*Ans.*

$\theta = \arctan\left(\dfrac{180}{60}\right) = 71.6° \nwarrow$ 　　　　*Ans.*

$\zeta + (M_R)_A = \sum M_A;$

$(M_R)_A = 100\left(\dfrac{4}{5}\right)(1) - 100\left(\dfrac{3}{5}\right)(6) - 150\left(\dfrac{4}{5}\right)(3)$

$= -640 = 640\text{lb} \cdot \text{ft} \supset$ 　　　　　*Ans.*

F3-29　$F_R = \sum F;$

$F_R = F_1 + F_2$

$= (-300i + 150j + 200k) + (-450k)$

$= (-300i + 150j - 250k)\text{ N}$ 　　　　　*Ans.*

$r_{OA} = (2 - 0)j = (2j)\text{ m}$

$r_{OB} = (-1.5 - 0)i + (2 - 0)j + (1 - 0)k$

$= (-1.5i + 2j + 1k)\text{ m}$

$(M_R)_O = \sum M;$

$(M_R)_O = r_{OB} \times F_1 \times r_{OA} \times F_2$

$= \begin{vmatrix} i & j & k \\ -1.5 & 2 & 1 \\ -300 & 150 & 200 \end{vmatrix} + \begin{vmatrix} i & j & k \\ 0 & 2 & 0 \\ 0 & 0 & -450 \end{vmatrix}$

$= (-650i + 375k)\text{ N} \cdot \text{m}$ 　　　　　*Ans.*

F3-30　$F = (-100j)\text{ N}$

$F_2 = (200\text{N})\left[\dfrac{(-0.4i - 0.3k)\text{ m}}{\sqrt{(-0.4\text{m})^2 + (-0.3\text{m})^2}}\right]$

$= (-160i - 120k)\text{ N}$

$M_c = (-75i)\text{ N} \cdot \text{m}$

$F_R = (-160i - 100j - 120k)\text{ N}$ 　　　　*Ans.*

$(M_R)_O = (0.3k) \times (-100j) +$

$$\begin{vmatrix} i & j & k \\ 0 & 0.5 & 0.3 \\ -160 & 0 & -120 \end{vmatrix} + (-75i)$$

$$= (-105i-48j+80k) \ \text{N} \cdot \text{m} \qquad \text{Ans.}$$

F3-31　$+\downarrow F_R = \sum F_y$;　$F_R = 500+250+500$

$$= 1250\text{lb} \qquad \text{Ans.}$$

$\nearrow + F_R x = \sum M_O$;

$1250(x) = 500(3)+250(6)+500(9)$

$x = 6\text{ft}$ 　　　　　　　　　　　　　　　Ans.

F3-32　$\overset{+}{\rightarrow}(F_R)_x = \sum F_x$;

$(F_R)_x = 100\left(\dfrac{3}{5}\right)+50\sin30° = 85\text{lb}\rightarrow$ +↑$(F_R)_y = \sum F_y$;

$(F_R)_y = 200+500\cos30°-100\left(\dfrac{4}{5}\right)$

$$= 163.30\text{lb} \uparrow$$

$F_R = \sqrt{85^2+163.30^2} = 184\text{lb}$

$\theta = \arctan\left(\dfrac{163.30}{85}\right) = 62.5°\measuredangle$ 　　　　Ans.

$\smallsmile + (M_R)_A = \sum M_A$;

$163.30(d) = 200(3) \ -100\left(\dfrac{4}{5}\right)(6)+50\cos30°(9)$

$d = 3.12\text{ft}$ 　　　　　　　　　　　　　　Ans.

F3-33　$\overset{+}{\rightarrow}(F_R)_x = \sum F_x$;

$(F_R)_x = 15\left(\dfrac{4}{5}\right) = 12\text{kN}\rightarrow$

+↑$(F_R)_y = \sum F_y$;

$(F_R)_y = -20+15\left(\dfrac{3}{5}\right) = -11\text{kN} = 11\text{kN}\downarrow$

$F_R = \sqrt{12^2+11^2} = 16.3\text{kN}$ 　　　　　Ans.

$\theta = \arctan\left(\dfrac{11}{12}\right) = 42.5°\measuredangle$ 　　　　　　Ans.

$\smallsmile + (M_R)_A = \sum M_A$;

$-11(d) = -20(2)-15\left(\dfrac{4}{5}\right)(2)+15\left(\dfrac{3}{5}\right)(6)$

$d = 0.909\text{m}$ 　　　　　　　　　　　　　　Ans.

F3-34　$\overset{+}{\rightarrow}(F_R)_x = \sum F_x$;

$(F_R)_x = \left(\dfrac{3}{5}\right)5\text{kN}-8\text{kN}$

$$= -5\text{kN} = 5\text{kN}\leftarrow$$

+↑$(F_R)_y = \sum F_y$;

$(F_R)_y = -6\text{kN}-\left(\dfrac{4}{5}\right)5\text{kN}$

$$= -10\text{kN} = 10\text{kN}\downarrow$$

$F_R = \sqrt{5^2+10^2} = 11.2\text{kN}$ 　　　　　Ans.

$\theta = \arctan\left(\dfrac{10\text{kN}}{5\text{kN}}\right) = 63.4°\nearrow$ 　　　　Ans.

$\smallsmile + (M_R)_A = \sum M_A$;

$5\text{kN}(d) = 8\text{kN}(3\text{m})-6\text{kN}(0.5\text{m})-$

$$\left[\left(\dfrac{4}{5}\right)5\text{kN}\right](2\text{m})-$$

$$\left[\left(\dfrac{3}{5}\right)5\text{kN}\right](4\text{m})$$

$d = 0.2\text{m}$ 　　　　　　　　　　　　　　Ans.

F3-35　$+\downarrow F_R = \sum F_z$;　$F_R = 400+500-100$

$$= 800\text{N} \qquad \text{Ans.}$$

$M_{Rx} = \sum M_x$;　$-800y = -400(4)-500(4)$

$y = 4.50\text{m}$ 　　　　　　　　　　　　　　Ans.

$M_{Ry} = \sum M_y$;　$800x = 500(4)-100(3)$

$x = 2.125\text{m}$ 　　　　　　　　　　　　　Ans.

F3-36　$+\downarrow F_R = \sum F_z$;

$F_R = 200+200+100+100$

$$= 600\text{N} \qquad \text{Ans.}$$

$M_{Rx} = \sum M_x$;

$-600y = 200(1)+200(1)+100(3)-100(3)$

$y = -0.667\text{m}$ 　　　　　　　　　　　　Ans.

$M_{Ry} = \sum M_y$;

$600x = 100(3)+100(3)+200(2)-200(3)$

$x = 0.667\text{m}$ 　　　　　　　　　　　　　Ans.

第 4 章

F4-1　$\overset{+}{\rightarrow}\sum F_x = 0$;　$\dfrac{4}{5}F_{AC}-F_{AB}\cos30° = 0$

+↑$\sum F_y = 0$;　$\dfrac{3}{5}F_{AC}+F_{AB}\sin30°-550 = 0$

$F_{AB} = 478\text{lb}$ 　　　　　　　　　　　　Ans.

$F_{AC} = 518\text{lb}$ 　　　　　　　　　　　　Ans.

F4-2　$\smallsmile\sum M_A = 0$

$F_{CD}\sin45°(1.5\text{m})-4\text{kN}(3\text{m}) = 0$

$F_{CD} = 11.31\text{kN} = 11.3\text{kN}$ 　　　　　Ans.

$\overset{+}{\rightarrow}\sum F_x = 0$;　$A_x+(11.31\text{kN})\cos45° = 0$

$A_x = -8\text{kN} = 8\text{kN}\leftarrow$ 　　　　　　Ans.

$+\uparrow \ \Sigma F_y = 0$;

$A_y + (11.31\text{kN})\sin45° - 4\text{kN} = 0$

$A_y = -4\text{kN} = 4\text{kN} \downarrow$ *Ans.*

F4-3 $\curvearrowleft + \Sigma M_A = 0$;

$N_B[\,6\text{m} + (6\text{m})\cos45°\,] -$

$10\text{kN}[\,2\text{m} + (6\text{m})\cos45°\,] -$

$5\text{kN}(4\text{m}) = 0$

$N_B = 8.047\text{kN} = 8.05\text{kN}$ *Ans.*

$\xrightarrow{+} \Sigma F_x = 0$;

$(5\text{kN})\cos45° - A_x = 0$

$A_x = 3.54\text{kN}$ *Ans.*

$+\uparrow \ \Sigma F_y = 0$;

$A_y + 8.047\text{kN} - (5\text{kN})\sin45° - 10\text{kN} = 0$

$A_y = 5.49\text{kN}$ *Ans.*

F4-4 $\xrightarrow{+} \Sigma F_x = 0$; $-A_x + 400\cos30° = 0$

$A_x = 346\text{kN}$ *Ans.*

$+\uparrow \ \Sigma F_y = 0$;

$A_y - 200 - 200 - 200 - 400\sin30° = 0$

$A_y = 800\text{kN}$ *Ans.*

$\curvearrowleft + \Sigma M_A = 0$;

$M_A - 200(2.5) - 200(3.5) - 200(4.5)$

$-400\sin30°(4.5) - 400\cos30°(3\sin60°) = 0$

$M_A = 3.90\text{kN} \cdot \text{m}$ *Ans.*

F4-5 $\curvearrowleft + \Sigma M_A = 0$;

$N_C(0.7\text{m}) - [\,25(9.81)\ \text{N}\,](0.5\text{m})\cos30° = 0$

$N_C = 151.71\text{N} = 152\text{N}$ *Ans.*

$\xrightarrow{+} \Sigma F_x = 0$;

$T_{AB}\cos15° - (151.71\text{N})\cos60° = 0$

$T_{AB} = 78.53\text{N} = 78.5\text{N}$ *Ans.*

$+\uparrow \ \Sigma F_y = 0$;

$F_A + (78.53\text{N})\sin15° +$

$(151.71\text{N})\sin60° - 25(9.81)\ \text{N} = 0$

$F_A = 93.5\text{N}$ *Ans.*

F4-6 $\xrightarrow{+} \Sigma F_x = 0$;

$N_C\sin30° - (250\text{N})\sin60° = 0$

$N_C = 433.0\text{N} = 433\text{N}$ *Ans.*

$\curvearrowleft + \Sigma M_B = 0$;

$- N_A\sin30°\ (0.15\text{m}) - 433.0\text{N}\ (0.2\text{m}) + [\,(250\text{N})$

$\cos30°\,]\ (0.6\text{m}) = 0$

$N_A = 577.4\text{N} = 577\text{N}$ *Ans.*

$+\uparrow \ \Sigma F_y = 0$;

$N_B - 577.4\text{N} + (433.0\text{N})\cos30° -$

$(250\text{N})\cos60° = 0$

$N_B = 327\text{N}$ *Ans.*

F4-7 $\Sigma F_x = 0$; $\left[\left(\dfrac{3}{5}\right)F_3\right]\left(\dfrac{3}{5}\right) + 600\text{N} - F_2 = 0$ (1)

$\Sigma F_y = 0$; $\left(\dfrac{4}{5}\right)F_1 - \left[\left(\dfrac{3}{5}\right)F_3\right]\left(\dfrac{4}{5}\right) = 0$ (2)

$\Sigma F_z = 0$; $\left(\dfrac{4}{5}\right)F_3 + \left(\dfrac{3}{5}\right)F_1 - 900\text{N} = 0$ (3)

$F_3 = 776\text{N}$ *Ans.*

$F_1 = 466\text{N}$ *Ans.*

$F_2 = 879\text{N}$ *Ans.*

F4-8 $\Sigma M_y = 0$;

$600\text{N}(0.2\text{m}) + 900\text{N}(0.6\text{m}) - F_A(1\text{m}) = 0$

$F_A = 660\text{N}$ *Ans.*

$\Sigma M_x = 0$;

$D_z = (0.8\text{m}) - 600\text{N}(0.5\text{m}) - 900\text{N}(0.1\text{m}) = 0$

$D_z = 487.5$ *Ans.*

$\Sigma F_x = 0$; $D_x = 0$ *Ans.*

$\Sigma F_y = 0$; $D_y = 0$ *Ans.*

$\Sigma F_z = 0$

$T_{BC} + 660\text{N} + 487.5\text{N} - 900\text{N} - 600\text{N} = 0$

$T_{BC} = 352.5\text{N}$ *Ans.*

F4-9 $\Sigma F_y = 0$; $400\text{N} + C_y = 0$;

$C_y = -400\text{N}$ *Ans.*

$\Sigma M_y = 0$; $-C_x(0.4\text{m}) - 600\text{N}(0.6\text{m}) = 0$

$C_x = -900\text{N}$ *Ans.*

$\Sigma M_x = 0$;

$B_z(0.6\text{m}) + 600\text{N}(1.2\text{m}) + (-400\text{N})(0.4\text{m}) = 0$

$B_z = -933.3\text{N}$ *Ans.*

$\Sigma M_z = 0$;

$-B_x(0.6\text{m}) + (-900\text{N})(1.2\text{m}) + (-400\text{N})(0.6\text{m}) = 0$

$B_x = 1400\text{N}$ *Ans.*

$\Sigma F_x = 0$; $1400\text{N} + (-900\text{N}) + A_x = 0$

$A_x = -500\text{N}$ *Ans.*

$\Sigma F_z = 0$; $A_z - 933.3\text{N} + 600\text{N} = 0$

$A_z = 333.3\text{N}$ *Ans.*

F4-10 $\Sigma F_x = 0$; $B_x = 0$ *Ans.*

$\Sigma M_z = 0$;

$C_y(0.4\text{m} + 0.6\text{m}) = 0$ $C_y = 0$ *Ans.*

$\Sigma F_y = 0$; $A_y + 0 = 0$ $A_y = 0$ *Ans.*

$\sum M_x = 0$；$C_z(0.6\mathrm{m}+0.6\mathrm{m})+B_z(0.6\mathrm{m})-$
$450\mathrm{N}(0.6\mathrm{m}+0.6\mathrm{m}) = 0$

$1.2C_z+0.6B_z-540 = 0$

$\sum M_y = 0$；$-C_z(0.6\mathrm{m}+0.4\mathrm{m})-$
$B_z(0.6\mathrm{m})+450\mathrm{N}(0.6\mathrm{m}) = 0$

$-C_z-0.6B_z+270 = 0$

$C_z = 1350\mathrm{N}$　　$B_z = -1800\mathrm{N}$　　　　　　*Ans.*

$\sum F_z = 0$；

$A_z+1350\mathrm{N}+(-1800\mathrm{N})-450\mathrm{N} = 0$

$A_z = 900\mathrm{N}$　　　　　　*Ans.*

F4-11　　$\sum F_y = 0$；$A_y = 0$　　　　　　*Ans.*

$\sum M_x = 0$；$-9(3)+F_{CE}(3) = 0$

$F_{CE} = 9\mathrm{kN}$　　　　　　*Ans.*

$\sum M_z = 0$；$F_{CF}(3)-6(3) = 0$

$F_{CF} = 6\mathrm{kN}$　　　　　　*Ans.*

$\sum M_y = 0$；$9(4)-A_z(4)-6(1.5) = 0$

$A_z = 6.75\mathrm{kN}$　　　　　　*Ans.*

$\sum F_x = 0$；$A_x+6-6 = 0$　　$A_x = 0$　　　　*Ans.*

$\sum F_z = 0$；$F_{DB}+9-9+6.75 = 0$

$F_{DB} = -6.75\mathrm{kN}$　　　　　　*Ans.*

F4-12　　$\sum F_x = 0$；$A_x = 0$　　　　　　*Ans.*

$\sum F_y = 0$；$A_y = 0$　　　　　　*Ans.*

$\sum F_z = 0$；$A_z+F_{BC}-80 = 0$

$\sum M_x = 0$；$(M_A)_x+6F_{BC}-80(6) = 0$

$\sum M_y = 0$；$3F_{BC}-80(1.5) = 0$　　$F_{BC} = 40\mathrm{lb}$　　*Ans.*

$\sum M_z = 0$；$(M_A)_z = 0$　　　　　　*Ans.*

$A_z = 40\mathrm{lb}$　　　　$(M_A)_x = 240\mathrm{lb \cdot ft}$　　*Ans.*

F4-13　　$+\uparrow \sum F_y = 0$；$N-50(9.81)-200\left(\dfrac{3}{5}\right) = 0$

$N = 610.5\mathrm{N}$

$\xrightarrow{+} \sum F_x = 0$；$F-200\left(\dfrac{4}{5}\right) = 0$

$F = 160\mathrm{N}$

$F < F_{max} = \mu_s N = 0.3(610.5) = 183.15\mathrm{N}$，
因此 $F = 160\mathrm{N}$　　　　　　*Ans.*

F4-14　　$\zeta+\sum M_B = 0$；

$N_A(3)+0.2N_A(4)-30(9.81)(2) = 0$

$N_A = 154.89\mathrm{N}$

$\xrightarrow{+} \sum F_x = 0$；$P-154.89 = 0$

$P = 154.89\mathrm{N} = 155\mathrm{N}$　　　　　　*Ans.*

F4-15　　货箱 A

$+\uparrow \sum F_y = 0$；$N_A-50(9.81) = 0$

$N_A = 490.5\mathrm{N}$

$\xrightarrow{+} \sum F_x = 0$；$T-0.25(490.5) = 0$

$T = 122.62\mathrm{N}$

货箱 B

$+\uparrow \sum F_y = 0$；$N_B+P\sin30°-50(9.81) = 0$

$N_B = 490.5-0.5P$

$\xrightarrow{+} \sum F_x = 0$；

$P\cos30°-0.25(490.5-0.5P)-122.62 = 0$

$P = 247\mathrm{N}$　　　　　　*Ans.*

F4-16

$\zeta+\sum M_A = 0$；$490.5(0.6)-T\cos60°(0.3\cos60°+0.6)$
$-T\sin60°(0.3\sin60°) = 0$

$T = 490.5\mathrm{N}$

$\xrightarrow{+} \sum F_x = 0$；$490.5\sin60°-N_A = 0$；$N_A = 424.8\mathrm{N}$

$+\uparrow \sum F_y = 0$；$\mu_s(424.8)+490.5\cos60°-490.5 = 0$

$\mu_s = 0.577$　　　　　　*Ans.*

F4-17　　当 A 将要滑下平面、B 向下移动。

物块 A

$+\nwarrow \sum F_y = 0$；$N = W\cos\theta$

$+\nearrow \sum F_x = 0$；$T+\mu_s(W\cos\theta)-W\sin\theta = 0$

$T = W\sin\theta-\mu_s W\cos\theta$　　　　　　(1)

物块 B

$+\nwarrow \sum F_y = 0$；$N' = 2W\cos\theta$

$+\nearrow \sum F_x = 0$；$2T-\mu_s W\cos\theta-\mu_s(2W\cos\theta)$
$-W\sin\theta = 0$

利用式（1），得

$\theta = \arctan 5\mu_s$　　　　　　*Ans.*

F4-18　　假设 B 在 A 上滑动，$F_B = 0.3N_B$

$\xrightarrow{+} \sum F_x = 0$；$P-0.3(10)(9.81) = 0$

$P = 29.4\mathrm{N}$

假设 B 将要在 A 上滑动，$x = 0$.

$\zeta+\sum M_O = 0$；$10(9.81)(0.15)-P(0.4) = 0$

$P = 36.8\mathrm{N}$

假设 A 将要滑动，$F_A = 0.1N_A$.

$\xrightarrow{+} \sum F_x = 0$；$P-0.1[7(9.81)+10(9.81)] = 0$

$P = 16.7\mathrm{N}$

选取最小值 $P = 16.7\mathrm{N}$　　　　　　*Ans.*

第 5 章

F5-1　　节点 A：

$+\uparrow \sum F_y = 0$；$225\mathrm{lb}-F_{AD}\sin45° = 0$

$F_{AD} = 318.20\mathrm{lb} = 318\mathrm{lb}(C)$　　　　　　*Ans.*

$\xrightarrow{+} \sum F_x = 0$；　$F_{AB} - (318.20\text{lb})\cos45° = 0$

$F_{AB} = 225\text{lb}(T)$　　　　　　　　　　　　　　　　*Ans.*

节点 B：

$\xrightarrow{+} \sum F_x = 0$；　$F_{BC} - 225\text{lb} = 0$

$F_{BC} = 225\text{lb}(T)$　　　　　　　　　　　　　　　　*Ans.*

$+\uparrow \sum F_y = 0$；　$F_{BD} = 0$　　　　　　　　　　　*Ans.*

节点 D：

$\xrightarrow{+} \sum F_x = 0$；

$F_{CD}\cos45° + (318.20\text{lb})\cos45° - 450\text{lb} = 0$

$F_{CD} = 318.20\text{lb} = 318\text{lb}(T)$　　　　　　　　　*Ans.*

F5-2　节点 D：

$+\uparrow \sum F_y = 0$；　$\dfrac{3}{5}F_{CD} - 300 = 0$；

　　　　　　　　　$F_{CD} = 500\text{lb}(T)$　　　　　　　*Ans.*

$\xrightarrow{+} \sum F_x = 0$；　$-F_{AD} + \dfrac{4}{5}(500) = 0$

$F_{AD} = 400\text{lb}(C)$　　　　　　　　　　　　　　　　*Ans.*

$F_{BC} = 500\text{lb}(T)$，　$F_{AC} = F_{AB} = 0$　　　　　　*Asn.*

F5-3　$A_x = 0$，$A_y = C_y = 400\text{lb}$

节点 A：

$+\uparrow \sum F_y = 0$；　$-\dfrac{3}{5}F_{AE} + 400 = 0$

$F_{AE} = 667\text{lb}(C)$　　　　　　　　　　　　　　　　*Ans.*

节点 C：

$+\uparrow \sum F_y = 0$；　$-F_{DC} + 400 = 0$；

$F_{DC} = 400\text{lb}(C)$　　　　　　　　　　　　　　　　*Ans.*

F5-4　节点 C：

$+\uparrow \sum F_y = 0$；　$2F\cos30° - P = 0$

$F_{AC} = F_{BC} = F = \dfrac{P}{2\cos30°} = 0.5774P(C)$

节点 B：

$\xrightarrow{+} \sum F_x = 0$；　$0.5774P\cos60° - F_{AB} = 0$

$F_{AB} = 0.2887P(T)$

$F_{AB} = 0.2887P = 2\text{kN}$

$P = 6.928\text{kN}$

$F_{AC} = F_{BC} = 0.5774P = 1.5\text{kN}$

$P = 2.598\text{kN}$

选取稍小的 P 值

$P = 2.598\text{kN} = 2.60\text{kN}$　　　　　　　　　　　　　*Ans.*

F5-5　$F_{CB} = 0$　　　　　　　　　　　　　　　　　　*Ans.*

　　　$F_{CD} = 0$　　　　　　　　　　　　　　　　　　*Ans.*

　　　$F_{AE} = 0$　　　　　　　　　　　　　　　　　　*Ans.*

　　　$F_{DE} = 0$　　　　　　　　　　　　　　　　　　*Ans.*

F5-6　节点 C：

$+\uparrow \sum F_y = 0$；　$259.81\text{lb} - F_{CD}\sin30° = 0$

$F_{CD} = 519.62\text{lb} = 520\text{lb}(C)$　　　　　　　　　*Ans.*

$\xrightarrow{+} \sum F_x = 0$；　$(519.62\text{lb})\cos30° - F_{BC} = 0$

$F_{BC} = 450\text{lb}(T)$　　　　　　　　　　　　　　　　*Ans.*

节点 D：

$+\nearrow \sum F_{y'} = 0$；　$F_{BD}\cos30° = 0$，　$F_{BD} = 0$　*Ans.*

$+\searrow \sum F_{x'} = 0$；　$F_{DE} - 519.62\text{lb} = 0$

$F_{DE} = 519.62\text{lb} = 520\text{lb}(C)$　　　　　　　　　*Ans.*

节点 B：

$\uparrow \sum F_y = 0$；　$F_{BE}\sin\phi = 0$，　$F_{BE} = 0$　　*Ans.*

$\xrightarrow{+} \sum F_x = 0$；　$450\text{lb} - F_{AB} = 0$

$F_{AB} = 450\text{lb}(T)$

节点 A：

$+\uparrow \sum F_y = 0$；　$340.19\text{lb} - F_{AE} = 0$

$F_{AE} = 340\text{lb}(C)$　　　　　　　　　　　　　　　　*Ans.*

F5-7　$+\uparrow \sum F_y = 0$；　$F_{CF}\sin45° - 600 - 800 = 0$

　　　　　　　　　$F_{CF} = 1980\text{lb}(T)$　　　　　　　*Ans.*

$\curvearrowleft + \sum M_C = 0$；　$F_{FE}(4) - 800(4) = 0$

　　　　　　　　　$F_{FE} = 800\text{lb}(T)$　　　　　　　*Ans.*

$\curvearrowleft + \sum M_F = 0$；　$F_{BC}(4) - 600(4) - 800(8) = 0$

　　　　　　　　　$F_{BC} = 2200\text{lb}(C)$　　　　　　　*Ans.*

F5-8　$+\uparrow \sum F_y = 0$；　$F_{KC} + 33.33\text{kN} - 40\text{kN} = 0$

　　　　　　　　　$F_{KC} = 6.67\text{kN}(C)$　　　　　　　*Ans.*

$\curvearrowleft + \sum M_K = 0$；

$33.33\text{kN}(8\text{m}) - 40\text{kN}(2\text{m}) - F_{CD}(3\text{m}) = 0$

$F_{CD} = 62.22\text{kN} = 62.2\text{kN}(T)$　　　　　　　　　*Ans.*

$\xrightarrow{+} \sum F_x = 0$；　$F_{LK} - 62.22\text{kN} = 0$

　　　　　　　　　$F_{LK} = 62.2\text{kN}(C)$　　　　　　　*Ans.*

F5-9　$\curvearrowleft + \sum M_A = 0$；　$G_y(12\text{m}) - 20\text{kN}(2\text{m}) - 30\text{kN}(4\text{m}) -$
　　　$40\text{kN}(6\text{m}) = 0$

$G_y = 33.33\text{kN}$

由桁架几何图得，

$\phi = \arctan(3\text{m}/2\text{m}) = 56.31°$

$\curvearrowleft + \sum M_K = 0$；

$33.33\text{kN}(8\text{m}) - 40\text{kN}(2\text{m}) - F_{CD}(3\text{m}) = 0$　　*Ans.*

$F_{CD} = 62.2\text{kN}(T)$

$\curvearrowleft + \sum M_D = 0$；　$33.33\text{kN}(6\text{m}) - F_{KJ}(3\text{m}) = 0$　*Ans.*

$F_{KJ} = 66.7\text{kN}(C)$

$+\uparrow \sum F_y = 0$；

$33.33\text{kN} - 40\text{kN} + F_{KD}\sin56.31° = 0$　　　　　*Ans.*

$F_{KD} = 8.01\text{kN}(T)$

F5-10　由桁架几何图得，

$\tan\phi = \dfrac{(9\text{ft})\ \tan30°}{3\text{ft}} = 1.732,\ \phi = 60°$

$\circlearrowleft + \sum M_C = 0;$

$F_{EF}\sin30°(6\text{ft}) + 300\text{lb}(6\text{ft}) = 0$

$F_{EF} = -600\text{lb} = 600\text{lb}(C)$ 　　　　　　　　　　　　*Ans.*

$\circlearrowleft + \sum M_D = 0;$

$300\text{lb}(6\text{ft}) - F_{CF}\sin60°(6\text{ft}) = 0$

$F_{CF} = 346.41\text{lb} = 346\text{lb}(T)$ 　　　　　　　　*Ans.*

$\circlearrowleft + \sum M_F = 0;$

$300\text{lb}(9\text{ft}) - 300\text{lb}(3\text{ft}) - F_{BC}(9\text{ft})\ \tan30° = 0$

$F_{BC} = 346.41\text{lb} = 346\text{lb}(T)$ 　　　　　　　　*Ans.*

F5-11　由桁架几何图得，

$\theta = \arctan(1\text{m}/2\text{m}) = 26.57°$

$\phi = \arctan(3\text{m}/2\text{m}) = 56.31°$

通过相似三角形可以确定 G 的位置。

$$\dfrac{1\text{m}}{2\text{m}} = \dfrac{2\text{m}}{2\text{m}+x}$$

$$4\text{m} = 2\text{m}+x$$

$$x = 2\text{m}$$

$\circlearrowleft + \sum M_G = 0;$

$26.25\text{kN}(4\text{m}) - 15\text{kN}(2\text{m}) - F_{CD}(3\text{m}) = 0$

$F_{CD} = 25\text{kN}(T)$ 　　　　　　　　　　　　*Ans.*

$\circlearrowleft + \sum M_D = 0;$

$26.25\text{kN}(2\text{m})\ - F_{GF}\cos26.57°(2\text{m}) = 0$

$F_{GF} = 29.3\text{kN}(C)$ 　　　　　　　　　　　*Ans.*

$\circlearrowleft + \sum M_O = 0;\ \ 15\text{kN}(4\text{m}) - 26.25\text{kN}(2\text{m}) - F_{CD}\sin56.31°$
$(4\text{m}) = 0$

$F_{GD} = 2.253\text{kN} = 2.25\text{kN}(T)$ 　　　　*Ans.*

F5-12　$\circlearrowleft + \sum M_H = 0;$

$F_{DC}(12\text{ft}) + 1200\text{lb}(9\text{ft}) - 1600\text{lb}(21\text{ft}) = 0$

$F_{GD} = 1900\text{lb}(C)$ 　　　　　　　　　　*Ans.*

$\circlearrowleft + \sum M_D = 0;$

$1200\text{lb}(21\text{ft}) - 1600\text{lb}(9\text{ft}) - F_{HI}(12\text{ft}) = 0$

$F_{HI} = 900\text{lb}(C)$ 　　　　　　　　　　*Ans.*

$\circlearrowleft + \sum M_C = 0;$

$F_{JI}\cos45°(12\text{ft}) + 1200\text{lb}(21\text{ft}) -$
$900\text{lb}(12\text{ft}) - 1600\text{lb}(9\text{ft}) = 0$

$F_{JI} = 0$ 　　　　　　　　　　　　　　　　*Ans.*

F5-13　$+\uparrow\ \sum F_y = 0;\ \ 3P - 60 = 0$

$P = 21\text{lb}$ 　　　　　　　　　　　　　　*Ans.*

F5-14　$\circlearrowleft + \sum M_C = 0;$

$-\left(\dfrac{4}{5}\right)(F_{AB})(9) + 400(6) + 500(3) = 0$

$F_{AB} = 541.67\text{lb}$

$\xrightarrow{+}\ \sum F_x = 0;\ \ -C_x + \dfrac{3}{5}(541.67) = 0$

$C_x = 325\text{lb}$ 　　　　　　　　　　　*Ans.*

$+\uparrow\ \sum F_y = 0;\ \ C_y + \dfrac{4}{5}(541.67) - 400 - 500 = 0$

$C_y = 467\text{lb}$ 　　　　　　　　　　　*Ans.*

F5-15　$\circlearrowleft + \sum M_A = 0;\ \ 100\text{N}(250\text{mm}) - N_B(500\text{mm}) = 0$

$N_B = 500\text{N}$

$\xrightarrow{+}\ \sum F_x = 0;\ \ (500\text{N})\ \sin45° - A_x = 0$ 　*Ans.*

$A_x = 353.55\text{N}$

$+\uparrow\ \sum F_y = 0;\ \ A_y - 100\text{N} - (500\text{N})\cos45° = 0$

$A_y = 453.55\text{N}$

$F_A = \sqrt{(353.5\text{N})^2 + (453.55\text{N})^2}$
$= 575\text{N}$ 　　　　　　　　　　　　*Ans.*

F5-16　$\circlearrowleft + \sum M_C = 0;$

$F_{AB}\cos45°(1) - F_{AB}\sin45°(3) + 800 + 400(2) = 0$

$F_{AB} = 1131.37\text{N}$

$\xrightarrow{+}\ \sum F_x = 0;\ \ -C_x + 1131.37\cos45° = 0$

$C_x = 800\text{N}$ 　　　　　　　　　　　*Ans.*

$+\uparrow\ \sum F_y = 0;\ \ -C_y + 1131.37\sin45° - 400 = 0$

$C_y = 400\text{N}$ 　　　　　　　　　　　*Ans.*

F5-17　板 A：

$+\uparrow\ \sum F_y = 0;\ \ 2T + N_{AB} - 100 = 0$

板 B：

$+\uparrow\ \sum F_y = 0;\ \ 2T - N_{AB} - 30 = 0$

$T = 32.5\text{lb},\ N_{AB} = 35\text{lb}$ 　　　　　*Ans.*

F5-18　滑轮 C：

$+\uparrow\ \sum F_y = 0;\ \ T - 2P = 0;\ \ T = 2P$

梁：

$+\uparrow\ \sum F_y = 0;\ \ 2P + P - 6 = 0$

$P = 2\text{kN}$ 　　　　　　　　　　　　*Ans.*

$\circlearrowleft + \sum M_A = 0;\ \ 2(1)\ - 6(x) = 0$

$x = 0.333\text{m}$ 　　　　　　　　　　　*Ans.*

第 6 章

F6-1　$\bar{x} = \dfrac{\displaystyle\int_A \bar{x}\,\mathrm{d}A}{\displaystyle\int_A \mathrm{d}A} = \dfrac{\dfrac{1}{2}\displaystyle\int_0^{1\text{m}} y^{2/3}\,\mathrm{d}y}{\displaystyle\int_0^{1\text{m}} y^{1/3}\,\mathrm{d}y} = 0.4\text{m}$ 　*Ans.*

$$\bar{y} = \frac{\int_A \bar{y}\,\mathrm{d}A}{\int_A \mathrm{d}A} = \frac{\int_0^{1m} y^{4/3}\,\mathrm{d}y}{\int_0^{1m} y^{1/3}\,\mathrm{d}y} = 0.571\text{m} \qquad Ans.$$

F6-2
$$\bar{x} = \frac{\int_A \bar{x}\,\mathrm{d}A}{\int_A \mathrm{d}A} = \frac{\int_0^{1m} x(x^3\,\mathrm{d}x)}{\int_0^{1m} x^3\,\mathrm{d}x}$$
$$= 0.8\text{m} \qquad Ans.$$

$$\bar{y} = \frac{\int_A \bar{y}\,\mathrm{d}A}{\int_A \mathrm{d}A} = \frac{\int_0^{1m} \frac{1}{2}x^3(x^3\,\mathrm{d}x)}{\int_0^{1m} x^3\,\mathrm{d}x}$$
$$= 0.286\text{m} \qquad Ans.$$

F6-3
$$\bar{y} = \frac{\int_A \bar{y}\,\mathrm{d}A}{\int_A \mathrm{d}A} = \frac{\int_0^{2m} y\left(2\left(\frac{y^{1/2}}{\sqrt{2}}\right)\right)\mathrm{d}y}{\int_0^{2m} 2\left(\frac{y^{1/2}}{\sqrt{2}}\right)\mathrm{d}y}$$
$$= 1.2\text{m} \qquad Ans.$$

F6-4
$$A = \int_0^{4m} \frac{y^2}{4}\,\mathrm{d}y = 5.33\text{m}^2 \qquad Ans.$$

$$\bar{x} = \frac{\int_0^{4m} \frac{y^2}{8}\left(\frac{y^2}{4}\mathrm{d}y\right)}{5.333} = 1.2\text{m} \qquad Ans.$$

$$\bar{y} = \frac{\int_0^{4m} y\left(\frac{y^2}{4}\mathrm{d}y\right)}{5.333} = 3\text{m} \qquad Ans.$$

F6-5
$$\bar{y} = \frac{\int_V \bar{y}\,\mathrm{d}V}{\int_V \mathrm{d}V} = \frac{\int_0^{1m} y\left(\frac{\pi}{4}y\mathrm{d}y\right)}{\int_0^{1m} \frac{\pi}{4}y\mathrm{d}y} \qquad Ans.$$
$$= 0.667\text{m}$$

F6-6
$$\bar{z} = \frac{\int_V \bar{z}\,\mathrm{d}V}{\int_V \mathrm{d}V} = \frac{\int_0^{2ft} z\left[\frac{9\pi}{64}(4-z)^2\mathrm{d}z\right]}{\int_0^{2ft} \frac{9\pi}{64}(4-z)^2\mathrm{d}z}$$
$$= 0.786\text{ft} \qquad Ans.$$

F6-7
$$\bar{x} = \frac{\sum \bar{x}L}{\sum L}$$
$$= \frac{150(300)+300(600)+300(400)}{300+600+400}$$
$$= 265\text{mm} \qquad Ans.$$

$$\bar{y} = \frac{\sum \bar{y}L}{\sum L}$$

$$= \frac{0(300)+300(600)+600(400)}{300+600+400}$$
$$= 323\text{mm} \qquad Ans.$$

$$\bar{z} = \frac{\sum \bar{z}L}{\sum L}$$

$$= \frac{0(300)+0(600)+(-200)(400)}{300+600+400}$$
$$= -61.5\text{mm} \qquad Ans.$$

F6-8
$$\bar{y} = \frac{\sum \bar{y}A}{\sum A}$$

$$= \frac{150[300(50)]+325[50(300)]}{300(50)+50(300)}$$
$$= 273.5\text{mm} \qquad Ans.$$

F6-9
$$\bar{y} = \frac{\sum \bar{y}A}{\sum A}$$

$$= \frac{100[2(200)(50)]+225[50(400)]}{2(200)(50)+50(400)}$$
$$= 162.5\text{mm} \qquad Ans.$$

F6-10
$$\bar{x} = \frac{\sum \bar{x}A}{\sum A}$$

$$= \frac{0.25[4(0.5)]+1.75[0.5(2.5)]}{4(0.5)+0.5(2.5)}$$
$$= 0.827\text{in} \qquad Ans.$$

$$\bar{y} = \frac{\sum \bar{y}A}{\sum A}$$

$$= \frac{2[4(0.5)]+0.25[(0.5)(2.5)]}{4(0.5)+(0.5)(2.5)}$$
$$= 1.33\text{in} \qquad Ans.$$

F6-11
$$\bar{x} = \frac{\sum \bar{x}V}{\sum V}$$

$$= \frac{1[2(7)(6)]+4[4(2)(3)]}{2(7)(6)+4(2)(3)}$$
$$= 1.67\text{ft} \qquad Ans.$$

$$\bar{y} = \frac{\sum \bar{y}V}{\sum V}$$

$$= \frac{3.5[2(7)(6)]+1[4(2)(3)]}{2(7)(6)+4(2)(3)}$$
$$= 2.94\text{ft} \qquad Ans.$$

$$\bar{z} = \frac{\sum \bar{z}V}{\sum V}$$

$$= \frac{3 \left[2(7)(6) \right] + 1.5 \left[4(2)(3) \right]}{2(7)(6) + 4(2)(3)}$$

$$= 2.67 \text{ft} \qquad \qquad Ans.$$

F6-12 $\quad \bar{x} = \dfrac{\sum \bar{x} V}{\sum V}$

$$= \frac{0.25 [0.5(2.5)(1.8)] + 0.25 \left[\frac{1}{2}(1.5)(1.8)(0.5) \right] + \left[\frac{1}{2}(1.5)(1.8)(0.5) \right]}{0.5(2.5)(1.8) + \frac{1}{2}(1.5)(1.8)(0.5) + \frac{1}{2}(1.5)(1.8)(0.5)}$$

$$= 0.391 \text{m} \qquad \qquad Ans.$$

$$\bar{y} = \frac{\sum \bar{y} V}{\sum V} = \frac{5.00625}{3.6} = 1.39 \text{m} \qquad Ans.$$

$$\bar{z} = \frac{\sum \bar{z} V}{\sum V} = \frac{2.835}{3.6} = 0.7875 \text{m} \qquad Ans.$$

F6-13 $\quad +\uparrow F_R = \sum F_y$;

$$-F_R = -6(1.5) - 9(3) - 3(1.5)$$

$$F_R = 40.5 \text{kN} \downarrow$$

$$\circlearrowleft + (M_R)_A = \sum M_A ;$$

$$-40.5(d) = 6(1.5)(0.75) -$$

$$9(3)(1.5) - 3(1.5)(3.75)$$

$$d = 1.25 \text{m} \qquad \qquad Ans.$$

F6-14 $\quad F_R = \dfrac{1}{2}(6)(150) + 8(150) = 1650 \text{lb} \qquad Ans.$

$$\circlearrowleft + M_{A_R} = \sum M_A ;$$

$$1650 d = \left[\frac{1}{2}(6)(150) \right](4) + [8(150)](10)$$

$$d = 8.36 \text{ft} \qquad \qquad Ans.$$

F6-15 $\quad +\uparrow F_R = \sum F_y$;

$$-F_R = -\frac{1}{2}(6)(3) - \frac{1}{2}(6)(6)$$

$$F_R = 27 \text{kN} \downarrow \qquad \qquad Ans.$$

$$\circlearrowleft + (M_R)_A = \sum M_A ;$$

$$-27(d) = \frac{1}{2}(6)(3)(1) - \frac{1}{2}(6)(6)(2)$$

$$d = 1 \text{m} \qquad \qquad Ans.$$

F6-16 $\quad +\downarrow F_R = \sum F_y$;

$$F_R = \frac{1}{2}(50)(6) + 150(6) + 500$$

$$= 1550 \text{lb} \qquad \qquad Ans.$$

$$\nearrow + M_{A_R} = \sum M_A ;$$

$$1550 d = \left[\frac{1}{2}(50)(6) \right](4) + [150(6)](3) + 500(9)$$

$$d = 5.03 \text{ft} \qquad \qquad Ans.$$

F6-17 $\quad +\uparrow F_R = \sum F_y$;

$$-F_R = -\frac{1}{2}(3)(4.5) - 3(6)$$

$$F_R = 24.75 \text{kN} \downarrow \qquad \qquad Ans.$$

$$\circlearrowleft + (M_R)_A = \sum M_A ;$$

$$-24.75(d) = -\frac{1}{2}(3)(4.5)(1.5) - 3(6)(3)$$

$$d = 2.59 \text{m} \qquad \qquad Ans.$$

F6-18 $\quad F_R = \displaystyle\int w(x) \, dx = \int_0^4 2.5 x^3 \, dx = 160 \text{N}$

$$\nearrow + M_{A_R} = \sum M_A ;$$

$$x = \frac{\displaystyle\int x w(x) \, dx}{\displaystyle\int w(x) \, dx} = \frac{\displaystyle\int_0^4 2.5 x^4 \, dx}{160} = 3.20 \text{m}$$

F6-19

$$I_x = \int_A y^2 \, dA = \int_0^{1m} y^2 \left[(1 - y^{3/2}) \, dy \right] = 0.111 \text{m}^4 \quad Ans.$$

F6-20

$$I_x = \int_A y^2 \, dA = \int_0^{1m} y^2 (y^{3/2} \, dy) = 0.222 \text{m}^4 \qquad Ans.$$

F6-21

$$I_y = \int_A x^2 \, dA = \int_0^{1m} x^2 (x^{3/2}) \, dx = 0.273 \text{m}^4 \qquad Ans.$$

F6-22

$$I_y = \int_A x^2 \, dA = \int_0^{1m} x^2 \left[(1 - x^{2/3}) \, dx \right] = 0.0606 \text{m}^4 \quad Ans.$$

F6-23 $\quad I_x = \left[\dfrac{1}{12}(50)(450^3) + 0 \right] + \left[\dfrac{1}{12}(300)(50^3) + 0 \right]$

$$= 383(10^6) \text{ mm}^4 \qquad \qquad Ans.$$

$$I_y = \left[\frac{1}{12}(450)(50^3) + 0 \right] +$$

$$2 \left[\frac{1}{12}(50)(150^3) + (150)(50)(100^2) \right]$$

$$= 183(10^6) \text{ mm}^4 \qquad \qquad Ans.$$

F6-24 $\quad I_x = \dfrac{1}{12}(360)(200^3) - \dfrac{1}{12}(300)(140^3)$

$$= 171(10^6) \text{ mm}^4 \qquad \qquad Ans.$$

$$I_y = \frac{1}{12}(200)(360^3) - \frac{1}{12}(140)(300^3)$$

$$= 463(10^6) \text{ mm}^4 \qquad \qquad Ans.$$

F6-25 $\quad I_y = 2 \left[\dfrac{1}{12}(50)(200^3) + 0 \right] +$

$$\left[\frac{1}{12}(300)(50^3) + 0 \right]$$

$$= 69.8(10^6) \text{ mm}^4 \qquad \qquad Ans.$$

F6-26

$$\bar{y} = \frac{\sum \bar{y}A}{\sum A} = \frac{15(150)(30)+105(30)(150)}{150(30)+30(150)} = 60mm$$

$$\left[\frac{1}{12}(30)(150)^3+30(150)(105-60)^2\right]$$

$$= 27.0(10^6)\ mm^4 \qquad\qquad Ans.$$

$$\bar{I}_{x'} = \sum(\bar{I}+Ad^2)$$

$$= \left[\frac{1}{12}(150)(30)^3+(150)(30)(60-15)^2\right] +$$

第 7 章

F7-1 整个梁：

$$\circlearrowleft + \sum M_B = 0;\qquad 60-10(2)-A_y(2)=0 \qquad A_y=20kN$$

左部分

$$\xrightarrow{+}\sum F_x = 0;\qquad N_C=0 \qquad\qquad\qquad Ans.$$

$$+\uparrow\ \sum F_y=0;\qquad 20-V_C=0 \qquad\qquad V_C=20kN \qquad Ans.$$

$$\circlearrowleft + \sum M_C=0;\qquad M_C+60-20(1)=0 \qquad M_C=-40kN\cdot m \qquad Ans.$$

F7-2 整个梁：

$$\circlearrowleft + \sum M_A = 0;\qquad B_y(3)-100(1.5)(0.75)-200(1.5)(2.25)=0$$

$$B_y=262.5N$$

右部分：

$$\xrightarrow{+}\sum F_x = 0;\qquad N_C=0 \qquad\qquad\qquad Ans.$$

$$+\uparrow\ \sum F_y=0;\qquad V_C+262.5-200(1.5)=0 \qquad V_C=37.5N \qquad Ans.$$

$$\circlearrowleft + \sum M_C=0;\qquad 26.5(1.5)-200(1.5)(0.75)-M_C=0$$

$$M_C=169N\cdot m \qquad\qquad Ans.$$

F7-3 整个梁：

$$\xrightarrow{+}\sum F_x = 0;\qquad B_x=0$$

$$\circlearrowleft + \sum M_A=0;\qquad 20(2)(1)-B_y(4)=0 \qquad B_y=10kN$$

右部分：

$$\xrightarrow{+}\sum F_x = 0;\qquad N_C=0 \qquad\qquad\qquad Ans.$$

$$+\uparrow\ \sum F_y=0;\qquad V_C-10=0 \qquad\qquad V_C=10kN \qquad Ans.$$

$$\circlearrowleft + \sum M_C=0;\qquad -M_C-10(2)=0 \qquad M_C=-20kN\cdot m \qquad Ans.$$

F7-4 整个梁：

$$\circlearrowleft + \sum M_B = 0;\qquad \frac{1}{2}(10)(3)(2)+10(3)(4.5)-A_y(6)=0 \qquad A_y=27.5kN$$

左部分：

$$\xrightarrow{+}\sum F_x = 0;\qquad N_C=0 \qquad\qquad\qquad Ans.$$

$$+\uparrow\ \sum F_y=0;\qquad 27.3-10(3)-V_C=0 \qquad V_C=-2.5kN \qquad Ans.$$

$$\circlearrowleft + \sum M_C=0;\qquad M_C+10(3)(1.5)-27.5(3)=0 \qquad M_C=37.5kN\cdot m \qquad Ans.$$

F7-5 整个梁：

$$\xrightarrow{+}\sum F_x = 0;\qquad A_x=0$$

$$\circlearrowleft + \sum M_B=0;\qquad 300(6)(3)-\frac{1}{2}(300)(3)(1)-A_y(6)=0 \qquad A_y=825lb$$

左部分：

$\xrightarrow{+} \sum F_x = 0;$　　　　$N_C = 0$　　　　　　　　　　　　　　　　　　　　*Ans.*

$+\uparrow \sum F_y = 0;$　　　　$825 - 300(3) - V_C = 0$　　　　　$V_C = -75\text{lb}$　　　　　*Ans.*

$\curvearrowleft + \sum M_C = 0;$　　$M_C + 300(3)(1.5) - 825(3) = 0$　　$M_C = 1125\text{lb} \cdot \text{ft}$　　*Ans.*

F7-6　整个梁：

$\curvearrowleft + \sum M_A = 0;$　　$F_{BD}\left(\dfrac{3}{5}\right)(4) - 5(6)(3) = 0$　　　$F_{BD} = 37.5\text{kN}$

$\xrightarrow{+} \sum F_x = 0;$　　　$37.5\left(\dfrac{4}{5}\right) - A_x = 0$　　　　　$A_x = 30\text{kN}$

$+\uparrow \sum F_y = 0;$　　　$A_y + 37.5\left(\dfrac{3}{5}\right) - 5(6) = 0$　　　$A_y = 7.5\text{kN}$

左部分：

$\xrightarrow{+} \sum F_x = 0;$　　　$N_C - 30 = 0$　　　　　　　　　$N_C = 30\text{kN}$　　　　*Ans.*

$+\uparrow \sum F_y = 0;$　　　$7.5 - 5(2) - V_C = 0$　　　　　$V_C = -2.5\text{kN}$　　　*Ans.*

$\curvearrowleft + \sum M_C = 0;$　　$M_C + 5(2)(1) - 7.5(2) = 0$　　$M_C = 5\text{kN} \cdot \text{m}$　　*Ans.*

F7-7　梁：

$\sum M_A = 0;\quad T_{CD} = 2w$

$\sum F_y = 0;\quad T_{CD} = w$

AB 杆：

$\sigma = \dfrac{P}{A};\quad 300(10^3) = \dfrac{w}{10};$

$w = 3\text{N/m}$

CD 杆：

$\sigma = \dfrac{P}{A};\quad 300(10^3) = \dfrac{2w}{15};$

$w = 2.25\text{N/m}$　　　　　　　　*Ans.*

F7-8　$A = \pi(0.1^2 - 0.08^2) = 3.6(10^{-3})\pi\text{m}^2$

$\sigma_{\text{avg}} = \dfrac{P}{A} = \dfrac{300(10^3)}{3.6(10^{-3})\ \pi} = 26.5\text{MPa}$　　*Ans.*

F7-9　$A = 3\ [4(1)] = 12\text{in}^2$

$\sigma_{\text{avg}} = \dfrac{P}{A} = \dfrac{15}{12} = 1.25\text{ksi}$　　　*Ans.*

F7-10　把横截面看作一个矩形和两个三角形组成。

$\bar{y} = \dfrac{\sum \bar{y}A}{\sum A}$

$= \dfrac{0.15\ [(0.3) + (0.12)]\ + (0.1)\left[\dfrac{1}{2}(0.16)(0.3)\right]}{0.3(0.12) + \dfrac{1}{2}(0.16)(0.3)}$

$= 0.13\text{m} = 130\text{mm}$　　　　　*Ans.*

$\sigma_{\text{avg}} = \dfrac{P}{A} = \dfrac{600(10^3)}{0.06} = 10\text{MPa}$　　*Ans.*

F7-11　$A_A = A_C = \dfrac{\pi}{4}(0.5^2) = 0.0625\pi\text{in}^2$,

$A_B = \dfrac{\pi}{4}(1^2) = 0.25\pi\text{in}^2$

$\sigma_A = \dfrac{N_A}{A_A} = \dfrac{3}{0.0625\pi} = 15.3\text{ksi}(T)$　　*Ans.*

$\sigma_B = \dfrac{N_B}{A_B} = \dfrac{-6}{0.25\pi} = -7.64\text{ksi} = 7.64\text{ksi}(C)$　*Ans.*

$\sigma_C = \dfrac{N_C}{A_C} = \dfrac{2}{0.0625\pi} = 10.2\text{ksi}(T)$　　*Ans.*

F7-12　$F_{AD} = 50(9.81)\ \text{N} = 490.5\text{N}$

$+\uparrow \sum F_y = 0;\ F_{AC}\left(\dfrac{3}{5}\right) - 490.5 = 0,\ F_{AC} = 817.5\text{N}$

$\xrightarrow{+} \sum F_x = 0;\ 817.5\left(\dfrac{4}{5}\right) - F_{AB} = 0,\ F_{AB} = 654\text{N}$

$A_{AB} = \dfrac{\pi}{4}(0.008)^2 = 16(10^{-16})\ \pi\text{m}^2$

$(\sigma_{AB})_{\text{avg}} = \dfrac{F_{AB}}{A_{AB}} = \dfrac{654}{16(10^{-6})\ \pi} = 13.0\text{MPa}$　*Ans.*

F7-13　环 C：

$+\uparrow \sum F_y = 0;\ 2F\cos 60° - 200(9.81) = 0,\ F = 1962\text{N}$

$(\sigma_{\text{allow}})_{\text{avg}} = \dfrac{F}{A};\quad 150(10^6) = \dfrac{1962}{\dfrac{\pi}{4}d^2}$

$d = 0.00408\text{m} = 4.08\text{mm}$

采用 $d = 5\text{mm}$　　　　　　　*Ans.*

F7-14   整个桁架：

$$\sum F_y = 0; \quad A_y = 600\text{lb}$$

$$\sum M_B = 0; \quad A_x = 800\text{lb}$$

$$F_A = \sqrt{(600)^2 + (800)^2} = 1000\text{lb}$$

$$(\tau_A)_{\text{avg}} = \frac{F_A/2}{A} = \frac{1000/2}{\frac{\pi}{4}(0.25)^2} = 10.2\text{ksi}$$

F7-15   双剪切：

$$\sum F_x = 0; \quad 4V - 10 = 0 \quad V = 2.5\text{kip}$$

$$A = \frac{\pi}{4}\left(\frac{3}{4}\right)^2 = 0.140625\pi\,\text{in}^2$$

$$\tau_{\text{avg}} = \frac{V}{A} = \frac{2.5}{0.140625\pi} = 5.66\text{ksi}$$

F7-16   单剪切：

$$\sum F_x = 0; \quad P - 3V = 0 \quad V = \frac{P}{3}$$

$$A = \frac{\pi}{4}(0.004^2) = 4(10^{-6})\ \pi\,\text{m}^2$$

$$(\tau_{\text{avg}})_{\text{allow}} = \frac{V}{A}, \quad 60(10^6) = \frac{\frac{P}{3}}{4(10^{-6})\ \pi}$$

$$P = 2.262(10^3)\ \text{N} = 2.26\text{kN} \qquad \textit{Ans.}$$

F7-17 $\xrightarrow{+}\sum F_x = 0; \quad V - P\cos 60° = 0, \quad V = 0.5P$

$$A = \left(\frac{0.05}{\sin 60°}\right)(0.025) = 1.4434(10^{-3})\ \text{m}^2$$

$$(\tau_{\text{avg}})_{\text{allow}} = \frac{V}{A}, \quad 600(10^3) = \frac{0.5P}{1.4434(10^{-3})}$$

$$P = 1.732(10^3)\ \text{N} = 1.73\text{kN} \qquad \textit{Ans.}$$

F7-18   销钉上的合力为

$$F = \sqrt{30^2 + 40^2} = 50\text{kN}$$

此处有双剪切

$$V = \frac{F}{2} = \frac{50}{2} = 25\text{kN}$$

$$A = \frac{\pi}{4}(0.03^2) = 0.225(10^{-3})\ \pi\,\text{m}^2$$

$$\tau_{\text{avg}} = \frac{V}{A} = \frac{25(10^3)}{0.225(10^{-3})\ \pi} = 35.4\text{MPa} \qquad \textit{Ans.}$$

F7-19 $\xrightarrow{+}\sum F_x = 0; \quad 30 - N = 0, \quad N = 30\text{kN}$

$$\sigma_{\text{allow}} = \frac{\sigma_Y}{\text{F.S.}} = \frac{250}{1.5} = 166.67\text{MPa}$$

$$\sigma_{\text{allow}} = \frac{N}{A}; \quad 166.67(10^6) = \frac{30(10^3)}{\frac{\pi}{4}d^2}$$

$$d = 15.14\text{mm}$$

采用 $d = 16\text{mm}$ \qquad \textit{Ans.}

F7-20 $\xrightarrow{+}\sum F_x = 0; \quad N_{AB} - 30 = 0, \quad N_{AB} = 30\text{kip}$

$\xrightarrow{+}\sum F_x = 0; \quad N_{BC} - 15 - 15 - 30 = 0, \quad N_{BC} = 60\text{kip}$

$$\sigma_{\text{allow}} = \frac{\sigma_Y}{\text{F.S.}} = \frac{50}{1.5} = 33.33\text{ksi}$$

AB 部分：

$$\sigma_{\text{allow}} = \frac{N_{AB}}{A_{AB}}; \quad 33.33 = \frac{30}{h_1(0.5)}$$

$$h_1 = 1.8\text{in}$$

BC 部分：

$$\sigma_{\text{allow}} = \frac{N_{BC}}{A_{BC}}; \quad 33.33 = \frac{60}{h_2(0.5)}$$

$$h_2 = 3.6\text{in}$$

得到 $h_1 = 1\frac{7}{8}\text{in}$ 以及 $h_2 = 3\frac{5}{8}\text{in}$ \qquad \textit{Ans.}

F7-21 $N = P$

$$\sigma_{\text{allow}} = \frac{\sigma_Y}{\text{F.S.}} = \frac{250}{2} = 125\text{MPa}$$

$$A_r = \frac{\pi}{4}(0.04^2) = 1.2566(10^{-3})\ \text{m}^2$$

$$A_{a-a} = 2(0.06 - 0.03)(0.05) = 3(10^{-3})\ \text{m}^2$$

杆将首先失效。

$$\sigma_{\text{allow}} = \frac{N}{A_r}; \quad 125(10^6) = \frac{P}{1.2566(10^{-3})}$$

$$P = 157.08(10^3)\ \text{N} = 157\text{kN} \qquad \textit{Ans.}$$

F7-22 $\xrightarrow{+}\sum F_x = 0; \quad 80 - 2V = 0, \quad V = 40\text{kN}$

$$\tau_{\text{allow}} = \frac{\tau_{\text{fail}}}{\text{F.S.}} = \frac{100}{2.5} = 40\text{MPa}$$

$$\tau_{\text{allow}} = \frac{V}{A}; \quad 40(10^6) = \frac{4(10^3)}{\frac{\pi}{4}d^2}$$

$$d = 0.03568\text{m} = 35.68\text{mm}$$

采用 $d = 36\text{mm}$ \qquad \textit{Ans.}

F7-23　$V = P$

$$\tau_{\text{allow}} = \frac{\tau_{\text{fail}}}{\text{F. S.}} = \frac{120}{2.5} = 48\text{MPa}$$

螺栓头与板的剪切面积：

$$A_b = \pi dt = \pi(0.04)(0.075) = 0.003\pi\text{m}^2$$

$$A_p = \pi dt = \pi(0.08)(0.03) = 0.0024\pi\text{m}^2$$

因为板的剪切面积较小，

$$\tau_{\text{allow}} = \frac{V}{A_p}; \quad 48(10^6) = \frac{P}{0.0024\pi}$$

$$P = 361.91(10^3) \ \text{N} = 362\text{kN}$$

F7-24　$\curvearrowleft + \sum M_B = 0; \quad \frac{1}{2}(300)(9)(6) - 6V(9) = 0,$

$$V = 150\text{lb}$$

$$\tau_{\text{allow}} = \frac{\tau_{\text{fail}}}{\text{F. S.}} = \frac{16}{2} = 8\text{ksi}$$

$$\tau_{\text{allow}} = \frac{V}{A}; \quad 8(10^3) = \frac{150}{\frac{\pi}{4}d^2}$$

$$d = 0.1545\text{in}$$

采用 $d = \frac{3}{16}\text{in}$

F7-25　$\dfrac{\delta_C}{600} = \dfrac{0.2}{400}; \ \delta_C = 0.3\text{mm}$

$$\varepsilon_{CD} = \frac{\delta_C}{L_{CD}} = \frac{0.3}{300} = 0.001\text{mm/mm} \qquad \textit{Ans.}$$

F7-26　$\theta = \left(\dfrac{0.02°}{180°}\right)\pi\text{rad} = 0.3491(10^{-3}) \ \text{rad}$

$$\delta_B = \theta L_{AB} = 0.3491(10^{-3})(600) = 0.2094\text{mm}$$

$$\delta_C = \theta L_{AC} = 0.3491(10^{-3})(1200) = 0.4189\text{mm}$$

$$\varepsilon_{BD} = \frac{\delta_B}{L_{BD}} = \frac{0.2094}{400} = 0.524(10^{-3}) \ \text{mm/mm} \qquad \textit{Ans.}$$

$$\varepsilon_{CE} = \frac{\delta_C}{L_{CE}} = \frac{0.4189}{600} = 0.698(10^{-3}) \ \text{mm/mm} \qquad \textit{Ans.}$$

F7-27

$$\alpha = \frac{2}{400} = 0.005\text{rad}, \ \beta = \frac{4}{300} = 0.01333\text{rad}$$

$$(\gamma_A)_{xy} = \frac{\pi}{2} - \theta$$

$$= \frac{\pi}{2} - \left(\frac{\pi}{2} - \alpha + \beta\right)$$

$$= \alpha - \beta$$

$$= 0.005 - 0.01333$$

$$= -0.00833\text{rad} \qquad \textit{Ans.}$$

F7-28　$L_{BC} = \sqrt{300^2 + 400^2} = 500\text{mm}$

$$L_{B'C} = \sqrt{(300-3)^2 + (400+5)^2} = 502.2290\text{mm}$$

$$\alpha = \frac{3}{405} = 0.007407\text{rad}$$

$$(\varepsilon_{BC})_{\text{avg}} = \frac{L_{B'C} - L_{BC}}{L_{BC}} = \frac{502.2290 - 500}{500}$$

$$= 0.00446\text{mm/mm} \qquad \textit{Ans.}$$

$$(\gamma_A)_{xy} = \frac{\pi}{2} - \theta = \frac{\pi}{2} - \left(\frac{\pi}{2} + \alpha\right) = -\alpha = -0.00741\text{rad} \quad \textit{Ans.}$$

F7-29　$L_{AC} = \sqrt{L_{CD}^2 + L_{AD}^2} = \sqrt{300^2 + 300^2}$

$$= 424.2641\text{mm}$$

$$L_{A'C'} = \sqrt{L_{C'D'}^2 + L_{A'D'}^2} = \sqrt{306^2 + 296^2}$$

$$= 425.7370\text{mm}$$

$$\frac{\theta}{2} = \arctan\left(\frac{L_{C'D'}}{L_{A'D'}}\right); \quad \theta = 2\arctan\left(\frac{306}{296}\right)$$

$$= 1.6040\text{rad}$$

$$(\varepsilon_{AC})_{\text{avg}} = \frac{L_{A'C'} - L_{AC}}{L_{AC}} = \frac{425.7370 - 424.2641}{424.2641}$$

$$= 0.00347\text{mm/mm} \qquad \textit{Ans.}$$

$$(\gamma_E)_{xy} = \frac{\pi}{2} - \theta = \frac{\pi}{2} - 1.6040 = -0.0332\text{rad} \qquad \textit{Ans.}$$

第 8 章

F8-1　材料整体具有一样的特性。 　　　　　　　　　　　　　　　　*Ans.*

F8-2　比例极限点是 A。 　　　　　　　　　　　　　　　　　　　*Ans.*

　　　应力极限点是 D。

F8-3　图的起始斜率。 　　　　　　　　　　　　　　　　　　　　*Ans.*

F8-4　对。 　　　　　　　　　　　　　　　　　　　　　　　　　*Ans.*

F8-5　错。利用初始横截面积与长度。 　　　　　　　　　　　　　*Ans.*

F8-6　错。通常会减小。 　　　　　　　　　　　　　　　　　　　*Ans.*

F8-7　$\varepsilon = \dfrac{\sigma}{E} = \dfrac{P}{AE}$

$$\delta = \varepsilon L = \frac{PL}{AE} = \frac{100(10^3)(0.100)}{\frac{\pi}{4}(0.015)^2 200(10^9)} = 0.283\text{mm} \qquad \textit{Ans.}$$

F8-8　$\varepsilon = \dfrac{\sigma}{E} = \dfrac{P}{AE}$

$$\delta = \varepsilon L = \frac{PL}{AE};$$

$$0.003 = \frac{(10000)(8)}{12E}$$

$$E = 2.22(10^6) \text{ psi} \qquad Ans.$$

F8-9　$\varepsilon = \dfrac{\sigma}{E} = \dfrac{P}{AE}$

$$\delta = \varepsilon L = \frac{PL}{AE} = \frac{6(10^3)\ 4}{\dfrac{\pi}{4}(0.01)^2\ 100(10^9)} = 3.06\text{mm} \qquad Ans.$$

F8-10　$\sigma = \dfrac{P}{A} = \dfrac{100(10^3)}{\dfrac{\pi}{4}(0.02^2)} = 318.31\text{MPa}$

因为 $\sigma < \sigma_Y = 450$MPa，故胡克定律适用。

$$E = \frac{\sigma_Y}{\varepsilon_Y} = \frac{450(10^6)}{0.00225} = 200\text{GPa}$$

$$\varepsilon = \frac{\sigma}{E} = \frac{318.31(10^6)}{200(10^9)} = 0.001592\text{mm/mm}$$

$$\varepsilon = \varepsilon L = 0.001592(50) = 0.0796\text{mm} \qquad Ans.$$

F8-11　$\sigma = \dfrac{P}{A} = \dfrac{150(10^3)}{\dfrac{\pi}{4}(0.02^2)} = 477.46\text{MPa}$

因为 $\sigma > \sigma_Y = 450$MPa，故胡克定律不适用。由应力-应变几何图得，

$$\frac{\varepsilon - 0.00225}{0.03 - 0.0025} = \frac{477.46 - 450}{500 - 450}$$

$$\varepsilon = 0.017493$$

当载荷卸载时，应变沿一条与初始弹性线平行的直线恢复。

这里 $E = \dfrac{\sigma_Y}{\varepsilon_Y} = \dfrac{450(10^6)}{0.00225} = 200\text{GPa}$。

弹性恢复为

$$\varepsilon_r = \frac{\sigma}{E} = \frac{477.46(10^6)}{200(10^9)} = 0.002387\text{mm/mm}$$

$$\varepsilon_p = \varepsilon - \varepsilon_r = 0.017493 - 0.002387$$

$$= 0.01511\text{mm/mm}$$

$$\delta_p = \varepsilon_p L = 0.01511(50) = 0.755\text{mm} \qquad Ans.$$

F8-12　$\varepsilon_{BC} = \dfrac{\delta_{BC}}{L_{BC}} = \dfrac{0.2}{300} = 0.6667(10^{-3})\ \text{mm/mm}$

$$\sigma_{BC} = E\varepsilon_{BC} = 200(10^9)\ [0.6667(10^{-3})]$$

$$= 133.33\text{MPa}$$

因为 $\sigma_{BC} < \sigma_Y = 250$MPa，故胡克定律有效。

$$\sigma_{BC} = \frac{F_{BC}}{A_{BC}};\ 133.33(10^6) = \frac{F_{BC}}{\dfrac{\pi}{4}(0.003)^2}$$

$$F_{BC} = 942.48\text{N}$$

$$\circlearrowleft + \sum M_A = 0;\ 942.48(0.4) - P(0.6) = 0$$

$$P = 628.31\text{N} = 628\text{N} \qquad Ans.$$

F8-13　$\sigma = \dfrac{P}{A} = \dfrac{10(10^3)}{\dfrac{\pi}{4}(0.015)^2} = 56.59\text{MPa}$

$$\varepsilon_{\text{long}} = \frac{\sigma}{E} = \frac{56.59(10^6)}{70(10^9)} = 0.808(10^{-3})$$

$$\varepsilon_{\text{lat}} = -\nu\varepsilon_{\text{long}} = -0.35(0.808(10^{-3}))$$

$$= -0.283(10^{-3})$$

$$\delta d = (-0.283(10^{-3}))(15\text{mm}) = -4.24(10^{-3})\ \text{mm} \qquad Ans.$$

F8-14　$\sigma = \dfrac{P}{A} = \dfrac{50(10^3)}{\dfrac{\pi}{4}(0.02^2)} = 159.15\text{MPa}$

$$\varepsilon_a = \frac{\delta}{L} = \frac{1.40}{600} = 0.002333\text{mm/mm}$$

$$E = \frac{\sigma}{\varepsilon_a} = \frac{159.15(10^6)}{0.002333} = 68.2\text{GPa} \qquad Ans.$$

$$\varepsilon_e = \frac{d'-d}{d} = \frac{19.9837-20}{20} = -0.815(10^{-3})\ \text{mm/mm}$$

$$\nu = -\frac{\varepsilon_e}{\varepsilon_a} = \frac{-0.815(10^{-3})}{0.002333} = 0.3493 = 0.349$$

$$G = \frac{E}{2(1+\nu)} = \frac{68.21}{2(1+0.3493)} = 25.3\text{GPa} \qquad Ans.$$

F8-15　$\alpha = \dfrac{0.5}{150} = 0.003333\text{rad}$

$$\gamma = \frac{\pi}{2} - \theta = \frac{\pi}{2} - \left(\frac{\pi}{2} - \alpha\right)$$

$$= \alpha = 0.003333\text{rad}$$

$$\tau = G\gamma = [26(10^9)(0.003333)] = 86.67\text{MPa}$$

$$\tau = \frac{V}{A};\ 86.67(10^6) = \frac{P}{0.15(0.02)}$$

$$P = 260\text{kN} \qquad Ans.$$

附录

F8-16　$\alpha = \dfrac{3}{150} = 0.02\text{rad}$

$\gamma = \dfrac{\pi}{2} - \theta = \dfrac{\pi}{2} - \left(\dfrac{\pi}{2} - \alpha\right) = \alpha = 0.02\text{rad}$

当 P 卸载时，切应变沿一条与初始弹性线平行的直线恢复。

$\gamma_r = \gamma_Y = 0.005\text{rad}$

$\gamma_p = \gamma - \gamma_r = 0.02 - 0.005 = 0.015\text{rad}$ 　　　　*Ans.*

第 9 章

F9-1　$A = \dfrac{\pi}{4}(0.02)^2 = 0.1(10^{-3})\ \pi\text{m}^2$

$\delta_C = \dfrac{1}{AE}\{40(10^3)(400) + [-60(10^3)(600)]\}$

$= \dfrac{-20(10^6)\ \text{N} \cdot \text{mm}}{AE}$

$= -0.318\text{mm}$ 　　　　*Ans.*

F9-2　$A_{AB} = A_{CD} = \dfrac{\pi}{4}(0.02)^2 = 0.1(10^{-3})\ \pi\text{m}^2$

$A_{BC} = \dfrac{\pi}{4}(0.04^2 - 0.03^2) = 0.175(10^{-3})\ \pi\text{m}^2$

$\delta_{DA} = \dfrac{[-10(10^3)]\ (400)}{[0.1(10^{-3})\pi]\ [68.9(10^9)]} +$

$\dfrac{[10(10^3)]\ (400)}{[0.175(10^{-3})\pi]\ [68.9(10^9)]} +$

$\dfrac{[-20(10^3)]\ (400)}{[0.1(10^{-3})\pi]\ [68.9(10^9)]}$

$= -0.449\text{mm}$

F9-3　$A = \dfrac{\pi}{4}(0.03^2) = 0.225(10^{-3})\ \pi\text{m}^2$

$\delta_C = \dfrac{1}{0.225(10^3)\ \pi\ [200(10^9)]}$

$\left\{\left[-90(10^3) - 2\left(\dfrac{4}{5}\right)30(10^3)\right]\right.$

$(0.4) + [-90(10^3)(0.6)]\} =$

$-0.772(10^{-3})\ \text{m} = -0.772\text{mm}$ 　　　　*Ans.*

F9-4　$\delta_{A/B} = \dfrac{PL}{AE} = \dfrac{[60(10^3)]\ (0.8)}{[0.1(10^{-3})\pi]\ [200(10^9)]} =$

$0.7639(10^{-3})\ \text{m} \downarrow$

$\delta_B = \dfrac{F_{sp}}{k} = \dfrac{60(10^3)}{50(10^6)} = 1.2(10^{-3})\ \text{m} \downarrow$

$+\downarrow \delta_A = \delta_B + \delta_{A/B}$

$\delta_A = 1.2(10^{-3}) + 0.7639(10^{-3})$

$= 1.9639(10^{-3})\ \text{m} = 1.96\text{mm} \downarrow$ 　　　*Ans.*

F9-5　$A = \dfrac{\pi}{4}(0.02^2) = 0.1(10^3)\ \pi\text{m}^2$

内力 $P(x) = 30(10^3)\ x$

$\delta_A = \int \dfrac{P(x)\,\text{d}x}{AE} =$

$\dfrac{1}{[0.1(10^{-3})\pi]\ [73.1(10^9)]}\int_0^{0.9\text{m}} 30(10^3)\,x\text{d}x$

$= 0.529(10^{-3})\ \text{m} = 0.529\text{mm}$ 　　　　*Ans.*

F9-6　分布载荷 $P(x) = \dfrac{45(10^3)}{0.9}x = 50(10^3)\ x\text{N/m}$

内力 $P(x) = \dfrac{1}{2}(50(10^3))x(x) = 25(10^3)\ x^2$

$\delta_A = \int_0^L \dfrac{P(x)\,\text{d}x}{AE}$

$= \dfrac{1}{[0.1(10^{-3})\pi]\ [73.1(10^9)]}\int_0^{0.9\text{m}} [25\ (10^3)$

$x^2]\ \text{d}x$

$= 0.265\text{mm}$ 　　　　*Ans.*

第 10 章

F10-1　$J = \dfrac{\pi}{2}(0.04^4) = 1.28(10^{-6})\ \pi\text{m}^4$

$\tau_A = \tau_{\max} = \dfrac{T_C}{J} = \dfrac{5(10^3)(0.04)}{1.28(10^{-6})\ \pi} = 49.7\text{MPa}$ 　*Ans.*

$\tau_B = \dfrac{T_{\rho B}}{J} = \dfrac{5(10^3)(0.03)}{1.28(10^{-6})\ \pi} = 37.3\text{MPa}$ 　*Ans.*

F10-2　$J = \dfrac{\pi}{2}(0.06^4 - 0.04^4) = 5.2(10^{-6})\pi\text{m}^4$

$\tau_A = \tau_{\max} = \dfrac{T_C}{J} = \dfrac{10(10^3)(0.06)}{5.2(10^{-6})\ \pi} = 36.7\text{MPa}$ 　*Ans.*

$\tau_A = \dfrac{T_{\rho A}}{J} = \dfrac{10(10^3)(0.04)}{5.2(10^{-6})\ \pi} = 24.5\text{MPa}$ 　*Ans.*

F10-3　$J_{AB} = \dfrac{\pi}{2}(0.04^4 - 0.03^4) = 0.875(10^{-6})\ \pi\text{m}^4$

$J_{BC} = \dfrac{\pi}{2}(0.04^4) = 1.28(10^{-6})\ \pi\text{m}^4$

$(\tau_{AB})_{\max} = \dfrac{T_{AB}c_{AB}}{J_{AB}} = \dfrac{[2(10^3)]\ (0.04)}{0.875(10^{-6})\ \pi} = 29.1\text{MPa}$

$(\tau_{BC})_{\max} = \dfrac{T_{BC}c_{BC}}{J_{BC}} = \dfrac{[6(10^3)]\ (0.04)}{1.28(10^{-6})\ \pi} =$

59.7MPa 　　　　*Ans.*

F10-4　$T_{AB} = 0,\ T_{BC} = 600\text{N} \cdot \text{m},\ T_{CD} = 0$

$J = \dfrac{\pi}{2}(0.02^4) = 80(10^{-9})\pi\text{m}^4$

$$\tau_{max} = \frac{Tc}{J} = \frac{600(0.02)}{80(10^{-9})\pi} = 47.7\text{MPa} \qquad Ans.$$

F10-5　$J_{BC} = \frac{\pi}{2}(0.04^4 - 0.03^4)$

$\qquad = 0.875(10^{-6})\ \pi\text{m}^4$

$(\tau_{BC})_{max} = \frac{T_{BC}c_{BC}}{J_{BC}} = \frac{2100(0.04)}{0.875(10^{-6})\ \pi}$

$\qquad = 30.6\text{MPa} \qquad Ans.$

F10-6　$t = 5(10^3)\ \text{N} \cdot \text{m/m}$

扭矩　$T = 5(10^3)(0.8) = 4000\text{N} \cdot \text{m}$

$J = \frac{\pi}{2}(0.04^4) = 1.28(10^{-6})\ \pi\text{m}^4$

$\tau_A = \frac{T_A c}{J} = \frac{4000(0.04)}{1.28(10^{-6})\ \pi} = 39.8\text{MPa} \qquad Ans.$

F10-7　$J = \frac{\pi}{2}(0.03^4) = 0.405(10^{-6})\ \pi\text{m}^4$

$\phi_{A/C} = \frac{1}{[0.405(10^{-6})\pi][75(10^9)]}\{[-2(10^{-3})]$

$(0.6) + 1(10^3)(0.4)\}$

$\qquad = -0.00838\text{rad} = -0.480° \qquad Ans.$

F10-8　$J = \frac{\pi}{2}(0.02^4) = 80(10^{-9})\ \pi\text{m}^4$

$\phi_{BC} = \frac{600(0.45)}{[80(10^{-9})\ \pi][75(10^9)]}$

$\qquad = 0.01432\text{rad} = 0.821° \qquad$

F10-9　$J = \frac{\pi}{2}(0.04^4 - 0.03^4) = 0.875(10^{-6})\ \pi\text{m}^4$

$\phi_{A/B} = \frac{T_{AB}L_{AB}}{JG} = \frac{3(10^3)(0.9)}{[0.875(10^{-6})\ \pi][26(10^9)]}$

$\qquad = 0.03778\text{rad}$

$\phi_B = \frac{T_B}{k} = \frac{3(10^3)}{90(10^3)} = 0.03333\text{rad}$

$\phi_A = \phi_B + \phi_{A/B}$

$\qquad = 0.03333 + 0.03778$

$\qquad = 0.07111\text{rad} = 4.07° \qquad Ans.$

F10-10　$J = \frac{\pi}{2}(0.02^4) = 80(10^{-9})\ \pi\text{m}^4$

$\phi_{A/B} = \frac{0.2}{[80(10^{-9})\pi][75(10^9)]}$

$[600 + (-300) + 200 + 500] =$

$0.01061\text{rad} = 0.608° \qquad Ans.$

F10-11　$J = \frac{\pi}{2}(0.04^4) = 1.28(10^{-6})\ \pi\text{m}^4$

$t = 5(10^3)\ \text{N} \cdot \text{m}$

扭矩为 $5(10^3)\ x\text{N} \cdot \text{m}$

$\phi_{A/B} = \int_0^L \frac{T(x)\,\mathrm{d}x}{JG} =$

$\frac{1}{[1.28(10^{-6})\pi][75(10^9)]}\int_0^{0.8\text{m}} 5(10^3)x\mathrm{d}x$

$\qquad = 0.00531\text{rad} = 0.304° \qquad Ans.$

F10-12　$J = \frac{\pi}{2}(0.04^4) = 1.28(10^{-6})\ \pi\text{m}^4$

分布扭矩为 $t = \frac{15(10^3)}{0.6}(x) =$

$25(10^3)\ x\text{N} \cdot \text{m/m}$

扭矩为 $T(x) = \frac{1}{2}(25x)(x) =$

$12.5(10^3)\ x^2\text{N} \cdot \text{m}$

$\phi_{A/C} = \int_0^L \frac{T(x)\,\mathrm{d}x}{JG} + \frac{T_{BC}L_{BC}}{JG} =$

$\frac{1}{[1.28(10^{-6})\pi][75(10^9)]}$

$\left[\int_0^{0.6\text{m}} 12.5(10^3)x^2\mathrm{d}x + 4500(0.4)\right] =$

$0.008952\text{rad} = 0.513° \qquad Ans.$

第 11 章

F11-1　$+\uparrow\ \sum F_y = 0;\ -V - 9 = 0,\ V = -9\text{kN} \qquad Ans.$

$\qquad \curvearrowleft + \sum M_O = 0;\ M + 9x = 0,\ M = (-9x)\ \text{kN} \cdot \text{m} \qquad Ans.$

F11-2　$+\uparrow\ \sum F_y = 0;\ -V - 2x = 0,\ V = (-2x)\ \text{kip} \qquad Ans.$

$\qquad \curvearrowleft + \sum M_O = 0;\ M + 2x\left(\frac{x}{2}\right) - 18 = 0,\ M = (18 - x^2)\ \text{kip} \cdot \text{ft}$

$\qquad\qquad\qquad\qquad Ans.$

F11-3　$+\uparrow\ \sum F_y = 0;\ -V - \frac{1}{2}(4x)(x) = 0$

$\qquad V = \{-2x^2\}\ \text{kN} \qquad Ans.$

$\sum M_O = 0;\ M + \left[\frac{1}{2}(4x)(x)\right]\left(\frac{x}{3}\right) = 0,\ M =$

$\left(-\frac{2}{3}x^3\right)\text{kN} \cdot \text{m} \qquad Ans.$

F11-4　$0 \leqslant x < 1.5\text{m}$

$\qquad +\uparrow\ \sum F_y = 0;\ V = 0 \qquad Ans.$

$\qquad \curvearrowleft + \sum M_O = 0;\ M - 4 = 0,\ M = 4\text{kN} \cdot \text{m} \qquad Ans.$

$\qquad 1.5\text{m} < x \leqslant 3\text{m}$

$\qquad +\uparrow\ \sum F_y = 0;\ -V - 9 = 0,\ V = -9\text{kN} \qquad Ans.$

$\qquad \curvearrowleft + \sum M_O = 0;\ M + 9(x - 1.5) - 4 = 0$

附录

$M = (17.5 - 9x)$ kN·m   *Ans.*

F11-5 $\curvearrowleft + \sum M_B = 0$；$A_y(6) - 30 = 0$，$A_y = 5$kN

$+\uparrow \sum F_y = 0$；$-V - 5 = 0$，$V = -5$kN   *Ans.*

$\curvearrowleft + \sum M_O = 0$；$M + 5x = 0$，$M = \{-5x\}$ kN·m   *Ans.*

F11-6 $\curvearrowleft + \sum M_B = 0$；$A_y(6) + 20 - 50 = 0$，$A_y = 5$kN

$+\uparrow \sum F_y = 0$；$-V - 5 = 0$，$V = -5$kN   *Ans.*

$\curvearrowleft + \sum M_O = 0$；$M + 5x - 50 = 0$，$M = \{50 - 5x\}$ kN·m

Ans.

F11-7 剪力图：$V = -4$，$x = 0$。斜率为零处，$x = 6$。

弯矩图：$M = 0$，$x = 0$。

斜率恒为负：$M = -16$，$x = 4^-$，$M = 8$，$x = 4^+$。

斜率恒为负：$M = 0$，$x = 6$。

F11-8 剪力图：$V = -6$，$x = 0$。斜率为零处，$x = 3$。

弯矩图：$M = 0$，$x = 0$。

斜率恒为负：$M = -9$，$x = 1.5$，$M = -21$，$x = 15^+$。

斜率恒为负：$M = -30$，$x = 3$。

F11-9 剪力图：$V = 0$，$x = 0$。斜率为零处，

$x = 1.5^-$。$V = 4$，$x = 1.5^+$，斜率为零处，$x = 4.5^-$，

$V = 0$，$x = 4.5^+$。斜率为零处，$V = 0$，$x = 6$。

弯矩图：$M = 6$，$x = 0$。斜率为零处，

$x = 1.5$。$M = 6$，$x = 1.5$。斜率恒为正：

$x = 4.5$。$M = 1.8$，$x = 4.5$。斜率为零处，

$M = 18$，$x = 6$。

F11-10 剪力图：$V = 16.5$，$x = 0$。斜率恒为负：

$x = 3$。$V = 0$，$x = 2.75$，$V = -1.5$，$x = 3$。

负的下降斜率：$V = -10.5$，$x = 6$。

弯矩图：$M = 0$，$x = 0$。

正的下降斜率：$M = 22.7$，$x = 2.75$。

负的下降斜率：$M = 0$，$x = 6$。

F11-11 剪力图：$V = 0$，$x = 0$。斜率恒为负：

$V = -6$，$x = 1.5^-$，$V = 0$，$x = 1.5^+$。

斜率为零处，$x = 4.5$。$V = 0$，$x = 4.5^-$。

$V = 6$，$x = 4.5^+$。斜率恒为负：$V = 0$，$x = 6$。

弯矩图：$M = 0$，$x = 0$。负的上升斜率：

$M = -4.5$，$x = 1.5$。斜率恒为负：

$M = -4.5$，$x = 45.1$。正的下降斜率：

$M = 0$，$x = 6$。

F11-12 剪力图：$V = 15$，$x = 0$。负的下降斜率，

斜率为零处，$x = 3$。$V = 0$，$x = 0$。

负的上升斜率：$M = 0$，$x = 0$。

弯矩图：$M = 0$，$x = 0$。

正的下降斜率，斜率为零处，$x = 3$。$M = 15$，

$x = 3$。负的上升斜率：$M = 0$，$x = 6$。

F11-13 剪力图：$V = 1050$，$x = 0$。斜率恒为负。

$V = 0$，$x = 5.25$，$V = -150$，$x = 6$。

斜率为零。$V = -150$，$x = 9^-$，$V = -750$，$x = 9^+$。

斜率为零。$V = -750$，$x = 12$。

弯矩图：$M = 0$，$x = 0$。

负的下降斜率：$x = 5.25$。$M = 2756$，$x = 5.25$。

负的上升斜率：$M = 2700$，$x = 6$。

斜率恒为负。$M = 2250$，$x = 9$。

斜率恒为负。$M = 0$，$x = 12$。

F11-14 剪力图：$V = 30$，$x = 0$。斜率恒为负。

$V = 0$，$x = 1.5$，$V = -50$，$x = 4^-$。$V = 20$，

$x = 4^+$。斜率恒为负 $V = 20$，$x = 6$。

弯矩图：$M = 0$，$x = 0$。正的下降斜率。斜率为

零处，

$x = 1.5$。$M = 22.5$，$x = 1.5$。

负的上升斜率：$M = -40$，$x = 4$。

斜率恒为正。$M = 0$，$x = 6$。

F11-15 $I = 2\left[\dfrac{1}{12}(0.02)(0.2^3)\right] + \dfrac{1}{12}(0.26)(0.02^3) = 2.86(10^{-6})$ m^4

$\sigma_{max} = \dfrac{Mc}{I} = \dfrac{20(10^3)(0.1)}{26.84(10^{-6})} = 74.5$MPa   *Ans.*

F11-16 $\bar{y} = \dfrac{0.3}{3} = 0.1$m

$I = \dfrac{1}{36}(0.3)(0.3^3) = 0.225(10^{-3})$ m^4

$(\sigma_{max})_c = \dfrac{Mc}{I} = \dfrac{50(10^3)(0.3 - 0.1)}{0.225(10^{-3})} = 44.4MPa(C)$ *Ans.*

$(\sigma_{max})_t = \dfrac{My}{I} = \dfrac{50(10^3)(0.1)}{0.225(10^{-3})} = 22.2MPa(T)$ *Ans.*

F11-17 $I = \dfrac{1}{12}(0.2)(0.3^3) - \dfrac{1}{12}(0.18)(0.26^3) = 0.18636(10^{-3})$ m^4

$\sigma_{max} = \dfrac{Mc}{I} = \dfrac{50(10^3)(0.15)}{0.18636(10^{-3})} = 40.2$MPa   *Ans.*

F11-18

$$I = 2\left[\frac{1}{12}(0.03)(0.4^3)\right] +$$

$$2\left[\frac{1}{12}(0.14)(0.03^3) + 0.14(0.03)(0.15^2)\right]$$

$$= 0.50963(10^{-3})\ \text{m}^4$$

$$\sigma_{\max} = \frac{Mc}{I} = \frac{10(10^3)(0.2)}{0.50963(10^{-3})} = 3.92\text{MPa}$$

$$\sigma_A = 3.92\text{MPa}(C) \qquad\qquad\qquad Ans.$$

$$\sigma_B = 3.92\text{MPa}(T) \qquad\qquad\qquad Ans.$$

F11-19

$$I = \frac{1}{12}(0.05)(0.4)^3 + 2\left[\frac{1}{12}(0.025)(0.3)^3\right]$$

$$= 0.37917(10^{-3})\ \text{m}^4$$

$$\sigma_A = \frac{M_{y_A}}{I} = -\frac{5(10^3)(-0.15)}{0.37917(10^{-3})}$$

$$= 1.98\text{MPa}(T) \qquad\qquad\qquad Ans.$$

F11-20　$M_y = 50\left(\dfrac{4}{5}\right) = 40\text{kN}\cdot\text{m}$

$$M_z = 50\left(\frac{3}{5}\right) = 30\text{kN}\cdot\text{m}$$

$$I_y = \frac{1}{12}(0.3)(0.2^3) = 0.2(10^{-3})\ \text{m}^4$$

$$I_z = \frac{1}{12}(0.2)(0.3^3) = 0.45(10^{-3})\ \text{m}^4$$

$$\sigma = -\frac{M_z y}{I_z} + \frac{M_y z}{I_y}$$

$$\sigma_A = -\frac{[30(10^3)](-0.15)}{0.45(10^{-3})} + \frac{[40(10^3)](0.1)}{0.2(10^{-3})}$$

$$= 30\text{MPa}(T) \qquad\qquad\qquad Ans.$$

$$\sigma_B = -\frac{[30(10^3)](0.15)}{0.45(10^{-3})} + \frac{[40(10^3)](0.1)}{0.2(10^{-3})}$$

$$= 10\text{MPa}(T) \qquad\qquad\qquad Ans.$$

$$\tan\alpha = \frac{I_z}{I_y}\tan\theta$$

$$\tan\alpha = \left[\frac{0.45(10^{-3})}{0.2(10^{-3})}\right]\left(\frac{4}{3}\right)$$

$$\alpha = 71.6° \qquad\qquad\qquad Ans.$$

F11-21　最大应力发生在 D 点或 A 点：

$$(\sigma_{\max})_D = \frac{(50\cos30°)12(3)}{\frac{1}{12}(4)(6)^3} + \frac{(50\sin30°)12(2)}{\frac{1}{12}(6)(4)^3}$$

$$= 40.4\text{psi} \qquad\qquad\qquad Ans.$$

第 12 章

F12-1　$I = 2\left[\dfrac{1}{12}(0.02)(0.2)^3\right] + \dfrac{1}{12}(0.26)(0.02^3)$

$$= 26.84(10^{-4})\ \text{m}^4$$

$$Q_A = 0.055(0.09)(0.02)$$

$$= 99(10^{-6})\ \text{m}^3$$

$$\tau_A = \frac{VQ_A}{It} = \frac{100(10^3)[99(10^{-6})]}{[26.84(10^{-6})](0.02)}$$

$$= 18.4\text{MPa} \qquad\qquad\qquad Ans.$$

F12-2　$I = \dfrac{1}{12}(0.1)(0.3^3) + \dfrac{1}{12}(0.2)(0.1^3)$

$$= 0.24167(10^{-3})\ \text{m}^4$$

$$Q_A = y_1' A_1' + y_2' A_2'$$

$$= \left[\frac{1}{2}(0.05)\right](0.05)(0.3) + 0.1(0.1)(0.1)$$

$$= 1.375(10^{-3})\ \text{m}^3$$

$$Q_B = y_3' A_3' = 0.1(0.1)$$

$$(0.1) = 1(10^{-3})\ \text{m}^3$$

$$\tau_A = \frac{VQ}{It} = \frac{600(10^3)[1.375(10^{-3})]}{[0.24167(10^{-3})](0.3)}$$

$$= 11.4\text{MPa} \qquad\qquad\qquad Ans.$$

$$\tau_B = \frac{VQ}{It} = \frac{600(10^3)[1(10^{-3})]}{[0.24167(10^{-3})](0.1)}$$

$$= 24.8\text{MPa} \qquad\qquad\qquad Ans.$$

F12-3　$V_{\max} = 4.5\text{kip}$

$$I = \frac{1}{12}(3)(6^3) = 54\text{in}^4$$

$$Q_{\max} = y_A' = 1.5(3)(3) = 13.5\text{in}^3$$

$$(\tau_{\max})_{\text{abs}} = \frac{V_{\max}Q_{\max}}{It} = \frac{4.5(10^3)(13.5)}{54(3)}$$

$$= 375\text{psi} \qquad\qquad\qquad Ans.$$

F12-4　$I = 2\left[\dfrac{1}{12}(0.03)(0.4)^3\right] + 2\left[\dfrac{1}{12}(0.14)\right.$

$$\left.(0.03)^3 + 0.14(0.03)(0.15^2)\right]$$

$$= 0.50963(10^{-3})\ \text{m}^4$$

附录

$$Q_{\max} = 2y_1'A_1' + y_2'A_2' = 2(0.1)(0.2)(0.03) +$$
$$(0.15)(0.14)(0.03) = 1.83(10^{-3})\,\text{m}^3$$

$$\tau_{\max} = \frac{VQ_{\max}}{It} = \frac{20(10^3)[1.83(10^{-3})]}{0.50963(10^{-3})[2(0.3)]} = 1.20\text{MPa}$$

Ans.

F12-5　$I = \dfrac{1}{12}(0.05)(0.4)^3 + 2\left[\dfrac{1}{12}(0.025)(0.3)^3\right]$

$\quad = 0.37917(10^3)\ \text{m}^4$

$Q_{\max} = 2y_1'A_1' + y_2'A_2' = 2(0.075)(0.025)(0.15) +$
$\quad (0.1)(0.05)(0.2) = 1.5625(10^{-3})\ \text{m}^3$

$$\tau_{\max} = \frac{VQ_{\max}}{It} = \frac{20(10^3)[1.5625(10^{-3})]}{[0.37917(10^{-3})][2(0.025)]}$$

$\quad = 1.65\text{MPa}$

Ans.

F12-6　$I = \dfrac{1}{12}(0.3)(0.2^3) = 0.2(10^{-3})\ \text{m}^4$

$Q = y'A' = 0.05(0.1)(0.3) = 1.5(10^{-3})\ \text{m}^3$

$q_{\text{allow}} = 2\left(\dfrac{F}{s}\right) = \dfrac{2[15(10^3)]}{s} = \dfrac{30(10^3)}{s}$

$q_{\text{allow}} = \dfrac{VQ}{I};\ \dfrac{30(10^3)}{s} = \dfrac{50(10^3)[1.5(10^{-3})]}{0.2(10^{-3})}$

$s = 0.08\text{m} = 80\text{mm}$

Ans.

F12-7　$I = \dfrac{1}{12}(0.3)(0.2^3) = 0.2(10^{-3})\ \text{m}^4$

$Q = y'A' = 0.05(0.1)(0.3) = 1.5(10^{-3})\ \text{m}^3$

$q_{\text{allow}} = 2\left(\dfrac{F}{s}\right) = \dfrac{2[15(10^3)]}{0.1} = 300(10^3)\text{N/m}$

$q_{\text{allow}} = \dfrac{VQ}{I};\ 300(10^3) = \dfrac{V[1.5(10^{-3})]}{0.2(10^{-3})}$

$V = 40(10^3)\text{N} = 40\text{kN}$

Ans.

F12-8　$I = \dfrac{1}{12}(0.2)(0.34^3) - \dfrac{1}{12}(0.19)(0.28^3)$

$\quad = 0.3075(10^{-3})\ \text{m}^4$

$Q = y'A' = 0.16(0.02)(0.2) = 0.64(10^{-3})\text{m}^3$

$q_{\text{allow}} = 2\left(\dfrac{F}{s}\right) = \dfrac{2[30(10^3)]}{s} = \dfrac{60(10^3)}{s}$

$q_{\text{allow}} = \dfrac{VQ}{I};\ \dfrac{60(10^3)}{s} = \dfrac{300(10^3)[0.64(10^{-3})]}{0.3075(10^{-3})}$

$s = 0.09609\text{m} = 96.1\text{mm}$

采用 $s = 96\text{mm}$

Ans.

F12-9

$$I = 2\left[\frac{1}{12}(0.025)(0.3^3)\right] + 2\left[\begin{array}{l}\dfrac{1}{12}(0.05)(0.2^3)\\ +0.05(0.2)(0.15^2)\end{array}\right]$$

$\quad = 0.62917(10^{-3})\ \text{m}^4$

$Q = y'A' = 0.15(0.2)(0.05) = 1.5(10^{-3})\ \text{m}^3$

$q_{\text{allow}} = 2\left(\dfrac{F}{s}\right) = \dfrac{2[8(10^3)]}{s} = \dfrac{16(10^3)}{s}$

$q_{\text{allow}} = \dfrac{VQ}{I};\ \dfrac{16(10^3)}{s} = \dfrac{20(10^3)[1.5(10^{-3})]}{0.62917(10^{-3})}$

$s = 0.3356\text{m} = 335.56\text{mm}$

采用 $s = 335\text{mm}$

Ans.

F12-10　$I = \dfrac{1}{12}(1)(6^3) + 4\left[\dfrac{1}{12}(0.5)(4^3) + 0.5(4)(3^2)\right]$

$\quad = 100.67\text{in}^4$

$Q = y'A' = 3(4)(0.5) = 6\text{in}^3$

$q_{\text{allow}} = \dfrac{F}{s} = \dfrac{6}{s}$

$q_{\text{allow}} = \dfrac{VQ}{I};\ \dfrac{6}{s} = \dfrac{15(6)}{100.67}$

$\quad s = 6.711\text{in}$

采用 $s = 6\dfrac{5}{8}\text{in}$

Ans.

第 13 章

F13-1　$+\uparrow \sum F_z = (F_R)_z;\ -500 - 300 = P$

$P = -800\text{kN}$

$\sum M_x = 0;\ 300(0.05) - 500(0.1) = M_x$

$M_x = -35\text{kN}\cdot\text{m}$

$\sum M_y = 0;\ 300(0.1) - 500(0.1) = M_y$

$M_y = -20\text{kN}\cdot\text{m}$

$A = 0.3(0.3) = 0.09\text{m}^2$

$I_x = I_y = \dfrac{1}{12}(0.3)(0.3^3) = 0.675(10^{-3})\ \text{m}^4$

$$\sigma_A = \frac{-800(10^3)}{0.09} + \frac{[20(10^3)](0.15)}{0.675(10^{-3})} + \frac{[35(10^3)](0.15)}{0.675(10^{-3})}$$

$\quad = 3.3333\text{MPa} = 3.33\text{MPa}(T)$

Ans.

$$\sigma_B = \frac{-800(10^3)}{0.09} + \frac{[20(10^3)](0.15)}{0.675(10^{-3})} - \frac{[35(10^3)](0.15)}{0.675(10^{-3})}$$

$\quad = -12.22\text{MPa} = 12.2\text{MPa}\ (C)$

Ans.

F13-2　$+\uparrow \sum F_y = 0;\ V - 400 = 0,\ V = 400\text{kN}$

$\zeta + \sum M_A = 0$; $-M - 400(0.5) = 0$, $M = -200\text{kN} \cdot \text{m}$

$I = \dfrac{1}{12}(0.1)(0.3^3) = 0.225(10^{-3})\text{m}^4$

$Q_A = y'A' = 0.1(0.1)(0.1) = 1(10^{-3})\text{m}^3$

$\sigma_A = \dfrac{My}{I} = \dfrac{[200(10^3)](-0.05)}{0.225(10^{-3})}$

$= -44.44\text{MPa} = 44.4\text{MPa}(C)$ *Ans.*

$\tau_A = \dfrac{VQ}{It} = \dfrac{400(10^3)[1(10^{-3})]}{0.225(10^{-3})(0.1)} = 17.8\text{MPa}$ *Ans.*

F13-3   左边作用力为 20kN.

左部分：$+\uparrow \sum F_y = 0$；$20 - V = 0$，$V = 20\text{kN}$

$\zeta + \sum M_s = 0$；$M - 20(0.5) = 0$，$M = 10\text{kN} \cdot \text{m}$

$I = \dfrac{1}{12}(0.1)(0.2^3) - \dfrac{1}{12}(0.09)(0.18^3)$

$= 22.9267(10^{-6})\text{m}^4$

$Q_A = y'_1 A'_1 + y'_2 A'_2 = 0.07(0.04)(0.01) +$

$\quad 0.095(0.1)(0.01) = 0.123(10^{-3})\text{m}^3$

$\sigma_A = -\dfrac{M y_A}{I} = -\dfrac{[10(10^3)](0.05)}{22.9267(10^{-6})}$

$= -21.81\text{MPa} = 21.8\text{MPa}(C)$ *Ans.*

$\tau_A = \dfrac{VQ_A}{It} = \dfrac{20(10^3)[0.123(10^{-3})]}{[22.9267(10^{-6})](0.01)}$

$= 10.7\text{MPa}$ *Ans.*

F13-4   在形心轴截面处：

$N = P$

$V = 0$

$M = (2+1)P = 3P$

$\sigma = \dfrac{P}{A} + \dfrac{Mc}{I}$

$30 = \dfrac{P}{2(0.5)} + \dfrac{(3P)(1)}{\frac{1}{12}(0.5)(2)^3}$

$P = 3\text{kip}$ *Ans.*

F13-5   通过 B 点的截面

$N = 500\text{lb}$，$V = 400\text{lb}$

$M = 400(0) = 4000\text{lb} \cdot \text{in}$

轴力：

$\sigma_x = \dfrac{P}{A} = \dfrac{500}{4(3)} = 41.667\text{psi}(T)$

剪力：

$\tau_{xy} = \dfrac{VQ}{It} = \dfrac{400[(1.5)(3)(1)]}{\left[\frac{1}{12}(3)(4)^3\right]3} = 37.5\text{psi}$

弯矩：

$\sigma_x = \dfrac{My}{I} = \dfrac{4000(1)}{\frac{1}{12}(3)(4)^3} = 250\text{psi}(C)$

因此

$\sigma_x = 41.667 - 250 = 208\text{psi}(C)$ *Ans.*

$\sigma_y = 0$ *Ans.*

$\tau_{xy} = 37.5\text{psi}$ *Ans.*

F13-6   上部分：

$\sum F_y = 0$；$V_y + 1000 = 0$，$V_y = -1000\text{N}$

$\sum F_x = 0$；$V_x - 1500 = 0$，$V_x = 1500\text{N}$

$\sum M_z = 0$；$T_z - 1500(0.4) = 0$，$T_z = 600\text{N} \cdot \text{m}$

$\sum M_y = 0$；$M_y - 1500(0.2) = 0$，$M_y = 300\text{N} \cdot \text{m}$

$\sum M_x = 0$；$M_x - 1000(0.2) = 0$，$M_x = 200\text{N} \cdot \text{m}$

$I_y = I_x = \dfrac{\pi}{4}(0.02^4) = 40(10^{-9})\pi\text{m}^4$

$J = \dfrac{\pi}{2}(0.02^4) = 80(10^{-9})\pi\text{m}^4$

$(Q_y)_A = \dfrac{4(0.02)}{3\pi}\left[\dfrac{\pi}{2}(0.02^2)\right] = 5.3333(10^{-6})\text{m}^3$

$\sigma_A = \dfrac{M_x y}{I_x} + \dfrac{M_y z}{I_y} = \dfrac{200(0)}{40(10^{-9})\pi} + \dfrac{300(0.02)}{40(10^{-9})\pi}$

$= 47.7\text{MPa} \ (T)$ *Ans.*

$[(\tau_{zy})_T]_A = \dfrac{T_z c}{J} = \dfrac{600(0.02)}{80(10^{-9})\pi} = 47.746\text{MPa}$

$[(\tau_{zy})_V]_A = \dfrac{V_y (Q_y)_A}{I_x t} = \dfrac{1000[5.3333(10^{-6})]}{[40(10^{-9})\pi](0.04)}$

$= 1.061\text{MPa}$

合并这两个切应力分量,

$(\tau_{zy})_A = 47.746 + 1.061 = 48.8\text{MPa}$ *Ans.*

F13-7   右部分：

$\sum F_z = 0$；$V_z - 6 = 0$，$V_z = 6\text{kN}$

$\sum M_y = 0$；$T_y - 6(0.3) = 0$，$T_y = 1.8\text{kN} \cdot \text{m}$

$\sum M_x = 0$；$M_x - 6(0.3) = 0$，$M_x = 1.8\text{kN} \cdot \text{m}$

$I_x = \dfrac{\pi}{4}(0.05^4 - 0.04^4) = 0.9225(10^{-6})\pi\text{m}^4$

$J = \dfrac{\pi}{2}(0.05^4 - 0.04^4) = 1.845(10^{-6})\pi\text{m}^4$

$(Q_z)_A = y'_2 A'_2 - y'_1 A'_1$

$= \dfrac{4(0.05)}{3\pi}\left[\dfrac{\pi}{2}(0.05^2)\right] - \dfrac{4(0.04)}{3\pi}\left[\dfrac{\pi}{2}(0.04^2)\right]$

$= 40.6667(10^{-6})\text{m}^3$

$$\sigma_A = \frac{M_x z}{I_x} = \frac{1.8(10^3)}{0.9225(10^{-6})\pi} = 0 \qquad \text{Ans.}$$

$$[(\tau_{yz})_T]A = \frac{T_y c}{J} = \frac{[1.8(10^3)](0.05)}{1.845(10^{-6})\pi} = 15.53\text{MPa}$$

$$[(\tau_{yz})V]_A = \frac{V_z(Q_z)_A}{I_x t} = \frac{6(10^3)[40.6667(10^{-6})]}{[0.9225(10^{-6})\pi](0.02)}$$
$$= 4.210\text{MPa}$$

合并这两个切应力分量，$(\tau_{yz})_A = 15.53 - 4.210 = 11.3\text{MPa}$ 　　　Ans.

F13-8 左部分：

$\sum F_z = 0; V_z - 900 - 300 = 0, V_z = 1200\text{N}$

$\sum M_y = 0; T_y + 300(0.1) - 900(0.1) = 0, T_y = 60\text{N} \cdot \text{m}$

$\sum M_x = 0; M_x + (900 + 300)0.3 = 0, M_x = -360\text{N} \cdot \text{m}$

$$I_x = \frac{\pi}{4}(0.025^4 - 0.02^4) = 57.65625(10^{-9})\pi\text{m}^4$$

$$J = \frac{\pi}{2}(0.025^4 - 0.02^4) = 0.1153125(10^{-6})\pi\text{m}^4$$

$(Q_y)_A = 0$

$$\sigma_A = \frac{M_x y}{I_x} = \frac{(360)(0.025)}{57.65625(10^{-9})\pi} = 49.7\text{MPa} \qquad \text{Ans.}$$

$$[(\tau_{xy})_T]A = \frac{T_y \rho A}{J} = \frac{60(0.025)}{0.1153125(10^{-6})\pi} = 4.14\text{MPa}$$
　　　Ans.

$$[(\tau_{yz})_V]_A = \frac{V_z(Q_z)_A}{I_x t} = 0 \qquad \text{Ans.}$$

第14章

F14-1 $\theta = 120°, \sigma_x = 500\text{kPa}, \tau_y = 0, \tau_{xy} = 0$

代入式（14-1），式（14-2）

$\sigma_{x'} = 125\text{kPa}$ 　　　Ans.

$\tau_{x'y'} = 217\text{kPa}$ 　　　Ans.

F14-2 $\theta = 45°, \sigma_x = 0, \sigma_y = -400\text{kPa}$

$\tau_{xy} = -300\text{kPa}$

代入式（14-1）、式（14-3）、式（14-2）

$\sigma_{x'} = 100\text{kPa}$ 　　　Ans.

$\sigma_{y'} = -500\text{kPa}$ 　　　Ans.

$\tau_{x'y'} = 200\text{kPa}$ 　　　Ans.

F14-3 $\sigma_x = 80\text{MP}, \sigma_y = 0, \tau_{xy} = 30\text{MPa}$

代入式（14-5）、式（14-4）

$\sigma_1 = 90\text{MPa}, \sigma_2 = -10\text{MPa}$ 　　　Ans.

$\theta_p = 18.43°\text{and}108.43°$

由式（14-1）得，

$$\sigma_{x'} = \frac{80+0}{2} + \frac{80-0}{2}\cos2(18.43°) +$$

$30\sin2(18.43°) = 90\text{MPa} = \sigma_1$

因此，

$(\theta_p)_1 = 18.4°\text{and}(\theta_p)_2 = 108°$ 　　　Ans.

F14-4 $\sigma_x = 100\text{kPa}, \sigma_y = 700\text{kPa}$

$\tau_{xy} = -400\text{kPa}$

代入式（14-7），式（14-8）

$\tau_{\max_{\text{面内}}} = 500\text{kPa}$ 　　　Ans.

$\sigma_{\text{avg}} = 400\text{kPa}$ 　　　Ans.

F14-5 通过 B 点的截面：

$N = 4\text{kN}, V = 2\text{kN}$

$M = 2(2) = 4\text{kN} \cdot \text{m}$

$$\sigma_B = \frac{P}{A} + \frac{Mc}{I} = \frac{4(10^3)}{0.03(0.06)} + \frac{4(10^3)(0.03)}{\frac{1}{12}(0.03)(0.06)^3}$$

$$= 224\text{MPa}(T)$$

注意 $\tau_B = 0$，因为 $Q = 0$。

因此

$\sigma_1 = 224\text{MPa}$ 　　　Ans.

$\sigma_2 = 0$

F14-6 $A_y = B_y = 12\text{kN}$

AC 部分：

$V_C = 0, M_C = 24\text{kN} \cdot \text{m}$

$\tau_C = 0$（因为 $V_C = 0$）

$\sigma_C = 0$（因为 C 为中性轴）

$\sigma_1 = \sigma_2 = 0$ 　　　Ans.

F14-7 $$\sigma_{\text{avg}} = \frac{\sigma_x + \sigma_y}{2} = \frac{500+0}{2} = 250\text{kPa}$$

圆心 C 和参考点 A 的坐标为

$A(500,0) \quad C(250,0)$

$R = CA = 500 - 250 = 250\text{kPa}$

$\theta = 120°$（逆时针方向）。将 CA 逆时针转动

$2\theta = 240°$ 到点 $P(\sigma_{x'}, \tau_{x'y'})$。

$\alpha = 240° - 180° = 60°$

$\sigma_{x'} = 250 - 250\cos60° = 125\text{kPa}$ 　　　Ans.

$\tau_{x'y'} = 250\sin60° = 217\text{kPa}$ 　　　Ans.

F14-8 $$\sigma_{\text{avg}} = \frac{\sigma_x + \sigma_y}{2} = \frac{80+0}{2} = 40\text{kPa}$$

圆心 C 和参考点 A 的坐标为

$A(80,30) \quad C(40,0)$

$R = CA = \sqrt{(80-40)^2 + 30^2} = 50\text{MPa}$

$\sigma_1 = 40 + 50 = 90\text{MPa}$ *Ans.*

$\sigma_2 = 40 - 50 = -10\text{MPa}$ *Ans.*

$\tan 2(\theta_p)_1 = \dfrac{30}{80-40} = 0.75$

$(\theta_p)_1 = 18.4°(\text{逆时针方向})$ *Ans.*

F14-9 $J = \dfrac{\pi}{2}(0.04^4 - 0.03^4) = 0.875(10^{-6})\pi\text{m}^4$

$\tau = \dfrac{Tc}{J} = \dfrac{4(10^3)(0.04)}{0.875(10^{-6})\pi} = 58.21\text{MPa}$

$\sigma_x = \sigma_y = 0,\text{且}\ \tau_{xy} = -58.21\text{MPa}$

$\sigma_{avg} = \dfrac{\sigma_x + \sigma_y}{2} = 0$

参考点 A 和圆心 C 的坐标为

$A(0, -58.21)$ $C(0,0)$

$R = CA = 58.21\text{MPa}$

$\sigma_1 = 0 + 58.21 = 58.2\text{MPa}$ *Ans.*

$\sigma_2 = 0 - 58.21 = -58.2\text{MPa}$ *Ans.*

F14-10 $+\uparrow \sum F_y = 0; V - 30 = 0, V = 30\text{kN}$

$\zeta +\sum M_O = 0; -M - 30(0.3) = 0, M = -9\text{kN}\cdot\text{m}$

$I = \dfrac{1}{12}(0.05)(0.15^3) = 14.0625(10^{-6})\text{m}^4$

$Q_A = y'A' = 0.05(0.05)(0.05) = 0.125(10^{-3})\text{m}^3$

$\sigma_A = -\dfrac{My_A}{I} = -\dfrac{[-9(10^3)](0.025)}{14.0625(10^{-6})} = 16\text{MPa}(T)$

$\tau_A = \dfrac{VQ_A}{It} = \dfrac{30(10^3)[0.125(10^{-3})]}{14.0625(10^{-6})(0.05)} = 5.333\text{MPa}$

$\sigma_x = 16\text{MPa}, \sigma_y = 0,\text{且}\ \tau_{xy} = -5.333\text{MPa}$

$\sigma_{avg} = \dfrac{\sigma_x + \sigma_y}{2} = \dfrac{16+0}{2} = 8\text{MPa}$

参考点 A 和圆心 C 的坐标为

$A(16, -5.333)$ $C(8,0)$

$R = CA = \sqrt{(16-8)^2 + (-5.333)^2} = 9.615\text{MPa}$

$\sigma_1 = 8 + 9.615 = 17.6\text{MPa}$ *Ans.*

$\sigma_2 = 8 - 9.615 = -1.61\text{MPa}$ *Ans.*

F14-11 $\zeta +\sum M_B = 0; 60(1) - A_y(1.5) = 0, A_y = 40\text{kN}$

$+\uparrow \sum F_y = 0; 40 - V = 0, V = 40\text{kN}$

$\zeta +\sum M_O = 0; M - 40(0.5) = 0, M = 20\text{kN}\cdot\text{m}$

$I = \dfrac{1}{12}(0.1)(0.2^3) - \dfrac{1}{12}(0.09)(0.18^3)$

$= 22.9267(10^{-6})\text{m}^4$

$Q_A = y'A' = 0.095(0.01)(0.1) = 95(10^{-6})\text{m}^3$

$\sigma_A = -\dfrac{My_A}{I} = -\dfrac{[20(10^3)](0.09)}{22.9267(10^{-6})} = -78.51\text{MPa}$

$= 78.51\text{MPa}(C)$

$\tau_A = \dfrac{VQ_A}{It} = \dfrac{40(10^3)[95(10^{-6})]}{[22.9267(10^{-6})](0.01)} = 16.57\text{MPa}$

$\sigma_x = -78.51\text{MPa}, \sigma_y = 0,\text{且}\ \tau_{xy} = -16.57\text{MPa}$

$\sigma_{avg} = \dfrac{\sigma_x + \sigma_y}{2} = \dfrac{-78.51+0}{2} = -39.26\text{MPa}$

参考点 A 和圆心 C 的坐标为

$A(-78.51, -16.57)$ $C(-39.26, 0)$

$R = CA = \sqrt{[-78.51 - (-39.26)]^2 + (-16.57)^2}$

$= 42.61\text{MPa}$

$\tau_{\max\ \text{面内}} = |R| = 42.6\text{MPa}$ *Ans.*

第 15 章

F15-1 $V_{\max} = 12\text{kN}, M_{\max} = 18\text{kN}\cdot\text{m}$

$\sigma_{allow} = \dfrac{M_{\max}c}{I}; 10(10^6) = \dfrac{18(10^3)(a)}{\dfrac{2}{3}a^4}$

$a = 0.1392\text{m} = 139.2\text{mm}$

采用 $a = 140\text{mm}$ *Ans.*

$I = \dfrac{2}{3}(0.14^4) = 0.2561(10^{-3})\text{m}^4$

$Q_{\max} = \dfrac{0.14}{2}(0.14)(0.14) = 1.372(10^{-3})\text{m}^3$

$\tau_{\max} = \dfrac{V_{\max}Q_{\max}}{It} = \dfrac{12(10^3)[1.372(10^{-3})]}{[0.2561(10^{-3})](0.14)}$

$= 0.459\text{MPa} < \tau_{allow} = 1\text{MPa}(OK)$

F15-2 $V_{\max} = 3\text{kip}, M_{\max} = 12\text{kip}\cdot\text{ft}$

$I = \dfrac{\pi}{4}\left(\dfrac{d}{2}\right)^4 = \dfrac{\pi d^4}{64}$

$\sigma_{allow} = \dfrac{M_{\max}c}{I}; 20 = \dfrac{12(12)\left(\dfrac{d}{2}\right)}{\dfrac{\pi d^4}{64}}$

$d = 4.19\text{in}$

采用 $d = 4\dfrac{1}{4}\text{in}$ *Ans.*

$I = \dfrac{\pi}{64}(4.25^4) = 16.015\text{in}^4$

附录

$$Q_{max} = \frac{4(4.25/2)}{3\pi}\left[\frac{1}{2}\left(\frac{\pi}{4}\right)(4.25^2)\right] = 6.397 \text{in}^3$$

$$\tau_{max} = \frac{V_{max}Q_{max}}{It} = \frac{3(6.397)}{16.015(4.25)}$$

$$= 0.282 \text{ksi} < \tau_{allow} = 10 \text{ksi} \text{ （好）}$$

F15-3　$V_{max} = 10 \text{kN}, M_{max} = 5 \text{kN} \cdot \text{m}$

$$I = \frac{1}{12}(a)(2a)^3 = \frac{2}{3}a^4$$

$$\sigma_{allow} = \frac{M_{max}c}{I}; 12(10^6) = \frac{5(10^3)(a)}{\frac{2}{3}a^4}$$

$a = 0.0855 \text{m} = 85.5 \text{mm}$

采用 $a = 86 \text{mm}$ 　　　　　　　　　　　　　　*Ans.*

$$I = \frac{2}{3}(0.086^4) = 36.4672(10^{-6}) \text{m}^4$$

$$Q_{max} = \frac{0.086}{2}(0.086)(0.086)$$

$$= 0.318028 \ (10^{-3}) \ \text{m}^3$$

$$\tau_{max} = \frac{V_{max}Q_{max}}{It} = \frac{10(10^3)[0.318028(10^{-3})]}{[36.4672(10^{-6})](0.086)}$$

$$= 1.01 \text{MPa} < \tau_{allow} = 1.5 \text{MPa} \text{ （好）}$$

F15-4　$V_{max} = 4.5 \text{kip}, M_{max} = 6.75 \text{kip} \cdot \text{ft}$

$$I = \frac{1}{12}(4)(h^3) = \frac{h^3}{3}$$

$$\sigma_{allow} = \frac{M_{max}c}{I}; 2 = \frac{6.75(12)\left(\frac{h}{2}\right)}{\frac{h^3}{3}}$$

$h = 7.794 \text{in}$

$$Q_{max} = y'A' = \frac{h}{4}\left(\frac{h}{2}\right)(4) = \frac{h^2}{2}$$

$$\sigma_{max} = \frac{V_{max}Q_{max}}{It}; 0.2 = \frac{4.5\left(\frac{h^2}{2}\right)}{\frac{h^3}{3}(4)}$$

$h = 8.4375 \text{in}$（控制）

选取 $h = 8\frac{1}{2}\text{in}$. 　　　　　　　　　　　　*Ans.*

F15-5　$V_{max} = 25 \text{kN}, M_{max} = 20 \text{kN} \cdot \text{m}$

$$I = \frac{1}{12}(b)(3b)^3 = 2.25b^4$$

$$\sigma_{allow} = \frac{M_{max}c}{I}; 12(10^6) = \frac{20(10^3)(1.5b)}{2.25b^4}$$

$b = 0.1036 \text{m} = 103.6 \text{mm}$

选取 $b = 104 \text{mm}$ 　　　　　　　　　　　　　*Ans.*

$$I = 2.25(0.104^4) = 0.2632(10^{-3}) \text{ m}^4$$

$$Q_{max} = 0.75(0.104)[1.5(0.104)(0.104)]$$

$$= 1.2655(10^{-3}) \text{ m}^3$$

$$\tau_{max} = \frac{V_{max}Q_{max}}{It} = \frac{25(10^3)[1.2655(10^{-3})]}{[0.2632(10^{-3})](0.104)}$$

$$= 1.156 \text{MPa} < \tau_{allow} = 1.5 \text{MPa} \text{（好）}$$

F15-6　$V_{max} = 150 \text{kN}, M_{max} = 150 \text{kN} \cdot \text{m}$

$$S_{req'd} = \frac{M_{max}}{\sigma_{allow}} = \frac{150(10^3)}{150(10^6)} = 0.001 \text{m}^3 = 1000(10^3) \text{mm}^3$$

选取 W410×67 $[S_x = 1200(10^3) \text{mm}^3, d = 410 \text{mm},$

$t_w = 8.76 \text{mm}]$。　　　　　　　　　　　　　　*Ans.*

$$\tau_{max} = \frac{V}{t_w d} = \frac{150(10^3)}{0.00876(0.41)}$$

$$= 41.76 \text{MPa} < \tau_{allow} = 75 \text{MPa} \text{ （好）}$$

第 16 章

F16-1　$\zeta + \sum M_O = 0; M(x) = 30 \text{kN} \cdot \text{m}$

$$EI\frac{d^2v}{dx^2} = 30$$

$$EI\frac{dv}{dx} = 30x + C_1$$

$$EIv = 15x^2 + C_1 x + C_2$$

在 $x = 3 \text{m}$ 处，$\frac{dv}{dx} = 0$。

$C_1 = -90 \text{kN} \cdot \text{m}^2$

在 $x = 3 \text{m}$ 处，$v = 0$。

$C_2 = 135 \text{kN} \cdot \text{m}^3$

$$\frac{dv}{dx} = \frac{1}{EI}(30x - 90)$$

$$v = \frac{1}{EI}(15x^2 - 90x + 135)$$

对于 A 端，$x = 0$

$$\theta_A = \frac{dv}{dx}\bigg|_{x=0} = -\frac{90(10^3)}{200(10^9)[65.0(10^{-6})]} = -0.00692 \text{rad}$$

　　　　　　　　　　　　　　　　　　　　　　Ans.

$$v_A = v|_{x=0} = \frac{135(10^3)}{200(10^9)[65.0(10^{-6})]} = 0.01038 \text{m} = 10.4 \text{mm}$$

　　　　　　　　　　　　　　　　　　　　　　Ans.

F16-2　$\zeta + \sum M_O = 0; M(x) = (-10x - 10) \text{kN} \cdot \text{m}$

$$EI\frac{\mathrm{d}^2x}{\mathrm{d}x^2}=-10x-10$$

$$EI\frac{\mathrm{d}v}{\mathrm{d}x}=5x^2-10x+C_1$$

$$EIv=-\frac{5}{3}x^3-5x^2+C_1x+C_2$$

在 $x=3\mathrm{m}$ 处, $\frac{\mathrm{d}v}{\mathrm{d}x}=0$。

$$EI(0)=-5(3^2)-10(3)+C_1,C_1=75\mathrm{kN\cdot m^2}$$

在 $x=3\mathrm{m}$ 处, $v=0$。

$$EI(0)=-\frac{5}{3}(3^3)-5(3^2)+75(3)+C_2,C_2=-135\mathrm{kN\cdot m^3}$$

$$\frac{\mathrm{d}v}{\mathrm{d}x}=\frac{1}{EI}(-5x^2-10x+75)$$

$$v=\frac{1}{EI}\left(-\frac{5}{3}x^3-5x^2+75x-135\right)$$

对于 A 端, $x=0$

$$\theta_A=\frac{\mathrm{d}v}{\mathrm{d}x}\bigg|_{x=0}=\frac{1}{EI}[-5(0)-10(0)+75]$$

$$=\frac{75(10^3)}{200(10^9)[65.0(10^{-6})]}=0.00577\mathrm{rad}\qquad Ans.$$

$$v_A=v|_{x=0}=\frac{1}{EI}\left[-\frac{5}{3}(0^3)-5(0^2)+75(0)-135\right]$$

$$=-\frac{135(10^3)}{200(10^9)[65.0(10^{-6})]}=-0.01038\mathrm{m}=-10.4\mathrm{mm}$$

$$Ans.$$

F16-3 $\zeta+\sum M_O=0;M(x)=\left(-\frac{3}{2}x^2-10x\right)\mathrm{kN\cdot m}$

$$EI\frac{\mathrm{d}^2x}{\mathrm{d}x^2}=-\frac{3}{2}x^2-10x$$

$$EI\frac{\mathrm{d}v}{\mathrm{d}x}=-\frac{1}{2}x^3-5x^2+C_1$$

在 $x=3\mathrm{m}$ 处, $\frac{\mathrm{d}v}{\mathrm{d}x}=0$。

$$EI(0)=-\frac{1}{2}(3^3)-5(3^2)+C_1,C_1=58.5\mathrm{kN\cdot m^2}$$

$$\frac{\mathrm{d}v}{\mathrm{d}x}=\frac{1}{EI}\left(-\frac{1}{2}x^3-5x^2+58.5\right)$$

对于 A 端, $x=0$

$$\theta_A=\frac{\mathrm{d}v}{\mathrm{d}x}\bigg|_{x=0}=\frac{58.5(10^3)}{200(10^9)[65.0(10^{-6})]}=0.0045\mathrm{rad}$$

$$Ans.$$

F16-4 $A_y=600\mathrm{lb}$

$\zeta+\sum M_O=0;M(x)=(600x-50x^2)\mathrm{lb\cdot ft}$

$$EI\frac{\mathrm{d}^2x}{\mathrm{d}x^2}=600x-50x^2$$

$$EI\frac{\mathrm{d}v}{\mathrm{d}x}=300x^2-16.667x^3+C_1$$

$$EIv=100x^3-4.1667x^4+C_1x+C_2$$

在 $x=0$ 处, $v=0$。

$$EI(0)=100(0^3)-4.1667(0^4)+C_1(0)+C_2,C_2=0$$

在 $x=12\mathrm{ft}$ 处, $v=0$。

$$EI(0)=100(12^3)-4.1667(12^4)+C_1(12),$$

$$C_1=-7200\mathrm{lb\cdot ft^2}$$

$$\frac{\mathrm{d}v}{\mathrm{d}x}=\frac{1}{EI}(300x^2-16.667x^3-7200)$$

$$v=\frac{1}{EI}(100x^3-4.1667x^4-7200x)$$

令 $\frac{\mathrm{d}v}{\mathrm{d}x}=0$ 得 $v_{\max}$。

$$300x^2-16.667x^3-7200=0$$

$$x=6\mathrm{ft}\qquad\qquad Ans.$$

$$v=\frac{1}{EI}[100(6^3)-4.1667(6^4)-7200(6)]$$

$$=\frac{-27000(12\mathrm{in/ft})^3}{1.5(10^6)\left[\frac{1}{12}(3)(6^3)\right]}$$

$$=-0.576\mathrm{in}\qquad\qquad Ans.$$

F16-5 $\zeta+\sum M_O=0;M(x)=(40-5x)\mathrm{kN\cdot m}$

$$EI\frac{\mathrm{d}^2x}{\mathrm{d}x^2}=40-5x$$

$$EI\frac{\mathrm{d}v}{\mathrm{d}x}=40x-2.5x^2+C_1$$

$$EIv=20x^2-0.8333x^3+C_1x+C_2$$

在 $x=0$ 处, $v=0$。

$$EI(0)=20(0^2)-0.8333(0^3)+C_1(0)+C_2\qquad C_2=0$$

在 $x=6\mathrm{m}$ 处, $v=0$。

$$EI(0)=20(6^2)-0.8333(6^3)+C_1(6)+0$$

$$C_1=-90\mathrm{kN\cdot m^2}$$

$$\frac{\mathrm{d}v}{\mathrm{d}x}=\frac{1}{EI}(40x-2.5x^2-90)$$

$$v=\frac{1}{EI}(20x^2-0.8333x^3-90x)$$

令 $\dfrac{\mathrm{d}v}{\mathrm{d}x}=0$ 得 $v_{\max}$。

$40x-2.5x^2-90=0$

$x=2.7085\mathrm{m}$

$v=\dfrac{1}{EI}\left[20(2.7085^2)-0.83333(2.7085^3)-90(2.7085)\right]$

$\quad=\dfrac{113.60(10^3)}{200(10^9)\left[39.9(10^{-6})\right]}=-0.01424\mathrm{m}=-14.2\mathrm{mm}$

Ans.

F16-6 $\quad \circlearrowleft\ +\sum M_O=0;M(x)=(10x+10)\mathrm{kN\cdot m}$

$EI\dfrac{\mathrm{d}^2x}{\mathrm{d}x^2}=10x+10$

$EI\dfrac{\mathrm{d}v}{\mathrm{d}x}=5x^2+10x+C_1$

根据对称，$x=3\mathrm{m}$ 处，$\dfrac{\mathrm{d}v}{\mathrm{d}x}=0$

$EI(0)=5(3^2)+10(3)+C_1,\ C_1=-75\mathrm{kN\cdot m^2}$

$\dfrac{\mathrm{d}v}{\mathrm{d}x}=\dfrac{1}{EI}\left[5x^2+10x-75\right]$

在 $x=0$ 处，

$\dfrac{\mathrm{d}v}{\mathrm{d}x}=\dfrac{-75(10^3)}{200(10^9)(39.9(10^{-6}))}=-9.40(10^{-3})\mathrm{rad}$ *Ans.*

F16-7 $\quad(v_B)_1=\dfrac{Px^2}{6EI}(3L-x)=\dfrac{40(4^2)}{6EI}\left[3(6)-4\right]=\dfrac{1493.33}{EI}\downarrow$

$(v_B)_2=\dfrac{PL^3}{3EI}=\dfrac{B_y(4^3)}{3EI}=\dfrac{21.33B_y}{EI}\uparrow$

$(+\uparrow)v_B=0=(v_B)_1+(v_B)_2$

$0=-\dfrac{1493.33}{EI}+\dfrac{21.33B_y}{EI}$

$B_y=70\mathrm{kN}$ *Ans.*

$+\sum F_x=0;A_x=0$ *Ans.*

$+\uparrow\ \sum F_y=0;70-40-A_y=0,A_y=30\mathrm{kN}$ *Ans.*

$\circlearrowleft\ +\sum M_A=0;70(4)-40(6)-M_A=0$

$M_A=40\mathrm{kN\cdot m}$ *Ans.*

F16-8 参照挠度表，将载荷看作一个均匀载荷减掉一个三角形载荷

$(v_B)_1=\dfrac{w_0L^4}{8EI}\downarrow,\ (v_B)_2=\dfrac{w_0L^4}{30EI}\uparrow,\ (v_B)_3=\dfrac{B_yL^3}{3EI}\uparrow$

$(+\uparrow)v_B=0=(v_B)_1+(v_B)_2+(v_B)_3$

$0=-\dfrac{w_0L^4}{8EI}+\dfrac{w_0L^4}{30EI}+\dfrac{B_yL^3}{3EI}$

$B_y=\dfrac{11w_0L}{40}$ *Ans.*

$+\sum F_x=0;A_x=0$ *Ans.*

$+\uparrow\ \sum F_y=0;A_y+\dfrac{11w_0L}{40}-\dfrac{1}{2}w_0L=0$

$Ay=\dfrac{9w_0L}{40}$ *Ans.*

$\circlearrowleft\ +\sum M_A=0;M_A+\dfrac{11w_0L}{40}(L)-\dfrac{1}{2}w_0L\left(\dfrac{2}{3}L\right)=0$

$M_A=\dfrac{7w0L^2}{120}$ *Ans.*

F16-9 $\quad(v_B)_1=\dfrac{wL^4}{8EI}=\dfrac{\left[10(10^3)\right](6^4)}{8\left[200(10^9)\right]\left[65.0(10^{-6})\right]}=0.12461\mathrm{m}\downarrow$

$(v_B)_2=\dfrac{B_yL^3}{3EI}=\dfrac{B_y(6^3)}{3\left[200(10^9)\right]\left[65.0(10^{-6})\right]}=5.5385$

$(10^{-6})B_y\uparrow$

$(+\downarrow)v_B=(v_B)_1+(v_B)_2$

$0.002=0.12461-5.5385(10^{-6})B_y$

$B_y=22.14(10^3)\mathrm{N}=22.1\mathrm{kN}$ *Ans.*

$+\sum F_x=0;A_x=0$ *Ans.*

$+\uparrow\ \sum F_y=0;A_y+22.14-10(6)=0,A_y=37.9\mathrm{kN}$ *Ans.*

$\circlearrowleft\ +\sum M_A=0;M_A+22.14(6)-10(6)(3)=0$

$\qquad\qquad M_A=47.2\mathrm{kN\cdot m}$ *Ans.*

F16-10 $\quad(v_B)_1=\dfrac{M_0L}{6EI(2L)}\left[(2L)^2-L^2\right]=\dfrac{M_0L^2}{4EI}\downarrow$

$(v_B)_2=\dfrac{B_y(2L)^3}{48EI}=\dfrac{B_yL^3}{6EI}\uparrow$

$(+\uparrow)v_B=0=(v_B)_1+(v_B)_2$

$0=-\dfrac{M_0L^2}{4EI}+\dfrac{B_yL^3}{6EI}$

$B_y=\dfrac{3M_0}{2L}$ *Ans.*

F16-11 $\quad(v_B)_1=\dfrac{Pbx}{6EIL}(L^2-b^2-x^2)=\dfrac{50(4)(6)}{6EI(12)}(12^2-4^2-6^2)$

$\qquad=\dfrac{1533.3\mathrm{kN\cdot m^3}}{EI}\uparrow$

$(v_B)_2=\dfrac{B_yL^3}{48EI}=\dfrac{B_y(12^3)}{48EI}=\dfrac{36B_y}{EI}\uparrow$

$(+\uparrow)v_B=0=(v_B)_1+(v_B)_2$

$0=-\dfrac{1533.3\mathrm{kN\cdot m^3}}{EI}+\dfrac{36B_y}{EI}$

$B_y = 42.6\text{kN}$　　　　　　　　　　*Ans.*

F16-12　$(v_B)_1 = \dfrac{5wL^4}{384EI} = \dfrac{5[10(10^3)](12^4)}{384[200(10^9)][65.0(10^{-6})]} =$

$0.20769\downarrow$

　　　$(v_B)_2 = \dfrac{B_yL^3}{48EI} = \dfrac{B_y(12^3)}{48[200(10^9)][65.0(10^{-6})]} =$

$2.7692(10^{-6})B_y\uparrow$

　　　$(+\uparrow)\,v_B = (v_B)_1 + (v_B)_2$

　　　$0.005 = 0.20769 - 2.7692(10^{-6})B_y$

　　　$B_y = 73.19(10^3)\text{N} = 73.2\text{kN}$　　　*Ans.*

第 17 章

F17-1　$P = \dfrac{\pi^2EI}{(KL)^2} = \dfrac{\pi^2(29(10^3))\left(\dfrac{\pi}{4}(0.5)^4\right)}{[0.5(50)]^2} = 22.5\text{kip}$

　　　　　　　　　　　　　　　　Ans.

　　　$\sigma = \dfrac{P}{A} = \dfrac{22.5}{\pi(0.5)^2} = 28.6\text{ksi} < \sigma_Y(好)$

F17-2　$P = \dfrac{\pi^2EI}{(KL)^2} = \dfrac{\pi^2(1.6)(10^3)\left[\dfrac{1}{12}(4)(2)^3\right]}{[1(12)(12)]^2}$

　　　　$= 2.03\text{kip}$　　　　　　　　*Ans.*

F17-3　关于 x 轴的屈曲：$K_x = 1$，$L_x = 12\text{m}$。

　　　$P_{cr} = \dfrac{\pi^2EI_x}{(K_xL_x)^2} = \dfrac{\pi^2[200(10^9)][87.3(10^{-6})]}{[1(12)]^2}$

　　　　$= 1.197(10^6)\text{N}$

　　　关于 y 轴的屈曲 $L = 6\text{m}$，$K_y = 1$

　　　$P_{cr} = \dfrac{\pi^2EI_y}{(K_yL_y)^2} = \dfrac{\pi^2[200(10^9)][18.8(10^{-6})]}{[1(6)]^2}$

　　　　$= 1.031(10^6)\text{N}$（控制）

　　　$P_{allow} = \dfrac{P_{cr}}{\text{F.S.}} = \dfrac{1.031(10^6)}{2} = 515\text{kN}$　　*Ans.*

　　　$\sigma_{cr} = \dfrac{P_{cr}}{A} = \dfrac{1.031(10^6)}{7.4(10^{-3})} = 139.30\text{MPa} < \sigma_Y$

　　　　$= 250\text{MPa}(好)$

F17-4　$A = \pi((0.025)^2 - (0.015)^2) = 1.257(10^{-3})\text{m}^2$

　　　$I = \dfrac{1}{4}\pi((0.025)^4 - (0.015)^4) = 267.04(10^{-9})\text{m}^4$

$P = \dfrac{\pi^2EI}{(KL)^2} = \dfrac{\pi^2(200(10^9))(267.04)(10^{-9})}{[0.5(5)]^2} = 84.3\text{kN}$

　　　　　　　　　　　　　　　　Ans.

　　　$\sigma = \dfrac{P}{A} = \dfrac{84.3(10^3)}{1.257(10^{-3})} = 67.1\text{MPa} < 250\text{MPa}(好)$

F17-5　$+\uparrow \sum F_y = 0; F_{AB}\left(\dfrac{3}{5}\right) - P = 0, F_{AB} = 1.6667P(T)$

　　　$\xrightarrow{+}\sum F_x = 0; 1.6667P\left(\dfrac{4}{5}\right) - F_{AC} = 0$

　　　$F_{AC} = 1.3333P(C)$

　　　$A = \dfrac{\pi}{4}(2^2) = \pi\text{in}^2$　$I = \dfrac{\pi}{4}(1^4) = \dfrac{\pi}{4}\text{in}^4$

　　　$P_{cr} = F_{AC}(\text{F.S.}) = 1.3333P(2) = 2.6667P$

　　　$P_{cr} = \dfrac{\pi^2EI}{(KL)^2}$

　　　$2.6667P = \dfrac{\pi^2[29(10^3)]\left[\dfrac{\pi}{4}\right]}{[1(4)(12)]^2}$

　　　$P = 36.59\text{kip} = 36.6\text{kip}$　　　　*Ans.*

　　　$\sigma_{cr} = \dfrac{P_{cr}}{A} = \dfrac{2.6667(36.59)}{\pi} = 31.06\text{ksi} < \sigma_Y = 36\text{ksi}$

（好）

F17-6　$\zeta + \sum M_A = 0; w(6)(3) - F_{BC}(6) = 0, F_{BC}$
　　　$= 3w$

　　　$A = \dfrac{\pi}{4}(0.05^2) = 0.625(10^{-3})\pi\text{m}^2, I = \dfrac{\pi}{4}(0.025^4)$

　　　　　　　　　　$= 97.65625$

$(10^{-9})\pi\text{m}^4$

　　　$P_{cr} = F_{BC}(\text{F.S.}) = 3w(2) = 6w$

　　　$P_{cr} = \dfrac{\pi^2EI}{(KL)^2}$

　　　$6w = \dfrac{\pi^2[200(10^9)][97.65625(10^{-9})\pi]}{[1(3)]^2}$

　　　$w = 11.215(10^3)\text{N/m} = 11.2\text{kN/m}$　　*Ans.*

　　　$\sigma_{cr} = \dfrac{P_{cr}}{A} = \dfrac{6[11.215(10^3)]}{0.625(10^{-3})\pi} = 34.27\text{MPa} < \sigma_Y$

$= 250\text{MPa}$

习题答案

第 1 章

1-1　a. 58.3km

　　b. 68.5s

　　c. 2.55kN

　　d. 7.56Mg

1-2　2.42Mg/m^3

1-3　a. GN/s

　　b. Gg/N

　　c. GN/(kg·s)

1-5　a. 0.431g

　　b. 35.3kN

　　c. 5.32m

1-6　88.5km/h

　　24.6m/s

1-7　1Pa=20.9（10^{-3}）lb/ft^2

　　1ATM=101kPa

1-9　a. 3.65Gg

　　b. 35.8MN

　　c. 5.89MN

　　d. 3.65Gg

1-10　a. 8.53km/kg^2

　　b. 135m^2·kg^3

1-11　a. 0.447kg·m/N

　　b. 0.911kg·s

　　c. 18.8GN/m

1-13　a. 27.1N·m

　　b. 70.7kN/m^3

　　c. 1.27mm/s

1-14　a. 0.185Mg^2

　　b. 4μg^2

　　c. 0.0122km^3

1-15　a. 2.04g

　　b. 15.3Mg

　　c. 6.12Gg

1-17　584kg

1-18　7.41μN

1-19　1.00Mg/m^3

1-21.　a. 4.81slug

　　b. 70.2kg

　　c. 689N

　　d. 25.5lb

　　e. 70.2kg

第 2 章

2-1　$F_R=605$N

　　$\phi=85.4°$

2-2　$F_{1u}=205$N

　　$F_{1v}=160$N

2-3　$F_{2u}=376$N

　　$F_{2v}=482$N

2-5　$\dfrac{F_u}{\sin105°}=\dfrac{200}{\sin30°}$，$F_u=386$lb

　　$F_v=283$lb

2-6　$F_u=150$lb

　　$F_v=260$lb

2-7　$F_R=497$N

　　$\phi=155°$

2-9　$F_{AB}=448$N

　　$F_{AC}=366$N

2-10　$F_{AB}=314$lb

　　$F_{AC}=256$lb

2-11　$F_R=400$N

　　$\theta=60°$

2-13　$F_{2v}=77.6$N

　　$F_{2u}=150$N

2-14　$F_a=30.6$lb

　　$F_b=26.9$lb

2-15　$F=917$lb

　　$\theta=31.8°$

2-17　$\theta=54.9°$

　　$F_R=10.4$kN

2-18　$\theta=75.5°$

2-19　$\phi=\dfrac{\theta}{2}$

　　$F_R=2F\cos\left(\dfrac{\theta}{2}\right)$

2-21　$F_R=4.01$kN

$\phi = 16.2°$

2-22　$\theta = 90°$

$F_B = 1\text{kN}$

$F_R = 1.73\text{kN}$

2-23　$\theta = 36.9°$

$F_R = 920\text{N}$

2-25　$F_{R1} = 264.6\text{lb}$, $\theta = 10.9°$

$F_{min} = 235\text{lb}$

2-26　$F_x = 514\text{lb}$,

$F_y = -613\text{lb}$

2-27　$\boldsymbol{F}_1 = (900\boldsymbol{i})$ N

$\boldsymbol{F}_2 = (530\boldsymbol{i} + 530\boldsymbol{j})$ N

$\boldsymbol{F}_3 = (520\boldsymbol{i} - 390\boldsymbol{j})$ N

2-29　$\boldsymbol{F}_1 = (90\boldsymbol{i}, -120\boldsymbol{j})\text{lb}$

$\boldsymbol{F}_2 = (-275\boldsymbol{j})\text{lb}$

$\boldsymbol{F}_3 = (-37.5\boldsymbol{i}, -65.0\boldsymbol{j})\text{lb}$

$\boldsymbol{F}_R = 463\text{lb}$

2-30　$F_R = 0$

$F_1 = -417\text{N}$

2-31　$F_1 = 143\text{N}$

$F_R = 91.9\text{N}$

2-33　$F_R = 702\text{N}$

$\theta = 44.6°$

2-34　$\phi = 42.4° F_1 = 731\text{N}$

2-35　$\theta = 103°$

$F_2 = 88.1\text{lb}$

2-37　$F_R = 463\text{lb}$

$\theta = 39.6°$

2-38　$\phi = 58.2°$

$F_1 = 494\text{lb}$

2-39　$0 = F_1\sin\phi - 180 - 240$

$F_R = F_1\cos\phi + 240 - 100$

$F_1 = 420\text{lb}$

$F_R = 140\text{lb}$

2-41　$F_R = 114\text{lb}$

$\alpha = 62.1°$

$\beta = 113°$

$\gamma = 142°$

2-42　$\boldsymbol{F}_1 = (53.1\boldsymbol{i} - 44.5\boldsymbol{j} + 40\boldsymbol{k})\text{lb}$

$\alpha_1 = 48.4°$

$\beta_1 = 124°$

$\gamma_1 = 60°$

$\boldsymbol{F}_2 = (-130\boldsymbol{k})$ lb

$\alpha_2 = 90°$

$\beta_2 = 90°$

$\gamma_2 = 180°$

2-43　$\alpha = 46.1°$

$\beta = 114°$

$\gamma = 53.1°$

2-45　$F_x = -200\text{N}$

$F_y = 200\text{N}$

$F_z = 283\text{N}$

2-46　$F = 775\text{N}$

$F_y = 387\text{N}$

$\alpha = 113°$

$\gamma = 39.2°$

2-47　$\boldsymbol{F}_1 = (480\boldsymbol{i} + 360\boldsymbol{k})\text{lb}$

$\boldsymbol{F}_2 = (200\boldsymbol{i} + 283\boldsymbol{j} - 200\boldsymbol{k})$ lb

2-49　$F_1 = 87.7\text{N}$

$\alpha_1 = 46.9°$

$\beta_1 = 125°$

$\gamma_1 = 62.9°$

$F_2 = 98.6\text{N}$

$\alpha_2 = 114°$

$\beta_2 = 150°$

$\gamma_2 = 72.3°$

2-50　$\boldsymbol{F} = (217\boldsymbol{i} + 85.5\boldsymbol{j} - 91.2\boldsymbol{k})\text{lb}$

2-51　$F_3 = 166\text{N}$

$\alpha = 97.5°$

$\beta = 63.7°$

$\gamma = 27.5°$

2-53　$\beta = 45° F_R = 718\text{lb}$

$\alpha_R = 86.8°$

$\beta_R = 13.3°$

$\gamma_R = 103°$

2-54　$F = 775\text{N}$

$\alpha = 125°$, $\beta = 60.3°$, $\gamma = 48.9°$

2-55　$\beta = 120°$

$\boldsymbol{F} = (30\boldsymbol{i} - 30\boldsymbol{j} + 42.4\boldsymbol{k})\text{N}$

2-57　$F_R = 733\text{N}$

$\alpha = 53.5°$

$\beta = 65.3°$

$\gamma = 133°$

2-58 $F_2 = 363\text{N}$

$\alpha_2 = 15.8°$

$\beta_2 = 104°$

$\gamma_2 = 82.6°$

2-59 $F_2 = 180\text{N}$

$\alpha_2 = 147°$

$\beta_2 = 119°$

$\gamma_2 = 75.0°$

2-61 $\alpha = 121°$

$\gamma = 53.1°$

$F_R = 754\text{N}$

$\beta = 52.5°$

2-62 $r_{AB} = (-3i + 6j + 2k)\,\text{m}$

$r_{AB} = 7\text{m}$

2-63 $z = 5.35\text{m}$

2-65 $r_{AD} = 1.50\text{m}$

$r_{BD} = 1.50\text{m}$

$r_{CD} = 1.73\text{m}$

2-66 $x = -5.06\text{m}$

$y = 3.61\text{m}$

$z = 6.51\text{m}$

2-67 $d = 6.71\text{km}$

2-69 $F_B = (-400i - 200j + 400k)\,\text{N}$

$F_C = (-200i + 200j + 350k)\,\text{N}$

2-70 $F_R = 960\text{N}$

$\alpha = 129°$

$\beta = 90°$

$\gamma = 38.7°$

2-71 $F_R = 1.50\text{kN}$

$\alpha = 77.6°$

$\beta = 90.6°$

$\gamma = 168°$

2-73 $F_R = 110\text{lb}$

$\alpha = 35.4°$

$\beta = 68.8°$

$\gamma = 117°$

2-74 $F = (13.4i + 23.2j + 53.7k)\,\text{lb}$

2-75 $F_R = 316\text{N}$

$\alpha = 60.1°$

$\beta = 74.6°$

$\gamma = 146°$

2-77 $\dfrac{2400x}{\sqrt{x^2 + z^2 + 36}} = 46\theta$, $z = 2.20\text{m}$

$x = 1.25\text{m}$

$F_R = 3.59\text{kN}$

2-79 $\theta = 82.0°$

2-81 $r_{BC} = 5.39\text{m}$

2-82 $\theta = 70.5°$

2-83 $(F_{BC})_{pa} = 28.33\text{lb} = 28.3\text{lb}$

$(F_{BC})_{pr} = 68.0\text{lb}$

2-85 $F_{BC} = 45.2\text{N}$

2-86 $\theta = 74.4°$

$\phi = 55.4°$

2-87 $|(F_1)_{F_2}| = 5.44\text{lb}$

2-89 $F_{AC} = 366\text{lb}$

$F_{AC} = (293j + 219k)\,\text{lb}$

2-90 $(F_{BC})_\parallel = 245\text{N}$

$(F_{BC})_\perp = 316\text{N}$

2-91 $F = -300\sin30°\sin30°i + 300\cos30°j + 300\sin30°\cos30°k$

$F_x = 75\text{N}$

$F_y = 260\text{N}$

2-93 $F_\parallel = 99.1\text{N}$

$F_\perp = 592\text{N}$

2-94 $F_\parallel = 82.4\text{N}$

$F_\perp = 594\text{N}$

2-95 $[(F)_{AB}]_\parallel = 63.2\text{lb}$

$[(F)_{AB}]_\perp = 64.1\text{lb}$

2-97 $F_{1x} = 141\text{N}$

$F_{1y} = 141\text{N}$

$F_{2x} = -130\text{N}$

$F_{2y} = 75\text{N}$

2-98 $F_R = 217\text{N}$

$\theta = 87.0°$

2-99 $F_{1x} = -200\text{lb}$, $F_{1y} = 0$

$F_{2x} = 320\text{lb}$, $F_{2y} = -240\text{lb}$

$F_{3x} = 180\text{lb}$, $F_{3y} = 240\text{lb}$

$F_{4x} = -300\text{lb}$, $F_{4y} = 0$

2-101　$F_R = 178\text{N}$

$\theta = 85.2°$

2-102　$\dfrac{250}{\sin 120°} = \dfrac{F_\mu}{\sin 40°}$, $F_u = 186\text{N}$

$F_\nu = 98.7\text{N}$

2-103　$F_R = 60.3\text{kN}$

$\phi = 15.0°$

第3章

3-1　$\boldsymbol{A} \times (\boldsymbol{B}+\boldsymbol{D}) = \boldsymbol{A} \times \boldsymbol{B} + \boldsymbol{A} \times \boldsymbol{D}$

$\boldsymbol{A} = A_x\boldsymbol{i} + A_y\boldsymbol{j} + A_z\boldsymbol{k}$

$\boldsymbol{B} = B_x\boldsymbol{i} + B_y\boldsymbol{j} + B_z\boldsymbol{k}$

$\boldsymbol{D} = D_x\boldsymbol{i} + D_y\boldsymbol{j} + D_z\boldsymbol{k}$

$= (\boldsymbol{A} \times \boldsymbol{B}) + (\boldsymbol{A} \times \boldsymbol{D})$

3-2　体积 $= |\boldsymbol{A} \cdot \boldsymbol{B} \times \boldsymbol{C}|$

因为 $|\boldsymbol{A} \cdot \boldsymbol{B} \times \boldsymbol{C}|$ 表示相同的体积，故

$\boldsymbol{A} \cdot \boldsymbol{B} \times \boldsymbol{C} = \boldsymbol{A} \times \boldsymbol{B} \cdot \boldsymbol{C}$ （QED）

于是，$LHS = RHS$

$\boldsymbol{A} \cdot \boldsymbol{B} \times \boldsymbol{C} = \boldsymbol{A} \times \boldsymbol{B} \cdot \boldsymbol{C}$ （QED）

3-3　如果 $\boldsymbol{A} \times (\boldsymbol{B} \times \boldsymbol{C}) = 0$，故体积等于零，因此 A、B 和 C 共面。

3-5　$(M_{F_1})_B = 4.125\text{kip} \cdot \text{ft}$ （逆时针方向）

$(M_{F_2})_B = 2.00\text{kip} \cdot \text{ft}$ （逆时针方向）

$(M_{F_3})_B = 40.0\text{lb} \cdot \text{ft}$ （逆时针方向）

3-6　$M_A = 7.21\text{kN} \cdot \text{m}$ ↻

3-7　$\theta = 64.0°$

3-9　$\zeta + M_B = 150\text{N} \cdot \text{m}$ ↻

$\zeta + M_B = 600\text{N} \cdot \text{m}$ ↻

$M_B = 0$

3-10　$M_O = 120\text{N} \cdot \text{m}$ ↻

$M_O = 520\text{N} \cdot \text{m}$ ↻

3-11　$(M_R)_A = 2.08\text{kN} \cdot \text{m}$ （逆时针方向）

3-13　$M_A = 400\sqrt{(3)^2 + (2)^2}$

$M_A = 1.44\text{kN} \cdot \text{m}$ ↻

$\theta = 56.3°$

3-14　$\zeta + M_A = 1200\sin\theta + 800\cos\theta$

$M_{max} = 1.44\text{kN} \cdot \text{m}$ ↻

$\theta_{max} = 56.3°$

3-15　$M_{min} = 0$

$\theta_{min} = 146°$

3-17　$F_A = 28.9\text{lb}$

3-18　$\zeta + M_A = 0.418\text{N} \cdot \text{m}$ （逆时针方向）

$\zeta + M_B = 4.92\text{N} \cdot \text{m}$ （顺时针方向）

3-19　$(M_R)_A = 76.0\text{kN} \cdot \text{m}$ （逆时针方向）

3-21　$\zeta + (M_O)_{max} = 80\text{kN} \cdot \text{m}$ ↻

$x = 24.0\text{m}$

3-22　↻ $+ (M_O)_{max} = 80.0\text{kN} \cdot \text{m}$

$\theta = 33.6°$

3-23　$M_A = 13.0\text{N} \cdot \text{m}$

$F = 35.2\text{N}$

3-25　$F = 27.6\text{lb}$

3-26　$M_A = 100\text{N} \cdot \text{m}$ （顺时针方向）

3-27　$\zeta + (M_R)_A = 402\text{mm}$

3-29　$\boldsymbol{M}_O = \boldsymbol{r}_{OA} \times \boldsymbol{F}_1 = (110\boldsymbol{i} - 50\boldsymbol{j} + 90\boldsymbol{k})\text{lb} \cdot \text{ft}$

3-30　$\boldsymbol{M}_O = (90\boldsymbol{i} - 130\boldsymbol{j} - 60\boldsymbol{k})\text{lb} \cdot \text{ft}$

3-31　$(\boldsymbol{M}_R)_O = (200\boldsymbol{i} - 180\boldsymbol{j} + 30\boldsymbol{k})\text{lb} \cdot \text{ft}$

3-33　$\boldsymbol{M}_O = \boldsymbol{r}_{OA} \times \boldsymbol{F}_C = (1080\boldsymbol{i} + 720\boldsymbol{j})\text{N} \cdot \text{m}$

3-34　$\boldsymbol{M}_O = (-720\boldsymbol{i} + 720\boldsymbol{j})\text{N} \cdot \text{m}$

3-35　$(\boldsymbol{M}_A)_O = (-18\boldsymbol{i} + 9\boldsymbol{j} - 3\boldsymbol{k})\text{N} \cdot \text{m}$

$(\boldsymbol{M}_B)_O = (18\boldsymbol{i} + 7.5\boldsymbol{j} + 30\boldsymbol{k})\text{N} \cdot \text{m}$

3-37　$\boldsymbol{M}_A = \boldsymbol{r}_{AC} \times \boldsymbol{F}$

$= (-5.39\boldsymbol{i} + 13.1\boldsymbol{j} + 11.4\boldsymbol{k})\text{N} \cdot \text{m}$

3-38　$\boldsymbol{M}_B = (10.6\boldsymbol{i} + 13.1\boldsymbol{j} + 29.2\boldsymbol{k})\text{N} \cdot \text{m}$

3-39　$F = 27.6\text{lb}$

3-41　$F = 18.6\text{lb}$

3-42　$\theta_{max} = 90°$

$\theta_{min} = 0$, $180°$

3-43　$M = 151\text{lb} \cdot \text{in.}$

3-45　$M_x = 44.4\text{lb} \cdot \text{ft}$

3-46　$M_x = 15.0\text{lb} \cdot \text{ft}$

$M_y = 4.00\text{lb} \cdot \text{ft}$

$M_z = 36.0\text{lb} \cdot \text{ft}$

3-47　$\boldsymbol{M}_{AC} = (11.5\boldsymbol{i} + 8.64\boldsymbol{j})\text{lb} \cdot \text{ft}$

3-49　$M_a = 4.37\text{N} \cdot \text{m}$

$\alpha = 33.7°$

$\beta = 90°$

$\gamma = 56.3°$

$M = 5.41\text{N} \cdot \text{m}$

3-50　$F_{AB} = 274\text{lb}$, $F_{AC} = 295\text{lb}$

$F_{AD} = 547\text{lb}$

3-51　$F_{AD} = 557\text{lb}$

　　　$W = 407\text{lb}$

3-53　$M_{CD} = u_{CD} \cdot r_{CA} \times F$

　　　　　$= u_{CD} \cdot r_{DB} \times F = -432\text{lb} \cdot \text{ft}$

3-54　$F = 162\text{lb}$

3-55　$F = 133\text{N}$

　　　$P = 800\text{N}$

3-57　$F = 625\text{N}$

3-58　$\zeta + (M_R)_C = 435\text{lb} \cdot \text{ft}$ ↻

3-59　$F = 139\text{lb}$

3-61　$M_C = 22.5\text{N} \cdot \text{m}$ ↻

3-62　$F = 83.3\text{N}$

3-63　$F = 194\text{lb}$

3-65　$F = 221\text{lb}$

3-66　$(M_c)_R = 5.20\text{kN} \cdot \text{m}$ （顺时针方向）

3-67　$F = 14.2\text{kN} \cdot \text{m}$

3-69　$d = 342\text{mm}$

3-70　$M_C = (-5i + 8.75j)\ \text{N} \cdot \text{m}$

3-71　$F = \dfrac{400}{\sqrt{(-0.2)^2 + (0.35)^2}} = 992\text{N}$

3-73　$F_2 = 112\text{N}$

　　　$F_1 = 87.2\text{N}$

　　　$F_3 = 100\text{N}$

3-74　$F_R = 416\text{lb}$

　　　$\theta = 35.2°$ ↗

　　　$(M_R)_A = 1.48\text{kip} \cdot \text{ft}$ （顺时针方向）

3-75　$F_R = 2.10\text{kN}$

　　　$\theta = 81.6°$ ↗

　　　$M_O = 10.6\text{kN} \cdot \text{m}$ ↻

3-77　$F_R = 29.9\text{lb}$

　　　$\theta = 78.4°$ ↗

　　　$M_{R_O} = 214\text{lb} \cdot \text{in}$ ↻

3-78　$F_R = 26.4\text{lb}$

　　　$\theta = 85.7°$ ↗

　　　$M_{R_O} = 205\text{lb} \cdot \text{in}$ ↻

3-79　$F_R = \sqrt{533.01^2 + 100^2} = 542\text{N}$

　　　$\theta = 10.6°$ ↘

　　　$(M_R)_A = 441\text{N} \cdot \text{m}$ ↻

3-81　$F_R = 8.27\text{kN}$

$\theta = 69.9°$ ↖

　　　$(M_R)_A = 9.77\text{kN} \cdot \text{m}$ （顺时针方向）

3-82　$F_R = 650\text{N}$

　　　$\theta = 72.0°$ ↘

3-83　$F_R = (2i - 10k)\text{kN}$

　　　$(M_R)_O = (-6i + 12j)\text{kN} \cdot \text{m}$

3-85　$F_R = (6j - 1j - 14k)\text{N}$

　　　$M_{R_O} = (1.30i + 3.30j - 0.450k)\text{N} \cdot \text{m}$

3-86　$F_R = (-40j - 40k)\text{N}$

　　　$M_{RA} = (-12j + 12k)\ \text{N} \cdot \text{m}$

3-87　$F_2 = (-1.768i + 3.062j + 3.536k)\text{kN}$

　　　$F_R = (0.232i + 5.06j + 12.4k)\ \text{kN}$

　　　$M_{R_O} = r_1 \times F_1 + r_2 \times F_2$

　　　　　$= (36.0i - 26.1j + 12.2k)\text{kN} \cdot \text{m}$

3-89　$F = 798\text{lb}$

　　　$\theta = 67.9°$ ↗

　　　$x = 6.57\text{ft}$

3-90　$F_R = 4.50\text{kN}$

　　　$d = 2.22\text{m}$

3-91　$F_R = 462\text{lb}$

　　　$\theta = 39.1°$ ↗

　　　$d = 3.07\text{ft}$

3-93　$F = 1302\text{N}$

　　　$\theta = 84.5$ ↗

　　　$x = 1.36\text{m}$ （朝右）

3-94　$F = 922\text{lb}$

　　　$\theta = 77.5°$ ↗

　　　$x = 3.56\text{ft}$

3-95　$F_R = 991\text{N}$

　　　$\theta = 1.78\text{m}$

3-97　$F_R = 65.9\text{lb}$

　　　$\theta = 49.8°$ ↖

　　　$d = 2.10\text{ft}$

3-98　$F_R = 65.9\text{lb}$

　　　$\theta = 49.8°$ ↖

　　　$d = 4.62\text{ft}$

3-99　$F_R = 140\text{kN}$

　　　$y = 7.14\text{m}$

　　　$x = 5.71\text{m}$

3-101　$F_C = 600\text{N}$, $F_D = 500\text{N}$

3-102　$F_R = 700$lb

　　　　$z = 0.447$ft

　　　　$x = -0.117$ft

3-103　$0 = 200(1.5\cos45°) - F_B(1.5\cos30°)$

　　　　$F_B = 163$lb

　　　　$F_C = 223$lb

3-105　$F_A = 30$kN，$F_B = 20$kN，$F_R = 190$kN

3-106　$F_R = -10$kN

　　　　$z = 1.40$m

　　　　$x = 1.00$m

3-107　$\boldsymbol{M}_A = (-59.7\boldsymbol{i} - 159\boldsymbol{k})$N·m

3-109　$\boldsymbol{M}_{CR} = (63.6\boldsymbol{i} - 170\boldsymbol{j} + 264\boldsymbol{k})$N·m

3-110　$\alpha = 109°$或$70.8°$

　　　　$\beta = 140°$或$39.8°$

　　　　$\gamma = 123°$或$56.7°$

3-111　$\boldsymbol{M}_O = \boldsymbol{r}_{OA} \times \boldsymbol{F} = (298\boldsymbol{i} + 15.1\boldsymbol{j} - 200\boldsymbol{k})$lb·in

3-113　$(M_R)_A = 2.09$N·m（顺时针方向）

3-114　$F = 618$N

3-115　$M_z = -4.03$N·m

　　　　$M_z = -4.03$N·m

3-117　$P = 23.8$lb

3-118　$\boldsymbol{M}_O = (-128\boldsymbol{i} + 128\boldsymbol{j} - 257\boldsymbol{k})$N·m

3-119　$\boldsymbol{M}_B = (-37.6\boldsymbol{i} + 90.7\boldsymbol{j} - 155\boldsymbol{k})$N·m

第 4 章

4-1　$F_{CA} = 80.0$N，$F_{CB} = 90.4$N

4-2　$\theta = 64.3°$

　　　$F_{CB} = 85.2$N

　　　$F_{CA} = 42.6$N

4-3　$F_2 = 9.60$kN

　　　$F_1 = 1.83$kN

4-5　$\theta = 34.2$

4-6　$F_A = 30$lb，$F_B = 36.2$lb，$F_C = 9.38$lb

4-7　$B_x = 989$N，$A_x = 989$N，$B_y = 186$N

4-9　$F_H = 59.43 = 59.4$lb

　　　$T_B = 67.4$lb

4-10　$N_A = 250$lb，$N_B = 9.18$lb，$N_C = 141$lb

4-11　$P_{max} = 210$lb

4-13　$W = 5.34$kip

4-14　$F_{BD} = 628$N

　　　　$C_y = 68.2$N，$C_x = 432$N

4-15　$\theta = 26.4°$

4-17　$F_{CD} = 195$lb，$A_x = 97.5$lb，$A_y = 31.2$lb

4-18　$l = 0.67664$m，$\dfrac{\sin\theta}{0.3} = \dfrac{\sin150°}{0.67664}$，$F_s = 2.383$N，

　　　　$N_B = 2.11$N，$F_A = 2.81$N

4-19　$N_B = 3.33$kip

　　　　$A_y = 5.00$kip

　　　　$A_x = 3.33$kip

4-21　$F_B = 50.2$lb

4-22　$F_B = 6.38$N，$A_x = 3.19$N，$A_y = 2.48$N

4-23　$T_{BC} = 16.4$kN

　　　　$F_A = 20.6$kN

4-25　$\alpha = \arctan\left(\dfrac{0.10464 + 0.07848}{1}\right) = 10.4°$

4-26　$\Delta_A = \dfrac{533.33}{5(10^3)}$，$\Delta_B = \dfrac{266.7}{5(10^3)}$，$\alpha = 1.02°$

4-27　$k_B = 2.50$kN/m

4-29　$h = 0.645$m

4-30　$h = \sqrt{\dfrac{s^2 - l^2}{3}}$

4-31　$w_1 = 83.3$lb/ft，$w_2 = 167$lb/ft

4-33　$\dfrac{L}{\Delta_B} = \dfrac{2L}{\Delta_C}$，$\dfrac{F_C}{k} = \dfrac{2F_B}{k}$，$F_B = 0.3P$

　　　　$F_C = 0.6P$

　　　　$x_C = 0.6P/k$

4-34　$N_A = 28.6$lb

　　　　$N_B = 10.7$lb，$N_C = 10.7$lb

4-35　$T = 1.84$kN，$F = 6.18$kN

4-37　$y = 0.667$m，$x = 0.667$m

4-38　$w = 750$lb，$x = 5.20$ft，$y = 5.27$ft

4-39　$N_B = 373$N

　　　　$A_z = 333$N

　　　　$T_{CD} = 43.5$N

　　　　$A_x = 0$

　　　　$A_y = 0$

4-41　$N_B = 1000$N

　　　　$(M_A)_z = 0$

　　　　$A_y = 0$

　　　　$(M_A)_y = -560$N·m

　　　　$A_z = 400$N

4-42　$F_A = 663$lb，$F_C = 569$lb，$F_B = 449$lb

4-43　$A_y = 0$

$T = 1.23 \text{kN}$

$B_x = 433 \text{N}$

$B_z = 1.42 \text{kN}$

$A_x = 867 \text{N}$

$A_z = 711 \text{N}$

4-45　$P = 100 \text{lb}$，$B_z = 40 \text{lb}$，$B_x = -35.7 \text{lb}$，

$A_x = 136 \text{lb}$，$A_z = 40 \text{lb}$，$B_y = 0$

4-46　$F = 900 \text{lb}$

$A_x = 0$

$A_y = 0$

$A_z = 600 \text{lb}$

$M_{Ax} = 0$

$M_{Az} = 0$

4-47　$P\cos 30° + 0.25 N - 50 （9.81） \sin 30° = 0$

$P = 140 \text{N}$

$N = 494.94 \text{N}$

4-49　$\mu_s = 0.256$

4-50　$N_A = 16.5 \text{kN}$，

$N_B = 42.3 \text{kN}$，矿井车不动。

4-51　伸长量为 $\theta = 10.6°$，$x = 0.184 \text{ft}$

4-53　梯子不滑动。

4-54　$\theta = 46.4°$

4-55　$F_{CD} = 3.05 \text{kN}$

4-57　a. $P = 30 \text{N} < 34.06 \text{N}$ 是

b. $P = 70 \text{N} > 34.26 \text{N}$ 否

4-58　$P = \dfrac{M_0}{\mu_s r a} （b - \mu_s c）$

4-59　$\mu_s \geq \dfrac{b}{c}$

4-61　a. $W = 318 \text{lb}$，

b. $W = 360 \text{lb}$

4-62　$\mu = 0.354$

4-63　$d = 537 \text{mm}$

4-65　$F_f = 10 \text{lb}$

4-66　$F_f = 70.7 \text{lb}$

4-67　在夹紧装置处滑动，$n = 9.17$，在板间滑动，

$n = 8.11$，选取 $n = 8$。

4-69　$W = 836 \text{lb}$

4-70　因此，人能移动货箱。

4-71　$\mu_s' = 0.376$

4-73　$\theta = 31.0°$

4-74　$F = 5.38 \text{lb}$

4-75　$W = 66.64 \text{lb} = 66.6 \text{lb}$

4-77　$F_{AB} = 1.38 \text{kN}$（T），$F_{BD} = 828 \text{N}$（C）

$F_{BC} = 1.10 \text{kN}$（C），$F_{AC} = 828 \text{N}$（C）

$F_{AD} = 1.10 \text{kN}$（C），$F_{CD} = 1.38 \text{kN}$（T）

4-78　$M = 4.53 \text{N} \cdot \text{m}$

4-79　$T = 4.02 \text{kN}$

4-81　$A_x = 328.6 \text{N}$

$B_y = C_y = 164 \text{N}$

4-82　$W = 7.19 \text{kN}$

4-83　因为 $\phi_s > \theta_p$，螺旋自锁。

4-85　$W = 9.17 \text{lb}$

4-86　$P = 78.7 \text{lb}$

4-87　$h = 8.28 \text{ft}$

4-89　大约 2 圈（695°）

4-90　$N = 185 \text{lb}$

$F = 136.9 \text{lb}$

可以拉上来，刚刚勉强。

4-91　$T_1 = 57.7 \text{lb}$

4-93　$\theta = 38.8°$

4-94　$F = 2.49 \text{kN}$

4-95　$M = 3.37 \text{N} \cdot \text{m}$

4-97　$T = 486.55 \text{N}$，$N = 314.82 \text{N}$

$\beta （2n + 0.9167） \pi \text{rad}$

因此还需要缠绕的圈数为

$n = 2$。

4-98　人能与货箱保持平衡。

4-99　$d = 4.07 \text{m}$

$\mu_s = 0.189$

4-101　$d = 4.60 \text{ft}$

4-102　$600 （6） + 600 （4） + 600 （2） - N_B \cos 45° （2） = 0$

$N_B = 5.09 \text{kN}$

$A_x = 3.60 \text{kN}$

$A_y = 1.80 \text{kN}$

4-103　$F = 354 \text{N}$

4-105　$W = 56.6 \text{lb}$

4-106　$F_{CD} = 1.02 \text{kN}$

$A_z = -208 \text{N}$

$B_z = -139\text{N}$

$A_y = 573\text{N}$

$B_y = 382\text{N}$

4-107　$5(14)+7(6)+0.5(6)-2(6)-A_y(14)=0$

$A_y = 7.36\text{kip}$

$B_x = 0.5\text{kip}$

$B_y = 16.6\text{kip}$

4-109　$A_x = 0$,

$A_y = -200\text{N}$, $A_z = 150\text{N}$, $(M_A)_x = 100\text{N}\cdot\text{m}$

$(M_A)_y = 0$, $(M_A)_z = 500\text{N}\cdot\text{m}$

4-110　$P = 15\text{lb}$

4-111　$P = 1\text{lb}$

第5章

5-1　节点 D：$600-F_{DC}\sin 26.57° = 0$

$F_{DC} = 1.34\text{kN}$（C）

$F_{DE} = 1.20\text{kN}$（T）

节点 C：$-F_{CE}\cos 26.57° = 0$

$F_{CE} = 0$

$F_{CB} = 1.34\text{kN}$（C）

节点 E：$900-F_{EB}\sin 45° = 0$

$F_{EB} = 1.27\text{kN}$（C）

$F_{EA} = 2.10\text{kN}$（T）

5-2　$F_{AB} = 286\text{lb}$（T）

$F_{AC} = 571\text{lb}$（C）

$F_{BC} = 808\text{lb}$（T）

5-3　$F_{AB} = 286\text{lb}$（T）

$F_{AC} = 271\text{lb}$（C）

$F_{BC} = 384\text{lb}$（T）

5-5　$F_{CD} = 5.21\text{kN}$（C）

$F_{CB} = 2.36\text{kN}$（T）

$F_{AD} = 1.46\text{kN}$（C）

$F_{AB} = 2.36\text{kN}$（T）

$F_{BD} = 4\text{kN}$（T）

5-6　$F_{CB} = 3.00\text{kN}$（T）

$F_{CD} = 2.60\text{kN}$（C）

$F_{DE} = 2.60\text{kN}$（C）

$F_{DB} = 2.00\text{kN}$（T）

$F_{BE} = 2.00\text{kN}$（C）

$F_{BA} = 5.00\text{kN}$（T）

5-7　$F_{CB} = 8.00\text{kN}$（T）

$F_{CD} = 6.93\text{kN}$（C）

$F_{DE} = 6.93\text{kN}$（C）

$F_{DB} = 4.00\text{kN}$（T）

$F_{BE} = 4.00\text{kN}$（C）

$F_{BA} = 12.0\text{kN}$（T）

5-9　$F_{AB} = 196\text{N}$（T），$F_{AE} = 118\text{N}$（C）

$F_{ED} = 118\text{N}$（C），$F_{EB} = 216\text{N}$（T）

$F_{BD} = 1.04\text{kN}$（C），$F_{BC} = 857\text{N}$（T）

5-10　$F_{AB} = 330\text{lb}$（C），$F_{AF} = 79.4\text{lb}$（T）

$F_{BF} = 233\text{lb}$（T），$F_{BC} = 233\text{lb}$（C）

$F_{FC} = 47.1\text{lb}$（C），$F_{FE} = 113\text{lb}$（T）

$F_{EC} = 300\text{lb}$（T），$F_{ED} = 113\text{lb}$（T）

$F_{CD} = 377\text{lb}$（C）

5-11　$F_{AB} = 377\text{lb}$（C），$F_{AF} = 190\text{lb}$（T）

$F_{BF} = 267\text{lb}$（T），$F_{BC} = 267\text{lb}$（C）

$F_{FC} = 189\text{lb}$（T），$F_{FE} = 56.4\text{lb}$（T）

$F_{ED} = 56.4\text{lb}$（T），$F_{EC} = 0$，$F_{CD} = 189\text{lb}$（C）

5-13　力最大值：

$F_{DC} = F_{CB} = F_{CE} = F_{BE} = F_{BA} = 1.1547P$

$P = 5.20\text{kN}$

5-14　$F_{CD} = 3.61\text{kN}$（C），$F_{CB} = 3\text{kN}$（T）

$F_{BA} = 3\text{kN}$（T），$F_{BD} = 3\text{kN}$（C）

$F_{DA} = 2.70\text{kN}$（T），$F_{DE} = 6.31\text{kN}$（C）

5-15　$F_{CD} = 467\text{N}$（C），$F_{CB} = 389\text{N}$（T）

$F_{BA} = 389\text{N}$（T），$F_{BD} = 314\text{N}$（C）

$F_{DE} = 1.20\text{kN}$（C），$F_{DA} = 736\text{N}$（T）

5-17　力最大值：$F_{CA} = 2.732P$（T）

$F_{CD} = 1.577P$（C），$P_{\max} = 732\text{N}$

5-18　$F_{CD} = 780\text{lb}$（C）

$F_{CB} = 720\text{lb}$（T）

$F_{DB} = 0$

$F_{DE} = 780\text{lb}$（C）

$F_{BE} = 297\text{lb}$（T）

$F_{BA} = 722\text{lb}$（T）

5-19　$F_{FE} = 0.667P$（T）

$F_{FD} = 1.67P$（T）

$F_{AB} = 0.471P$（C）

$F_{AE} = 1.67P$（T）

$F_{AC} = 1.49P$（C）

$F_{BF} = 1.41P$（T）

$F_{BD} = 1.49P$ （C）

$F_{EC} = 1.41P$ （T）

$F_{CD} = 0.471P$ （C）

5-21　$F_{GB} = 30\text{kN}$ （T），

$F_{AF} = 20\text{kN}$ （C），$F_{AB} = 22.4\text{kN}$ （C）

$F_{BF} = 20\text{kN}$ （T），$F_{BC} = 20\text{kN}$ （T）

$F_{FC} = 28.3\text{kN}$ （C），$F_{FE} = 0$

$F_{ED} = 0$，$F_{EC} = 20.0\text{kN}$ （T）

$F_{DC} = 0$

5-22　$127° \leqslant \theta \leqslant 196°$

$336° \leqslant \theta \leqslant 347°$

5-23　$F_{BH} = 255\text{lb}$ （T）

$F_{BC} = 130\text{lb}$ （T）

$F_{HC} = 180\text{lb}$ （C）

5-25　$A_y = 65.0\text{kN}$

$A_x = 0$

$F_{BC} (4) + 20 (4) + 30 (8) - 65.0 (8) = 0$

$F_{BC} = 50.0\text{kN}$ （T）

$F_{HI} = 35.0\text{kN}$ （C）

$F_{HB} = 21.2\text{kN}$ （C）

5-26　$F_{KJ} = 11.2\text{kip}$ （T），$F_{CD} = 9.38\text{kip}$ （C），

$F_{CJ} = 3.12\text{kip}$ （C），$F_{DJ} = 0$

5-27　$F_{JI} = 7.50\text{kip}$ （T）

$F_{EI} = 2.50\text{kip}$ （C）

5-29　$F_{GC} = 1.00\text{kip}$ （T）

5-30　$F_{BC} = 10.4\text{kN}$ （C），$F_{HG} = 9.15\text{kN}$ （T），

$F_{HC} = 2.24\text{kN}$ （T）

5-31　$F_{CD} = 11.2\text{kN}$ （C）

$F_{CF} = 3.21\text{kN}$ （T）

$F_{CG} = 6.80\text{kN}$ （C）

5-33　AB、BC、CD、DE、HI 和 GI 是零杆。

$F_{JE} = 9.38\text{kN}$ （C），$F_{GF} = 5.62\text{kN}$ （T）

5-34　$F_{GF} = 1.80\text{kip}$ （C），$F_{FB} = 693\text{lb}$ （T）

$F_{BC} = 1.21\text{kip}$ （T）

5-35　$F_{FE} = 1.80\text{kip}$ （C）

$F_{EC} = 693\text{lb}$ （C）

5-37　$F_{JI} = 7333\text{lb}$ （C），$F_{DE} = 9000\text{lb}$ （T）

$F_{JE} = 3005\text{lb}$ （C）

5-38　节点法：经检验，杆 BN、NC、DO、OC、HJ、LE 以

及 JG 是零杆。

$F_{CD} = 5.625\text{kN}$ （T），$F_{CM} = 2.00\text{kN}$ （T）

5-39　节点法：经检验，杆 BN、NC、DO、OC、HJ、LE 以

及 JG 是零杆。

$F_{EF} = 7.88\text{kN}$ （T），$F_{LK} = 9.25\text{kN}$ （C）

$F_{ED} = 1.94\text{kN}$ （T）

5-41　$F_{BG} = (-600\csc\theta)\,\text{N}$

$F_{BC} = -200L\,\text{N}$

$F_{HG} = 400L\,\text{N}$

5-42　$F_{AB} = 21.9\text{kN}$ （C），$F_{AG} = 13.1\text{kN}$ （T），

$F_{BC} = 13.1\text{kN}$ （C），$F_{BG} = 17.5\text{kN}$ （T），

$F_{CG} = 3.12\text{kN}$ （T），$F_{FG} = 11.2\text{kN}$ （T），

$F_{CF} = 3.12\text{kN}$ （C），$F_{CD} = 9.38\text{kN}$ （C），

$F_{DE} = 15.6\text{kN}$ （C），$F_{DF} = 12.5\text{kN}$ （T），

$F_{EF} = 9.38\text{kN}$ （T）

5-43　$F_{AB} = 43.8\text{kN}$ （C），$F_{AG} = 26.2\text{kN}$ （T）

$F_{BC} = 26.2\text{kN}$ （C），$F_{BG} = 35.0\text{kN}$ （T）

$F_{GC} = 6.25\text{kN}$ （T），$F_{GF} = 22.5\text{kN}$ （T）

$F_{ED} = 31.2\text{kN}$ （C），$F_{EF} = 18.8\text{kN}$ （T）

$F_{DC} = 18.8\text{kN}$ （C），$F_{DF} = 25.0\text{kN}$ （T）

$F_{FC} = 6.25\text{kN}$ （C）

5-45　$G_y = 1.60\text{kip}$

$1.60 (40) - F_{JI} (30) = 0$

$F_{JI} = 2.13\text{kip}$ （C）

$F_{DE} = 2.13\text{kip}$ （T）

5-46　（a）$P = 25.0\text{lb}$

　　（b）$P = 33.3\text{lb}$

　　（c）$P = 11.1\text{lb}$

5-47　$C_x = 75\text{lb}$，$C_y = 100\text{lb}$

5-49　$P = 743\text{N}$

5-50　$N_E = 5\text{kN}$

$D_x = 0$

$N_C = 16.7\text{kN}$

$A_x = 0$

$A_y = 2.67\text{kN}$

$M_A = 21.5\text{kN} \cdot \text{m}$

5-51　$A_y = 9.59\text{kip}$

$B_y = 8.54\text{kip}$

$C_y = 2.93\text{kip}$

$C_x = 9.20\text{kip}$

5-53　$A_y = 657\text{N}$

$C_y = 229\text{N}$

$C_x = 0$

$B_x = 0$

$B_y = 429\text{N}$

5-54　$m = 366\text{kg}, \ F_A = 2.93\text{kN}$

5-55　$F_E = 3.64F$

5-57　$N_C = 12.7\text{kN}$

$A_x = 12.7\text{kN}$

$A_y = 2.94\text{kN}$

$N_D = 1.05\text{kN}$

5-58　$P = 2.42\text{lb}$

5-59　$N_A = 3.67\text{kN}$

$M_A = 5.55\text{kN} \cdot \text{m}$

$C_x = 2.89\text{kN}$

$C_y = 1.32\text{kN}$

5-61　$m_L = 106\text{kg}$

5-62　$1.75\text{ft} \leqslant x \leqslant 17.4\text{ft}$

5-63　$N_A = 490.5\text{N}, \ N_B = 294.3\text{N}, \ T = 353.7\text{N},$
$\theta = 33.7°, \ x = 177\text{mm}$

5-65　（a）$F = 205\text{lb}$

$N_C = 380\text{lb}$

（b）$F = 102\text{lb}$

$N_C = 72.5\text{lb}$

5-66　$N_C = 20\text{lb}, \ B_x = 34\text{lb}, \ B_y = 62\text{lb}, \ A_x = 34\text{lb}$
$A_y = 12\text{lb}, \ M_A = 336\text{lb} \cdot \text{ft}$

5-67　$T = 350\text{lb}$

$A_y = 700\text{lb}$

$A_x = 1.88\text{kip}$

$D_x = 1.70\text{kip}$

$D_y = 1.70\text{kip}$

5-69　$F = 120\text{lb}$

5-70　$A_x = 0$

$A_y = 175\text{lb}$

$B_x = 200\text{lb}$

$C_x = 0$

$C_y = 200\text{lb}$

5-71　$F = 370\text{N}$

5-73　$\theta = 6.38°$

5-74　$F_{ED} = 270\text{lb}, \ B_z = 0,$

$B_x = -30\text{lb}, \ B_y = -13.3\text{lb}$

5-75　$x = 4.38\text{in}$

5-77　$F_{BC} = 3\text{kN} \ (C)$

$F_{BA} = 8\text{kN} \ (C)$

$F_{AC} = 1.46\text{kN} \ (C)$

$F_{AF} = 4.17\text{kN} \ (T)$

$F_{CD} = 4.17\text{kN} \ (C)$

$F_{CF} = 3.12\text{kN} \ (C)$

$F_{EF} = 0$

$F_{ED} = 13.1\text{kN} \ (C)$

$F_{DF} = 5.21\text{kN} \ (T)$

5-78　$A_y = 250\text{N}, \ A_x = 1.40\text{kN}, \ C_x = 500\text{N},$
$C_y = 1.70\text{kN}$

5-79　节点 A：$0.8333P\cos73.74° +$
$P\cos53.13° - F_{AB} = 0$

节点 B：$0.8333P\left(\dfrac{4}{5}\right) - F_{BC}\left(\dfrac{4}{5}\right) = 0$

节点 D：$F_{DE} - 0.8333P - P\cos53.13°$
$- 0.8333P\cos73.74 = 0$

$P = 150\text{kN}$

5-81　$B_x = B_y = 220\text{N}$

$A_x = 300\text{N}$

$A_y = 80.4\text{N}$

5-82　杆 AC：$C_x = 402.6\text{N}$

$C_y = 97.4\text{N}$

杆 AC：$A_x = 117\text{N}$

$A_y = 397\text{N}$

杆 CB：$B_x = 97.4\text{N}$

$B_y = 97.4\text{N}$

5-83　$N_B = N_C = 49.5\text{N}$

5-85　$F_{AG} = 471\text{lb} \ (C)$

$F_{AB} = 333\text{lb} \ (T), \ F_{BC} = 333\text{lb} \ (T)$

$F_{GB} = 0, \ F_{DE} = 943\text{lb} \ (C)$

$F_{DC} = 667\text{lb} \ (T), \ F_{EC} = 667\text{lb} \ (T)$

$F_{EG} = 667\text{lb} \ (C), \ F_{GC} = 471\text{lb} \ (T)$

第 6 章

6-1　$\bar{y} = \dfrac{2}{5}\text{m}$

6-2　$\bar{x} = \dfrac{3}{8}a$

6-3　$\overline{x} = 0.649\text{in}$

6-5　$A = c^2 \ln \dfrac{b}{a}$

$\overline{x} = \dfrac{b-a}{\ln \dfrac{b}{a}}$

$\overline{y} = \dfrac{c^2(b-a)}{2ab\ln \dfrac{b}{a}}$

6-6　$A = \dfrac{2}{3}ah$

$\overline{y} = \dfrac{3}{5}h$

6-7　$\overline{x} = 1.61\text{in}$

6-9　$\overline{y} = \dfrac{3}{10}h$

6-10　$\overline{x} = \dfrac{n+1}{2(n+2)}a$

6-11　$\mathrm{d}A = \left(x - \dfrac{x^3}{9} \right) \mathrm{d}x$

$\tilde{x} = x$

$\tilde{y} = \dfrac{1}{2}\left(x + \dfrac{x^3}{9} \right)$

$A = 2.25\text{ft}^2$

$\overline{x} = 1.6\text{ft}$

$\overline{y} = 1.14\text{ft}$

6-13　$\overline{y} = 1.43\text{in}$

6-14　$\overline{y} = \dfrac{3}{8}b$

$\overline{x} = 0$

6-15　$\overline{y} = \dfrac{a}{2(10-3\pi)}$

6-17　$\overline{z} = 12.8\text{in}$

6-18　$\overline{z} = \dfrac{2}{9}h$

6-19　$\overline{x} = 3\text{in}.,\ \overline{y} = 2\text{in}$

6-21　$\overline{x} = 77.2\text{mm},\ \overline{y} = 31.7\text{mm}$

6-22　$\overline{y} = 135\text{mm}$

6-23　$\overline{y} = 10.2\text{in}$

6-25　$\overline{y} = 85.9\text{mm}$

6-26　$\overline{x} = 22.7\text{mm}$

$\overline{y} = 29.5\text{mm}$

$\overline{z} = 22.6\text{mm}$

6-27　$\overline{z} = 463\text{mm}$

6-29　$h = 323\text{mm}$

6-30　$h = \dfrac{a^3 - a^2 \sqrt{a^2 - \pi r^2}}{\pi r^2}$

6-31　$F_R = 6.75\text{kN} \downarrow$

$\overline{x} = 2.5\text{m}$

6-33　$F_R = 10.6\text{kip} \downarrow$

$x = 0.479\text{ft}$

6-34　$F_R = \dfrac{1}{2}w_0 L \downarrow$

$\overline{x} = \dfrac{5}{12}L$

6-35　$F_R = 3.90\text{kip} \uparrow$

$d = 11.3\text{ft}$

6-37　$F_R = 18.0\text{kip} \downarrow$

$x = 11.7\text{ft}$

6-38　$w_2 = 17.2\text{kN/m}$

$w_1 = 30.3\text{kN/m}$

6-39　$F_R = \dfrac{2w_0 L}{\pi} \downarrow$

$\overline{x} = \dfrac{2L}{\pi}$

6-41　$F_R = 1.35\text{kN}$

$x = 0.556\text{m}$

6-42　$I_x = 18.5\text{in}^4$

6-43　$I_y = 9.6\text{in}^4$

6-45　$I_y = 1.07\text{in}^4$

6-46　$I_x = 39.0\text{m}^4$

6-47　$I_y = 8.53\text{m}^4$

6-49　$I_y = 0.286\text{m}^4$

6-50　$\mathrm{d}A = \left[1 - \left(\dfrac{y}{2} \right)^{1/4} \right] \mathrm{d}y$

$I_x = 0.2051\text{m}^4$

$\mathrm{d}A = 2x^4 \mathrm{d}x$

$I_y = 0.2857 \text{m}^4$

$J_O = 0.491 \text{m}^4$

6-51 $I_x = 0.533 \text{m}^4$

6-53 $I_x = 3.20 \text{m}^4$

6-54 $I_y = 0.762 \text{m}^4$

6-55 $I_x = 19.5 \text{in}^4$

6-57 $I_x = \dfrac{4a^4}{9\pi}$

6-58 $I_y = \left(\dfrac{\pi^2-4}{\pi^3}\right) a^4$

6-59 $\bar{y} = 2.20 \text{in}$

$I_{x'} = 57.9 \text{in}^4$

6-61 $I_y = \dfrac{1}{12}(2)(6)^3 + 2\left[\dfrac{1}{12}(4)(1)^3 + 1(4)(1.5)^2\right]$

$= 54.7 \text{in}^4$

6-62 $I_x = 209 \text{in}^4$

6-63 $I_y = 533 \text{in}^4$

6-65 $\bar{I}_{x'} = 49.5(10^6) \text{mm}^4$

6-66 $I_y = 115(10^6) \text{mm}^4$

6-67 $\bar{y} = 207 \text{mm}$

$\bar{I}_{x'} = 222 \ (10^6) \ \text{mm}^4$

6-69 $I_y = 1971 \text{in}^4$

6-70 $\bar{y} = 170 \text{mm}$

$I_{x'} = 722 \ (10)^6 \text{mm}^4$

6-71 $I_x = 2.17(10^{-3}) \text{m}^4$

6-73 $\bar{y} = 3.79 \text{in}$

6-74 $\bar{y} = 3.79 \text{in}, \ I_{x'} = 198 \text{in}^4$

6-75 $I_x = 1.19 \ (10^3) \ \text{in}^4$

6-77 $\bar{y} = 87.5 \text{mm}$

6-78 $\bar{y} = 0.600 \text{in}$

6-79 $\bar{x} = \dfrac{b-a}{\ln\dfrac{b}{a}}$

6-81 $w_1 = 660 \text{lb/ft}$

$w_2 = 720 \text{lb/ft}$

6-82 $I_x = 0.0954 d^4$

6-83 考虑 4 个三角形和一个矩形。

$I_y = 0.187 d^4$

6-85 $\bar{y} = 0.875 \text{in}, \ I_{x'} = 2.27 \text{in}^4$

6-86 $F_R = 577 \text{lb}$

$\theta = 47.5° \nwarrow$

$M_{RA} = 2.20 \text{kip} \cdot \text{ft} \ \circlearrowright$

6-87 $F_R = 577 \text{lb}$

$\theta = 47.5° \nwarrow$

$M_{RB} = 2.80 \text{kip} \cdot \text{ft} \ \circlearrowleft$

第 7 章

7-1 $N_E = 0, \ V_E = -200 \text{lb}, \ M_E = -2.40 \text{kip} \cdot \text{ft}$

7-2 $N_a = 500 \text{lb}, \ V_a = 0,$

$N_b = 433 \text{lb}, \ V_b = 250 \text{lb}$

7-3 $N_C = 0, \ V_C = 3.50 \text{kip}, \ M_C = -47.5 \text{kip} \cdot \text{ft},$

$N_D = 0, \ V_D = 0.240 \text{kip}, \ M_D = -0.360 \text{kip} \cdot \text{ft}$

7-5 $9.00(4) - A_y(12) = 0, A_y = 3.00 \text{kip},$

$B_y = 6.00 \text{kip}, \ N_D = 0, \ V_D = 0.750 \text{kip},$

$M_D = 13.5 \text{kip} \cdot \text{ft}, \ N_E = 0, \ V_E = -9.00 \text{kip},$

$M_E = -24.0 \text{kip} \cdot \text{ft}$

7-6 $NC = -30.0 \text{kN}, \ V_C = -8.00 \text{kN},$

$M_C = 6.00 \text{kN} \cdot \text{m}$

7-7 $P = 0.533 \text{kN}, \ N_C = -2.00 \text{kN},$

$V_C = -0.533 \text{kN}, \ M_C = 0.400 \text{kN} \cdot \text{m}$

7-9 $N_D = 0, \ V_D = -1.875 \text{kN},$

$M_D = 3.94 \text{kN} \cdot \text{m}$

7-10 $N_A = 0, \ V_A = 450 \text{lb}, \ M_A = -1.125 \text{kip} \cdot \text{ft},$

$N_B = 0, \ V_B = 850 \text{lb}, \ M_B = -6.325 \text{kip} \cdot \text{ft},$

$V_C = 0, \ N_C = -1.20 \text{kip}, \ M_C = -8.125 \text{kip} \cdot \text{ft}$

7-11 $N_E = -22.5 \text{N}, \ V_E = -64.5 \text{N},$

$M_E = -2.26 \text{N} \cdot \text{m}$

7-13 $N_{a-a} = -100 \text{N}, \ V_{a-a} = 0, \ M_{a-a} = -15 \text{N} \cdot \text{m}$

7-14 $N_{b-b} = -86.6 \text{N}, \ V_{b-b} = 50 \text{N},$

$M_{b-b} = -15 \text{N} \cdot \text{m}$

7-15 $N_D = 300 \text{lb}, \ V_D = -150 \text{lb}, \ M_D = -150 \text{lb} \cdot \text{ft}$

7-17 $N_B = 5.303 \text{kN}, \ N_{a-a} = -3.75 \text{kN},$

$V_{a-a} = 1.25 \text{kN}, \ M_{a-a} = 3.75 \text{kN} \cdot \text{m},$

$N_{b-b} = -1.77 \text{kN}, \ V_{b-b} = 3.54 \text{kN},$

$M_{b-b} = 3.75 \text{kN} \cdot \text{m}$

7-18 $N_C = -80 \text{lb}, \ V_C = 0, \ M_C = -480 \text{lb} \cdot \text{in}$

7-19 $N_C = 0, \ V_C = 4.50 \text{kip}, \ M_C = 31.5 \text{kip} \cdot \text{ft}$

7-21　$\tau_{avg} = 119MPa$

7-22　$\tau_{avg} = 29.5MPa$

7-23　$V = P\cos\theta$,　$N = P\sin\theta$,

$$\sigma = \frac{P}{A}\sin^2\theta,\quad \tau_{avg} = \frac{P}{2A}\sin2\theta$$

7-25　$(\sigma_{a-a})_{avg} = 1.80ksi$,　$\sigma_b = 4.58ksi$

7-26　$15(10^3) = 7.50$ kip（控制）

7-27　$dF = 7.5(10^6)x^{1/2}dx$,

$P = 40MN$,　$d = 2.40m$

7-29　$\sigma_{avg} = 5MPa$

7-30　$(\sigma_{avg})_{BC} = 159MPa$

$(\sigma_{avg})_{AC} = 95.5MPa$

$(\sigma_{avg})_{AB} = 127MPa$

7-31　$P = 37.7kN$

7-33　$(\sigma_{avg})_{BD} = 23.6MPa$,　$(\sigma_{avg})_{CF} = 69.4MPa$

7-34　$(\tau_{avg})_A = 58.7MPa$

$(\tau_{avg})_D = 26.5MPa$

7-35　$x = 4in$,　$y = 4$ in,　$\sigma = 9.26psi$

7-37　$m = 148kg$

7-38　$\tau_B = \tau_C = 324MPa$

$\tau_A = 324MPa$

7-39　$\sigma_{AB} = 2.17ksi$,　$\sigma_{BC} = 0.819ksi$

7-41　$P = 4kip$,　$(\tau_{a-a})_{avg} = 250psi$

7-42　$(\tau_{avg})_b = 79.6MPa$

$(\tau_{avg})_p = 225kPa$

7-43　$P = 9.05kN$

7-45　$\sigma_{AB} = 127MPa$,　$\sigma_{AC} = 129MPa$

7-46　$d_{AB} = 11.9mm$

7-47　$\sigma_{avg} = \dfrac{\gamma}{3}\left[\dfrac{(z+h)^3 - h^3}{(z+h)^2}\right]$

7-49　$\sigma = 8.15ksi$,　$\tau = 5.87ksi$

7-50　$\sigma_b = 1.10MPa$

7-51　$\tau_{avg} = 1.77MPa$

7-53　$d = 5.71mm$

7-54　$d = 13.5mm$

7-55　$A = 0.0356in^2$

7-57　$a = 6\dfrac{1}{2}in$

7-58　对 A 处的钉子：$\tau_{avg} = 1.53ksi$

对 B 处的钉子：$\tau_{avg} = 1.68ksi$

7-59　$d_A = 0.155in$

$d_B = 0.162in$

7-61　$d_{AB} = 1.81mm$,　$d_{BC} = 2.00mm$

7-62　$(F.S.)_{AB} = 1.72$,　$(F.S.)_{BC} = 2.50$

7-63　$P = 561kN$（控制）

7-65　$(F.S.)_{st} = 2.14$,　$(F.S.)_{con} = 3.53$

7-66　$P = 90kN$,　$A = 6.19(10^{-3})m^2$,

$P_{max} = 155kN$

7-67　选取 $d_C = 12mm$

选取 $d_D = 14mm$

7-69　$d_{AB} = 15.5mm$,　$d_{AC} = 13.0mm$

7-70　$P = 7.54kN$

7-71　$d_B = 6.11mm$

$d_w = 15.4mm$

7-73　$P = 9.09kip$

7-74　$a_{A'} = 130mm$,　$a_{B'} = 300mm$

7-75　$P = 72.5kN$

7-77　$h = 1.74in$

7-78　选取 $a_D = 19\dfrac{5}{8}in$,　$a_C = 21\dfrac{1}{16}in$

7-79　$(F.S.)_C = 2.00$

$(F.S.)_D = 2.30$

7-81　$\varepsilon = 0.0472in/in$

7-82　$\varepsilon_{CE} = 0.00250mm/mm$,　$\varepsilon_{BD} = 0.00107mm/mm$

7-83　$(\varepsilon_{avg})_{AH} = 0.0349mm/mm$

$(\varepsilon_{avg})_{CG} = 0.0349mm/mm$

$(\varepsilon_{avg})_{DF} = 0.0582mm/mm$

7-85　$\varepsilon_{avg} = \dfrac{\pi}{h}(z+h) - 1$

7-86　$(\varepsilon_{avg})_{AC} = 6.04(10^{-3})mm/mm$

7-87　$AB = 0.00251mm/mm$

7-89　$(\gamma_A)_{nt} = 0.0502rad$,　$(\gamma_B)_{nt} = -0.0502rad$

7-90　$\varepsilon_{AB} = -0.00469in/in$,　$\varepsilon_{AC} = 0.0200in/in$,

$\varepsilon_{DB} = -0.0300in/in$

7-91　$\gamma_{xy} = 0.0142rad$

7-93　$(\varepsilon_{avg})_{AC} = 0.0258mm/mm$

7-94　$(\varepsilon_{avg})_{AE} = 0.0207mm/mm$

7-95　$\varepsilon_{BC} = 5.98(10^{-3})mm/mm$

7-97 $(\gamma_B)_{xy} = 11.6(10^{-3})$ rad,

　　　$(\gamma_A)_{xy} = 11.6\ (10^{-3})$ rad

7-98 $(\gamma_C)_{xy} = 11.6\ (10^{-3})$ rad,

　　　$(\gamma_D)_{xy} = 11.6\ (10^{-3})$ rad

7-99 $\varepsilon_{AC} = 1.60\ (10^{-3})$ mm/mm

　　　$\varepsilon_{DB} = 12.8\ (10^{-3})$ mm/mm

7-101 $\sigma_s = 208$MPa, $(\tau_{avg})_a = 4.72$MPa,

　　　$(\tau_{avg})_b = 45.5$MPa

7-102 $t = \dfrac{1}{4}$in, $d_A = 1\dfrac{1}{8}$in, $d_B = \dfrac{13}{16}$in

7-103 $\tau_{avg} = 79.6$MPa

7-105 $\sigma_{a-a} = 200$kPa, $\tau_{a-a} = 115$kPa

7-106 $(\varepsilon_{avg})_{CA} = -5.59(10^{-3})$mm/mm

7-107 $(\gamma_E)_{x'y'} = 0.996\ (10^{-3})$ rad

第8章

8-1 $(\sigma_{ult})_{approx} = 110$ksi, $(\sigma_R)_{approx} = 93.1$ksi,

　　$(\sigma_Y)_{approx} = 55$ksi, $E_{approx} = 32.0\ (10^3)$ ksi

8-2 $E = 55.3\ (10^3)$ ksi, $u_r = 9.96\ \dfrac{\text{in}\cdot\text{lb}}{\text{in}^3}$

8-3 $(u_t)_{approx} = 85.0\ \dfrac{\text{in}\cdot\text{lb}}{\text{in}^3}$

8-5 $u_r = 16.3\ \dfrac{\text{in}\cdot\text{kip}}{\text{in}^3}$

8-6 $E = 8.83\ (10^3)$ ksi

8-7 $A = 0.209\text{in}^2$, $P = 1.62$kip

8-9 $E = 5.5$psi, $u_t = 19.25$psi, $u_r = 11$psi

8-10 $E = 30.0\ (10^3)$ ksi, $P_Y = 11.8$kip, $P_{ult} = 19.6$kip

8-11 弹性恢复量 $= 0.003$in/in,

　　　$\Delta L = 0.094$in

8-13 $\sigma = 11.43$ksi, $\varepsilon = 0.000400$in/in,

　　　$E = 28.6\ (10^3)$ ksi

8-14 $E_{approx} = 6.50\ (10^3)$ ksi, $\sigma_{YS} = 25.9$ksi

8-15 $\delta_P = 0.00637$in

8-17 $P = 15.0$kip

8-18 $A_{BC} = 0.8\text{in}^2$, $A_{BA} = 0.2\text{in}^2$

8-19 $\sigma = 2.22$MPa

8-21 $\sigma = 1.697$MPa,

　　　$\delta = 0.126$mm, $\Delta d = -0.00377$mm

8-22 $E = 67.9$GPa, $\nu = 0.344$, $G = 25.3$GPa

8-23 $P = 157$kN

8-25 $\varepsilon = 0.08660$mm/mm, $\gamma = 0.140$rad

8-26 $\varepsilon_y = -0.0150$in/in, $\varepsilon_x = 0.00540$in/in,

　　　$\gamma_{xy} = -0.00524$rad

8-27 $P = 53.0$kip, $E = 28.6(10^3)$ksi

8-29 $\tau_{avg} = 4166.67$Pa, $\gamma = 0.02083$rad,

　　　$\delta = 0.833$mm

8-30 $\delta = \dfrac{Pa}{2bhG}$

8-31 $G_{al} = 4.31\ (10^3)$ ksi

8-33 $x = 1.53$m, $d'_A = 30.008$mm

8-34 $\theta = 0.0139°$

8-35 $P = 6.48$kip

8-37 $L = 10.17$in

8-38 $\delta V = \dfrac{PL}{E}(1-2\nu)$

8-39 $\varepsilon_b = 0.00227$mm/mm,

　　　$\varepsilon_r = 0.000884$mm/mm

第9章

9-1 $\delta_B = 2.31$mm, $\delta_A = 2.64$mm

9-2 $\delta_{A/D} = 0.111$in, 离开 D 端

9-3 $\sigma_{AB} = 22.2$ksi（T）, $\sigma_{BC} = 41.7$ksi（C）,

　　　$\sigma_{CD} = 25.0$ksi（C）, $\delta_{A/D} = 0.00157$in

　　　朝向 D 端

9-5 $\delta_A = 0.0128$in

9-6 $\delta_A = 0.0128$in

9-7 $\delta_A = -0.194$in

9-9 $\delta_F = 0.453$mm

9-10 $P = 4.97$kN

9-11 $\delta_l = 0.0260$in

9-13 $\delta_D = 17.3$mm

9-14 $\delta_{A/B} = -0.864$mm

9-15 $\delta_{A/B} = -1.03$mm

9-17 $P = 59.5$kN

9-18 $(\delta_A)_v = 0.0379$in.

9-19 $P = 9.24$kip

9-21 $\delta_D = 0.1374$mm, $\delta_{A/B} = 0.3958$mm,

　　　$\delta_C = 0.5332$mm, $\delta_{tot} = 33.9$mm

9-22 $W = 9.69$kN

9-25 $\delta = 0.360$mm

9-26 $\delta = 0.00257\text{in}$

9-27 $\sigma_{st} = 65.9\text{MPa}$, $\sigma_{con} = 8.24\text{MPa}$

9-29 $P_{st} = 57.47\text{kN}$, $P_{con} = 22.53\text{kN}$,

$\sigma_{st} = 48.8\text{MPa}$, $\sigma_{con} = 5.85\text{MPa}$

9-30 $\sigma_{con} = 1.64\text{ksi}$, $\sigma_{st} = 11.3\text{ksi}$

9-31 $P = 114\text{kip}$

9-33 $F_C = \left[\dfrac{9(8ka+\pi d^2 E)}{136ka+18\pi d^2 E}\right] P$,

$F_A = \left(\dfrac{64ka+9\pi d^2 E}{136ka+18\pi d^2 E}\right) P$

9-34 $T_{AB} = 1.12\text{kip}$, $T_{AC} = 1.68\text{kip}$

9-35 $A_{AB} = 0.03\text{in}^2$

9-37 $F_D = 71.4\text{kN}$, $F_C = 329\text{kN}$

9-38 $F_D = 219\text{kN}$, $F_C = 181\text{kN}$

9-39 $\sigma_{AB} = 26.5\text{MPa}$, $\sigma_{EF} = 33.8\text{MPa}$

9-41 $F_b = 10.17\ (10^3)\ \text{N}$, $F_t = 29.83\ (10^3)\ \text{N}$,

$\sigma_b = 32.4\text{MPa}$, $\sigma_t = 34.5\text{MPa}$

9-42 $F_D = 20.4\text{kN}$, $F_A = 180\text{kN}$

9-43 $P = 198\text{kN}$

9-45 $y = 3 - 0.025x$, $F_A = 4.09\text{kip}$, $F_B = 2.91\text{kip}$

9-46 $x = 28.9\text{in}$, $P = 60.4\text{kip}$

9-47 $T_{CD} = 27.2\text{kip}$, $T_{CD} = 9.06\text{kip}$

9-49 $F_{st} = 1.822\text{kip}$, $F_{al} = 3.644\text{kip}$,

$\sigma_{rod} = 9.28\text{ksi}$, $\sigma_{cy1} = 1.16\text{ksi}$

9-50 $\theta = 698°$

9-51 $\sigma_{BE} = 96.3\text{MPa}$, $\sigma_{AD} = 79.6\text{MPa}$,

$\sigma_{CF} = 113\text{MPa}$

9-53 $\sigma_{al} = 2.46\text{ksi}$, $\sigma_{br} = 5.52\text{ksi}$, $\sigma_{st} = 22.1\text{ksi}$

9-54 $F = 0.509\text{kip}$

9-55 $\sigma_{AB} = \dfrac{2}{5}\alpha(T_2-T_1)E$, $\sigma_{BC} = \dfrac{8}{5}\alpha(T_2-T_1)E$

9-57 $0 = \delta_T - \delta_F$, $F = 19.14A$, $\sigma = 19.1\text{ksi}$

9-58 $F = 7.60\text{kip}$

9-59 $\delta = 0.348\text{in}$, $F = 19.5\text{kip}$

9-61 $0 = \Delta_T - \delta_F$, $F = \dfrac{\alpha AE}{2}(T_B - T_A)$

9-62 $\sigma = 180\text{MPa}$

9-63 $\sigma = 105\text{MPa}$

9-65 $\sigma_{max} = 168\text{MPa}$

9-66 $P = 5.71\text{kN}$

9-67 $P = 49.1\text{kN}$

9-69 $P = 1.34\text{kip}$

9-70 $\sigma_{max} = 31.3\text{ksi}$

9-71 $\sigma_{max} = 81.7\text{MPa}$

9-73 $\sigma_b = 33.5\text{MPa}$, $\sigma_r = 16.8\text{MPa}$

9-74 $T = 507°\text{C}$

9-75 $F_{AB} = F_{AC} = F_{AD} = 58.9\text{kN}$

9-77 $P = 56.5\text{kN}$, $\delta_{B/A} = 0.0918\text{mm}$

9-78 $\theta = \dfrac{3E_2 L(T_2-T_1)(\alpha_2-\alpha_1)}{d(5E_2+E_1)}$

9-79 $P = 4.85\text{kip}$

9-81 $\delta_{A/B} = 0.491\text{mm}$

第 10 章

10-1 $r' = 0.841r$

10-2 $r' = 0.707r$

10-3 $\tau_B = 6.04\text{MPa}$, $\tau_A = 6.04\text{MPa}$

10-5 $\tau_A = 3.45\text{ksi}$, $\tau_B = 2.76\text{ksi}$

10-6 $(\tau_{BC})_{max} = 5.07\text{ksi}$, $(\tau_{DE})_{max} = 3.62\text{ksi}$

10-7 $(\tau_{EF})_{max} = 0$, $(\tau_{CD})_{max} = 2.17\text{ksi}$

10-9 $(\tau_{AB})_{max} = 23.9\text{MPa}$, $(\tau_{BC})_{max} = 15.9\text{MPa}$

10-10 $d = 30\text{mm}$

10-11 $\tau_{AB} = 7.82\text{ksi}$, $\tau_{BC} = 2.36\text{ksi}$

10-13 选取 $t = 25\text{mm}$

10-14 选取 $d = 1\dfrac{3}{4}\text{in}$

10-15 $d = 33\text{mm}$

10-17 $\tau_{max} = 4.89\text{ksi}$

10-18 $\tau_{max} = 7.33\text{ksi}$

10-19 $T = 7.54\text{kN} \cdot \text{m}$

10-21 $\tau_{AB} = (2000x - 1200)\text{N} \cdot \text{m}$,

$d = 0.9\text{m}$, $\tau_{min} = 0$,

$d = 0$, $\tau_{max} = 42.4\text{MPa}$

10-22 $d = 57\text{mm}$

10-23 $T_A + \dfrac{1}{2}t_A L - T_B = 0$, $T_B = \dfrac{2T_A + t_A L}{2}$,

$\tau_{max} = \dfrac{(2T_A + t_A L)r_o}{\pi(r_o^4 - r_i^4)}$

10-25 $T_{max} = 260.42\text{lb} \cdot \text{ft}$, $\underset{max}{\tau_{abs}} = 3.59\text{ksi}$

10-26 $(\tau_{AB})_{max} = 1.04\text{MPa}$, $(\tau_{BC})_{max} = 3.11\text{MPa}$

10-27　$\tau_{max} = 3.44\text{MPa}$

10-29　$\gamma = \dfrac{Tc}{2JG}$

10-30　$T_{AB} = -85\text{N} \cdot \text{m}$,

　　　$T_{BC} = -85\text{N} \cdot \text{m}$,

　　　$\phi_{A/D} = 0.879°$

10-31　$\tau_{max} = 2.83\text{ksi}$,

　　　$\phi = 4.43°$

10-33　$T = 4.96\text{kN} \cdot \text{m}$（控制）

10-34　$T_{BC} = -80\text{N} \cdot \text{m}$,

　　　$T_{CD} = -60\text{N} \cdot \text{m}$,

　　　$T_{DA} = -90\text{N} \cdot \text{m}$,

　　　$\phi_B = |\,5.74°\,|$

10-35　选取 $d = 22\text{mm}$, $\phi_{A/D} = 2.54°$

10-37　$\phi_{B/C} = 0.0646°$

10-38　$\tau_{max} = 9.12\text{MPa}$, $\phi_{E/B} = 0.585°$

10-39　$\tau_{max} = 14.6\text{MPa}$, $\phi_{B/E} = 1.11°$

10-41　$\phi_{C/B} = 1.15°$

10-42　$\phi_E = 0.01778\text{rad}$,

　　　$\phi_F = 0.02667\text{rad}$,

　　　$\phi_B = 1.53°$

10-43　$\phi_A = 1.78°$

10-45　$L = 470\text{mm}$

10-46　$F = 6.03\text{N}$, $s = 0.720\text{mm}$

10-47　$\phi = \dfrac{T}{2a\pi G}(1 - e^{-4aL})$

10-49　$t_o = \dfrac{4pd}{L}$,

　　　$\phi = \dfrac{4PLd}{3\pi r^4 G}$

10-50　$\phi_{A/B} = 5.62°$

10-51　$\theta = \dfrac{T}{4\pi hG}\left[\dfrac{1}{r_i^2} - \dfrac{1}{r_o^2}\right]$

10-53　$\tau_{AC} = 9.77\text{MPa}$

10-54　$\tau_{max} = 29.3\text{ksi}$

10-55　$T_A = 22\text{kip} \cdot \text{ft}$

　　　$T_D = 2\text{kip} \cdot \text{ft}$

10-57　$\phi_C = 0.116°$,

　　　$(\tau_s)_{max} = 395\text{psi}$,

　　　$(\gamma_{st})_{max} = 34.3\ (10^{-6})\ \text{rad}$,

　　　$(\tau_{br})_{max} = 96.1\text{psi}$,

　　　$(\gamma_{bt})_{max} = 17.2\ (10^{-6})\ \text{rad}$

10-58　$(\tau_{BC})_{max} = 1.47\text{ksi}$,

　　　$(\tau_{BD})_{max} = 1.96\text{ksi}$,

　　　$\phi = 0.338°$

10-59　$d = 2c = 0.04269\text{m} = 42.7\text{mm}$

10-61　$T_B = 222\text{N} \cdot \text{m}$,

　　　$T_A = 55.6\text{N} \cdot \text{m}$

10-62　$\phi_E = 1.66°$

10-63　$T = 4.34\text{kN} \cdot \text{m}$（控制）

　　　$\phi_A = 2.58°$

10-65　$\phi_{C/D} = 6.22°$

10-66　$\tau_{\substack{\text{abs} \\ \text{max}}} = 5.50\text{ksi}$

10-67　$(\tau_{max})_{\text{abs}} = 93.1\text{MPa}$

10-69　$T_B = \dfrac{7t_0 L}{12}$,

　　　$T_A = \dfrac{3t_0 L}{4}$

10-70　$T = 7.74\text{N} \cdot \text{m}$

10-71　切应力增加的百分比 $= 41.4\%$

　　　扭转角增加的百分比 $= 25\%$

10-73　$(\tau_{BC})_{max} = 0.955\text{MPa}$,

　　　$(\tau_{AC})_{max} = 1.59\text{MPa}$,

　　　$\phi_{B/A} = 0.207°$

10-74　$(\tau_{BC})_{max} = 0.955\text{MPa}$,

　　　$(\tau_{AC})_{max} = 1.59\text{MPa}$,

　　　$\phi_{B/C} = |\,0.0643°\,|$

10-75　$\tau_{max} = 8\text{ksi}$

　　　$\phi = 2.28°$

10-77　$T = 20.1\text{N} \cdot \text{m}$

10-78　不能运行。

10-79　$P = 101\text{kW}$

10-81　$T = 8.16\text{N} \cdot \text{m}$

10-82　$r = 0.075\text{in}$

10-83　选取 $d = 26\text{mm}$, $\phi_{A/C} = 2.11°$

10-85　$r_o = 0.0625\text{m}$, $r_i = 0.0575\text{m}$,

　　　式 (5-7): $\tau_{\rho=0.06\text{m}} = 88.27\text{MPa}$,

　　　式 (5-18): $\tau_{avg} = 88.42\text{MPa}$,

　　　式 (5-15): $\phi = 4.495°$,

　　　式 (5-20): $\phi = 4.503°$

10-86　$T = 331\text{N} \cdot \text{m}$

10-87 圆轴承受的扭矩最大。

正方形轴：73.7%，

矩形轴：62.2%

10-89 $P = 2.80$kip

10-90 $\phi_A = 1.59°$

10-91 $F = 26.2$N，$\phi = 1.86°$

第 11 章

11-1 $T_1 = 250$lb，$T_2 = 200$lb

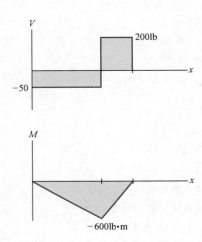

11-2

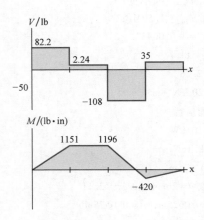

11-3 $x = 3^-$，$V = -2000$，$M = -6000$

11-5 $x = 2^+$，$V = 8$，$M = -39$

11-6 当 $0 \leqslant x < \dfrac{L}{2}$：$V = \dfrac{w_0 L}{24}$，$M = \dfrac{w_0 L}{24}x$，

当 $\dfrac{L}{2} < x \leqslant L$：$V = \dfrac{w_0}{24L}[L_2 - 6(2x-L)^2]$，

$M = \dfrac{w_0}{24L}[L^2 x - (2x-L)^3]$

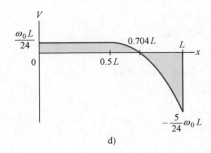

d)

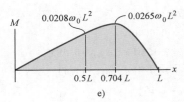

e)

11-7

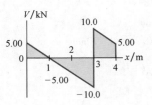

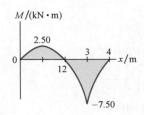

11-9 当 $0 \leqslant x < 4$m：$V = \{9 - 6x\}$ kN，

$M = \{9x - 3x^2\}$ kN·m，

当 4m $< x < 6$m：$V = \{6(6-x)\}$ kN·m，

$M = -\{3(6-x)^2\}$ kN·m

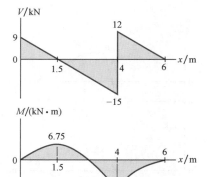

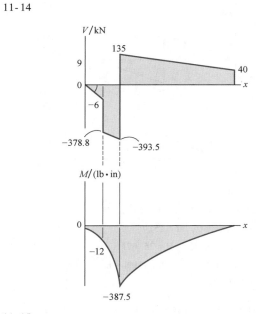

11-14

11-10

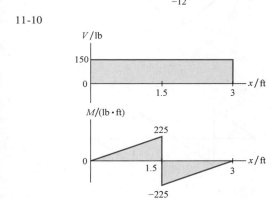

11-15

11-11

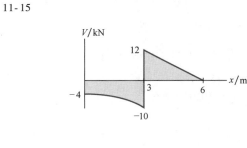

11-13

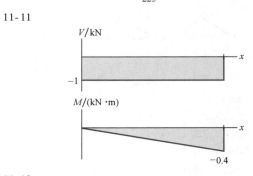

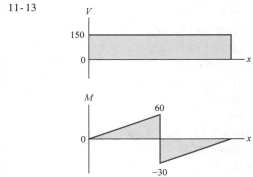

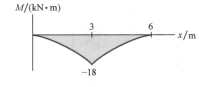

11-17　$x=6$，$V=-900$，$M=-3000$，

$\qquad V=(-300-16.67x^2)\,\text{lb}$，

$\qquad M=(-300x-5.556x^3)\,\text{lb}\cdot\text{ft}$

11-8　$V=(30.0-2x)\,\text{kip}$，

$\qquad M=(-x^2+30.0x-216)\,\text{kip}\cdot\text{ft}$，

$\qquad V=8.00\,\text{kip}$

$\qquad M=(8.00x-120)\,\text{kip}\cdot\text{ft}$

11-19　$x=5^-$，$V=-10$，$M=-25$

11-21　$M_{\max}=281\,\text{lb}\cdot\text{ft}$

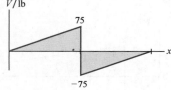

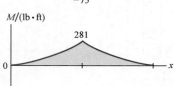

11-22 $x = L > 3$, $V = w_0 L > 6$, $M = 5w_0 L^2 / 54$

11-23 $x = 4.11$, $V = 0$, $M = 25.7$,

在 $x = 4.108\text{m}$ 处，$M = 25.67\text{kN} \cdot \text{m}$，

在 $x = 4.5\text{m}$ 处，$M = 25.31\text{kN} \cdot \text{m}$

11-25 $V = (300 - 50x^2) \text{N}$

$$M = \left(300x - \frac{50}{3}x^3\right) \text{N} \cdot \text{m}$$

$$V = [100(4.5-x)^2 - 375] \text{N}$$

$$M = \left[375(4.5-x) - \frac{100}{3}(4.5-x)^3\right] \text{N} \cdot \text{m}$$

11-26 $V = 1050 - 150x$

$$M = -75x^2 + 1050x - 3200$$

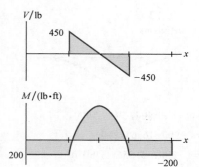

11-27 $w = 40.0\text{lb/ft}$,

$V = 30.0\text{lb}$,

$M = 15.0\text{lb} \cdot \text{ft}$

11-29 $x = 2^+$, $V = -2.5$, $M = 15$

11-30 $x = 2^+$, $V = -14.5$, $M = 7$

11-31

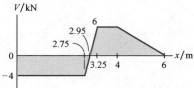

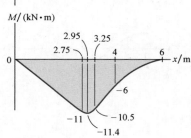

11-34

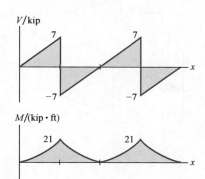

11-35 $(\sigma_t)_{max} = 3.72\text{ksi}$, $(\sigma_c)_{max} = 1.78\text{ksi}$

11-37 $\bar{y} = 3.40\text{in}$,

$I_{NA} = 91.73\text{in}^4$,

$(\sigma_t)_{max} = 3.72\text{ksi}$, $(\sigma_c)_{max} = 1.78\text{ksi}$

11-38 $M = 2.50\text{kip} \cdot \text{ft}$

11-39 $(\sigma_{max})_t = 2.40\text{ksi}$, $(\sigma_{max})_c = 4.80\text{ksi}$

11-41 $F_R = 200\text{kN}$

11-42 $I_a = 0.21645 \ (10^{-3}) \ \text{m}^4$,

$I_b = 0.36135 \ (10^{-3}) \ \text{m}^4$,

$\sigma_{max} = 74.7\text{MPa}$

11-43 $\sigma_{max} = 22.1\text{ksi}$

11-45 $\sigma = 13.6\text{ksi}$

11-46 $d = 1.28\text{in}$

11-47 $\sigma_A = 214\text{psi} \ (C)$, $\sigma_B = 33.0\text{psi} \ (T)$,

$\sigma_C = 115\text{psi} \ (T)$

11-49 $\sigma_{max} = 12.2\text{ksi}$

附录

11-50　$(\sigma_{max})_c = 78.1MPa$,
　　　　$(\sigma_{max})_t = 165MPa$

11-51　$M = 50.3kN \cdot m$

11-53　选取 $h = 275in$

11-54　(a) $\sigma_{max} = 497kPa$,
　　　　(b) $\sigma_{max} = 497kPa$

11-55　(a) $\sigma_{max} = 249kPa$,
　　　　(b) $\sigma_{max} = 249kPa$

11-57　$d_o = 188mm$
　　　　$d_i = 151mm$

11-58　$b = 53.1mm$

11-59　$M = 123kN \cdot m$

11-61　$w = 18.75kN/m$

11-62　$M_{max} = 7.50kN \cdot m$,　$a = 66.9mm$

11-63　$\sigma_{max} = \dfrac{23w_0L^2}{36bh^2}$

11-65　$(\sigma_{max})_c = 120MPa$ (C)
　　　　$(\sigma_{max})_c = 60MPa$ (T)

11-66　$\bar{y} = 0.012848m$,　$I = 0.79925 (10^{-6})$ m^4,
　　　　$\varepsilon_{max} = 0.711 (10^{-3})$ mm/mm

11-67　$d = 116mm$

11-69　$M_y = -14.14kip \cdot ft$,　$M_z = -14.14kip \cdot ft$,
　　　　$I_y = 736in^4$,　$I_z = 1584in^4$,
　　　　$\sigma_{max} = 2.01ksi$ (T),　$\sigma_{max} = 2.01ksi$ (C),
　　　　$\alpha = 65.1°$

11-70　$M = 119kip \cdot ft$

11-71　$\bar{y} = 57.4mm$,　$\sigma_A = 1.30MPa$ (C),
　　　　$\sigma_B = 0.587MPa$ (T),
　　　　$\sigma = -3.74°$

11-73　$z'_A = 1.155in$,　$y'_A = -2.828in$,
　　　　$\sigma_A = 21.0ksi$ (C)

11-74　$\sigma_{max} = 4.70MPa$,　$\alpha = -76.0°$

11-75　$M = 5.11kN \cdot m$

11-77　$\sigma_A = 2.60MPa$

11-78　$\sigma_B = 131MPa$ (C),　$\alpha = -66.5°$

11-79　$M = 1186kN \cdot m$

11-81　$K = 2.60$,　$M = 15.0kip \cdot ft$

11-82　$\sigma_{max} = 12.0ksi$

11-83　$r = 5.00mm$

11-85　$K = 1.92$,　$P = 122lb$

11-86　$\sigma_{max} = 29.5ksi$

11-87　$r = 8.0mm$

11-89　$F_R = 5.88kN$

11-90　$(\sigma_{max})_t = 3.43MPa$ (T),
　　　　$(\sigma_{max})_c = 1.62MPa$ (C)

11-91　$x = 0.6^-$,　$V = -233N$,　$M = -50N \cdot m$

11-93　$I = 91.14583 (10^{-6})$ m^4,
　　　　$M = 36.5kN \cdot m$,　$\sigma_{max} = 40.0MPa$

11-94　(a) $\sigma_{max} = 0.410MPa$, (b) $\sigma_{max} = 0.410MPa$

11-95　$\sigma_{max} = 8.41ksi$

11-97　$V = 20-2x$,　$M = -x^2+20x-166$

11-98　$\sigma_{max} = 25.8ksi$

第 12 章

12-1　$I = 0.2501 (10^{-3})$ m^4,　$Q_A = 0.64 (10^{-3})$ m^3,
　　　　$\tau_A = 2.56MPa$

12-2　$\tau_{max} = 3.46MPa$

12-3　$V_w = 19.0kN$

12-5　$\bar{y} = 3.30in$,　$I_{NA} = 390.60in^4$,
　　　　$Q = 65.34-6y^2$,　$V_f = 3.82kip$

12-6　$V_{max} = 100kN$

12-7　$\tau_{max} = 17.9MPa$

12-9　$\bar{y} = 1.1667in$,　$I = 6.75in^4$,　$V = 32.1kip$

12-10　$\tau_{max} = 4.48ksi$

12-11　$\tau_{max} = 45.0MPa$

12-13　$\bar{y} = 0.080196m$,　$I = 4.8646(10^{-6})$ m^4,
　　　　$\tau_{max} = 4.22MPa$

12-14　$V = 190kN$

12-15　$V_{AB} = 50.3kN$

12-17　$\tau_A = 1.99MPa$,　$\tau_B = 1.65MPa$

12-18　$\tau_{max} = 4.62MPa$

12-19　$V_w = 27.1kN$

12-21　$I = 4\pi in^4$,　$Q = \dfrac{2}{3}(4-y^2)^{3/2}$,　$\tau_A = 2.39ksi$

12-22　$\tau_B = 4.41MPa$

12-23　$\tau_{max} = 4.85MPa$

12-25　$V_C = -13.75kN$,　$I = 27.0(10^{-6})$ m^4,
　　　　$Q_{max} = 0.216 (10^{-3})$ m^3,　$\tau_{max} = 3.67MPa$

12-26　$a = 1.27in$

12-27　$\tau_{max} = 22.0MPa$,　$(\tau_{max})_s = 66.0MPa$

12-33 $F = 675\text{lb}$

12-34 $V = 16.7\text{kN}$

12-35 $V = 28.2\text{kN}$

12-37 $V = 2571\text{lb}$, $\tau_b = 14.0\text{ksi}$

12-38 $\tau_n = 35.2\text{MPa}$

12-39 $I_{NA} = 72.0(10^{-6})\text{m}^4$, $Q = 0.450(10^{-3})\text{m}^3$,
$P = 6.60\text{kN}$

12-41 $\tau_B = 646\text{psi}$

$\tau_A = 592\text{psi}$

12-42 $\tau_{\text{avg}} = 97.2\text{MPa}$

12-45 $P = 11.4\text{kN}$（控制）

12-46 $s = 71.3\text{mm}$

12-47 $V = 8.82\text{kip}$, $s = 1\frac{1}{8}\text{in}$

12-49 $P = 3.67\text{kN}$

12-50 $V_{AB} = 9.96\text{kip}$

12-51 $V = 131\text{kN}$

12-53 $V = 4.10\text{kip}$

12-54 $\tau_B = 795\text{psi}$, $\tau_C = 596\text{psi}$

12-55 $\tau_{\text{max}} = 928\text{psi}$

12-57 $V = 28.8\text{kip}$

12-58 $\tau_{\text{max}} = 7.38\text{ksi}$

第 13 章

13-1 $t = 18.8\text{mm}$

13-2 $r_o = 75.5\text{in}$

13-3 $P = 848\text{N}$

13-5 $\sigma_1 = 600\text{ksi}$, $\sigma_2 = 0$

13-6 $\sigma_1 = 600\text{ksi}$, $\sigma_2 = 300\text{psi}$

13-7   (a) $\sigma_1 = 127\text{MPa}$, (b) $\sigma_1' = 79.1\text{MPa}$,
(c) $(\tau_{\text{avg}})_r = 322\text{MPa}$

13-9 $\sigma_{\text{hoop}} = 7.20\text{ksi}$, $\sigma_{\text{long}} = 3.60\text{ksi}$

13-10 $\sigma_1 = 1.60\text{ksi}$, $p = 25\text{psi}$, $\delta = 0.00140\text{in}$

13-11 $\sigma_h = 432\text{psi}$, $\sigma_b = 8.80\text{ksi}$

13-13 $T_1 = 128°$, $\sigma_1 = 12.1\text{ksi}$, $p = 252\text{psi}$

13-14 $p = \dfrac{E(r_2 - r_3)}{\dfrac{r_2^2}{r_2 - r_1} + \dfrac{r_3^2}{r_4 - r_3}}$

13-15 $\delta_{r_i} = \dfrac{p r_i^2}{E(r_o - r_i)}$

13-17 $\sigma_{fil} = \dfrac{pr}{t + t'} + \dfrac{T}{wt'}$,

$\sigma_w = \dfrac{pr}{t + t'} - \dfrac{T}{wt}$

13-18 $d = 66.7\text{mm}$

13-19 $\sigma_L = 66.7\text{MPa}$ (C), $\sigma_R = 33.3\text{MPa}$ (T)

13-21 $\sigma_{\text{max}} = \sigma_L = 13.9\text{ksi}$ (T), $\sigma_R = 13.6\text{ksi}$ (C)

13-22 $\sigma_{\text{max}} = 1.07\text{MPa}$

13-23 $\sigma_{\text{const}} = 1.07\text{MPa}$

13-25 $N = 606.218\text{lb}$, $V = 350\text{lb}$,
$M = 175\text{lb} \cdot \text{in}$,
$\sigma_B = 5.35\text{ksi}$, $\tau_B = 0$

13-26 $\sigma_{\text{max}} = 2.34\text{MPa}$ (C)

13-27 $P = 128\text{kN}$

13-29 $P = 11.8\text{kN}$

13-30 $\sigma_A = 25\text{MPa}$ (C), $\sigma_B = 0$,
$\tau_A = 0$, $\tau_B = 5\text{MPa}$

13-31 $d = 66.7\text{mm}$

13-33 $\sigma_B = 8.89\text{ksi}$ (C), $\tau_B = 0$,
$\sigma_A = 720\text{psi}$ (T), $\tau_A = 0$

13-34 $\sigma_E = 8.89\text{ksi}$ (T), $\tau_E = 0$, $\sigma_F = 0$, $\tau_F = 240\text{psi}$

13-35 $\sigma_A = \sigma_B = 306\text{psi}$ (C),
$\tau_A = 8.46\text{ksi}$, $\tau_B = 5.64\text{ksi}$

13-37 $\sigma_B = 1.53\text{MPa}$ (C), $\tau_B = 100\text{MPa}$

13-38 $\sigma_D = -88.0\text{MPa}$, $\tau_D = 0$

13-39 $\sigma_E = 57.8\text{MPa}$, $\tau_E = 864\text{kPa}$

13-41 $\sigma_B = 3.26\text{MPa}$ (T), $\tau_B = 0.209\text{MPa}$

13-42 $\sigma_A = 3.31\text{ksi}$ (T), $\tau_A = 0.581\text{ksi}$

13-43 $\sigma_B = 1.99\text{ksi}$ (C), $\tau_B = 0.510\text{ksi}$

13-45 $A = 18.0\text{in}^2$, $I_Y = 13.5\text{in}^4$, $I_z = 54.0\text{in}^4$,
$\sigma_A = 1.00\text{ksi}$ (C), $\sigma_B = 3.00\text{ksi}$ (C)

13-46 $\sigma_{\text{max}} = \dfrac{1.33P}{a^2}$ (C), $\sigma_{\text{min}} = \dfrac{P}{3a^2}$ (T)

13-47 $\sigma_D = 0$, $\tau_D = 80.8\text{psi}$,
$\sigma_E = -501\text{psi}$, $\tau_E = 93.9\text{psi}$

13-49 $\sigma_D = -126\text{psi}$, $\tau_D = 57.2\text{psi}$,
$\sigma_E = -347\text{psi}$, $\tau_E = 66.4\text{psi}$

13-50 $\sigma_A = 6.61\text{ksi}$ (T), $\tau_A = 1.39\text{ksi}$

13-51 $\sigma_B = 5.76\text{ksi}$ (C), $\tau_B = 1.36\text{ksi}$

13-53 $\sigma = 5.86\text{ksi}$ (C), $\tau = 4.80\text{ksi}$

13-54 $\sigma_{\text{max}} = 71.0\text{MPa}$ (C)

13-55 $P = 84.5 \text{kN}$

13-57 $\sigma_C = 107 \text{MPa} \ (C), \ \tau_C = 15.3 \text{MPa},$
$\sigma_D = 0, \ \tau_D = 15.8 \text{MPa}$

13-58 $\sigma_A = 7.20 \text{MPa} \ (T), \ \tau_A = 0.6 \text{MPa}$

13-59 $\sigma_B = 9.60 \text{MPa} \ (T)$
$[(\tau_{xy})_V]_B = 0$
$[(\tau_{xy})_V]_B = 0.45 \text{MPa}$

13-61 $\sigma_F = 695 \text{kPa} \ (C), \ \tau_F = 31.0 \text{kPa}$

13-62 $\sigma_A = -21.3 \text{psi}, \ \sigma_B = -12.2 \text{psi}$

13-63 $\theta = 0.286°$

13-65 $\int_A \dfrac{\text{d}A}{r} = 0.035774 \text{in}, \ A = 0.049087 \text{in}^2,$
$(\sigma_t)_{\max} = 49.0 \text{ksi} \ (T), \ (\sigma_c)_{\max} = 40.8 \text{ksi} \ (C)$

13-66 $(\sigma_t)_{\max} = 28.8 \text{ksi}(T), \ (\sigma_c)_{\max} = 24.0 \text{ksi}(C)$

13-67 $\sigma_{\max} = 236 \text{psi} \ (C)$

13-69 $P = 94.2 \text{kN}$

13-70 $(\sigma_{\max})_{AB} = 667 \text{psi}, \ (\sigma_{\max})_{CD} = 40.7 \text{ksi}$

13-71 $\sigma_1 = 7.07 \text{MPa}, \ \sigma_2 = 0$

13-73 $\sigma_C = 11.6 \text{ksi}, \ \tau_C = 0,$
$\sigma_D = -23.2 \text{ksi}, \ \tau_D = 0$

13-74 $\sigma_C = 10.4 \text{ksi}, \ \tau_C = 0,$
$\sigma_D = -20.8 \text{ksi}, \ \tau_D = 0$

第 14 章

14-2 $\sigma_{x'} = -4.05 \text{ksi}, \ \tau_{x'y'} = -0.404 \text{ksi}$

14-3 $\sigma_{x'} = -388 \text{psi}, \ \tau_{x'y'} = 455 \text{psi}$

14-5 $\sigma_{x'} = 1.45 \text{ksi}, \ \tau_{x'y'} = 3.50 \text{ksi}$

14-6 $\sigma_{x'} = 49.7 \text{MPa}, \ \tau_{x'y'} = -34.8 \text{MPa}$

14-7 $\sigma_{x'} = 49.7 \text{MPa}, \ \tau_{x'y'} = -34.8 \text{MPa}$

14-9 $\sigma_{x'} = 56.25 \text{MPa}, \ \sigma_{y'} = -31.25 \text{MPa},$
$\tau_{x'y'} = -75.8 \text{MPa}$

14-10 $\sigma_{x'} = 47.5 \text{MPa}, \ \sigma_{y'} = 202 \text{MPa},$
$\tau_{x'y'} = -15.8 \text{MPa}$

14-11 $\sigma_{x'} = 177 \text{MPa}, \ \sigma_{y'} = 72.5 \text{MPa},$
$\tau_{x'y'} = -59.2 \text{MPa}$

14-13 $\sigma_{x'} = -898 \text{psi}, \ \tau_{x'y'} = 605 \text{psi}, \ \sigma_{y'} = 598 \text{psi}$

14-14 (a) $\sigma_1 = 4.21 \text{ksi}, \ \sigma_2 = -34.2 \text{ksi},$
$\theta_{p2} = 19.3°, \ \theta_{p1} = -70.7°$
(b) $\tau_{\max\,\text{面内}} = 19.2 \text{ksi}, \ \sigma_{\text{avg}} = -15 \text{ksi},$
$\theta_s = -25.7°, \ 64.3°$

14-15 $\sigma_1 = 53.0 \text{MPa}, \ \sigma_2 = -68.0 \text{MPa},$

$\theta_{p1} = 14.9° 和 \theta_{p2} = -75.1°,$
$\sigma_{\text{avg}} = -7.50 \text{MPa}, \ \tau_{\max\,\text{面内}} = 60.5 \text{MPa},$
$\theta_s = -30.1° \text{and} 59.9°$

14-17 $I = 0.45 \ (10^{-3}) \ \text{m}^4, \ Q_A = 1.6875 \ (10^{-3}) \ \text{m}^3,$
$\sigma_{x'} = 0.507 \text{MPa}, \ \tau_{x'y'} = 0.958 \text{MPa}$

14-18 $\sigma_1 = 2.29 \text{MPa}$
$\sigma_2 = -7.20 \text{kPa}$

14-19 $\sigma_y = -824 \text{psi}$

14-21 $\sigma_1 = 0, \ \sigma_2 = -22.9 \text{ksi},$
$\tau_{\max\,\text{面内}} = 11.5 \text{ksi}, \ \theta_s = 45°, \ 135°,$
$\sigma_{\text{avg}} = -11.5 \text{ksi}$

14-22 $\sigma_{x'} = 3.75 \text{MPa}$
$\tau_{x'y'} = 2.17 \text{MPa}$

14-23 $\sigma_1 = 0.939 \text{ksi}, \ \sigma_2 = -1.36 \text{ksi},$
$\tau_{\max} = 1.15 \text{ksi},$

14-25 $\sigma_1 = 6.38 \text{MPa}, \ \sigma_2 = -0.360 \text{MPa},$
$(\theta_p)_1 = 13.4°, \ (\theta_p)_2 = 103°$

14-26 $\tau_{\max\,\text{面内}} = 3.37 \text{MPa}, \ \theta_s = -31.6°, \ 58.4°, \ \sigma_{\text{avg}} = 3.01 \text{MPa}$

14-27 $\sigma_{x'} = -388 \text{psi}, \ \tau_{x'y'} = 455 \text{psi}$

14-29 $R = 19.21 \text{ksi},$
$\sigma_1 = 4.21 \text{ksi}, \ \sigma_2 = -34.2 \text{ksi}, \ \theta_{p2} = 19.3°,$
$\tau_{\max\,\text{面内}} = 19.2 \text{ksi}, \ \sigma_{\text{avg}} = -15 \text{ksi}, \ \theta_{s2} = 64.3°$

14-30 $\sigma_{x'} = -19.9 \text{ksi}, \ \tau_{x'y'} = 7.70 \text{ksi},$
$\sigma_{y'} = 9.89 \text{ksi}$

14-31 $\sigma_{x'} = 47.5 \text{MPa}, \ \sigma_{y'} = 202 \text{MPa},$
$\tau_{x'y'} = -15.8 \text{MPa}$

14-33 $\sigma_{x'} = 10 \text{ksi}, \ \tau_{x'y'} = -5 \text{ksi}, \ \sigma_{y'} = 0$

14-34 $\sigma_{x'} = 4.99 \text{ksi}, \ \tau_{x'y'} = -1.46 \text{ksi},$
$\sigma_{y'} = -3.99 \text{ksi}$

14-35 $\sigma_{x'} = 736 \text{MPa}, \ \sigma_{y'} = -156 \text{MPa},$
$\tau_{x'y'} = -188 \text{MPa}$

14-37 $\sigma_1 = 3.51 \text{ksi}, \ \sigma_2 = -28.5 \text{ksi},$
$(\theta_p)_1 = 19.3° \ (顺时针方向), \ \tau_{\max\,\text{面内}} = 16.0 \text{ksi},$
$\sigma_{\text{avg}} = -12.5 \text{ksi}, \ \theta_s = 25.7° \ (逆时针方向)$

14-38 $\sigma_{\text{avg}} = 7.50 \text{ksi}$
(a) $\sigma_1 = 16.5 \text{ksi}, \ \sigma_2 = -1.51 \text{ksi},$
$\theta_{p1} = 16.8° \ ↺$
(b) $\tau_{\max\,\text{面内}} = -9.01 \text{ksi},$
$\theta_s = 28.2° \ ↻$

14-39 $\sigma_1 = 64.1\text{MPa}$，$\sigma_2 = -14.1\text{MPa}$，$\theta_{p2} = 25.1°$

$\sigma_{\text{avg}} = 25.0\text{MPa}$，$\tau_{\max \atop \text{面内}} = 39.1\text{MPa}$，

$\theta_s = -19.9°$

14-41 （a）$\sigma_1 = -5.53\text{ksi}$，$\sigma_2 = -14.5\text{ksi}$，

$\theta_p = -31.7°$

（b）$\tau_{\max \atop \text{面内}} = 4.47\text{ksi}$，$\sigma_{\text{avg}} = -10\text{ksi}$，

$\theta_s = 13.3°$

14-42 （a）$\sigma_1 = 646\text{MPa}$，

$\sigma_2 = -496\text{MPa}$，

$\theta_{p1} = 30.6°$ ↻

（b）$\tau_{\max \atop \text{面内}} = 571\text{MPa}$，

$\theta_s = 14.4°$ ↻

14-45 $\tau_{\max \atop \text{面内}} = 41.0\text{psi}$，$\sigma_1 = 0.976\text{psi}$，

$\sigma_2 = -81.0\text{psi}$

14-46 $\sigma_1 = 68.6\text{psi}$，$\sigma_2 = -206\text{psi}$

14-47 $\sigma_1 = 29.4\text{ksi}$

$\sigma_2 = -17.0\text{ksi}$

14-49 $\sigma_1 = 0.942\text{MPa}$，$\sigma_2 = -3.30\text{MPa}$，

$\tau_{\max \atop \text{面内}} = 2.12\text{MPa}$

14-50 $\sigma_1 = 3.85\text{ksi}$

$\sigma_2 = -2.08\text{ksi}$

$\tau_{\max \atop \text{面内}} = 2.96\text{ksi}$

14-53 $\sigma_1 = 0$，$\sigma_2 = 137\text{MPa}$，

$\sigma_3 = -46.8\text{MPa}$，

$\tau_{\text{abs} \atop \max} = 91.8\text{MPa}$

14-54 $\sigma_{\max} = 158\text{psi}$，$\sigma_{\min} = -8.22\text{psi}$，

$\sigma_{\text{int}} = 0\text{psi}$，$\tau_{\text{abs} \atop \max} = 83.2\text{psi}$

14-55 $\sigma_{\text{int}} = 0\text{ksi}$，$\sigma_{\max} = 7.06\text{ksi}$，

$\sigma_{\min} = -9.06\text{ksi}$，

$\tau_{\text{abs} \atop \max} = 8.06\text{ksi}$

14-57 $\sigma_1 = 6.73\text{ksi}$，$\sigma_2 = 0$，$\sigma_3 = -4.23\text{ksi}$，

$\tau_{\text{abs} \atop \max} = 5.48\text{ksi}$

14-59 各个方向的应力

$\sigma_1 = \sigma_2 = \sigma_3 = -p$

14-61 $\sigma_{\max} = 582\text{psi}$，$\sigma_{\text{int}} = 0$，$\sigma_{\min} = -926\text{psi}$，

$\tau_{\text{abs} \atop \max} = 755\text{psi}$

14-62 $\sigma_{\max} = 10.9\text{ksi}$，$\sigma_{\text{int}} = \sigma_{\min} = 0$，

$\tau_{\text{abs} \atop \max} = 5.46\text{ksi}$

14-65 $\varepsilon_1 = 138 \ (10^{-6})$，$\varepsilon_2 = -198 \ (10^{-6})$，

$\theta_{p1} = 13.3°$，$\theta_{p2} = -76.7°$，

$\gamma_{\max \atop \text{面内}} = 335 \ (10^{-6})$，$\varepsilon_{\text{avg}} = -30.0 \ (10^{-6})$，

$\theta_s = -31.7° \text{and} 58.3°$

14-66 $\varepsilon_1 = 1039 \ (10^{-6})$，$\varepsilon_2 = 291 \ (10^{-6})$

因此，$\theta_{p1} = 30.2°$，$\theta_{p2} = 120°$

$\gamma_{\max \atop \text{面内}} = 748 \ (10^{-6})$

$\varepsilon_{\text{avg}} = 665 \ (10^{-6})$

$\theta_t = -14.8° \text{and} 75.2°$

14-67 $\varepsilon_1 = 622 \ (10^{-6})$，$\varepsilon_2 = -862 \ (10^{-6})$，

$\theta_{p1} = -15.2° \text{and} \theta_{p2} = 74.8°$，

$\gamma_{\max \atop \text{面内}} = -1484 \ (10^{-6})$，$\varepsilon_{\text{avg}} = -120 \ (10^{-6})$，

$\theta_s = 29.8° \text{and} -60.2°$

14-69 $\varepsilon_{x'} = 466 \ (10^{-6})$，$\varepsilon_{y'} = -116 \ (10^{-6})$，

$\gamma_{x'y'} = -393 \ (10^{-6})$

14-70 $\varepsilon_{x'} = -309 \ (10^{-6})$

$\varepsilon_{y'} = -541 \ (10^{-6})$

$\gamma_{x'y'} = -423 \ (10^{-6})$

14-71 $\varepsilon_1 = 188 \ (10^{-6})$，$\varepsilon_2 = -128 \ (10^{-6})$，

$(\theta_p)_1 = -9.22°$，$(\theta_p)_2 = 80.8°$，

$\gamma_{\max \atop \text{面内}} = 316 \ (10^{-6})$，

$\theta_s = 35.8°$，$-54.2°$，$\varepsilon_{\text{avg}} = 30 \ (10^{-6})$

14-73 $\varepsilon_{x'} = 86.6 \ (10^{-6})$，$\gamma_{x'y'} = 620 \ (10^{-6})$，

$\varepsilon_{y'} = 213 \ (10^{-6})$

14-74 $\varepsilon_{x'} = -365 \ (10^{-6})$

$\dfrac{\gamma_{x'y'}}{2} = -271 \ (10^{-6})$

$\varepsilon_{y'} = -35.0 \ (10^{-6})$

14-75 $\varepsilon_1 = 17.7 \ (10^{-6})$，$\varepsilon_2 = -318 \ (10^{-6})$，

$(\theta_p)_1 = 76.7°$，$(\theta_p)_2 = -13.3°$，

$\gamma_{\max \atop \text{面内}} = 335 \ (10^{-6})$，$\theta_s = 31.7°$，$122°$，

$\varepsilon_{\text{avg}} = -150 \ (10^{-6})$

14-78 $\varepsilon_1 = 114 \ (10^{-6})$，$\varepsilon_2 = -314 \ (10^{-6})$

$(\theta_p)_1 = -10.3°$

$\gamma_{\max \atop \text{面内}} = 427 \ (10^{-6})$

$\theta_s = 34.7° \text{and} 125°$

$\varepsilon_{\text{avg}} = -100 \ (10^{-6})$

14-79　$R = 167.71$（10^{-6}），$\varepsilon_1 = 138$（10^{-6}），

　　　$\varepsilon_2 = -198$（10^{-6}），$\theta_p = 13.3°$

14-81　（a）$\varepsilon_1 = 622$（10^{-6}）

　　　$\varepsilon_2 = -862$（10^{-6}）

　　　$\theta_{p1} = 15.2°$

　　　（b）$\gamma_{\substack{max \\ 面内}} = -1484$（$10^{-6}$）

　　　$\varepsilon_{avg} = -120$（10^{-6}）

　　　$\theta_s = 29.8°$

14-82　$\varepsilon_{x'} = 103$（10^{-6}）

　　　$\varepsilon_{y'} = 46.7$（10^{-6}）

　　　$\gamma_{x'y'} = 718$（10^{-6}）

14-83　（a）$R = 93.408$，$\varepsilon_1 = 368$（10^{-6}），

　　　$\varepsilon_2 = 182$（10^{-6}），$\theta_{p1} = -52.8°$，$\theta_{p2} = 37.2°$

　　　（b）$\gamma_{\substack{max \\ 面内}} = 187$（$10^{-6}$），

　　　$\theta_s = -7.76°$，$82.2°$，$\varepsilon_{avg} = 275$（10^{-6}）

14-85　$\varepsilon_1 = 301$（10^{-6}），$\varepsilon_2 = -401$（10^{-6}），

　　　$\theta_{p2} = 27.6°$（顺时针方向），

　　　$\gamma_{\substack{max \\ 面内}} = 702$（$10^{-6}$），$\varepsilon_{avg} = -50$（$10^{-6}$），

　　　$\theta_s = 17.4°$（逆时针方向）

14-86　a.　$\varepsilon_1 = 487$（10^{-6}）

　　　$\varepsilon_2 = -400$（10^{-6}）

　　　b.　$\gamma_{\substack{max \\ 面内}} = 887$（$10^{-6}$）

　　　$\varepsilon_{avg} = 43.3$（10^{-6}）

14-90　$E = 30.7$（10^3）ksi

　　　$\nu = 0.291$

14-91　$E = 17.4\text{GPa}$，$\Delta d = -12.6$（10^{-6}）mm

14-93　$\nu_{pvc} = 0.164$

14-94　$\varepsilon_x = \varepsilon_y = 0$

　　　$\gamma_{xy} = -160$（10^{-6}）

　　　$T = 65.2\text{N} \cdot \text{m}$

14-95　（a）$K_r = 3.33\text{ksi}$，

　　　（b）$K_g = 5.13$（10^3）ksi

14-97　$\rho = 3.43\text{MPa}$，

　　　$\tau_{\substack{max \\ 面内}} = 0$，$\tau_{\substack{abs \\ max}} = 85.7\text{MPa}$

14-98　$P = 13.9\text{kip}$

　　　$\gamma_{xy} = 0.156$（10^{-3}）rad

14-99　$\sigma_z = -\dfrac{12My}{bh^3}$，$\varepsilon_y = \dfrac{12\nu My}{Ebh^3}$，

　　　$\Delta L_{AB} = \dfrac{3\nu M}{2Ebh}$，

　　　$\Delta L_{CD} = \dfrac{6\nu M}{Eh^2}$

14-101　$p = 4\text{MPa}$

14-102　$p = 3.33\text{MPa}$

14-103　$\theta = \arctan\left(\dfrac{1}{\sqrt{\nu}}\right)$

14-105　$\delta_a = 0.367\text{mm}$，$\delta_b = -0.255\text{mm}$，

　　　$\delta_t = -0.00167\text{mm}$

14-106　$\sigma_1 = 119\text{psi}$，$\sigma_2 = -119\text{psi}$

14-107　$\sigma_1 = 329\text{psi}$，$\sigma_2 = -72.1\text{psi}$

14-109　（a）$\varepsilon_1 = 482$（10^{-6}），$\varepsilon_2 = 168$（10^{-6}）

　　　（b）$\gamma_{\substack{max \\ 面内}} = 313$（$10^{-6}$）

　　　（c）$\gamma_{\substack{abs \\ max}} = 482$（$10^{-6}$）

14-110　F.S. $= 2$

14-111　$\sigma_1 = 3.03\text{ksi}$，$\sigma_2 = -33.0\text{ksi}$，

　　　$\theta_{p1} = -16.8°$ and $\theta_{p2} = 73.2°$，

　　　$\tau_{\substack{max \\ 面内}} = 18.0\text{ksi}$，$\sigma_{avg} = -15\text{ksi}$，$\theta_s = 28.2°$

14-113　不会发生。

14-114　$\varepsilon_{avg} = 83.3$（10^{-6}），$\varepsilon_1 = 880$（10^{-6}），

　　　$\varepsilon_2 = -713$（10^{-6}），$\theta_p = 54.8°$（顺时针方向），

　　　$\gamma_{\substack{max \\ 面内}} = -1593$（$10^{-6}$），

　　　$\theta_s = 9.78°$（顺时针方向）

14-115　$P_2 = 11.4\text{kip}$

　　　$P_1 = 136\text{kip}$

第 15 章

15-1　$b = 211\text{mm}$，$h = 264\text{mm}$

15-2　选取 $b = 4\text{in}$

15-3　选取 $b = 5\text{in}$

15-5　$S_{req'd} = 15.0\text{in}^3$，

　　　选取 W12×16

15-6　安全。

15-7　不安全。

15-9　选取 W360×45

15-10　安全。

15-11　$P = 2.49\text{kN}$

15-13　$S_{req'd} = 32.73\text{in}^3$，

　　　选取 W12×26

15-14　选取 W12×26

15-15　选取 W24×62

15-17　$P = 12.5\text{kip}$,　$\tau_{\text{req'd}} = 466\text{psi}$

　　　　$P = 103\text{kN}$

15-18　选取 $a = 3\dfrac{1}{8}\text{in}$

15-19　$P = 750\text{lb}$

15-21　$w = 3.02\text{kN/m}$,

　　　　$s_{\text{ends}} = 16.7\text{mm}$,

　　　　$s_{\text{mid}} = 50.2\text{mm}$

15-22　选取 $t = 4\text{mm}$

15-23　$P = 13.7\text{kN}$

15-25　$w = 10.8\text{kN/m}$

15-26　$P = 2.90\text{kN}$

15-27　$b = 5.86\text{in}$

15-29　$w = \dfrac{w_0}{L}x$

15-30　$\dfrac{y^2}{h_0^2} + \dfrac{4x^2}{L^2} = 1$

15-31　$x = \dfrac{L}{3}$,　$\dfrac{2L}{3}$,　$\sigma_{\substack{\text{abs} \\ \text{max}}} = \dfrac{18PL}{25bh_0^2}$

15-33　$\sigma_{\substack{\text{abs} \\ \text{max}}} = \dfrac{0.155w_0 L^2}{bh_0^2}$

15-34　$r^3 = \dfrac{r_0^3}{L^2}x^2$

15-35　$y = \left[\dfrac{4P}{\pi \sigma_{\text{allow}}}x\right]^{\frac{1}{2}}$

15-37　$\sigma_{\text{allow}} = \dfrac{Px}{b_0 d^2/6}d = d_0\sqrt{\dfrac{x}{L}}$

15-38　$b = \dfrac{b_0}{L^2}x^2$

15-39　选取 W18×50

15-41　$h = 0.643\text{in}$ 安全，托梁能够支撑载荷.

15-42　$P = 178\text{lb}$,　$s = 12.0\text{in}$

第 16 章

16-1　$\sigma = 3.02\text{ksi}$

16-2　$\sigma = 75.5\text{ksi}$

16-3　$\sigma = 582\text{MPa}$

16-5　$v_C = 6.11\text{mm}\downarrow$

16-6　$v_1 = \dfrac{Px_1}{12EI}\left(-x_1^3 + L^2\right)$,

　　　　$v_3 = \dfrac{P}{12EI}\left(2x_3^3 - 9Lx_3^3 + 10L^2 x_3 - 3L^3\right)$,

　　　　$v_{\max} = \dfrac{PL^3}{8EI}$

16-7　$\theta_A = \dfrac{333\text{kip}\cdot\text{ft}^2}{EI}$

　　　　$v_1 = \dfrac{1}{EI}\left(-\dfrac{5}{6}x_1^3 + 333x_1\right)\text{kip}\cdot\text{ft}^3$

　　　　$v_2 = \dfrac{1}{EI}\left(-\dfrac{4}{3}x_2^3 - 10x_2^2 + 1267x_2 - 10333\right)\text{kip}\cdot\text{ft}^3$

　　　　$v_C = \dfrac{10333\text{kip}\cdot\text{ft}^3}{EI}\downarrow$

16-9　$M_1 = \dfrac{Pb}{L}x_1$,　$M_2 = Pa\left(1 - \dfrac{x_2}{L}\right)$,

　　　　$v_1 = \dfrac{Pb}{6EIL}\left(x_1^3 - (L^2 - b^2)x_1\right)$,

　　　　$v_2 = \dfrac{Pa}{6EIL}\left(3x_2^3 L - x_2^3 - (2L^2 + a^2)x_2 + a^2 L\right)$

16-10　$\theta_{\max} = \dfrac{M_0 L}{3EI}$,

　　　　$v_{\max} = -\dfrac{\sqrt{3}\,M_0 L^2}{27EI}$

16-11　$v_1 = \dfrac{-Pb}{6aEI}\left[x_1^3 - a^2 x_1\right]$

　　　　$v_2 = \dfrac{P}{6EI}\left(-x_2^3 + b(2a + 3b)x_2 - 2b^2(a + b)\right)$

16-13　$v_{\max} = \dfrac{3PL^3}{256EI}\downarrow$

16-14　$v_{\max} = 11.5\text{mm}\downarrow$

16-15　$\theta_{\max} = 0.00466\text{rad}$,　$v_{\max} = 0.369\text{in}\downarrow$

16-17　$v_1 = \dfrac{M_0}{6EIL}\left[-x_1^3 + L^2 x_1\right]$

　　　　$v_2 = \dfrac{M_0}{6EIL}\left[-3Lx_2^2 + 8L^2 x_2 - 5L^3\right]$

　　　　$\theta_A = \dfrac{M_0 L}{6EI}$

16-18　$v_{\max} = \dfrac{-18.8\text{kip}\cdot\text{ft}^3}{EI}$

16-19　$\theta_B = -\dfrac{wa^3}{6EI}$,

$v_1 = \dfrac{w}{24EI}(-x_1^4 + 4ax_1^3 - 6a^2x_1^2)$,

$v_2 = \dfrac{wa^3}{24EI}(-4x_2 + a)$,

$v_B = \dfrac{wa^3}{24EI}(-4L + a)$

16-21 $R = 12.2\text{kip}$

16-22 $v_1 = \dfrac{M_0}{6EIL}(-x_1^3 + L^2x_1)$,

$v_2 = \dfrac{M_0}{24EI}(-12x_2^2 + 20Lx_2 - 7L^2)$,

$v_C = \dfrac{7M_0L^2}{24EI}\downarrow$

16-23 $\theta_A = -\dfrac{3PL^2}{8EI}$, $v_C = \dfrac{-PL^3}{6EI}$

16-25 $v = \dfrac{1}{EI}[-1.67x^3 - 6.67\langle x-20\rangle^3 +$

$18.3\langle x-40\rangle^3 + 4000x]\,\text{lb}\cdot\text{in}^3$

16-26 $v = \dfrac{P}{6EI}[-x^3 + \langle x-a\rangle^3 + \langle x-3a\rangle^3$

$+ 9a^2x - 8a^3]$,

$(v_{\max})_{BC} = \dfrac{Pa^3}{2EI}\uparrow$, $v_A = \dfrac{4Pa^3}{3EI}\downarrow$

16-27 $v = \dfrac{P}{12EI}[-2\langle x-a\rangle^3 + 4\langle x-2a\rangle^3 + a^2x]$,

$(v_{\max})_{AB} = \dfrac{0.106Pa^3}{EI}\uparrow$, $v_C = \dfrac{3Pa^3}{4EI}\downarrow$

16-29 $\theta_A = \dfrac{M_0L}{6EI}$

$v = \dfrac{M_0}{6EI}\left[3\left\langle x-\dfrac{L}{3}\right\rangle^2 - 3\left\langle x-\dfrac{2}{3}L\right\rangle^2 - Lx\right]$

$v_B = \dfrac{M_0L^2}{18EI}\downarrow$

16-30 $M = M_0\left\langle x-\dfrac{L}{3}\right\rangle^0 - M_0\left\langle x-\dfrac{2}{3}L\right\rangle$,

$v = \dfrac{M_0}{6EI}\left[3\left\langle x-\dfrac{L}{3}\right\rangle^2 - 3\left\langle x-\dfrac{2}{3}L\right\rangle^2 - Lx\right]$,

$v_{\max} = \dfrac{5M_0L^2}{72EI}\downarrow$

16-31 $\theta_A = \dfrac{PL^2}{9EI}$,

$v = \dfrac{P}{18EI}\left[3x^3 - 3\left\langle x-\dfrac{L}{3}\right\rangle^3 - 3\left\langle x-\dfrac{2}{3}L\right\rangle^3 - 2L^2x\right]$,

$v_{\max} = \dfrac{23PL^3}{648EI}\downarrow$

16-33 $v = \dfrac{1}{EI}\left[-\dfrac{10}{3}x^3 + \dfrac{10}{3}(x-1.5) + \dfrac{10}{3}\langle x-4.5\rangle^3 + 67.5x - 90\right]\text{kN}\cdot\text{m}^3$

16-34 $v_C = -0.501\text{mm}$, $v_D = -0.698\text{mm}$,

$v_E = -0.501\text{mm}$

16-35 $v = \dfrac{1}{EI}\,[-0.25x^4 + 0.208\langle x-1.5\rangle^3$

$+ 0.25\langle x-1.5\rangle^4 + 4.625\langle x-4.5\rangle^3$

$+ 25.1x - 36.4]\ \text{kN}\cdot\text{m}^3$

16-37 $\dfrac{dv}{dx} = \dfrac{1}{EI}[2.25x^2 - 0.5x^3 + 5.25\langle x-5\rangle^2 +$

$0.5\langle x-5\rangle^3 - 3.125]\text{kN}\cdot\text{m}^2$,

$v = \dfrac{1}{EI}\,[0.75x^3 - 0.125x^4 + 1.75\langle x-5\rangle^3 +$

$0.125\langle x-5\rangle^4 - 3.125x]\ \text{kN}\cdot\text{m}^3$

16-38 $\theta_B = -0.00778\text{rad}$, $v_B = 0.981\text{in}\downarrow$

16-39 $\Delta_C = 0.895\text{in}\downarrow$

16-41 $\theta_A = \dfrac{wa^3}{6EI}$, $\Delta_D = \dfrac{wa^4}{12EI}\downarrow$

16-42 $\theta_B = 0.00722\text{rad}$, $\Delta_C = 13.3\text{mm}\downarrow$

16-43 $\theta_A = 0.0190\text{rad}$

$\Delta_C = 25.3\text{mm}$

16-45   选取 W14×34

16-46 $\Delta_C = 23.2\text{m}\downarrow$

16-47 $\Delta_A = 0.916\text{in}$

16-49 $v_B{}' = \dfrac{366.67\text{N}\cdot\text{m}^3}{EI}\downarrow$,

$v_{B''} = \dfrac{1.3333B_y\text{m}^3}{EI}\uparrow$,

$B_y = 550\text{N}$, $A_y = 125\text{N}$, $C_y = 125\text{N}$

16-50 $B_y = \dfrac{7P}{4}$, $A_y = \dfrac{3P}{4}$, $M_A = \dfrac{PL}{4}$

16-51 $C_x = 0$, $B_y = 30.75\text{kip}$,

$A_y = 2.625\text{kip}$, $C_y = 14.625\text{kip}$

16-53 $\Delta_B = 1.50\text{mm}\downarrow$

16-54 $A_x = 0$, $B_y = \dfrac{3M_0}{2L}$, $A_y = \dfrac{3M_0}{2L}$, $M_A = \dfrac{M_0}{2}$

16-55 $C_x = 0$, $C_y = \dfrac{P}{3}$

16-57 $M_A = M_B = \dfrac{1}{24}PL$, $A_y = B_y = \dfrac{1}{6}P$,

$$C_y = D_y = \frac{1}{3}P, \quad D_x = 0$$

16-58 $\quad F_{sp} = \dfrac{3kwL^4}{24EI + 8kL^3}$

16-59 $\quad M = \left(\dfrac{PL}{8} - \dfrac{2EI}{L}\alpha \right), \quad \Delta_{max} = \dfrac{PL^3}{192EI} + \dfrac{aL}{4}$

16-61 $\quad P = 243\text{lb}$

16-62 $\quad d = 0.708\text{in}$

16-63 $\quad B_y = 634\text{lb}, \quad A_y = 243\text{lb}, \quad C_y = 76.8\text{lb}$

16-65 $\quad v = \dfrac{1}{EI}(-30x^3 + 46.25\langle x-12\rangle^3 -$

$\qquad 11.7\langle x-24\rangle^3 + 38,700x - 412,560)\,\text{lb} \cdot \text{in}^3$

16-66 $\quad v_1 = \dfrac{1}{EI}(4.44x_1^3 - 640x_1)\,\text{lb} \cdot \text{in}^3,$

$\qquad v_2 = \dfrac{1}{EI}(-4.44x_2^3 + 640x_2)\,\text{lb} \cdot \text{in}^3$

16-67 $\quad \Delta_C = 1.90\text{in} \downarrow$

16-69 $\quad \Delta_B = \Delta_C = \dfrac{11wL^4}{12EI}, \quad \Delta_{BB} = \Delta_{CC} = \dfrac{4B_yL^3}{9EI},$

$\qquad \Delta_{BC} = \Delta_{CB} = \dfrac{7B_yL^3}{18EI}, \quad B_y = C_y = \dfrac{11wL}{10},$

$\qquad A_y = \dfrac{2wL}{5}, \quad D_y = \dfrac{2wL}{5}, \quad D_x = 0$

16-70 $\quad (v_2)_{max} = \dfrac{wL^4}{18\sqrt{3}\,EI}$

16-71 $\quad v_A = \dfrac{w_0L^4}{Eth_0^3} \downarrow$

16-73 $\quad \Delta_D = \dfrac{6400\text{lb} \cdot \text{ft}^3}{EI} \downarrow, \quad (\Delta_C)_1 = \dfrac{3200\text{lb} \cdot \text{ft}^3}{EI} \downarrow,$

$\qquad (\Delta_C)_2 = \dfrac{27000\text{lb} \cdot \text{ft}^3}{EI} \downarrow, \quad \Delta_C = 0.644\text{in} \downarrow$

16-74 $\quad \Delta_G = 5.82\text{in} \downarrow$

第 17 章

17-1 $\quad F = 2P\theta, \quad F_s = \dfrac{kL\theta}{2}, \quad P_{cr} = \dfrac{kL}{4}$

17-2 $\quad P_{cr} = kL$

17-3 $\quad$ 选取 $d = \dfrac{9}{16}\text{in}$

17-5 $\quad d = 6.07\text{in}$

17-6 $\quad d = 4.73\text{in}$

17-7 $\quad P_{cr} = 158\text{kip}$

17-9 $\quad P_{cr} = 33.17\text{kip}, \quad \text{F. S.} = 2.21$

17-10 $\quad P_{cr} = 271\text{kip}$

17-11 $\quad P_{cr} = 272\text{kN}$

17-13 $\quad P_{cr} = 20.4\text{kip}$

17-14 $\quad P = 13.2\text{kip}$（控制）

17-15 $\quad L = 15.1\text{ft}$

17-17 $\quad A = 8.00\text{in}^2, \quad I_x = 10.667\text{in}^4,$

$\qquad I_y = 2.6667\text{in}^4, \quad P_{cr} = 2.92\text{kip}$

17-18 $\quad P_{cr} = 5.97\text{kip}$

17-19 $\quad P = 17.6\text{kip}$

17-21 $\quad P_{cr} = 32.2\text{kip}$

17-22 $\quad$ 选取 $d_{AB} = 2\dfrac{1}{8}\text{in}, \quad d_{BC} = 2\text{in}.$

17-23 $\quad P = 207\text{lb}$

17-25 $\quad A = 8.85\text{in}^2, \quad I_y = 19.6\text{in}^4, \quad P = 62.3\text{kip}$

17-26 $\quad P = 2.42\text{kip}$

17-27 $\quad P = 63.0\text{kN}$

17-29 $\quad \text{F. S.} = 2.12$

$\qquad \text{F. S.} = 4.32$

17-30 $\quad P = 8.46\text{kN}$

17-31 $\quad w = 1.17\text{kN/m}$

17-33 $\quad P = 5.87\text{kN}, \quad v_{max} = 42.1\text{mm}$

17-34 $\quad \sigma_{max} = 57.4\text{MPa}$

$\qquad v_{max} = 34.7\text{mm}$

17-35 $\quad A = 0.61575 \,(10^{-3})\,\text{m}^2,$

$\qquad I = 64.1152 \,(10^{-9})\,\text{m}^4, \quad P_{max} = P_{cr} = 18.98\text{kN},$

$\qquad P = 6.75\text{kN}$

17-37 $\quad \sigma_{max} = 65.8\text{kip}$

17-38 $\quad P = 45.7\text{kip}$（控制）

17-39 $\quad P = 156\text{kip}$

17-41 $\quad$ 柱强度足够。

17-42 $\quad P_{cr} = 12.6\text{kN}$

17-43 $\quad L = 2.53\text{m}$

17-45 $\quad P = 73.5\text{kip}$

17-46 $\quad P = 76.6\text{kip}$（控制）

17-47 $\quad P_{max} = 61.2\text{kip}$

17-49 $\quad \sigma_{max} = 6.22\text{ksi}$

17-50 $\quad \sigma_{max} = 6.24\text{ksi}$

17-51 $\quad (KL)_x = (KL)_y = 3\text{m}, \quad P_{cr} = 83.5\text{kN}$

17-53 $\quad \sigma_{max} = 2.86\text{ksi}$

17-54　$v_{max} = 1.23in$
　　　　$\sigma_{max} = 15.6ksi < \sigma_Y$

17-55　$P = 88.5kip$

17-57　$P_{cr} = 2645.9kN$

17-58　$P_{cr} = 1350kN$

17-59　$a = 103mm$

17-61　$P_{cr} = 12.1kN$

17-62　$\sigma_1 = 50.0MPa$, $\sigma_2 = 25.0MPa$, $F_b = 133kN$

17-63　$P = 37.5kip$

17-65　$P = 46.5kN$

17-66　$P = 110kN$

17-67　$P = 129kip$

17-69　$L = 8.34m$

17-70　$P = 3.20MN$（控制）
　　　　$v_{max} = 70.5mm$

附录